U0250016

建筑结构优秀设计图集

12

《建筑结构优秀设计图集》编委会　编

中国建筑工业出版社

图书在版编目（CIP）数据

建筑结构优秀设计图集. 12 /《建筑结构优秀设计图集》编委会编. — 北京 ：中国建筑工业出版社，2022. 1

ISBN 978-7-112-26947-1

Ⅰ. ①建… Ⅱ. ①建… Ⅲ. ①建筑结构－结构设计－中国－图集 Ⅳ. ①TU318－64

中国版本图书馆 CIP 数据核字（2021）第 253492 号

本书系 2019—2020 中国建筑学会建筑设计奖·结构专业评选出的多层及高层建筑结构、大跨及空间建筑结构与特种及综合类建筑结构获奖项目中的 57 个项目汇编而成，是我国 2016—2019 年期间建筑结构设计的代表作。每个项目均介绍工程概况、结构体系、结构特点、结构设计要点、技术应用与创新性等，具有较好的技术性、实用性和资料性，对建筑结构设计及施工人员、土建类大专院校师生有较大的参考价值。

责任编辑：辛海丽
责任校对：张惠雯

建筑结构优秀设计图集
12
《建筑结构优秀设计图集》编委会　编

*

中国建筑工业出版社出版、发行（北京海淀三里河路 9 号）
各地新华书店、建筑书店经销
北京红光制版公司制版
河北鹏润印刷有限公司印刷

*

开本：787 毫米×1092 毫米　1/16　印张：51¼　字数：1276 千字
2022 年 2 月第一版　　2022 年 2 月第一次印刷
定价：**178. 00** 元
ISBN 978-7-112-26947-1
（38724）

序　　言

随着国家经济持续快速发展，我国建筑行业取得了丰硕的成果，涌现了一大批优秀建筑，丰富了建筑形式和结构体系。这些优秀建筑是建筑师、结构工程师及机电设备等工程师通力合作的结晶。结构工程师为新颖的建筑形式和现代化的建筑功能的实现提供了重要的技术支撑，对保证建筑工程的质量、安全和经济起着重要的作用。

为促进我国建筑工程健康、快速发展，提高结构设计技术水平，鼓励结构工程师的积极性和创造性，2019 年底，受中国建筑学会委托，建筑结构分会开展了 2019—2020 中国建筑学会建筑设计奖·结构专业的初评工作，受到全国各设计单位和结构设计人员的欢迎和积极支持，在行业中享有良好的声誉。

2019—2020 中国建筑学会建筑设计奖·结构专业的评选范围是 2016—2019 年期间建成的建筑工程的建筑结构设计。此次活动得到了各省、市、自治区建筑学会和各设计单位的热烈响应，申报项目共 239 项。为做好评审工作，组织了由 21 名全国著名的结构专家组成的评审委员会；公开发布评奖的条件：（1）在建筑结构设计中有所创新，对提高建筑结构设计水平有指导意义；（2）在建筑结构设计中解决了难度较大的结构问题，对提高建筑结构设计水平有指导作用；（3）在建筑结构设计中适应建筑功能要求，对提高工程质量和施工速度有显著作用，取得显著的经济效益。评审委员认真负责地审阅申报材料，评审会上进行讨论评议，最后采用无记名投票方式产生了一等奖 16 项、二等奖 25 项、三等奖 43 项；评选结果经中国建筑学会组织专家终评确认后，于 2021 年 4 月 30 日—5 月 12 日在中国建筑学会网站上公示，听取意见；并于 2021 年向获奖单位和个人颁发了获奖证书。

为进一步表彰获奖的优秀建筑结构工程，并满足广大读者的需要，每届优秀建筑结构设计评选后，我们都精选部分获奖项目汇编成图集。本届评选后，在 84 项获奖项目中精选了 57 项汇编成册，收集了优秀的多层及高层建筑结构设计、大跨及空间建筑结构和特种及综合类建筑结构设计。本图集的内容包括各工程的工程概况、结构体系、结构特点、结构设计要点、技术应用与创新性等，部分工程还介绍了试验研究主要结果。对于结构设计人员，具有良好的参考价值。

请读者在参考这些工程经验时，注意实际工程所处的地震地面运动强弱和地基情况不同，设计中选定的抗震性能目标不同，风作用、气候温度变化、建筑使用功能不同等情况，针对具体情况作具体分析是必要的，尤其是超限高层建筑结构的设计，更要注意。

《建筑结构优秀设计图集》编委会

2021年9月

目　录

特种及综合类建筑结构

多层及高层建筑结构

1 华润总部大厦（春笋）项目结构设计

建 设 地 点 广东省深圳市南山区科苑路与海德三道交界处

设 计 时 间 2013—2018

工程竣工时间 2018

设 计 单 位 悉地国际设计顾问（深圳）有限公司

[518040] 广东省深圳市南山区科技中二路19号劲嘉科技大厦

主要设计人 傅学怡 李建伟 吴国勤 刘云浪 黄用军 张 鑫 林 海

刘金龙 彭肇才 何志力 何远明

本 文 执 笔 吴国勤 刘云浪 张 鑫

获 奖 等 级 2019—2020中国建筑学会建筑设计奖·结构专业一等奖

一、工程概况

华润深圳湾综合发展项目位于深圳南山区的后海，坐落于深圳湾的西面，深圳湾体育中心的南面，北临海德三道，西临科苑路。项目占地约为38000m²，总建筑面积约为465000m²。其中，华润深圳湾总部大楼建筑高度为393m，主要功能含办公、地下车库及配套设施。地上66层，首层层高18m，典型层高4.5m；地下4层，地下室深27.7m。建成后将成为整个项目发展区内最高的建筑。建筑设计由美国KPF（康沛甫建筑设计咨询有限公司）建筑师担纲，结构设计由ARUP（奥雅纳工程咨询有限公司）与悉地国际设计顾问有限公司联合承担。建筑实景如图1所示。

图1 建筑实景

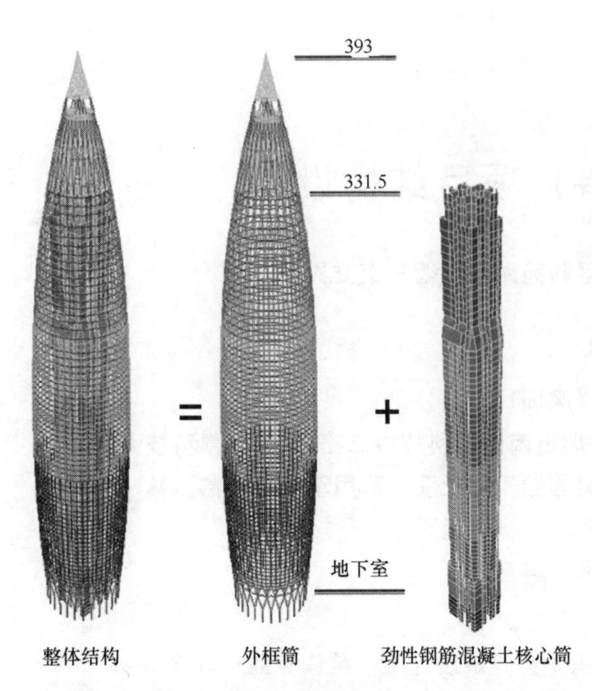

图2　塔楼整体结构构成示意

二、结构体系

塔楼整体结构采用密柱外框筒+劲性钢筋混凝土核心筒体系，上部楼面体系为钢梁组合楼板体系，楼面次梁呈放射状布置。塔楼核心筒和结构平面布置均匀、对称，塔楼平面为圆形，底部和顶部平面直径小，中部平面直径大，似“春笋”造型。底部平面直径为61.8m，随高度上升逐渐增大至24层直径最大为66.9m，随高度上升逐渐减小至66层直径为34.4m。楼层平面的变化表现为密柱由下往上外斜后再内斜，一直往上延伸。从标高331.5～393m为塔冠结构。密柱外露的要求表现为梁、柱全偏心设计，室内达到无柱空间要求，提高了建筑平面的使用效率。结构体系如图2所示。典型结构平面布置如图3所示。

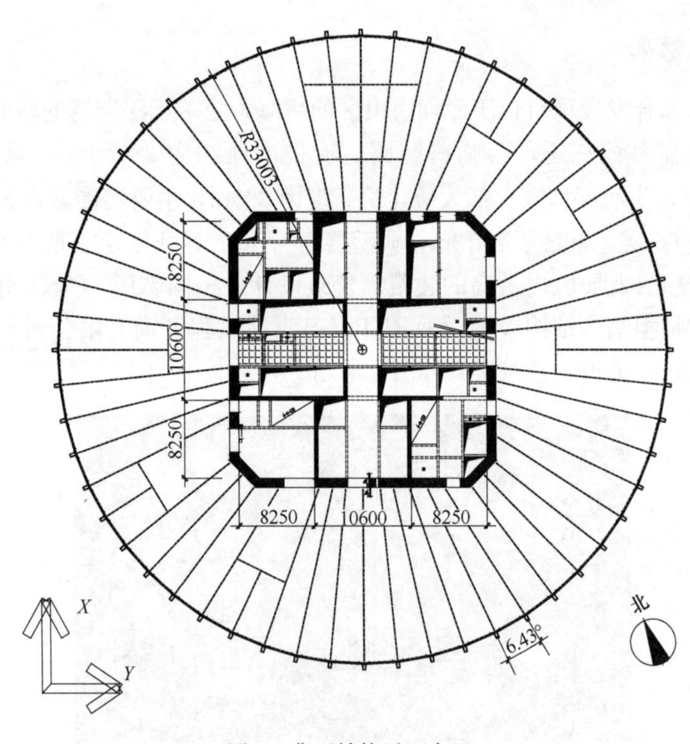

图3　典型结构平面布置

三、结构特点

通过合理配置内筒、密柱外框筒的刚度以及水平构件的连接，形成多重抗侧力结构体系，充分发挥结构构件的效用，保证了结构的安全性，结构特点如下所述。

1. 内筒

内筒为型钢-钢筋混凝土筒体，墙体洞边及角部埋设型钢柱。核心筒外墙墙厚由地下4层1500mm逐渐减小到顶层400m；内墙墙厚由地下4层400mm逐渐减小到顶层300mm。连梁高800mm，宽度同墙厚，局部楼层受力较大连梁内设窄翼缘型钢梁。墙体混凝土强度等级均为C60，型钢强度等级为Q345B。内筒典型平面布置如图4所示。

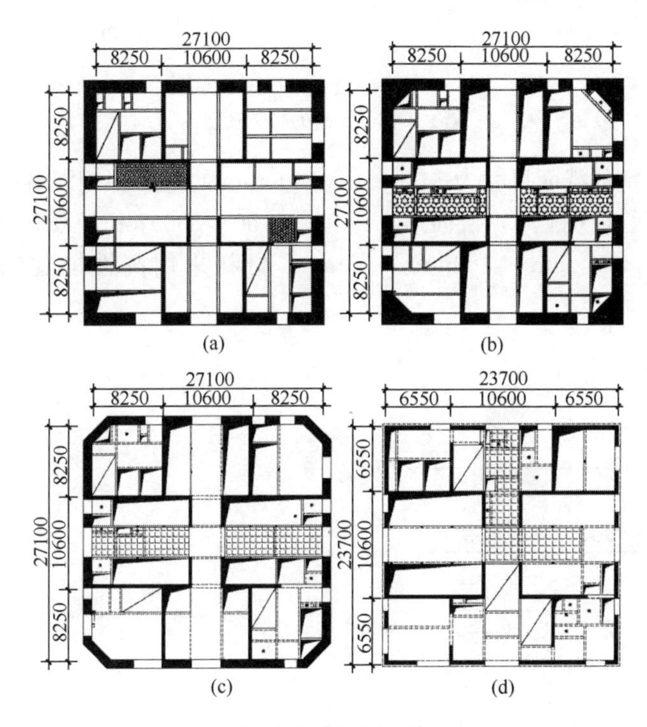

图4 内筒典型平面布置

(a) 地下室及1层；(b) 2、3层；(c) 4～48层；(d) 51层及以上

2、3层的核心筒角部局部加厚以便搭接上部的切角墙，如图5 (a) 所示，在传力和构造上能够较好地实现核心筒的转换过度，避免核心筒变换产生水平分力影响筒外楼板。48～51层的核心筒由于尺寸缩小较多，外墙采用双层斜墙收进的方式，如图5 (b) 所示。

2. 密柱外框筒

密柱外框筒的立面如图6所示。密柱外框筒从地下室往上，分别由地下室的28根大尺寸型钢混凝土柱过渡到地上低区的斜交网格柱，往上从5层开始变化为密柱框架，再从56层再次转变为高区的斜交网格柱，外框柱的尺寸较小，在高低区两端采用斜交网格柱加强，使外框筒具有很好的整体性和抗侧刚度。

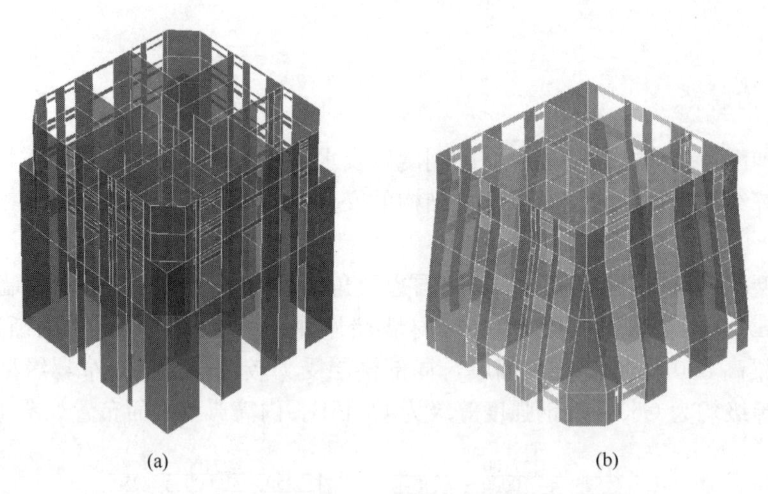

图 5　内筒典型三维模型示意图

(a) 2～5 层；(b) 48～51 层

外框柱由地下室的截面尺寸为 1400mm×1400mm 的矩形型钢混凝土柱，转变为地面以上的梯形截面钢管柱(图 7)，截面尺寸由首层(750～830)mm×755mm×60mm 逐渐减小至 66 层(300～400)mm×480mm×35mm，材料采用高性能建筑结构钢 Q345GJ 及 Q390GJ。

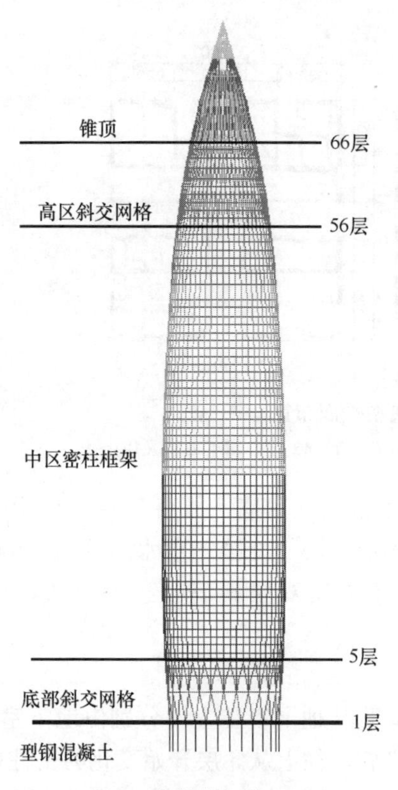

图 6　密柱外框筒立面

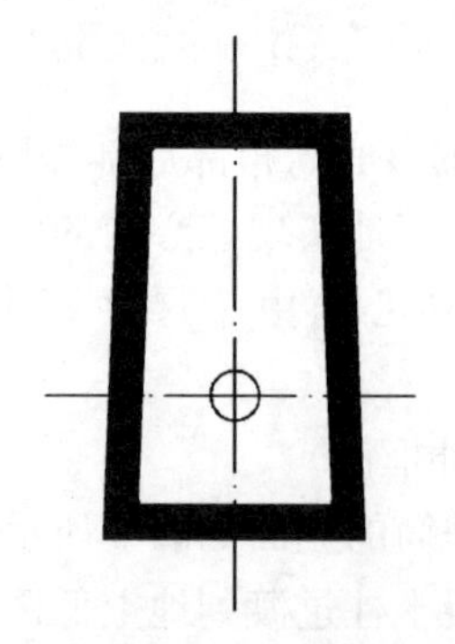

图 7　典型外框柱截面示意

外框筒的斜交网格柱和密柱框架柱受力有不同的特点。以 4、5 层的柱内力为例，在重力作用下斜交网格柱和密柱框架柱均以轴力为主，剪力和弯矩很小，不起控制作用。在水平地震作用下，斜交网格柱仍然以轴力为主，剪力和弯矩非主要内力，但是密柱框架柱轴力和弯矩均为主要的控制内力，对钢柱应力比的贡献约为 7∶3。

斜交网格柱与密柱框架柱过渡区域的受力性能也是结构的分析重点。在重力作用下，密柱框架柱轴力基本上一分为二地传给交叉柱，如图 8 所示。

但在水平地震作用下，如图 8（b）所示，斜交网格柱的轴力之和明显大于上部密柱框架柱，这是由于斜交网格柱以轴向刚度为主要抗侧刚度，大于上部密柱框架柱以抗弯刚度为主的抗侧刚度，吸收了较大的地震作用。

在顶部 51、52 层过渡区斜交网格柱与密柱框架柱同样有类似的受力特性，只是由于顶部斜交网格柱倾斜角度更陡，水平荷载作用下过渡区柱轴力的差别没有底部明显。

值得特别说明的是，外框筒的独特之处在于业主以及建筑师对室内使用空间的要求，要求室内做到无柱的效果，结构的外环梁与外框钢柱节点采用全偏心的节点连接形式，即外环梁与外框钢柱连接时，外环梁位于钢柱的内侧，梁柱柱间采用内插牛腿节点连接。其三维模型示意如图 9 所示。

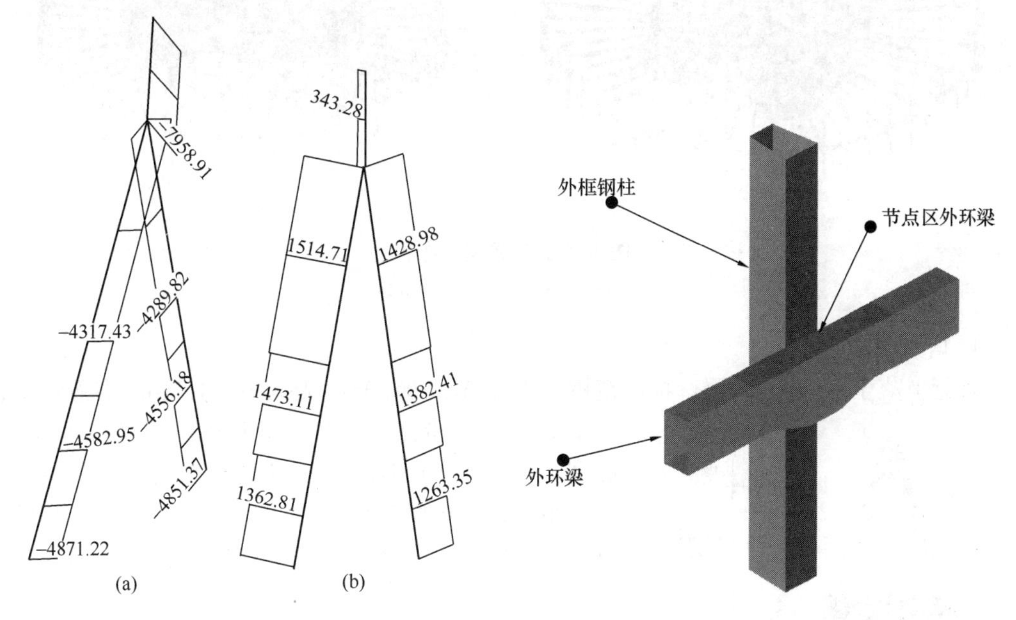

图 8　4、5 层典型外框柱过渡区轴力传递示意（kN）

（a）重力作用下；（b）水平地震作用下

图 9　典型偏心梁柱节点三维示意

3. 楼面体系

塔楼核心筒外，采用了组合楼板体系。楼面梁跨度为 6～13m，两端铰接。钢梁与压型钢板组成的组合楼板体系可以减轻塔楼的整体重量，便于施工，缩短施工周期。组合楼板的钢筋延伸至核心筒的外墙，加强核心筒与楼板之间连接，增加其整体性，确保楼板与钢梁共同抵抗水平力。办公区域楼板厚 120mm，核心筒内楼板厚 150mm。典型楼层梁布置如图 10 所示。

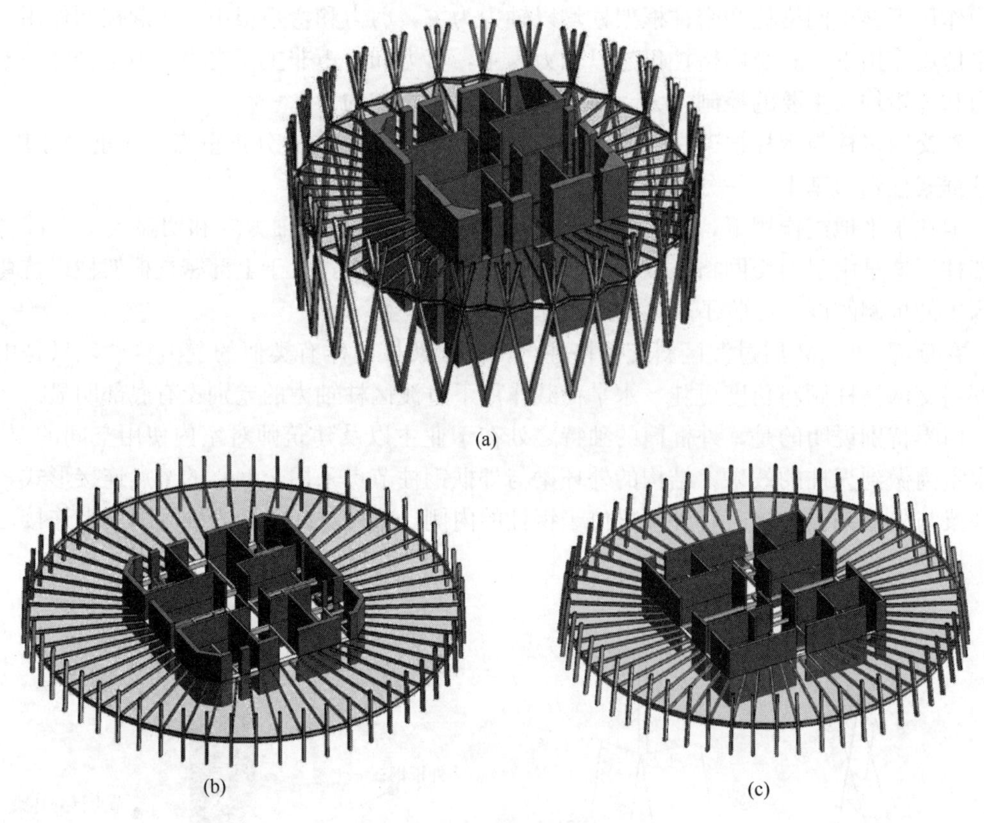

图 10　典型楼层梁布置

(a) 低区；(b) 中区；(c) 高区

4. 塔冠

塔冠坐落于主结构 66 层，标高范围为 331.5～393.0m，高度达 61.5m，塔冠结构由下至上分为三部分：采用双层网格结构的基座结构；标高 378.8m 以上中部擦窗机平台空间结构，由于空间较小，采用单层网格结构，后续与幕墙结构相结合设计；采用单层网格结构的顶部锥帽塔冠结构立面如图 11 所示。

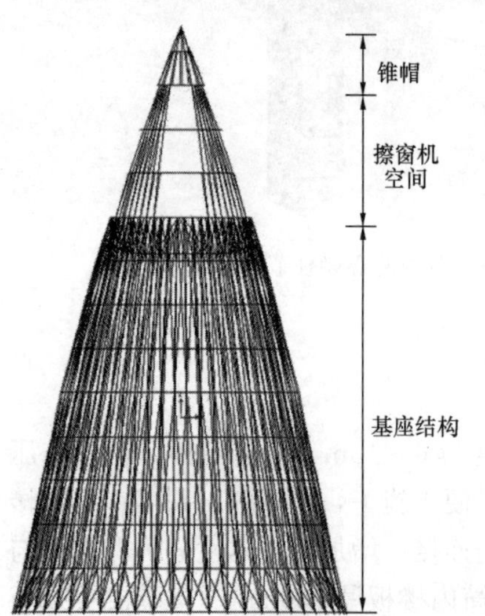

图 11　塔冠结构立面

基座结构外层为一对菱形的斜交钢网格，内层为施加预应力的 3 道钢拉杆。在顶部和底部同时施加预应力，基座结构外层共由 28 组标准单元围合而成。竖向标准单元构成如图 12 所示，拉杆三维节点如图 13 所示。

沿基座结构竖向即高度方向均匀设置 9 道内环桁架，以增加结构的整体面外稳定性能。圆环形状桁架有较强的轴向刚度，其水平构件很好地抵抗了竖向预应力作用下产生的轴压力。水平环桁架构成如图 14 所示。

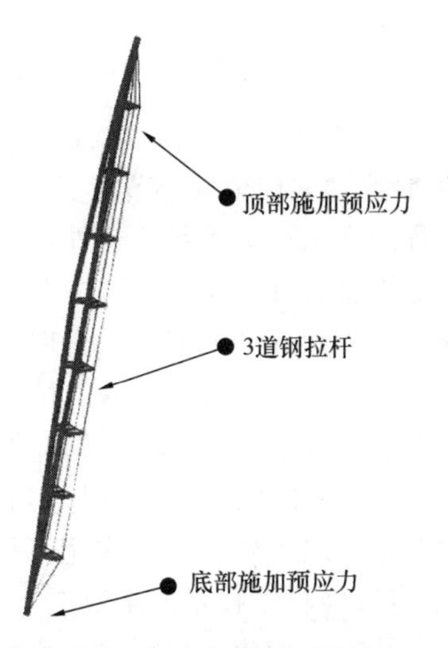

图 12　竖向标准单元构成

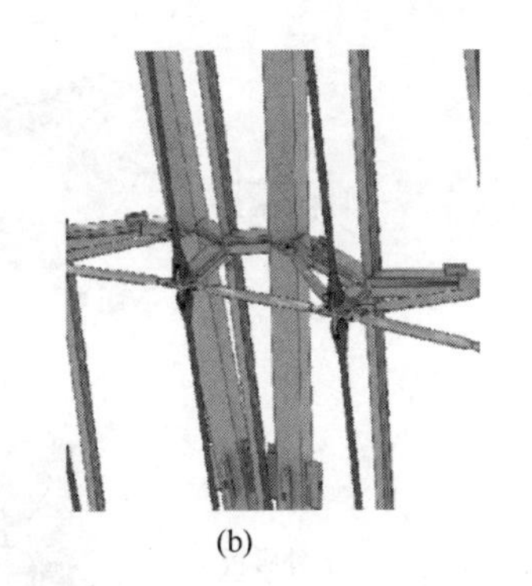

(a)　(b)　(c)

图 13　拉杆三维节点示意

（a）顶部节点；（b）中部节点；（c）底部节点

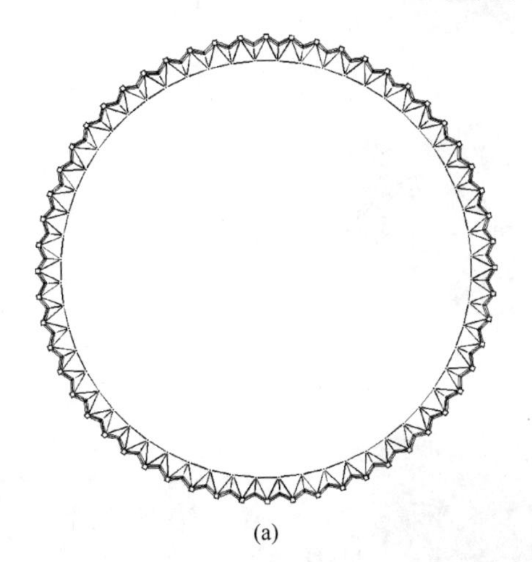
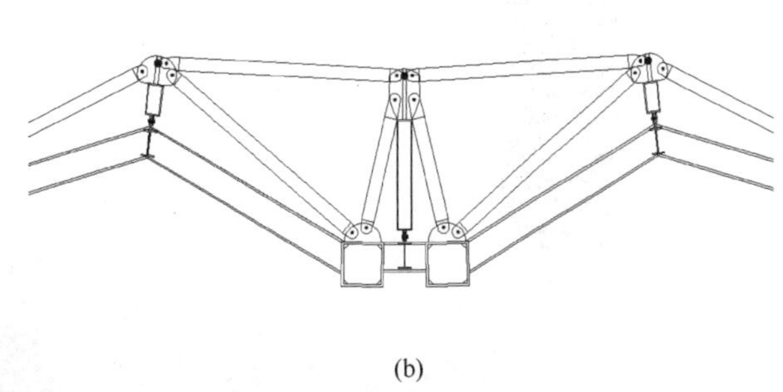

(a)　(b)

图 14　水平环桁架构成

（a）水平环桁架顶视图；（b）水平环桁架局部放大图

四、结构设计创新点

1. 国内外首次全楼采用矩形钢管梁柱全偏心节点

华润总部大厦根据实际工程的需求，为满足建筑外观、室内无柱空间、增加建筑使用效率的要求，创新性地采用矩形钢管梁柱全偏心节点，从而达到建筑与结构的和谐统一，以促成此地标性建筑的最终落实。为保证结构安全、合理、经济，本项目采用从微观到宏观的研究方法对矩形钢管梁柱全偏心节点进行了深入的机理性研究，从节点、构件和整体结构三方面进行详细分析，采取了局部增加加劲板、局部加强节点等加强措施（节点内部构造示意如图 15、图 16 所示），并通过试验验证，以达到“强节点，弱构件”的抗震概念要求，指导施工单位成功地在超高层大楼外框筒应用了创新的矩形管梁柱全偏心节点。“超高层矩形钢管梁柱全偏心节点”经科学技术成果鉴定为国内领先水平。

该全偏心节点与常规对心梁柱节点相比，环梁偏出外框钢柱的范围，存在以下关键问

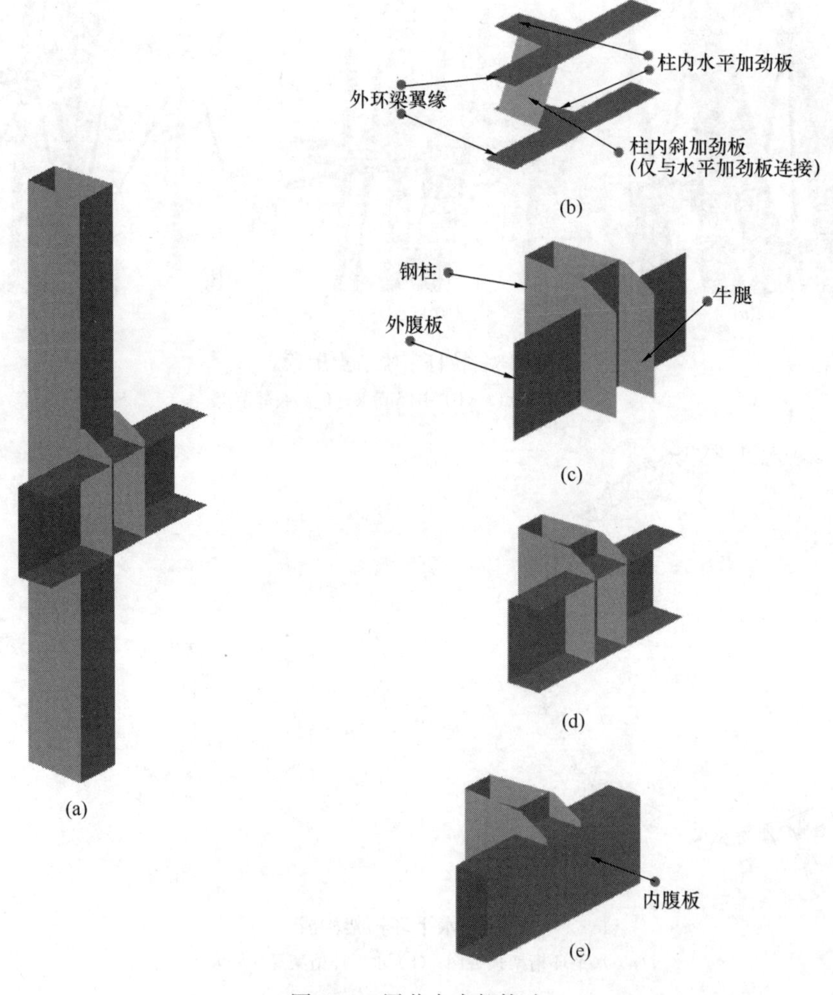

图 15　6 层节点内部构造

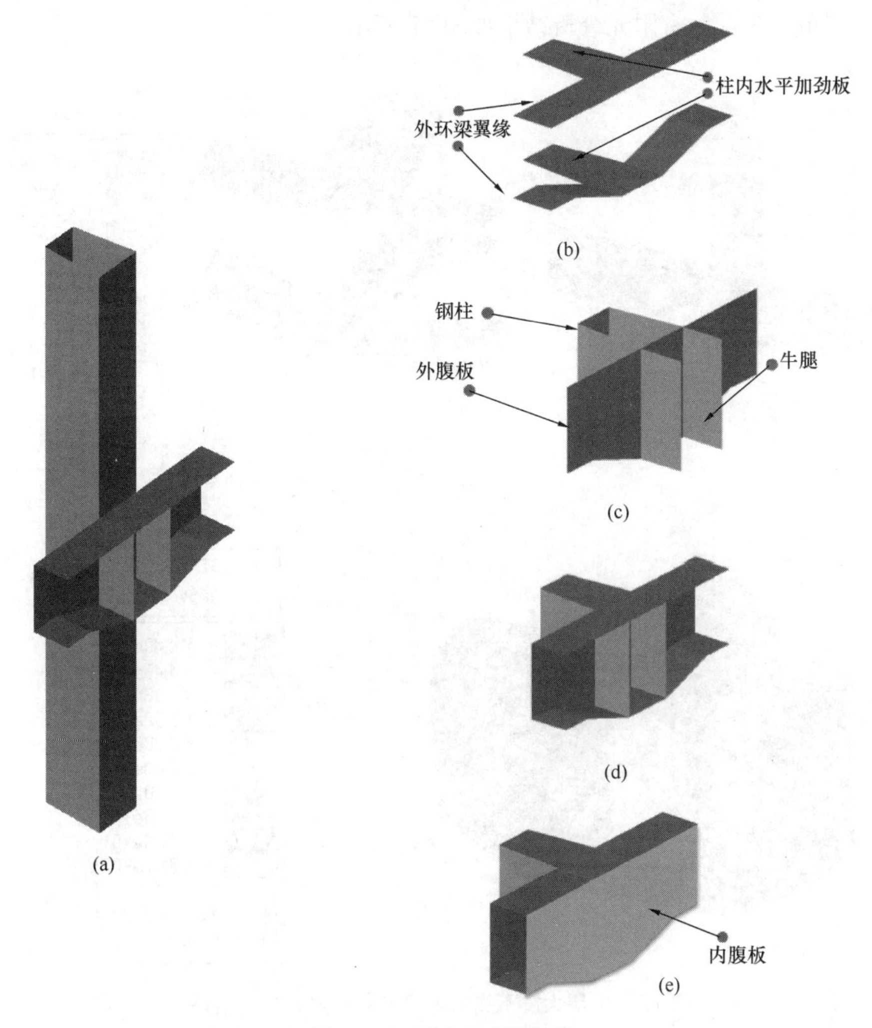

(a) (b) (c) (d) (e)

图 16 27 层节点内部构造

题：①偏心节点可能导致节点区应力分布不均匀，节点构造设计应确保各板件之间的连续性，以保证构件的可靠连接，保证“强节点，弱构件”的设计目标；②由于梁偏心布置，梁对柱的约束条件与常规对心梁柱节点有所不同，需要对此偏心节点对柱的稳定性进行分析；③由于塔楼全楼节点均采用此偏心节点，而偏心节点与常规对心节点相比，节点刚度有所削弱，故在塔楼整体分析时，需要考虑节点刚度对塔楼整体指标的影响。

针对以上问题，本项目采用从微观到宏观的研究方法，分别从节点到构件，再到整体结构三个层面分析矩形钢管梁柱全偏心节点所带来的影响，并采取加强措施保证结构安全。

（1）节点层面——采用有限元软件对全偏心节点进行数值模拟分析。主要验算两方面内容：一是与节点相连的较弱构件进入屈服节点，而节点区未进入屈服阶段；二是正常使用及承载能力最不利的工况下，节点区未进入屈服阶段。采取调整节点区牛腿板形式、节点区柱板厚、节点区梁板厚、加劲板厚等措施；同时，确保各板件之间的连续性，以保证构件的可靠连接，保证“强节点，弱构件”的设计目标。

以 27 层节点为例，有限元分析结果如图 17 所示。

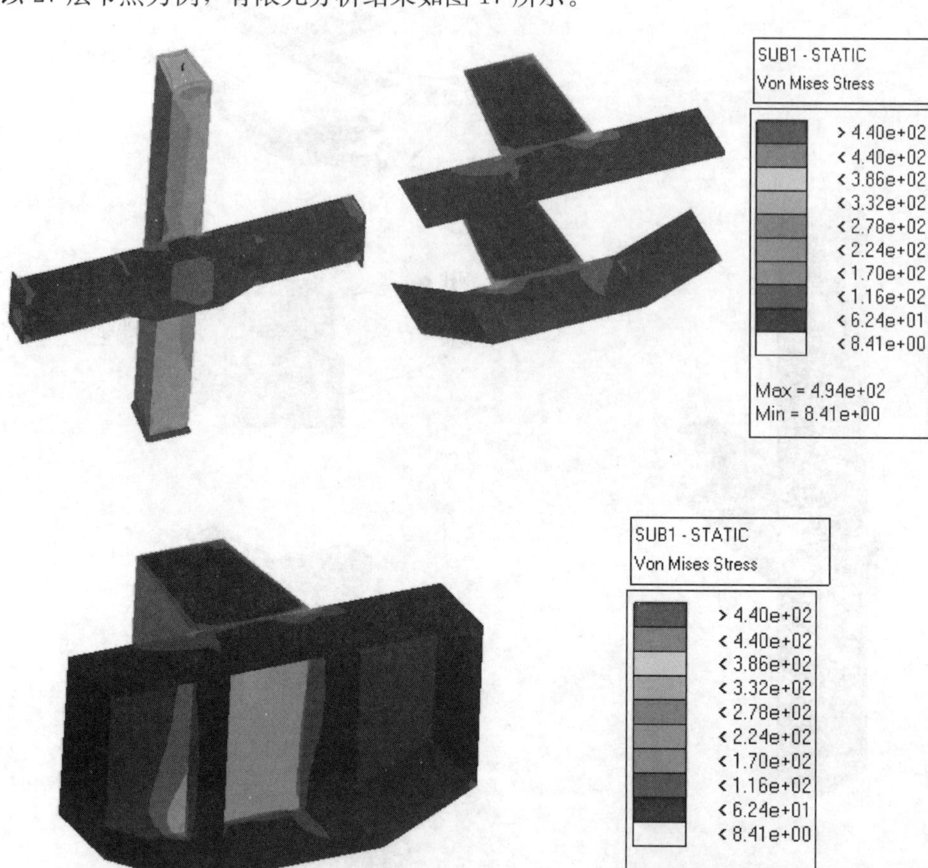

图 17　27 层大震不屈服工况节点有限元分析结果

根据 27 层的分析结果显示：节点区应力分布相对均匀，应力集中区域较小，可以满足等强节点的设计要求。

(2) 构件层面——全偏心节点对柱稳定性的影响，通过选取典型标准楼层，在柱顶施加较大轴向力，同时约束柱顶 XY 方向平动和柱底 XYZ 方向平动，研究柱的屈曲模态。采取 (1) 加强措施后，结构的第一阶屈曲模态为整体屈曲，节点区域并没有发生局部屈曲，即全偏心节点的构造不会引起柱的局部失稳。

采用全壳单元建立了 6 层典型楼层，分析模型中反映了梁柱偏心的真实情况。如图 18所示，第一阶屈曲模态为整体屈曲，全偏心节点采取构造加强后不会引起柱的局部失稳。

(3) 整体结构层面——全偏心节点对整体性能的影响，采用有限元软件对节点各个自由度的刚度对整体性能敏感度分析。然后，根据分析结果在整体结构中进行节点刚度修正，保证整体结构分析的准确性和安全性。通过研究分析，全偏心节点的 6 个自由度，其中 5 个自由度对整体结构影响可忽略不计；全偏心节点的一个自由度 R2（梁柱节点平面内转动的刚度）方向为薄弱环节，整体分析设计时采用包络方式，按该自由度 R2 的上下

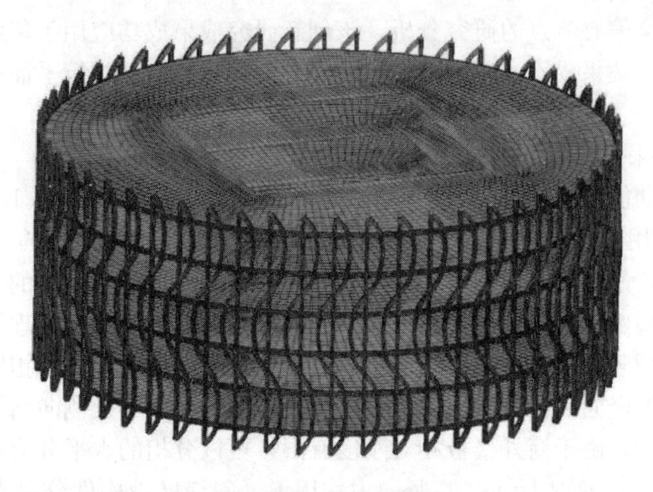

图 18　稳定分析的第一阶屈曲模态

限刚度分别计算（图 19）。

（4）通过节点试验研究方法，摸清节点实际的受力情况和破坏过程，以验证计算分析的可靠性，指导实际施工图设计。

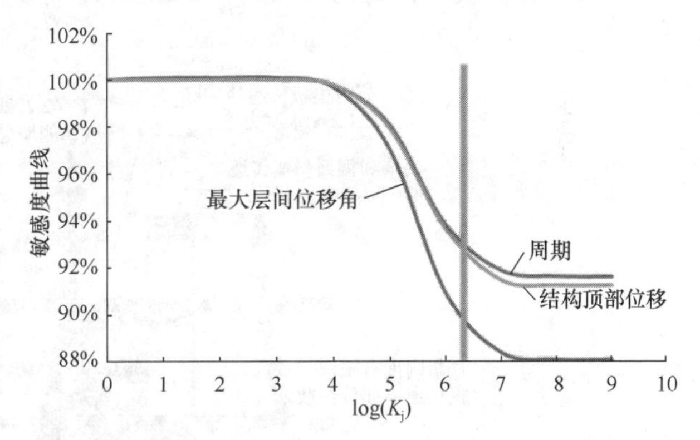

图 19　R2 方向节点刚度对整体指标的影响

试验表明，试件的承载力、刚度等满足预期设计要求，与已有的非偏心节点的性能相近。最先开裂的焊缝为梁与柱偏心相交的焊缝，特别是偏心相交处的水平焊缝（图 20），表明该处焊缝对偏心节点受力性能的发挥起到控制作用。焊缝质量对试验构件滞回性能的影响显著，建议加强钢结构加工质量控制，确保关键焊缝的质量。

图 20　27 层节点局部破坏形态

（5）根据研究分析成果，进行施工图设计。

（6）实际工程加工安装，并观测应用效果。

通过对全偏心节点的研究分析，该创新研究成果成功应用于华润总部大厦，实现了建筑无柱空间的效果，不占用室内的建筑实用面积，提高了建筑平面的使用效率和项目的经济效益。

2. 高位采用斜墙转换

按建筑功能要求，自 48 层开始，矩形核心筒四边均内缩 2.1m。经过方案比选，在 48～50 层采用了斜墙转换方式完成外围剪力墙内缩，倾斜角度约 8°。采用较缓角度的倾斜墙体转换，避免了结构刚度和承载力的突变，同时保证了筒体的完整性和刚度，有效地控制了结构高区在水平荷载作用下的层间位移角，有利于结构合理性、经济性。

斜墙区域竖向力是通过斜墙本身以及相关区域的内墙共同承担竖向力的传递；其中斜墙本身分摊的竖向力会产生水平分量，水平力主要由内墙及侧向斜墙、筒内梁板和筒外梁板三部分分担，由于筒外楼板相对刚度有限，可以分担的水平分力不大。

经分析，如图 21 所示，在竖向力作用下，斜墙区域构件分摊水平力比例为：筒外楼板为 6.8%，比例较小；筒内梁板为 24.2%，比例较大；内墙和侧面斜墙为 69%，比例最大。

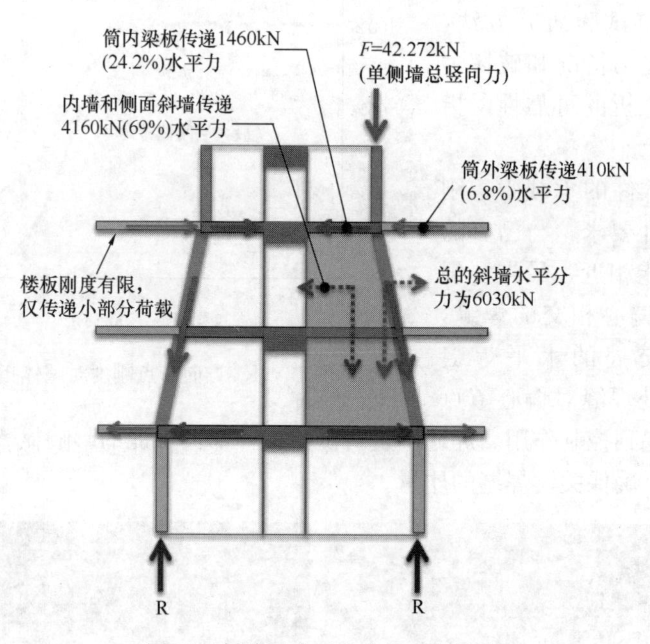

图 21　斜墙区水平力分担比例示意

以上可知，斜墙区为多维空间受力体系，受力复杂，为充分发挥各构件组合而成的空间受力体系，施工过程中对该区域的施工流程进行干涉：斜墙下一层搭设满堂脚手架→施工第一斜墙楼层→在第一斜墙楼层搭设满堂脚手架→施工第二斜墙楼层→待两层斜墙楼层混凝土达到强度后，保证斜墙区域已成型为一整体空间结构后，方可进行往上施工并拆除下部脚手架。

将斜墙楼层内的本身斜墙、相邻墙体、核心筒内梁板、核心筒外梁板等构件设计为一整体空间结构，在承担竖向力的同时，通过充分分析研究竖向力产生的水平分量在本身斜墙、相邻墙体、核心筒内梁板、核心筒外梁板等构件内的分布情况，并据此对构件采取加强措施，对施工流程给予干涉，保证实际结构受力体系与分析结果相符，确保结构安全。

高区采用较缓角度的倾斜墙体转换，避免了设置传统转换层导致结构刚度和承载力的突变问题；同时，保证了筒体的完整性和刚度，有效控制了结构高区在水平荷载作用下的层间位移角，结构受力更合理，经济性更优。由于摒弃设置转换层，避免采用大截面的转换构件，增加了净高；同时，由于采用斜墙转换，增加了建筑的使用面积，提高了项目的经济效益。

3. 底部一柱变两柱、两柱变三柱、两柱变一柱复杂节点设计与试验

由于塔楼底部因建筑需要设置大柱网，通过斜柱合并以减少柱子的方式实现。底部1～5层存在交叉斜柱区域。一柱变两柱：1层上方两根柱汇交于1层楼层标高，往下合为一根柱延伸至地下室；两柱变三柱：在2层上方三根柱汇交于2层楼层标高，往下又分为两根斜柱至1层；两柱变一柱：在5层下方两根柱汇交于5层楼层标高，往上合为一根柱往上延伸。

两柱变三柱为最复杂节点。对于该复杂节点，进行如下设计：上部斜柱的内力首先传至节点连接区，主要内力由前后盖板及贯通侧板传至节点核心区，部分内力通过节点连接区的非贯通与前后盖板的焊缝传至前后盖板上，并进一步传至节点核心区；而从节点连接区到节点核心区的传力是由前后盖板的较宽处传至较窄处，最终传至细腰部分。细腰部分以下从节点核心区到节点连接区，内力由前后盖板的较窄部分传至较宽部分；从节点连接区至下部斜柱，主要内力通过前后盖板及贯通侧板直接向下传递，部分内力通过节点连接区的非贯通侧板与前后盖板之间的焊缝向下传递。通过有限元分析和节点试验研究，节点区前后盖板传递的荷载约50%，为主要传力路径；外侧腹板传力的荷载约27%，内侧腹板传力的荷载约23%。通过局部加厚前后盖板，保证了节点承载力满足要求，达到“强节点、弱构件”性能目标。节点传力路径如图22所示，节点内部构造如图23所示，节点试验加载形式如图24所示。

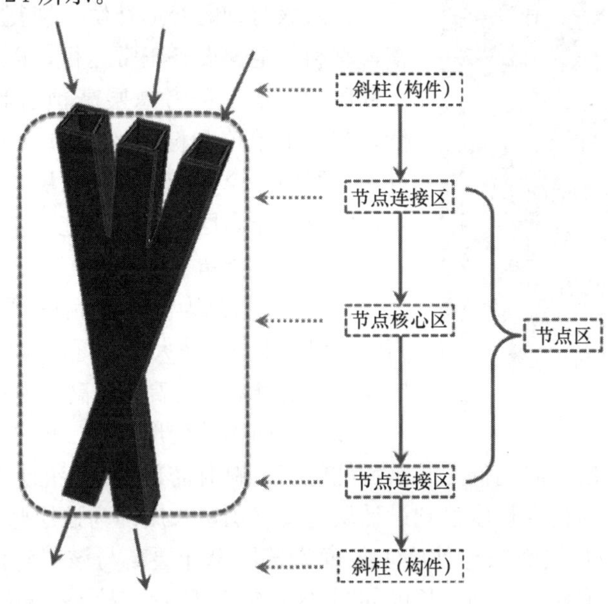

图22　节点传力路径

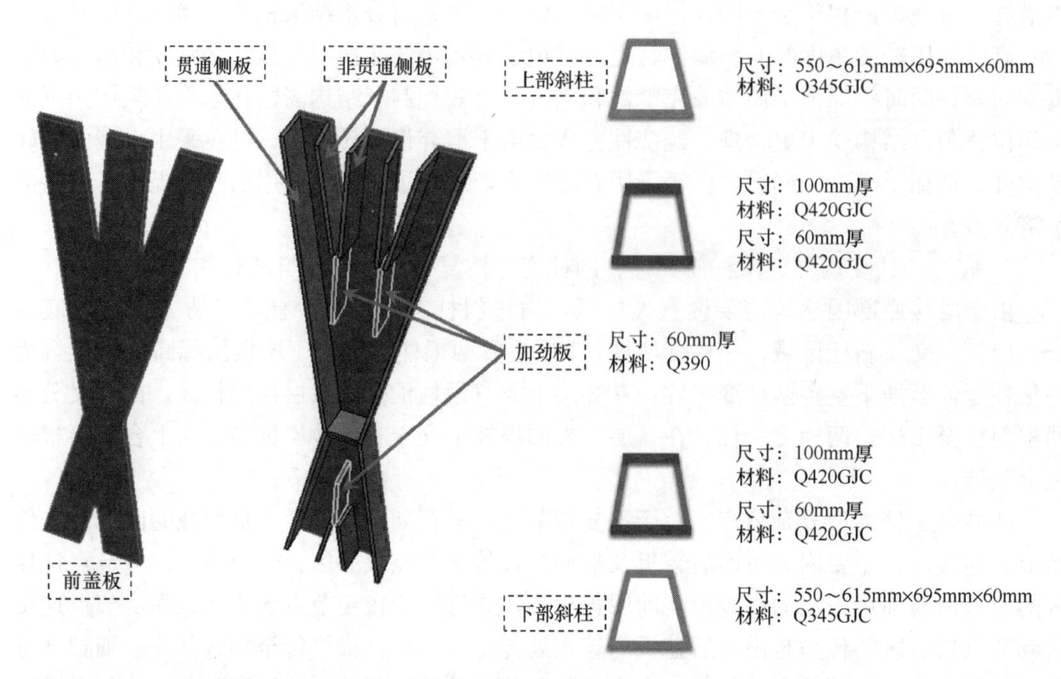

图 23 节点内部构造

图 24 节点试验加载形式

4. 考虑层高预留和竖向构件变形补偿

施工阶段到使用阶段全过程中，整体结构在重力荷载作用下，考虑混凝土收缩和徐变的影响，可得到巨柱和核心筒竖向变形随时间变化规律。分析结果表明，整体结构使用 2 年后绝大部分竖向变形基本完成。引入该时刻的变形补偿，恢复层高，保持楼面平整，有利于电梯设备正常运行，以及控制和保证装饰工程质量。本工程考虑层高预留和竖向构件变形补偿，与施工单位和健康监测单位的实测数据较为吻合，很好地配合和指导了超高层建筑结构的施工，较好地解决了超高层建筑结构施工中的重大难题。

（1）层高预留

楼层施工标高为楼层设计标高和该层设计标高预留高度之和。核心筒最大楼层标高预留高度为 68mm（35 层），外框最大楼层标高预留高度为 60mm（35 层）。

（2）竖向构件变形补偿

层高预留要求各层竖向构件尤其是钢柱施工下料时需预留一定的长度，使得结构施工至使用 2 年后各层竖向构件长度达到设计层高，该预留长度即为该层竖向构件施工至建筑使用 2 年后压缩量。每层竖向构件施工长度为该层设计层高与该层竖向构件预留长度之和，各层核心筒及外框柱下料预留长度如图 25、图 26 所示，核心筒楼层最大预留长度为 1.8mm（14 层），外框柱楼层最大预留长度为 1.6mm（17 层）。

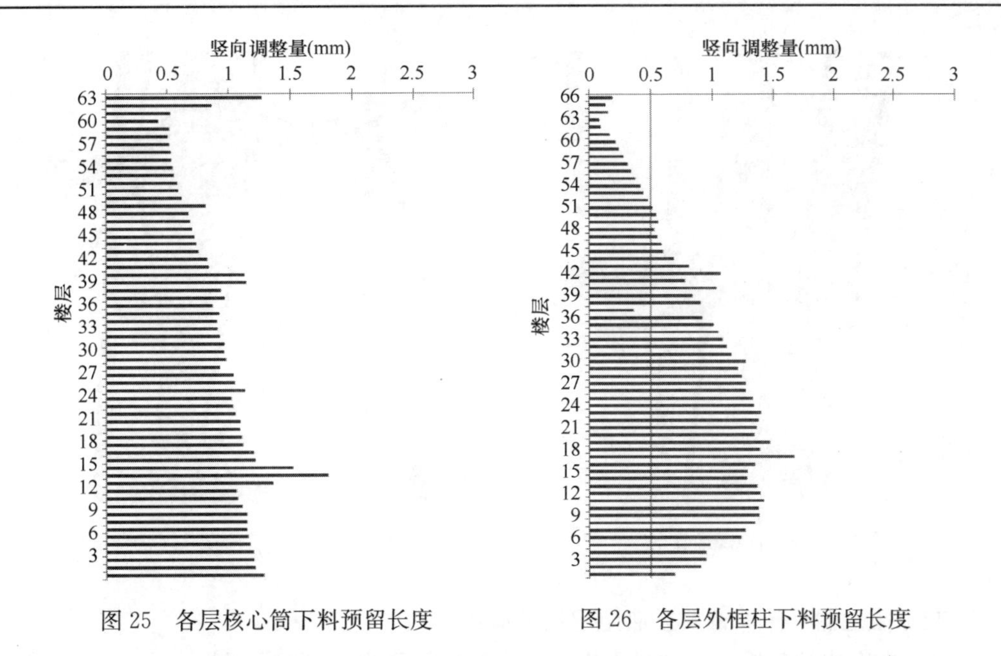

图 25　各层核心筒下料预留长度　　　　图 26　各层外框柱下料预留长度

5. 竖向支承预应力网格结构塔冠

塔冠坐落于主结构 66 层，高度达 61.5m，采用预应力双层网格结构的基座结构＋单层网格结构锥帽。

基座结构外层为一对菱形的斜交钢网格，内层为施加预应力的 3 道钢拉杆。在顶部和底部同时施加预应力，基座结构外层共由 28 组标准单元围合而成。

沿基座结构竖向即高度方向均匀设置 9 道内环桁架以增加结构的整体面外稳定性能，圆环形状桁架有较强的轴向刚度，其水平构件很好地抵抗了竖向预应力作用下产生的轴压力。

对上部预应力钢拉杆进行了施工模拟分析，预应力钢拉杆施工时采用对称、同步、分组张拉、一次张拉完成的原则。最终与施工单位和健康监测单位的实测数据较为吻合，较好地解决了塔冠结构施工中的重大难题，保证了塔冠整体变形、受力均匀。张拉顺序示意如图 27 所示。钢拉杆节点如图 28～图 30 所示。

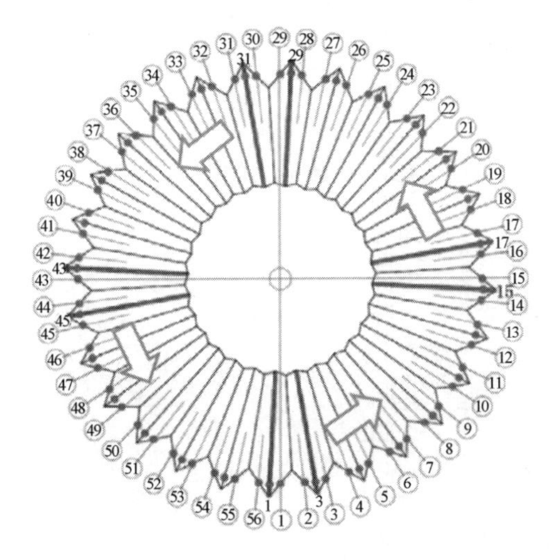

图 27　张拉顺序示意

图 28　钢拉杆上节点

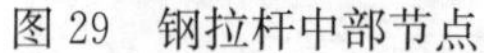
图 29　钢拉杆中部节点

图 30　钢拉杆下节点（张拉端）

6. 减振阻尼器——伸臂式黏滞阻尼器的应用

经过多方案比较分析，本项目采用伸臂式黏滞阻尼器，以减小风振。

在 47、48 层特别设置了 8 个伸臂阻尼器，阻尼器油管布置在伸臂桁架与外框柱的连接节点处，利用柱和伸臂端部相互错动时产生的竖向变形差使阻尼器具备足够的行程，从而提供阻尼力。

本工程对伸臂阻尼器布置的楼层数量进行了分析，在有可能设置伸臂阻尼器的楼层（机电/避难层）62 层、47、48 层和 23、24 层三处进行不同的组合布置，在只布置一道伸臂阻尼器的情况下，伸臂阻尼器布置在 47、48 层效果最优；如果设置两道以上的伸臂阻尼器，效果不会随伸臂阻尼器的增加而成比例增加，加速度峰值仅比设置一道伸臂阻尼器时略微减小，因此最终采用在 47、48 层设置一道伸臂阻尼器方案，如图 31 所示。

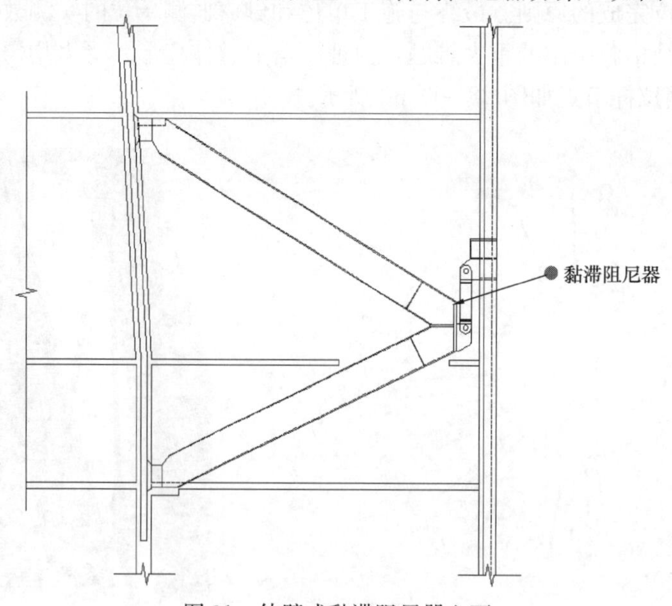

图 31　伸臂式黏滞阻尼器立面

分析结果表明，在重现期10年的风荷载作用下，未设伸臂阻尼器时，顶层最大加速度接近22cm/s^2；在47、48层设置伸臂阻尼器后，顶层最大加速度为12cm/s^2，小于15cm/s^2，舒适度满足要求。

本工程于2013年底开始基坑开挖，2014年底开始基础及主体结构施工，2018年底竣工投入使用。在设计单位与施工单位的共同努力以及紧密协作下，既保证了结构的安全性，又充分地实现了建筑功能与效果，成为一件建筑与结构完美结合的作品。该项目获得了2019—2020中国建筑学会建筑设计奖·结构专业一等奖、2020年深圳市工程勘察设计结构专业一等奖、2020年度广东省工程勘察设计结构专业一等奖、2020年广东省工程勘察设计行业协会科学技术二等奖、2020年广东省土木建筑学会科学技术二等奖。

2 南京青奥中心超高层塔楼结构设计

建设地点 江苏省南京市建邺区江山大街北侧、金沙江东路南侧
设计时间 2011—2014
工程竣工时间 2018
设计单位 深圳华森建筑与工程设计顾问有限公司
［518054］深圳市南山区滨海之窗办公楼六层
中国建筑设计研究院有限公司
［100044］北京市西城区车公庄大街19号
主要设计人 任庆英 张良平 刘文斑 张 磊 杨松霖 茅卫兵 董贺勋
赵苏北 李 森
本文执笔 张良平 刘文斑 张 磊 杨松霖

获奖等级 2019—2020中国建筑学会建筑设计奖·结构专业一等奖

一、工程概况

南京青奥中心项目位于南京市建邺区江山大街北侧、金沙江东路南侧，是南京青奥轴线的地标性建筑。建筑方案由英国“解构主义大师”扎哈·哈迪德（Zaha Hadid）创作，总建筑面积约48万m²，由会议中心和超高层塔楼组成，建成后先用于第二届世界青年奥林匹克运动会会议中心及接待酒店，会后作为江苏省重要的会议和酒店接待配套使用。该项目已于2014年6月基本完工，其中会议中心已在2014年8月举办的第二届夏季青年奥运会期间投入了运营。本文将重点介绍青奥中心超高层塔楼的设计情况。南京青奥中心塔楼工程由两栋塔楼及裙房构成，总建筑面积28.7万m²，地上25.3万m²，地下3.4万m²。其中塔1地下3层，地上58层，建筑总高度255m，使用功能为会议及酒店，1～4层层高为5m，5层层高为7m，上部酒店层层高均为3.9m；塔2地下3层，地上68层，建筑总高度314.50m，使用功能自下而上依次为办公、餐饮、空中大堂、酒店、健身等，下部层高与塔1一致，6层及以上办公标准层层高4.3m，酒店标准层层高3.9m。裙房地上5层，地下3层，屋面高度27.5m，裙房与塔楼地上部分通过结构缝分开自成体系。两栋塔楼外形相似，造型优美，如相视而望的一对青年情侣。南京青奥中心沿袭了扎哈·哈迪德一贯独特大胆的创作风格，建筑外形优雅、柔和、线条流畅，内部功能设计通过运用空间和几何形体，塑造“随形”和“流动”的建筑特质，同时也给结构设计带来了挑战。塔楼工程由于工程量浩大，建设工期非常紧迫（方案设计开始于2011年6月），结构师与建

筑师经过半年多时间的紧密配合，最终确定的方案如图 1 所示。

图 1　主体施工完成后现场外景

二、结构面临的挑战和技术关键

1. 结构高度超限，建筑外形复杂，一种新颖的结构体系

本工程两个塔楼结构大屋面高度分别为塔 1：255.00m、塔 2：314.50m。两塔楼高度均超出《高层建筑混凝土结构设计规程》JGJ 3—2010 中混合结构框架-核心筒体系建筑最大适用高度 190m，属高度超限。其中，塔 1 高度超限 18%，塔 2 高度超限 52%。

南京青奥中心塔楼项目均采用了未设加强层的密柱框架-核心筒结构形式，利用密柱外框架筒的结构形式。其中，外框柱采用钢管混凝土柱，核心筒为钢筋混凝土（局部增设钢骨），楼板采用组合楼板结构。在国内 250～300m 高度的超高层中，采用框架-核心筒结构体系不设加强层的结构目前还比较少见。避免设置加强层，既加快了施工进度，又避免了加强层对结构带来的刚度、承载力突变等不利影响，提高塔楼结构的抗震性能。

2. 非常规结构平面及核心筒，倾斜外框柱，弧形结构外边界

南京青奥中心双塔属于超高层建筑，两塔核心筒及平面基本一致，平面近似于平行四边形。为满足结构抗震性能的要求，核心筒采用局部增设钢骨的钢筋混凝土筒体，核心筒内型钢的设置也为楼面梁与核心筒创造了良好的连接条件。塔楼两端因建筑造型需要各有四根柱子向该侧核心筒单向倾斜形成折线形外形，最大倾角约 4°，为了控制外框柱因倾斜带来的附加内力，一方面在满足建筑外观要求的前提下，合理确定外框柱倾斜角度；另一方面，通过有限元分析计算外框柱及与核心筒之间相连接的楼面梁板的抗拉（压）能力，并根据计算结果采用性能化设计方法设计其连接节点和构造措施。由于“随形”和“流动”的外立面，造成了一种随高度变化渐变的结构外边界，在设计过程中充分利用

BIM 技术，使得结构边界能完全拟合建筑表皮，结构边界和建筑表皮能达到完美的统一。

3. C60 超缓凝水下混凝土灌注桩，大直径杯口扩顶及后注浆

因施工逆作法技术特点，对应于框架柱下的工程桩既需要满足承担逆作阶段框架柱荷载的要求，又需要满足整个单体使用阶段承载力计算的要求。工程桩采用了 C60 高强混凝土及后注浆技术，工程桩混凝土采用了超缓凝技术。C60 高强混凝土较大程度地提高了工程桩的承载力，减少了工程桩的数量，通过合理布桩为核心筒部分的逆作创造了良好的技术条件。为实现外框柱与工程桩的可靠连接，创造性地提出了杯口形扩顶桩方案，保证了荷载的可靠传递。本工程工程桩直径有 1.2m 和 2.0m 两种，有效桩长分别为 56m 和 61m，桩端持力层为中风化泥岩。其中，直径 2.0m 用于框架柱下，直径 1.2m 用于核心筒下。对 20%的工程桩采取取芯检验方法进行检验，结果表明，所有取芯工程桩混凝土强度均满足设计要求。对工程桩试桩竖向承载力检测采用自平衡技术，检验结果表明，桩径 1.2m 和 2.0m 单桩承载力特征值均能满足要求。

4. 裙房复杂平面，型钢空腹桁架，超大悬挑钢雨篷

由于裙房功能布置灵活，且个别柱网跨度较大，同时顺应立面造型要求，部分位置需设置斜柱避免平面外挑过大带来结构抗震不利等因素，故在上述特殊位置楼面框架梁采用型钢梁，荷载较大的柱及斜柱中配置型钢。另外，在结构平面中利用两个斜向对应的电梯核心筒设置型钢空腹桁架，一方面满足了建筑平面功能要求，另一方面利用电梯核心筒良好的抗侧力性能实现了下部两层设置交通通道的需要，尽最大可能与建筑功能、造型达到统一。由于建筑方案要求，酒店入口雨篷悬挑长度超过 20m，大大超出正常雨篷的尺度，给结构设计带来了较大挑战，设计团队较为创新地采用了一种桁架式雨篷，并通过通用有限元软件进行整体和细部分析，确保了结构的安全性，并完美地实现了方案团队要求的建筑效果。

5. 首创超高层“全逆作法”设计

由于建设工期的限制，本项目采用了塔楼地下结构全逆作的设计方案。设计团队进行了精细化分析与设计，并和施工单位反复分析技术的可行性及施工质量的可靠性，最终决定在本项目采用上下同步的全逆作法技术。

根据施工工期、现场条件及地下室特点并多方案比较，选取地下 1 层作为施工初始逆作面，按照地下 1 层结构层、±0.000m 标高结构层的施工次序依次施工，待完成±0.000m标高结构层后，同时施工±0.000m 以上各楼层和地下 2 层、地下 3 层。进度目标为地下室底板筏板达到设计强度时，主体塔楼高度达到 20 层。为配合施工逆作要求，裙房地下室柱采用圆形钢管混凝土柱，框架梁采用钢筋混凝土梁，地下钢筋混凝土梁与钢管混凝土柱的连接采用环形牛腿的连接节点。地下室钢管在其外侧采用 50mm 厚金属网水泥外包层，保证了防火、防腐措施要求。

通过设计和施工密切配合，并对一些关键技术进行深入研究，共取得了设计和施工方面的 10 项创新技术，并在 20 个月内完成主体和外幕墙施工，保证工期目标，使得本工程成为目前世界上最高的逆作法案例之一。

6. 酷炫表皮下的二次钢构设计

外方方案创作扎哈·哈迪德团队的作品，素来以造型奇特、夸张闻名，在本项目上更是发挥得淋漓尽致。幕墙与主体结构的距离远近差别很大，需要增加二次钢构，作为幕墙

的支撑，二次钢构设计是本工程的一大难点和亮点。二次钢构如何在主体上生根，如何满足幕墙的变化，如何在不破坏内部空间形态的前提下解决这些问题，均需要结构设计团队与钢结构深化设计团队在一起，通过犀牛软件在空间模型上反复校核，调整、计算并最终完成设计。正是因为酷炫表皮凝聚了设计团队为二次钢构设计付出的不为人知的艰辛，才能最终实现本工程完美的立面效果。

三、结构体系

1. 建筑方案的发展与结构方案的配合

本工程从竞赛中标方案到确定实施的方案，经历了如下几个发展阶段，如图 2 所示。其中，图 2（a）为 2011 年 4 月外方设计师竞赛获胜方案（方案 1），该方案为一栋 400m 塔楼；图 2（b）为 2011 年 6 月根据业主新要求建筑师修改后的方案（方案 2），该方案为一栋 300m 塔楼和一栋 240m 塔楼；图 2（c）为 2011 年 12 月建筑师根据结构配合之后呈现的方案（方案 3）。方案 2 和方案 3 的结构方案由英国一家著名的结构顾问公司完成，前者所采用的结构体系为框架-核心筒＋伸臂桁架，300m 塔楼设置了 4 道加强层；后者的结构体系为框架-核心筒＋巨型斜撑结构。我方介入之后，根据建筑师对塔楼外观和功能要求以及对建筑师表达手法的理解，对框架柱间距 4～8m 的框架-核心筒结构进行了对比分析，研究表明当框架-核心筒外围框架柱间距为 6m 左右时，虽然构不成刚度显著的外框筒，但与大柱距（≥8m）外围框架相比其抗侧刚度不容忽视，因此，建议建筑师将框架柱间距适当减小。鉴于本工程塔楼上部基本功能是酒店和办公，对外框柱间距不敏感，该建议得到了建筑师的认同。图 2（d）中的方案（方案 4）为根据上述建议建筑师于 2012 年 1 月提出的设计方案（300m＋240m 塔楼），也是最终实施方案的基础。该方案最终确定不设置加强层，同时也为后期采用地下结构全逆作法施工提供了便利条件。

(a)

(b)

(c)

(d)

图 2 方案的几个发展阶段

(a) 方案 1；(b) 方案 2；(c) 方案 3；(d) 方案 4

从本工程上述不同阶段方案发展过程来看，超高层塔楼的建筑创作实际上与结构选型密切相关，不同的结构方案会带来差异巨大的建筑外形和特质。因此，结构设计师只有与建筑师紧密配合和深入沟通，才能得到各方面均比较满意的设计作品（图 3）。

图 3　本项目在主体施工期间塔楼外景

2. 结构体系确立

南京青奥中心双塔属于超高层建筑，两塔外形及平面基本一致，平面近似平行四边形，均采用了“钢管混凝土‘密柱’框架-核心筒结构体系”。其中，外框架柱为矩形钢管混凝土柱，核心筒为局部增设钢骨的钢筋混凝土剪力墙。短向外框柱竖向为折线形，倾斜角度控制在 3°左右。结构平面和立面变化如图 4、图 5 所示，柱间距 6m，其中塔 1

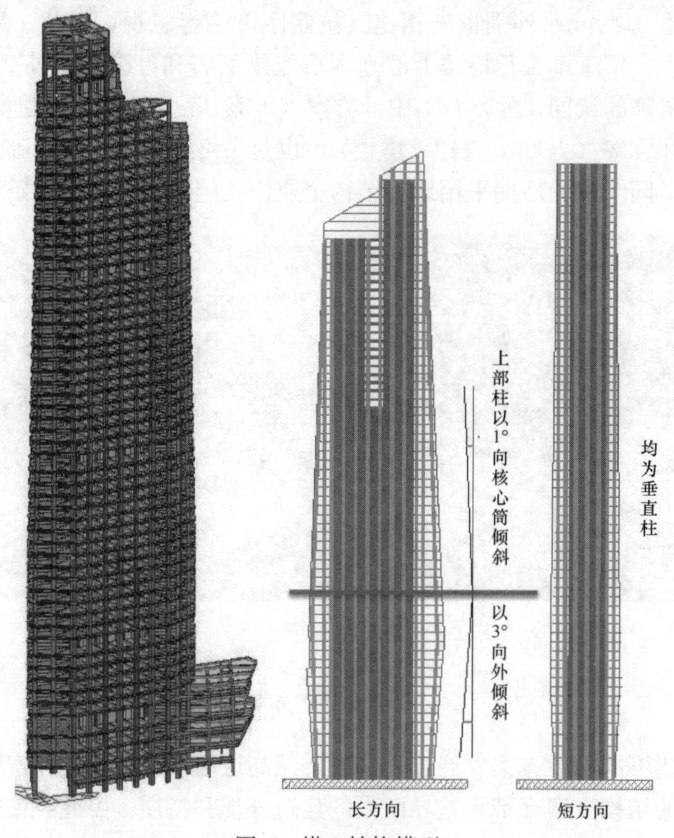

图 4　塔 1 结构模型

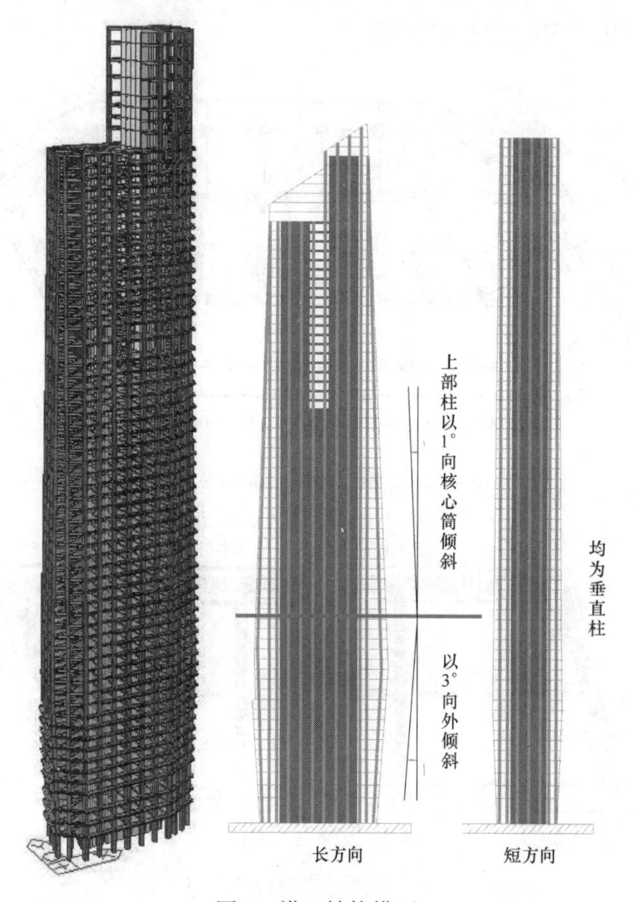

图5 塔2结构模型

（250m塔楼）折线柱间距4.5m，短方向结构高宽比8.6，长方向高宽比4.2，核心筒短方向高宽比为18.1，长方向高宽比为7.5。塔2（300m塔楼）短方向结构高宽比9.48，长方向高宽比4.75，核心筒短方向高宽比为18.72，长方向高宽比为7.92。为了增强外围框架的抗侧力性能，提高其整体抗侧贡献，外围框架梁采用了满足建筑要求的截面高度较大的宽翼缘H型钢梁：塔1长方向梁高700mm，短方向梁高1000mm，塔2的6层以下长短方向梁高均为1000mm，6层以上与塔1一致，避难层梁高均为1000mm。采用上述结构体系及布置，两塔楼在风荷载及地震作用下均满足规范限值要求，由于未设置加强层，结构刚度和承载力沿竖向比较均匀（图6～图9）。

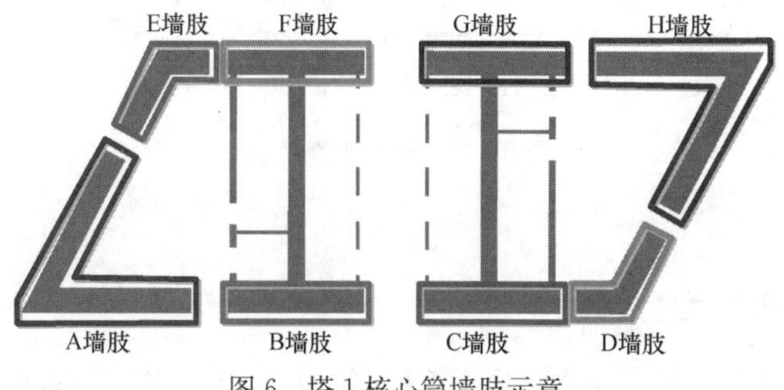

图6 塔1核心筒墙肢示意

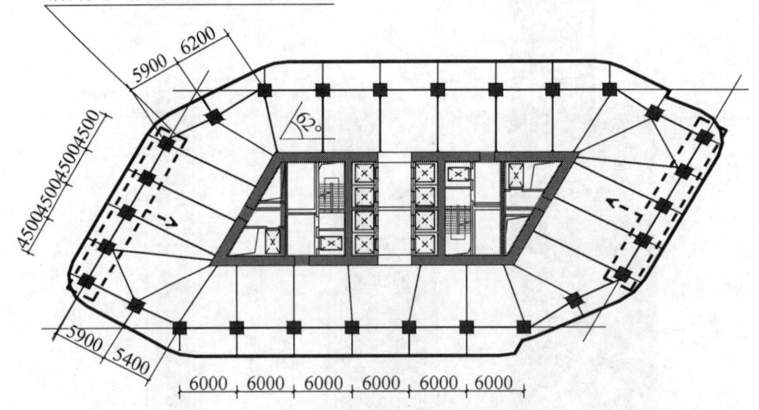

图 7　塔 1 结构平面示意

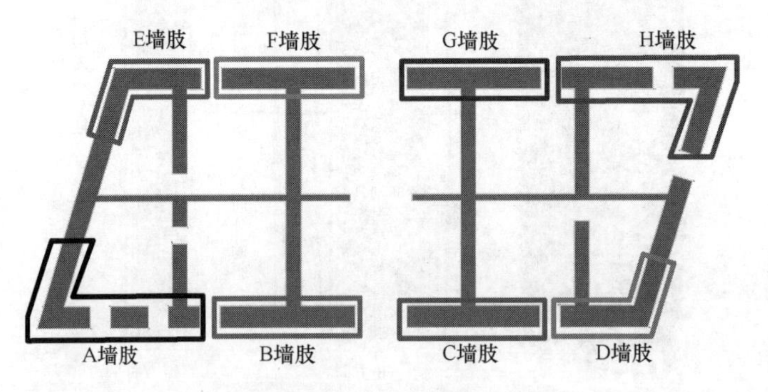

图 8　塔 2 核心筒墙肢示意

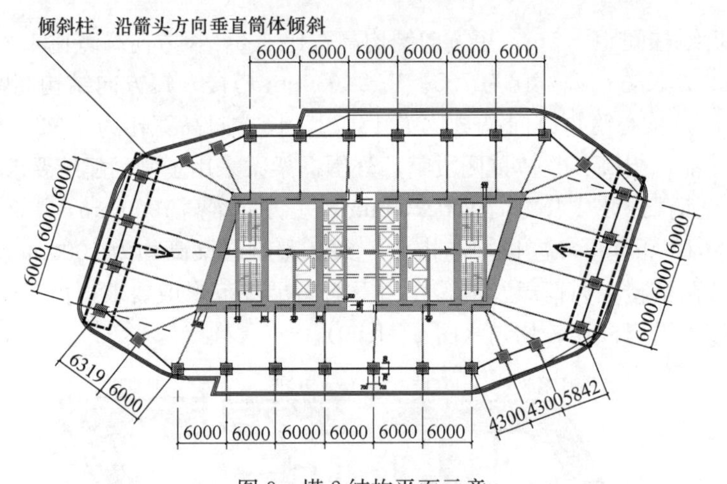

图 9　塔 2 结构平面示意

四、结构基础形式

塔楼基础体系采用了桩筏基础，塔 1 筏板厚度为 3.3m，塔 2 筏板厚度为 3.7m。支承桩采用了杯口形扩顶钻孔灌注桩（图 10），为配合逆作法施工方案的实施，采用了桩径 1.2m 和 2.0m 两种桩型，有效桩长分别为 56m 和 61m，桩端持力层为中风化泥岩。其中，大直径 2.0m 桩用于外框柱，采用一柱一桩的形式方便了逆作施工。此外，因逆作法施工要求，工程桩采用了 C60 超高强混凝土及后注浆技术。对于水下灌注混凝土，由于地下水的存在，较高强度等级混凝土的实施涉及混凝土配合比设计和施工措施等多方面因素，实现起来相对困难。鉴于此，现行地基规范要求水下灌注混凝土的桩身混凝土强度等级不宜高于 C40，在其条文说明中强调灌注桩水下浇筑混凝土目前大多采用商品混凝土，混凝土各项性能有保障的条件下，可将水下浇筑混凝土强度等级达到 C45。因此在 2012 年以前，国内水下灌注桩身混凝土的强度等级很少能够实现 C60，本工程在方案及初步设计审查阶段也有专家提出了上述疑问。由于工程工期紧迫，降低桩身混凝土强度将严重影响施工逆作法的实施，因此在不改变桩身强度要求的前提下，与施工方项目组共同研究了混凝土配合比方案及实施措施，并对商品混凝土供应方式及现场管理提出了特殊要求。桩基施工完成后，钻芯取样检测显示混凝土强度全都达到设计要求。工程桩试桩竖向承载力检测采用了自平衡技术，检测结果表明，桩径 1.2m 和 2.0m 单桩承载力特征值分别可达到 20000kN 和 40000kN。

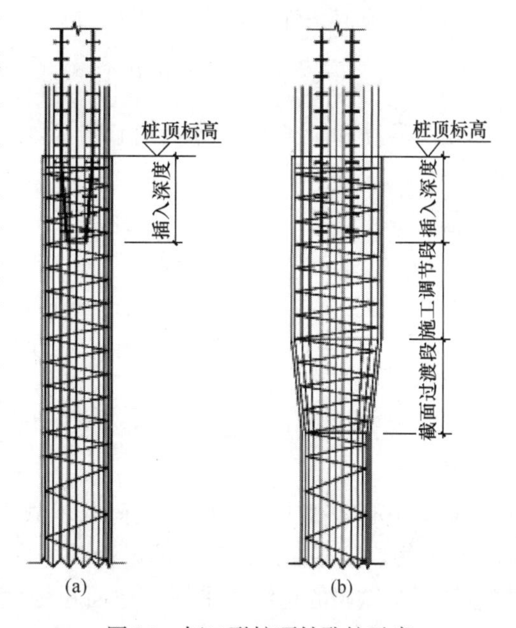

图 10 杯口形扩顶钻孔桩示意

(a) 钢管柱锥台形变截面大样；(b) 杯口形扩顶桩大样

五、结构计算分析

结构设计依据及基本设计参数如下：

(1) 地震作用

塔 1 抗震设防类别为丙类，结构安全等级为二级；塔 2 抗震设防类别为乙类，结构安全等级为一级。抗震设防烈度为 7 度，设计基本地震加速度值为 0.10g，设计地震分组为第一组。建筑场地类别为Ⅲ类，特征周期值 T_g=0.45s。规范 7 度设防参数与场地安评报告提供的地震动参数的比较见表 1。

规范水平地震与安评报告地震动参数 **表 1**

地震	50 年内超越概率（%）	地面加速度峰值（cm/s²）	地震影响系数最大值 α_{max}	场地特征周期 T_g（s）
多遇地震	63	35/45	0.08/0.113	0.45/0.50
设防烈度	10	100/122	0.23/0.305	0.45/0.65
罕遇地震	2～3	220/193	0.50/0.483	0.50/0.85

本工程多遇地震分析时采用安评报告提供的参数具体如下：

$$\alpha_{\max}^{小} = \beta A_{\max} = 2.25 \times 0.045 = 0.101$$

剪重比限值条件为：

$$\lambda = 0.15 \times 0.85 \times \alpha_{\max}^{小} = 0.01288$$

设防烈度和罕遇地震分析时设计动力参数按规范参数取值并进行相应放大，具体如下：

放大系数：$\rho = \dfrac{0.101}{0.08} = 1.2625$

因此：

$$\alpha_{\max}^{中} = 1.2625 \times 0.23 = 0.29$$

$$\alpha_{\max}^{大} = 1.2625 \times 0.5 = 0.63$$

(2) 风荷载

青奥中心塔楼主体结构的风荷载承载力设计时按照基本风压（重现期为 50 年）的 1.1 倍采用，位移控制设计时的风荷载采用 50 年一遇的基本风压，风荷载体型系数按照规范和风洞试验的包络值采用，地面粗糙度为 B 类。本项目风洞试验模型及试验数据如图 11、图 12 所示。

图 11　风洞试验模型

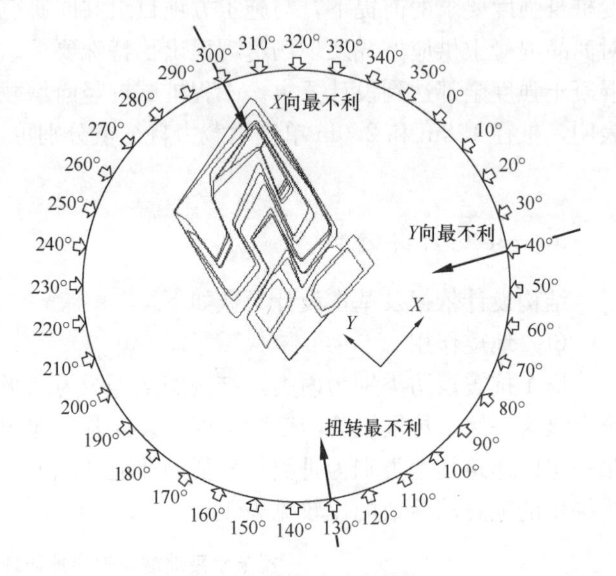

图 12　风洞试验方位角

(3) 长周期反应谱的选取

南京青奥中心双塔基本周期都较长，均超过了 6s，而规范反应谱下降段只到 6s，设计分析时偏于安全地采取了规范反应谱超过 6s 段按水平处理的原则。多遇地震反应谱取国家抗震规范反应谱和安评建议反应谱的包络谱，设防地震和罕遇地震反应谱均按国家抗

震规范反应谱进行了适当放大。

（4）抗震超限情况及主要结构措施

南京青奥中心两塔楼结构高度均超过《高层建筑混凝土结构技术规程》JGJ 3—2010 中 7 度设防混合结构最大适用高度 190m 的限值要求。在平面和竖向不规则类型方面的指标有：两塔楼均有个别楼层扭转位移比超过 1.2，其中塔 1 最大达 1.27，塔 2 最大达 1.31；塔 2 的 2 层楼板左右侧开洞，开洞面积为该层楼面面积的 21%；两塔楼局部楼层存在最大外挑 3m；塔 1 存在竖向抗侧力构件不连续情况，一侧首层车道位置有两根柱不能落地，因而进行了转换。鉴于上述情况，设计时采取了针对性的抗震性能化措施。性能目标总体而言，框架柱采取中震弹性、大震抗剪不屈服；筒体底部加强区及上下各延 1 层和塔 2 的 42 层核心筒收进部位剪力墙抗剪满足中震弹性、大震不屈服，剪力墙抗弯满足中震不屈服，大震局部屈服、不倒塌；对于塔 1 转换桁架弦杆和竖腹杆及转换柱满足中、大震弹性性能目标，斜腹杆满足中震弹性、大震不屈服。针对性措施：提高框架部分作为二道防线的作用，框架在底部占结构总剪力约 15%；在 X 向和 Y 向较长的墙体内设置结构洞，利用连梁耗能，减轻墙体损伤；框架柱采用钢管混凝土柱并保证一定的含钢率，以提高结构延性；在底部加强部位，剪力墙轴压比大于 0.10 时设置约束边缘构件，在其他部位，剪力墙轴压比大 0.25 时设置约束边缘构件；尽量优化构件截面，减轻结构自重；核心筒底部加强区及其上一层配置钢骨以实现中震下受弯不屈服；保证各种结构构件的最小配筋要求，相比规范略有提高。

（5）结构分析主要结果

该工程结构计算分析采用了多种软件。主体结构弹性分析主要采用了 PKPM 系列软件之 SATWE 2010，并采用 MIDAS Building 2011 进行校核，包括地震作用反应谱分析、弹性时程分析和风荷载分析以及施工模拟分析等。两塔的主要弹性分析结果见表 2、表 3。SATWE 和 MIDAS Building 两种软件的弹性分析表明，其分析结果基本吻合，而且所有指标均能够满足规范的要求，说明结构是安全、可靠的。弹塑性时程分析采用了 MIDAS Building 2011 和 SAP2000，用以验证结构在中、大震作用下的性能。分析结果表明在中、大震作用下，结构满足预定的性能目标。

① 小震弹性分析结果

塔 1 小震弹性分析结果 **表 2**

塔 1		SATWE	MIDAS	备注
振型（s）	第一周期	5.7652（Y）	5.7729（Y）	<0.85
	第二周期	3.799（X）	3.8661（X）	
	第三周期	2.4115（T）	2.8446（T）	
	扭转周期/平动周期	0.418	0.493	
顶点最大位移（mm）	X 向风	75.6	75.3	
	Y 向风	277.9	270.1	
	X 向单向地震	141.2	159.3	
	Y 向单向地震	284.7	310.2	
最大层间位移角	X 向单向地震	1/1283（n=26）	1/1242（n=28）	<1/527
	Y 向单向地震	1/638（n=41）	1/620（n=41）	
最大位移与平均位移比值（考虑 5%偶然偏心）	X 向地震	1.08（n=1）	1.26（n=1）	规定水平力作用
	Y 向地震	1.43（n=1）	1.82（n=1）	

续表

塔1		SATWE	MIDAS	备注
基底剪力（kN）（剪重比）	X向单向地震	33289.84（1.96%）	31600.02（1.96%）	X≥1.52% Y≥1.20%
	Y向单向地震	28199.78（1.66%）	27163.25（1.69%）	
轴压比	框架柱	0.60	0.59	<0.7
	剪力墙	0.33	0.38	<0.5
总地震质量（t）		169695	164214	

塔2小震弹性分析结果 **表3**

塔2		SATWE	MIDAS	备注
振型（s）	第一周期	6.7187（Y）	6.7187（Y）	<0.85
	第二周期	4.5096（X）	4.5096（X）	
	第三周期	2.7508（T）	2.7508（T）	
	扭转周期/平动周期	0.409	0.409	
顶点最大位移（mm）	X向风	128.94	111.11	
	Y向风	383.48	334.53	
	X向单向地震	216.32	201.82	
	Y向单向地震	369.79	334.53	
最大层间位移角	X向单向地震	1/871（n=14）	1/939（n=62）	<1/500
	Y向单向地震	1/595（n=42）	1/607（n=44）	
最大位移与平均位移比值（考虑5%偶然偏心）	X向地震	1.09（n=1）	1.18（n=1）	规定水平力作用
	Y向地震	1.34（n=1）	1.64（n=1）	
基底剪力（kN）（剪重比）	X向单向地震	34290.83（1.82%）	33321.37（1.78%）	X≥1.52%
	Y向单向地震	27534.73（1.46%）	28060.18（1.50%）	Y≥1.20%
轴压比	框架柱	0.49	0.45	<0.7
	剪力墙	0.35	0.39	<0.5
总地震质量（t）		188691	190764	

② 大震弹塑性分析结果

塔1的结构基底剪力（图13）：

X向的基底最大剪力为100429.9kN，约为多遇地震反应谱计算结果的3.02倍；Y向的基底最大剪力为68908.9kN，约为多遇地震反应谱计算结果的2.44倍。

塔2的结构基底剪力（图14）：

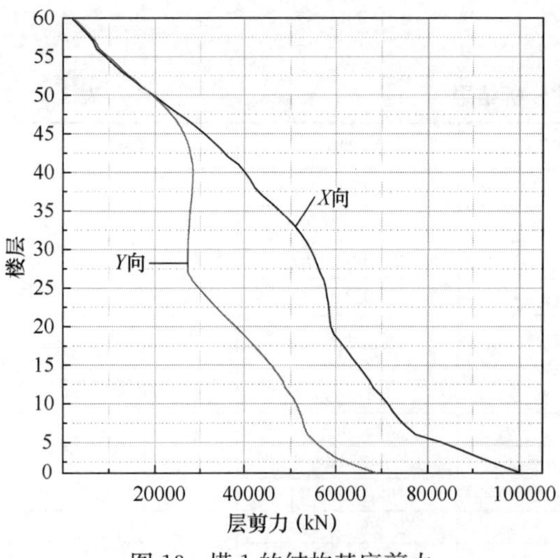

图13 塔1的结构基底剪力

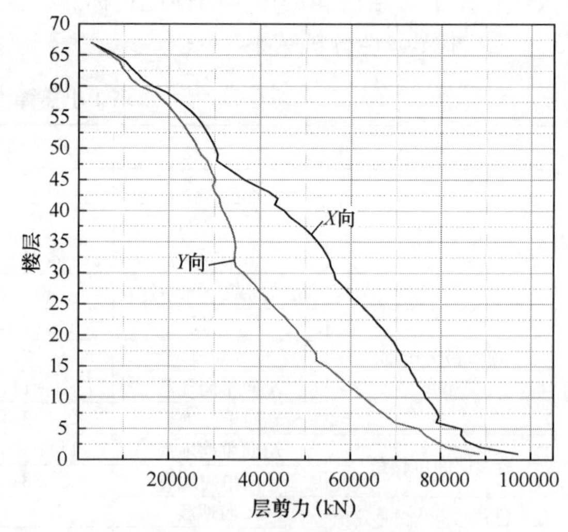

图14 塔2的结构基底剪力

X 向的基底最大剪力为 97090kN，约为多遇地震反应谱计算结果的 2.80 倍；Y 向的基底最大剪力为 83100kN，约为多遇地震反应谱计算结果的 2.94 倍。

塔 1 层间位移（图 15）：

X 向的最大位移为 0.604m，约为结构总高度的 1/397；Y 向的最大位移为 0.482m，约为结构总高度的 1/498。

塔 2 层间位移（图 16）：

X 向的最大位移为 0.651m，约为结构总高度的 1/483；Y 向的最大位移为 0.702m，约为结构总高度的 1/448。

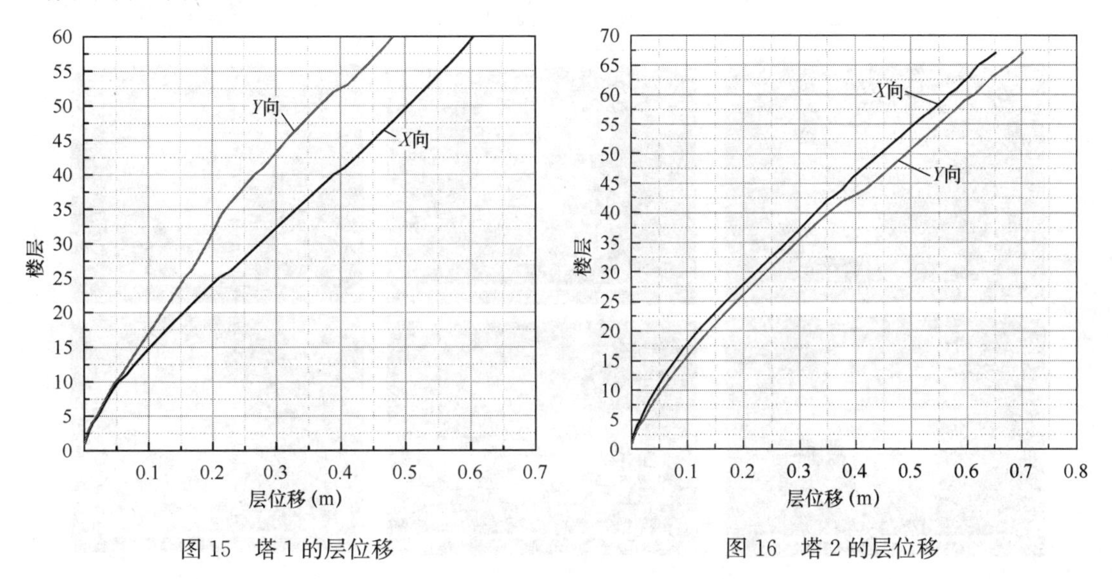

图 15　塔 1 的层位移　　图 16　塔 2 的层位移

塔 1 层间位移角（图 17）：

X 向的最大层间位移角为 1/305，出现在 41 层；Y 向最大层间位移角为 1/249，出现在 53 层。

塔 2 层间位移角（图 18）：

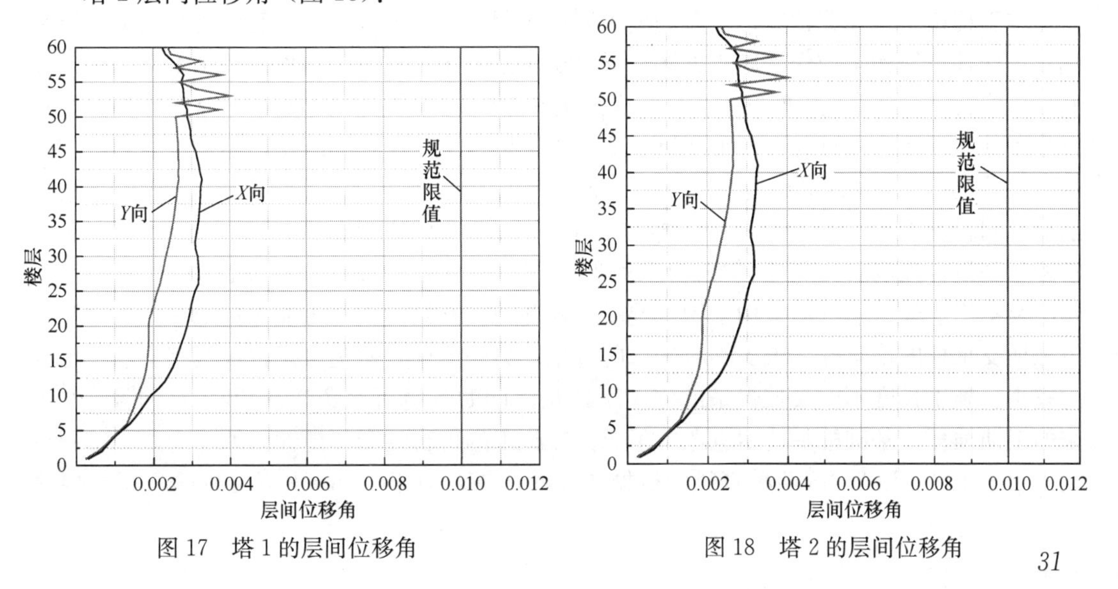

图 17　塔 1 的层间位移角　　图 18　塔 2 的层间位移角

X 向的最大层间位移角为 1/305，出现在 41 层；Y 向最大层间位移角为 1/249，出现在 53 层。

③ 塔 1 转换桁架典型节点应力分析

针对塔 1 转换桁架位置梁柱节点选取了三组荷载效应较大、中震弹性荷载工况内力，对梁柱节点进行应力分析，具体结果如图 19 所示。可以看出，在梁翼缘与柱相交的位置应力较大，三种工况下应力最大值为 121MPa、104MPa 和 46.3MPa，均为弹性状态，满足中震弹性的设计要求。

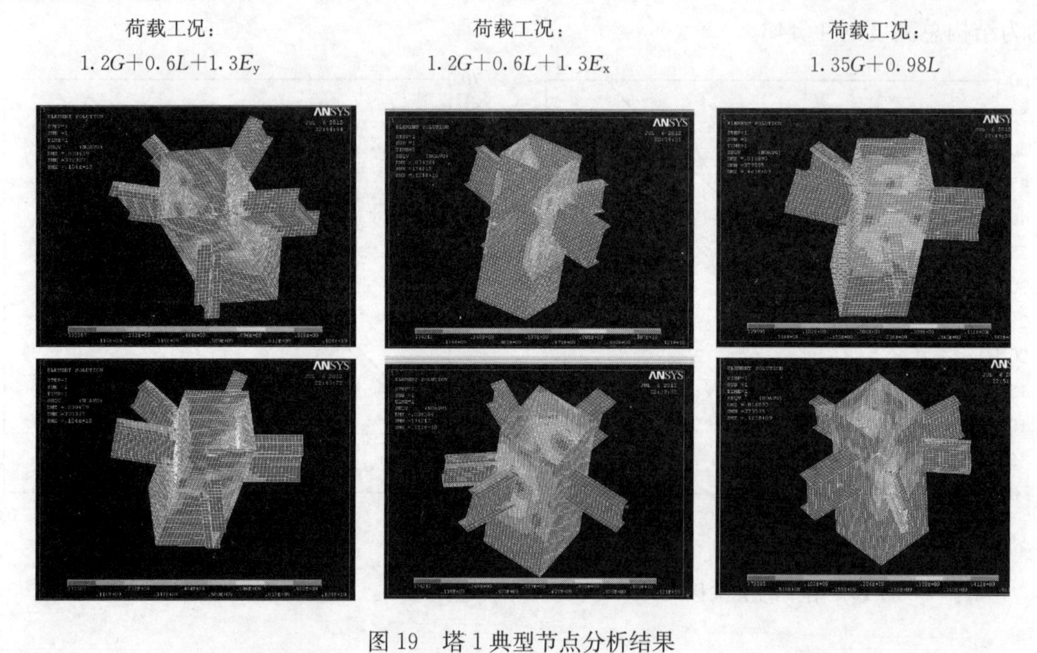

图 19　塔 1 典型节点分析结果

六、地上地下全逆作法设计

本工程由于工期非常紧迫，总的施工周期不足 30 个月，无法按正常顺作施工，故采用了塔楼地下结构全逆作法施工方案。通常逆作法方案及工法的选取受两个主要因素的控制：一是挖土、出土施工时间；二是底板浇筑并达到设计强度时地上施工容许层次。根据现场条件和地下室特点并对多方案进行比较，选取地下一层作为施工初始逆作面，按照地下一层结构层、± 0.000m 标高结构层的施工顺序依次施工，待完成±0.000m 标高结构层后，同时施工 ± 0.000m 以上各楼层和地下二层、地下三层。进度目标为地下室底板筏板达到设计强度时，主体塔楼高度达到 20 层，因此结构设计须保证这一目标的实施，塔楼及裙房逆作支承柱均采用了钢管混凝土柱并与实际结构柱尽可能保持统一，一方面可以保证支承柱的稳定性，减少临时支撑的数量；另一方面，避免采用常规型钢支承柱因截面较小、施工长度不能太长带来的施工工作量。同时，也可避免二次成柱（钢骨柱）带来的工期损耗。基础桩基选型也考虑了逆作法施工的可行性和便捷性。如前所述，工程桩共采用了 1.2m 和 2.0m 两种直径的机械成孔灌注桩，对于 2.0m 大直径桩的选用主要是为实现塔楼外框柱采取一柱一桩基础的可能，从而避免了采用小直径桩在逆作施工过程中面临的托换困难以及传力风险（图 20、图 21）。

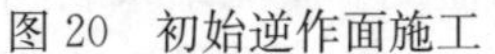

图 20　初始逆作面施工

图 21　逆作底板混凝土浇筑

本工程桩基施工从天然地面开始，有效桩长 60m，而实际施工钻孔深度达 80m，当桩钢筋笼就位后浇筑混凝土到设计桩顶标高附近时，须插入逆作支撑钢管柱，而后再继续浇筑桩顶部位混凝土和钢管柱内混凝土，因承载力需要和施工便捷要求，桩基混凝土和钢管柱内混凝土均采用 C60 高强混凝土。上述施工工序难度极高，原因在于工程桩本身长度超长，常规桩基施工要求桩的垂直度不低于 1/100，而本工程插入其中的钢管柱既是逆作施工阶段承受竖向荷载的构件，又是工程永久受力构件，垂直度允许偏差不大于 1/600，低于钢结构验收规范中对钢柱 1/1000 的要求，高于常规逆作法施工支承柱垂直度偏差 1/300的技术要求，并在设计分析时考虑了上述影响。本工程外框柱底层截面为 1.4m×1.4m，而其支承桩直径为 2.0m，施工时在地面将钢管柱准确插入桩内难度极高，为此创造性地将外框柱支承桩设计成变径杯口形桩，并在外框柱插入范围以下预留一定长度的施工调节长度，以利于施工过程中钢柱的调整就位。在插入工程桩的钢柱内外侧同时设置栓钉，钢柱插入工程桩内长度应满足柱与桩刚 性连接的要求，且连接区段长度范围内的栓钉能够承受钢柱传给桩的荷载，验算荷载应根据逆作施工过程中的最大竖向轴力确定。

通过设计和施工的密切配合，并对一些影响工期的关键环节和技术进行了深入研究，共取得了设计和施工方面 10 项创新技术，并在 20 个月内完成了主体和外幕墙施工，保证了工期目标，使本工程成为目前世界上最高的逆作法施工案例之一。

七、施工模拟分析和变形监测数据对比

对于混合结构，《高层建筑混凝土结构技术规程》JGJ 3—2010 规定：竖向荷载作用计算时，宜考虑柱、墙在施工过程中竖向变形差异的影响，并宜考虑在长期荷载作用下钢筋混凝土筒体的徐变、收缩及施工调整等因素的不利影响。南京青奥中心塔楼作为未设加强层的钢管混凝土框架-钢筋混凝土核心筒混合结构，高度超过 250m，其外柱与内筒的竖向差异变形对结构和施工的影响不容忽视，特别是工程采用了全逆作施工方案，因此在设计和施工过程中有必要进行精确的施工模拟分析。施工模拟分析采用了有限元软件 MIDAS

Gen 和 SAP2000，为使施工全过程模拟分析与实际施工状态保持一致，在分析过程中，对两个塔楼分别进行超细化拆分：每 3～4 层为一级施工组，其中又包含核心筒主墙体、核心筒次墙体、外框架柱、框架梁以及楼板结构等诸多二级施工组，再将分属于不同一级施工组的所有二级施工组按照实际施工顺序进行大范围的混组，以实现计算分析对实际施工顺序的精确模拟。两塔楼的施工全过程分别由 28、33 个施工步组成，其施工全过程模拟与施工实际完成过程基本一致：地下室一桩一柱体系施工→地下 1 层平面结构施工→开始全逆作施工过程→核心筒 18 层完成后结构底板完工→地下室墙体与地上结构同步施工→全逆作施工过程结束→地上结构顺序施工→施工全过程完成。在以上施工模拟分析过程中，根据各施工组的完成逐渐施加竖向荷载，保证了计算模型与施工过程荷载工况的统一。

为了验证施工模拟分析的准确性和为类似超高层塔楼逆作施工提供参考依据，施工过程中在两塔楼核心筒中共布设 56 个监测点组并全程跟踪监测。监测结果表明，双塔楼内外筒沉降变化具有相同的曲线特征，沉降量随时间不断增大，双塔楼内外筒沉降差异均在 5～10mm 范围内，沉降差随时间逐渐增加，增幅逐渐减小，最终沉降差异均在 9mm 范围内。根据施工模拟分析，预估沉降差约为 13mm。工程实际沉降差异值与设计预估值较为接近，并略小于设计预估值。可见，本工程施工模拟分析是可靠的，而施工过程所采取的措施非常有效。

八、结论

南京青奥中心塔楼采用了比较新颖的钢管混凝土“密柱”框架-钢筋混凝土核心筒结构体系，并采用地下结构全逆作法施工，是极具结构设计难度的超高层建筑。

通过本工程的设计研究，可以得到以下的结论：

(1)“密柱”框架-核心筒结构的外框柱间距大于 4m，虽然构不成传统意义的外框筒，但采用 6m 左右的间距仍能提供较大的抗侧刚度，因此这种体系在超高层建筑设计中可根据实际受力情况取消加强层，避免人为造成结构刚度突变而对建筑抗震带来的不利影响。

(2)“密柱”框架-核心筒结构由于没有设置加强层，节省了施工周期，与采取全逆作施工的目标高度一致。在设计与施工的密切配合下，20 个月内完成了两栋塔楼的施工；同时，本工程塔 2 成为目前世界上最高的逆作法施工的工程案例之一。

(3) 采用钢管混凝土柱作为施工逆作支承系统，具有承载力高、稳定性好、操作方便等特点，超高层塔楼逆作施工可优先选择。

(4) 对于单桩承载力特征值要求高的超高层建筑，可采用高强混凝土的灌注桩。而只要配合比适当、管理措施到位，C60 超缓凝高强混凝土可用于水下混凝土的灌注。

(5) 大直径杯口形扩顶灌注桩作为逆作法竖向构件与工程桩的连接方式，传力可靠、施工便捷，一柱一桩逆作施工的工程可予参考。

(6) 逆作法施工的超高层建筑，施工模拟分十分重要。施工精确模拟分析的可靠度足以满足施工要求，可作为施工过程的参考。

3　“东方之门”结构设计

建 设 地 点　江苏省苏州市苏州工业园区
设 计 时 间　2003—2012
工程竣工时间　2017
设 计 单 位　华东建筑设计研究院有限公司
［200002］上海市汉口路151号
主要设计人　芮明倬　汪大绥　严　敏　李立树　黄　健　胡　佶
洪小永　徐慧芳　陈　栋
本 文 执 笔　严　敏　李立树　芮明倬

获 奖 等 级　2019—2020中国建筑学会建筑设计奖·结构专业一等奖

一、工程概况

苏州“东方之门”工程位于苏州工业园区CBD轴线的东端，东临星港街及金鸡湖，由上海至苏州的轻铁线穿过本项目。项目总基地面积为24319m²，总建筑面积约为45万m²。其中，地上建筑面积约33.7万m²，地下建筑面积为1.16万m²。

图1　建筑效果

“东方之门”是由两栋超高层建筑组成的双塔连体建筑，分南、北塔楼和南、北裙房等主要结构单元，塔楼总高度为281.1m，裙房总高度约50m，塔楼和裙房之间设防震缝。两栋塔楼地上最高分别为66层和60层，其建筑层高、平面布置和使用荷载都不相同，使作为连体双塔的南、北两座楼的结构刚度、结构重量也存在着明显的差异，双塔顶部在230m高空相连，顶部连体部分为五星级酒店，最顶部为层高达16.6m的总统套房。本工程集合了五星级酒店、酒店式公寓、商住公寓、办公、商场、停车库和设备用房等诸多功能，是一个综合性多功能的超大型单体公共建筑（图1、图2）。

图 2　竣工实景

二、结构体系

本工程为双塔、连体和带加强层及转换层的复杂高层建筑结构，属特别不规则的高层建筑（图 3～图 5）。

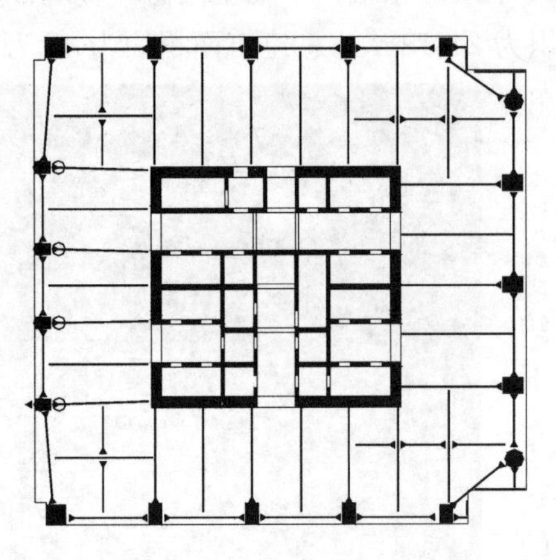

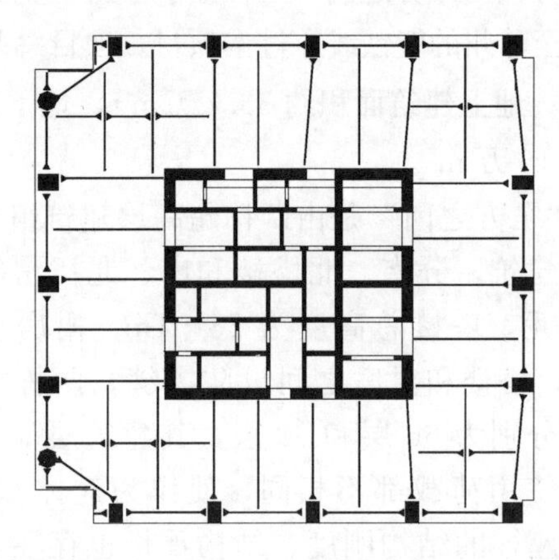

图 3　标准层结构平面

（1）塔楼部分采用钢筋混凝土核心筒＋钢骨混凝土框架柱、钢梁的混合结构受力体系。

（2）为体现建筑外形楼层逐层变化而形成连体双塔的造型，南、北塔楼中心框架柱采用了柱子多次斜向分叉的结构形式，斜向柱直伸到顶部连体部分的第四结构加强层，使连体部分竖向荷载能够更直接有效地向下传递，减少连体部分所面对的复杂受力状况。

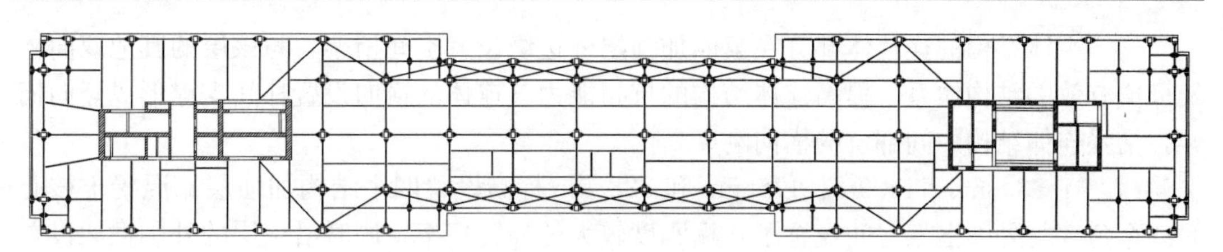

图 4 连体部分结构平面

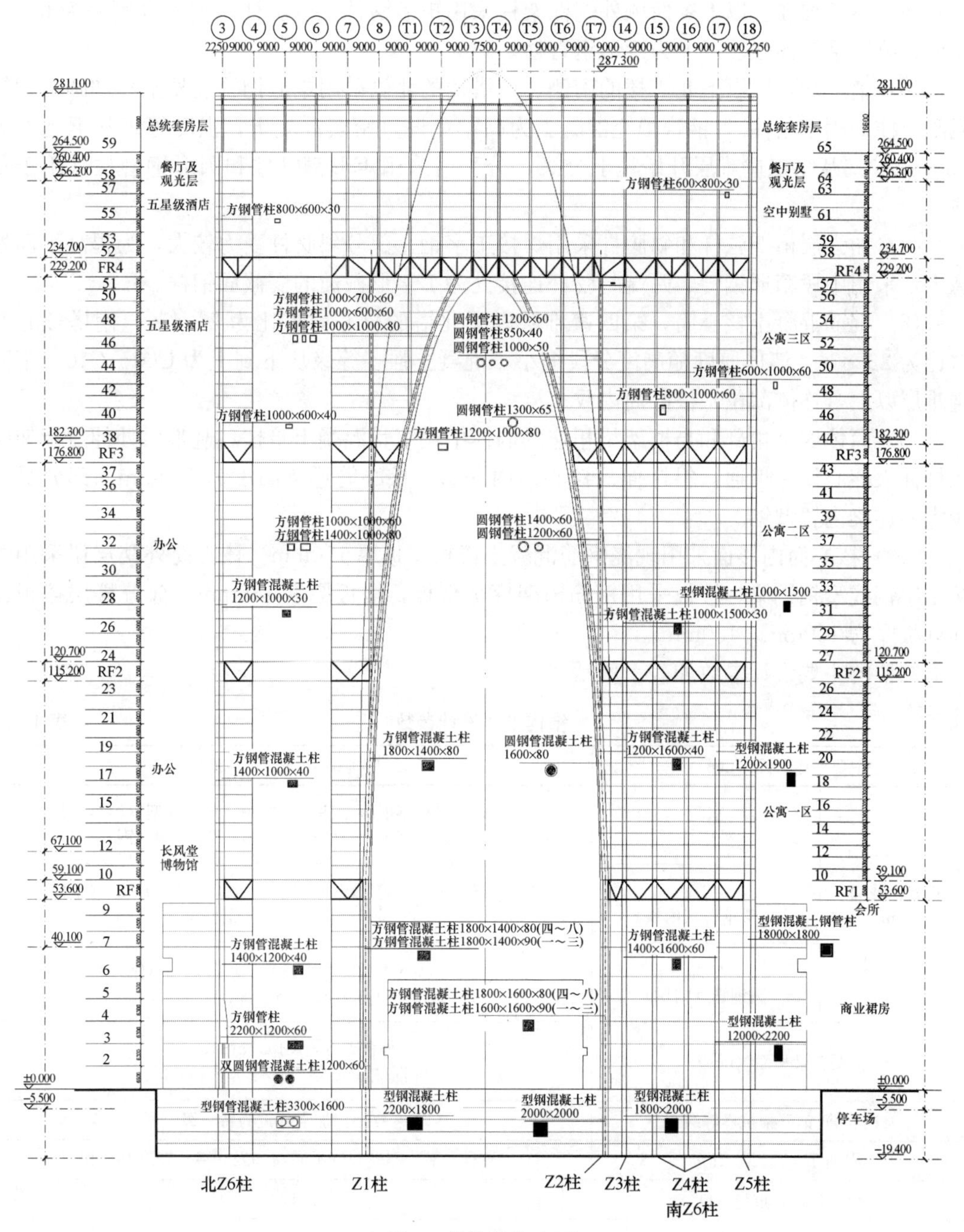

图 5 整体结构立面

（3）主体结构的连接体部分在第四加强层外边缘设置空间桁架，与该层的其他双向桁架形成有效的结构体系，提高连体结构的抗扭能力。连体的横向设置柱间支撑形成竖向桁架，增强连体结构中间部位的横向刚度。

（4）在 53.3m、114.9m、176.5m 和 228.9m 标高设置四个结构加强层。混凝土核心筒四个角部与外围框架之间设置了八榀刚度较大的伸臂桁架，同时沿该层的外围框架设置了带状桁架，共同发挥抗侧作用。

（5）第三加强层以下东西侧外围框架柱采用矩形钢骨混凝土柱，钢骨含钢率为 6%～10%；第三结构加强层以上为矩形钢管柱。

（6）第二加强层以下北塔楼的南侧、南塔楼的北侧采用矩形钢管混凝土柱和圆形钢管混凝土柱（用于角柱），钢管填充混凝土为高抛免振自密实混凝土，强度等级从下到上为 C60～C50。从第二避难层开始往上分叉，分叉后采用矩形钢管柱和圆形钢管柱（用于角柱）。

（7）加强层桁架弦杆和斜腹杆采用焊接工字钢，部分斜腹杆受力较大，为提高平面外稳定，采用中段箱形钢管、两端与弦杆连接处为工字形截面的变截面钢杆。

（8）钢筋混凝土核心筒，第四避难层以下北塔的核心筒占比为 24.4%；南塔核心筒占比为 22.8%。墙体厚度随高度分段缩小，混凝土强度等级从下到上为 C60～C40，第四避难层以上（连体部位）核心筒内收。

（9）筒体四个角部和与框架梁相连的墙体中设钢骨混凝土暗柱。避难层处伸避桁架的弦杆伸入核心筒并贯通，斜杆伸入核心筒内一跨。核心筒连梁高度为 700mm，部分受力较大的连梁内置型钢。

（10）核心筒内楼面采用现浇钢筋混凝土楼板，板厚 150mm。核心筒外楼层梁采用焊接工字钢或型钢钢梁，楼板采用钢筋桁架模板楼板，楼板厚度 130mm，部分楼层楼板加强处板厚为 150mm、180mm。

结构的主要设计参数如表 1 所示。

结构主要设计参数 **表 1**

主要墙体截面（mm）		950/850/750/500/300
框架柱截面（mm）	东西外围柱	1200×2200（型钢混凝土柱）～1000×1500（型钢混凝土柱），600×1000×60（钢管柱）～600×800×30（钢管柱）
	中部矩形钢管（内拱）	1400×1800×80（钢管混凝土柱）～1000×1000×80（钢柱），600 ×800 ×30（钢柱）
	中部圆钢管（内拱）	1600×80（钢管混凝土柱）～1200×60（钢柱），600×800×30（钢柱）
主要钢梁平面（mm）		外框梁 550×400×15×25 外框-芯筒间梁 500×300×15×25
核心筒/钢框架抗震等级		一/一，加强部位为特一级
周期 $T_1/T_2/T_3$（s）		6.931（平）/5.842（平）/4.992（平）/2.348（扭）
地上建筑总重量（t）		871795
剪重比（%）		X 向 1.59；Y 向 1.29

三、地基基础设计

地基土层特性：场地内地形基本平坦，地面标高为1.69～3.27m，平均为2.45m。

1. 桩基础设计

（1）本工程南、北塔楼下桩采用带后注浆工艺的钻孔灌注桩，直径1.0m，桩尖持力层为⑬$_1$层土，桩长约72m。经工程前试桩结果，主楼桩单桩承载力设计值可提高至12000kN。

（2）裙房桩基础采用ϕ800的钻孔灌注桩，桩尖持力层为第⑪$_2$层土，桩长约49m，单桩承载力设计值约4500kN。抗拔桩采用ϕ700的钻孔灌注桩，桩长约49m，深入土层第⑪$_2$层，单桩抗拔承载力设计值约1950kN。

（3）主楼基础形式采用大底板＋均匀布置的群桩方式，桩距约3.0m；裙房基础采用柱下集中的布置＋承台底板局部加厚的方式。

2. 地下室设计

（1）本工程地下5层，为南、北两大区域，中间部分为地铁轻轨车站（不包含在本设计中），车站和主体结构之间设永久性沉降缝，沉降缝宽800mm。

（2）基础采用钢筋混凝土承台筏板，筏板兼作地下室底板，南北塔楼下地下室底板厚约4.0m，塔楼下底板局部加厚，裙房地下室底板采用1.5m厚板，承台部分局部加厚的形式，裙房部分地下室柱网尺寸8.5m×8.5m，楼板结构体系采用现浇钢筋混凝土梁板结构。

（3）基础设计中为避免由于塔楼和裙房不均匀沉降而产生的较大的底板内力，在塔楼和东、西裙房之间设施工后浇带，后浇带封闭时间将根据塔楼的沉降趋于稳定后确定。

3. 沉降计算

本工程为超高层的连体结构，顶部连接体部分的受力对建筑沉降差相当敏感。本工程的地基附加应力大，群桩下深层土压缩影响较大，结构的最终沉降最大可达100mm；并且，上部两塔楼的重量不同，塔楼下的地基土层特性也有区别，桩尖持力层为⑬$_1$层土时，南、北塔楼的沉降差小于5mm。

四、结构设计要点

1. 主要参数（风荷载与水平地震作用）取值如下：

（1）风荷载：控制整体结构的抗侧力刚度时，按50年重现期采用，基本风压为0.50kN/m^2；控制结构的强度时，按100年重现期采用，基本风压为0.55kN/m^2（与地震作用组合），风压高度变化系数根据地面粗糙度类别为B类取值。

（2）地震相关参数：根据中国地震局地球物理研究所提供的《苏州东方之门工程场地地震安全性评价报告》，50年超越概率63%时的地震影响最大系数为0.062，场地土类别为Ⅲ类，设计地震分组为第一组，场地特征周期为0.45s。计算阻尼比取0.04，中震和大震计算时相关参数按规范取值。

2. 根据《建筑工程抗震设防分类标准》GB 50223—2008，本工程属乙类建筑，地震作用按 6 度计算（设计期间，区划尚未调整），抗震措施符合 7 度设防的要求：

（1）连接体及与连接体相邻层（标高为 225.85m）以上剪力墙和框架结构构件为特一级；

（2）塔楼从嵌固端到第二加强层以上两层的竖向抗侧力构件为特一级；

（3）标高在 53.3m、114.9m、176.5m 处加强层及其相邻层的框架柱和核心筒剪力墙构件为特一级；

（4）轴线⑦至轴线⑭之间的全体框架柱为特一级；

（5）其余部位的剪力墙、框架的抗震等级均为一级。

3. 分叉柱设计

（1）本结构内拱由第一避难层开始向内倾斜，角度逐渐加大，第二避难层以下采用梁悬挑形成内斜；第二避难层以上由于悬挑过大，采用柱子分叉方式减小悬挑长度，第二避难层及上一层为第一次分叉，每个内拱柱分叉为一直柱和一斜拱柱向上延伸（图 6）。同时，斜柱与直柱跨度不断增大，跨度到达 9m 附近时，相当于斜拱柱延伸至第三避难层以上三层处，斜柱再次分叉成一直柱和一斜柱，一直延伸至第四避难层连体处。

（2）分叉柱作为上部连体的支点，减小了连体的跨度，也承担了连体的竖向作用的传递，分叉柱除承担垂直荷载作用下的内力外，在水平作用下由于斜柱的抗侧刚度较大，斜

(a)　(b)　(c)

图 6　分叉柱施工

(a) 分叉柱立面；(b) 分叉柱立面放大 1；(c) 分叉柱立面放大 2

柱将承担比直柱更多的地震作用，其作用非常重要，因此，设计时，除中震弹性复核外，还进行大震下不屈服复核。

（3）分叉柱在分叉节点处产生较大的应力集中，为减小其影响，将分叉柱的搭接段设计成两层高度，并通过试验结果对采用通用有限元软件进行的节点数值模拟分析结果进行验证，以进一步明确其受力性能，控制其最大应力（图7）。

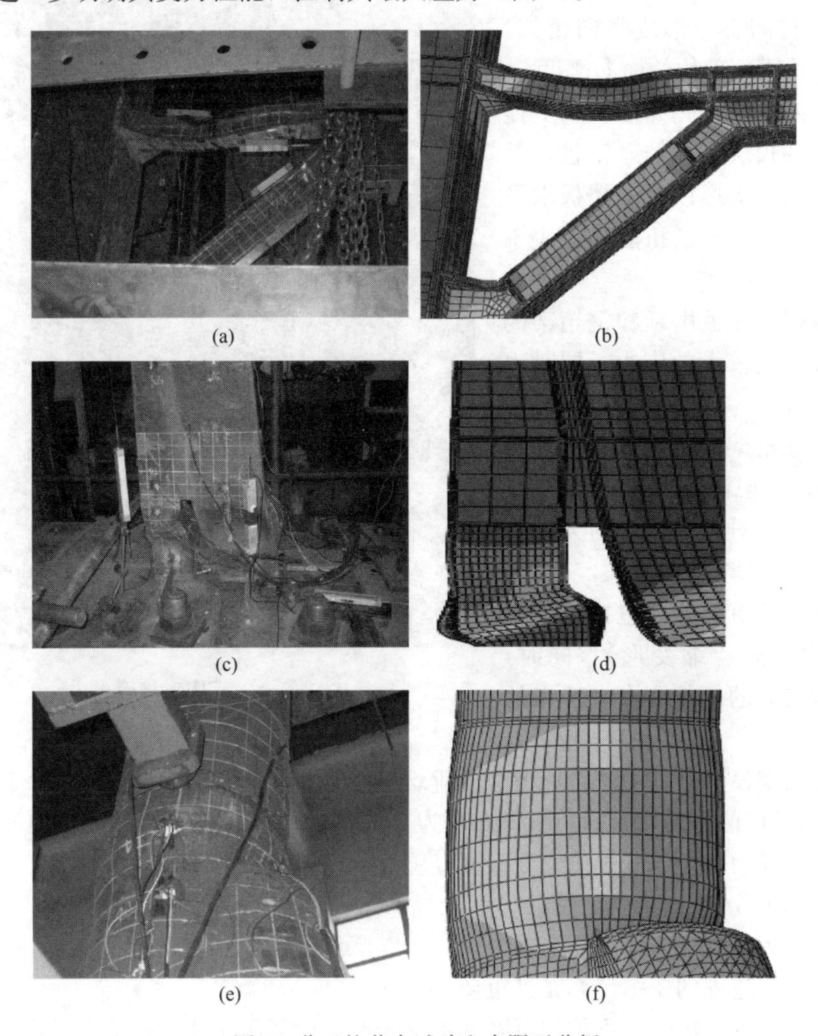

图7 分叉柱节点试验和有限元分析

(a) 分叉柱节点试验1；(b) 分叉柱节点有限元分析1；(c) 分叉柱节点试验2；(d) 分叉柱节点有限元分析2；(e) 分叉柱节点试验3；(f) 分叉柱节点有限元分析3

（4）分叉柱在分叉相邻层将产生水平分力，设计时对分叉相邻层楼板加厚至150mm，双层双向配筋加强，按弹性板计算，并复核其大震下的楼板应力。同时，在该楼板下部设置水平钢支撑，钢支撑连接到核心筒上，增强分叉层楼板的水平刚度和强度，提高楼板的整体性。

4. 连体部分设计

两塔楼在229.2m高度处连成一体（图8），连体以上共有10层，总高约51.9m，该连体部分布置有如下特点：

（1）主体结构的连接体部分在第四加强层外边缘设置空间桁架，与该层的其他双向桁架形成有效的结构体系，提高连体结构的抗扭能力。连体的横向设置柱间支撑形成竖向桁架，增强连体结构中间部位的横向刚度。

（2）第四避难层相邻层、其上连体部位两层和顶层楼板加厚，且在其平面内设置水平支撑以增强楼板水平刚度，提高连体结构抗扭能力，协调双塔的变位。

（3）避难层楼板由于和钢桁架的共同变形将产生较大的应力，同时也有较大的拉应力，因此该处相邻楼板需要加强。在桁架的杆件设计中，可偏于安全地不考虑楼板的分配作用。

（4）沉降差对部分结构内力的影响随着沉降差的增大而增大，因此，需要控制绝对的沉降差（包括基础的沉降和结构竖向压缩变形），同时，受沉降影响较大的杆件要求有适当的安全储备。

图 8　结构封顶施工

（5）在桁架设计过程中，设计考虑了避难层桁架部分支座，即最中间两个斜柱失效时的不利状况，这样桁架最大跨度由 17m 变为 34m。在垂直荷载作用下，桁架的内力产生重分配，原来受力较小的杆件内力变大。经验算，仍能保持弹性。

5. 施工模拟分析

由于本工程为双塔连体的超高层建筑，且双塔顶部在 230m 的高空相连，因此施工工况的控制、施工过程的模拟计算尤其重要（图 9）。

（1）考虑到两栋塔楼的不均匀沉降和单塔变形对顶部连体结构的受力影响很大，如何减少两单塔的沉降差，变形差是施工过程控制的出发点。

（2）钢筋混凝土核心筒将领先外钢框架施工 7～9 层。

（3）混凝土楼板和框架柱的混凝土部分可以在钢结构施工到上部以后再施工。

（4）钢筋混凝土核心筒及主体部分的钢框架（除斜柱部分）、混凝土楼板、钢骨混凝土柱施工到结构顶标高，外墙围护及内墙施工至第三结构加强层，大部分的恒荷载可先传至基础，使地基沉降尽早稳定。

（5）斜柱部分钢框架逐层施工，但为减少施工期间外挑部分的重量，此部分混凝土楼板以后施工。

（6）斜柱部分钢框架逐层施工至第四结构加强层，单塔在未合拢前处于最不利工况，

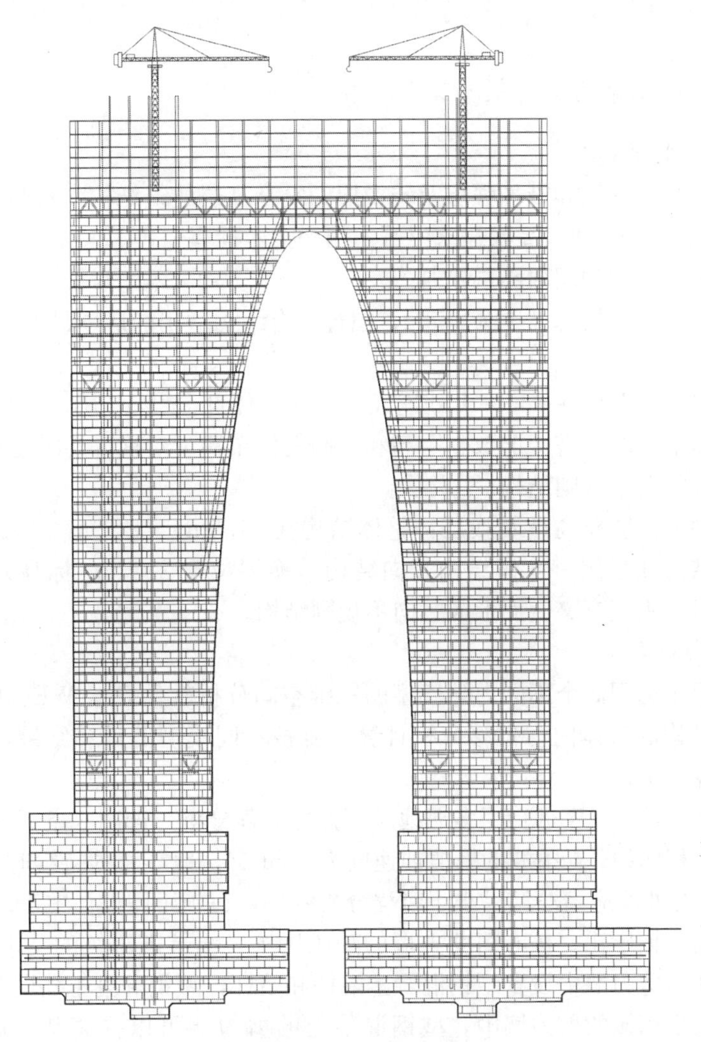

图 9　结构施工模拟设计模型

这是需要进行验算的工况之一。

（7）第四结构加强层的桁架形成，连接体下部斜柱部分的混凝土楼板尚未形成刚度，连接两单塔的连接体处于最弱环节，这也是我们需要验算的工况。

（8）连接体上部中间部分钢框架逐层施工，连体结构施工到顶，形成结构的整体刚度和整体计算模型。

（9）施工模拟计算时考虑 1.0kN/m^2 的施工荷载，外墙及内墙施工到一定高度，取 10 年重现期的风荷载 0.42kN/m^2 和 10 年重现期的相应设防烈度（6.5 度）的地震作用，最大地震影响系数 $\alpha_{max}=0.0386\times0.062=0.0239$。

计算结果表明：连体桁架构件在施工过程中的内力总体较小，远低于地震作用影响；考虑施工模拟与否，对于桁架斜腹杆影响较小，对于上、下弦杆的轴力影响不大，但弯矩明显增大；考虑连体桁架层楼板刚度与否，对桁架构件在风和地震等水平作用下的内力影响非常显著；桁架构件在考虑施工模拟后的承载力校核满足大震不屈服的设计要求。

五、结构超限情况及对策

1. 结构超限情况

本工程为双塔、连体和带加强层及转换层的复杂高层建筑结构，对照《建筑抗震设计规范》GB 50011—2010 和《高层建筑混凝土结构技术规程》JGJ 3—2010 存在以下超限情况，属多项特别不规则的超限高层建筑。

（1）高度超限：塔楼总高度为 278m，超过混合结构适用的房屋最大高度 220m，超高 26.4%。

（2）连体建筑：双塔在 230.9m 处连成一体，连体部分共 10 层，占总高度的 18.6%（<20%）。连体下的两个塔楼层数、层高和核心筒体布置不对称，层刚度和整体刚度均有差异，从而形成竖向不规则结构。

（3）带结构加强层及高位转换层：整体结构在 51.3m、112.9m、174.5m 和 230.9m 标高设置 4 个结构加强层，连体结构竖向结构转换层位于 230.9m 标高处的第四加强层处，本工程因竖向刚度有突变而形成竖向不规则结构。

2. 结构超限对策

（1）分析程序选用 3 个不同力学模型的三维空间分析软件 SATWE、ETABS 和 ANSYS 进行连体结构的整体内力位移分析计算，复核不同模型的计算结果，总体信息满足规范要求，计算结果接近。

（2）采用 ETABS 程序进行了多遇地震下弹性时程分析，选用 3 条天然波和 1 条人工模拟的加速度时程曲线，4 条波的峰值加速度为 $28m/s^2$，地震波的持续时间为 30s。计算显示在 150m 高度处反应谱法结果小于时程分析结果，在施工图设计中予以考虑。

（3）控制墙柱轴压比。核心筒剪力墙的轴压比按一级抗震等级的要求不宜超过 0.5，在受力较大的外圈剪力墙中设置型钢混凝土端柱和暗柱，型钢混凝土柱设置在核心筒的四个角部和与框架梁相接的剪力墙中。型钢混凝土的剪力墙可以提高其抗震性能（受弯、受剪承载能力）、增加延性，剪力墙在重力荷载代表值作用下的轴压比可以满足规范要求。钢骨混凝土框架柱的轴压比均控制在 0.65 以内，特一级框架柱轴压比控制在 0.6 以内。

（4）性能化抗震设计。制定了结构整体性能目标和结构薄弱部位（关键部位）的性能目标：

① 第一水准地震（小震）作用下结构满足弹性设计要求，即整体结构的周期、位移等指标满足规范的要求，全部构件的抗震承载力均满足规范的要求；

② 第二水准地震（中震）作用下结构全楼（连梁除外）弹性；

③ 第三水准地震（大震）作用下极关键部位构件（即转换构件）大震不屈服，底部复核受剪承载力，连体及其支撑部位（⑦～⑭轴柱最上分叉以上）按大震不屈服复核。

（5）加强薄弱层。针对结构在第 6 层由于层高突变引起竖向不规则的情况，计算中考虑第 6 层的地震剪力乘以 1.15 的增大系数，并按大震不屈服工况，进行该楼层的核心筒剪力墙和框架柱的受剪承载力设计。增加该楼层核心筒的强度，提高暗柱内的钢骨含钢，增加交叉钢支撑（—60mm×1100mm）来减少与上层的侧向刚度及抗剪强度差异。通过加强后，抗侧刚度比最小值0.53，小于0.7，抗剪强度比最小值由0.61提高至0.79，大于0.75。

（6）其他抗震措施：塔楼从嵌固端至第二加强层之上两层抗侧力构件按特一级设计。墙体约束边缘构件延伸到轴压比为0.25和第二加强层以上两层的较高处。

3. 超限高层审查意见

本工程已分别经过江苏省抗震设防专项审查委员会和全国超限高层建筑工程抗震设防专家委员会的专项审查。

（1）江苏省抗震设防专项审查组专家关于“苏州东方之门工程扩初设计抗震设防专项审查初审意见”如下：

① 核心筒部分墙体的轴压比仍比较大，应进一步采取适当措施；

② 支撑连体桁架的斜柱按中震弹性计算，斜柱的应力比过大；

③ 应进行施工模拟分析，考虑上部连体未合拢时的最不利状态；

④ 进一步慎重选择桩基持力层并进行群桩沉降计算，可调整核心筒下桩长以减少沉降差；

⑤ 结构时程分析应满足规范要求。

（2）全国专家审查委员会关于“苏州东方之门工程初步设计抗震设防专项审查意见”如下：

① 该工程小震地震影响系数最大值按“安评”报告采用，时程分析的输入波形应与“安评”报告协调，中震和大震的设计参数仍按规范采用；

② 该工程总高度较大、Y向层间位移较大，主结构（连梁除外）承载力应按中震弹性复核，底部尚应按大震复核受剪承载力，主要墙体的轴压比应严格控制；

③ 连体及其支撑部位（⑦～⑭轴最上分叉以上）宜按大震不屈服复核；

④ 伸臂桁架应与筒体的墙肢贯通，加强层和柱分叉处的楼面水平支撑应延伸至内筒，顶部拱脚的楼层应设置水平支撑；

⑤ 底部扭转位移比大的框架柱，应采取特一级或其他加强措施；

⑥ 内力组合应以施工全过程完成后的静载内力为初始状态。

六、主要计算结果

如结构经济性指标、总质量、周期和整体指标等。

1. 分析程序的选用

（1）东方之门结构体型较为复杂，扩初阶段分析工具选用ETABS、ANSYS和SATWE三种程序。

（2）三个模型的各种结构构件的截面特性、材料特性与布置，施加在结构上的各种荷载（恒荷载、活荷载、风荷载等）完全一致，计算地震作用所用反应谱参数也同样根据有关规范要求并结合场地的安评报告实测数据进行合理取值。

（3）三种程序计算结果之间的异同完全是由程序的力学模型不同带来的，这也符合住房和城乡建设部《超限高层建筑工程抗震设防管理规定》对选择计算程序的要求。

2. 计算结果

（1）地震作用下结构各层平均侧移（图10）

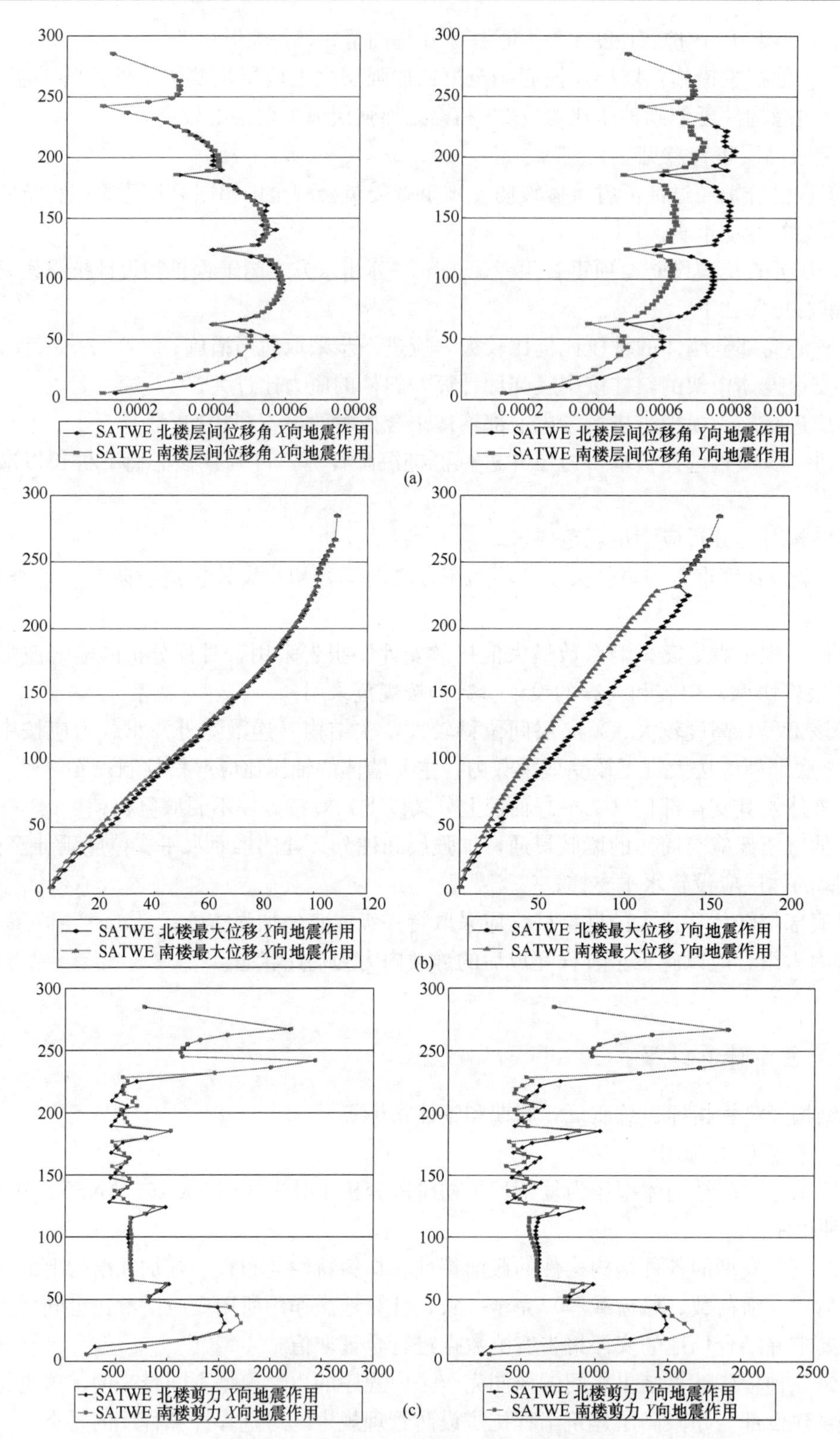

图 10　地震作用下结构各层平均侧移（一）

(a) 层间位移角；(b) 最大位移；(c) 剪力

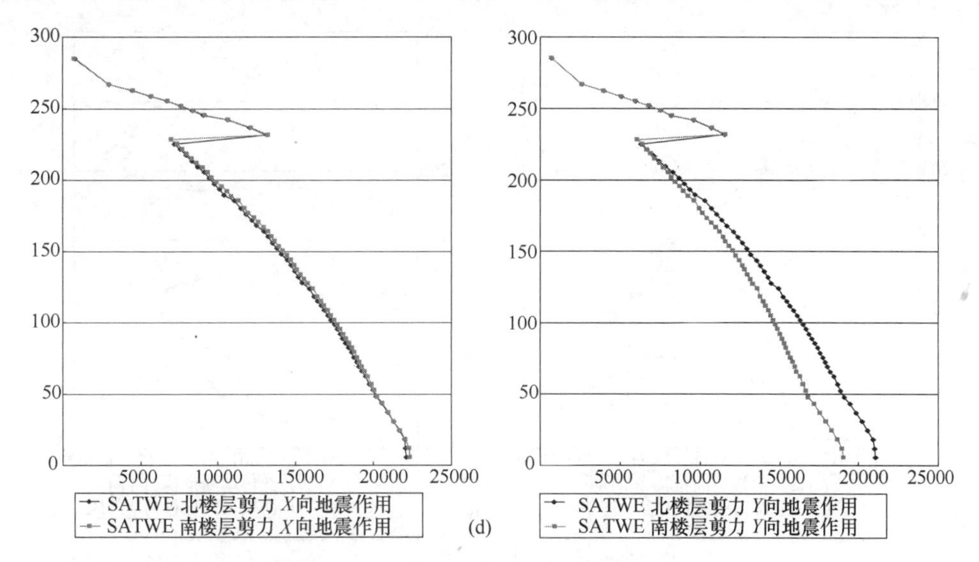

图 10　地震作用下结构各层平均侧移（二）

（d）层剪力

（2）风荷载作用下结构各层平均侧移（图 11）

（3）SATWE、ETABS 和 ANSYS 振型分解反应谱法的结果比较（表 2）

主体结构主要电算结果 **表 2**

电算数据（计算振型数）		SATWE	ETABS	ANSYS
自振周期（s）	T_1	5.974	5.722	5.9804
	T_2	5.308	5.054	5.4748
	T_3	5.036	4.730	5.2449
	T_4	2.271	2.094	2.4586
	T_5	2.176	1.997	2.2777
	T_6	1.931	1.809	2.2484
	T_7	1.802	1.706	1.8435
	T_8	1.632	1.521	1.6568
	T_9	1.502	1.397	1.6426
地震作用	X 向基底剪压比	0.95%	1.005%	1.005%
	Y 向基底剪压比	0.85%	0.822%	0.918%
	X 向最大层间位移角	1/1700	1/1736	1/1366
	Y 向最大层间位移角	1/1328	1/1115	1/1191
风作用下楼层最大位移	X 向层间位移角	1/2137	1/2358	1/1669
	Y 向层间位移角	1/593	1/625	1/603
活荷载产生的总质量（t）		37192	37192	37220
恒荷载产生的总质量（t）		430615	431400	430612
结构的总质量（t）		467807	468592	467832

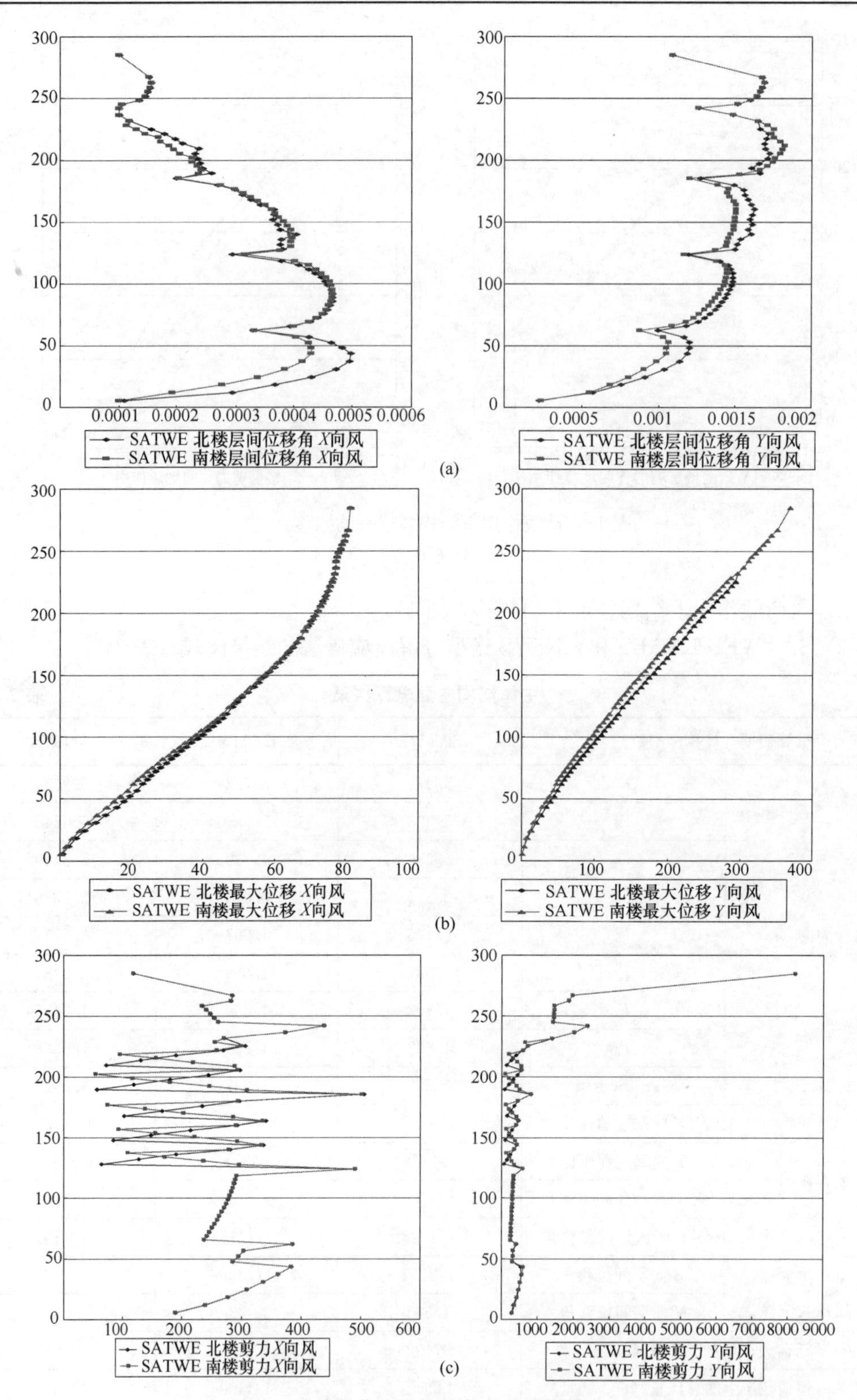

图 11　风荷载作用下结构各层平均侧移（一）

（a）层间位移角；（b）最大位移；（c）剪力

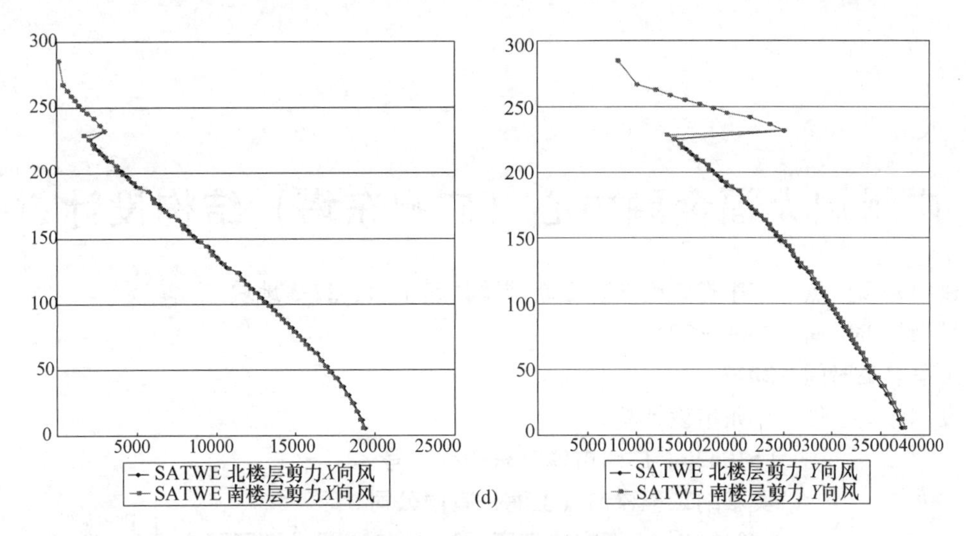

图 11 风荷载作用下结构各层平均侧移（二）

（d）层剪力

（4）动力时程分析

根据规范要求本工程结构设计用 ETABS 程序进行了多遇地震下弹性时程分析，选用 3 条天然波 Usaca 014、Usaca169、Sanf-X 波和 1 条人工模拟的加速度时程曲线 A31 波，4 条波的峰值加速度为 28m/s^2，地震波的持续时间 30s。计算结果表明：由于本工程为超过 150m 的高层建筑，弹性动力时程反应较大，建筑物的上部由 4 条时程波平均值产生的层间剪力大于由 CQC 法计算的层间剪力，结构计算分析应参考动力分析的结果。结构体系无明显薄弱层，最小的时程曲线所得的结构底部剪力 X 向由 Usaca014 地震波产生，Y 向由 Usaca0169 地震波产生，但均不小于由 CQC 法求得的底部剪力的 65%，4 条时程曲线计算所得的底部剪力的平均值均大于由 CQC 法求得的底部剪力的 80%，弹性时程计算满足规范要求。

本工程于 2005 年开始桩基施工，2007 年开始基础及主体结构施工，2012 年结构全面封顶，2018 年竣工。采用框筒双塔刚性连体结构方案，较好地实现了建筑新颖的造型，使结构与建筑的形态完美结合。该项目获得了 2019—2020 年中国建筑学会建筑设计奖·结构专业一等奖，2019 年 7 月获上海市勘察设计行业协会优秀工程设计一等奖，2019 年 11 月获中国勘察设计协会优秀建筑结构一等奖。

4 广州周大福金融中心（广州东塔）结构设计

建 设 地 点 广东省广州市珠江新城冼村路 J2-1、J2-3 地块
设 计 时 间 2009—2015
工程竣工时间 2017
设 计 单 位 广州市设计院
［510620］广州市体育东横街 3 号
奥雅纳工程咨询（上海）有限公司
［200021］上海市徐江区淮海路 1045 号淮海国际广场 39-41 楼
主要设计人 王松帆 赵恩望 周 定 赵 宏 王伟明 刘浩璋 李 莉 刘永策
本 文 执 笔 王松帆 汤 华

获 奖 等 级 2019—2020 中国建筑学会建筑设计奖·结构专业一等奖

一、工程概况

广州周大福中心（图 1）位于广东省广州市珠江新城冼村路 J2-1、J2-3 地块，用地面积 26494m²，总建筑面积约 50.8 万 m²，其中地下部分约 10.4 万 m²，地上部分约 40.4 万 m²，容积率 14.54。塔楼地上 111 层，建筑高度为 530m，是集办公楼、服务式酒店、酒店、娱乐、餐饮、会所、车库等为一体的综合性超高层建筑。

图 1 建设中及落成后的建筑实景

项目由 1 座呈退台的塔楼、1 座商业裙房以及 5 层地下室组成。塔楼建筑外形设计理念源于多功能使用的特点——楼层变化以适应不同功能类型的需要，阶梯状的建筑外形设计使得主要功能区楼层面积最优化。4 个退台包括办公区至服务式酒店、服务式酒店至酒店、酒

店至塔冠、塔冠至天空。每个退台，均根据建筑功能减小楼板面积，从而形成空中屋面花园平台，营造出空中花园俯瞰城市美景。这种逐层退进的形体设计手法，延续到裙房的设计上。裙房部分与塔楼结合，随着体型的升高逐层退后，最后在中部形成大的天窗，给裙房内的商业环廊提供自然采光。

二、结构体系

根据工程特点，塔楼结构类型采用巨型框架-核心筒结构，由 8 根（平面每侧 2 根）矩形钢管混凝土巨柱（柱距 30m）、8 根小钢管混凝土柱（平面每侧巨柱间加设 2 根）、钢板混凝土剪力墙（上部楼层逐步过渡为型钢混凝土剪力墙、普通钢筋混凝土剪力墙）组成的核心筒，以及 4 道伸臂桁架和 6 道双层环桁架共同构成。塔楼结构竖向荷载主要由钢板混凝土核心筒、巨柱承担。

塔楼受到的水平荷载作用由巨型框架、核心筒及伸臂桁架、环桁架组成的整体抗侧力体系共同承担（图 2）。

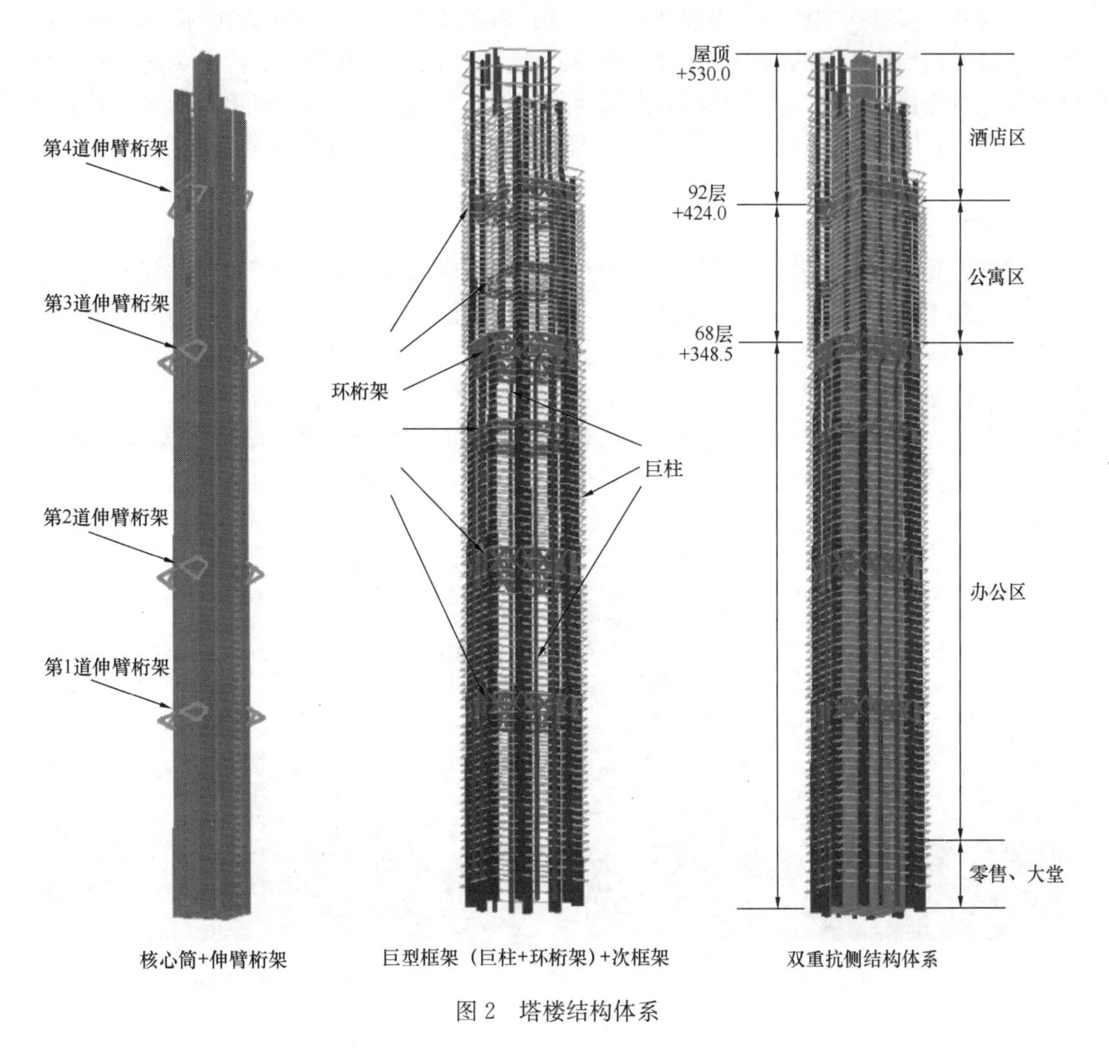

图 2　塔楼结构体系

三、结构特点

该工程塔楼主要结构特点包括：建筑高度及高宽比大、竖向荷载巨大、立面收进、巨柱跨度大、结构自振周期偏大、混凝土收缩及徐变对变形的影响等。这些特点给结构设计带来了较大的困难和挑战。

1. 建筑高度及高宽比大

建筑高度530m，超规范B级高度较多；高宽比8.7，超规范限值7.0，核心筒高宽比17.3；建筑顶部楼层设有高端酒店，建设地点遭遇较强风荷载作用的概率高，对建筑物风振舒适度要求比规范常规限值适当提高。由于核心筒高宽比及外框巨柱间距大，故仅靠核心筒及外框架的抗侧刚度，不能满足结构水平位移及风振舒适度控制要求。通过采用4道伸臂桁架、6道环桁架，将8根矩形钢管混凝土巨柱、钢板混凝土（型钢混凝土、普通钢筋混凝土）剪力墙核心筒一起组成巨型框架-核心筒结构体系，高效利用巨柱轴向刚度增强结构抗侧刚度，有效控制结构水平位移及风振加速度。竣工后遭遇多次超强台风的袭击，结构及风振舒适度性能均表现良好。由于巨柱截面较大，为有效发挥环桁架的作用，采用了沿平面周边闭合的双层环桁架（图3）。合理控制伸臂桁架刚度，避免产生过大刚度突变。对应伸臂桁架位置的核心筒混凝土剪力墙肢内埋贯穿钢板，使其连接成整体，协调结构变形；同时，有效改善剪力墙混凝土受拉情况，避免伸臂桁架连接处剪力墙混凝土开裂。

2. 竖向荷载巨大

建筑超高导致结构竖向荷载巨大，为有效控制竖向构件截面尺寸，巨柱采用多腔构造的钢管混凝土截面（图4），腔内浇灌C80高强混凝土，混凝土中设纵筋和箍筋，改善混凝土延性及收缩性能。由于巨柱截面大，普通楼层梁对其约束能力小，通过在整体模型中对巨柱进行屈曲分析确定巨柱计算长度。底部核心筒外墙采用内嵌双层钢板C80高强混凝土组合剪力墙（图5），向上过渡为单钢板、型钢混凝土剪力墙，提高承载力及延性，再向上改为普通钢筋混凝土剪力墙，有利于减轻自重及地震作用，增加建筑使用面积，节省成本。

图3　双层环桁架吊装

图4　矩形多腔钢管混凝土巨柱

3. 立面收进

由于建筑立面采用退台形式，导致塔楼在办公区到公寓区，即建筑 348m 高度及公寓区到酒店区，即建筑 424m 高度两处发生立面体型收进。针对这些特点，控制收进处底部楼层位移角不大于相邻下部区段最大层间位移角 1.15 倍，进行小震弹性时程分析，发现顶部较明显的鞭梢效应，并结合大震弹塑性分析结果，对建筑方案进行调整，适当增加核心筒剪力墙角部墙肢（图 6，图中深色为新增墙体）等抗震加强措施。振动台试验结果表明，采取的抗震加强措施有效。同时，对于公寓区到酒店区部分外框柱因立面收进采用斜柱过渡（图 7），控制其斜度为 1∶4，且对相应楼板、钢梁进行加强。

图 5　内嵌双层钢板高强混凝土组合剪力墙

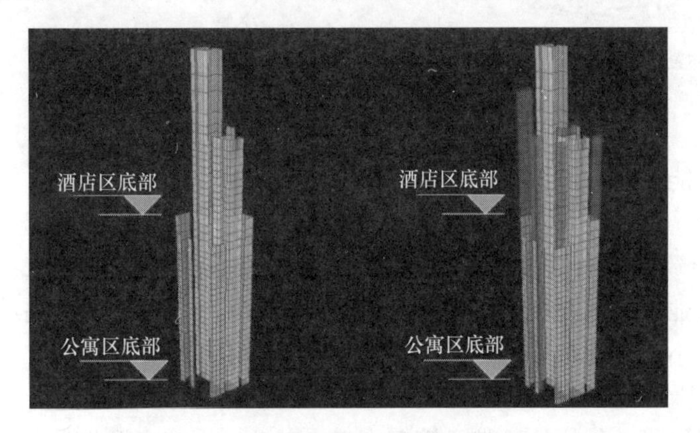

图 6　立面收进处核心筒剪力墙加强

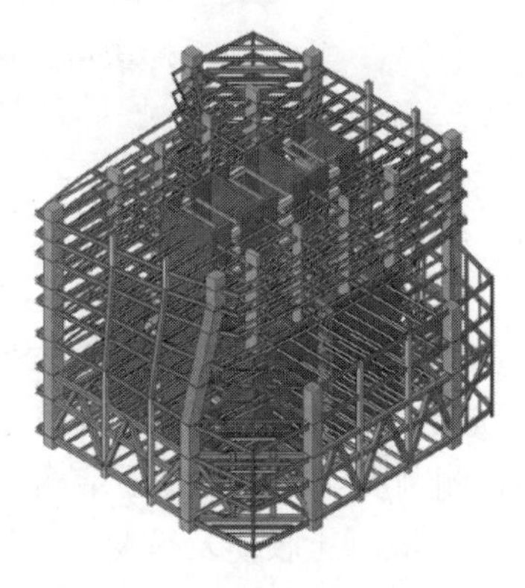

图 7　顶部体型收进处，局部柱采用斜柱过渡

4. 巨柱跨度大

巨柱跨度 30m，虽然楼面梁选择合适的截面可以满足承载力要求，但大跨导致的楼盖竖向振动舒适度及外框抗侧刚度弱，承担地震剪力比偏小的问题需予以重视。经研究，结合建筑使用功能，在每侧巨柱之间加设 2 根小钢管混凝土柱，与外框梁一起在巨型框架之间形成次框架。通过对次框架小柱与环桁架连接方式，如吊在环桁架、坐落在环桁架和上下贯穿落地几种方案对比发现，由于环桁架的协调作用，各方案重力荷载作用下小柱分配的重力区别不大，而外框小柱上下贯通对提高外框抗侧刚度帮助最大，考虑到结构 X 向外框较 Y 向弱和建筑功能，将塔楼南北两侧外框小柱做落地处理（图 8）。采用考虑步行激励的方法验算大跨楼盖竖向振动舒适度，建筑竣工使用结果表明竖向振动舒适度满足要求，计算结果可靠。针对外框抗侧刚度弱，承担地震剪力比偏小问题，由于建筑对巨柱截面大小的限制，通过加大巨柱钢板厚度满足超限审查专家要求的外框地震剪力不低于基底地震剪力 5%的要求，外框同时考虑 $0.2Q_0$ 地震剪力调整，核心筒小震地震剪力放大 1.1

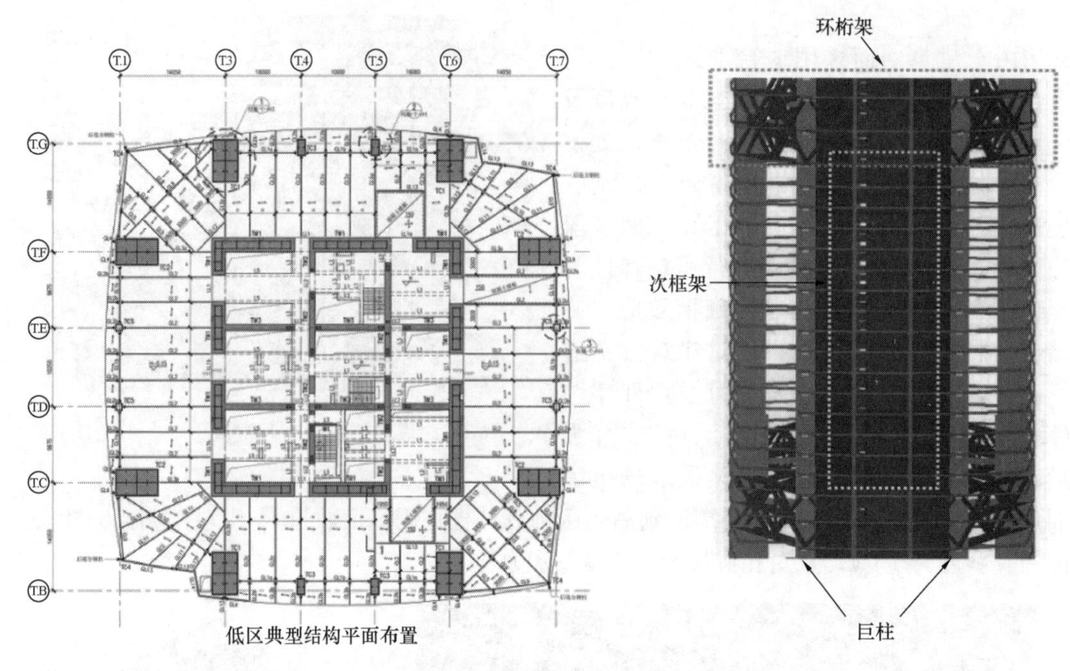

图 8 巨柱间加设小柱

倍，结构具备良好二道防线抗震能力。

5. 结构自振周期偏大

由于建筑高度大、重量大导致结构自振周期偏大，两方向第一平动周期均大于 8s。合理选择超长周期地震反应谱与地震波地震输入，并结合伸臂桁架和环桁架的设置提高结构抗侧刚度，从而小震下结构最小剪重比基本满足超限预审专家要求的 1%限值。

6. 混凝土收缩及徐变对变形影响

对超高层而言，由不同材料组成的外框柱、核心筒剪力墙，其轴向压缩变形除存在弹性变形外，尚受混凝土收缩及徐变的影响。这导致重力荷载存在由核心筒剪力墙卸载转移到巨型外框柱上；与此同时，相关连接梁内力增大，且内筒和巨型外框柱因收缩徐变产生的差异变形随结构增高而加大。如考虑不周，对如填充墙、幕墙等非结构将造成破坏、对层高也有一定影响。设计阶段采取合理的假定进行计算模拟，并要求制作工艺严格控制容易引起混凝土徐变的不利因素，连接内筒和外框柱的钢梁采用全铰接方式，控制核心筒墙体压应力水平、适当设置构造型钢、增加筒体配筋量，施工期间结构不同高度处预留后期收缩变形余量、伸臂桁架斜杆后装等措施。

四、结构设计要点

1. 结构材料

构件混凝土强度等级 C35～C80，并特别在国内首次实现 500m 高泵送 C120 混凝土，钢材采用 Q235、Q345 及 Q345GJ 等级结构钢，钢板最大厚度 130mm。伸臂桁架、环桁架、钢管混凝土巨柱、伸臂桁架层及其上、下相邻层核心筒内钢材质量等级为 C 级，其他区域钢材质量等级为B级。

2. 构件尺寸

钢管混凝土巨柱截面由底部3600mm×5700mm逐渐向上部楼层收小为2000mm×1500mm，核心筒外墙厚度由底部1800mm逐渐向上部楼层收小为1000mm，外框钢梁1000×600×20×40、800×400×20×40等，核心筒与外框架间楼面钢梁500×200×10×16、500×500×14×30等，伸臂桁架截面285mm×1200mm、425mm×1950mm、800mm×1950mm等，组合楼板厚度130mm，核心筒内钢筋混凝土楼板厚度150mm。

3. 地震作用

场地抗震设防烈度七度，设计基本地震加速度0.1g，设计分组第一组，场地类别II类，抗震设防分类标准为重点设防类。地震作用按规范反应谱和安评结果的不利情况选用，考虑水平、竖向地震作用。

4. 风荷载

50年基本风压0.5kPa，承载力计算基本风压取0.55kPa，地面粗糙度为C类。

5. 温度作用

假定结构合拢温度范围20～28℃，由于建成后的结构构件都封闭于幕墙里面，室内环境有适当空气调节作为恒温控制，一般温度在20～26℃，故建筑所有内部构件考虑±8℃的温度变化。计算结果表明，除伸臂桁架外，其他结构构件由于温差产生的内力对整体结构影响轻微，因此要求伸臂桁架施工合拢温度为20～25℃，并考虑温度作用的荷载组合。

6. 抗震性能化设计

本工程高度超限严重，结构体系存在多项抗震不利特征，设计采用了基于性能的抗震设计思想，拟定合理的抗震性能目标（表1）并经验算，可以保证结构抗震安全。

塔楼结构抗震性能设计目标 **表1**

构件或部位		小震	中震	大震
性能水平定性描述		不损坏	可修复损坏	无倒塌
层间位移角限值		$h/500$	—	$h/100$
核心筒墙肢	压弯、拉弯	弹性	弹性	可进入屈服，底部加强区控制塑性转角θ<IO
	抗剪	弹性	弹性	不屈服
核心筒连梁		弹性	正截面允许屈服，抗剪弹性	最早进入塑性
巨柱		弹性	弹性	不屈服
伸臂桁架		弹性	不屈服	允许屈服，弹塑性变形程度可修复并保证生命安全，ε<LS
环桁架		弹性	弹性	允许屈服，弹塑性变形程度轻微，θ<IO
次框架小柱		弹性	不屈服	允许屈服，弹塑性变形程度可修复并保证生命安全，θ<LS
其他结构构件		按规范设计	允许进入塑性	允许屈服，破坏较严重但防止倒塌，θ<CP
节点		不先于构件破坏		

注：θ为构件端部塑性转角值，ε为杆件轴向塑性拉压应变值，IO、LS、CP为ATC40和FEMA356给出的相关限值。

巨柱及核心筒剪力墙抗震等级特一级，钢框架梁抗震等级二级，巨柱轴压比限值为0.7、核心筒剪力墙轴压比限值为0.5。采用ETABS、MIDAS对比计算，大震采用LS-DYNA及ABAQUS进行大震动力弹塑性对比分析，并进行振动台试验，验证结构抗震安全性。

7. 防连续倒塌验算

根据结构实际情况，通过对环桁架和南面小柱采用拆除构件法（图9）及对巨柱和核心筒剪力墙构件表面施加附加横向荷载的方法验算塔楼防连续倒塌性能。结果表明巨柱和核心筒剪力墙构件表面施加附加80kPa的偶然荷载不会导致结构构件失效，环桁架两根杆件和南面小柱失效时有相关局部构件进入塑性状态，但塑性变形值小于FEMA356生命安全限值，结构不会倒塌。

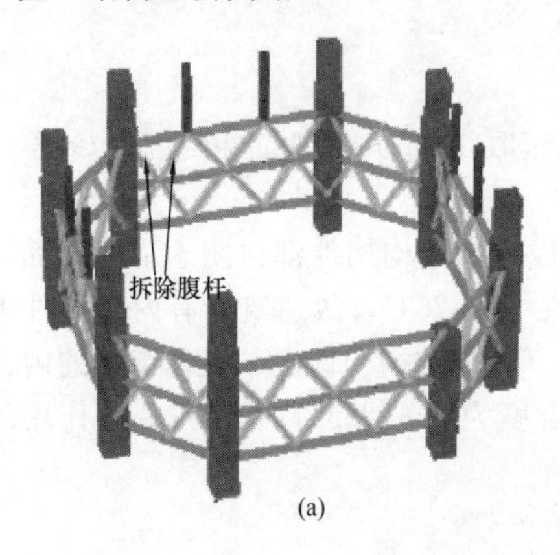

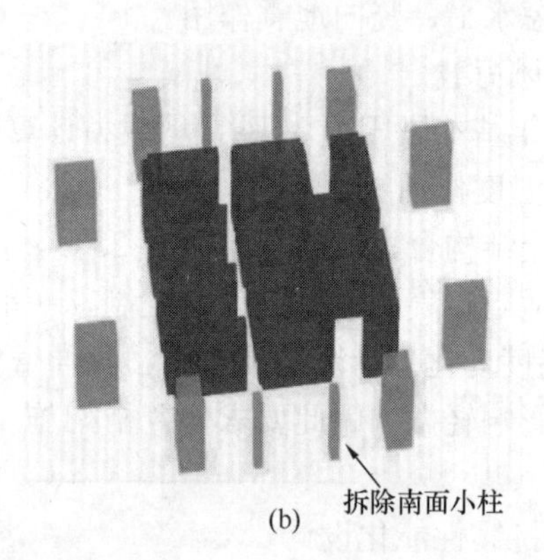

图9　防连续倒塌验算拆除构件

（a）环桁架两根杆；（b）南面小柱

五、节点设计及有限元分析

1. 基本原则

伸臂桁架节点设计，应使钢构件在核心筒剪力墙中充分锚固，同时让伸臂桁架与混凝土核心筒之间有可靠的连接和协同能力，因此在核心筒剪力墙内设置钢板与伸臂桁架相连，巨柱内同时设置加劲板与伸臂桁架相连。钢材选用理想弹塑性材料、混凝土选用有拉压损伤特性的材料并考虑其失效性来模拟混凝土裂缝的扩展，采用六面体实体单元，在模型上施加力和位移边界条件进行大震下节点有限元分析。

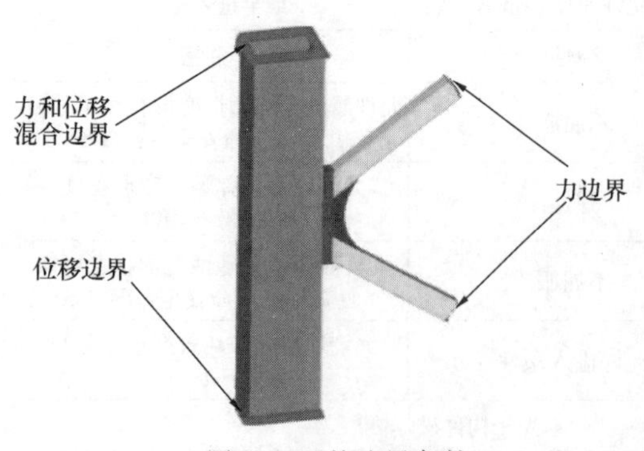

图10　巨柱边界条件

2. 有限元模型及计算结果

（1）伸臂桁架与巨柱连接节点（图10～图13）

计算结果显示大震下伸臂桁架与巨柱连接部分基本保持弹性，只有极小部分连接伸臂桁架和巨柱的加劲板翼缘由于应力集中进入塑性，对整个节点影响较小，节点区混凝土主应力未达到混凝土抗压强度标准值，满足受力要求。

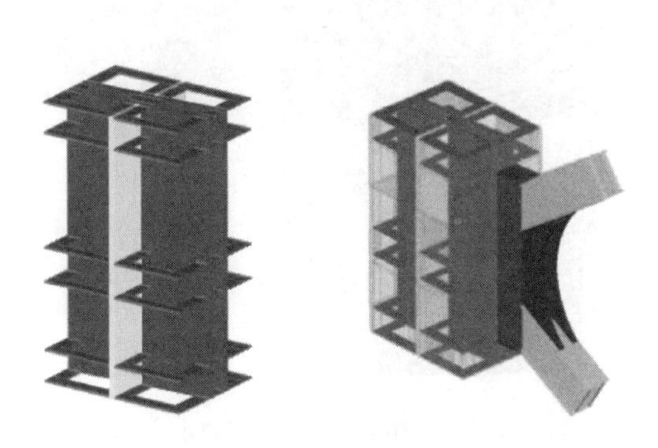

图 11　巨柱内加劲板及连接示意

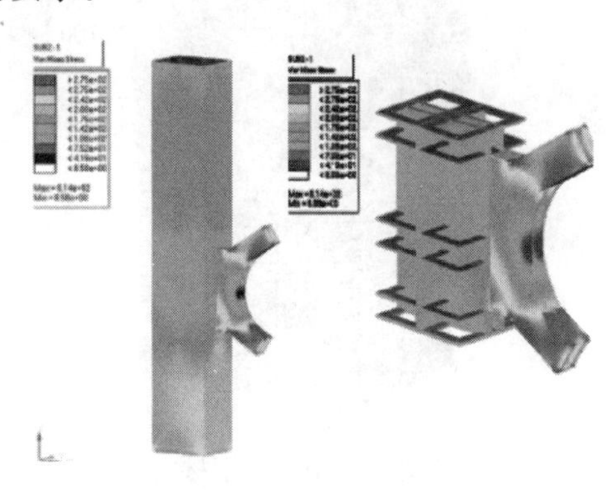

图 12　伸臂桁架、巨柱及内加劲板应力示意

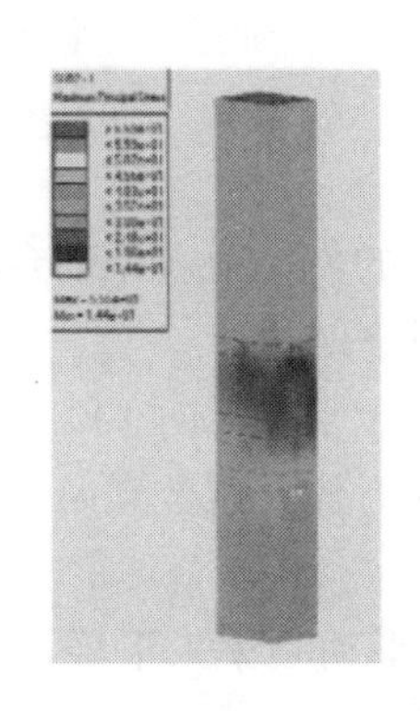

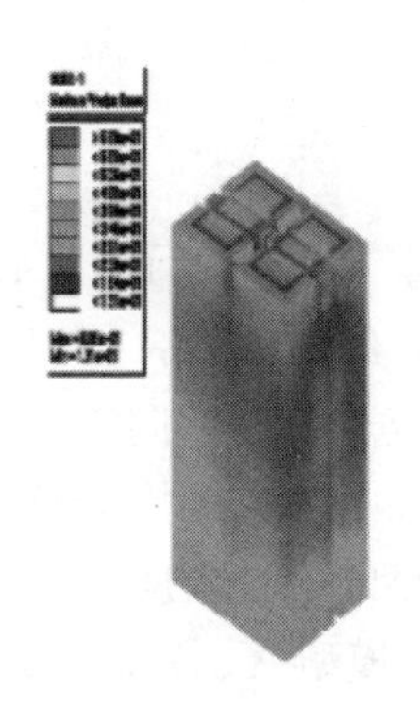

图 13　混凝土应力示意

（2）伸臂桁架与核心筒剪力墙连接节点（图 14～图 17）

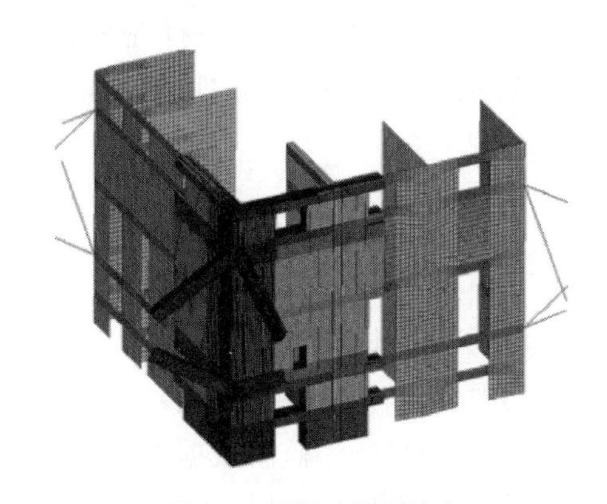

图 14　有限元模型示意

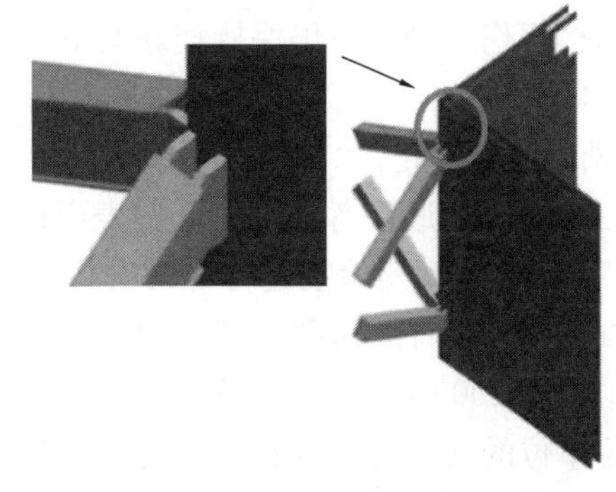

图 15　伸臂桁架与剪力墙内钢板连接示意

计算结果显示，大震作用下节点连接处核心筒剪力墙内钢板及伸臂桁架仅局部进入塑性，极少区域混凝土主应力接近混凝土抗拉强度标准值，满足性能目标要求。

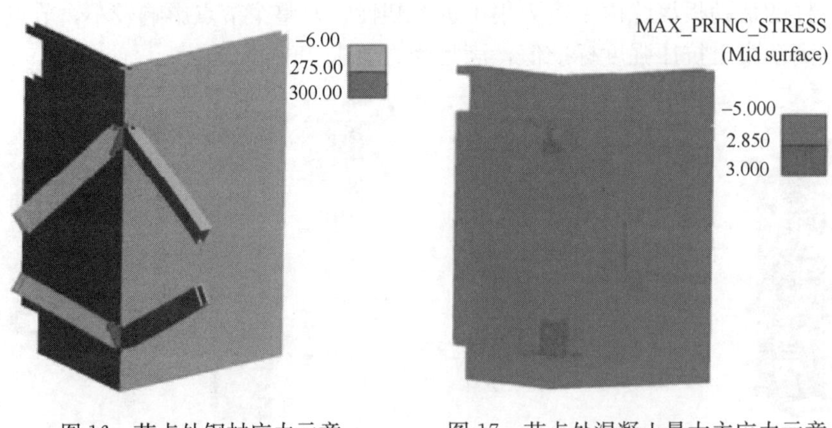

图 16　节点处钢材应力示意　　　　图 17　节点处混凝土最大主应力示意

六、相关试验

1. 振动台试验研究

鉴于结构的复杂性，本工程进行了 1∶40 的模拟地震振动台模型试验。根据观察的试验现象及测量的试验数据，经过分析，得出以下结论：

（1）结构的加速度反应表明，X 向 107 层以下，Y 向 100 层以下，各层加速度峰值及动力放大系数变化不大，以上加速度峰值及动力放大系数开始迅速增大，动力系数最大值均出现在顶层，顶部有明显的鞭梢效应。

（2）7 度中震作用后，模型 X、Y 向一阶平动频率未下降，二阶频率略降，表明结构发生轻微损伤。结构的关键构件基本保持弹性。

（3）7 度大震作用后，模型 X、Y 向一阶平动频率分别下降到弹性阶段的 91%、94.7%，结构发生了一定损伤，但仍保持较好的整体性。

（4）8 度大震作用后，模型 X、Y 向一阶平动频率分别下降到弹性阶段的 84%、87%，结构损伤加剧，但仍保持较好的整体性，关键构件基本完好，说明结构具有一定的抗震储备能力。

2. 风洞试验研究

项目离珠江较近且高耸，建筑物表面的风压分布无法准确评估。在加拿大 RWDI 及英国 BMT 两家风洞实验室进行对比风洞试验，横向风振显著，试验结果经国内知名专家专项审查后作为设计风荷载，试验同时得到了风振加速度试验结果。

本工程于 2009 年开始基坑施工，2017 年 1 月竣工投入使用。经过建设、设计、施工及监理等单位的共同努力以及紧密配合，顺利落成。各项检测、监测数据表明结构安全，变形均满足规范要求。本项目获得了 2019 年度广东省工程勘察设计优秀奖一等奖、2019 年度中国勘察设计协会优秀勘察设计奖建筑结构一等奖、2019—2020 年中国建筑学会建筑设计奖·结构专业一等奖。

5 松江辰花路 2 号地块世茂深坑酒店工程结构设计

建设地点 上海市松江区辰花路 2 号地块

设计时间 2008—2017

工程竣工时间 2018

设计单位 华东建筑设计研究院有限公司

［200002］上海市黄浦区汉口路 151 号

主要设计人 陆道渊 黄 良 季 俊 彭逸云 唐 波 哈敏强

本文执笔 陆道渊 季 俊 彭逸云

获奖等级 2019—2020 中国建筑学会建筑设计奖·结构专业一等奖

一、工程概况

世茂深坑酒店是松江辰花路 2 号地块发展用地的一部分（图 1），酒店以其独特的地形地貌特点和其他功能建筑结合互补，未来辰花路 2 号地块将打造成为会议和度假服务的高档区域。

深坑酒店工程占地面积为 105350m^2。本工程由一座五星级深坑酒店及相关附属建筑

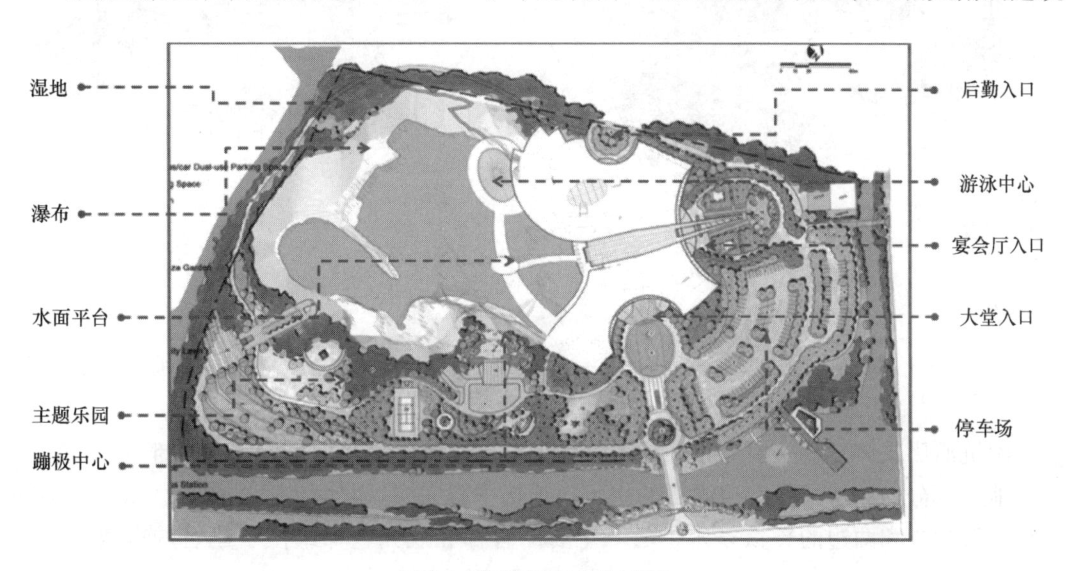

图 1 深坑酒店总体平面

组成，总建筑面积为 62171.9m^2，共有 300 多套客房（图 2），坑内 16 层（包括水下 2 层），坑上 3 层（±0.000 以上 2 层，坑上裙房地下室 1 层）。深坑典型建筑平面布置图如图 3～图 6 所示。

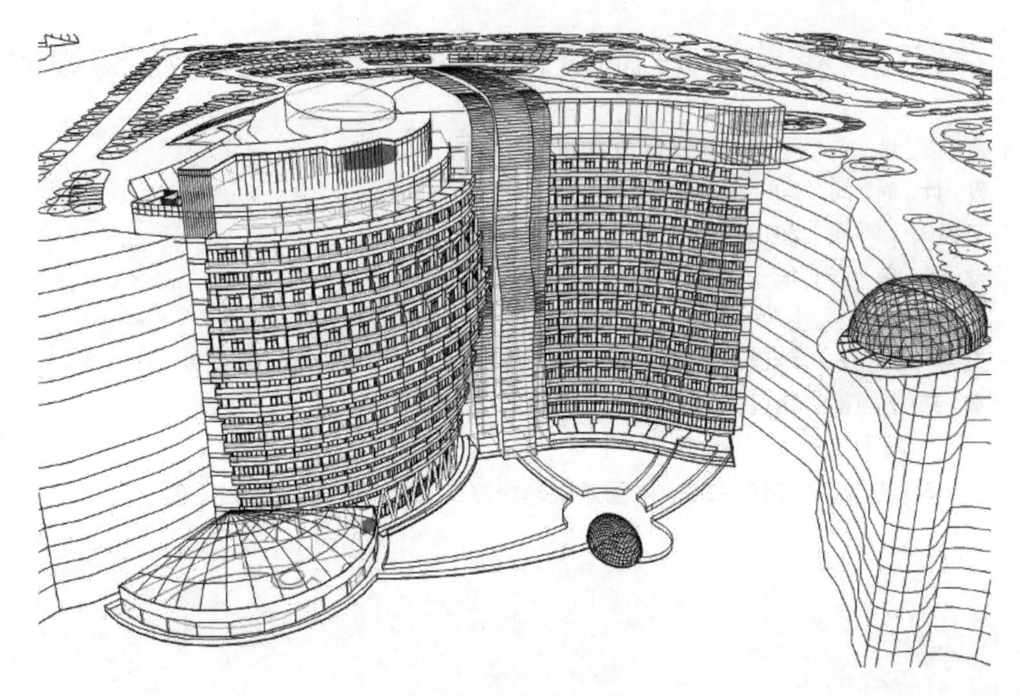

图 2　深坑酒店建筑透视

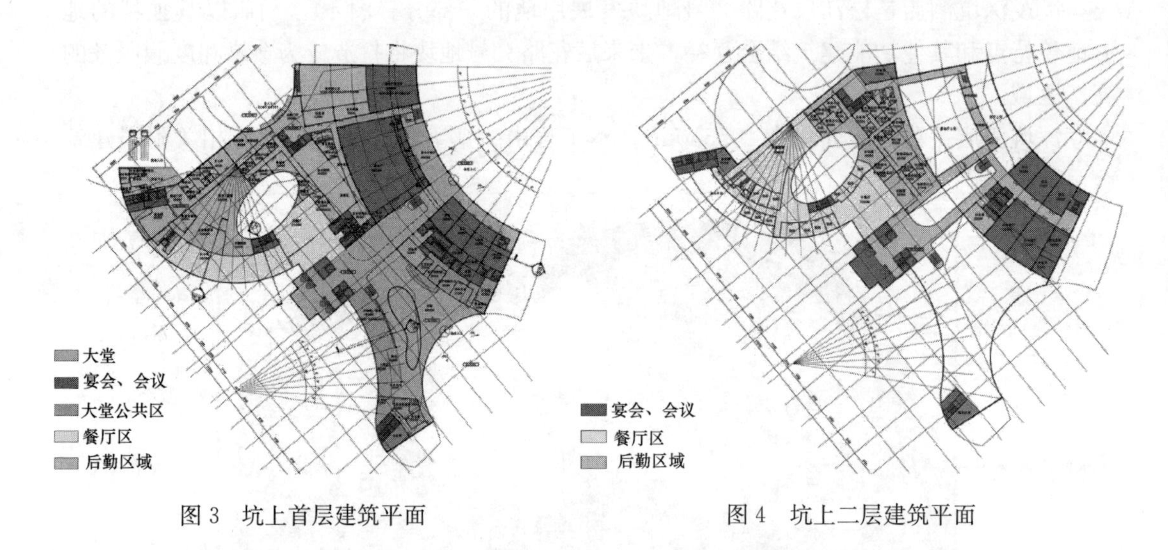

图 3　坑上首层建筑平面

图 4　坑上二层建筑平面

深坑酒店主体建筑主要分为三部分：地上部分，坑下至水面部分，水下部分。

地上部分的裙房平面南边酒店的主入口连接中心大堂，北面为后勤服务区域，东边的宴会会议中心和西边的餐饮娱乐中心。主要的客梯和观光电梯组位于建筑的东西主要轴线上。

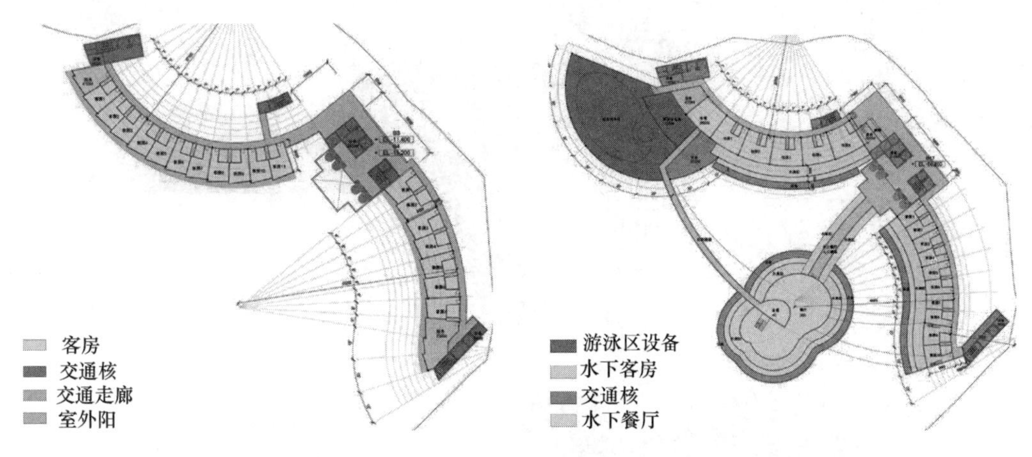

图5　标准层建筑平面　　　　图6　B14层建筑平面

坑下至水面部分以建筑的主楼为主。各个楼层建筑平面均以曲线单元存在，单侧布置客房，面朝横山景观，向内朝向崖壁为背景设计的天然室外中庭。客房主体各层均设有贯穿南北两端的水平通廊，串连起各个客房。层与层之间以形似瀑布的竖向交通核心筒连接。

水下部分是酒店的特色客房区和特色水下餐厅。建筑平面上延续主楼的曲线形式，客房布置在曲线的外延，满足观看水景的要求。配合客房和餐厅的位置，在外围设置2m纵深的水族缸，人造各种主题水族馆。

主体建筑立面如图7～图9所示。

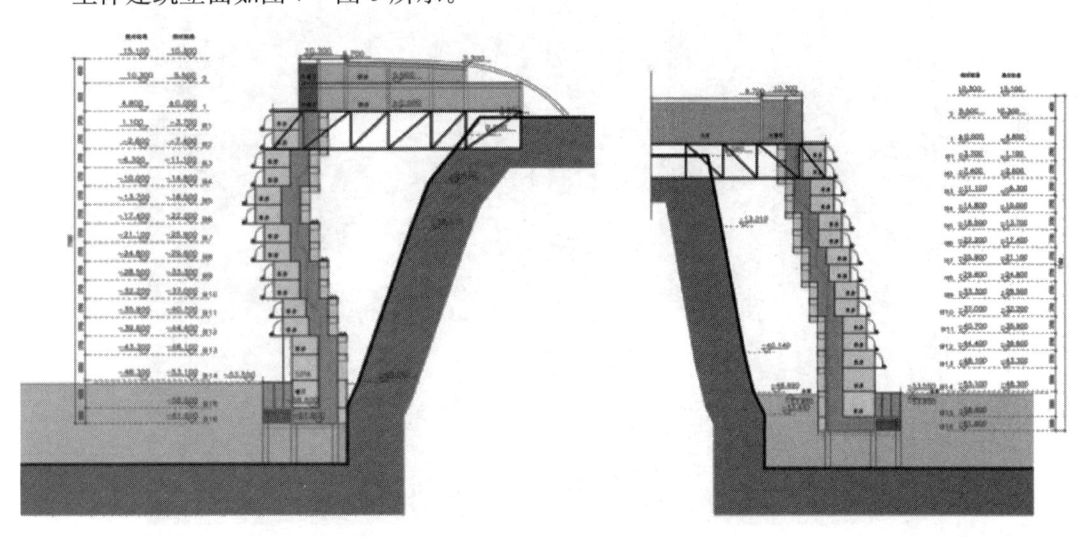

图7　建筑北面立面示意　　　　图8　建筑南面立面示意

深坑酒店立面风格以流线关系为主导，强调立面的细腻和与周边自然环境的协调。

该酒店的立面形式源于“瀑布”“空中花园”“自然崖壁”和“山”。

酒店的主楼使用玻璃和金属板材，塑造层叠的崖壁和天然生长出的空中花园，住于酒店客房，尽可眺望对面崖壁和横山的宁静的景致。酒店的裙房模拟天然山坡，采用覆土植

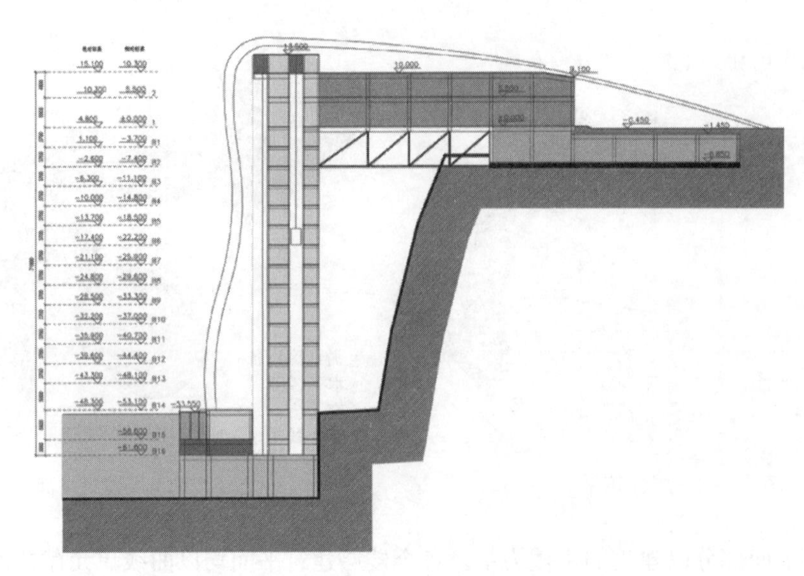

图 9　中部观光电梯立面示意

草屋面，在满足设计可持续发展理念的同时，以天然生长的形式连接主楼。而贯穿主楼和群房各层楼面的垂直核心筒使用透明绿色玻璃幕墙，形似天然透明的瀑布，从山上沿着崖壁跌落。

深坑酒店立面效果图如图 10～图 12 所示。

图 10　深坑酒店整体立面效果图 1

“深坑酒店”的建筑造型新颖独特，平面和立面均呈弯曲的弧线形，主体结构采用两点支承结构体系，两点支承高差近 80m，水平最大距离近 40m。主体结构的复杂建筑体型及支承形式，在国内外建筑工程中没有先例，在很多方面都超越了现行技术标准，其设计的复杂性及难度非常之大（图 13、图 14）。

图11　深坑酒店立面效果图2

图12　深坑酒店立面效果图3

图13　世茂深坑酒店建筑效果图

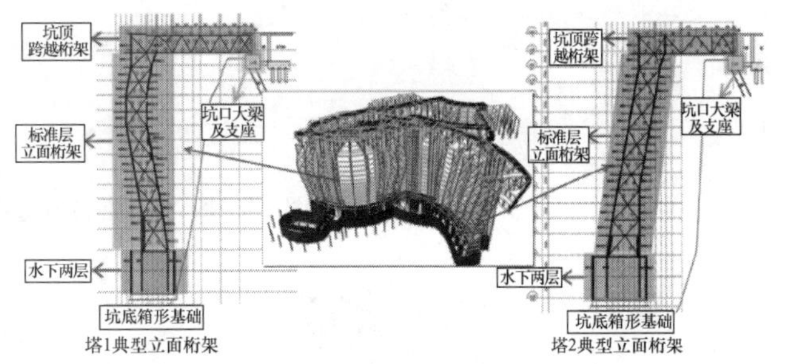

图14　世茂深坑酒店结构体系示意

二、结构体系

深坑酒店主体建筑依崖壁建造，酒店主体结构下部坐落于坑底基岩，上部和坑顶基岩（及部分裙房）相连，结构主体在水平荷载作用下体现出一端固接一端铰支梁的变形和受力特性。坑内各楼层建筑平面中部为竖向交通单元，两侧均为圆弧形曲线客房单元。坑内建筑平面狭长且呈L形，抗震计算时层间位移比等参数较难控制，因此设计中竖向交通单元和左侧圆弧形曲线客房单元连成整体，与另一个圆弧形曲线客房单元设置防震缝分开（防震缝位置详见图15），在平面连接最薄弱部位设置250mm宽防震缝。两侧圆弧形曲线客房单元沿径向的竖向剖面也呈现不同的曲线形态。B14层楼面以下为混凝土结构，结构整体刚度较大，可作为标准层主体结构的下部约束层，同时B1层及首层形成的跨越桁架层及其以上平面面积较大，整体刚度大，径向及环向同岩体连接，是结构上支承点的可靠约束层。由防震缝分开的两塔，在B14层以下及坑上部分均连成整体，在B14层至B1层之间形成了多塔的结构形式，显著地改善了结构的抗震性能。标准层结构平面布置如图15所示，B14层平面布置如图16所示。由防震缝形成的两塔，在B1层与首层之间采用跨越桁架与坑口支座大梁连接，形成两点支承结构体系，跨越桁架平面布置如图17所示。

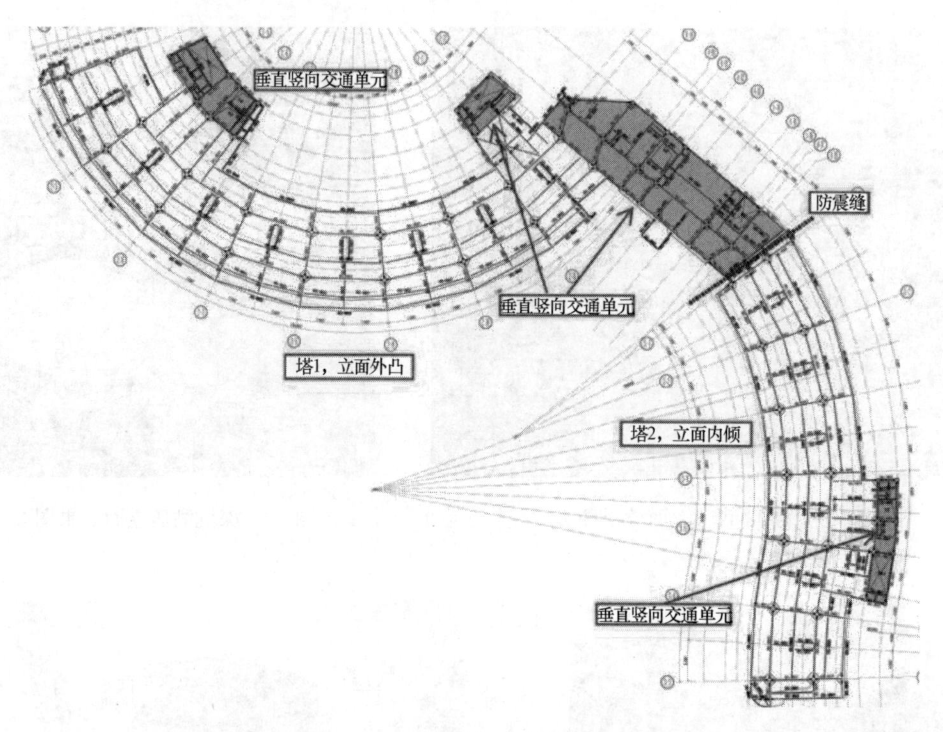

图 15　坑内标准层典型结构平面

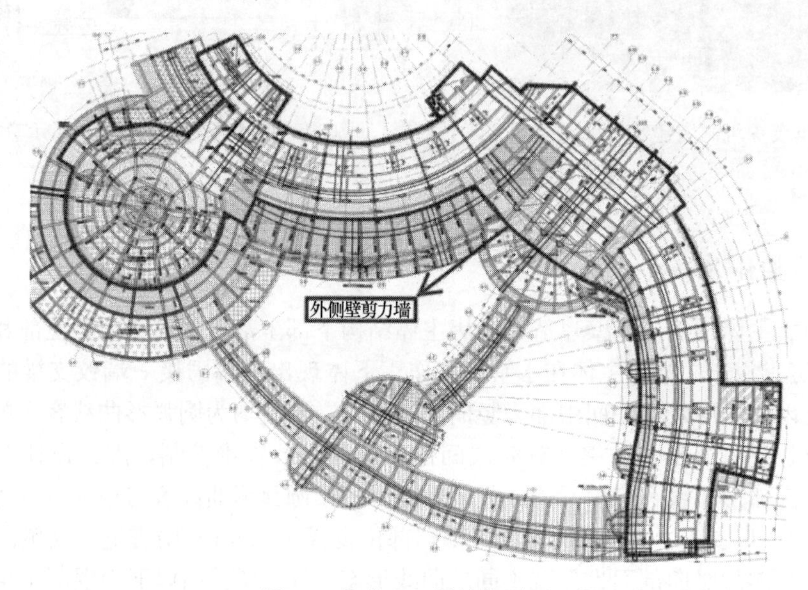

图 16　坑内 B14 层结构平面

酒店主体结构根据建筑立面造型要求，采用上下两点支承的带支撑的钢框架结构体系，由防震缝分成的两塔折线形立面如图 18、图 19 所示，垂直竖向交通单位采用带支撑钢框架或纯钢框架结构体系，如图 20 所示。客房区域布置带支撑钢框架，框架柱为倾斜钢管混凝土柱，主要的钢管混凝土柱截面尺寸为 700～550mm，钢板厚度为 25～20mm，钢管混凝土柱、钢框架梁钢材材质采用 Q345B 及 Q345C，管内填充混凝土强度等级为

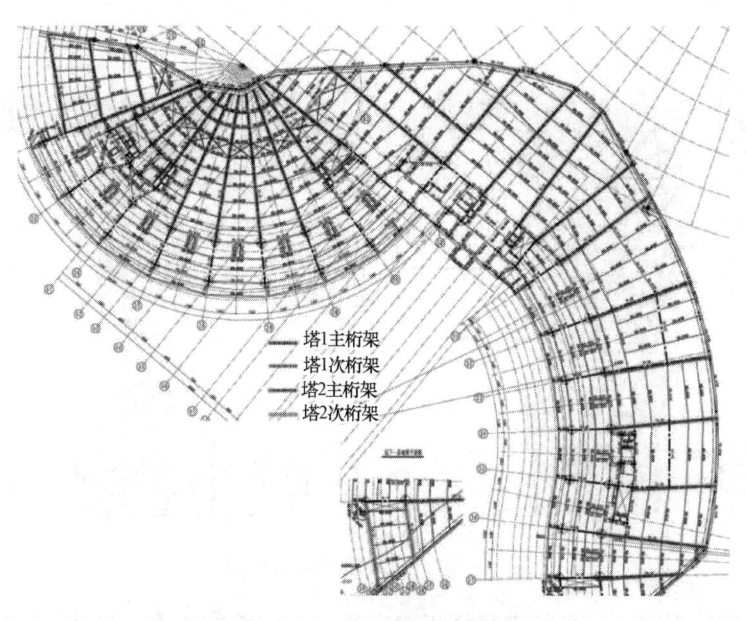

图17　坑内跨越桁架平面布置

C60～C50。圆钢管混凝土柱在地下室部分外包混凝土，这样既解决了钢结构防腐及防水问题，又方便与混凝土梁的连接。钢支撑采用焊接H型钢及箱形截面，框架梁采用焊接H型钢，与框架柱均为刚接。裙房部分采用纯钢框架结构体系，地面以上框架柱均为钢柱，钢管柱内不填充混凝土。

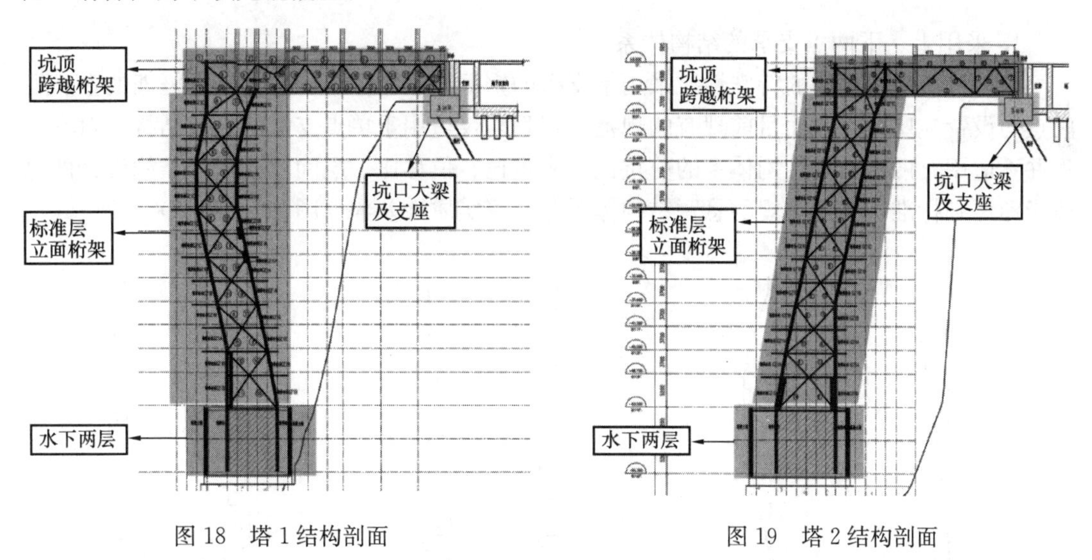

图18　塔1结构剖面　　　　图19　塔2结构剖面

在坑顶采用钢桁架作为跨越结构支托上部2层裙房的结构，钢桁架一端和坑内的酒店主体结构相连；另一端在下弦部位（B1层）采用铰接支座支承在坑口的基础梁上，并在下弦（B1层）设置180mm厚的钢筋混凝土现浇组合楼板和坑口的基础梁连成整体，基础梁和坑顶外围地下室底板连成整体，为酒店主体结构提供水平方向约束。

钢框架区域采用120mm厚钢筋混凝土现浇钢筋桁架楼承板。为了提高结构的整体性

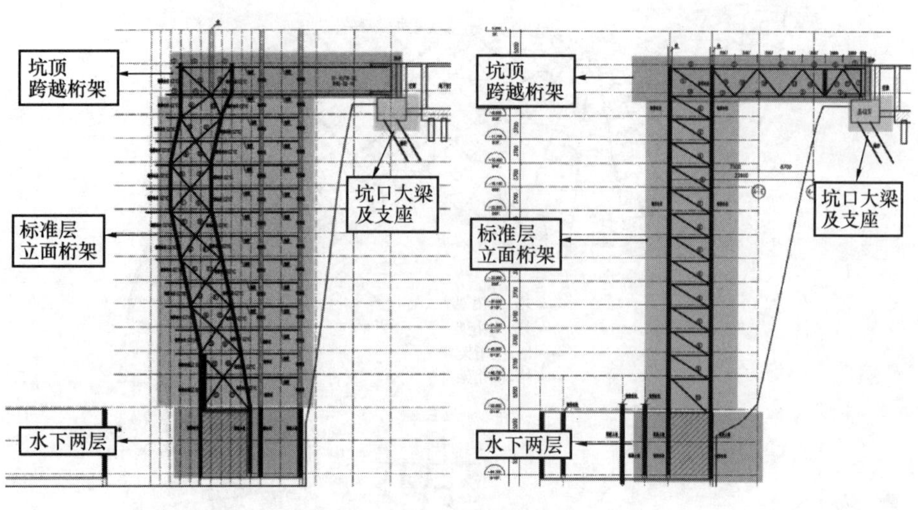

图 20　垂直交通单位结构剖面

能及楼板平面内的刚度，楼承板满足楼板双向受力和配筋的要求。另外，坑顶在两侧圆弧形曲线客房单元和中部的竖向交通单元连接处结合楼板应力分析结果加大楼板配筋或设置水平钢桁架加强结构整体性能。

三、结构特点

1. 采用上、下两点支承的结构体系

根据世茂深坑酒店的特殊性，采用带支撑的钢框架结构体系，其主支承框架的上、下两点均设置支座约束。而目前现有的规范、规程均仅适用于单点支承的悬臂结构，对本工程并不适用。两点支承结构体系的剪重比、刚重比、位移比、层间位移角等结构设计的总体指标评判标准，均与常规的悬臂结构体系存在着实质性差异（图 21、图 22）。

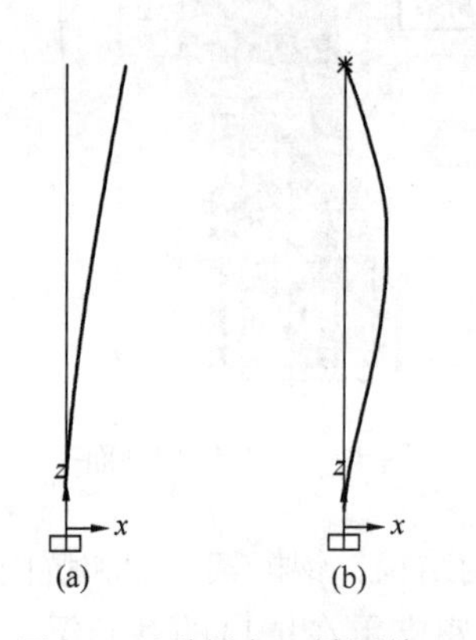

图 21　悬臂梁与一端固接、一端铰支梁变形比较

（a）悬臂梁反应谱计算的变形；（b）一端固接、一端铰支梁反应谱计算的变形

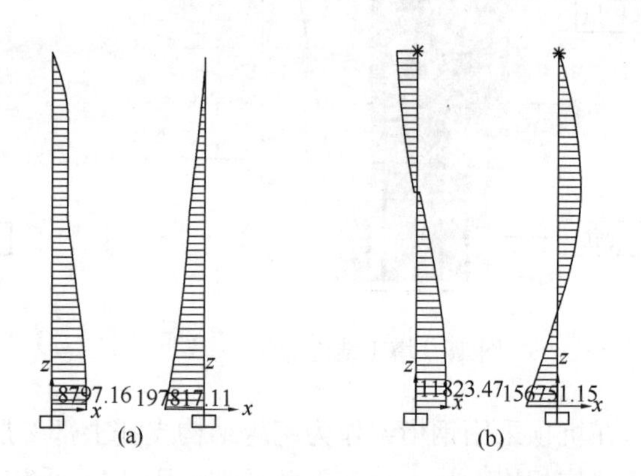

图 22　悬臂梁与一端固接、一端铰支梁剪力与弯矩比较

（a）悬臂梁反应谱计算的剪力、弯矩；（b）一端固接、一端铰支梁反应谱计算的剪力、弯矩

2. 坑底复杂地貌基础设计

地基基础设计与其所处的周边环境关系密切。基础设计时应根据地质情况合理选择基础形式及持力层。由于本工程坑底是采石场的旧址，地貌条件极为复杂，周边环境对基础设计影响较大，存在岩面起伏变化较大，基础范围内岩面持力层双向落差大，基础临近边坡岩面，基础和岩面的承载力及稳定性受周边环境的影响较大等诸多因素，给基础设计带来挑战（图23）。

本工程提出了百米级深坑建筑工程三维协同设计方法。将三维激光扫描点云数据获取的深坑复杂地质地貌数据模型，连同建筑、结构、设备各专业模型耦合为整体BIM模型，并结合施工技术，提出复杂地质环境下的三维协同设计方法，实现了设计可视化与虚拟建造，避免结构与岩土体界面碰撞，达到安全可靠、节省能源与成本、降低周围环境影响的高效三维协同设计（图24）。

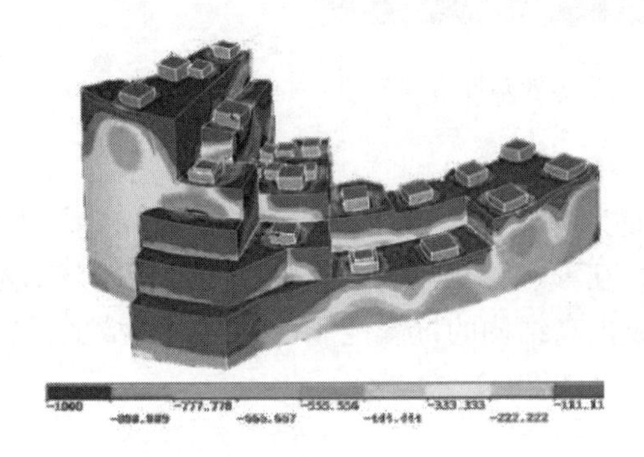

图23　深坑酒店地基应力分布

图24　深坑地貌信息模型

3. 崖壁稳定性

根据国家标准《建筑边坡工程技术规范》GB 50330—2002第3.2.1条：当岩体类型为Ⅰ类或Ⅱ类，边坡高度不大于30m，破坏后果很严重，则安全等级为一级。本项目现边坡高度达70m，显然超出规范的最高边坡规定，应属于超级边坡。

对深坑的开挖效应、建筑物荷载、地面超载、地震作用等外荷载的影响，并考虑岩质边坡与主体结构的相互作用等因素，进行岩质边坡的三维稳定性分析评价，根据边坡稳定性分析结果，对岩质边坡采取加强措施，确保超级边坡安全、可靠（图25～图27）。

图25　深坑地貌三维有限元模型

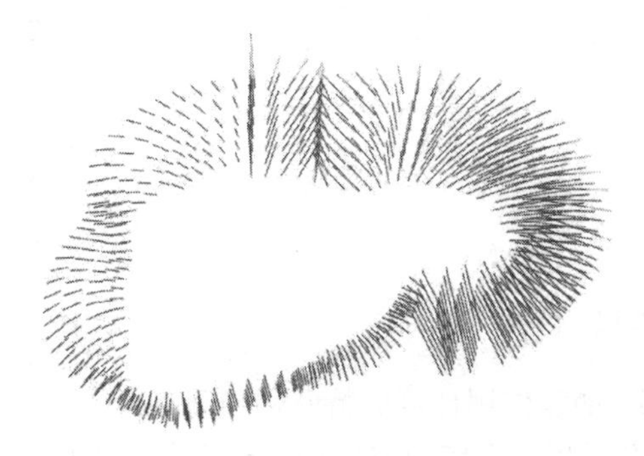

图26　锚杆及锚索加强措施

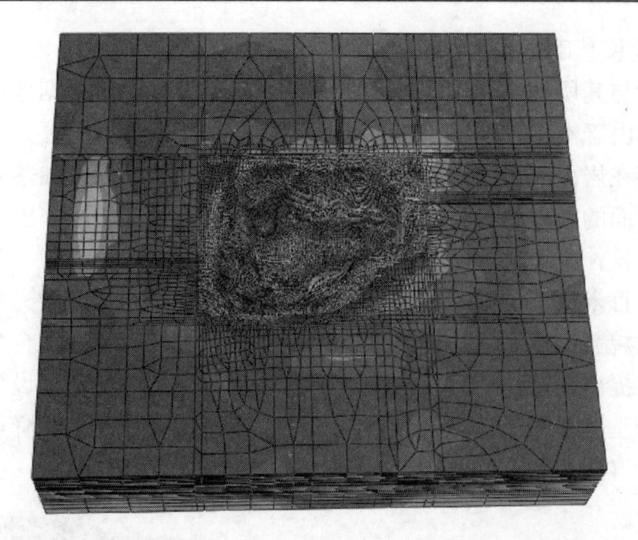

图 27 锚固支护条件小震工况下等效塑性应变云图

4. 结构平面不规则设计对策

由于建筑体型的原因，坑内酒店标准层平面为弯曲狭长形，两个方向刚度相差较大。通过设置防震缝，以尽可能减少地震作用下的相互影响。并在刚度薄弱方向设置埋藏于隔墙内的钢支撑，使结构两个方向刚度匹配，大大提高结构的抗震性能，同时钢支撑的设置也对均衡两侧折线形钢柱的内力起到有利的作用（图 28）。

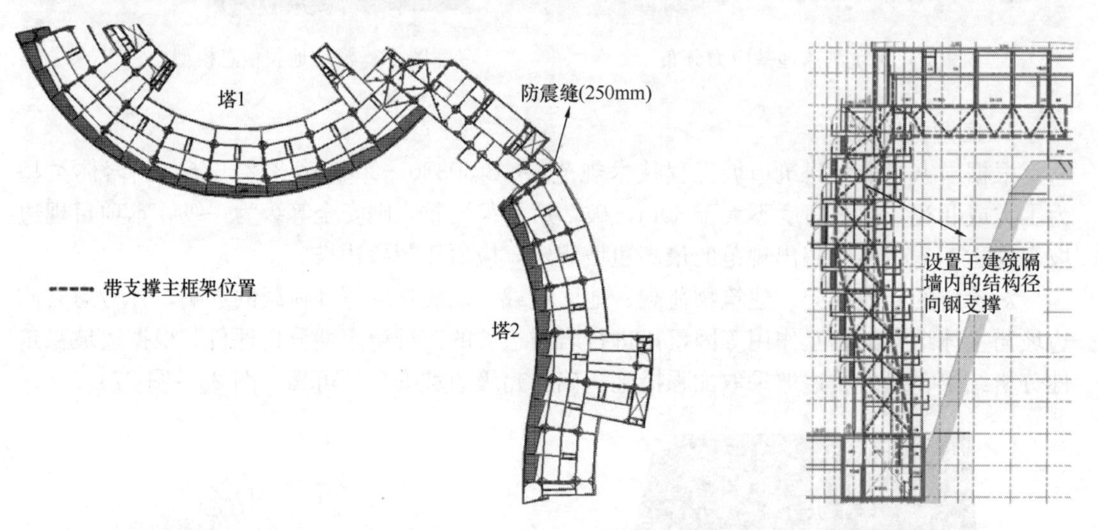

图 28 通过合理设置防震缝以及埋藏于隔墙内的钢支撑，使得结构两个方向的刚度匹配

四、设计要点

1. 地震作用计算的特殊性与复杂性

本工程地震作用的特点：结构上、下两点支承，地震作用存在“幅值差”，而无“相位差”。这与一般桥梁、大跨度结构等工程中地震作用仅有“相位差”，而无“幅值差”的特点不同。常规的地震作用计算方法对本工程不适用。

在进行地震作用计算时，动力分析通常采用加速度时程。然而，本工程坑顶、坑底输入安评报告提供的加速度时程曲线进行小震下的时程分析时，坑顶、坑底的位移漂移竟达到了5m，这明显与实际情况不符。因此，同其他仅有相位差的考虑行波效应的多点输入不同，本工程无法采用加速度时程曲线进行多点输入时程分析，只能输入位移时程曲线来进行动力分析。

常规工程的地震作用设计方法为“静力反应谱分析＋动力时程分析复核”，而本工程地震作用设计研究思路为“动力时程分析研究内力分布规律＋静力设计方法复核和包络设计”。通过研究方法创新，解决了本工程地震作用的设计难题。

最终进行构件验算的静力设计方法为（图29、图30）：

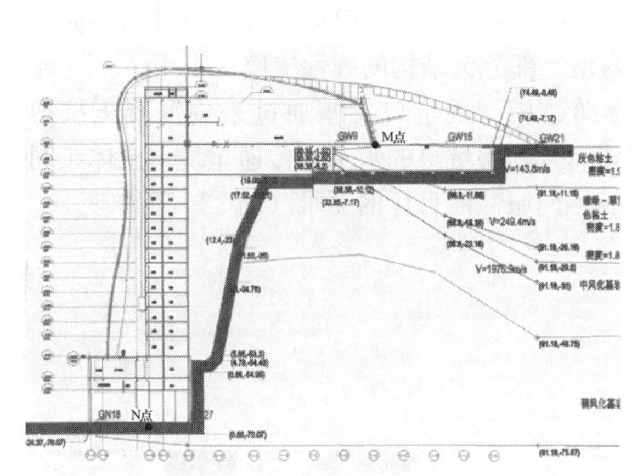

图29　工程场地剖面

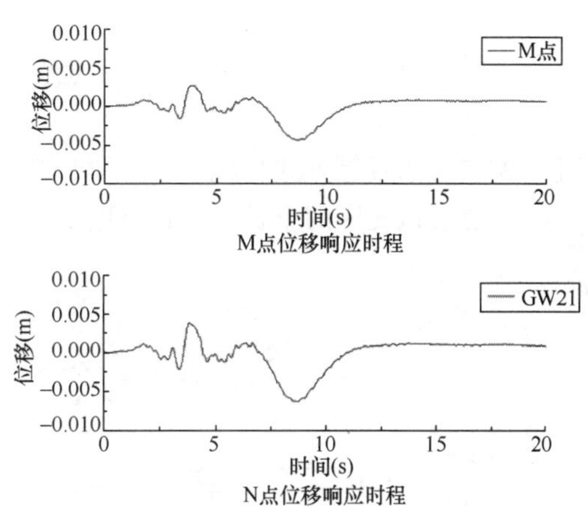

图30　坑顶M、坑底N点位移时程曲线

小震：采用安评提供的M点小震反应谱＋支座强迫位移（取M、N点小震位移时程曲线的最大位移差）进行结构抗震分析，并用规范反应谱＋支座强迫位移进行复核；

中震：采用安评提供的M点中震反应谱＋支座强迫位移（取M、N点中震位移时程曲线的最大位移差）进行抗震设计；

大震：采用安评报告提供的M、N点大震位移时程曲线进行弹塑性时程分析。

2. 风荷载计算的特殊性与复杂性

现行的荷载规范主要针对位于地面以上的悬臂型结构，由于深坑酒店主体结构采用两点支承结构体系，且位于地质深坑内，目前规范有关风振系数、风压高度变化系数、体型系数等计算方法，已不适用于本工程。对主体建筑进行数值风洞模拟计算，为主体结构及幕墙等围护结构设计提供准确的风荷载数据（图31、图32）。

同时，由于常规高层建筑和高耸建筑等悬臂型结构的风振计算中，往往是第1振型起主要作用，采用平均风压乘以风振系数，来综合考虑结构在风荷载作用下的动

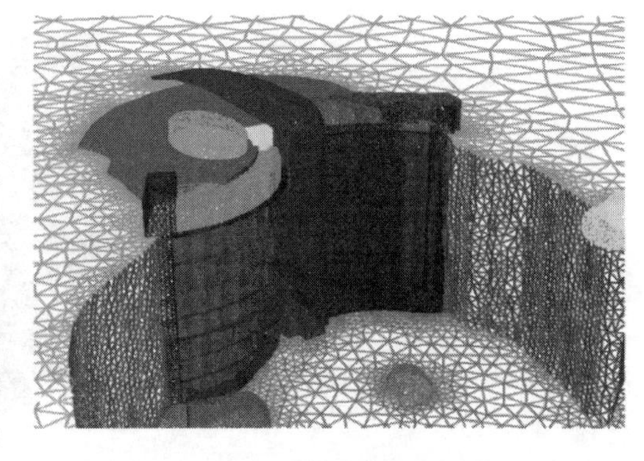

图31　数值风洞网格划分

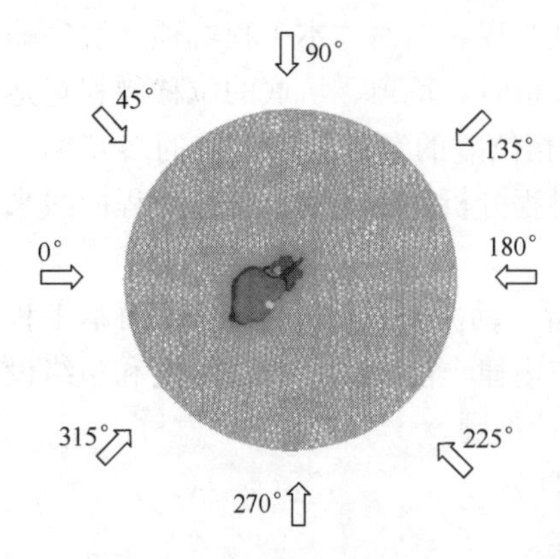

图 32 数值风洞风向角定义

力响应。但由于深坑酒店采用两点支承结构体系，若只考虑第一模态，可能会忽略一些主要贡献模态，故对本工程应考虑多振型对结构风振系数的影响。

五、坑口支座节点设计

主体结构在B1层与F1层设置跨越桁架并搁置于坑口大梁上，形成主体结构的顶端约束。跨越桁架可以对空间弯折的酒店主体结构以“扶持”，并与其共同受力，大幅提高了结构的整体刚度，跨越桁架同时也为坑内地上部分钢结构的弹性支座。

支承跨越桁架的坑口支座通过采用混凝土抗剪键、预应力锚索等方式与坑口岩体紧密连接，有效地将坑口的水平力传递至坑上土体。同时，考虑坑口支座的重要性，设计时满足大震不屈服性能目标的要求（图33～图37）。

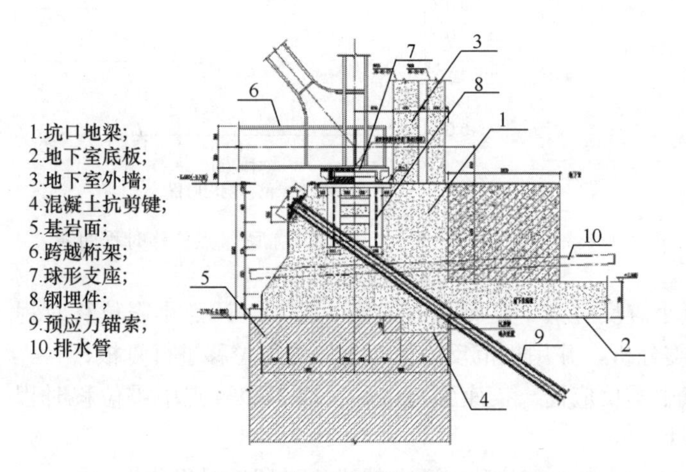

图 33 坑口基础梁详图

图 34 跨越桁架端部节点 Mises应力云图

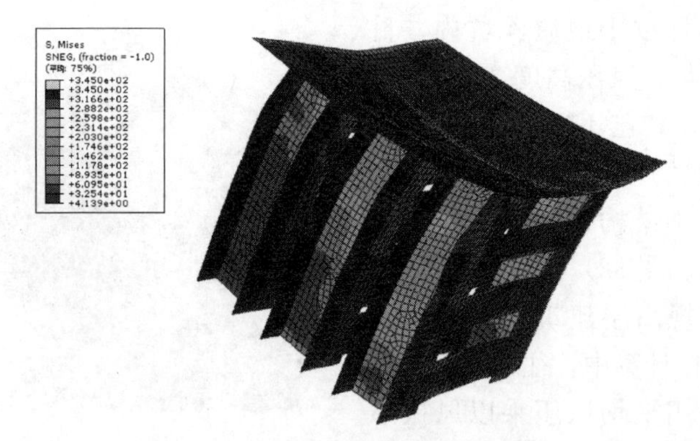

图 35 预埋件整体等效应力（MPa）

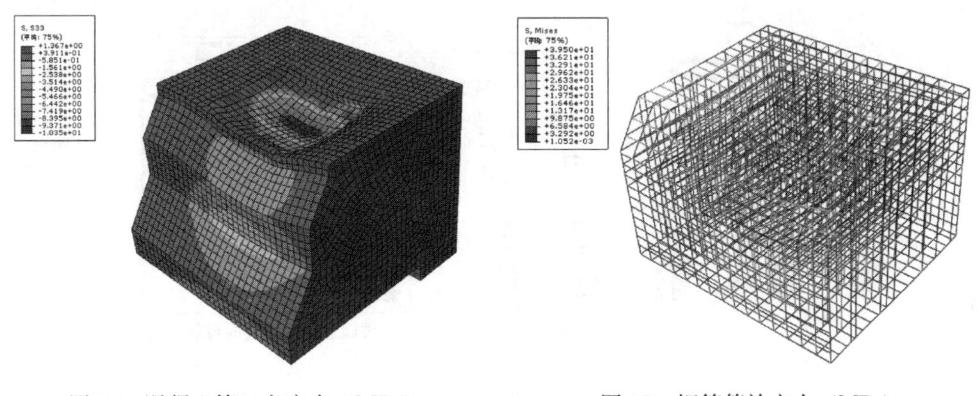

图 36 混凝土第三主应力（MPa）　　图 37 钢筋等效应力（MPa）

六、试验、有限元分析

1. 结构立面曲线形态对构件内力分布的影响研究

主体钢结构两点支承与塔 1、塔 2 完全不同的曲线形态，使得关键构件的内力分布规律与常规工程完全不同。基于各构件的受力特点进行构件设计，并充分考虑到建筑对结构构件的设计要求，实现了钢结构构件安全性与合理性的和谐统一（图 38、图 39）。

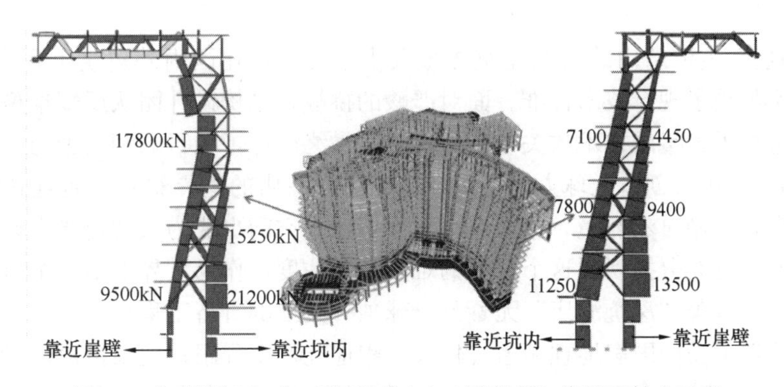

图 38 典型桁架在“1.2 恒荷载＋1.4 活荷载”作用下轴力示意

2. 不同施工顺序对构件内力的影响研究

深坑酒店工程结构正常使用状态是上、下两点支承，但在施工阶段，尤其是跨越桁架合拢之前，带支撑主框架为坑底单点支承，这与正常工作状态完全不同，故本工程的施工模拟分析尤为重要。在结构设计时，通过不同施工状态的分析比选，确定了对结构影响相对较小的施工顺序；对无临时支撑的倾斜弯曲结构施工方式，通过施工模拟分析计算，在确保结构安全的前提下，加快了施工进度。通过不同施工状态的分析比选，如图 40 所示，确定了对结构构件影响相对较小的施工顺序。

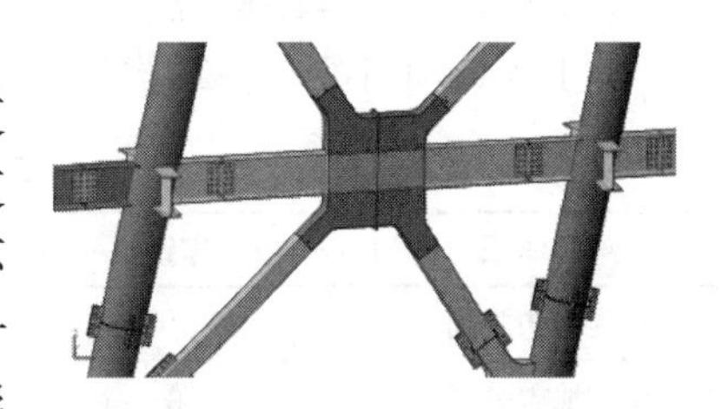

图 39 基于构件内力分布特点的截面设计

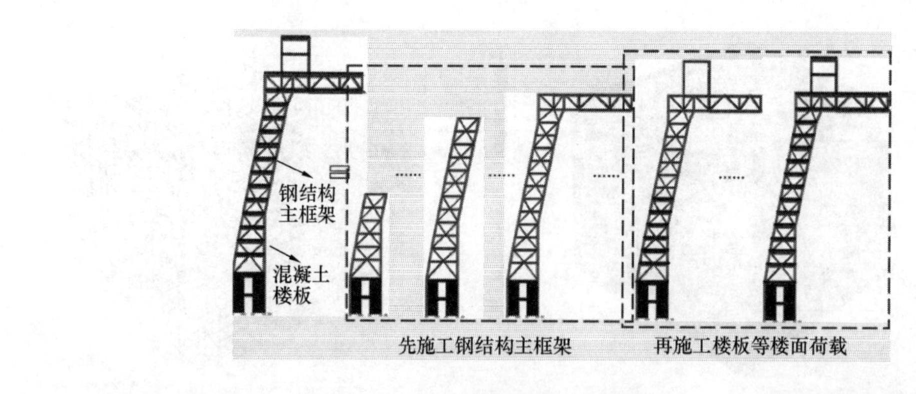

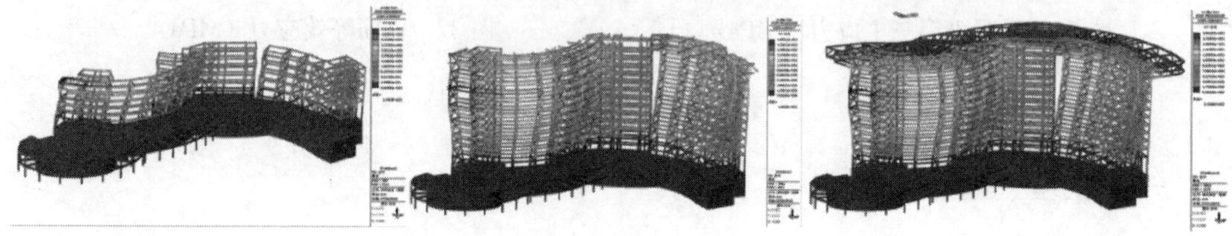

图 40 深坑酒店整体施工模拟分析

七、其他

“深坑酒店”主体结构的复杂建筑体型及支承形式，在国内外建筑工程中未见先例，在很多方面都超越了现行技术标准。面对严峻的挑战，结构设计团队反复推敲与求证，在结构设计中进行了大量的技术攻关与创新实践，最终确保了项目顺利实施与开展。

“深坑酒店”不仅创造全球人工海拔最低五星级酒店的世界纪录，而且其反向天空发展的建筑理念，遵循自然环境、向地表以下开拓建筑空间也成为人类建筑设计理念的革命性创举。同时，也充分提现了这个项目的难度和关注度。作为世界上第一个建在废石坑里的五星级酒店，世茂“深坑酒店”无疑是全球独一无二的奇特工程！

该项目获得了美国国家地理频道《伟大工程巡礼》全程跟踪记录报道，亚洲最佳酒店及旅游项目银奖，荣获了 2019—2020 中国建筑学会建筑设计奖·结构专业一等奖，2020 年度上海市优秀建筑结构设计一等奖，2020 年度上海市优秀建筑工程设计二等奖。

表 1 为该项目的一些结构整体指标及经济性指标。

专业技术指标（结构专业） **表 1**

结构体系	带支撑钢框架体系	抗震设防烈度	7 度
抗震设防类别	丙类	设计基本地震加速度值	0.1g
设计地震分组	第一组	场地类别	Ⅱ类
基础类型	坑内采用箱形基础；坑外 3 层裙房采用桩基础		
混凝土总用量（m^3）	16950	每平方米混凝土折算厚度（cm/m^2）	31
钢材总用量（t）	钢筋：450 型钢：6600	每平方米钢材用量（kg）	钢筋：8 型钢：120

续表

	振型号	T（s）	转角	扭转系数	方向	F_{EK}（kN）	F_{EK}/G_{eq}	ΔU_e（mm）	$\Delta U_e/h$
考虑扭转耦联	1	塔1：0.81 塔2：0.84	塔1：X向 塔2：Y向	塔1：0 塔2：0	横向	塔1：6200 塔2：7500	塔1：2.8% 塔2：5.2%	塔1：4 塔2：7	塔1：1/2701； 塔2：1/2660；
	2	塔1：0.55 塔2：0.45	塔1：Y向 塔2：X向	塔1：0 塔2：0	纵向	塔1：10300 塔2：4000	塔1：4.7% 塔2：2.8%	塔1：4； 塔2：6；	塔1：1/2683； 塔2：1/2108；
	3	塔1：0.50 塔2：0.42	塔1：扭转 塔2：扭转	塔1：1 塔2：1	地震作用最大方向：0°				

时程分析程序名称：ETABS

波名	F_{EK}（kN）	F_{EK}/G_{eq}	$\Delta U/h$
坑顶M点时程波1；坑底N点时程波1	塔1：4919 塔2：3481	塔1：2.2% 塔2：2.4%	塔1：1/3423 塔2：1/2652
坑顶M点时程波2；坑底N点时程波2	塔1：6252 塔2：4143	塔1：2.9% 塔2：2.9%	塔1：1/2707 塔2：1/2242
坑顶M点时程波3；坑底N点时程波3	塔1：5090 塔2：3604	塔1：2.3% 塔2：2.5%	塔1：1/3119 塔2：1/2684

6　海航国际广场项目结构设计

建设地点　海南省海口市金贸区世贸东路东侧
设计时间　2007—2012
工程竣工时间　2015
设计单位　北京市建筑设计研究院
［100045］北京市南礼士路62号
主要设计人　徐福江　盛　平　柯长华　高　昂　王　轶　甄　伟　赵　明
闫　鑫　刘家菱　王金辉
本文执笔　徐福江　盛　平

获奖等级　2019—2020中国建筑学会建筑设计奖·结构专业一等奖

一、工程概况

海航国际广场（原工程名“海口信托大厦”）位于海南省海口市金贸区，北临琼州海峡（图1、图2）。原设计中，该建筑物为一栋总面积10.3万m^2的办公楼，其中主楼8.9万m^2，裙楼1.4万m^2，地下3层，地上48层，地面以上总高180m。标准层平面呈41m×41m正方形。工程始建于1992年，1995年主体结构施工到地上15层后停建。

2006年，业主决定对原有工程继续建设。新建筑方案由A、B两座主楼及裙房组成，其中A座为新建，位于原已建结构北侧，建筑高度为260.4m。B座为在原有结构基础上续建2层，建筑高度为73.0m。裙房结构为在原有裙房基础上改造，建筑高度23.5m。在地下，A座、B座及裙房均设3层地下室，未设永久变形缝；在地上，B座主楼与裙房连为一体，而A座主楼与B座主楼及裙房设缝分开，为两个独立的结构单元。

新建筑方案总面积为21.5万m^2，其中地上16.1万m^2，地下5.4万m^2。A座主楼地上53层（局部55层），无裙房，结构高度为223.6m。下部主要功能为5A级高档写字楼，上部主要功能为五星级酒店。在6层、17层、32层和51层分别设置了避难层和设备转换层。B座主楼地上17层，裙房5层，结构高度为67.5m，主要功能为写字楼和酒店附属设施。地下共3层，主要功能为停车库及附属用房。

二、结构体系

A座主楼平面呈枣核形，高宽比约为5.0，核心筒高宽比约为14.7，图3为典型标准层平面。采用带有加强层的钢管混凝土框架-混凝土核心筒结构体系，楼面为钢梁+钢筋桁架组合楼盖，在外框架的四个角部设置了防屈曲耗能支撑。

图1 建筑实景

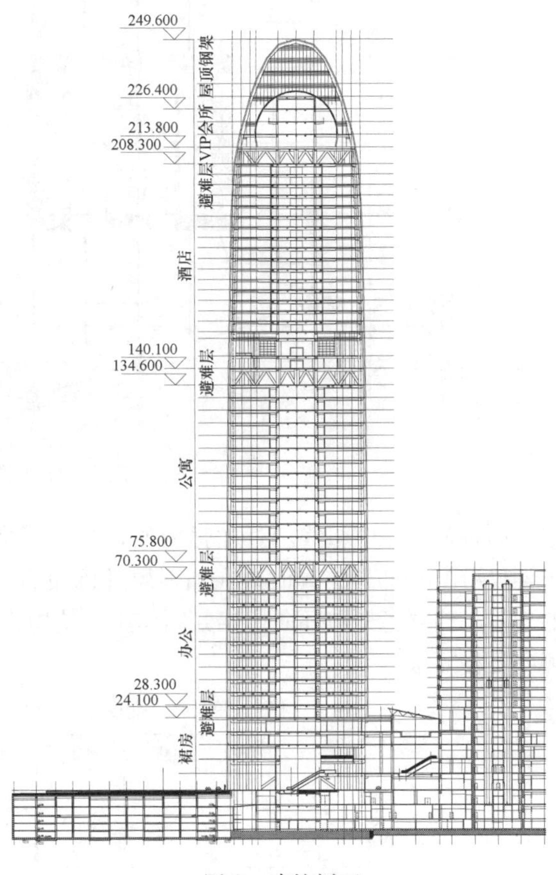

图2 建筑剖面

结构底部核心筒外侧墙厚为1500mm，至顶部逐渐收进为500mm。34层以下混凝土强度等级为C60，35层以上混凝土强度等级为C50。为方便与楼面钢梁的连接，核心筒内设置了构造钢骨柱和钢骨梁，同时也提高了核心筒的抗震性能。外框架柱为矩形钢管混凝土柱，底部楼层框架柱的截面为2.05m×1.35m，顶部楼层柱截面为1.05m×0.85m，含钢率约为10%。在钢管内设置了竖向隔板和加劲肋，增强了矩形钢管侧壁的稳定性，提高了钢管柱的承载力。框架梁和楼面梁均为钢梁，楼面主梁与框架柱刚接，与核心筒铰接，楼面次梁两端铰接。框架梁主要截面为H800×400×24×36，楼面梁的主要截面为H700×300×16×28。钢柱与钢梁的材料均选用Q345B。

为了提高结构的侧向刚度，利用建筑的避难层，在17、32、51层设置了加强层。加强层的伸臂结构采用桁架形式，楼层通高，并贯穿核心筒剪力墙。图4和图5分别为加强

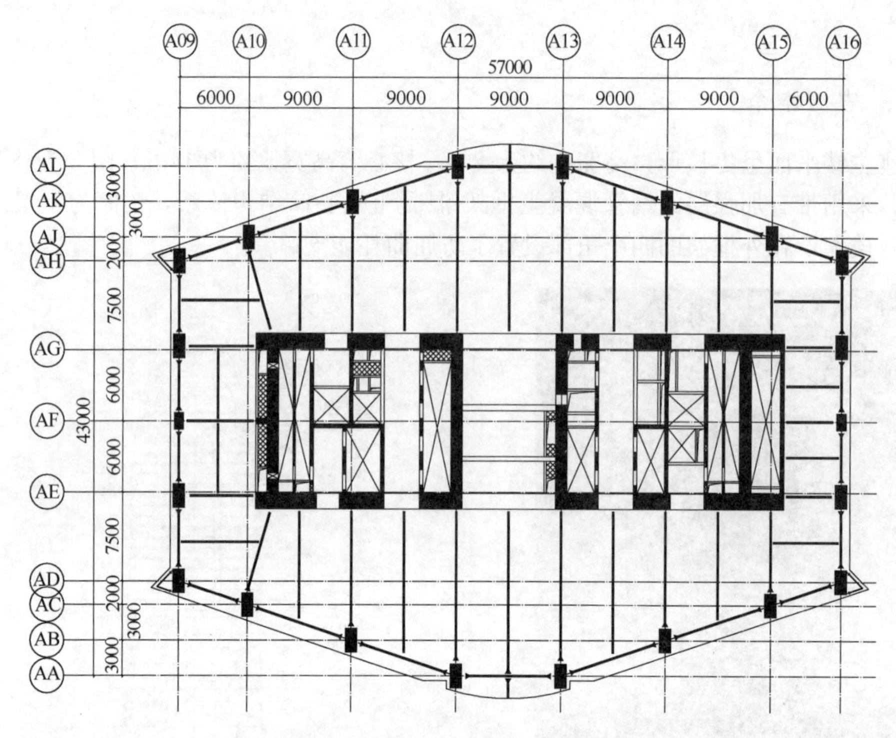

图 3　标准层平面

层平面布置（图中粗线示意加强桁架）和伸臂桁架立面。结构 X 向刚度较大，因此伸臂桁架仅沿 Y 向布置。同时，在加强层外围设置楼层通高的环向桁架，加强了周边框架柱的连系。伸臂桁架与环向桁架共同作用，使周边框架更有效地发挥了抗侧性能，满足结构侧向位移要求。

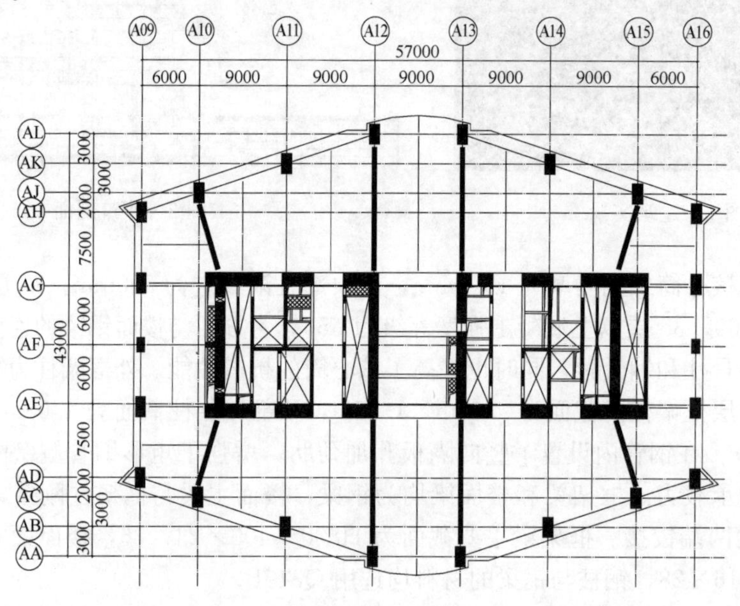

图 4　加强层平面布置

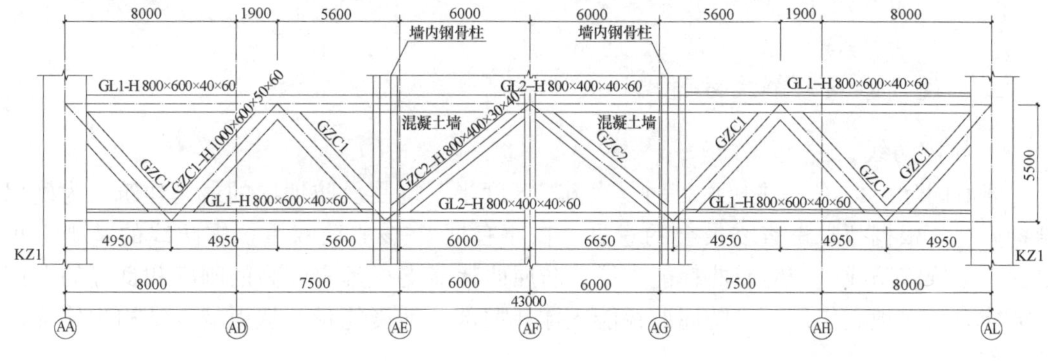
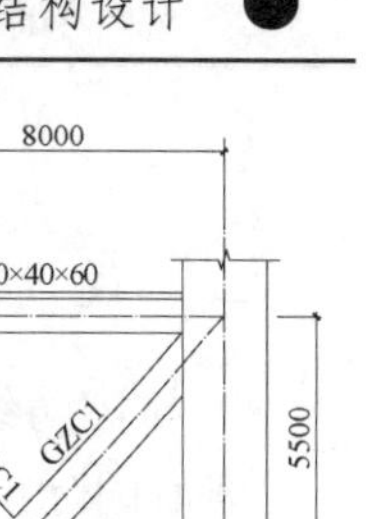

图 5 伸臂桁架立面

建筑顶部为高 35.8m 的屋顶钢架，生根于层 51 环向桁架之上。为实现更加通透的效果，钢架不与内部混凝土核心筒连接。结合建筑立面，屋顶钢架采用了交叉网格巨型网壳结构形式，见图 6。为使屋顶擦窗机可以隐藏在建筑体内，钢架部分构件在顶部断开，而通过擦窗机下部的钢平台连接。主交叉网格构件均为矩形钢管，截面尺寸为 1.05m×0.85m。

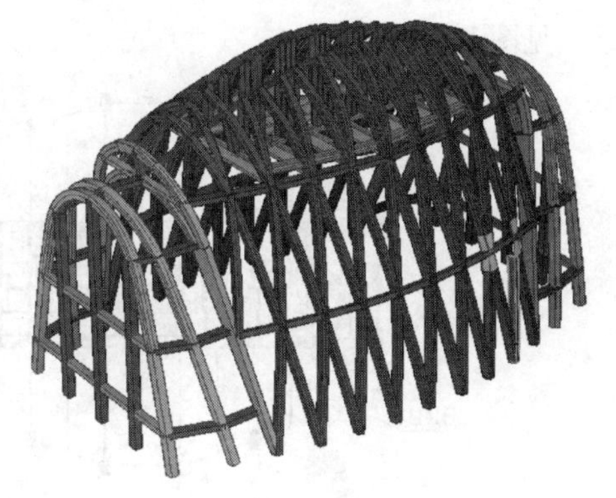

图 6 屋顶钢架三维图

首层为写字楼大堂，建筑专业为了更好的建筑效果，在二层地面取消了 60％的楼板，这也使得一半的外框架柱为跨度 10.3m 的跃层柱。同时，作为建筑入口，东西两侧首层中间框架柱不能落地，采用了斜撑转换的形式解决，见图 7。

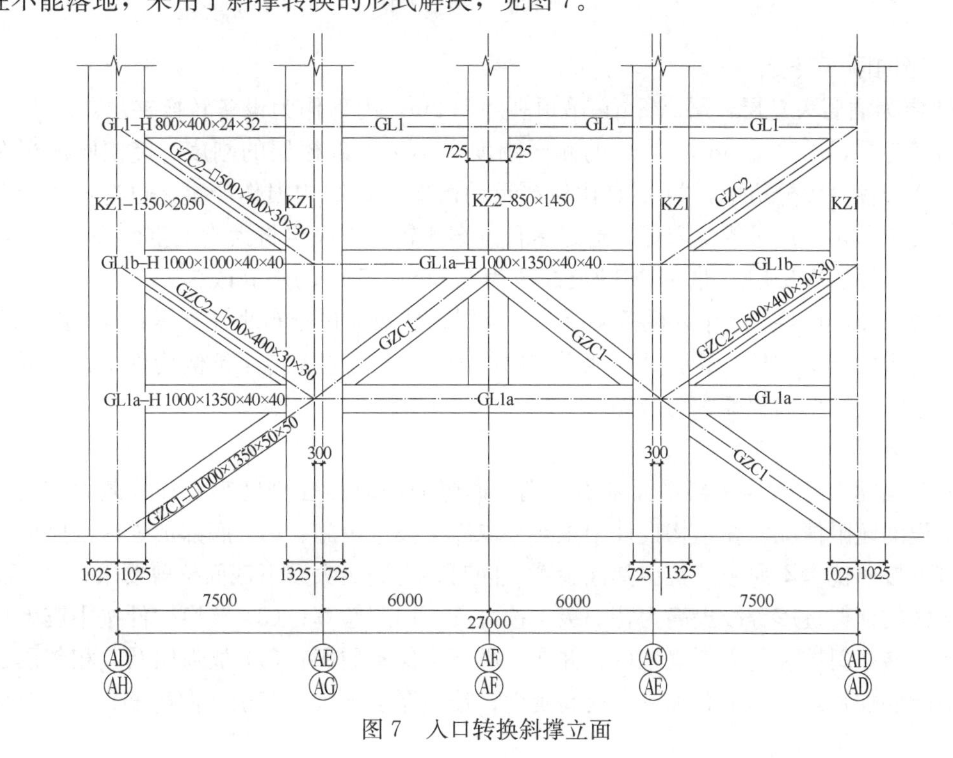

图 7 入口转换斜撑立面

三、设计难点与解决方案

1. 抗震防线

海航国际广场A座主楼设计时是大陆“8度半”抗震设防地区的最高建筑。为确保结构安全，根据超限审查委员会的意见，在原有框架-核心筒双重抗震防线的基础上再增加一道抗震防线——防屈曲耗能支撑。防屈曲耗能支撑具有较高的刚度和良好的滞回耗能能力。在地震作用时，防屈曲耗能支撑耗散部分地震能量，从而减少结构主体构件的损伤。

根据结构的变形特点，在层间位移较大的上部楼层的四个角部设置了防屈曲耗能支撑，见图8。

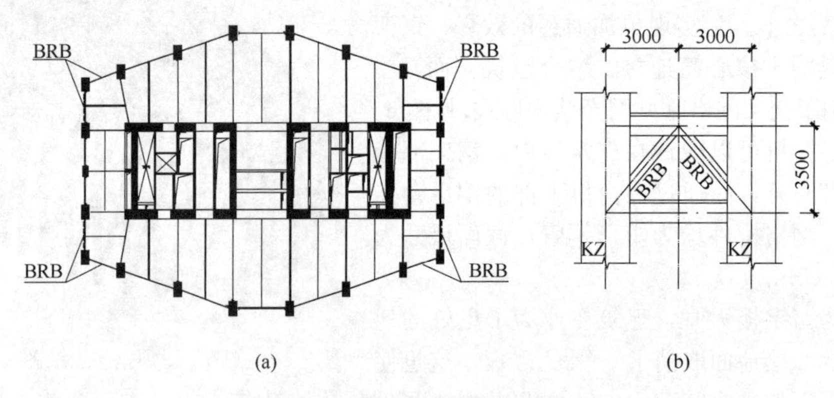

图8 防屈曲耗能支撑布置

(a) 平面图；(b) 立面图

2. 竖向刚度突变

34层为酒店大堂层，层高8m，吊顶高度2.2m，内部作为设备转换夹层。35层以上为酒店客房层，层高3.5m，34层的侧向刚度远小于上部楼层的刚度，竖向刚度严重突变。在弹塑性时程分析中，34层是比较严重的薄弱层，结构损伤严重，也造成了上部楼层的层间位移角超过了规范限值。通过多种方案比较后，决定将大堂上空的高2.2m的设备夹层并入酒店客房层，即34层的层高改为5.8m，35层的层高改为5.7m。在35层设置高度为2.2m的架空层作为设备夹层，架空层的楼板通过密布小柱支撑在35层地面上，并且与周边的框架和核心筒脱开，地震作用将通过35层地面传至抗侧构件上，这样就使结构竖向刚度突变的程度大为减轻。

3. 超限措施

海航国际广场A座主楼平面基本规则，而竖向同时存在刚度突变和承载力突变。针对本工程的超限情况，在结构设计中主要采取以下技术措施：(1) 底部加强区的竖向构件在中震下按照抗弯不屈服，抗剪弹性验算，同时，需满足大震下截面抗剪要求；(2) 将底部加强区的框架抗震等级提高为特一级，按大震不屈服验算；(3) 转换构件按中震弹性验算，包括转换斜撑和斜撑下框架柱，并在大震下确保不屈服；(4) 加强层及其相邻层的核心筒的配筋加强，箍筋全高加密，提高延性；楼板厚度加大，双层双向配筋；(5) 对薄弱层的地震剪力乘以1.15的增大系数；（6）采用动力弹塑性分析验算结构在罕遇地震作用下的性能。

4. 构造措施

海航国际广场A座主楼结构高度高，地震作用大，所以竖向构件截面尺寸大，配筋率高，首层核心筒外侧墙厚为1500mm，部分墙体边缘构件的配筋率高达3.7%，钢筋根数多、间距小，墙体中部的钢筋无法绑扎，现场施工非常困难。为此，采取了以下解决措施：（1）加大墙内钢骨柱截面，取代部分钢筋；（2）墙内钢筋采用并筋形式，加大钢筋水平间距。首层典型边缘构件钢筋排布见图9。

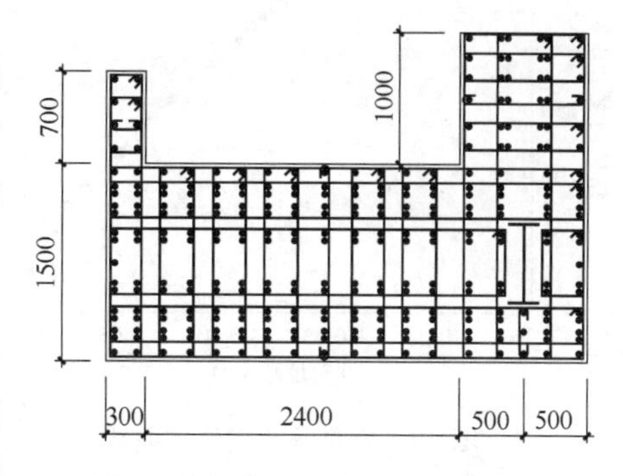

图9 首层典型边缘构件钢筋排布

四、结构计算和分析

1. 弹性分析

分别采用SATWE和ETABS对结构进行了整体弹性分析，主要结果汇总见表1、表2。

A座结构不同软件的计算周期比较 **表1**

振型	ETABS				SATWE			
	周期（s）	振型参与质量比（%）			周期（s）	方向因子		
	T	U_x	U_y	R_z	T	U_x	U_y	R_z
1	3.8141	0.0	48.1	0.7	3.8914	0.00	1.00	0.00
2	2.6458	50.7	0.0	0.1	3.0181	1.00	0.00	0.00
3	1.6268	0.0	0.0	16.1	1.8896	0.00	0.00	1.00

A座结构不同软件的计算位移比较 **表2**

项目		ETABS		SATWE	
		X	Y	X	Y
最大层间位移角	地震作用	1/682	1/580	1/623	1/567
	风作用	1/1900	1/1230	1/1425	1/1042
最大层间位移比	地震作用	1.10	1.09	1.17	1.19

从上述结果可以看出，工程为地震作用控制。结构的周期、位移、剪重比等各指标均满足规范的要求，由于篇幅所限，这里不再赘述。

由于屋顶钢架的侧向刚度相对较柔，因此对整体结构进行了专项风振分析，结构Y向风荷载下的位移和加速度曲线见图10、图11。可以看出，Y向位移在结构下部变化比较平滑，但屋顶钢架的位移增大非常明显，存在着明显的鞭梢效应。在10年重现期的风荷载作用下，混凝土结构主体顶点的最大加速度为0.08m/s^2，满足规范关于结构舒适度的要求。虽然屋顶钢架的加速度很大，但由于其质量较轻，对下部混凝土结构的影响较小。

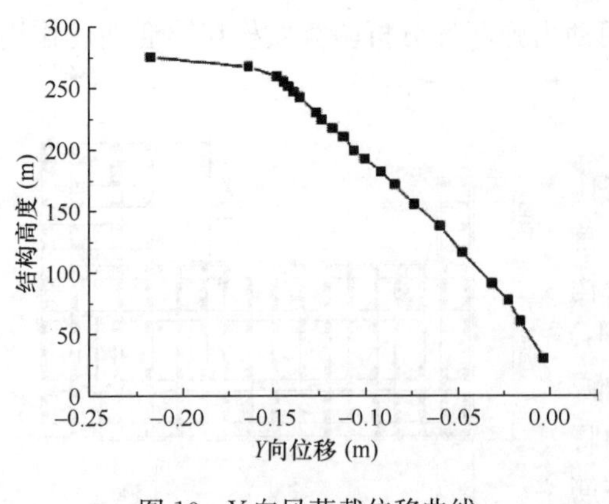

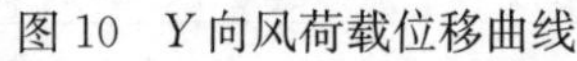
图 10　Y 向风荷载位移曲线

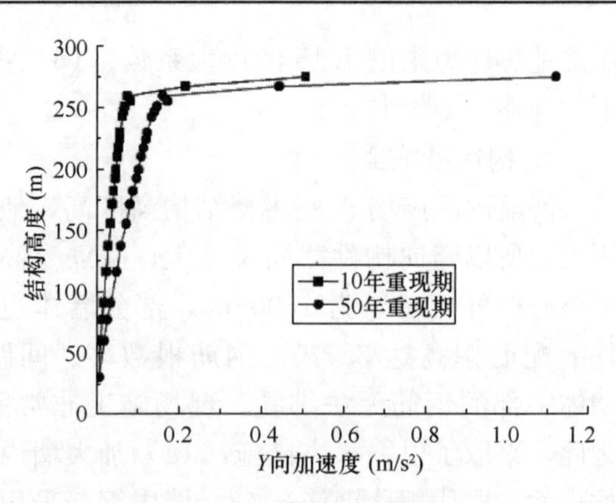

图 11　Y 向风荷载加速度曲线

2. 弹塑性分析

采用通用有限元软件 ABAQUS 对结构进行了动力弹塑性分析。分析时考虑了几何非线性和材料非线性，结构的平衡方程建立在结构变形后的几何状态上，“P-Δ”效应、非线性屈曲效应、大变形效应等都得到全面考虑；直接采用材料非线性应力-应变本构关系模拟钢筋、钢材及混凝土的弹塑性特性，有效模拟构件的弹塑性发生、发展以及破坏的全过程。采用“单元生死”技术模拟了施工过程的非线性：首先，激活结构 18 层及其下部结构，加载并计算；然后，激活结构 19～36 层构件，加载并计算；最后，激活结构 37 层以上构件，加载并计算，使结构计算与实际受力更为接近。

根据弹塑性时程的计算结果，对工程在罕遇地震作用下的抗震性能主要评价如下：

(1) 三组罕遇地震记录、双向作用下的弹塑性时程分析表明，最大层间位移角为 1/104，满足规范限值 1/100 的要求。最大层间位移角曲线见图 12。整个计算过程中，结构始终保持直立，能够满足规范的“大震不倒”要求；

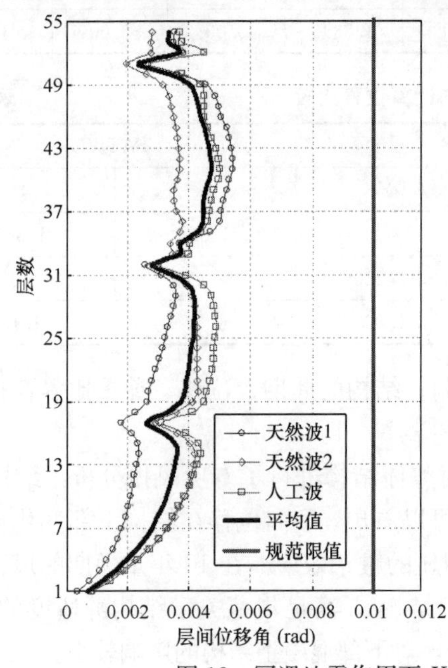

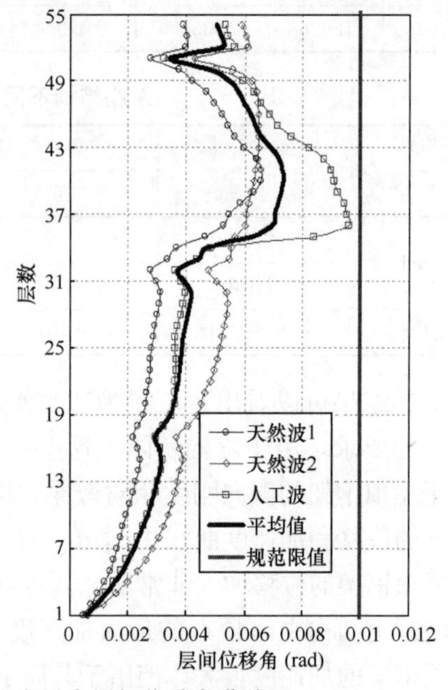

图 12　罕遇地震作用下 X 向、Y 向最大层间位移角曲线

(2) 结构中的所有连梁均破坏较重，说明在罕遇地震作用下，连梁形成了铰机制，发挥了屈服耗能作用；部分墙肢破坏，在设计时需要采取加强措施；

(3) 结构外框架柱、伸臂桁架和环向桁架基本保持弹性，框架梁局部进入了塑性，但程度不大；

(4) 防屈曲耗能支撑均进入了塑性阶段，发挥了耗能作用，减少了结构主体构件的损伤。

五、防屈曲耗能支撑的应用

海航国际广场 A 座主楼在层 35 以上的外框架角部设置了防屈曲耗能支撑，共 256 根，规格均为 TJII-E235-150 型。防屈曲耗能支撑主要由芯材和周边的约束材料组成，二者之间采用无粘结材料填充。通过构造措施，避免芯材在受压时屈曲，因此具有良好的滞回性能。

工程采用的防屈曲耗能支撑的初始刚度为 500000kN/m，屈服力为 1500kN，同时需要有大震保护装置。在构件安装之前进行了抽样检测试验，共 6 根。首先按照规范的要求，依次在 1/300、1/200、1/150 和 1/100 支撑长度下，拉伸和压缩往复各 3 次变形。同时，为了检验支撑在大震下的性能，又分别在 1/60 和 1/50 支撑长度下，拉伸和压缩往复各 3 次变形，最后进行极限拉伸承载力试验。试验结果表明，试件滞回曲线稳定、饱满，具有正的增量刚度，各项承载力均满足规范要求。试验曲线详见图 13，弹塑性分析得到的防屈曲耗能支撑荷载-位移曲线见图 14。

从弹塑性时程分析结果可以看出，防屈曲耗能支撑在大震作用下发生了屈服，发挥了耗散地震能量的作用。为了定量地分析防屈曲耗能支撑的作用，对本工程中的防屈曲耗能支撑进行了能量对比分析。建立了无防屈曲耗能支撑的模型，即将上部结构外框架角部设置的防屈曲耗能支撑用普通钢支撑代替，再进行弹塑性时程分析，所有分析参数均相同。通过二者能量的对比分析，定量地研究了防屈曲耗能支撑的作用。

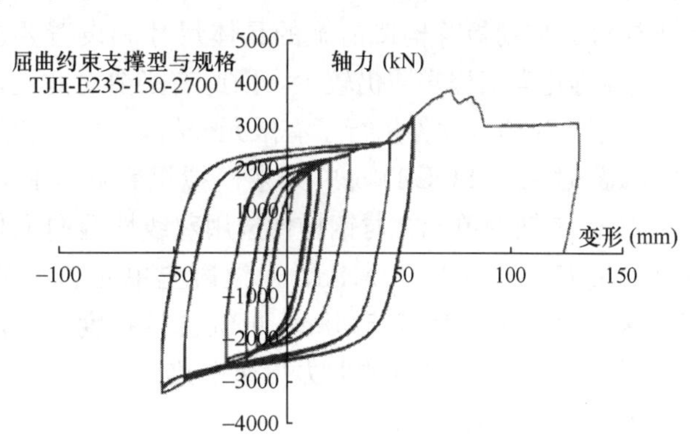

图 13　防屈曲耗能支撑试验曲线

图 15 为有无防屈曲耗能支撑模型的塑性耗能时程曲线。从图中可以看出，有防屈曲耗能支撑的塑性耗能为 1.60×10^5kJ，无防屈曲耗能支撑的塑性耗能为 1.69×10^5kJ，有防屈曲耗能支撑模型塑性耗能为无防屈曲耗能支撑模型塑性耗能的 95%。这表明，由于防屈曲耗能支撑的存在，耗散了部分地震能量，使得主体结构进入塑性的程度要相对轻微，从而改善了结构的抗震性能。

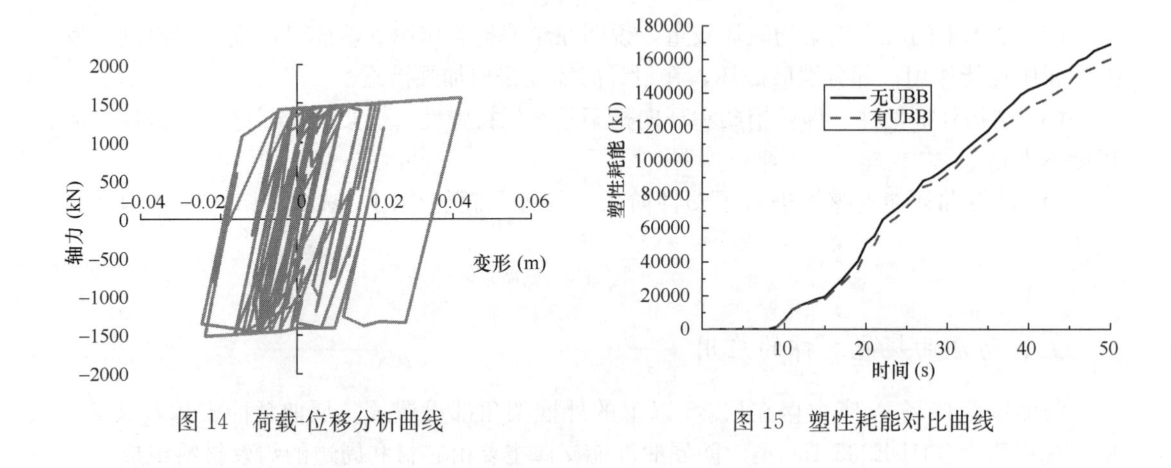

图 14　荷载-位移分析曲线

图 15　塑性耗能对比曲线

六、大尺度矩形钢管混凝土柱构造设计研究

海航国际广场中的矩形钢管混凝土柱截面由 1350mm×2050mm 收进至 850mm×1350mm，钢管壁厚由 40mm 渐变至 24mm，钢材 Q345B。混凝土浇筑采用自密实混凝土高位抛落免振捣法，2～4 层作为一个施工段，浇筑高度为 8～14m。

与圆钢管混凝土柱不同，矩形钢管混凝土受力时，侧壁由于约束较弱，平面外变形较大。为保证钢管和混凝土可以共同工作，《矩形钢管混凝土结构技术规程》CECS 159：2004 中要求当钢管边长不小于 800mm 时，宜采取在柱子内壁上焊接栓钉或者设置纵向加劲肋等构造措施，但规程条文说明中写到："由于目前这方面的资料很少，本规程中难以提出栓钉、加劲板等构造措施的具体尺寸和设置要求，设计时可借鉴已有的工程经验处理。"目前此类工程实践仍较少，因此有必要对此进行初步的研究。

采用 ANSYS 软件进行了有限元分析，对大尺度钢管混凝土柱的构造设计进行初步研究。分析时采用 SOLID45 单元来模拟钢管和栓钉，采用 SOLID65 单元来模拟混凝土，mass21 作为辅助单元。对钢构件选用双线性等向强化材料模型，屈服强度 $f_y=345$MPa，弹性模量 $E_s=2.06\times10^5$ MPa；对混凝土单元选用 Willam-Warnker 五参数破坏准则，单轴抗压强度设计值为 27.5MPa，单轴抗拉强度设计值为 2.04MPa，张开裂缝的剪力传递系数 $\beta_t=0.5$，闭合裂缝的剪力传递系数 $\beta_c=0.95$ ，弹性模量 $E_c=3\times10^4$ MPa。分析时，在柱顶施加均布荷载。

1. 内隔板方案

为分析内隔板对矩形钢管混凝土柱承载力的影响，建立 3 个钢管混凝土柱有限元模型。模型 1 是矩形钢管内部设置 1 道不开洞竖板；模型 2 是矩形钢管中竖板开洞；模型 3 是矩形钢管中竖板开洞并设置加劲肋。钢管混凝土柱截面为首层柱截面，尺寸为 1350mm×2050mm，钢管壁厚 40mm，内隔板和加劲肋壁厚 30mm，静力荷载选自整体计算模型。计算模型见图 16，计算结果详见表 3。

不同内隔板模型计算结果对比　　表 3

模型	钢管应力（MPa）	混凝土应力（MPa）	极限承载力（kN）	体积含钢率（%）
1	46.5	6.1	171000	11.0

续表

模型	钢管应力（MPa）	混凝土应力（MPa）	极限承载力（kN）	体积含钢率（%）
2	66.7	9.8	170000	10.3
3	52.8	7.7	175000	11.5

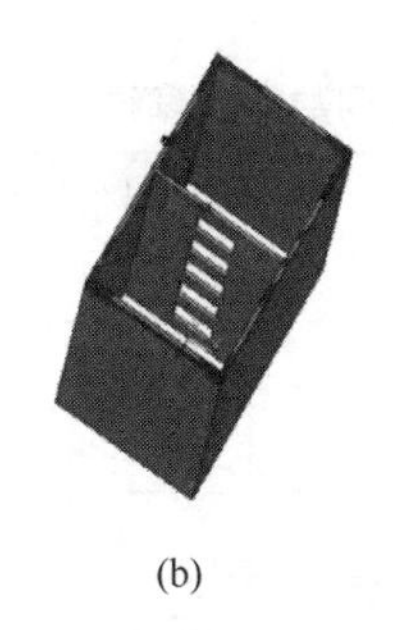
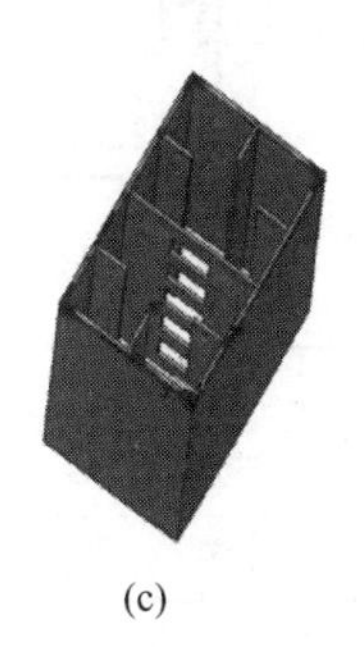

(a) (b) (c)

图 16 不同内隔板方案计算模型

(a) 模型 1；(b) 模型 2；(c) 模型 3

通过分析可以看出，与模型 2 相比，模型 3 在矩形钢管中设置了加劲肋，钢管混凝土柱的刚度明显提高，同时可以有效地控制钢管壁的屈曲变形，提高矩形钢管的局部稳定性。模型 2 与模型 1 的计算结果进行比较，承载力稍有下降，但中间竖板开洞有利于两侧的混凝土更好地协同工作。

在工程设计中，模型 3 的构造措施更为经济、合理。中间竖板开洞后，洞口边角有应力集中现象，需要进行专门处理。

2. 加劲肋与栓钉方案比较

为比较矩形钢管混凝土内设置加劲肋和栓钉的优劣，建立了两个标准钢管混凝土柱模型，尺寸为 1000mm×1000mm，壁厚 40mm，内部分别设置了加劲肋和栓钉（图 17、图 18）。施加与上节相同的荷载，进行静力分析。

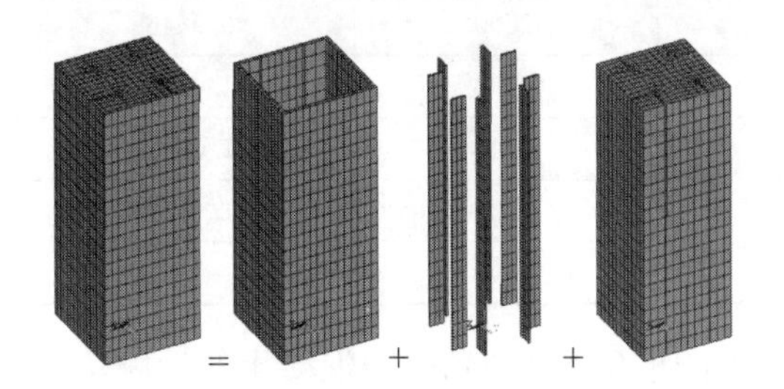

图 17 加劲肋模型

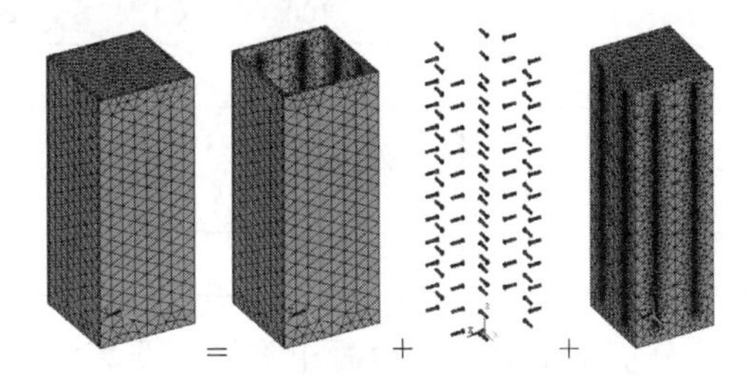

图 18 栓钉模型

从加劲肋方案和栓钉方案的计算结果对比可以看出，加劲肋的 Y、X 向最大拉应力分别为 7.4MPa、7.5MPa，栓钉 Y、X 向最大拉应力分别约为 57.3MPa、59.2MPa，两者都可以有效地发挥作用。考虑到混凝土对栓钉钉帽的窝裹作用，栓钉将力传递到钢管内壁，钢管管壁受拉作用效果明显，一定程度上防止其向外鼓曲，而且栓钉的用钢量较加劲肋大大降低。因此，纵向加劲肋位置用焊接栓钉代替可以产生较好的经济效益。

3. 构造措施的影响

(1) 隔板开洞数量的影响

为了分析隔板开洞数量对钢管混凝土柱承载力的影响，建立了 5 种有限元模型 a～e。矩形钢管的截面尺寸为 1350mm × 2050mm，高 5500mm，隔板厚度为 40mm。隔板开洞数量及计算结果见表 4。

隔板开洞数量计算结果对比 **表 4**

模型	开洞数量	洞口（mm）			极限承载力（$\times 10^9$kN）
		宽度	厚度	高度	
a	1	370	40	600	0.171201
b	2	370	40	600	0.170542
c	3	370	40	600	0.170021
d	4	370	40	600	0.170096
e	5	370	40	600	0.169961

分析结果显示，当钢管混凝土达到极限承载力时，钢管内混凝土裂缝分布主要集中在洞口周围以及内边角处。钢管混凝土的极限承载力随着中隔板洞口数目的增加有所降低，但影响甚微。

(2) 加劲肋外伸长度的影响

为研究钢管内加劲肋长度对钢管混凝土柱承载力的影响，建立 5 个方钢管模型。方钢管边长 1200mm，壁厚 40mm，高 2500mm，加劲肋厚度 20mm。每个计算模型中，加劲肋截面尺寸及极限承载力如表 5 所示。

加劲肋长度计算结果对比 **表 5**

模型	加劲肋长度（mm）	厚度（mm）	高（mm）	极限承载力（$\times 10^8$ kN）
a	100	20	2500	0.98469
b	150	20	2500	1.06167
c	200	20	2500	1.08689
d	250	20	2500	1.11314
e	300	20	2500	1.13879

分析结果显示，混凝土裂缝主要集中在其四个边角处及加劲肋与混凝土的接触位置，且随着加劲肋外伸宽度的增加四个边角处的裂缝有发展趋势。整体而言，随着加劲肋外伸宽度的增大，钢管混凝土的极限承载力逐渐提高，但提高的幅度逐渐变缓，模型 a 与模型 b 比较，极限承载力的提高较为明显，约 8%；但模型 d 与模型 e 比较，极限承载力的提高仅约 2%。因此，加劲肋外伸宽度的选取要适中。

(3) 加劲肋厚度的影响

为研究钢管内加劲肋长度对钢管混凝土柱承载力的影响，建立 5 个方钢管模型。方钢管边长 1200mm，壁厚 40mm，高 2500mm，加劲肋外伸宽度 250mm。每个计算模型中纵向中加劲肋截面尺寸如表 6 所示。

加劲肋厚度计算结果对比 表 6

模型	a	b	c	d	e
厚度（mm）	10	15	20	25	30
极限承载力（$\times10^9$ kN）	1.0486	1.0816	1.1131	1.1449	1.1765

分析结果显示，混凝土裂缝主要集中在其四个边角处及加劲肋与混凝土的接触位置，且随着加劲肋厚度的增加四个边角处的裂缝有发展趋势。整体而言，随着加劲肋厚度的增大，钢管混凝土的极限承载力逐渐提高，而且提高的速度较为均匀。

七、结论

海航国际广场设计时是大陆“8 度半”抗震设防区域的最高建筑，属于平面基本规则、竖向不规则的超限复杂高层结构。通过合理布置结构、确定性能目标，并针对结构的超限情况采用相应的技术措施，使得结构具有良好的抗震性能。在结构上部设置了防屈曲耗能支撑，增加了抗震防线。分析计算表明，工程各项指标均满足规范要求，防屈曲耗能支撑可以有效地发挥作用。

7 苏州广播电视总台现代传媒广场结构设计

建设地点　江苏省苏州市工业园区南施街258号

设计时间　2010.09—2012.03

工程竣工时间　2016.04

设计单位　日方：

株式会社日建设计

中方：

中衡设计集团股份有限公司

［215021］江苏省苏州市工业园区八达街111号

主要设计人　日方：

塚越治夫　新亚宏　秦泉寺稔子　轴丸久司

朝日智生　龟田浩纪　夏　瑾　樱木健次

中方：

张　谨　谈丽华　路江龙　杨律磊　王　伟

傅根洲　杨伟兴　龚敏锋　李国祥　李　刚

本文执笔　张　谨　杨律磊　龚敏锋

获奖等级　2019—2020中国建筑学会建筑设计奖·结构专业二等奖

一、工程概况

苏州广播电视总台现代传媒广场项目位于苏州工业园区，建筑造型优美，结构形式新颖，是苏州的重要地标性建筑之一（图1）。建筑群体包括超高层智能办公楼、演播楼、酒店楼、商业楼和M形采光顶等（图2），建筑功能包括高档办公、酒店、商业和千人大型演播厅等，总建筑面积约33万m^2。各个建筑要素按照“华、合、活、优、安”的设计理念被巧妙地融和为一体，同时通过新型设计技术和材料的巧妙结合，在现代建筑设计上完美地诠释了苏州的古韵今风，形象地表现了“粉墙”“黛瓦”“窗棂”“编织”和“丝绸”等苏州传统元素。项目各单体概况如下：

（1）办公楼主楼地上42层，裙房地上7层，地下室3层，地上建筑总高度215m，地上结构总高度197m，含裙房地上总建筑面积约10万m^2。

（2）演播楼地上7层，地下室3层，地上建筑总高度51m，地上结构总高度42m，地上总建筑面积约3.6万m^2。

(a)

(b)

图 1　苏州广播电视总台现代传媒广场项目

(a) 项目效果图；(b) 项目实景

(3) 酒店楼主楼地上 38 层，裙房地上 7 层，地下室 3 层，地上建筑总高度 165m，地上结构总高度 150m，含裙房地上总建筑面积约 7 万 m^2。

(4) 商业楼地上 5 层，地下室 3 层，地上建筑总高度 32.5m，地上结构总高度 32.5m，地上总建筑面积约 1.1 万 m^2。

(5) M 形采光顶是覆盖在基地中央广场上方的大型采光顶，东西方向全长约 100m，南北方向顶部凹形部分跨度为 23m，南北方向底部支座间跨度为 34m。

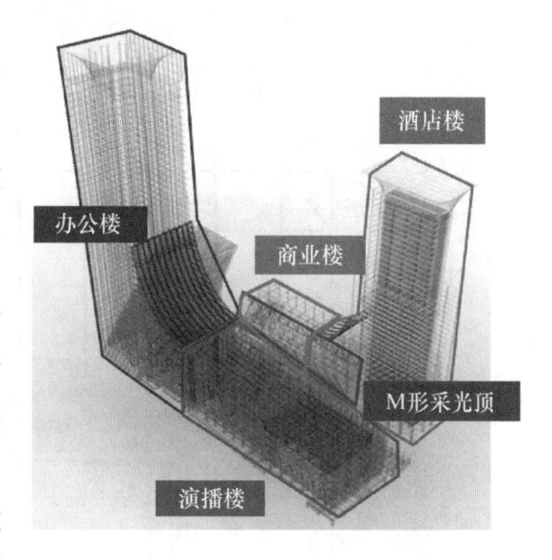

图 2　项目单体分布示意

项目由株式会社日建设计完成方案和初步设计，中衡设计集团完成相关体系课题研究、扩初设计、抗震超限报告、动力弹塑性分析和施工图设计等工作，相关体系课题研究参与方还包括东南大学和中亿丰建设。

二、结构体系

结构设计中对各楼间结构抗震缝进行划分（图 3），使各大楼自成合理的结构体系。

办公楼采用“钢框架-钢筋混凝土核心筒”的混合结构体系（图 4），外围钢框架柱截面尺寸仅为 400mm×(800～900) mm；裙房与塔楼间不设防震缝，由双向多层钢桁架实现 40m 大跨和 21m 的外悬挑。

演播楼与办公楼间设有防震缝，采用“框架＋支撑＋大型空间桁架”的钢结构体系，实现跨度近 50m 大空间，以及北立面近 16m 的悬挑（图 5）。

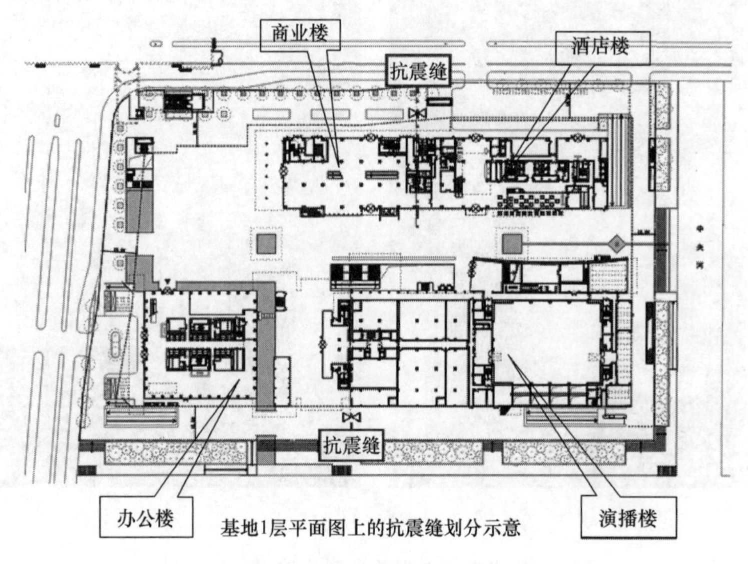

图 3　抗震缝划分示意

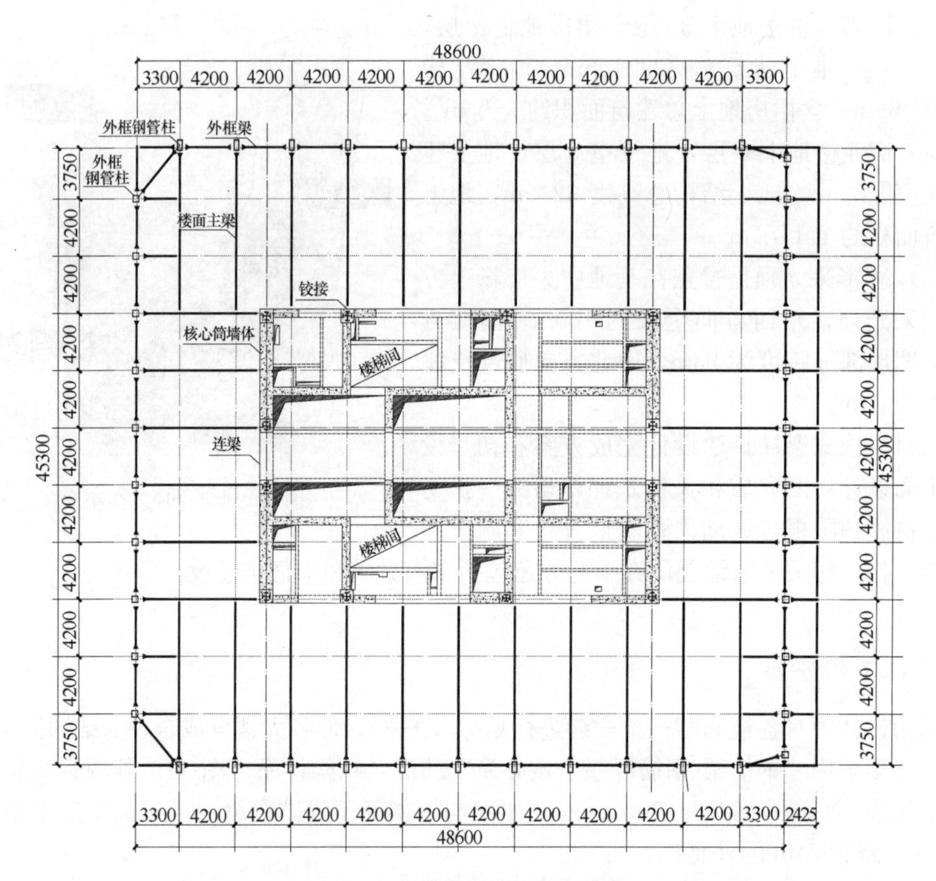

图 4　办公楼塔楼结构平面示意

酒店楼为“SRC框架柱＋RC框架梁＋RC核心筒”结构。

商业楼采用“钢筋混凝土＋钢骨混凝土”的混合框架结构体系。

M采光顶覆盖在中央广场，采用铅芯橡胶支座隔震与预应力拉杆组合设计。

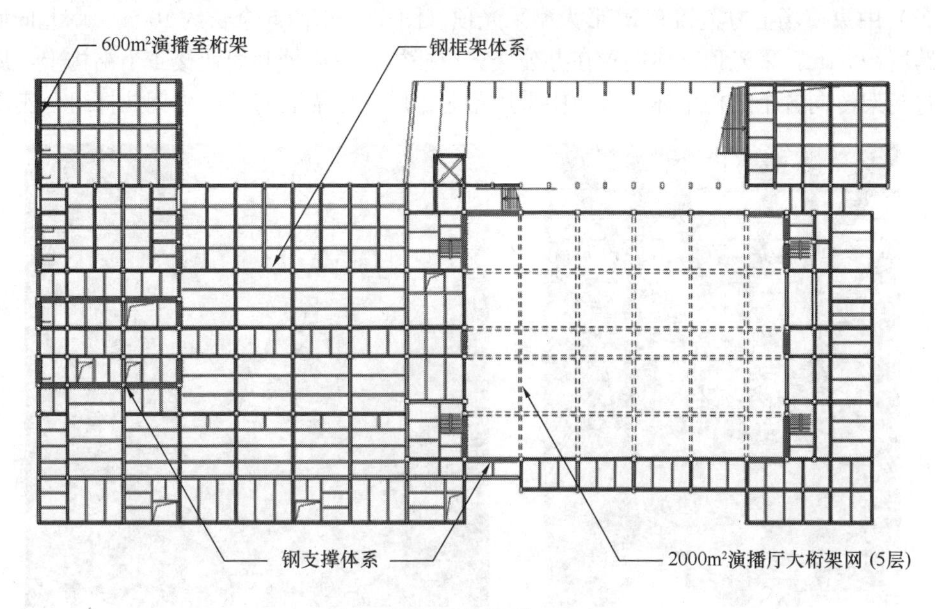

图5　演播楼结构平面示意

三、结构特点

设计中针对办公楼、演播楼、酒店楼和商业楼结构的自身特点进行了多软件多类型的计算分析（表1），同时针对造型特点和建筑需求，完成多项专项分析，包括：

（1）办公楼裙房需跨越下部近40m宽交通通道，同时承受上部多个楼层的荷载作用（图6），设计中对传统桁架体系进行改良，提出新型“开洞钢板墙-钢桁架结构”体系，在立面需要开设洞口的位置采用开洞钢板墙来替代斜撑，使桁架结构立面开洞不再受到斜撑的限制，在结构刚度合理配置的前提下最大限度地满足建筑使用要求。

图6　办公楼裙房人行通道实景

(2) 建筑师将苏州当地丝绸文化融于建筑立面设计中，在办公塔楼与裙楼间的大高差屋面墙面采用了“悬垂幕状造型”的钢结构和玻璃幕墙（图 7），东西向约 42m，南北向约 45m，高差约 53m，对设计提出了“刚柔并济”的挑战。

(3) 中央广场上方覆盖有 M 形大型采光顶（图 8），东西向全长约 100m，南北向底部支座间跨度约 34m，采光顶整体搁置在办公楼、演播楼、酒店楼和商业楼 4 个结构上，屋面荷载通过桁架传向各个结构单体，设计中采用铅芯橡胶支座隔震与预应力钢拉杆组合实现。

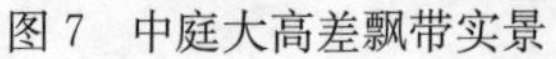

图 7　中庭大高差飘带实景

图 8　M 形采光顶实景

(4) 下沉广场内设计有水平投影跨度达 21.3m、宽 6m 的钢楼梯（图 9），要求在跨度范围内不允许设置竖向支撑构件，设计中首次采用预应力交叉张弦钢楼梯体系，以实现楼梯大跨、无柱、轻巧美观的建筑效果。

图 9　广场大跨钢楼梯实景

结构计算分析内容　　**表 1**

建筑物（结构高度）	风、小震、中震分析	大震分析
办公楼（197m）	SATWE，ETABS （静力弹性和动力弹性时程分析）	MIDAS，PERFORM3D （动力弹塑性时程分析）

续表

建筑物（结构高度）	风、小震、中震分析	大震分析
演播楼（42m）	SATWE，ETABS （静力弹性和动力弹性时程分析）	MIDAS （静力弹塑性分析）
酒店楼（150m）	SATWE，ETABS （静力弹性和动力弹性时程分析）	SAP2000 （静力弹塑性分析）
商业楼（32.5m）	SATWE　（静力弹性）	—

四、新型“开洞钢板墙-钢桁架结构”体系研究

办公楼与演播楼相连的门式连接部位，由于建筑需要在结构立面的指定位置开设洞口（图10），而由于斜撑的存在，使得开设洞口的位置和尺寸受到较大限制，为解决该问题，项目中采用开洞钢板替代斜撑，形成新型“开洞钢板墙-钢桁架结构”体系（图11）。

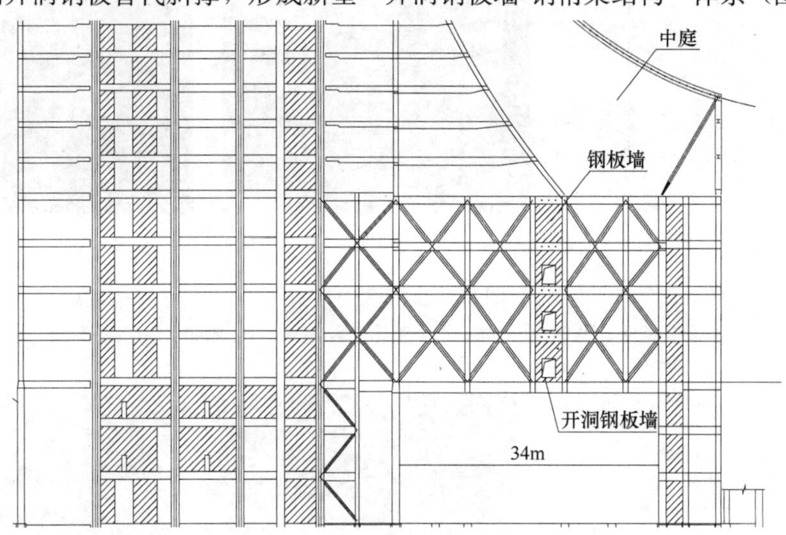

图10　办公楼裙房剖面

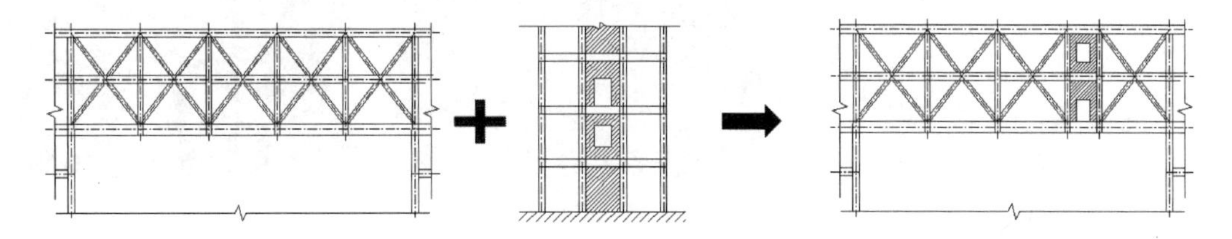

图11　新型“开洞钢板墙-钢桁架结构”体系示意

该结构形式融合了钢桁架体系和钢板剪力墙结构体系各自的优势，使建筑能更灵活地布置而满足使用空间的要求，对于整体工程造价没有直接的影响，在用钢量上与传统桁架相差不大，但是由于减少了内部封闭焊接，在焊接难易程度上较普通钢桁架简单，质量容易控制。相比空腹桁架而言，受力性能好、传力直接，能够为结构提供刚度和承载力。在不增加造价的前提下，开洞钢板剪力墙取代斜腹杆具有很好的推广价值。

工程中对该新型结构体系从理论、试验和设计应用多方面进行了研究与实践，为该体系提供了可靠的依据并起到了积极的推动作用。

1. 试验分析

在理论分析和初步设计的基础上，采用1∶5缩尺比对开洞加劲钢板墙在低周往复加载试验下的力学性能进行了研究。

图12和图13分别为试件SSWO-1（中部开洞）和SSWO-2（底部开洞）最大加载位移时的变形情况。由图14试件的滞回曲线可见，基于本文设计的钢板墙无明显捏缩现象，具有饱满的滞回曲线，耗能能力良好；加劲肋可有效限制钢板墙的平面外屈曲，保证正常工作阶段下有良好的受力性能。

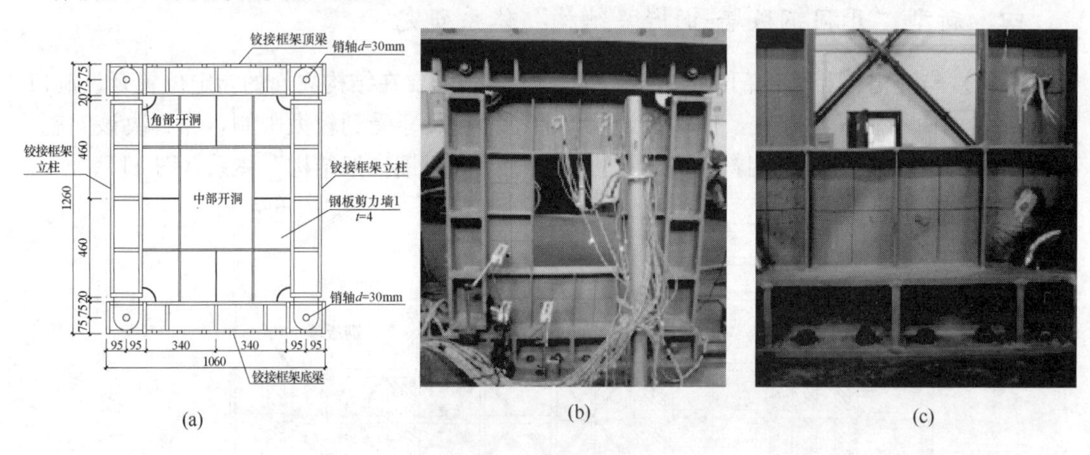

(a) (b) (c)

图12 试件SSWO-1

（a）试件SSWO-1设计图；（b）整体变形情况；（c）局部变形情况

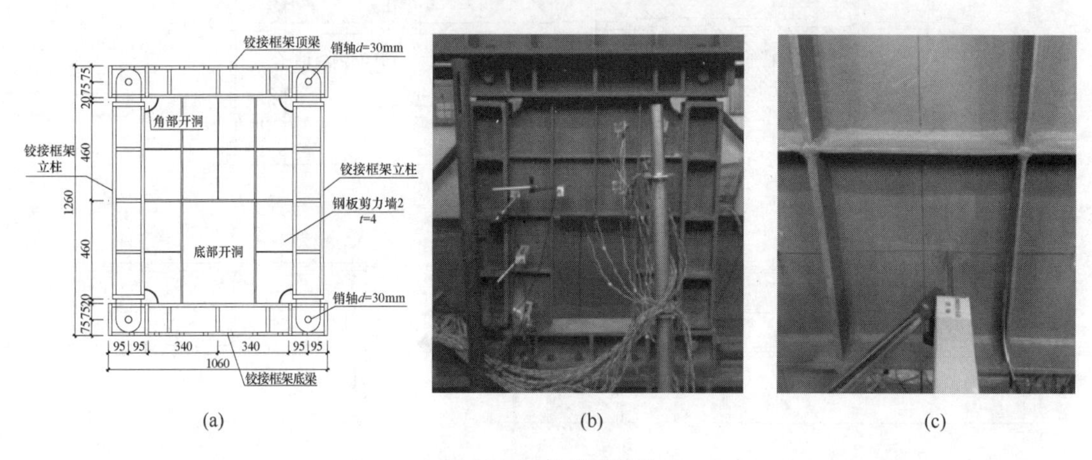

(a) (b) (c)

图13 试件SSWO-2

（a）试件SSWO-2设计图；（b）整体变形情况；（c）局部变形情况

2. 体系分析设计

传统带边框钢板墙的建模方法（图15）采用梁单元建立边框结构梁柱，并直接在其中采用壳单元建立剪力墙，所建立的剪力墙尺寸大于剪力墙的实际尺寸，并且当剪力墙周边的框架梁柱截面较大时，剪力墙尺寸将出现较大偏差，从而导致剪力墙为结构体系贡献

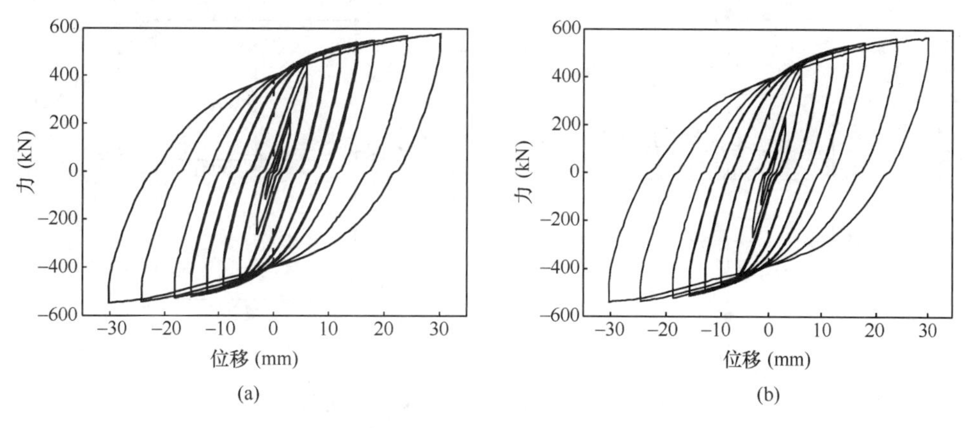

图 14 试件 SSWO-1 和 SSWO-2 滞回曲线

(a) 试件 SSWO-1；(b) 试件 SSWO-2

的刚度出现偏差，并进一步影响结构体系的力学性能。如要得到较为精确的结果，则需要对剪力墙划分较密的单元。当剪力墙较多时，将导致整体结构计算缓慢。建模时若要考虑加劲肋，则需将加劲肋一并在模型中建立，使得建模过程复杂化。

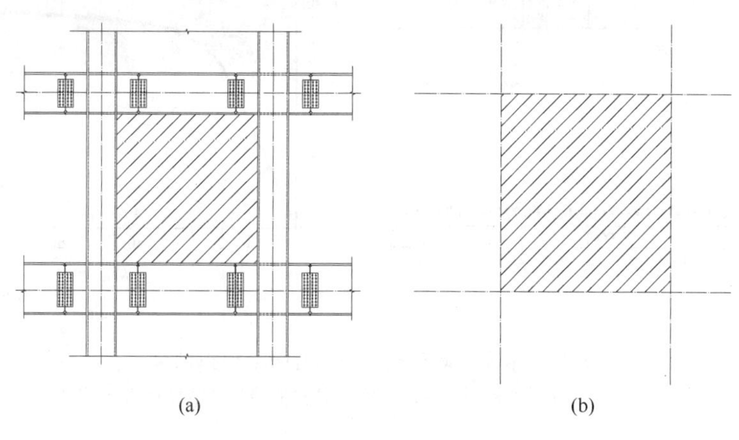

图 15 传统建模方式

(a) 实际尺寸；(b) 传统建模方式尺寸

本文将剪力墙的水平力学性能和竖向力学性能分别等效为相应的非线性连接单元，该非线性连接单元的力学参数由剪力墙本身的有限元建模分析得到；并通过将模拟剪力墙水平和竖向力学性能的非线性连接单元的两个端点分别与相应的框架节点耦合相应的自由度，完成剪力墙建模。如图 16 所示，A、B 两节点间 SW-V 单元模拟钢板剪力墙的竖向力学性能，C、D 两节点间 SW-H 单元模拟钢板剪力墙的水平力学性能。

以图 17 所示的平面结构为研究对象，通过 SAP2000 采用等效模拟方法对体系的力学性能进行了分析，并和通用有限元软件模拟结果进行了对比，两者吻合良好，证明通过本文方法设置合理的参数可以较为准确地模拟剪力墙的力学性能。

在项目办公楼的结构设计过程中，同时采用 SAP2000 和 MIDAS Gen 中的连接单元对开洞钢板墙的水平及竖向力学性能进行了模拟（图 18），两者动力特性计算结果基本一致，证明该模拟方法具有较好的适用性。

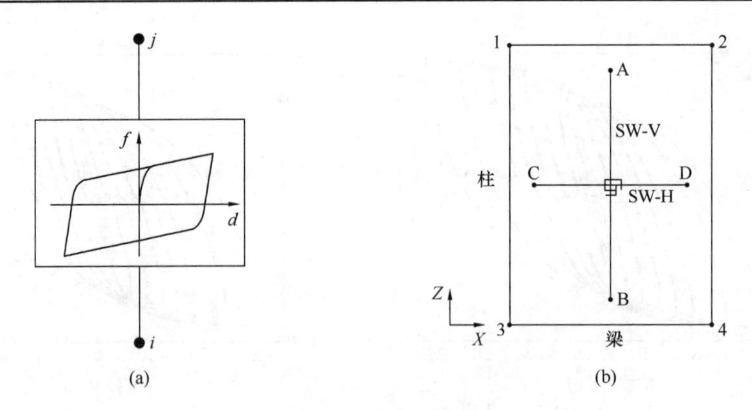

图 16　非线性连接单元等效建模方法

（a）非线性连接单元；（b）等效建模方法

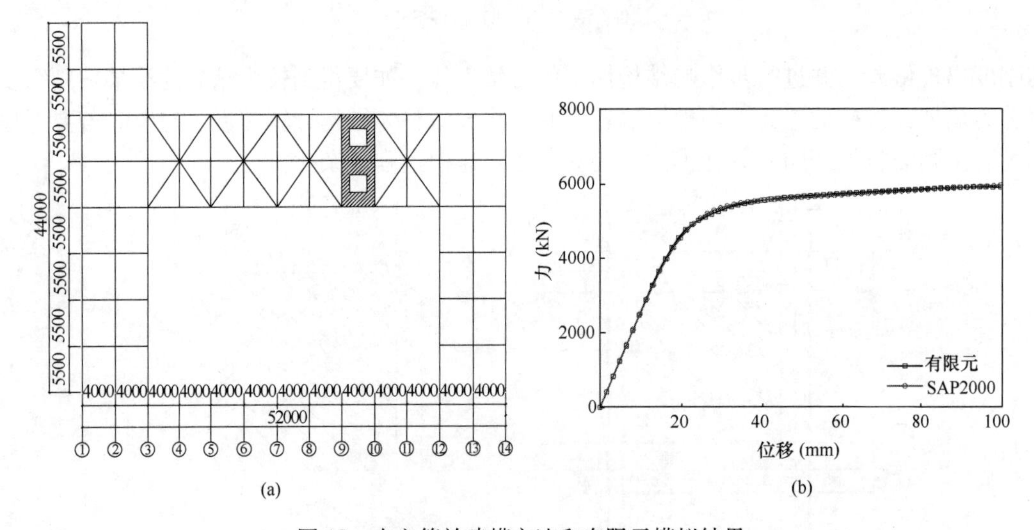

图 17　本文等效建模方法和有限元模拟结果

（a）二维平面模型示意；（b）力-位移曲线计算结果对比

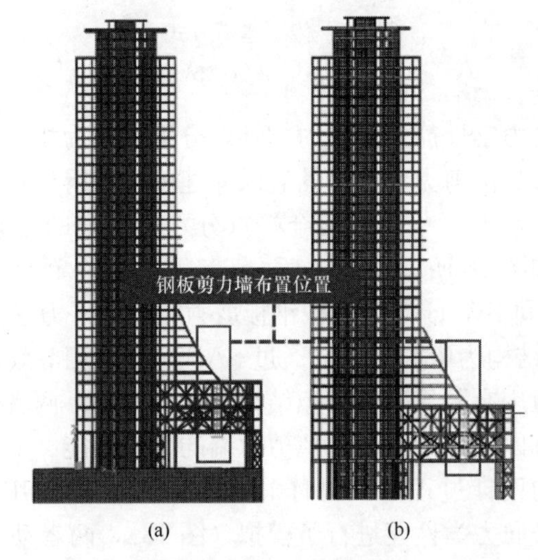

图 18　整体计算模型

（a）SAP2000；（b）MIDAS Gen

表 2 为整体桁架中部分连接单元在不同工况下的内力值，折算最大应力均小于屈服值；图 19 分别为结构桁架部分在 1.0 恒荷载+1.0 活荷载标准组合作用下的竖向变形和 1.35 恒荷载+1.0 活荷载标准组合作用下的应力分布，变形和应力最大值分别为 30mm 和 300MPa，满足计算要求。桁架部分内力分布较为均匀，开洞钢板墙和钢桁架可较好地协同工作。

部分连接单元在各工况下的内力（kN） **表 2**

序号	类型	恒荷载	活荷载	X 向风荷载	Y 向风荷载	X 向地震	Y 向地震
1	H	−237	−42	93	−2	184	20
2	H	−301	−57	125	−4	243	27
3	H	−291	−59	117	−3	224	24
4	H	−353	−94	74	4	140	14
5	V	−640	−167	204	−33	386	69
6	V	−447	−94	231	34	428	68
7	V	−676	−171	209	28	387	60
8	V	−96	8	224	36	415	68

注：H 和 V 分别表示水平和竖向方向，小震组合下水平和竖向的折算最大应力分别为 42MPa 和 47MPa。

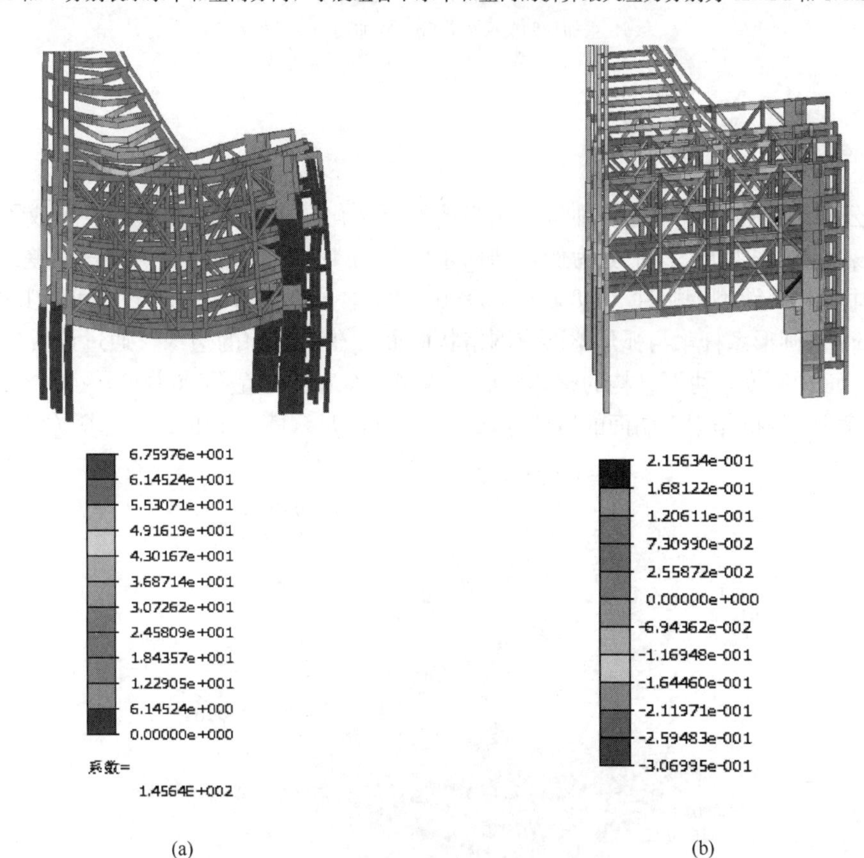

图 19 桁架部分变形和应力分布

(a) 竖向变形（mm）；(b) 应力分布（MPa）

3. 现场实测

由于结构在卸载过程中短时间内受力改变较大，项目组对卸载过程进行了现场实测。综合所有测点的位移和应力可知，结构卸载完成后结构挠度较小，基本在 2mm 以内，钢板墙竖向变形在 1mm 以内；所有测点的应力均小于 40MPa（图 20），远小于钢板墙所用 Q345 钢材的名义屈服强度 345MPa。结构卸载完成与支撑胎架脱离，形成独立受力体系，结构变形及内力均在较小的合理范围内。

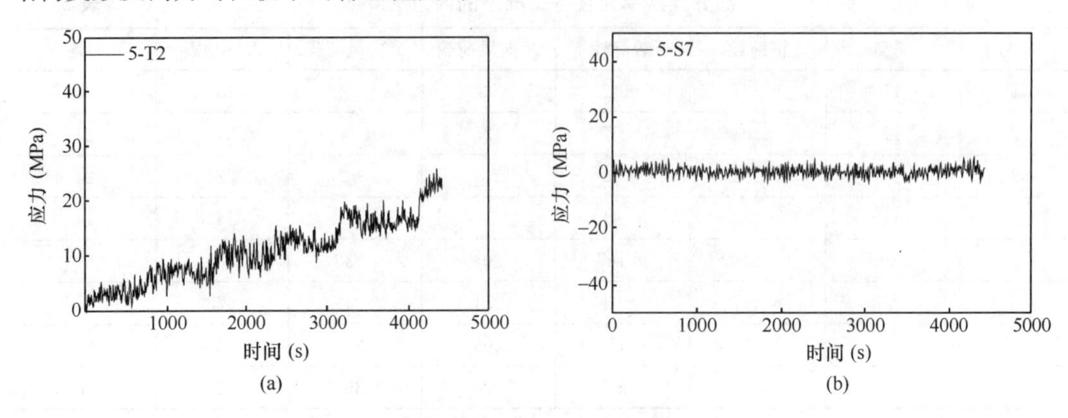

图 20　监测应力时程曲线

（a）主加劲肋交叉处；（b）次加劲肋交叉处

五、中庭飘带设计

在办公楼和酒店楼中，建筑师将苏州当地丝绸文化融于建筑立面设计，形成了大高差的中庭屋架结构，以办公楼中庭为例，结构东西向约 42m，南北向约 45m，高差约 53m。

设计中采用弧线型钢构件（H800×400×16×25），同时在水平方向上每间隔 1.0m 设置直径 150mm 的圆形系杆，与弧形梁形成网格状曲面；在南北向的边缘，通过设置空间三角桁架确保平面内刚度，协调结构的整体变形；两侧墙面通过设置□800×400～400×400 的变截面矩形钢柱，抵抗作用于墙面的风压等水平力，并满足幕墙带来的变形要求（图 21）。

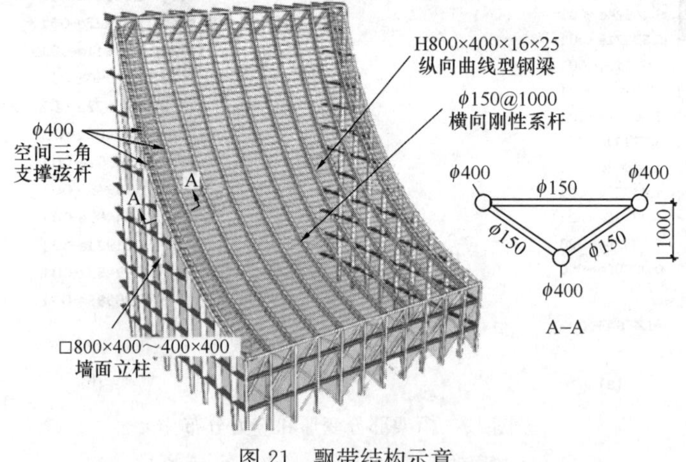

图 21　飘带结构示意

飘带的弧形梁在重力作用下将产生较大拉力，设计中通过上部区域的二力杆将部分荷载转换成拉力和压力，从而传递到主体楼面（图 22）。由于混凝土楼面抗拉能力较弱，通过在楼面设置钢支撑将拉力传递到主结构的核心筒上，以防止混凝土受拉开裂（图 23）。飘带底部与 8 层的柱子相连，通过设置斜支撑来抵抗水平力。

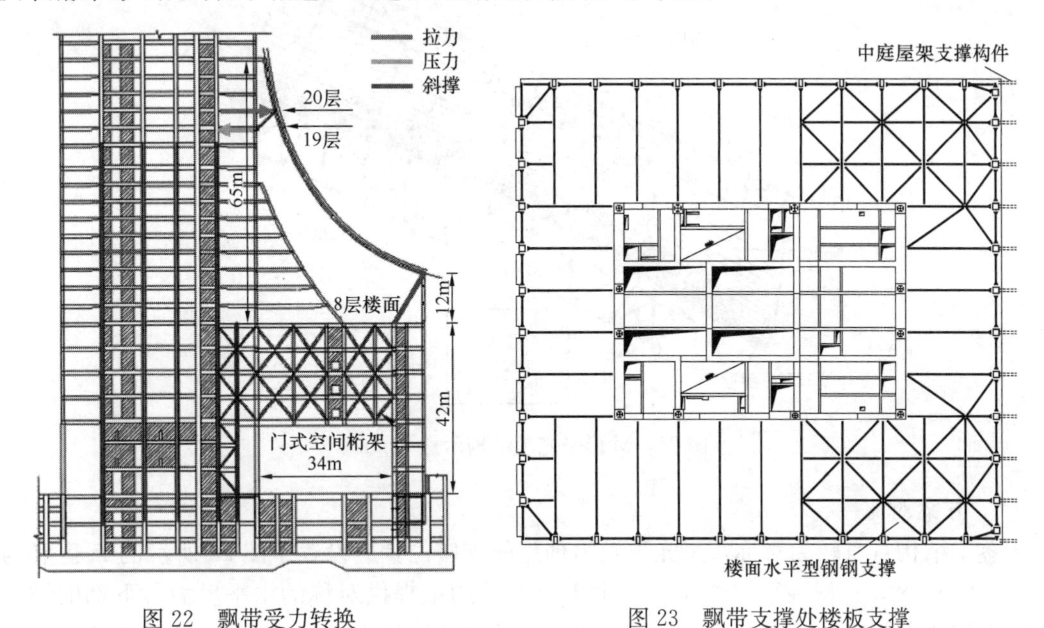

图 22　飘带受力转换

图 23　飘带支撑处楼板支撑

由于在遇到地震或大风时主楼会发生一定的变形，所以将中庭屋架设计成既能跟随主楼变形的略为柔性的结构，同时又能作为单体在中震时保持弹性状态的屋架。分别对结构在自重、雪荷载、风荷载、中震、温度应力的情况下进行了设计分析。

六、M 形采光顶设计

M 形采光顶覆盖在中央广场上方，东西全长约 100m，南北方向支座间跨度为 34m，为减小采光顶的重量，设计为纯钢结构。

结构布置如图 24 所示，主体凹形部分通过间隔 8.4m 的 U 形主钢管和与之垂直的圆钢管形成网格面，并在顶部设置斜方向的钢拉杆与周边单体结构相连来控制采光顶在自重下的竖向变形；屋面荷载通过桁架式柱子分别传向周围办公楼、演播楼、酒店楼和商业楼四个结构单体，两侧的桁架式柱子采用不同结构形式，南侧为钢管空间式桁架，北侧为钢管平面式桁架。

由于连接 M 形采光顶的多个单体在地震时的位移各不相同，故采光顶在设计时需要满足各个建筑物之间的相异变形并保持稳定状态；通过在采光顶与各大楼相接部位设置抗变形能力较强的橡胶隔震支座来释放各单体间相互影响，同时，为防止大震时支座与建筑的冲撞，设计上在支座与建筑之间确保必要的间距。

此外，为控制采光顶因自重在垂直方向发生的变形，以及保证在地震等水平作用以及风荷载作用下的安全性，分别在顶部和 U 形钢管中部设置了水平钢拉杆。

设计中除对结构在自重、雪荷载、风荷载、中震和温度作用等情况下进行计算分析外，还对采光顶的支座选型和钢拉杆的张拉顺序进行了分析。

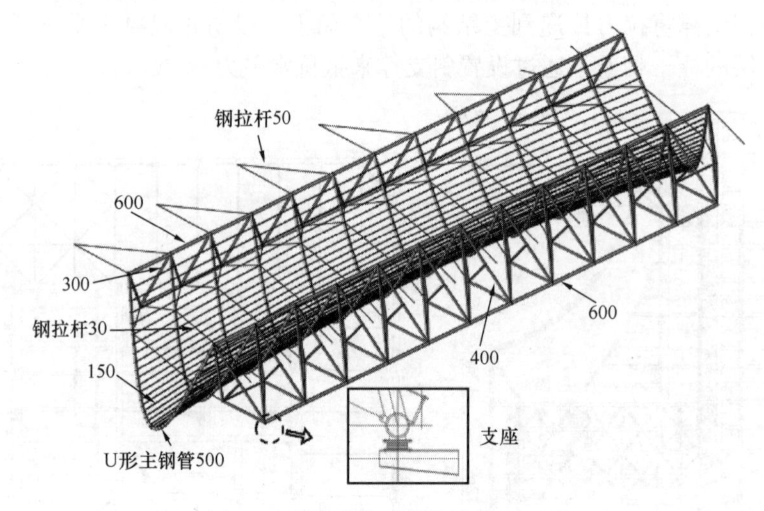

图 24　M 形采光顶结构示意（mm）

1. 方案对比

鉴于结构自身较为对称，采光顶较为理想的支座位置应设置于图 25 所示的 A 区和与之对称的 C 区，这样在重力作用下，由于上部的约束提供对称的水平反力，下部的结构支座只需要提供竖向反力即可。然而由于采光顶在两侧的构成存在不同，右侧支座只能落在 B 区，导致重力作用下整个结构将向右下方“倾斜”，因此 B 区支座需提供额外的指向中轴线的水平反力。

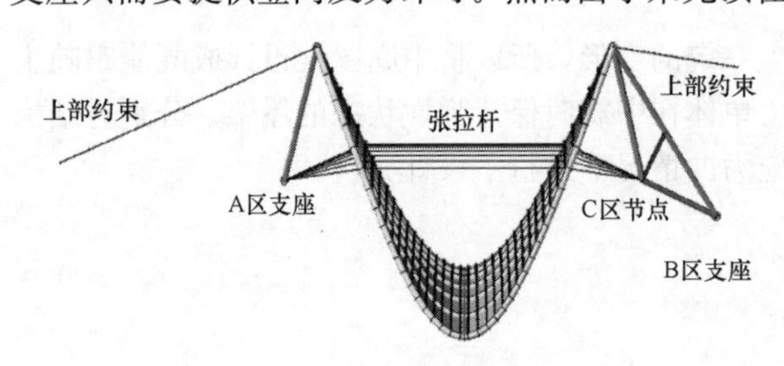

图 25　M 形采光顶支座分布

设计中进行了 3 种方案的对比。方案 a：固定铰支座，张拉杆初拉力为 200kN；方案 b：铅芯橡胶支座，水平刚度分别为 2000kN/m 和 6000kN/m，张拉杆初拉力为 200kN；方案 c：铅芯橡胶支座，水平刚度同方案 b，张拉杆初拉力为 400kN。

表 3 为 3 种方案的计算结果，对比方案 a 与方案 b 可见，固定铰支座的采用可减小结构挠度，但支座反力较大，且不利于释放单体间的相互地震影响；对比方案 b 与方案 c，表明张拉力的提高对结构的变形及内力影响较小，证明在合理范围内的张拉力不影响结构支座的选型；本文最终选择方案 b。

不同方案的计算结果　　**表 3**

	方案 a	方案 b	方案 c
支座形式	固定铰支座	铅芯橡胶支座	铅芯橡胶支座
支座水平刚度（kN/m）	—	A 区：2000，C 区：6000	A 区：2000，C 区：6000
钢拉杆初拉力（kN）	200	200	400
A 区支座水平反力（kN）	−145±15	0±20	25±15

续表

	方案 a	方案 b	方案 c
C 区支座水平反力（kN）	420±30	260±20	245±15
结构竖向变形（mm）	18	60	58
恒载＋活载作用下钢拉杆拉力（kN）（不含端部的两根）	65±15	260±10	295±10

2. 支座选型

选择铅芯橡胶支座作为采光顶的支座，其水平方向刚度由橡胶与铅芯刚度组成，如图 26 所示；首先，支座需要具有足够的水平刚度，防止预应力松弛或者结构变形过大，而在静载时不考虑铅芯的刚度；其次，铅芯在水平静载作用下会产生蠕变，若发生地震，铅芯需要快速屈服以保证耗能。因此，支座型号中橡胶应优先采用高强度系列，铅芯则建议尽可能采用小直径，以降低初始屈服力。

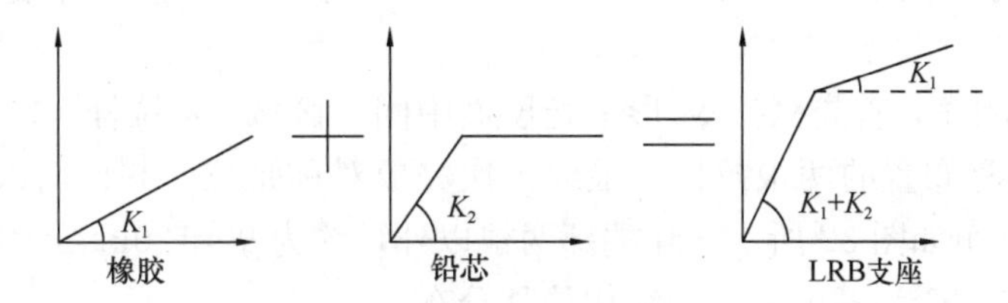

图 26　LRB 水平方向刚度的组成示意图

经过对比分析，最终选择的支座型号为 Y4Q1220G10 和 Y4Q670G10；橡胶材料为 G10，结构在 1.0G（恒荷载）＋1.0L（活荷载）工况下的竖向变形为 55mm，挠跨比为 1/600，满足限值要求；承载力验算也同样符合规定。

屋顶的地震作用主要由两部分组成：(1) 结构自身质量产生的惯性力；(2) 两侧结构所施加的位移荷载。由于 M 形采光顶自身质量较小，其地震作用主要来源于后者，故加载方式采用位移边界条件，位移取罕遇地震作用下两侧结构对采光顶产生的最大值。考虑弹塑性最大层间位移角为 1/250，本文设置相对位移为±0.12m（动力弹塑性分析得到的实际相对位移为±0.055m）。

由图 27 可见，Y4Q1220G10 支座铅芯的位移量为－50～0mm；铅芯因蠕变效应在重

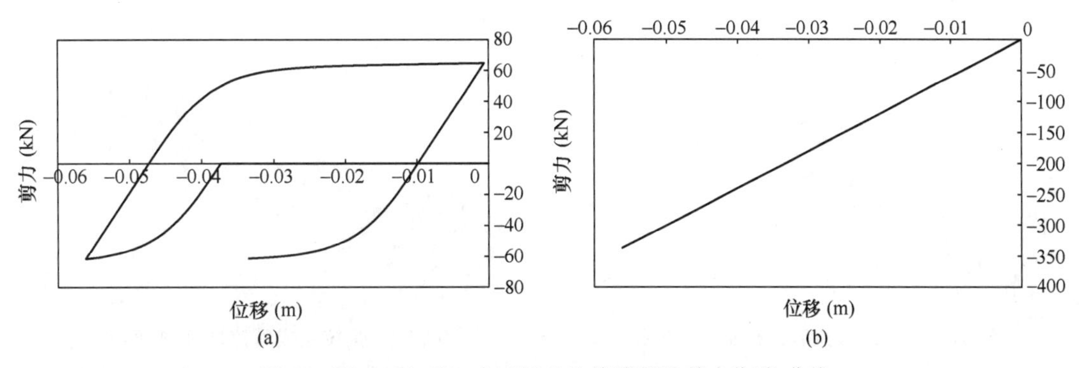

图 27　Y4Q1220G10 支座铅芯和橡胶部分剪力位移-曲线

(a) 铅芯部分；(b) 橡胶部分

力作用下仅产生位移而没有内力，在地震作用下产生塑性变形，消耗地震能量；橡胶的位移量为－55～0mm，剪力为－350～0kN，整个加载过程保持线性刚度。支座的变形在合理范围内，同时通过校核，证明采光顶的承载力满足设计需求。

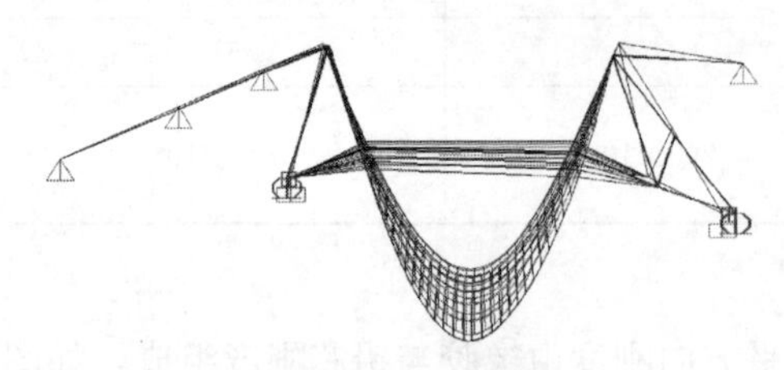

图 28　M 形采光顶张拉前变形（mm）

3. 张拉模拟

在 M 形采光顶施工过程中，首先完成两侧支座和桁架区域，其次为 U 形主钢管弧形主梁和与之垂直的圆钢管次梁，最后为钢拉杆部分。考虑到除大部分主钢管与竖直平面存在一定角度，在其承受自重前，需将其与相邻的钢管采用小次梁连接，以防止产生指向中部的水平位移。

结构在主体施工完成但还未进行张拉时，仅承受自重，脚手架仅作为施工平台而不支撑结构，此时 M 形采光顶变形如图 28 所示，最大位移为 11.2mm，各结构拉杆的内力分布如图 29 所示。

按图 30 所示顺序，首先张拉 M 形采光顶最中间（区域 1）拉杆（图 31），其次为其两侧（区域 2）对称布置的两根拉杆，最终依次完成对称张拉（共计 7 次）；张拉完成后结构拉杆的内力分布如图 32 所示，除端部两根以外，约为 90±20kN。图 33、图 34 分别为承受玻璃荷载和承受活载的采光顶结构位移分布。

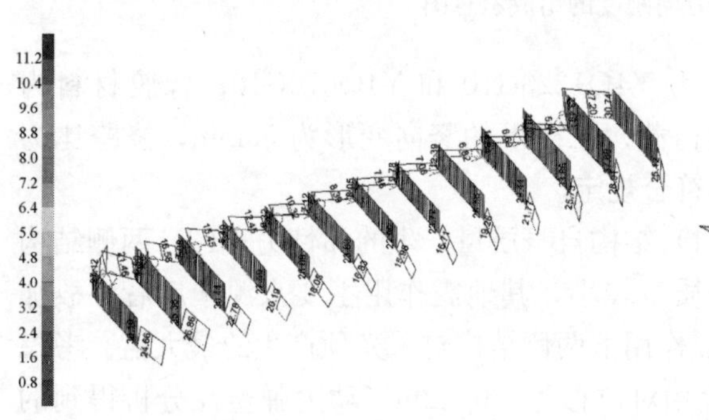

图 29　M 形采光顶张拉前拉杆内力（kN）

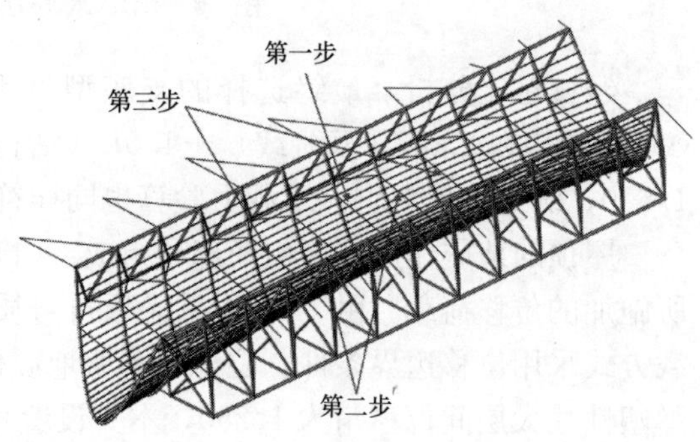

图 30　张拉顺序

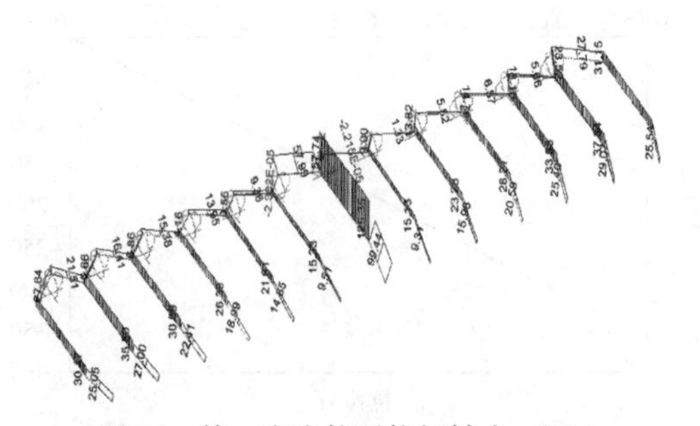

图 31　第一次张拉后拉杆轴力（kN）

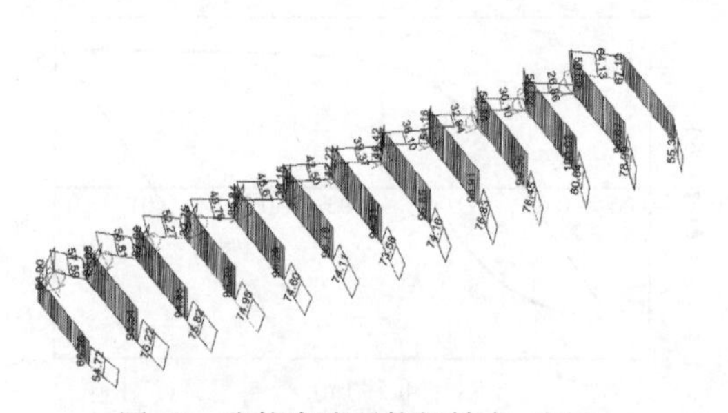

图 32　张拉完成后拉杆轴力（kN）

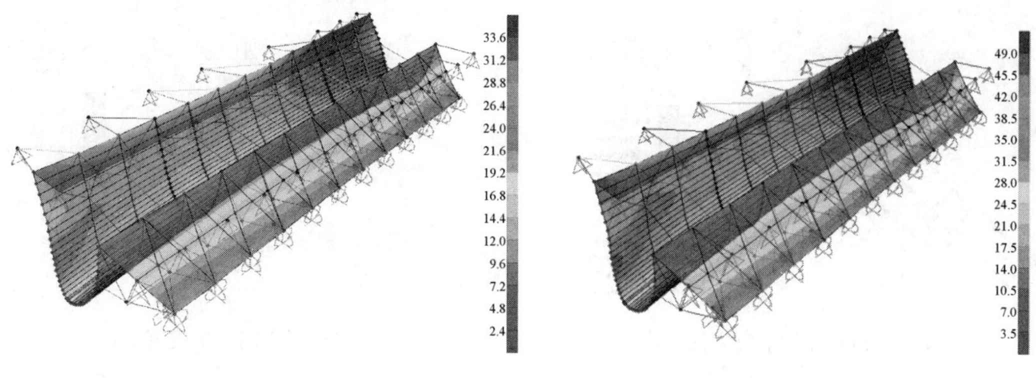

图 33　玻璃安装后变形（mm）　　　图 34　承受活载后变形（mm）

七、交叉张弦钢楼梯设计

在首层楼面下沉广场内，建筑师设计了水平投影跨度达到 21.3m、高度为 7m、宽度为 6m 的楼梯，要求在跨度范围内不允许设置竖向支撑构件。为实现楼梯大跨、无柱的建筑效果，在楼梯中采用了预应力交叉张弦结构，梯梁采用箱形截面，撑杆采用圆钢管组成的组合平面桁架，拉索采用钢拉杆，共计三榀。各榀梯梁通过横向撑杆、次梁以及楼梯梯板连接，提供梯梁的侧向刚度，保证梯梁稳定。图 35 为钢楼梯的平面、立面及局部细节。

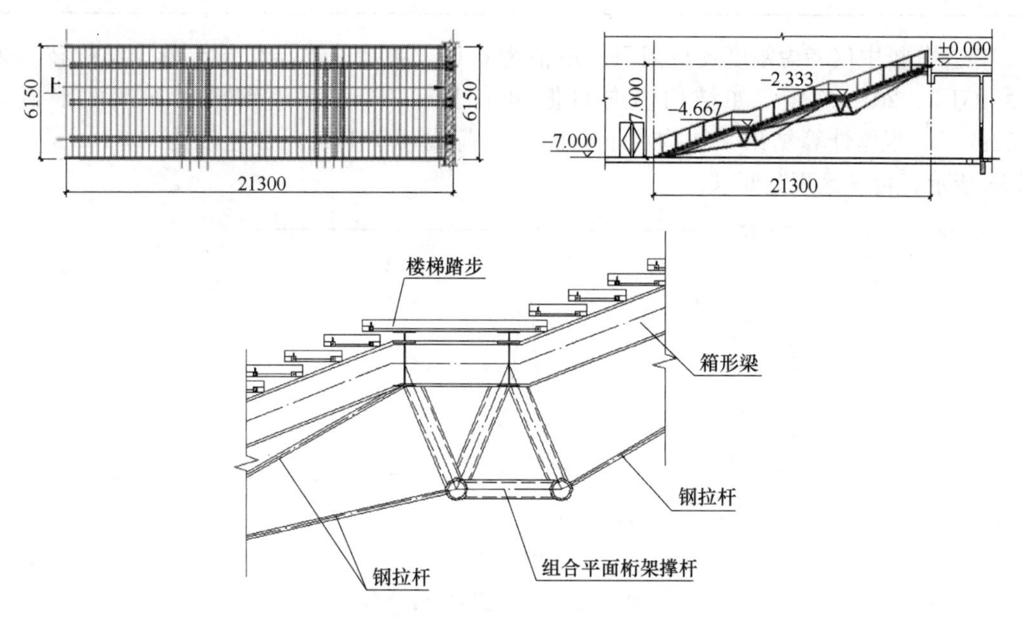

图 35　钢楼梯的平面、立面及局部细节

在最不利工况下，杆件的最大应力比为 0.58，楼梯的最大挠度为－39.2mm，其与跨度的比值为 1/585（<1/400），满足设计限值要求（图 36、图 37）。通过对节点进行有限元分析，不考虑局部应力集中现象，节点单位的最大应力不超过 260MPa，满足设计要求。

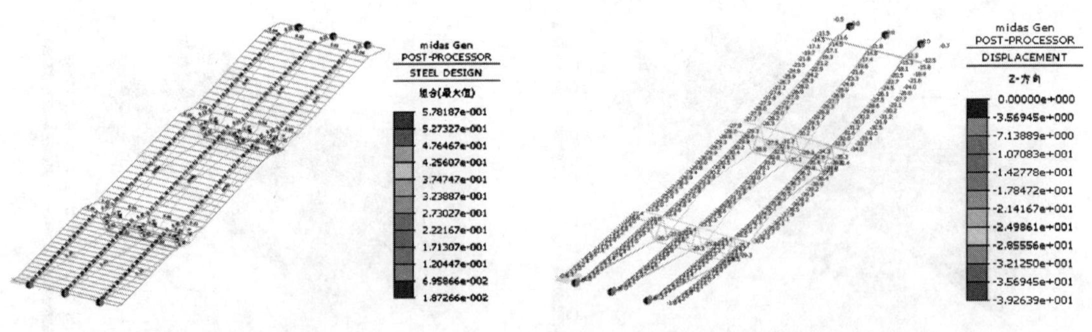

图 36　荷载作用下应力比　　　　图 37　荷载作用下挠度（mm）

此外，设计中采用稳态分析方法对结构在不同人行荷载作用频率下的动力响应进行计算，跨中位置施加的单人重量取值为 0.7kN，行人步行的落脚频率为 1～2.8Hz，不同简谐波阶数对应的动力系数取值见表 4，表中 f 为频率。

动力系数取值　　**表 4**

简谐波阶数	频率（Hz）	动力系数
1	1～2.8	$0.41(f-0.95)\leqslant 0.56$
2	2～5.6	$0.069+0.0056f$
3	3～8.4	$0.033+0.0064f$
4	4～11.2	$0.013+0.0065f$

稳态分析中仅考虑刚度比例阻尼，取值为 0.03。参考《高层建筑混凝土结构技术规程》JGJ 3—2010 规定，如结构竖向自振频率小于 2Hz，室外钢楼梯加速度限值为 $0.22\mathrm{m/s^2}$。根据计算结果，结构在不同的人行荷载频率下最大加速度为 $0.11\mathrm{m/s^2}$，如图 38 所示，可满足规范要求。

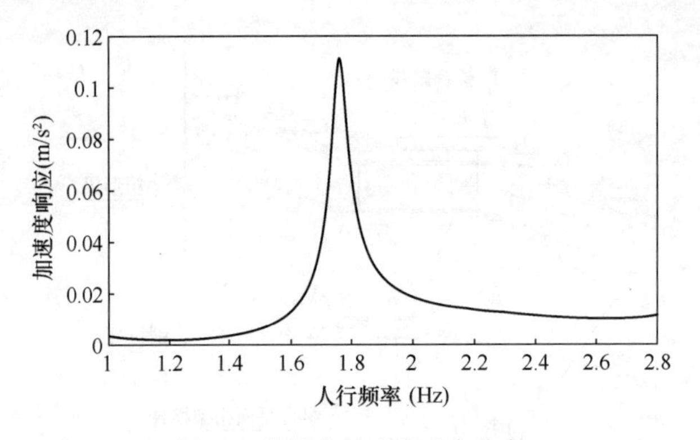

图 38　监测点加速度响应分布

八、小结

整个项目涉及多种不同的结构体系，如偏刚性、带开洞钢板墙的大跨度桁架，偏柔性的大跨度悬垂结构和预应力张拉隔震结构，设计中采用多种技术手段，包括多种有限元分析方法、BIM 技术等，保证了项目的顺利实施。

办公楼与演播楼之间采用新型“开洞钢板墙-钢桁架结构”体系，形成跨度近 40m 的门式结构，同时解决了大跨度重载和人员通行等问题；结合理论分析与试验，系统研究了其力学性能，提出相应设计与等效建模方法。

针对大高差曲线形中庭，通过应变能优化得到最优曲面形态，采用曲线形钢梁与钢结构组合柱构成整体，将自重、地震以及风荷载的作用传递到主楼结构和裙房部位，传力可靠、外形流畅。

对连接多个单体的 M 形采光顶，设计中为提高抗震性能和减小相邻建筑的不利影响，采用铅芯橡胶支座隔震与预应力拉杆组合设计，解决了此类连接体受力复杂、差异变形的难题，对预应力拉杆的设计进行了张拉施工方案模拟，确定了合理的初始张拉力和张拉顺序。

项目下沉广场处跨度达 21.3m 的钢楼梯，首次采用预应力交叉张弦钢楼梯体系，实现了楼梯大跨、无柱、轻巧美观的建筑效果。

该项目为江苏省建筑产业现代化示范项目，先后获得第十六届中国土木工程詹天佑奖、华夏建设科学技术奖一等奖、江苏省科学技术奖三等奖、中国建设工程鲁班奖和江苏省城乡建设优秀勘察设计一等奖等。

参 考 文 献

[1] 张谨，杨律磊，龚敏锋，等. 苏州现代传媒广场新型钢结构技术研究与应用[J]. 建筑结构，2019，49(1)：25-35，48.

[2] 张谨，谈丽华，路江龙，等. 苏州现代传媒广场办公楼超限结构分析与设计[J]. 建筑结构，2013，43(14)：7-13.

[3] 张谨，谈丽华，路江龙，等. 苏州现代传媒广场办公楼弹塑性时程分析[C]//建筑结构高峰论坛——复杂建筑结构弹塑性分析技术研讨会论文集.《建筑结构》杂志社，2012：6.

[4] 顾勇新，胡映东. 装配式建筑案例[M]. 北京：中国建筑工业出版社，2021.

8 华策国际大厦

建 设 地 点 珠海横琴新区十字门商务区
设 计 时 间 2014—2015
工程竣工时间 2018
设 计 单 位 广东省建筑设计研究院有限公司
[510010] 广州市荔湾区流花路97号
主要设计人 陈 星 张立平 徐 卫 黄瑞瑜 陵昱成 梁志标 黎智祥
陈家光 洪 磊 郭达文
本 文 执 笔 陵昱成

获 奖 等 级 2019—2020 中国建筑学会建筑设计奖·结构专业二等奖

一、工程概况

华策国际大厦位于珠海横琴新区十字门商务区都会道东侧、联澳路南侧、琴海东路南侧、观澳路北侧，与澳门隔岸相望，是华策集团总部大楼。该项目通过国际公开的设计招标确定方案，由美国盖斯勒建筑设计事务所中标，为双塔连体、双曲面外墙，建筑造型新颖。项目建筑专业初步设计由盖斯勒建筑设计事务所和广东省建筑设计研究院有限公司共同完成，其余专业初步设计及施工图工作由广东省建筑设计研究院有限公司独立完成。

项目总建筑面积 112743m²，其中地上建筑面积 73748m²，地下建筑面积 40932m²。项目包括两栋办公塔楼和一座商业裙房，其中商业裙房4层，建筑高度24m；东塔26层，建筑高度119.80m，西塔15层，建筑高度70.90m，7～10层设有连接通道；地下5层，效果图和竣工图如图1、图2所示。

二、结构体系

华策国际大厦采用框架-核心筒结构，其中外框为钢管混凝土柱＋H型钢梁，楼板采用钢筋桁架楼承板，核心筒采用密式异形短肢钢板墙＋钢管混凝土连梁，共同抵抗风和地震作用。结构7～10层设有连接通道，采用空腹桁架结构（图3）。

图 1 效果图

图 2 竣工图

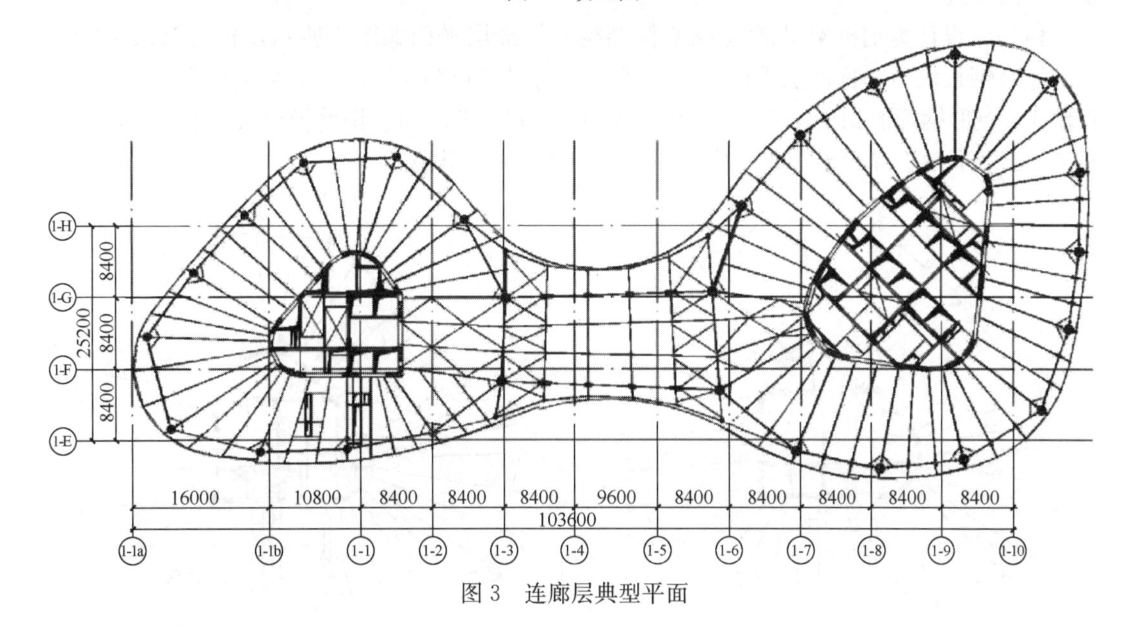

图 3 连廊层典型平面

三、结构特点

1. 装配式的密式异形短肢钢板墙核心筒

2016 年 3 月 5 日第十二届全国人民代表大会第四次会议的政府工作报告表示：要积极推广绿色建筑和建材，大力发展钢结构和装配式建筑；2016 年 9 月 30 日，国务院发布《大力发展装配式建筑指导意见》，对推动建筑工业化提出了具体目标要求。

装配式高层建筑中，剪力墙为必不可少的承重及抗侧构件，现有装配式剪力墙主要有预制钢筋混凝土剪力墙、纯钢板剪力墙和外包钢板混凝土组合剪力墙；预制钢筋混凝土剪力墙重量大，运输安装难度大；纯钢板剪力墙仅能提供抗侧刚度，不宜作为竖向承重构件，抗火能力弱；外包钢板混凝土组合剪力墙克服了上述两种剪力墙的缺点，较适宜应用于装配式高层建筑中。

常规外包钢板混凝土组合剪力墙作为组成构件应用于核心筒中，一般因抗侧刚度需要，墙肢都比较长，根据运输及吊装要求需水平方向分段，现场吊装就位后再焊接成整肢，竖焊缝施工难度大；较长墙肢，如果过高而无水平支撑，由于浇筑混凝土挤压作用及自重，变形不好控制，这样就决定了核心筒施工先于楼层结构不能太多；墙肢过长，不可避免地需在墙肢上开设备洞口，构造也很复杂。

为克服现有钢板墙核心筒的不足，装配式的密式异形短肢钢板墙核心筒应运而生。该核心筒由异形短肢钢板墙、连梁和楼层板组成；异形短肢钢板墙为外包钢板混凝土组合剪力墙形式，墙肢较短，一般不超过 3m；连梁为矩形钢管混凝土组合梁；楼层板一般为钢筋桁架楼承板或压型钢板组合板。其中的钢板墙可采用高强度螺栓分节组合连接，墙体端部分别设有钢管混凝土暗柱，墙体形状可以为一字形、T 形、L 形、十字形或对应的弧形。

下面结合本工程西塔楼的工程实践对装配式的密式异形短肢钢板墙核心筒结构作进一步详细的描述。

西塔原设计为钢框架-混凝土核心筒结构，标准层平面如图 4 所示，核心筒改为密式异形短肢钢板墙后的标准层平面如图 5 所示，高层建筑为 15 层，该结构体系包括短肢钢板墙 1、矩形钢管混凝土连梁 2、外围框架柱 3、H 型钢梁 4、钢筋桁架楼承板 5。短肢钢板墙 1、矩形钢管混凝土连梁 2 构成核心筒主要抗侧力构件。

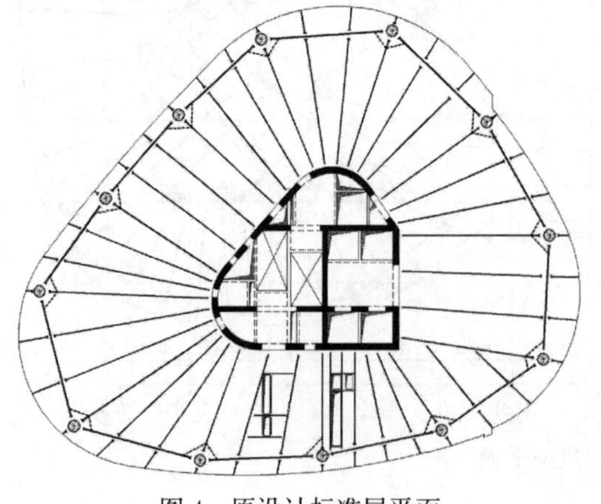

图 4　原设计标准层平面

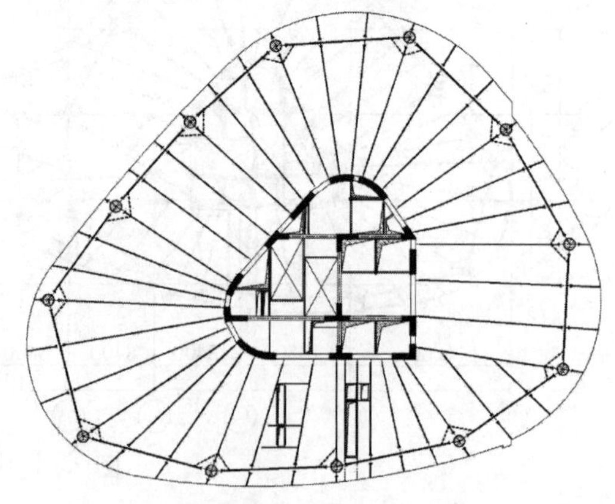

图 5　修改设计后标准层平面

两种核心筒结构对比　　**表 1**

		普通钢框架-混凝土核心筒	钢框架-密式异形短肢钢板墙核心筒	减小百分比（%）
整体质量（t）		25740	24093	6.5
核心筒质量（t）		8858	773	12.8
周期（s）	X	1.37	2.37	−73.0
	Y	1.58	2.60	−64.6
	扭转	0.89	1.54	−73.0
多遇地震作用下基底剪力（kN）	X	9004.7	4542.8	50.0
	Y	8580.6	4497.5	48.0
多遇地震作用下层间位移角	X	1/1749	1/1082	−61.6
	Y	1/1713	1/1052	−67.8
剪力墙轴压比		0.36	0.44	−22.2

从表 1 可知，钢框架-密式异形短肢钢板墙核心筒与普通钢框架-混凝土核心筒相比，核心筒重量减轻了 12.8%，地震作用减小了 50%，周期、位移角、轴压比均有增加，仍能满足规范要求。

通过大震动力弹塑性分析可知，普通钢框架-混凝土核心筒底部加强区少量剪力墙出现中度损伤，非底部加强区中上部剪力墙出现大面积轻微至中度损伤，中上部部分连梁出现屈服。钢框架-密式异形短肢钢板墙核心筒部加强区少量剪力墙出现轻微至中度损伤，非底部加强区中上部剪力墙少量出现轻微至中度损伤，中上部部分连梁发生轻微至中度损伤。前者连梁采用钢-混凝土组合梁，耗能能力强，剪力墙损伤程度明显低于后者，有利于结构抗震（图 6）。

图 6　密式异形短肢钢板墙核心筒结构现场施工

2. 局部先行的半逆作施工方法

局部先行的半逆作施工方法就是结合当时工程实际提出来的，即完成塔楼土方开挖及塔楼柱、钢板墙部分承台后开始塔楼竖向构件吊装拼接直到首层，首层作为逆作平台率先施工首层梁、板结构，形成两座塔楼稳定的连接体系，确保塔楼向上施工到预定楼层后整体抗倾覆刚度的需要，达到预售节点要求的楼层数后开始同时施工地下室及塔楼剩余楼层（图 7、图 8）。

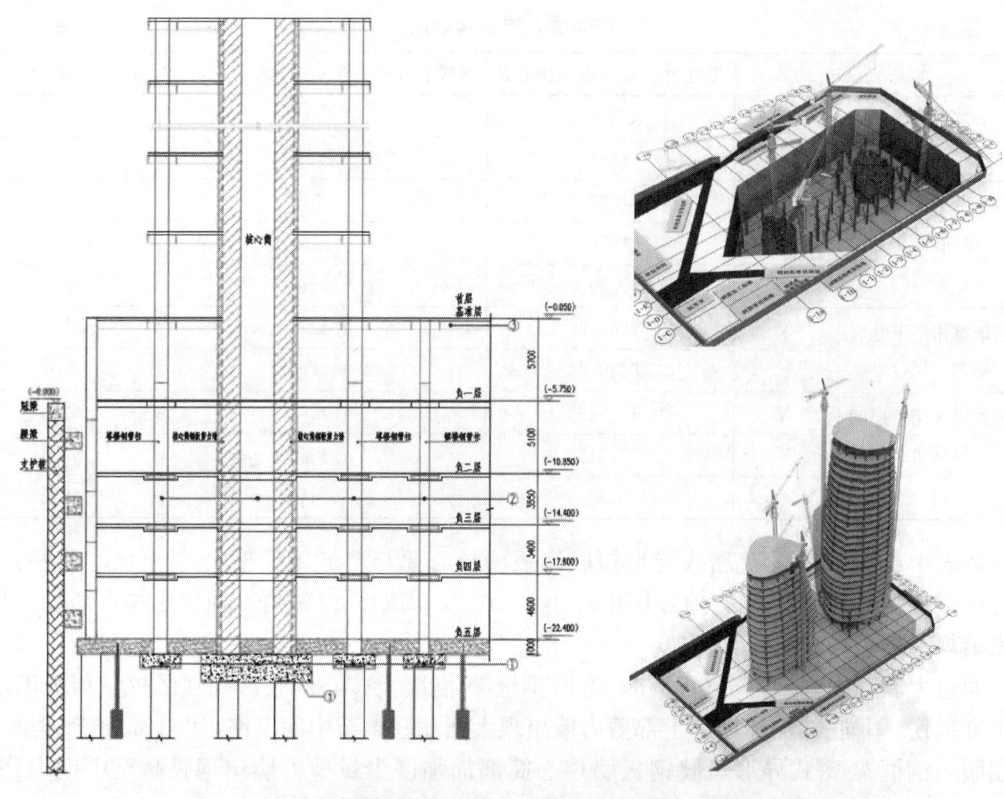

图 7　半逆作法施工示意及施工模拟

图 8　塔楼封顶、地下室施工现场

具体步骤如下：

(1) 浇筑底板底以下承台混凝土，安装钢管定位器；

(2) 分节吊装钢管柱，同时安装柱间拉梁（临时），浇筑钢管内混凝土，至基准层首层；

（3）施工首层钢结构平面；

（4）以首层为基准层，施工塔楼至预定楼层；

（5）同时开展地上和地下结构施工。

3. 先铰后刚设计及施工方法

本工程7～10层设有连廊（图9），其中7层和10层设有楼板，8层和9层中空，但需按后期增设楼板来设计。根据建筑平面及立面效果，综合考虑楼层净高、8层和9层后期加建、楼盖舒适度、连体对双塔受力性能影响及防连续倒塌等因素，本工程连廊采用4层空腹桁架结构。

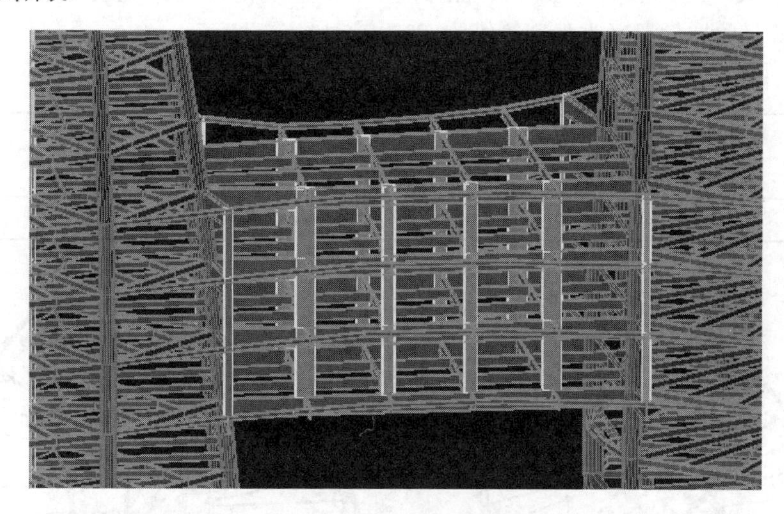

图9 空中连廊三维模型

本工程总体按性能目标C设计，连廊空腹桁架构件属于关键构件，需满足中震弹性设计要求。按常规方法设计，桁架弦杆及靠近塔楼两排竖腹杆构件截面会比较大，带来楼层净空小、弦杆与钢管柱节点难处理、吊装难度增大等一系列问题。采用部分恒载铰接、部分恒载＋活载刚接的先铰后刚设计方法，较好地解决了这个问题。具体实施步骤为：各层弦杆吊装就位后与钢管柱铰接连接→施工7、10层楼板→两侧塔楼结构封顶后安装腹杆→弦杆与钢管柱刚接处理→完成连廊剩余施工任务。按照这个过程施工，可以起到基本消除两侧塔楼柱和基础压缩沉降变形差引起的附加应力、弦杆支座区部分应力分配到跨中、缓解腹杆根部应力集中、减小相关构件截面而不影响整体结构受力性能的效果。

四、结构方案对比分析

本工程抗震设防烈度为7度，设计地震分组为第一组，场地类别为Ⅲ类，50年一遇基本风压为0.85kN/m^2，地面粗糙度类别为A类，体型系数依据风洞试验。本工程高层塔楼为框架-核心筒结构，其中7～10层设有连廊。基础采用旋挖灌注桩，桩基持力层为中风化花岗岩。

本工程已于2014年12月完成施工图设计并通过施工图审查。2015年11月，应建设方要求，设计需配合工程交付节点进度计划进行修改，为此，本工程结构设计发生重大变化，主要调整如下：采用半逆作法施工，首层作为逆作施工平台，部分裙房混凝土柱改为钢管混凝土柱，首层裙房部分混凝土梁板部分改为钢梁＋钢筋桁架楼承板；原结构混凝土核心筒剪力墙改为钢板剪力墙以加快核心筒施工进度。

1. 原主楼地上结构设计

根据建筑物高度、体型、抗震设防烈度、使用功能及综合成本等情况考虑，采用钢框架-混凝土核心筒结构体系，7 层和 10 层设有连接通道。结构主要抗侧力体系为核心筒，外框架协同作用。框架柱采用圆钢管混凝土，外框架梁及次梁采用 H 型钢梁，核心筒内采用混凝土梁板，结构布置如图 10、图 11 所示，主要构件尺寸见表 2。钢材主要采用 Q345B，塔楼竖向构件混凝土强度等级为 C60～C40。

主要构件尺寸 **表 2**

构件类型	西塔		东塔		内墙
	核心筒外墙	框架柱	核心筒外墙	框架柱	
尺寸（mm）	500～400	ϕ1000	600～400	ϕ1200～1000	400～300

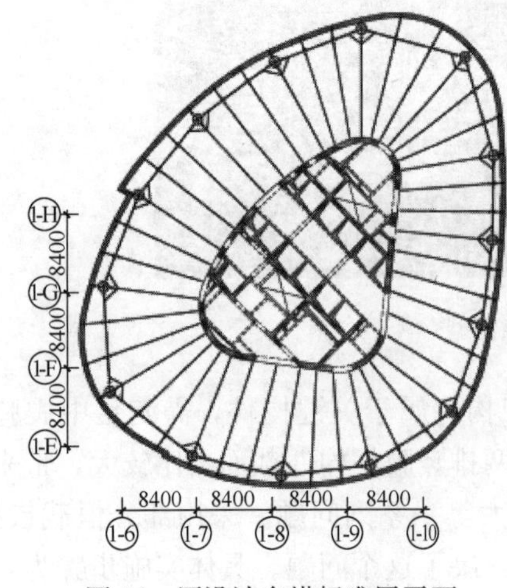

图 10　原设计东塔标准层平面

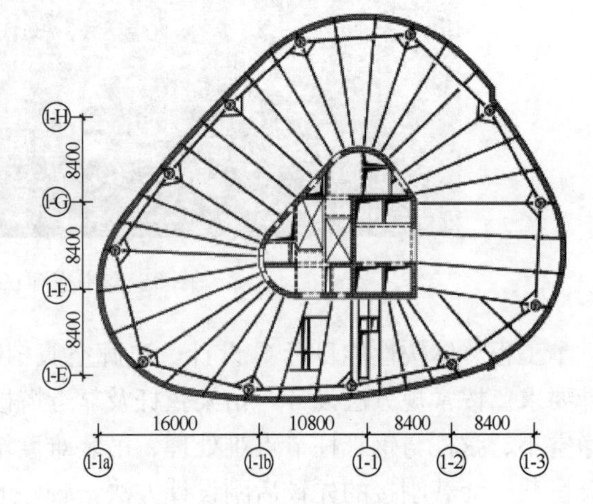

图 11　原设计西塔标准层平面

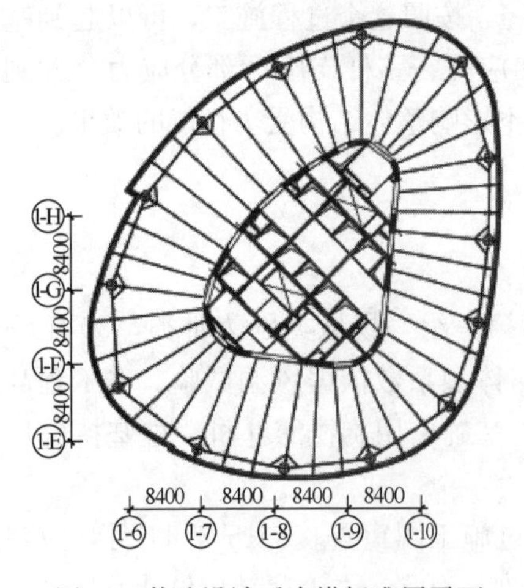

图 12　修改设计后东塔标准层平面

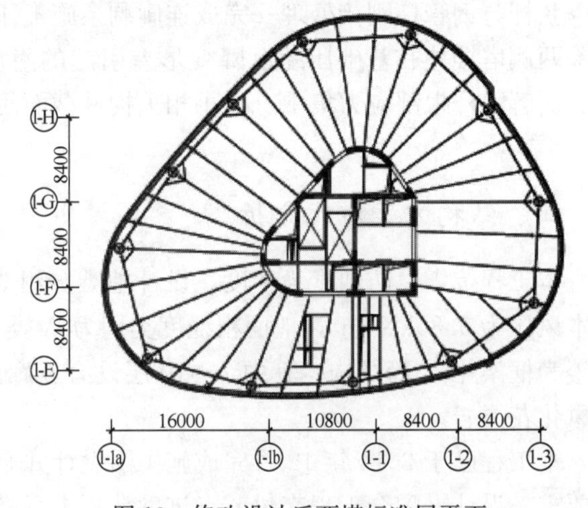

图 13　修改设计后西塔标准层平面

2. 修改后主楼地上结构设计

为满足建设方对工期节点的要求，对塔楼核心筒作了如下修改：钢筋混凝土核心筒剪力墙改为钢板剪力墙，核心筒内钢筋混凝土梁改为方钢管混凝土梁和H型钢梁，结构布置如图12、图13所示。钢材主要采用Q345B，塔楼竖向构件混凝土强度等级为C60～C40。钢板剪力墙厚度较原混凝土墙减小了100mm，地下室及底部加强区钢板厚10mm，以上收为8mm，端柱钢板适当加厚。

3. 修改设计前后的比较

本工程修改前后均进行了比较详细的地震及风荷载作用下反应分析，主要结构计算指标均满足规范限值要求。主楼地上双塔连体结构修改前后多遇地震和风荷载作用下主要计算结果对比见表3及图14～图16。

地震和风荷载作用下主要计算结果　　表3

方案		原方案	修改后方案
结构总质量（t）		211617	201441
周期（s）	T_1	2.85（Y向平动）	3.88（Y向平动）
	T_2	2.73（X向平动）	3.61（X向平动）
	T_3	1.80（扭转）	2.57（扭转）
地震下基底剪力（kN）	X向	22231	16207
	Y向	21163	14371
剪重比（%）	X向	2.16	1.63
	Y向	2.06	1.44
风荷载作用下层间位移角（所在楼层）	X向	1/1290（25）	1/592（18）
	Y向	1/1767（24）	1/578（9）
地震作用下层间位移角（所在楼层）	X向	1/1099（26）	1/750（23）
	Y向	1/1323（24）	1/759（24）
刚重比	X向	2.50	2.32
	Y向	2.81	1.88

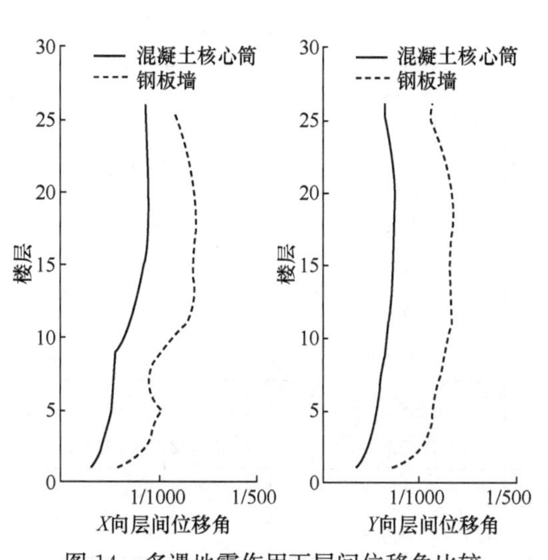

图14　多遇地震作用下层间位移角比较

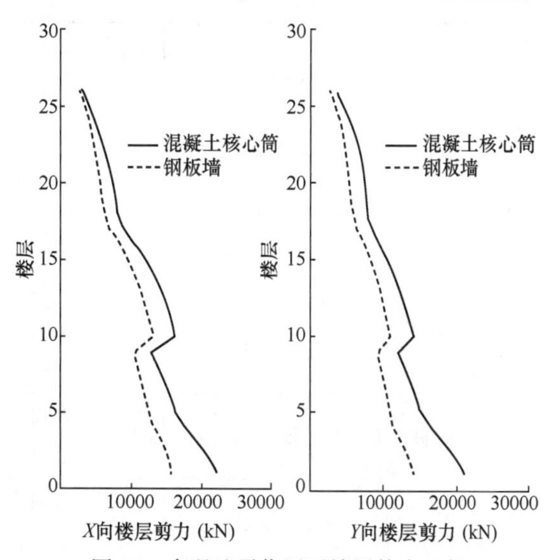

图15　多遇地震作用下楼层剪力比较

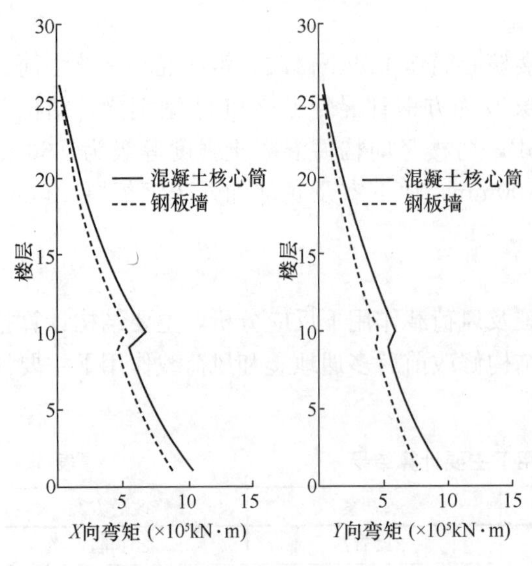

图 16　多遇地震作用下楼层弯矩比较

Big Bear 波、Hector Mine 波和一条人工波作为非线性动力时程分析的地震输入，三向同时输入，主、次及竖向峰值加速度比值为 1∶0.85∶0.65，峰值加速度取为 220gal，地震波的持续时间取为 30s。对于 7～10 层连体，考虑以竖向地震作用为主进行弹性分析，主、次、竖向三个分量峰值加速度比值为 0.4∶0.4∶1.0。塔楼在各条波作用下的主要计算结果见表 4。此外，主要结构构件损坏情况比较相似，跨层柱、大跨度框架、连接体及相连构件、悬臂梁未发生明显塑性应变；底部加强区剪力墙仅首层出现轻度至中度受压损坏，剪力墙钢材未发生塑性变形；非底部加强区剪力墙出现轻微至轻度损伤，损伤主要集中在转角处和剪力墙端部；个别框架柱出现塑性屈服，少量柱混凝土出现受压损伤；裙房部分少量混凝土梁出现受压损伤，塔楼少量连梁出现塑性应变，修改后方案连梁采用方钢管混凝土，塑性应变略大于原方案混凝土梁的，总体上均满足性能目标 C 的要求。

从上述的计算结果比较可知：(1) 修改后方案比原方案抗侧刚度减弱，顶点位移、最大层间位移角显著增大，仍满足规范限值要求；(2) 修改后方案较原方案重量减轻，地震作用下的基底剪力明显减小；(3) 核心筒内连梁采用方钢管混凝土连梁后，连梁的耗能能力比原方案好，有利于结构的抗震；(4) 从大震的计算结果看，钢板剪力墙损伤程度明显低于钢筋混凝土剪力墙，对结构抗震起到有利作用。

罕遇地震作用下主要计算结果　　**表 4**

方案			原方案	修改后方案
人工波	顶点位移（m）	X 向	0.437	0.743
		Y 向	0.421	0.601
	层间位移角（所在楼层）	X 向	1/191（22）	1/105（19）
		Y 向	1/183（13）	1/108（21）
	基底剪力（kN）	X 向	120217	81629
		Y 向	101800	73702
Big Bear 波	顶点位移（m）	X 向	0.343	0.259
		Y 向	0.309	0.262
	层间位移角（所在楼层）	X 向	1/250（20）	1/251（18）
		Y 向	1/252（13）	1/214（16）
	基底剪力（kN）	X 向	87298	61934
		Y 向	86636	65877

续表

方案			原方案	修改后方案
Hector Mine 波	顶点位移（m）	X 向	0.405	0.523
		Y 向	0.343	0.630
	层间位移角（所在楼层）	X 向	1/224（22）	1/146（17）
		Y 向	1/238（12）	1/125（15）
	基底剪力（kN）	X 向	85901	76765
		Y 向	94081	54822

五、节点设计

1. 钢箱-混凝土组合 U 形梁

思路：以常规钢骨混凝土梁为原型，将型钢下翼缘下移至梁底、将型钢腹板一分为二并外扩至梁身外侧、型钢上翼缘跟随腹板外扩后兼作两侧楼板的支承点，从而形成了外包 U 型钢的混凝土梁。

为提高柱头区域的抗剪、抗弯能力，截面中间曾设 Ⅱ（或 n）型钢，为减小梁的自重，提高跨中的抗剪能力，加设了跨中空心钢管，从而最终形成 U 形梁，如图 17 所示。

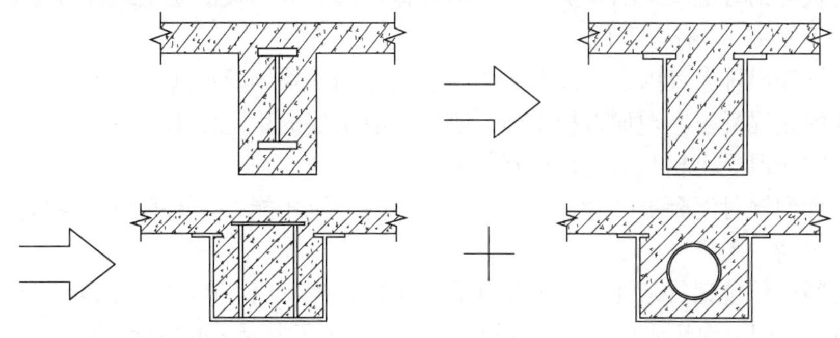

图 17 U 形梁

技术创新点如下：

（1）U 型钢直接作为施工支承模板，因此在施工过程中无需另外搭建施工模板和拆除模板，不仅节约了施工成本，而且缩短了工期（图 18）；向 U 型钢件内灌注混凝土时，混凝土可以浇筑到任何部位，型钢和混凝土的结合力好，提高了梁的承载力；混凝土与外侧板结合，可提高外侧板的稳定性。

（2）两端支座处设置 n 型钢，可大幅度提高梁支座处的抗弯能力，同时减小了支座处的负钢的配筋面积。

（3）本技术应用于楼面梁时，顶面与楼板的底部结合，其中，顶板伸入楼板内，而且与现有钢箱梁相比，本技术的体积尺寸减小，所以型钢外露的部分减少，使得防腐防火面积减小，进一步节省了成本，提高了经济性。

（4）U 型钢可使任意钢牛腿与次梁连接，因此施工方便。

（5）跨中部的 U 型钢的底板与外侧板均可直接参与受力；设置的钢筋与箍筋在保证

承载力的前提下，能够进一步减小用钢量。

（6）跨中钢管内没有灌注混凝土，可在不降低梁的承载力的前提下，减小约25%的自重。

图18　U形梁施工现场

2. 外包钢板与钢管混凝土的短肢（含空实）剪力墙

外包钢板与钢管混凝土的空实组合剪力墙作为对常规钢板混凝土组合剪力墙形式的一种拓展应用（图19），有以下优点：

（1）方钢管成排布置内灌注混凝土，钢管间拉结两块钢板形成一个单元，单元之间不灌注或局部灌注混凝土，增加钢板平面外刚度，有很好的稳定作用。

（2）型钢与混凝土相互结合，相互促进。

（3）利用型钢对混凝土的套箍作用，提高混凝土抗压能力，同时型钢参与抗剪，使抗剪能力大大提高。

（4）混凝土外包钢材延性好，不易开裂，可用强度等级C100以下的混凝土。

（5）单元之间不灌注或局部灌注混凝土，大大减少了混凝土的用量，减轻了结构自重。

（6）不用做模板（木模或钢模），直接采用型钢作为施工模板，施工速度快。

（7）钢材现场施工方便，型钢主要在工厂完成焊接加工，现场打铆钉连接，基本做到竖向无焊缝。

3. 箱形梁与钢管混凝土柱连接新型节点

箱形截面同H形截面一样，均是作为抗弯、抗剪为主的梁构件理想截面，箱形相较H形截面形式有更好的抗轴向和抗扭能力；钢管混凝土柱由于其强度高、抗震性能好等优点，在高层、超高层建筑结构中得到了广泛的应用。

钢梁与钢管混凝土柱连接节点是工程设计与施工的关键，节点构造上一般采用栓焊组合，即翼缘与钢管柱环板坡口焊，腹板与钢管柱通过连接板螺栓连接。

对于箱形梁与钢管柱采用栓焊组合节点，传统施工方法较H形梁多了道工序，即需要在上翼缘上开孔便于腹板螺栓安装，螺栓安装完成后再封闭上翼缘孔洞，这种传统的节点做法施工操作困难，而且节点区作为梁柱受力最为关键部位，开孔后封闭势必对节点造成一定的损伤，如此施工方法质量也不易保证。

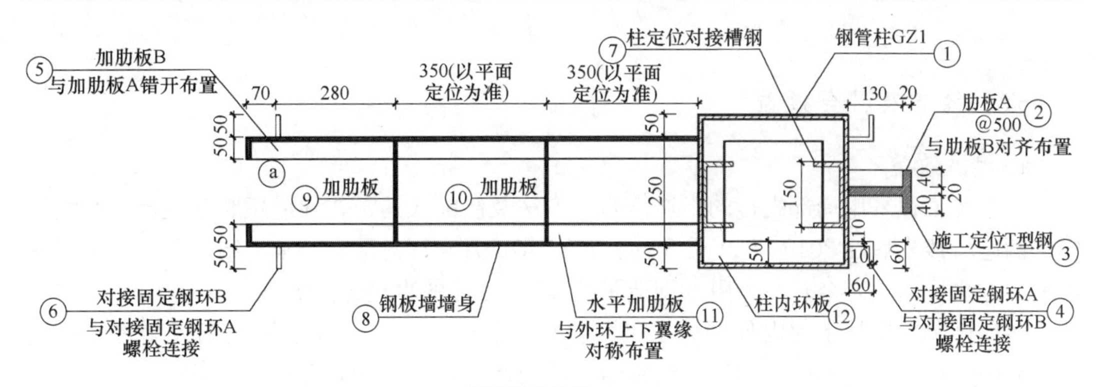

钢板标准构件一

a号格钢板及钢管柱内需浇筑混凝土

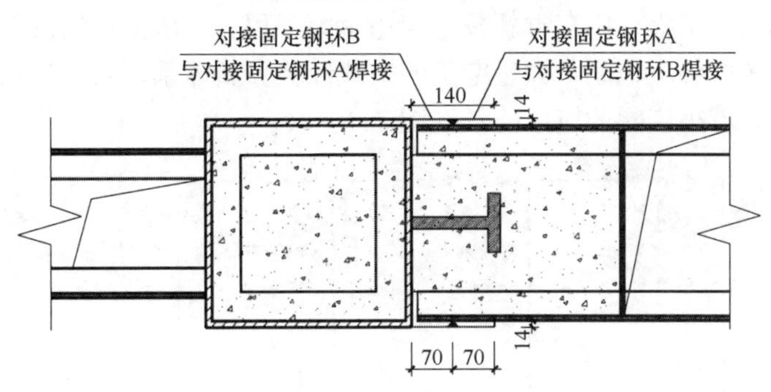

楼层梁范围内标准件连接示意

图19 钢板标准构件和标准件连接示意

为克服现有箱形梁与钢管混凝土柱施工操作困难、质量难保证的问题，本发明的目的在于提供一种不用翼缘开孔，传力明确、施工方便、质量可靠的箱形梁与钢管混凝土柱连接节点。

箱形梁与钢管混凝土柱的连接节点，包括：箱形梁、钢管混凝土柱、传力构件。传力构件包括钢柱翼缘 1，钢管 2，柱上水平环板 3、4，连接板 5，连接板 6，连接板 7，连接板 8，横向肋板 9，肋板 10，翼缘 11，腹板 12。连接板 8、螺栓、翼缘焊缝（若要实现刚接）为现场操作，其中连接板 8 是螺栓处初拧就位后再将其焊接就位，然后再完成螺栓的拧紧，实现箱形梁与钢管柱的腹板连接（图 20）。

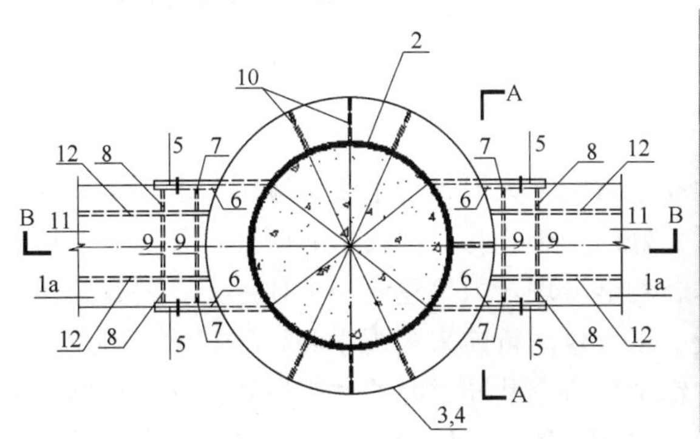

图20 箱形梁与钢管柱连接节点构造及施工现场

六、经济及社会效益

1. 经济效益

由于本工程采用局部先行的半逆作施工方法及装配式的密式异形短肢钢板墙核心筒结构，两座塔楼先后在 2016 年 11 月 8 日、2017 年 1 月 9 日封顶，较常规结构形式、常规正作施工方法提前了 6 个月，为甲方创造了约 2500 万元的直接经济效益。

多项科研成果处于国内外领先水平，包括：装配式的密式异形短肢钢板墙核心筒结构、局部先行的半逆作施工方法、钢板组合剪力墙稳定性的计算方法、箱形梁与钢管混凝土柱新型连接节点的研究与应用、薄壁方箱空心楼盖及其抗浮方法等。

申请专利 4 项，已获得 1 项发明和 3 项实用新型。通过了全国绿色施工示范工程、全国装配式建筑科技示范工程、广东省新技术应用示范工程、中国钢结构协会金奖评审。为以后工程中类似问题的解决积累了大量宝贵的实践经验。新体系、新技术在国内甚至在国际上都是领先的，有着很广阔的应用前景（图 21）。

图 21　项目所获荣誉

2. 社会效益

本项目涉及的关键技术都已经成功地在华策国际大厦工程中予以应用，取得了良好的效果，为高速、优质完成工程建设奠定了良好的基础。每一项技术的研究，都体现了项目组成员求新、求变，追求建筑自身的技术、功能合理，力争建成一个独一无二的建筑所做的不懈努力。这使得华策国际大厦工程吸引了大量同行前来参观学习，2017 年 7 月 7 日，由广东省工程勘察设计行业协会和广东省钢结构协会共同举办的“广东省装配式钢结构建筑技术交流会暨华策国际大厦项目观摩会”，2017 年 12 月 5 日珠海市装配式建筑示范工程现场会，共计吸引了全省千余同行参观学习（图 22、图 23）。

图 22 广东省装配式钢结构建筑交流会暨观摩会

图 23 珠海市装配式建筑示范工程现场会

9 沈阳恒隆市府广场一期结构设计

建设地点 辽宁省沈阳市市府广场南侧
设计时间 2007—2010
工程竣工时间 2017
设计单位 中国建筑东北设计研究院有限公司
[100006] 沈阳市和平区南堤西路905号甲中海国际中心
奥雅纳工程顾问公司
香港九龙九龙塘达之路八十号又一城五楼
主要设计人 陈 勇 陈 鹏 吕延超 董志峰 陈明阳 程 云 金 钊
吴一红 孙 哲 吴家伦 蔡志强 曾炳辉 林雅欣 姚建锋
本文执笔 陈 鹏 陈明阳

获奖等级 2019—2020中国建筑学会建筑设计奖·结构专业二等奖

一、工程概况

沈阳恒隆市府广场项目位于沈阳市府广场南侧，是集办公楼、商场、酒店、会展中心为一体的综合发展项目，图1为项目整体效果图。项目分三期开发，其中一期由一栋高350.6m的办公楼和一座大型商场组成，图2为一期项目航拍图，2017年建成投入使用，现为沈阳投入使用的最高超高层建筑。

超高层办公楼地上18.7万m^2，地下1.3万m^2（地下建筑面积按首层外轮廓计算），总建筑高度为350.6m，屋顶楼面高度为305m，顶部为45.6m高的空间钢结构建筑屋顶装饰，地上65层，地下4层。1～5层为大厅，6层及以上为办公楼，典型层高为4.2m，塔楼底部平面长70m，宽48m，长边呈弧线形，短边在一侧（南面）沿高度渐变缩进，立面与垂直线的夹角为3.82°。到顶部时，长边收至与短边接近，平面长约50m，宽48m。

裙房为超大型商场、展览厅（宴会厅）等功能，地下4层，地上4、5层，建筑高度29～30m，建筑面积28万m^2，整个地下室平面360m×200m，裙房地上平面尺寸为230m×100m。

图1　沈阳恒隆市府项目整体效果图

图2　沈阳恒隆市府一期项目航拍图

二、结构体系

超高层办公楼存在建筑超高、立面收进倾斜、楼板不连续、结构整体水平位移控制、风荷载取值、楼顶造型复杂空间结构设计等一系列技术难题。根据工程特点，办公塔楼采用了型钢混凝土框架（型钢混凝土柱）-核心筒结构体系。由于塔楼短方向刚度偏弱，利用了连续2层的机电/避难层空间，沿塔楼高度均匀布置了3道加强层，每个加强层布置了沿短方向的伸臂桁架和外围环绕的腰桁架，详见图3。框架柱采用十字形型钢混凝土，首层及首层以下采用混凝土梁板体系，地下核心筒以外采用钢梁＋压型钢板组合楼板楼面体系。

裙房采用框架结构，内部有多个中庭，均为大跨度钢屋面，为满足功能需要，在东北角设置了24m跨3层空腹桁架大悬挑。

三、结构特点

1. 超高层结构平面重心与刚心严重偏移

建筑南侧沿高度渐变收进，见图3，倾斜角度3.82°，塔楼底部的平面由70m×48m，到顶部缩减为48m×48m，见图4，南侧有5根框架柱为斜柱，从正负零层延伸至结构顶层，矩形核心筒，也由底部平面尺寸21.3m×42.0m，分三段收至顶层的20.3m×28.1m，造成了结构平面重心与刚心的偏移。

2. 南侧框架柱向北倾斜设置

外框架由方形型钢混凝土柱和周边钢梁组成，框架柱底层共16根（长边5根，短边3根），从25层开始减少为14根（长边4根，短边3根），南侧的5根柱为配合建筑外形，为斜柱，但与垂直线的夹角仅3.82°（表1），最大角柱截面2800mm×2800mm，所有框

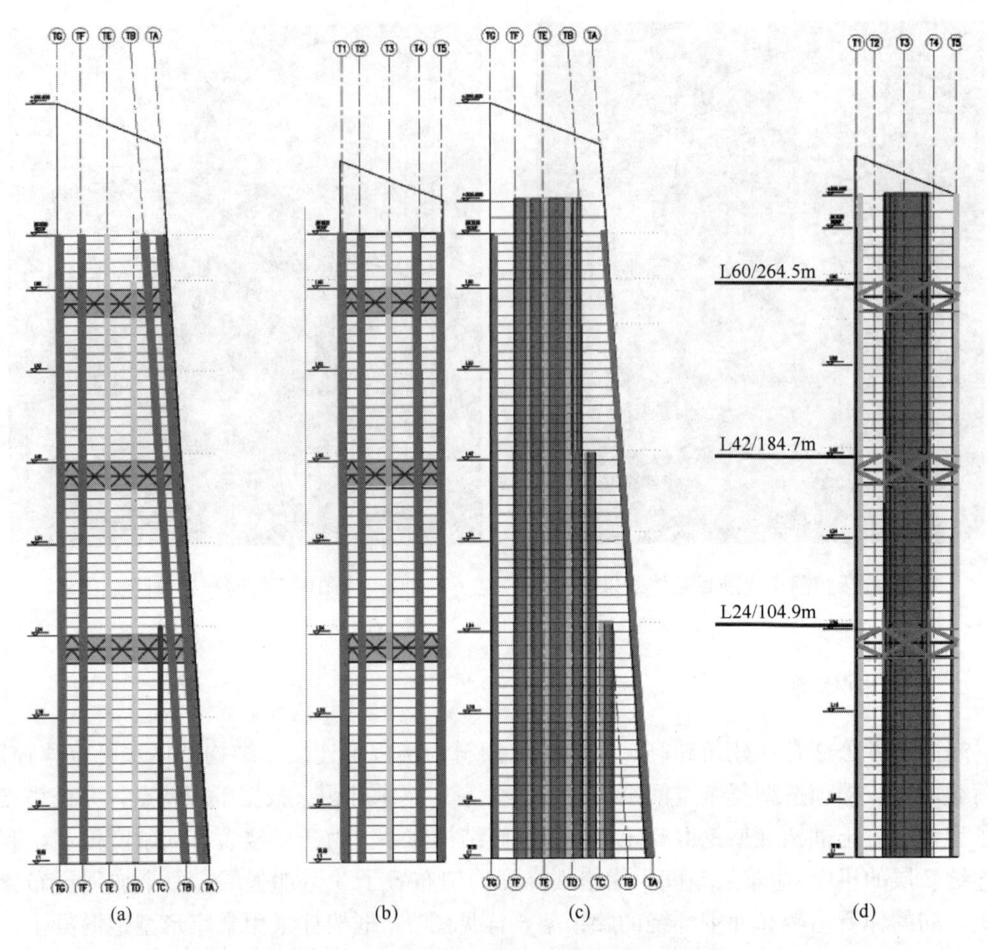

图 3 框架柱、核心筒、加强层构成示意

(a) 西面柱立面；(b) 南面柱立面；(c) 西面核心墙剖面；(d) 南面核心墙剖面

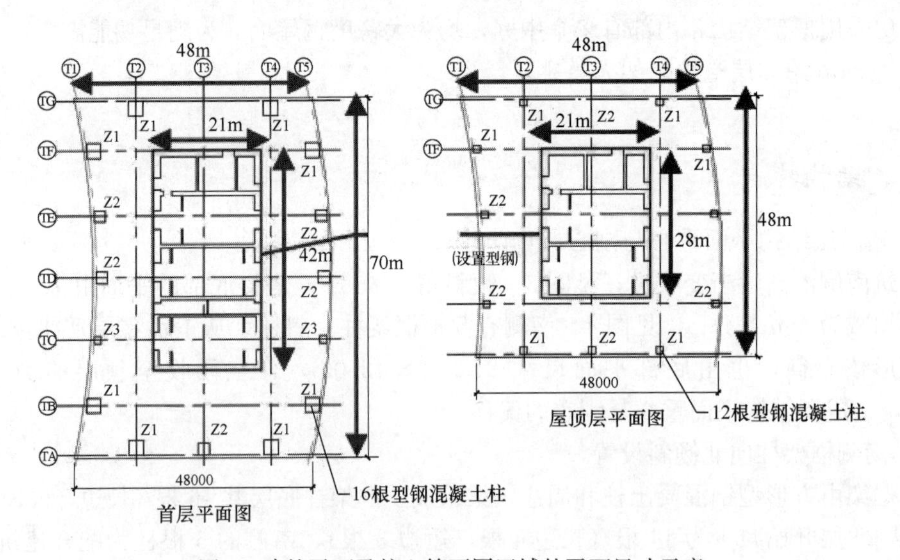

图 4 建筑平面及核心筒不同区域的平面尺寸示意

架柱采用十字形钢骨混凝土柱。

框架柱尺寸总汇（单位 mm）　　**表 1**

楼层	Z1（正方形）	Z2（正方形）	Z3（正方形）
L61 以上	1400	1400	
L52～L61	1600	1600	
L43～L52	1800	1800	
L34～L43	2000	2000	
L25～L34	2200	2200	
L16～L25	2400	2400	1500
L6～L16	2600	2600	1600
L6 以下	2800	2800	1700

3. 加强层设置

利用避难及设备层，沿塔楼高度均匀布置了 3 道加强层（图 5）。每个加强层均设有外围环绕的腰桁架，增加了外框架的抗扭性能。为了加强短边方向的抗侧刚度，每道加强层沿短边方向布置了连接外框柱和核心筒的伸臂桁架，伸臂桁架的弦杆贯穿核心筒，考虑到伸臂桁架与核心筒并不是垂直连接，因此沿外墙及连梁设有钢梁把几榀桁架串连起来（图 6），伸臂桁架采用厚腹板箱形截面，腰桁架采用宽翼缘 H 型钢。

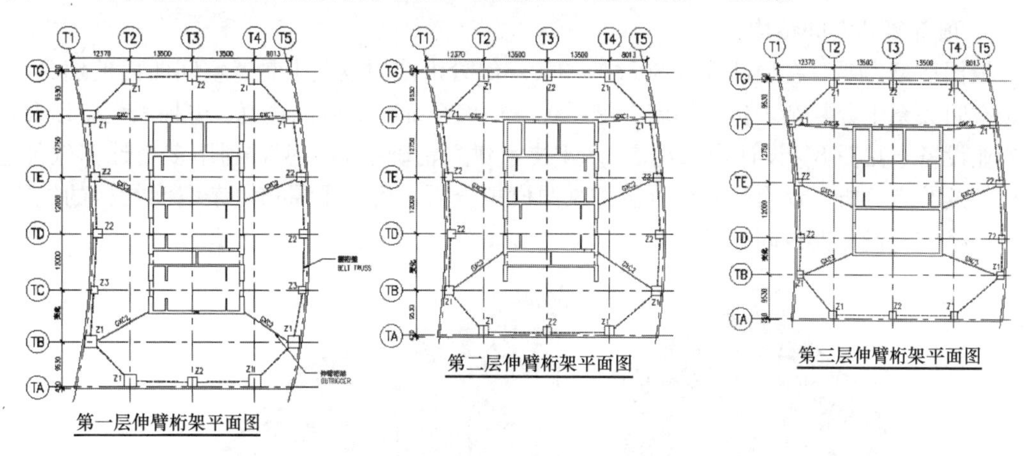

图 5　加强层平面布置

4. 空中庭院局部转换

塔楼南面，分别在 6、25 及 43 层设有 3 个高 4 层的空中庭园。每个空中庭园南面部分楼面挑空（开洞面积约占该楼面面积 4%）。楼面挑空后，部分钢梁跨度变大，为了不增加梁高，在 25 及 43 层的庭园增设内柱，并在机电层（24 及 42 层）进行转换（图 7）。转换梁梁高为 1.3m，按中震弹性设计，内柱与转换梁铰接连接，内柱不作为结构抗侧体系的一部分。

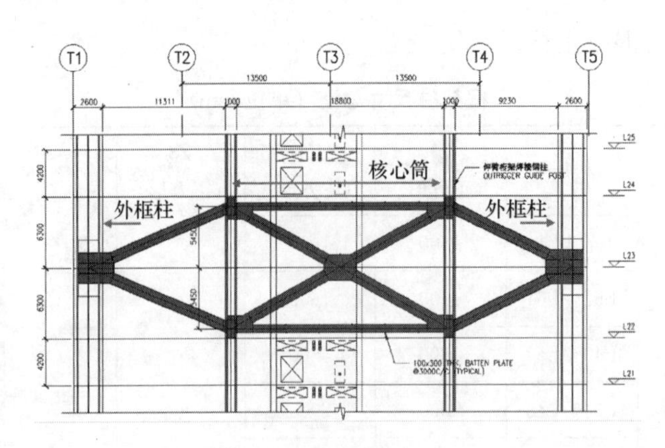

图 6　伸臂桁架的示意

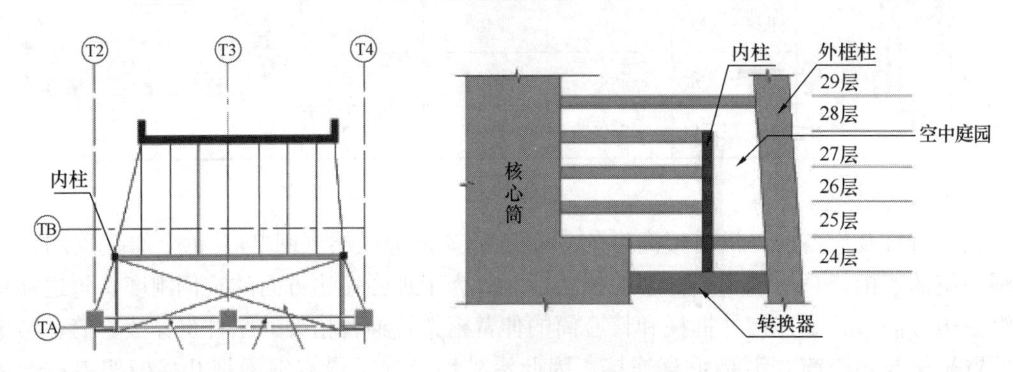

图 7　空中庭园布置示意

5. 顶部复杂空间结构

根据造型需要，在顶部高度 305.0～350.6m 处沿四周设置了悬臂空间曲面玻璃幕墙，屋顶空间关系十分复杂，包括幕墙支撑系统、检修系统、擦窗机轨道、电梯间设备以及机电专业设备，见图 8。设计中采用了 BIM 技术建立精确空间模型，利用多个计算软件进行构件及节点分析、动力弹塑性分析、风洞模拟分析，解决了屋顶复杂空间结构的抗震、抗风、稳定及设备摆放问题。

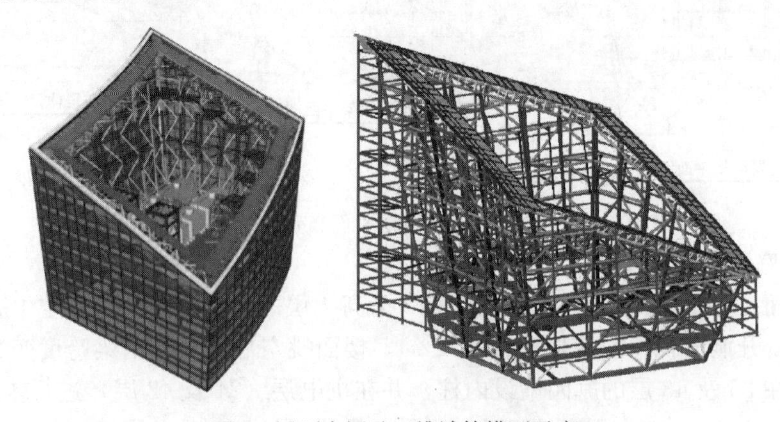

图 8　屋顶皇冠及三维计算模型示意

6. 裙房24m空腹桁架大悬挑

裙房一侧的1、2层为室外空间，为满足建筑功能要求和保证空间畅通，不能设框架柱，而3～5层为特色餐饮空间，形成了悬挑24m的三层结构，见图9。利用2层空间、3层楼面，采用空腹桁架结构形式解决了悬挑24m的技术难题，在保证结构稳定、安全的前提下，最大限度地满足建筑的使用功能要求。

(a)

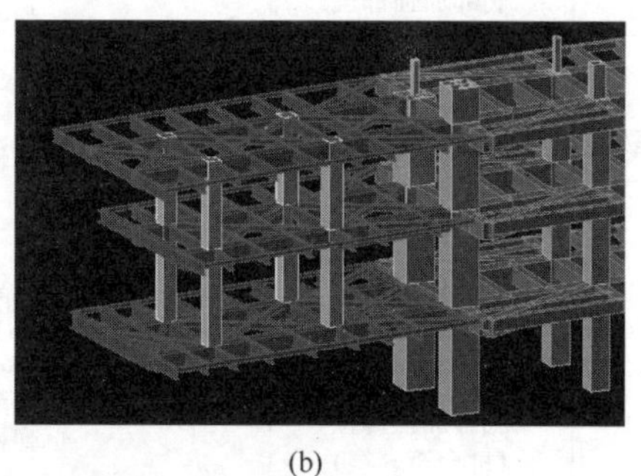

(b)

图9 24m空腹桁架大悬挑效果图及计算模型

(a) 24m空腹桁架大悬挑效果图；(b) 24m空腹桁架大悬挑计算模型

7. 裙房大跨屋面

裙房建筑有多处4层通高的中庭，顶部屋面最大跨度达到32m和38m，结构采用鱼腹形变截面钢梁（箱形截面）实现了大跨度屋面（图10）。

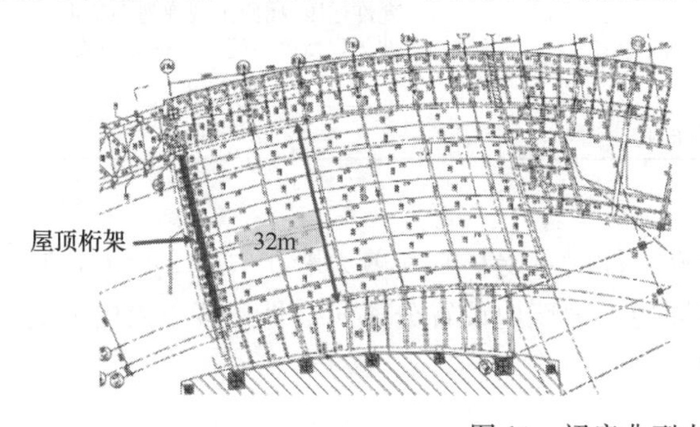

图10 裙房典型大跨度屋面

四、设计要点

1. 水平荷载取值

《安评报告》给出的反应谱曲线明显大于《建筑抗震设计规范》GB 50011—2001（简称《抗规》）的规定值，经与超限审查专家沟通，在本项目设计中，小震设计时地震参数按《安评报告》取值，中震、大震作用下的计算参数按《抗规》取值。

通过仅考虑单栋超高层塔楼（仅一期）与考虑群楼效应（整体项目）的风洞试验研究发现，群楼效应明显，进行了超高层单体建筑和考虑群楼效应的风洞数值模拟，分析了结构的体形系数、风压系数等。

2. 性能目标设定

构件的性能目标见表2。

构件性能目标设定 **表 2**

结构构件类别		中震	大震
周边框架边梁		梁端部形成塑性铰，出现弹塑性变形，破坏程度可修复并保证生命安全（Life Safety）	梁端部形成塑性铰，出现弹塑性变形，破坏程度严重但防止倒塌（Collapse Prevention）
周边框架柱子	底部加强部位（桩台至 6 层）	弹性	形成塑性铰，出现弹塑性变形，破坏程度轻微，可运行（Immediate Occupancy）
	加强层及上下相邻层	弹性	形成塑性铰，出现弹塑性变形，破坏程度轻微，可运行（Immediate Occupancy）
	其他层	不屈服	形成塑性铰，出现弹塑性变形，破坏程度可修复并保证生命安全（Life Safety）
核心筒钢筋混凝土剪力墙	底部加强部位（桩台至 6 层）	弹性	形成塑性铰，出现弹塑性变形，破坏程度可修复并保证生命安全（Life Safety）
	加强层及上下相邻层	弹性	形成塑性铰，出现弹塑性变形，破坏程度可修复并保证生命安全（Life Safety）
	其他区域	不屈服	形成塑性铰，出现弹塑性变形，破坏程度可修复并保证生命安全（Life Safety）
伸臂桁架/腰桁架		不屈服	允许屈服/屈曲出现弹塑性变形，破坏程度可修复并保证生命安全（Life Safety）
桁架节点		不屈服	不屈服

3. 分离式钢骨混凝土核心筒剪力墙

为了改善核心筒外墙的承载能力和延性，同时承受核心筒剪力墙在中震下拉力，减小剪力墙的厚度，在底部加强部位及加强层周边剪力墙内设置分离式钢骨，核心筒内分离式钢骨布置见图 11。

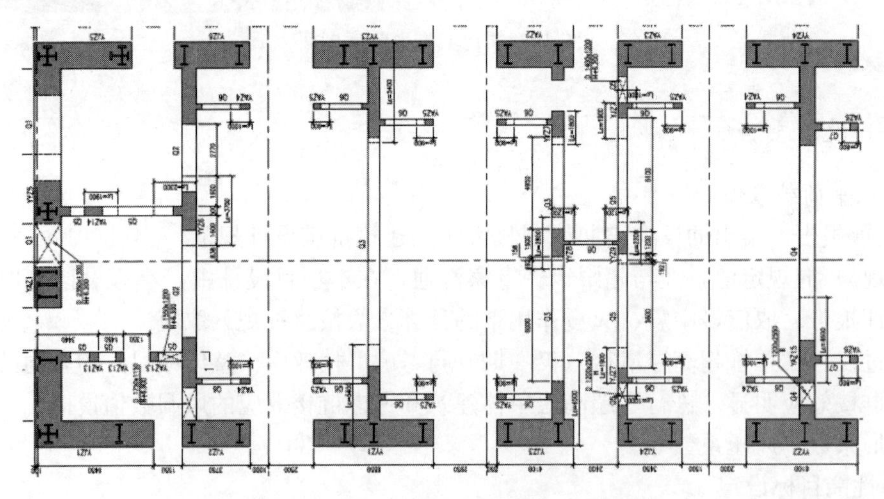

图 11　核心筒墙体内分离式钢骨设置

4. 斜框架柱施工过程位移纠偏

南侧 5 根斜框架柱，与垂直线的夹角为 3.82°，由于南侧斜柱的影响，施工过程将不可避免地向北面偏移，这种大型超高层结构，施工周期较长，结构体系复杂，水平和竖向变形受施工过程和时间效应影响较大，为了保证设计与实际建筑物一致性，结合施工过程并考虑材料基于时间相关属性，通过详细的有限元分析，对南侧斜柱位置进行调整（即对斜柱柱顶纠偏），斜柱施工过程纠偏示意见图 12。

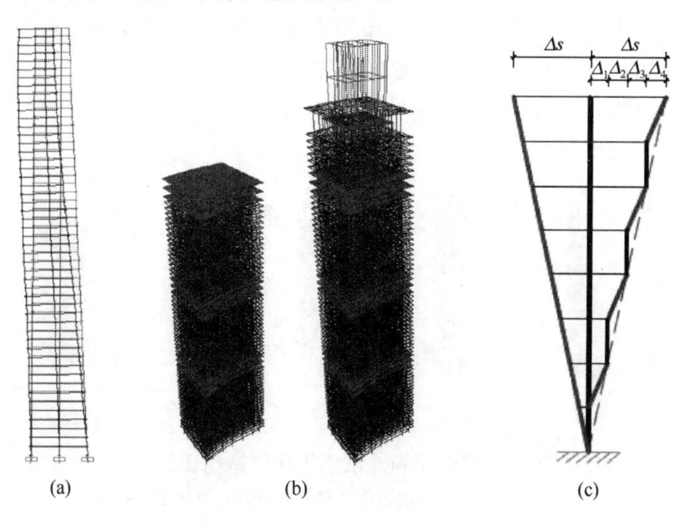

图 12 斜柱施工过程纠偏示意

（a）侧移示意；（b）施工过程示意；（c）预调方案示意

五、结构设计的技术关键

1. 罕遇地震作用下动力弹塑性时程分析

分别采用 LS-DYNA 和 ABAQUS 进行罕遇地震下动力弹塑性时程分析，了解塑性发展的全过程行为，评价结构抗震性能，并确保满足抗震设计目标，图 13 给出了 LS-DYNA 三维计算模型和振型示意。

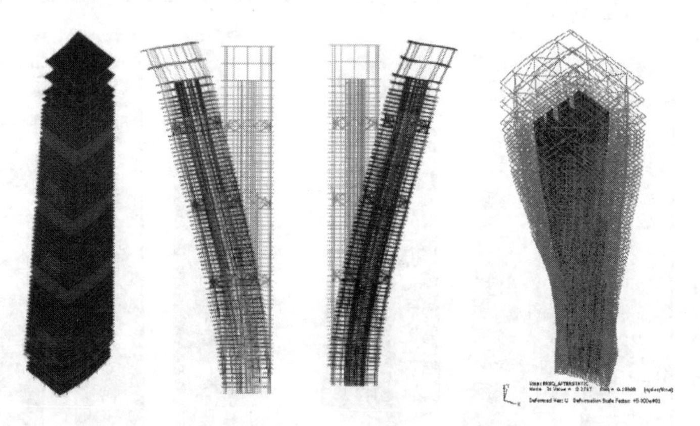

图 13 三维计算模型和振型示意

采用两条天然波和一条人工波进行计算，分别输入沿 X 方向为主的地震波后，结构最大层间位移角分别为 1/199、1/177 和 1/146（人工波、天然波 A、天然波 B)，平均值 1/171；分别输入沿 Y 方向为主的地震波后，结构最大层间位移角分别为 1/132、1/186 和 1/127（人工波、天然波 A、天然波 B)，平均值 1/144，满足 1/100 限值要求。

图 14 给出结构在人工波作用下塑性的发展过程，可以发现：①顶部及中部的连梁和核心筒墙肢最早出现塑性铰或受拉开裂；②接着底部连梁出现塑性铰，并逐渐向上开展；③连梁的塑性铰数量进一步增多，同时顶部和中部的核心筒墙肢损伤也逐渐展开；④墙肢进一步损伤，连梁的塑性铰沿结构全高发展，部分伸臂桁架也进入塑性阶段。根据结构特性，这种塑性发展过程基本满足结构概念设计要求。

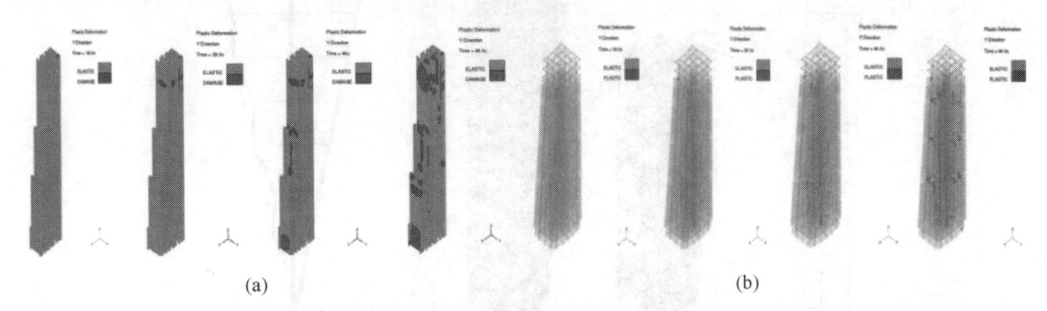

图 14　核心筒和外框架损伤区域出现过程

(a) 核心筒损伤区域出现过程；(b) 外框架塑性区域出现过程

通过分析可知，罕遇地震作用下，结构整体及各构件的抗震性能基本满足本报告提出的性能目标，结构性能优于规范要求的大震不倒的目标。

2. 风洞数值模拟

周围环境比较复杂，为了保证结构安全，因此对该工程进行了风洞数值模拟，对结构设计进行指导。将建筑物置于计算域中，来流方向及整体坐标不变，旋转建筑物来考虑不同风向对结构的作用。计算域取 8.4m×2.4m×2m，模型缩尺比例 1∶500，阻塞率 2%。建筑物网格划分，在建筑物表面网格划分较密，远离建筑物网格划分较稀疏，采用四面体单元。

以风向角 0°为例，各截面风压分布如图 15 所示，各截面体型系数分布如图 16 所示，风压与体型系数均以风压力为正，风吸力为负。从风压分布图可知：建筑物迎风面受风压

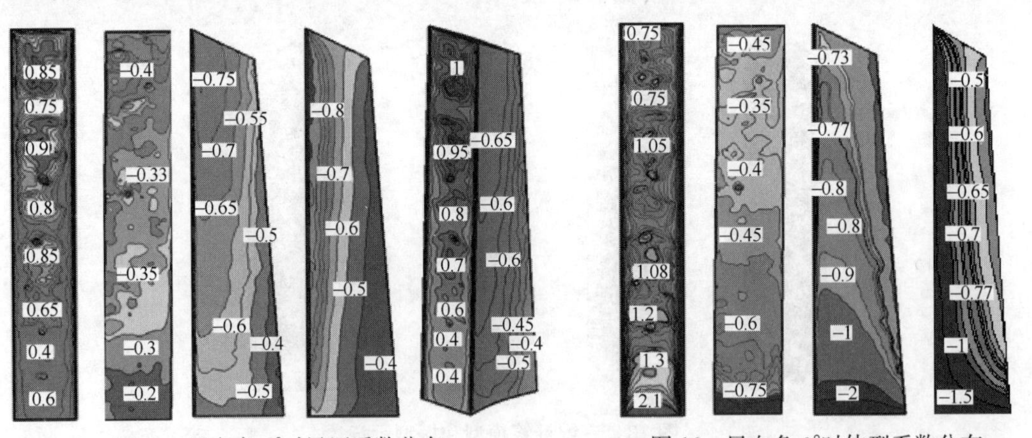

图 15　风向角 0°时风压系数分布　　图 16　风向角 0°时体型系数分布

作用，风压沿高度变化显著，数值沿高度上大下小；侧面和背面均受风吸力作用，背面风压系数数值比较接近，侧风面上数值在临近迎风面位置处相对较大。从体型系数分布图可知：体型系数分布沿高度上小下大。

不同风向角下，各截面的平均风压系数见表 3，不同风向下各截面及等效体型系数见表 4。μ_x 为整体坐标 X 向等效体型系数，即迎风面方向体型系数；μ_y 为与 μ_x 相垂直方向的体型系数。风向角为 270°时，等效体型系数最大（1.53），在塔楼弹性计算程序中（SAWTE）可直接输入此体型系数进行初步设计。

截面风压系数 **表 3**

风向角（°）	截面编号			
	F1	F2	F3	F4
0	0.527	−0.335	−0.585	−0.63
30	0.49	−0.43	−0.451	−0.09
45	0.320	−0.458	−0.437	0.229
60	−0.036	−0.477	−0.407	0.419
90	−0.621	−0.600	−0.351	0.467
120	−0.496	−0.038	−0.416	0.377
150	−0.452	0.489	−0.463	−0.166
180	−0.362	0.529	−0.608	−0.615
210	−0.447	0.463	0.219	−0.461
240	−0.482	−0.113	0.554	−0.419
270	−0.596	−0.597	0.579	−0.383
300	−0.062	−0.473	0.517	−0.422
330	0.469	−0.42	0.091	−0.465

体型系数 **表 4**

风向角（°）	截面编号				等效体型系数	
	F1	F2	F3	F4	μ_x	μ_y
0	0.832	−0.562	−1.036	−1.082	1.25	0.04
30	0.793	−0.69	−0.744	−0.172	1.10	0.12
45	0.520	−0.728	−0.712	0.385	1.17	0.10
60	−0.065	−0.774	−0.671	0.708	1.16	0.11
90	−0.988	−0.988	−0.589	0.795	1.39	0.04
120	−0.781	−0.077	−0.692	0.659	1.20	0.77
150	−0.713	0.821	−0.792	−0.27	1.19	0.14
180	−0.590	0.857	−1.095	−1.086	1.42	0.01
210	−0.72	0.773	0.381	−0.8	1.37	0.33
240	−0.768	−0.214	0.948	−0.711	1.33	0.34
270	−0.945	−0.981	0.636	−0.793	1.53	0.11
300	−0.13	−0.771	0.905	−0.696	1.25	0.37
330	0.757	−0.667	0.216	−0.761	1.21	0.23

3. 360m×200m 超长无缝地下室温度分析

地下室约 360m×200m，裙房约 230m×100m，形如橄榄，两端窄、中部宽。为满足建筑功能要求，地下室不留伸缩缝，裙房中部首层以上设置一道伸缩缝，伸缩缝区间曲线长度 140～190m。进行施工、使用两个阶段的温度分析。详细分析了楼板、柱、梁、地下室外墙温度应力，采取设置钢筋加强区、后浇带、膨胀加强带、保温隔热设计以及制定施工专项方案等多种对策和措施，解决了地上、地下双向超大平面无缝设计的技术难题。图 17 为地下室无缝设计模型示意。

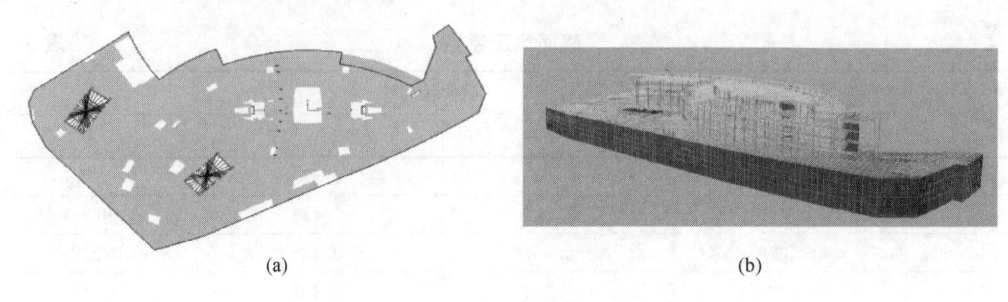

图 17　360m×200m 无缝设计温度分析示意
(a) 首层楼板示意；(b) ETABS 模型

六、节点设计

伸臂桁架为整体结构中特别重要的构件，根据伸臂桁架与混凝土核心筒的具体连接，建立三维实体有限元模型，考察在控制工况下，伸臂桁架与混凝土核心筒之间连接是否可靠，钢构件和混凝土的应力、应变状态，钢板与混凝土能否协同工作，核心筒内钢板的应力状态，力的传递效果等。同时根据分析结果，对节点区提出相应的构造加强措施。

伸臂桁架和混凝土剪力墙均采用六面体实体单元，利用 LS-DYNA 进行分析，图 18 给出了伸臂桁架与混凝土核心筒连接部分的三维有限元分析。

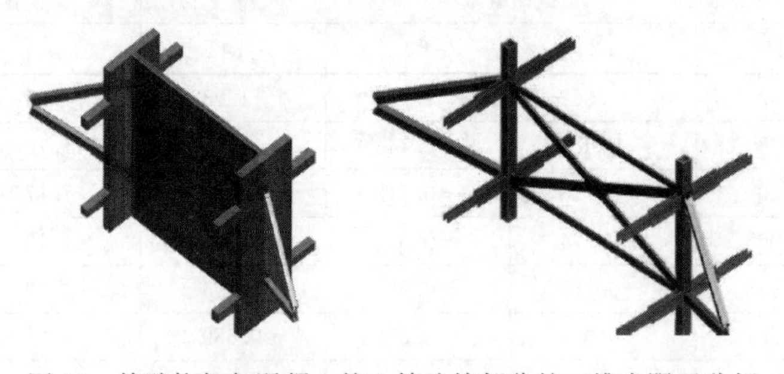

图 18　伸臂桁架与混凝土核心筒连接部分的三维有限元分析

恒荷载＋活荷载＋风标准荷载组合作用下，进行弹性分析时，钢材和混凝土均采用弹性材料，采用强度标准值。可以看出，钢材最大应力为 155.03MPa，所有钢构件均保持在弹性范围之内，混凝土墙体在受拉和受压区会有极小区域屈服，这些区域主要集中在钢构件与混凝土的交界处，同时发现连梁混凝土也有局部区域屈服，这些区域的屈服是由应力集中引起的，由圣维南原理知应力在集中处会向周边区域迅速扩散，对整个节点的工作状态产生的影响是极为有限的。由以上的分析可知节点在标准组合作用下满足正常使用极限状态要求，详见图 19。

罕遇地震作用采用弹塑性分析方法，混凝土选用具有损伤模式的材料本构，罕遇地震作用下，从外观上看墙体没有明显的损伤；混凝土墙体仅在节点附近钢材和混凝土的界面处产生局部损伤，损伤的范围是极为有限的，不会对墙体的承载能力产生显著影响，连梁混凝土会发生局部损伤，损伤相对墙体较大；墙体内部钢材均保持在弹性状态；节点没有破坏，满足强节点的设计要求；墙体内力远没有达到墙体的承载力极限，如图 20 所示。

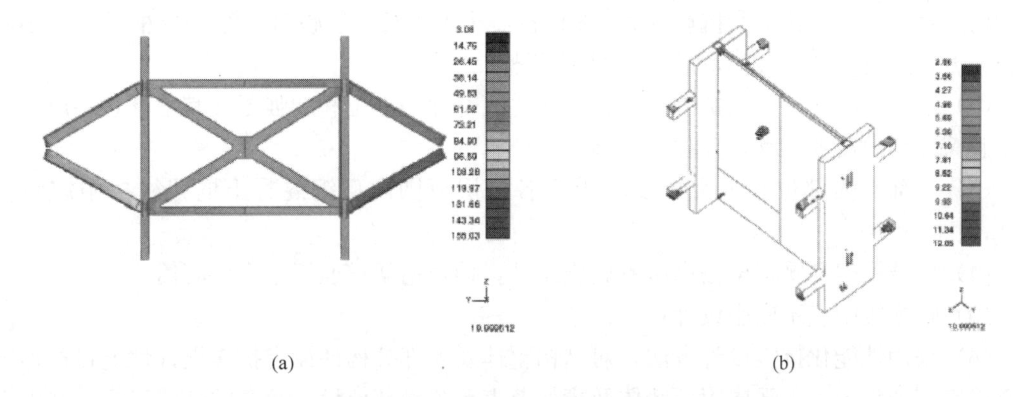

(a) (b)

图 19　标准荷载组合作用下伸臂桁架有限元分析结果

（a）钢材 von Mises 应力分布；（b）混凝土进入塑性区域分布

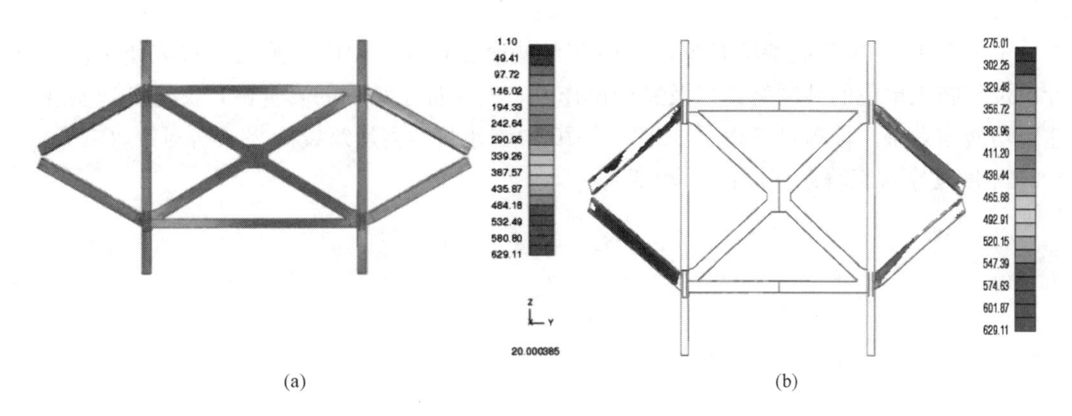

(a) (b)

图 20　罕遇地震作用下伸臂桁架有限元分析结果

（a）钢材 von Mises 应力分布；（b）钢材进入塑性区域分布

七、其他

1. 计算分析软件及结果

整体结构的弹性分析以软件 SATWE 为主、软件 ETABS 为辅，弹塑性分析采用软件 ABAQUS 和 LS-DYNA。

结构周期，前三周期 T_1、T_2、T_3 计算软件 SATWE 和 ETABS 分别为 6.50、5.47、3.82 和 6.33、5.51、3.94，周期比 0.59。

最大弹性位移角，风荷载作用下，X 向 1/661，Y 向 1/492；小震作用下，X 向 1/886，Y 向 1/805。

风洞试验给出结构顶点最大加速度 $0.14\mathrm{m/s^2}$。

结构在 $Y-5\%$工况下底部位移比略大于 1.2，最大 1.27，小于 1.4，其余工况下位移比均小于 1.2。

总质量 $36.65\times10^4\mathrm{t}$，$X$ 向剪重比 1.255%，Y 向剪重比 1.13%。

2. 抗震措施

(1) 对结构整体按 7 度抗震计算，8 度抗震措施进行抗震设计；结构外框承担的小震地震剪力，进行 $0.25Q_0$ 和 $1.8V_{f,max}$ 较大值调整；

(2) 塔楼核心筒剪力墙抗震等级特一级，底部加强部位和加强层及其上下各一层范围内核心筒外墙内设置型钢，并按中震弹性设计；

(3) 底部加强部位和加强层及其上下各一层范围内型钢混凝土框架柱按中震弹性设计；

(4) 伸臂桁架和腰桁架按中震不屈服设计，伸臂桁架贯通于整个核心筒；

(5) 转换梁中震不屈服设计；

(6) 采用性能化抗震设计方法，对结构整体及各部分构件设定抗震设计性能目标，对核心筒底部加强区、加强层附近墙体及桁架节点等关键部位设定较高的性能目标；并进行罕遇地震动力弹塑性时程分析，验证了整体结构和构件的抗震性能达到或优于“大震不倒”这一性能目标。

本工程于 2008 年底基坑开挖，2015 年结构全面封顶，2017 年底竣工投入使用。在设计单位与施工单位的共同努力以及紧密协作下，既保证了结构的安全性，又充分地实现了建筑功能与效果。该项目获得了 2019—2020 中国建筑学会建筑设计奖·结构专业二等奖、2020 年度辽宁省工程勘察设计一等奖。

10　天津现代城 B 区办公结构设计

建设地点　天津现代城 B 区-办公

设计时间　2012—2017

工程竣工时间　2017

设计单位　华东建筑设计研究院有限公司华东建筑设计研究总院

［200002］上海市黄浦区汉口路 151 号

主要设计人　陆道渊　刘　灿　姜文伟　童建歆　黄　良　哈敏强　李　敏

本文执笔　刘　灿

获奖等级　2019—2020 中国建筑学会建筑设计奖·结构专业二等奖

一、工程概况

该项目位于天津市和平区南京路赤峰道，建筑地上 67 层，地下 5 层，最大建筑高度 339.0m，结构高度 305.4m，地上建筑面积 125000m^2。工程由 SOM 完成建筑方案，由华东建筑设计研究院进行结构初步设计和施工图设计，由广州容柏生建筑结构设计事务所进行结构设计咨询，通过抗震超限审查，目前已经投入使用。建筑实景见图 1，建筑效果图和剖面图见图 2。

图 1　建筑实景

地下共 5 层，地下 1 层高 4.85m，地下 2 层高 4.3m，地下 3 层高 3.6m，地下 4 层高 3.5m，地下 5 层高 3.5m。上部结构分 4 个区，每个区底部为设备层。首层层高 16.8m。4～18 层为办公一区，层高 4.35m；19～33 层为办公二区，层高 4.35m；34～47 层为办公三区，层高 4.5m；48～59 层为办公四区，层高 4.5m；60～64 层为俱乐部、观光层等，层高为 9m、6m 和 7m。

设计使用年限为 50 年，重要构件建筑

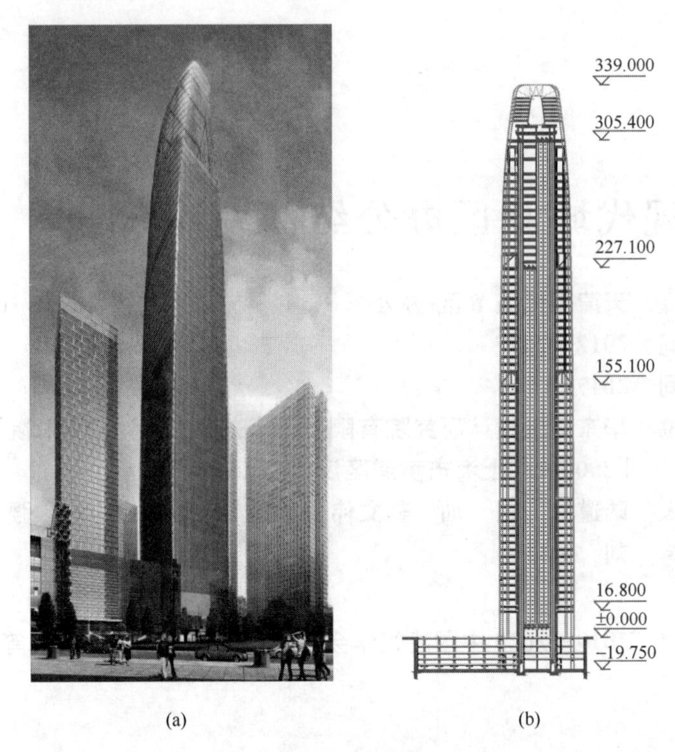

图 2　建筑效果图和剖面图

(a) 效果图；(b) 剖面图

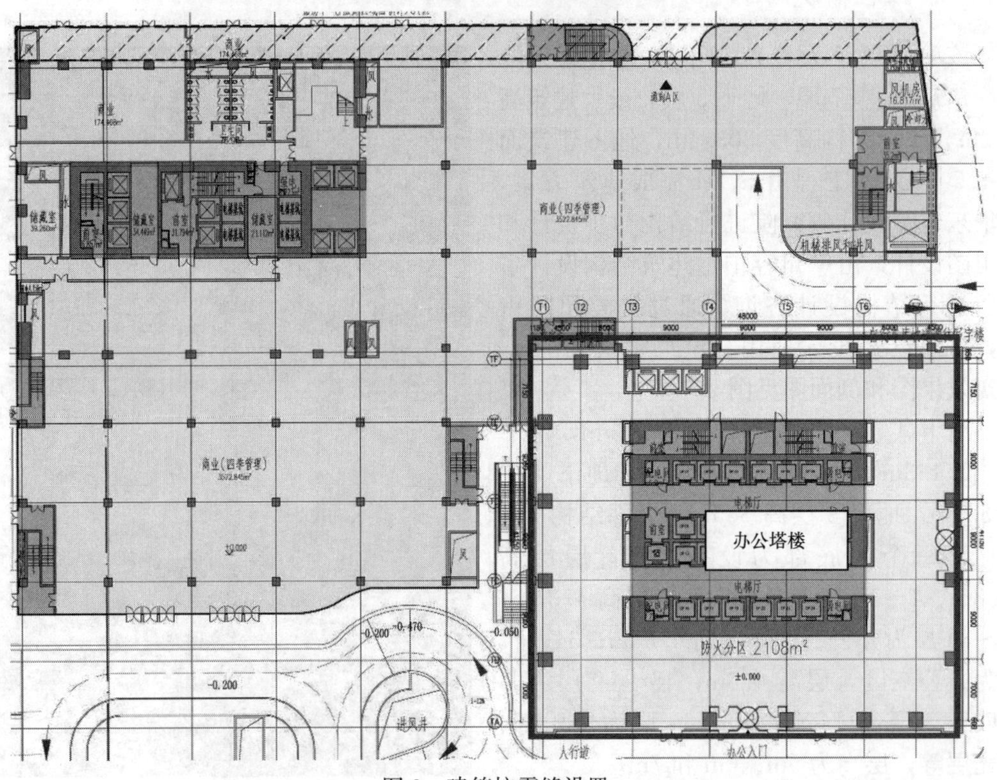

图 3　建筑抗震缝设置

安全等级为一级；次要构件为二级。抗震设防类别为乙类，抗震设防烈度为7.5度，场地类别为Ⅲ类，设计地震分组为第二组，$T_g=0.60s$。基本风压 $w_0=0.50kN/m^2$（50年一遇）及 $0.55kN/m^2$（100年一遇），地面粗糙度为C类。结构抗震缝设置和典型平面如图3、图4所示。

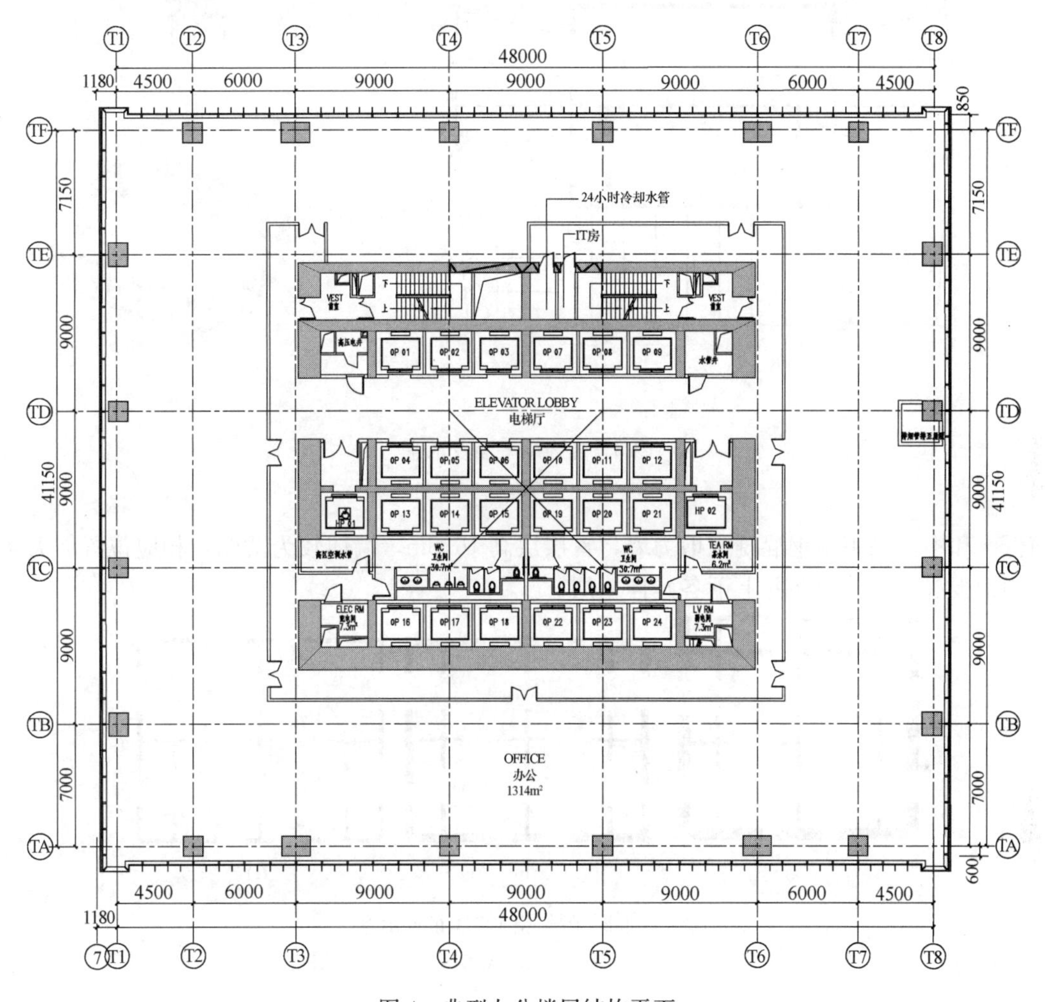

图4 典型办公楼层结构平面

二、结构体系

塔楼采用矩形钢管混凝土框架＋伸臂桁架＋核芯筒结构体系，图5是加强层示意。核心筒、钢管混凝土柱、钢梁抗震等级分别为特一级、一级和二级。塔楼屋顶幕墙结构采用钢框架-支撑结构。为保证地下室顶板的嵌固作用，顶板厚度为200mm，地下一层结构的楼层剪切侧向刚度大于一层侧向刚度的2倍。

核心筒呈方形，平面尺寸为26.8m×23.9m，位置居中。核心筒混凝土等级由低区到高区分别采用C60、C50、C40。核心筒周边剪力墙的墙厚从下到上为1150～400mm（首层1350mm）。图6是典型楼层的混凝土芯筒布置，芯筒在建筑20层以上单边收进。核芯

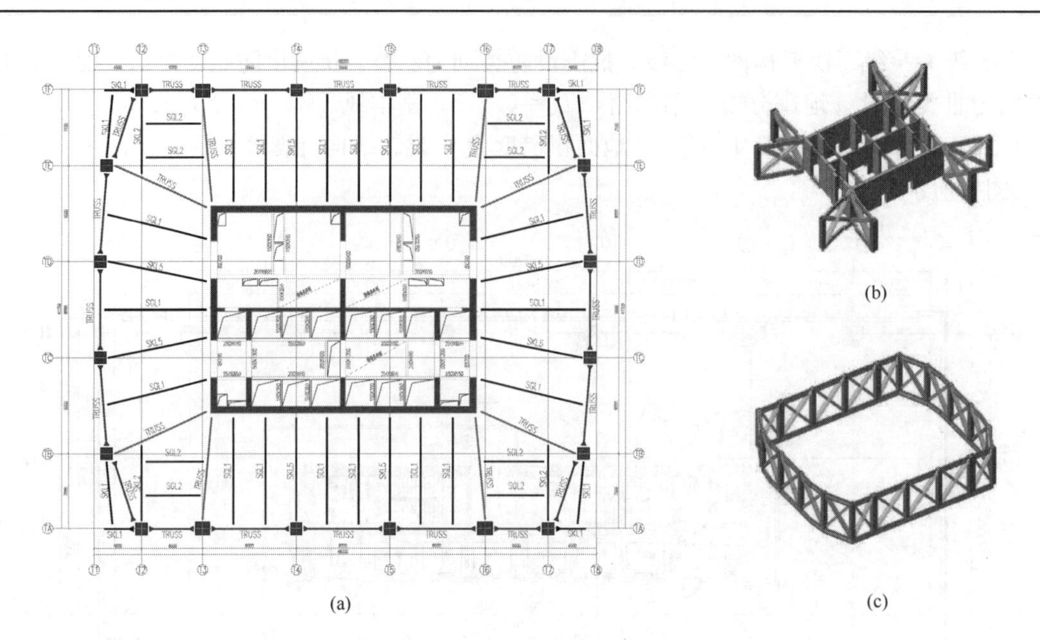

图 5　加强层平面及示意

（a）平面；（b）伸臂桁架；（c）环带桁架

筒低区和中区采用型钢混凝土剪力墙，首层层高 16.8m，墙体较为薄弱，相应位置剪力墙采用钢板混凝土剪力墙并上下各延伸一层。

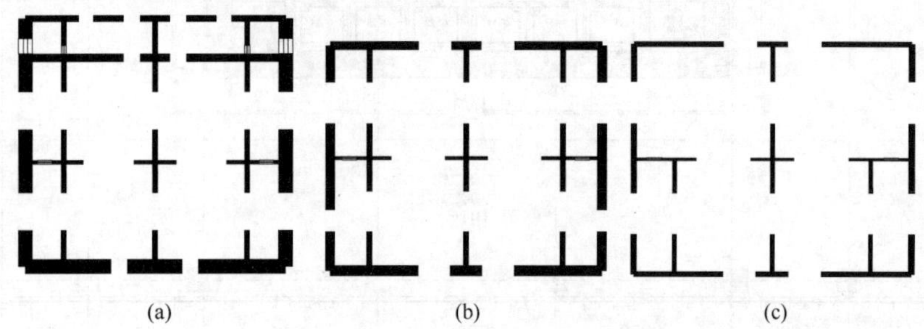

图 6　混凝土核芯筒墙体布置示意

（a）地下～20 层；（b）21～35 层；（c）36～顶层

外围框架柱采用矩形钢管混凝土柱，框架梁采用焊接工字钢。连系外围框架柱的钢梁两端刚接，连系外框柱和核心筒的钢梁两端铰接。地上部分钢管混凝土柱和框架梁主要钢材选用 Q345C 和 Q345GJC。柱内填充混凝土为高抛免振自密实混凝土，强度等级从下到上为 C60～C40，主要的柱截面尺寸从下到上分别为 1600×2000×50×50～900×900×30×30 和 1600×1600×50×50～900×900×30×30。

为提高结构整体抗侧刚度，结合避难层和设备层分别在 35 层和 51 层设置层高 8.7m 的加强层。Y 向伸臂桁架设置在 35 层和 51 层，X 向伸臂桁架仅设置在 35 层。伸臂桁架在核芯筒的墙体内贯通，外框架柱之间设置环向桁架。

风荷载与地震作用所产生的剪力及倾覆弯矩，由核芯筒、伸臂桁架及钢管混凝土框架组成的整体抗侧体系共同承担。伸臂桁架连接钢管混凝土柱与钢筋混凝土核芯筒，协调内外筒变形，可有效提高结构抵抗倾覆弯矩的能力及结构的刚度。

核心筒内楼面采用现浇钢筋混凝土楼板，板厚130mm。核心筒外楼面采用闭口压型钢板上铺钢筋混凝土的组合楼板，协调外围钢框架与核心筒在水平荷载作用下的变形，楼板厚度120mm。

矩形钢管混凝土柱在地下室变成钢骨混凝土柱。经过技术经济对比分析，钢管混凝土柱在首层楼面以下采用目前超高层建筑应用范围较广且可靠性高的SRC截面，钢骨的含钢率为4%～6%，柱截面形式见图7。理论分析和试验研究均表明了该种形式SRC柱具有较高的承载能力和良好的延性耗能及滞回性能，且有利于建筑防火。型钢板件对混凝土形成众多约束区域，提高混凝土抗压能力。在节点区域与伸臂和环带桁架的连接较为简便，伸臂和环带桁架的力可直传递给整个钢骨。钢骨可在工厂焊接完成，现场可整体吊装，减少了现场焊接量。SRC应用可以有效提高施工可建性。

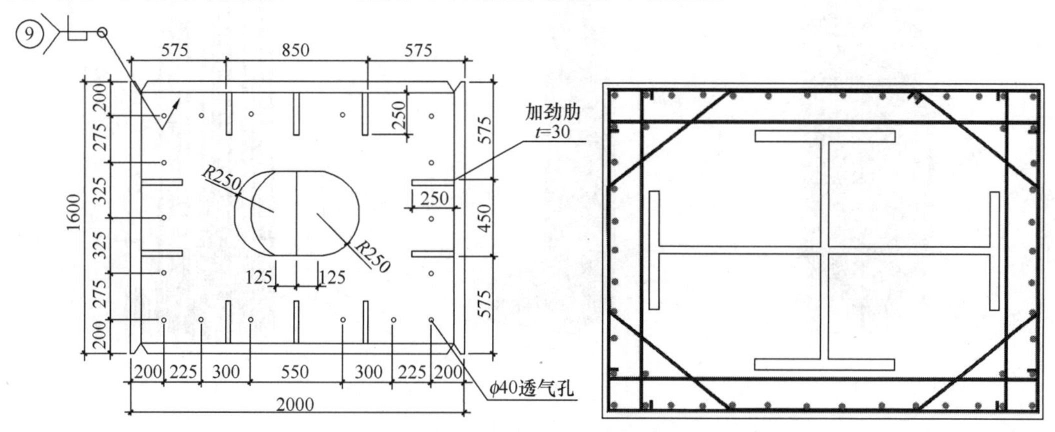

图7 矩形钢管混凝土柱和型钢混凝土柱截面形式示意

与伸臂桁架相连的外框柱和角柱柱脚采用半埋入式柱脚，其余外框柱采用铰接柱脚。为增加净高，地下室部分楼面采用无梁楼盖。

三、整体结构分析

1. 小震作用下弹性分析

结构分别采用SATWE、ETABS软件进行整体计算（图8）。分析时采用考虑扭转耦联振动影响的振型分解反应谱法并考虑偶然偏心影响，结构阻尼比为0.04。抗震设防烈度为7.5度，水平地震影响系数α_{max}为0.12，场地周期为0.60s，抗震措施按8度采用。塔楼结构计算以地下室顶板为嵌固端。SATWE分析时结构周期：$T_1=6.49$s（Y向），$T_2=5.72$s（X向），$T_3=3.82$s（扭转），$T_3/T_1=0.59$（平扭比）。地震作用下，结构X、Y向最大层间位移角分别为1/609和1/535，基底剪力分别为40730kN和37754kN，如表1所示。

地震作用下结构主要指标　　表1

计算结果＼方向	X向	Y向
最大层间位移角	1/609	1/535
基底剪力（kN）	40730	37754

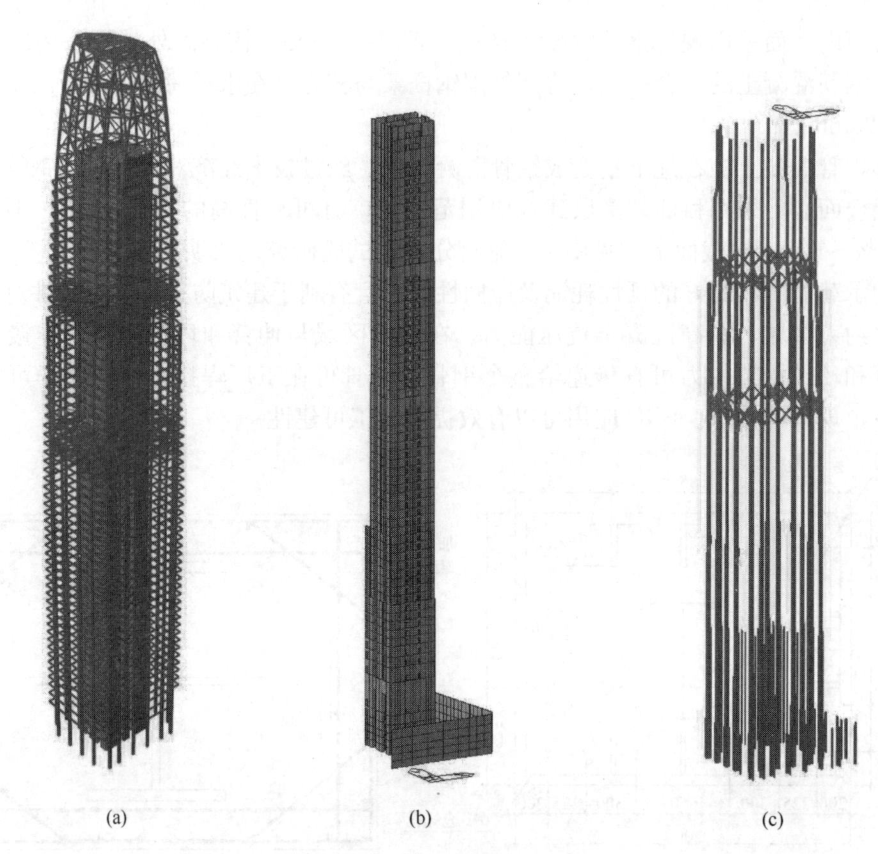

图 8　主楼结构体系示意

(a) 整体结构；(b) 混凝土核芯筒；(c) 钢管混凝土框架＋伸臂桁架

水平荷载作用下，结构层间位移角均小于《高层建筑混凝土结构技术规程》JGJ 3—2010 中 1/500 的要求。结构平扭比为 0.63，结构在考虑偶然偏心的地震作用下 X 向、Y 向位移比均小于 1.2，结构扭转性能较好。地震作用下剪重比满足规范要求。弹性动力时程分析时采用天津市地震工程研究所提供的地震波进行结构分析。在 7 组地震波计算下，塔楼底部剪力均大于 CQC 法的 65%，7 组地震波分析所得底部剪力平均值大于 CQC 法的 80%。

2. 风荷载计算

塔楼整体位移控制采用 50 年重现期的风荷载控制，构件强度校核时则采用 100 年重现期，计算舒适度时采用 10 年重现期。业主委托同济大学土木工程防灾国家重点实验室进行风洞试验，见图 9。风洞试验测量了模型表面的平均压力和脉动压力，根据风洞试验的结果确定和复核本工程的设计风荷载及建筑顶部舒适度等参数。

图 9　风洞试验模型

风荷载作用下，结构 X、Y 向最大层间位移角分别为 1/750 和 1/586，基底剪力分别为 29235kN 和 32600kN，见表 2。与表 1 相比可知，X 向水平荷载作用下，地震作用是控制工况；而Y向，地震和风荷载对结构的作用较接近。

风荷载作用下结构主要指标　　表2

计算结果＼方向	X向	Y向
最大层间位移角	1/750	1/586
基底剪力（kN）	29235	32600

风洞结果舒适度分析表明，塔楼结构上人屋面位置最大总加速度峰值（为横风向加速度控制）为0.23m/s²，满足结构顶点最大加速度限值（0.25m/s²）的要求（结构为混合结构且屋顶有33m高钢结构幕墙，舒适度分析中阻尼比取1%）。鉴于结构顶部加速度离规范限值较近，且业主希望在舒适性方面有优良的性能表现，结构设计中结合建筑功能要求采取了在顶部38m高钢结构幕墙支撑构件中加设黏滞阻尼器的预案。黏滞阻尼器对脉动风引起的动力响应进行控制效果比较明显，能减小横风向风振加速度。由于黏滞阻尼器对整体结构风荷载和地震作用下动力性能的影响较小且均为有利作用，整体结构设计中将黏滞阻尼器仅作为安全储备。

3. 大震作用下弹塑性时程分析

采用大型有限元分析程序LS-DYNA进行结构弹塑性时程分析，计算结构总体响应情况、结构总体变形情况，并评价主要抗侧力构件的受力情况和结构总体抗震性能。结构阻尼比按5%取值，结构考虑施工加载过程的影响和伸臂桁架的后装。梁柱单元对杆端采用弹塑性纤维单元，跨中段采用弹性单元；伸臂构件、环带构件以及其他桁架构件沿全长均作为弹塑性单元，并考虑了等效初始缺陷；剪力墙采用完全积分壳单元模拟；伸臂层楼板采用弹塑性完全积分壳单元模拟，其他楼层的楼板采用弹性膜模拟。

在不同地震波下，滞回耗能耗散了约2/3的总输入能量（结构构件将出现明显的塑性变形），而阻尼耗能耗散了约1/3的总能量。图10给出了TH1波沿X向作为主向输入时的能量时程。

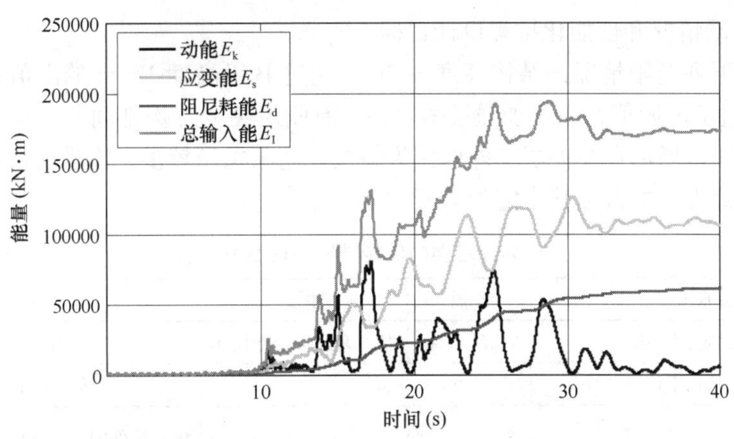

图10　地震波TH1沿X主向输入的能量时程分析

对塔楼主体结构的抗震性能作如下综合评价：(1) 根据7组地震波的计算，主体结构在罕遇地震作用下的平均层间位移角满足规范的变形限值要求；(2) 结构在罕遇地震作用下出现明显的塑性变形，两个方向的平均剪重比分别为6.7%和6.9%，分别为小震CQC

下的3.4倍和3.7倍；且能量分析表明，结构滞回过程耗散的能量占总输入能量的2/3左右；（3）核心筒底部加强区的墙肢未出现明显的塑性，在伸臂桁架连接处，以及第二道伸臂以上部分的根部出现一定程度的钢筋屈服现象，但塑性程度不高，塑性区域在可控制范围内（图11），核心筒墙肢满足“生命安全LS”的预期目标；核心筒连梁形成梁端塑性铰并进行耗能，满足“防止倒塌CP”的性能目标；（4）矩形钢管混凝土框架柱总体上处于弹性范围，即满足“立即入住IO”水平；大震作用下框架部分的剪力分担情况良好，分担率高于弹性情况；第二道伸臂桁架以下楼层的框架剪力分担比一般在10%～35%，第二道伸臂以上楼层的框架剪力分担比一般在25%～55%；（5）环带桁架、伸臂桁架、钢框架梁均满足“生命安全LS”的预期目标。

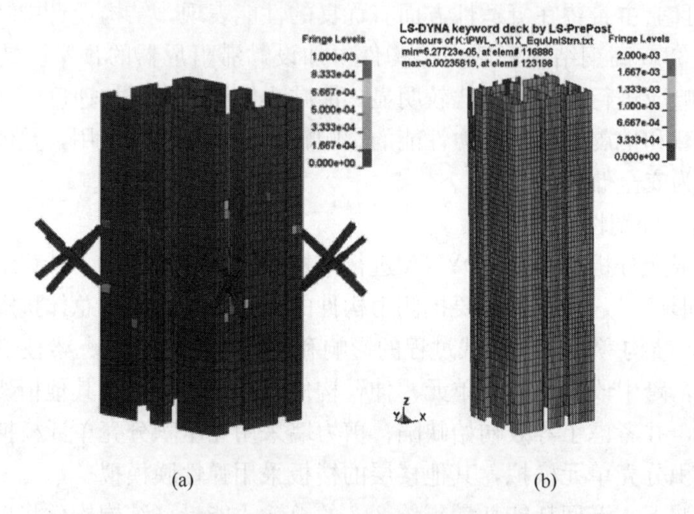

图11　核心筒剪力墙的塑性应变

（a）伸臂桁架处；（b）底部加强区

4. 结构超限情况和性能化抗震设计目标

结构存在下列超限情况：结构高度306m，超过B级高度190m的限值；塔楼结构高宽比7.3，超过7的限值；由于加强层的存在，有刚度突变、构件间断、承载力突变、层刚度偏小的情况；局部存在夹层、外框柱为斜柱。超限类型较多，需进行性能化设计。办公塔楼的结构抗震性能目标基本定为C类（表3）。

办公塔楼的结构抗震性能目标　　**表3**

地震水准		小震	中震	大震
性能水准定性描述		完好、无损	基本完好、轻微损坏	中度损坏
层间位移角限值		$h/500$	—	$h/100$
关键部位构件	核心筒底部加强区及加强层上下层	弹性	抗剪弹性；正截面不屈服	核心筒外围墙体抗剪、正截面不屈服，核心筒内墙抗剪不屈服；破坏程度保证生命安全，即θ<LS
	与伸臂桁架相连的外框柱（首道加强层以下）	弹性	抗剪弹性；正截面不屈服	抗剪、正截面不屈服；破坏程度保证生命安全，即θ<LS

续表

地震水准		小震	中震	大震
普通竖向构件	核心筒一般部位	弹性	抗剪、正截面不屈服	满足抗剪截面控制条件；破坏程度保证生命安全，即 θ<LS
	其他外框柱	弹性	抗剪、正截面不屈服	满足抗剪截面控制条件；破坏程度保证生命安全，即 θ<LS
其他部位构件	环带桁架	弹性	抗剪、正截面不屈服	形成塑性铰；破坏程度保证生命安全，即 θ<LS
	伸臂桁架	弹性	抗剪、正截面不屈服	形成塑性铰；破坏程度保证生命安全，即 θ<LS
	框架梁、连梁	弹性	受剪不屈服	允许形成充分的塑性铰（θ<CP）
节点		不先于构件破坏		

四、关键结构设计

1. 核心筒剪力墙设计

采取多种措施增强芯筒的受力性能，改善核心筒的延性：（1）首层层高16.8m，较为薄弱，将剪力墙墙厚由上层的1150mm加厚至1350mm，采用钢板混凝土剪力墙(图12)，可以充分发挥钢和混凝土两种材料的优势，在提高承载力的同时保持较好的延性，钢板剪力墙上下各延伸一层，四周设置封边钢梁钢柱；（2）底部加强区域内，在墙体的边缘约束

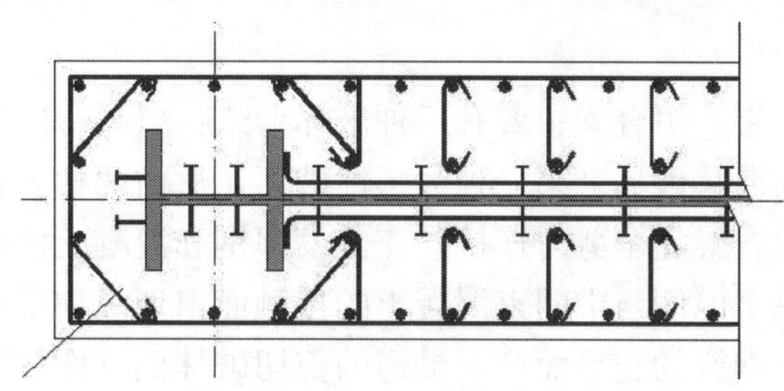

图12 首层核心筒采用钢板混凝土剪力墙

构件内设置钢骨，提高加强区墙体的承载力与延性；非加强区域内的墙体，采用约束边缘构件，在芯筒墙体角部埋设实腹式钢柱；(3) 多遇地震作用下，各层核心筒剪力墙的地震剪力标准值乘以增大系数 1.1，严格控制核芯筒截面的剪应力水平；(4) 对配筋较大的剪力墙连梁采用型钢混凝土梁；(5) 加强层剪力墙内尽量贯通伸臂桁架，相邻上下几层内设置交叉钢筋暗撑。

在核心筒剪力墙的中部，剪力墙肢的部分长度范围内，两边均是电梯井，需要考虑墙肢的出平面稳定问题。为此，在墙内侧的电梯井洞口中间位置，设置宽 150mm、高 600mm 的混凝土梁，与筒内梁板连接，增强对剪力墙肢的约束作用，解决墙肢的出平面稳定问题。同时，采用 SAP2000 软件对此次剪力墙进行屈曲分析。从整体分析模型中截取局部分析模型，在 34 倍（恒荷载＋活荷载）作用下，剪力墙才发生屈曲失稳，核心筒中部剪力墙稳定性满足要求。

2. 外包钢-混凝土组合梁设计

首层较高，框架部分刚度和剪力墙筒体相比较弱，较难形成双重抗侧力体系。为改善框架部分的受力性能，提高框架所占地震剪力比例，首层顶外围连系框架柱的框架梁采用了外包钢-混凝土组合梁（图 13）。外包钢-混凝土组合梁在保证型钢和混凝土两者之间组合作用的前提下能充分发挥材料的受力性能，并提供较大的抗弯刚度。外包钢-混凝土组合梁底部和顶部较厚钢板承受拉压力，侧板抵抗竖向剪力，其和矩形钢管混凝土柱的连接节点采用箱形梁与箱形柱的刚性连接方式。

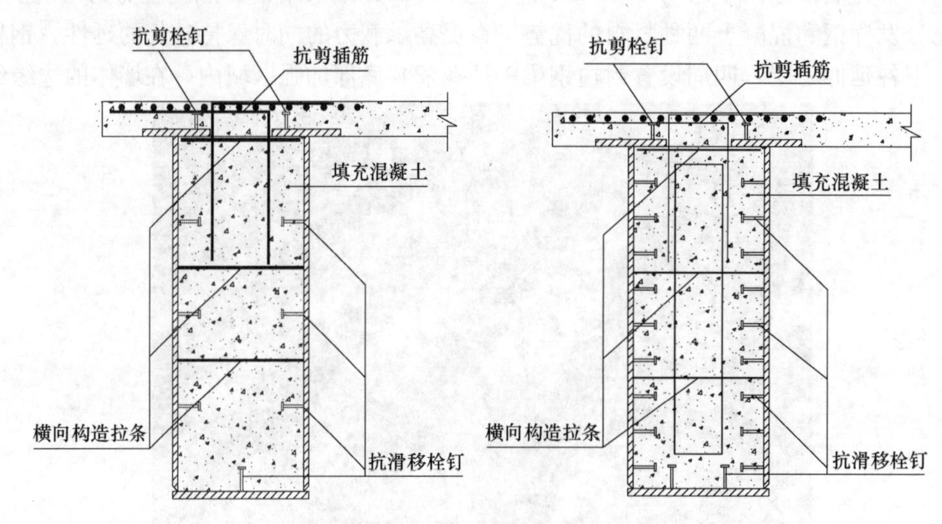

图 13　外包钢-混凝土组合梁构造

1）破坏形式

根据研究和试验结果，组合梁主要有三种破坏形式：(1) 弯曲受压破坏；(2) 纵向水平剪切破坏；(3) 纵向滑移破坏。第一种为延性破坏，后面两种为脆性破坏。设计思路为避免后两种破坏，让组合梁完全剪力连接，充分发挥钢和混凝土两种材料的优势。

纵向滑移破坏为钢梁内侧与中间素混凝土的接触面出现纵向滑移（图 14）；纵向水平剪切破坏为混凝土板与钢梁的交界面产生贯通的剪切破坏面（图 15）；需要通过计算及构造措施防止这两种破坏，让组合梁实现正截面弯曲破坏。为了避免纵向水平剪切破坏，采取了两种措施：(1) 在U型钢截面顶部翼缘上焊抗剪栓钉；(2) 设置穿过薄弱面的竖向抗剪插筋。为了避免纵向滑移破坏，则采取加强钢板与混凝土之间粘结的措施。主要有：(1) 底板和侧壁焊抗滑移栓钉；(2) 钢腹板之间增加横向构造拉条；此外，U型钢截面的翼缘内翻，对梁内混凝土的滑移也有很好的控制作用。

图14　纵向滑移破坏

图15　纵向水平剪切破坏

2) 外包钢-混凝土组合梁的优势

新型外包钢-混凝土组合梁与普通钢-混凝土组合梁和钢骨混凝土组合梁相比还具有以下应用优势。

(1) 承载力、刚度和延性更高

外包U型钢-混凝土组合梁内部填充混凝土，可有效防止侧部型钢的局部屈曲，提高型钢部分的极限抗弯承载力；U型钢梁对内部填充混凝土也有约束作用，可以增加截面的刚度和延性。另外，由于在U型钢梁内部填充混凝土，使组合梁大部分竖向剪力可由填充混凝土和钢梁腹板共同承担，所以填充混凝土也增强了组合梁的竖向抗剪承载力。与型钢混凝土组合梁相比，若相同截面具有相同的含钢率，外包钢-混凝土组合梁的钢梁底板离中和轴较远，因此构件的抗弯承载力也高于钢骨混凝土组合梁。

(2) 负弯矩作用下稳定性高

常规钢与混凝土连续组合梁是一种合理、经济的结构形式，它具有节约钢材，降低造价，增加梁的刚度和提高承载力等优点。由于组合梁工字钢梁的上翼缘受刚性很大的混凝土板的侧向约束，在组合梁的负弯矩区域，钢梁下翼缘在承受较大的可变荷载以及不利荷载分布时，呈受压状态而产生侧向失稳，并伴随钢梁腹板的横向变形。连续组合梁的另一种失稳是在其中间支承附近钢梁腹板和下翼缘的局部失稳，这类失稳的特点是发生在钢梁高度尺寸的局部范围，是起源于中间支承附近受压板的失稳。外包钢-混凝土组合梁由于钢梁内部填充混凝土，对钢梁底板和侧板都有约束作用，因此可以避免组合梁在负弯矩作用区下的失稳问题。

(3) 抗火性能好

钢材的导热系数高，高温下有受力软化的缺点。新型外包钢-混凝土组合梁下部触火面为单面受热，且混凝土有吸收热量的作用，因此可降低钢材的升温。与钢材相比，混凝土是较好的耐火材料，若内部配有防火构造纵筋，可以改善整个结构的抗火性能。

3. 加强层设计

结合建筑的避难层与机电层（35/36 层和 51/52 层），工程 Y 向采用两道高度为 8.7m 的伸臂桁架，X 向在 35/36 层采用一道伸臂桁架，并在核心筒墙体内贯通，形成整体传力体系。伸臂桁架的使用增加了钢管混凝土框架在总体抗倾覆力矩中所占的比例，减少了结构整体变形中的弯曲变形。伸臂桁架按中震不屈服设计，可作为抗震设防的另一道抗震防线。伸臂桁架连接钢管混凝土柱与钢筋混凝土核芯筒，协调内外筒变形，有效提高了结构的整体刚度与冗余度。将楼层外围周边框架柱以环带桁架环向连系，可进一步提升周边框架柱的整体轴向抗压能力，进而提高结构的整体抗侧刚度，同时能有效减弱剪力滞后效应，使周边框架柱底轴力趋向均匀，受力更合理。

加强层的设置将引起局部刚度突变和应力集中，形成潜在的薄弱层，设计中采取了以下措施：(1) 严格控制钢构件的板件宽厚比以及构件应力比，防止大震作用下局部屈曲并留有一定的安全赘余度；(2) 伸臂桁架上下弦杆贯通墙体布置，以保证伸臂桁架杆件内力在芯筒墙体内的可靠传递；(3) 在外伸臂加强层及上下层的核心筒墙体内增加配筋，核心筒内的预埋型钢也适当加强；(4) 加强伸臂桁架上下弦所在的楼板采用现浇楼板或钢筋桁架模板，保证楼板双向抗弯刚度和抗剪刚度，楼板有效厚度为 200mm，并加强配筋，相邻层楼板配筋相应加强；(5) 伸臂桁架与钢管混凝土柱及核心筒墙体的连接将在塔楼封顶以后安装，以减少由于恒载作用下，钢管混凝土柱与核心筒的竖向压缩变形差异导致在外伸臂桁架中引起的附加内力。伸臂桁架的内力分析中考虑施工顺序加载的影响；(6) 为避免在加强层及其相邻层形成薄弱层，在加强桁架贯通的剪力墙上下几层内设置交叉钢筋暗撑，以提高剪力墙的抗剪承载力和延性，如图 16 所示。

五、首层钢管混凝土柱分析

1. 首层部位框架柱稳定性分析

首层层高 16.8m，为提供稳定性加大首层框架柱截面。同时，截取局部分析模型进行 buckling 分析，图 17 为钢管混凝土柱一阶屈曲模态，安全系数为 67，结构有足够的安全储备。

2. 首层钢管混凝土柱施工阶段应力分析

首层矩形钢管混凝土柱层高 16.8m，混凝土浇筑施工时会对钢管侧壁产生较大的侧压力，需要验算施工阶段湿混凝土自重作用下钢管的强度。

采用 ANSYS 程序进行分析（图 18）。选取了截面 1600mm×2000mm 的典型矩形钢管，考虑材料非线性。钢管采用 Shell181 弹塑性壳元。钢材采用双线性随动强化模型，湿混凝土对钢管侧壁产生三角形分布的侧向压力。

钢管的 Mises 应力云图如图 19 所示，最大应力为 167MPa，出现在钢管底部。钢管侧壁仅仅依靠钢板平面外的抗弯来抵抗湿混凝土侧向压力的作用，在施工阶段钢管产生了较高的初始应力。钢管最大变形为 9mm，详见图 20。

可见施工阶段在湿混凝土的侧向压力作用下，钢管侧壁产生了较大的初始应力，影响了正常使用阶段钢管混凝土柱的工作；而钢管内的横隔板竖向间距过大，不能有效控制钢管的侧向变形。因此，需要在钢管内壁设置加劲肋，并在加劲肋之间设置间距较密的钢拉

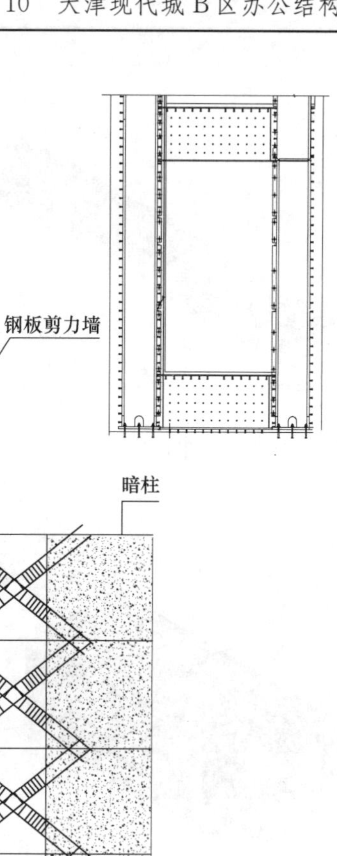

暗柱　剪力墙　暗柱

图16　钢板混凝土剪力墙和剪力墙钢筋暗撑

杆，来降低钢管的初始应力。加设钢拉杆后，钢管的Mises应力云图见图21，最大应力明显降低，减小为36MPa。钢拉杆给侧壁提供了有效支撑，钢管最大变形为0.8mm，如图22所示，效果非常明显。

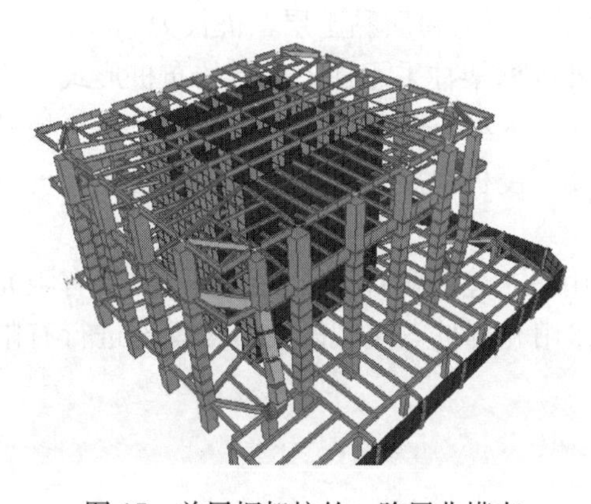

图17　首层框架柱的一阶屈曲模态

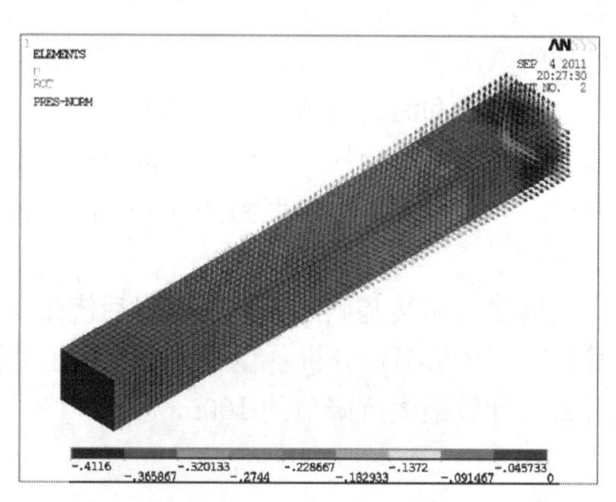

图18　模型和荷载施加

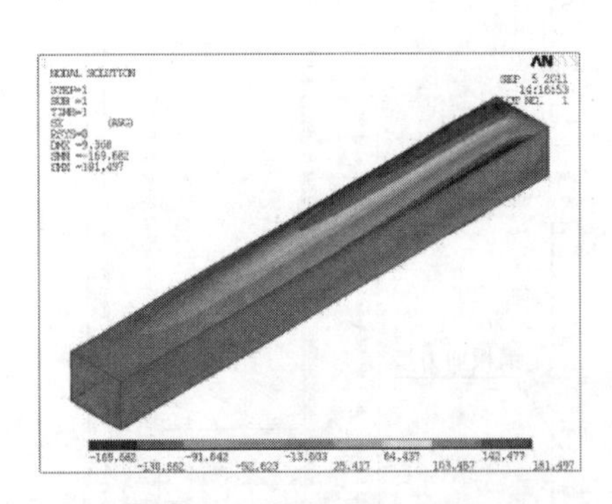

图 19 钢管水平向应力云图（MPa）

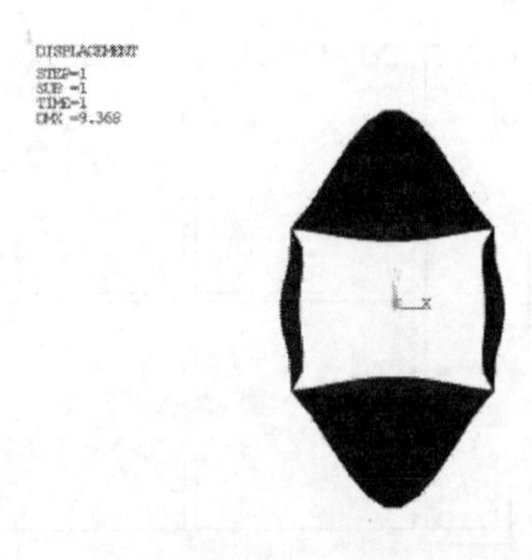

图 20 钢管侧向变形（mm）

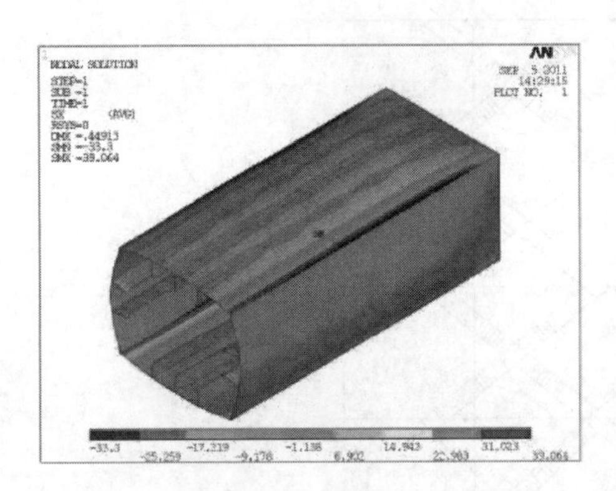

图 21 设拉杆后钢管水平应力（MPa）

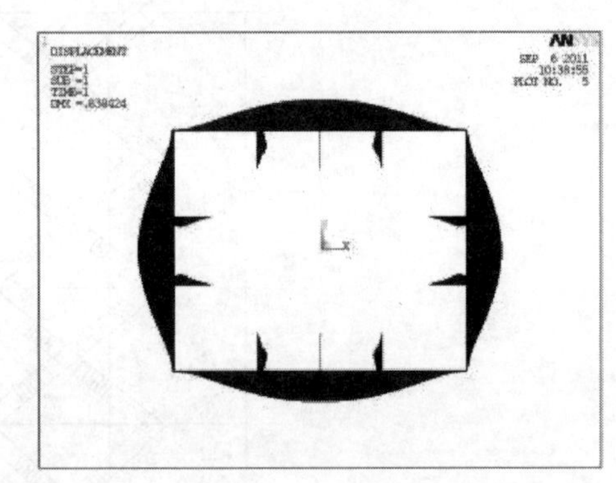

图 22 设拉杆后钢管侧向变形（mm）

六、基础设计

办公塔楼和酒店塔楼、裙房在地下部分连为整体，桩基采用钻孔灌注桩，办公塔楼和酒店塔楼承压桩基直径为 850mm，持力层为层⑩$_b$粉砂层，桩长为 56m，桩身混凝土强度等级 C45，采用桩端后压浆技术。桩的抗压承载力特征值 Q_{uk} 为 7900kN。裙楼以及纯地下室区域的承压桩以及抗拔桩的直径 600mm，持力层为层⑨粉质黏土层，桩长为 36m。

办公塔楼和酒店塔楼核心筒按梅花形布桩，外围框架柱采用柱下承台的布桩形式；裙房以及纯地下室采用柱下承台的布桩形式（图 23）。办公塔楼和酒店塔楼基础采用平板桩筏基础。办公塔楼筏板厚度为 3600mm，酒店塔楼下筏板厚度为 2900mm。基础底板抗渗等级 P8。

主塔楼与裙楼基础之间设置沉降后浇带，采用华东建筑设计研究院编制的桩筏有限元计算程序（PWMI）分析。程序考虑了桩土共同作用和群桩效应，采用厚板理论进行有限元分析。计算最大沉降值约 100mm。

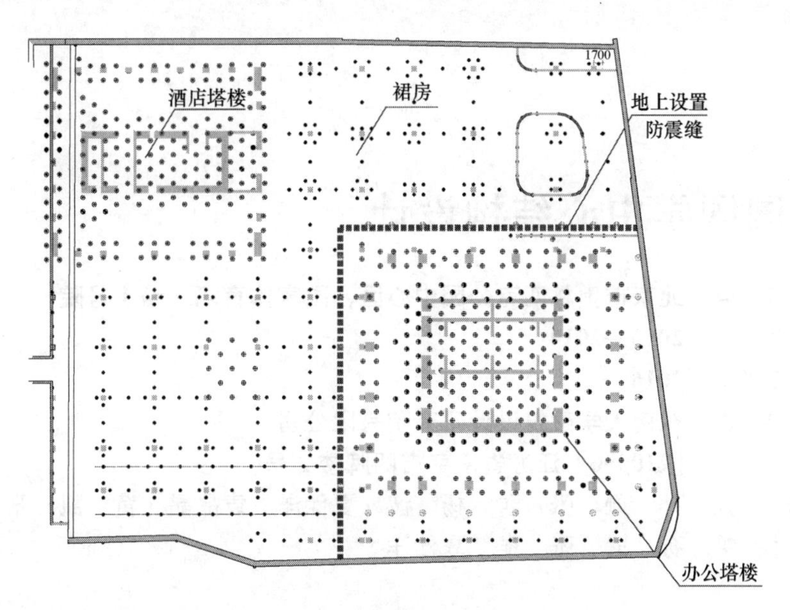

图23 桩平面布置

11 中国国学中心结构设计

建 设 地 点 北京市奥林匹克公园中心区，国家体育场北路1号院
设 计 时 间 2013—2014
工程竣工时间 2016
设 计 单 位 东南大学建筑设计研究院有限公司
[210096] 江苏省南京市四牌楼2号
主要设计人 孙 逊 张 翀 杨 波 夏仕洋 袁晶晶 黄 凯 张 鹏
本 文 执 笔 孙 逊 张 翀 夏仕洋

获 奖 等 级 2019—2020 中国建筑学会建筑设计奖·结构专业二等奖

一、工程概况

中国国学中心项目位于北京市奥林匹克公园中心区，与国家体育场（鸟巢）相距约400m。项目用地北临规划道路，南临体育场北路，西临湖景东路，东临北辰东路，是奥林匹克公园国家级文化设施群落的重要组成部分。项目的功能组成包括展览陈列、教育传播、国学研究、文化交流以及配套设施五大板块。项目规划建设用地面积35721m^2，总建筑面积约8.3万m^2，容积率为1.52，由位于场地中央的主体建筑与环绕主体的裙楼组成。该项目建筑方案设计由中国工程院院士齐康、中国工程院院士王建国、东南大学建筑学院张彤教授等主持完成，东南大学建筑设计研究院有限公司完成了建筑、结构、机电、室内、幕墙等设计工作。

项目地面以上主体建筑8层，层高8～9m，塔楼建筑平面为正方形，中部四边均匀收进后外展，中间楼层最小边长为57.0m，底部、顶部楼层最大边长为72.0m，结构最大高度为68.0m。环绕裙楼建筑高度均小于24m，和主楼设置防震缝脱开。项目设置满堂地下室两层，地下1层层高7.5m，地下2层层高7.5m。中国国学中心建筑位致中和，形态壮丽，项目已顺利竣工验收，建筑实景见图1。

二、结构体系

国学中心主塔楼外形规整，为传达建筑物“壮丽格局、空间型制、园林意境”等设计思想，导致其内部空间特别复杂。主塔楼标准层平面和建筑剖面见图2、图3。建筑内部空间的主要特点包括：①各楼层均由较大跨度的展览空间构成，中心主展厅平面尺寸达

图1 建筑实景

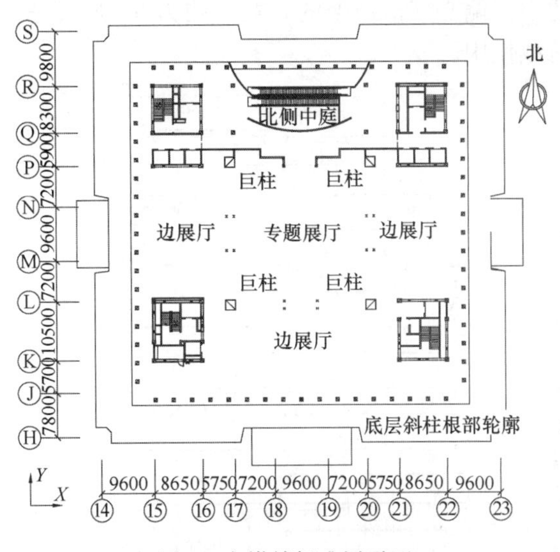

图2 主塔楼标准层平面

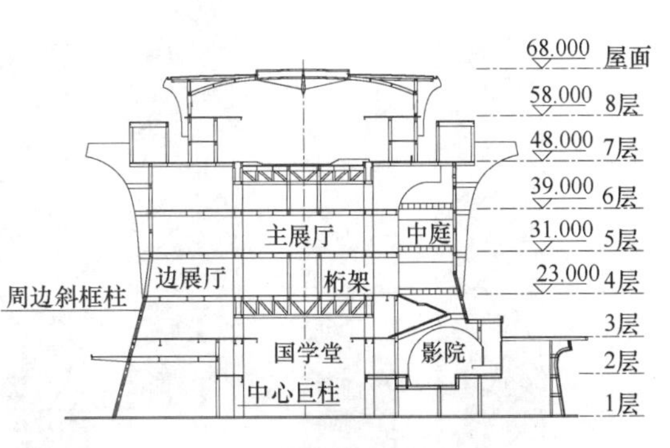

图3 主塔楼建筑剖面

25m×25m，四边展厅单向跨度亦达16～19m；②高大的层高，且夹杂数层通高的门厅、国学堂、北侧中庭以及四角附近众多的夹层；③单层大跨的国学体验馆在顶部转换；④底部楼层的外框柱均为斜柱，且因入口的原因，在底部楼层的中间部位无法落地。本工程为抗震重点设防类建筑，工程所在地北京的抗震设防烈度为8度（0.20g），设计地震分组为第一组，建筑场地类别为Ⅲ类，所有这些均为结构方案选择及专业设计带来了极大挑战。

从图3可得知，除了中下部的建筑空间关系复杂外，顶部国学体验空间亦造成了竖向构件的转换等较多结构复杂形态。本工程标准层平面呈九宫格式样，楼面可由周边框架柱和中间巨柱提供周边和中间四点支承。为改善楼面用钢量指标，在中间部分楼层，利用夹层空间在四根巨柱之间设置两道桁架，采用抬和吊的办法，各自转换了5、6层四根巨柱之间的主梁，使四点支承改善为线支承。为有效保证巨柱的传力，转换桁架等均采用平行双榀平面桁架，各个标准层均有效实现了中部和四边的大跨展览空间，在经济性、舒适度等各方面均取得了协调。

高烈度抗震设防地区的高层建筑，且大部分功能平面均为大跨楼面结构时，为减轻自重，宜首选钢结构。如采用钢筋混凝土筒体抗侧，一方面大幅度降低了体系容许的层间变形限值；另一方面，由于刚度的悬殊，钢筋混凝土筒体承担了大部分倾覆力矩，在设防烈度地震作用下无法避免受拉损伤，会给修复带来较大困难。

本工程属国家级的文化项目，应具备较高的抗震性能，结构抗侧力构件在平面上不均匀、竖向也不规则，通过多方案比较，最终选择采用钢框架+偏心支撑结构体系。在四角区域的竖向交通核形成四个钢框架偏心支撑筒体（图4），形成沿竖向均匀分布且刚度较大的脊骨结构，有效降低了大层高、夹层、开洞等各类不规则对结构抗震性能的影响。采用偏心支撑框架筒体可有效提高结构的抗震性能，控制设防烈度下的构件损伤，有效保护关键构件及斜柱、大跨梁等。

图5为主塔楼典型榀框架剖面，四角竖向交通核部位框架结合偏心支撑，形成了较强且均匀的抗侧力脊骨体系。且因为塔楼高度适中，偏心支撑框架的高宽比约为6，刚度适中。偏心支撑组成的脊骨承担了主要的水平荷载作用。

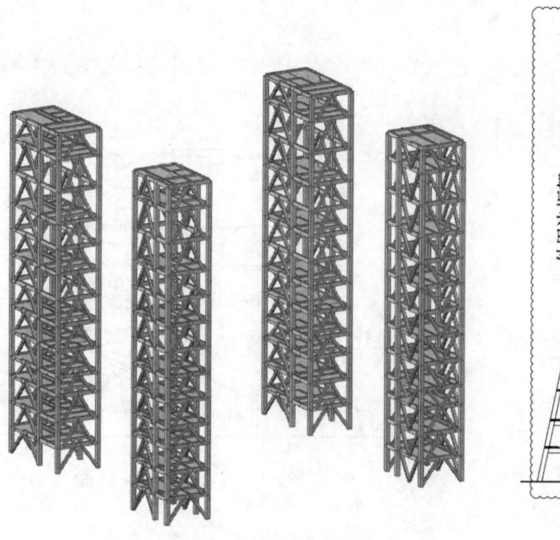

图4　四个支撑筒结构模型

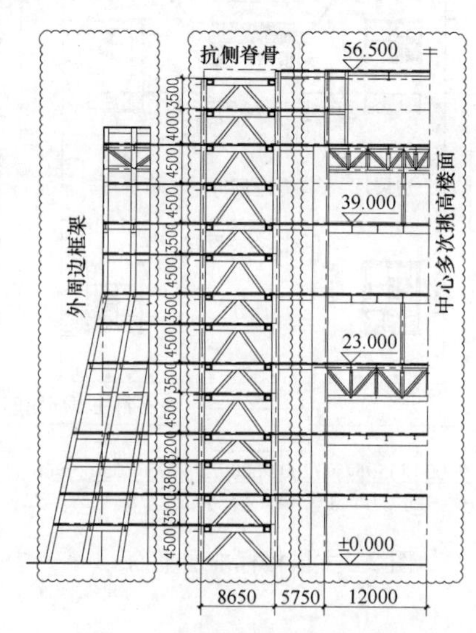

图5　主塔楼典型榀框架剖面

三、复杂造型结构布置

1. 四个角塔楼

四个支撑筒与中心巨柱及其周围的外框架和四个截面为 800mm×800mm 的框架柱通过截面高度为 600～900mm 的 H 型钢框架梁连系，成为位于主体结构四个角部的相对独立子结构，分别为西北角塔楼、东北角塔楼、东南角塔楼及西南角塔楼（图 6）。

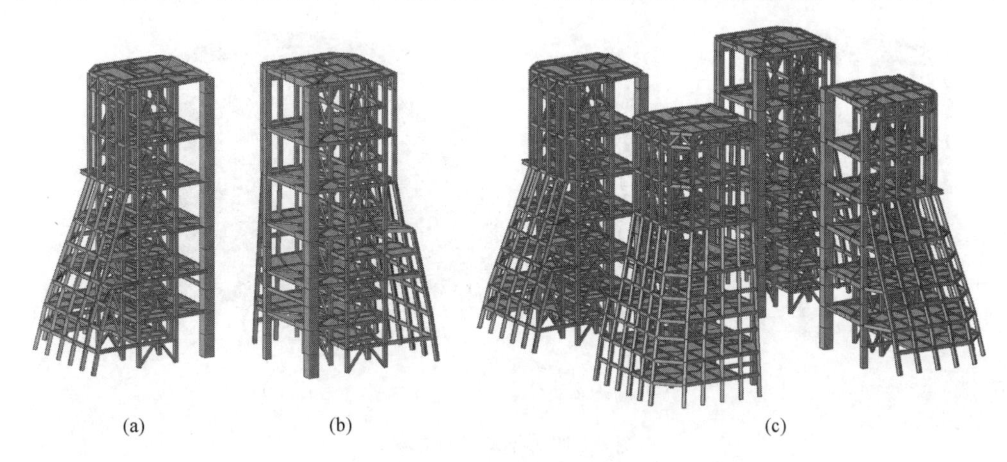

图 6　四个角塔楼结构布置

（a）西北角塔楼；（b）东北角塔楼；（c）四个角塔楼

2. 中心巨柱结构

中心巨柱与标高 23.0m、49.0m 处钢桁架及各层双向布置的楼面结构共同组成了中心巨柱框架部分。其中，标高 23.0m 处钢桁架通过立柱支承标高 31.0m 处的中心巨柱间框架梁，标高 49.0m 处钢桁架通过吊杆悬挂标高 39.0m 处的框架梁，有效降低了中心部分框架主楼的跨度。中心巨柱结构及中心巨柱与四个角塔楼组装后的结构如图 7 所示。

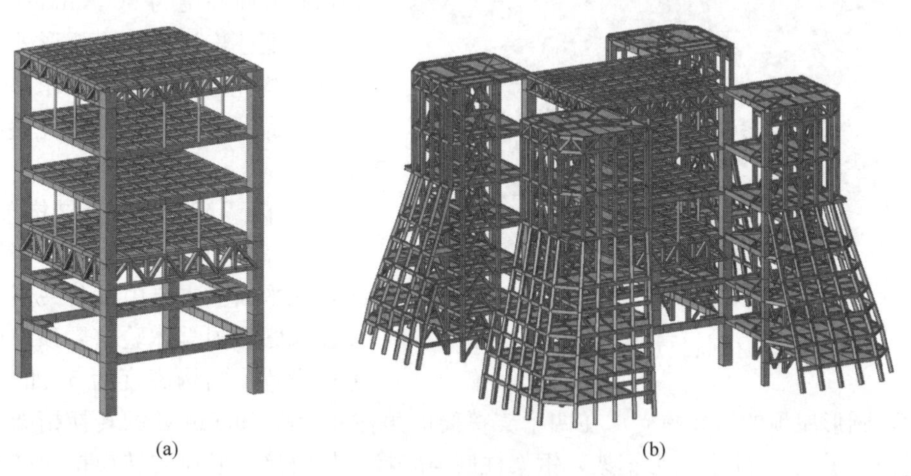

图 7　中心巨柱结构

（a）中心巨柱；（b）中心巨柱与四个角塔楼组装后模型

3. 四边不落地外框架

南北两侧为建筑的主要出入口，各有 7 根外框柱不落地，东西两侧为建筑的次要入口，各有 3 根外框柱不落地。南北两侧不落地外框柱与各层及层间框架梁组成了一个类似空腹桁架的结构体系，其中南侧空腹桁架与各层楼面处梁板连接，北侧空腹桁架内侧建筑设置了自动扶梯，故该空腹桁架在各层楼面处无楼面结构作为侧向支撑，仅在 49.0m 标高处和 19.5m 标高处有楼面结构作为侧向支撑点，其整体稳定性后面将做更详细的分析，四边不落地外框架如图 8 所示。

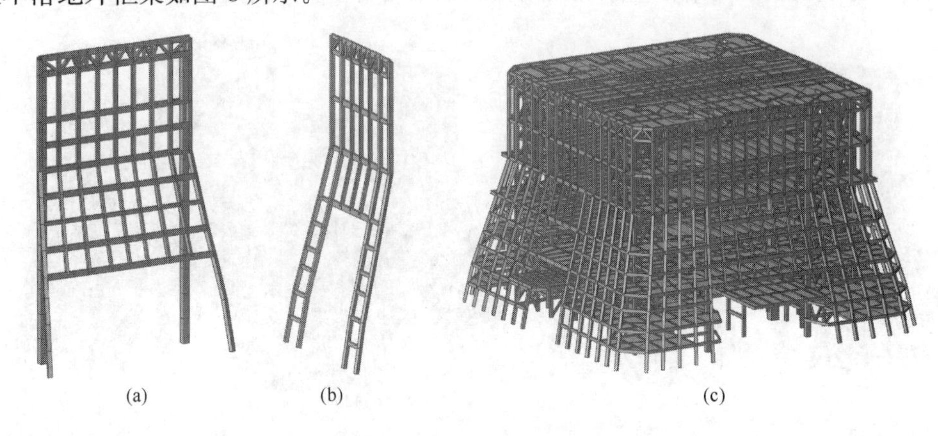

图 8　四边不落地外框架
(a) 南侧/北侧不落地外框架；(b) 东侧/西侧不落地外框架；
(c) 外框架、四个角筒及中心巨柱组装后的结构模型

4. 顶部外伸柱与标高 49. m 处转换结构

由于建筑造型要求，四边均有弧形外伸柱至标高 49.0m 处，与外伸框架梁连接，既是建筑的外部造型构件，又是支承标高 49.0m 楼面梁的受力构件。除四个角部，其他圆弧形悬挑柱下端支承于标高 23.0m 处框架柱上，在标高 31.0m 和 39.0m 处均有截面高度为 900mm 的 H 型钢梁与外框柱连接。四边弧形外伸柱与主体结构组装后的模型如图 9 所示，该模型为标高 49.0m 以下完整的结构模型。

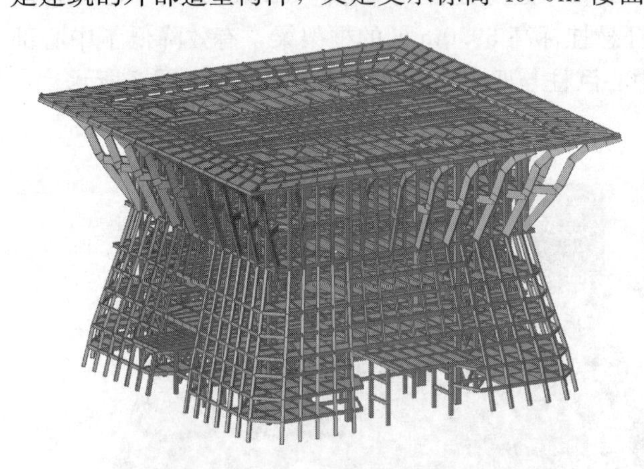

图 9　标高 49.0m 以下主体结构模型

5. 标高 49.0m 以上结构布置

标高 49.0m 以上结构如图 10 所示，在平面上主要由设备夹层、局部屋面和圆形国学体验馆屋顶组成。在屋面设置了结构高度为 5m 的圆形转换桁架，圆形屋顶的周圈柱支承在四个支撑筒的角柱和标高 49.0m 处的转换桁架上。该圆形屋顶，采用了 24 榀 Γ 形钢架，钢架柱底与转换桁架铰接，避免在转换桁架弦杆上产生扭矩，并在适当的位置设置了柱间支撑，形成了稳定的结构体系。由于圆形屋面跨度达

48m，在圆形屋面中心部分，设置了轮辐式的弦支单层网壳结构，弦支部分的结构跨度为18.3m。

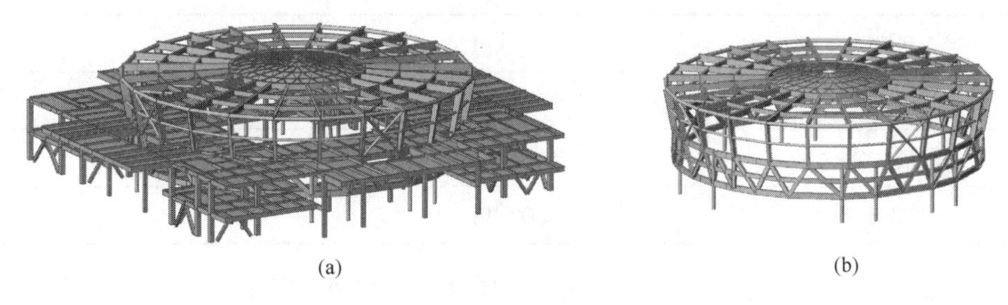

(a) (b)

图10 标高49.0m以上主体结构模型

(a) 标高49.0m以上结构；(b) 圆形屋顶单层网壳及转换桁架

6. 主要构件尺寸

中心巨柱承担了大部分的竖向荷载，采用钢箱截面，其截面为□1800×1800×50×50；周边外框斜柱采用钢箱柱，其截面为□600×600×30×30。四个支撑筒为该结构的主要抗侧力体系之一，带支撑框架柱采用钢箱柱，截面为□800×800×30×30。其余一般框架柱均采用钢箱柱，截面为□600×600×（20～30）×（20～30）。钢支撑均采用H型钢，截面为H350×350×16×20。框架梁截面大多采用高度为600～1500mm的H型钢梁，连接耗能梁段的框架梁截面为H600×350×12×20。部分大跨钢梁采用蜂窝钢梁，以节省钢材。楼层大多采用厚度为120mm的钢筋桁架混凝土组合楼板。主塔楼上部整体结构模型见图11。

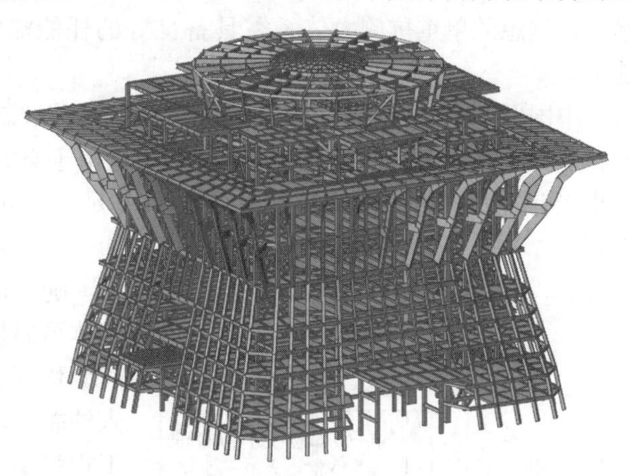

图11 主塔楼上部整体结构模型

四、结构设计创新

钢结构由于其高强度、高延性而具有良好的抗震性能，结构构件截面大多由刚度和稳定控制，本工程采用框架结构已满足规范的刚度要求。带支撑的钢框架结构，由于其抗侧效率更高，在抗震高烈度设防地区的中、高层建筑结构中更具优势。本工程高度适中，采用全钢框架加支撑的体系，也为结构在各级地震水准下的位移性能控制和提高提供了条件。为确保本工程的中心巨柱、外框斜柱等关键的竖向构件、转换桁架，大跨构件在设防烈度地震下基本完好，无损伤，设计采用了基于位移目标的性能化设计，提高设防烈度下主体钢结构的层间位移角不大于1/250，各地震水准下具体的层间位移控制目标见表1。层间位移角限值的提高，通过增设部分支撑即可达到，亦不会带来工程造价的提升。

层间位移角控制目标　　表1

地震水准	性能水平	层间位移角限值
多遇地震	正常使用	1/500
设防地震	使用良好	1/250
罕遇地震	修复后使用	1/150
极罕遇地震	接近倒塌	1/50

表1中的极罕遇地震是依据《中国地震动参数区划图》GB 18306—2015提出的年超越概率为10^{-4}的极罕遇地震动，其峰值加速度约为基本峰值地震动加速度的2.7～3.2倍。本工程采用了9度设防罕遇地震的峰值加速度620gal对主体结构进行验算。

基于位移控制的性能化设计，理想状态是水平抗侧体系和竖向承重体系分立。竖向承重体系呈现适当的摇摆特征，在较大的水平位移下，除二阶效应外，并不会引起较大的内力增加。所有水平作用由抗侧体系承担，由抗侧体系的位移变形可反推其受力状态及应力水准。理想的单重抗侧力体系需具备良好的耗能能力和高延性，以使其具备足够的抗震能力。

中国国学中心项目的结构平面布置为以位移控制的性能化设计方法带来了便利，中心巨柱承担了绝大部分的竖向重力荷载，外框由于竖向构件众多，重力荷载作用下的应力水准也较低，四角的偏心支撑脊骨只要具备足够的抗侧刚度，则能起到主要的抗侧体系作用。

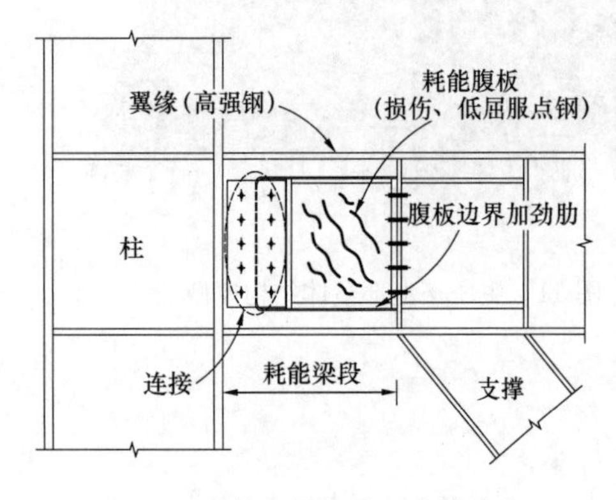

图12　可修复软钢偏心支撑关节

随着位移控制目标的提高，为提高结构抗侧体系的耗能能力，使耗能梁段能在较小的层间侧移下进入塑性状态屈服耗能，耗散地震输入的能量，从而保护其他重要的关键构件，本工程将剪切型耗能梁段的腹板改用低屈服点Q160钢材，并在相应位置设计了全螺栓连接的可更换腹板，自主设计了“可修复软钢偏心支撑关节”（图12），有效实现了失效模式的控制和可修复。此新型耗能关节的使用，使得结构在地震强度超越多遇地震时，耗能梁段即进入塑性剪切耗能状态，有效保护了关键竖向构件及其他较难修复的大跨框架梁。

为验证节点的有效性，进行了足尺关节的模型试验及数值比较研究，试验加载机制见图13，相应耗能关节的试验和数值模拟的滞回曲线见图14，相关的其他成果于文末列出。通过对主体结构的动力弹塑性分析，亦同样验证了上述抗震性能目标的实现。通过模型试验亦发现，采用全螺栓连接对节点板等的加工精度要求均较高。全螺栓连接关节的滞回曲线会有一定程度的“捏缩”效应，降低关节的耗能能力。

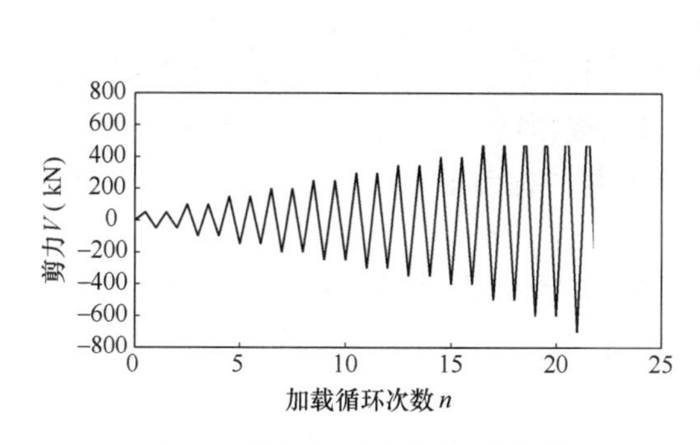

图 13 耗能关节的试验加载机制

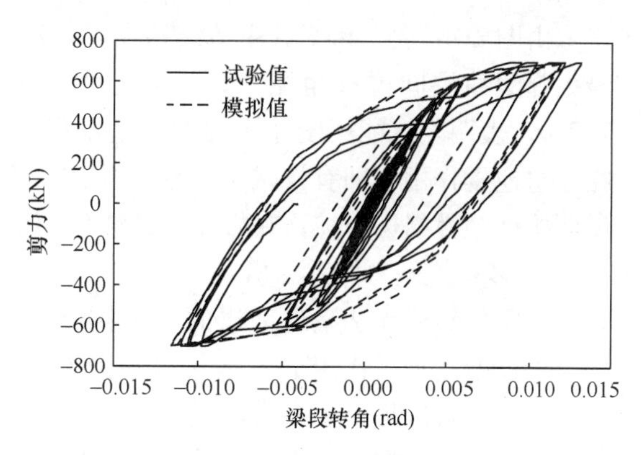

图 14 耗能关节的试验及数值模拟滞回曲线对比

五、结构分析的主要结果

主塔楼结构的前三阶自振周期分别为1.76s、1.66s、1.62s。因塔楼顶部外伸的原因，结构的第一扭转周期与第一平动周期的比值略大于0.9。

1. 地震作用下的变形和位移分析

为验证低屈服点耗能连梁是否能够起到耗能作用，对主体结构进行了不同地震作用下的弹塑性时程分析。图15为不同地震作用下结构的层间位移角，均为时程分析的均值结果。

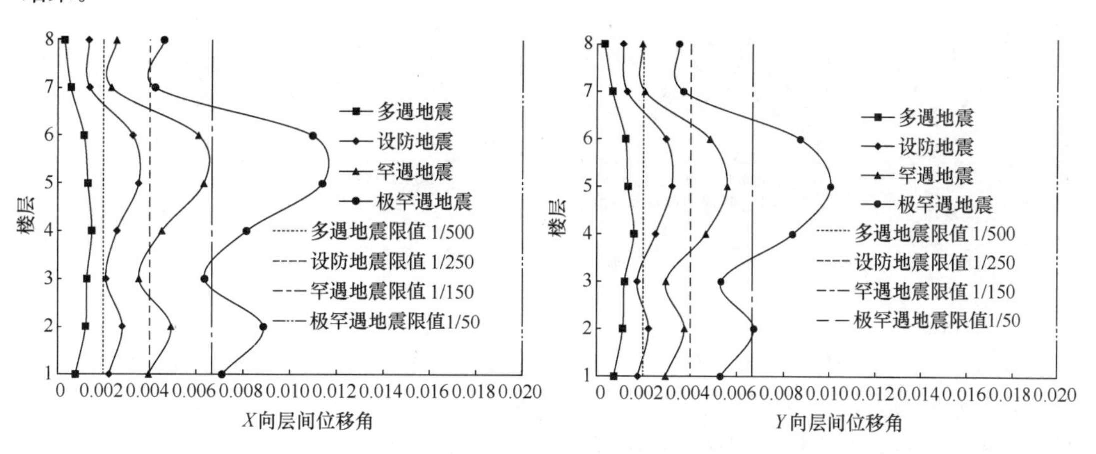

图 15 不同地震作用下结构的层间位移角

分别以X向、Y向作为主激励方向时，结构在各地震水准下的最大层间位移角见表2。

弹塑性分析最大层间位移角 **表 2**

主激励方向	X向	Y向
多遇地震	1/666	1/626
设防地震（弹塑性时程分析）	1/284	1/312
罕遇地震（弹塑性时程分析）	1/158	1/179
极罕遇地震（弹塑性时程分析）	1/88	1/96

由图16及表2可知，主体结构在多遇地震作用下保持完全弹性；在设防地震作用下，最大弹塑性层间位移角在 X、Y 向分别放大了2.35、2.0倍，但仍小于规范弹性限值1/250。表明除耗能梁段外，构件可基本保持弹性，通过低屈服点耗能梁段的屈服耗能，在设防地震作用下即有效减小了地震作用；在罕遇地震作用下，层间位移角接近1/200，说明构件塑性损伤可控；在极罕遇地震作用下尚有较强的抗倒塌能力。

2. 多重抗侧力体系分析

真实的结构无法呈现理想的水平抗侧体系和竖向承重体系分别独立，支撑脊骨、巨柱、外框架在地震作用下还是共同分担了水平地震作用，也起到了多重抗侧力体系的作用，为体系抗震提供了多道防线。

底部楼层支撑脊骨承担了总水平地震作用50%左右的剪力，外框架部分承担剪力约为30%，由于外框柱斜立，在水平荷载作用下也起到支撑类似的作用，轴力效应亦占层总剪力的10%～15%，提升了外框架分担的楼层剪力；图17给出了多遇地震作用下支撑脊骨、内柱及外框架分担的地震倾覆力矩，底部楼层支撑脊骨承担了约40%的倾覆力矩，因此支撑脊骨是最为主要的抗侧力构件。

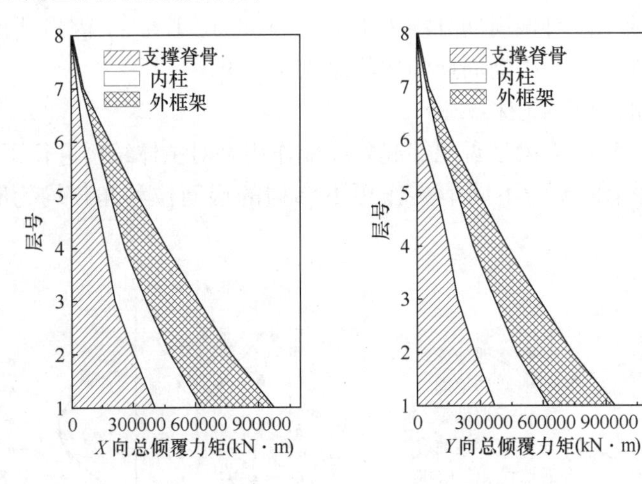

图17　多遇地震作用下层倾覆力矩分配

3. 构件损伤

在设防烈度地震作用下，结构的 X 向基底剪力约为小震弹性时程分析结果的2.68倍，Y 向基底剪力约为小震弹性时程分析结果的2.52倍。偏心支撑均未发生任何屈服或屈曲，框架柱仅极个别楼层间柱发生屈服，属轻微破坏，中心巨柱均保持弹性；耗能梁段屈服数量占比达64.85%～84.90%，说明通过低屈服点耗能梁段的“示弱”，真正地实现了失效模式的可控，有效降低了地震作用；框架梁屈服数量在0.54%～1.18%之间，属轻微破坏。

在罕遇地震作用下，图18给出了耗能梁段腹板剪切应变的时程曲线。对于低屈服点Q160钢材，其弹性剪切应变限值为0.0012，在地震作用下腹板最大剪切应变为0.002～0.007，约为弹性剪切应变的2～6倍，说明耗能梁段腹板剪切变形进入塑性程度高，耗散了大量的地震能量。

图19给出了某组罕遇地震波作用下4层转换桁架的应力状态。转换桁架极值应力大

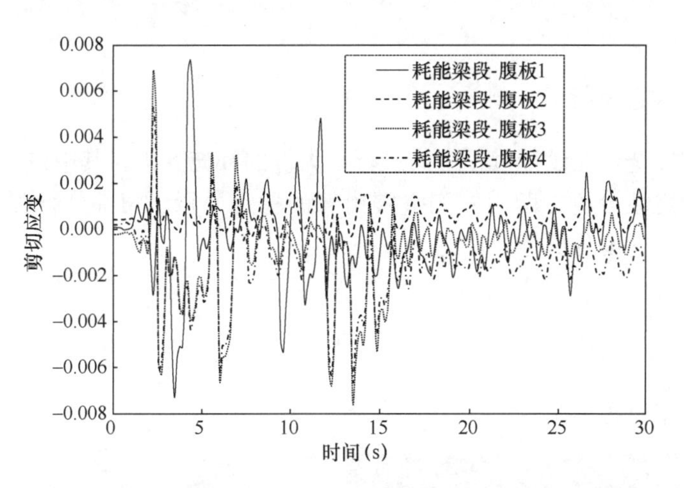

图 18 罕遇地震作用下耗能梁段腹板剪切应变的时程曲线

约为 150MPa，应力水准仍然在适中的受力状态，有效地保护了关键受力构件。

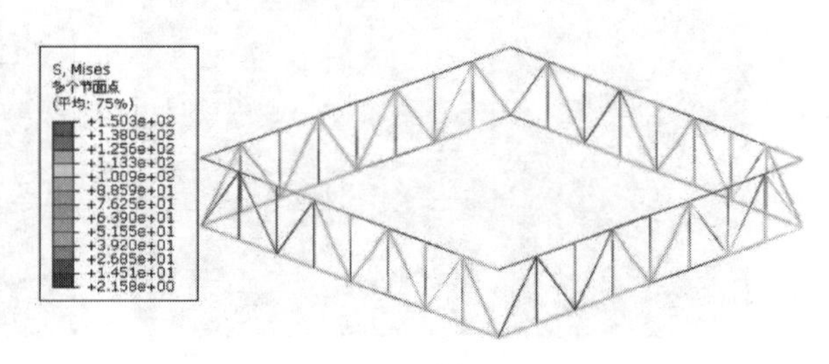

图 19 罕遇地震作用下 4 层转换桁架的应力（MPa）

在罕遇地震作用下，框架柱屈服数量为 1.23% ～3.15%，属轻微破坏，屈服的框架柱塑性应变为 0.0034，约为最大弹性应变的 2 倍；偏心支撑屈服数量为 0.50% ～4.00%，属于轻微破坏；耗能梁段屈服数量为 89.11%～96.29%；框架梁屈服数量为 2.08%～14.47%，属中度破坏；梁端部塑性应变约为最大弹性应变的 2～3 倍；结构仍然具有良好的抗震性能。图 20、图 21 分别显示了某大震作用下竖向和水平构件的应力云图。

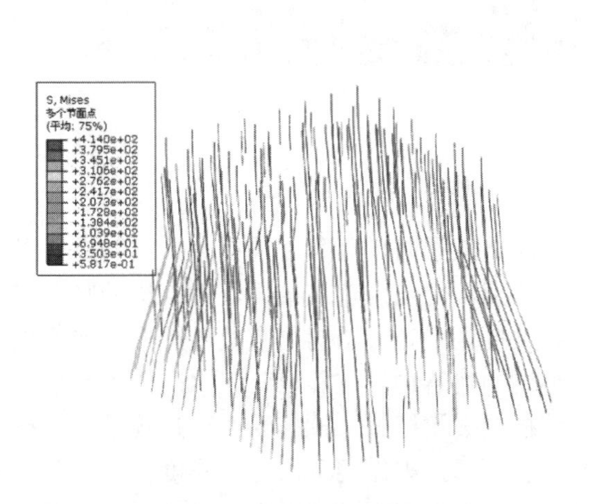

图 20 大震作用下竖向构件应力云图（MPa）

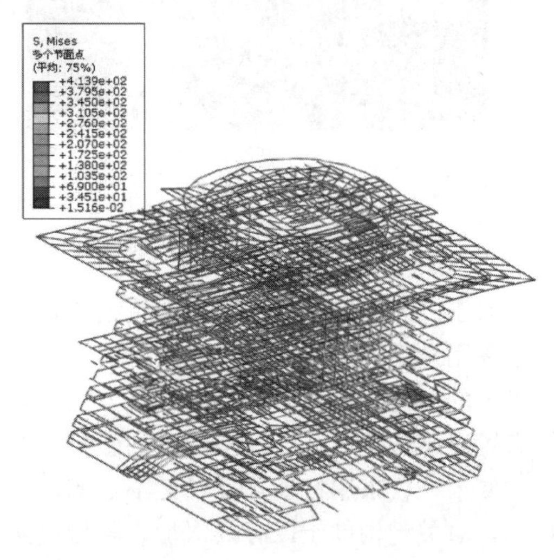

图 21 大震作用下水平构件应力云图（MPa）

六、其他补充分析

为确保结构安全，在设计过程中尚进行了大量的补充分析。其中包括：屋顶单层钢网壳结构单元的稳定性分析、四周外侧空腹桁架的稳定分析、角部外伸弧形斜柱稳定性分析、楼面应力及舒适度分析等，在此不一一详述。

七、施工建造过程及结语

主体结构建造过程见图 22。

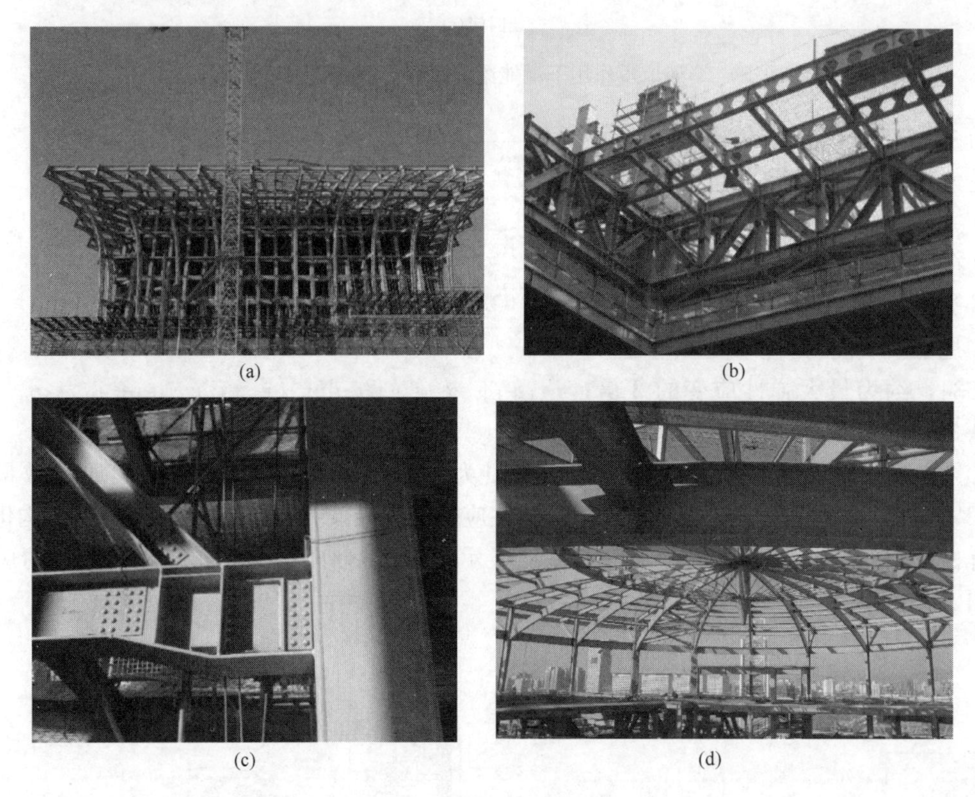

(a)　(b)　(c)　(d)

图 22　主体结构建造过程

(a) 主体结构；(b) 四层转换桁架；(c) 可更换软钢耗能节点；(d) 屋面弦支穹顶

对于高烈度区的中、高层建筑结构，特别是还夹杂层高较高且有较多大跨结构时，可考虑采用全钢的偏心支撑＋框架结构体系。对于特别不规则的建筑结构，对结构的竖向和水平力的传递路径应有清晰的解决方案，采用高效抗侧力脊骨结构可有效地降低结构不规则布置对结构体系抗震性能的不利影响。对于重要的建筑物，抗震设防三水准要求是最基本的要求，仅采用性能化设计是不够的。宜对结构的失效模式、抗震受力全过程予以主动控制，对关键构件予以有效保护，降低设防烈度、罕遇地震作用下修复的难度。

本工程通过了全国超限高层建筑工程抗震设防审查专家委员会审查，在此衷心感谢专家们的指导和帮助。

【注】部分成果:

[1] WU RUIYAO, WANG CHUNLIN, SUN XUN. Numerical investigations on eccentrically braced frames with a new type of link[C]//8th International Symposium on Steel Structures. Jeju, Korea, 2015.

[2] 戴金琛. 可更换式钢框架偏心支撑耗能梁段的研究与应用[D]. 南京:东南大学,2016.

[3] 孙逊,王春林. 国家发明专利. 易修复偏心支撑框架体系.

[4] 王春林,孙逊. 国家发明专利. 功能可恢复软钢阻尼器.

[5] 北京城建集团有限责任公司,东南大学建筑设计研究院有限公司,江苏沪宁钢机股份有限公司. 科学技术成果. 中国国学中心钢结构设计与施工关键技术研究及应用.

12　湖北国展中心广场超高层结构设计——兼具承重和耗能双重功能的新型钢筋混凝土分段式连梁

建 设 地 点　武汉市汉阳区四新新城核心区域的江城大道与四新大道交汇处
设 计 时 间　2012—2015
工程竣工时间　2018
设 计 单 位　中南建筑设计院股份有限公司
　　　　　　［430064］武汉市武昌区中南路19号
主要设计人　李　霆　张　慎　王　颢　王　杰　陈晓强　刘沛林　黄　波
本文执笔　张　慎　王　杰

获 奖 等 级　2019—2020中国建筑学会建筑设计奖·结构专业二等奖

一、工程概况

湖北国展中心广场项目位于武汉市汉阳区四新新城核心区域的江城大道与四新大道交汇处，环有六湖，毗邻长江，承“襟江带湖”之势，建筑效果图如图1所示，建筑实景如图2所示。

图1　建筑效果图

图2　建筑实景

该项目为集商务办公、精品商街、高端会务等多功能于一体的商务综合体，由东、西两栋带裙房的塔楼组成。两栋塔楼为框架-核心筒结构，其中东塔地上 39 层，西塔 40 层，裙房 3 层，首层层高 6.0m，2、3 层层高 5.4m，标准层层高 4.2m，避难层层高 4.8m，主屋面高度为 174m，屋顶造型幕墙墙顶高度为 196m。地下 2 层，地下 1 层层高 5.7m，地下 2 层层高 4.6m。塔楼按嵌固在地下室顶板上设计，顶板厚度为 180mm，地下室埋深为 12.7m。总建筑面积 196553m^2，其中地上建筑面积 153303m^2，地下建筑面积 43250m^2，项目用地容积率 5.0。

二、结构体系

本项目分为东塔和西塔，两塔楼间完全脱开，为两个独立的结构单元。各塔楼带 3 层裙房，若塔楼和裙房设置结构缝完全脱开，结构体系将为四个单体结构。但裙房局部开洞，分缝后有多处变为平面框架结构，同时分缝给幕墙设计等带来困难，影响使用。因此，塔楼与裙楼之间不设结构缝，连为一体。

东塔和西塔裙楼之间通过拱形钢结构构架连接，拱形钢构支座设置于东塔、西塔裙楼柱牛腿上，采用板式橡胶支座，一端采用固定铰支座，一端采用滑动支座，如图 3 所示。

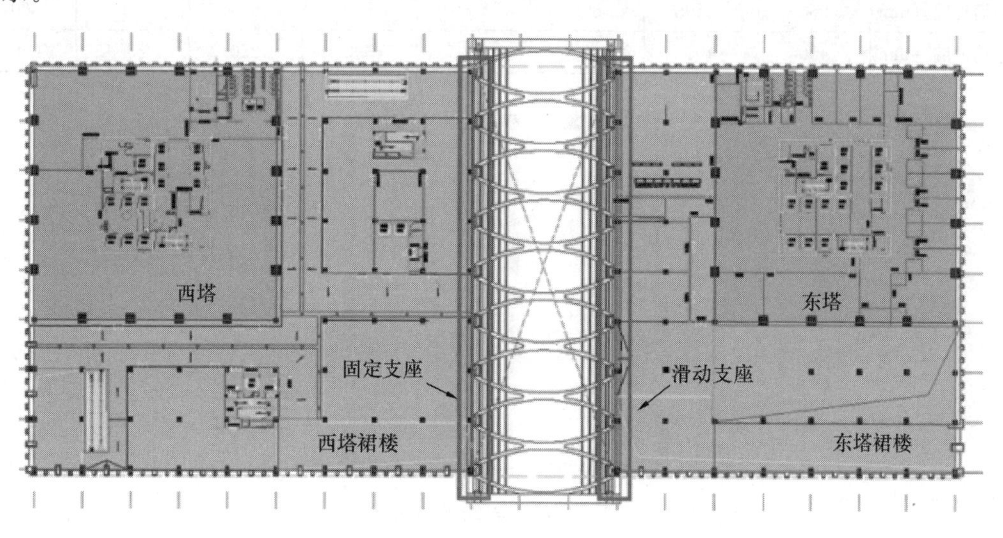

图 3　塔楼分区示意

本工程采用框架-核心筒结构体系，根据建筑功能要求并结合结构受力需要，在标准层利用电梯井、楼梯间等位置设置剪力墙核心筒，如图 4 所示。结构平面规则，长宽比约为 1.0，楼盖整体性较好，无转换层、加强层，竖向构件连续，局部存在穿层柱和斜柱。

塔楼混凝土核心筒从基础底板顶面延伸至屋顶层，核心筒外墙厚度由底层 950mm 递减到顶层 400mm，内墙由底层 450mm 递减到顶层 250mm。结构核心筒尺寸具体变化如表 1 所示。塔楼核心筒布置如图 5 所示。

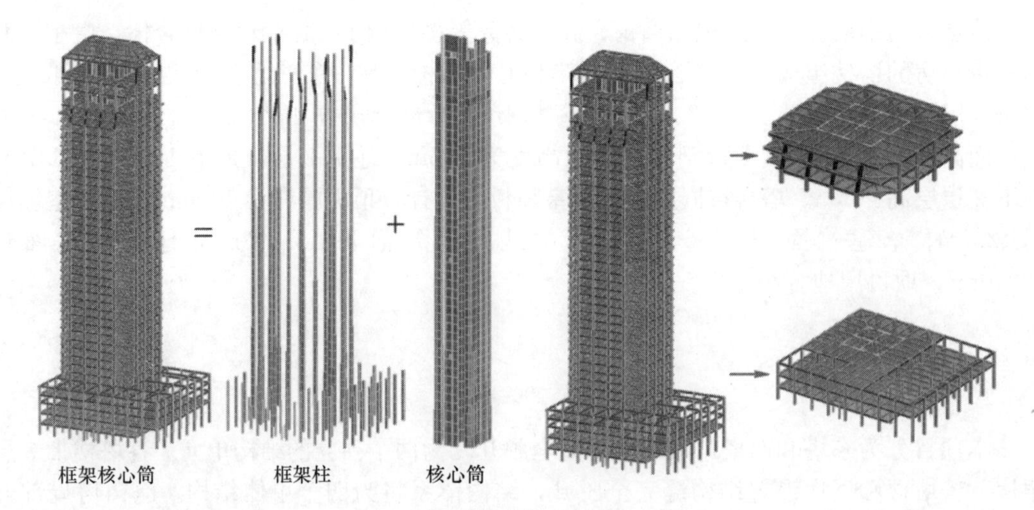

图4　结构体系示意

东塔、西塔核心筒墙体尺寸　　**表1**

楼层	地下2层～3层	4～6层	7～10层	11～14层	15～21层	22～25层	26～31层	32～顶层
核心筒外墙（mm）	950	850	800	700	700	600	500	400
核心筒内墙（mm）	450	400	350	300	300	250	250	250

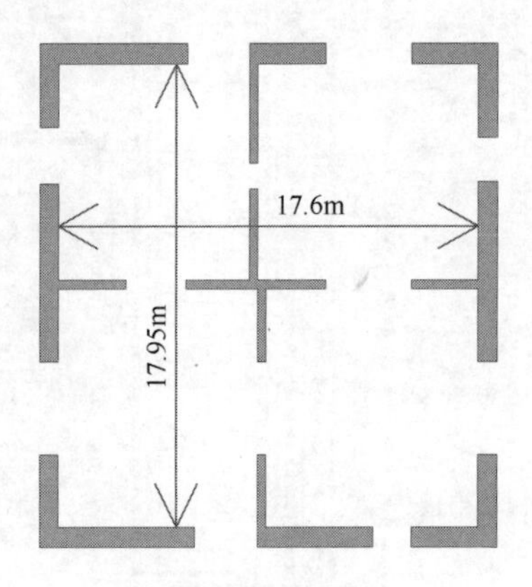

图5　塔楼核心筒平面布置

三、结构特点

1. 楼盖方案比选

根据本工程的特点，楼盖梁有直梁和斜梁布置方案，如图6、图7所示。

（1）设备布置

直梁方案便于管道、设备的布置，每板块区间设备布置规整统一，且梁穿洞少；斜梁方案每板块区间设备不规整，梁穿洞多。设备布置见图8、图9，可以看出，直梁方案较斜梁方案有优势。

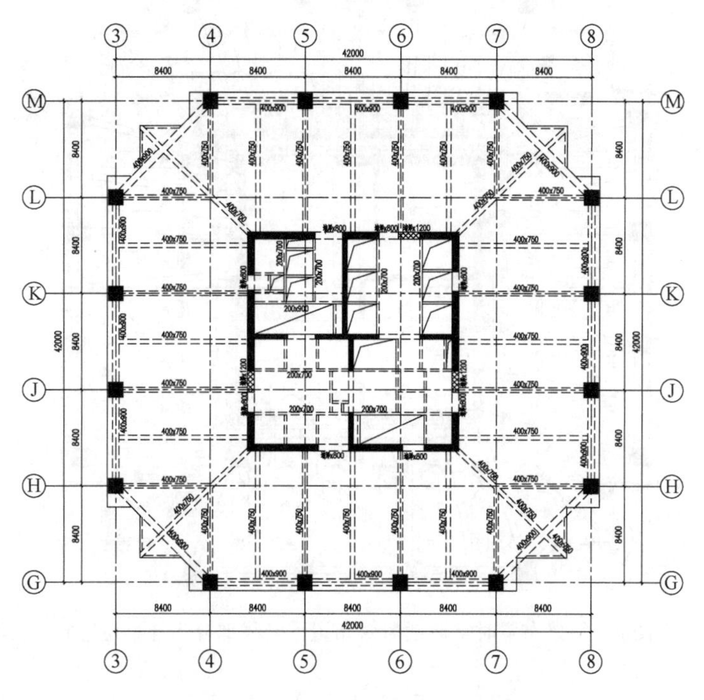

图 6　结构楼盖直梁方案结构布置

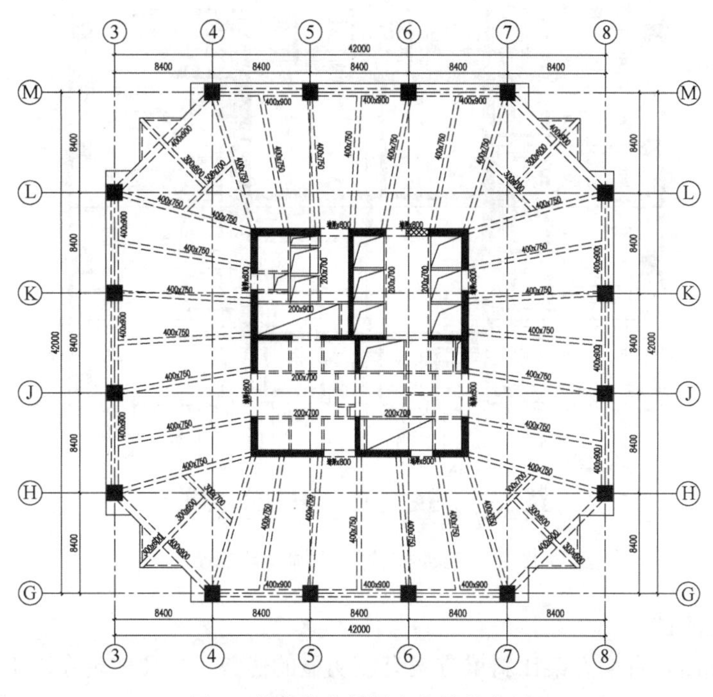

图 7　结构楼盖斜梁方案结构布置

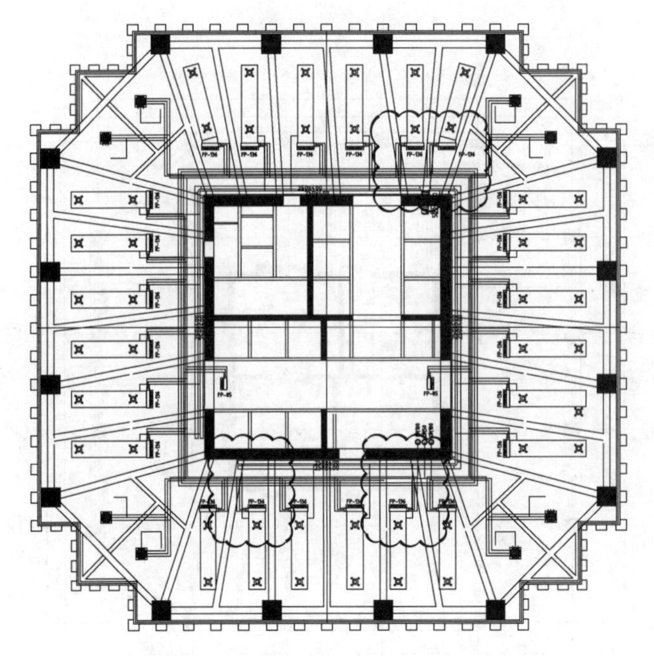

图 8　斜梁布置时空调通风管布置（云线部分为穿梁位置）

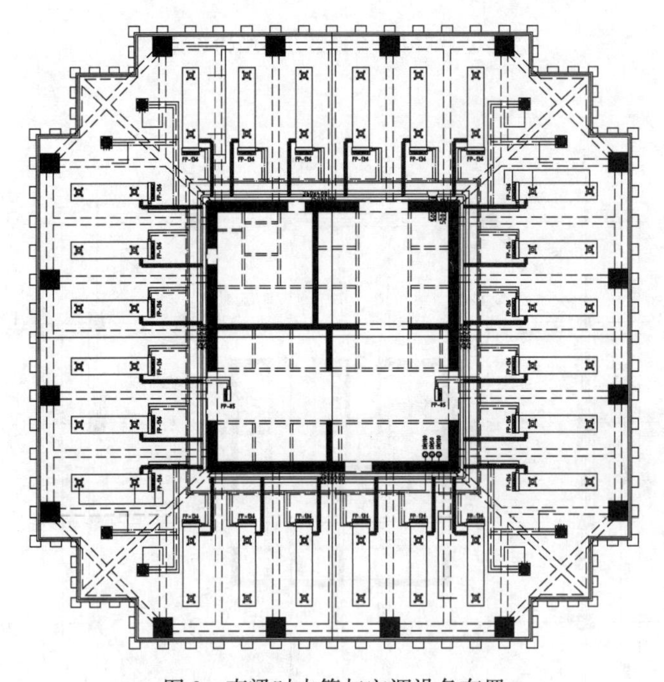

图 9　直梁时水管与空调设备布置

（2）建筑适应性

从适应性方面，直梁方案比斜梁方案有较明显的优势，主要体现在以下两点：

a. 直梁方案便于房间的分割，特别是小办公室分割。

b. 直梁方案便于功能更改，如办公改客房等，适应性强。

(3) 材料用量

通过绘制标准层施工图，比选斜梁、直梁楼盖布置方案混凝土和钢筋材料用量，见表2。经比选，直梁方案混凝土和钢筋用量均小于斜梁方案，单层混凝土节约14m³，钢筋节约3.155t，即节约混凝土0.008m/m²（单方折算厚度），节约钢筋1.75kg/m²；单层混凝土节约造价0.7万元，钢筋节约造价1.66万元，本工程西塔40层，东塔39层，则总共可节约造价约186万元。此外采用直梁方案，施工措施费节省200万～300万元。

材料用量及造价比选 **表2**

材料用量	构件	直梁方案	斜梁方案	差额（直梁－斜梁）	差价（万元）
混凝土（m³）	梁＋板	317.5	331.5	14.0	－0.7
钢筋（kg）	外墙暗柱	13103.2	12478.6	624.6	0.31
	外框柱	18813.1	18813.1	0	0
	板	12825	16065	－3240	－1.62
	梁	28415.7	29120	－704.3	－0.35
小计		53754.3	56909.7	－3155.4	－2.36

综上，直梁方案在施工便捷性、设备布置、建筑适应性方面优势明显，故本项目楼盖布置选用直梁布置方案。两方案综合比选结果见表3。

直梁、斜梁方案比选 **表3**

内容	直梁方案	斜梁方案
计算指标	基本无差别	
经济性	较好	较差
	施工措施费较低	施工麻烦，措施费较高；钢筋、模板损耗量大
施工	钢筋下料方便	钢筋下料不便
	模板规整	模板不规整
	钢骨柱与梁连接节点统一	钢骨柱与梁连接节点不统一
适应性	便于小办公室分割，以后可改客房等	适应性差
设备	布置规整、统一	布置不规整

2. 一种兼具耗能和承重的新型分段式钢筋混凝土连梁（专利号：ZL 2015 2 0341647.0）

本项目楼盖布置选用直梁布置方案，楼面框架梁需要支承在核心筒连梁上。但钢筋混凝土连梁一般作为耗能构件，在中、大震下率先屈服耗能，且往往是剪切破坏；连梁如果承担楼面梁荷载，可能引发中、大震下楼盖垮塌。《建筑抗震设计规范》GB 50011—2010（简称《抗规》）6.7.3条规定：楼面梁不宜支承在内筒连梁上。《高层建筑混凝土结构技术规程》JGJ 3—2010 7.1.5条规定：楼面梁不宜支承在剪力墙或核心筒的连梁上；9.1.10条规定：楼盖主梁不宜搁置在核心筒或内筒的连梁上。

目前，在实际工程中为了解决钢筋混凝土连梁支承楼面梁的问题，通常采取连梁内设大吊筋和连梁内设钢骨的方法。其中连梁内设置大吊筋对连梁进行加强（图 10）的主要设计思路：连梁在大震下完全剪坏，大吊筋亦可 100%承担楼面梁的全部荷载，不至于引起楼盖垮塌。震后通过重新浇筑混凝土，框筒结构连梁可以很快修复。然而当楼面梁不处于框筒结构连梁的中部或连梁的跨高比较大时，大吊筋不易布置，难以实现，如图 11 所示。

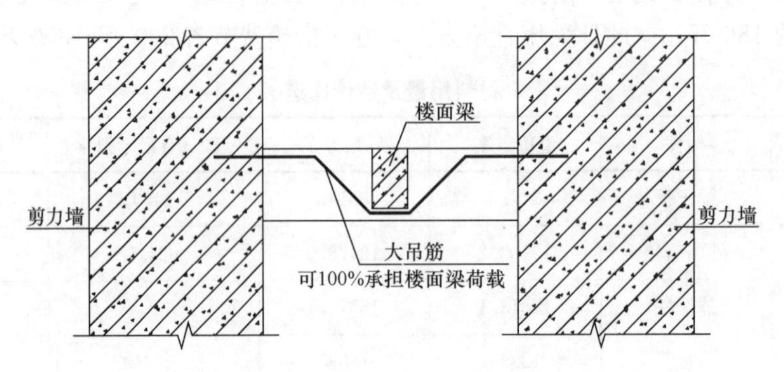

图 10　连梁跨中设置大吊筋示意

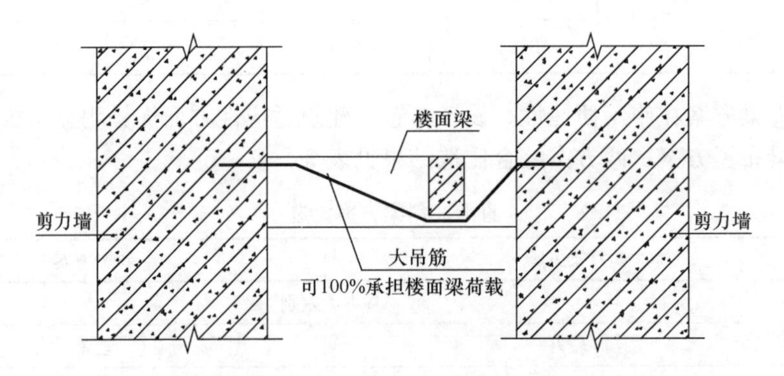

图11　连梁端部设置大吊筋示意

连梁内设置钢骨也是目前解决框筒结构连梁支承楼面梁的常见措施，其主要设计思路：即使震后连梁的混凝土在大震下完全剪坏，连梁内的钢骨仍能承担楼面梁的全部荷载，不至于引起楼盖倒塌。这一设计思路与连梁内设置大吊筋是一致的。然而，框筒结构连梁内设置钢骨，剪力墙的边缘构件内通常也需要设置钢骨暗柱，钢骨节点构造复杂，施工困难，用钢量大。

为解决框筒结构连梁支承楼面梁的实际问题，本项目提出了一种可以支承楼面梁的新型分段式钢筋混凝土连梁，该连梁兼具承重构件和耗能构件的双重性能。分段式连梁平面布置如图 12 所示，连梁构造如图 13 所示。

分段式连梁由承重段和耗能段两部分组成，承重段一般比耗能段高。其中，承重段用于承担楼层梁荷载，在大震作用下承载力不显著降低，仍能够承担楼面梁传来的全部竖向荷载。耗能段允许在中震作用下进入屈服，大震下发生较严重破坏，从而实现连梁在大震作用下耗能的作用。该种连梁兼具承重构件和耗能构件的双重作用，且施工方便，节约材料用量，设备安装方便，具有良好的经济性和适应性。

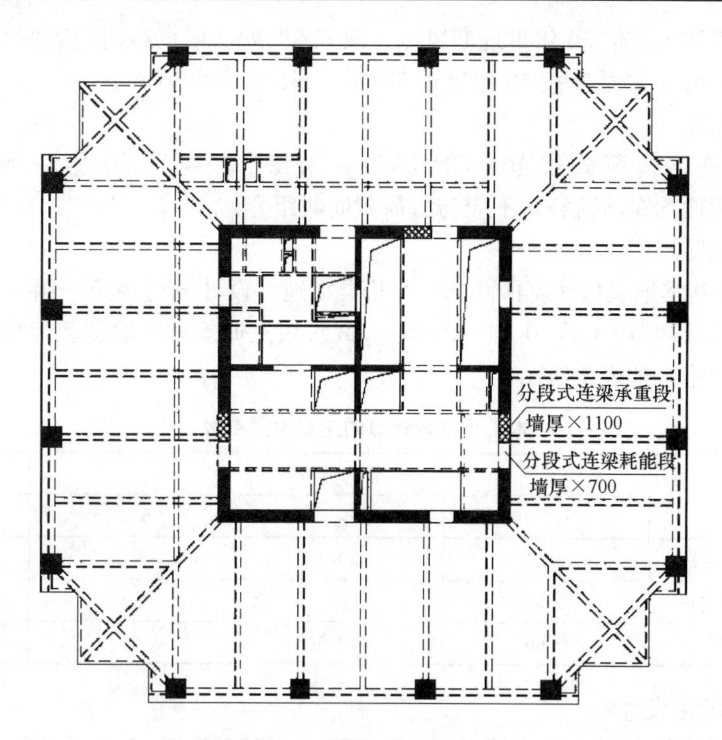

图 12 结构标准层布置

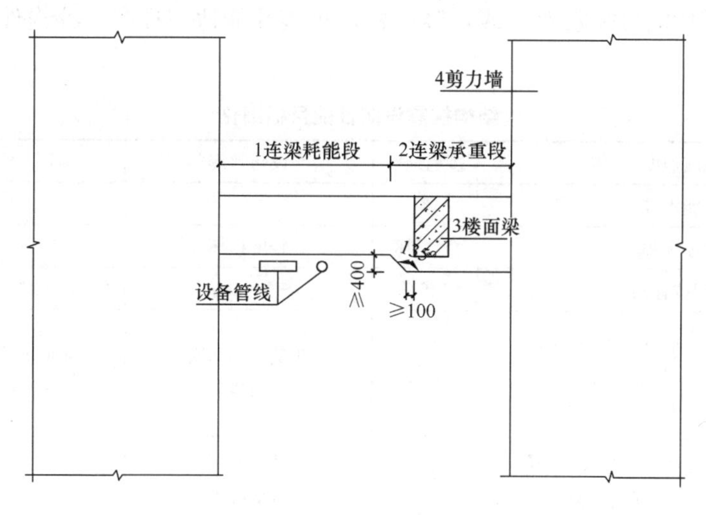

图 13 分段式连梁示意

四、设计要点

1. 基本参数

主体结构设计使用年限 50 年，建筑抗震设防类别定为重点设防类（乙类）。

(1) 基本风压

根据《建筑结构荷载规范》GB 50009—2012，本项目建筑场地地面粗糙度为 C 类，构件承载力计算按 1.1 倍 50 年重现期风压，取 0.385kN/m²；结构变形按 50 年重现期风压，取 0.35kN/m²；舒适度按 10 年重现期风压，取 0.250kN/m²。

（2）基本雪压

根据《建筑结构荷载规范》GB 50009—2012，本项目 50 年一遇基本雪压为 0.50kN/m²，屋面均布活荷载，不应与雪荷载同时组合。

（3）抗震设防烈度

6 度，设计基本地震加速度值 0.05g，Ⅱ类场地，设计分组为第一组。地震动参数根据《建筑抗震设计规范》GB 50011—2010、《武汉市主城规划区地震动参数小区划图》以及安评报告取包络，如表 4 所示。

本工程抗震计算的主要地震参数 **表 4**

超越概率	静力分析			动力时程分析
	T_g(s)	α_{max}	β_{max}	A_{max}(gal)
50 年 63%（小震）	0.50	0.0739	2.5	29
50 年 10%（中震）	0.55	0.2039	2.5	80
50 年 2%（大震）	0.60	0.3568	2.5	140

2. 抗震性能化设计

按照《高层建筑混凝土结构技术规程》JGJ 3—2010 第 3.11 节结构抗震性能设计方法，该结构抗震性能目标取为 D 级，竖向构件抗震性能适当提高。各构件的具体性能目标详见表 5。

结构抗震设防性能目标细化 **表 5**

地震烈度		多遇地震	设防地震	罕遇地震
性能水准		1	4	5
宏观损坏程度		无损坏	轻度损坏	中度损坏
层间位移角		1/678	1/340	1/100
关键构件	底部加强部位的核心筒剪力墙及上部筒体外墙	弹性	正截面不屈服 抗剪弹性	满足抗剪截面控制条件 轻度损坏
	主楼框架柱及裙楼楼梯间处框架柱	弹性	正截面不屈服 抗剪弹性	满足抗剪截面控制条件 轻度损坏
普通竖向构件	非底部加强区剪力墙及裙楼框架柱	弹性	正截面不屈服 抗剪不屈服	满足抗剪截面控制条件 部分中度损坏
普通水平构件	分段式连梁加强段	弹性	正截面不屈服 抗剪不屈服	满足抗剪截面控制条件 中度损坏（仍然能承担楼面梁传来的荷载）
耗能构件	核心筒普通连梁、分段式连梁耗能段	弹性	满足抗剪截面控制条件	比较严重破坏
	框架梁	弹性	抗剪不屈服	比较严重破坏

3. 计算分析软件

采用 SATWE 2014 和 MIDAS Building 2014 进行设计及小震 CQC 弹性对比分析结；

采用 SATWE 2014 进行小震弹性时程分析；

采用 SATWE 2014 对关键构件、普通构件及耗能构件进行中震、大震等效弹性验算；

采用 ABAQUS 6.13 进行大震动力弹塑性分析、分段式连梁专项分析。

4. 分段式连梁的设计方法（专利号：201910127601.1）

为保证分段式连梁满足预期性能目标，满足地震作用下耗能段耗能、承重段承重的双重功能，提出了一种专门针对分段式连梁的设计方法，分析流程如图 14 所示，具体设计过程如下：

步骤 1：建立整体结构模型，将结构模型中的支承楼面梁的连梁设置为分段式钢筋混凝土连梁，所述分段式钢筋混凝土连梁的耗能段与承重段分开建模，承重段比耗能段高 250～400mm。

步骤 2：对结构模型进行多遇地震作用下弹性分析，得到分段式连梁的截面高度以及承重段和耗能段的配筋。

在多遇地震作用下弹性分析时，对连梁耗能段的刚度进行折减，折减系数不宜小于 0.6。通常在设防烈度为 6、7 度时折减系数建议取 0.7，设防烈度为 8、9 度时，折减系数取 0.6。同时对连梁承重段的刚度进行放大，放大系数取 1.5～2.0。

步骤 3：删除耗能段，将承重段设为悬臂梁，计算得到在竖向荷载作用下承重段的配筋。

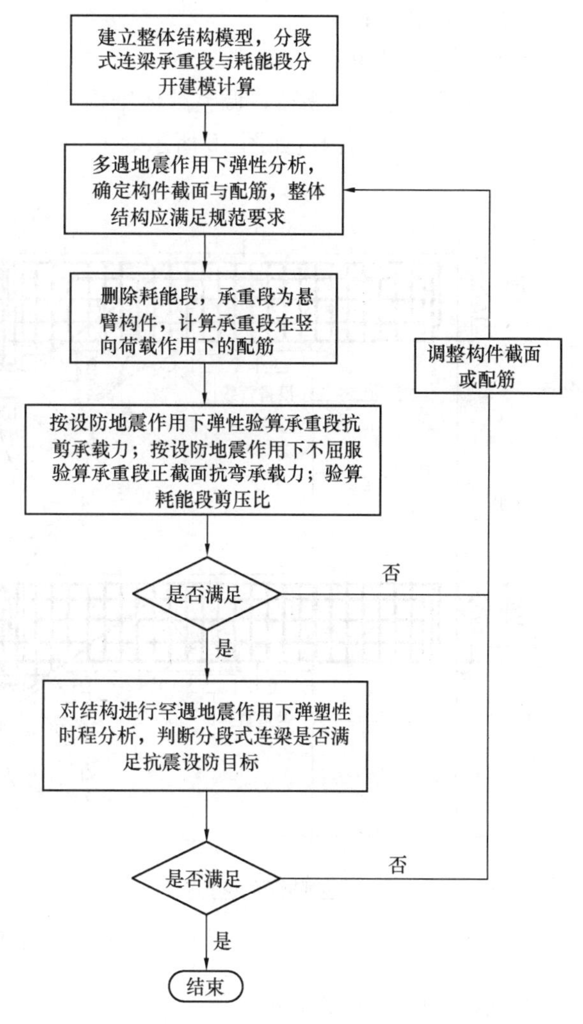

图 14　分段式连梁设计分析流程

为保证结构的安全性，分段式连梁承重段必须能够完全承受住楼面荷载。考虑到在地震作用下耗能段屈服耗能，不考虑耗能段对结构竖向荷载的作用，对承重段按悬臂梁进行验算。在有限元分析模型中，撤掉分段式连梁耗能段，承重段作为悬臂梁，计算在竖向荷载作用下连梁承重段的配筋。

步骤 4：对结构模型进行设防地震作用下等效弹性分析，它包括：

根据设防地震作用下弹性对承重段抗剪承载力进行验算，判断承重段抗剪承载力是否满足要求；

根据设防地震作用下不屈服对承重段的正截面抗弯承载力进行验算，判断承重段正截面抗弯承载力是否满足要求；

判断耗能段的剪压比是否满足要求；

以上判断全部满足要求，进行步骤 5；

以上判断中的任意一项不满足要求，返回步骤 2，调整分段式连梁的截面高度以及承重段和耗能段的配筋。

步骤 5：对结构进行罕遇地震作用下弹塑性时程分析，判断连梁承重段是否处于未损坏或轻微损坏状态；

判断为是，结束；

判断为否，返回步骤 2，调整整体结构。

分段式连梁配筋构造如图 15 所示。

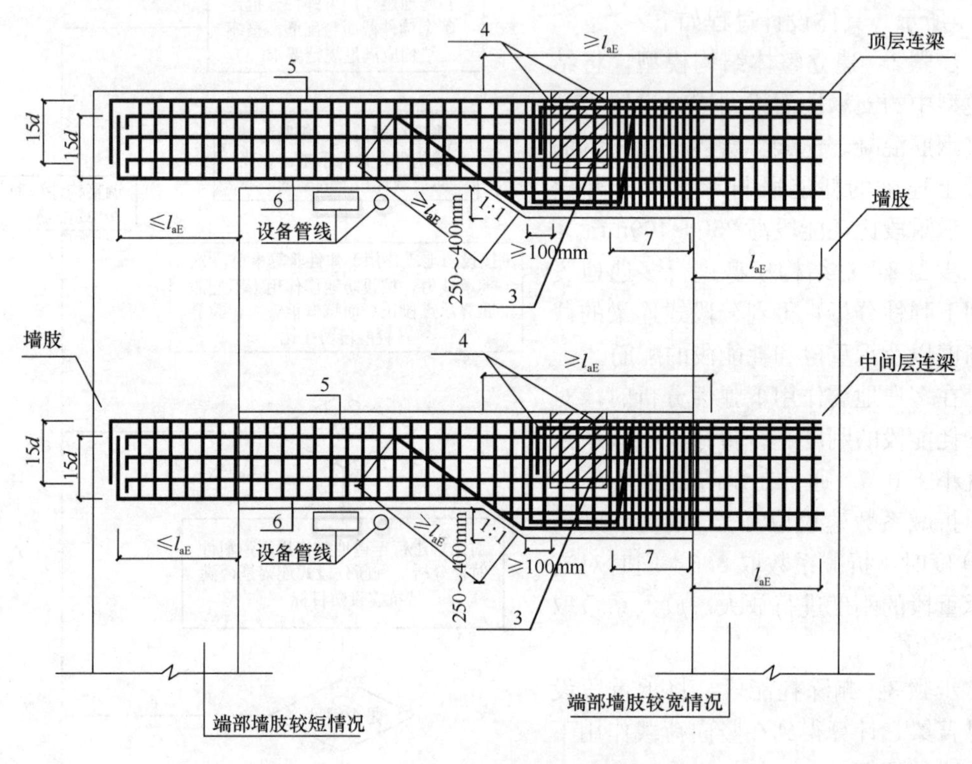

图 15　分段式连梁配筋构造详图

5. 小震弹性及计算分析

(1) 小震弹性对比分析结果

采用 SATWE 及 MIDAS Building 软件对结构进行对比分析，考察了结构各振型及周期、周期比、位移比、侧向刚度比、抗剪承载力比、层间位移角、基底剪力及倾覆力矩、楼层剪力及倾覆力矩分配情况及抗倾覆验算情况、竖向构件轴压比等，分析结果如下：

① 地震作用下，结构最大层间位移角 X 向为 1/1114，Y 向为 1/1168，满足规范要求；

② 结构位移比大于 1.2，属于扭转不规则；

③ 墙肢最大轴压比 0.47，框架柱最大轴压比 0.76，满足要求；

④ 结构1、3、4、5层楼板开大洞，且局部楼层存在跃层柱和斜柱；

⑤ 其余整体指标均满足规范要求。

（2）小震弹性时程分析

根据《建筑抗震设计规范》GB 50011—2010第5.1.2条，选取地震安评提供的5条天然波和2条人工波对结构进行小震弹性时程分析，地震波峰值加速度29cm/s²，每组波分别按X、Y为主方向两种工况进行计算，7组波共14个工况，每一工况主次方向地震波峰值加速度比为1∶0.85。7组地震波平均反应谱与CQC技术采用的规范反应谱曲线在统计意义上相符。

根据分析结果，振型分解法的部分楼层剪力与7条波分析结果的平均值吻合较好，仅在局部楼层略微小于7条波分析结果的平均值。结构设计时，楼层剪力采用CQC法计算的层剪力与7条波层剪力平均值的包络值。

6. 中、大震等效弹性分析

根据《高层建筑混凝土结构技术规程》JGJ 3—2010第3.11.3条要求对第4、5性能水准应进行弹塑性计算分析。结构在中、大震作用下，结构构件部分屈服，阻尼会增大，周期也会增长。因此，等效弹性分析时，通过增加阻尼比和折减连梁刚度的方法来近似考虑结构阻尼增加和刚度退化。根据《高层建筑混凝土结构技术规程》JGJ 3—2010第3.11.3条条文说明，结构等效弹性设计参数如表6所示。

等效弹性设计参数　　**表6**

分析参数	等效弹性分析类型		
	中震弹性	中震不屈服	大震不屈服
地震组合内力调整系数	同小震	1.0	1.0
作用分析系数	同小震	1.0	1.0
材料分析系数	同小震	1.0	1.0
抗震承载力调整系数	同小震	1.0	1.0
材料强度	设计值	标准值	标准值
风荷载	不考虑	不考虑	不考虑
地震影响系数最大值	0.2039	0.2039	0.3568
特征周期 T_g	0.55s	0.55s	0.60s
等效阻尼比	0.050	0.060	0.070
连梁刚度折减	0.70	0.50	0.40
周期折减系数	0.90	0.90	0.95

（1）中震等效分析

① 外框架柱，正截面验算满足中震不屈服、受剪中震弹性的要求；剪力墙正截面验算满足中震不屈服，受剪中震弹性的要求。

② 底层柱均未出现受拉，均为受压状态；部分墙体出现拉应力，但均小于混凝土抗拉强度标准值，按特一级构造。

③ 分段式连梁加强段满足中震作用下抗剪不屈服、正截面抗弯不屈服要求；框架梁满足抗剪不屈服要求；一般耗能连梁满足抗剪截面控制条件。

④ 根据中震等效弹性分析，结构最大层间位移角为1/389，满足规范要求。

（2）大震等效分析

① 结构外框柱及剪力墙核心筒，满足大震作用下抗剪截面控制条件。

② 分段式连梁加强段满足大震作用下抗剪截面控制条件。

③ 开大洞的楼层在罕遇地震作用下的楼板面内剪切应力小于混凝土抗剪强度标准值，可以避免楼板在大震作用下的受剪破坏。

④ 根据大震等效弹性分析，结构最大层间位移角为 1/225，满足规范要求。

7. 大震弹塑性分析

根据建质［2015］67 号文件《超限高层建筑工程抗震设防专项审查技术要点》第四章第十三条（八）款要求，对于结构的弹塑性分析，根据弹塑性分析结果，考察结构构件的损伤和整体变形情况，判断结构是否达到相应的性能目标，查找结构薄弱部位，并提出相应的加强改进措施，以指导施工图设计。

（1）弹塑性分析模型

弹塑性分析采用大型通用有限元分析软件 ABAQUS。其中，对于梁柱构件采用 B31 单元，剪力墙采用 S4R/S3R 分层壳单元，构件配筋采用小震设计和中大震等效分析的包络配筋结果。

钢筋混凝土梁柱单元材料本构采用了中南建筑设计院根据《混凝土结构设计规范》GB 50010—2010 附录 C 开发的混凝土损伤本构；剪力墙单元采用 ABAQUS 自带的弹塑性损伤本构；钢筋采用弹塑性双折线本构，如图 16、图 17 所示。

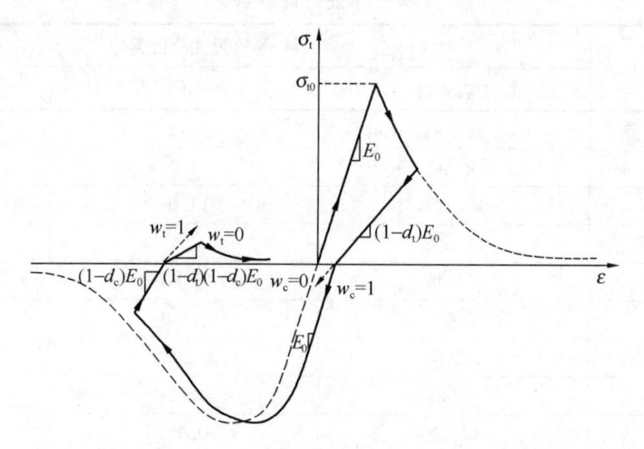

图 16　混凝土损伤塑性模型

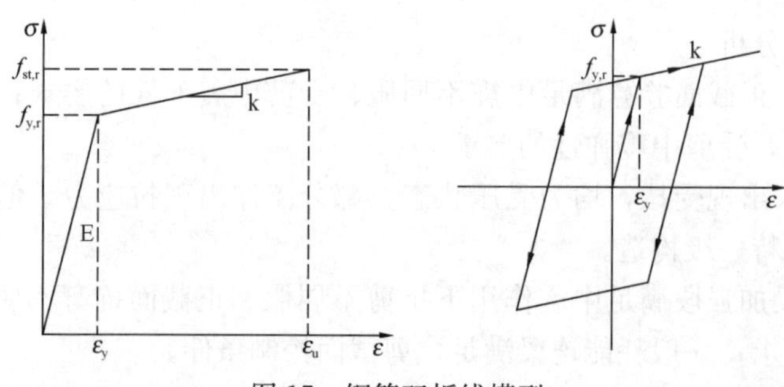

图 17　钢筋双折线模型

采用自主研发的复杂建筑结构高等非线性分析平台 CSEPA 将结构 PKPM 设计模型转换为弹塑性分析 ABAQUS 模型，如图 18 所示。

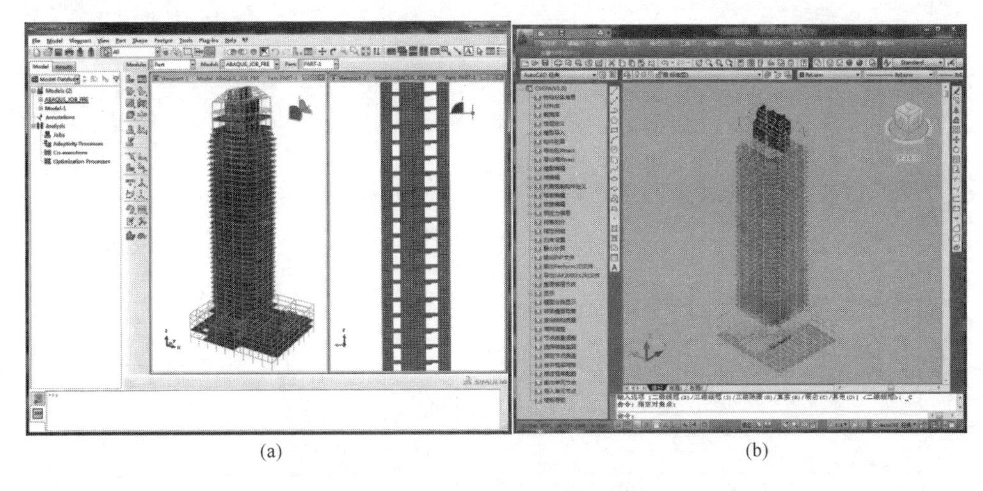

(a) (b)

图 18 结构有限元分析模型
(a) CSEPA 模型；(b) ABAQUS 模型

(2) 弹塑性分析非线性

几何非线性：结构的平衡方程建立在结构变形后的几何状态上，单元进行了细分，“P-Δ”效应、非线性屈曲效应、大变形效应等得到全面考虑。

材料非线性：直接采用材料非线性应力-应变本构关系模拟钢筋、钢材及混凝土的弹塑性特性，可以有效地模拟构件的弹塑性发生、发展及破坏全过程。

施工过程非线性：本工程动力弹塑性分析时，考虑了结构施工顺序的影响，利用 ABAQUS“单元生死”技术模拟结构施工顺序。

(3) 大震动力弹塑性分析结果

根据安评报告提供的 2 组天然波和 1 组人工波，对结构进行大震动力弹塑性分析。3 组地震波作用下主楼在 X、Y 向层间位移角的包络值为 1/124、1/135，均满足钢筋混凝土框架-核心筒层间位移角抗规限值要求，大震作用下弹塑性层间位移角与弹性层间位移角对比如图 19 所示。弹塑性与弹性分析的层间位移角曲线变化形式基本一致，弹塑性分析结果较弹性分析更能真实地反映西塔顶部构架层的鞭稍效应。

大震作用下，结构核心筒及外框架损伤情况如图 20 所示。根据分析结果，结构主楼核心筒墙肢大部分发生轻微损伤，墙肢完好，底部加强区剪力墙少部分发生轻度损伤；主楼外框柱轻微损坏，少部分轻度损坏，仅在构架层个别柱端中度损坏。主楼框架梁大部分处于轻度损坏，少部分框架梁在端部出现中度损坏。裙楼底部两层框架柱轻微损坏；裙楼开大洞周边框架梁中度损伤，少部分框架梁发生比较严重损坏，满足预期的性能目标。

根据大震弹塑性分析结果，结构核心筒普通连梁及分段式连梁耗能段发生比较严重破坏；核心筒剪力墙处于轻度损坏；分段式连梁的加强段处于轻度损坏，如图 21 所示，分段式连梁在大震作用下可以兼具承重和耗能双重功能。

大震作用下分段式连梁的位移云图如图 22 所示，分段式连梁加强段的最大竖向位移约为 10mm，按悬臂梁计算，挠跨比约为 1/370，能够继续承担楼面荷载。

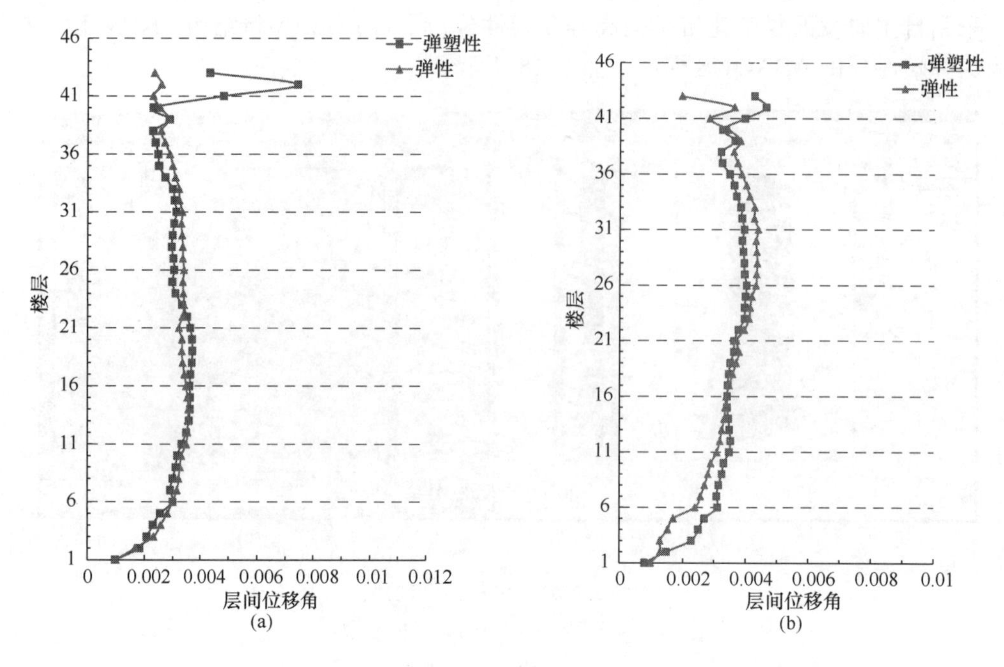

图 19　大震下层间位移角

(a) X 向；(b) Y 向

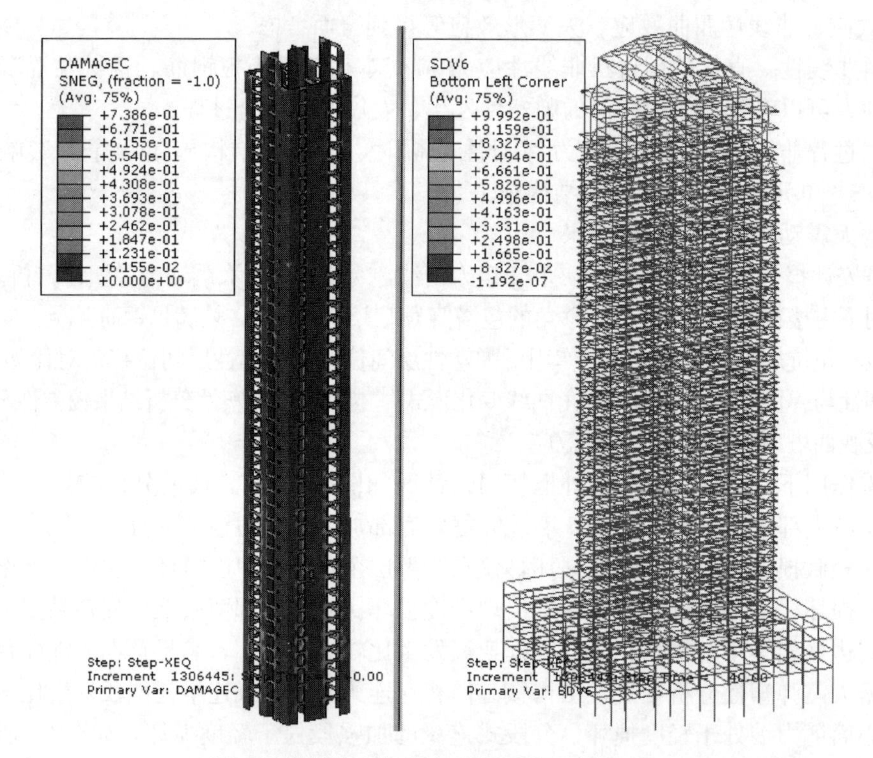

图 20　结构核心筒剪力及框架受压损伤云图

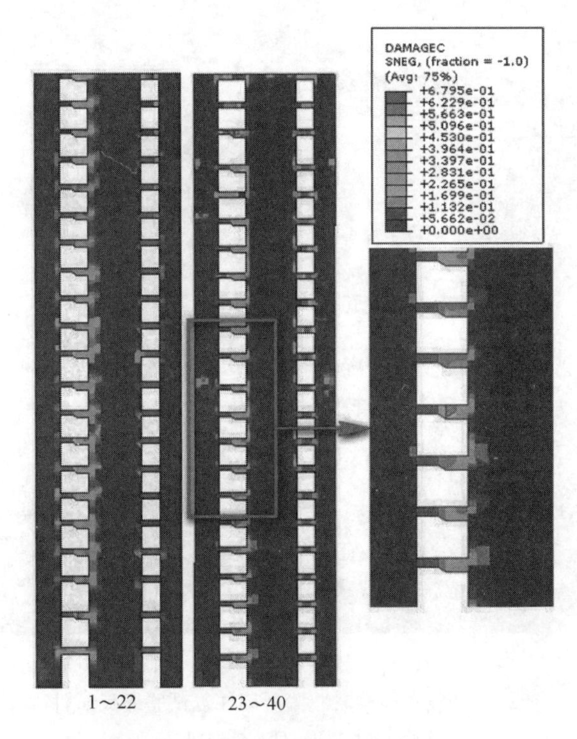

图 21　分段式连梁受压损伤云图

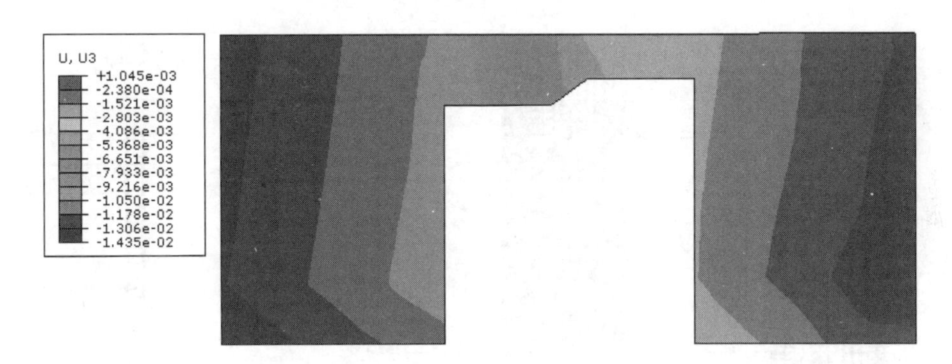

图 22　分段式连梁位移云图

五、新型分段式连梁试验研究

为了研究分段式连梁的抗震性能，以塔楼中层间位移最大的楼层处的联肢墙为原型，设计并制作 2 个 1/4 缩尺的分段式连梁钢筋混凝土联肢墙试件，试件如图 23 所示，缩尺模型尺寸及配筋如图 24 所示。通过缩尺试件进行低周往复试验，重点考察其屈服机制、延性和耗能性能，得到分段式连梁滞回特性、位移延性、强度退化、刚度退化、能量耗散能力等抗震性能指标。

试验所得的试件水平荷载-顶点位移滞回曲线如图 25（a）所示。可以看出，加载初期曲线较饱满，呈梭形，后期出现明显的捏拢效应，曲线呈倒 S 形。这是由于在位移加载的

(a) (b)

图 23 分段式连梁联肢墙低周往复试验缩尺试件

(a) 面外约束；(b) 试件加载

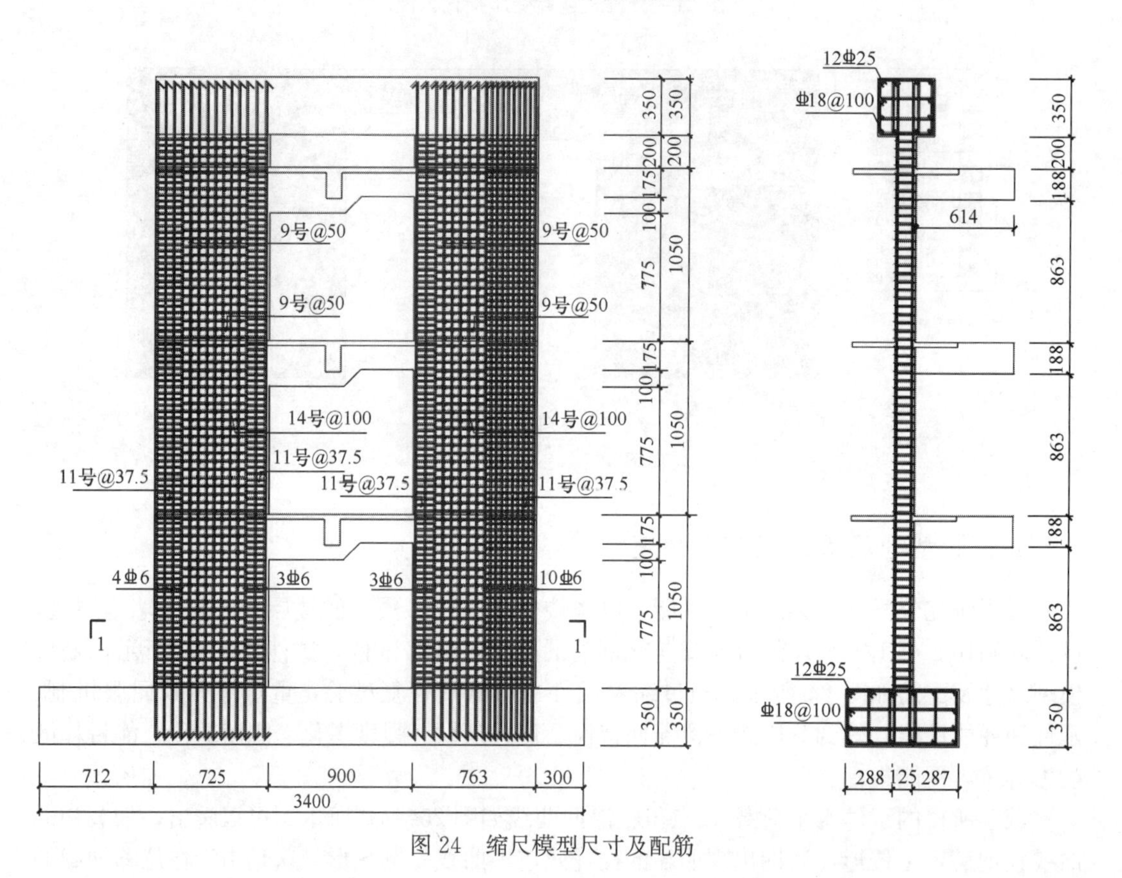

图 24 缩尺模型尺寸及配筋

初期，试件裂缝较小，混凝土和钢筋保持共同变形；在加载的中后期，混凝土裂缝变大甚至压溃，混凝土和钢筋之间出现滑移，曲线呈倒S形。图 25（a）中也给出了单调加载下试件的力-位移曲线。可以看出，单调加载下的曲线明显高于拟静力加载下的曲线，表明相对于单调加载，往复加载下构件损伤更严重，强度更低。

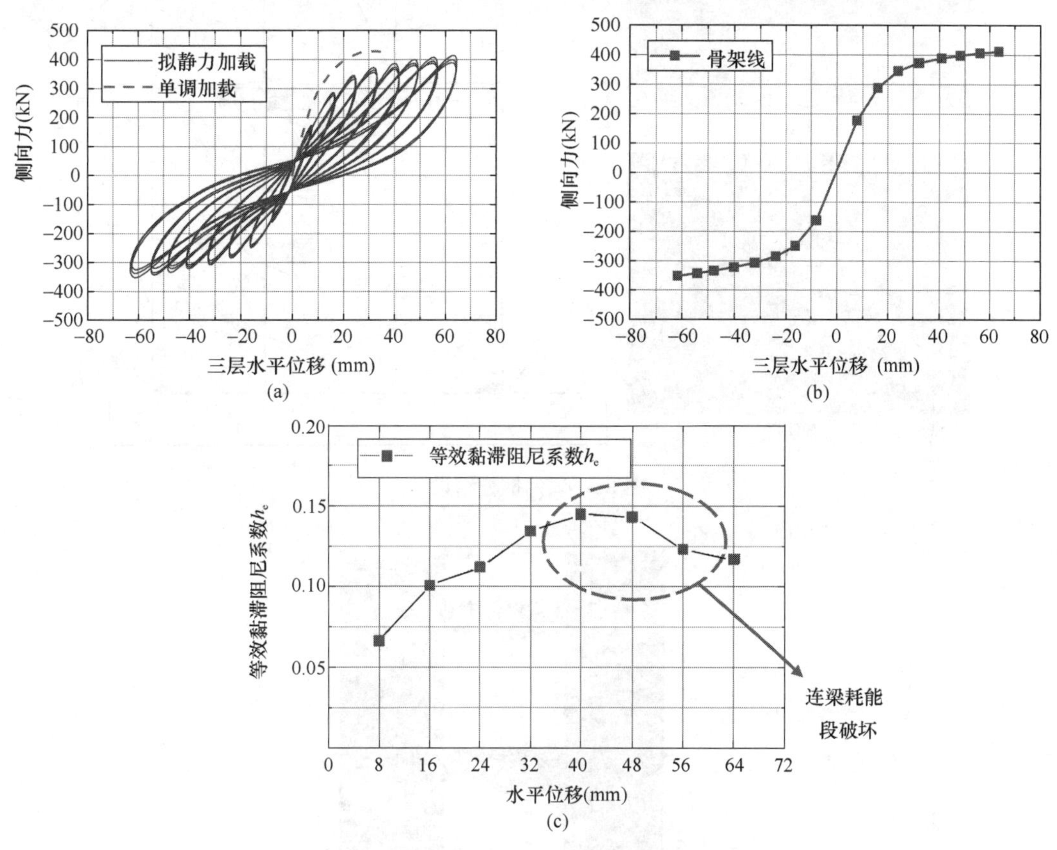

图 25 分段式连梁拟静力试验结果曲线
（a）滞回曲线；（b）骨架曲线；（c）等效黏滞阻尼系数曲线

试件等效黏滞阻尼系数随加载位移的变化曲线如图 25（c）所示。可以看出，随着位移的增大，试件等效黏滞阻尼系数先增加后略有减小，其原因在于当位移较大时，试件损伤较为严重，混凝土与钢筋间开始出现粘结滑移，连梁耗能段耗能能力降低。

试验结束后，试件破坏情况如图 26 所示。往复荷载作用下试件的屈服机制为：首先连梁耗能段屈服，然后墙肢边缘构件屈服，最后连梁加强段屈服。在地震作用下，使用分段式连梁的联肢剪力墙中连梁耗能段最先屈服，起到了第一道防线的作用；墙肢作为结构的第二道防线，当墙肢边缘构件屈服之后构件承载力迅速下降，构件破坏；连梁加强段在加载过程中最后屈服，能始终有效可靠地传递楼面梁上的竖向荷载。

试验结果表明，水平荷载作用下，分段式连梁耗能段较早屈服，起到“保险丝”的作用，连梁承重段能有效支撑楼面梁，达到预定的性能目标。

根据试验模型，采用 ABAUQS 软件，建立了分段式连梁三维分层壳精细有限元模型，考虑墙体分布钢筋及边缘约束构件配筋，如图 27 所示。有限元分析模型底座固定，

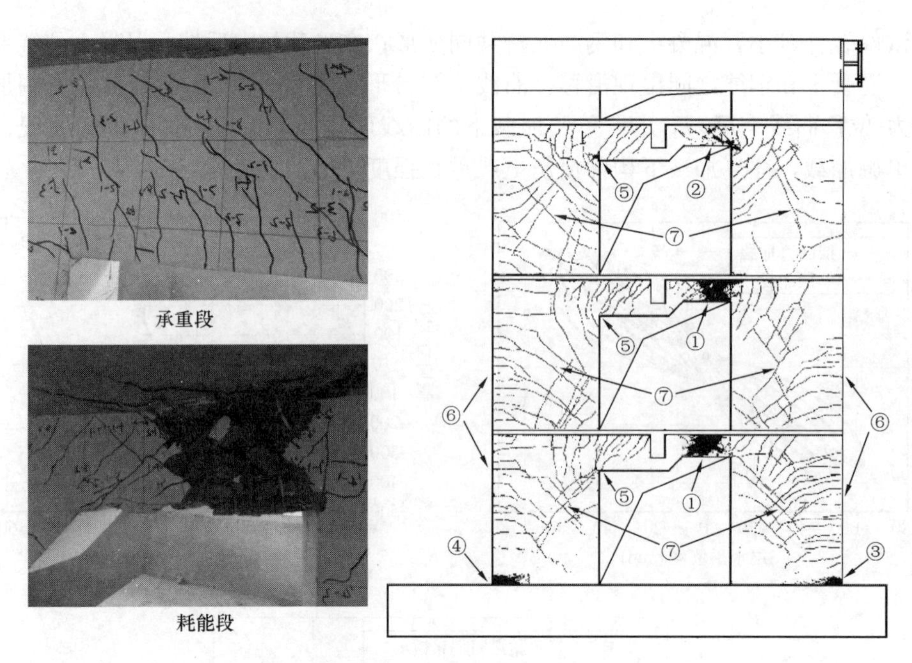

图 26　试件推覆结果

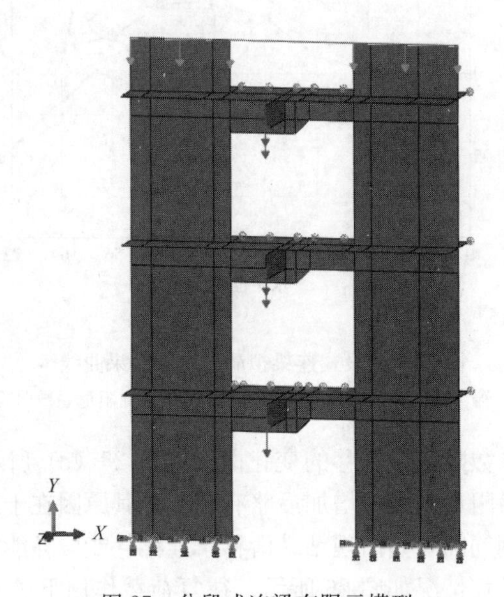

图 27　分段式连梁有限元模型

面外位移约束，顶部施加均布荷载，梁端施加集中力。在加载梁处施加水平位移，加载历程同拟静力加载试验。

图 28 给出了有限元模型计算的滞回曲线及骨架曲线与试验结果的对比。可以看出：计算曲线与试验曲线吻合较好，所建立的有限元模型可以较好地模拟试件的滞回性能。

有限元模型计算所得的混凝土受压损伤云图如图 29 所示。可以看出试件最终破坏时，连梁耗能段和墙肢边缘构件部位损伤较严重，而连梁承重段仅有轻微的损伤，与试件实际的破坏状态基本一致。

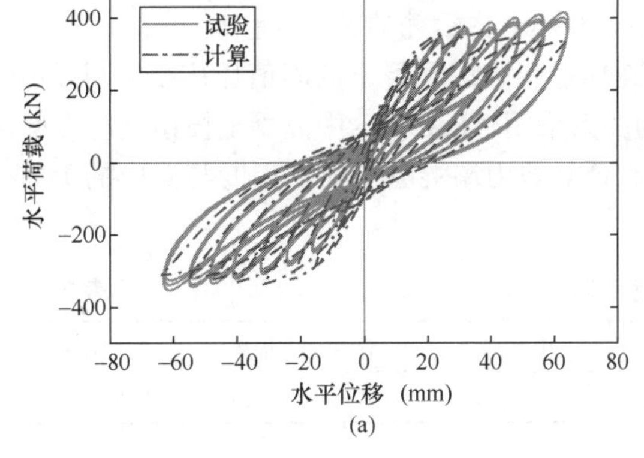

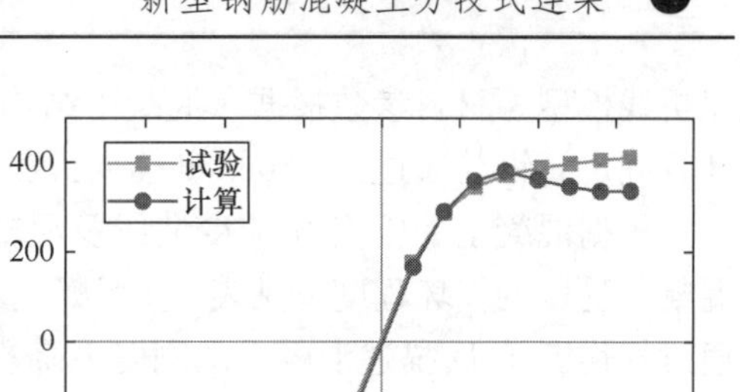
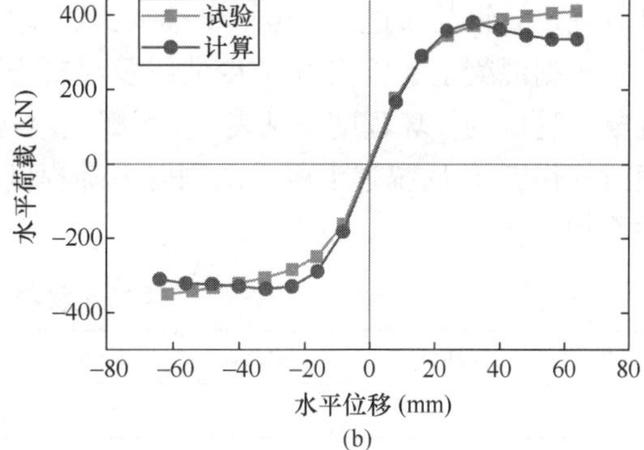

图 28 有限元结果与试验结果对比

（a）滞回曲线；（b）骨架曲线

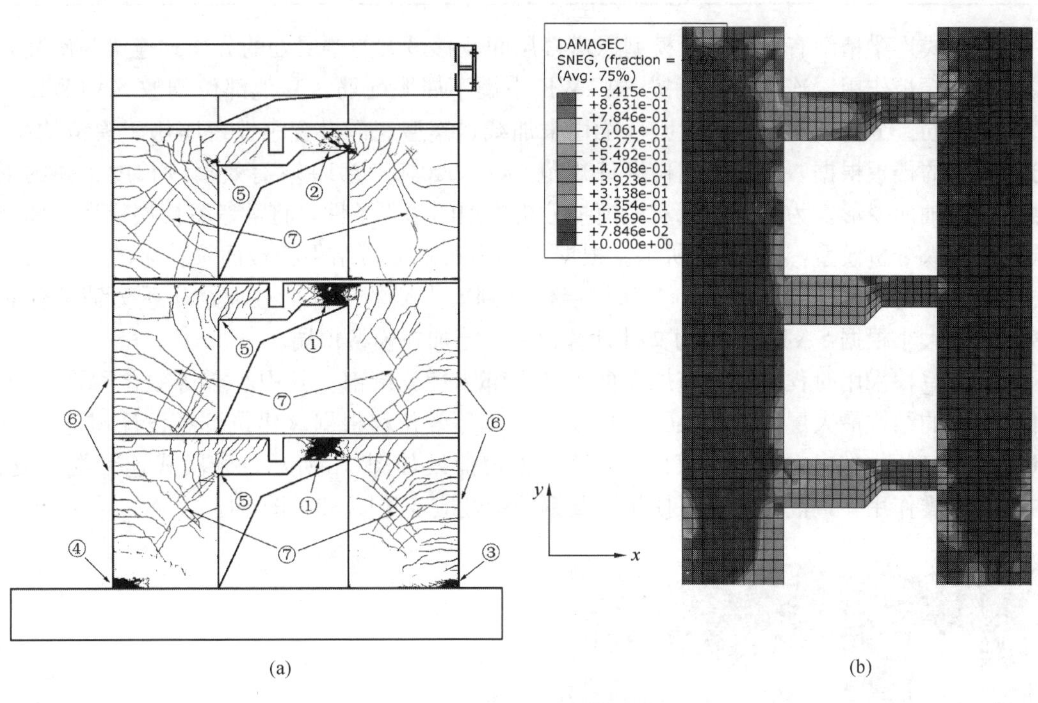

图 29 混凝土受压损伤云图

（a）试验结果；（b）有限元分析结果

六、分段式连梁精细有限元仿真

为了进一步考察分段式连梁在设计地震（包括小震、中震及大震）作用下的破坏过程，利用 ABAQUS 进行非线性推覆分析，研究分段式连梁（加强段和耗能段）在往复位移下的破坏过程。分析时，混凝土单元采用 C3D8R 实体单元，材料本构采用 ABAQUS 提供的损伤塑性模型；钢筋单元采用 T3D2 空间杆单元，该单元只受拉压，材料本构采用双折线模型。材料参数根据《混凝土结构设计规范》GB 50010—2010 附录 C1.2 条的公式计算确定。钢筋通过 * embeded 插入混凝土中，暂不考虑钢筋的粘结滑移。

根据混凝土受压应力-应变曲线及混凝土破坏过程，以混凝土的峰值压应变 ε_{cr} 来划分混凝土受压的损坏程度，见表 7。混凝土本构关系采用 ABAQUS 中混凝土损伤塑性模型，通过损伤因子 D_c 描述混凝土的刚度下降程度。C40 剪力墙混凝土损伤程度与对应的 D_c 值关系如表 8 所示。

混凝土材料性能评价标准　　表 7

性能	无损坏	轻微损坏	轻度损坏	中度损坏	比较严重损坏	严重损坏
ε_c	$[0, 0.8\varepsilon_{cr})$	$[0.8\varepsilon_{cr}, 1.0\varepsilon_{cr})$	$[1.0\varepsilon_{cr}, 1.3\varepsilon_{cr})$	$[1.3\varepsilon_{cr}, 1.7\varepsilon_{cr})$	$[1.7\varepsilon_{cr}, 2.0\varepsilon_{cr})$	$[2.0\varepsilon_{cr}, \infty)$

基于 D_c 的混凝土受压损坏程度评价　　表 8

混凝土	完好	轻微损坏	轻度损坏	中度损坏	比较严重损坏	严重损坏
C40	[0, 0.227)	[0.227, 0.321)	[0.321, 0.457)	[0.457, 0.601)	[0.601, 0.677)	[0.677, 1.0]

分段式连梁精细有限元分析模型以塔楼层间位移最大的楼层处的分段式连梁为研究对象，考虑楼板作用，连梁加强段按 SATWE 中震不屈服配筋，其他部位均按 SATWE 小震计算配筋。分析模型上部设置刚性梁用来加载，模型底部设置刚性台座用于模拟约束。分析模型的楼板根据《混凝土结构设计规范》GB 50010—2010 取有效翼缘长度，并约束楼板面内轴向变形。为了更加真实地模拟分析模型的边界条件，将欲考察楼层模型相邻楼层同时建入分析模型，如图 30 所示。根据 SATWE 的分析结果将楼面梁传来的弯矩及剪力等效为面荷载施加到连梁上；上部楼层传递到剪力墙的上部荷载取结构重力荷载代表值，荷载大小根据 SATWE 内力文件计算得到，施加在模型顶端。

推覆位移采用时程曲线，施加在剪力墙上部刚性梁端部。其中小震等效位移取 CQC 计算得到的结构最大层间位移 ΔU_e，中震、大震等效位移根据《建筑抗震设计规范》GB 50011—2010 附录 M 分别取 $2\Delta U_e$，$4\Delta U_e$。推覆曲线如图 31 所示。分段式连梁在小震、中震及大震作用下，混凝土受压损伤以及钢筋塑性应变见图 32～图 34。

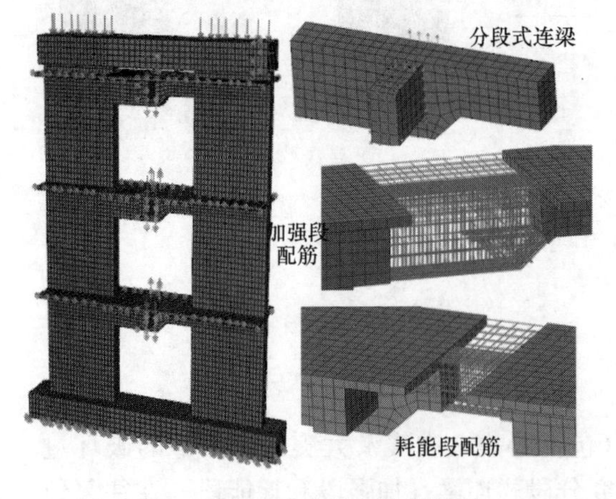

图 30　分段式连梁有限元模型

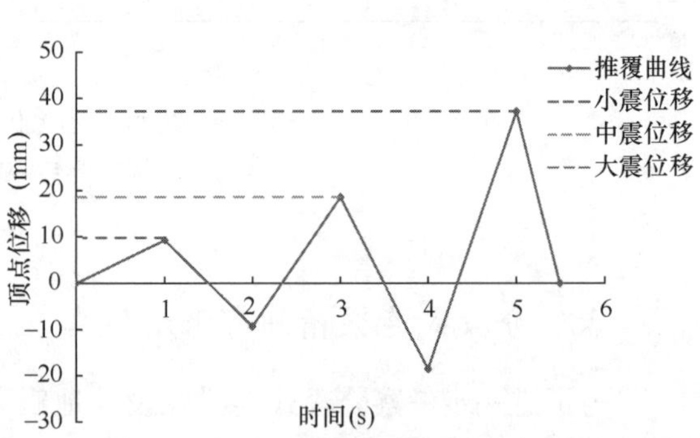

图 31　推覆位移曲线

从图 32 可以看出，小震作用下连梁钢筋未屈服，混凝土最大损伤处于耗能段，最大损伤因子为 0.1351<0.227（完好状态限值）。小震作用下连梁抗震性能为弹性状态。

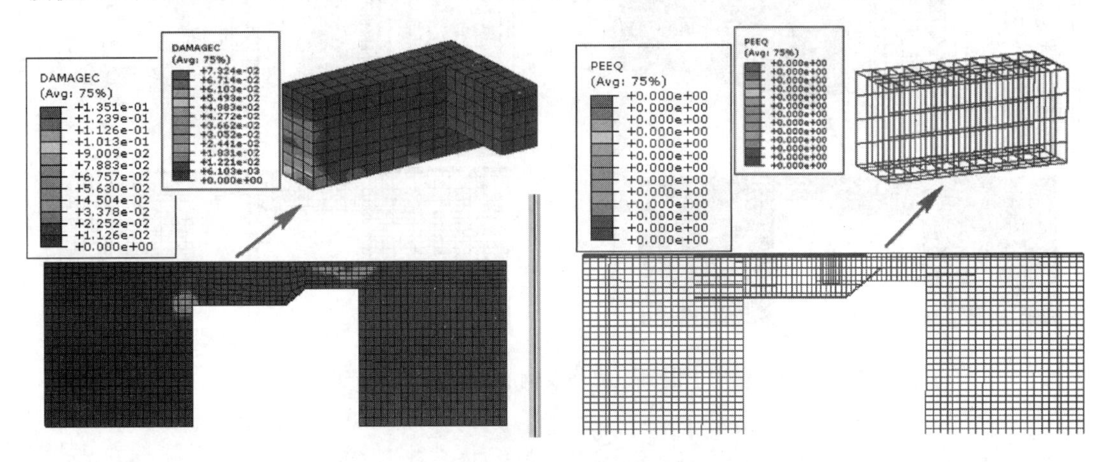

图 32　小震作用下混凝土损伤及钢筋塑性应变云图（N/mm^2）

从图 33 可以看出，中震作用下连梁加强段钢筋未屈服，最大混凝土受压损伤因子达到 0.1391<0.227（完好状态限值），处于弹性。耗能段仅少量箍筋屈服，纵筋未屈服，混凝土仅一个单元因子达到 0.7511>0.601（中度损坏限值），其余单元损伤因子均小于 0.601。中震作用下连梁耗能段处于中度损坏。

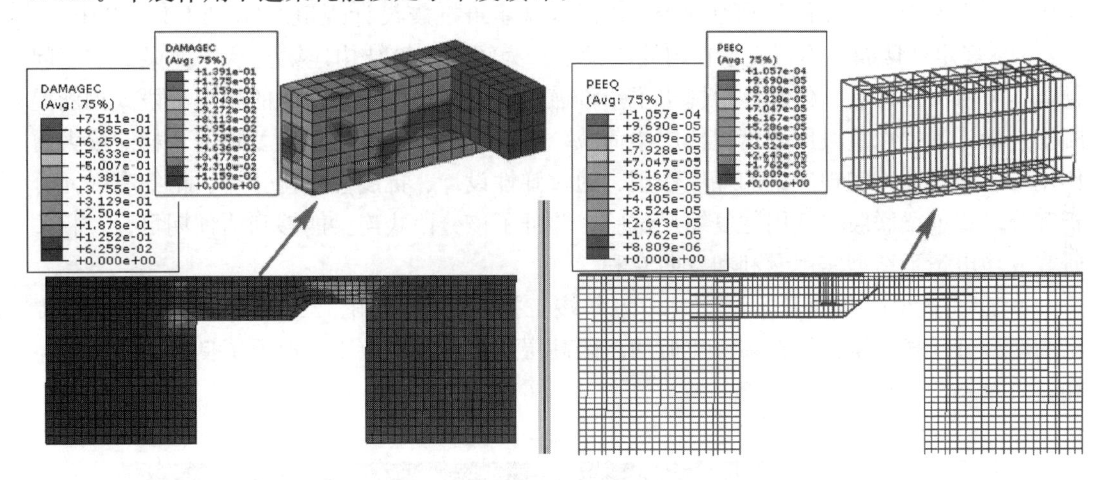

图 33　中震作用下混凝土损伤及钢筋塑性应变云图（N/mm^2）

从图 34 可以看出，大震作用下连梁加强段钢筋未屈服，混凝土最大受压损伤因子达到 0.2737<0.321（轻度损伤限值），处于轻度损伤。耗能段大量箍筋屈服，仅少量纵筋屈服，混凝土绝大部分受压损伤因子超过 0.677（比较严重破坏限值），处于比较严重破坏。

从非线性推覆分析结果可以看出，水平荷载作用下，分段式连梁加强段轻度损坏，仍能够承担楼面梁传来的竖向荷载；分段式连梁耗能段发生比较严重损坏，耗能明显，设计的分段式连梁达到了预期性能目标，能够实现承重和耗能的双重功能。

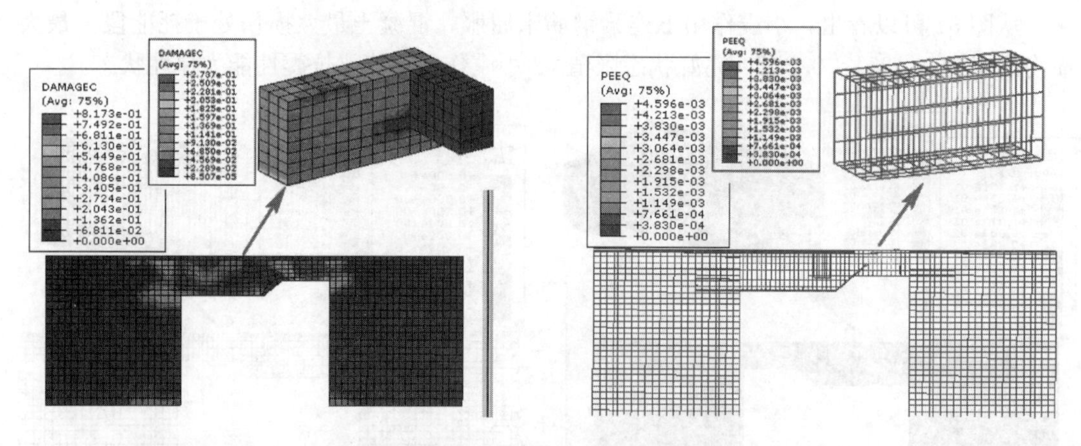

图 34　大震作用下混凝土损伤及钢筋塑性应变云图（N/mm^2）

七、结论

本项目通过直梁和斜梁两种楼面布置方案的比较，得出直梁方案在施工便捷性、设备布置、建筑适应性以及经济性方面优势明显，但采用直梁布置方案需要解决“楼面框架梁需要支承载核心筒连梁上”的问题。而钢筋混凝土连梁一般作为耗能构件，在中震、大震作用下率先屈服，且往往是剪切破坏。因此，《建筑抗震设计规范》GB 50011—2010 第 6.7.3 条规定：楼面梁不宜支承在内筒连梁上。为解决框筒结构连梁支承楼面梁的实际问题，本项目突破常规，创新性地提出了一种兼具承重和耗能双重功能的新型分段式钢筋混凝土连梁，其中承重段用于承担楼层梁荷载，大震作用下承载力不显著降低，耗能段大震作用下屈服破坏，实现连梁的耗能作用。通过弹性设计、抗震性能化分析、精细有限元分析和分段式连梁联肢墙低周往复缩尺试验，验证了该分段式连梁能够到达预期目标，相关研究成功申请了新型实用专利和发明专利。

本工程于 2012 年底开始设计，2018 年竣工投入使用，如图 35～图 39 所示。项目提出的新型分段式连梁已经在多个类似的超限高层建筑中推广应用，取得了良好的经济效益和建筑效果。

图 35　项目施工（一）

图 36　项目施工（二）

图 37　项目竣工后鸟瞰图

图 38　项目细节实景

图 39　项目室内空间实景

13　城奥大厦结构设计

建 设 地 点　北京市奥体南商务园中央公园东北角
设 计 时 间　2016—2017
工程竣工时间　2019
设 计 单 位　北京市建筑设计研究院有限公司
[100045] 北京市南礼士路 62 号
主 要 设 计 人　周思红　庞岩峰　束伟农　张世忠　沈凯震　孙宏伟　池　鑫
常　虹　李如地　荆芃芃
本 文 执 笔　庞岩峰　周思红

获 奖 等 级　2019—2020 中国建筑学会建筑设计奖·结构专业二等奖

一、工程概况

城奥大厦位于奥体南商务园中央公园东北角的 OS-10B 地块，紧邻北京奥体中心区，项目地上总建筑面积约 7 万 m^2，建筑轮廓东西向 87m，南北 101m，效果图如图 1 所示。

本工程为地上建筑，地下 3 层部分在奥南地下公共空间项目范围内，地下土建部分已建成。地上部分主屋顶高度 83.80m，建筑高度 95m，地下 4 层，地上 19 层。地上部分首层及 2 层层高 5.0m，3 层以上典型层高 4.5m。每层楼板开洞形成通高中庭，并在主体结构南侧设置 12 层通高边庭，边庭范围内有蛇形坡道连接地下 2 层至 2 层，图 2 为通高中庭实景。

图 1　城奥大厦效果图

图 2　结构中庭实景

本工程结构设计基准期和使用年限为 50 年；建筑结构安全等级为二级；建筑抗震设防类别为丙类；抗震设防烈度为 8 度，设计基本地震加速度 0.2g，设计地震分组为第二组，建筑场地类别为Ⅲ类。

本工程地下部分属地下空间项目，项目设计始于 2011 年，2014 年完工。2015 年底地上土地拍卖后于 2016 年委托原设计团队进行地上设计。地下空间范围和地上项目位置如图 3、图 4 所示。原室外地下室顶板标高－2.0m 已于 2014 年施工完毕，根据新的建筑方案地上部分重新定义一套新轴网见图 5（细虚线为原轴网，实线为新轴网），如何解决新旧轴网柱位调整是我们面临的首要问题。由于新的方案功能要求，建筑需要在地下增加一个设备夹层，把原室外－2.00m 标高楼板拆除并降至－3.30m（图 6、图 7），在结构降板拆除过程中，－3.30m 标高以上柱内加入型钢并在首层增加封闭型钢梁（图 9），然后首层采用 V 形柱，V 形柱柱顶就是新柱定位，完成地上与地下的结构转换，如图 8、图 10 所示。首层 V 形柱柱底采用劲性混凝土环梁（图 9），加强柱底连接刚度。新加楼板标高高于－3.10m，高于原结构板 200mm，既便于新加梁板上铁钢筋锚固，又增加了内环梁高度，可以补足环梁上铁钢筋并增加柱内型埋件。

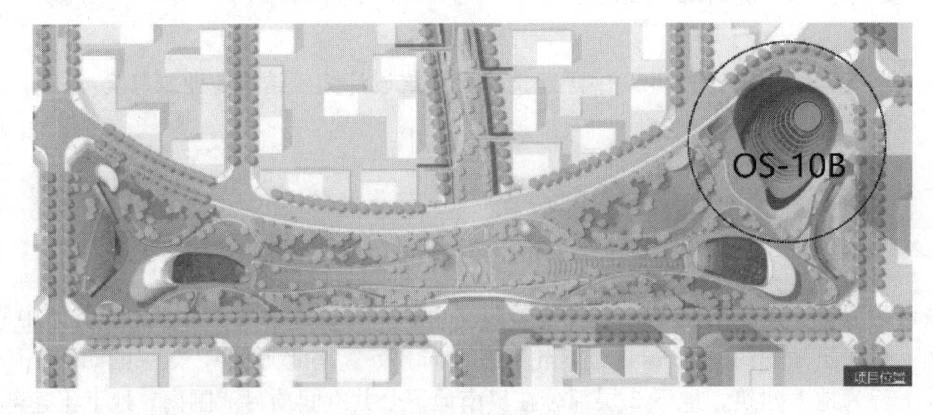

图 3　地下空间项目范围

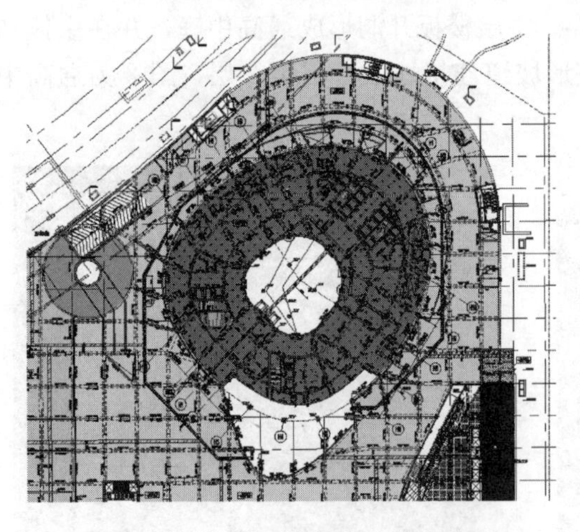

图 4　阴影处为原首层室内外完成面

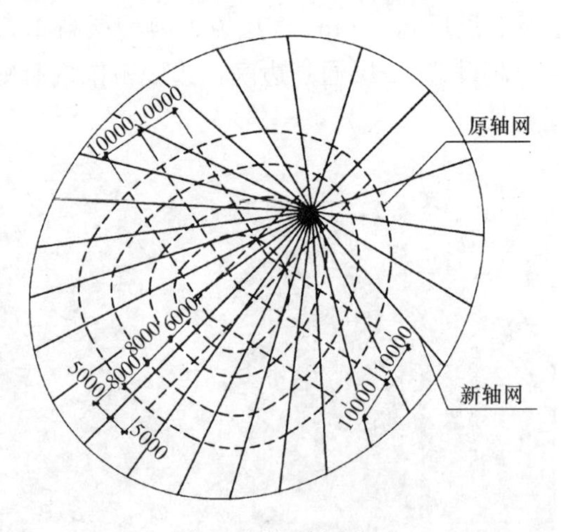

图 5　新旧轴网关系

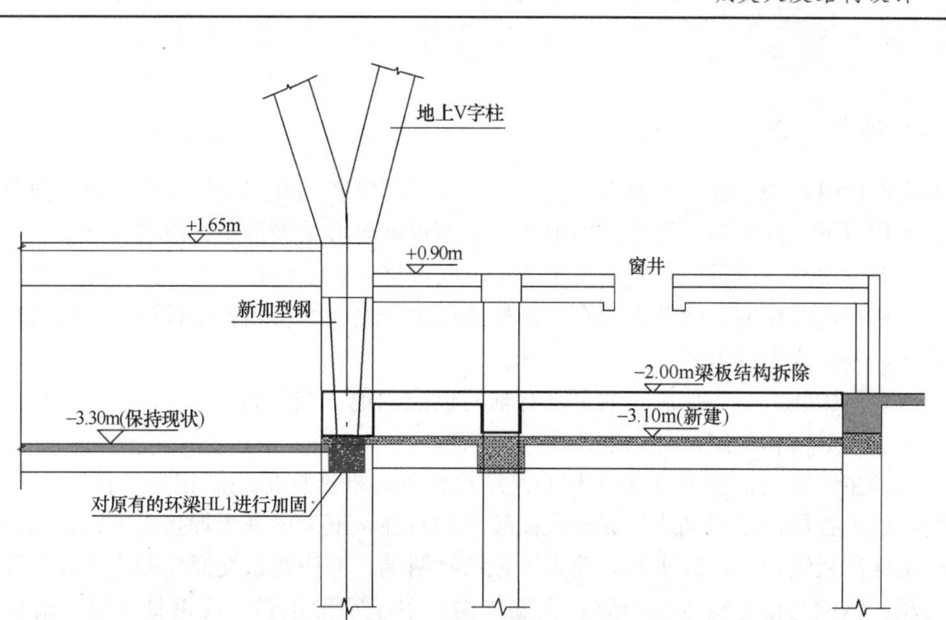

图 6　地下室改造剖面

图 7　B1 层顶改造现场

图 8　V 形柱现场施工

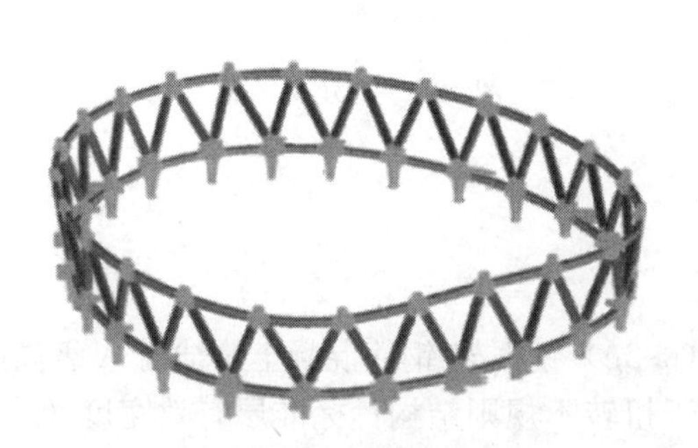

图 9　首层外框转换层示意

图 10　首层 V 形柱实景

二、结构体系

方案设计时，为了提高建筑表现力，设定了一套完整的几何逻辑系统，对建筑从形体和细部进行以下方面控制，导致结构形成一个不规则异形结构形态，没有标准层。

（1）对自由形体进行控制，通过多边形空间网格定位形体控制点，定义流线型曲面。

（2）对板边线控制，将基准面在不同标高层进行剖切即得到各层板边线，板边优化为组合弧线，并生成定位坐标。

（3）利用轴线进一步控制，地下既有轴网仍控制地上结构核心筒和内部框架柱定位，同时增加一组放射轴线定位外围框架柱。

本工程主体采用钢框架-混凝土核心筒结构体系，框架柱采用圆钢柱，首层V形柱完成转换，以上各层沿放射轴线形成有规律倾角的斜柱；框架梁采用焊接工字钢；楼板采用钢筋桁架楼承板铺设。混凝土核心筒布置在结构两端，兼作建筑交通核和提供设备竖向路由的功能，钢梁与核心筒连接位置，在墙体内设置工字形钢骨，此钢骨柱仅考虑构造措施，计算模型中未予以考虑。

根据建筑幕墙分隔，屋盖采用钢网壳分别形成整体和中庭的屋盖，核心筒升到屋顶作为支点减小网壳结构跨度。工程结构计算模型如图11所示，7层建筑平面如图12所示。

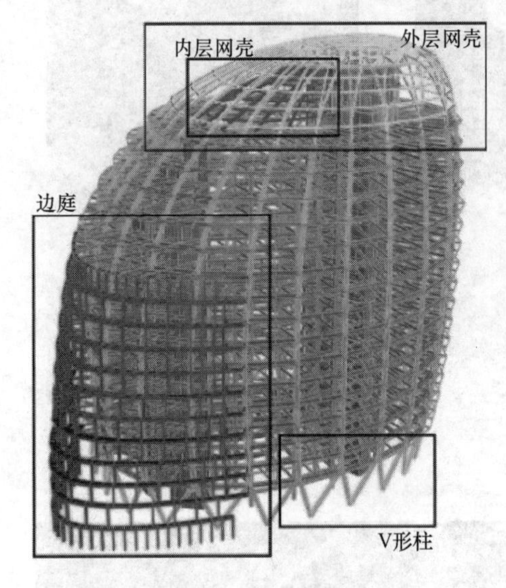

图11　结构计算模型

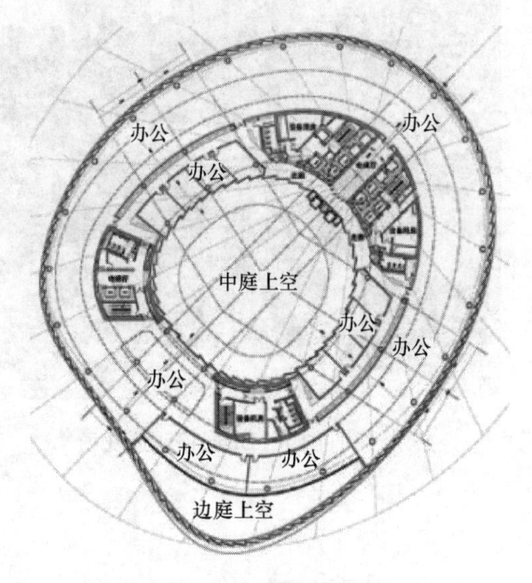

图12　7层建筑平面

三、结构设计面临的挑战

本工程结构高度为95m，未超过8度区（0.2g）钢框架-钢筋混凝土筒结构A级高度的最大适用高度；结构扭转位移比1.35，属于扭转不规则结构；标准层有效宽度60%，开洞面积40%，属于楼板不连续。本工程仅有两项超限项，为节省篇幅，在下文中不再对其进行论述。

1. 柱网转换

首层大堂为两层通高，外围框架柱通过 10m 高的穿层 V 形柱转换到上层柱网倾斜钢柱位置，造型特殊，受力复杂，如图 13 所示。

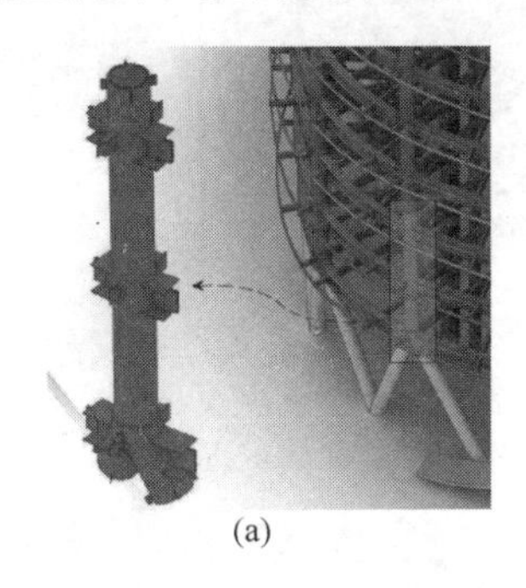

(a)

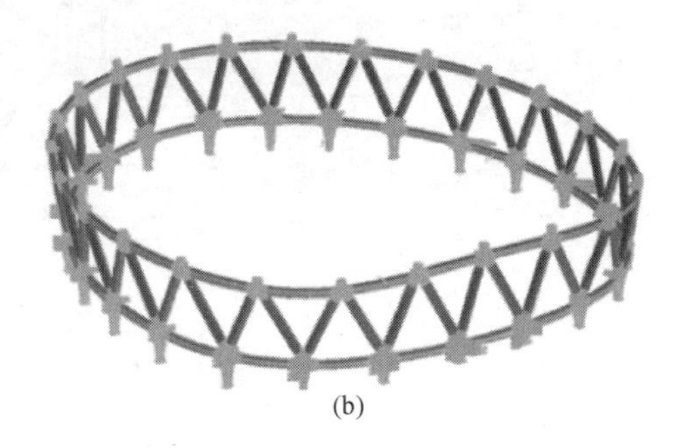

(b)

图 13 首层柱网转换

(a) 外框转换节点；(b) 首层外框转换层示意

2. 通高中庭

主体结构中有通高中庭，楼板有较大开洞，传力不连续（图 14）。

图 14 中庭内景

3. 屋盖

结构屋盖最大跨度约 25m，幕墙系统对屋盖竖向变形要求较高（图 15、图 16）。

4. 附属钢结构边庭

在主体结构南侧，从首层到 12 层顶板高度范围内形成中空边庭，如图 17 所示。边庭结构在每层楼面标高设一道环梁支撑外幕墙，环梁两侧与主体结构铰接拉结，环梁截面 6 层及以下根据幕墙条件设置宽度不等的变截面方钢实腹弧梁，7 层及以上因幕墙需要环梁宽度过大，环梁改为格构式弧梁。

方案阶段，边庭结构采用格构斜柱＋弧形梁结构体系，如图 18（a）所示。但格构柱位置与建筑幕墙分隔不符，结构构件与建筑使用功能不协调。根据建筑幕墙分隔需要，在幕墙立挺处间隔设置结构支撑柱，形成不连续的竖向构件，通过水平弧形宽扁梁（水平桁

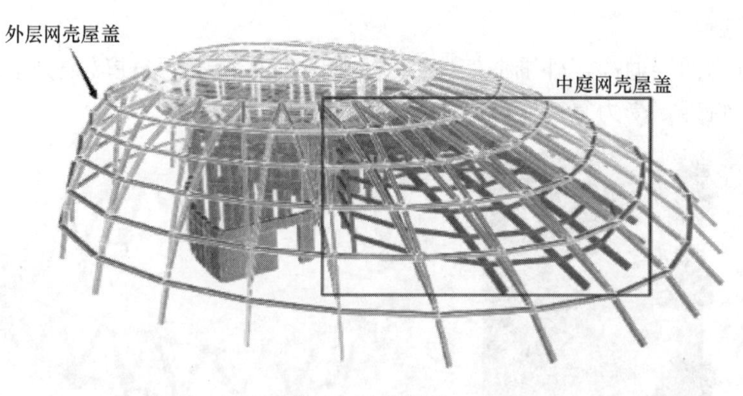

图 15　屋盖模型

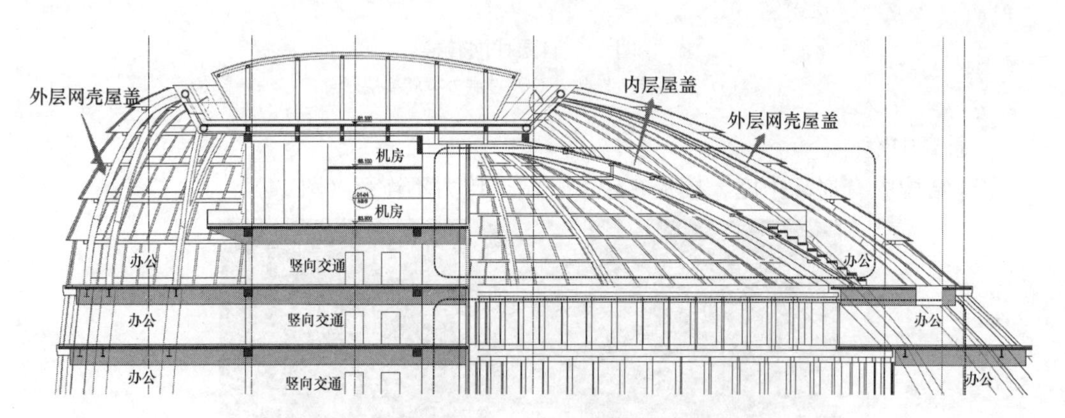

图 16　屋盖剖面

图 17　边庭实景

架）传递竖向力，如图 18（b）所示，此方案竖向构件不连续，受力不利，但能与建筑使用功能较好融合，经过方案比选，最后确定边庭结构采用不连续柱方案。

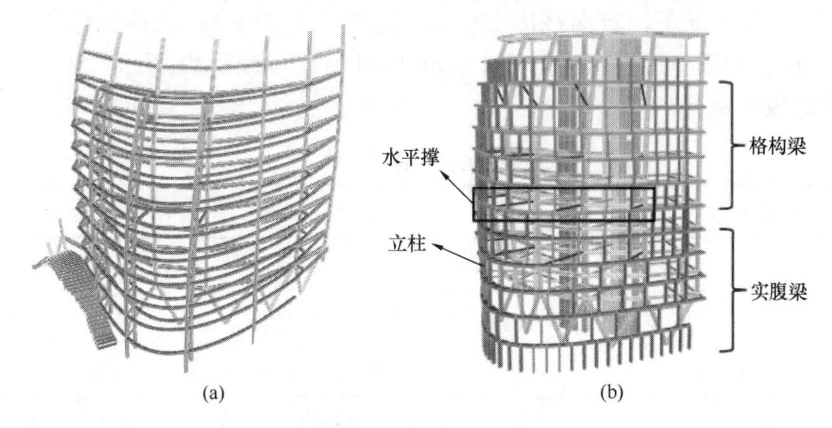

图 18 边庭方案比较

（a）格构柱方案；（b）不连续柱方案

由于竖向构件不连续，无法连续传递竖向力，为保证边庭结构受力整体性和安全性，采用以下措施，对边庭结构方案进行优化：

1）6 层及以下弧梁内，在上下层立柱腹板位置设置加劲肋，且每隔一定间距也设置肋板。7 层及以上格构式弧梁在上下层立柱位置均设置方钢腹杆（图 19 中构件 BGL1），且每隔一定间距也设置相同腹杆（图 19 虚线）；

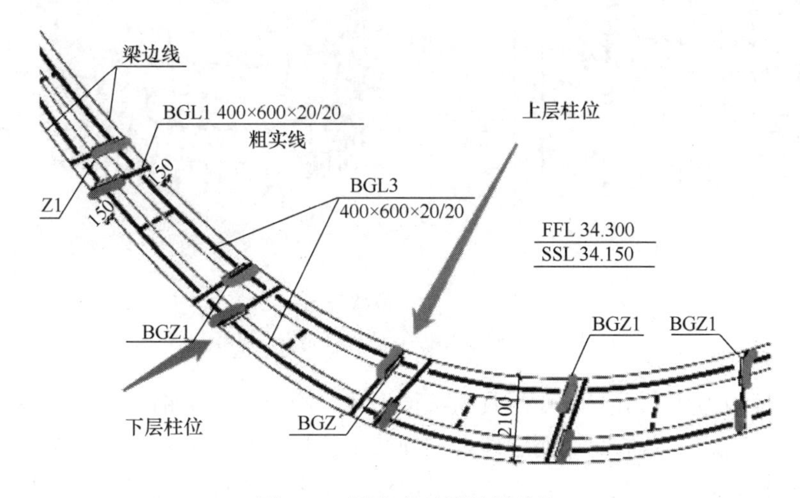

图 19 8 层边庭环梁局部结构

2）在边庭中间，立柱采用“隔一布一”原则设置，在边庭两侧与主体结构相接处，每道立挺均布置立柱，加强竖向力传递；

3）从 5 层起每隔一层沿放射轴线设置 4 道水平支撑，减小边庭平面外计算长度，加强与主体结构拉结；

4）在边庭结构两侧的主体结构上，分别设置一榀竖向格构柱，增强边庭结构的支座约束作用。

采用MIDAS模型建立边庭结构模型，为考虑主体对边庭的影响，分别建立边庭独立模型和主体与边庭的整体模型进行包络设计。计算结果表明，边庭构件应力比如表1所示。边庭在D+L工况下，竖向挠度20mm（挠跨比1/2400）；风荷载作用下结构侧移9mm（1/5666），地震作用下结构侧移46mm（1/1108），如图20所示。综上，边庭结构各项指标满足规范要求。

屋盖结构构件应力比 **表1**

构件位置		截面形式	应力比
环杆	6层及以下	B400×1000（～1500）×20×20	0.370
	7层及以上	B400×600×20×20	0.405
立柱		B700×250×20×20	0.787
水平撑		P325×16	0.376

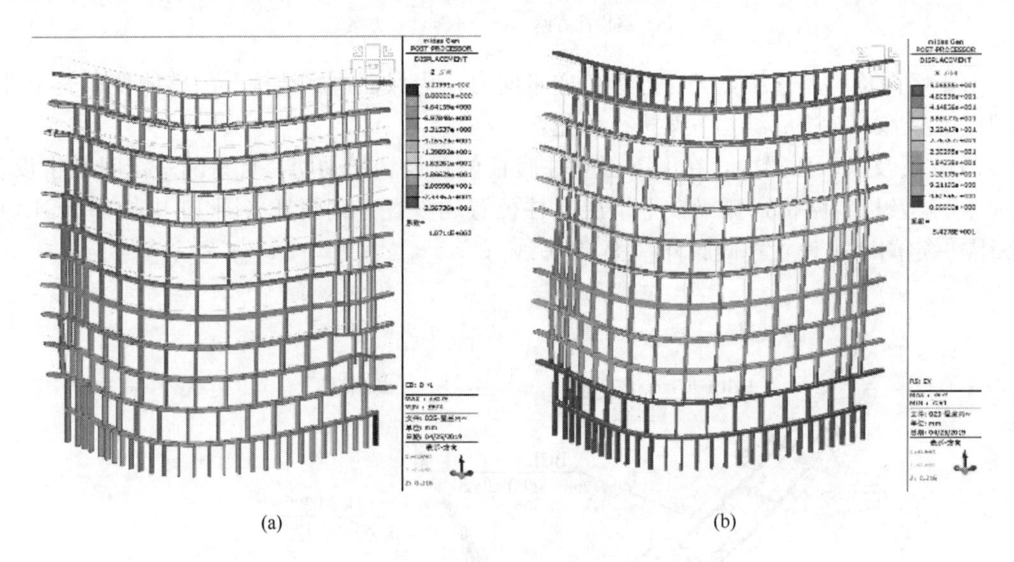

(a) (b)

图20 结构位移云图

(a) D+L工况竖向挠度；(b) E_x地震结构侧移

由于边庭结构为从下至上渐变内收的结构形式，因此上下层钢柱不在同一垂直面，施工安装过程相对困难，为了增加楼层环梁在安装定位过程中整体稳定性，施工时对上下层环梁水平位置相差较大的4、6、8、10层采取增设水平支撑杆的稳定措施，临时水平支撑杆一端环梁、环桁架腹板焊接固定，另一端与主塔楼楼层钢梁焊接固定，待上一层结构环梁安装完成后，该环梁以下的临时水平杆方可拆除，如图21所示。

5. 后增加蛇形坡道

在边庭结构范围内，设置一条蛇形坡道从结构地下2层到2层，如图22所示。坡道为三段，Ⅰ段连接地下1到地下2层，Ⅱ段连接地下1到1层，上下端铰接于楼板，中间由地下已施工完的结构柱提供悬挑钢梁支撑；Ⅲ段通过地上幕墙柱、框架柱及4道拉索提供支撑结构。

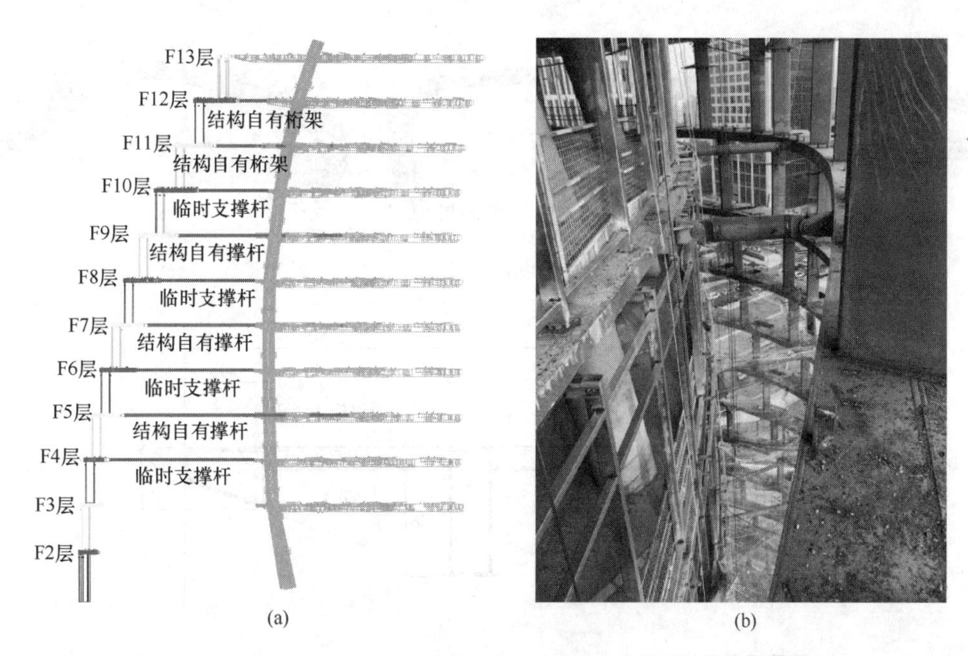

图 21 边庭施工过程

(a) 施工临时支撑布置；(b) 边庭结构施工

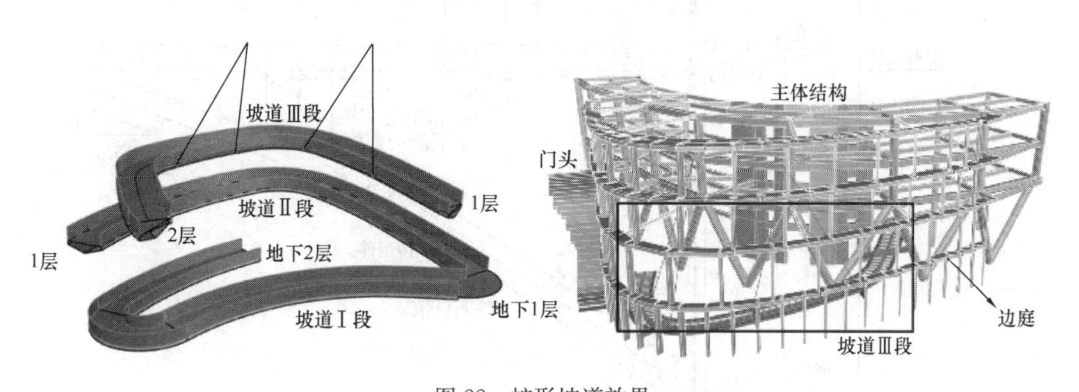

图 22 蛇形坡道效果

采用 MIDAS 软件对蛇形坡道分段建模，同时为考虑 1 层坡道与边庭结构和主体结构的相互作用影响，将坡道与主体合模计算，计算模型如图 23 所示。

根据建筑外观要求，坡道纵向主梁为弧梁，采用焊接方钢和梯形截面方钢截面，坡道横向檩条采用槽钢（600mm 一道），如图 23 所示。坡道与主体结构拉结采用圆管侧向销轴支承。

经计算，各段坡道结果见表 2，各构件应力比均满足规范要求，有一定冗余度；坡道 D+L 工况下竖向挠度满足《钢结构设计规范》GB 50017—2003 附录 B 楼梯梁竖向挠度 1/250 限值，施工中可考虑适当起拱，以降低结构竖向感官挠度。各段坡道频率均大于 3.0Hz，满足规范要求。图 24 为各段坡道第一阶振动模态。

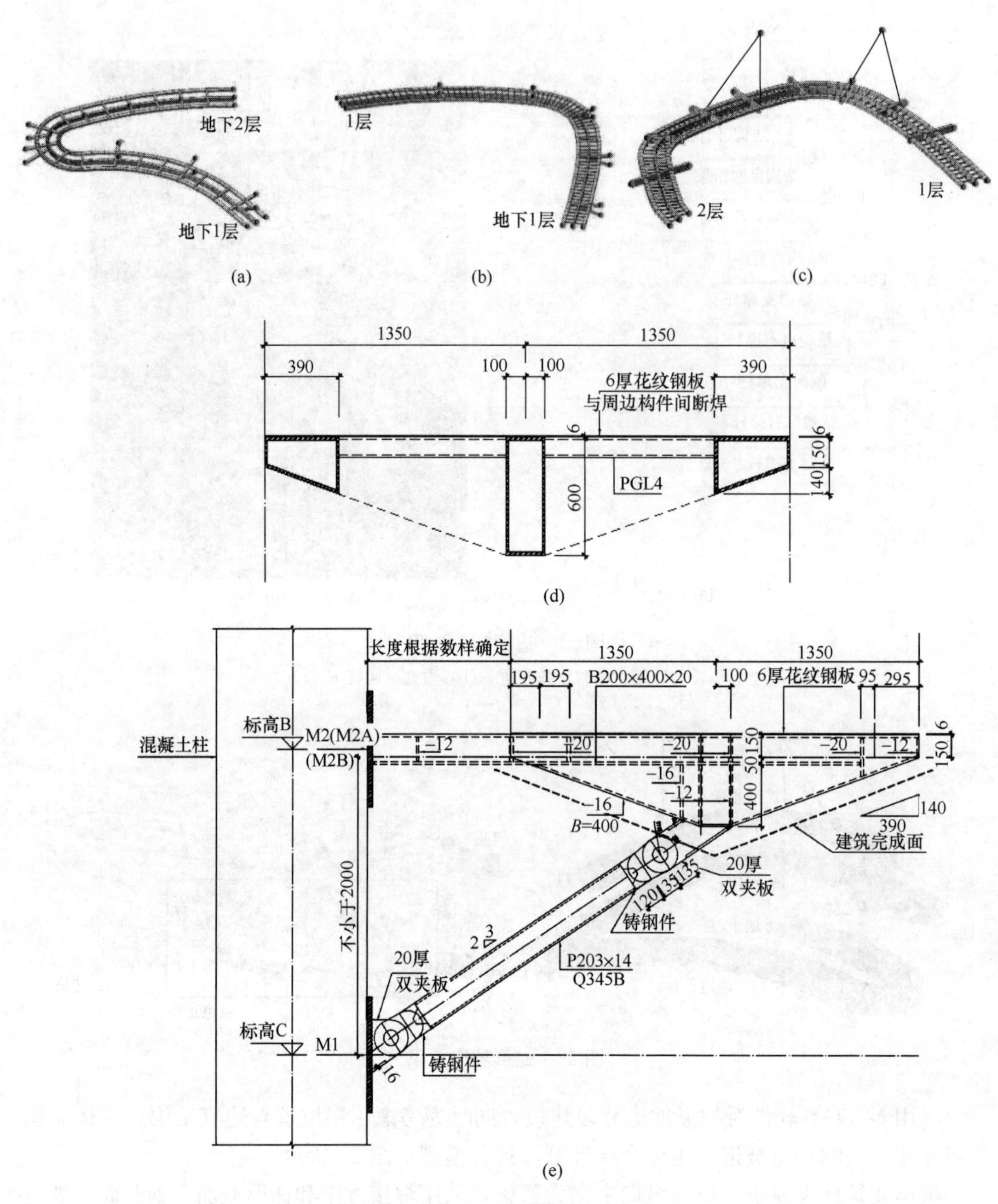

图 23 蛇形结构

(a) 坡道Ⅰ段；(b) 坡道Ⅱ段；(c) 坡道Ⅲ段；(d) 典型坡道剖面；(e) 与原结构拉结坡道剖面

蛇形坡道计算结果 **表 2**

坡道	构件	应力比	挠度(mm)(挠跨比)	频率(Hz)
Ⅰ段	B 600×200×12×12	0.574	22 (1/490)	15.78
	B150（～290）×390×12×12	0.745		
	C 10	0.195		

续表

坡道	构件	应力比	挠度(mm)(挠跨比)	频率(Hz)
Ⅱ段	B600×200×12×12	0.358	35 (1/385)	17.38
	B150（～290）×390×12×12	0.581		
	C 10	0.125		
Ⅲ段	B600×200×12×12	0.167	21 (1/324)	9.04
	B150（～290）×390×12×12	0.302		
	C 10	0.302		

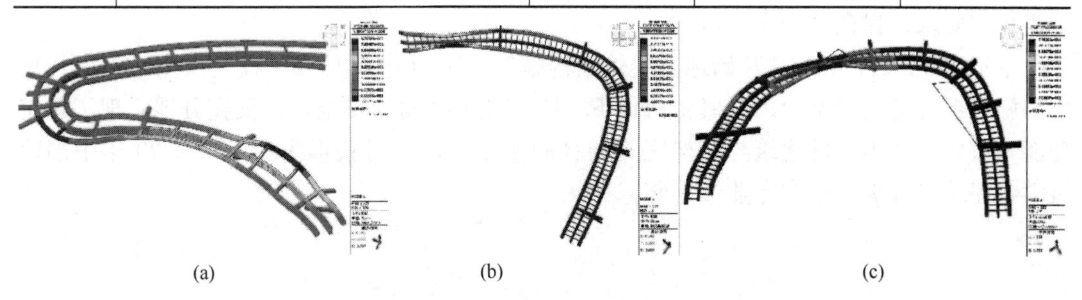

(a) (b) (c)

图 24 各段坡道第一阶振动模态
(a) 坡道Ⅰ段；(b) 坡道Ⅱ段；(c) 坡道Ⅲ段

坡道因建筑造型要求，结构受力复杂，需留有足够的安全储备。

综合上述情况，设计中对关键构件性能目标相应提高，钢框架柱抗震等级提高一级，并按中震弹性设计，混凝土核心筒按中震不屈服设计。

6. 复杂节点分析

本工程结构形式复杂，结构体系中存在大量斜度不同的钢柱和弧梁等异形构件，产生大量复杂节点，在钢结构设计中，对构造和传力复杂的节点应予以重视，本节选取三个关键位置的复杂节点，进行有限元分析，保证节点安全性。

四、整体结构弹性分析

本工程采用 SATWE V2.2 软件和 MIDAS Gen 软件进行小震弹性反应谱计算。两种软件的主要计算结果对比如表 3 所示。主要指标基本一致，结构 X、Y 向楼层位移沿竖向无明显突变，结构周期比和层间位移角均能满足规范的限值要求。

两种软件主要计算结果对比 **表 3**

软件		SATWE	MIDAS Gen
结构自重（t）		108511	113553
前三阶周期（s）	T_1	1.7042	1.5945
	T_2	1.4885	1.3582
	T_3	1.2106	1.0459
地震作用下基底剪力（kN）	X 向	59571	63090
	Y 向	59201	63156
地震作用下最大层间位移	X 向	1/803	1/856
	Y 向	1/840	1/977

五、结论

OS-10B 地块办公商业楼工程目前已建成并投入使用，本工程地下部分已先行完工，本文研究对象为地上部分。地上部分结构复杂，存在多项不规则，采用多软件计算分析，对主体结构和全部结构进行多遇地震下的反应谱分析；并对各分项结构进行结构验算：对钢网壳屋盖进行强度和稳定分析，对南侧通高边庭进行强度和刚度验算，三段蛇形坡道分别进行承载力和刚度验算，以及坡道舒适度分析。计算结果表明，结构各部分验算指标均满足规范要求，保证结构安全可靠。

本工程于 2017 年 5 月开始地上主体结构施工，2019 年 3 月竣工投入使用。在设计单位与施工单位的共同努力以及紧密协作下，既保证了结构的安全性，又充分地实现了建筑功能与效果，成为一件建筑与结构完美结合的作品。该项目获得了 2019—2020 年中国建筑学会建筑设计奖·结构专业二等奖。

14　广西金融广场项目结构设计

建 设 地 点　广西壮族自治区南宁市东盟商务区
设 计 时 间　2013.02—2013.07
工程竣工时间　2018.03
设 计 单 位　华蓝设计（集团）有限公司
　　　　　　［530011］广西壮族自治区南宁市华东路39号
设计顾问单位　华南理工大学建筑设计研究院
主 要 设 计 人　庞少华　方小丹　江　毅　童艳梅　蒙文流　赖玲利　吴燕秋
本 文 执 笔　庞少华

获 奖 等 级　2019—2020中国建筑学会建筑设计奖·结构专业二等奖

一、工程概况

项目位于南宁市东盟商务区，建筑功能为办公和酒店，建筑实景如图1所示。

本项目地面以下4层地下室，车库及设备用房，层高分别为5.8m、3.9m、3.9m、4.0m。地面以上塔楼68层，结构高度299.7m，屋面停机坪顶面高度为325.5m；建筑平面为45m×45m的近似正方形，核心筒平面尺寸约23m×23m；1层层高6m，2、3层层高5.4m，底部为3层通高大堂；4～18层层高4.2m，综合办公楼层；18、19层为设备和避难层，层高4.0m、3.2m；20～34层层高3.6m，酒店楼层；35、36层为设备和避难层，层高4.0m、3.2m；37～51层层高4.2m，办公楼层；52、53层为设备和避难层，层高4.2m；54～63层层高4.2m，办公楼层；64～68层层高5.1m，办公楼层。

图1　建筑实景

6层裙楼布置在主楼北侧，在地下室顶板之上通过设置抗震缝把裙楼与高层塔楼分开，为两个独立的结构单元。图2为建筑标准层平面图。

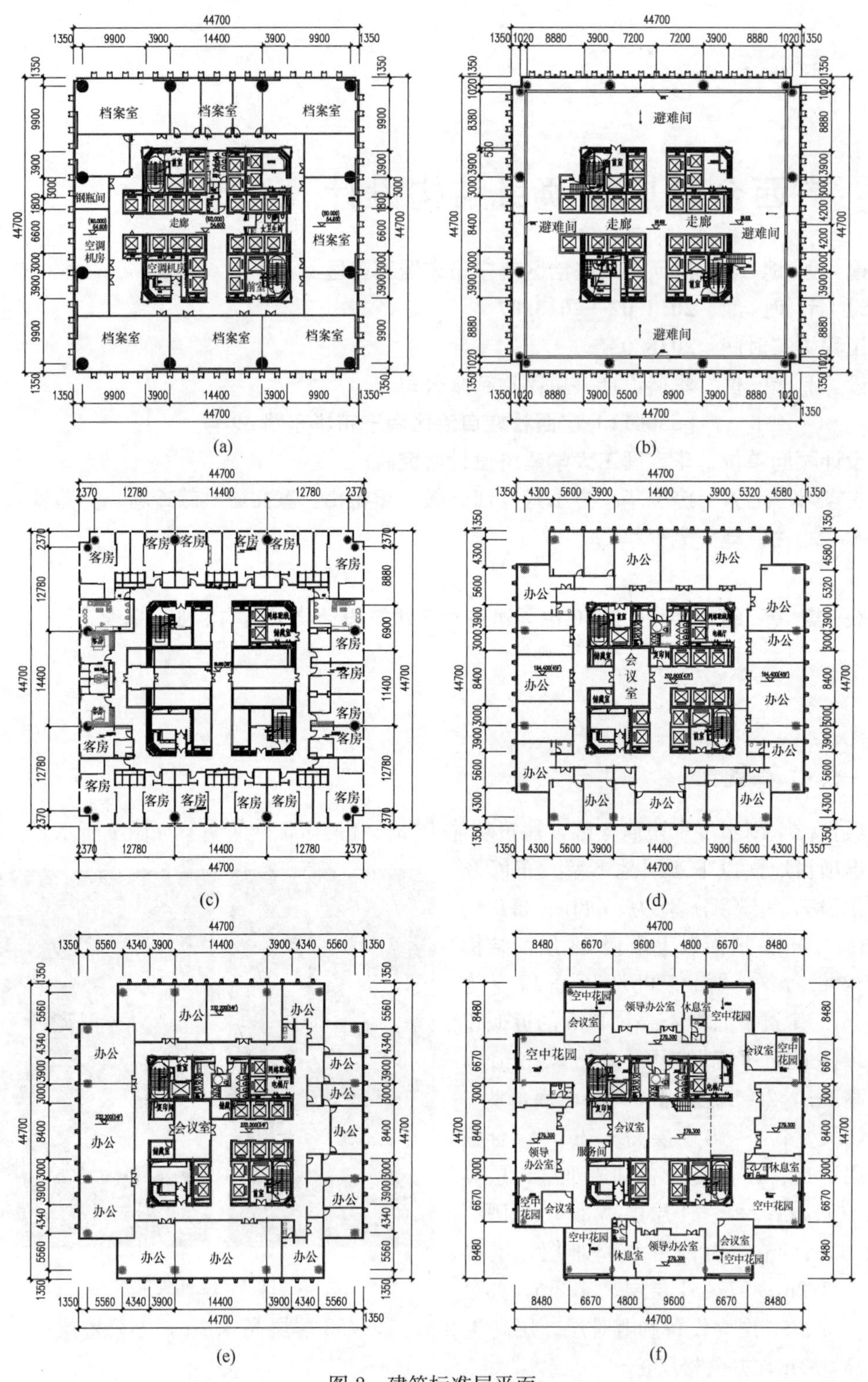

图 2 建筑标准层平面

(a) 11～12 层平面图；(b) 9 层平面图；(c) 20 层酒店层平面图；(d) 51 层办公层平面图；
(e) 55 层办公层平面图；(f) 65 层办公层平面图

二、设计标准

抗震设计：本工程属重点设防类建筑，建筑结构安全等级为一级。项目设计时南宁市的抗震设防烈度为6度。场地类别为Ⅱ类，地震分组为第一组，特征周期 $T_g=0.35s$。按本地区设防烈度6度计算，及地震安评的参数复核。按本地区设防烈度提高1度即7度采取抗震措施。塔楼框架抗震等级为一级，核心筒剪力墙抗震等级为一级，6层裙楼钢框架抗震等级为三级。

抗风设计：基本风压 $0.4kN/m^2$，C类场地，并采用风洞试验结果进行复核。

三、基础设计

主楼基础采用人工挖孔桩基础，桩端持力层为中风化粉砂岩及中风化泥质粉砂岩；外框周边12根柱，一桩一桩的布桩方式，传力直接，柱下设条形承台，承台厚2500mm；核心筒下均布14根组成群桩筏板基础，筏板厚3000mm；其余底板厚1200mm。塔楼桩基平面布置如图3所示。

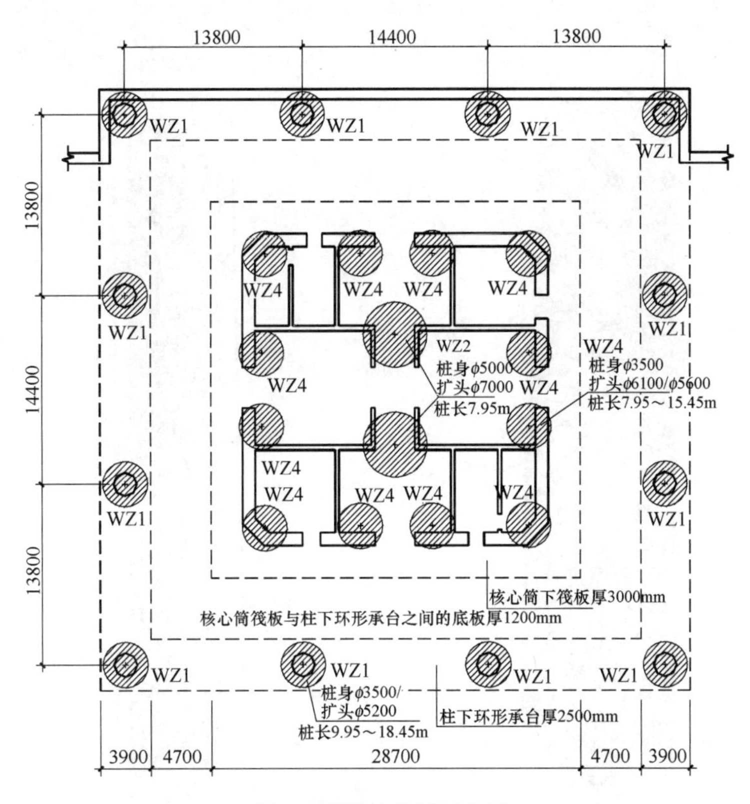

图3 塔楼桩基平面布置

四、结构承重及抗侧力体系

本工程以地下室顶板（标高 0.000m）作为嵌固端，埋深 17.65m，为 4 层全埋地下室。结合建筑平面功能、立面造型、抗震、抗风性能要求、施工周期及造价合理等因素，本工程采用两道环带桁架加强层的钢管混凝土框架＋钢筋混凝土核心筒的混合结构体系。核心筒外围剪力墙厚度为 1000～400mm，核心筒内部剪力墙厚度为 300～250mm，连梁高度 500～800mm，宽度同墙厚。外周框架梁为 600mm 高 H 型钢梁，核心筒与外框架为 600mm 高 H 型钢梁，楼盖采用钢筋桁架楼承板的混凝土梁楼盖，核心筒内为钢筋混凝土板楼盖，楼盖整体性好。在环桁架上、下弦楼板以及加强层以上和以下相邻楼层的楼板受力相对较大。设计验算了本工程加强层及上下相邻楼层楼板的中震作用下楼板抗拉承载力，通过增大板厚、提高混凝土强度等级及加大配筋，楼板能够满足中震不屈服的性能目标。

结构整体模型如图 4 所示。

塔楼结构竖向荷载由内部混凝土筒体、外圈钢管混凝土柱共同承担。塔楼抗侧力主要由核心筒剪力墙和带加强层的外框筒共同承担，如图 5 所示。典型楼层结构平面布置如图 6所示。

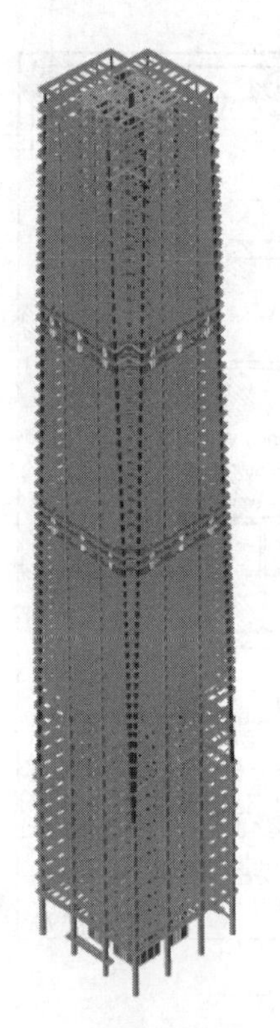

图 4　结构整体模型

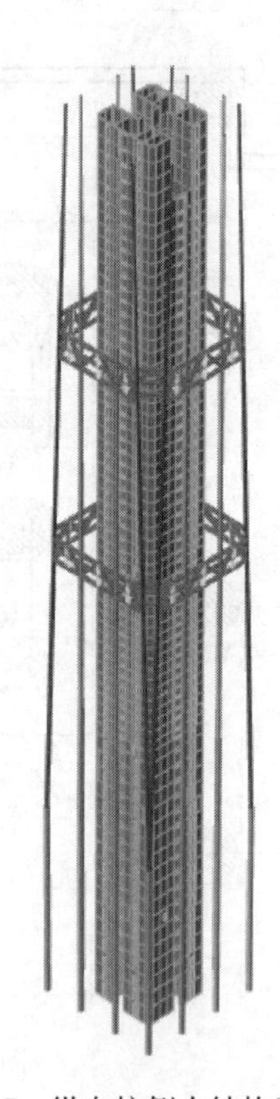

图 5　纵向抗侧力结构示意

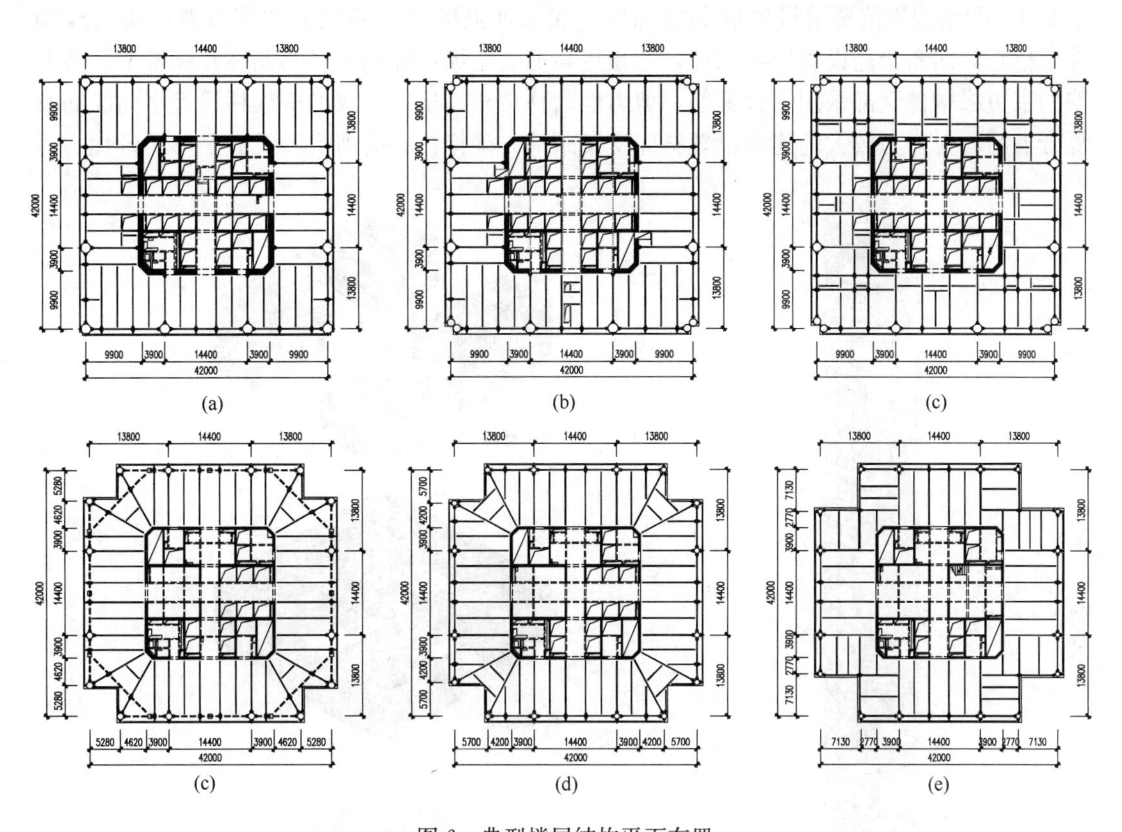

图 6　典型楼层结构平面布置

（a）4～12 层结构平面图；（b）13～19 层结构平面图；（c）酒店层结构平面图；（d）办公层结构平面图；（e）环带桁架加强层结构平面图；（f）55～68 层办公层平面结构布置

五、关键技术措施

1. 核芯筒设计

利用楼梯、电梯、设备管井，在中部设置 23m×23m 的钢筋混凝土核心筒，并结合楼电梯间设置相对对称的剪力墙，与外围筒形成 4 个闭合的剪力墙筒，有效地提高了核心筒墙体的稳定，通过施工过程模拟分析，剪力墙核心筒可比外周钢框架提前施工 20～25 层，保证施工安装的灵活性。尽可能将剪力墙布置在核心筒外侧，同时减少核心筒内部剪力墙布置，在增加结构整体抗侧刚度及抗扭刚度的同时减小结构自重，本工程核心筒外围剪力墙厚度由底部 1000mm，到顶层逐步收小至 400mm；核心筒内部剪力墙厚度为 300～250mm，连梁高度 500～800mm，宽度同墙厚，满足结构抗侧和抗扭刚度的需要，底部设有跨层柱，则由核心筒承担全部地震剪力。在环桁架上、中、下弦层以及上、下相邻楼层的剪力突变大，受力相对较大，提高抗震等级并根据大震分析结果加强配筋。控制剪力墙轴压比不大于 0.5，按延性指标要求提高底部加强区墙体箍筋、纵筋配筋率。图 7 为核心筒剪力墙结构模型。

核心筒剪力墙设计时按 7 度采取抗震措施，抗震等级为一级，控制剪力墙轴压比不大于0.5，严格按规范要求设置底部加强区，底部加强区及相邻以上3层设置约束边缘构件，核心筒四角全高设置边缘构件，适当提高剪力墙纵筋配筋率及箍筋体积配箍率，剪力墙约束边缘构件全部采用闭合箍筋，剪力墙暗柱按相同抗震等级的框架柱设置竖向纵筋及复合箍筋，对剪力较大的连梁设置斜向交叉暗撑，确保核心筒剪力墙具有足够的延性。

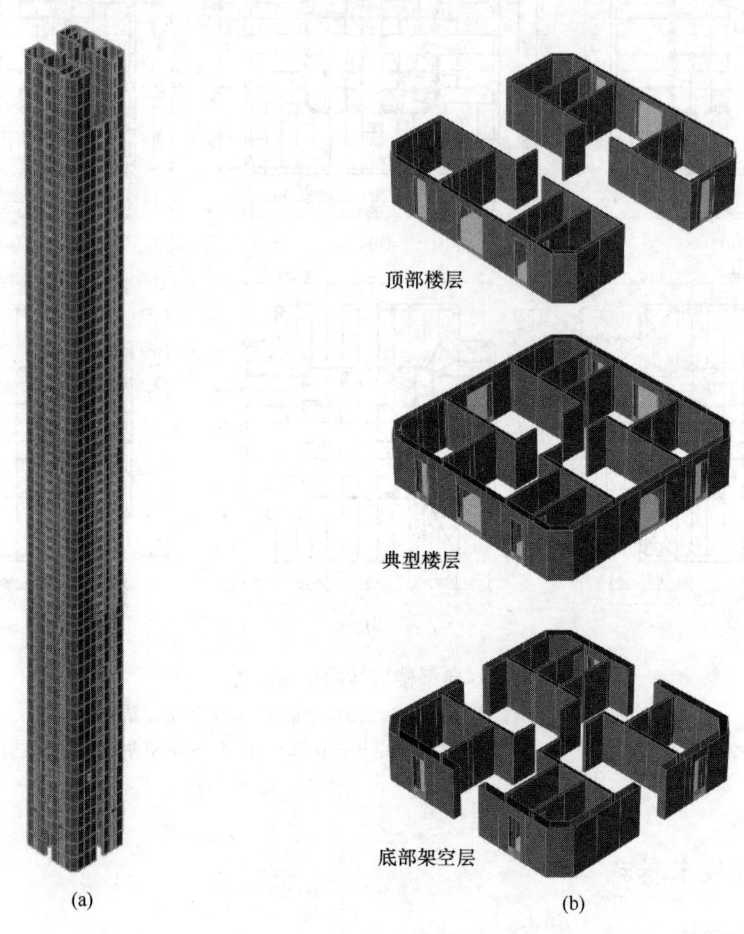

图7　核心筒剪力墙结构模型
(a) 塔楼整体剪力墙；(b) 典型楼层剪力墙

2. 环桁架加强层设计

由于结构整体刚度需要，因建筑柱网的限制，采用伸臂桁架有难度，配合建筑的立面造型及楼层分区使用功能，考虑利用分区的3个设备避难层设置跨2层的桁架加强层，沿外框架布置环带桁架加强层。

为取得满意的环桁架布置方案，对下面四种结构布置：不设加强桁架、设1道加强环桁架（52～53层）、设2道加强环桁架（35～36层、52～53层）、设3道加强环桁架（18～19层、35～36层、52～53层）；同时对顶部楼层角部位置不加框架梁与加框架梁闭合进行对比。通过对比分析和结构优化，在中上部的设备层避难层（35～36层、52～53层）设置2道跨层环桁架，对提高外围框架刚度，达到提高整体结构的侧向刚度，效率最高，能够较好地满足变形和位移角的限值要求，结构整体刚度均匀性及建筑方案造型的需要得到了均衡的方案。环桁架在分叉角柱不闭合，采用内退连接为闭合环桁架。图 8 为加强层三维模型。

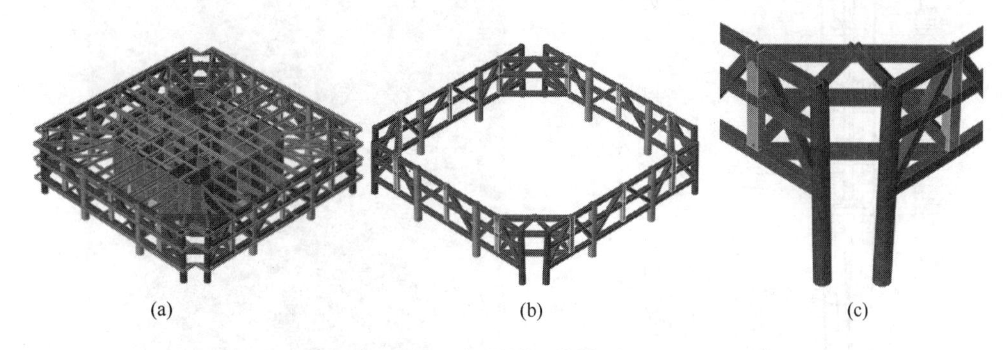

图 8 加强层三维模型

(a) 环带桁架加强层三维模型；(b) 环带桁架三维模型；(c) 环带桁架角部三维

3. 钢管混凝土柱设计、柱脚设计

钢管内设焊钉，增加钢管壁与管内混凝土的连接，避免钢管与混凝土脱离。钢管柱脚与基础底板的连接，按抗拉、抗压强度设计，并在钢管内增加纵向连接钢筋，如图 9 所示。

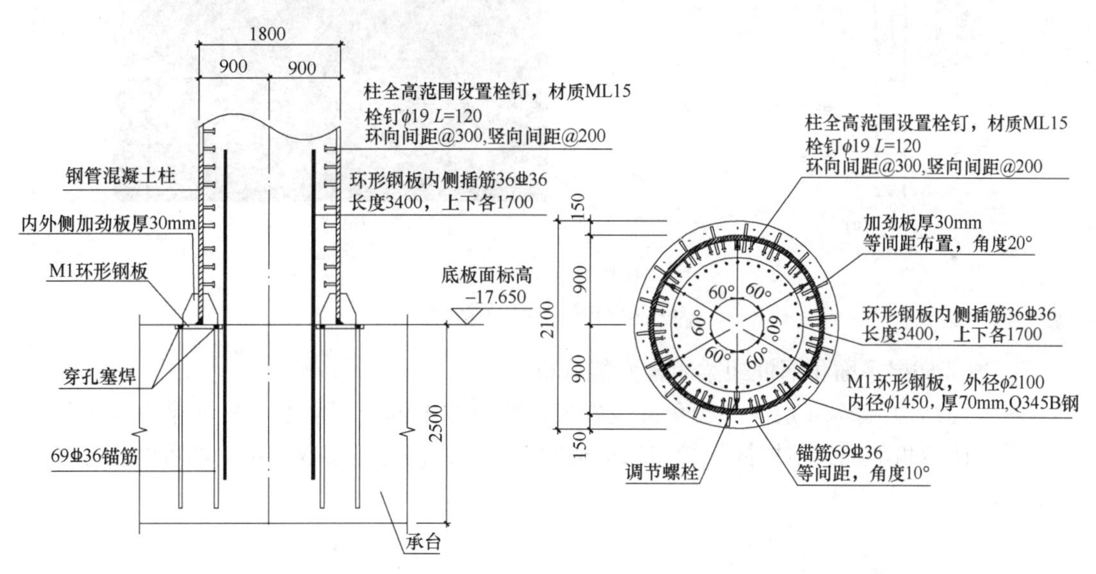

图 9 钢管柱脚大样图

4. 钢管混凝土分叉角柱设计

钢管混凝土柱截面为 ϕ1800×45mm～800×20mm，外围钢管混凝土柱 13 层以下为 12 根，13 层以上由于建筑造型的需要，角柱 1 根分叉为 2 根，并分别沿两个轴线方向随着高度的增加向建筑平面边线的中心倾斜，倾角为 1.91°，外围钢管混凝土柱变为 16 根。柱截面由底部的 ϕ1800×45mm 渐变至顶部的 ϕ800×20mm。转折处设置平面自平衡抗拉梁体系，以承受转折处柱产生的水平力。图 10 为钢管混凝土分叉柱立面。

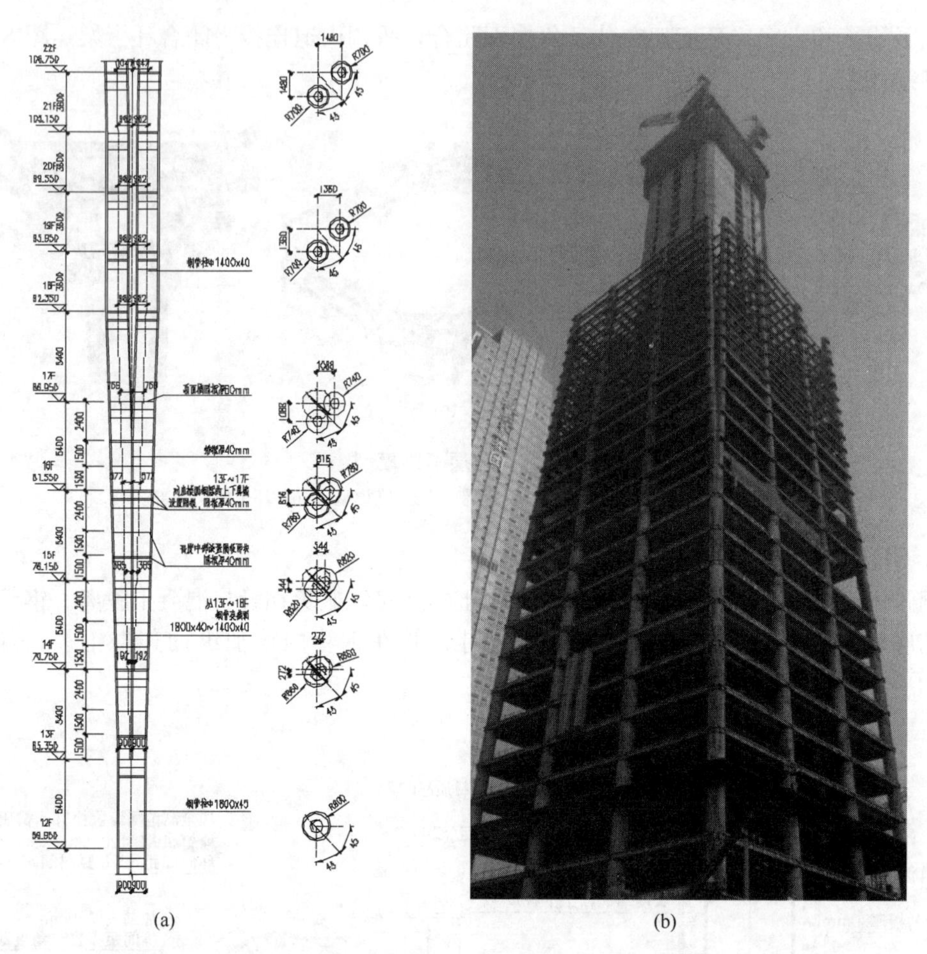

图 10　分叉柱立面

(a) 结构立面；(b) 现场照片

5. 顶部楼层平面角部框架梁闭合性能分析

本工程结构顶部 54 层～屋顶角部位置根据建筑方案的造型需要，框架梁没有条件封闭。设计比较角部框架不加框架梁与加框架梁闭合的结构性能参数分析，两种结构方案的分析比较如图 11 所示。

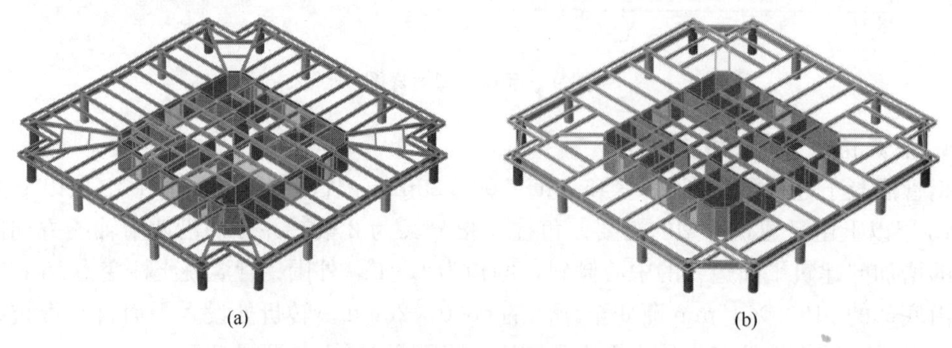

图 11　顶部楼层平面结构方案

(a) 角部不加框架梁方案；(b) 角部加框架梁方案

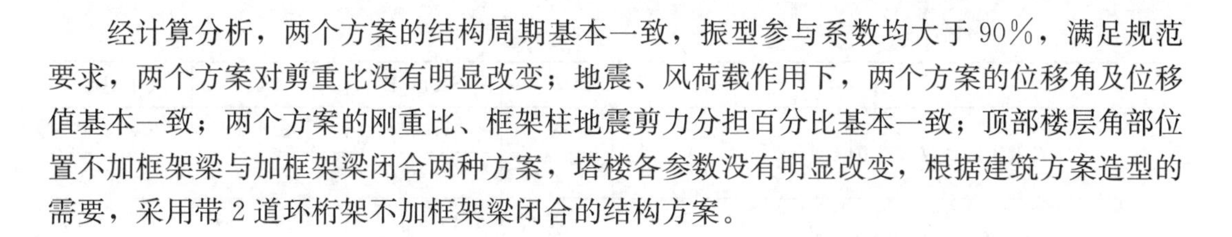
经计算分析，两个方案的结构周期基本一致，振型参与系数均大于90%，满足规范要求，两个方案对剪重比没有明显改变；地震、风荷载作用下，两个方案的位移角及位移值基本一致；两个方案的刚重比、框架柱地震剪力分担百分比基本一致；顶部楼层角部位置不加框架梁与加框架梁闭合两种方案，塔楼各参数没有明显改变，根据建筑方案造型的需要，采用带2道环桁架不加框架梁闭合的结构方案。

六、计算分析结果

1. 基本参数

通过将安评报告与《建筑抗震设计规范》GB 50011—2010（简称《抗规》）关于地震作用计算参数进行比较，在本工程设计时，小震、中震、大震作用下的计算参数均按规范反应谱进行计算分析。弹性分析计算重力二阶效应。

2. 计算分析软件

分析软件采用SATWE、PMSAP、ETABS单独建模计算，相互校核复核。

3. 小震弹性分析结果

本工程分别采用SATWE、PMSAP、ETABS三个软件单独建模计算，小震弹性分析结果如表1所示。

小震弹性分析结果 **表1**

计算软件		SATWE	PMSAP	ETABS
第1平动周期		6.6141	6.518	6.495
第2平动周期		6.4568	6.348	6.397
第一扭转周期		2.9413	3.567	2.401
第一扭转周期/第1平动周期（规范限制要求<0.85）		0.44	0.55	0.37
地震作用下基底剪力（kN）（小震）	X	8789	8770	8439
	Y	8652	8637	
风荷载作用下基底剪力（kN）（50年重现期）	X	17016	17122	8519
	Y	17044	17138	
不含地下室结构总质量（t）		172326	173530	172800
标准层单位面积重度（kN/m^2）		11.95	12.03	11.98
剪重比（小震）	X	0.48%	0.48%	0.50%
	Y	0.47%	0.47%	0.50%
地震作用下倾覆弯矩（kN·m）（小震）	X	2345345	2349026	
	Y	2345345	2349026	
风荷载作用下倾覆弯矩（kN·m）（50年重现期）	X	3631310	3653865	
	Y	3637085	3657183	

续表

计算软件		SATWE	PMSAP	ETABS
有效质量系数（规范限制90%）	X	97.97%	92.9%	95.93%
	Y	97.83%	92.9%	96.16%
50年风荷载最大层间位移角（层号）	X	1/1016（64）	1/996（68）	1/1074（60）
	Y	1/977（64）	1/949（68）	1/1080（60）
地震作用下最大层间位移角（层号）	X	1/1817（45）	1/2366（44）	1/2067（60）
	Y	1/1886（45）	1/2287（44）	1/2087（64）
考虑偶然偏心最大扭转位移比（规范限制1.4）	X	1.16	1.13	1.019
	Y	1.16	1.078	1.019
楼层侧向刚度比不宜小于相邻上层0.9或1.1倍	X	0.85	0.96	0.92
	Y	0.85	0.96	0.94
抗剪承载力不应小于相邻上层抗震承载力的75%	X	0.71	0.71	0.76
	Y	0.70	0.7	0.76
刚重比	X	1.81	1.83	2.06
	Y	1.74	1.76	2.04

4. 小震弹性时程分析

《高层建筑混凝土结构技术规程》JGJ 3—2010要求弹性时程分析时应按建筑场地类别和设计地震分组选用不少于2组实际地震记录和1组人工模拟的加速度时程曲线，其平均地震影响系数曲线应与振型分解反应谱法所采用的地震影响系数曲线在统计意义上相符。本工程采用SATWE和ETABS两个软件选用3条人工波和4条实测地震记录的场地波进行弹性时程分析。分析结果表明，两个软件分析的各项指标基本一致（图12、图13）。

5. 中（大）震等效弹性分析

通过中（大）震等效弹性分析，检查剪力墙底部加强部位及加强层的抗剪承载力及受拉应力，分析结果显示，大震作用下钢管混凝土柱均为受压状态，核心筒外墙因整体弯曲局部墙肢出现拉应力，采取增强纵筋配置解决墙体拉应力。另外验算中震弹性、大震不屈服等工况下核心筒外墙的压弯承载力，如图14所示。楼板是保证钢筋混凝土核心筒与外围钢框架变形协调及共同受力，并发挥结构整体空间性能的重要构件。特别在环桁架上、下弦楼板以及加强层以上和以下相邻楼层的楼板受力相对较大。设计验算了本工程加强层及上、下相邻楼层楼板的中震作用下楼板抗拉承载力，通过增大板厚、提高混凝土强度等级及加大配筋，楼板能够满足中震不屈服的性能目标。

6. 大震弹塑性分析

通过对大震作用下结构的弹塑性响应进行分析，检查结构是否满足大震作用下的抗震性能目标，构件的塑性及其损伤情况以及整体结构的弹塑性行为。大震作用下结构最大顶点位移、最大层间位移、最大基底剪力及最大倾覆弯矩见图15；研究结构关键部位、关键构件的变形形态和破坏情况；论证整体结构在大震作用下的抗震性能，寻找结构的薄弱层及薄弱部位。图16为大震作用下结构性能指标。

工程于2013年3月基坑开挖，2013年6月基础及主体结构开始施工，2015年10月结构封顶，2018 年 3 月竣工投入使用。在设计单位与施工单位的共同努力以及紧密协作下，既保证了结构的安全性，又充分实现了建筑功能与效果，建筑与结构实现完美结合。该项目获得 2019—2020 年度中国建筑学会建筑设计奖·结构专业二等奖、2019 年度中国勘察设计协会行业优秀勘察设计奖优秀建筑结构二等奖、2019 年度广西优秀工程勘察设计成果建筑结构一等奖。

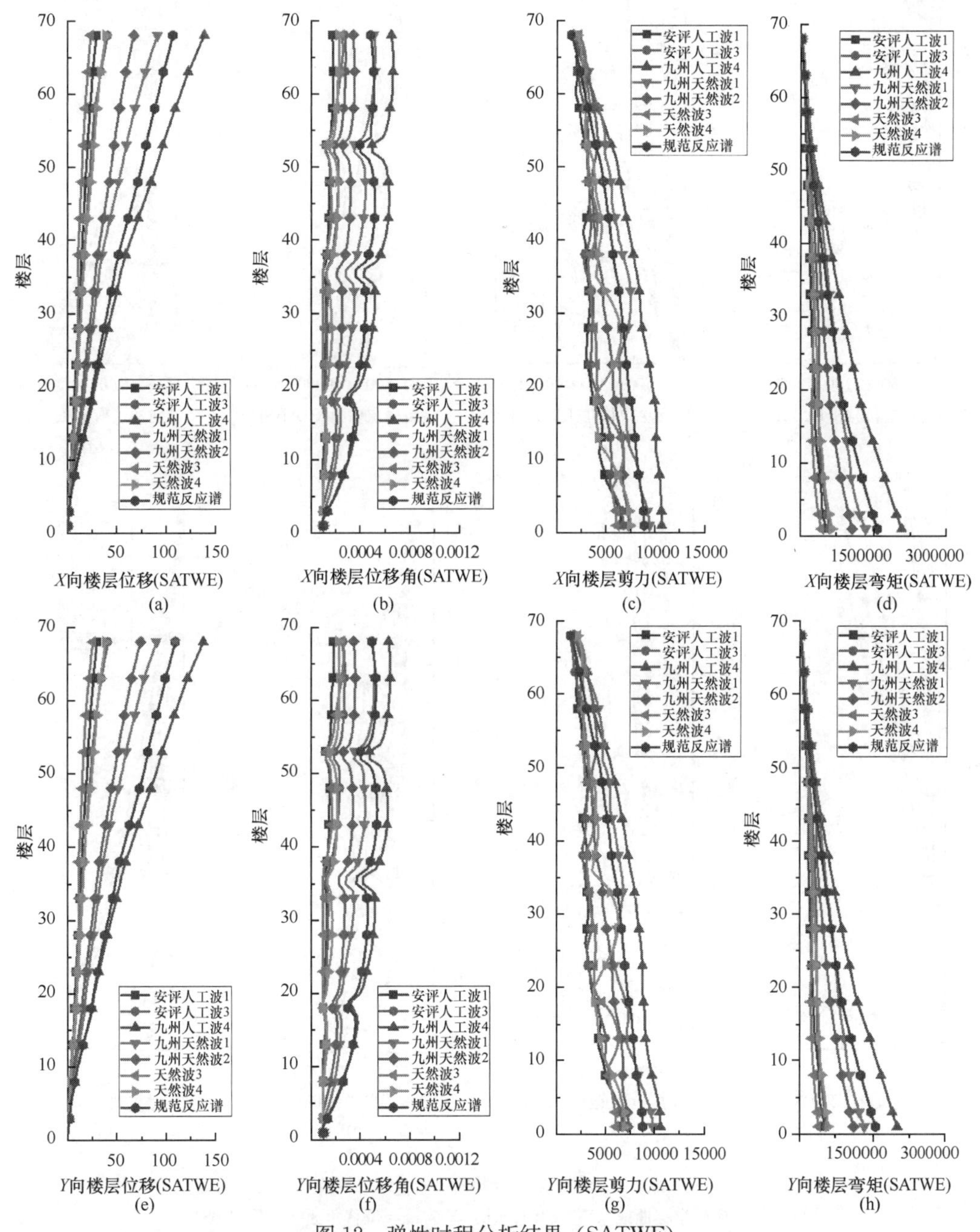

图 12 弹性时程分析结果（SATWE）

（a）X 向楼层位移曲线（SATWE）；（b）X 向楼层位移角曲线（SATWE）；
（c）X 向楼层剪力曲线（SATWE）；（d）X 向楼层弯矩曲线（SATWE）；
（e）Y 向楼层位移曲线（SATWE）；（f）Y 向楼层位移角曲线（SATWE）；
（g）Y 向楼层剪力曲线（SATWE）；（h）Y 向楼层弯矩曲线（SATWE）

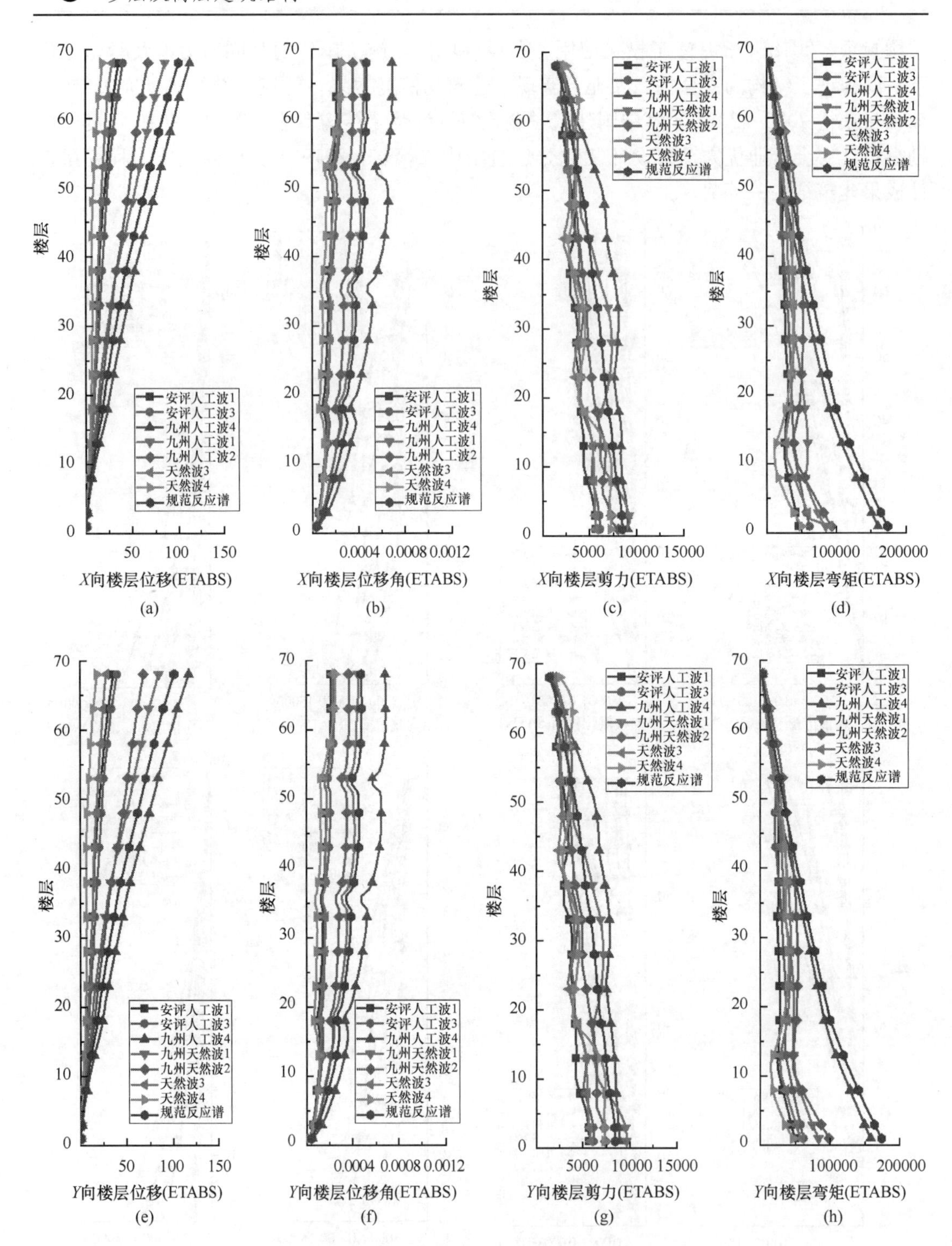

图 13 弹性时程分析结果（ETABS）

(a) X 向楼层位移曲线（ETABS）；(b) X 向楼层位移角曲线（ETABS）；
(c) X 向楼层剪力曲线（ETABS）；(d) X 向楼层弯矩曲线（ETABS）；
(e) Y 向楼层位移曲线（ETABS）；(f) Y 向楼层位移角曲线（ETABS）；
(g) Y 向楼层剪力曲线（ETABS）；(h) Y 向楼层弯矩曲线（ETABS）

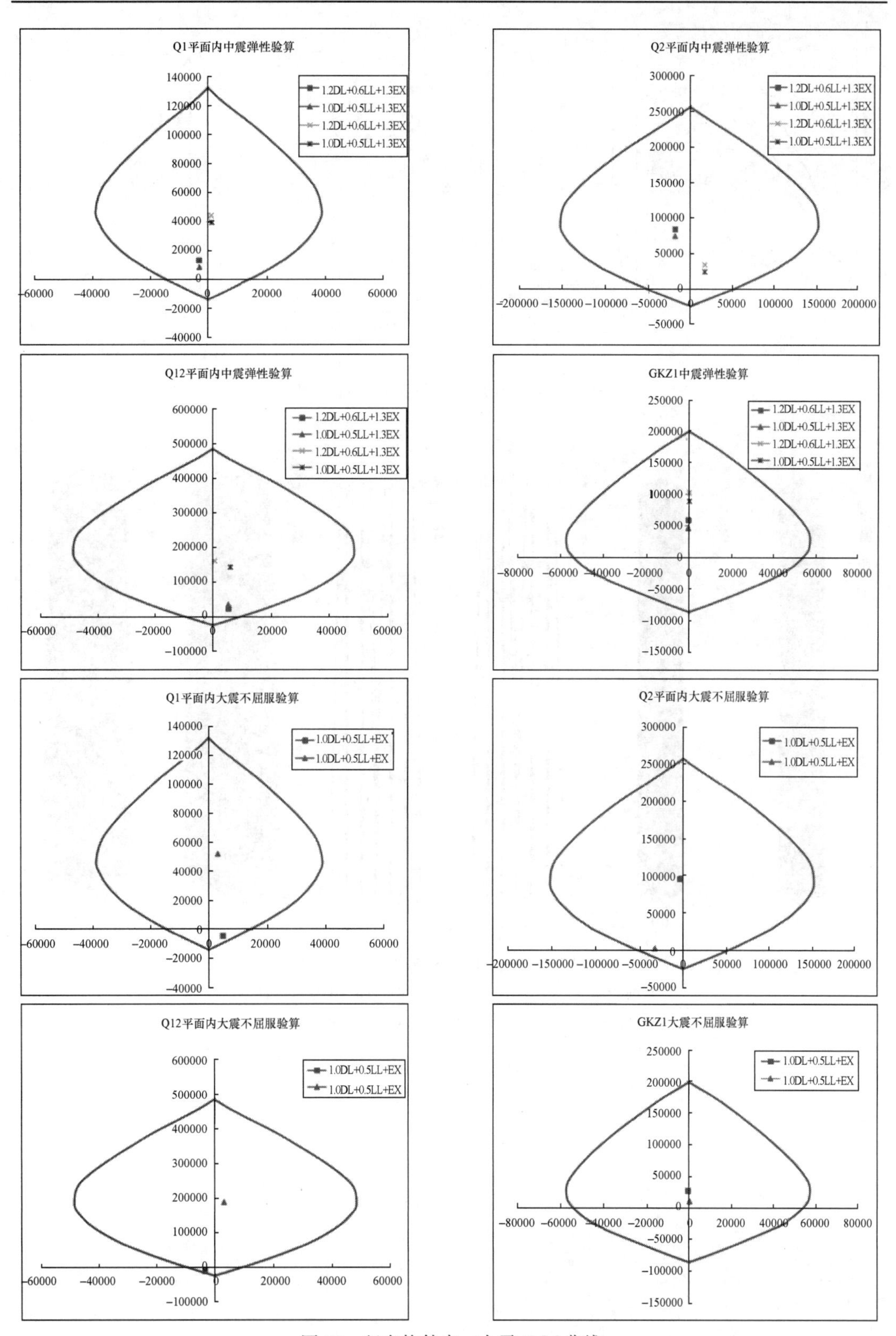

图 14 竖向构件中、大震 *P-M* 曲线

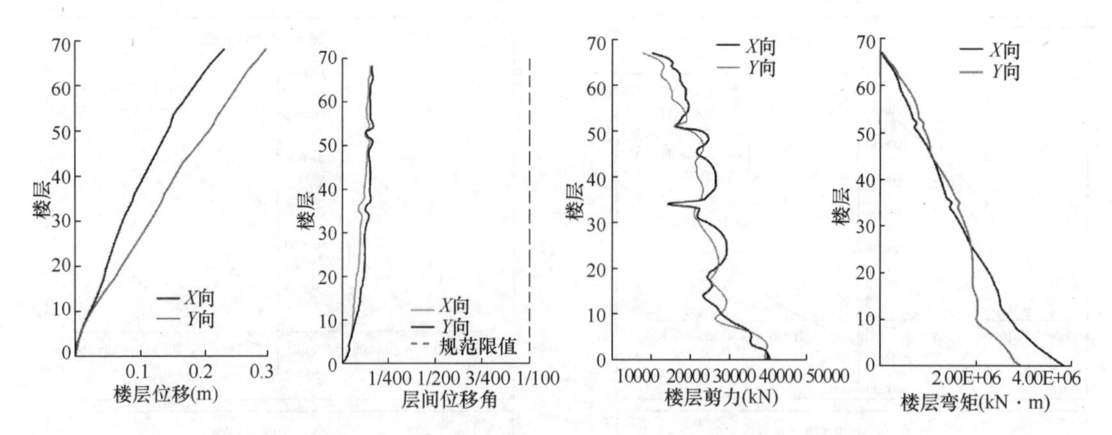

图 15　大震作用下结构主要指标结果

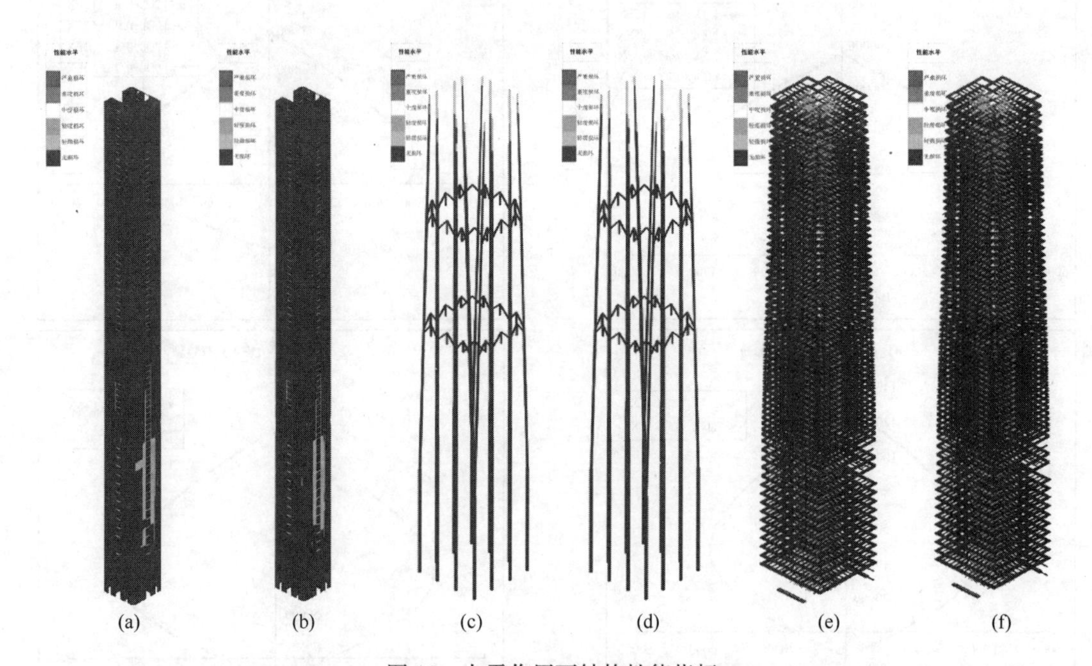

图 16　大震作用下结构性能指标

(a) 剪力墙 (EX); (b) 剪力墙 (EY); (c) 框架柱 (EX);
(d) 框架柱 (EY); (e) 框架柱 (EX); (f) 框架柱 (EY)

15 佛山市公共文化综合体项目——坊塔结构设计

建 设 地 点　广东省佛山市东平新城
设 计 时 间　2011—2012
工程竣工时间　2017
设 计 单 位　广州市设计院
[510620] 广东省广州市体育东路体育东横街 3 号
奥雅纳工程顾问深圳公司
[518048] 深圳市福田区福华一路 6 号
主要设计人　赵松林　雷　磊　周　定　林奉军　刘洪亮　黎文辉　王燕珺
李　翔　徐平辉
本 文 执 笔　刘洪亮　赵松林　雷　磊　黎文辉　周　定

获 奖 等 级　2019—2020 中国建筑学会建筑设计奖·结构专业二等奖

一、工程概况

佛山市公共文化综合体项目——坊塔（图 1）位于广东省佛山市东平新城核心区，地上 17 层，地下 2 层，建筑高度为 135.350m（女儿墙标高 153.60m）。总用地面积 30685m²，总建筑面积 71420.26m²，其中地下部分约 3.06 万m²，容积率 1.7。

佛山坊塔的方案是丹麦 HLA 事务所在国际方案竞赛中的中标方案。初步设计由 ARUP 顾问公司完成，施工图设计由广州市设计院完成。

佛山坊塔是佛山东平新城文展中心的标志性建筑，从建筑外形看，坊塔由 5 个方体搭建在其下的 4 个方体而成，每个方体按建筑要求的模数确定尺寸，大小不等，相互错开，中间相互间的重叠区域沿高度方向贯通，形成落地的核心筒。

建筑立面（图 2）设计理念来源于岭南传统镂空窗，配合其方体造型，表现出坊塔极富传统底蕴的现代感。方体外框由外框斜柱和肌理两部分组成，分别为立面图中填充斜杆和非填充杆件。从结构受力性能、建筑效果、施工难度和经济性等方面考虑，立面结构方案把外框斜柱和肌理分别作为结构构件和幕墙构件设计。

坊塔 33.6m 标高以下为 3 大 1 小 4 个方体，构成上部 5 个方体的底座，其中西侧的 2 个方体主要功能为展厅和餐厅，主要楼层所在标高为 6m、12m 和 18m，东侧的 2 个方体分别为内部大空间布置的剧院和多功能厅。

在 33.600m 标高以上各楼层主要功能为空调机房、会议室、观光平台等。各方体除顶部和底部设置楼层外，在方体内部仅存在数量较少的楼层。坊塔剖面如图 3 所示。方体五（33.6～67.2m 标高范围）内部仅在 62.85m 标高处设置楼层；方体四（67.2～91.2m 标高范围）内部分别在 76.45m、81.65m、86.85m 标高处设置楼层；方体三（91.2～115.2m 标高范围）仅在 110.85m 标高处设置楼层；方体二（115.2～134.4m 标高范围）内部分别在 121.25m、126.45m、131.65m 标高处设置楼层；方体一（134.4～153.6m 以上）除在顶部设置斜交肌理盖板外，在方体内部无其他楼层，外框仅为立面造型服务。

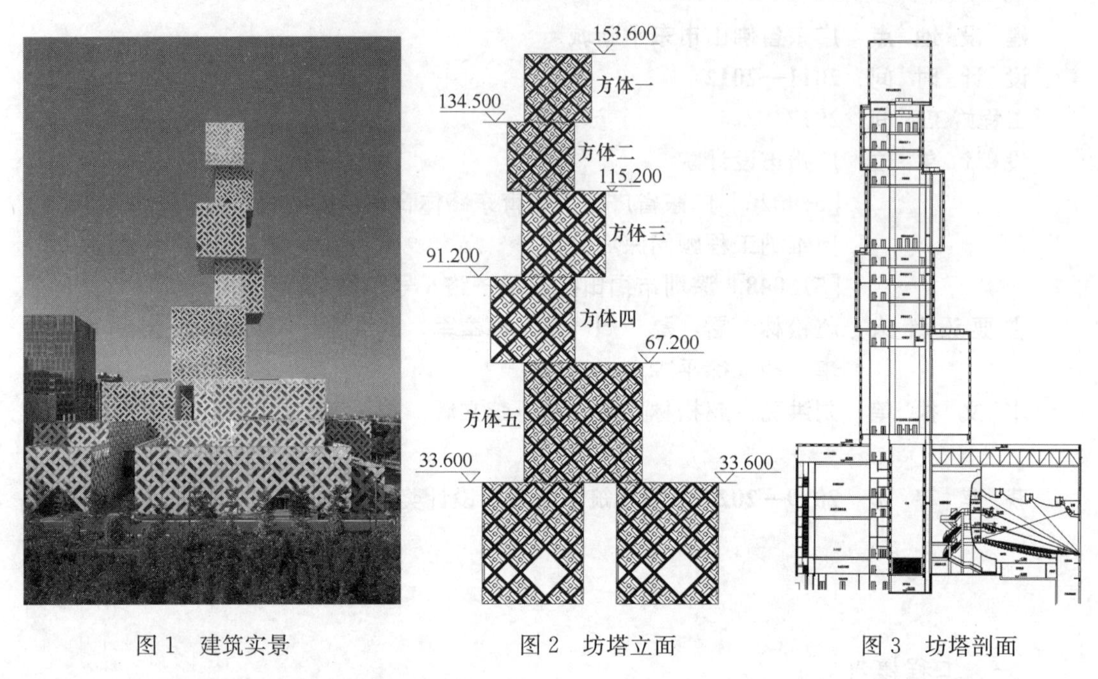

图 1　建筑实景　　图 2　坊塔立面　　图 3　坊塔剖面

二、结构体系

结合建筑外形及功能布置的要求，塔楼主结构采用斜交钢柱外框架结合钢支撑核心筒的双重抗侧力的结构体系，结构模型如图 4 所示。内筒与外围结构之间通过钢梁和组合楼

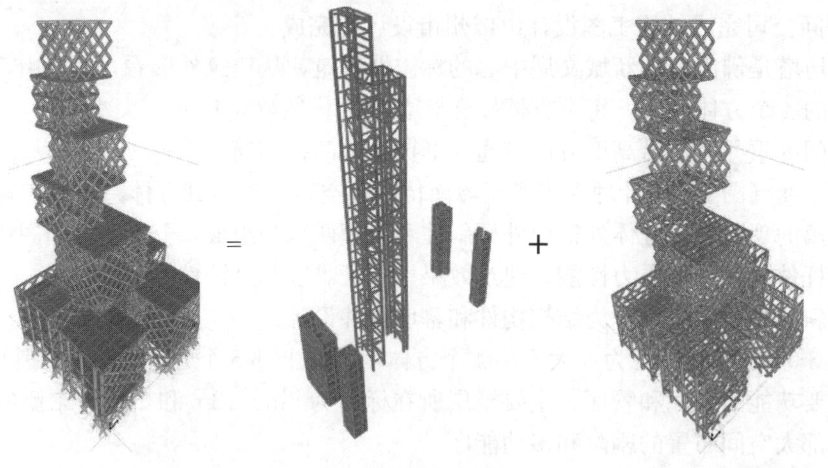

图 4　结构体系示意

板连接，外围钢框架上下不连续，通过转换构件连接。

本工程结构安全等级为二级，设计使用年限为50年，抗震设防类别为标准设防类，根据安评报告，抗震设计烈度为7度，基本地震加速度为0.10g，水平地震影响系数最大值为0.08，建筑场地类别为Ⅱ类，设计地震分组为第一组，场地特征周期取0.43s。结构阻尼比在多遇地震下取0.03，罕遇地震下取0.05。钢支撑内筒及转换梁（桁架）抗震等级为二级，斜柱外框为三级。本工程以－4.8m作为计算嵌固部位。

三、结构特点

1. 新颖的结构体系

坊塔主塔楼采用斜交网格钢外框＋钢支撑核心筒的双重抗侧力的结构体系，结构体型复杂，属于扭转不规则、偏心不规则、凹凸不规则、楼板不连续、竖向尺寸突变、竖向构件不连续、侧向刚度不规则的“特殊类型的高层建筑”。

坊塔由5个方体搭建在其下的4个方体而成，利用方体中部相互间重叠区域沿高度方向贯通，形成落地的核心筒，如图5所示。核心筒由钢支撑与钢柱组成，是抗侧力体系的重要部分，承担较多的竖向力，斜交网格状的钢外框是抗侧向力体系的一部分，同时也支撑外幕墙结构和传递部分竖向力，如图6所示，方体外框由斜柱和肌理两部分组成。每个方体根据模数化设计，确定方体外形尺寸及外框杆件截面，保证外框的每个转角都有完美的细部。外围斜柱钢框架在方体间上下不连续，通过悬挑转换结构承托上部若干个方体，形成独特的双重抗侧力体系。

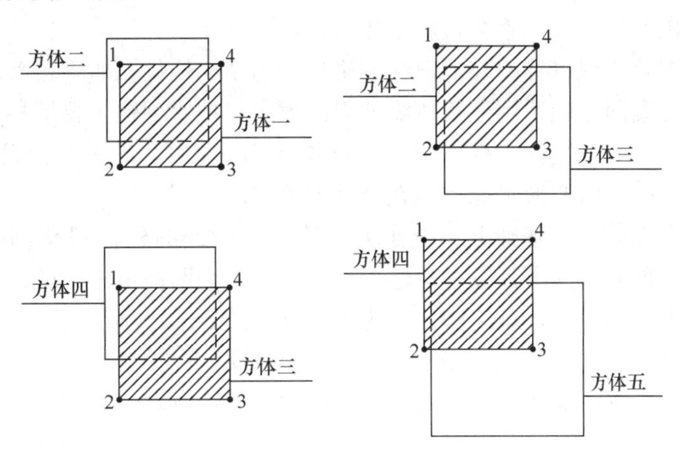

图5　方体重叠平面示意

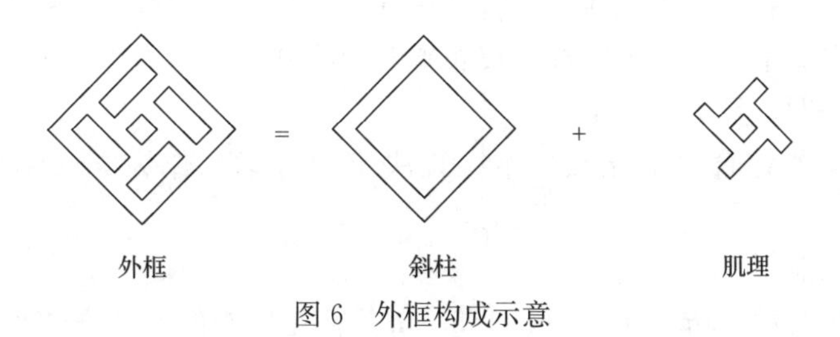

图6　外框构成示意

2. 方体错位堆叠超长整体悬挑结构

坊塔由9个方体堆叠而成，相互错开，最大整体悬挑9.6m（图7），属于错位堆叠的超长整体悬挑结构，如何实现建筑独特的造型是结构设计的重点与难点。

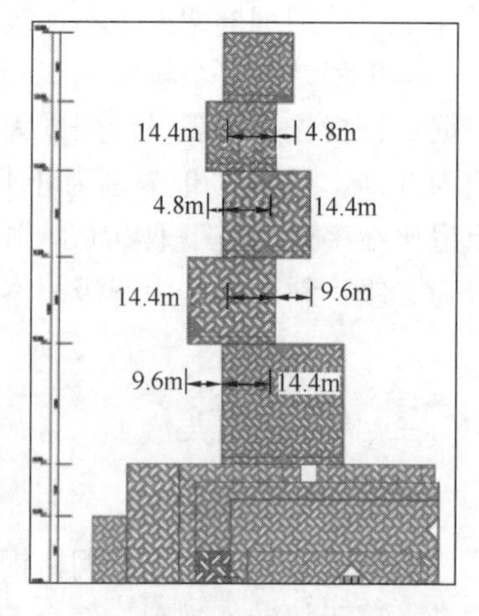

图7 立面整体悬挑示意

四、结构设计要点

由于建筑独特的造型，给结构设计带来巨大的挑战，最突出的方面是如何准确地把握竖向荷载及水平力的传递路线，特别是斜柱外框设计及核心筒设计，为本工程结构设计的重点与难点。着重关注双重抗侧结构体系结合时的设计方法、计算分析、构件分析等，保证结构安全，经济最优，效益最高，并对类似的复杂结构的优化设计提供参考。

（一）斜柱外框设计

1. 斜柱外框立面结构选型

根据建筑的立面效果要求，分别考虑了四种不同的外框立面结构布置方案，如图8所示，其中粗实线为结构构件，细虚线为幕墙构件。从结构受力性能、建筑效果、施工难度和经济性等方面对各方案进行分析比较，详述如下：

（1）方案一把外框斜交网格和肌理全部作为结构构件。本方案虽然满足建筑、结构的要求，但杆件利用率低，节点繁多，施工复杂，经济性差。

（2）方案二把除肌理以外的外框斜交网格均作为结构构件，肌理按幕墙构件设计。与方案一相比，本方案同样能达到建筑所需的立面效果；把肌理作为幕墙构件考虑使得结构构件数量大量减少，节省造价；杆件节间长度均在5m左右，满足作为幕墙支点的要求；本方案的方体悬挑端竖向变形也能控制在合理的范围。

（3）方案三在方案二的基础上，把作为主体结构设计的外框斜交网格的间距加大1倍，除把肌理作为幕墙构件设计以外，还把部分外框斜交网格也按幕墙构件设计。本方案杆件节间距离较大，约10m，难以满足作为幕墙支点的要求，幕墙需要在内部再做骨架承托，施工复杂；由于外框斜交网格的间距加大，数量减少，使得外框结构的整体效应削弱，受力不合理，一方面导致计算长度大幅度增大，杆件所需截面增大，另一方面使得方体悬挑端竖向变形难以控制。

（4）方案四在方案三的基础上，进一步减少了作为主体结构构件设计的外框斜交网格，仅把主对角线的斜杆作为主体结构构件设计，其余杆件均按幕墙构件设计。由于建筑立面效果不允许在盒子四角布置竖杆，仅布置对角线杆使得结构受力不合理。该方案存在与方案三类似的问题，且更为严重。

通过对各方案的综合分析比较，本工程决定把方案二作为立面结构布置最终实施方案。

2. 竖向变形控制

如图1和图2所示，坊塔在33.6～153.6m标高范围内的4个方体均存在大跨度的整体悬挑。4个方体中的两个立面下部无任何支托，仅通过另外两个立面的外框结构构件支承在转换构件上，再通过周边环梁和核心筒把转换构件上的力传递给下部方体，上下方体之间的转换关系如图9所示。因此，方体悬挑端点，尤其是下部无支承的两个面相互交界处的角点的竖向变形的控制是坊塔设计的关键性问题。悬挑方体主要通过外框斜柱体系、顶部和底部楼板形成的整体效应来保持方体外框的形状，控制各悬挑端点的竖向变形。因此，通过建立简化的方体模型（图10）分析斜柱外框整体效应在控制悬挑端点的竖向变形所起的作用，来指导坊塔结构设计。

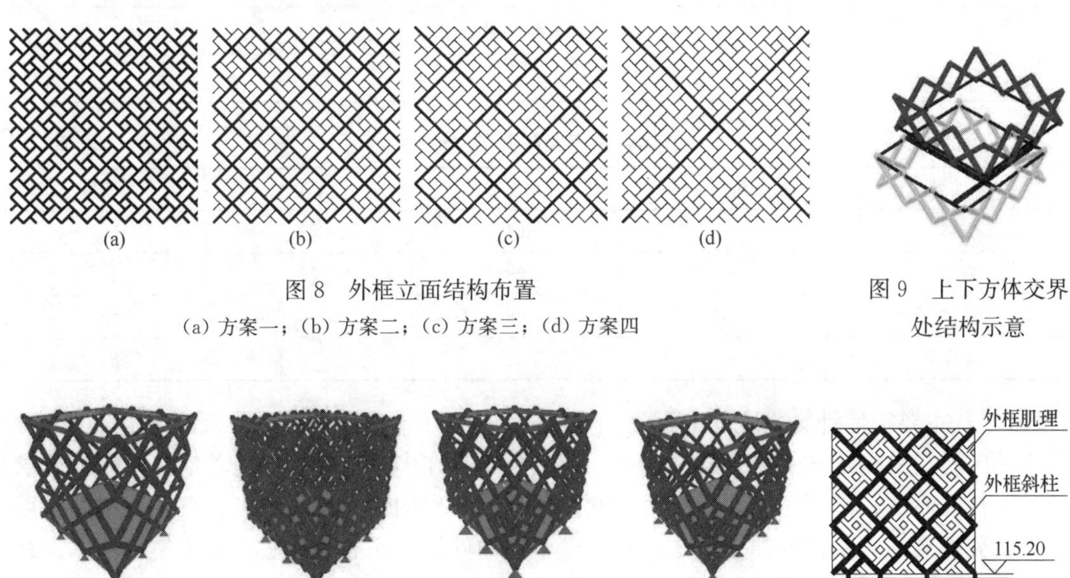

图8　外框立面结构布置

(a) 方案一；(b) 方案二；(c) 方案三；(d) 方案四

图9　上下方体交界处结构示意

图10　坊塔外框简化模型

(a) 简化模型一；(b) 简化模型二；(c) 简化模型三；(d) 简化模型四

图11　利用肌理增设支点

简化模型是根据单个方体结构布置和几何比例关系，考虑实际或可能的支座情况建立(暂不考虑内筒的作用)。模型一是边长为19.2m的一个方体，仅在两个相邻立面的底部外框斜柱的交点处各设置三个支座，在方体各个面的外框斜柱所有交点上均施加1000kN的竖向力，方体顶部仅有部分楼板，底部楼板完整。在简化模型一的基础上分别建立简化模型二～简化模型五。模型二把全部肌理作为结构构件；模型三对肌理进行优化，仅保留部分最有效的肌理；模型四利用肌理在两支承边各增加一个支点，考察利用肌理增设支点(图11) 减小外框悬挑跨度的效果；模型五在盒子的上部取消洞口，形成完整的楼板。各模型竖向变形详见表1，其中角点1为两侧面均无支承的交界处下部角点，角点2为一侧无支承与一侧有支承的两立面交界处的下部角点。

从分析结果可知，通过合理设置部分肌理并结合肌理增设支点能有效降低方体悬挑端的竖向变形；在盒子上部洞口处设置楼板对竖向变形帮助不大，而且会带来自重增加、造价提高、工期延长等问题。根据简化模型的分析结果，对坊塔外框构件截面和支座进行优化，上部4个悬挑方体的角点竖向变形详见表2，各方体角点编号见图5。从计算结果可以看到，竖向变形以整体变形为主，《钢结构设计规范》GB 50017—2003 规定悬挑梁的挠度限值为$L/200$，本工程各方体悬挑端的竖向位移均满足规范要求。

简化模型角点竖向变形（mm） **表1**

编号	角点1变形	角点2变形
模型一	180	57
模型二	100	28
模型三	102	30
模型四	76	19
模型五	154	57

方体各角点竖向变形（mm） **表2**

编号	角点1	角点2	角点3	角点4
方体一	56	66	69	56
方体二	63	59	46	53
方体三	54	65	56	48
方体四	67	51	40	52

（二）主要构件计算长度的分析

佛山坊塔结构形式复杂，构件较多，荷载分布存在多样性，不能简单地套用规范提供的计算长度系数，需通过屈曲分析根据欧拉公式反算出构件的计算长度。目前工程中常用的屈曲分析有独立构件屈曲分析法、整体模型单构件加载屈曲分析法、整体模型整体加载屈曲分析法和局部模型等比例加载屈曲分析法几种。几种常用的屈曲分析法存在各自的局限性，尤其是在考虑整体荷载对约束条件的影响方面存在一定的不足。

根据几何刚度和构件屈曲的基本概念，通过分阶段几何非线性分析来考虑在设计荷载作用下几何刚度的退化，使得屈曲分析时的整体荷载条件与设计工况一致，避免了整体按比例加载屈曲分析导致的构件屈曲时的整体荷载与设计荷载大小不符的问题，能较真实地反映整体荷载对构件间相互约束的影响。

1. 外框斜柱计算长度

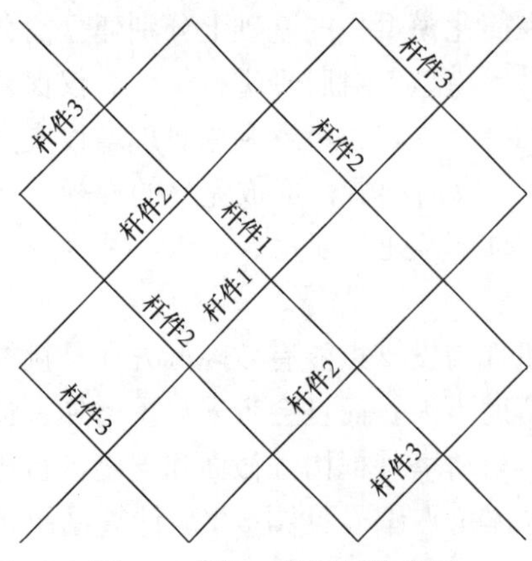

图12 方体三外框杆件编号

采用基于几何非线性的屈曲分析方法对坊塔方体三（标高91.2～115.2m）进行分析，并与整体模型单构件加载和整体模型整体加载两种屈曲分析方法的结果进行比较。

采用SAP2000对坊塔外框进行屈曲分析，几何非线性分析分别采用1.2恒荷载+1.4活荷载和1.2恒荷载+1.4风荷载+0.98活荷载两种工况。其中恒荷载考虑了结构构件的自重以及楼层面板等附加恒荷载，活荷载为使用荷载，风荷载取风洞试验报告提供的最不利作用方向。图12为方体三外框杆件编号。

图13分别给出了基于几何非线性屈曲分析方法

得到的外框斜柱各杆件的屈曲模态。可以看出，被分析构件的屈曲模态较为独立，容易甄别，与其他杆件屈曲相关性不大。整体模型单构件得到的各杆件的屈曲模态与图 7 类似。

图 14 为斜柱外框整体模型整体加载得到的杆件屈曲模态，由于各杆件内力比较相差不大，导致各杆件屈曲模态之间存在一定耦联，较少出现某杆件单独屈曲的模态。

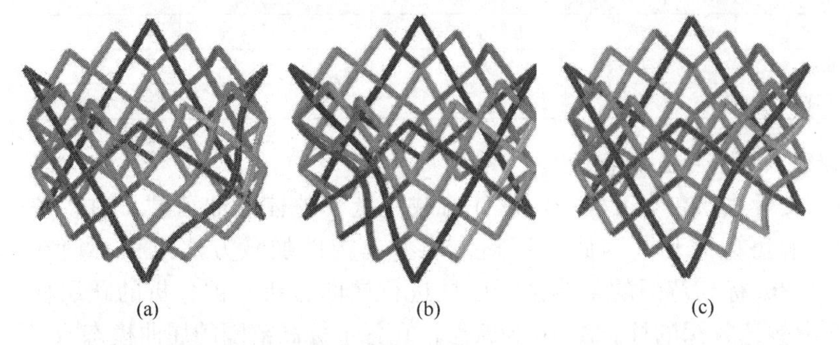

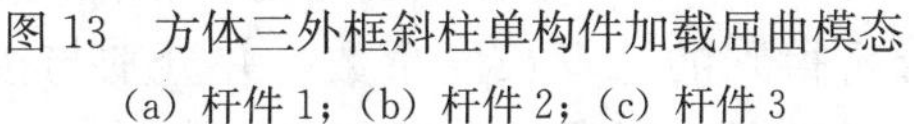

图 13　方体三外框斜柱单构件加载屈曲模态

(a) 杆件 1；(b) 杆件 2；(c) 杆件 3

图 14　方体三外框斜柱整体加载屈曲模态

表 3 给出了上述三种方法对方体三外框斜柱的分析结果。可以看出，基于几何非线性的屈曲分析方法与整体模型单构件得到的计算长度基本一致，而整体模型整体加载得到的屈曲荷载远低于前两者的屈曲荷载。因此，可以得到以下结论：①由于作用在约束构件上的设计荷载远小于整体模型整体加载至构件屈曲时（屈曲系数为 85）达到的荷载，使得设计荷载对约束构件刚度降低的影响基本可以忽略，按整体模型单构件加载的方法并适当考虑安全系数可以近似得到外框斜柱的计算长度。②采用整体加载进行屈曲分析过高地估计了整体荷载对约束构件的影响，导致得到的计算长度过大，设计结果偏于保守。

按整体模型单构件加载的方法对外框斜柱逐根进行分析得到其计算长度，并将计算结果按各方体归并后乘以 1.5 倍的安全系数用于结构设计。计算结果详见表 4。可以看出，通过屈曲分析得到的外框斜柱计算长度远低于平面外的支撑距离，斜柱外框的整体作用对平面外计算长度的影响不可忽视。

方体三外框斜柱屈曲分析结果　　　　**表 3**

构件编号	节间几何长度 L (m)	几何非线性分析工况						整体模型单构件加载			整体模型按比例加载		
		1.2 恒荷载+1.4 活荷载			1.2 恒荷载+1.4 风荷载+0.98 活荷载								
		屈曲荷载 N_{cr} (kN)	计算长度 L_E (m)	计算长度系数 μ	屈曲荷载 N_{cr} (kN)	计算长度 L_E (m)	计算长度系数 μ	屈曲荷载 N_{cr} (kN)	计算长度 L_E (m)	计算长度系数 μ	屈曲荷载 N_{cr} (kN)	计算长度 L_E (m)	计算长度系数 μ
1	5.66	107500	7.01	1.24	106400	7.05	1.25	108000	7.00	1.24	25800	14.32	2.53
2	5.66	117000	5.88	1.04	115300	5.92	1.05	117520	5.86	1.04	34680	10.80	1.91
3	5.66	115700	5.42	0.96	114650	5.45	0.96	116070	5.41	0.96	32400	10.25	1.81

外框斜柱计算长度系数（用于设计） 表4

方体编号	节间长度（m）	计算长度系数	方体编号	节间长度（m）	计算长度系数
方体1	5.656	2.26	方体6	5.091	2.27
方体2	4.525	1.04	方体7	5.091	1.90
方体3	5.656	1.86	方体8	5.656	1.81
方体4	5.656	1.43	方体9	5.091	2.27
方体5	4.751	1.89			

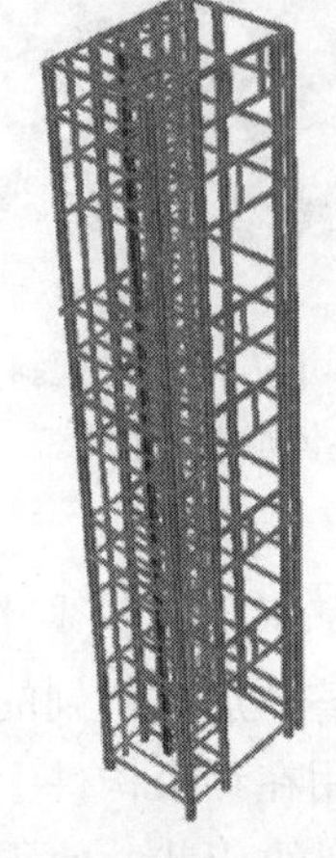

图15 核心筒构件

2. 核心筒跃层柱计算长度

如上文所述，在本工程中，设计荷载远低于整体屈曲荷载，对构件约束的影响可以忽略，因此采用整体模型单构件加载方法对核心筒在35.6～91.2m标高范围的某典型跃层柱进行屈曲分析。被分析的跃层柱为图15中颜色较深的柱。图16为跃层柱在各个标高范围的屈曲模态。

表5给出了屈曲分析得到的计算长度系数，并分别与按规范的有侧移和无侧移框架得到的计算长度系数进行比较。可知，由于核心筒存在大量支撑，侧向刚度较大，柱屈曲模态类似无侧移框架柱，计算长度系数远低于有侧移框架柱；屈曲分析得到的计算长度考虑了平面外约束的作用，也低于按无侧移框架得到的计算长度，对于跃层高度较大，平面外约束较多的柱段（如35.6～47.9m标高范围），这种平面外的约束效应表现得更为明显。通过屈曲分析得到计算长度，可考虑平面外构件的约束作用，有效降低了跃层柱的计算长度，使设计结果更为经济合理。

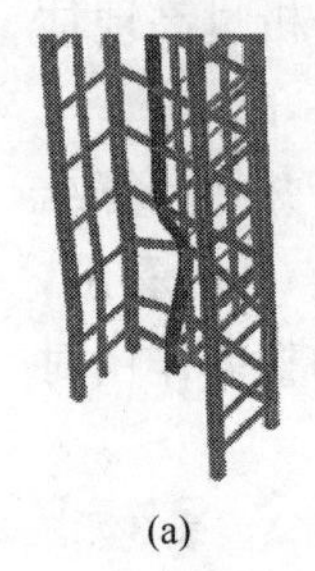

(a)

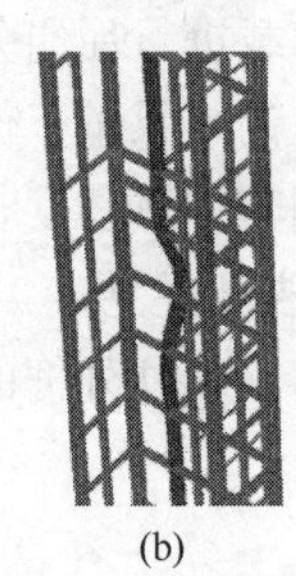

(b)

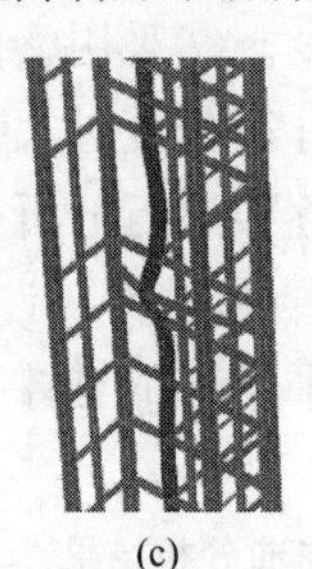

(c)

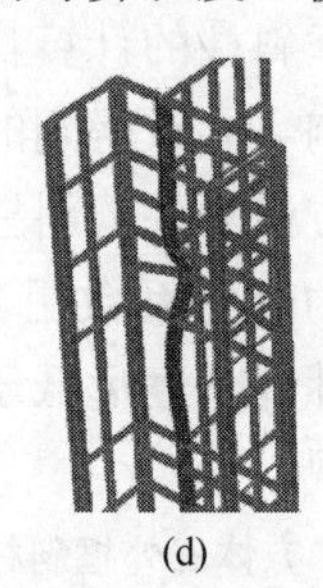

(d)

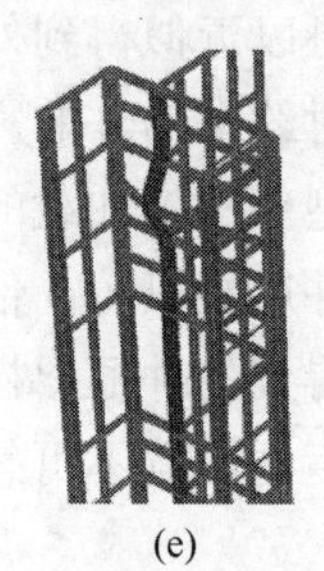

(e)

(f)

图16 核心筒构件屈曲模态

(a) 35.6～47.9m标；(b) 52.9～62.5m标；(c) 62.5～67.2m标；
(d) 76.1～81.3m标；(e) 81.3～86.5m标；(f) 86.5～91.2m标

核心筒某跃层柱计算长度系数 表5

标高范围（m）	几何长度（m）	计算长度系数		
		屈曲分析	有侧移框架	无侧移框架
35.6～47.9	12.3	0.63	2.2	0.9
52.9～62.5	9.6	0.68	2.4	0.9
62.5～67.2	4.7	0.75	2.4	0.9
76.1～81.3	5.2	0.71	1.7	0.8
81.3～86.5	5.2	0.70	1.8	0.8
86.5～91.2	4.7	0.76	2.5	0.9

综上所述，本工程设计荷载对约束构件刚度降低的影响基本可以忽略，按整体模型单构件加载的方法并适当考虑安全系数可以近似得到外框斜柱的计算长度；采用整体加载进行屈曲分析过高地估计了整体荷载对约束构件的影响，导致得到的计算长度过大。

坊塔主要结构构件计算长度的分析方法及结论可供类似工程参考。

（三）抗风设计

1. 风洞试验

坊塔建筑立面形状多变，缺乏规则性，结构楼层少、自重轻，动力特性非常复杂，场区内周边建筑对坊塔具有一定的干扰作用，对风荷载作用较为敏感，需要考虑脉动风的动力作用。我国《建筑结构荷载规范》GB 50009—2001 对于这种结构表面复杂，建筑物风场相互干扰严重的高层、高耸建筑风荷载缺乏体型系数和干扰因子的规定。为了保证该建筑结构设计的安全、经济、合理，委托广东省建筑科学研究院完成了本工程的风洞试验（图 17）。风洞试验分别对该模型进行了建筑物表面同步动态测压和高频底座天平动态测力，获得了风荷载及相关参数作为结构设计的依据。

图 17　坊塔风洞试验模型

从风洞试验的结果来看，天平试验和测压试验结果较吻合，反映了风洞试验及结果分析取得了较高的精度。考虑到测压试验风荷载分布更加准确，本工程以测压试验结果为依据进行结构设计。风洞试验提供了平均风压体型系数、峰值风压体型系数和各层等效风荷载。

2. 风荷载的输入方法

对于常规工程，幕墙一般通过立柱支承在楼层边梁上。风荷载首先垂直作用在幕墙表面，再通过幕墙龙骨传递给楼面。因此，在进行主体结构设计时，通常根据整体风压体型系数（由规范或风洞试验提供）或利用风洞试验得到各楼层的等效风荷载，再把等效风荷载直接作用在楼板刚心上；在进行幕墙构件设计时，考虑到风压分布的不确定性，局部可能会出现较大风压，因此采用局部风压体型系数（大于整体风压体型系数）结合阵风系数来考虑局部脉动风的增大效应，得到用于幕墙构件设计的风荷载。

坊塔斜柱外框既是主体结构抗侧力构件，又是直接承受作用在其表面风荷载的幕墙构件，具有不同于常规工程的特殊性。如果外框斜柱按主体结构构件设计，把等效风荷载直接作用在楼层板上，则忽略了风荷载直接作用在斜柱外框上的影响，外框斜柱的设计结果偏于不安全。如果外框斜柱按幕墙构件设计，将局部风压体型系数（即风洞试验得到的峰值风压系数）得到的风荷载直接作用在斜柱外框上，由于峰值风压不可能同时出现在整个结构上，因此将高估风荷载对斜柱外框的作用；如果将平均风压体型系数得到的风荷载直接作用在斜柱外框上，将引起以下两个问题：①未考虑脉动风瞬间增大的影响；②风洞试验提供的平均风压系数小于规范值，但得到的等效风荷载却大于规范值，这是因为风洞试验的风振系数大于规范值，因此直接把风洞试验得到的整体风压系数输入程序中，将导致程序（按规范计算风振系数）得到的整体风荷载小于风洞试验得到的等效风荷载。

《建筑结构荷载规范》GB 50009—2001 规定“当围护构件从属面积大于 $10m^2$ 时，局部风压体型系数可以乘以折减系数 0.8”，《建筑结构荷载规范》GB 50009—2012 送审稿将从属面积大于 $25m^2$ 的围护构件的折减系数进一步减小到 0.6。如图 18所示，坊塔外框斜柱 1 和外框斜柱 2 的从属面积分别为 $72m^2$ 和 $128m^2$，远大于从属面积 $25m^2$ 的规定。即使按现行荷载规范将风洞试验报告提供的峰值风压系数乘以 0.8 的折减系数，也均小于平均风压系数。综上考虑，由于外框斜柱的从属范围较大，外框设计中局部风压增大的影响可以忽略。

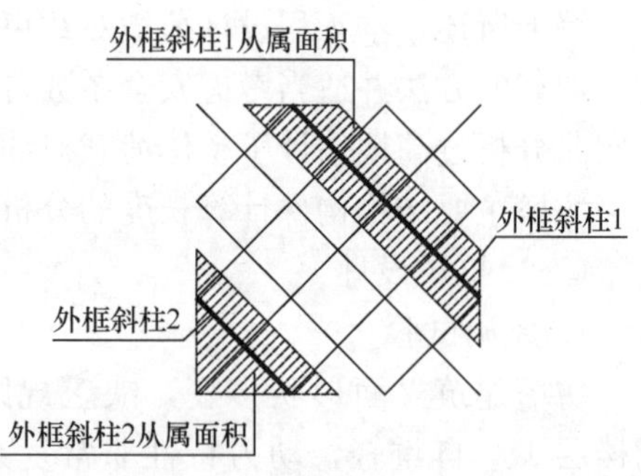

图 18 外框斜柱从属面积

风荷载由平均风（即稳定风）和脉动风（即风振风）两部分组成，其中平均风近似按静力荷载考虑，脉动风按动力荷载来考虑，与质量分布有关。本工程稳定风荷载基本由斜柱外框直接承担，风振荷载则大部分作用在楼面上。

根据风荷载的基本概念，本工程用于斜柱外框设计的风荷载输入原则如下：

（1）输入的风荷载在对应其从属面积上得到的各层风荷载与风洞试验报告提供的各层等效风荷载基本相等。

（2）风荷载的输入能基本反映风洞试验报告提供的结构不同部位的风压分布情况。

基于上述原则，本工程斜柱外框风荷载输入主要步骤如下：

（1）沿结构外框立面建立四个虚面，在虚面的不同部位分别输入风洞试验报告提供的平均风压体型系数。

（2）得到平均风压体型系数在各楼层上产生的风荷载。

（3）把风洞试验报告提供的各楼层等效风荷载与通过平均风压体型系数得到的各楼层风荷载的差值输入在各楼层板上，并结合第一步通过虚面体型系数输入的风荷载，即为用于外框斜柱设计用的风荷载。

上述方法考虑了本工程斜柱外框杆件从属面积较大和风振风荷载大部分作用在楼板上的特点，既保证了整体风荷载与风洞试验得到的等效风荷载基本相同，又体现了风压体型系数在外立面不同部位的分布情况，得到了用于斜柱外框设计的风荷载。

（四）构件优化设计

为了满足斜柱外框尺寸建筑模数需要，斜柱外框截面高度和宽度已经由建筑确定，结构设计仅能根据受力特点和构造要求来确定各个部位杆件的厚度。

为了防止构件局部失稳，根据板件稳定临界应力不小于构件整体稳定临界应力和钢材屈服强度的原则，规范对构件翼缘和腹板的高（宽）厚比进行了相关限制。但是如果按照高厚比的要求设计构件截面尺寸，经过应力分析发现大部分构件利用率非常低，材料未被充分利用。

为了减小杆件厚度，可以通过设置纵向加劲肋或利用板件屈曲后强度两种方法进一步优化设计。

所谓屈曲后强度，指四边支承的受压板件（如箱形梁的腹板和翼缘）屈曲后仍然能继续承受荷载，直到板边部压应力达到屈服强度时，板才达到临界承载力。压应力在板截面

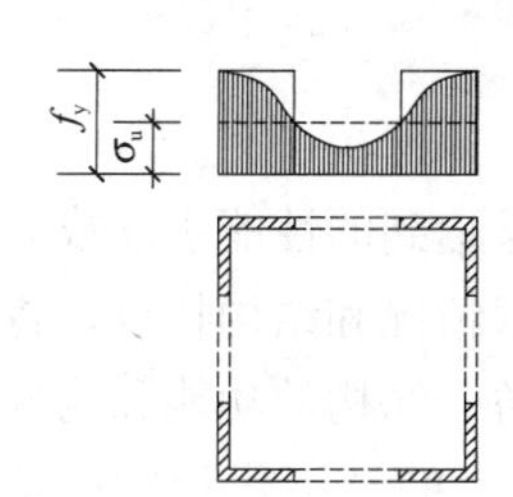

图 19 屈曲后有效截面（阴影部分）

上的分布不再是均匀的，而是边部应力大，中部应力小。由于中部应力低，近似认为板件只有边部各宽度 b_e 的部分起作用（图 19），其中 b_e 为板的有效宽度。《钢结构设计规范》GB 50017—2003 规定箱形截面的有效宽度为构件边缘范围内两侧宽度各 $20t_w\sqrt{235/f_y}$ 的部分。

表 6 给出了满足规范高厚比要求、设置纵向加劲肋及利用屈曲后强度三种方法得到的斜柱外框典型截面尺寸。可以看出，利用屈曲后强度进行设计明显低于按前两种方法得到的构件截面面积，除了能极大地节省斜柱外框所需钢材之外，还将带来以下几个方面的好处：①随着钢材厚度变薄，材料强度设计值更高；②有效降低了结构自重，一方面可以减少基础造价，另一方面使得地震作用减小，核心筒等主要抗侧力构件截面尺寸可进一步优化；③不需要设置加劲肋，施工更加便利。通过对外围结构的受力进行分析，除转换构件支撑处及方盒对角线处的杆件为外围结构的关键受力杆件外，其余大部分外框构件本身的利用率并不特别高，为次要受力杆件，主要起减小关键构件计算长度和承托幕墙结构的作用。以 67.200～91.200m 标高的盒子为例，如图 20 所示：粗实线为主要受力杆件，细实线为次主要受力杆件，虚线为次要受力杆件。斜柱外框中应力比较低的非主要受力杆件利用屈曲后强度进行设计，取得了良好的经济效果。

斜柱外框典型杆件截面尺寸（$H\times B\times t_w\times t_f$） **表 6**

方体编号	满足高厚比要求	设置纵向加劲肋		利用屈曲后强度	截面面积之比
		杆件截面尺寸	加劲肋截面尺寸		
方体一	665×470×20×14	665×470×10×10	100×8+100×8	665×470×8×8	1.00∶0.72∶0.46
方体二	665×470×20×14	665×470×10×10	100×7.5+100×8	665×470×10×10	1.00∶0.72∶0.57
方体三	830×585×26×18	830×585×14×10	140×12+100×8	830×585×10×10	1.00∶0.68∶0.44
方体四	830×585×26×18	830×585×14×10	140×8+100×8	830×585×10×10	1.00∶0.68∶0.44
方体五	700×495×22×16	700×495×16×16	120×9+100×8	700×495×10×10	1.00∶0.73∶0.51
方体六	750×530×24×16	750×530×12×10	120×9+100×8	750×530×10×10	1.00∶0.68∶0.48
方体七	750×530×24×16	750×530×12×10	120×9+100×8	750×530×10×10	1.00∶0.68∶0.48
方体八	830×585×26×18	830×585×14×10	140×12+100×8	830×585×10×10	1.00∶0.68∶0.44
方体九	750×530×24×16	750×530×12×10	120×9+100×8	750×530×10×10	1.00∶0.68∶0.48

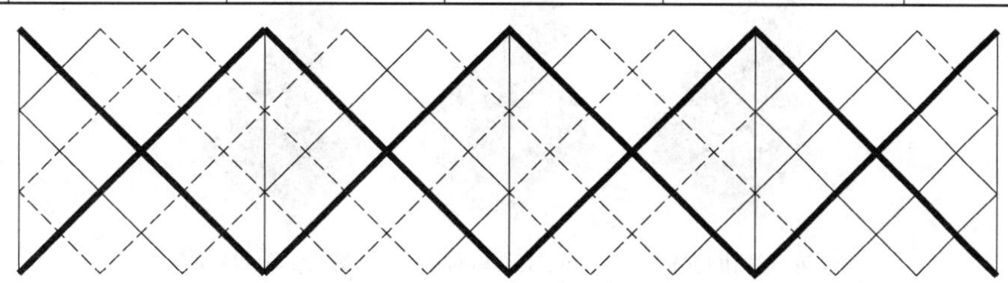
图 20 外框斜柱展开面杆件

（五）抗震性能化设计

1. 抗震性能目标

结构抗震性能目标是针对某一级地震设防水准而期望建筑物能够达到的性能水准或等级，是抗震设防水准与结构性能水准的综合反映。根据本工程的超限情况和结构特点，将对抗侧构件实施全面的性能化设计。根据工程的场地条件、社会效益、结构的功能和构件重要性，并考虑经济因素，结合本工程“风控”的特点，在不付出大的经济代价的前提下，可为本工程制定较高的抗震性能目标，如表 7 所示。

抗震性能目标 **表 7**

抗震烈度		多遇地震	设防地震	罕遇地震
性能水平定性描述		不损坏	可修复损坏	无倒塌
层间位移角限值		$h/250$	—	$h/50$
构件性能	内筒钢构件	弹性	弹性	不屈服
	转换梁（桁架）	弹性	弹性	不屈服
	外围钢结构	弹性	不屈服	形成塑性铰，可修复，即 $\theta<LS$
	其他结构构件	弹性	不屈服	出现弹塑性变形，破坏较严重，但防止倒塌，即 $\theta<CP$
	节点	不先于构件破坏		

2. 结构抗震性能计算分析

本工程主要采用 SAP 2000 进行分析，并采用 MIDAS 进行验证计算。本工程设计将安评反应谱与规范反应谱进行比较，分别计算结构底部剪力，取底部剪力较大的反应谱进行计算分析。由比较得知，多遇及罕遇地震分析采用安评反应谱，设防地震采用规范反应谱。

本工程前三周期及振型如表 8 及图 21 所示。

结构主要周期 **表 8**

阶数	周期	说明
T_1	2.81	Y 向平动
T_2	2.44	X 向平动
T_3	0.94	扭转

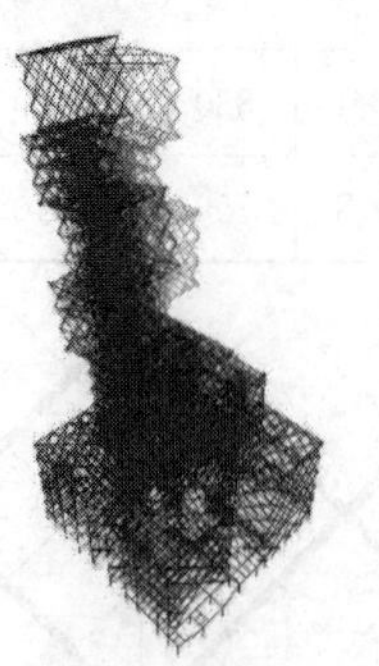
第一振型(Y向)

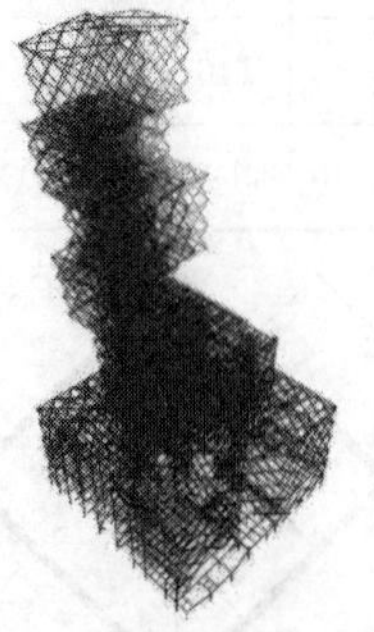
第二振型(X向)

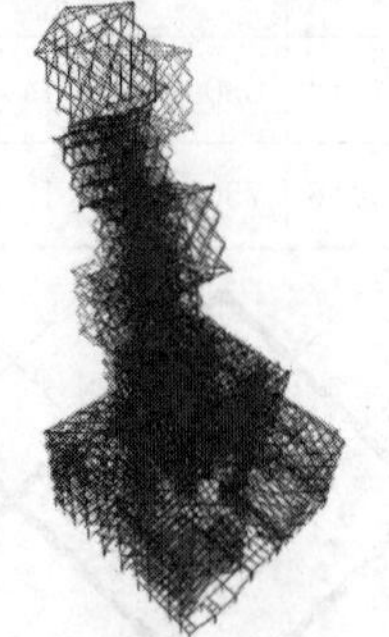
第三振型(扭转)

图 21　前三周期振型

3. 多遇地震下结构性能分析

（1）弹性反应谱分析

在多遇地震作用下，结构位移及层间位移角沿高度的分布如图 22、图 23 所示，图中 Z1～Z4 分别为钢结构内筒的四个钢角柱。X 向和 Y 向的最大层间位移角分别为 1/1378 和 1/1304，满足 1/250 的规范限值。

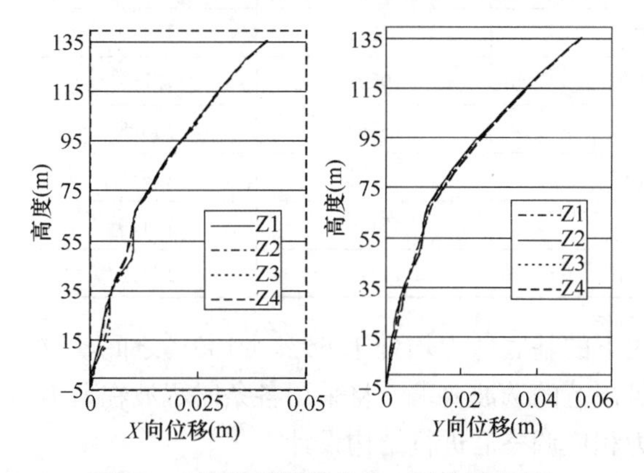

图 22　小震作用结构位移（反应谱分析）

图 23　小震作用结构层间位移角（反应谱分析）

结构在 5%的偏心地震作用下扭转位移比沿高度的分布如图 24 所示，满足 1.2 的规范限值。

本工程的 X 向和 Y 向刚重比分别为 3.95 和 4.06，满足 1.4 的规范限值要求。X 向和 Y 向最小剪重比分别为 2.75 和 2.87，满足规范 0.016 的限值要求。

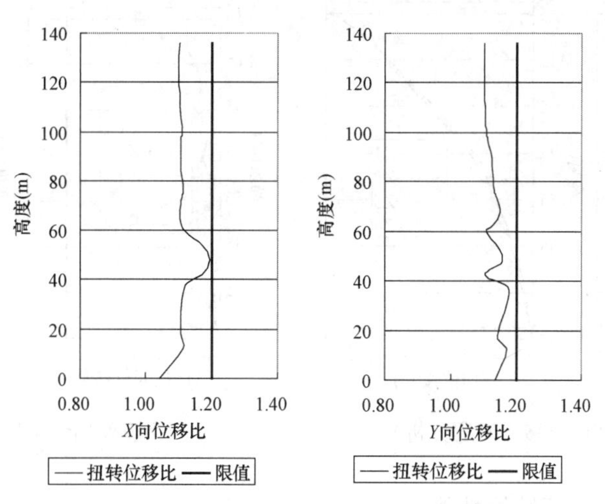

图 24　小震作用结构扭转位移比（反应谱分析）

从以上分析结果可知，本工程在多遇地震作用下位移、刚重比及剪重比等满足规范要求，刚度适宜，内力分布清晰，符合力学概念，结构体系合理。

（2）弹性时程分析

选取 1 条人工波和 2 条天然波对塔楼进行时程分析，并将得到的基底剪力与反应谱法比较，如表 9 所示。

时程分析与反应谱法底部剪力（kN） **表 9**

项目		X 向	Y 向
安评反应谱	基底剪力	13622	12215
1 号地震波	基底剪力	12612	13505
	与反应谱比值	93%	111%
2 号地震波	基底剪力	14317	15479
	与反应谱比值	105%	127%
3 号地震波	基底剪力	15151	14398
	与反应谱比值	111%	118%
时程分析包络值	基底剪力	15151	15479
	与反应谱比值	111%	127%

可以看出，上述三组时程曲线主方向作用下的基底剪力均处于 65%～135%之间，且时程波与反应谱比较在统计意义上相符，满足规范的选波要求。将采用各条时程波在剪力的包络值与反应谱比较，对反应谱得到的剪力相应调整后进行结构设计。

时程分析得到的结构位移及层间位移角沿高度的分布如图 25、图 26 所示。与反应谱法的分析结果相比，时程分析得到的结构位移稍大，层间位移角最大值在 X 向和 Y 向分别为 1/1000 和 1/982，但也满足 1/250 的规范限值。

通过时程分析可知，时程分析结果与反应谱分析结果具有一致性和规律性，均满足规范限值要求。

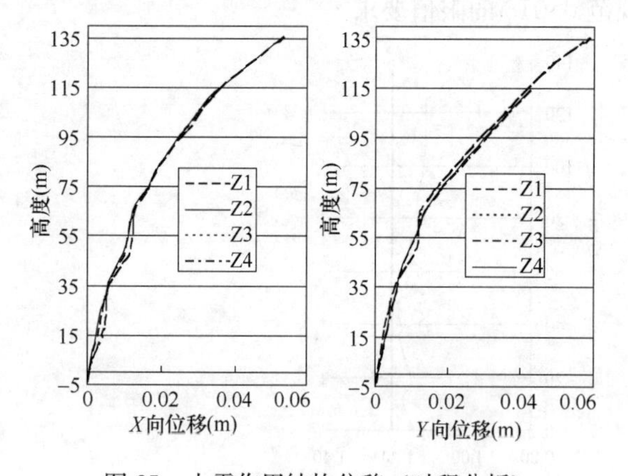

图 25　小震作用结构位移（时程分析）

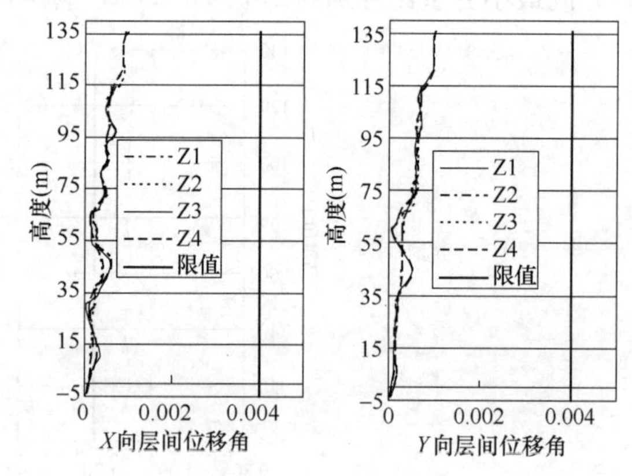

图 26　小震作用结构层间位移角（时程分析）

（3）设防地震作用下结构性能分析

分别按性能目标对内筒钢构件、转换构件进行了中震弹性验算，并对外围钢框架及其他主要构件进行了中震不屈服验算。中震弹性和中震不屈服验算均不考虑双向地震和偶然偏心地震，不考虑风荷载组合，考虑钢内筒剪力调整。中震弹性设计中材料采用设计值，考虑了承载力抗震调整系数及荷载分项系数；中震不屈服验算设计中材料采用标准值，不考虑承载力抗震调整系数及荷载分项系数。验算结果表明，构件应力均处于合适的水平，具有足够的安全储备，满足设防地震作用下性能目标的要求。

（4）罕遇地震下结构性能分析

结构丧失稳定以至倒塌一般是由于重力作用在有过大侧向变形后结构的几何状态引起的，因此达到防倒塌设计目标的中心思想是限制结构的最大弹塑性变形。根据《高层建筑混凝土结构技术规程》JGJ 3—2010 要求，弹塑性最大层间位移角限值为 1/50。限制结构最大弹塑性层间位移角还不足以保证防倒塌的抗震设计目的，以结构构件的弹塑性变形和强度退化来衡量的构件的破坏也必须被限制在可接受的限值以内，以保证结构构件在地震过程中仍有能力承受竖向地震和重力，以及地震结束后结构仍有能力承受作用在结构上的重力荷载。然而，国内规范并没有提供结构构件的弹塑性变形限值。因此，本工程参考美国联邦紧急事务管理署第 356 号文件（简称 FEMA356）提供的结构构件弹塑性变形可接受限值以及所建议的结构非线性地震分析方法与步骤。

对本工程采用 SAP2000V15 非线性版进行静力弹塑性分析。框架结构构件的塑性性能用离散的塑性铰来模拟，其中桁架采用的是轴力铰，梁采用主方向的弯矩铰和剪力铰，柱采用 PMM 相关铰。构件铰属性基于 FEMA356 的相关规定。剪力墙的塑性行为是通过分层壳模型的非线性分析来实现的，在分层壳模型中，剪力墙单元可以分为混凝土层、两个纵向和水平向的钢筋层。弹塑性分析采用的结构阻尼比为 0.05。

分析结果表明，结构在罕遇地震作用下 X 向和 Y 向层间位移角最大值分别为 1/114 和 1/121，满足规范 1/50 的限值要求。罕遇地震作用下结构在 X 向和 Y 向的底部剪力分别为 67005kN 和 62356kN，罕遇地震作用下结构底部剪力峰值与多遇地震作用下的比值在 X 向和 Y 向分别为 4.91 和 5.10，明显小于水平地震影响系数之比 6.25，表明结构在罕遇地震作用下塑性发展，结构刚度下降，地震输入能量部分被进入塑性阶段的构件耗散。在罕遇地震作用下，大部分钢核心筒构件和转换构件依然处于弹性状态，部分屈服，但屈服构件的变形依然满足性能目标的相关要求。综上所述，结构在罕遇地震作用下达到了预期的结构抗震性能目标。

（5）振动台试验研究

鉴于本工程的复杂性，进行模拟地震振动台模型试验是必要的，以验证工程设计所采用的计算方法与构造措施是否合理并满足抗震要求，检验结构抗震性能，发现结构可能的薄弱部位，为结构设计提出可能的改进意见与措施，进一步保证结构的抗震安全。本工程采用了 1/30 的模型进行模拟地震振动台试验。

根据观察的试验现象及测量的试验数据，经过分析，得出以下结论：

① 不同强度地震作用后结构模型的各阶频率均有所变化，在经历多遇地震作用后，结构频率基本没有变化；在经历设防地震作用后，各阶频率平均下降约 3.95%，各个应变测点的拉压应变的时程曲线对称，最大值小于钢结构的屈服应变，结构处于弹性工作状态；在经历罕遇地震作用后，各阶频率平均下降了约 7.21%，各个应变测点的拉压应变的时程曲线略有不对称现象，表明有部分构件进入塑性状态。

② 主体结构 X 向加速度放大系数，多遇地震时，在 3.25～4.15 之间；设防地震时，在 2.79～5.52 之间；罕遇地震时，在 4.10～4.35 之间。主体结构 Y 向加速度放大系数，多遇地震时，在 2.49～3.69 之间；设防地震时，在 2.63～4.05 之间；罕遇地震时，在 2.97～3.39 之间。

③ 在多遇地震作用下，主体结构 X 向层间位移角最大值为 1/617；Y 向层间位移角

最大值为 1/472；在设防地震作用下，主体结构 X 向层间位移角最大值为 1/210；Y 向层间位移角最大值为 1/183；在罕遇地震作用下，主体结构 X 向层间位移角最大值为1/122；Y 向层间位移角最大值为 1/130。

④ 三水准单向地震作用下，主体结构角点最大位移与平均水平位移之比小于 1.2，满足规范要求。

⑤ 结构顶部鞭梢效应明显，顶部放大系数和层间位移角均较大，建议采取消能措施减少结构顶部的加速度和位移。

坊塔项目体型复杂，存在多项不规则类型，难度堪比央视大楼。

本工程于 2011 年开始，从方案到完成施工图设计历时两年多，除常规设计手段外，还进行了节点试验与振动台试验，对结构不断优化，通过了全国超限审查委员会审查，最终完成施工图设计。在设计单位与施工单位等各单位的共同努力以及紧密协作下，既保证了结构的安全性，又充分地实现了建筑功能与效果，构筑一件建筑与结构完美结合的精品。该项目在广州市 2020 年度优秀工程勘察设计奖评选中获建筑结构专业一等奖、获得 2021 年度广东省优秀工程勘察设计奖建筑结构设计一等奖。

16 大望京2号地·昆泰嘉瑞中心项目结构设计

建设地点 北京市朝阳区崔各庄乡大望京地区
设计时间 2013—2015
工程竣工时间 2017
设计单位 中国建筑技术集团有限公司
［100013］北京市北三环东路30号
主要设计人 史有涛 逄金祥 何纯熙 吴如梅 商子轩 杜育科 孙福英 常雁朋 梁文胜 卞晓芳 王雨 康健 王冬至 吴建斌 陈思宇 赵英琦 许姜萍 索妮 曲志鸣 田晓冰
本文执笔 卞晓芳 逄金祥 史有涛

获奖等级 2019—2020中国建筑学会建筑设计奖·结构专业三等奖

一、工程概况

大望京2号地·昆泰嘉瑞中心项目（图1～图4）位于北京第二CBD核心区——大望京2号地，包含昆泰嘉瑞公寓（618-1号楼，高226m）、阿里中心望京B座（618-2号楼，高156m）、昆泰嘉瑞文化中心（623地块，24m）三个建筑单体，是汇集了人文、生态、智能的5A级国际商务写字楼、高端公寓和区域文化中心的综合体。东北侧紧邻大望京公园，远眺东北五环五元桥与机场高速。

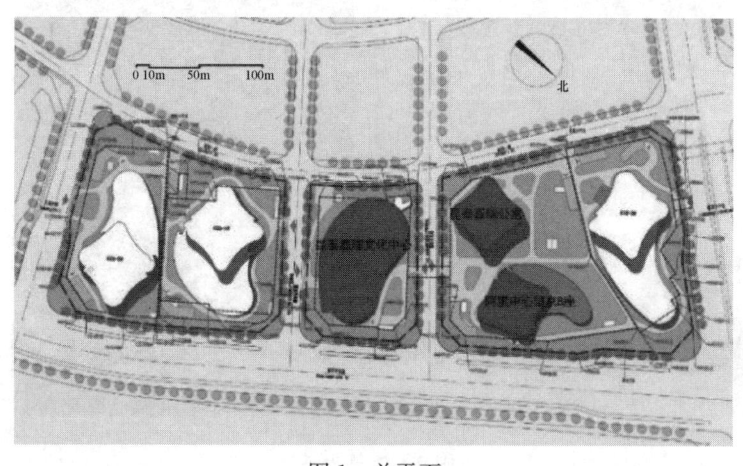

图1 总平面

大望京 2 号地 · 昆泰嘉瑞中心总建筑面积 233194m²，地上 170394m²，地下 62800m²；综合容积率 4.9。其中昆泰公寓（618-1 号楼），地上 53 层，地下 4 层，阿里中心望京 B 座（618-2 号楼）地上 30 层，两栋超高层合用地下室，地下 4 层，2 栋超高层总建筑面积 191862m²，其中地上 129062m²，地下 62800m²；623 地块（昆泰嘉瑞文化中心），地上 3 层，地下 4 层，建筑面积 41332m²。

图 2　建筑效果图

本工程的设计使用年限为 50 年，建筑结构的安全等级为二级，建筑抗震设防类别为丙类，抗震设防烈度为 8 度，设计基本地震加速度为 0.20g，设计地震分组为第一组，建筑场地类别为Ⅲ类，场地特征周期为 0.45s。中国建筑技术集团有限公司承担了本项目建筑专业的施工图设计和结构、机电专业的方案设计、扩初设计以及施工图设计。

图 3　建筑实景

图4 嘉瑞文化中心北面近景

二、结构体系

1. 阿里中心望京B座（618-2号楼）

阿里中心望京B座（618-2号楼），为超高层办公楼，地上30层，建筑面积52953m²，建筑高度156m，采用钢管混凝土框架柱+钢框梁+混凝土核心筒结构体系，首层为商业、餐饮用房和办公楼大堂，2层为商业和餐饮用房，1～2层层高6m，3层及以上为办公用房，层高4.6m，避难层设置在15层，层高5.5m。框架核心筒结构，外框柱间距9m，满足办公楼开阔的视野需求和敞亮的办公环境要求（图5～图10）。

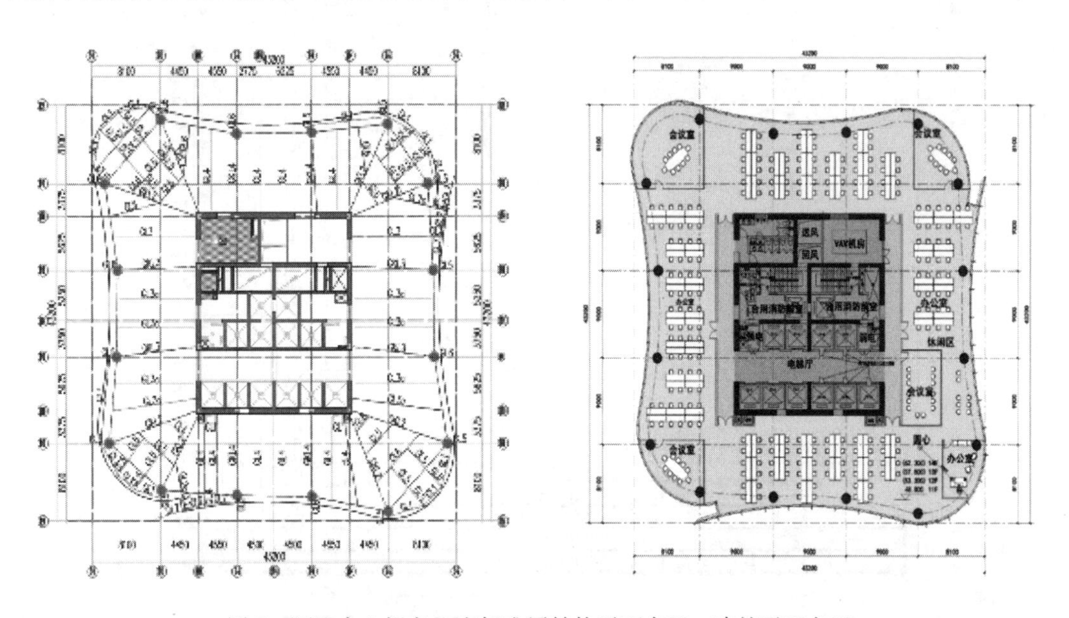

图5 阿里中心望京B座标准层结构平面布置、建筑平面布置

图 6　阿里中心望京 B 座地下施工过程（外框柱＋混凝土核心筒内钢骨柱）

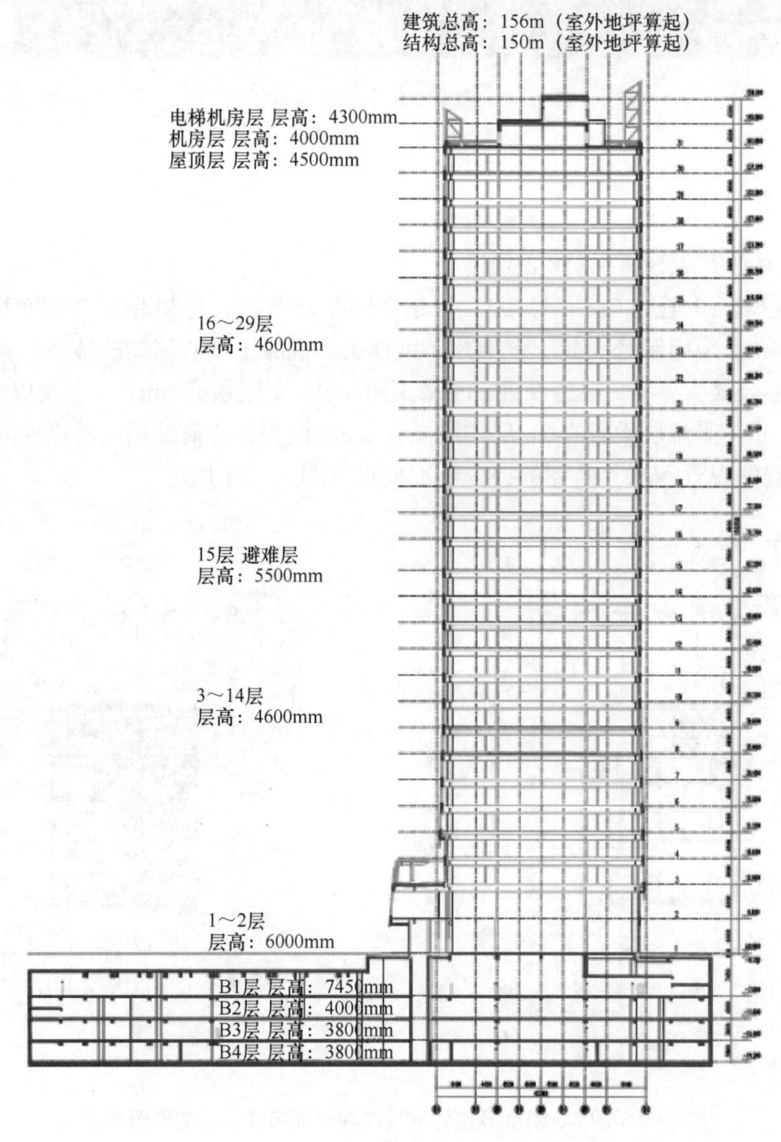

图 7　阿里中心望京 B 座结构立面

图8 阿里中心望京B座施工过程

图9 阿里中心望京B座竣工实景

图10 阿里中心望京B座实景（首层大堂层高12m）

钢管混凝土柱的钢管内填高强混凝土；框架梁等级为Q345，与框架柱刚接，梁柱节点处柱内采用内加强板。核心筒从承台顶面向上延伸至大厦顶层，贯通建筑物全高，容纳了主要的垂直交通和机电设备管道，并承担竖向及水平荷载。核心筒平面尺寸约为19m×23m，位置居中。

混凝土核心筒抗侧移刚度高，在核心筒的角部、端部以及与钢梁的交接处设置型钢柱，保证筒体延性，便于与核心筒外钢梁连接。核心筒周边墙体厚度由800mm从下至上均匀收进至顶部500mm，内筒主要墙体厚度为400mm。

外框圆管柱直径由1200mm缩小至900mm，管壁由30mm缩小至20mm，钢材等级Q345C（地下4层～地上5层，钢柱材质Q345GJC），混凝土由C60逐步减小到C40。H型钢梁高300～600mm。洞口竖向布置规则、连续、无交错。底部加强区高度根据规范要求，取至建筑第5层，高度约22.65m，筒体配筋构造根据竖向轴压比分布特点，核心筒外墙的主要墙体约束边缘构件设置高度延伸至轴压比 0.25 的区域（26 层，高度 129.05m），以提高核心筒的延性。

2. 昆泰嘉瑞公寓（618-1 号楼）

昆泰嘉瑞公寓（618-1 号楼），目前为北京唯一一座超高层纯公寓楼，建筑总高度 226.00m，结构总高度 213.35m（室外地坪至主要屋面），超 B 级高度，地上 53 层，建筑面积约 76109m²，地下 4 层，与 618-2 号楼整体地下室，建筑面积 62800m²。结构体系采用框架-核心筒结构，选取 B1 底板为结构嵌固端。其外围框架柱采用型钢混凝土组合柱、框架梁采用钢筋混凝土梁，核心筒采用钢筋混凝土剪力墙，楼盖采用现浇钢筋混凝土楼盖体系，基础采用后压浆钻孔灌注桩＋筏板基础（图 11～图 15）。

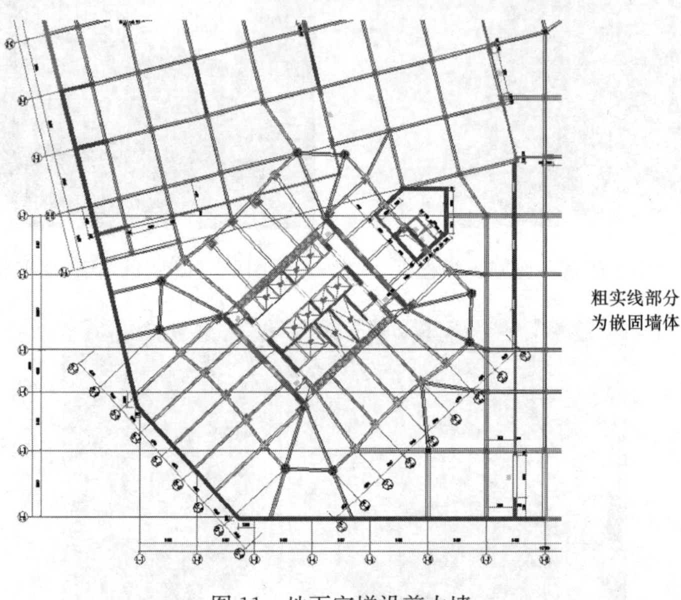

图 11　地下室增设剪力墙

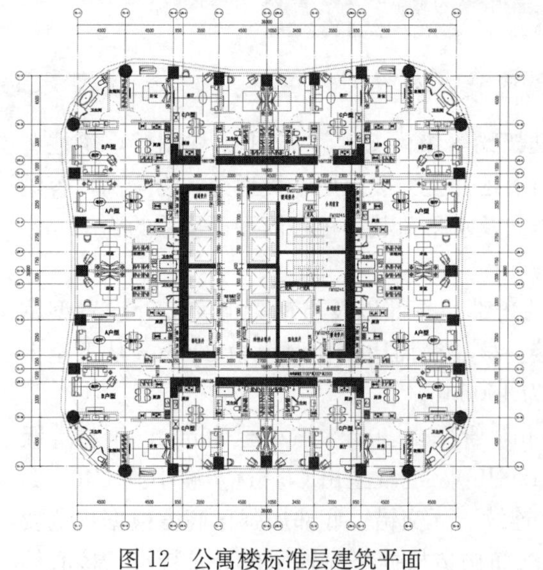

图 12　公寓楼标准层建筑平面

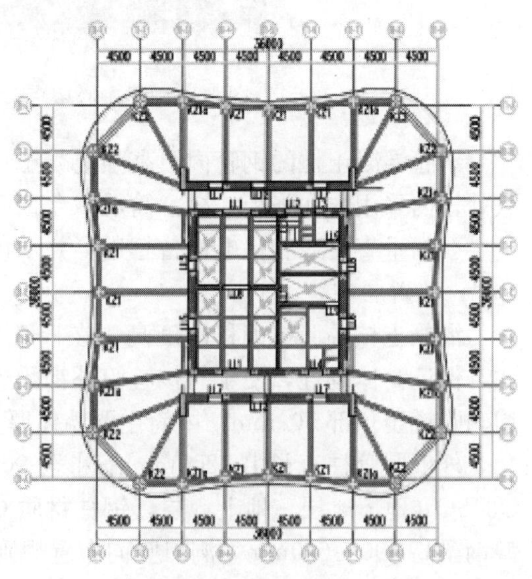

图 13　结构平面

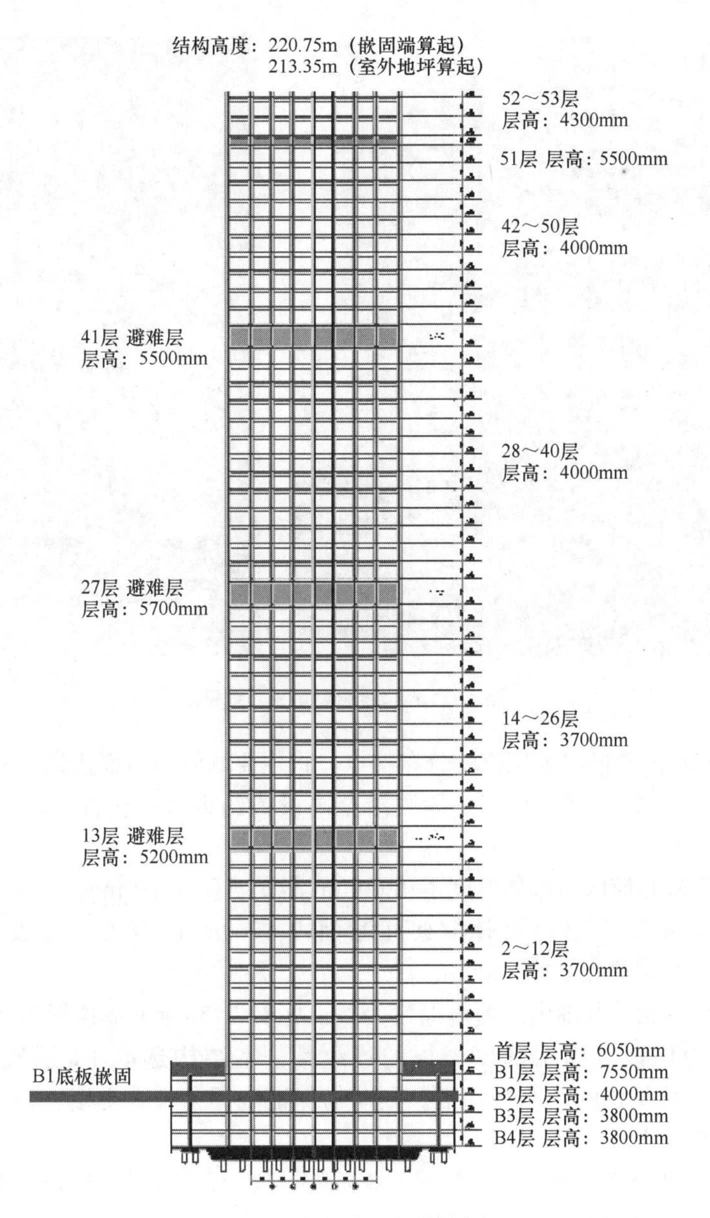

图14　昆泰嘉瑞公寓结构剖面

地上首层为商业用房和公寓大堂，层高6.05m，2层及以上为高级公寓，其中26层以下层高3.7m，28层以上层高4m，避难层设置在13层、27层和41层，层高分别为5.2m、5.7m和5.5m。

昆泰嘉瑞公寓平面尺寸36m×36m，高宽比约5.9，长宽比约1∶1，外框筒柱距4.5m，有效地减小了柱断面，使公寓内空间更加均匀好用，同时增加了结构的抗震性能，降低了结构造价。

内部核心筒平面尺寸约16m×16m，位于塔楼正中，核心筒从基础顶面向上延伸至结构顶层，贯通建筑物全高，容纳了主要的垂直交通和机电设备管道，并承担竖向及水平荷载。质心与刚心基本重合。本结构墙体的底部加强区高度取至建筑第7层，高度约

图 15　昆泰嘉瑞公寓施工过程

24.9m，墙体配筋构造根据轴压比的分布特点，将主要墙体的约束边缘构件设置高度延伸至轴压比 μ_N = 0.25 的区域，角部墙体则沿全高设置约束边缘构件，以有效提高墙体的延性。

钢筋混凝土核心筒内筒墙体厚度由 1300mm 渐变至顶部 450mm，U 形墙肢厚度由 1m 渐变至 450mm，矩形十字形钢骨框架柱截面由 1000mm×1100mm 收进至 800mm×800mm，标准层框架梁高 600～800mm。

由于塔楼周围相关范围内的覆土厚度为 2m 及 3m，其地下室顶板与四周车库顶板有较大的高差。为保证嵌固层部位楼板的连续性，本结构选取 B1 层底板（约地面下 -7.7m）作为整体结构的计算嵌固端。同时为保证嵌固条件，主楼三跨以内，从地下 1 层到基础加设剪力墙。

注：结构底层构件承载力按±0.000 与 B1 底板嵌固分别验算，取二者的内力的包络值进行设计。

3. 昆泰嘉瑞文化中心（623 地块）

昆泰嘉瑞文化中心（623 地块）为复杂体型建筑，地上 3 层，地下 4 层，总建筑面积 41332m^2，建筑高度 23.9m，桩筏基础（图 16～图 19）。

昆泰嘉瑞文化中心，由于特殊造型和大跨度的建筑要求，地下室采用混凝土框架结构，地上采用钢框架结构体系，钢管柱在地下 1 层底生根。局部跃层外框柱，为控制截面同时满足柱子的稳定性要求，采用了型钢混凝土柱。

2 层满足建筑凌空 10m，从 2 层顶悬挑桁架下设吊柱，吊柱兼作幕墙竖向龙骨，形成空间受力系统；3 层局部挑空，对应屋顶设计为休闲娱乐花园，跨度大（24m），同时为提高室内净高，屋顶采用钢桁架，大部分机电管线确保在桁架高度内穿越并采取结构加强措施。

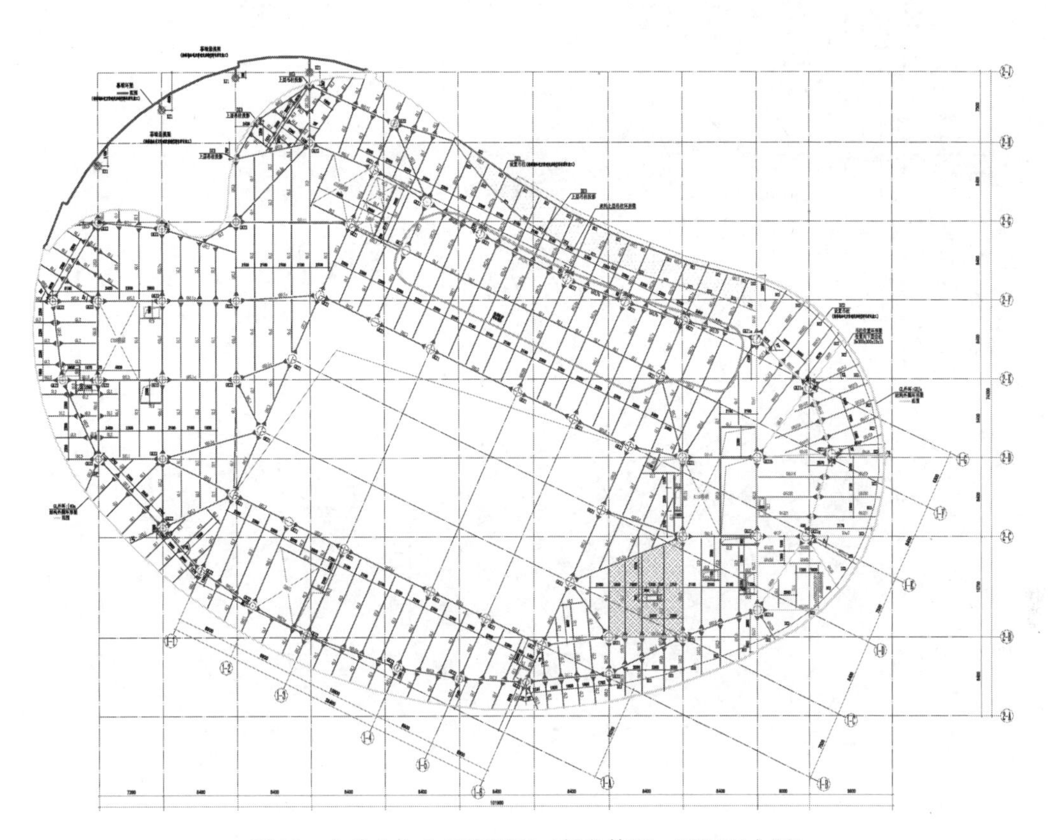

图16 文化中心2层顶平面（复杂体型，平面开大洞）

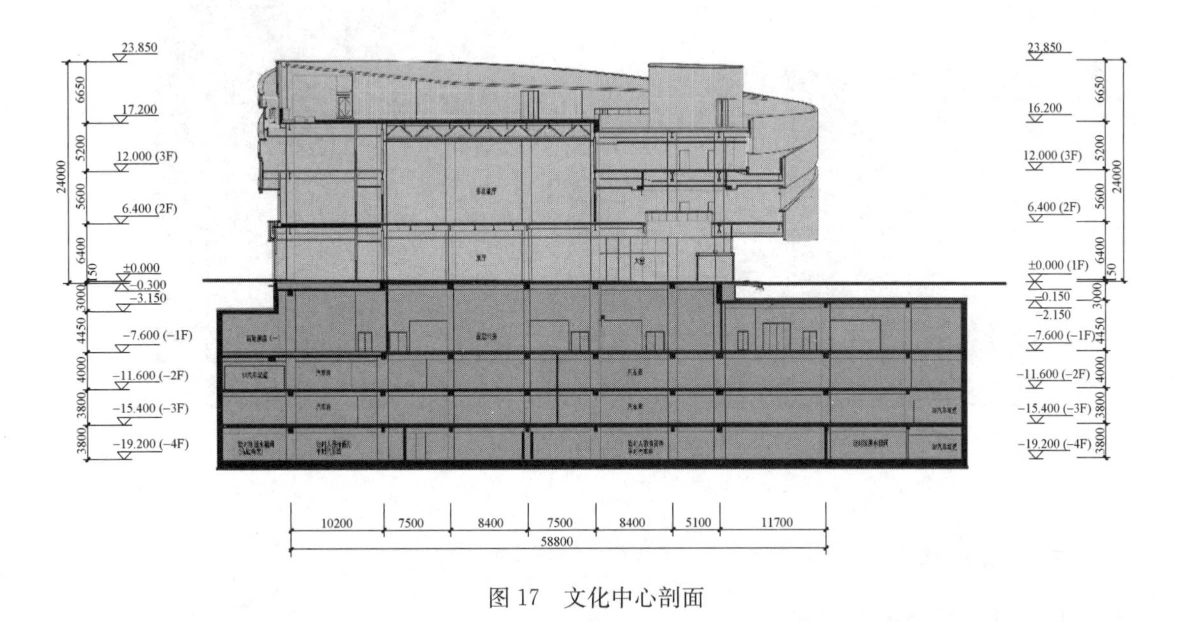

图17 文化中心剖面

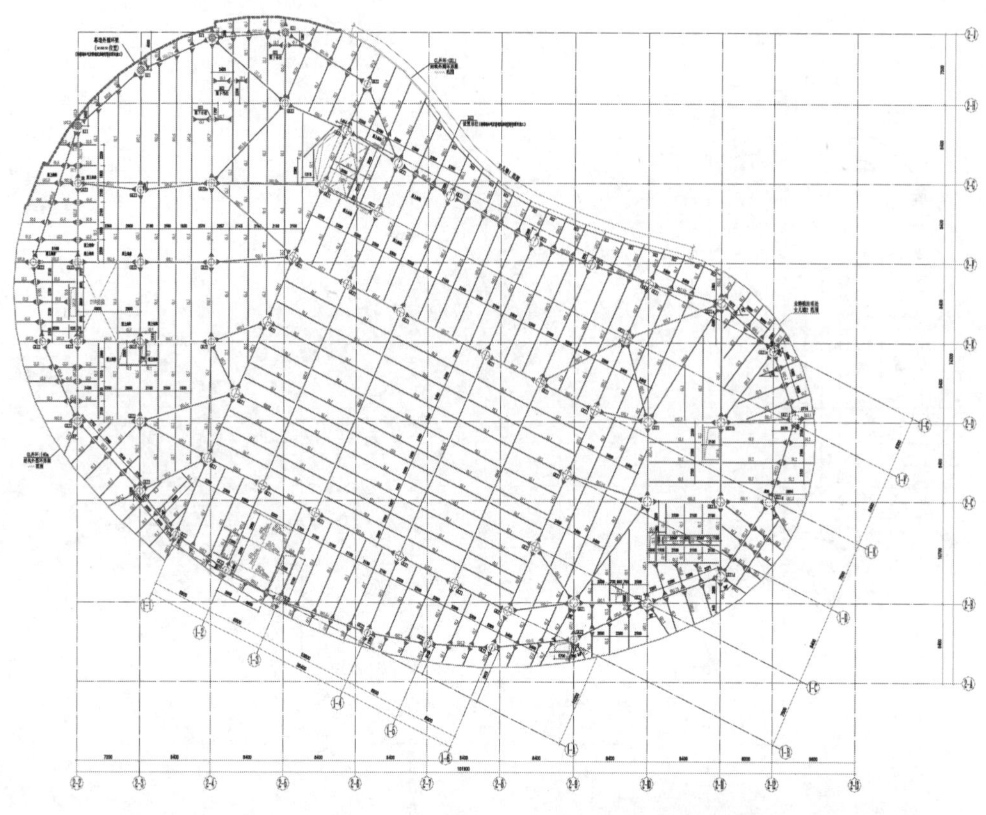

图 18　文化中心 3 层顶平面（跨度 24m，屋顶花园）

图 19　文化中心实景

三、结构特点

1. 昆泰嘉瑞公寓双 U 形墙肢

根据建筑平面布局，为了提高公寓使用率，核心筒布局紧凑，尺寸相对较小，仅为

16m×16m。而核心筒主要承担地震剪力，是最主要的抗侧力构件，同时为了更好的建筑效果，外框梁高度不能超过800mm，框架提供刚度有限。在这种情况下，经过计算分析，结构整体刚度偏弱。后又尝试在3个避难层做结构加强层，设置腰桁架和伸臂桁架，计算分析发现，加强层刚度突变过大，竖向构件配筋不合理，整体刚度提高有限，筒体的四角墙肢在中震作用下拉应力过大。经多种方案试算比选，充分利用建筑平面布局，把交通核两侧的走廊墙体做成剪力墙，为确保墙肢的整体稳定，两端分别设置拐角翼墙2100mm长，形成两道“U”形墙肢。为加强“U”形墙肢和内筒体的整体作用，角部及中部共设置3道型钢连梁，按照小震弹性和中震不屈服包络设计。由于3个避难层层高较高，是普通楼层层高的1.5倍，避难层的外环梁设计成1500mm高，起到一定的加强约束作用，也避免刚度突变（图20）。

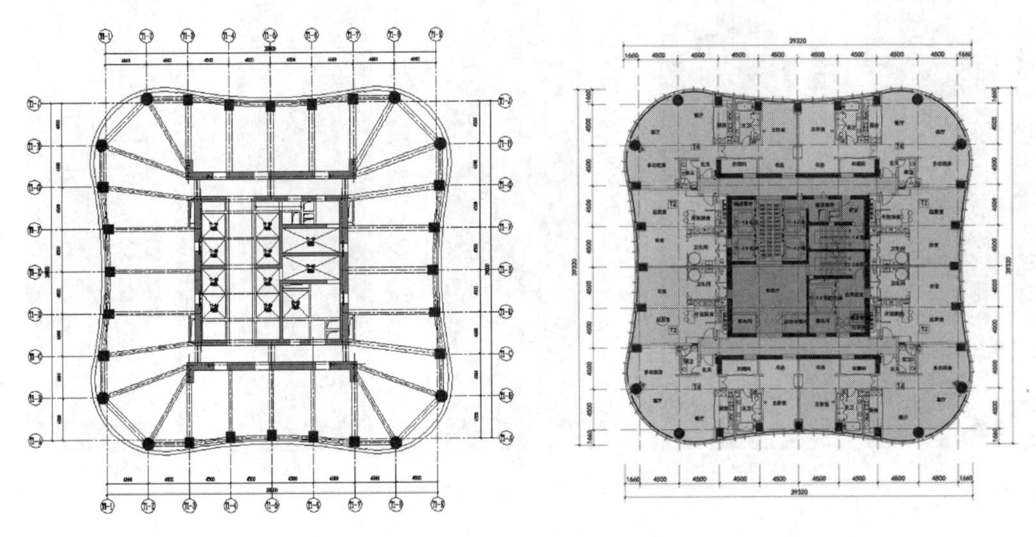

图20 低区和中区

2. 昆泰嘉瑞公寓高区取消部分外框柱，节约造价，提升大户型公寓性能

本项目采用框架-核心筒结构体系，为了整体刚度需要及控制单个柱子截面尺寸不过大，结合平面户型布局，柱子间距设置成4.5m。从42层开始，每侧外框柱拔掉2根，既能够满足结构抗震性能要求，又能提升顶部大户型公寓性能。

拔柱实施方案如图21所示。

经多个拔柱方案计算比选，既要满足小震弹性设计要求，又要满足性能化设计目标，配筋合理，最终选择单侧拔掉靠近角部的方柱，共8根。

拔柱后，地震剪力调整及分配稍过集中，42层及以上框架柱和外框梁配筋加大，内框梁做成型钢混凝土梁。

3. 立面造型突出弧线，“竹节”（或称“眼眉”）、“披肩”、“裙摆”结构实现

昆泰嘉瑞中心设计灵感源于“竹”，建筑如竹节一般节节拔高，直入云端。避难层流线型的百叶既似竹子的“竹节”，又似淑女的“眼眉”。阿里中心望京B座下部双曲面幕墙好似“裙摆”；楼体转角凹槽曲面的处理好似“披肩”，昆泰嘉瑞文化中心，如竹林中飘落的竹叶，既有君子之清风，又有淑女之柔美（图22～图27）。

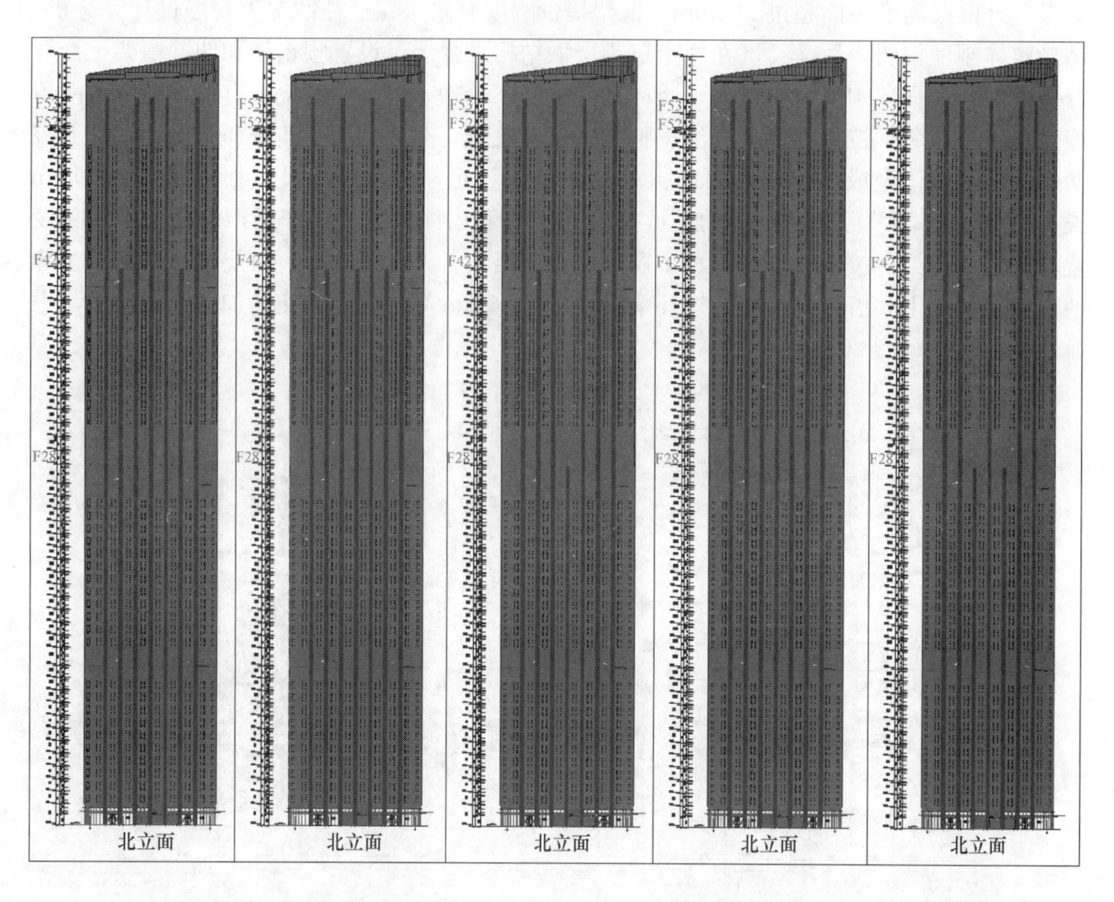

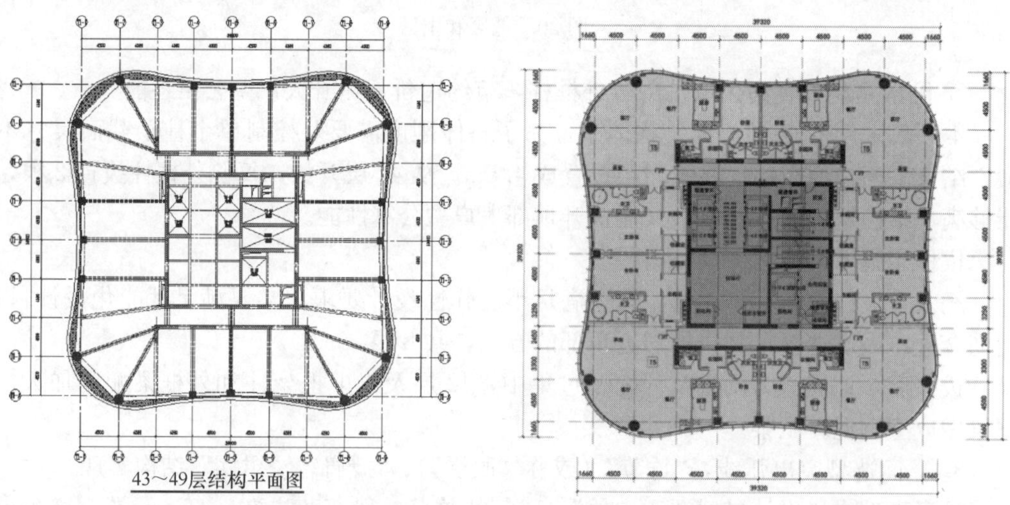

图 21　拔柱实施方案（42 层到顶，每侧各拔出 2 根框柱）

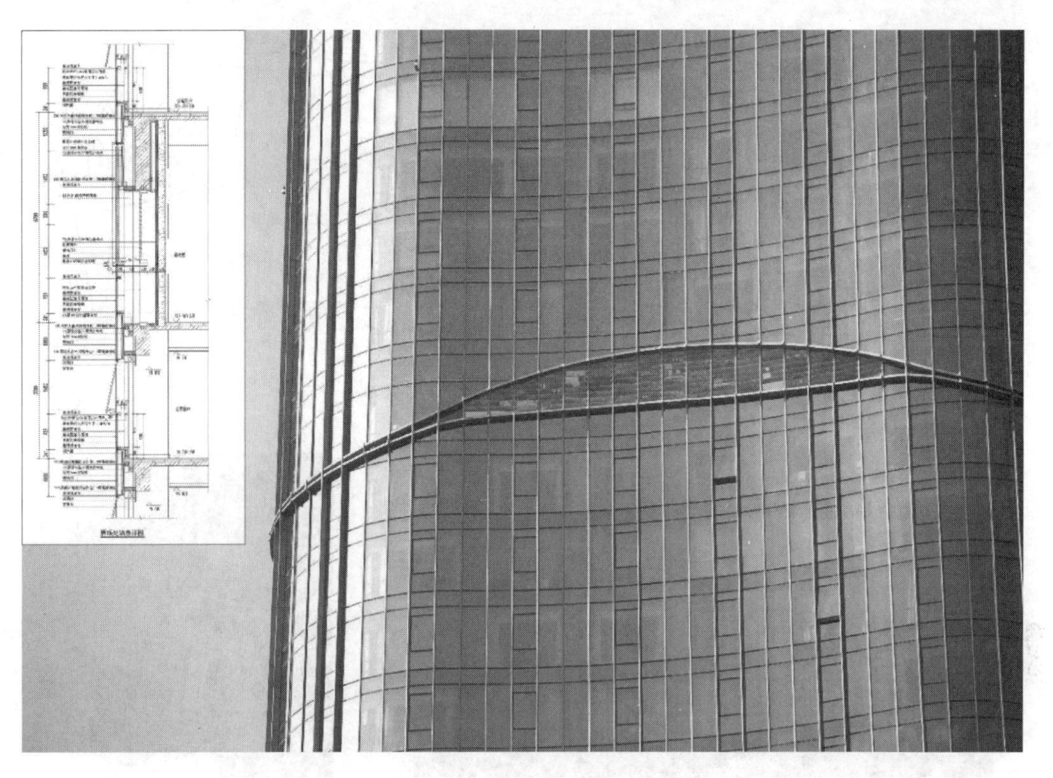

图22 “眼眉”细部

图23 “眼眉”

图24 “披肩”

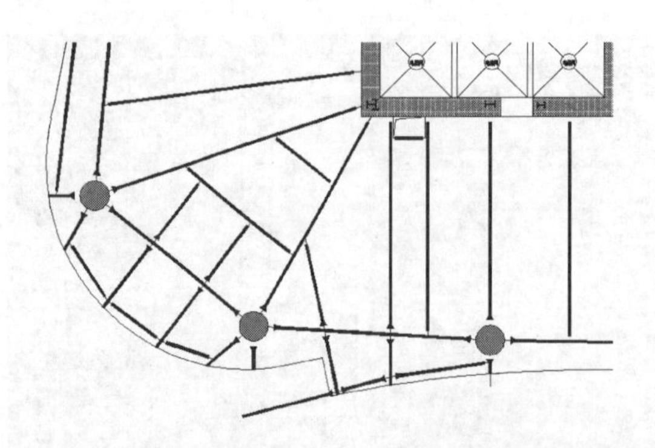
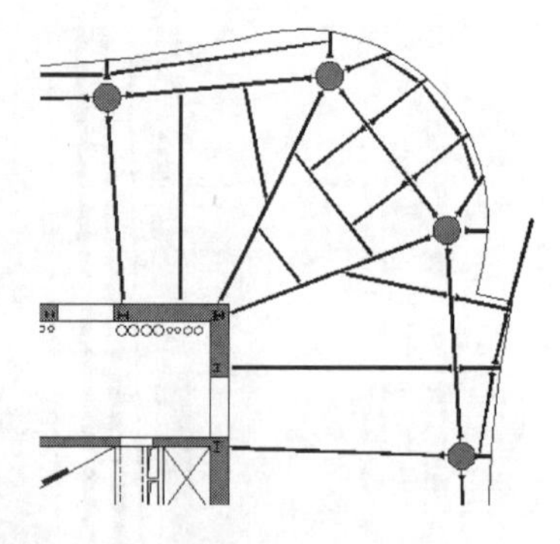

图 25　建筑“披肩”的结构实现

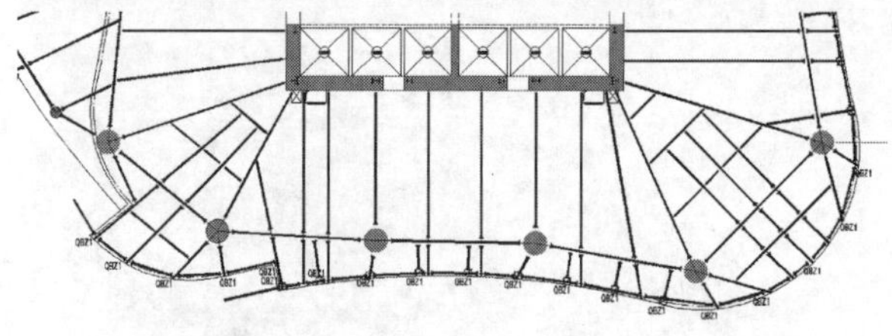
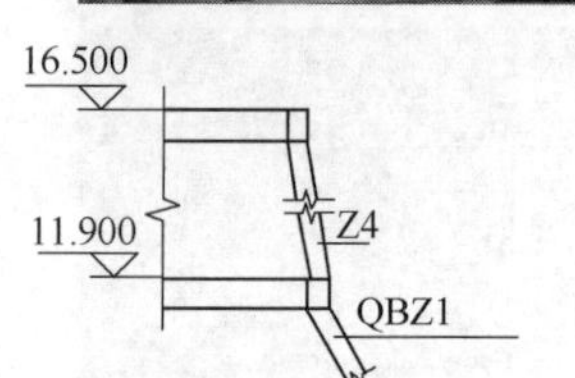

图 26　建筑“裙摆”的结构表达

图 27　“裙摆”柱示意

4. 基础变刚度调平整体设计

本工程为整体地下室上的两栋超高层建筑，高度分别为 220m 和 160m，由 4 层地下室连成整体，两栋超高层最小净距 23m。整体结构对沉降变形敏感，对地基承载力、地基变形、地基的整体稳定性等提出严格要求。基础设计时，塔楼和外框柱下选择不同桩径的钻孔灌注桩，两栋建筑之间，合理划分沉降后浇带，进行基础变刚度调平整体设计，确保了塔楼的总沉降、倾斜、塔楼与周边地下室之间的基础变形协调满足要求（图 28、图 29）。

高层建筑采用桩筏基础，主塔楼筏板与裙房筏板保持顶部标高齐平，标高－19.30m（相对标高），筏板强度等级为 C45，下设 100mm 厚 C15 素混凝土垫层。昆泰嘉瑞中心公寓楼筏板厚度 3.2m，阿里中心望京 B 座底板厚度 2.5m。两栋高层主楼下抗压桩均采用桩端、桩侧后压浆钻孔灌注桩，选取第⑩$_1$层卵石、圆砾层作为桩端持力层，厚度 11.00～13.60m。公寓楼核心筒下桩径为 1.0m 和 1.2m，有效桩长 34.0m，外框柱下桩径

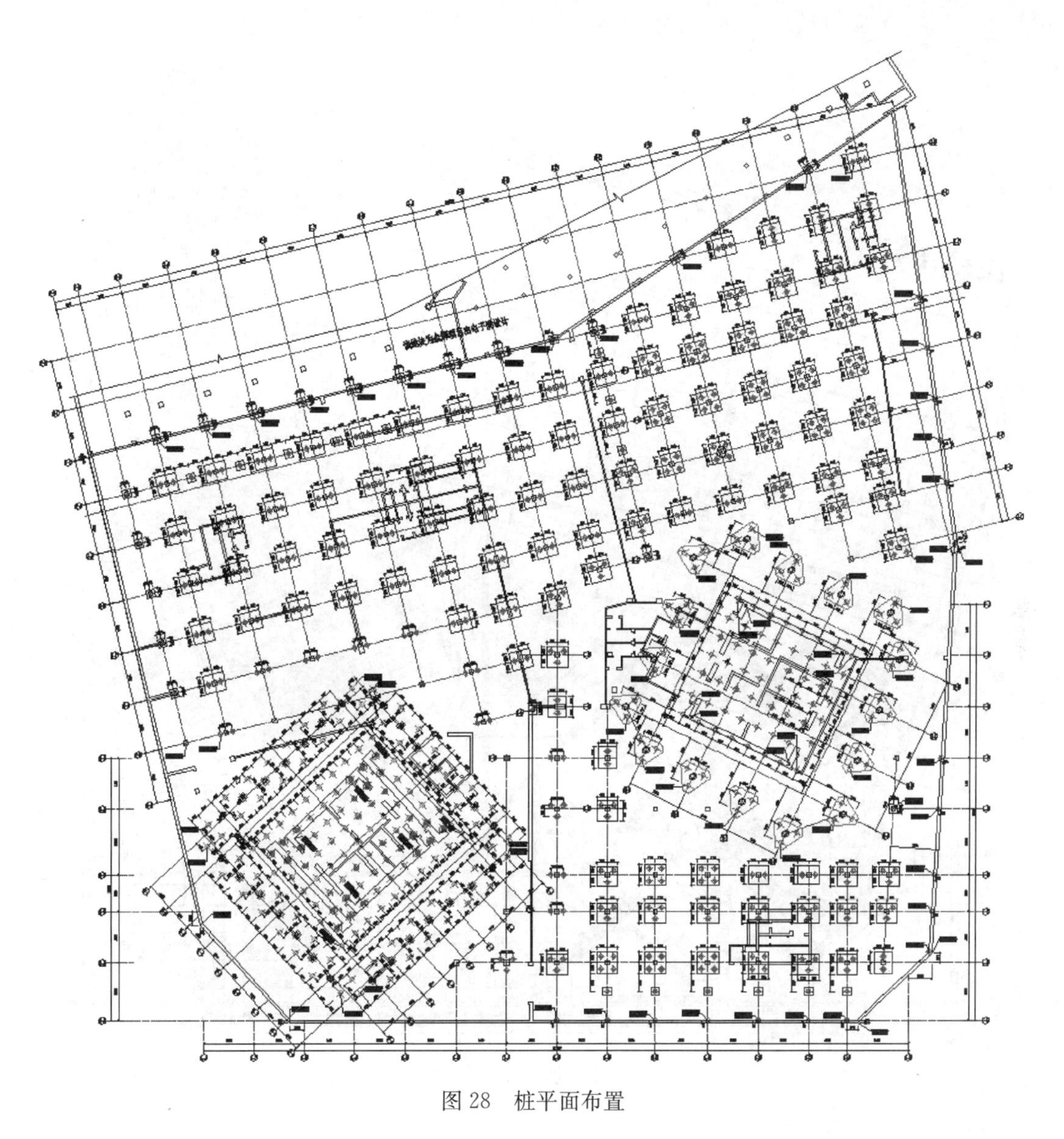

图28　桩平面布置

1.0m，有效桩长34.7m。阿里中心望京B座桩径1.0m，有效桩长34.7m。现场试桩结果表明：直径1.0m单桩承载力特征值不小于10000kN，直径1.2m单桩承载力特征值不小于13000kN。纯地下室区域采用独立承台+防水板+抗拔桩；桩径700mm，有效桩长20.0m，抗拔承载力特征值1400kN。抗压桩桩身强度C45，抗拔桩桩身强度C35。

四、抗震性能化设计

昆泰嘉瑞公寓（618-1号楼），高度超限且不规则，通过全国超限高层建筑工程抗震设防审查专家委员会的评审。昆泰嘉瑞公寓（618-1号楼）采用抗震性能化设计。

图29 基础平面布置

（一）抗震性能目标

抗震性能目标列于表1。

抗震性能目标 **表1**

<table>
<tr><td colspan="3">抗震烈度
（参考级别）</td><td>1＝频遇地震
（小震）</td><td>2＝设防地震
（中震）</td><td>3＝罕遇地震
（大震）</td></tr>
<tr><td colspan="3">性能水平定性描述</td><td>不损坏</td><td>可修复损坏</td><td>无倒塌</td></tr>
<tr><td colspan="3">层间位移角限值</td><td>[1/580]</td><td>—</td><td>[1/100]</td></tr>
<tr><td rowspan="3">核心筒</td><td rowspan="3">底部加强区
墙体</td><td>压弯</td><td rowspan="3">规范设计要求
弹性</td><td>不屈服</td><td>允许进入塑性
控制塑性变形</td></tr>
<tr><td>拉弯</td><td>弹性</td><td>允许进入塑性
控制塑性变形</td></tr>
<tr><td>受剪</td><td>弹性</td><td>满足受剪截面
控制条件</td></tr>
</table>

续表

<table>
<tr><th colspan="3">抗震烈度
（参考级别）</th><th>1＝频遇地震
（小震）</th><th>2＝设防地震
（中震）</th><th>3＝罕遇地震
（大震）</th></tr>
<tr><td rowspan="2">核心筒</td><td colspan="2">非底部加强区墙体</td><td rowspan="7">规范设计要求
弹性</td><td>受剪不屈服</td><td>满足受剪截面
控制条件</td></tr>
<tr><td colspan="2">连梁</td><td>允许进入塑性</td><td>率先进入塑性</td></tr>
<tr><td rowspan="5">框架</td><td rowspan="3">底部加强区
框架柱</td><td>压弯</td><td>不屈服</td><td>允许进入塑性
控制塑性变形</td></tr>
<tr><td>拉弯</td><td>弹性</td><td>允许进入塑性
控制塑性变形</td></tr>
<tr><td>受剪</td><td>弹性</td><td>满足受剪截面
控制条件</td></tr>
<tr><td colspan="2">非底部加强区
框架柱</td><td>受剪不屈服</td><td>满足受剪截面
控制条件</td></tr>
<tr><td colspan="2">框架梁</td><td>受剪不屈服</td><td>允许进入塑性</td></tr>
<tr><td rowspan="2">其他</td><td colspan="2">构件</td><td>规范设计要求</td><td>允许进入塑性</td><td>允许进入塑性</td></tr>
<tr><td colspan="2">节点</td><td colspan="3">不先于构件破坏</td></tr>
</table>

（二）抗震性能目标的验算方法

小震、中震、大震基本参数取值见表2。

小震、中震、大震基本参数　　表2

	多遇地震（小震）	设防烈度（中震）	罕遇地震（大震）
水平地震影响系数最大值 α_{max}	0.16	0.45	0.90
地面加速度峰值 A_m（gal）	70	200	400
特征周期 T_g	0.44	0.44	0.49
周期折减系数	0.85	0.95	1.0
结构阻尼比 ζ	5%	6%	7%

注：昆泰公寓小震、中震的场地特征周期按所在场地的等效剪切波速插值求得。

1. 多遇地震及风荷载作用

（1）采用振型分解反应谱法（本工程采用规范反应谱）对结构进行多遇地震及风荷载作用下的弹性计算，根据结构抗震等级采用相应的荷载作用分项系数和抗震承载力调整系数，要求各构件的抗震承载力和层间位移等满足规范要求。

（2）选取3条地震波加速度时程曲线进行弹性动力时程分析补充验算，每条时程曲线计算所得结构底部剪力不小于振型分解反应谱法计算结果的65%，多条时程曲线计算所得结构底部剪力平均值不小于反应谱法计算值的80%，计算结果取时程分析法的包络值和振型分解反应谱法二者的较大值。

采用由中国建筑科学研究院有限公司编制的PMPM-SATWE程序2010版（V1.3）

和由美国 CSI 公司编制的 ETABS 中文版 9.7.4 程序进行多遇地震作用下内力、位移计算；采用 PMPM-SATWE 程序中自带的动力时程分析功能，对结构进行多遇地震作用下弹性时程分析（图 30）。

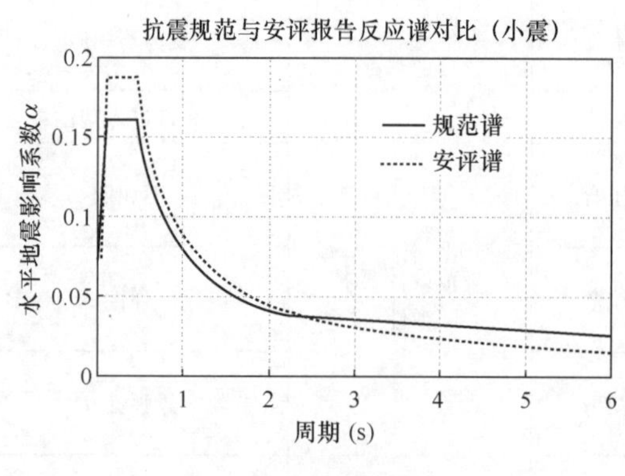

图 30　反应谱对比

《超限高层建筑工程抗震设防专项审查技术要点》（建质［2010］109 号）的相关要求：小震分别选取抗震规范和安评报告的地震动参数计算，取二者计算所得结构底部剪力较大者进行设计；中震、大震则按照抗震规范进行设计和分析。本工程的结构自振周期相对较长，小震作用下的计算结果表明按照抗震规范反应谱计算所得的底部剪力较大，故小震同样采用抗震规范反应谱进行设计。

2. 设防地震作用

（1）进行中震不屈服承载力验算，按照性能目标要求校核构件的小震配筋。具体设计时，非底部加强区墙体的水平分布钢筋、非底部加强区框架柱的箍筋、框架梁的箍筋均按不少于中震不屈服的计算结果进行配筋。

（2）进行中震弹性承载力验算，按照性能目标要求校核关键构件的承载力及配筋。具体设计时，底部加强区墙体的暗柱钢筋及水平分布钢筋、底部加强区框架柱的纵筋及箍筋均按不少于中震弹性的计算结果进行配筋。

在设防地震作用下，考虑角部墙肢共同承受组合拉力，则墙肢最大组合拉应力约为 5.5MPa，能够满足 $2f_{tk}$（5.7MPa）的要求。为确保受拉墙肢的安全，对于拉应力大于 f_{tk}的单片墙肢内部配置型钢，考虑由型钢承担墙肢全部的轴向拉力（不考虑混凝土及钢筋作用）。

3. 罕遇地震作用

（1）进行大震不屈服验算，按照性能目标要求校核相关构件的受剪截面控制条件。

（2）进行大震弹塑性动力时程及静力弹塑性（PUSH-OVER）分析，研究结构的破坏过程、破坏状态以及关键构件承载能力状况等，找出结构薄弱部位，并提出相应的加强措施。

采用 PKPM 系列软件对结构分别进行设防地震（中震）不屈服、中震弹性及罕遇地震（大震）不屈服设计和验算；罕遇地震作用下采用中国建筑科学研究院有限公司的程序 PKPM 系列 EPDA 进行结构弹塑性时程分析；采用 PKPM-PUSH 进行静力弹塑性时程（PUSH-OVER）分析（图 31～图 34）。

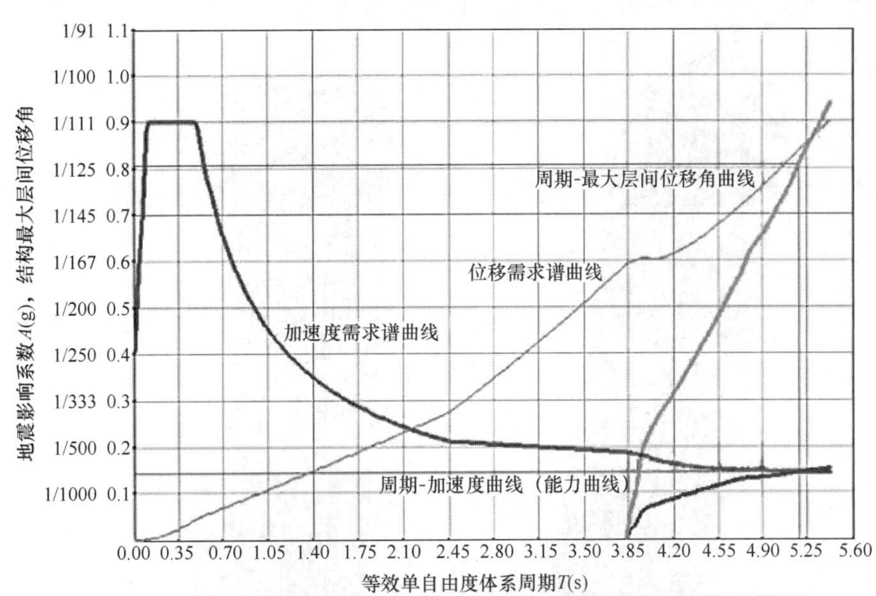

需求谱类型：规范加速度设计谱所在地区：全国场地类型：3.设计地震分组：1

抗震设防烈度：8度大震。地震影响系数最大值$A_{max}(g)$: 0.900

特征周期T_g(s): 0.490弹性状态阻尼比：0.050

能力曲线与需求曲线的交点[T(s), A(s)]5.184, 0.144性能点最大层间位移角1/124

性能点基底剪力(kN): 118579.8性能点顶点位移(mm): 1469.6

性能点附加阻尼比：0.156+0.70=0.109与性能点相对应的总加载步号：96.2

图 31 静力弹塑性分析 X 向能力及需求曲线

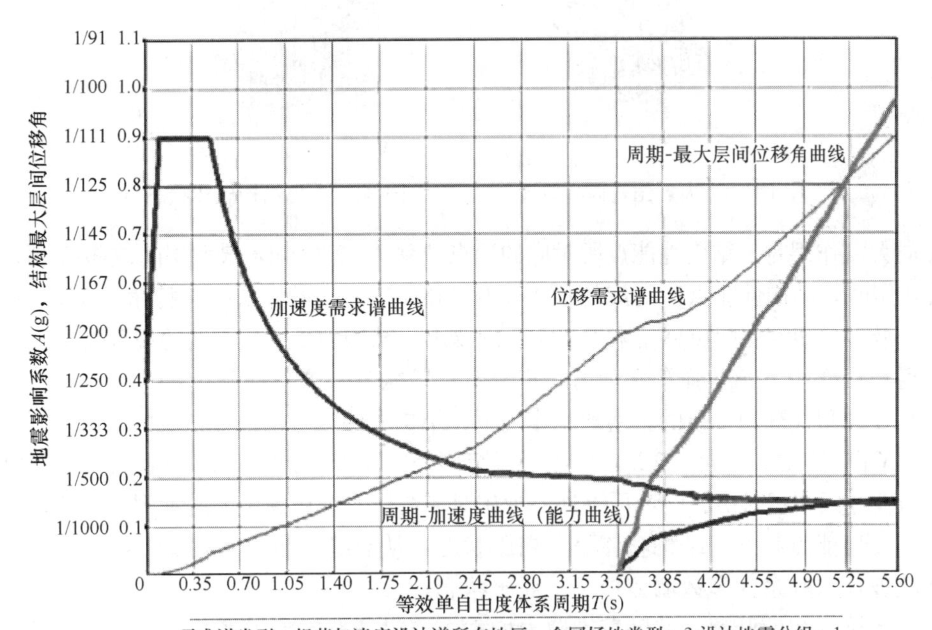

需求谱类型：规范加速度设计谱所在地区：全国场地类型：3.设计地震分组：1

抗震设防烈度：8度大震。地震影响系数最大值$A_{max}(g)$: 0.900

特征周期T_g(s): 0.490弹性状态阻尼比：0.050

能力曲线与需求曲线的交点[T(s), A(s)]5.218,0.144性能点最大层间位移角1/125

性能点基底剪力(kN): 126027.8性能点顶点位移(mm): 14334

性能点附加阻尼比：0.185+0.70=0.129与性能点相对应的总加载步号：93.7

图 32 Y 向能力及需求曲线

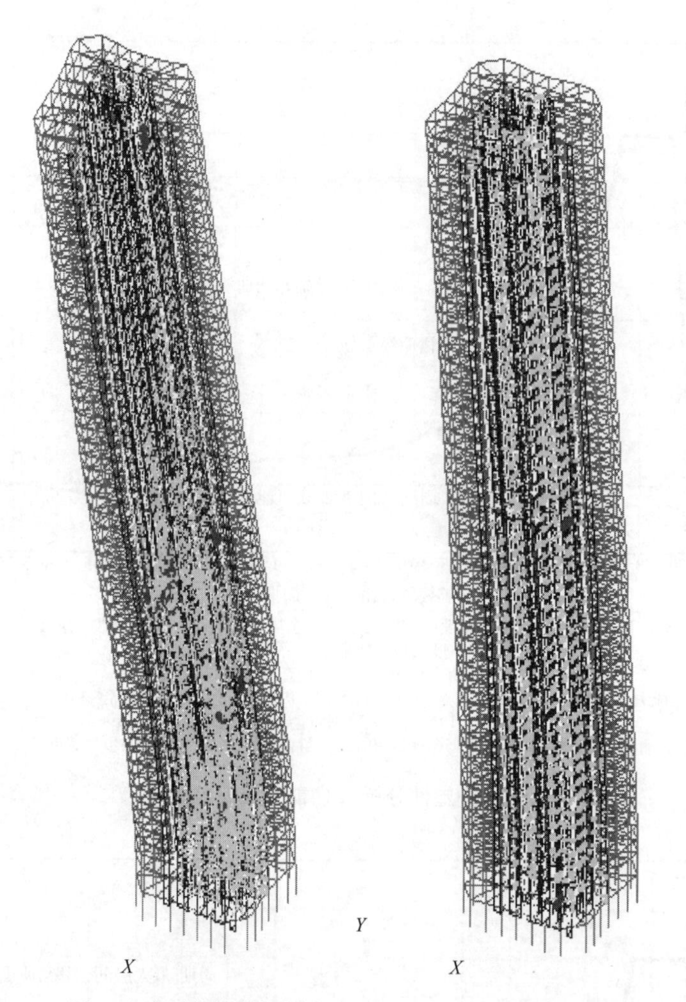

图 33　大震结构破坏状态　　　　图 34　中震结构破坏状态

X 向大震作用时，结构性能点所对应的顶点位移 1469.6mm，最大层间位移角 1/124，Y 向大震作用时，结构性能点所对应的顶点位移 1433.4mm，最大层间位移角 1/125，均满足规范对于最大弹塑性层间位移角限值 1/100 的要求。结构满足大震不倒的规范要求。

罕遇地震作用下结构弹塑性动力时程分析和结构静力弹塑性分析：

(1) 在弹塑性静力推覆的罕遇地震作用下，结构在两个方向性能点处的最大层间位移角分别为：X 向 1/124；Y 向 1/125，均小于规范限值 1/100，结果表明，结构无明显薄弱层。底部受压破坏区域相对薄弱些，可以理解为相对薄弱层。结构满足大震不倒的规范要求。

(2) 在性能点状态，结构整体呈不屈服状态，从裂缝分布及状态来看，底部仅有少部分小墙肢破坏，其余大多数墙体处于不屈服状态；

(3) 连梁在初期开裂，并随着推覆力增大，连梁开裂越来越多并屈服，起到了耗能作用，这是设计所希望的，连梁屈服符合设计要求；

(4) 弹塑性分析表明，本工程满足罕遇地震状态下的设计性能要求。

(三) 结构超限对策

为了实现设定的抗震性能目标，通过有效分析确保结构性能满足规范要求，在设计中按结构性能要求包络设计，并采取相应提高结构延性的措施：

1. 核心筒

（1）严格控制底部墙肢在多遇地震作用下的轴压比不超过0.5。

（2）设防地震作用下，控制底部墙肢的最大净拉应力水平不超过混凝土受拉强度标准值的2倍（$2f_{tk}$）；对于拉应力大于混凝土受拉强度标准值（f_{tk}）的墙肢配置型钢，并考虑由型钢承担全部轴向拉力。

（3）主要墙体的约束边缘构件配置高度延伸至墙体轴压比$\mu_N=0.25$的楼层，适当提高其体积配箍率并满足相应构造要求，其余墙体严格满足规范计算及构造要求。

2. 外框架

（1）严格控制底部框架柱在多遇地震作用下的轴压比不超过0.65。

（2）外框架部分作为结构抗震的第二道防线，需满足规范对于框架-核心筒结构中框架部分所承担的最小剪力要求，否则按照底部剪力的20%和框架承担楼层剪力最大值的1.5倍二者的较大值进行放大调整（含中震）。

（3）框架柱内型钢一直延伸贯通至屋顶。

（4）结构避难层及相邻楼层采取适当加强措施提高其梁高及配筋率。

3. 楼板

适当提高结构首层、嵌固层、避难层及相邻楼层、走道位置等楼板厚度，并加大其配筋率，确保水平作用能够有效传递。

同时昆泰嘉瑞中心公寓楼和阿里中心望京B座，底部加强区构件按照正负零层和负一层嵌固进行包络设计，以及两栋超高层建筑分别单塔和多塔包络设计。

为充分发挥连梁的耗能作用，并提高建筑有效空间，多处连梁处理成双连梁，中间预留缝隙供机电管线穿过；为提高连梁的抗剪性能，有的连梁内置型钢。

五、节点设计

1. 超高层塔楼与地库顶板高差3m，梁加腋处理

公寓楼和办公楼的塔楼与车库之间为满足嵌固层构造，覆土内梁加腋，有效传递水平力，避免短柱（图35、图36）。

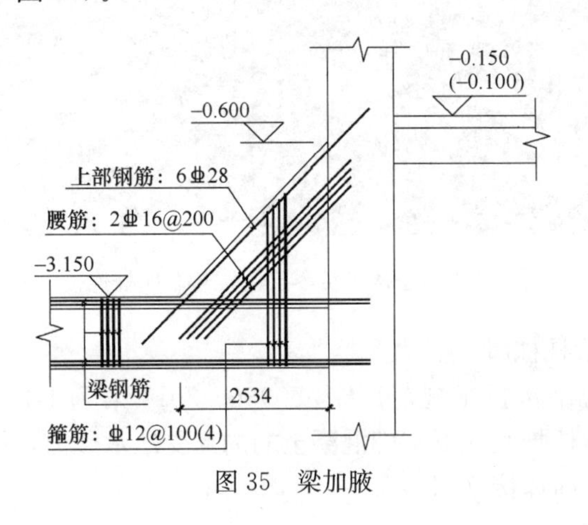

图35 梁加腋

图 36 公寓楼正负零层主楼与车库高差处做加腋

阿里办公楼正负零层主楼与车库交接处连接，主楼外框梁采用型钢混凝土梁，车库顶板混凝土梁与钢管柱采用环形牛腿连接。主楼与车库顶框架之间高差做加腋处理，避免短柱，确保水平推力在错层上下楼板中传递（图 37）。

图 37 办公楼正负零层主楼与车库处连接

2. 阿里办公楼钢管柱柱脚

根据《钢管混凝土结构技术规范》GB 50936—2014 第 7.4.2 条，采用埋入式柱脚，验算施工阶段和竣工后柱脚底板下基础混凝土的局部受压承载力，筏板顶部钢筋遇到钢管柱与垂直柱体的肋板双面焊接（图 38）。

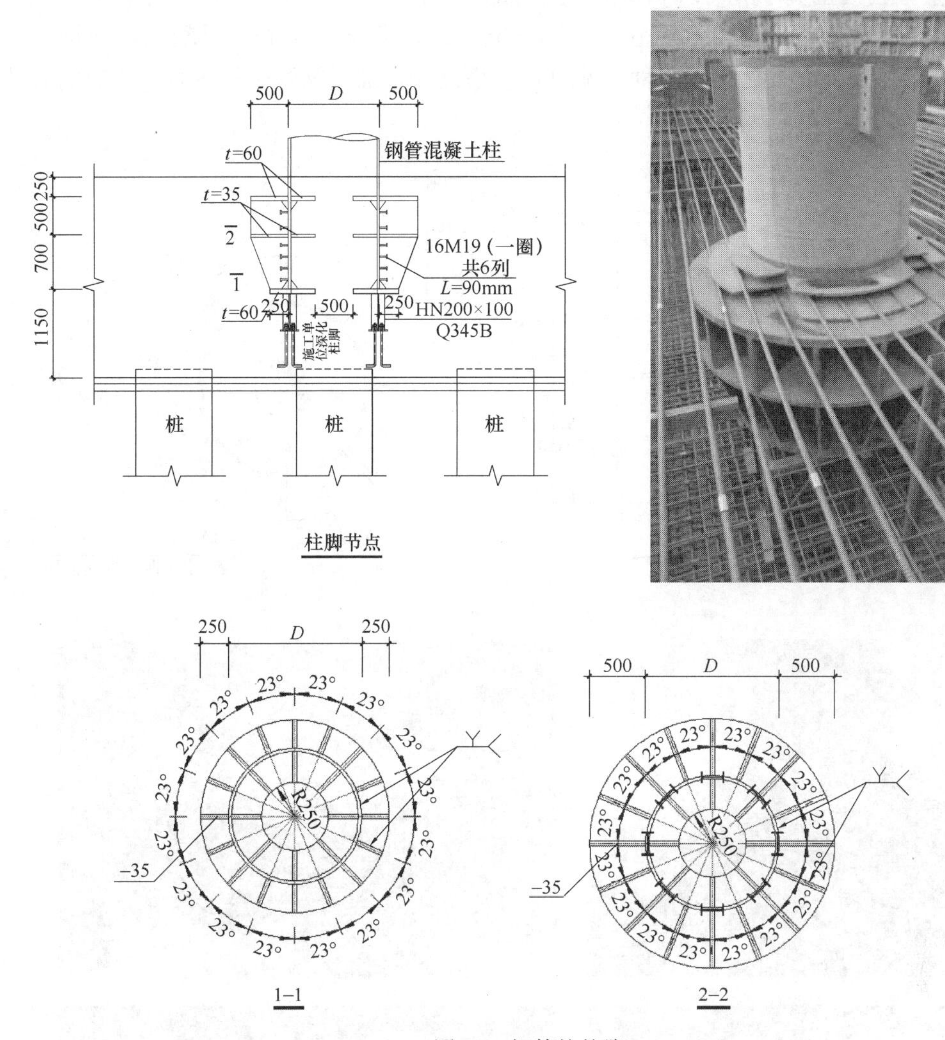

图 38　钢管柱柱脚

3. 昆泰公寓楼核心筒暗柱主筋与内置型钢肋板穿孔通过（图 39）

图 39　核心筒暗柱主筋与内置型钢肋板穿孔通过

4. 阿里办公楼正负零层及以下混凝土梁与钢管柱连接

根据《钢管混凝土结构技术规范》GB 50936—2014 第 7.2.7 条，混凝土梁与钢管柱连接采用环形牛腿，交接处梁端多种工况组合包络设计，确保钢管柱外剪力和弯矩的有效传递（图 40）。

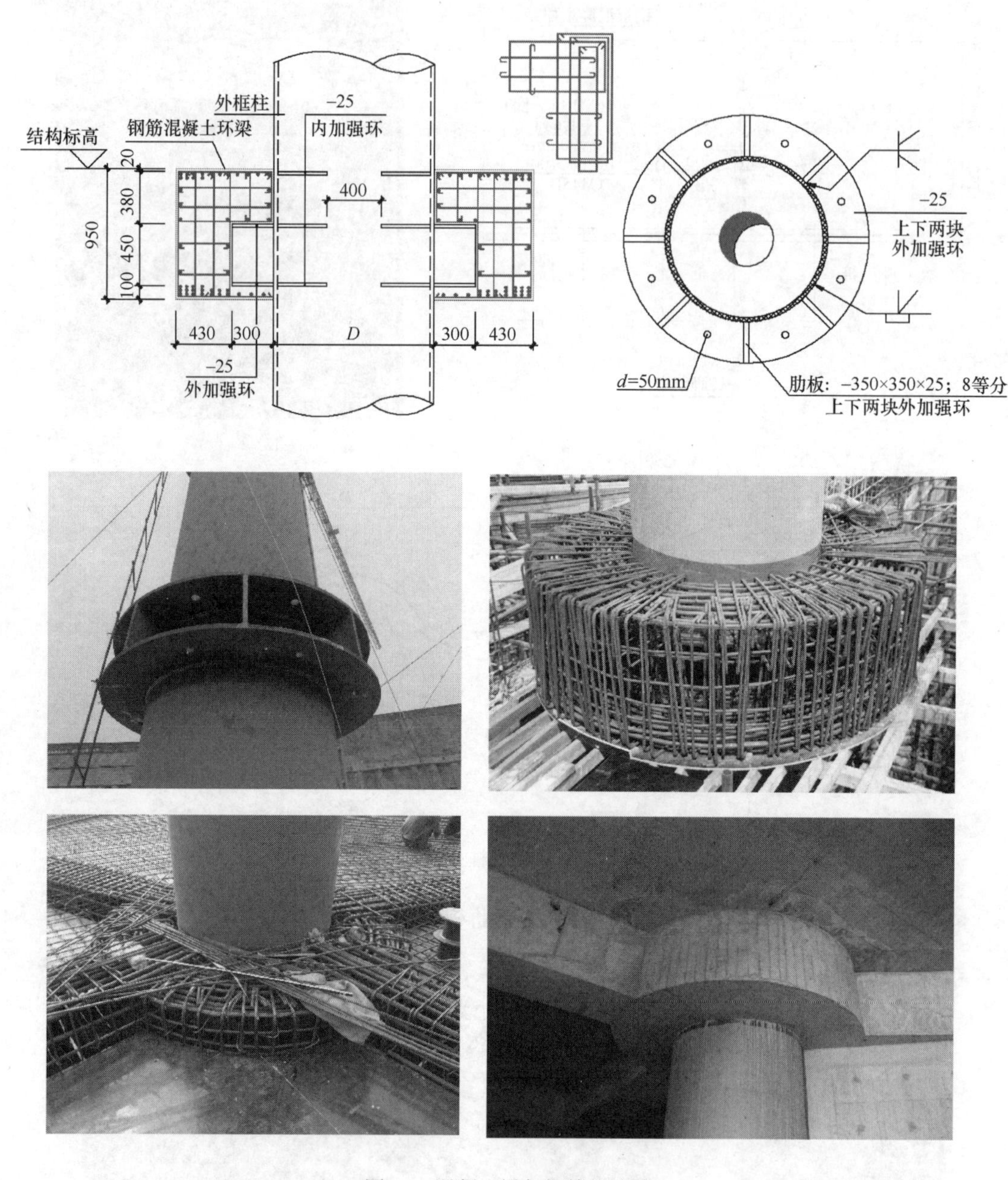

图 40　混凝土梁与钢管柱连接

5. 昆泰公寓楼混凝土梁与劲性柱连接

多根混凝土梁与型钢混凝土柱连接时，钢筋采用套筒、焊接和开孔穿筋等组合方式，确保施工便捷、传递直接（图 41）。

图41 混凝土梁与劲性柱连接

6. 昆泰公寓楼核心筒双连梁内置型钢

发挥连梁的耗能作用，避免过早剪切破坏，便于机电管线穿越，核心筒局部连梁处理成双连梁并内置型钢（图42）。

图42 核心筒双连梁内置型钢

7. 阿里办公楼钢管混凝土顶升法施工

对应楼层梁上下翼缘设置内环板，开直径400mm的圆孔便于柱内混凝土流通，设置4个直径50mm的排气孔。楼层标高上650mm每隔两层设置直径160mm的灌浆孔，柱内补强，灌浆完毕，钢板封堵。顶升法灌浆确保柱内混凝土的密实（图 43）。

图 43　钢管混凝土顶升法施工

8. 阿里办公楼楼面钢次梁与核心筒铰接

楼板钢次梁与核心筒铰接，考虑到核心筒及预埋件存在一定的施工误差，钢梁腹板开 24mm×80mm 的长圆孔，先安装螺栓固定，再通过连接板与钢梁腹板焊接固定（图 44）。

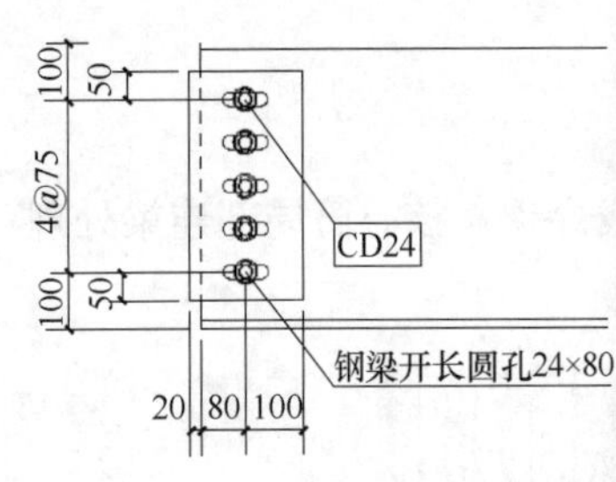

图 44　楼面钢次梁与核心筒铰接

9. 阿里办公楼钢管柱楼面上 1.5m 左右对接熔透焊（图 45）

10. 阿里办公楼钢管柱与钢框梁固接连接

钢管柱与钢框架梁固接连接，为确保梁柱的节点连接质量（一级焊缝），降低现场安装误差，在加工厂里完成钢管柱与钢框架梁牛腿的焊接，悬挑长度 600mm，同时为了实现“强节点弱杆件”的设计思想，牛腿根部上下翼缘均比钢梁上下翼缘宽 200mm，变截面与钢梁连接，节点设计强度大于杆件本身。腹板采用摩擦型高强度螺栓，上下翼缘均采用熔透焊接（图 46）。

六、结构设计效益

1. 经济效益

本项目采用钢结构和混凝土结构结合的形式进行设计，两种结构取长补短，通过合理的设计，最大限度地节省建筑材料的使用，3 栋建筑的主要经济指标见表 3。

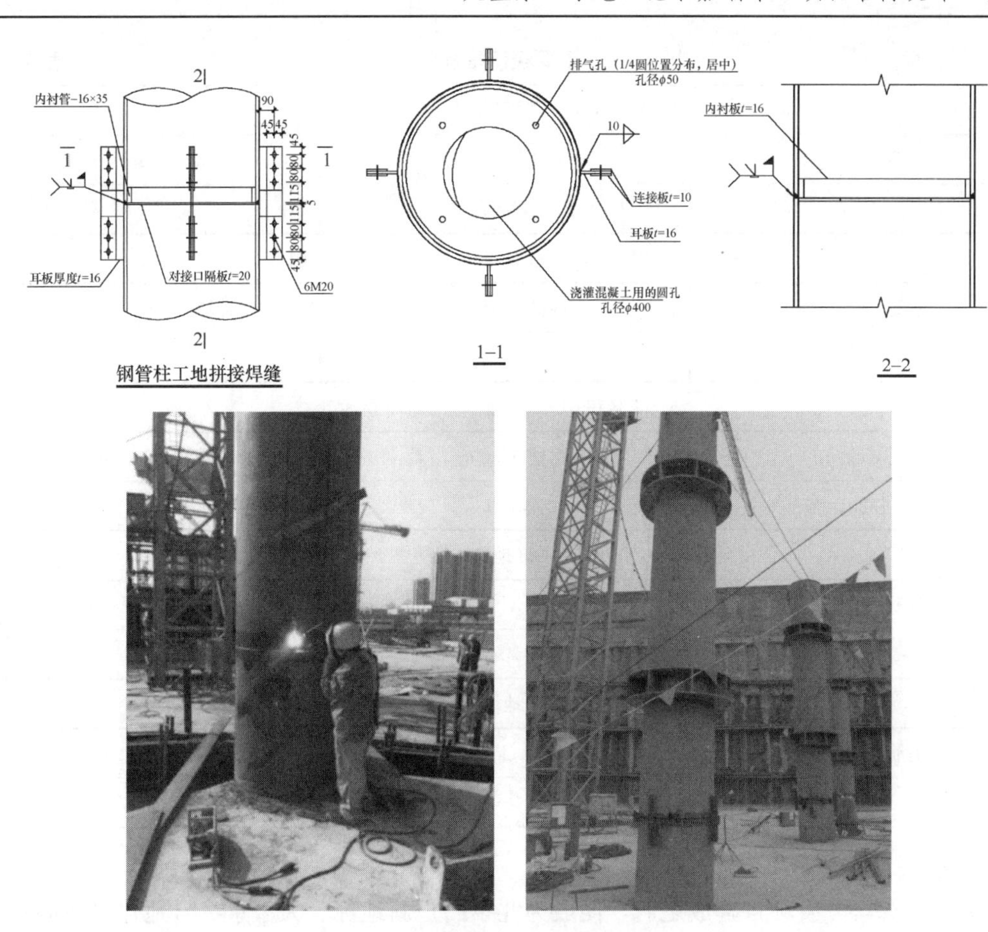

图45　钢管柱对接熔透焊

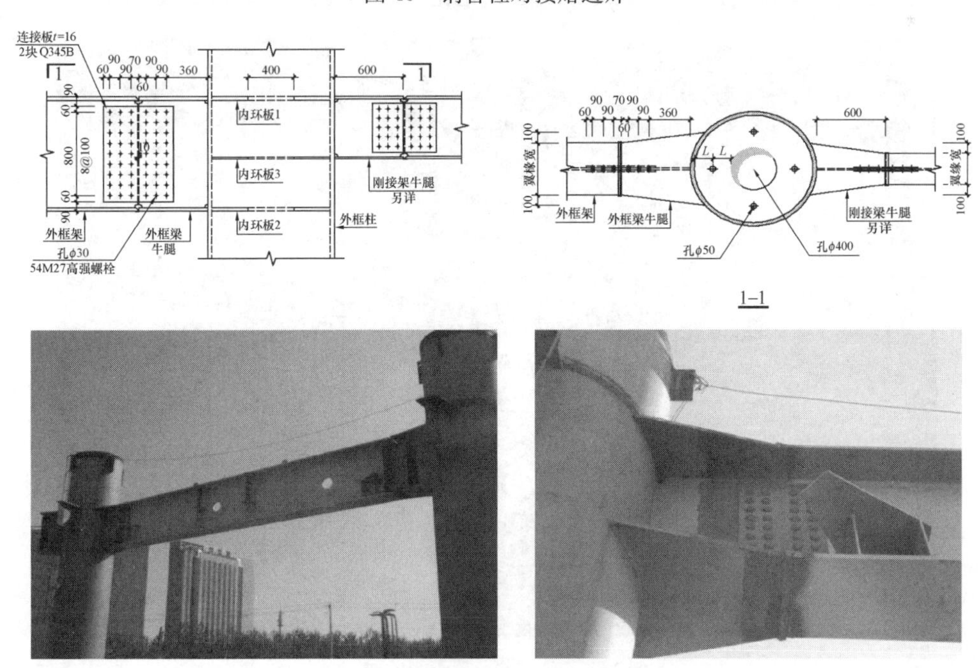

图46　钢管柱与钢框梁固接连接

主要经济指标　　表 3

618-1 号（昆泰公寓）公寓楼主要经济指标		
钢筋（kg/m²）	钢材（kg/m²）	混凝土（m³/m²）
115.7	47.97	0.467
618-2 号（阿里中心望京 B 座）办公楼主要经济指标		
钢筋（kg/m²）	钢材（kg/m²）	混凝土（m³/m²）
37.8	112.1	0.328
618-1 号和 618-2 号地下主要经济指标		
钢筋（kg/m²）	钢材（kg/m²）	混凝土（m³/m²）
132.1	18.1	0.924
昆泰嘉瑞文化中心（623 地块）地上主要经济指标		
钢筋（kg/m²）	钢材（kg/m²）	混凝土（m³/m²）
13.6	84.6	0.153
昆泰嘉瑞文化中心（623 地块）地下室主要经济指标		
钢筋（kg/m²）	钢材（kg/m²）	混凝土（m³/m²）
117.3	—	0.823

2. 综合社会效益

大望京综合开发项目建成之后，便成为北京门户新地标。大望京 2 号地建筑协同灯光设计，群体灯光秀彰显震撼壮阔，成为该区域亮化工程的亮点（图 47、图 48）。

图 47　北京第二 CBD 新地标

图48 群体灯光秀震撼壮阔

本项目获得多个奖项：

2019—2020中国建筑学会建筑设计奖结构专业三等奖、给排水专业一等奖、暖通专业三等奖、电气专业三等奖；2021年北京市优秀工程勘察设计奖建筑工程设计综合奖（公共建筑）三等奖；2018年IDA国际设计奖、2018年建筑设计综合建筑荣誉奖“杰出建筑奖”、2013—2014年度亚太五星最佳高层建筑大奖；同时入围2019年度欧洲领先建筑师论坛大奖；通过美国绿色建筑LEED金级认证；2018—2019年鲁班奖、中国钢结构金奖、北京市建筑业新技术应用示范工程；龙图杯第四届全国BIM大赛二等奖。

17 华南国际港航服务中心项目

建设地点　广东省广州市黄埔区黄埔大道东983号
设计时间　2013—2016
工程竣工时间　2018
设计单位　广东省建筑设计研究院有限公司
［510010］广州市荔湾区流花路97号
主要设计人　陈　星　李　宁　梁志红　李　剑　石挺家　张　杰　翁泽松　赵　统
本文执笔　李　剑

获奖等级　2019—2020中国建筑学会建筑设计奖·结构专业三等奖

一、工程概况

华南国际港航服务中心项目（图1）位于广州市黄埔区，总用地面积15109m²，总建筑面积140443.5m²。主塔楼地面以上52层，高度242.5m；地下4层，主要功能为停车库及设备用房；首层～3层为商业建筑；4～52层为办公区，17层以下为大开间办公室，17层以上为小开间办公室；避难层设置在8层、17层、29层、41层，兼为设备用房，屋顶为公共休闲区。裙楼3层，主要为商业与办公用房。

图1　建筑实景

主塔楼平面为规则正方形，平面尺寸为 44.5m×44.5mm；裙楼平面为矩形，逆时针转动 45°，与主塔楼东北角交汇，平面尺寸为 25.2m×67.2mm。

建筑形体简洁挺拔，具有强烈的整体感和清晰的体量，力求体现港口集装箱风格。在建筑物上部 47～49 层的东南侧，取消了 1/4 平面的楼板，形成 3 层通高的凹入缺口，提供了一个独一无二的眺望珠江风景的空中观景平台，如同领航的灯塔，耸立在珠江边，成为广州东部城区的新地标（图 1）。

二、结构体系

建筑场地抗震设防烈度为 7 度（0.1g），Ⅱ类场地，设计地震分组为第一组，建筑结构抗震设防分类为重点设防类。

主塔楼高度为 242.5m，属超 B 级高度的高层建筑，结构采用框架-核心筒结构（图 2），外框架采用钢管混凝土柱＋钢筋混凝土梁，核心筒采用钢筋混凝土结构；建筑物高宽比为 5.45，钢管柱到核心筒距离为 9.7m，外围框架柱柱距为 8.4m；核心筒平面尺寸为 22.6m×22.6m，核心筒高宽比为 10.73；核心筒面积与塔楼面积比为 25.8%。

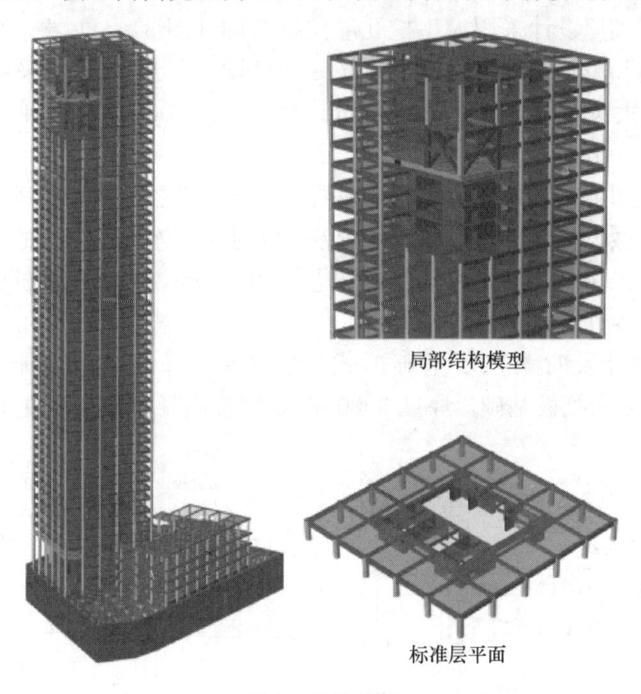

图 2　结构模型

核心筒筒体外壁厚由底部 1200mm 向上逐步收至 800mm，钢管混凝土柱采用 Q345B 钢材，内浇灌 C80 混凝土，由底部直径 1400mm，厚 28mm 向上逐步收至直径 900mm，厚 20mm。

主塔楼从 17 层开始设置采光中庭，核心筒内 Y 向剪力墙大幅度取消，造成 Y 向侧向刚度在 17 层有突变，但刚度变化在规范限值以内。设计时构造上对核心筒进行了加强，在核心筒剪力墙端角部内置型钢暗柱，提高整体结构的延性和承载能力。

主塔楼的东南角约 1/4 平面面积，建筑立面在 47～50 层设置 3 层通高缺口，形成顶部空中花园，导致该部位取消 4 根钢管柱；缺口处上方楼层采用跨层悬挑桁架支承。

主塔楼以外的地下室及 3 层裙楼为框架结构。

三、基础设计

本项目场地地质复杂且有特殊性，地质勘察资料揭示有以下特点：

(1) 基岩埋深浅，地下室底板标高基本上位于中、微风化基岩上，局部基岩需要爆破去除。

(2) 基岩岩性种类多，主要为泥质粉砂岩、砂砾岩，局部夹粗砂岩、含砾粗砂岩、细砂岩。

(3) 差异风化明显，经常出现软硬相间的互层现象，且呈互层状发育，从而降低了中风化岩层或微风化岩层整体的稳定性。

(4) 与一般的水平分布不同，本场地的岩层夹层与地面夹角约 60°～80°，呈斜柱状分布。

(5) 完整基岩埋藏深度变化较大。

本工程塔楼基础原设计采用人工挖孔灌注桩基础（图 3），桩端持力层为微风化砂砾岩，持力层岩石饱和单轴抗压强度标准值 $f_{rk}=21$MPa，人工挖孔桩采用扩大头，桩身直径有 2600mm（扩大头 3600mm）和 2800mm（扩大头 3800mm）两种，桩身混凝土强度等级 C35，桩长 10～15m。

根据施工阶段超前钻结果揭示，场地地质较复杂。岩层存在差异风化、软硬互层的现象，中风化岩层或微风化岩层整体稳定性较差，同时存在连续、完整的持力层埋藏深度变化较大的情况。若采用桩基础，部分桩长要达到 30～40m，人工挖孔桩已不可行。如改用冲孔灌注桩方案，工期长且不经济。

综合考虑，设计及时调整了基础形式，塔楼基础采用筏板基础及柱下独立基础（图 4），内筒基础采用筏板基础，厚度 3000mm，钢管混凝土柱采用柱下独立基础，厚度

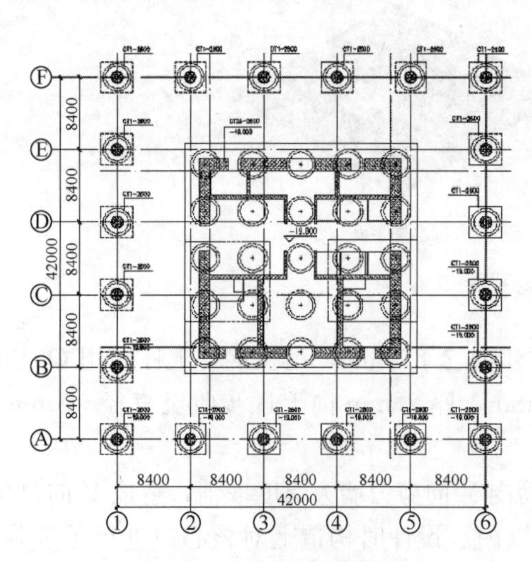

图 3　调整前桩基础布置

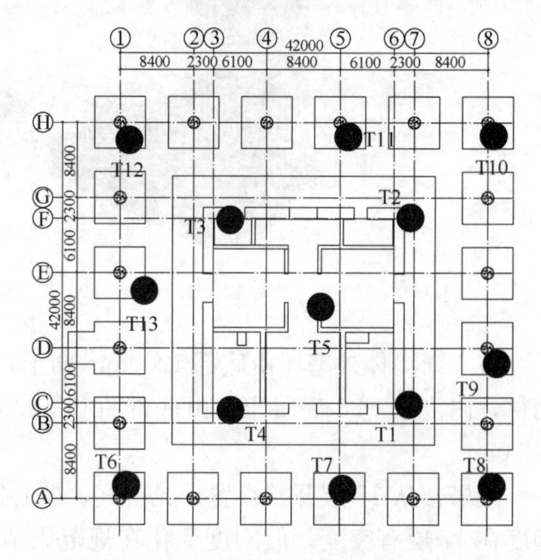

图 4　调整后基础及土压力观测点布置

2500mm，持力层为中风化粗砂岩，岩层地基承载力特征值不小于 2000kPa。根据现场压板试验结果，地基承载力满足设计要求。

有别于完整的岩层，这种软硬相间的互层岩层，在上部结构荷载作用下基础沉降影响尤为重要。为了取得实测数据，在塔楼基础底部布设了 13 个土压力观测点（图 4），监测基础底岩层压力和沉降值随着楼层增加的变化；从基础施工开始到塔楼封顶，进行了约 60 次沉降观测，15 次土压力盒测试，建筑物基础沉降观测累计最大值为 8.11mm；土压力盒测试最大值为 432.85kPa，最小值为 87.45kPa，建筑物累计沉降量很小，证明基础设计方案是成功的，为甲方节省了造价和工期，可为类似工程基础设计提供经验。

四、超长地下室无缝设计

本工程 4 层地下室，最大平面尺寸为 89.8m×113m，整个地下室不设伸缩缝，属于超长结构。施工期间采取的措施是：沿建筑物两个方向每隔约 60m 设置一道后浇带，在地下室侧壁另外增加每隔 30m 一道短期后浇带，短期后浇带封闭时间约 14d。对于混凝土后期由于温度变化产生的温度应力，可能引起混凝土收缩开裂，主要采取以下措施：

（1）加强楼板结构容易开裂处的配筋，采用双层双向贯通配筋。

（2）优化混凝土的配合比以减少水化热，添加抗裂型混凝土添加剂。

（3）要求施工单位制定合理的混凝土浇筑方案和加强养护措施。

五、结构超限判别及抗震性能目标

1. 结构超限判别

本工程采用框架-核心筒结构体系，不属于《建筑抗震设计规范》《高层建筑混凝土结构技术规程》和《高层民用建筑钢结构技术规程》暂未列入的其他高层建筑结构。主塔楼地面以上高度 242.5m，属于超 B 级高度超限结构。

不规则类型判别如下：

同时具有表 1 中三项及以上不规则的高层建筑工程判别。

三项及以上不规则判别　　表 1

序号	不规则类型	简要涵义	本工程情况	超限判别
1	扭转不规则	考虑偶然偏心的扭转位移比大于 1.2	X 向 1.28(7)1/2462 Y 向 1.14(5)1/3245	是
2a	凹凸不规则	平面凹凸尺寸，大于相应投影方向总尺寸的 30%等	$l/B_{max}=0.25$	否
2b	组合平面	细腰形或角部重叠形	无	
3	楼板不连续	有效宽度小于 50%，开洞面积大于 30%，错层大于梁高	2～4 层楼板开洞宽度小于该层楼板宽度的 50%	是

续表

序号	不规则类型	简要涵义	本工程情况	超限判别
4a	侧向刚度不规则	该层侧向刚度小于上层侧向刚度的80%	满足《高规》3.5.2-2关于框-剪结构侧向刚度的要求	否
4b	尺寸突变	竖向构件位置缩进大于25%或外挑大于10%和4m	47层开始竖向构件位置缩进大于25%或外挑大于10%和4m	是
5	竖向构件不连续	上下墙、柱、支撑不连续	47层开始部分竖向构件不连续	是
6	承载力突变	相邻层受剪承载力变化大于80%	最小受剪承载力比0.80	否
不规则情况总结		不规则项3.5项		

不具有特别不规则和严重不规则项次，根据《广东省超限高层建筑工程抗震设防专项审查实施细则》（粤建市函〔2011〕580号）的有关规定，本工程存在B级高度超限，并存在表1所列的扭转不规则、楼板不连续、尺寸突变、竖向构件不连续等不规则3.5项，属于超B级高度的不规则超限高层建筑。

针对多项不规则以及结构特点，采取了以下主要加强措施：

（1）主塔楼东南面2～3层楼板大开洞形成三层通高穿层柱，穿层柱按实际长度计算长细比进行稳定验算，并加强穿层柱周围柱的抗震措施。

（2）裙楼2～4层楼板开洞形成的楼板薄弱部位，计算按弹性楼板考虑，适当加大板厚，加强配筋。

（3）本工程部分楼层框架部分按侧向刚度分配的地震剪力标准值的最大值小于结构地震总剪力的10%，筒体剪力墙承担100%的层地震剪力，将墙体的抗震构造措施抗震等级提高一级。

（4）根据罕遇地震下的动力弹塑性分析结果，对核心筒剪力墙进行加强处理，在核心筒剪力墙角部及部分墙肢暗柱增设通高型钢，同时适当提高墙体配筋率，增加结构延性，避免出现屈服破坏。

（5）建筑方案47～49层东南角取消4根柱子，形成空中花园，缺口上部采用由核心筒外伸两榀跨两层高形成“米”字形的整体桁架支承上部结构。缺口上部楼层采用钢结构，以减轻自重。加强桁架构件关键节点设计。

2. 抗震性能化设计

根据《建筑抗震设计规范》GB 50011—2010的要求，建筑结构以“三个水准”为抗震设防目标，即“小震不坏、中震可修、大震不倒”。本工程主塔楼结构抗震性能目标为C级，其中外围框架柱抗震性能目标在中震时适当提高，即在设防烈度地震时按第2水准设计（C级时为第3水准），结构构件具体性能目标见表2。

结构抗震性能目标及震后性能状况　　表2

地震水准	多遇地震	设防地震	罕遇地震
性能水准	1	3	4
层间位移角	1/500	—	1/100
结构整体性能目标	完好无损	轻度损坏	中度损坏

续表

地震水准			多遇地震	设防地震	罕遇地震
关键构件	塔楼外围钢管柱	抗剪	弹性设计阶段	弹性设计阶段（中震弹性）	不屈服设计阶段（大震不屈服）
		抗弯	弹性设计阶段	弹性设计阶段（中震弹性）	不屈服设计阶段（大震不屈服）
	塔楼核心筒外围剪力墙	抗剪	弹性设计阶段	弹性设计阶段（中震弹性）	不屈服设计阶段（大震不屈服）
		抗弯	弹性设计阶段	不屈服设计阶段满足（中震不屈服）	不屈服设计阶段（大震不屈服）
	悬挑桁架	抗剪	弹性设计阶段	弹性设计阶段（中震弹性）	不屈服设计阶段（大震不屈服）
		抗弯	弹性设计阶段	不屈服设计阶段（中震不屈服）	不屈服设计阶段（大震不屈服）
	裙楼框架柱	抗剪	弹性设计阶段	弹性设计阶段（中震弹性）	不屈服设计阶段（大震不屈服）
		抗弯	弹性设计阶段	不屈服设计阶段（中震不屈服）	不屈服设计阶段（大震不屈服）
普通竖向构件	塔楼核心筒筒内剪力墙	抗剪	弹性设计阶段	弹性设计阶段（中震弹性）	屈服设计阶段（满足受剪承载力截面限制要求）
		抗弯	弹性设计阶段	不屈服设计阶段（中震不屈服）	大震屈服但控制塑性变形
耗能构件	核心筒剪力墙连梁	抗剪	弹性设计阶段	不屈服设计阶段（中震不屈服）	屈服设计阶段（满足受剪承载力截面限制要求）
		抗弯	弹性设计阶段	中震屈服但控制塑性变形	大震屈服但控制塑性变形
	框架梁	抗剪	弹性设计阶段	不屈服设计阶段（中震不屈服）	屈服设计阶段（满足受剪承载力截面限制要求）
		抗弯	弹性设计阶段	中震屈服但控制塑性变形	大震屈服但控制塑性变形

六、结构计算与分析

1. 多遇地震作用分析

采用安评报告提供的反应谱进行多遇地震作用下计算分析，并采用弹性时程分析进行补充验算。由于塔楼结构平面规则，小震计算各项总体参数均能满足现行设计规范各项指标要求。计算结果还显示框架部分承担的楼层剪力小于底部总剪力的10%，各层核心筒墙体地震剪力按规范要求放大10%，并加强筒体底部加强区与薄弱部位的截面与配筋率（分布筋的配筋率为0.8%），提高了核心筒剪力墙的延性和安全储备，达到性能目标要求。同时，按规范的要求进行框架柱剪力的调整，适当提高框架梁的配筋率，加强框架的二道防线作用。

2. 中震作用分析

设防烈度地震（中震）作用下，除普通楼板、次梁以外所有结构构件的承载力，根据其抗震性能目标要求，按最不利荷载组合进行验算，分别进行了中震弹性和中震不屈服的受力分析。计算中震作用时，水平最大地震影响系数 α_{max} 按规范取值为 0.23，阻尼比为 0.05。中震作用下主要计算结果见表 3。

中震计算结果 表 3

方向		0°	90°
中震作用下最大层间位移角		1/329(33 层)	1/266(36 层)
基底剪力(±0.00 处)	Q_0(kN)	63233.11	60711.60
	Q_0/W_t	3.14%	3.01%
基底弯矩	M_0(kN·m)	8253328.00	7551699.00

中震作用下构件分析情况如下：

（1）中震弹性计算结果，所有竖向构件满足抗剪弹性；塔楼钢管混凝土框架柱未出现抗弯破坏，满足抗弯弹性的要求。

（2）中震不屈服计算结果，核心筒剪力墙、塔楼钢管混凝土框架柱和高区悬挑桁架构件均未出现正截面承载力不足的情况，但底部加强区的剪力墙竖向配筋较小震作用下增大明显，在保证剪力墙配筋的情况下，能实现底部加强区剪力墙“抗弯不屈服”的性能目标。

（3）中震不屈服计算结果，塔楼范围内的框架梁未出现抗剪破坏，部分楼层框架梁出现正截面承载力不足。与小震作用下框架梁配筋相比，中震作用下框架梁的配筋增加显著。

（4）中震不屈服计算结果，连梁未出现抗剪破坏，但抗剪箍筋面积较小，震时增大。中低区部分楼层连梁出现屈服。

3. 静力弹塑性计算

罕遇地震下静力弹塑性分析所得的性能点处相关指标见表 4。

静力弹塑性简要结果 表 4

推覆方向	0°	90°
顶点位移（mm）	1233.9	1389.2
最大层间位移角	1/159	1/139
基底剪力（kN）	86012.6	72926.0

静力弹塑性分析结果如下：

（1）在罕遇地震作用下，性能点处各层弹性位移角最大值均小于 1/100，符合《高层建筑混凝土结构技术规程》JGJ 3—2010 第 4.6.5 条的规定，建筑物可实现“大震不倒”的抗震设防目标。

（2）X 向推覆时，在性能点处，低区及高区局部墙肢出现损伤；中部楼层部分连梁出现塑性铰及高区楼层部分外框架梁出现塑性铰；整个过程中，高区悬挑桁架结构构件始终保持弹性。Y 向推覆结构的响应与 X 向类似。

根据推覆结果，对核心筒剪力墙加强处理，在核心筒剪力墙角部及部分墙肢暗柱增设通高型钢，同时适当增加底部加强区墙体配筋率，底部墙体约束边缘构件配筋率增加至1.4%，底部墙体分布筋配筋率增加至0.6%，增加结构延性，避免屈服破坏。

4. 动力弹塑性计算

罕遇地震作用下采用PERFORM-3D软件对结构进行弹塑性时程分析。选取2条人工波和5条天然波进行，地震波峰值加速度比值 $X:Y:Z=1.0:0.85:0.65$。

地震波曲线分析结果表明，7条地震波的 X 向层间位移角平均值为1/256(33层)，Y 向层间位移角平均值为1/194（36层），结构最大层间位移角均小于1/100，满足性能水准4位移角性能目标。

罕遇地震作用下结构耗散能量分析，剪力墙、柱和梁部分杆件进入塑性，参与塑性耗能。其中剪力墙作为主要抗侧力构件，在 X 和 Y 主方向工况下所占塑性耗能比例分别为17.50%和15.85%，梁构件作为主要耗能构件塑性耗能最大，分别为82.24%和83.92%，柱构件耗能比例最小，分别为0.26%和0.23%。剪力墙和梁是主要耗能构件；柱构件塑性耗能较小，在罕遇地震作用下承载力富余度较大。

动力弹塑性性能验算结果：关键构件核心筒外围墙体，墙钢筋均未进入屈服，部分剪力墙混凝土出现轻微损伤；外围钢管混凝土柱和悬挑钢桁架构件均未出现屈服。耗能构件框架梁和连梁，大部分屈服，部分接近破坏极限状态。结构满足性能C的抗震性能要求。

七、关键结构节点设计

1. 典型梁柱节点设计

塔楼框架柱采用钢管混凝土柱，框架梁采用钢筋混凝土梁，梁柱节点是钢管混凝土结构的关键部位。本工程采用新型梁柱节点，钢管柱连续贯通，在节点区钢管柱外壁焊接不穿心槽钢牛腿，框架梁通过钢牛腿与钢管柱刚性连接，框架梁端的弯矩、剪力由槽钢牛腿承担。在项目施工到23层后，对原梁柱节点进行优化。新型钢管柱节点（图5），钢牛腿

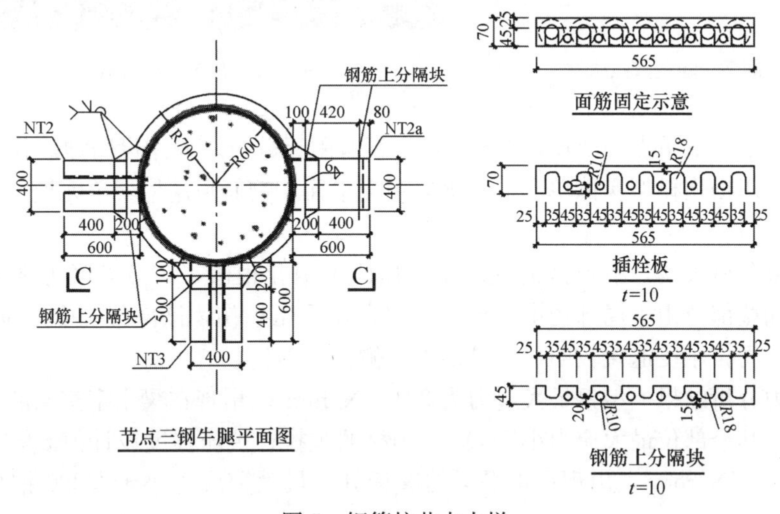

图5　钢管柱节点大样

长度由原 1200mm 调整为 600mm。为使梁纵向钢筋在节点区可靠锚固，在梁纵向受力钢筋端部增加锚固端头板，在钢牛腿近钢管混凝土柱段焊接钢筋定位板固定。

图 6　钢管柱节点现场施工

与中南大学中心试验室合作，对新节点进行 1∶1 比例模型的节点试验，验证了新型节点的内力传递机理、破坏机理、极限承载能力以及抗震性能的可靠性。节点做法已申请并获得国家发明专利。改进后的梁柱节点（图 6）施工方便，节省了工期和造价。

2. 核心筒角部牛腿大样

本工程塔楼核心筒角部与框架柱不在同一轴线上，由于建筑功能要求，框架梁不能直接与核心筒剪力墙角部斜接。为满足建筑使用要求，在核心筒剪力墙角部设置外伸悬挑牛腿与框架梁连接（图 7、图 8）；通过墙角牛腿，将该处框架梁的内力传递给核心筒剪力墙。框架梁传递给牛腿的弯矩，成为节点的扭矩，如何保证扭矩安全、可靠传递给核心筒是设计的难点。设计上利用核心筒剪力墙角部的型钢暗柱，设置型钢牛腿，通过牛腿传递框架梁荷载。中南大学中心试验室对该节点进行试验，试验结果可满足大震弹性的设计要求，结构安全可靠。

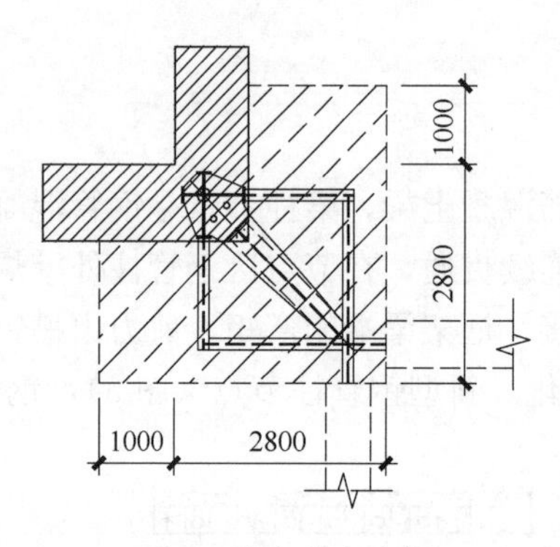

图 7　墙角节点大样

图 8　墙角节点现场施工

核心筒角部关键节点用 ABAQUS 软件进行有限元分析，采用设防地震作用内力。模型中混凝土采用损伤模型实体单元，型钢采用壳单元，钢筋采用桁架单元模拟。节点分析见图 9～图 12。

计算结果分析表明，节点区的混凝土受压刚度退化很微小，节点区可视为无受压损伤。仅仅在加载部位由于局部约束，导致端部存在受压损伤，该部位的受压损伤可忽略。混凝土有一定受拉刚度退化较明显，悬挑板上侧出现损伤。

型钢应力分析结果，型钢最大应力为 391.7N/mm^2，出现在梁十字交叉的交界处，属于应力集中。其余部位最大应力小于 Q390 钢材的抗拉、抗压强度设计值 335N/mm^2。最大剪应力为 84.5N/mm^2，出现在水平梁的腹板处，最大剪应力小于 Q390 钢材的抗剪强度设计值 190N/mm^2。

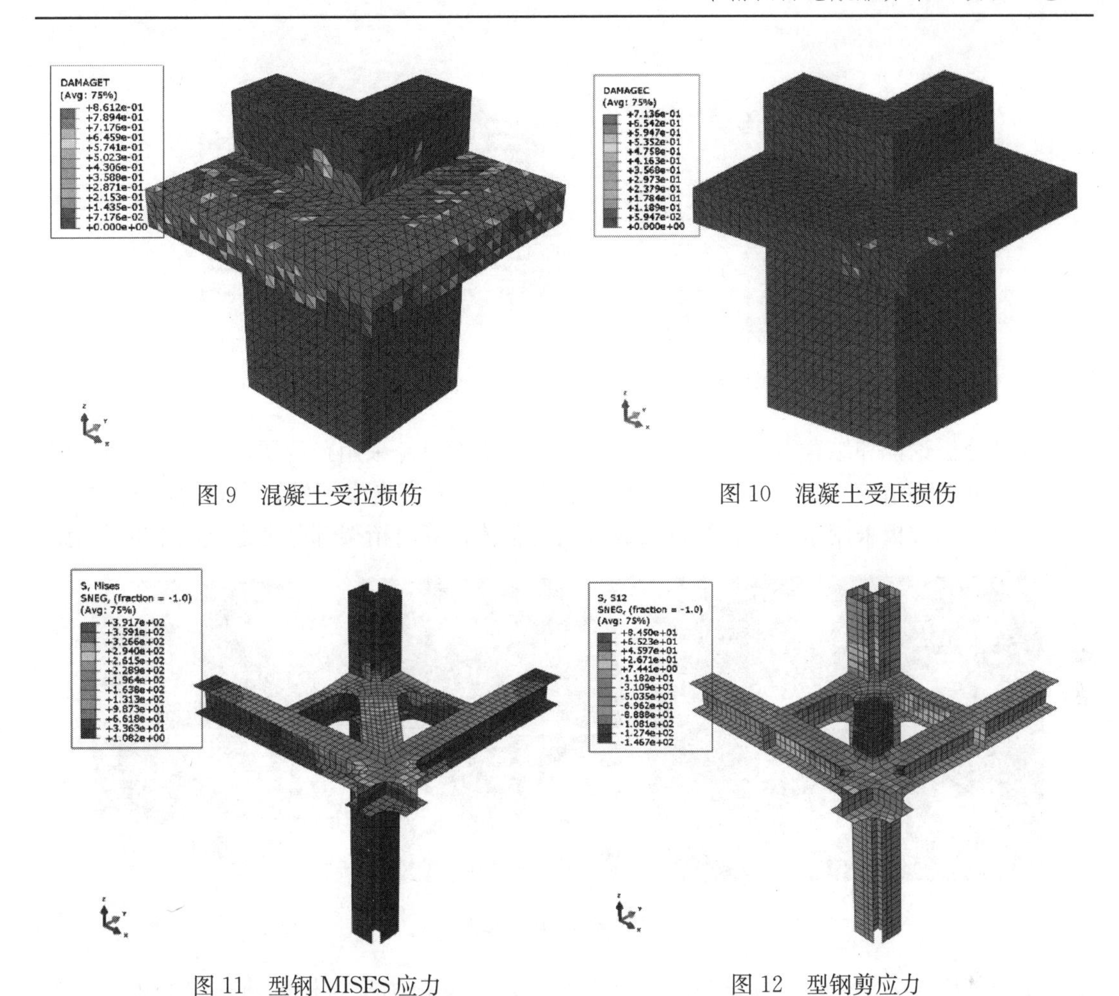

图 9　混凝土受拉损伤

图 10　混凝土受压损伤

图 11　型钢 MISES 应力

图 12　型钢剪应力

在设防地震作用下，带斜向型钢梁混凝土节点方案的型钢应力水平满足规范要求，混凝土的受压损伤也很小，存在受拉损伤，损伤部位通过增加钢筋进行加强。节点可满足性能目标要求。

3. 顶部缺口悬挑桁架分析

塔楼 47～49 层的东南角位置，建筑方案设有空中花园，取消 4 根柱子，竖向构件不连续，形成 4 层高的中空缺口，悬挑跨度超过 11m。结构设计需要解决从 50～屋顶层共 4 层楼板的支承问题，结构初步设计方案有两种：

方案 A（图 13），利用 50～51 层的层高设置桁架，桁架从核心筒侧壁伸出，分别有 X 向、Y 向两榀，其优点是利用桁架结构受力特点，将竖向荷载产生的弯矩、剪力转换为桁架构件的拉、压轴力，缺点是桁架本身会造成结构局部刚度突变，对施工要求较高；桁架的斜腹杆使该处的建筑使用功能受到限制。

方案 B（图 14），在楼层顶部设置桁架，利用吊柱将 50～屋顶层共计 3 层楼板荷载传至楼顶核心筒剪力墙；与方案 A 相比，其优点是荷载传递途径清晰直接，桁架布置屋顶不影响建筑使用功能。缺点是由于结构杆件较少，冗余度少，可靠性较差；桁架构件单根杆件的轴力较大，节点设计困难。

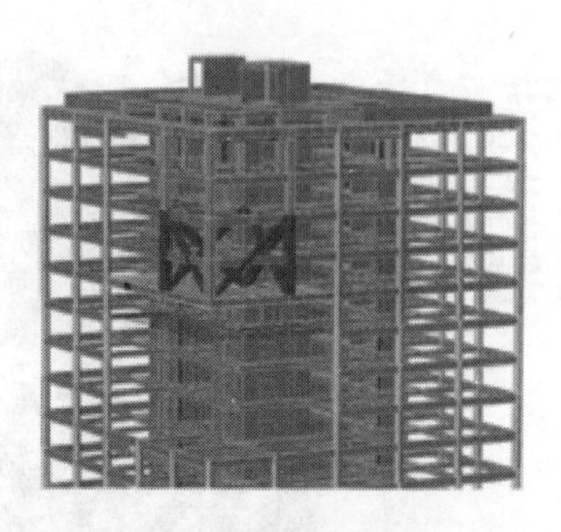

图 13　悬挑桁架方案 A

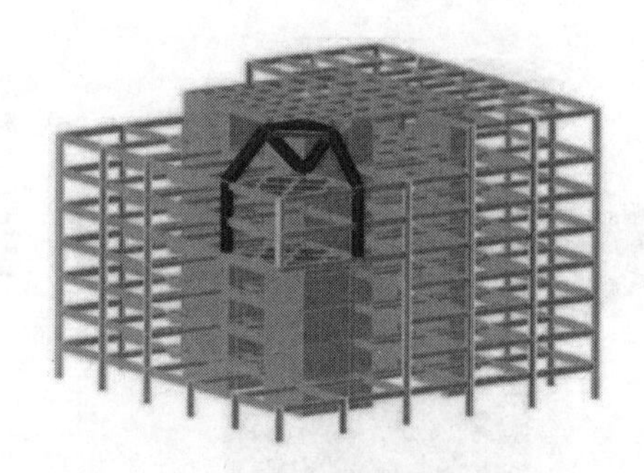

图 14　悬挑桁架方案 B

经过分析论证和结合审图专家意见，最终选定方案 A。采用跨两层通高形成“米”字形桁架支承上部结构（图 15）。为解决桁架底部楼层下方高支模问题，桁架构件采用方形钢管混凝土，楼板采用压型钢板组合楼板。结构整体计算时桁架部分考虑竖向地震作用。

图 15　桁架施工现场

采用 ABAQUS 模型对桁架关键节点进行分析，位置位于与核心筒连接处上、下节点。采用设防地震作用内力。节点分析见图 16～图 19。

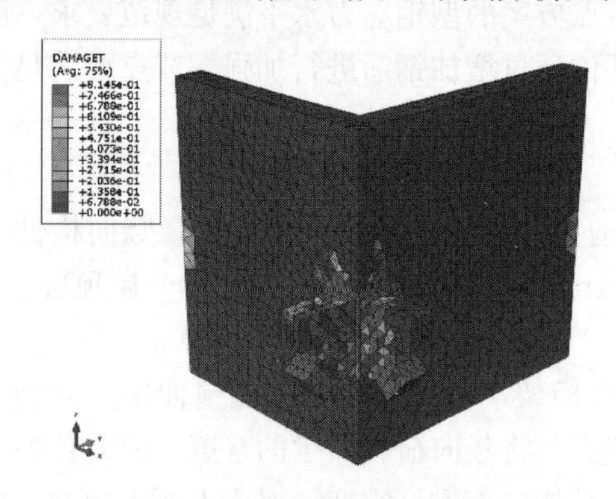

图 16　混凝土受拉损伤

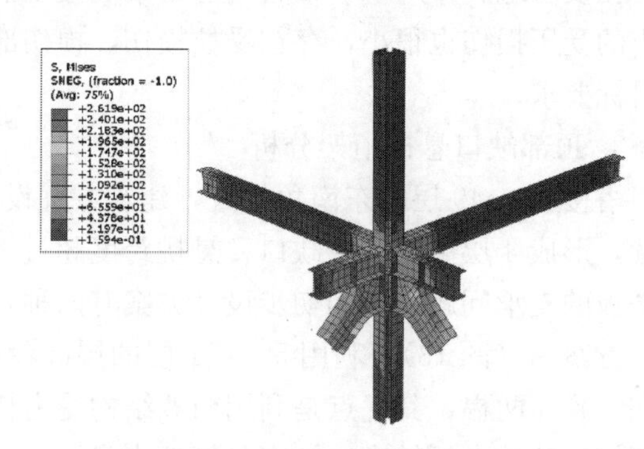

图 17　型钢 Mises 应力

分析结果表明，在设防地震作用下，悬挂桁架的上节点，节点区的混凝土受压刚度退化很微小，节点区可视为无受压损伤。节点区混凝土有一定受拉刚度退化，主要分布在受拉力作用的上弦和腹杆。剪力墙与节点相交处也存在受拉损伤，约分布在节点周围 1m 的范围内，设计增大该部位的水平及竖向分布钢筋。

由型钢的应力图可知，最大 Mises 应力为 262N/mm^2，出现在斜腹杆下侧，主要由轴力及弯矩引起。最大 Mises 应力小于 Q345 钢材的抗拉、抗压强度设计值 295N/mm^2。

整体型钢的最大剪应力为 111N/mm^2（图 18），出现在斜腹杆的腹板处。最大剪应力小于 Q345 钢材的抗剪强度设计值 170N/mm^2。

钢筋的最大 Mises 应力为 249N/mm^2（图 19），出现在斜腹杆的周边、与上弦相交的剪力墙尖角处。最大 Mises 应力小于 HRB400 钢筋的设计强度值 360N/mm^2。

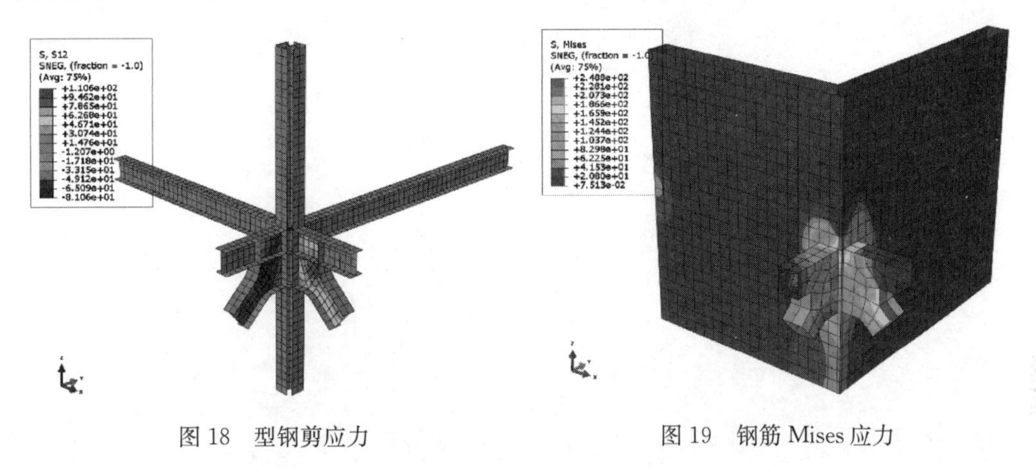

图 18　型钢剪应力　　　　图 19　钢筋 Mises 应力

在设防地震作用下，悬挂桁架的上节点的型钢应力水平、钢筋应力水平满足规范要求，混凝土的受压损伤也很小，存在一定受拉损伤，认为节点区是安全的。

八、结语

（1）由于场地地质特殊性，设计充分考虑了地质、施工条件和上部结构的特点，及时调整塔楼的基础形式；并针对岩层的特性在塔楼天然基础区域设置沉降观测点和土压力测试点，对整体结构沉降及基底压力进行全过程监测控制。结果表明基础设计方案是成功的，为甲方节省了造价和工期，可为后续工程提供经验。

（2）本工程采用一种新型梁柱节点，在原新型节点的基础上进行优化，减短了牛腿的长度，在减少用钢量的前提下，减少了施工难度，便于运输。新型节点已通过试验验证，并已获得国家发明专利。可推广运用到类似项目。

（3）为满足建筑使用功能要求，解决框架梁不能斜拉至核心筒角部的难点，结构通过设计墙角悬挑牛腿，使框架梁内力得到可靠的传递，保证了结构的安全。

（4）位于高区空中花园上方，采用跨两层通高形成“米”字形桁架结构形式，配合实现建筑设计理念。

（5）本工程虽然超过 B 级高层建筑适用高度，但结构形式比较简单、体型规则，我们在设计中充分利用概念设计方法，对关键构件设定抗震性能化目标。并在抗震设计中，采用多种程序对结构进行了弹性、弹塑性计算分析，除保证结构在小震作用下完全处于弹性阶段外，还补充了关键构件在中震和大震作用下的验算。对关键、重要构件和结果薄弱部位作了适当加强，以保证在地震作用下的延性。结构可满足“小震不坏，中震可修，大震不倒”的性能目标。

作为黄埔中心区标志性办公建筑综合体，华南国际港航服务中心项目 2013 年 4 月开始设计，2016 年 10 月完成施工图，2018 年 4 月 25 日竣工。项目组在设计过程中，针对多项结构难题，结合工程特点，创新性地提出并应用了多项结构关键技术，结构设计安全合理，为业主大大节省了造价和工期，获得业主一致好评。该项目获得了 2019—2020 年中国建筑学会建筑设计奖·结构专业三等奖。

18 中航资本大厦项目结构设计

建设地点 北京市朝阳区崔各庄乡大望京村

设计时间 2012—2014年

工程竣工时间 2018年

设计单位 中国航空规划设计研究总院有限公司

[100120] 北京市西城区德外大街12号

主要设计人 杨超杰 冯 丹 樊钦鑫 金来建 付锦龙 徐志坚 谢 军

刘 茵 陈丽颖 徐 瑞 李 令

本文执笔 杨超杰 冯 丹 樊钦鑫

获奖等级 2019—2020中国建筑学会建筑设计奖·结构专业三等奖

一、工程概况

“626-1号商业办公楼等3项及地下车库”（中航资本大厦）项目位于北京北五环以南、机场高速以北的大望京地区，望京外环路以西、望京四号街路以南、规划一路以东、626-2号楼以北。626-1号楼总用地面积1.2ha，总建筑面积135382m²，其中地上91482m²，地下43900m²，为总高度220m的超高层建筑，地上43层、地下5层(局部4层)；建筑功能为5A甲级写字楼及配套商业(图1～图3)。主塔楼与裙房有机构成；主塔楼分为低区、中区、高区写字楼，其中高区作为中航资本的总部，充分展示企业形象；塔楼顶部设置直升机停机坪具备消防救援保障条件；裙房为各分区大堂、500人多功能厅、新闻发布厅及餐饮、健身等配套商业；地下共5层，配备员工餐厅、607辆机动车库和设备用房。

图1 建筑实景

塔楼标准层外平面为凹凸弧线形，外围平面尺寸约为44m×48m，内部混凝土核心筒为矩形，平面尺寸约为20m×25m，主要用作高速电梯、设备用房和服务用房等。

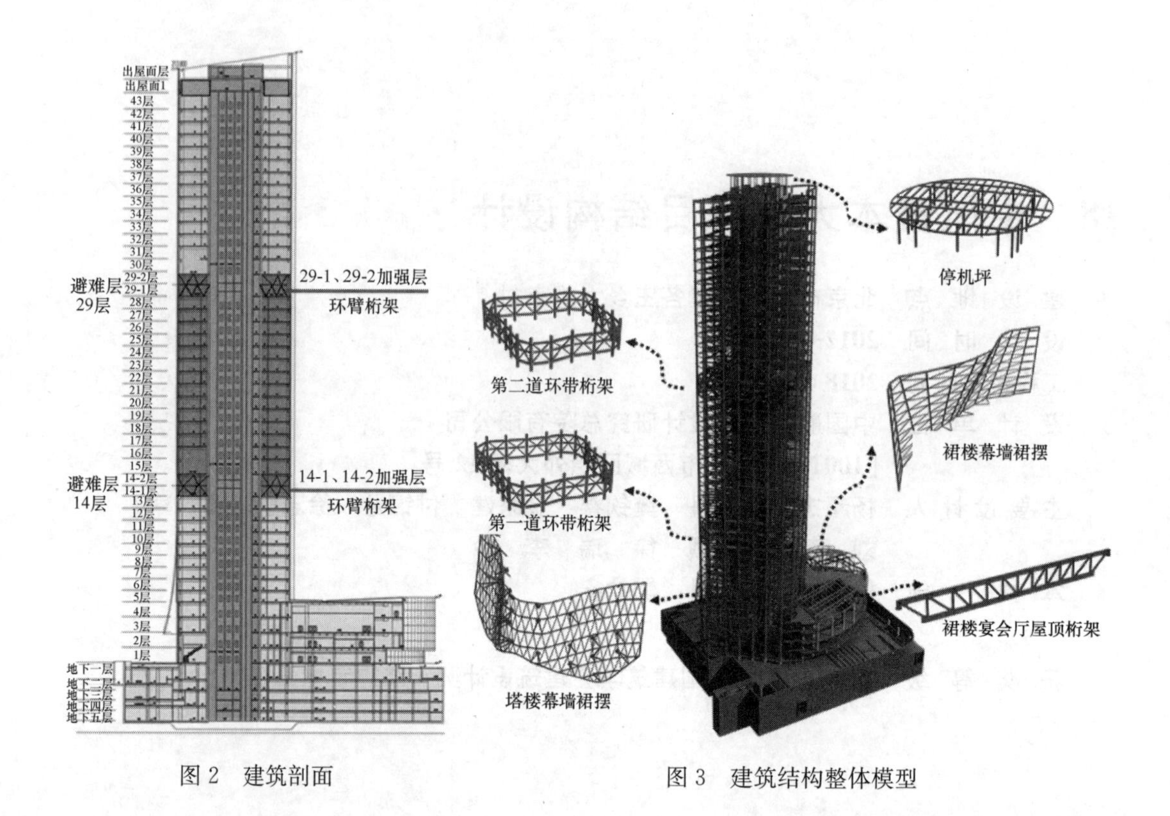

图 2　建筑剖面　　　　图 3　建筑结构整体模型

二、结构总体介绍

1. 设计参数

主体结构设计使用年限为 50 年，安全等级为二级，建筑抗震设防类别为丙类。基本雪压值为 $0.40kN/m^2$，规范基本风压值为 $0.45kN/m^2$（50 年），$0.50kN/m^2$（100 年），地面粗糙度为 C 类，与风洞试验结果对比进行包络设计。本地区抗震设防烈度为 8 度，设计基本地震加速度值为 $0.20g$，设计地震分组为第一组，场地类别为Ⅲ类，多遇地震特征周期 $T_g=0.45s$，罕遇地震 $T_g=0.5s$。

2. 结构体系确定

主楼结构体系考虑经济性、利用率、施工技术及国内外应用情况等因素，采取框架-核心筒混合结构，具体结构形式为：高强混凝土剪力墙＋圆钢管混凝土柱＋型钢楼面梁＋现浇混凝土钢筋桁架楼承板（图 4、图 5）。

核心筒采用型钢混凝土墙，外墙厚度从下至上由 1000mm 减少至 500mm。外框架柱采用圆钢管混凝土柱，从下至上截面由 ϕ1200mm×35mm 减少至 ϕ800mm×20mm。墙、柱混凝土强度等级从下至上为 C60～C40。

塔楼高宽比 $H/B=205.25/43=4.77$，核心筒高宽比 $H/B_1=205.25/21.1=9.73$。结合避难层和设备层在 14-1 层/14-2 层、29-1 层/29-2 层设置两道环臂桁架加强层，利用外框架柱的轴向刚度有限增加结构整体的抗弯刚度，从而提高侧向刚度。

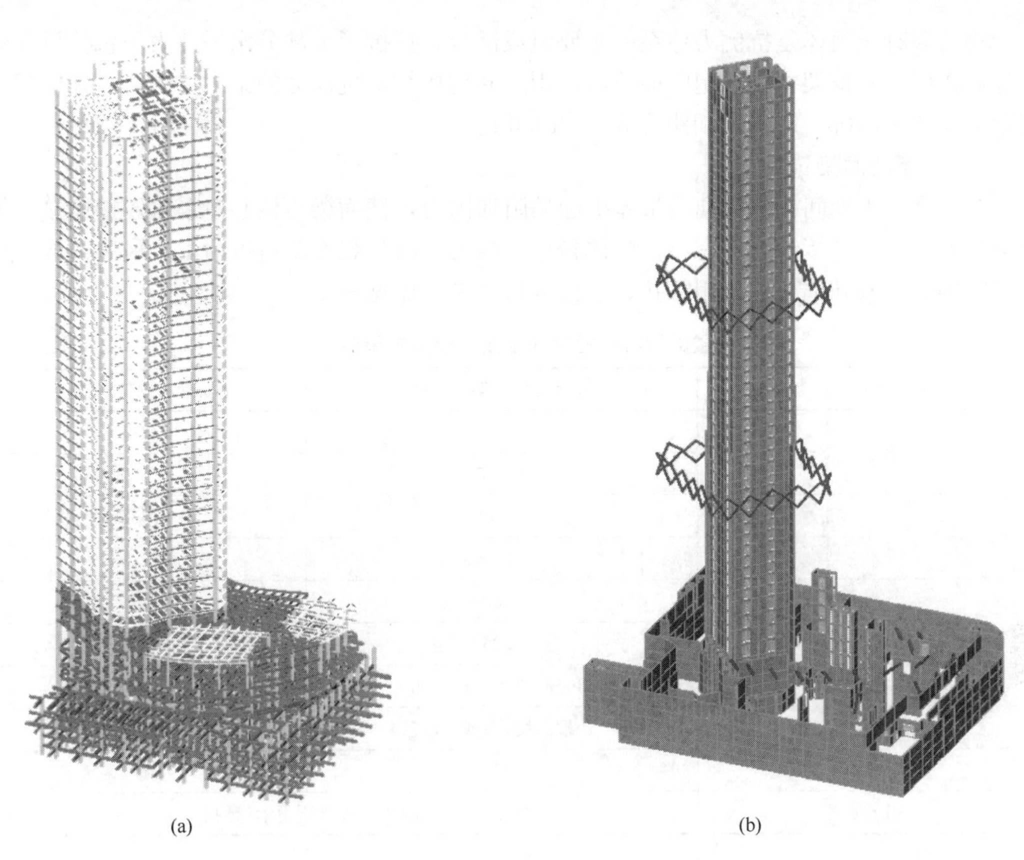

(a) (b)

图 4 结构体系示意

(a) 外框架模型图；(b) 核心筒模型图

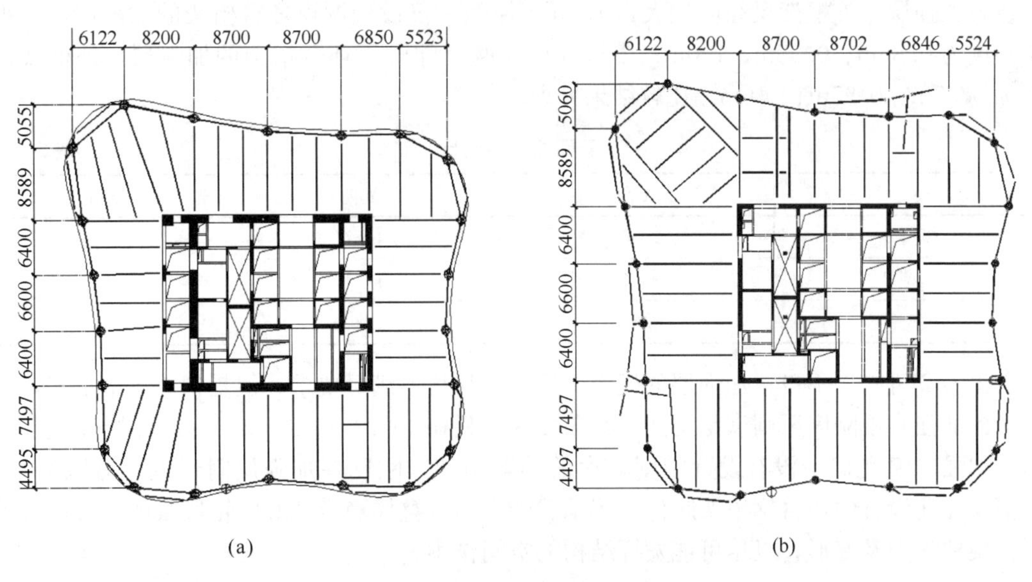

(a) (b)

图 5 标准层平面

(a) 底区；(b) 中高区

钢筋混凝土筒体是抗侧力体系的主要组成部分，抵抗了大部分水平外力，包括风荷载和地震作用。外框架主要承担竖向荷载作用，并构成结构抗侧力的第二道防线。外框架柱间距为6.6～8.8m，与内筒间距为8.4～13.0m。

1）主楼楼面梁选型

为减小施工期间构件竖向变形差引起的附加内力，楼面梁与核心筒采取铰接连接。楼面梁与外框架柱连接综合考虑结构整体指标、内力、施工难度及造价因素，最后选取铰接连接，楼面梁及外框架柱采用刚接、铰接分析结果对比见表1。

楼面梁与外框架柱刚接、铰接结果对比 **表1**

<table>
<tr><th colspan="2">楼层</th><th>楼面梁与框架柱刚接</th><th>楼面梁与框架柱铰接</th></tr>
<tr><td rowspan="2">结构层间位移角</td><td>X向</td><td>1/638</td><td>1/631</td></tr>
<tr><td>Y向</td><td>1/645</td><td>1/640</td></tr>
<tr><td rowspan="2">基底剪力（kN）</td><td>X向</td><td>32501</td><td>31967</td></tr>
<tr><td>Y向</td><td>32076</td><td>32524</td></tr>
<tr><td rowspan="2">刚重比</td><td>X向</td><td>3.30</td><td>3.24</td></tr>
<tr><td>Y向</td><td>3.26</td><td>3.38</td></tr>
<tr><td colspan="2">截面</td><td>H600×300×10×16</td><td>H500×200×9×14</td></tr>
<tr><td colspan="2">计算模型</td><td>一端固接，一端铰接</td><td>两端铰接组合梁</td></tr>
<tr><td colspan="2">施工附加内力</td><td>有</td><td>无</td></tr>
<tr><td colspan="2">造价</td><td colspan="2">标准层采用刚接比铰接所用钢量约多10t</td></tr>
</table>

2）主楼加强层选型

加强层形式、位置的确定是根据结构的侧向刚度决定的，选取3种模型比较。模型1不设置加强层，外框架梁高度加大到1.1m；模型2仅设置两道环臂桁架的加强层，外框架高度为0.85m、0.95m、1.0m；模型3设置两道伸臂＋环臂桁架的加强层，外框架高度为0.85m、0.95m、1.0m。比较结果见表2。

层间位移角对比 **表2**

<table>
<tr><th>模型</th><th>X向</th><th>Y向</th><th>限值</th></tr>
<tr><td>模型1</td><td>1/569</td><td>1/575</td><td rowspan="3">1/602</td></tr>
<tr><td>模型2</td><td>1/631</td><td>1/640</td></tr>
<tr><td>模型3</td><td>1/695</td><td>1/700</td></tr>
</table>

由表2可知，不设置加强层的模型1层间位移角不满足要求，但是相差不是很多，所以考虑加强有限刚度原则满足层间位移角要求，只在14-1、14-2、29-1、29-2层设置环臂桁架加强（模型2），没有设置刚度较大的伸臂桁架，刚度在加强层附近发生有限突变。外框架柱间设置的环臂钢桁架腹件采用承载能力高、整体稳定性好的箱形截面，协调各外围框架柱内力及变形，以尽可能发挥结构的空间作用。

3. 地基基础设计

主塔楼为超高层建筑，荷载较大，对沉降变形敏感，天然地基的变形不能满足设计要求，结合北京地区类似工程的经验，主楼基础采用桩筏基础。筏板厚度为3.0m。桩为泥浆护壁钻孔灌注桩（桩侧全长及桩底后压浆），桩径为800mm，桩长为33m，以卵石、圆砾⑩$_1$层作为桩端持力层，单桩竖向承载力特征值为7200kN。采用JCCAD的桩筏有限元软件计算主塔楼的主体竣工沉降量约为68mm。主塔楼筏板整体挠曲值为0.1‰，主塔楼和裙房沉降差为0.001L_0（L_0为塔楼和裙房间的距离），满足《建筑桩基技术规范》JGJ 94—2008要求。

裙房及纯地下室部分竖向荷载较小，采用天然地基，基础为筏板基础。持力层为⑤粉质黏土层、⑥细砂层，综合考虑地基承载力标准值f_{ka}=200kPa。裙房及纯地下室部分的抗浮方案采用抗拔锚杆。

三、超限情况及抗震性能目标

1. 地震动参数确定

多遇地震安评报告设计反应谱曲线与《建筑抗震设计规范》GB 50011—2010设计反应谱曲线的对比见图6。

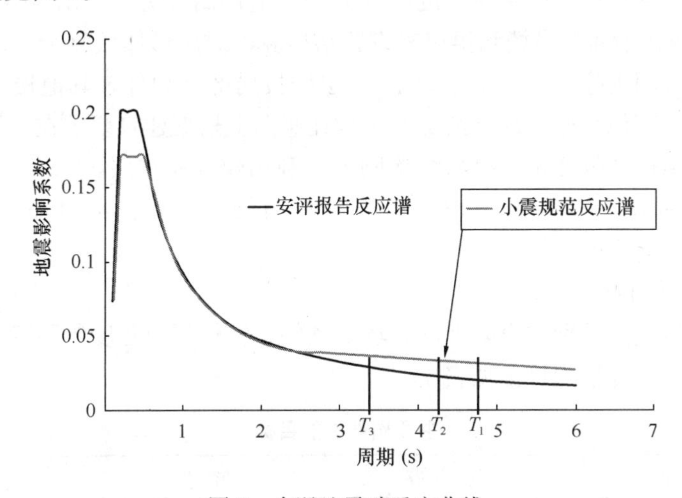

图6 多遇地震动反应曲线

安评报告结果同《建筑抗震设计规范》GB 50011—2010比，在多遇地震作用下，地震影响系数最大值α_{max}更大，但是长周期衰减更快。从图6看出结构前3阶周期位于反应谱下降段，且规范反应谱地震影响系数明显比安评谱大。通过计算，规范反应谱与安评反应谱相比，基底剪力更大，故小震计算时采用规范反应谱进行分析。计算结果见表3。

基底剪力比较　　表3

工况	安评反应谱结果（kN）	规范反应谱结果（kN）
X向	27175	31967
Y向	28139	32524

设防烈度及罕遇地震安评报告设计反应谱曲线与规范设计反应谱曲线对比见图7。

安评报告的中震、大震反应谱曲线的地震影响系数、特征周期均较大，综合考虑结构设计的经济性，采用规范设计反应谱进行中震及大震下重要构件不屈服或弹性的性能目标验算。

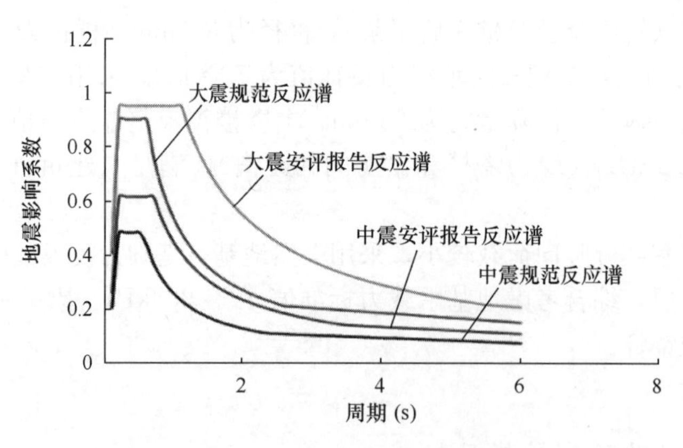

图 7　中震、大震地震动设计反应谱曲线

2. 超限情况

在《高层建筑混凝土结构技术规程》JGJ 3—2010 表 11.1.2 中，钢管混凝土框架-钢筋混凝土核心筒体混合结构体系在 8 度区（0.2g）适用高度为 150m，本结构在高度上超限 36.83%。结构在平面上塔楼和裙房未设置结构缝，裙房形体较复杂，所以造成平面扭转不规则，塔楼范围内除 1、2、15、30、42 层楼板局部开洞外，其他楼层楼板连续，无较大开洞，不存在其他平面不规则情况。结构在竖向上根据建筑要求在 1 层布置通高框架柱，同时为控制结构的位移角、提高结构刚度，利用建筑避难层 14-1、14-2、29-1、29-2 层设置了结构加强层，导致其下 13、28 层抗侧力结构的侧向刚度小于相邻上一层的 90%，造成竖向侧向刚度不规则。

3. 性能化设计目标

综合考虑抗震设防类别、设防烈度、场地条件、结构超限程度等因素，提出在三水准抗震设防要求下的设计性能目标见表 4。

主要构件性能目标　　　　**表 4**

抗震设防水准		多遇地震	设防烈度	罕遇地震
性能目标		完好无损	轻微破坏	中度损坏
层间位移限值		1/602	—	1/100
计算方法		反应谱、时程分析	反应谱	反应谱、时程分析
框架柱	底部加强区	弹性	抗剪弹性、拉压弯不屈服	抗剪截面满足，允许抗弯进入塑性，保证生命安全
	穿层柱	弹性	抗剪、拉压弯弹性	允许抗弯进入塑性，保证生命安全
	加强层			
	除上述框架柱外的柱	弹性	抗剪、抗弯不屈服	
核心筒剪力墙	底部加强区、加强层	弹性	抗剪弹性、拉压弯不屈服	抗剪剪压比满足限值：允许抗弯进入塑性，保证生命安全
	拉应力较大墙肢	弹性	a. 抗剪、拉压弯弹性； b. 拉应力不大于 $2f_{tk}$	允许抗弯进入塑性，保证生命安全
	除上述外墙体	弹性	抗剪、抗弯不屈服	

续表

抗震设防水准	多遇地震	设防烈度	罕遇地震
加强层 环臂桁架	弹性	抗剪抗弯不屈服	允许进入塑性，保证生命安全
塔楼与裙房连接薄弱部位 框架柱、框架梁	弹性	抗剪抗弯不屈服	允许进入塑性，保证生命安全
混凝土框架梁、连梁	弹性	屈服但具有竖向 承载能力	允许进入塑性，不倒塌
结构加强层上下水平楼板及 裙房细脖部位	弹性	弹性	—
关键节点	弹性	弹性	—

注：罕遇地震作用下构件塑性铰发展程度参照美国 FEMA356。中、大震等效弹性计算方法考虑结构连梁刚度折减系数为 0.3。

4. 抗震等级

结构主要部位抗震等级：主塔楼地下 2～地下 5 层框架及剪力墙为一级、二级、三级递减，地下 1 层～屋顶剪力墙为特一级，6 层及以上框架为一级，1～5 层框架为特一级，裙房与塔楼整体计算设计同塔楼。

四、整体结构抗震分析

结构整体分析时，采用 ETABS 和 PMSAP 软件进行小震作用下振型分解反应谱分析，采用弹性时程分析法进行补充验算。采用振型分解反应谱法考虑部分混凝土构件开裂后刚度折减，对关键构件进行中震验算，采用 MIDAS Building 软件动力弹塑性时程分析法进行罕遇地震作用下的承载力和变形验算。

1. 小震作用下弹性分析

1）计算模型的选取（图 8）

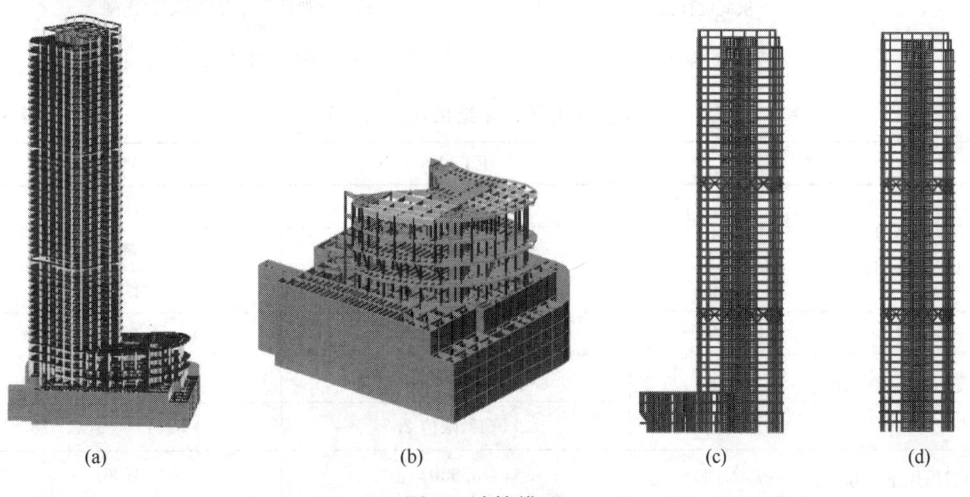

(a)　(b)　(c)　(d)

图 8　计算模型

(a) 模型 1；(b) 模型 2；(c) 模型 3；(d) 模型 4

模型的适用性：模型 1（塔楼＋裙房＋地下室）适用于整体嵌固条件、构件承载力及配筋包络设计，结构整体嵌固在地下室顶板。模型 2（裙房＋地下室）适用于裙房构件承载力及配筋包络设计。模型 3（塔楼＋裙房）适用于塔楼＋裙房结构整体指标。模型 4（塔楼）适用于单塔结构整体指标。

注：以下各节的计算指标，除特殊注明外均采用模型 4 验算。

2）单塔反应谱的主要计算结果

由表 5、表 6 可知，PMSAP 和 ETABS 的计算结果基本相符，单塔计算周期比、剪重比、刚重比、受剪承载力比、振动质量参与系数、抗倾覆力矩、顶部风舒适加速度等都满足规范要求。主楼结构层间位移角小于 1/602。考虑偶然偏心影响的地震作用，由于裙房形体不规则，塔楼与裙房之间无法设置结构缝，扭转位移比大于 1.2。由于在加强层 14-1、14-2、29-1、29-2 层设置环臂桁架，使得 13、28 层刚度发生突变，导致侧向刚度比为 0.83，小于《高层建筑混凝土结构技术规程》JGJ 3—2010 的规定 0.9，因此 13、28 层为薄弱层，对应的地震作用剪力标准值乘以 1.25 的增大系数。主要指标对比见图 9、图 10。

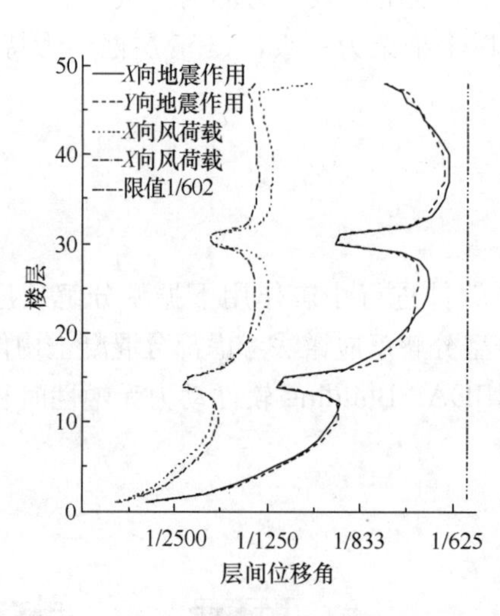

图 9　楼层位移角曲线

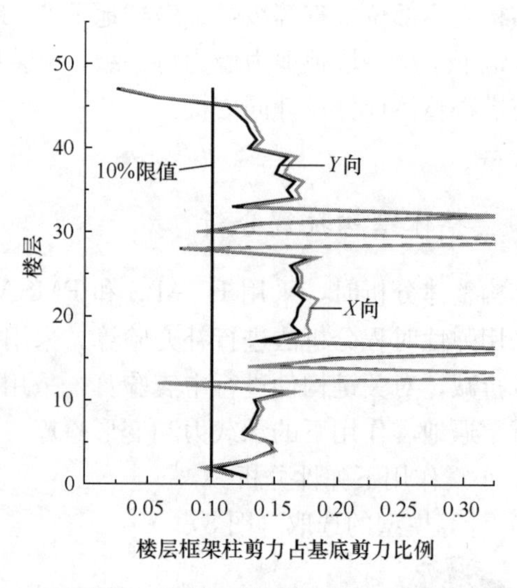

图 10　框架承担楼层剪力比值

模型 4 主要计算结果对比（一）　　**表 5**

参数		ETABS	PMSAP
振型（s）（振动方向）	T_1	4.41（X）	4.79（X）
	T_2	4.21(Y)	4.59(Y)
	T_3	2.83(RZ)	3.37(RZ)
周期比	T_3/T_1	0.64	0.70
地震作用下剪重比（层号）（%）	X 向	2.9(1)限值 2.7	2.55(1)限值 2.549
	Y 向	2.9(1) 限值 2.7	2.59(1) 限值 2.578
地震作用下 1 层剪力(kN)	X 向	35650	31967
	Y 向	35910	32524

续表

参数		ETABS	PMSAP
最大层间位移角（层号）	X 向	1/4455(1) 1/677(38)	1/3553(1) 1/631(36)
	Y 向	1/4412(首层) 1/686(38)	1/3564(首层) 1/640(36)
刚重比	X 向	3.49	3.24
	Y 向	3.46	3.38
侧向刚度比	X 向	0.90(28/29-1层) 0.92(13/14-1层)	0.84(28/29-1层) 0.83(13/14-1层)
	Y 向	0.92(28/29-1层) 0.95(13/14-1层)	0.87(28/29-1层) 0.85(13/14-1层)
受剪承载力比	X 向	0.8(28/29-1层) 0.81(13/14-1层)	0.77(28/29-1层) 0.78(13/14-1层)
	Y 向	0.8(28/29-1层) 0.81(13/14-1层)	0.77(28/29-1层) 0.77(13/14-1层)

模型4主要计算结果对比（二）　　表6

参数		ETABS	PMSAP
地震下位移比（考虑5%偶然偏心）	X 向(层号)	1.236(1) 1.240(2) 1.228(3) 其余层均小于1.2	1.33(1) 1.31(2) 1.28(3) 其余层均小于1.25
	Y 向(层号)	1.198(1) 1.212(2) 1.202(3) 其余层均小于1.20	1.29(1) 1.27(2) 1.26(3) 其余层均小于1.24
底框承担倾覆力矩	X 向	30.4%	31.8%
	Y 向	31.5%	32.2%
累计有效质量	X 向	97%	95.7%
	Y 向	96%	95.6%
结构抗倾覆比	X 向	—	6.27
	Y 向	—	6.23
	Y 向	—	0.03868
地上结构总质量（t）		129006	128807

3）弹性时程补充分析

本工程弹性时程分析采用中国地震局地球物理研究所提供的Ⅲ类场地（T_g=0.45s）的2条天然波（Imperial Valley-06，Chi-Chi Taiwan）和1条人工波进行整体补充计算。

3 条地震波平均地震影响系数曲线与振型分解反应谱法所采用的地震影响系数曲线在统计意义上相符，满足规范要求，具体计算结果见图 11、图 12。可以看出，3 条地震波作用下 X、Y 向最大层间位移角分别为 1/606、1/616，均满足规范要求。

每条时程曲线计算的基底剪力不小于反应谱法计算结果的 65%，不大于 135%，多条时程曲线计算的基底剪力平均值不小于反应谱法结果的 80%，3 条地震波计算结果均满足规范要求。

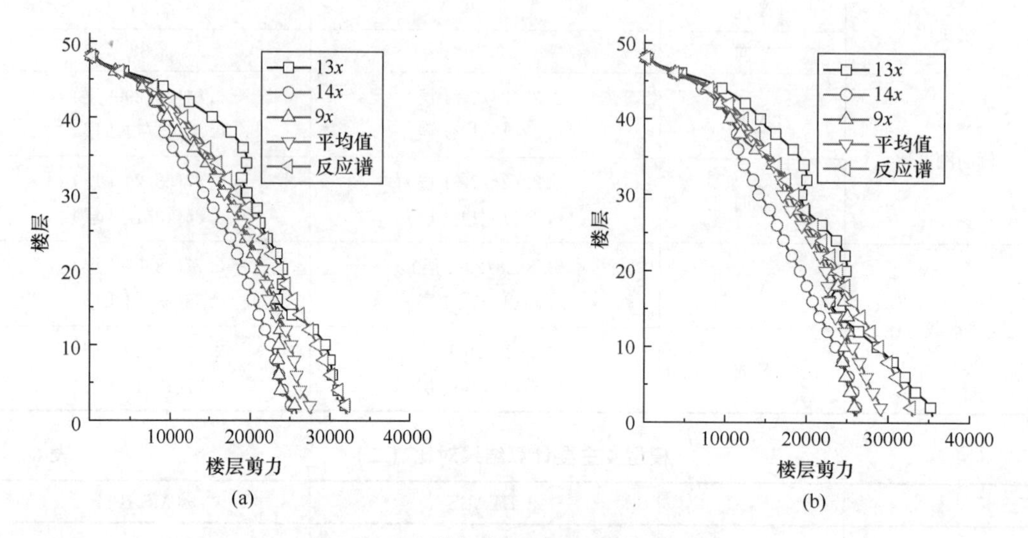

图 11　反应谱与弹性时程地震剪力比较

(a) X 向剪力；(b) Y 向剪力

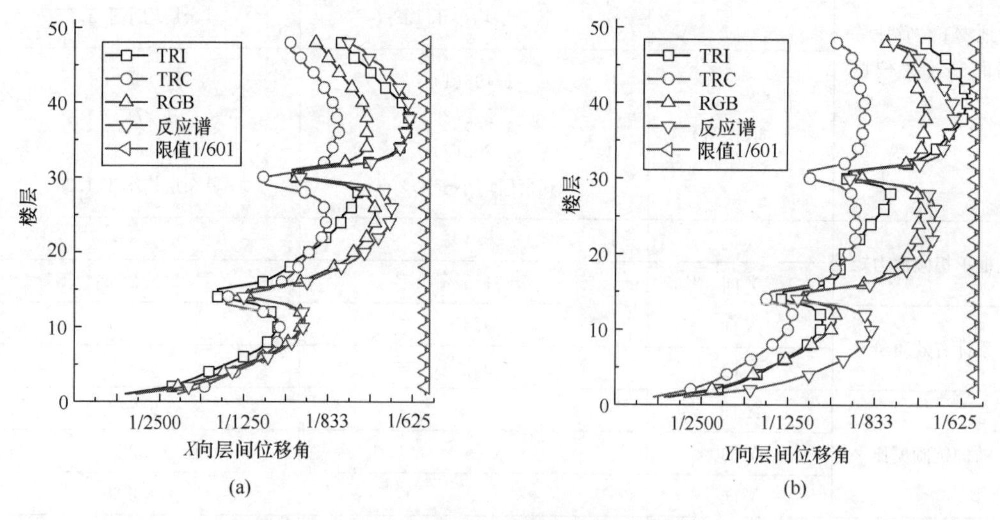

图 12　反应谱与弹性时程层间位移角比较

(a) X 向层间位移角；(b) Y 向层间位移角

结合地震时程分析结果和地震反应谱分析结果，为合理考虑结构的高阶振型对结构的抗震性能的影响，对结构高区的楼层地震作用取弹性时程包络值进行放大设计。

2. 结构中震等效弹性分析

1）主要抗侧力构件结构分析

框架柱：底部加强部位的框架柱在中震作用下，按主楼模型考虑多道防线的剪力调整，偏压承载力按不屈服复核，偏拉和受剪承载力满足弹性的要求；加强部位以上框架柱的偏压和受剪承载力满足中震不屈服的要求。

核心筒：在双向水平地震作用下，底部加强部位和加强层相关部位的主要墙肢（核心筒外围墙肢），偏拉承载力按拉应力的大、小分别满足中震弹性和不屈服的要求，受剪承载力按中震弹性复核并满足大震的截面剪应力控制要求。加强部位以上的主要墙肢，承载力满足中震不屈服的要求。

2）加强层结构分析

在中震作用下，考虑加强层（图13，14-1、14-2、29-1、29-2层）其相邻层混凝土楼板未退出工作，对加强层环臂桁架、框架柱、框架梁进行中震不屈服承载力和稳定验算分析。

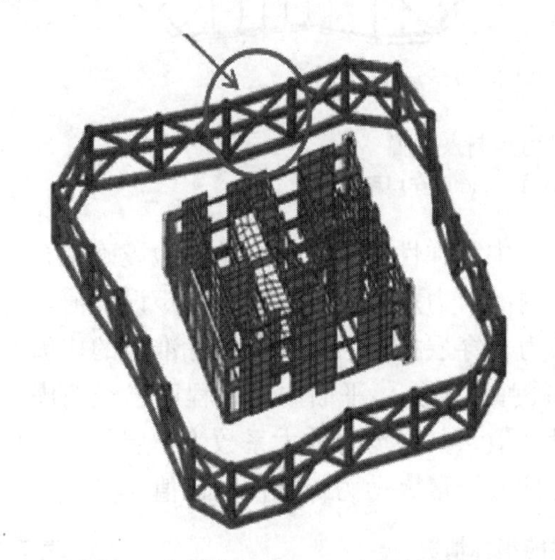

图13 加强层14-1、14-2层结构图

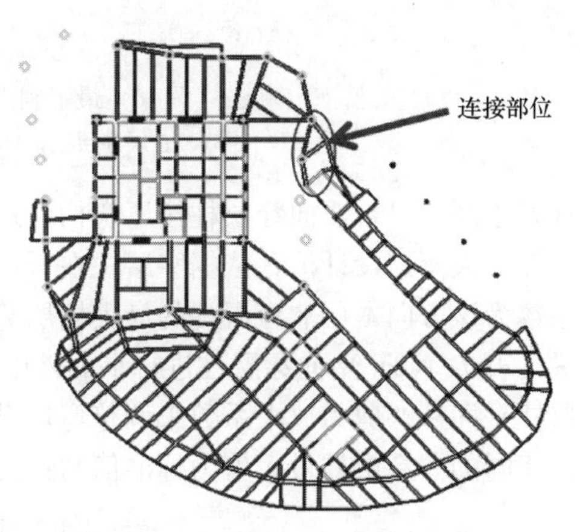

图14 首层塔楼与裙房连接薄弱部位

3）塔楼与裙房连接薄弱部位分析

为加强塔楼与裙房连接的薄弱部位（图14）的安全度，对相连接的框架柱、框架梁，满足中震不屈服的性能化设计目标。

4）考虑楼板应力分析

中震作用下，结构连梁、框架梁开始出现屈服，为有效保证剪力墙筒体和外框架及环臂桁架的变形协调，关键部位楼盖体系应具有足够的刚度，在中震作用下，验算加强层及相邻层楼板应力状态，并能根据分析结果有针对性地对楼板的薄弱部位进行加强。计算原则：（1）在中震弹性作用下采用弹性楼板模型；（2）楼面主剪应力由楼板来承担，验算楼板的厚度，最终确定楼板厚度为130mm；（3）楼面主拉应力由钢筋承担，确定地震作用下双层双向钢筋网，配置双层双向钢筋网，配筋率不小于0.25%，而竖向荷载作用下的钢筋作为附加钢筋设计；（4）在加强层及相邻上下楼盖设置交叉水平支撑，保证楼板开裂后仍能承担地震作用的有效传递。

5）穿层柱设计

在中震情况下，首层8根双向穿层柱（通高11m），15层6根单向穿层柱（通高10m）、30层8根单向穿层柱（通高10m）、42层5根单向穿层柱（通高10m）应达到预先设定的结构中震弹性验算下的性能目标（图15）。

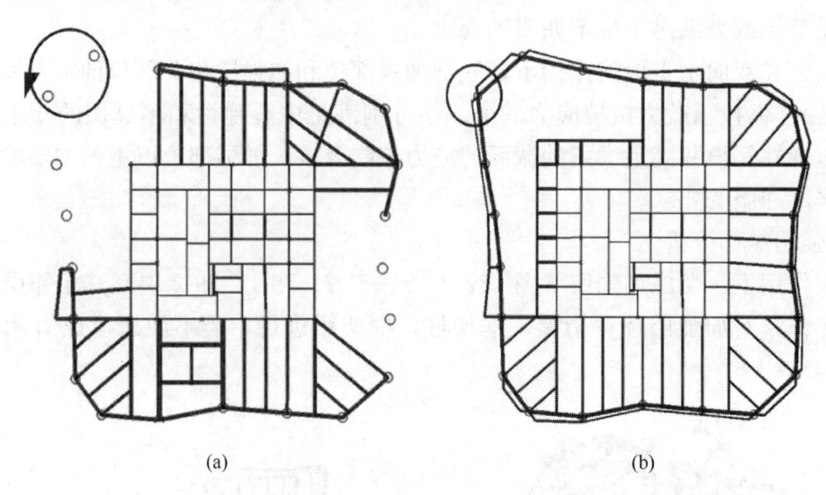

图15　最不利内力控制点位置

（a）首层穿层柱；（b）15、30层穿层柱

计算原则：（1）双向穿层柱按压弯构件进行中震弹性验算，根据单向地震确定合力方向的计算最大弯矩设计值，依据穿层柱在平面内的剪力放大系数来调整弯矩设计值，剪力放大系数为该方向本层非穿层柱的最大楼层剪力与穿层柱楼层最大剪力标准值的比值。计算结果见表7。（2）单向穿层柱进行平面外中震弹性验算，平面内设计程序已经考虑。依据穿层柱平面外的剪力放大系数来调整弯矩设计值，其中剪力放大系数为本层与穿层柱受力特点相同的非穿层柱最大剪力标准值与穿层柱楼层最大剪力标准值的比值。

首层的中震性能指标情况　　**表7**

楼层	首层最不利位置	
	X向	Y向
截面	钢管混凝土柱 ϕ1300×35	
穿层柱楼层最大剪力（kN）	403.7	321.3
同层非穿层柱楼层最大剪力（kN）	925.6	877.3
剪力放大倍数	2.29	2.73
根据剪力调整前弯矩组合值（调整后弯矩组合值）（kN·m）	6551 （15020）	4772 （13030）
轴压力组合值（kN）	57032	47831
偏心率	0.428	0.443
套箍比	1.26	
计算长度系数	1.87	
长细比	27.79	
最大应力比	0.899	0.766

3. 罕遇地震作用下结构动力弹塑性时程分析

根据性能化设计目标对塔楼进行罕遇地震作用下结构动力弹塑性时程分析，重点通过对结构整体指标和构件性能两个方面来评判结构体系是否安全可靠。

采用 MIDAS Building 程序进行罕遇地震作用下的动力弹塑性时程分析。

图 16 给出了罕遇地震作用下弹塑性分析与弹性分析结构最大层间位移角的对比结果。可以看出，层间位移角主要在加强层附近发生突变，此外由于结构在 17 层以上 1/X1 轴墙肢收进，弹塑性分析中 17 层处 Y 向层间位移角出现小幅突变。弹塑性最大层间位移角出现的楼层与弹性分析的接近，弹塑性分析的层间位移角分布更加均匀。

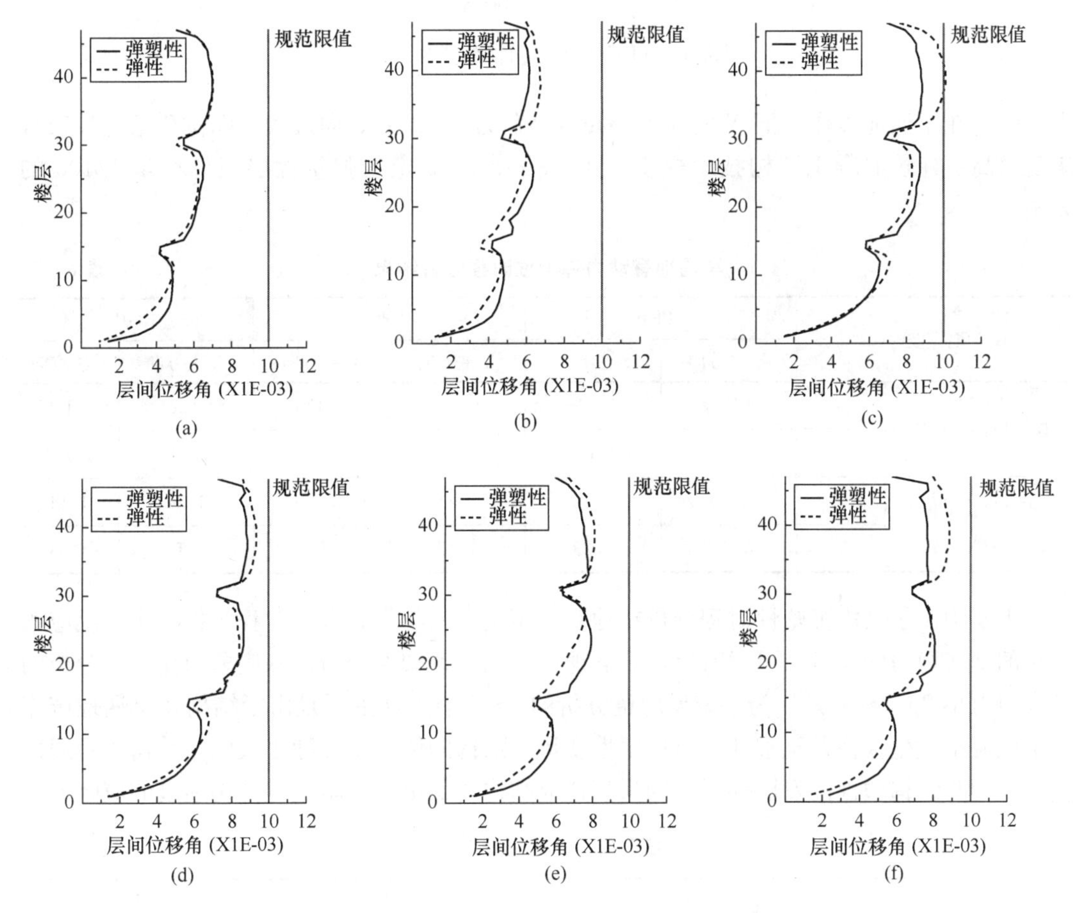

图 16 弹塑性与弹性分析的结构最大层间位移角响应对比

（a）TRI-X 主方向层间位移角；（b）TRI-Y 主方向层间位移角；（c）TRC-X 主方向层间位移角；（d）TRC-Y 主方向层间位移角；（e）RGB-X 主方向层间位移角；（f）RGB-Y 主方向层间位移角

图 17 给出了 TRC-X 主方向作用时，结构 X 向顶点位移的时程曲线。可见，在地震波输入初期，由于结构处于弹性阶段，材料无刚度和强度的退化，弹性分析和弹塑性分析计算结果基本重合。随着地震波的不断输入，在 26s 左右，结构开始产生较大规模的塑性损伤，导致结构刚度降低、阻尼增大、周期变长，弹塑性模型的顶点位移时程曲线相比弹性模型开始出现滞后，且这种趋势随地震波的不断输入逐渐增加。

结构动力弹塑性分析中，结构最大层间位移角以及最大顶点位移如表 8 所示。可以看

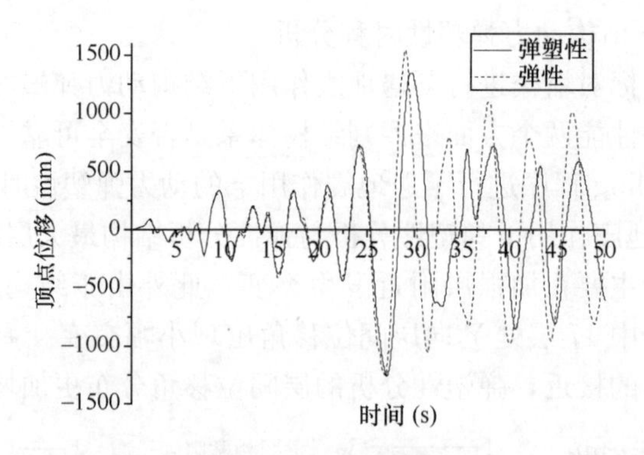

图 17　TRC-X 主方向顶点位移时程

出，结构在罕遇地震作用下 X 向最大层间位移角为 1/124；Y 向最大层间位移角为1/124，满足《高层建筑混凝土结构技术规程》JGJ 3—2010 规定的弹塑性层间位移角 1/100 的要求。

罕遇地震动力弹塑性时程分析结果　　**表 8**

地震波		TRI		TRC		RGB	
		X 主方向	Y 主方向	X 主方向	Y 主方向	X 主方向	Y 主方向
层间位移角最值	X	1/157	1/126	1/143	1/176	1/124	1/140
	Y	1/184	1/150	1/130	1/162	1/140	1/124
顶点位移最值（m）	X	1.27	1.40	1.21	0.780	1.30	1.14
	Y	0.829	1.23	1.42	0.970	1.17	1.33

表 9 给出了大震弹塑性时程分析在地震作用主方向与大震弹性时程分析、小震反应谱分析的基底剪力的比较。可以看出，罕遇地震作用下弹塑性分析的基底剪力比弹性分析的基底剪力小 20%～30%，为小震反应谱分析的 4～5 倍。这主要是由于结构在罕遇地震作用下混凝土发生损伤乃至破坏，出现塑性变形，结构的侧向刚度随之减弱，结构本身周期变长，同时结构塑性的发展和损伤的累积造成结构内部更大的阻尼，结构地震响应降低。

基底剪力计算结果对比　　**表 9**

地震波		RGB		TRI		TRC	
		X 主方向	Y 主方向	X 主方向	Y 主方向	X 主方向	Y 主方向
大震弹塑性时程分析基底剪力（kN）		147528	151543	150696	151021	141487	143014
与大震弹性对比（kN）	剪力	206037	213341	190137	196575	190219	191450
	比值	71.6%	71.0%	76.8%	78.7%	74.3%	74.7%
与小震反应谱对比（kN）	剪力	32105	32945	32105	32945	32105	32945
	比值	4.6	4.6	4.7	4.6	4.4	4.4

注：表中比值为大震弹塑性时程/大震弹性（大震反应谱）。

图 18 给出了 TRC-X 主方向作用时，结构 X 向基底剪力时程曲线。结构基底剪力时程响应与顶点位移响应基本一致，在地震波输入初期，弹性分析和弹塑性分析时程曲线基本重合，在 26s 左右，弹塑性分析的结构地震响应开始减弱，出现明显滞后现象，且这种趋势逐渐增加。

通过对中航资本大厦主塔楼的动力弹塑性分析，得到如下结论：

（1）罕遇地震作用下，结构层间位移角满足规范限值要求，建筑并没有遭受重大损坏或倒塌，满足“大震不倒”的设防要求。

（2）通过与弹性分析结果对比，结构的弹塑性分析体现了结构在罕遇地震作用下构件的塑性发展导致结构刚度退化，结构阻尼增大，地震反应减小的现象。

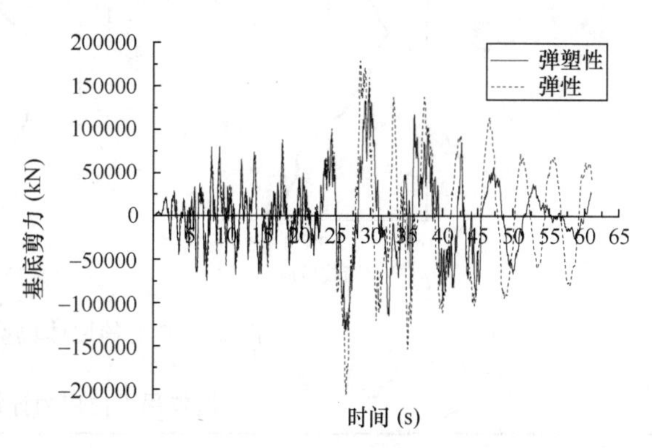

图 18　TRC- X 主方向基底剪力时程

（3）大部分连梁均出现不同程度的塑性损伤，在罕遇地震作用下，连梁形成了较耗能机制。

（4）结构大部分墙肢未发生塑性损伤或损伤较小，剪力墙损伤较严重的区域主要集中在底部加强区、17 层剪力墙收进处以及加强层附近。

（5）环桁架的钢构件腹杆未达到屈服状态，少部分弦杆屈服，结构加强层桁架在罕遇地震作用下整体不屈服。

五、关键技术难点设计

工程位于高烈度区，超高层结构设计的主要难点在于底部墙肢拉应力的控制，从受力角度设置伸臂、环臂桁架，充分发挥框架轴向刚度，最有效降低核心筒拉力。但是从经济性考虑，每层伸臂桁架造价约为 1000 万元，而且施工复杂，侧向刚度突变更严重。所以综合考虑结构高度、内筒布置、受力情况及经济性等，通过仅设置环臂桁架、合理调整结构核心筒布置来有效控制核心筒的拉应力。

1. 中震下核心筒拉应力验算

拉应力较大墙肢为底部加强区与加强层区域的核心筒外围墙肢（图 19），尤其是角部墙肢。控制指标：中震作用时，双向水平地震作用下墙肢全截面由轴向产生的平均名义拉应力不大于 2 倍混凝土抗拉强度标准值（5.7MPa）；取典型墙肢 W7、W12 拉应力计算结果见图 19、图 20。

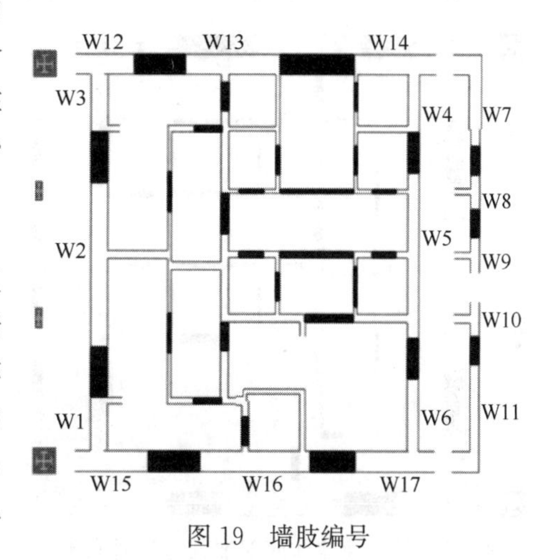

图 19　墙肢编号

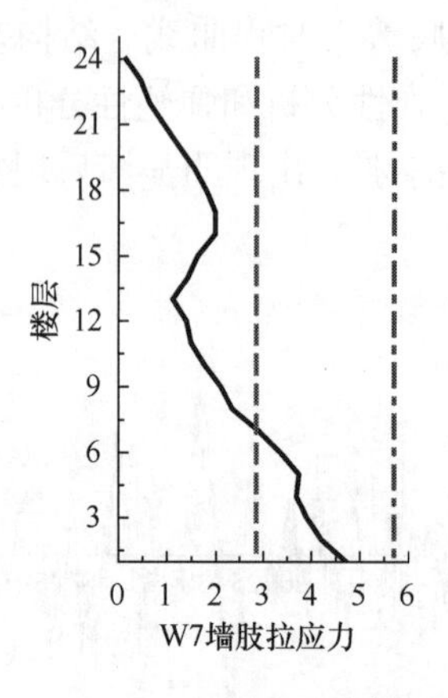

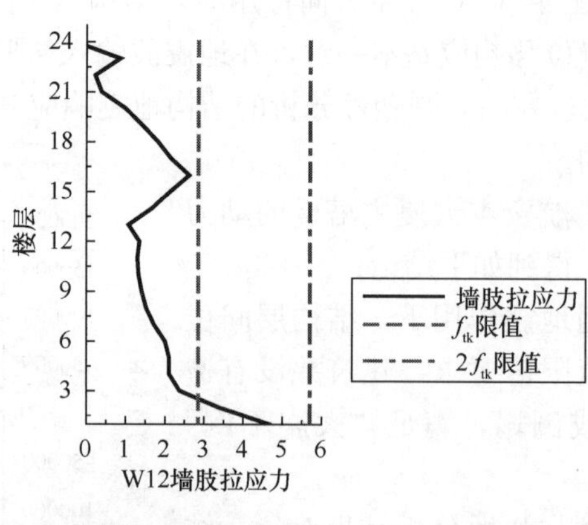

图 20　核心筒墙体典型墙肢拉应力

中震作用下拉应力详细计算结果　　**表 10**

位置		X向拉力（kN）	Y向拉力（kN）	Y+0.85X（双向地震）	压力（kN）	墙面积（m²）	应力（N/mm²）
W12	1层	24403	40843	45808	30510	3.2	4.78
	2层	24166	35298	40840	29687	3.2	3.49
	3层	23090	30774	36500	28659	3.2	2.45
	4层	22744	28689	34595	27626	3.2	2.18
	5层	20855	26864	32186	25945	2.9	2.15
W7	1层	45989	39333	56857	37291	4.53	4.31
	2层	44107	37811	54574	36412	4.53	4.00
	3层	42203	36552	52406	35184	4.53	3.80
	4层	40393	35374	50355	33926	4.53	3.62
	5层	38852	34205	48526	32686	4.53	3.49

由表 10 可知，核心筒外围墙肢在底部加强区角部墙肢拉应力最大值达到 4.78MPa，大于 f_{tk}，但仍小于 $2f_{tk}$，满足抗震性能化设计目标。

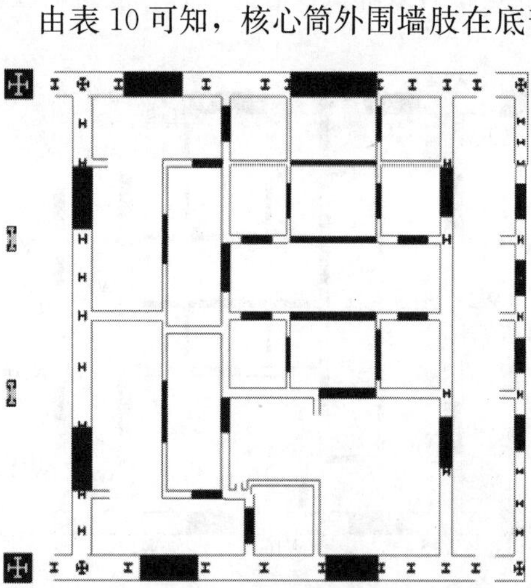

为提高核心筒外围主要墙体在中震偏拉作用下的抗震性能，在核心筒墙体内设置型钢钢骨，并设有暗梁形成整体，避免出现分离式型钢暗柱，保证 1～24 层所有拉力均匀地由钢骨承担。在 24 层以上，根据构造要求在核心筒内大洞口及角部设置钢骨暗柱。底部加强区钢骨布置见图 21。

图 21　核心筒墙体底部加强区钢骨布置

2. 二道防线设计

框架核心筒体系是外围框架与核心筒协同工作的双重抗侧力结构体系，由于柱距较大、梁高较小造成外框刚度过低，核心筒刚度过高，结构主要剪力由核心筒承担。在强震作用下，核心筒墙体损坏严重，经内力重分布，外框将承担更大的地震作用，所以应保证外框架体系能够成为结构抗震的二道防线。

在小震作用下，框架柱地震剪力取 $0.20Q_0$（底部总剪力，不含裙房）和 $1.5V_{max}$（楼层框架承担最大地震剪力，加强层、突变层除外）较大值调整，框架梁地震剪力取 $0.20Q_0$ 和 $1.5V_{max}$ 较小值调整。不考虑节点刚域对框架刚度的影响，给出框架承担地震剪力与楼层地震剪力比值曲线图、地震剪力放大系数曲线如图 22 所示。

由图 22 可知，低区楼层框架承担地震剪力占底部总剪力 10%～15%；中高区楼层绝大部分框架承担地震剪力占底部总剪力 16%～20%；$1.5V_{max}$ 比 $0.20Q_0$ 调整更为不利，低区、高区框架柱的调整系数较大，中区框架柱的调整系数较小；在加强层处，带环臂桁架的框架部分所承担的剪力比核心筒大，框架的调整系数应为 1。

在中震作用下，为保证在设防烈度下外框架仍具备一定的刚度及承载能力，框架柱地震剪力取 $0.20Q_0$ 和 $1.5V_{max}$ 较小值调整，地震剪力放大系数曲线如图 23 所示。

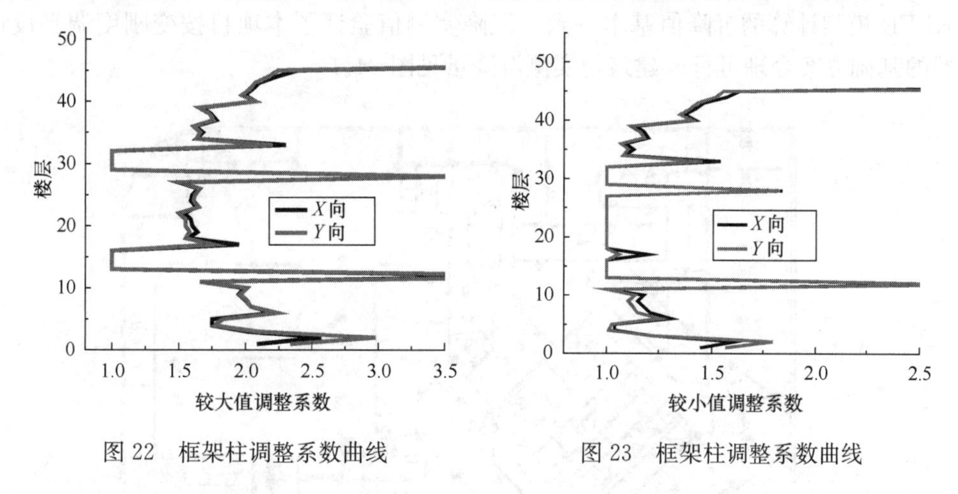

图 22　框架柱调整系数曲线　　图 23　框架柱调整系数曲线

最后根据中震作用下 $0.20Q_0$ 和 $1.5V_{max}$ 的较小值与小震作用下 $0.20Q_0$ 和 $1.5V_{max}$ 的较大值对框架柱进行包络设计。

六、针对超限的加强措施

本工程是平面、竖向不规则的复杂超高层结构。针对超限情况，根据抗震超限审查专家意见采取以下加强措施，提高结构的抗震性能。

（1）为提高框架作为二道防线的作用，尽量满足楼层框架承担的地震剪力大于基底剪力的 10%。应在角部设置两根角柱，避免设置单根角柱因剪力滞后效应而内力过大。

（2）核心筒外墙四角的墙肢约束边缘构件应通高设置，加强层及其相邻层墙肢、剪力墙轴压比大于 0.25 的墙肢均应设置约束边缘构件。

（3）因原角部楼面梁为垂直布置，而且跨度较大，楼面舒适度较差，故需把楼面梁改为斜向布置，并且与框架柱连接端部改为刚接加强。

（4）在地下室钢管混凝土设计时，考虑地下室梁柱节点施工便利，把 ϕ1200×35 钢管混凝土外包 200mm 厚混凝土形成 ϕ1600 的钢骨混凝土。

（5）裙房与塔楼连接关键部位设置为钢骨梁，提高抗震承载能力。裙房中斜柱设计也考虑设置钢骨提高延性，斜柱连接框架梁内设置钢骨抵抗斜柱水平方向拉力。

七、其他

1. 建筑物沉降变形观测

本项目对建筑物进行了沉降变形观测，从 2015 年 4 月 7 日开始到 2017 年 12 月 18 日，共进行 28 次观测。塔楼核心筒中心点沉降量为 37.92mm，核心筒角点沉降量为 38.53mm，外框柱沉降量为 32.25mm，相邻裙房柱的沉降量为 29.61mm，主裙楼差异沉降最大值为 0.03%L（L 为塔楼与相邻裙房柱的跨度），满足规范小于 0.1%L 的要求。主塔楼的总沉降量、筏板挠度满足规范要求。沉降实测值与 PKPM 的 JCCAD 桩和土按 WINKLER 模型计算的沉降值基本一致。沉降实测值验证了本项目按变刚度调平设计理论设置的基础方案合理可行。建筑物实测沉降量见图 24。

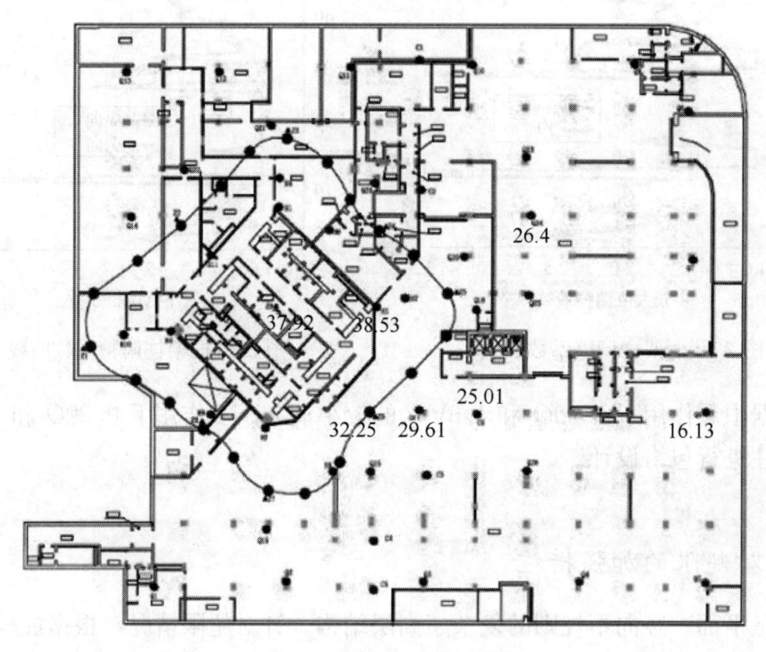

图 24 建筑物实测沉降量

2. 结构材料用量统计

整体结构采取优化设计，进行多方案比选，并通过第三方结构优化审查（第三方结构优化减少用钢量为 241t，仅占总用钢量的 1%）；最终混凝土总用量 66224.54m^3，每平方米混凝土折算厚度 48cm/m^2；钢筋总用量 10732t，77kg/m^2，型钢总用量 11512t，83kg/m^2，每平方米折算钢材用量 160kg/m^2；统计结果详见表 11。混凝土及钢材用量统计结果在合理、经济范围内，结构工程造价比较经济。

结构材料用量统计结果 **表 11**

项目名称	单位	工程量	混凝土含量（m^3/m^2）	含钢量（kg/m^2）	
地下部分建筑面积	m^2	43900			
混凝土	m^3	38103. 57	0. 87		
钢筋	t	5337. 540		122	144
钢结构	t	951. 269		22	
地上部分建筑面积	m^2	94595. 3			
混凝土	m^3	28120. 97	0. 30		
钢筋	t	5394. 328		57	169
钢结构	t	10560. 540		112	
全楼建筑面积	m^2	138495			
混凝土	m^3	66224. 54	0. 48		
钢筋	t	10731. 868		77	160
钢结构	t	11511. 809		83	

已获得相关设计奖项：

2019 年度行业优秀勘察设计奖优秀建筑设计一等奖，中国勘察设计协会；

2019 年度行业优秀勘察设计奖优秀绿色建筑二等奖，中国勘察设计协会；

2019 年度航空工业优秀工程设计奖工程设计一等奖，中国航空工业建设协会；

2019 年度航空工业优秀工程设计奖优秀绿色建筑二等奖，中国航空工业建设协会。

19　深圳平安金融中心南塔项目结构设计

建 设 地 点　深圳市福田区
设 计 时 间　2012—2016
工程竣工时间　2019
设 计 单 位　悉地国际设计顾问（深圳）有限公司
[518060] 深圳市南山区科技中二路劲嘉科技大厦9楼
主要设计人　周坚荣　李建伟　傅学怡　杨　峰　王　宁　吴国勤　谢标云
刘云浪　王　娟　杜　佳
本 文 执 笔　周坚荣　王　宁　杜　佳

获 奖 等 级　2019—2020中国建筑学会建筑设计奖·结构专业三等奖

一、工程概况

本项目位于深圳市福田中心区，益田路与福华三路交汇处，是一幢以甲级写字楼为主的综合性大型超高层建筑，包括商业、办公、酒店和娱乐四大功能区域，总用地面积11507.28m²，总建筑面积19.8万m²。项目包括一栋地上48层、高286m塔楼及一座跨度35m的商业连桥。地下室5层，主要功能为停车及相关配套用房（图1）。

图1　平安金融中心南塔项目实景

二、结构体系

横跨福华三路的商业连桥南北两端设300mm宽抗震缝与南北塔楼脱开，本项目形成南塔塔楼带部分裙房结构单元、连桥独立结构单元。

1. 塔楼

塔楼结构体系（图2）采用“下部型钢混凝土框架-核心筒、上部型钢混凝土框架-剪力墙+腰桁架”结构体系，楼盖采用钢梁+组合楼板体系。1～32层平面方形、对称布置，32层以上平面L形。塔楼立面存在四次收进，33层平面方形转L形带来立面第一次收进，其余三次立面收进通过塔冠天窗结构实现，形成山峰层层叠叠的建筑效果。外框采用型钢混凝土框架结构，周边框架梁采用型钢混凝土梁，腰桁架加强层设在32层。塔楼主屋面高度263.250m，底部平面尺寸48.25m×48.25m，结构高宽比5.46。

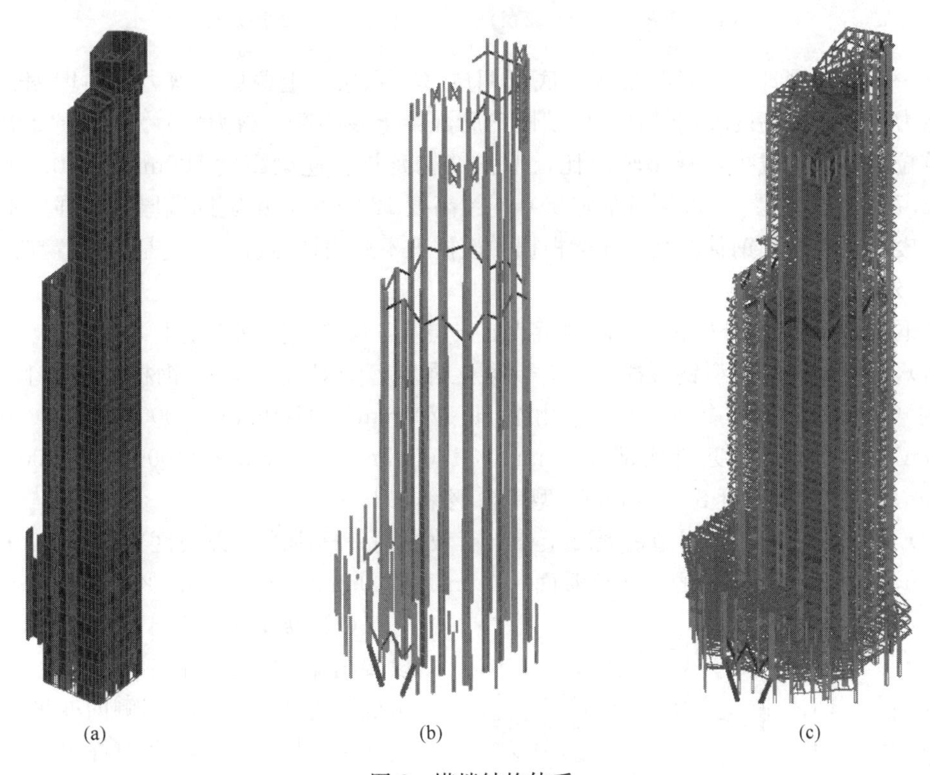

(a)　(b)　(c)

图2　塔楼结构体系

(a) 核心筒、剪力墙；(b) 型钢混凝土柱+腰桁架（含裙房柱、塔冠钢柱及柱间拉杆）；(c) 主体结构

通过合理配置塔楼核心筒（剪力墙）、外框刚度，形成多重抗侧力结构体系，充分发挥结构构件的效用，保证结构安全性，结构构成如下所述。

1) 下部核心筒、上部剪力墙（图3）

1～32层核心筒方形平面，边长约26m，九方格布置。33层平面方形转L形，核心筒切掉一半，仅保留一片一字形剪力墙。外墙厚度1100～500mm，内墙厚度600～400mm，混凝土强度等级C60～C50。下部核心筒在底部加强区（1～9M层）、加强层及

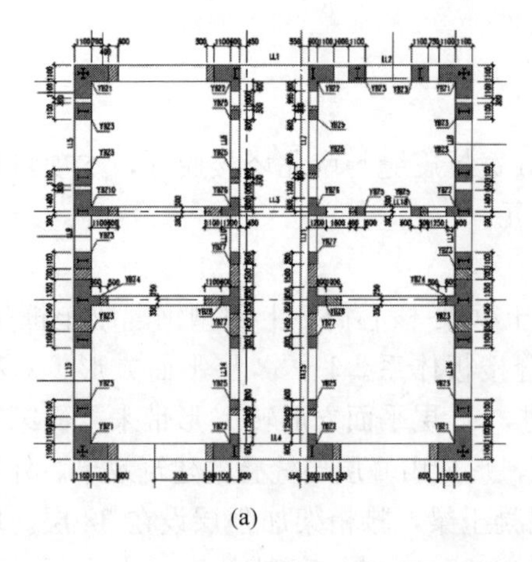
(a)

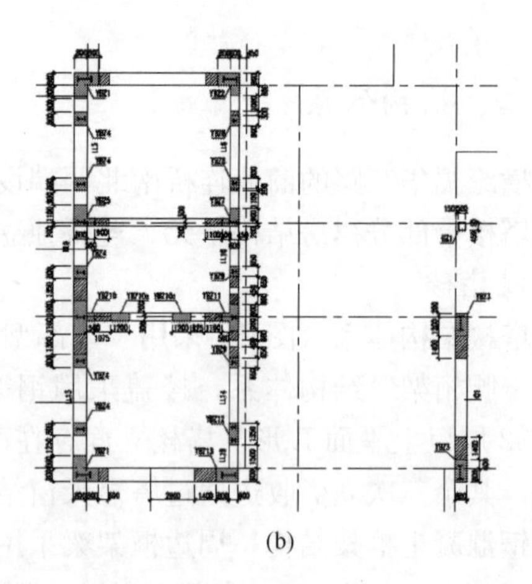
(b)

图3 核心筒（剪力墙）平面
(a) 下部核心筒（1～32层）；(b) 上部剪力墙（32层以上）

相邻下一层内埋钢骨，上部L形区域底部两层（加强层以上两层）剪力墙内埋钢骨、一字形剪力墙端部通高内埋钢骨，形成劲性钢筋混凝土核心筒（剪力墙），有效提高墙体抗弯、抗拉及抗剪承载力，减小轴压比，增强结构延性。连梁高度700mm、800mm，9M层（13.7层通高夹层）、32层（加强层）连梁高度1200mm，梁宽同墙厚。加强层上、下弦所在楼层连梁内埋钢骨，其余连梁根据中震抗剪不屈服性能目标确定是否设置型钢。

2）外框架

外框结构由18根外框柱、1道腰桁架加强层及各层周边型钢混凝土梁组成。

(1) 外框柱：采用型钢混凝土柱，混凝土强度等级C70～C50，钢材Q345GJ，加强层钢材Q390GJ。外框柱截面尺寸由底部1700mm×1700mm、1000mm×3000mm、1500mm×2500mm渐变到顶部1100mm×1100mm、1000mm×1100mm、1000mm×1300mm，型钢钢板厚度80～30mm，型钢含钢率10%～4%。

(2) 周边外框梁：采用型钢混凝土梁，有效提高外框刚度。办公区梁截面600mm×1200mm，含钢率5.8%；酒店区梁截面950mm×1000mm，含钢率5.3%。

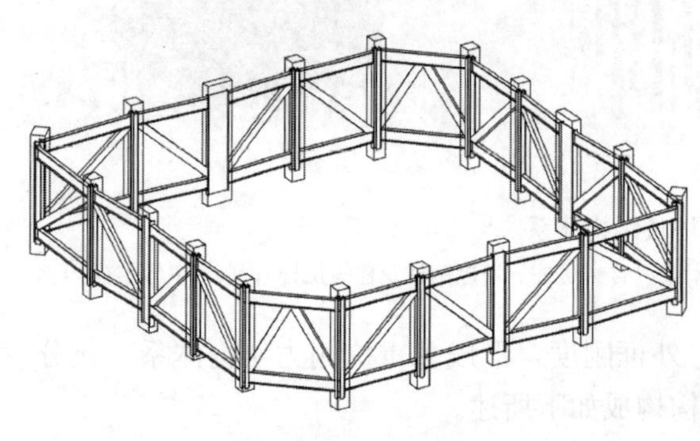
图4 腰桁架三维图

(3) 腰桁架（图4）加强层：32层设腰桁架加强层，层高8.5m，提高结构抗侧刚度，有效控制侧向变形。初步设计腰桁架上、下弦及腹杆采用形钢混凝土构件，节点构造复杂、施工难度大。施工图设计在保证塔楼抗侧刚度满足要求前提下，腰桁架构件调整为钢构件，上下弦采用H型钢，腹杆采用箱形截面，钢材采用Q390GJ。弦杆面外设楼板钢梁连接，以保证其面外稳定性。

3）塔楼楼面体系

核心筒内楼板采用现浇混凝土楼板，标准板厚140mm，设备层180mm；核心筒外采用组合楼盖体系——两端铰接钢梁＋组合楼板，梁顶面设有栓钉。标准层组合楼板厚度120mm，设备层、加强层上下弦所在楼层及主屋面组合楼板厚度180mm。加强层上下弦所在楼层及主屋面楼板采用钢筋桁架楼承板，其余采用压型钢板。加强层上下弦所在楼层楼盖设水平支撑，采用双角钢截面，角钢翼缘设栓钉与楼板连接，以保证其稳定性（图5）。

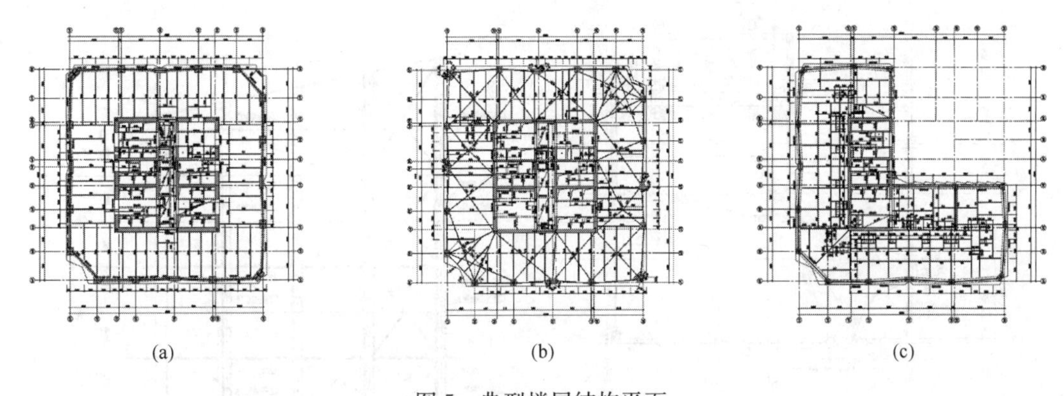

图5　典型楼层结构平面

（a）办公区标准层；（b）腰桁架加强层；（c）酒店区标准层

4）塔冠天窗结构

塔楼建筑立面逐级收进，高度方向设置四个屋面天窗（图6），其中ROOF1（33～36层）为切角区域屋顶，ROOF2～ROOF4为塔冠天窗，天窗柱子支承于47层（H＝240.1m）楼面结构转换箱形钢梁。ROOF2～ROOF4三个天窗与出屋面剪力墙构成塔冠结构，核心筒以外三个天窗之间通过设结构缝形成独立结构单元，缝宽1000mm。出屋面核心筒主要功能为设备机房、电梯机房、消防水池及BMU。其中M2、M3为两层消防水池，最高部分为BMU。

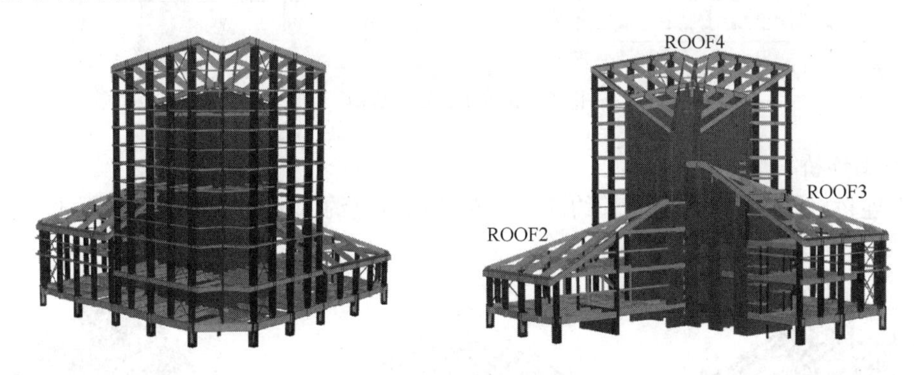

图6　塔冠天窗结构三维模型

每个天窗屋面结构由两个几何不变的三角形平面结构折叠形成，支承于下部钢柱及剪力墙，剪力墙通过内埋钢骨与天窗钢构件连接，天窗角部设交叉钢拉杆，以提高整体抗侧、抗扭刚度及稳定性。天窗立面结合幕墙分隔设水平梁，采用宽扁矩形钢管截面。每个三角形平面结构边梁采用箱形截面，三角形内部主梁采用双钢板梁，面外设单钢板连系梁，以保证双钢板梁面外稳定性。天窗角柱采用箱形截面，其余柱子采用双钢板柱。双钢板梁柱由两片钢板和连接缀板组成，钢板厚度 80～100mm。结合屋面龙骨分隔，双钢板梁缀板间距 2400mm，双钢板柱缀板间距 2000mm。其中 ROOF4 天窗结构最高点 284.255m（构件中心），最大通高约 38m，在 264.2m 标高处从两根角柱各设一根水平支撑与主体结构剪力墙角部汇交连接，以保证天窗柱子的稳定性及传递水平力至剪力墙，同时还作为侧向支承点抵抗天窗立面风荷载（图 7）。

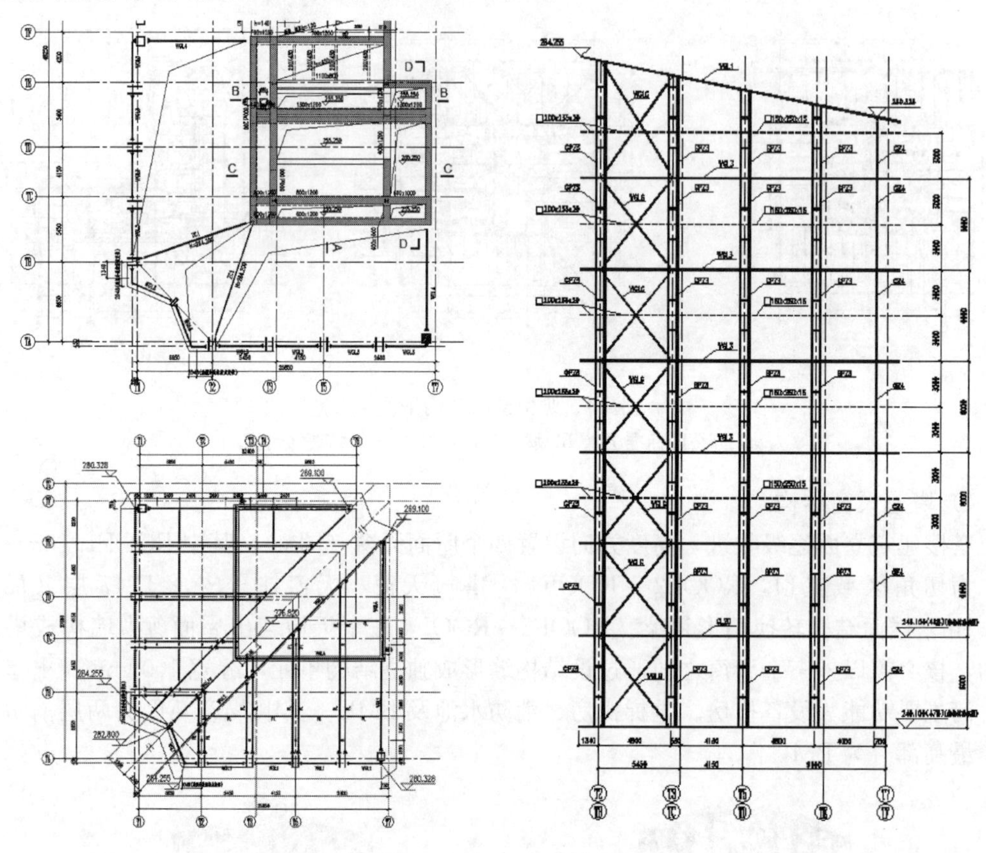

图 7　ROOF4 天窗结构

2. 跨街连桥

跨街连桥（图 8）南北向全长约 50m，东西向桥宽约 53m，采用型钢混凝土巨柱＋钢

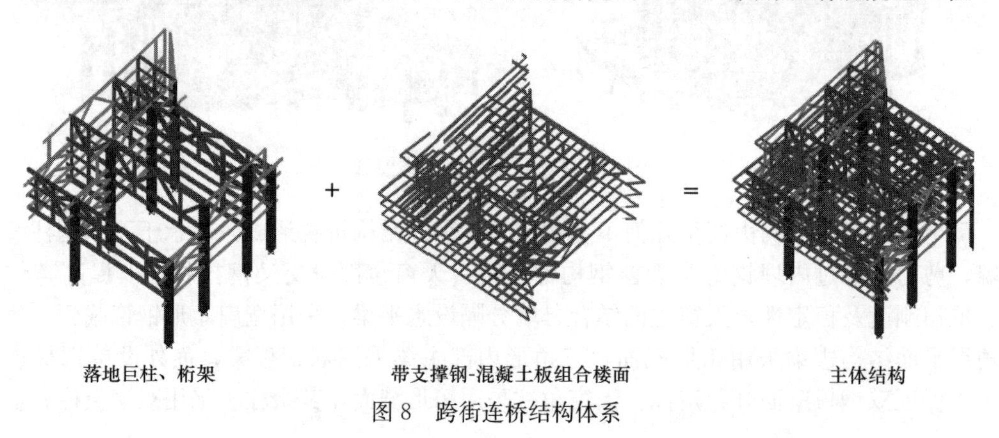

图 8　跨街连桥结构体系

桁架结构体系，实现 35m 大跨及北侧 15m 大悬挑。连桥共 5 层，为实现市政道路上方净高要求，桥面楼层（裙房 3 层）离地约 10m。

跨街连桥采用型钢混凝土巨柱＋钢桁架结构体系——8 根 2200mm×1800mm 落地型钢混凝土柱＋7 榀平面钢桁架形成竖向承重体系和水平抗侧体系。8 根巨柱在福华三路南北侧各 4 根，均匀布置，南北向通过四榀与柱相连的主桁架实现大跨大悬挑，东西向则通过两榀柱间主桁架及北立面桁架提供抗侧及竖向承载。各榀桁架布置灵活利用了建筑空间，通过设置各种形式的立面支撑（X 形，V 形，人字形）将对建筑功能的影响最小化（图 9）。

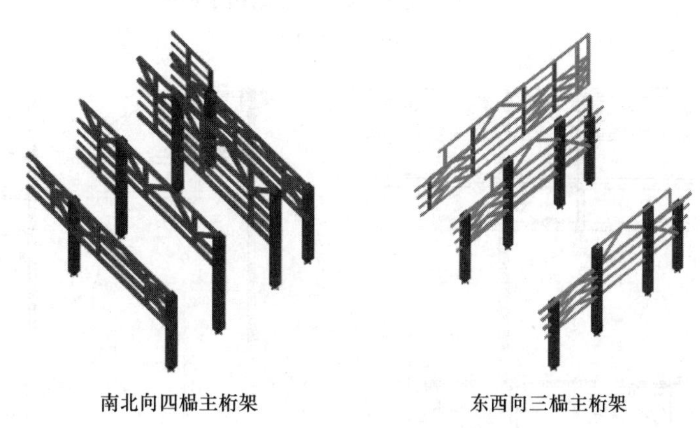

图 9　跨街连桥主桁架构成

落地 8 根型钢混凝土柱内埋 2-1200mm×600mm×60mm×80mm 十字劲性钢骨；钢桁架构件及非落地柱采用焊接方钢管，截面尺寸为 600～1000mm 不等，壁厚 40～100mm；主框梁多采用焊接方钢管或 H 型钢，梁高 600～1500mm；梁柱及桁架构件材质为 Q345GJC、Q390GJC。楼盖采用钢筋桁架楼承板，室内区域板厚 120mm，室外区域板厚 180mm，并设置 T 形水平支撑以提高楼盖整体性，降低中庭大开洞对楼盖的削弱（图 10～图 13）。

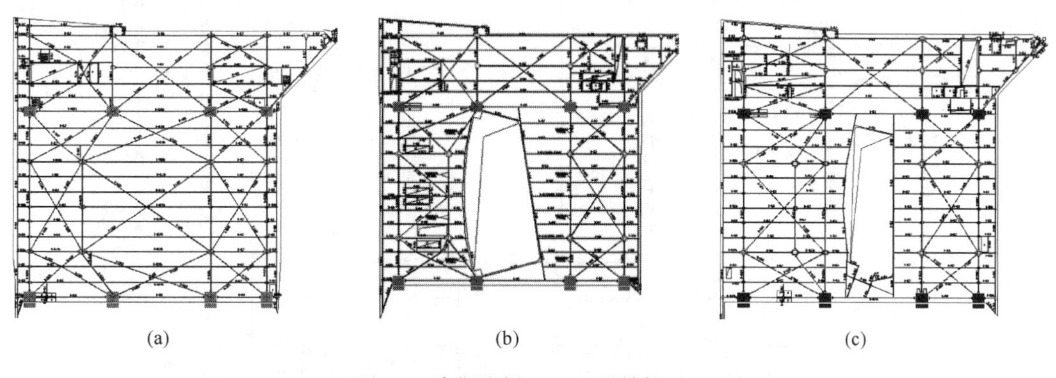

图 10　跨街连桥三～五层结构平面

(a) 三层；(b) 四层；(c) 五层

四层中庭开洞向东偏置，导致西侧第二榀主桁架无法贯通直落三层，通过偏心空腹桁架与下部楼层相连，引起三层斜向框架梁存在较大扭矩，通过斜向框架梁采用箱形截面及

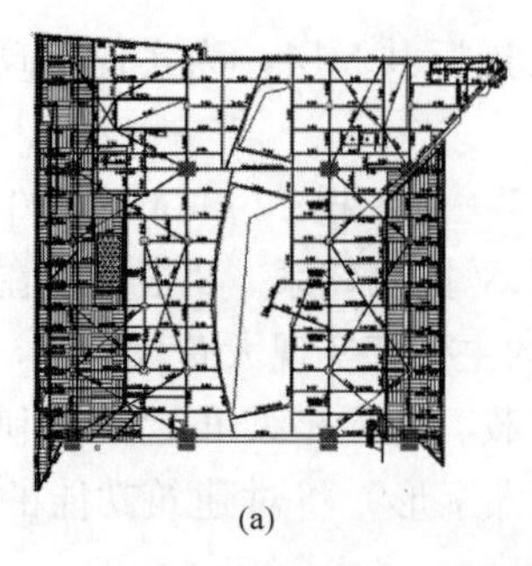

(a)

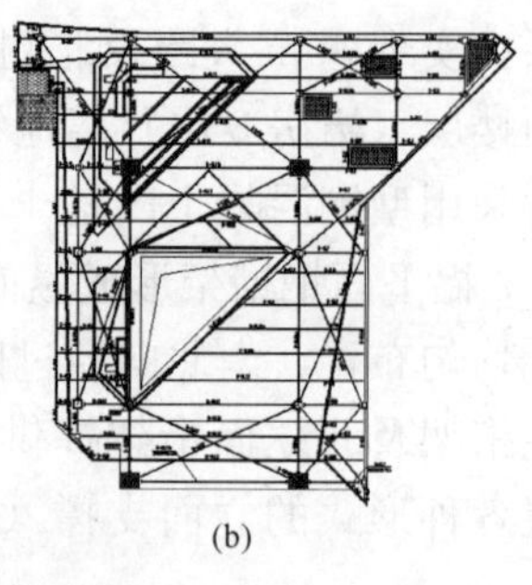

(b)

图 11　跨街连桥六、七层结构平面

(a) 六层；(b) 七层

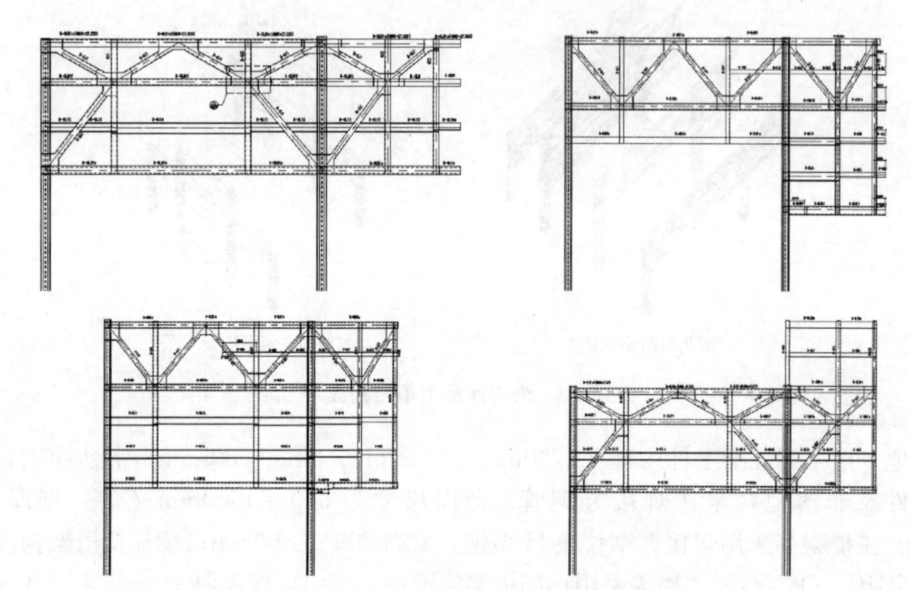

图 12　南北向主桁架立面（由西至东）

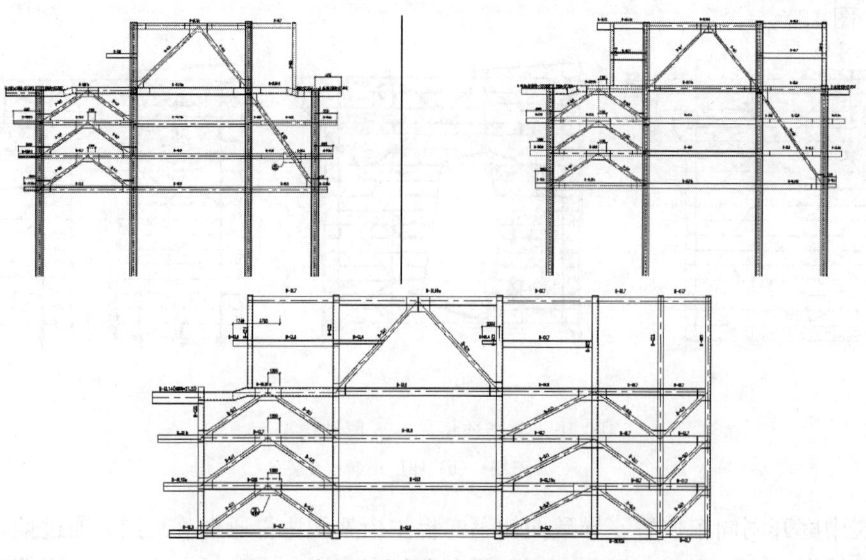

图 13　东西向主桁架立面（由南至北）

加强空腹桁架刚度得以解决（图 14）。同理，三层非落地柱东移，三层中庭区域东西向钢梁跨度达 25m，需要加强钢梁以解决舒适度问题。

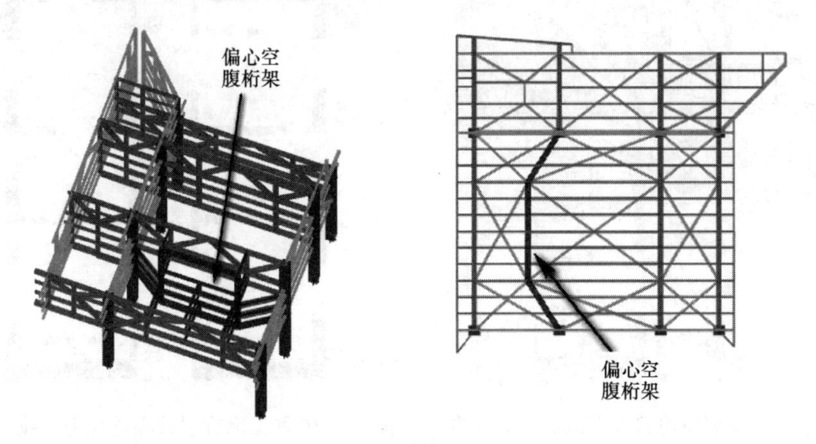

图 14 偏心空腹桁架

三、结构设计创新点

1. 塔楼平面方形转 L 形

建筑方案独特立面造型，使塔楼在高区存在切角——平面方形转 L 形，是本工程设计难点和重点，结构存在以下不利影响：

（1）下部方形平面为“型钢混凝土框架-核心筒”体系，上部 L 形平面出现一字墙，为“型钢混凝土框架-剪力墙”体系。

（2）上部 L 形，下部方形，切角部分取消楼层，重力荷载减少，重力荷载下产生差异变形及附加内力。上、下部结构存在质心偏心，地震作用下扭转效应加大。

（3）风荷载作用下，L 形平面结构受力较为不利，尤其是 45°风向。

（4）加强层上一层（33 层）开始转 L 形，L 形底部四层层高依次为 9m、6m、5.5m、4.2m。加强层的存在及上述层高变化带来刚度突变、抗剪承载力突变，同时须复核 L 形上部结构稳定性。

（5）切角部位核心筒底部在风荷载、中震工况出现受拉，中震工况墙肢拉应力较大，最大拉应力约 5.5MPa。中震工况 L 形区域剪力墙底部两层也出现受拉。

针对以上受力特点，采取以下结构设计策略（图 15、图 16）：

（1）应用傅学怡发明专利“竖向构件调平方法”，对切角部位核心筒墙体优化调整，对切角部位剪力墙合理开设结构洞，调整后墙肢压应力水平与其余剪力墙基本接近，核心筒整体压应力水平尽量均匀，有效减小竖向差异变形，有效减小切角及相连部位的墙肢、连梁附加内力，减少钢骨、钢筋用量。同理，切角部位外框柱调整钢骨含钢率，使其轴压比与其余柱子尽量接近；对加强层腰桁架腹杆采取先安装固定，待主体结构封顶后完成焊接连接，减小自重工况下腰桁架的附加内力。

（2）采用包络设计思想——考虑水平力与整体坐标夹角 0°、45°两种情况来包络设计，计算表明水平力与整体坐标夹角 45°起控制工况；风荷载计算采用规范风、风洞试验包

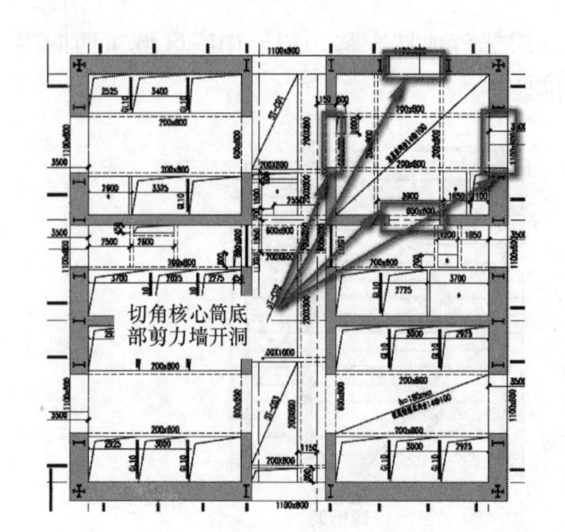

图 15　调平后切角部位剪力墙开洞、钢骨布置

图 16　中震工况首层核心筒拉力、拉应力分布

络设计；风荷载体型系数采用整体 1.4、方形平面楼层 1.3 及 L 形平面楼层 1.5 进行包络设计。

(3) 复核 L 形区域底层（33 层）9m 层高楼层刚度比、抗剪承载力比，采取调整本层外框柱型钢含钢率及配筋率、剪力墙水平分布钢筋配筋率等措施，提高本层结构抗剪承载力，避免出现较明显薄弱层。通过全楼整体结构线性屈曲分析，整体结构线性屈曲因子均大于 10，表明 L 形上部结构稳定性满足要求。

(4) 核心筒底部、L 形底部楼层剪力墙内埋钢骨，尤其对中震工况下出现拉应力墙肢适当加强以抵抗拉力，提高墙肢承载力及延性。

本工程塔楼结构设计策略、措施，较好地解决超高层建筑“塔楼平面方形转 L 形”高位切角收进技术难题，为同类超高层建筑结构设计提供借鉴意义。

2. 塔楼采用“下部型钢混凝土框架-核心筒＋上部型钢混凝土框架-剪力墙＋腰桁架”体系

因塔楼平面方形转 L 形，塔楼采用“下部型钢混凝土框架-核心筒、上部型钢混凝土框架-剪力墙＋腰桁架”结构体系，楼盖体系采用钢梁＋组合楼盖体系。针对上述体系，采用以下设计策略：

(1) 针对性地结构布置与加强：两种体系过渡楼层（上下各两层，余同）墙厚、柱截面保持不变，上下两层剪力墙内埋钢骨；一字形剪力墙端部通高内埋钢骨，钢骨下插两层；过渡楼层楼板厚度加厚至 180mm，采用钢筋桁架楼承板。

(2) 内力调整：上部框架-剪力墙体系底部两层剪力墙组合设计内力放大 1.15 倍；外框按方形、L 形分段进行 $0.2V_0$ 内力调整，调柱不调梁。

(3) 局部提高抗震性能目标：两种体系过渡楼层剪力墙、外框柱压弯（拉弯）、受剪承载力中震弹性，大震压弯（拉弯）、受剪承载力不屈服；过渡楼层边框梁中震抗弯不屈服、抗剪弹性。

(4) 加强构造措施：下部核心筒、上部剪力墙抗震等级特一级，过渡层外框柱抗震等级特一级；过渡层剪力墙竖向、水平分布钢筋配筋率不小于 0.5%；楼板双层双向拉通配筋，每层每向不小于0.3%。

塔楼周边框梁采用型钢混凝土梁是塔楼结构体系关键点，有效提高外框刚度及结构侧向刚度，有效降低结构造价。若周边框梁采用钢梁，结构侧向刚度不满足规范侧移要求，需设置伸臂桁架，形成“型钢混凝土柱＋钢框梁＋下部核心筒上部剪力墙＋伸臂加强层”结构体系，相对于现有结构体系钢材理论用量增加约3000t，由于设置伸臂桁架，施工工期延后约20～30d。

本工程塔楼采用“下部型钢混凝土框架-核心筒＋上部型钢混凝土框架-剪力墙”体系，其设计策略与措施为类似工程结构设计提供借鉴意义。塔楼周边外框梁采用型钢混凝土梁，有效提高外框刚度及结构整体侧向刚度，避免设置伸臂加强层，为250～300m高度高层建筑结构体系提供良好的结构选型方向，具有较好的工程应用价值和经济效益。

3. 双钢板截面设计与分析

建筑方案效果需求，塔楼屋顶天窗、裙房天窗梁柱采用双钢板截面，即采用两块钢板＋连接缀板组成的格构构件，两块钢板间不设置连续腹板以实现建筑通透性效果，缀板面外垂直构件中心线。

此种截面突破常规梁、柱截面形式，结构设计需要解决以下问题：

（1）计算模型合理、准确模拟双钢板构件受力行为；

（2）钢板面外稳定性较差，合理设置缀板间距保证钢板面外稳定性；

（3）双钢板截面承载力设计。

针对以上问题，结构设计采取以下设计策略：

（1）采用SAP2000进行精细化有限元模型模拟，双钢板截面中钢板、缀板分别采用独立的梁单元模拟，截面高度、宽度相应为板件宽度、厚度，可以准确反映双钢板构件详细内力；

（2）采用整体总装计算模型，并考虑施工模拟，准确反映天窗结构边界条件、受力行为及动力响应，保证双钢板梁柱内力准确性；

（3）保证钢板面外稳定性是关键问题，进行缀板间距敏感度分析以获得合理布置间距，详见后文；

（4）采用包络设计思想保证双钢板截面承载力设计：采用SAP2000软件中截面设计器建立钢板截面，根据截面设计器的截面属性按《钢结构设计规范》GB 50017—2003进行设计，恒活风及小震组合应力比限值取0.85；借助XTRACT软件生成承载力骨架线，取SAP2000内力复核承载力；进行整体结构线性及考虑几何非线性稳定分析，保证结构和构件稳定；构件承载力按“大震弹性”性能目标设计。

为了合理设置双钢板构件的缀板，设计中采取以下方法确定缀板间距：

1）根据单肢钢板面外方向长细比反算缀板间距

单肢钢板面外方向长细比限值为$[\lambda]$，单肢钢板厚度为t，面外方向回转半径$i_y=0.289t$，缀板间距$d=0.289t[\lambda]$。本工程塔冠天窗钢构件抗震等级按三级执行，单肢钢板厚度100mm，按上式估算的双钢板柱缀板间距$d=0.289t[\lambda]=2385\text{mm}$。

2）缀板间距敏感度分析

塔冠天窗双钢板柱面外无支撑长度最大为8m，以此为研究对象，研究缀板间距对双钢板柱面外稳定性影响。计算模型假定：柱下端为三向不动铰，上端仅约束双向平动，柱

顶作用力 $2F=2\times250$kN，面外无支撑长度 $L=8$m，截面尺寸：$h=800$mm，$t=100$mm，$s=800$mm。

分别对缀板间距 $d=0.5$m、1.0m、1.5m、2m、2.5m、3m、4m、8m 进行线性屈曲分析，计算模型简图及分析结果如图 17、图 18 所示。

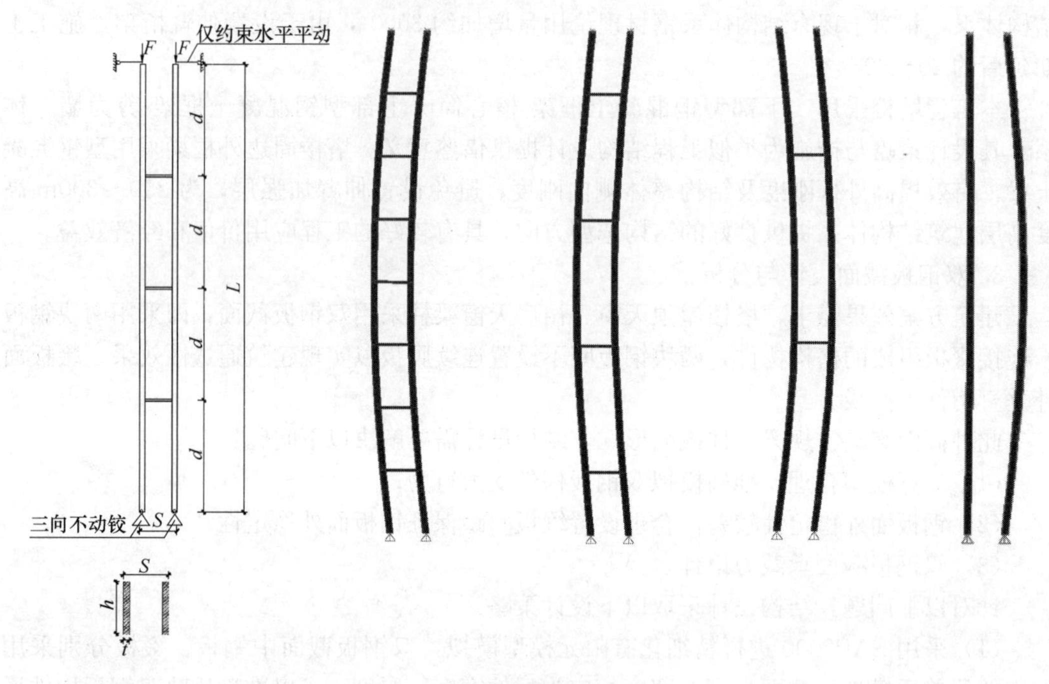

图 17　计算模型简图

$d=1$m　$d=2$m　$d=3$m　$d=8$m

$K=16.34$　$K=12.47$　$K=6.23$　$K=6.23$

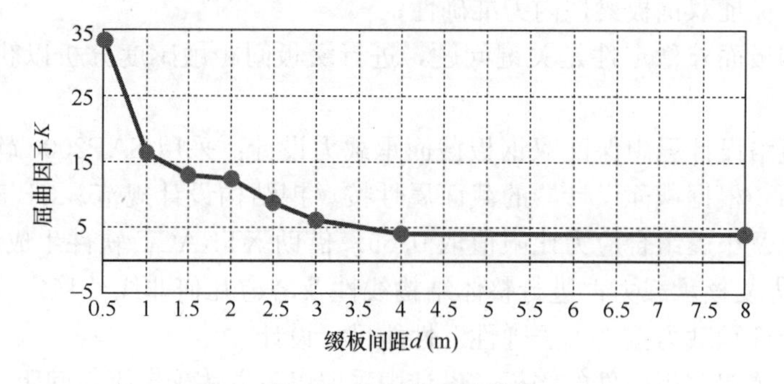

图 18　d-K 关系曲线

从 d-K 关系曲线可知：缀板间距 $d>2$m，屈曲因子 K 降低较快。当 $d>2.5$m，双钢板柱面外稳定性较差；缀板间距 $d=0.5\sim1$m，屈曲因子 K 为 16、34，双钢板柱面外稳定性最好，但是对建筑效果影响较大；缀板间距 $d=1.5\sim2$m，屈曲因子 K 在 12～13 范围，双钢板柱面外稳定性较好，间距 2m 较优，对建筑效果影响较小。

综上两种结果，结合建筑效果需求，缀板间距取值如下：双钢板柱取 2m，考虑到钢板梁以受弯为主，缀板间距可适当放松，控制不超 2.5m，设计过程中结合屋面幕墙分隔设置。

双钢板截面突破常规截面，本工程采取可靠的设计方法与措施，创新地解决其在工程中的应用，并对缀板间距设置初步提出确定方法，为今后双钢板截面应用与设计提供借鉴参考。

4. 连桥采用新型桁架结构体系

商业连桥人流量密集，顶层为景观土建，重力荷载大。连桥采用钢桁架体系，但受限于建筑功能布置，只能利用有限空间去设置斜撑。桁架形式复杂多变，呈现混合受力、空间整体协调受力的特点，有别于传统平面桁架，形成新型桁架结构体系。连桥新型桁架结构体系具有以下特点：

（1）各榀主桁架形式无法统一，同一榀桁架无法通高、通跨设斜腹杆，形成斜腹杆桁架＋悬挂空腹桁架混合受力。以斜腹杆桁架受力为主、悬挂空腹桁架受力为辅，详见重力荷载下斜腹杆桁架＋悬挂空腹桁架轴力图、弯矩图。

（2）南北向主桁架既承担重力荷载，又是抗侧力主构件，形成型钢混凝土柱＋钢桁架承重抗侧体系。东西向利用建筑有限空间设柱间斜撑，形成型钢混凝土柱＋斜撑抗侧力体系，同时使南北向四榀主桁架协调变形，提高结构整体性。

（3）楼盖结构受力复杂——楼面钢梁承受轴力、双向弯矩、扭矩，楼板拉应力较大。

针对新型桁架结构体系受力特点，设计过程采用以下策略和措施：

（1）按整体空间结构设计，跳出传统平面桁架设计思维。

（2）所有桁架构件、楼面钢梁考虑轴力－弯矩关系，按压弯、拉弯构件设计，同时考察并复核构件扭矩及抗扭承载力。

（3）每层楼盖设交叉支撑，提高楼盖整体性，即使楼板开裂刚度退化后，楼盖体系能保持整体及水平力的有效传递。同时，交叉支撑能降低楼板拉应力。

（4）采取包络设计思想，所有钢构件分别按考虑、不考虑楼板刚度包络设计。

（5）关键构件提高性能目标——支撑柱及主桁架按中震弹性、大震不屈服性能目标设计。

（6）对楼板拉应力区域较大楼板采取后浇施工措施，按楼板应力进行配筋，采取双层双向配筋，每层每向配筋率不小于0.3%。

本工程跨街连桥跨度大、荷载大、建筑功能复杂，结构采用复杂多变、混合受力、整体空间协调受力的新型桁架结构体系，为同类跨街商业连桥结构提供借鉴参考，具有较好的工程应用价值。

四、结构计算分析

塔楼结构整体计算及构件设计主要采用SATWE 2010(V2.2)程序，整体结构校核及关键构件承载力复核采用ETABS9.2.0、SAP2000(V15.1)程序。跨街连桥采用ETABS(V9.2.0)及SAP2000(V15.1)进行整体结构计算及构件设计。

1. 塔楼

1）模态分析

第1、2阶段为结构 Y、X 向平动主振型，第3阶为扭转主振型，第1扭转周期/第1

平动周期=3.140/5.469=0.574<0.85，满足规范要求，模态信息见表1。

模态信息　　表1

振型号	周期（s）	类型	扭振成分（%）	X侧振成分（%）	Y侧振成分（%）
1	5.469	Y	0	5	95
2	5.210	X	0	94	5
3	3.140	T	95	5	0
4	1.809	Y	2	28	70
5	1.698	X	5	65	30
6	1.290	T	89	9	1

2）刚重比

结构X向、Y向的刚重比（EJ/GH^2）分别为2.11、1.94，大于1.4小于2.7，因此结构整体稳定性满足要求，但需考虑重力二阶效应影响。

3）最大层间位移角

结构最大层间位移角由水平力与整体坐标夹角−45°控制，风荷载、小震作用下结构最大层间位移角、顶点位移角见表2，层间位移角曲线见图19。

最大层间位移角及顶点位移角　　表2

荷载作用	δ_{max}/h		Δ/H	
	X向（层号）	Y向（层号）	X向	Y向
风荷载	1/829(41)	1/590(39)	1/1092	1/821
小震作用	1/942(41)	1/999(39)	1/1474	1/1413

4）最小剪重比

结构底部X、Y向剪重比为1.18%、1.19%，略小于1.2%，基本满足；其余楼层剪重比均大于1.2%，满足规范要求。楼层最小剪重比曲线如图20所示。

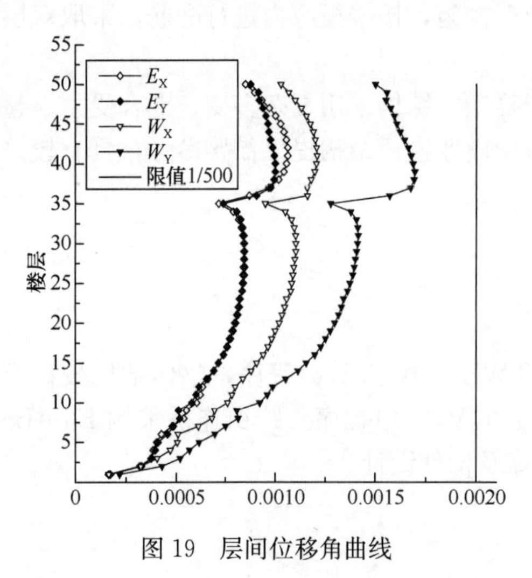

图19　层间位移角曲线

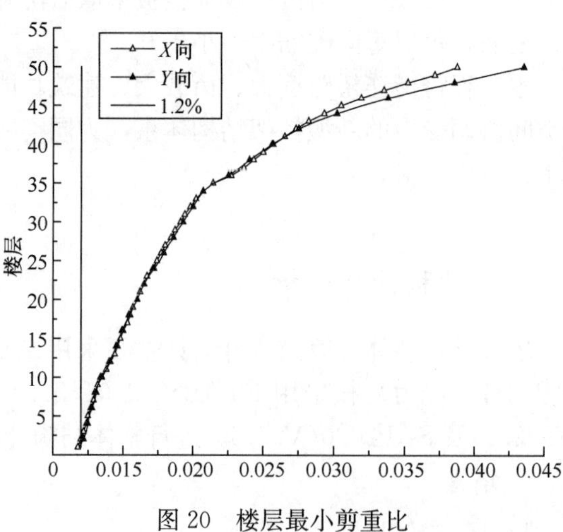

图20　楼层最小剪重比

5）抗震性能目标

核心筒底部轴压比0.5，外框柱底部轴压比0.6～0.65，结构构件承载力主要由风荷载组合和中震组合控制，整体结构及主要构件抗震性能目标见表3。

结构抗震性能目标　　**表3**

<table>
<tr><th colspan="2">地震烈度</th><th>多遇地震（小震）
$\alpha=0.08$</th><th>设防地震（中震）
$\alpha=0.23$</th><th>罕遇地震（大震）
$\alpha=0.50$</th></tr>
<tr><td colspan="2">性能水平定性描述</td><td>不损坏</td><td>中等破坏，可修复损坏</td><td>严重破坏</td></tr>
<tr><td colspan="2">层间位移角限值</td><td>$h/500$</td><td>—</td><td>$h/100$</td></tr>
<tr><td colspan="2">结构工作特性</td><td>结构完好，处于弹性</td><td>结构基本完好，基本处于弹性状态</td><td>结构严重破坏但主要节点不发生断裂，主要抗侧力构件型钢混凝土柱和核心筒墙体不发生剪切破坏</td></tr>
<tr><td rowspan="2">核心筒</td><td>一般区域</td><td rowspan="2">满足规范弹性设计要求的基础上增加约束边缘构件布置范围，并对关键区域核心筒提高性能要求</td><td>压弯及拉弯中震不屈服，抗剪中震弹性</td><td>允许进入塑性（θ<LS），满足大震下抗剪截面控制条件</td></tr>
<tr><td>底部加强区与加强层及上下各一层</td><td>中震弹性验算，基本处于弹性状态</td><td>底部加强区不进入塑性（θ<IO），即剪力墙底部加强区及加强层上下各一层剪力墙压弯、拉弯不屈服。
满足大震作用下抗剪截面控制条件</td></tr>
<tr><td colspan="2">连梁</td><td>按规范要求设计，弹性</td><td>抗剪中震基本弹性</td><td>允许进入塑性（θ<LS），不得脱落，最大塑性角小于1/50，允许破坏</td></tr>
<tr><td rowspan="2">型钢柱</td><td>一般区域</td><td rowspan="2">按规范要求设计，弹性</td><td>压弯及拉弯中震不屈服，抗剪中震弹性</td><td>允许进入塑性（θ<LS），钢筋应力可超过屈服强度，但不能超过极限强度。满足大震作用下抗剪截面控制条件</td></tr>
<tr><td>底部加强区与加强层及上下各一层</td><td>按中震弹性验算，基本处于弹性状态</td><td>底部加强区不进入塑性（θ<IO），钢筋应力可超过屈服强度，但不能超过极限强度</td></tr>
<tr><td colspan="2">加强层腰桁架</td><td>按规范要求设计，弹性</td><td>按中震不屈服验算</td><td>允许进入塑性（ε<LS），钢材应力可超过屈服强度，但不能超过极限强度</td></tr>
<tr><td colspan="2">周边框架梁</td><td>按规范要求设计，弹性</td><td>按中震不屈服验算</td><td>允许进入塑性，不倒塌（ε<CP）</td></tr>
<tr><td colspan="2">节点</td><td colspan="3">中震保持弹性，大震不屈服</td></tr>
</table>

2. 连桥

1）周期

塔楼第一扭转周期与第一平动周期比值0.969/1.286=0.75，小于0.9且有富余，结构抗扭性能良好（表4）。

模态信息 **表 4**

振型号	周期（s）
1	1.286(X)
2	1.166(Y)
3	0.969(T)

2）层间位移角

风荷载（50年）作用下最大层间位移角 X 向 1/7700、Y 向 1/6720，小震作用下最大层间位移角 X 向 1/2000、Y 向 1/1800，满足规范 1/550 限值且富余较多，结构抗侧刚度良好。

3）扭转位移比

连桥最大扭转位移比 X 向 1.36，Y 向 1.13，均小于 1.4，无严重扭转不规则。

4）大跨与长悬臂结构竖向变形

构件挠度满足可变荷载作用下 1/500 和永久荷载＋可变荷载作用下 1/400 要求（表 5）。

竖向变形 **表 5**

活荷载	悬臂	1/2262
	大跨	1/1547
	规范限值	1/500
恒荷载＋活荷载	悬臂	1/609
	大跨	1/545
	规范限值	1/400

5）抗震性能目标

连桥整体结构及主要构件抗震性能目标为见表 6，地震作用计算（小、中、大震）均考虑三向作用。

结构抗震性能目标 **表 6**

地震烈度		频遇地震（小震）	设防烈度地震（中震）	罕遇地震（大震）
性能水平定性描述		不损坏	中等破坏，可修复损坏	严重破坏
层间位移角限值		h/550	—	h/100
结构工作特性		结构完好，处于弹性	结构基本完好，基本处于弹性状态	结构严重破坏但主要节点不发生断裂，重要构件型钢混凝土柱不发生剪切破坏，重要构件桁架体系不发生弯曲破坏
构件性能	型钢柱	按规范要求设计，弹性	按中震弹性验算，基本处于弹性状态	允许进入塑性（θ＜LS），钢筋应力可超过屈服强度，但不能超过极限强度
	转换桁架	按规范要求设计，弹性	按中震弹性验算，基本处于弹性状态	允许进入塑性（ε＜LS），钢材应力可超过屈服强度，但不能超过极限强度
	其他构件	按规范要求设计，弹性	按中震不屈服验算	允许进入塑性，不倒塌（ε＜CP）
	节点	中震保持弹性，大震不屈服		

6）竖向振动

连桥属大跨度、长悬臂结构，舒适度（竖向振动频率）是设计重要控制指标。

《高层建筑混凝土结构技术规程》JGJ 3—2010 第 3.7.7 条规定楼盖结构应具有适宜舒适度，楼盖结构竖向振动频率不宜小于 3Hz。本结构北侧悬挑区域竖向振动频率 2.90Hz（图 21），基本满足规范要求；顶部大跨及南侧局部悬挑端竖向振动频率 3.25Hz（图 22），满足规范要求。

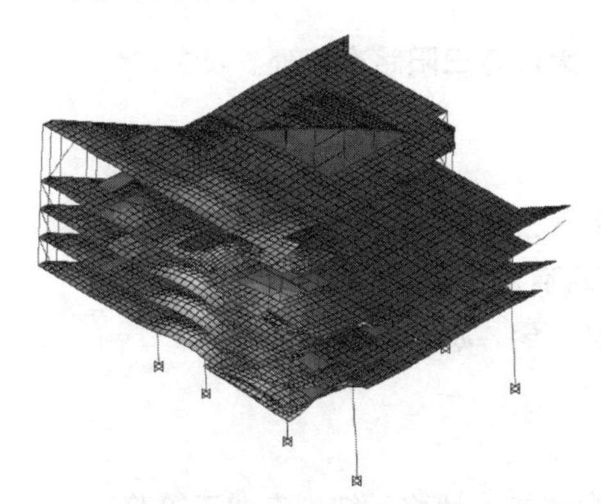

图 21 第 6 阶，北侧悬挑端整体竖向振动（2.90Hz）

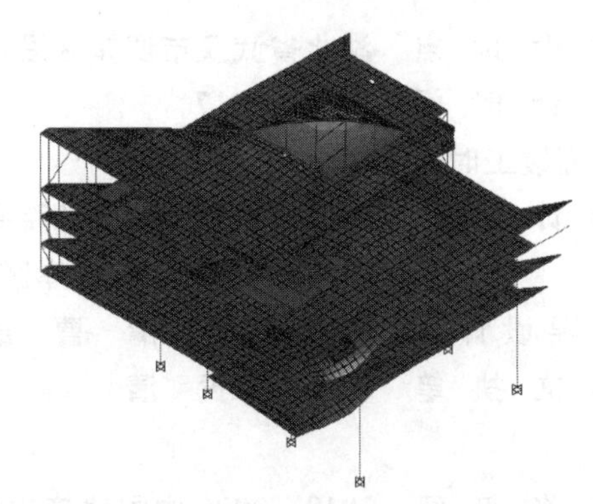

图 22 第 8 阶，顶部大跨及南侧悬挑端竖向振动（3.25Hz）

五、经济技术指标

塔楼（不含塔冠）单位面积钢材理论用量 124kg/m^2，单位面积钢筋理论用量 70kg/m^2。

1）与初步设计阶段相比，总钢材用量减少 1500t，其中应用傅学怡发明专利“竖向构件调平方法”节约钢材用量约 500t；

2）与采用“型钢混凝土柱＋钢框梁＋下部核心筒上部剪力墙＋伸臂加强层 ”结构体系相比，节约钢材用量 3000t。

以上两项合计共节约钢材用量 4500t，按 10000 元/t 计，节约结构造价 4500 万元。

本项目于 2019 年底竣工投入使用，在业主、设计及施工三方共同努力及紧密协作下，既保证结构安全性，又充分地实现建筑功能与效果，成为一件建筑与结构统一结合的作品。本项目获得了 2019—2020 年中国建筑学会建筑设计奖·结构专业三等奖、2021 年广东省优秀工程勘察设计结构专项二等奖、2021 年广东省优秀工程勘察设计优秀建筑工程二等奖、2020 年深圳市优秀工程勘察设计建筑结构专项一等奖、2021 年深圳市优秀工程勘察设计优秀建筑工程一等奖。

20 天悦星晨项目结构设计

建设地点 湖北省武汉市江岸区沿江大道与三阳路交汇处
设计时间 2013—2017
工程竣工时间 2018
设计单位 中信建筑设计研究总院有限公司
[430014] 武汉市江岸区四唯路8号
主要设计人 李 治 黄 清 曹 凯 李 波
本文执笔 李 治 黄 清

获奖等级 2019—2020中国建筑学会建筑设计奖·结构专业三等奖

一、工程概况

天悦星晨（天悦外滩金融中心，图1）位于湖北省武汉市江岸区沿江大道与三阳路交汇处，用地面积约13300m²，总建筑面积约15.5万m²，其中地下部分约5.05万m²，容积率7.21。

因该项目在临长江外滩风貌主轴上，为延续外滩租界区古典西式建筑风格，项目外立面设计摒弃了曲面流线的造型风格，采取了规整方正、稳重端庄的整体设计手法，将古典建筑采用的石材、红砖形成的装饰造型风格精简浓缩，以现代的玻璃幕墙和铝塑板构建造型细节，体现大方、典雅的风格。主塔楼A栋建筑立意为长江之光，长江之光的概念来自于对天悦星晨项目前景的理解和潜在价值的期望，将“光”作为概念的始发点，并融合了代表传统吉祥寓意的灯笼造型、代表前进方向和领导力的灯塔形象，同时借鉴了代表现代建筑里程碑的Art Deco经典风格，与江滩老租界区建筑风格相呼应，以期打造一个延续武汉往昔荣耀同时又彰显新时代领军姿态的地标建筑形象。

项目整体是集商业、办公为一体的综合体项目，由5层地下室（地下1层含1层夹层），4层商业和1栋办公塔楼和1栋公寓塔楼组成。其中A塔写字楼地上建筑层42层（含3个避难层），结构层50层，标准层层高4.5m，建筑主要屋面高度为221.5m，塔尖顶部高度约270m；B塔公寓地上31层（含2个避难层），标准层层高4.0m，建筑主要屋面高度为137.5m；裙房地上4层，建筑主要屋面高度为24m；地下室建筑层数为5层（其中地下1层含有1夹层），埋深约25m，地下为车库及设备用房。

图 1　建筑实景

二、结构体系

A 塔楼采用钢筋混凝土框筒结构，为超 B 级高度高层建筑，B 塔楼采用钢筋混凝土框筒结构，为 A 级高度高层建筑，4 层商业为大跨度（跨度约 22m）框架结构。A 塔楼和 4 层商业连为整体未设置结构缝，B 塔楼与裙房设有防震缝，B 塔楼为单独的结构单元。结构的嵌固部位设在地下室顶板。图 2 为建筑剖面。A 塔楼、B 塔楼为桩筏基础，裙房为桩-

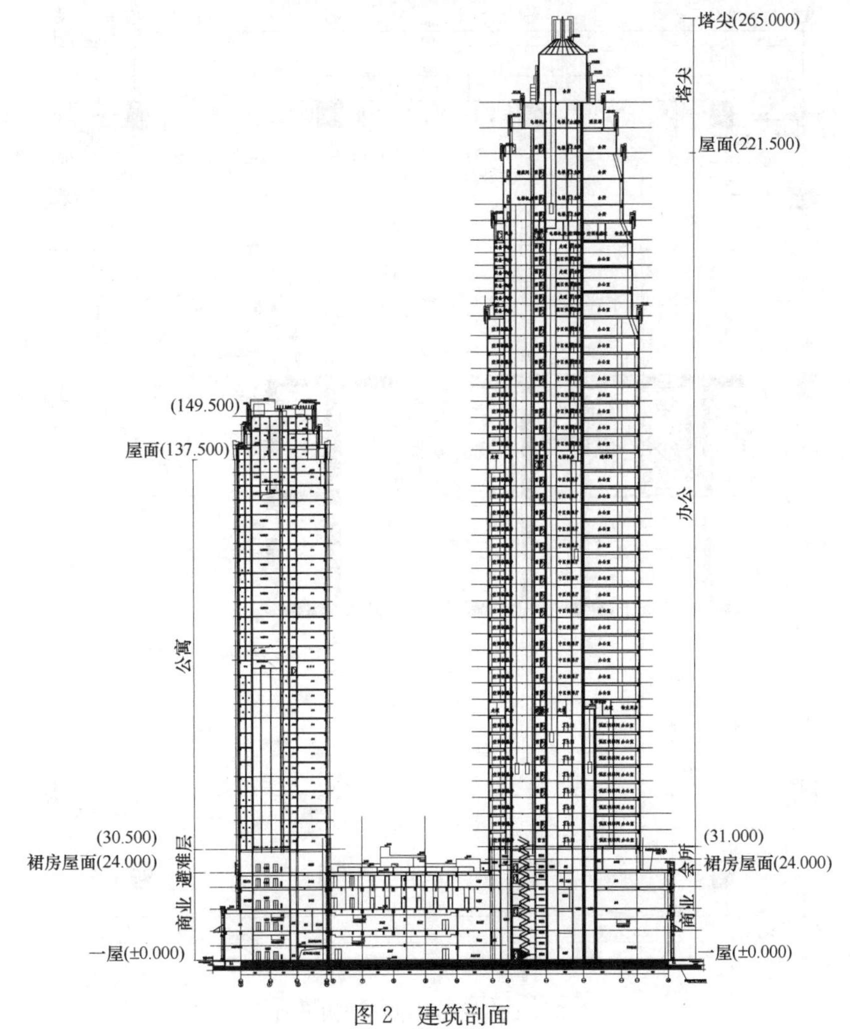

图 2　建筑剖面

承台基础。A 塔楼采用直径 1m 的后注浆钻孔灌注桩，持力层为中风化砂砾岩，B 塔楼和裙房采用直径 0.8m 的后注浆钻孔灌注桩，持力层为强风化砂砾岩。

抗震设防类别，A 塔楼及裙房为重点设防类，B 塔楼为标准设防类。场地类别为Ⅲ类，场地属对建筑抗震的一般地段。本项目进行了地震安全性评价，地震动参数取自安评结果。

三、结构设计特点

1. 内筒偏置设计及相应措施

两栋塔楼全高范围内筒偏向一侧布置，卫生间、管井及设备用房布置在西侧内筒与外框之间的较小区域内，使办公区域所有房间可以瞰江，最大限度地满足了建筑设计的需要。如图 3～图 8 所示，分别为两栋塔楼低区、中区和高区结构平面。结构采取了如下措施：

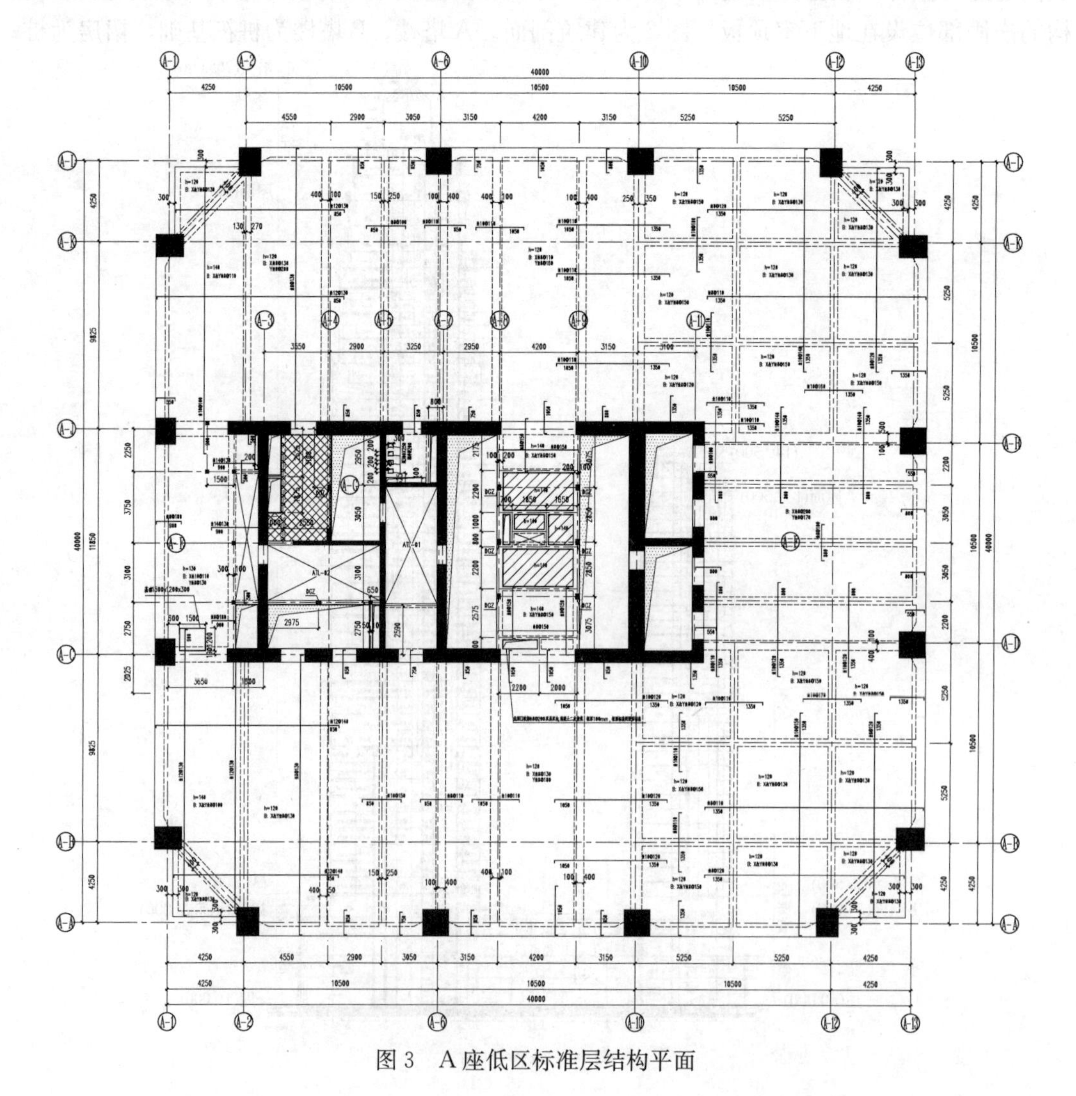

图 3　A 座低区标准层结构平面

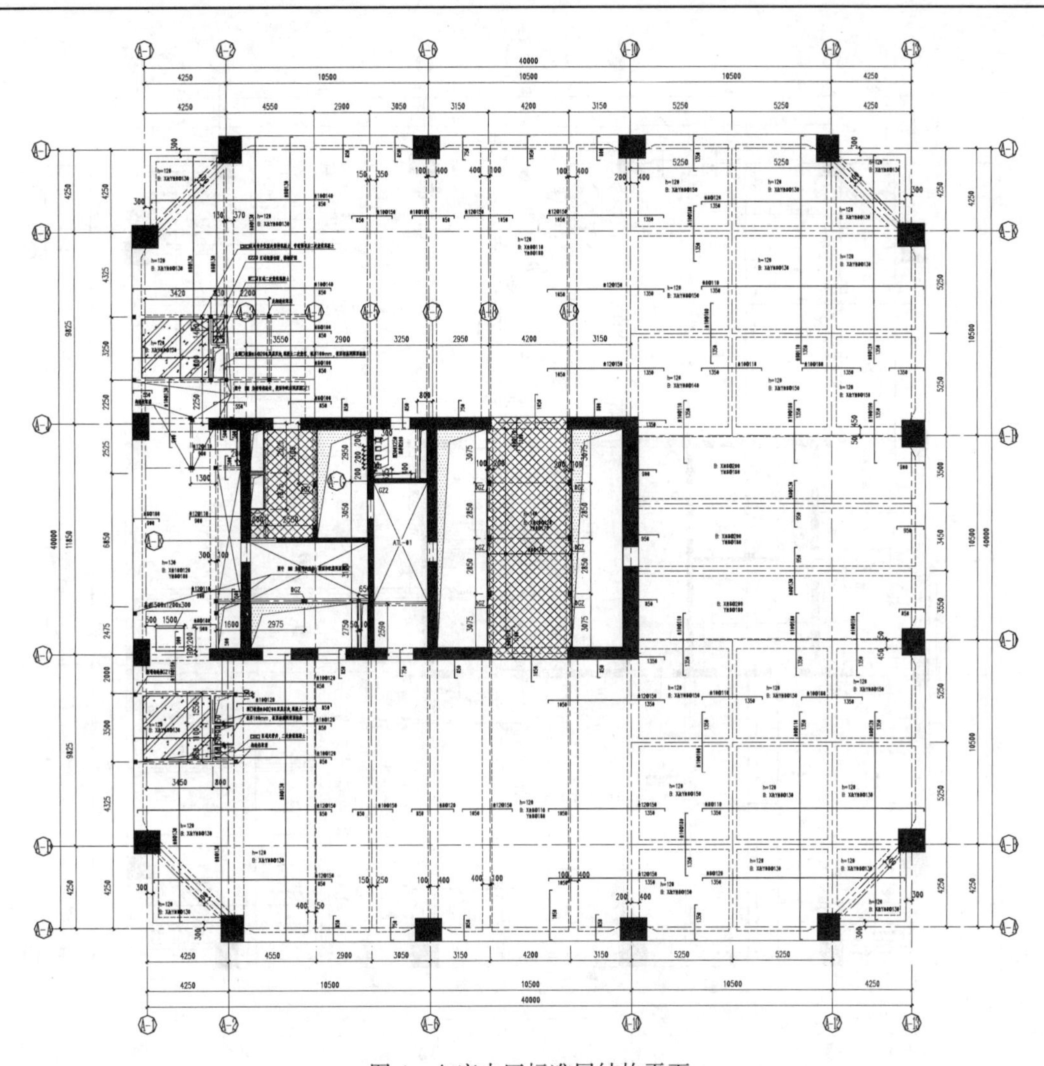

图 4　A 座中区标准层结构平面

(1) 内筒偏置框-筒结构，尤其是超 B 级高度时，控制结构扭转反应是该类结构设计的重点、难点之一，设计对 A 塔楼、B 塔楼周期比和扭转位移比严格控制，通过加强外侧框架刚度，适当减薄偏置侧内筒墙体厚度，使刚心和质心接近，以 A 塔楼为例，由表 1 可知，低中高区楼层的刚心和质心的偏心距与相应边长之比均在 15%以内。同时，为改善结构抗震性能，减少扭转的不利影响，本工程在考虑偶然偏心单向地震作用下，两栋塔楼最大扭转位移比均小于 1.4，结构扭转为主第一自振周期 T_t 与平动为主第一自振周期 T_1 之比小于 0.85，且 T_1 扭转成分小于 30%。满足规范对内筒偏置的有关要求。

A 塔楼低中高区楼层的刚心和质心及偏心距与相应边长之比　　表 1

A 塔楼层	刚心坐标		质心坐标		偏心距与相应边长之比	
	X 向	Y 向	X 向	Y 向	X 向	Y 向
低区	17.68	20.62	19.20	20.26	3.8%	0.9%
中区	17.10	21.08	18.93	20.33	4.5%	1.9%
高区	16.30	20.78	19.30	20.21	7.5%	1.4%

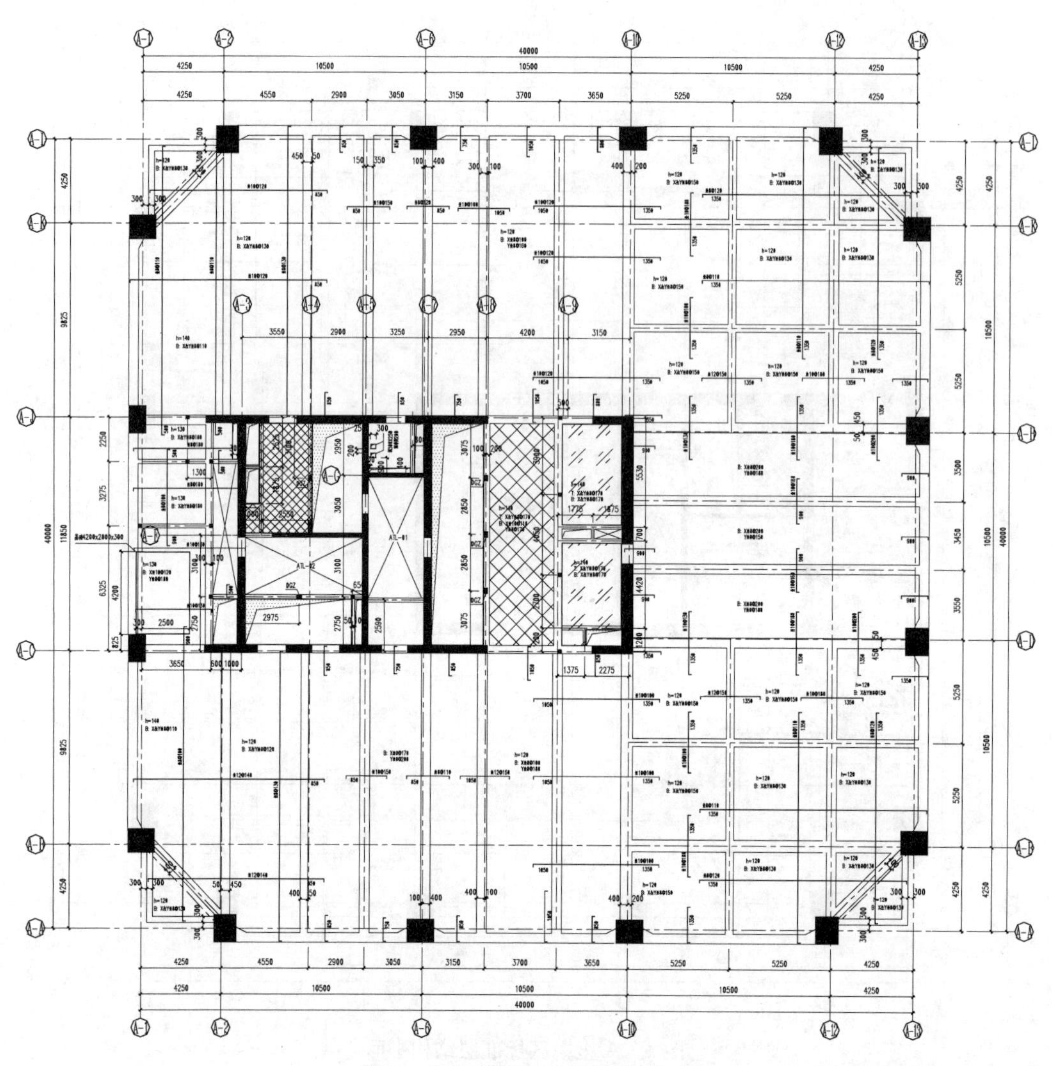

图 5　A 座高区标准层结构平面

（2）现浇钢筋混凝土框筒结构体系的竖向结构内筒和外框架相对位移差对超高层结构设计起重要影响，对于内筒偏置的框筒结构体系更为明显。原因是其内筒偏置后带来内筒和外框架在不同水平的应力作用下以及混凝土收缩徐变作用下的变形差会呈现不对称分布，因此设计时需要考虑不对称相对位移差对结构产生的不利影响。设计阶段为了考虑补偿施工阶段和将来使用阶段的轴向压缩影响，采用 MIDAS Gen 软件，依据《公路钢筋混凝土及预应力混凝土桥涵设计规范》JTG 3362—2018 关于混凝土弹性模量、徐变系数、收缩系数的时间效应的规定，考虑施工顺序加载、混凝土徐变收缩等因素，分析计算出在主体结构装修完成时刻、主体结构投入使用两年后的内筒和外框架柱的轴向压缩变形量、变形差值以及连接内筒和外框架柱的楼层梁的内力值。通过计算可知：①装修完成时，框架柱和内筒的最大竖向变形差值为 12mm，使用两年后，框架柱和内筒的最大竖向变形差值为 14mm，且最大位置发生在 1/3～2/3 楼层处。底部楼层框架柱和内筒的竖向变形差较小，且随着时间发展变化较小，中部楼层的变形差变大，且随着时间发展变化较大，顶

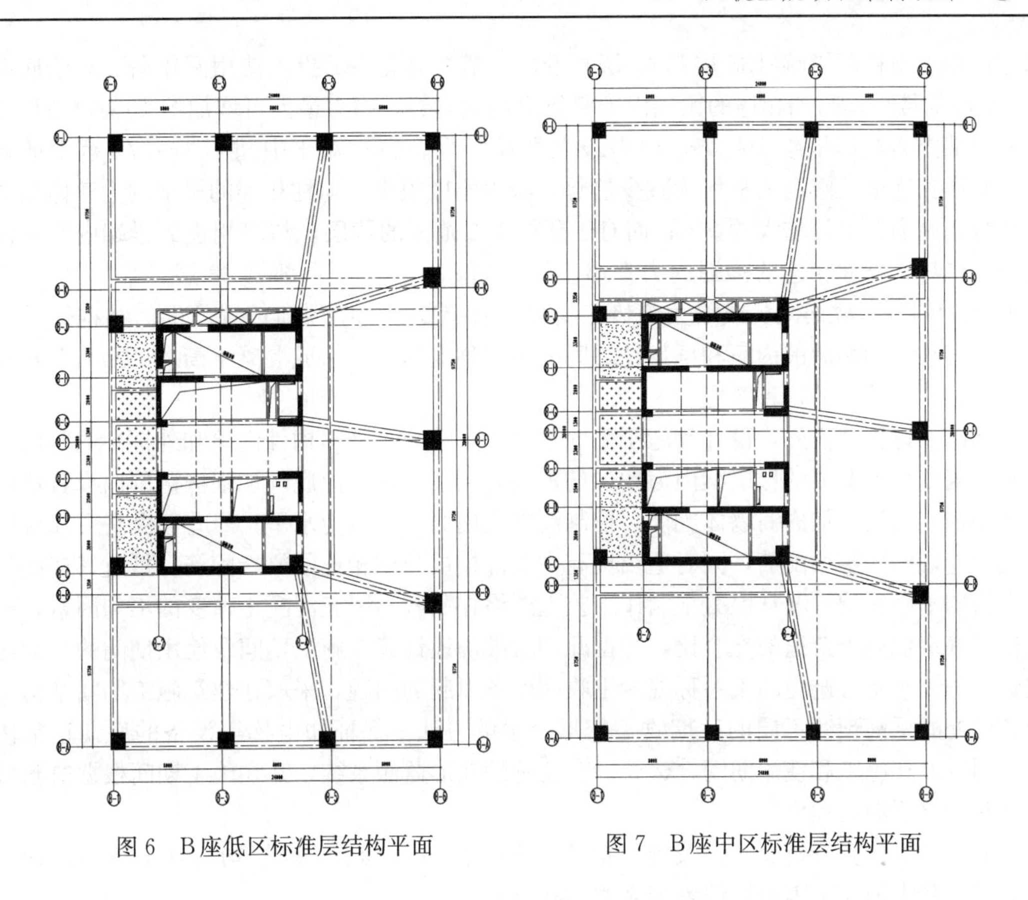

图 6 B座低区标准层结构平面

图 7 B座中区标准层结构平面

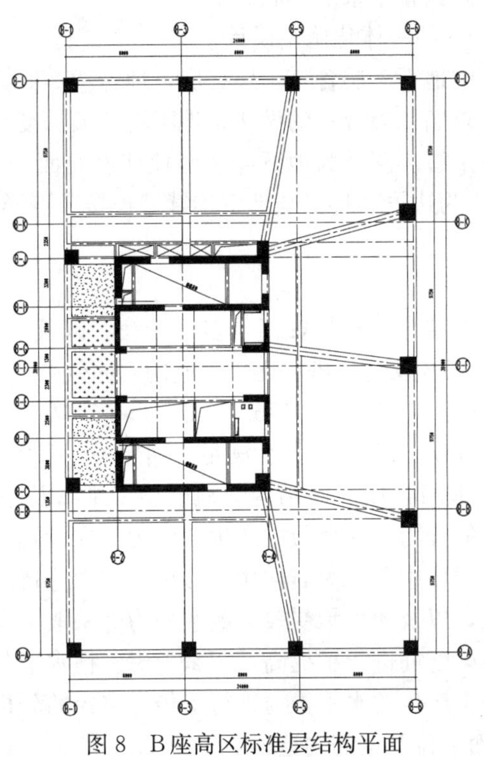

图 8 B座高区标准层结构平面

部楼层由于斜柱层影响（38层和46层）变形差值有突变。②投入使用两年后，对于底部1/3范围的楼层，与墙相连的梁端内力整体呈增大趋势，内力最大可增加约20%，与柱相连的梁端内力整体呈减少趋势，内力最大可减少约10%；对于中间1/3～2/3范围的楼层，与墙相连的梁端内力整体为减少趋势，减少幅度很小，与柱相连的梁端内力整体呈增大趋势，内力最大可增大约9%；而对于顶部1/3范围的楼层，与墙相连的梁端内力整体为减少趋势，与柱相连的梁端内力整体呈增大趋势，且由于顶部第38层、第45层、第48层均为斜柱，故而减少或增大趋势在斜柱点有突变。说明内筒偏置的框筒结构体系在考虑徐变收缩影响后的内筒和框架柱之间的不对称变形差，造成混凝土筒体“卸荷”转移至外框柱“增荷”的这种效应。

除以上计算分析外，设计和施工采取了以下对策减少竖向构件内筒和外框架的竖向变形差及因变形差造成的楼层梁内力增加的不利影响：①在内筒底部加强区范围内设置适量构造型钢，适当增加内筒墙体配筋，控制混凝土内筒的压应力水平；②适当提高底部楼层与墙相连端的楼层梁配筋，同时适当提高中上部楼层与柱相连的梁端配筋。抵抗其初始额外内力的不利影响；③从混凝土制作工艺上严格控制容易引起混凝土徐变的不利因素，通过试验确定混凝土合适的配合比，并据此相对准确地计算在施工期间及使用期间的收缩徐变量；④针对不可避免的不对称混凝土收缩变形引起的问题，采取在建筑施工期间结构不同高度处的层高预留不同的后期收缩变形余量的方法，保证如电梯等设备的后期正常使用，同时，在施工和使用期间，建立一套完善的变形监测系统，并在施工期间根据监测数据随时调整后期的预留量。

通过以上计算分析、设计及施工措施，本工程A塔楼、B塔楼均达到了结构设计预期效果，基本消除了因内筒偏置带来的不利影响。

2. 地下连续墙二墙合一的一体化施工设计

本工程地下5层，其中地下1层含有1层夹层，埋深约25m，开挖深度较大。地下室采用地下连续墙和地下室外墙二墙合一的做法，地下连续墙深度约50m，底部嵌固在基岩上，底板施工缝处预留注浆管。图9为地下连续墙预埋件立面。图10为底板与地下连续墙的连接节点构造。图11为边梁、环梁与地下连续墙连接节点详图。图12为壁柱与地下连续墙连接节点详图。

3. 立面层层收进

采用高区立面斜柱过渡结合外框架柱高位多级转换，以及屋顶高达30m构架的综合设计，实现了A塔楼建筑高区及屋顶塔尖逐层收进的立面效果

A座塔楼35层夹层（标高171.35～176.70m）、39层（标高197.7～203.00m）以及42层（标高214.5～221.5m）立面收进，为满足立面效果，采用斜柱过渡，图13为A座建筑立面和剖面（局部），图14为A座结构斜柱模型三维图及施工照片。结构柱向内倾斜，斜柱轴力在水平方向的分力将在楼板中产生拉应力。在设置斜柱的楼层处，以壳单元模拟各层楼板，进行了小震、中震和大震作用下楼板的应力分析。根据计算结果，在楼板应力比较集中的角部区域，以及楼板承受较大的水平力处采取了有针对性的加强措施，并依据计算结果对斜柱层的梁配筋进行了提高，用来考虑斜柱水平分力的不利影响。同时在概念设计上，对斜柱在楼盖产生的水平推力进行了传力路径的分析，采取了适当的构造加强措施。图15为斜柱立面定位及钢筋构造详图。图16为斜柱。

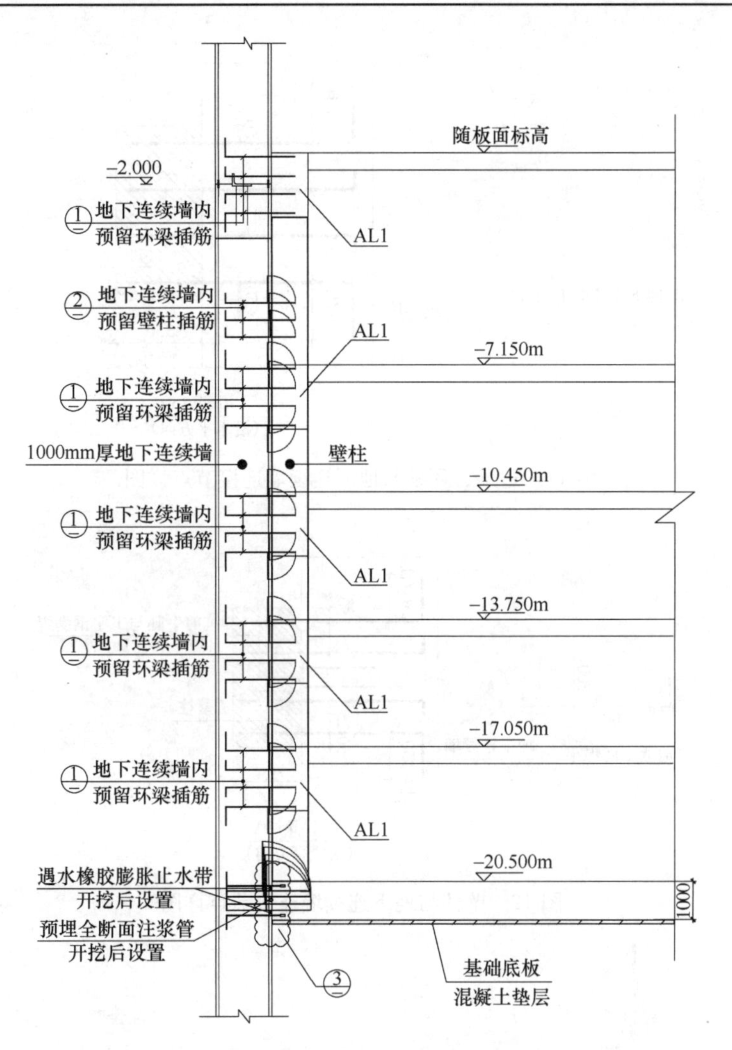

图 9　地下连续墙预埋件立面

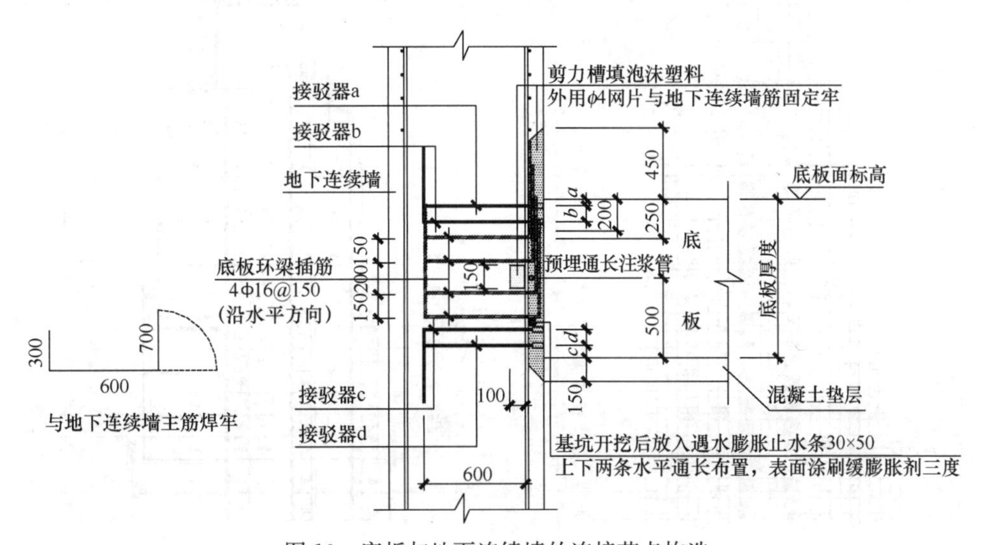

图 10　底板与地下连续墙的连接节点构造

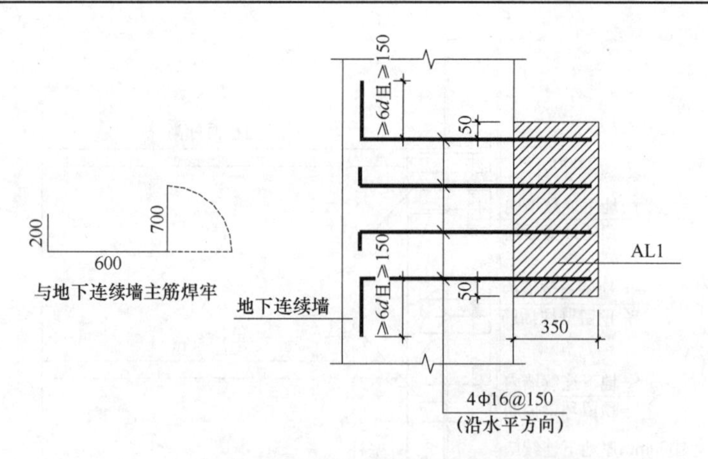

图 11　边梁、环梁与地下连续墙连接节点详图

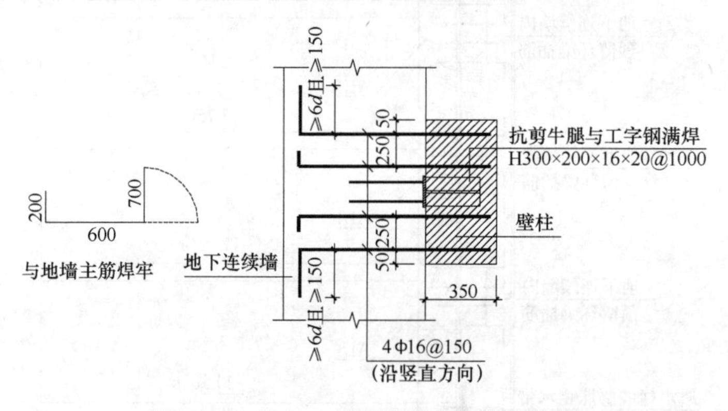

图 12　壁柱与地下连续墙连接节点详图

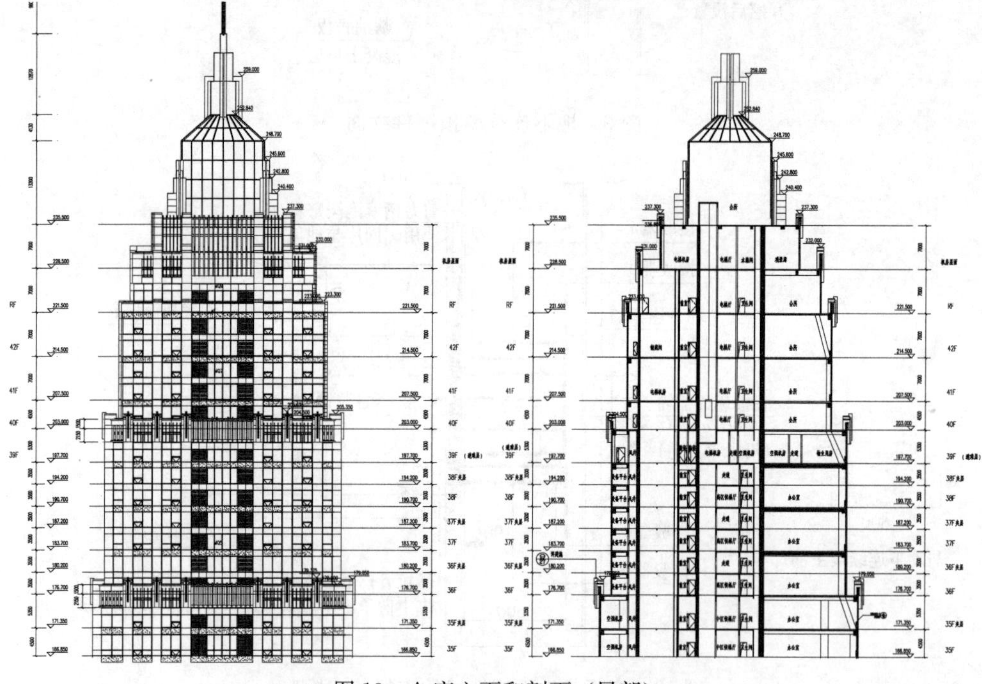

图 13　A 座立面和剖面（局部）

图 14 A 座结构模型三维图及施工照片（斜柱部分）

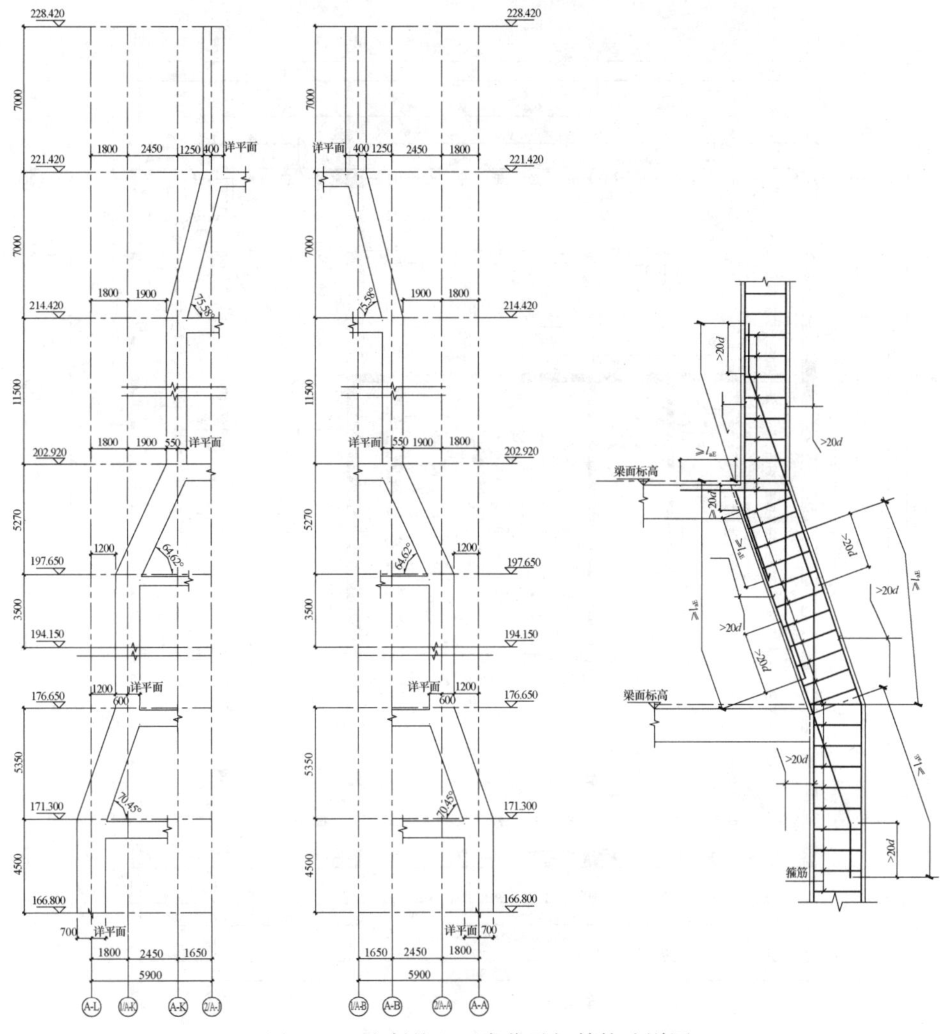

图 15 A 座斜柱立面定位及钢筋构造详图

图 16　斜柱

为满足建筑的顶部立面层层收进效果，A 塔楼在位于 228.5m 和 235.5m 处分别进行了两次外框架柱的转换，转换框架梁由于高度和宽度的限制，采取了复杂的局部水平加腋措施，并在另一个方向布置连系梁以平衡柱底弯矩。图 17 为标高 228.5m 结构平面，图 18为变宽度框支梁钢筋构造详图。图 19 为顶部转换梁节点。

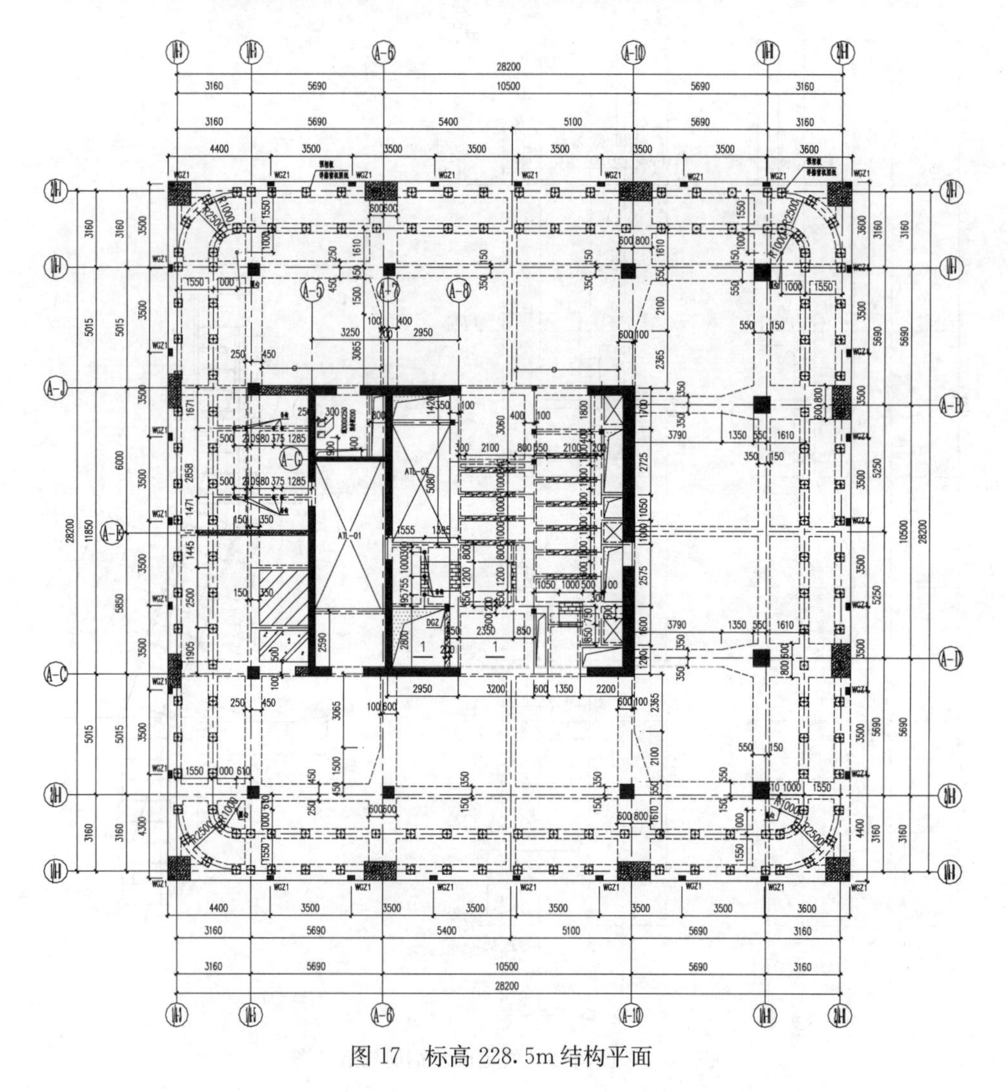

图 17　标高 228.5m 结构平面

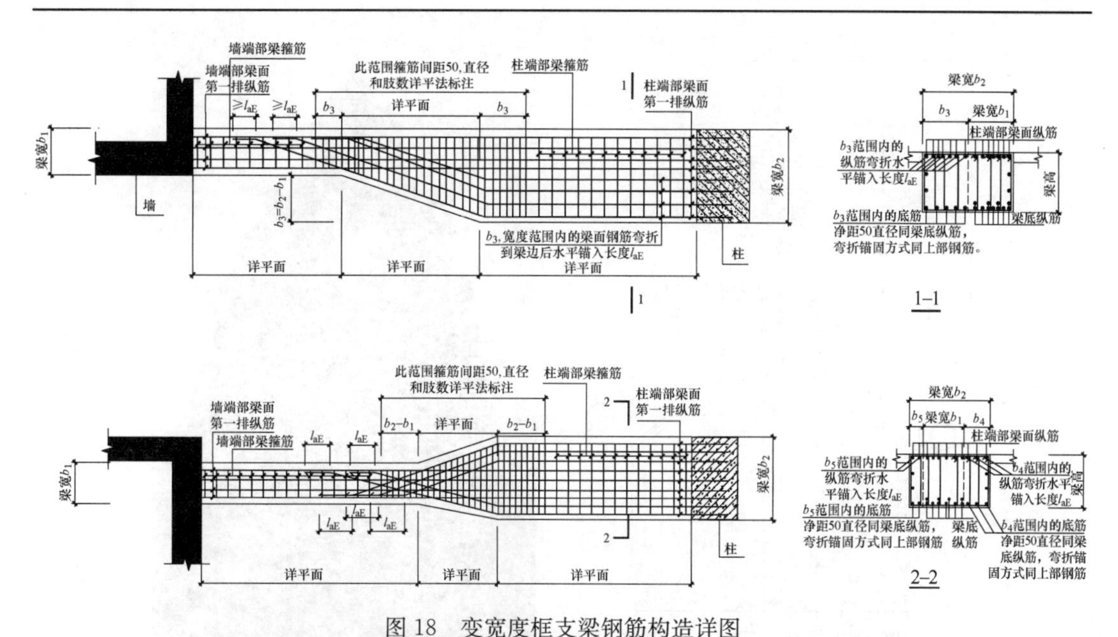

图 18 变宽度框支梁钢筋构造详图

注：变截面部位侧面纵向构造筋的设置及构造要求同梁内侧面纵向构造筋

图 19 A 座顶部转换梁节点

屋顶塔尖逐渐收进。由两层 13.8m 高的混凝土框架结构和 16.4m 高的钢框架结构组合而成，总结构高度达 30m。钢框架采取多次梁上立柱的方式达到塔尖逐渐收进的目的，在钢柱间设置了斜撑，斜撑同混凝土结构之间采取销轴和螺栓两种连接方式。图 20 为钢构架正立面和顶部，图 21 为箱形钢斜撑与混凝土柱的连接节点详图。

针对以上层层收进顶部结构和高位局部转换，计算分析上充分考虑了高振型对结构顶部和高位局部转换带来的不利影响。结构设计进行了多遇地震弹性时程分析，与反应谱法进行了对比分析，并依据对比结果，对结构顶部和高位局部转换相关构件作了适当加强。同时进行了罕遇地震作用下的动力弹塑性时程分析，校核了相关构件罕遇地震作用下的性能水准。

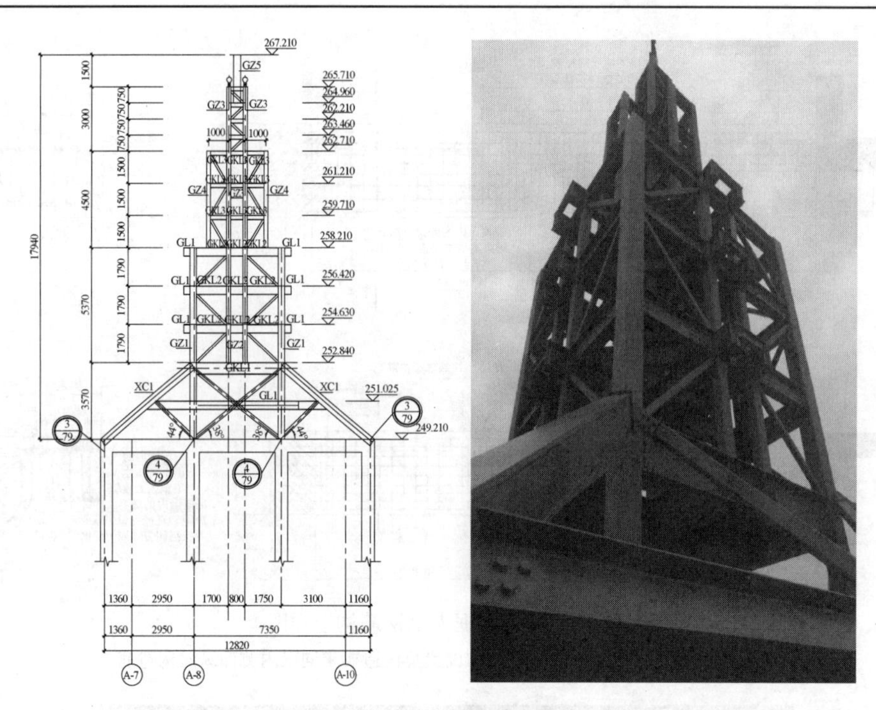

图 20　钢构架正立面和顶部

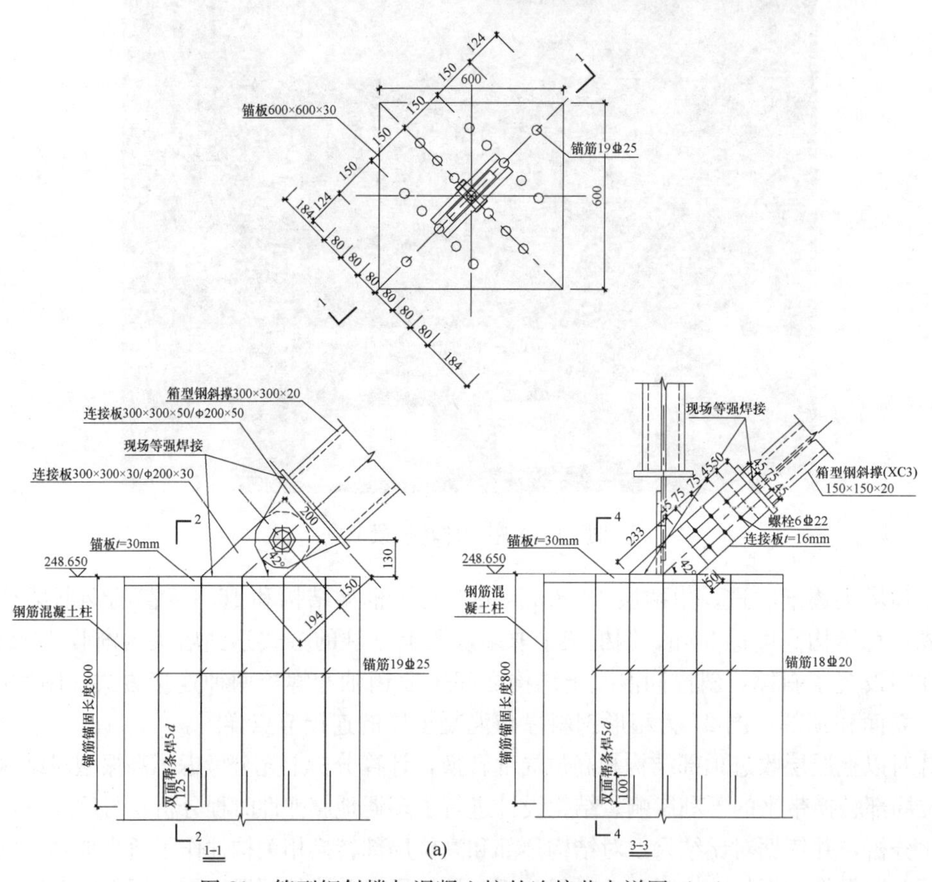

图 21　箱型钢斜撑与混凝土柱的连接节点详图（一）

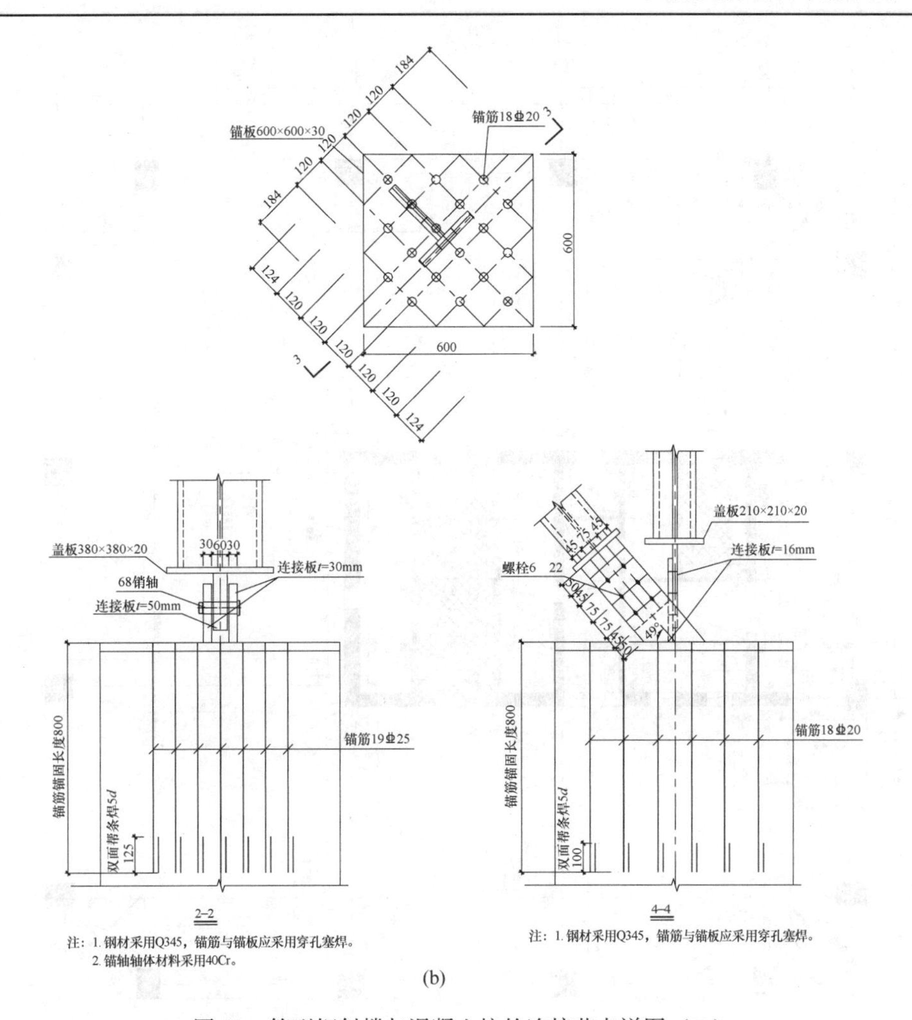

图 21 箱型钢斜撑与混凝土柱的连接节点详图（二）

4. 厚板连接

A 塔楼办公和 B 塔楼公寓为满足净高要求，部分楼层取消了连接外框架和内筒的楼面梁，采用厚板连接，建成后使用效果良好。图 22 为 A 座和 B 座厚板实景，图 23 为 A 座 15 层结构平面。

图 22 A 座和 B 座厚板实景

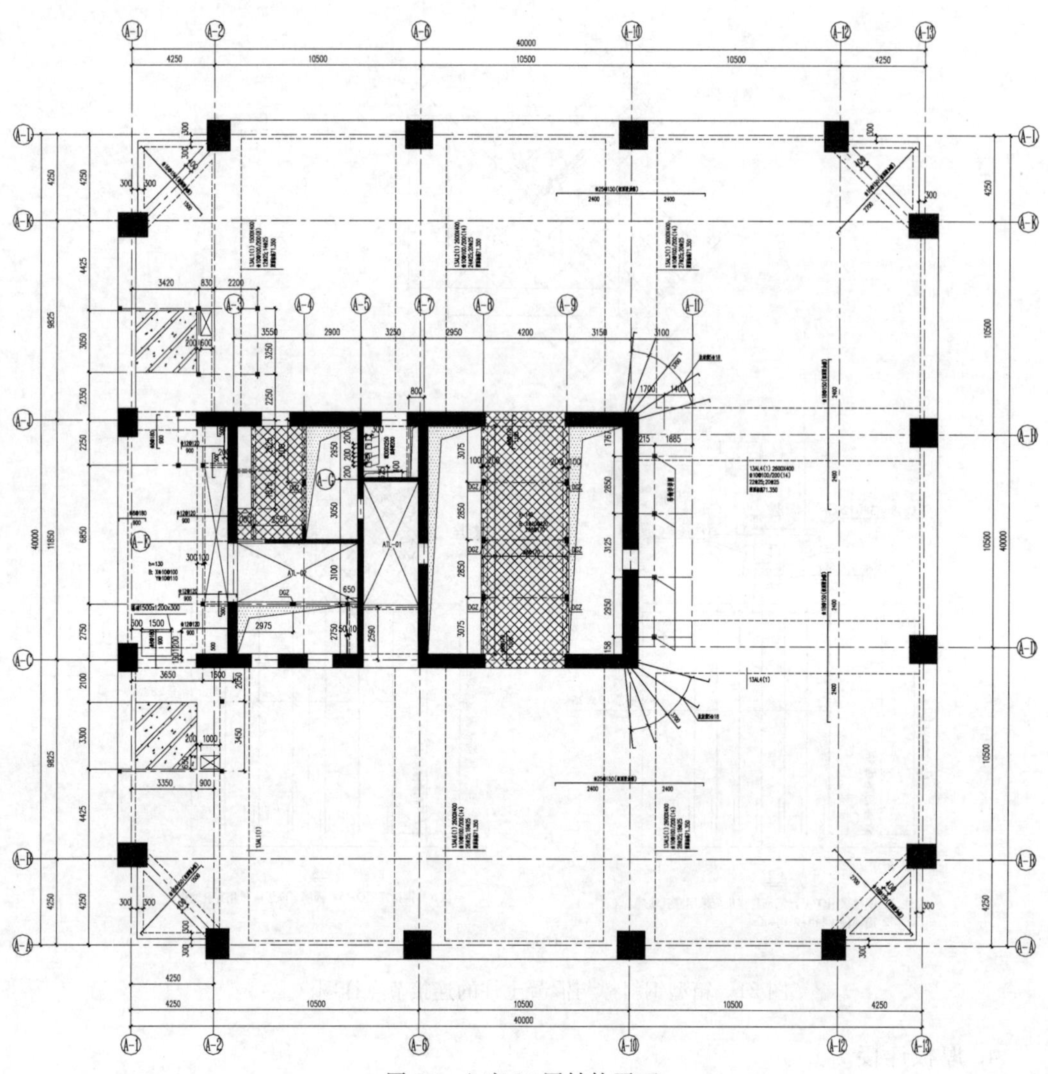

图 23　A 座 15 层结构平面

5. 优化复杂钢骨节点构造

A 塔 24 层以下框架柱采用型钢混凝土柱，15 层以下的内筒有少量型钢。因外框架梁平框架柱边布置，因此梁柱节点处既有柱型钢，又有梁加腋构造，而且型钢混凝土的角柱存在多个方向的加腋梁与其连接，钢筋与型钢的避让及连接更为复杂。其避让原则是，能满足水平段 $0.4l_{aE}$ 的锚固长度的钢筋直接锚入节点，其他不能满足水平段 $0.4l_{aE}$ 锚固长度的钢筋采取如图 24 和图 25 所示的锚固措施。钢筋混凝土梁同含钢骨的剪力墙暗柱的连接节点也较为复杂，如图 26 所示。本工程在由型钢混凝土柱变为混凝土柱之间设置过渡层，过渡层柱按混凝土柱设计，柱全高箍筋加密，下部型钢混凝土柱内的型钢伸至过渡层柱顶部的梁高度范围内截断，并在过渡层整层型钢翼缘外侧设置栓钉。适当减少了过渡层型钢的翼缘和腹板的厚度。

6. 裙房大跨度框架的设计及裙房屋顶局部框架柱转换设计

为实现裙房宴会厅的大空间净高要求，结构设计采取了在大跨（约 22m）方向设置间距较密的单向梁方案，有效地降低了梁高。在裙房屋顶结构采取了局部框架柱转换设计，

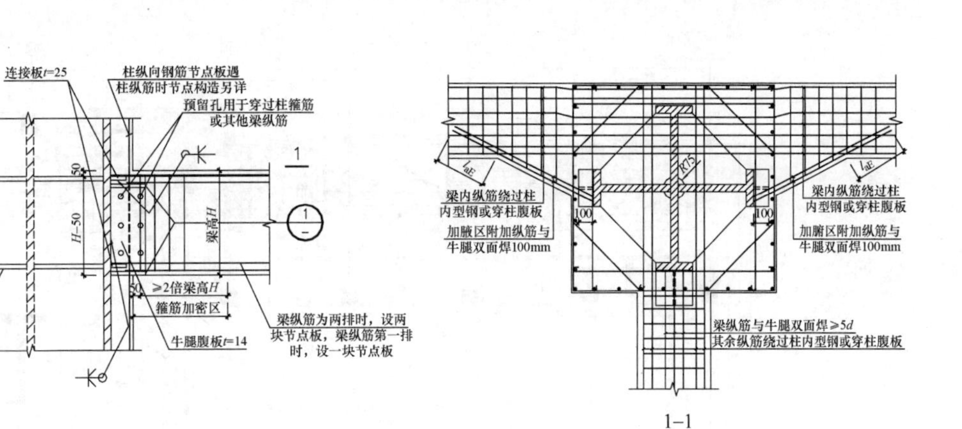

图 24 型钢混凝土边柱同混凝土加腋边梁的连接节点构造

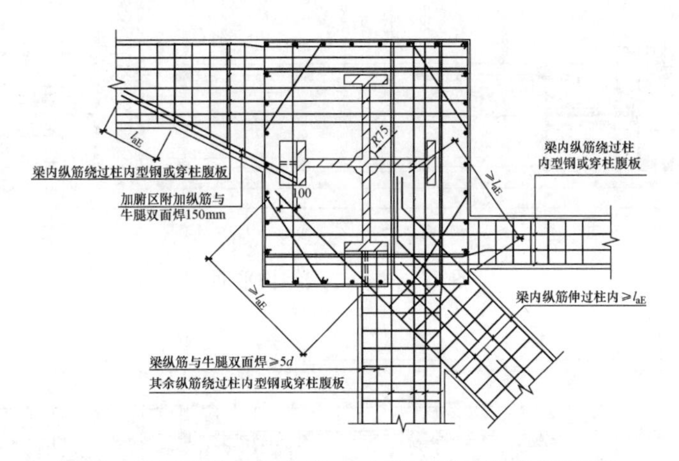

图 25 型钢混凝土角柱同三向混凝土梁的连接节点构造

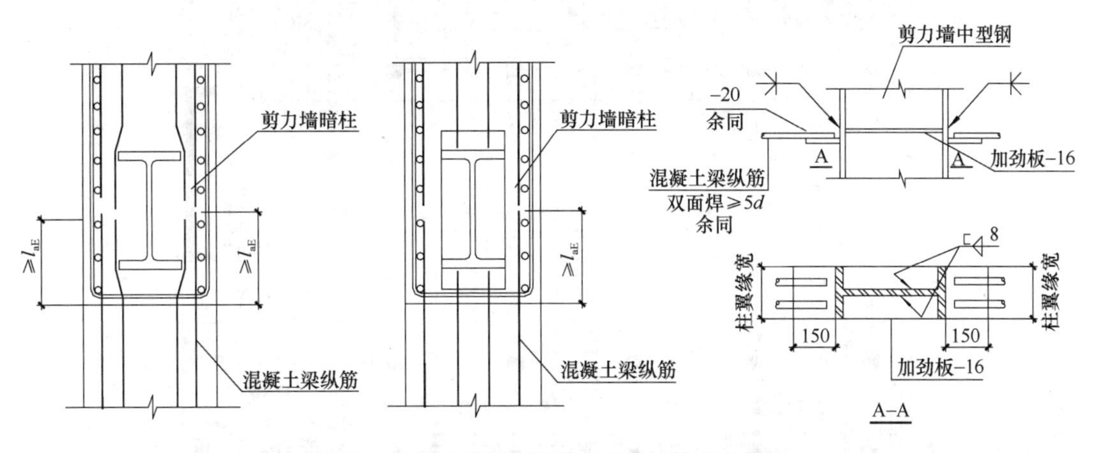

图 26 混凝土梁同钢骨剪力墙的连接节点构造

在裙房屋顶覆土较重的情况下，保证了建筑净高的要求，且无斜撑等影响建筑使用功能的构件。如图 27～图 29 所示，为裙房 2～4 层结构平面。

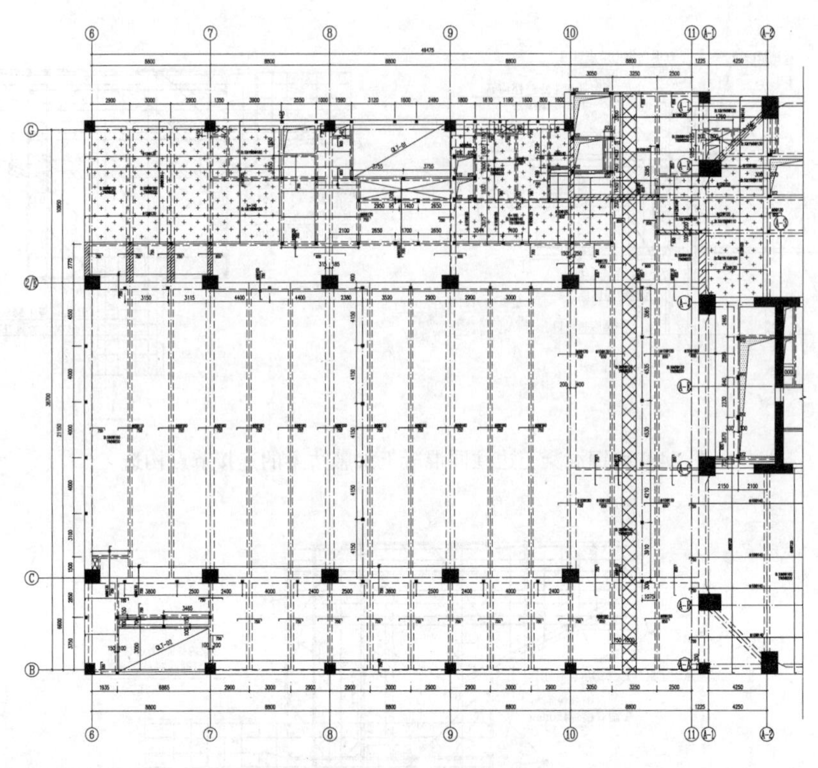

图 27　裙房二层结构平面

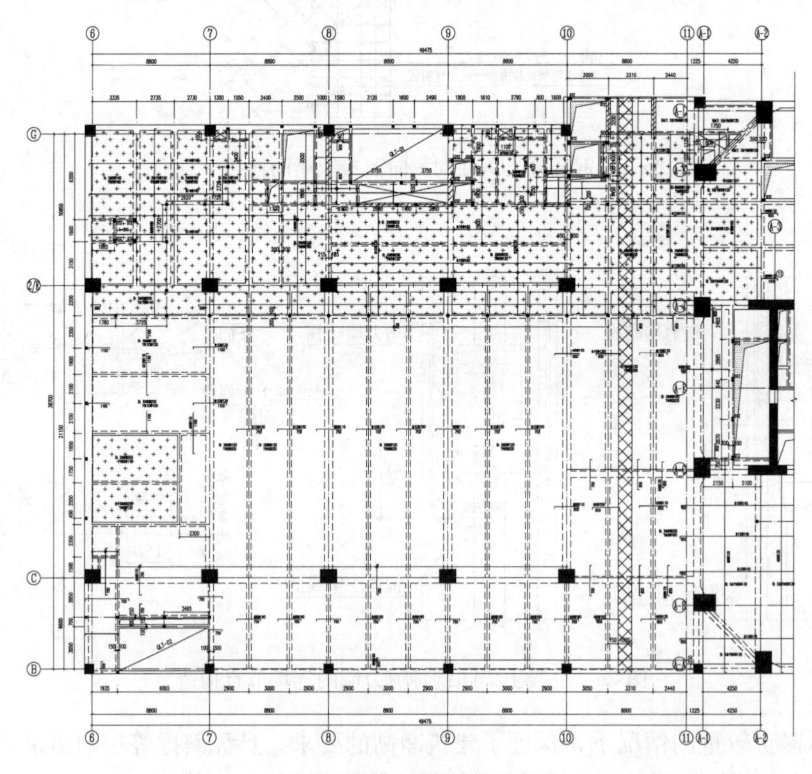

图 28　裙房三层结构平面

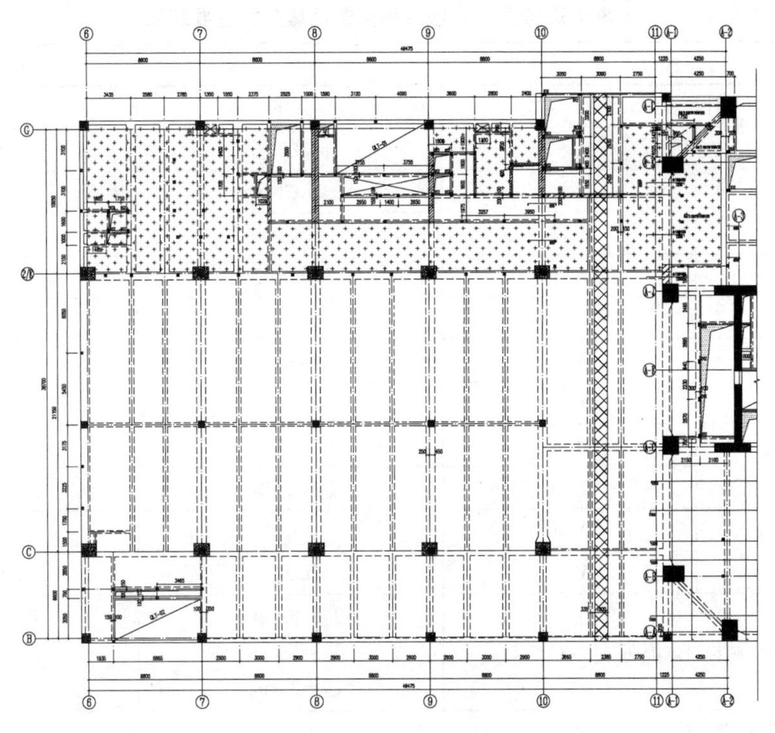

图 29　裙房四层结构平面

四、计算分析

1. 地震动参数的选取

结合超限高层建筑工程抗震设防专项审查技术要点的相关要求，比较了武汉市地震小区划、现行规范以及安评报告在多遇地震、设防地震及罕遇地震作用下反应谱形状，小震弹性计算分析时，动参数采用安评报告，反应谱采用《建筑抗震设计规范》GB 50011—2010（简称《抗规》）反应谱；中、大震作用下计算时的地震动参数按《抗规》采用。6s后反应谱经与安评报告提供的反应谱比较后，按直线下降段延长取值。

2. A 塔楼抗震性能化设计

A 塔楼属于超 B 级高度的高层建筑，且存在扭转不规则、局部楼层设置穿层柱和斜柱结构以及高位局部转换等不规则项，设计采取了有针对性的抗震加强措施。

（1）首先按抗震性能目标 C 级，对 A 塔楼进行了结构抗震性能设计。结构设计采用 SATWE 和 MIDAS Building 进行了多遇地震弹性分析，采用 SATWE 进行了多遇地震弹性时程分析。采用 SATWE 进行了设防烈度地震、预估的罕遇地震作用下的等效弹性分析，采用 MIDAS Building 进行了预估的罕遇地震作用下的动力弹塑性时程分析。结构设计所提供的计算结果表明：A 塔楼在多遇地震作用下结构整体计算的地震剪力系数、扭转/平动周期比、外框架柱地震剪力分担比例、层间位移角、层间受剪承载力比、层间刚度比、墙柱轴压比等技术参数满足有关规范、规程的要求，详见表 2；在设防地震、罕遇地震作用下基本满足相应结构抗震性能水准的要求。

A 塔+裙房及 B 塔楼结构多遇地震分析主要结果　　表 2

塔楼		A 塔楼+裙房	B 塔楼
计算程序		YJK	YJK
结构总质量（t）		150882.672	62878
底层地震剪力（kN）	X 向	17879.6	9934
	Y 向	17879.6	9934
地震倾覆力矩（kN·m）	X 向	2100107	1018000
	Y 向	2057152	1018000
底层风剪力（kN）	X 向	9838.4	5510.3
	Y 向	10416.4	3439.0
风倾覆力矩（kN·m）	X 向	1361681.9	564600
	Y 向	1362164.5	352400
剪重比	X 向	0.012	0.0158
	Y 向	0.012	0.0158
结构自振周期		$T_1=6.1806$ $T_2=5.5235$ $T_3=3.7928$	$T_1=4.12$ $T_2=4.08$ $T_3=2.96$
第一扭转周期同第一平动周期之比		0.61	0.72
最大层间位移角	X 向风	1/1563	1/1314
	X 向地震	1/602	1/929
	Y 向风	1/1145	1/3005
	Y 向地震	1/731	1/829
偶然偏心最大位移比	X 向地震	1.23	1.35
	Y 向地震	1.36	1.25

（2）针对高位局部转换及顶部结构，进行了多遇地震弹性时程分析，并与反应谱法进行了对比分析，充分考虑了高振型对结构顶部带来的不利影响，并依据对比结果，对高位局部转换及顶部结构作了适当加强。同时进行了罕遇地震作用下的动力弹塑性时程分析，校核了相关构件罕遇地震作用下的性能水准。

（3）为增加结构延性及减小构件尺寸，在结构底部区域设置了钢骨混凝土柱和钢骨混凝土剪力墙。

通过以上较合理的结构抗震性能设计及综合加强措施，确保了超 B 级高度 A 塔楼的抗震安全。

五、结构技术指标和综合效益

1. 技术指标

天悦星晨 A 塔楼的混凝土总用量为 32277.49m^3，每平方米混凝土用量为 0.43m^3/m^2；钢筋总用量为 5871.860t，每平方米钢筋用量为 77.97kg/m^2；型钢总用量为 2297.94t，每平方米钢材用量为 30.51kg/m^2。

B 塔楼混凝土总用量为 12412m^3，每平方米混凝土用量为 0.43m^3/m^2；钢筋总用量为 1732t，每平方米钢筋用量为 60.01kg/m^2。

裙房混凝土总用量为 2616.24m^3，每平方米混凝土用量为 0.29m^3/m^2；钢筋总用量为 445.786t，每平方米钢筋用量为 50.05kg/m^2。

表 3 为各塔楼技术指标。

各塔楼技术指标　　**表 3**

结构部分	混凝土（m^3）	混凝土技术指标（m^3/m^2）	钢筋（t）	钢筋技术指标（kg/m^2）	型钢（t）	型钢技术指标（kg/m^2）
A 塔楼	32277.49	0.43	5871.860	77.97	2297.94	30.51
B 塔楼	12412	0.43	1732	60.01	—	—
裙房	2616.24	0.29	445.786	50.05	—	—

综合得出，本工程的技术指标经济合理。

2. 综合效益

虽存在内筒偏置的不利情况，但经过合理设计，本工程的技术指标合理，且比较经济。内筒偏置使所有房间均可瞰江的设计，给业主带来了巨大收益。业主根据目前销售和租赁情况的统计，与内筒居中相比，至少带来了超过 2 亿元的额外经济效益。

本工程于 2014 年基坑开挖，2015 年开始基础及主体结构施工，2016 年 8 月结构全面封顶，2018 年 3 月竣工投入使用。该项目获得了 2014 年美国绿色建筑协会 LEED 金级认证，2020 年度武汉地区优秀勘察设计项目奖（建筑及园林景观工程类一等奖）、2020 年度湖北省勘察设计成果评价（公共建筑设计）一等成果、2019—2020 中国建筑学会建筑设计奖・结构专业三等奖。

21　西安航天城文化生态园揽月阁结构设计

建 设 地 点　西安航天文化生态园区
设 计 时 间　2013—2015
工程竣工时间　2018
设 计 单 位　北京市建筑设计研究院有限公司
［100045］北京市西城区南礼士路62号
主要设计人　束伟农　陈　林　庞岩峰　沈凯震　吴中群　耿　伟　池　鑫
蒋俊杰
本 文 执 笔　束伟农　陈　林

获 奖 等 级　2019—2020中国建筑学会建筑设计奖·结构专业三等奖

一、工程概况

西安航天城生态园揽月阁地处西安市南北纵向的唐文化轴上，位于西安航天文化生态园区，坐落于少林塬顶部，地势高。由南及北分别是唐文化主轴（人文文化）和秦岭风光，在揽月阁上，南可观秦岭风光，北可观城市夜景，人文和自然完美结合，体现了天人合一的建筑理念。

揽月阁外形如古塔，建筑使用了叠涩造型手法，既有宝塔的檐口，又有节节高升之寓意，其平面及外形借用了塔造型的意境。主体地上15层（含设备夹层）、地下1层，顶层还有一层出屋面结构，地上总高度为110.7m。塔体立面采用穿孔板及玻璃幕墙，穿孔板和玻璃幕墙虚实相间形成7个大层，加上顶层（观光层），塔体从外形上共有8个大层（图1），其中顶层在建筑处理上为虚拟层，这样与普通的7层塔既有区别又有相似之处。其中穿孔铝板外墙为单向曲面。

地面以上主楼轮廓首层为38m×38m，轮廓自首层往上逐层收缩至顶部为25.6m×25.6m。地下室外轮廓为38m×49.2m。地上竖向交通及机房设置在建筑的四个6m×6m左右的内筒里。建筑平面呈矩形。建筑外立面由虚的玻璃幕墙及实的穿孔板幕墙形成，这两种幕墙在同一层的四个立面为间隔布置，高度上每两层互换位置。地下室层高为7m，首层层高为11.1m，标准层层高为6.6m，顶部出屋顶层高度为13.2m。建筑剖面、平面如图2、图3所示。总建筑面积约16000m^2。

工程主体采用钢框架-支撑结构，建筑结构安全等级为二级，抗震设防烈度为7度(0.15g)，建筑场地类别为Ⅱ类，由于该区域为航天管委会用地，管委会提出抗震设防烈

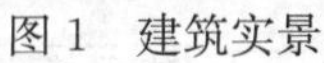

图 1 建筑实景

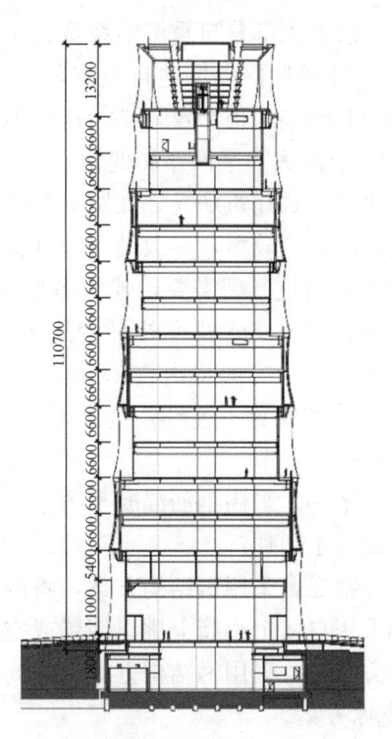

图 2 工程剖面

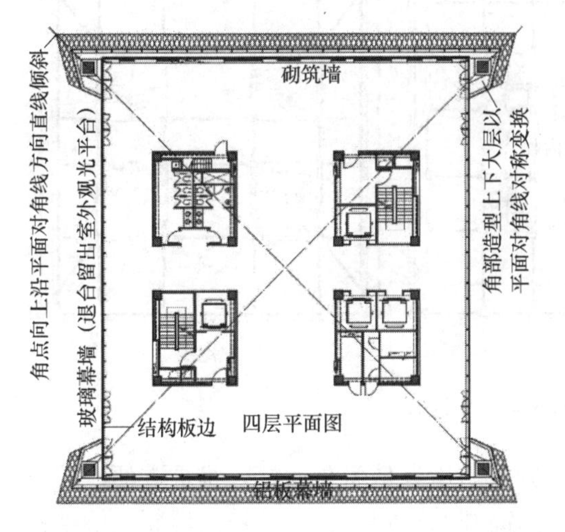

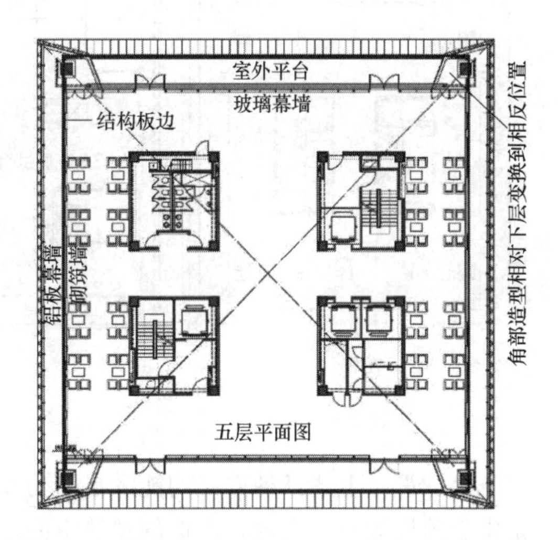

图 3 标准层平面

度按 8 度（0.2g）考虑，抗震设防类别按丙类。设计地震分组为第一组。本工程地貌属于黄土台塬，为湿陷性黄土地区。

二、工程难点、特点

1. 地基

由于本工程位于湿陷性黄土地区，依据地质勘察报告，场地湿陷性土层厚度达 30m。

湿陷土层中大部分自重湿陷系数大于0.015，按《湿陷性黄土地区建筑规范》GB 50025—2004计算各勘探点场地自重湿陷量为620～830mm。根据湿陷量及地区经验判定拟建建筑物地基湿陷性很严重，必须进行地基处理。

2. 层高大、平面布局变化大

由于塔式建筑观光、展览等需要，建筑层高普遍很大，尤其首层层高达到11.1m，相邻层层高突变较多，导致结构刚度突变、结构偏柔。

为了满足造型需要，建筑各层角部向上沿平面的对角线直线内倾，在每个大层朝一个方向留出2.5m宽室外平台用于游览观光，导致此方向外墙向内退台2.5m，夹层结构外轮廓一个方向将内收2.5m，且随立面的变化上下依次调整方向内收。这些变化导致结构构件布置不连续。为比较好地满足建筑需求，采用了三种方案与建筑师讨论比较(图4)。

方案一，采用钢筋混凝土方案，内筒为钢筋混凝土核心筒，外围于建筑4角设置4个大的混凝土角柱。

方案二，采用钢结构方案，将内筒分为4个小筒，每个小筒为4片钢支撑围成，外围环廊采用自4个小筒上挑出钢梁或空腹桁架梁的方案。

方案三，采用钢结构方案，内筒分为4个小支撑筒，在建筑四角设置钢柱，形成钢框架-支撑方案。

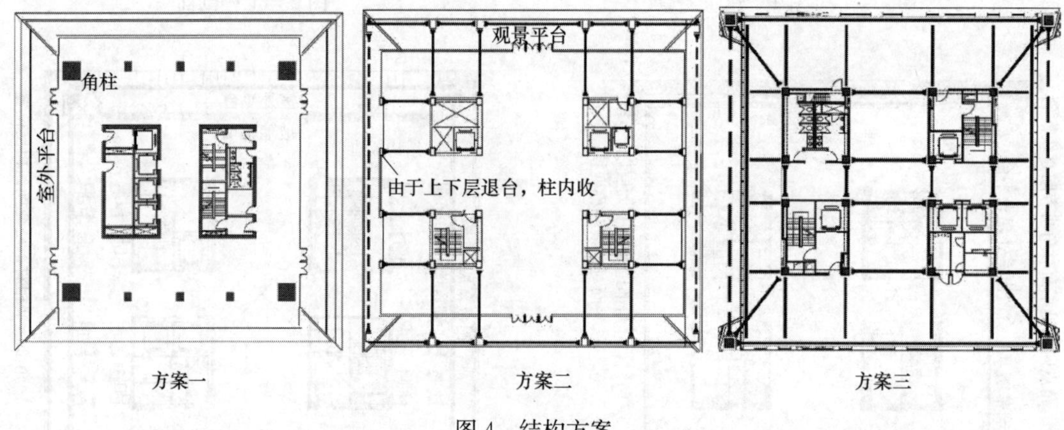

图4 结构方案

经试算，上述三种方案均能满足受力要求。方案一优点是耐久性好，维护方便；缺点是由于角柱放在了室内，占据的建筑空间较多，内筒开洞限制较多，大跨的混凝土梁结构自重大，施工周期长，施工费用大。

方案二较方案一优点在于自重轻，钢结构施工快，周期短，符合工程进度要求；缺点在于由于底部几层悬挑过大，悬挑达到8.5m，用钢量大，需要在端部加立柱形成空腹桁架梁，立柱将限制建筑外砌墙上的窗洞设置。结构所有荷载均靠内部4个小支撑筒承担，赘余度小。

方案三采用在建筑四角设置4个倾斜的钢结构角柱，之间拉钢梁形成框架，与内部4个支撑筒体共同受力，赘余度提高了，工期也能保证。

综合对比上述方案后，采用了方案三作为实施方案。

3. 柱脚连接

由于本工程自重轻，建筑高度较大，底盘较小，整体倾覆力矩大，钢结构构件需要与基础可靠连接，埋入式钢柱脚是最优的连接做法，如果按埋入式嵌固深度大于 $3d$ 的做法，加上锚筋长度，底板将厚达 3m 以上，对于本工程，这么厚的底板不合理不经济，采用合理的柱脚连接方式也是本工程难点之一。

4. 舒适度

由于方案三外围框架跨度大，结构构件需满足楼盖舒适度的要求。

5. 幕墙

穿孔铝板幕墙内需砌筑墙体以满足建筑保温隔热的要求，需要保证 11.1m 及 6.6m 层高的砌筑墙与钢结构主体之间的可靠连接。

三、针对性措施

1. 地基处理方案及基础

采用混凝土灌注桩基础，灌注桩桩径为 700mm。在灌注桩施工前将深度范围内的地基湿陷性完全消除，依据《湿陷性黄土地区建筑规范》GB 50025—2014，进行地基处理的平面范围超出外墙基础外边缘的宽度，不小于处理土层厚度的 1/2，取 12m，此范围内的地基均采用直径 400mm 素土挤密桩处理，成桩后桩身直径 550mm，桩心间距 950mm，梅花形布置。处理完后，经过检测，地基湿陷性完全消除。

2. 上部结构具体措施

由于层高高、平面布局复杂，为提高结构刚度及抗震性能，采取以下措施。

从构件布置上，提高底部柱强度和刚度，在底部 8 层箱形钢管柱内浇筑 C60 高强混凝土，既提高了柱承载力，优化了柱截面，也提高了结构整体抗侧刚度。保持内筒钢支撑两个方向刚度均匀，采用箱形截面斜撑，增强支撑的稳定性。保持支撑在立面上倾斜角度尽量一致，首层层高中间处增设一道支撑节点。尽可能使刚度上下均匀。

从构件性能指标及验算上，加强建筑四个角柱的性能指标，按中震弹性验算角柱。除了采用 SATWE 软件计算外，采用 MIDAS 软件对重要构件复核计算，参照《矩形钢管混凝土结构技术规程》CECS 159：2004 对角柱等关键构件进行手算校核。如表 1 所示，对于角部的钢管混凝土斜柱，斜柱为 900mm×900mm 的钢管混凝土截面，钢管壁厚 30mm，规程建议对截面超过 800mm 的钢管混凝土柱加强构造，本工程于钢管内壁加纵向加劲肋加强构造。复核后，承载力满足要求。

表 1

轴力（kN）	剪力（kN）	弯矩（kN·m）	SATWE 应力比	按规程验算应力比
25806	498	3591	0.65	0.78

从构造措施上，加强夹层处角柱的框架梁柱连接节点。由于玻璃幕墙退台到角柱内侧，为不影响建筑效果，导致此处角柱之间的框架梁被取消，为加强角柱，在角柱与内筒柱之间增加斜向的框架梁，框架梁与角柱连接处采用箱形截面过渡，由退台次梁、斜向框架梁与竖向框架梁之间围成的三角形区域采用钢板完全密封，如图 5 所示。

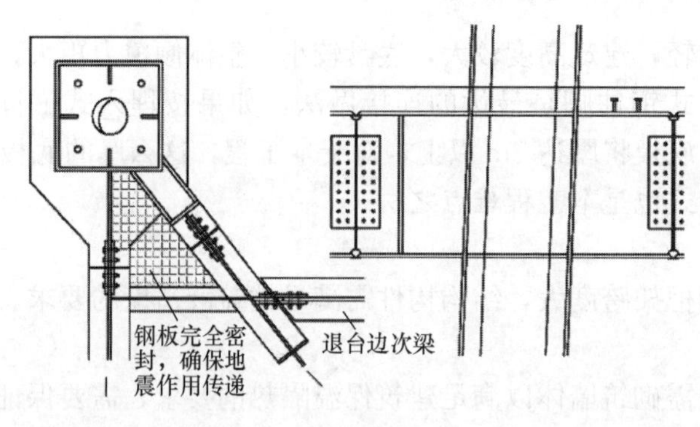

图5　角柱节点

节点有限元分析表明，节点承载力满足受力要求，如图6所示，节点区最大应力为170MPa。

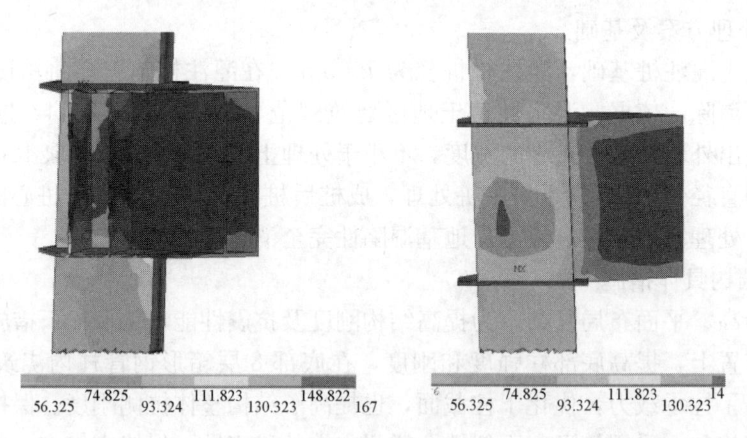

图6　节点应力

3. 钢柱脚

高层钢结构柱脚通常采用埋入式柱脚和外包式柱脚，其中埋入式柱脚埋入基础深度不小于钢柱截面高度的3倍，外包式柱脚对钢柱埋入基础的深度无要求，但需要考虑锚筋锚入底板的长度、基础底板以上一定柱高度范围内外包钢筋混凝土柱。本工程由于建筑平面轮廓的限制，内筒尺寸有限，建筑要求内筒柱的尺寸不超出600mm×600mm，外包式柱脚的尺寸很难实现。采用埋入式柱脚可以满足建筑功能要求，但如果按3倍柱截面高度的埋入深度，将造成基础底板很厚。参照一些柱脚研究的试验资料，当埋入深度为2倍柱截面高度时，荷载-位移曲线基本不变化，钢柱先发生屈曲破坏，底板刚度对柱脚刚度及强度贡献显著。综上，此处采用浅埋式柱脚与基础承台内设置暗钢梁相结合的方式，如图7所示，埋入深度接近2倍柱截面高度，底板内设置钢骨梁与柱脚钢柱刚接，用于加强底板刚度，以较为经济的底板厚度实现埋入式柱脚达到的效果。经验算，柱脚底部锚栓及两侧的附加筋强度满足柱传来的最大拉力要求，柱脚底板尺寸满足柱脚底板以下厚度的基础底板冲切承载力要求，柱弯矩引起的侧边混凝土局部承压满足要求。

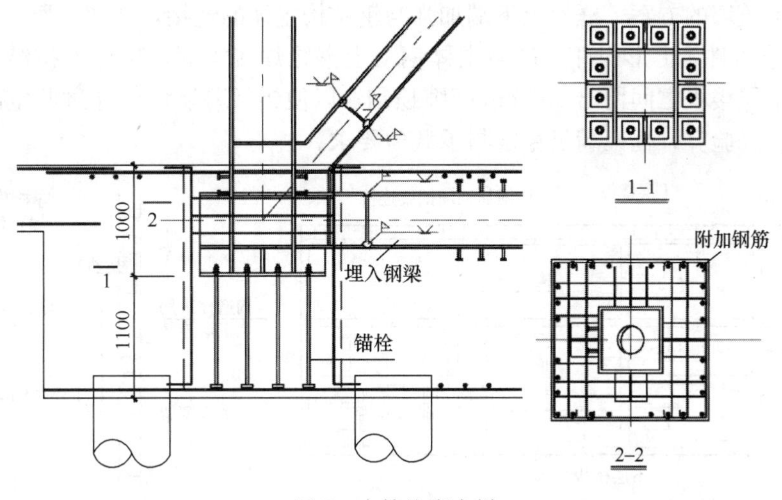

图 7　内筒柱脚大样

4. 进行楼面振动分析，采用实腹钢梁，提高钢梁刚度。

《高层建筑混凝土结构技术规程》JGJ 3—2010 要求楼面舒适度满足规范要求，自振频率不宜小于 3Hz，竖向振动加速度不大于 0.185m/s²，并给出了近似计算公式：

$$a_{\mathrm{p}}=\frac{F_{\mathrm{p}}}{\beta\omega}g \quad F_{\mathrm{p}}=p_0\mathrm{e}^{-0.35f_n}$$

本工程室外平台为游览观光区域，人群聚集较多，且此区域跨度大，达 30m，最大跨楼盖竖向自振频率为 2.7Hz，偏小，但外立面穿孔板幕墙及下层的全高砌筑墙能提高楼盖阻尼比，减震效果较好，对舒适度有利。考虑这些因素，利用规范验算公式算得加速度为 0.088m/s²，小于 0.15m/s²，满足规范要求。综上，加强外砌筑墙与主体结构之间的连接对提高舒适度有利。另外考虑一行人沿走道同步行走的情况作为最不利工况，复核此区域竖向振动加速度值为 0.154m/s²，如图 8 所示，满足规范要求。

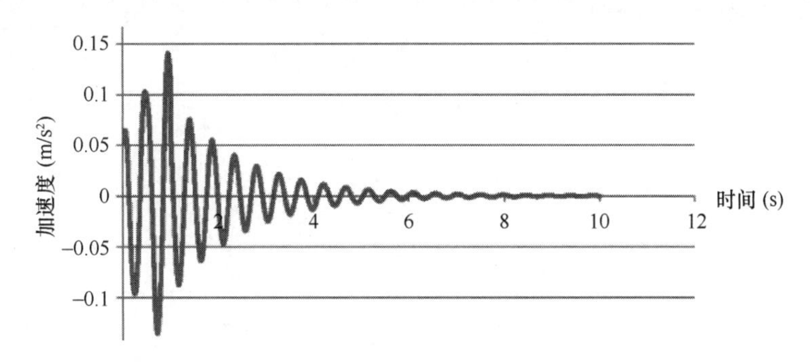

图 8　楼盖竖向振动加速度

5. 钢结构主体砌筑墙构造做法

钢结构建筑的隔墙为方便与钢结构拉接，一般采用轻钢龙骨条板，本工程内筒隔墙采用此做法。但建筑专业希望外立面穿孔板后的墙采用砌筑墙，墙上开出不规则的透光窗以达到某种光效果。对于很高的砌筑墙，为减小墙厚加强整体性，采用钢筋混凝土框架的骨架、骨架内砌筑墙的方案，框架上下端加强与钢结构主体的连接，如图 9 所示，在框架端头内插入 T 形构件，T 形构件一端与主体钢梁上翼缘焊接牢固，保证了拉结强度，框架顶部圈梁与上层楼板之间留出 600mm 间隙顶砌，以便铝板幕墙埋件穿过此空隙与钢结构主体的连接。经验算，框架满足稳定与承载力要求。

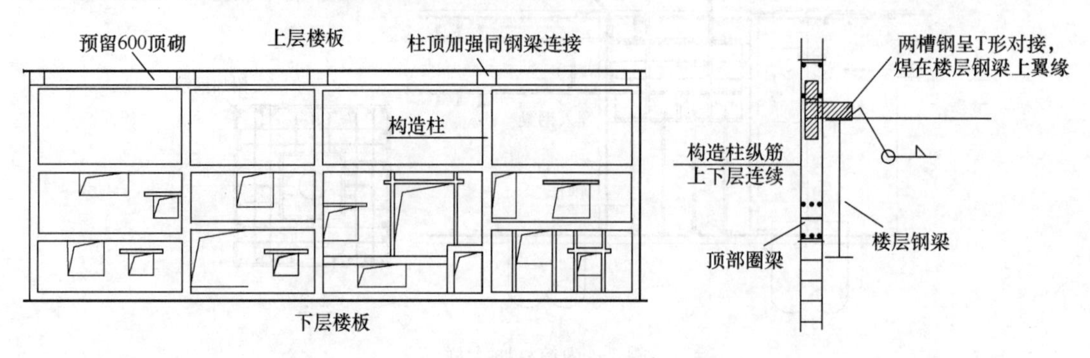

图 9　外墙砌筑构造做法

四、小结

(1) 针对本工程标准层轮廓尺寸受限制、施工周期快及建筑理念的特点，采用钢结构体系。

(2) 针对本工程结构体系的难点、特点，采用了一系列较为经济合理的措施。

(3) 对于钢管混凝土斜柱的分析需采取多个软件及手算校核是保证工程安全的必要措施。

(4) 对于大跨楼盖的舒适度，需要对经常出现的工况进行复核验算。

(5) 针对不同特点的工程，需要灵活采用不同的构造措施，如本工程的柱脚、墙体砌筑构造。

22 宁波东部新城 A2-22 号地块结构设计

建 设 地 点 浙江省宁波市
设 计 时 间 2009—2013
工程竣工时间 2017
设 计 单 位 上海建筑设计研究院有限公司
[200041] 上海市静安区石门二路 258 号
主要设计人 张 坚 刘桂然 刘艺萍 程 熙 俞 彬 贺雅敏 陈世泽
张西辰
本 文 执 笔 刘桂然 程 熙

获 奖 等 级 2019—2020 中国建筑学会建筑设计奖・结构专业三等奖

一、工程概况

本项目基地位于浙江省宁波市东部新城区 A2-22 地块，西侧 16m 宽的规划道路外为中央绿地，东侧为 16m 宽的规划道路，南临 20m 宽的规划道路，北侧为 20m 宽的开放空间，基地总面积 11249m^2。项目由 49 层高层办公塔楼、4 层商业裙楼、连接塔楼与裙房的钢结构雨篷及 3 层地下停车库组成。塔楼结构大屋面标高约为 224.3m，屋面有钢结构皇冠造型，顶标高为 246m；裙房大屋面标高约为 24m。总建筑面积约 14.5 万 m^2，其中塔楼地上建筑面积约 10.7 万 m^2，地下建筑面积约 3.8 万 m^2。建筑效果如图 1 所示。

图 1 建筑效果

本项目设计按照东部新城规划部门提出的设计要点和建议，与相邻的23、25、26地块在总体交通组织和城市地下空间的充分利用上整合设计，金融中心南区地下室由四个地块的地下室共同组成，与周边地下设施衔接建成后将形成金融中心南区的地下总体以及中央绿地地下室大连通。

塔楼平面为圆角三角形，随着高度的变化而旋转，从办公空间往外，视角在邻近建筑之上不断改变，直到完全打开它扭转的立面。该塔楼表皮由全玻璃幕墙覆盖，一改金融业建筑的古板形象，对该区域的总体规划形成补充，凸显了公共场所和城市的天际线。塔楼与裙房间的钢结构雨篷，采用穿孔金属面板包覆。在塔楼顶部，由格栅构成一个露天观景区，使得浙江宁波和附近山脉的景色一览无余。塔楼不断旋转与收缩的形态将成为宁波天际线上一个独特的标志物。扭转的自然体态隐喻了永远向前的银行业。它优雅的造型跟基地环境形成互动，为宁波以及浙江省创造了强烈的标志形象。项目于2017年竣工并投入使用，建成后实景如图2所示。

图2 工程实景

二、结构体系

超高层塔楼采用钢管混凝土柱＋楼面钢梁框架-钢筋混凝土筒体的混合结构体系；裙房采用了钢筋混凝土框架结构体系；裙房同塔楼通过一体式钢结构连廊雨篷连接。超高层塔楼基于沿高度方向扭转盘旋形的建筑造型，结构设计利用沿径向倾斜的外围框架柱实现了该建筑造型，避免了使用对结构较为不利的扭转型斜柱。在底层所有柱间设置屈曲约束支撑，消除了由于底层大堂挑空形成薄弱层的状况，极大地提高了底层刚度及该层框架的剪力分担率。钢结构雨篷连接了塔楼和裙房，在塔楼侧设置铰接支座，在裙楼处设置滑动支座，较好地实现了塔楼和裙房在建筑功能上相连、在结构上独立的效果。

三、地基基础设计

综合场地工程地质条件和建筑特点，主楼选择⑩砾砂层作为桩端持力层的超长桩方案，桩型采用大直径钻孔灌注桩基础，桩径为 1000mm，桩端进入⑩砾砂层 2m 以上。由于桩长较长，持力层为圆砾、卵石，施工难度较大，为节约基础投资，提高单桩承载力，对桩端土（⑩砾砂层）采用后注浆处理。桩身混凝土强度等级为 C45，水下混凝土比原设计强度提高两级（即 C55），单桩竖向承载力特征值为 9500kN。

裙楼及纯地下室部分，采用常规的钻孔灌注桩，钻孔灌注桩直径为 600mm，桩长 52.0m 左右，持力层为⑧粉砂层，桩最大抗拔力特征值为 1300kN。

对于主楼范围以外地下室部分，建筑物荷载较小，基坑开挖深度大，场地地下水位埋深约 0.0～1.2m，浮力较大。为满足地下室抗浮、基坑围护等设计要求，设置抗浮桩。根据建筑物荷载要求以及对单桩抗拔承载力的估算，桩端持力层选择⑧粉砂层，桩型采用钻孔灌注桩，抗浮设计水位取室外地坪下 0.5m。

由于塔楼、裙房及外围地下室之间荷载差异较大，桩端持力层也不相同，为了减少差异沉降对基础底板及上部结构的不利影响，在塔楼、裙房及外围地下室之间设置沉降后浇带，待主体结构封顶沉降速率得到控制再做后浇封闭，在施工图阶段按各种工况进行地下室底板整体协同分析，并以此为依据进行设计。

对于多塔楼的大底盘基础，如果只考虑各地块单独计算，会忽略以下问题：基础沉降呈蝶形分布，引起各地块交界部位基础底板及上部结构的次内力；各地块单体基础差异变形引起的弯矩、剪力等问题。在此工程背景下，本工程指定了地下室整合的流程，并确定了合理的统一技术要点和设计措施。第一步考虑各地块之间设有后浇带，各地块内主楼、裙房进行计算，预算出基础的沉降与差异变形，算出各地块内的基础底板内力；第二步考虑各地块的相互影响，整体打底盘一起进行计算，在预估的沉降、差异沉降的变形差的前提下，算出基础的整体挠曲以及相应的基础内力；第三步根据计算结果，考虑适当调整基础形式、改变桩长、桩距、底板厚度等，反复迭代直至预期目标。

四、地下结构设计

本工程地下室 3 层，塔楼地下室核心筒剪力墙布置同地上结构，核心筒两侧增设部分剪力墙，以达到增强塔楼地下室抗侧刚度的目的，对上部结构可起到良好的嵌固作用。同时，增设地下室范围核心筒外剪力墙可以分散核心筒重量，有利于桩基布置和减小底板厚度。地下室除塔楼区域内部分框架柱采用钢管混凝土柱外，其他区域均采用现浇钢筋混凝土框架和剪力墙结构。楼面均采用现浇钢筋混凝土梁板结构，既可以作为地下室外墙支点有效传递建筑物四周水土压力的作用，又可以加强地下室的整体性。

由于地下室长宽分别为 240m 和 178m，均大大超过《混凝土结构设计规范》GB 50010—2010 要求的钢筋混凝土结构伸缩缝最大间距。结合实际情况，对该超长地下室结构进行了温度变化、混凝土收缩和徐变共同作用下的温度收缩效应分析，根据分析结果对首层进行了重点加强。另外，为了减少施工期间的温度应力和混凝土收缩应力，结合沉降后浇带在长、宽方向构造设置施工后浇带。

五、上部结构设计的关键问题

1. 超高层塔楼外形优化

塔楼整体呈扭转型，平面逐层转动，平面大小从下至上逐渐减小，塔楼三维模型如图 3所示。通过外形优化，扭转及上部收进体型，减小了风荷载对结构的整体影响。根据风洞试验结果，采用该形体，可有效减小超高层结构在风荷载下的结构响应，风洞试验各角度下楼层层间位移角均满足规范限值要求。荷载规范风荷载数据均包络风洞试验结果，风洞试验及最终设计中采用规范风荷载。

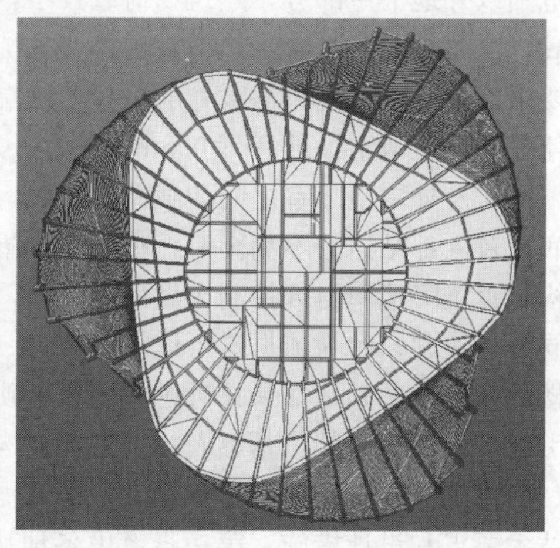

图 3 塔楼三维模型

2. 沿径向倾斜的框架柱

基于塔楼的外观采用了沿高度方向扭转盘旋形的建筑造型，结构设计利用沿径向倾斜的外围框架柱实现了该建筑造型，避免使用沿环向倾斜的外框柱。考虑到项目处于 6 度区，地震作用为非控制作用，外圈框架以抗竖向力为主。径向倾斜抗竖向力优于环向倾斜，因此采用了沿径向倾斜的外围框架柱（图 4）。外围框架柱采用了钢管混凝土柱，柱

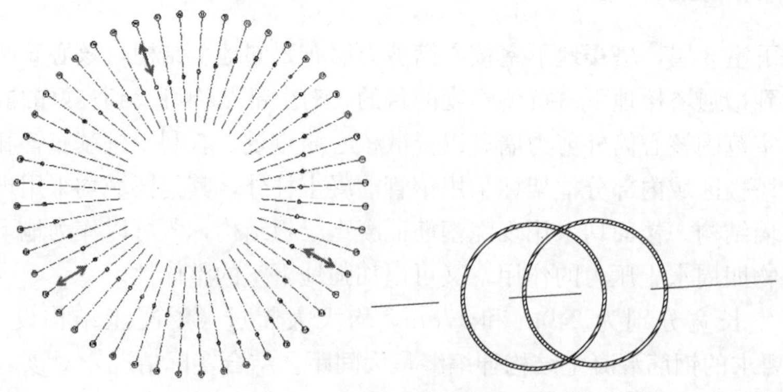

图 4 框架柱沿径向倾斜

距约 4m，形成了较强刚度和整体性的外框筒。

3. Y 形钢管混凝土柱转换

由于底部外框柱为稀柱框架，标准层为密柱，需采用 Y 形柱转换来实现上下柱的对接（图 5）。设计中，重点分析了该 Y 形钢管柱，通过合理的构造和计算分析保证了力传递的直接性和有效性，同时，考虑到钢结构深化加工及现场安装难度，优化了 Y 形转换形式。

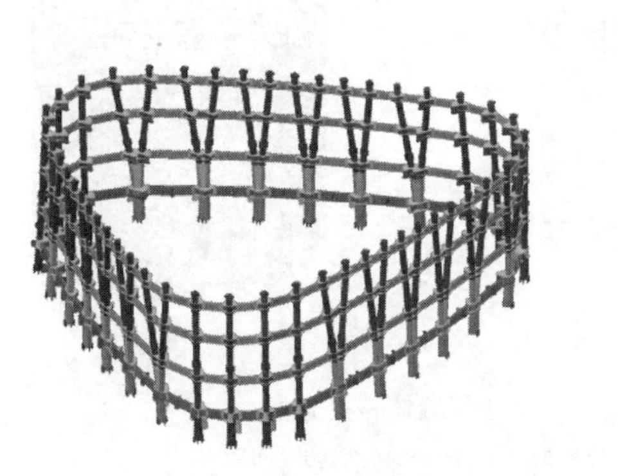
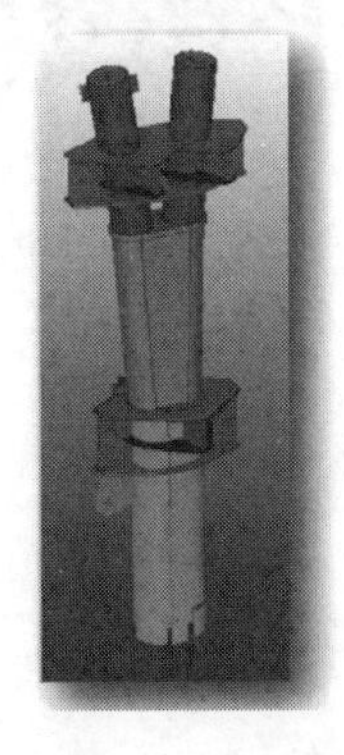

图 5　底部外框稀柱转密柱层

4. 核心筒搭接转换块

塔楼混凝土核心筒外轮廓在低区为圆形，中高区为八角形，圆形与八角形的交界处使用了混凝土转换块体来完成筒体的转换（图 6）。对转换块体采用了实体有限元的模拟分析，并利用分析结果确定了合理的配筋和构造。

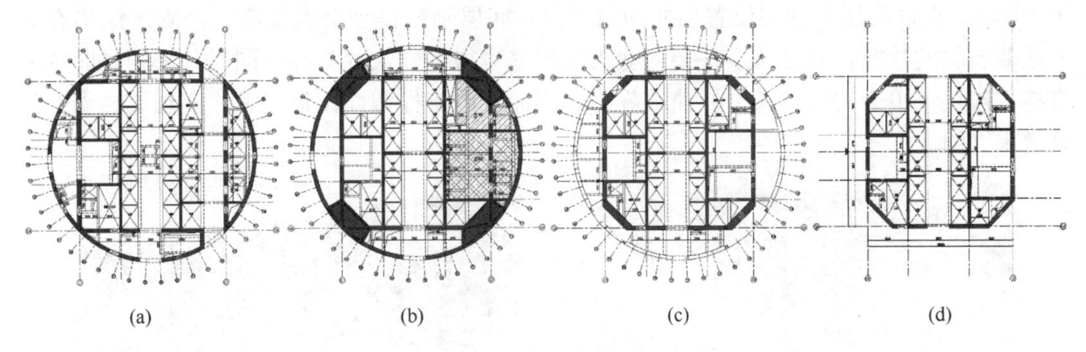

图 6　核心筒平面

(a) 1～18 层；(b) 19～19M 层；(c) 20 层；(d) 21 层

在核心筒低区和高区转换的位置，角部的剪力墙进行了转换，转换结构是一个大的混凝土实心块，位置位于 19 层和 20 层楼板之间。为分析内墙与外墙之间的竖向荷载传递，混凝土转换体下面墙的应力和混凝土转换体的应力，采用 Strand 7 建立了转换结构的模型。单元划分采用壳单元、梁单元和八点立方形或六点楔形单元来模拟墙、梁和混凝土转换体。有限元模型仅对转换区的上下部分进行模拟，并包含了埋入混凝土转换体的钢截面及 1%的墙体配筋率，具体如图 7 所示。

分析结果显示，转换块下部外墙及正下方墙最大压应力分别是 20MPa 和 10MPa，低于最大允许压应力 27.5MPa（混凝土强度等级 C60)。转换体中最大压应力约为 6～

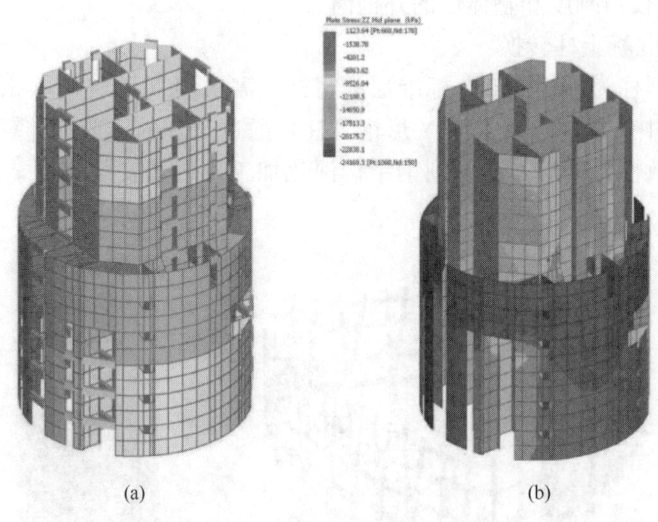

(a) (b)

图7 核心筒墙体转换分析

(a) 实体模型 (b) 内墙及外墙的竖向应力

8MPa，小于允许压应力27.5MPa；最大拉应力大部分小于2MPa，但局部拉应力超过混凝土的抗拉强度。当考虑混凝土转换体设置1%的配筋后，可满足设计要求。有限元分析结果表明，搭接块满足设计要求，且能较好地完成上下墙体应力的传递和变形连续。

5. 屈曲约束支撑

由于底层大堂挑空，底层层高达到13.5m，该层为薄弱层且框架剪力分担率偏小（小于10%）。在底层所有柱间设置屈曲约束支撑，底层刚度得到极大提高，消除了结构在此形成薄弱层的状况，并且该层框架的剪力分担率也得到较大的提高。同时，采用屈曲约束支撑也避免了由于支撑过长、屈曲临界力过小而导致支撑截面设计过大，实现了轻盈的建筑效果（图8）。

图8 底层屈曲约束支撑实景

6. 屋顶塔冠设计

塔楼顶部设置钢结构塔冠，塔冠高度自结构大屋面（约224m）至建筑顶部（246m），总高约22m。塔冠结构由一系列的22m通高细长钢柱和径向分叉钢梁组成，分叉钢梁外端刚接于外围钢柱，内端铰接于核心筒内的楼板上。设计中重点控制塔冠的变形，并对塔冠做了整体屈曲分析。分析证明塔冠屈曲因子大于30，符合设计要求（图9）。

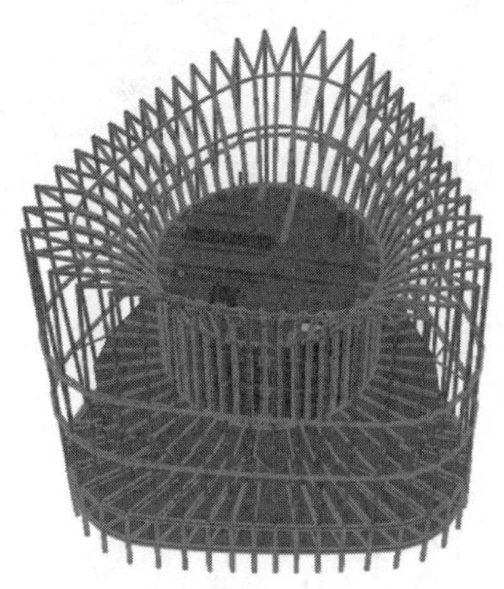

图 9 屋顶塔冠效果图及三维模型

7. 塔楼与裙房一体化雨篷

钢结构雨篷连接了塔楼和裙房，其高度位于裙房 4 层和屋顶之间。为避免雨篷将塔楼和裙房在结构上连成整体形成的复杂连体，将塔楼和裙房设计成独立的结构单元。雨篷在塔楼侧设铰接支座，在裙楼处设滑动支座，实现了塔楼和裙房在建筑功能上相连、在结构上独立的效果（图 10）。

图 10 雨篷实景及三维模型

六、主要计算分析

塔楼存在结构高度超限以及竖向规则性超限，属于超限高层，需进行超限高层建筑抗震设防专项审查。塔楼结构分别采用 ETABS 和 SATWE 两种不同力学模型的三维空间分析软件进行整体计算。采用弹性方法计算结构荷载和多遇地震作用下内力和位移，考虑 P-Δ 效应，并采用弹性时程分析法进行补充验算。

1. 框架承担的地震剪力比

X 向和 Y 向地震作用下框架承担的剪力比如图 11 所示。根据《高层建筑混凝土结构技术规程》JGJ 3—2010 第 11. 1. 5 条，各层框架应该能够承担基底总剪力的 25％和框架承担的最大剪力的 1. 8 倍中的较小值。25％基底剪力为 2767kN，1. 8 倍 V_{fmax} 为 2331kN。

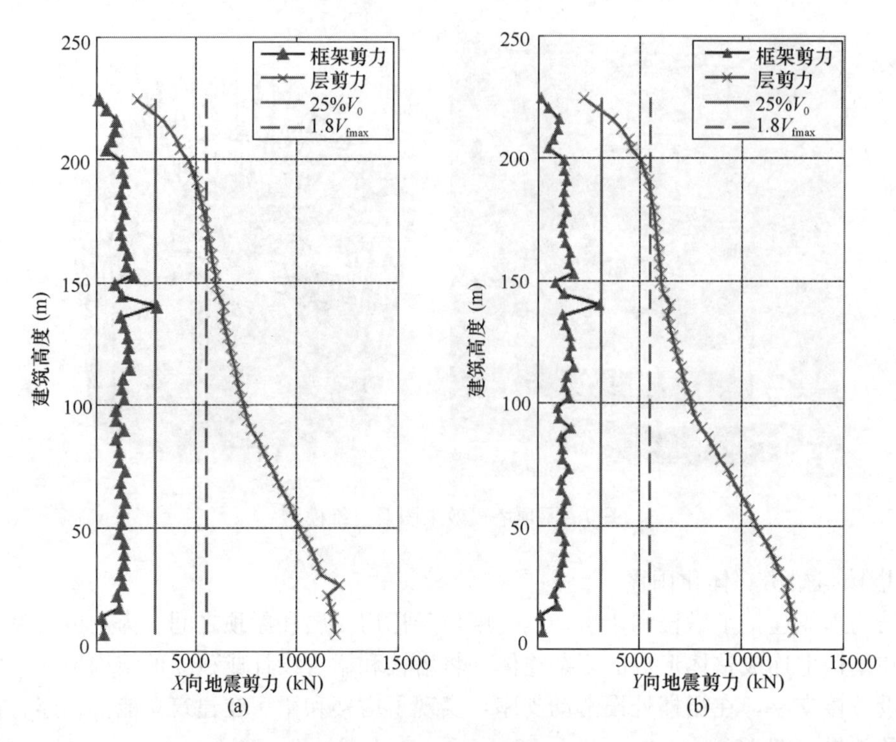

图 11　框架承担的地震剪力

(a) X 向；(b) Y 向

可以看到，X 向框架剪力将需要放大到 1.8 倍框架剪力最大值。对于不满足上述条件的楼层，其框架构件的地震剪力以及地震弯矩都将乘以相应的放大系数。

2. 楼层侧向刚度

楼层的侧向刚度不宜小于相邻上部楼层侧向刚度的 70%或其上相邻三层侧向刚度平均值的 80%。楼层的侧向刚度可取为该层剪力和该层层间位移的比值。在避难层及二层挑空位置，由于楼板缺失，两层合并为一层计算侧向刚度。图 12 列出了 X 向和 Y 向的楼层侧向刚度比，均满足规范要求，结构无软弱层。

3. 楼层受剪承载力

楼层受剪承载力比值如图 13 所示。可以看到，在有墙体转换块的楼层，由于转换块的存在，使得该层以下楼层水平受剪承载力与本层相比小于 0.8，因此其受剪承载力有较大变化，结构存在薄弱层。但是通过对块体截面的调整及在块体内设置型钢，可以控制该比值大于 0.75。设计时将对薄弱层水平地震作用放大 1.15 倍，并控制块体塑性铰开展。

4. 小震弹性时程分析

弹性时程分析与振型分解反应谱法得到的基底剪力比较如表 1 所示。

振型反应谱法与时程分析法基底剪力结果对比　　**表 1**

方向	THS0143	THS0170	THS0283	THS0284	THS0380	THS6653	THS6654	时程平均值	反应谱	时程平均值/反应谱值
X 向	13526	11862	10981	10599	10260	10497	10661	11198	11067	101%
Y 向	11215	9653	13882	14658	10726	10719	11502	11765	11762	100%

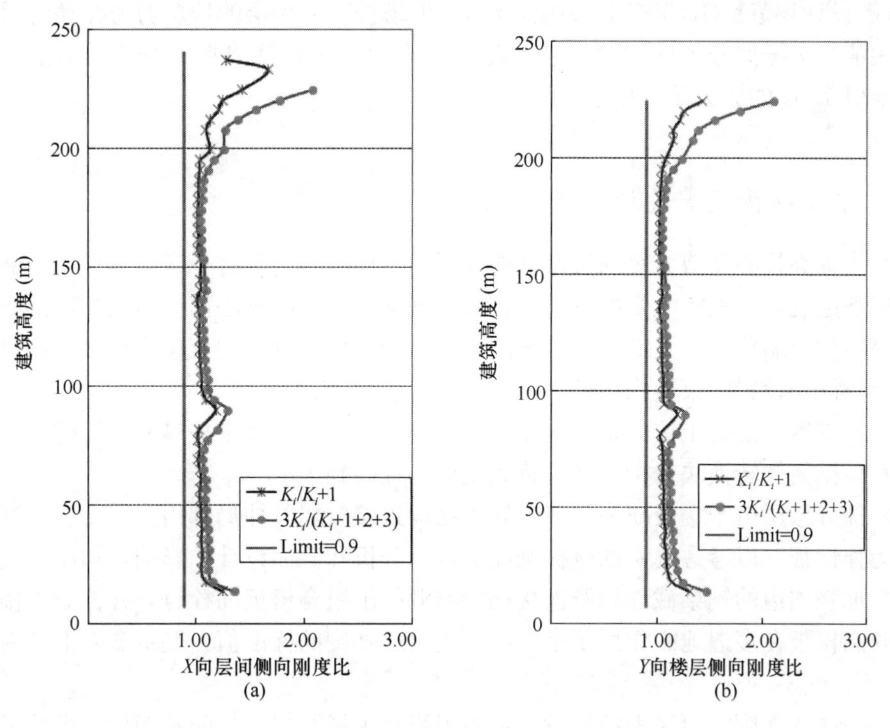

图 12　楼层侧向刚度比

(a) X 向；(b) Y 向

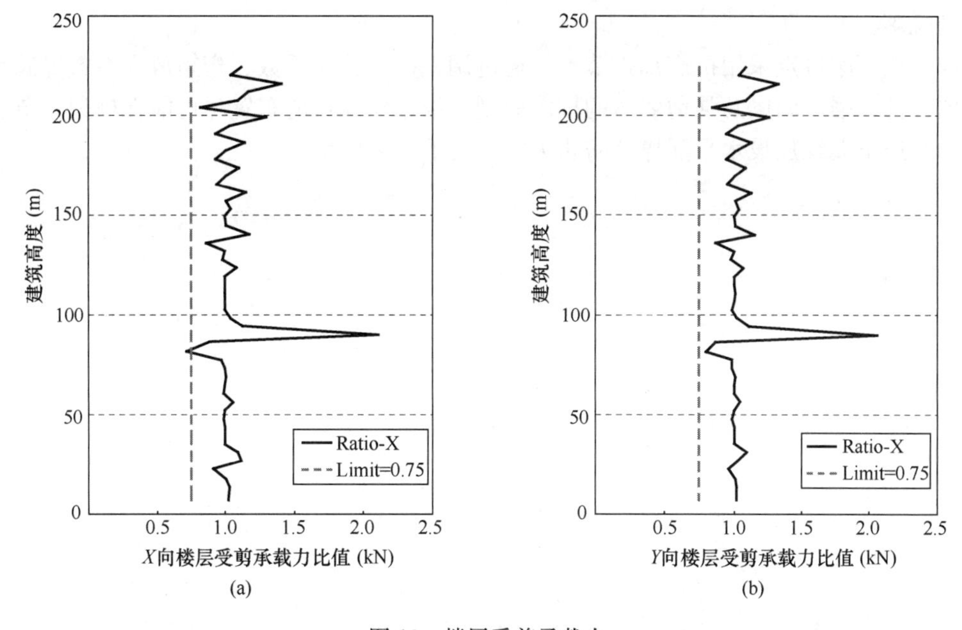

图 13　楼层受剪承载力

(a) X 向；(b) Y 向

由以上时程分析结果可以看出，所有时程分析的基底剪力都不小于反应谱分析基底剪力的 65%，而且平均值不小于反应谱基底剪力的 80%，进而表明选择的时程记录满足

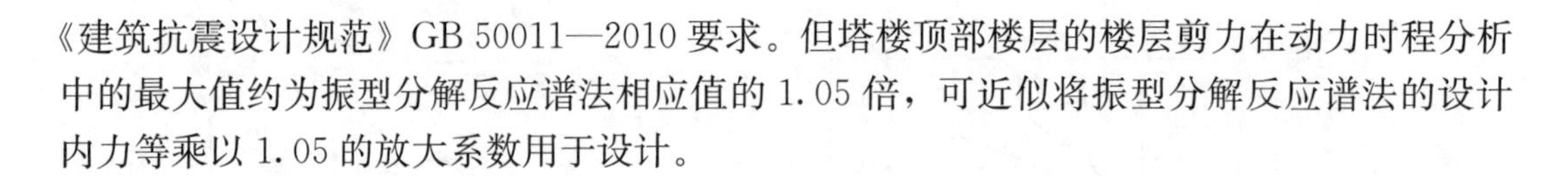

《建筑抗震设计规范》GB 50011—2010 要求。但塔楼顶部楼层的楼层剪力在动力时程分析中的最大值约为振型分解反应谱法相应值的 1.05 倍，可近似将振型分解反应谱法的设计内力等乘以 1.05 的放大系数用于设计。

七、主要结构抗震设计加强措施

（1）为提高核心筒剪力墙的抗弯性能和延性，使核心筒具有一定的塑性变形能力，在大震作用下起到耗散地震能量的作用。在底部加强部位外围核心筒剪力墙与内部剪力墙交界处及筒体剪力墙角部等关键部位沿全高设置型钢。增加设置约束边缘构件的高度，19M 层以下核心筒均设置约束边缘构件。

（2）控制钢管混凝土柱的轴压比在 0.6 以内，使钢管混凝土柱具有较好的延性。

（3）根据筒体转换块分析结果，将其配筋率提高到 1%。

（4）部分楼层由于楼板缺失较多，导致结构连接较弱及柱局部内力突变。计算时考虑楼板设为弹性板，以考虑真实的楼板刚度对内力分析和截面设计的影响，加厚楼板厚度和配筋，并加强周边的钢梁截面以及连接钢梁与混凝土组合楼板的栓钉，并控制塔楼结构避难层大开洞楼板在多遇地震作用下小于混凝土抗拉强度的标准值，基本烈度下板内钢筋不屈服。

（5）一体式连廊＋雨篷钢结构设计：本工程在主楼及裙房之间及四周，设计了一体式连廊和雨篷，以满足建筑功能需要及立面造型丰富的要求，采用钢结构形式。一体式钢结构与主塔楼结构之间采用铰接的连接方式，在裙楼侧设置滑动支座。支座考虑变形，大震防撞及脱落。

（6）梁柱刚接点采用抗震加强节点，通过调整剪力放大系数、弯矩放大系数等满足强节点弱杆件、强柱弱梁及强剪弱弯的抗震原则。根据建筑功能布置尽可能在框架梁节点塑性区的受压下翼缘加设水平隅撑，防止大震作用下平面失稳。

大跨及空间建筑结构

23 石家庄国际会展中心结构设计

建设地点 河北省石家庄市正定新区
设计时间 2015—2017
工程竣工时间 2018
设计单位 清华大学建筑设计研究院有限公司
[100084] 北京市海淀区清华大学设计中心楼
主要设计人 刘彦生 李青翔 陈宇军 刘培祥 李滨飞 刘 俊 李英杰
罗虎林
本文执笔 刘 俊 刘彦生 李青翔

获奖等级 2019—2020 中国建筑学会建筑设计奖·结构专业一等奖

一、工程概况

石家庄国际会展中心（图1）位于石家庄市中心东北的正定新区，南侧隔滨水大道与滹沱河相望。项目用地面积 64.4hm^2，总建筑面积 35.6 万 m^2，其中地上面积约 22.4 万 m^2，地下面积约 13.2 万 m^2。

地上建筑主要包含核心区会议中心（B区）以及4组周边展厅（A、C、D、E区）（图2），平面总长度约 648m，总宽度约 352m。各分区高度与层数详见表1。

图1 石家庄国际会展中心实景

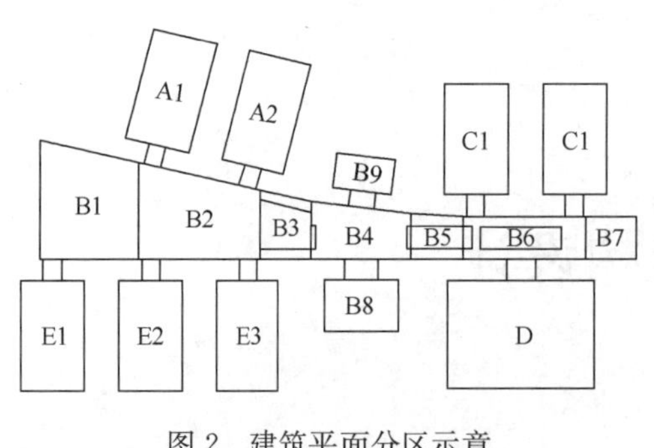

图 2　建筑平面分区示意

各分区高度与层数　　　　表 1

		展厅 A	展厅 C、E	展厅 D	核心会议区 B
高度（m）		28.65	28.65	30.80	32.67
层数	地上	1	1	1	2
	地下	1	—	1	1
层高（m）	地上	28.65		30.80	4.80～24.27
	地下	7.50	—	7.50	

建筑形体灵感来源于赵州桥，核心区会议中心具有拱桥的意向，展厅则为水面的意向。同时，展厅坡屋面也借鉴了正定隆兴寺宋代建筑摩尼殿的形式，呼应了当地的文脉。展厅采用现代悬索结构，与摩尼殿的精巧轻盈具有异曲同工之妙（图 3、图 4）。

图 3　摩尼殿实景

图 4　展厅屋面表现

核心区会议中心建筑功能包括登录厅、集散大厅、会议洽谈、观光塔等，周边展厅中 A、C、E 区为标准展厅（图 5），D 区为多功能展厅。每个标准展厅尺寸为 72.0m×128.5m，面积约 1.1 万 m^2，可容纳 432 个展位，并配有管理洽谈、会议、小型超市等辅助功能空间，满足多样的会展活动需求（图 6）。多功能展厅尺寸 105m×150m，面积约 1.58 万 m^2，可容纳 792 个展位。

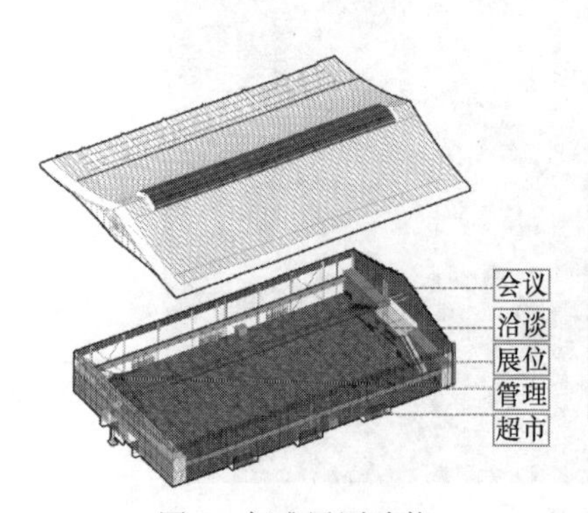

图 5　标准展厅功能

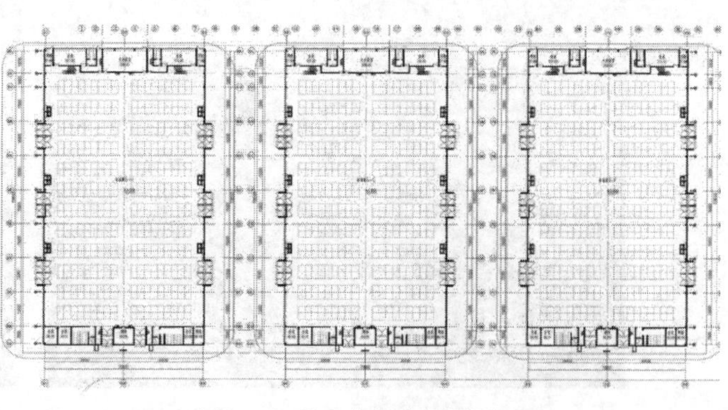

图 6　E 区 3 个标准展厅平面

二、结构体系

本工程核心区会议中心采用钢框架结构，展厅采用“多榀横向索，通过受压竖杆支撑于纵向索之上的双向正交悬索结构”。展厅结构设计是本工程的重点和难点，也是本文介绍的主要内容。展厅结构体系分为屋盖系统和支承系统。以A展厅（含两个标准展厅）为例，其结构体系组成如图7所示。图7B、C、D组成了屋盖系统。图7A为主要支承系统4个A形柱。

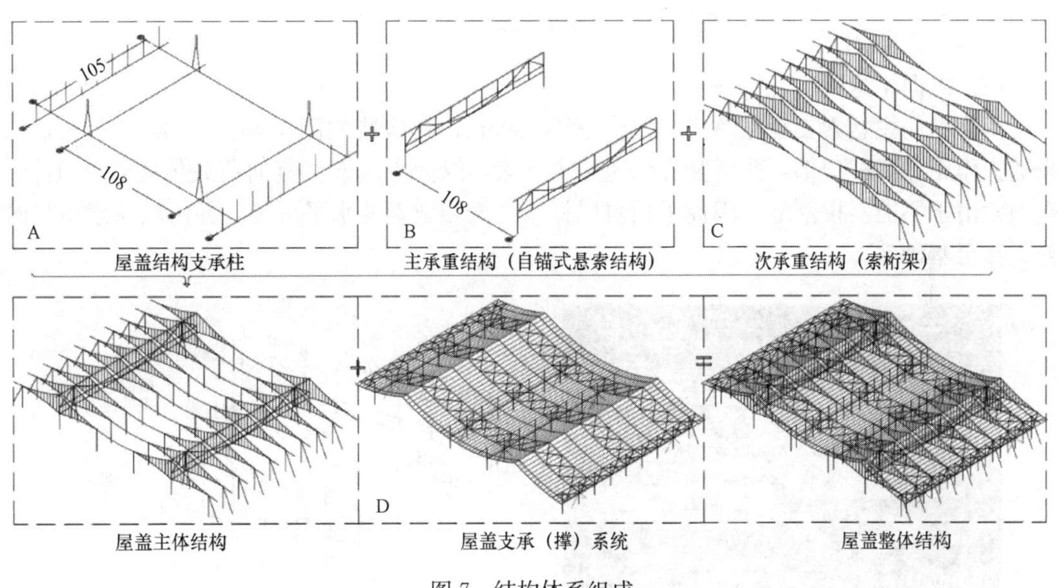

图7 结构体系组成

1. 屋盖系统组成

屋盖系统可分为三部分：图7B纵向主悬索、图7C横向次悬索、图7D屋面。

屋盖系统竖向传力路径为：屋面竖向荷载由檩条传至横向次悬索，再通过受压竖杆传至纵向主悬索，并由后者传递至A形柱等竖向支承结构。屋盖系统水平传力路径：屋盖内设置了水平交叉撑，檩条上设置高波纹压型钢板，因此屋面具有较大面内刚度，可以有效地将水平地震作用传递至下部支承系统。

(1) 横向次悬索

横向次悬索沿纵向布置10道，间距为15m，仍以A展厅为例，其构造如图8所示。其中，屋面悬索的垂度为11.9m，稳定索的拱度为5.0m。屋面悬索与稳定索通过竖向拉索拉结，形成具备较大面内刚度的索桁架，使得横向次悬索在竖向荷载（包括屋面不均匀荷载、局部风吸力等情况）作用下，变形控制在可接受范围。

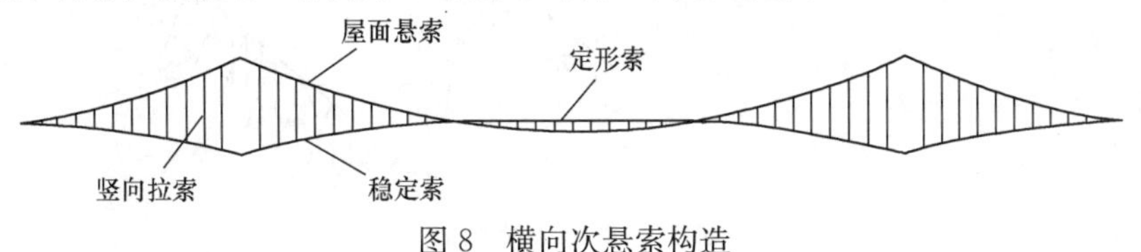

图8 横向次悬索构造

横向次悬索与支承系统的关系如图 9 所示。这里表达的是展厅两侧与 A 形柱连接位置的横向次悬索，在展厅两侧各有 1 道，其余 8 道次悬索是与纵向主悬索相连。A 形柱的横向间距是 108m，纵向间距是 105m，是唯一的竖向支承构件。中立柱和定形索用于在屋面部分开洞位置维持悬索的下凹形状，中立柱实际上受拉。

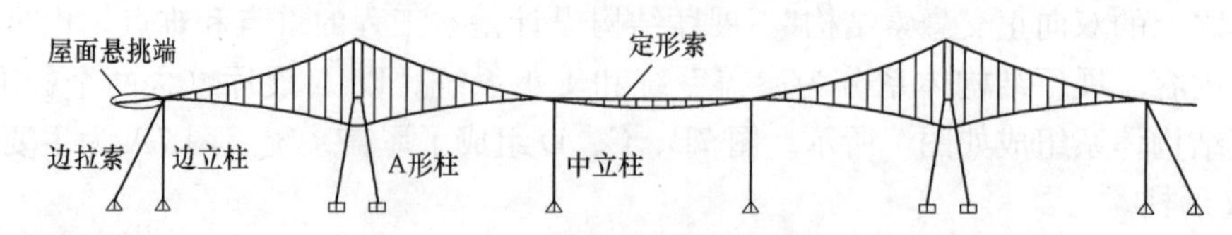

图 9　横向次悬索与支承结构的关系

(2) 纵向主悬索

两道纵向主悬索支承在 A 形柱上，间距 108m，其构造如图 10 所示。横向次悬索传来的力作用在竖杆顶部，并由竖杆传递给主悬索，纵向主悬索将竖向荷载传递到 A 形柱。端斜索由于不能斜拉落地，因此采用自锚杆来平衡端斜索的水平分量，并由端拉索将竖向分量传至基础。

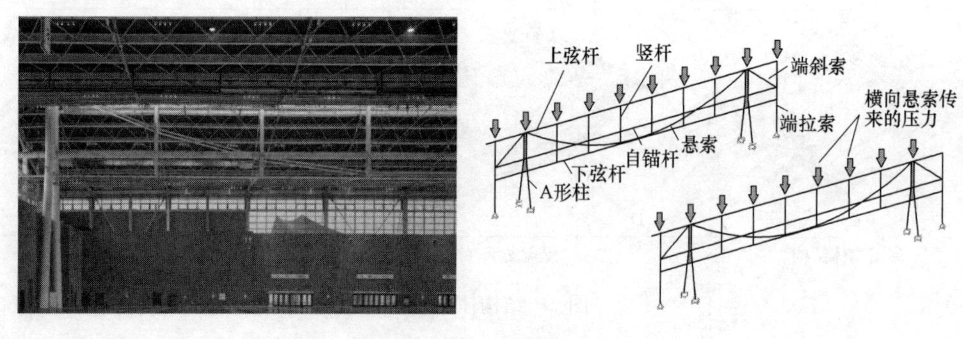

图 10　纵向主悬索构造

2. 支承系统组成

支承系统由 A 形柱、边立柱、边拉索、中立柱组成（图 11）。A 形柱传递了全部竖向荷载，采用钢管混凝土柱，钢管截面为 $\phi1200\times40$，材质为 Q345GJ-C，管内混凝土强度等级为 C50。边拉索受拉，边立柱受压，二者竖向合力为零。中立柱、幕墙立柱均不承担屋面的竖向荷载。边立柱、中立柱每排设置两道交叉撑以承担纵向水平力。

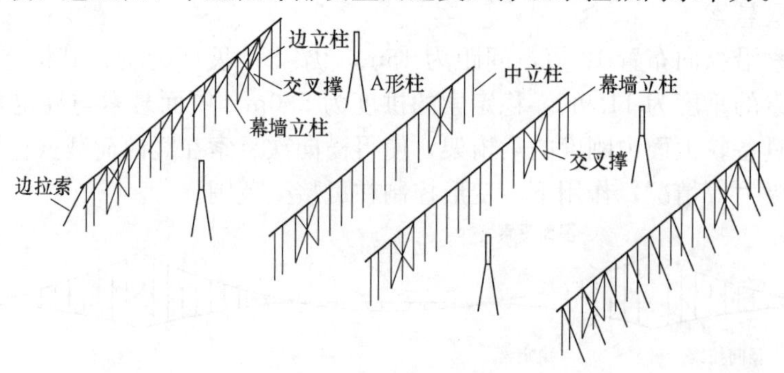

图 11　支承系统构造

三、展厅结构设计难点与关键技术

展厅结构采用考虑几何大变形的非线性施工过程进行结构计算，施工结束时的结构状态将作为进一步分析的基础。此外，需要对施工过程中的结构进行安全性校核。下面仍以A展厅为例介绍施工过程模拟分析（图12）。

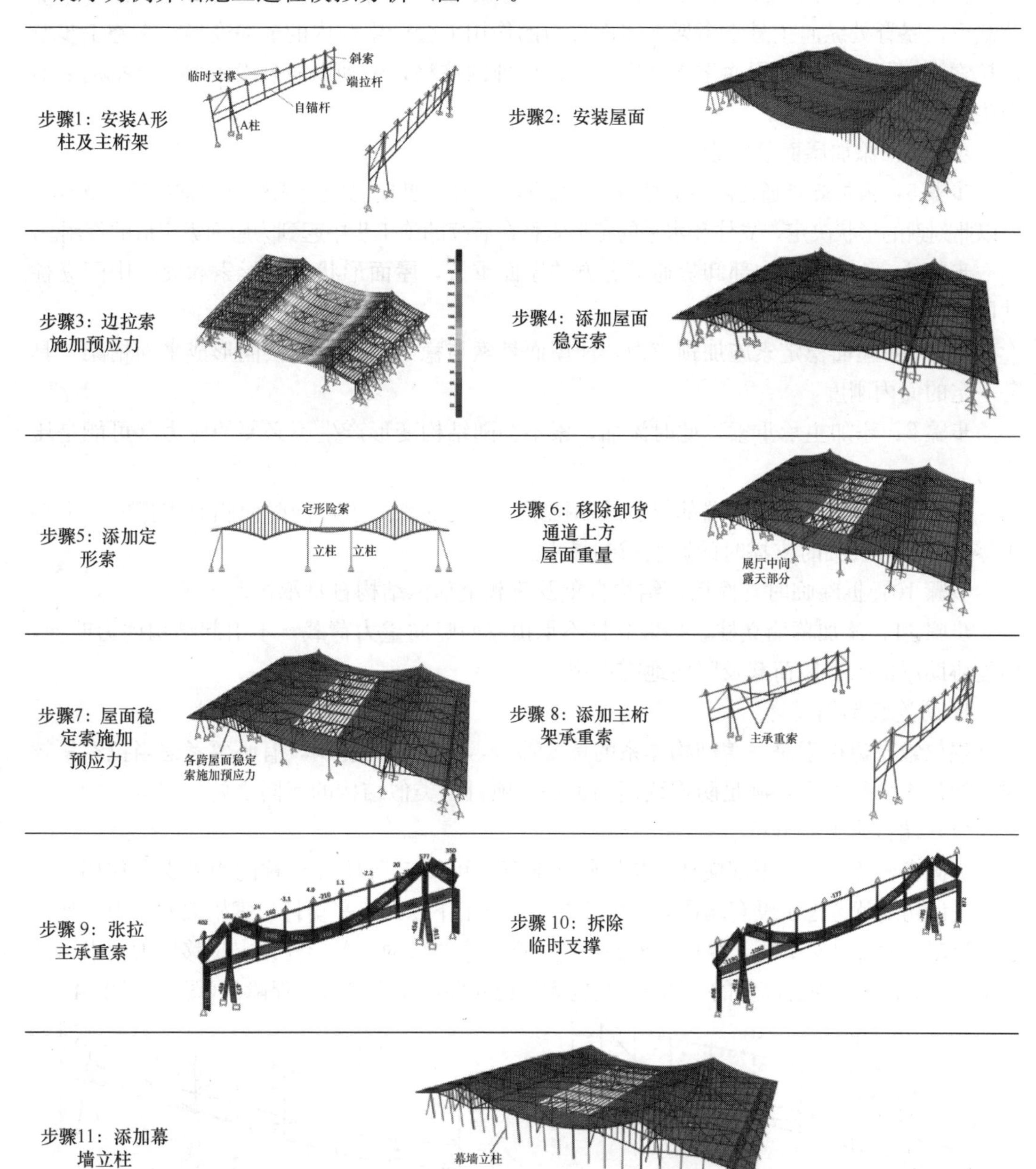

图12　施工过程模拟分析

步骤 1：建立 A 形柱及纵向主承重悬索桁架，包括端拉索及端斜索，但不包括主承重索，因为此阶段主索不受力。在主桁架的上弦各节点上，用一组临时拉杆模拟胎架，在后续施工步拆除。

步骤 2：添加屋面索、檩条、屋面交叉撑、屋面板、屋面索与稳定索之间的竖向拉索（吊索）、边立柱、边拉索，并施加恒荷载，形成屋面索在恒荷载工况下的形状。

步骤 3：边拉索施加预应力，部分消除屋脊横向水平位移。上一步当布置屋面及施加荷载后，屋脊处纵向主悬索桁架在屋面拉力的作用下会产生向内的横向变形。本施工步对边拉索施加预应力，使屋面索端部产生横向向外的位移，带动纵向悬索桁架部分抵消之前产生的横向变形。

步骤 4：添加屋面稳定索。

步骤 5：添加卸货通道两侧立柱及上方定形索。屋面此时已经过成形及调整过程，立柱高度以此刻索的形状决定。立柱和水平的定形索将在后续的施工步中起到为屋面索定形的作用。

步骤 6：移去展厅中部卸货通道上方的屋面重量，屋面形状由定形索和展厅中间立柱共同维持。

步骤 7：屋面稳定索施加预应力，使屋面悬索与稳定索、吊索共同形成平面桁架，具备一定的面内刚度。

步骤 8：添加主承重索。此时添加，索不会随结构变形产生不必要的应力（可能是压应力）。

步骤 9：将主承重索、端部斜索及端拉索一同施加预应力，同时使临时支撑的内力趋于零，以使拆去临时支撑时的影响减到最小。

步骤 10：拆除临时支撑后，结构自重及荷载全部由结构自身承担。

步骤 11：添加幕墙立柱。幕墙立柱不承担屋面竖向重力荷载，不引起结构内力改变，但能协助屋面抵抗风荷载及竖向地震作用。

1. 防连续倒塌设计

端拉索与边拉索是屋盖结构体系的重要部分，但也较为脆弱，有必要考虑当拉索失效时结构是否仍然安全，满足防连续倒塌也是本项目与类似结构的不同之处。

(1) 端拉索失效分析

纵向索桁架的上、下部横杆都是钢管而非索，可以起到对 A 形柱的面外支撑作用。因为在设计初期就考虑了没有端拉索的情况下，仅靠上下弦和自平衡杆，索桁架的受力和变形也能控制。通过计算分析，纵向索桁架一端的端拉索失效时，A 形柱顶点位移增大，沿纵向变形为 75.3mm，为总高度的 1/408。结构无失稳问题，安全是可以保障的（图 13、图 14）。

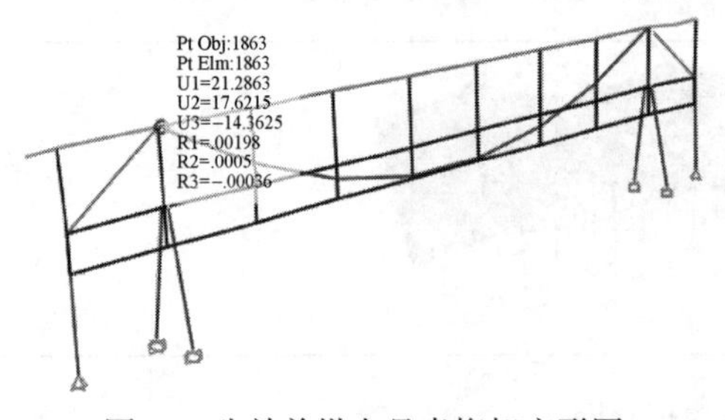

图 13　失效前纵向悬索桁架变形图

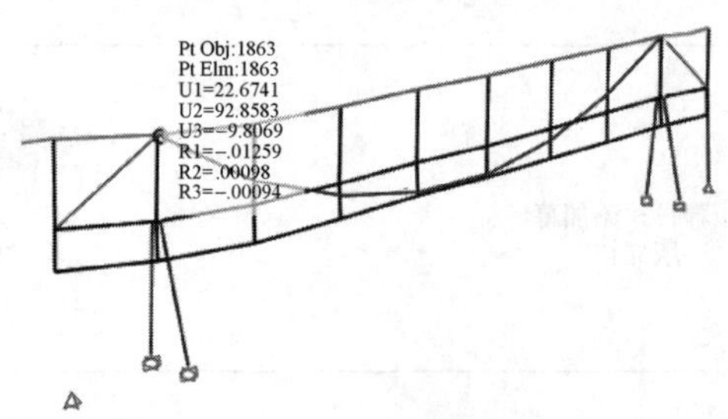

图 14　失效后纵向悬索桁架变形图

（2）边拉索失效分析

由于屋盖悬挑端设置了水平支撑，因此一旦有 1 根边拉索失效，通过屋盖传递水平力，其两侧的边拉索能分担失效边拉索承担的水平力分量。在计算分析中，使经过 A 形柱上方的屋面索端部一根拉索失效，拉索上方的点 X 向位移变化为 56.94mm，为高度的 1/316。可以看出，当出现 1～2 根边拉索失效时，两侧边拉索能分担其水平力，可保障展厅安全（图 15、图 16）。

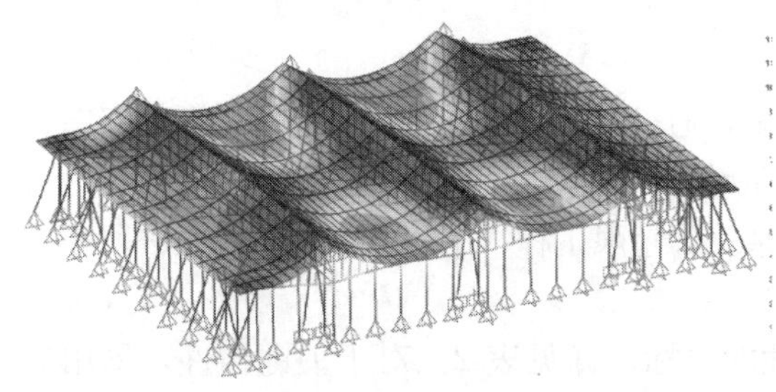

图 15 边拉索失效前结构变形图

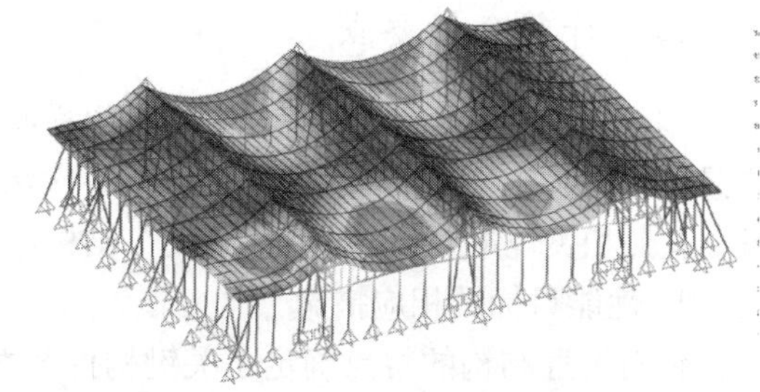

图 16 边拉索失效后结构变形图

2. 自锚杆稳定分析

为了保证建筑效果和使用功能，主悬索端拉索不能斜拉落地，因此采用了自锚杆对端拉索进行弯折，使端拉索垂直落地（图 17）。但是，自锚杆因此受到高达 18000kN 的压力，同时其长度为 105m，稳定性问题突出。

自锚杆在主悬索桁架平面外的稳定性在很大程度上取决于间距为 15m 的屋面悬索以及稳定索共同形成的平面外约束作用，平面内的稳定性则取决于主悬索的竖向刚度和屋面的压力。由于自锚杆侧向约束体系复杂，不易将该部分结构从系统中分离出来，因此单构件的稳定分析仍通过整体结构进行，但采用单构件独立施加轴压力的方式作为其稳定分析工况。

自锚杆弹性屈曲模态分析和几何非线性稳定分析（图 18）表明：①仅恒荷载作用下，弹性屈曲模态中，与自锚杆屈曲相关的首个屈曲模态的屈曲因子 $k=89895$，相应自锚杆

图 17 主悬索端拉索

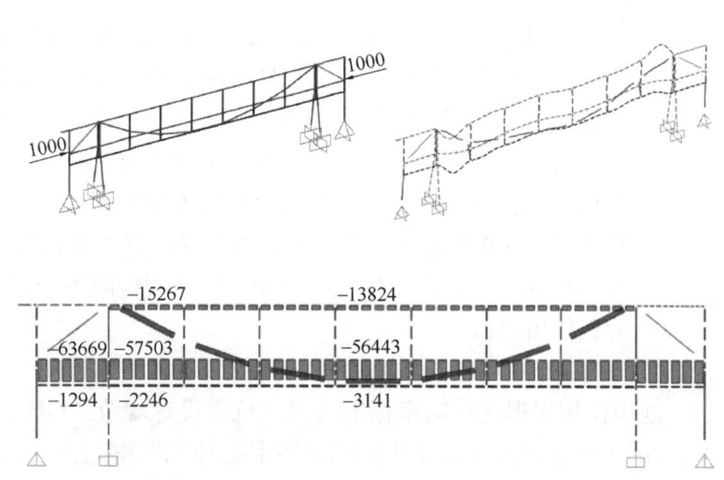

图 18 自锚杆弹性屈曲模态分析和几何非线性稳定分析

的轴向压力约为 89895kN，远大于自锚杆的受压屈服承载力。弹性屈曲分析的结果表明稳定不起控制作用；②进行大变形几何非线性分析时，尽管轴向力作用在自锚杆处，但结构失稳变形同样是在主桁架上整体发生的，并且主要发生在下弦杆和上弦杆处，此时自锚杆的变形尚处于可控范围内，这个规律与弹性屈曲分析相同。自锚杆失稳时的应力均大于或等于屈服应力，说明杆件均属强度破坏控制。

四、计算分析要点

本工程的展厅大跨度屋盖采用“多榀横向索，通过受压竖杆支承于纵向索之上的双向正交悬索结构”，主承重结构跨度为 105m，次承重结构最大跨度为 108m，但结构形式较为特殊。按照相关规定属于“非常用形式”结构体系，属超限工程，采用性能化设计方法。

1. 性能目标及相应措施

针对展厅结构的特点确定了关键构件及性能目标，详见表 2。对于关键构件，采用如下措施：

① A 形柱采用钢管混凝土形式以提高竖向支承结构的承载力及延性；

② 提高自锚杆承载能力储备；

③ 加强端跨内撑、边柱。

性能目标表 **表 2**

抗震烈度（参考级别）		多遇地震（小震）	设防地震（中震）	罕遇地震（大震）
关键构件	A 形柱、自锚杆、端跨内撑、端跨边柱、柱间支撑、屋面支撑	弹性	弹性	不屈服
	承重索、拉索、销轴、节点、索连接节点	弹性	弹性	弹性
普通竖向构件	其余柱	弹性	弹性	不屈服

2. 计算分析方法

① 采用 SAP2000 将展厅竖向支承结构与屋面结构整体建模分析。除考虑静力、风、地震、温度等工况及相应组合外，还需考虑施工加载顺序和大变形，得到最终结构内力；

② 考虑几何和材料非线性，计算劲性构件稳定性；

③ 采用时程分析法进行多遇地震作用下的补充计算；

④ 考虑落地拉索破坏，模拟分析结构抗连续倒塌能力；

⑤ 采用 ABAQUS 建立模型，分别对上述计算结果进行校验，保证结果可靠；

⑥ 对结构在罕遇地震作用下的性能进行弹塑性时程分析。

3. 荷载作用取值

(1) 地震作用

地震作用根据现行国家标准《建筑抗震设计规范》GB 50011、《中国地震动参数区划图》GB 18306 以及《石家庄国际会展中心补充勘察岩土工程勘察报告》确定。地震作用参数见表 3。

地震作用参数 **表 3**

抗震设防烈度	7 度（0.10g）		
抗震设防类别	重点设防类（乙类）		
场地类别	Ⅲ类		
设计地震分组	第二组		
超越概率	小震（53%）	中震（10%）	大震（2%～3%）
特征周期（s）	0.55	0.55	0.60
地面最高加速度（gal）	35	100	220
水平地震影响系数最大值 α_{max}	0.08	0.23	0.50
结构阻尼比	0.01	0.01	0.02

进行多遇地震、设防地震验算时，计算结果取反应谱和时程法的包络值；进行线性或非线性动力时程计算时，地震波按照在结构主要周期点加速度反应尽量吻合的原则选取。

（2）风、雪荷载

依据规范，石家庄市 50 年一遇的基本风压值 0.35kN/m²，100 年一遇的基本风压值 0.40kN/m²。屋盖结构整体计算时，基本风压按照 100 年一遇选用。

风洞试验采用刚性模型测压试验。图 19 为安置在风洞中的试验模型，模型的几何缩尺比为 1∶250。本次试验以 10°为间隔逆时针旋转，共测试了 360°风向角范围内的 36 个风向角工况。图 20 为模型方位与试验风向角示意。

图 19 风洞试验模型

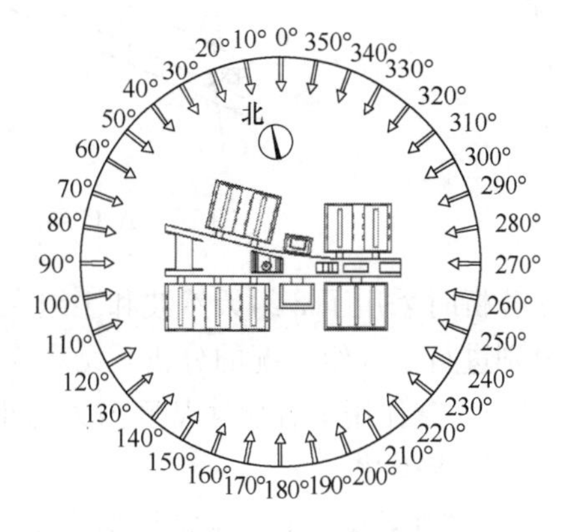

图 20 模型方位与试验风向角示意

整体结构分析时，风荷载取值为规范与风洞试验报告的包络值。

屋盖结构整体计算时，基本雪压按照 100 年一遇选用，并考虑近期石家庄地区的最大降雪量。积雪分布系数按较不利值考虑。

（3）温度作用

根据气候资料数据，石家庄市历史年平均气温为 13.3℃，极端最高气温为 42.9℃，极端最低气温为−19.8℃。本项目温度作用计算时温度取值±30℃，屋盖结构的合拢温度定为 10～15℃。

（4）积水荷载

考虑屋面天沟满载水时附加荷载及天沟两侧各 10m 区域积水荷载不利影响。

4. 弹塑性动力时程分析

通过结构在罕遇地震作用下的弹塑性动力时程分析，研究结构关键部位及关键构件的弹塑性变形及损伤、破坏情况，并定量求解结构顶点位移、层间位移、基底剪力时程及最大值等，综合评价结构是否能够满足预定性能目标的要求。

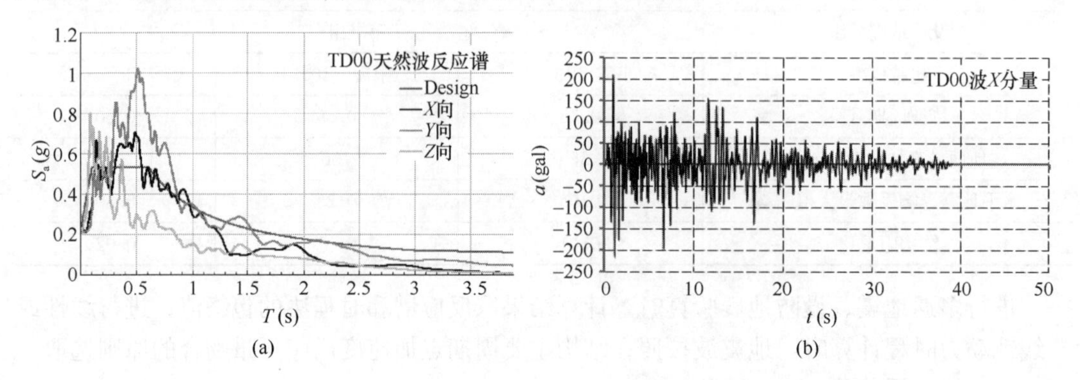

图 21 A/C 展厅天然地震波 TD00

(a) 反应谱；(b) X 分量

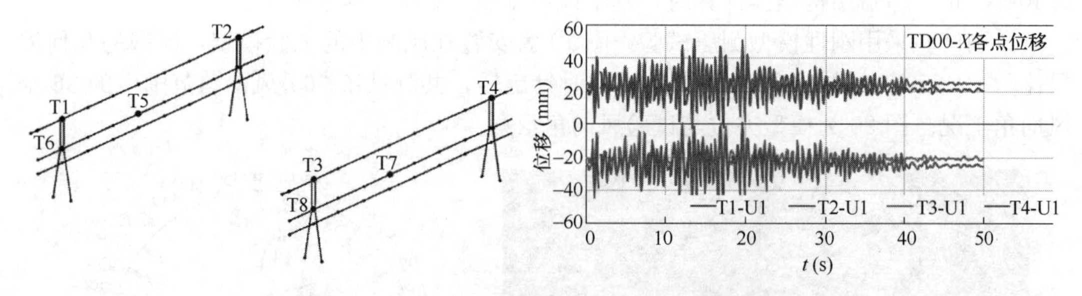

图 22 A/C 展厅在 TD00 波 X 分量下的顶点位移

分析时采用了 2 组天然波和 1 组人工波，每组波 3 个方向。变换水平地震方向对各展厅分别进行了 6 组工况的分析，结果表明（图 21、图 22）：

① 大震作用下各展厅基底剪力与小震 CQC 的比值普遍大于 6，说明大震作用下结构整体刚度未退化。

② 索桁架及下部支承结构均未出现塑性铰，构件整体未进入屈服状态，满足大震不屈服的目标要求。

③ 大震作用下结构各部位索的拉应力均未超出索的抗拉强度。

④ 各展厅结构最大顶点位移分别为：A/C 156.86mm(1/183)，D 233.56(1/131)，E 156.33(1/183)，满足不大于 1/100 的目标要求。

⑤ 各展厅纵向索桁架最大平面外相对变形（自锚杆中点—端点的相对位移）为：A/C 81.22mm(1/1293)，D 109.71mm(1/957)，E129.83mm(1/809)，说明在大震作用下，桁架的平面外变形很小，能够保持良好的稳定性。

⑥ 各展厅屋面索在大震作用下，观测点的位移分别为：A/C 183.04(1/115)，D 202.33(1/106)，E 199.35(1/110)，悬索屋面整体性良好，在大震作用下摆动幅度小。

弹塑性动力时程分析结果表明展厅结构可以满足罕遇地震作用下的性能目标。

五、经济性指标及社会效益

项目在材料用量上非常节省：屋面钢材用量仅 74.2kg/m^2，索结构用量仅 16.3kg/m^2。

工程于 2018 年竣工并投入使用，成为石家庄标志性建筑之一。项目丰富了大跨屋面的结构选型，是目前国际上唯一具有可靠防连续倒塌性能且跨度最大的此类结构。项目获 2019 年度行业优秀勘察设计奖优秀（公共）建筑设计一等奖、优秀建筑结构一等奖；获 2019 年度教育部优秀工程勘察设计公共建筑一等奖、建筑结构一等奖；获 2019—2020 年度中国建筑学会建筑设计奖公共建筑一等奖、建筑结构专业一等奖。

24 郑州奥林匹克体育中心项目结构设计

建设地点 河南省郑州市郑西新区的核心区域

设计时间 2016—2017

工程竣工时间 2019

设计单位 中国建筑西南设计研究院有限公司

［610041］四川省成都市高新区天府大道北段866号

主要设计人 冯 远 王立维 张 彦 向新岸 张蜀泸 许京梦 刘 翔 邱 添 杨现东 赖程刚 肖克艰 杨 文 廖姝莹 郭 洋 陈 迪

本文执笔 冯 远 张 彦 邱 添

获奖等级 2019—2020中国建筑学会建筑设计奖·结构专业一等奖

一、工程概况

郑州市奥林匹克体育中心项目位于河南省郑州市郑西新区的核心区域。体育中心包含体育场、体育馆、游泳馆及配套商业四部分（图1）。体育场5万个固定座席及1万个临时座席，属于大型甲级体育场，总建筑面积约13.85万m^2，地上11层，建筑总高度54.390m；体育馆1.5万个固定座席及1000个活动座席，属于特大型甲级馆，可以举办

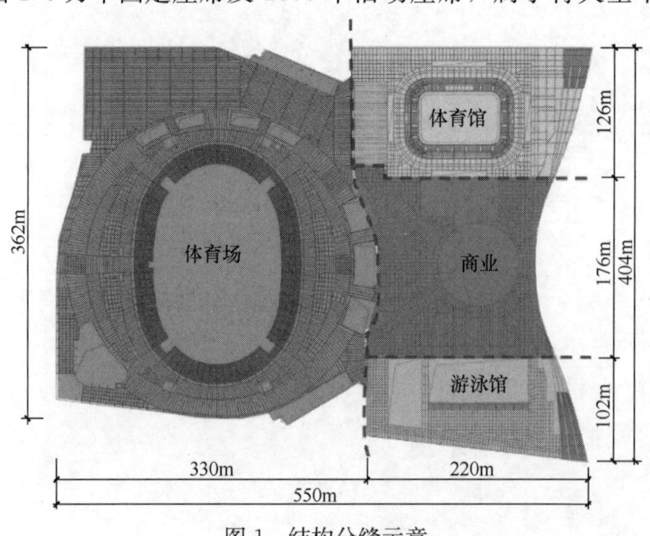

图1 结构分缝示意

体操、冰上、球类等比赛，总建筑面积约 5.97 万 m^2，地上 4 层，建筑总高度 34.800m；游泳馆 3000 个固定座席，总建筑面积约 4.41 万 m^2，地上 3 层，建筑总高度 26.800m；配套商业地面 1 层，地下 1 层，建筑面积约 29.8 万 m^2；3 个场馆及商业均设有 2 层地下室。

郑州奥体中心东西方向总长度约 550m，南北方向总宽度约 404m，3 个场馆的建筑外形及高度都相差较大，因此在 7.000m 标高位置设置了 3 道结构缝，将上部结构划分为 4 个独立的结构单元，同时也降低了温度作用对结构的影响。

郑州市奥林匹克体育中心项目于 2017 年完成设计，2019 年建成投入使用，并成功举办了第十一届全国少数民族传统体育运动会，其中体育场为开幕式会场（图 2）。

图 2　建筑实景

二、结构体系

1. 体育场

体育场钢筋混凝土结构的柱网尺寸较不规则，呈径向和环向柱网布置，外环柱列间距约 10.5m×9m，部分区域因功能需要局部抽柱形成大空间，柱网尺寸约 10.5m×18m；训练馆柱网尺寸 23.3m×11.4m。体育场共设 3 层看台，其中 1 层看台为围合的椭圆形看台，2、3 层看台在南北向空缺，为非闭合的月牙形看台。南北向端部空缺区域作为 1 万个活动座席的预留位置。支承屋盖的钢柱环向间距 18m，插入看台顶部的钢筋混凝土柱中并作为下部的型钢混凝土柱。结构采用框架-剪力墙结构体系，局部采用屈曲约束支撑（图 3）。

体育场屋盖钢结构南北向约为 291.5m，东西向约为 311.6m，钢结构平面近似为圆形；看台罩棚东西向悬挑长度为 54.1m，南北向悬挑长度为 30.8m，罩棚平面近似椭圆形。如图 4 所示，屋盖钢结构由四部分组成，分别为：①赛场内区域看台罩棚，采用大开口车辐式索承网格结构；②赛场外区域屋盖，采用正放四角锥双层网架结构，呈环状置于屋面外围，环带宽 32～20m；③体育场南北端空中连廊采用三角形巨型桁架结构；④立面采用平面桁架结构，作为网架支撑。看台罩棚支承于看台周圈钢管柱上，南北端部分支承于三角形巨型桁架上。网架结构一端支承于钢柱上，另一端支承于立面平面桁架上。立面桁架下端铰接置于 7m 及 43.9m 标高混凝土结构上。

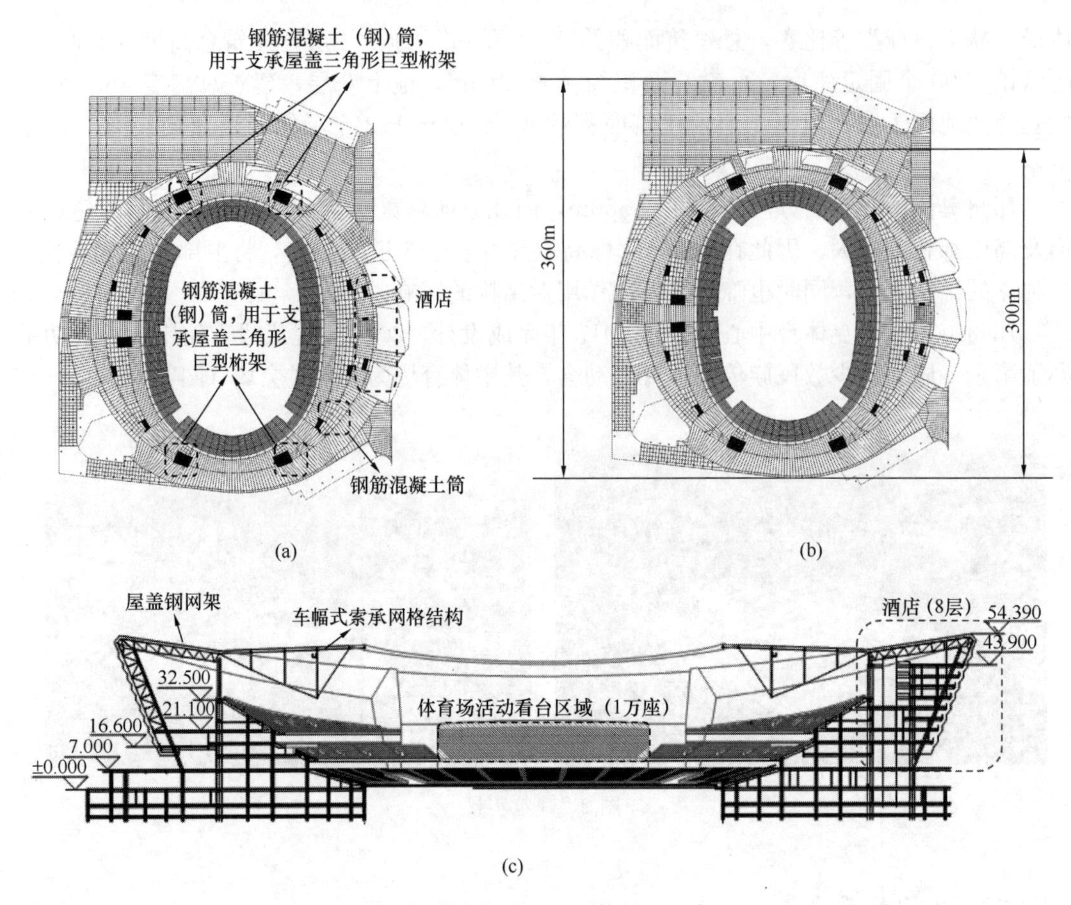

图3　体育场混凝土主体结构示意

(a) 体育场平面（7m标高）；(b) 体育场二层平面；(c) 体育场东西剖面

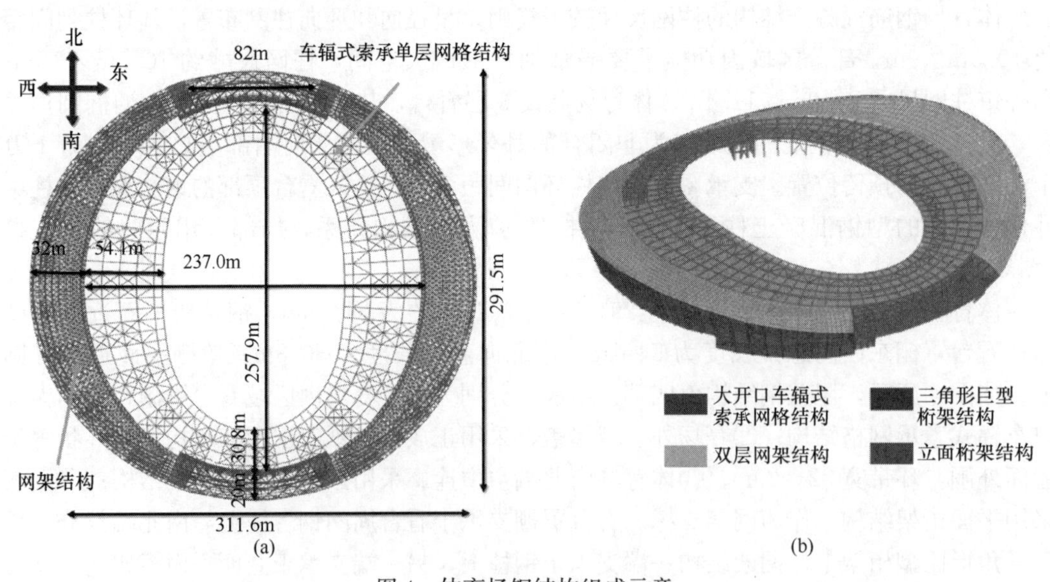

图4　体育场钢结构组成示意

(a) 体育场屋盖平面；(b) 整体分布

2. 体育馆

体育馆典型柱网：10.8m×10.8m；典型柱截面：800mm×800mm、1200mm×1400mm、1400mm×1400mm；典型梁截面：400mm×800mm～1200mm。负1层楼板处为上部结构的嵌固端，楼板厚250mm，1层楼板厚160mm，2层楼板厚150mm，3、4层楼板厚120mm；看台板厚80mm。梁、板均采用C30混凝土，柱均采用C60混凝土。体育馆共设有2层看台。体育馆设置了屈曲约束支撑，用于改善钢筋混凝土框架结构的耗能机制，提高抗震性能（图5）。

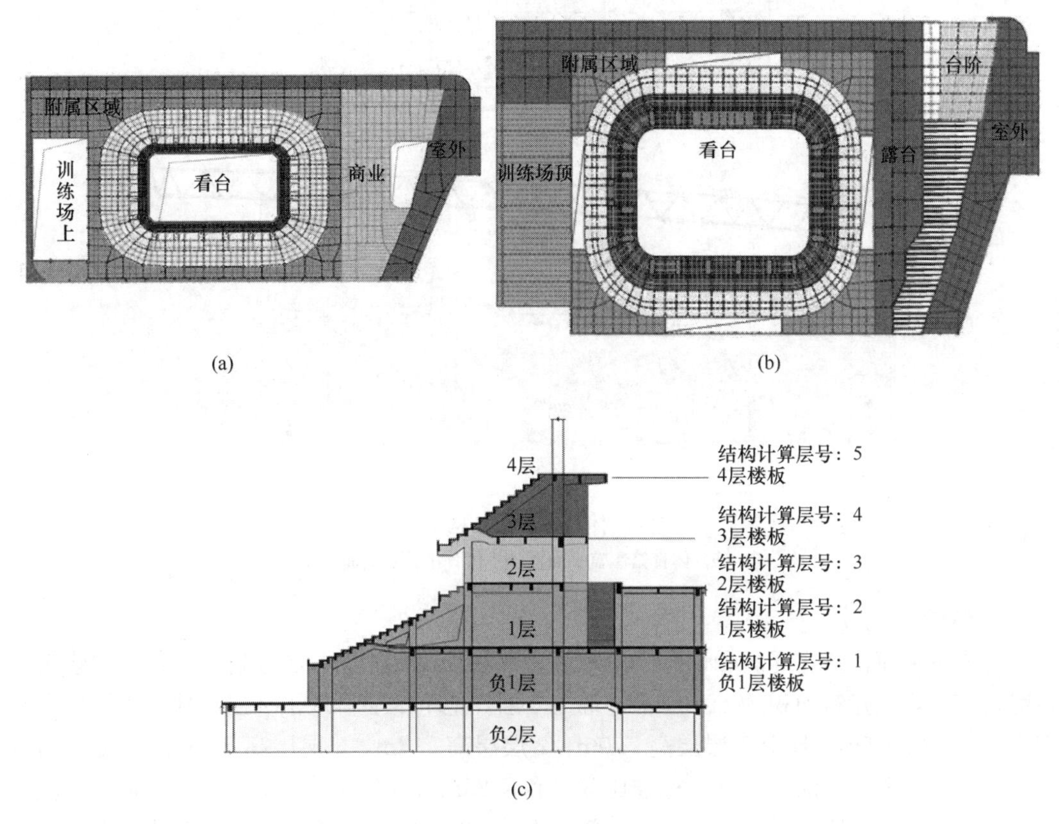

图5　体育馆混凝土主体结构示意

(a) 体育馆1层平面；(b) 体育馆2层平面；(c) 体育馆剖面

体育馆屋盖（图6）为大跨度钢结构屋盖，平面尺寸约为122m×150m，屋盖最高点34.8m。屋盖选用双层空间网壳结构作为屋盖钢结构体系，该体系突出优点是能够满足多功能馆在使用阶段复杂的吊挂设备使用要求，且施工技术成熟、简便、快捷，建造成本低等。屋盖网壳采用经济性好的正放四角锥网架，屋盖南北向跨度100.2m，悬挑22.1m，东西向跨度130.3m，悬挑19.0m，其中屋盖东北角悬挑40.6m。网架杆件采用市场供货充足、通用性好的高频直缝焊管，材质为Q355B。网架杆件均采用高频焊接圆管，截面规格为140mm×5mm～450mm×30mm，网架节点拟采用工艺成熟、施工简单的焊接球节点，网架支座均采用成品铸钢支座。网架支承于下部环形看台钢筋混凝土柱上，柱截面为1.2m×1.4m，柱距为10.8～11.2m。支承柱柱顶与网架下弦节点均采用成品球铰支座连接，为释放大尺寸钢屋盖温度应力，局部支座采用水平可滑动弹簧支座。

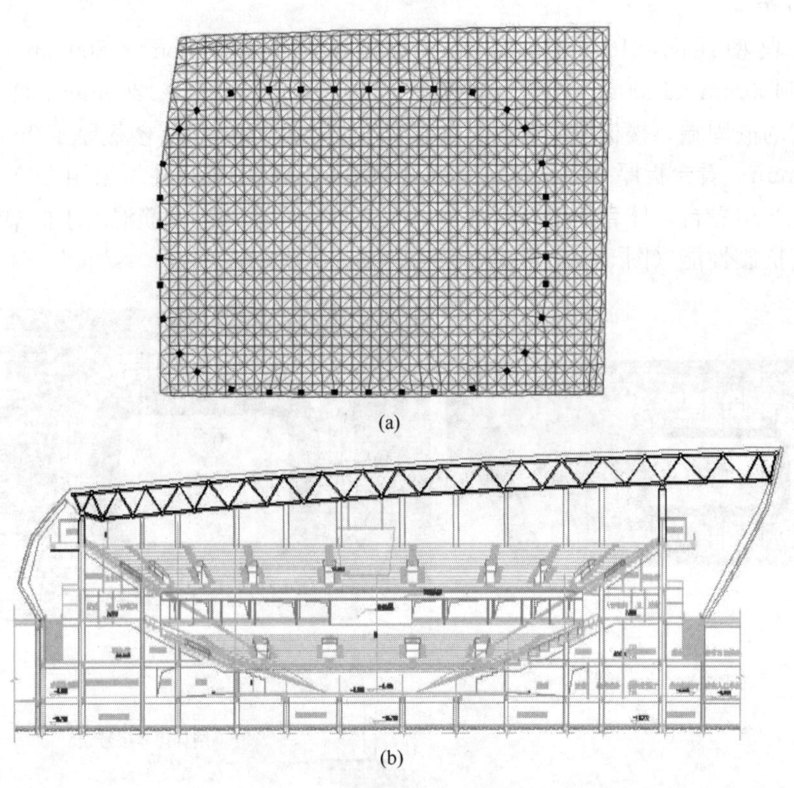

(a)

(b)

图6 体育馆屋盖结构示意

(a) 体育馆屋盖平面；(b) 体育馆屋盖剖面

3. 游泳馆

游泳馆平面包括比赛区和训练区，东西方向长142m，南北方向宽67～84m，建筑总高度31.1m，总建筑面积约$65000m^2$，地上3层，地下2层。地下2层和地下1层层高分别为4.2m和6.5m，地上1层层高7.0m，2层层高7.7m，3层层高5.0m。比赛区内设置长50m×宽25m×深3m 10道标准比赛池和长25m×宽25m×深3m 10道短道比赛池各一个；训练区内设置长50m×宽25m×深1.5～1.8m 10道训练池一个。游泳馆内单侧设置看台，南向设有固定座席3000个。游泳馆主体结构为钢筋混凝土框架结构（图7）。游泳馆商业部分的框架柱尽量布置在通廊两侧的商铺内，以保证通廊的完整性，因此商业局部采用了大跨度密肋梁，以满足建筑功能要求。另外游泳馆的功能布局使得场馆东西向较长，南北向较短，地震作用下的扭转位移比较大，为此在负1层至3层设置了BRB防屈曲支撑。BRB支撑小震保持弹性，中震开始进入耗能状态，大震全部进入耗能状态，以达到降低结构扭转位移比和改善整体结构抗震性能的目的。

游泳馆内部的建筑功能分区主要包括比赛区、训练区和观众休息区，根据各自区域的屋面跨度和使用环境的不同分别采用与之相适应的结构体系（图8）。比赛区的屋盖跨度64.750m，采用交叉张弦梁结构；训练区的屋盖跨度34.5m，采用钢结构密肋梁结构。观众休息区为非用水环境区域，屋盖采用刚架钢结构。比赛区屋盖将建筑造型与结构受力构件的布置结合起来，交叉布置的钢梁与V形斜柱共同形成菱形构架，下弦索通过V形撑、

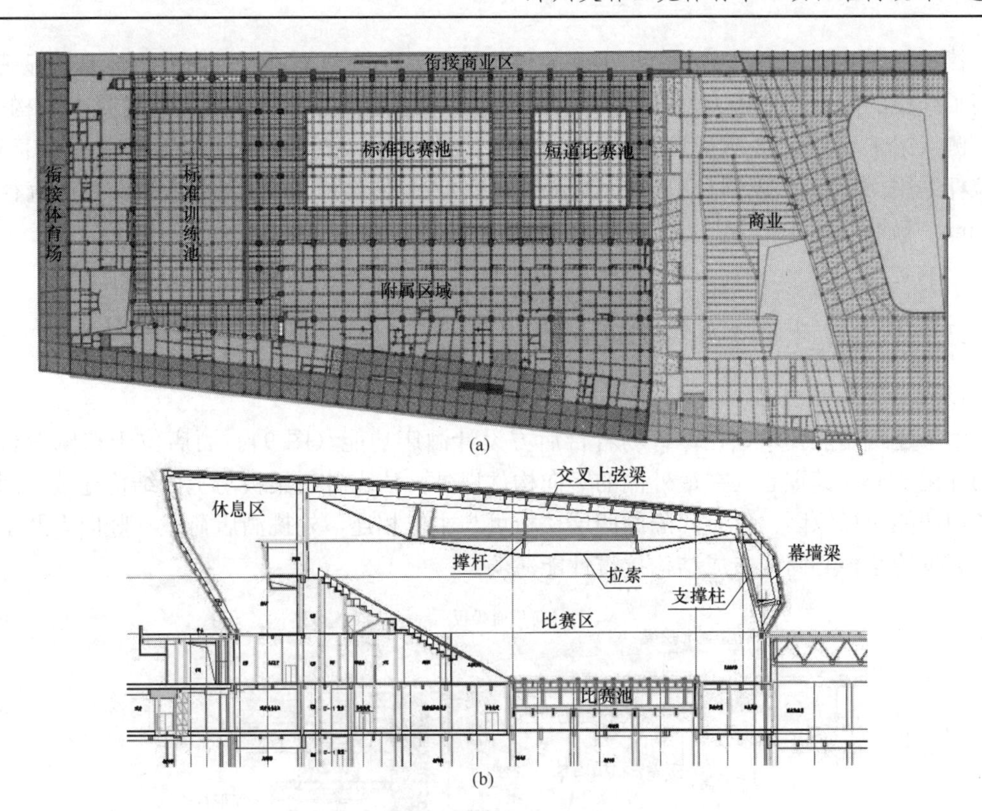

图 7 体育馆混凝土主体结构示意

(a) 游泳馆 1 层平面；(b) 游泳馆剖面

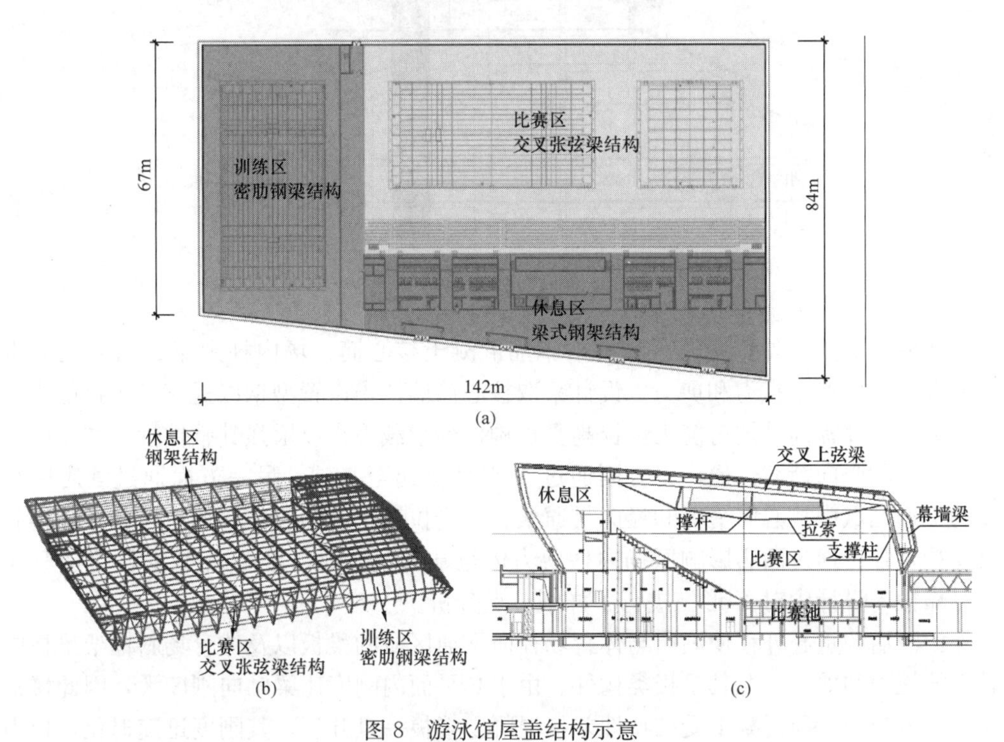

图 8 游泳馆屋盖结构示意

(a) 游泳馆屋盖平面；(b) 游泳馆屋盖钢结构组成示意；(c) 游泳馆屋盖比赛区剖面

竖向撑与钢梁共同承力，形成简洁美观的建筑效果。交叉钢梁形成双向受力体系，显著地提高了结构的刚度和整体力学性能。交叉张弦梁一侧支承在观众席背后的混凝土结构上，另一侧从梁末端分成倒V形两根斜柱，落在下部混凝土框架上。结构钢材采用Q355B，钢拉杆采用GLG550级钢拉杆，拉索采用锌-5%铝-混合稀土合金镀层钢绞线，直径为100mm，破断强度1670MPa。

三、结构设计难点与措施

1. 体育场酒店外挑

由于建筑功能要求，在体育场看台后方设计酒店功能（图9）。酒店位于东侧看台东面的外挑部分，其重心处在最外侧的竖向构件以外，依靠各层梁板与主体结构连接，因酒店使用功能布局原因，仅有间隔的四层楼板可与主体相连，外挑酒店荷载（竖向力及水平力）大量传至核心筒，造成结构抗震性能薄弱。

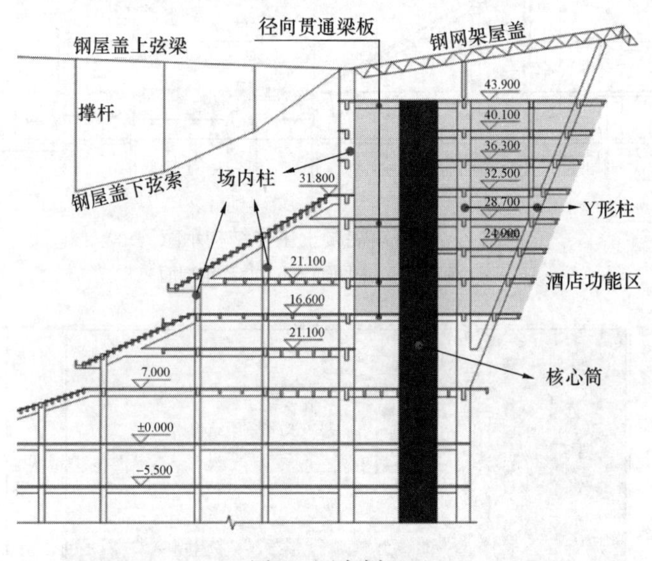

图9　酒店剖面

外挑酒店的重心外移使该区域内的钢筋混凝土核心筒、场内柱及梁、酒店径向贯通梁、板等构件内产生拉力和剪力。设计采取核心筒墙体中设置型钢以提高其抗拉能力，同时内置型钢暗撑提高其抗剪能力，提高受拉构件的承载力，以增强其整体性（图10）。

酒店区的竖向荷载传递，一方面通过Y形柱传递至基础，另一方面通过酒店区与体育场的贯通区域中核心筒受剪和径向贯通梁、板受拉，再传递至体育场看台区，使得斜框架梁受拉，最后通过酒店影响区场内柱剪力传至基础。因此，需保证Y形柱传递竖向荷载的可靠性，设计中对Y形柱进行了详细节点分析。

外挑酒店的重心外移使酒店与体育场径向贯通区域的梁板以及体育场斜框架梁板内产生较大的拉力和剪力，尤其是板类构件，由于其平面内刚度比梁轴向刚度大，因此楼板分担了大部分拉力。但混凝土受拉特性差，混凝土楼板一旦开裂，其刚度迅速退化，拉力则转移至径向贯通梁以及看台斜框架梁上，对结构的各抗侧力竖向构件的剪力分布也将产生

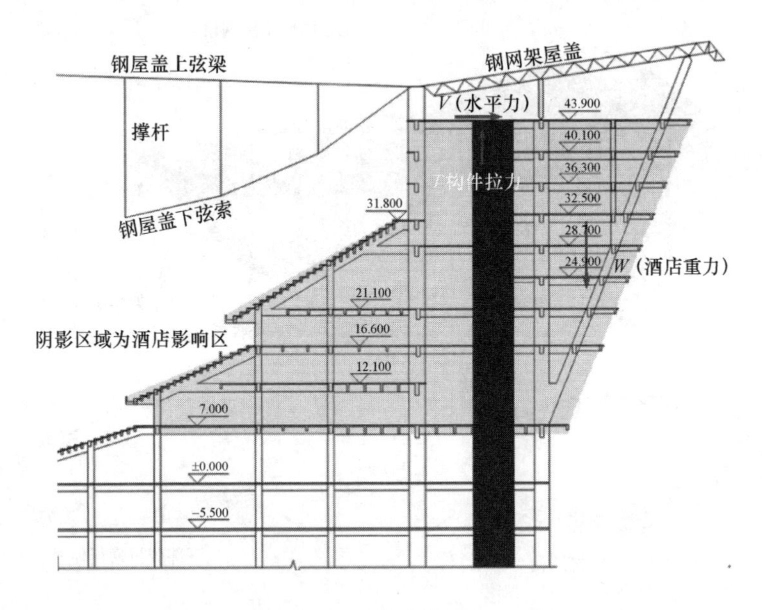

图 10　酒店内力

影响，因此研究了受拉区楼板失效后的结构受力性能，去掉了斜看台区楼板以及酒店与体育场径向贯通区域楼板，同时保留板上荷载以及楼板自重，进行了多遇地震反应谱分析和罕遇地震弹塑性时程分析，保证了酒店区结构具有多道水平力传力系统。

2. 看台罩棚大开口车辐式索承网格结构设计

车辐式索承网格结构由中国建筑西南设计研究院有限公司于 2015 年首次提出，并在实际工程中得到了成功应用，该结构体系以张拉索杆为主要承重构件，充分发挥拉索的高强材料特性，也大幅减小对主体结构的作用，可经济、有效地跨越较大的跨度，同时获得简洁、轻盈的建筑效果。本项目进一步发展创新了该结构体系，研发了设立体内环带桁架的大开口车辐式索承网格结构，满足了更大的悬挑跨度需求。

如图 11 所示，该结构体系上弦为刚性单层网格，下弦为车辐式布置的张拉索杆体系；沿环索斜向设置连接环索和上弦单层网格的斜撑杆，从而形成立体内环带桁架；结合建筑采光带的需求，最内环设置内环悬挑网格。该结构体系的受力机制：通过张拉下弦拉索在撑杆中产生向上的支撑力，对上部单层网格形成弹性支撑；上弦单层网格本身形成一个宽度很大的压力环，有效地抵抗径向索产生水平力，结构为一自平衡结构体系。内环带桁架为刚度很大的立体桁架，弥补中部巨大开口对结构的削弱，提高结构的刚度，加强整体性，可实现更大的悬挑跨度；内环悬挑网格形成环箍效应，进一步提高结构的受力性能。

通过对大开口车辐式索承网格结构的一系列静力影响因素进行分析研究，掌握其在静力作用下的受力特性。依据结构受力的基本原理，结构静力性能的影响因素分析主要分为两方面：

（1）针对索杆体系（图 12）：预张力在索杆体系结构中是必要元素，因此将预张力大小作为分析参数；索杆体系对刚性网格的支撑作用主要由径向索提供，而径向索的刚度与索的倾角有关，因此将表征径向索倾角的撑杆高度设置为分析参数；环索起到在内环平衡径向索水平分力的作用，且调整索杆体系的内力分布，故将内环索形状设置为分析

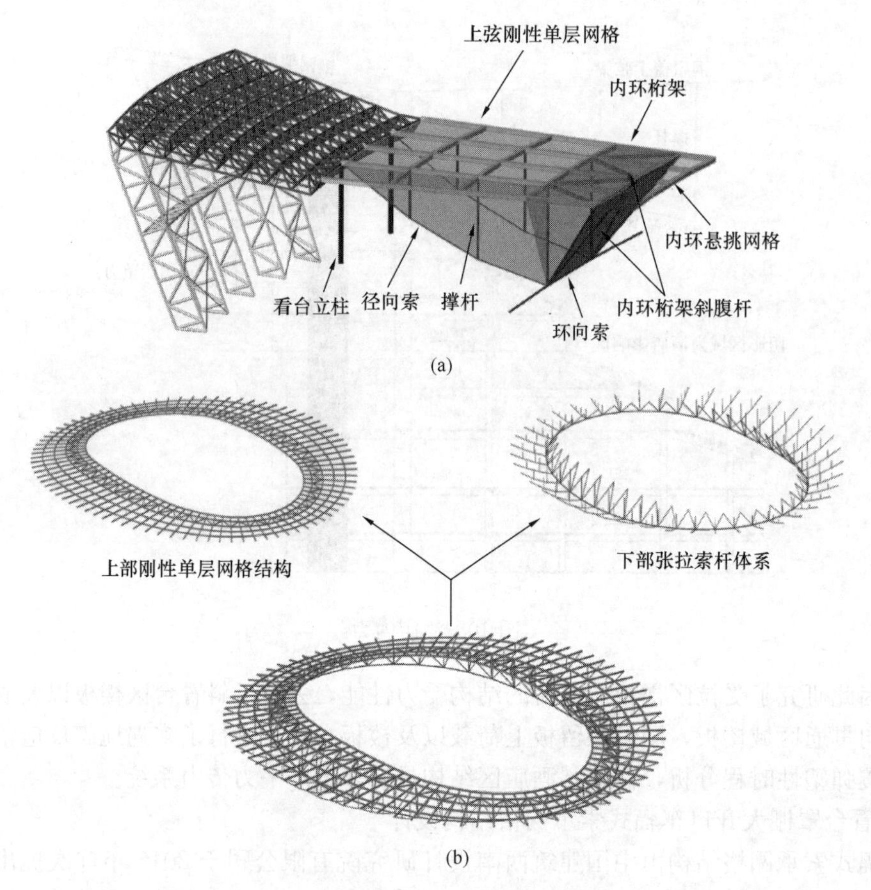

图 11 设立体内环带桁架的车辐式索承网格结构布置

(a) 屋盖结构局部；(b) 屋盖结构整体

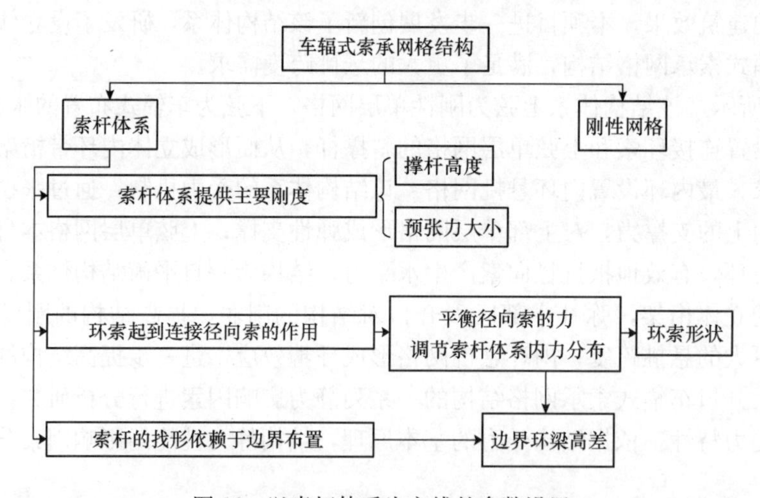

图 12 以索杆体系为主线的参数设置

参数；索体系的找形依赖于边界的形状，因此将刚性网格边界外环梁的高差作为分析参数。

（2）针对刚性网格结构：刚性网格作为结构体系的上弦刚性构件，提供一定的刚度和承载力，同时也作为下弦索系的“压环”，因此将刚性网格曲面矢高及刚性网格的网格形式作为主要分析参数，如图 13 所示。同时还分析了刚性网格内环高差及肋梁曲率改变对结构性能的影响。

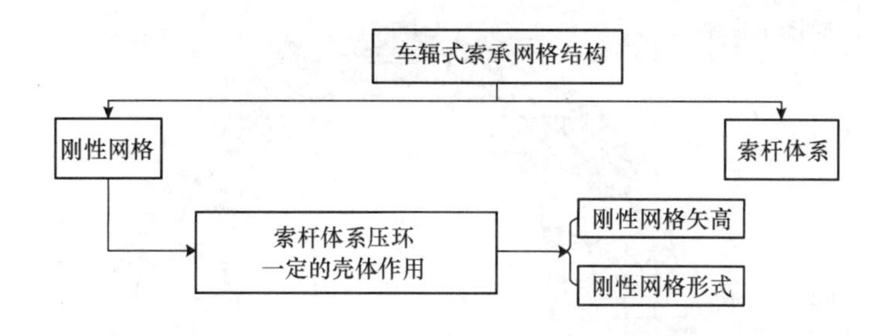

图 13 以刚性网格为主线的参数设置

通过分析得到以下主要结论，直接指导结构设计，以获得优化的结构布置：

(1) 索系预张力提供结构的初始刚度，主要影响结构的初始形态；

(2) 撑杆高度表征径向索与水平面的夹角，撑杆高度越高，径向索提供的竖向刚度越大，所需的预张力越小，结构承载力越高；

(3) 减小边界环梁的高差，可使得刚度较好的长轴部位帮助刚度较弱的短轴部位承载，整个结构的刚度协调，所需预张力越小，结构受力更为合理；

(4) 环索平面形状越接近于圆，环索轴力在法向的合力越容易平衡径向索的轴向力，其轴力会降低，并越均匀，且索杆体系的刚度会有所增强；

(5) 刚性网格矢高越高，肋梁倾斜度越大，更多荷载会以轴力的形式直接传递至边界，壳体作用越强，结构的刚度和承载力越大；

(6) 采用带有斜杆的刚性网格，增加刚性网格的水平刚度，使拉索的边界约束得到加强，可提高索杆体系的效率，增强结构的承载力；

(7) 适当增加肋梁曲率，可提高承载力，增大刚性网格刚度，但当曲率过大，使得结构体系的内环端成为薄弱环节，对结构不利；

(8) 刚性网格内环高差对索杆体系影响较小，仅影响局部刚性网格的传力方式。

通过对静力性能影响因素的研究，郑州奥体中心体育场屋盖采用了满足建筑要求前提下的优化参数进行设计。

上弦刚性网格采用肋环形布置，呈马鞍面，东西向高，南北向低，外边界高差 8.59m，内边界高差 6.1m，采用肋环形布置，共有 6 圈环梁，84 道径向梁，在内环带桁架对应的两圈环梁之间设置斜腹杆。环向杆与径向杆最大截面尺寸分别为 750mm×700mm×30mm×30mm 及 750mm×500mm×20mm×20mm 的矩管。采用车辐式形式布置下部张拉索杆体系，设有 1 圈环索，42 道径向索，每道径向索上侧设置 3 根垂直撑杆，东西向撑杆最高达 17.1m。径向拉索最大直径 ϕ140mm，环向拉索采用 8 根直径 ϕ130mm 密封索联合工作。撑杆最大高度为 17.1m，最大截面为 500×25 的圆管。环索初始状态（考虑构件自重）预张力水平约为 1500t。

如图 14 箭头所指，为提高车辐式索承网格结构及其周围支撑柱的扭转刚度与整体性，间隔两跨在支撑立柱间布置交叉拉索，并在刚性上弦平面间隔布置交叉拉索。

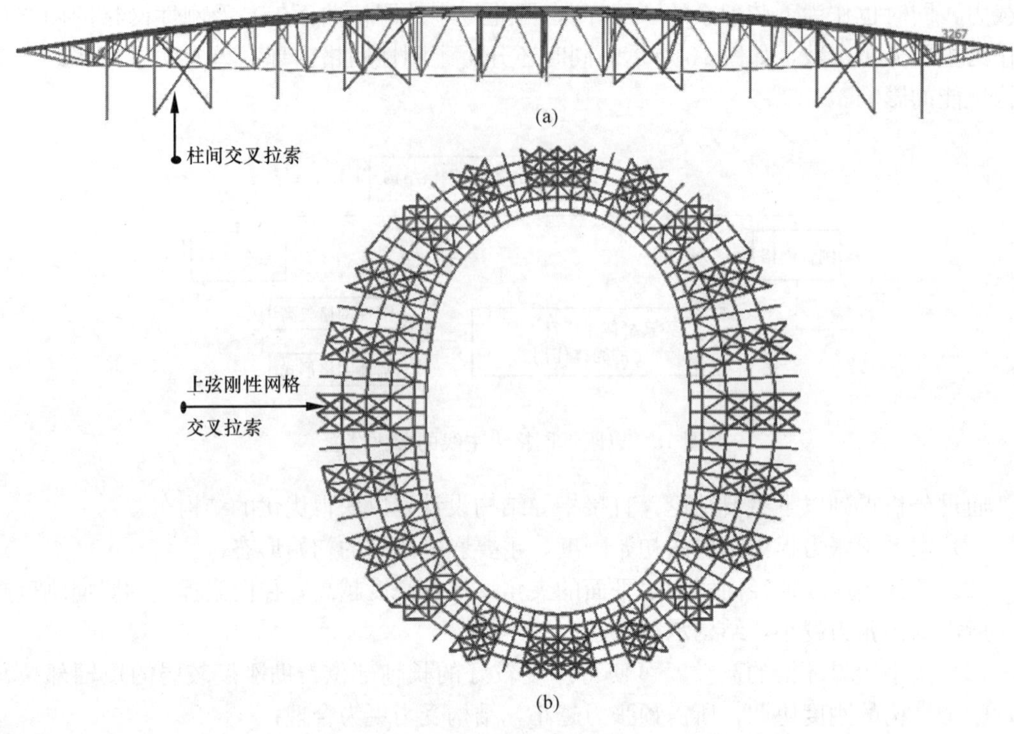

(a)

(b)

图 14　稳定拉索布置

(a) 柱间交叉拉索布置；(b) 上弦刚性网格间交叉拉索布置

3. 目前我国跨度最大的弧形巨型桁架结构研究设计

体育场南北向设有空中连廊（图 15），跨度约为 82m，剖面为三角形，内部较大的开敞通透空间为建筑使用功能提供了保证，同时该连廊还作为车辐式索承网格结构在南北向的支座。该空中连廊支承于两侧端部的钢框筒上，钢框筒插入下部混凝土筒结构中。

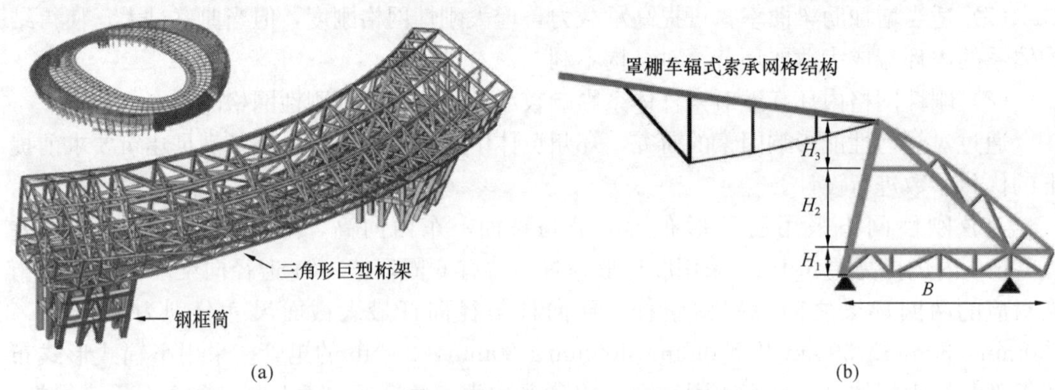

(a)　(b)

图 15　空中连廊弧形巨型桁架结构

(a) 三角形巨型桁架；(b) 三角形巨型桁架剖面

三角形巨型桁架结构上弦为呈三角形布置的桁架（图 16），最大截面尺寸为□800×800×50×50，位于跨中；下弦为双层网架，最大截面尺寸为□1000×1000×55×55，位于与钢框筒相交处；结合建筑造型需求，内侧采用单层腹杆，竖腹杆间距约为 9m，在两端钢框筒支座区域布置加密，最大截面采用□1000×1000×35×35，外侧采用双层腹杆，最大截面为□600×550×25×25，中间形成了便于使用的开敞空间。下弦宽度约为20m，上弦部分高度（H_1）3.6～2.3m、腹杆部分高度（H_2）约8m、下弦部分高度（H_3）6.4～4.6m（图15）。上弦桁架、下弦双层网架、内侧单腹杆和外侧双层腹杆结构布置如图16(b)～(e)所示。结合建筑隔墙位置，沿径向在三角形巨型桁架上弦与下弦之间布置2道横隔板（图16b），以增强整体刚度，横隔板位置如图16中箭头所示。

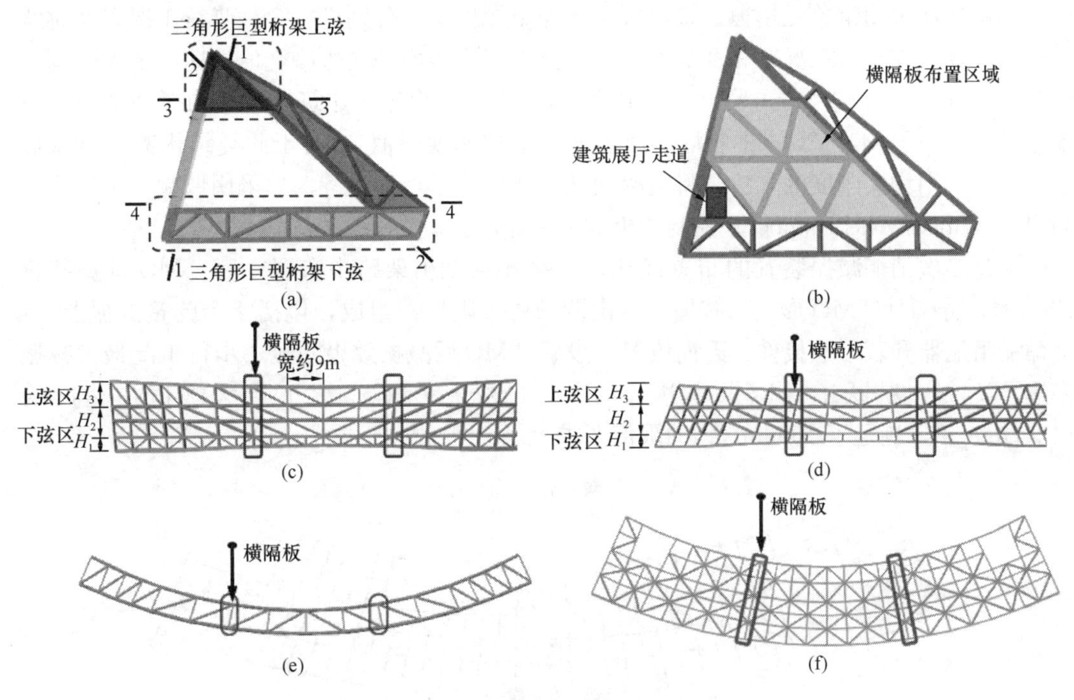

图16　三角形巨型桁架结构布置

(a) 剖面分布；(b) 横隔板；(c) 1-1剖面；(d) 2-2剖面；(e) 3-3剖面；(f) 4-4剖面

三角形巨型桁架端部与外围双层网架连接，共同构成索承网格的封闭边界环，根据巨型桁架端部的结构布置，局部加厚了与之相邻的两跨网架（图17中箭头所指），使网架杆件能平顺地与巨型桁架弦杆相连，确保传力连续、直接；同时加强截面，使构件刚度匹配，防止刚度突变。

采用MIDAS Gen分析软件，建立体育场钢结构的整体有限元分析模型，三角形巨型桁架结构模型也包括于其中，采用梁单元模拟构件。通过合理的分析设计，使得三角形巨型桁架结构在正常使用控制工况下（1.0恒荷载+1.0活荷载+0.6升温）的最大竖向位移为−147.9mm，挠跨比为

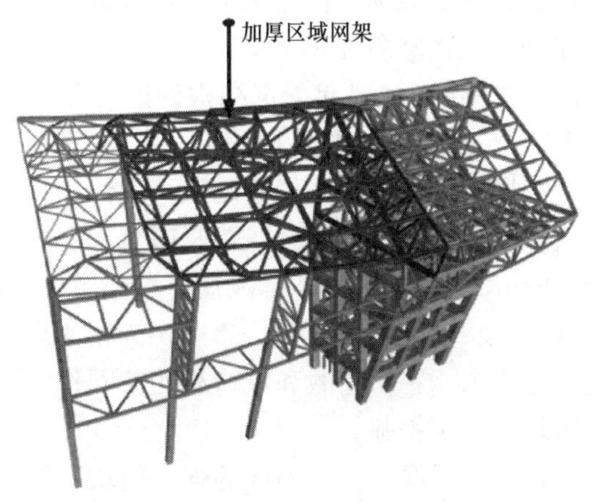

图17　三角形巨型桁架结构与双层网架连接区域

1/554，小于限值1/400，具有较大的刚度。三角形巨型桁架与钢框筒连接区域的构件及跨中弦杆受力较大，在承载力工况下上弦杆最大应力比为0.662，小于限值0.75，下弦杆最大应力比为0.648，小于限值0.75，与钢框筒连接的端部腹杆最大应力比为0.748，小于限值0.75。

三角形巨型桁架跨度大，竖向频率较低，且具有建筑使用功能要求，故需考察其人致振动加速度是否满足规范的舒适度要求。采用有限元软件MIDAS Gen对其进行动力分析，结构杆件采用梁单元模拟，楼面板采用壳单元模拟。分别进行3种步行工况以及跳跃工况的计算。在步行工况3和2的作用下，空中连廊楼面外侧边缘峰值加速度最大分别达到337.1mm/s²、180.9mm/s²，大于限值150mm/s²（根据《建筑楼盖结构振动舒适度技术标准》JGJ/T 441—2019中餐厅楼面板的峰值加速度限值），对于此类结构需进行减振设计。若采用增大刚度的方法，将大幅增加桁架用钢量，不经济。故采用调频质量阻尼器TMD（Tuned Mass Damper）控制楼板的人致振动。

通过多次消能减振装置的布置优化，最终在巨型桁架跨中布置4套TMD减振装置(图18)，分两种TMD形式。减振装置由调频质量阻尼器组成，包括4个弹簧减振器、1个黏滞阻尼器和若干连接件、万向铰等。设置TMD后减振效果明显，步行工况最大减振率达58.4%，跳跃工况减振率达56.7%，减振后所有工况下最大峰值加速度为142.7mm/s²，满足了150mm/s²的限值要求。

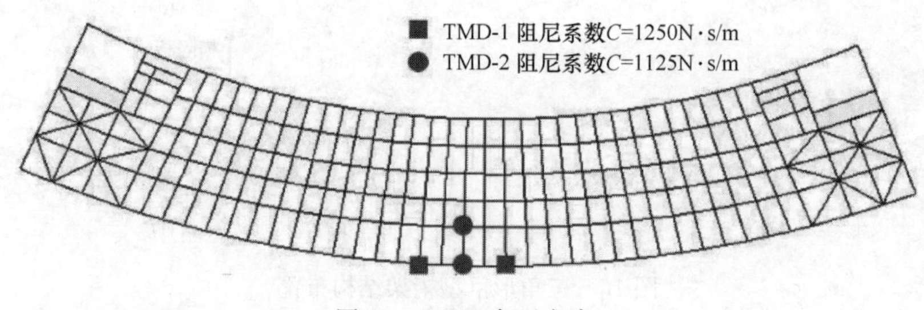

图18 TMD布置方案

4. 游泳馆交叉张弦梁研究设计

比赛区屋盖中的钢拉杆和拉索均为只受拉构件，在分析设计中均考虑几何非线性。在恒荷载和活荷载标准值作用下。比赛区屋盖的最大竖向变形85mm，挠跨比1/754；训练区屋盖的最大竖向变形44mm，挠跨比1/784；观众休息区屋盖的最大竖向变形62mm，挠跨比1/402。均满足《钢结构设计标准》GB 50017—2017及《空间网格结构技术规程》JGJ 7—2010的最大挠度限值［1/250］要求。

根据风洞试验报告提供的风荷载体型系数和风振系数，在恒荷载和风荷载标准值作用下对屋盖变形进行计算，屋盖竖向变形17mm，挠跨比1/3773；训练区屋盖的最大竖向变形30mm，挠跨比1/862；观众休息区屋盖的最大竖向变形49mm，挠跨比1/509。均满足《钢结构设计标准》GB 50017—2017和《空间网格结构技术规程》JGJ 7—2010的最大挠度限值要求。在恒荷载和风荷载的共同作用下，屋盖各节点均不发生上挠变形，钢拉杆和拉索均不发生松弛。

在包络工况下，钢构件的强度值均不超过其强度应力设计值，满足承载能力极限状态的设计要求。比赛区交叉张弦梁截面为300mm×1200mm，斜柱截面为300mm×1200

(600)mm，撑杆为圆管 ϕ219×16mm，钢拉杆直径为 50mm（圆形），钢拉索直径为 100mm（圆形）；训练区密肋梁截面为 300mm×1100mm。

对交叉张弦梁的关键节点进行了节点有限元分析，在满足方便节点放样与施工的前提下，保证了节点的刚度与传力（图 19）。

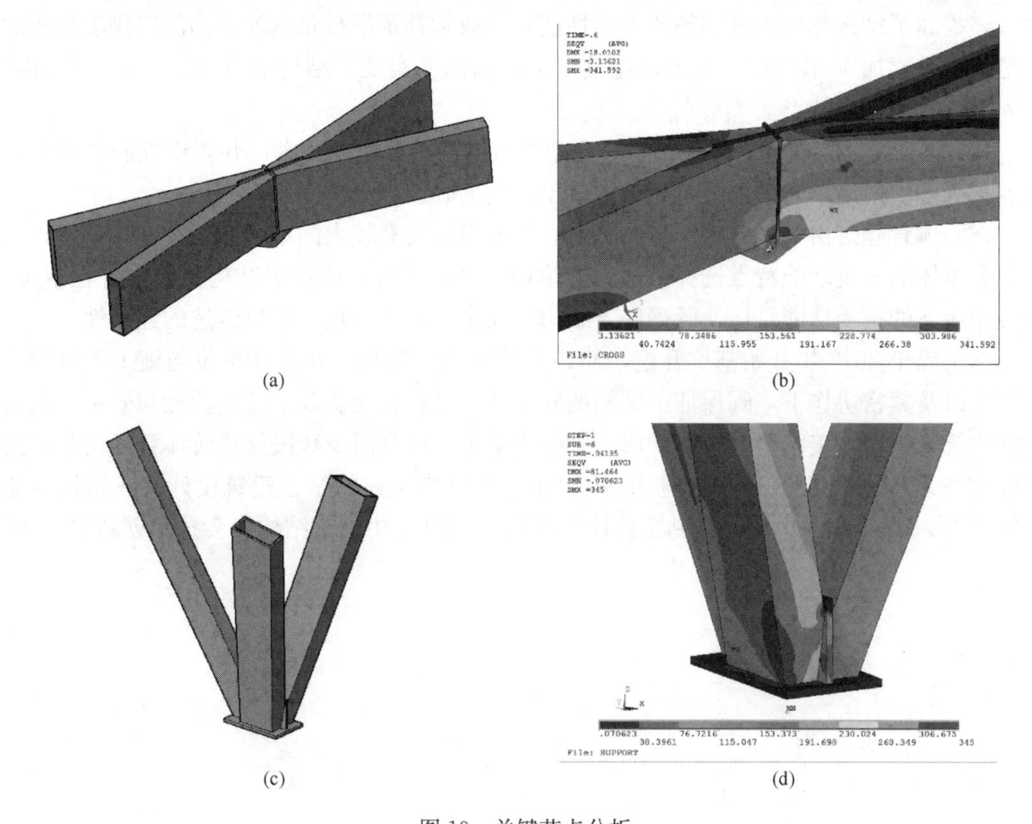

图 19 关键节点分析

（a）张弦梁交叉节点几何模型；（b）张弦梁交叉节点应力分布；

（c）柱脚节点几何模型；（d）柱脚节点应力分布

四、结语

郑州奥体中心项目在结构设计上具有以下创新点和特点：

（1）体育场罩棚采用大开口车辐式索承网格结构。体育场看台罩棚的最大悬挑长度达 54.1m，首次采用了设立体内环带桁架的大开口车辐式索承网格结构，也是全球悬挑长度最大的大开口车辐式索承网格结构。

（2）体育场南北立面 82m 跨度三角形巨型桁架结构。体育场结合建筑功能和造型设置了 82m 跨度的弧形空中连廊，采用巨型桁架结构既满足了空中连廊内部大空间建筑使用功能和观景要求，还作为体育场屋盖索承网格结构的支承构件，实现了用合理的结构成就建筑之美。

（3）体育场斜置悬挂酒店。体育场酒店区斜置悬挂于东看台结构主体上，是国内将酒店和体育场看台区合建的首例。酒店依靠自身的核心筒和东看台主体结构共同构成主要抗侧力体系，酒店顶部四层采用钢框架结构，适当设置屈曲约束支撑，在减轻自重、减小地震效应的同时，也减小了混凝土看台结构的拉力。合理的结构选型和恰当的设计措施实现了建筑结构的和谐统一。

（4）游泳馆屋盖采用交叉张弦梁结构。比赛区屋盖上弦钢梁交叉布置，形成双向受力体系，提高了结构侧向刚度和整体力学性能，有效弥补了平行张弦梁结构侧向刚度较弱的不足，下弦索加V形撑杆，在满足建筑效果的基础上实现了结构的合理、高效，具有技术先进、建筑美观特点。

（5）本工程为362m的超长结构，在超长方向采用预应力技术，并要求控制材料配比及养护等多项措施，有效解决了超长混凝土结构的收缩和温度问题。

（6）体育建筑由于其建筑形体的特点，抗震设计具有较大的难度和复杂性，本工程根据各个单体的建筑功能特点选择了适宜的结构体系，并合理确定了结构关键构件在中震、大震作用下的抗震性能目标，既确保了结构的安全性，又满足了项目建造的经济性。

本工程于2017年开始基坑开挖，2019年竣工投入使用。在设计单位与施工单位的共同努力以及紧密协作下，既保证了结构的安全性，又充分地实现了建筑功能与效果，成为一件建筑与结构完美结合的作品。成功举办了第十一届全国少数民族传统体育运动会，其中体育场为开幕式会场。该项目获得了2019—2020中国建筑学会建筑设计奖·结构专业一等奖、2020年度四川省优秀勘察设计一等奖、2020年中国钢结构协会技术创新奖。

25 江苏苏州工业园区奥体中心项目结构设计

建设地点 江苏省苏州市中新大道东999号
设计时间 2013—2017
工程竣工时间 2018
设计单位 华建集团上海建筑设计研究院有限公司
[200041] 上海市静安区石门二路258号现代建筑设计大厦
主要设计人 徐晓明 张士昌 高峰 史炜洲 侯双军 周宇庆 黄怡 董兆海 李剑峰 孟燕燕 陆维艳 王连青 李冰心 孙诗鹏 侯小英 任祥明
本文执笔 徐晓明 张士昌 高峰 史炜洲
获奖等级 2019—2020中国建筑学会建筑设计奖·结构专业一等奖

一、工程概况

苏州奥林匹克体育中心（原名江苏苏州工业园区奥体中心）总建筑面积约35万m^2，是一个集体育竞技、休闲健身、商业娱乐、文艺演出于一体的多功能、综合性的甲级体育中心，由45000座体育场、13000座体育馆、3000座游泳馆和综合商业服务楼、中央车库等配套建筑组成。可以举办全国综合性运动会和国际单项体育赛事，是一个绿化环保的生态型体育中心，一个环境优美的敞开式体育公园。体育建筑泰斗魏敦山院士称该项目为第五代体育建筑的代表作。建成后实景如图1所示。

体育场看台混凝土结构的抗侧力系统为钢筋混凝土框架+防屈曲约束支撑结构。体育场混凝土结构为超长结构，最大外边线尺寸达800m。对超长混凝土结构进行应力分析，分析时考虑了混凝土收缩、温度变化、徐变应力松弛、混凝土刚度折减、桩基约束刚度和后浇带的封闭时间。通过上述应力分析并配合严格的施工要求，实现了800m超长混凝土结构不设缝、不设预应力筋。看台混凝土结构有三圈框架柱采用了型钢混凝土柱，对型钢混凝土柱与看台斜梁节点、与防屈曲约束支撑节点、与后张拉预应力梁节点、与钢柱脚节点等进行了详细分析与设计，保证了节点受力性能。

体育场钢屋盖结构为马鞍形轮辐式单层索网结构，跨度260m。对双层索网和单层索网进行了选型对比，对索网进行了找形分析。为了考虑柔性屋面结构与风荷载之间的耦合作用，进行了气弹性模型试验研究。柱脚销轴和铸钢采用了高强材料，减小了构件尺寸，达到美观效果。对部分V形柱边界条件进行释放，弱化了结构刚度，减小了基础沉降差

图 1　建筑实景

异对钢屋盖结构受力的影响。对结构进行了考虑几何非线性和材料非线性的整体稳定分析；对柱脚节点创新设计，并完成了有限元分析和节点试验；进行了柔性屋面大变形对附属结构影响研究，设置了钢屋盖健康监测系统。

体育馆钢屋盖受力体系由 V 形柱、摇摆柱、顶部环桁架和双向平面桁架组成，结构受力体系清晰；进行了几何非线性整体稳定分析，整体稳定安全系数满足规范要求。考虑关键构件破坏后的动力效应，进行了钢屋盖抗连续倒塌分析，结构不会出现连续倒塌。整体模型罕遇地震弹塑性时程分析和关键节点设计显示，整体结构和关键节点具有良好的受力性能。

游泳馆采用了 107m 大跨度马鞍形单层索网结构。计算考虑了风摩擦力的影响；对结构进行了考虑几何非线性和材料非线性的整体稳定分析；进行了无应力无涂装拉索、有应力无涂装拉索、有应力有涂装拉索的腐蚀试验；完成了柔性屋面大变形对附属结构影响研究；进行了屋面系统大变形试验；设置了钢屋盖健康监测系统。

下文对创新设计的体育场钢屋盖结构、游泳馆屋盖钢结构进行重点介绍。

二、体育场钢屋盖结构

1. 概况

体育场建筑面积 81000m^2，设 45000 个看台座位，建成后实景如图 2 所示。

2. 结构体系

(1) 结构体系构成

体育场为地上五层看台结构＋钢结构屋面，看台的抗侧力系统为混凝土框架＋屈曲约束支撑结构。钢结构屋面除在混凝土结构三层设置铰接柱脚和高看台侧面设置连杆外，自成平衡体系。混凝土看台高度 31.8m，钢结构屋面高度 52.0m。体育场剖面如图 3 所示。

图 2　体育场建成后实景

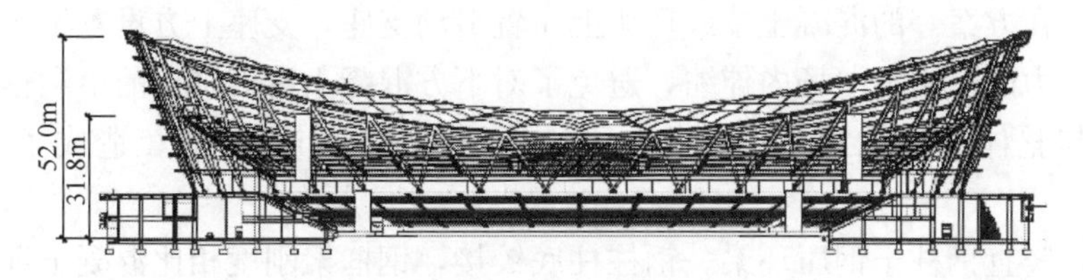

图 3　体育场剖面

基于建筑师的马鞍形曲线的设计构思，体育场的屋盖结构采用马鞍形轮辐式单层索网结构。体育场的屋盖外边缘环梁几何尺寸为 260m×230m，马鞍形的高差为 25m。体育场屋盖主要几何尺寸如图 4 所示。

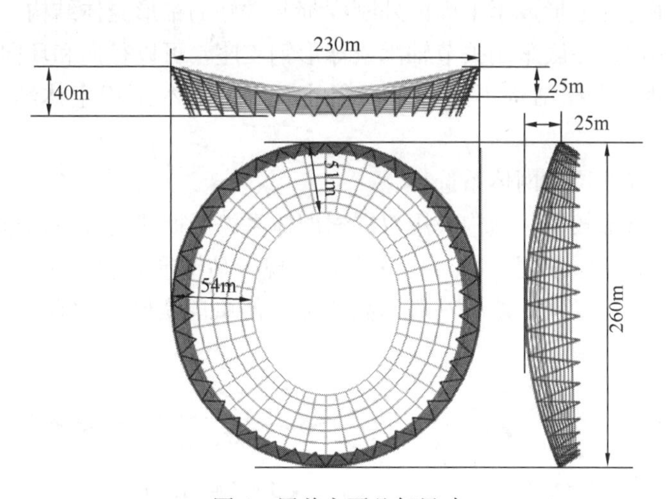

图 4　屋盖主要几何尺寸

体育场屋盖结构主要由三部分组成：屋面覆盖拱支承的膜结构、主体结构外倾 V 形柱＋马鞍形外环梁＋索网、外幕墙格栅体系，如图 5 所示。

传统索结构支承体系一般采用如下三种方案：

方案一：混凝土墙柱＋混凝土环梁，索锚固在混凝土环梁上。缺点是混凝土框架结构刚度很大，其在索网张拉时产生的次内力很大，相应构件截面加大，经济性欠佳。

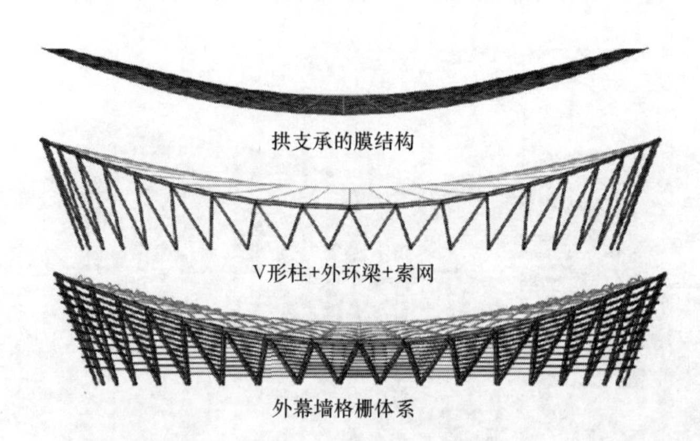

图5　屋盖结构组成

方案二：在方案一的混凝土柱或环梁上布置滑动支座，支座上方设置钢压环。钢压环可以在索预应力的作用下向场内伸缩，避免了对下方混凝土看台结构的不利影响。缺点是钢压环不参与整体结构抗震，看台混凝土结构需要另外布置环梁，造成了一定程度的浪费。

方案三：竖直钢柱＋钢压环梁。钢柱柱底铰接，钢框架刚度相比混凝土框架小，索网张拉时钢柱随着环梁向内场变形，不利次内力小。缺点是竖直钢柱刚度较小，需要另外增加支撑，以抵抗水平风荷载和地震作用。

“外倾V形柱＋马鞍形外环梁”支承体系综合了上述三种方案的优点，同时避免了其缺点，是一种受力合理、结构效率高的新型支承体系。该支承体系的V形柱外倾，V形柱和外环梁一起在空间上形成了平面内外刚度都非常好的锥形壳体结构，能很好地抵抗水平风荷载和地震作用。柱底采用关节轴承或球形钢支座，可以径向和环向双向转动，索张拉时柱随环梁转动，支撑结构不利次内力很小。因此，本工程主体结构采用了该支承体系。

(2) 单层索网和双层索网体系选择

原建筑方案马鞍形较平，结构采用双层索网体系，后期建筑方案调整，加大了马鞍形高差。对双层索网和单层索网进行对比分析后发现，马鞍形高差大于15m后，单层索网结构效率开始优于双层索网；25m马鞍形高差可以使单层索网结构有效地形成屋面刚度，如图6所示。

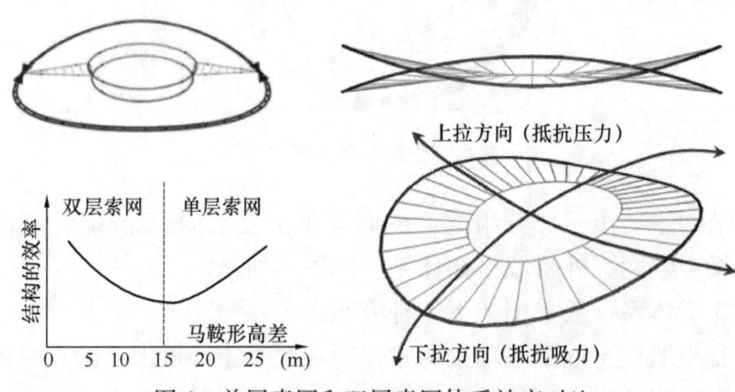

图6　单层索网和双层索网体系效率对比

(3) 索网找形

柔性结构与刚性结构主要的区别之一就是结构形状由结构内力确定，因此需要对整个屋盖结构找形。找形要达到以下目的：形成建筑师希望的建筑外形，得到整个屋盖的主要结构构件准确的预应力态，以保证实现一个单纯的拉-压结构受力体系，如图 7 所示。

施加在屋盖上的荷载，通过径向索传递到外环梁和内环索上。结构受力简洁，径向索两端节点力平衡。通过找形确定了内环索和径向索的预应力，如图 8 所示。使外环梁在自重和预应力作用下弯矩最小，以节约用钢量。

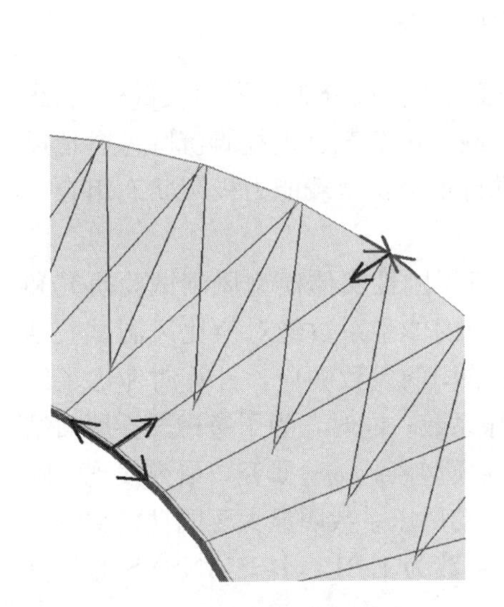

图 7 屋盖结构受力平衡

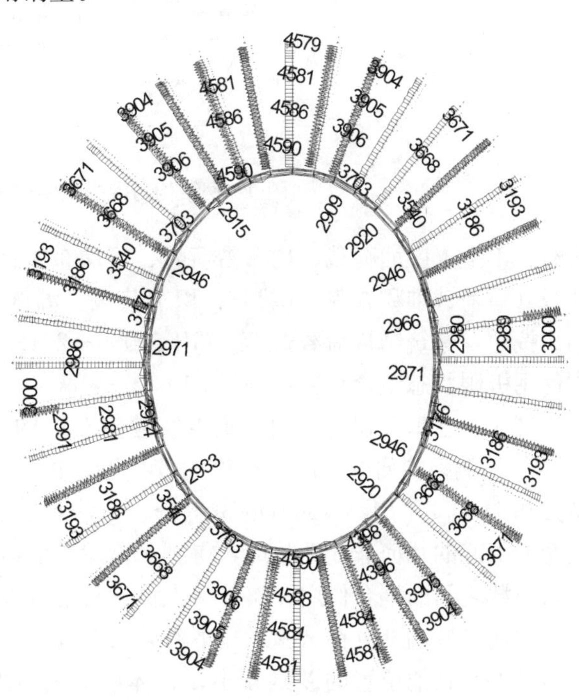

图 8 内环索与径向索的预应力（kN）

(4) 钢结构与混凝土结构连杆

原结构方案，钢结构在混凝土结构三层设置铰接柱脚，自成平衡体系。后期根据风洞试验结果对结构方案做了调整。

由于高看台区的墙面结构非常高，达到了 40m，风振系数很大。为了使结构更加有效，在高看台处增设 28 根水平连杆，截面 $\phi140\times10$，如图 9 所示。墙面部分自振频率从 0.39Hz 增加到 0.61Hz，风振系数从 4.0 降至 3.5。

为了尽量减少屋盖结构和混凝土结构的相互影响，水平连杆采用带向心关节轴承的二力杆。二力杆在所有主体结构及上部恒荷载施加完成后再进行连接。水平连杆仅承担风荷载及其他附加效应。

3. 荷载选用

钢构件自重由程序自动考虑，并将密度放大 1.1 倍以考虑节点的重量。其他荷载还包括：径向索头荷载、内环索铸钢节点荷载、马道荷载、膜及膜拱荷载、幕墙荷载、屋面设

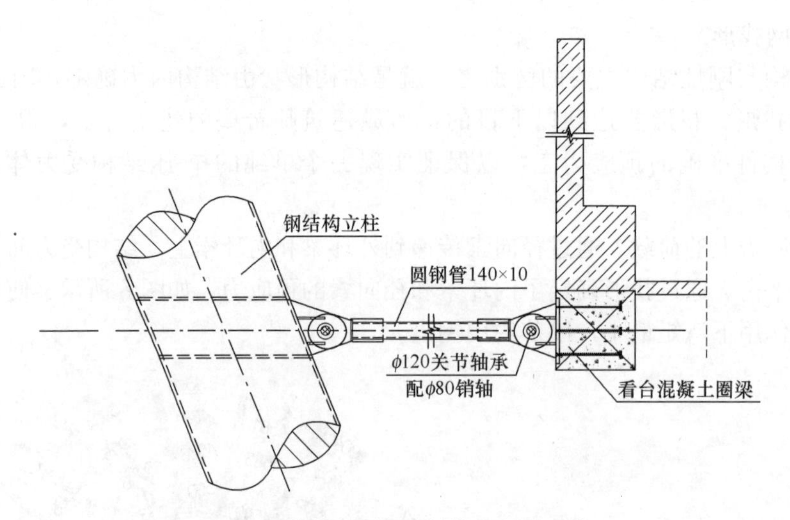

图 9　钢结构与混凝土结构之间的连接

备荷载、不上人屋面荷载、均布雪荷载、不均布雪荷载（雪荷载分布在屋面较低处）、积雪荷载（雪荷载堆积在膜拱拱脚）、积水荷载、温度荷载、风荷载、钢柱脚沉降差、地震作用。按照《建筑结构荷载规范》GB 50009—2012 进行组合，承载能力极限状态组合+正常使用极限状态组合总数达到了 340 个。

同济大学土木工程防灾国家重点实验室对结构进行了刚性实体模型风洞试验研究和 CFD 数值风洞模拟研究，两者结果比较接近，数值模拟的体型系数绝对值比风洞试验结果略大 0.1～0.2；用 ANSYS 的瞬态分析方法计算了结构的风致响应，计算时考虑了结构大变形引起的几何非线性效应，得到了钢屋盖的风振系数；同时，为了考虑柔性屋面结构和风荷载之间的耦合作用，实验室人员进行了气弹性模型风洞试验研究，研究发现，除了屋盖挑篷悬挑端部分在试验风速下有较大振幅，其脉动风压系数明显大于刚性模型测压试验结果外，其他位置的差别较小，整体屋盖的风振系数为 1.81，小于 ANSYS 的计算结果 1.86。

风洞试验提供了 24 个不同风向角作用下的风荷载值，将这些荷载进行分析计算后，选取 6 个不同风向角的风荷载用于整体分析：0°风向角风荷载，引起整体结构产生向上的最小风吸力；15°风向角风荷载，引起整体结构产生 Y 向的最大反力；60°风向角风荷载，引起整体结构产生向上的最大反力，同时也引起局部结构产生较大的风吸力；75°风向角风荷载，引起局部结构产生较大的风吸力；90°风向角风荷载，引起最大的整体结构 X 向的反力；135°风向角风荷载，对于幕墙结构而言是最不利荷载。

4. 材料和主要构件截面

V 形柱根据受力不同，材料采用 Q345C 和 Q390C，截面采用圆管或圆管+内加强板形式，如图 10 所示，40m 高柱，截面控制在 ϕ1100×35，如图 11 所示。环梁采用 Q345C 圆钢管，直径 1500mm，壁厚 45～60mm 不等。

径向索、内环索均采用进口全封闭索，其索夹抗滑能力、索承受索夹压力能力、防腐蚀能力、抗疲劳强度均优于螺旋索，钢丝抗拉强度标准值不小于 1570N/mm²，径向索为单根索，直径 100mm、110mm、120mm 三种规格，内环索为 8 根索，直径均为 100mm。

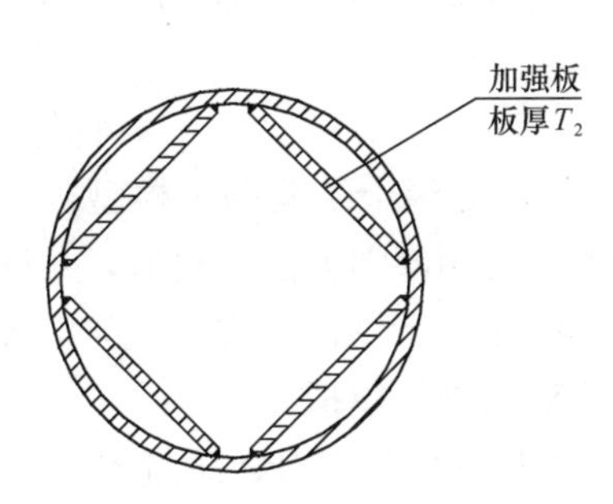

图 10 内加强板圆钢管柱

图 11 40m 高 V 形柱

屋面膜材采用《膜结构技术规程》CECS 158:2004 中代号为 GT 的膜材，其基材为玻璃纤维，双面涂聚四氟乙烯（PTFE）涂层，抗拉强度满足国标 G 类 A 级要求。

为减小柱脚销轴直径，以减小支座整体高度，达到美观效果，柱脚销轴采用符合欧洲标准 EN10343 的高强 34CrNiMo6 材料，QT 处理，国内大的钢材供应厂商都可以生产，并出口到欧洲，在机械行业应用比较普遍。销轴直径在 161～250mm 之间时，其屈服强度标准值达到 600MPa，比常规 40Cr 的屈服强度标准值 500MPa 提高 20%。

同样，为了减小索夹、柱脚的构件尺寸，铸钢材料采用符合欧洲标准 EN10213 的高强 G20Mn5QT 材料，并把材料屈服强度标准值要求从 300MPa 提高到了 385MPa。铸造时，C、Mn 等元素要达到中上限，并需加入 Cr 和 Ni 等合金元素，还要严格控制 P、S 的含量，合理调配 Si 的含量，提高钢水的纯净度，才能保证铸钢件的力学性能，碳当量控制在不大于 0.48%。强度的增加会带来延性的降低，体育场采用轻质膜屋面，地震作用不起控制作用，对材料的延性要求可适当降低，经过专家会论证，伸长率允许从规范 22%降低到 20%。

5. V 形柱设计

外圈倾斜的 V 形柱在空间上形成了一个刚度良好的圆锥形空间壳体结构，直接支承设置于顶部的受压外环梁。

最高 40m 的 V 形柱和环梁形成了刚度巨大的桁架，其展开面如图 12 所示，刚性桁架对基础沉降较为敏感，为了减小基础沉降差的影响，对结构柱的设置进行了方案优化的比较，让特定部位的立柱承受指定的荷载，图 13 为局部立柱（1/4 整体）平面布置，所有节点均绕径向和环向铰接。柱脚节点 1 的柱承受屋盖、幕墙竖向荷载，柱承受径向和环向水平荷载；柱脚节点 2 竖向滑动，柱不承受屋盖竖向荷载，但承受幕墙竖向荷载并传递给上方的外环梁，承受径向与环向水平荷载；柱脚节点 3 竖向和环向滑动，柱不承受屋盖竖向荷载，但承受幕墙竖向荷载，柱承受径向水平荷载，但不承受环向水平荷载；柱脚节点 4 单肢柱竖向滑动，滑动的单肢柱不承受屋盖竖向荷载，但承受幕墙竖向荷载，柱承受径向和环向水平荷载。

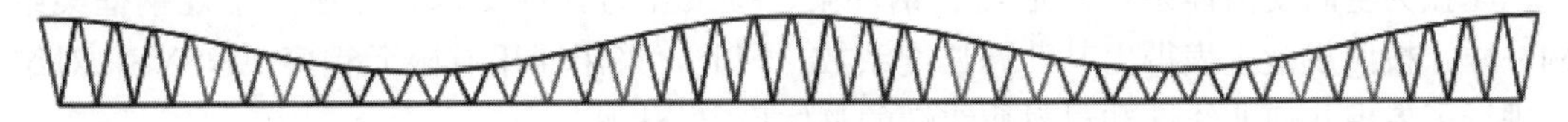

图 12 V 形柱和外环梁展开面

在满足结构刚度需要的前提下，部分柱边界条件的释放使基础沉降差产生的柱应力由95.1MPa减小到34.1MPa，节约了用钢量。

6. 钢屋盖弹性计算结果

采用SAP2000分析软件，建立单钢屋盖、钢屋盖＋混凝土结构两个模型，考虑 P-Δ 效应和大位移进行计算分析。根据找形结果，拉索预应力用降温方法来模拟，并作为基础工况参与各工况组合。钢结构和混凝土看台顶端的连杆在所有主体结构及上部恒荷载施加完成后再进行连接施工，并采用非线性阶段施工方法对其进行模拟。

采用Ritz向量法进行模态分析，考虑的振型数量为100个，累计质量参与系数3个方向均超过97%。前6阶振型均为屋盖上下振动，表明结构竖向刚度较弱，第一阶振型频率仅0.313Hz，如图14所示。

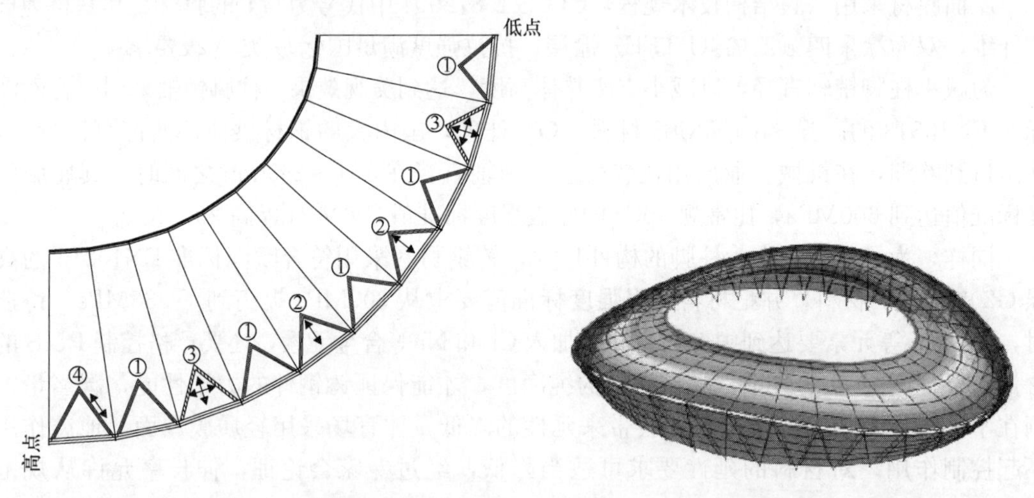

图13 局部立柱（1/4整体）平面布置

图14 钢屋盖第一阶振型

按照《苏州奥体中心抗震设防专项审查意见》，对结构进行7度罕遇地震下的时程分析，结果表明，地震作用仍然不是控制工况。100年一遇风荷载组合下的承载能力极限状态下，拉索应力最大，最大应力比0.80。拉索采用进口全封闭索，抗拉力设计值按照欧洲标准EN12385-10取值，拉索抗力分项系数即拉索极限抗拉力标准值除以抗拉力设计值为1.65，小于我国行业标准《索结构技术规程》JGJ 257—2012要求的2.0。《索结构技术规程》JGJ 257—2012第5.6.1条文说明指出，规范2.0安全系数是基于钢丝束、钢绞线和钢丝绳综合取值的，高强钢丝束的安全系数实际为1.55，经专项审查专家讨论，同意安全系数取1.65。另外，按照2.0安全系数进行计算，拉索最大应力比为0.97，略小于1.0。

钢结构和混凝土结构整体模型分析的钢屋盖各项指标也均满足规范要求。

7. 钢屋盖双非线性整体稳定分析

屋盖为空间受力体系，V形柱和钢环梁、拉索互为弹性支承，无法同常规钢框架结构一样，按照规范查表得出其计算长度系数。因此，采用通用有限元程序ANSYS，对结构进行了考虑几何非线性和材料非线性的整体稳定分析。

钢环梁和V形柱采用Beam 188单元，拉索采用Link 10单元。钢材本构关系曲线如

图 15 所示。

按照结构每一工况的第一阶屈曲模态考虑 260m 跨度 1/300 的初始缺陷。分析按照两个荷载步进行：第一荷载步计算预张应力和重力的作用（包括索头、索夹重力等）；第二荷载步计算其余外荷载的作用。

按照《建筑结构荷载规范》GB 50009—2012 要求采用荷载标准组合进行分析，在雪荷载和风荷载同时组合的工况中，考虑到组合较多，风荷载仅选取使结构变形、受力较大的 3 个典型的风向角（0°、90°、75°），共计 60 个工况。

计算结果表明，各工况下结构整体稳定极限承载力系数 $K>2.0$，满足规范要求，典型工况下荷载位移一曲线如图 16 所示。

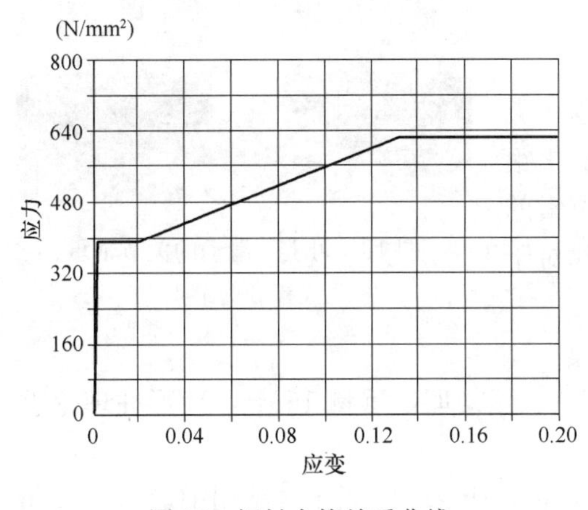

图 15　钢材本构关系曲线

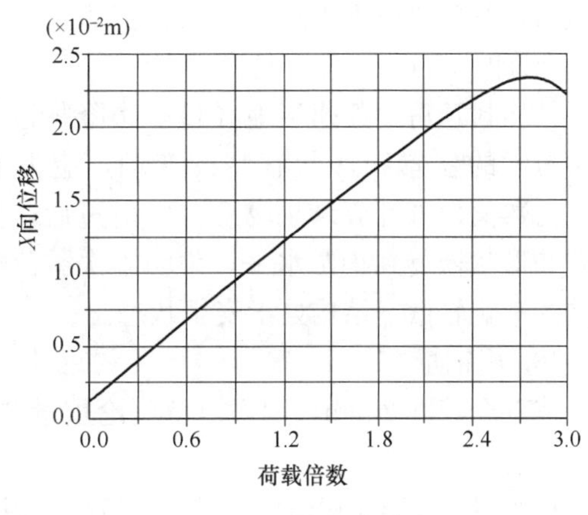

图 16　荷载-位移曲线

8. 节点设计

柱顶节点如图 17 所示，V 形柱与环梁通过连接板刚性连接，环梁之间通过法兰刚性连接，径向索与法兰盘延伸出来的耳板通过销轴连接。

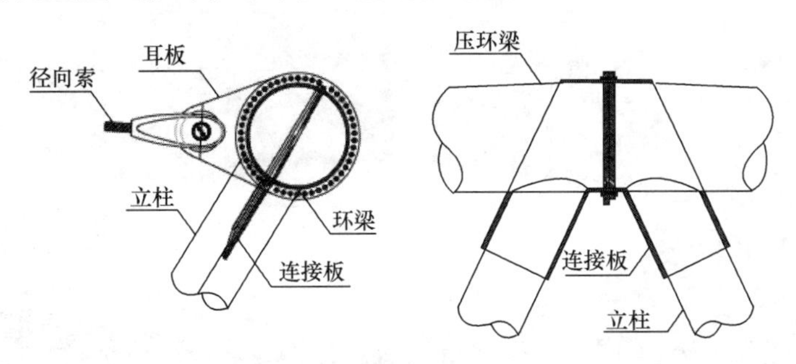

图 17　柱顶节点

如第 5 节所述，结构有 4 种形式支座。柱脚节点 1 为关节轴承铰接支座，柱脚节点 2 为可上下滑动关节轴承铰接支座，节点 3 为可上下左右滑动关节轴承铰接支座，节点 4 为可上下滑动的关节轴承铰接套筒节点。节点绕径向和环向双向铰接通过向心关节轴承来实现；竖向、径向、环向滑动或三者的组合滑动通过关节轴承、轴承座、轴承压盖、双金属材料滑板等来实现。对柱脚节点 1～4 进行了有限元分析和节点试验，节点 2、3、4 滑动摩擦系数分别为 0.19、0.17、0.21，应力、变形等结果满足设计各项指标要求。节点 4

如图 18 所示。

9. 屋盖健康监测

对体育场设置了健康监测系统，对钢结构屋盖的施工过程和长期工作状态进行监测和故障预警。

监测内容包括风向、风速、钢构件应力、索力、变形、内环加速度等。监测发现，拉索施工成形后，磁通量传感器索力实测值和数值模拟计算结果相差约5%以内，小于《索结构技术规程》JGJ 257—2012 第7.4.9 条规定的 10%。竖向位形实测值和数值模拟计算值的差值多数小于 10mm，最大为 17mm，远小于设计允许的 100mm，施工精度很高。

结构封顶后，苏州当地经过一次降雪过程，大雪中拉索的位置和形状有些许变动，应力变化很小，与数值模拟计算结果吻合。大雪过后，拉索的位置和形状恢复到正常水平，说明本次雪荷载对于结构的影响轻微，结构处于安全状态。

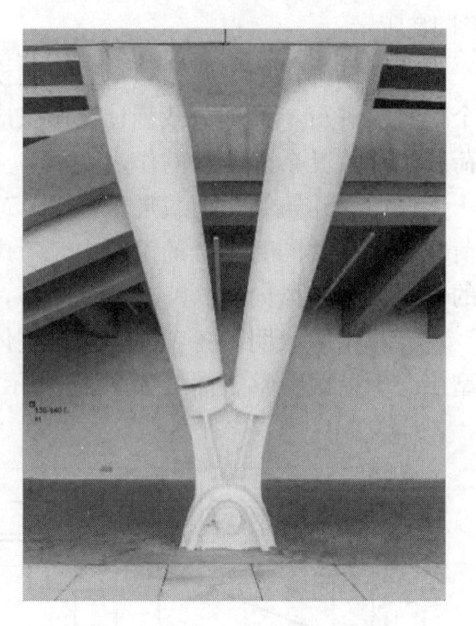

图 18　可上下滑动的关节轴承铰接套筒节点

10. 用钢量

体育场跨度 260m，钢索模型理论重量 338t，环梁理论重量 1634t，V 形柱理论重量 1899t，总计 3871t。

按照屋盖投影面积(34700m²) 计算，索用钢量 9.7kg/m²；索+环梁用钢量 56.8kg/m²。通过采用高强钢索，显著降低了大跨结构的用钢量，减少了碳排放量，符合国家绿色建筑的发展方向。

屋面覆盖材料之下仅有单层索网主结构，索最大直径 120mm，马道、电缆沟等创造性地放在了屋顶上方，最大限度地实现了结构的简洁效果。内场实景如图 19 所示。

图 19　内场实景

三、游泳馆钢屋盖结构

1. 工程概况

游泳馆建筑面积 49000m^2，设 3000 个座位，建成实景如图 20 所示。

图 20　游泳馆实景

2. 结构体系

游泳馆由地上四层看台结构及钢结构屋盖组成，看台的抗侧力体系为混凝土框架-剪力墙结构。钢结构屋盖在三层 12.0m 标高处设置铰接柱脚，自成平衡体系。混凝土看台高度 15.6m，钢结构屋盖高度 32.0m。游泳馆剖面如图 21 所示。

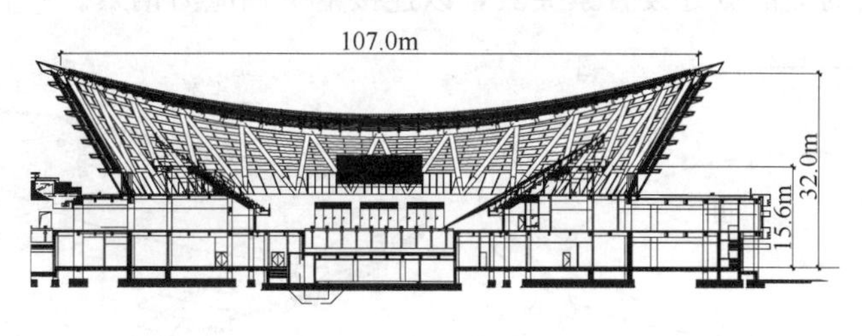

图 21　游泳馆剖面

游泳馆的屋盖是基于马鞍形曲线的设计构思发展起来的正交单层索网结构，结构的外侧为整个游泳馆的幕墙，屋盖外边缘环梁为正圆形，直径 107m，马鞍形的高差为 10m，游泳馆屋盖主要几何尺寸如图 22 所示。

屋盖结构形状的几何形成过程如下：1）在标高 12.0m 处均匀布置柱脚支座，在平面上围成一个直径 83.9m 的圆形平面；2）在标高 27.0m 处，设置一个直径为 107m 的受压环；3）将受压环的 Z 向坐标根据余弦曲线变化形成马鞍形：受压环 Z 向坐标 $Z(\varphi)=5\cos\varphi+27\text{m}$，其中 φ 为受压环坐标点平面投影与中心点连线和 Y 轴夹角，$0<\varphi\leqslant 2\pi$，如图 23 所示。

游泳馆屋盖结构主要由三部分组成：直立锁边屋面体系，主体结构 V 形柱＋外环梁＋索网，外幕墙格栅体系。

正交单层索网结构体系的设计思路来源于网球拍的受力原理，外环梁是网球拍的外

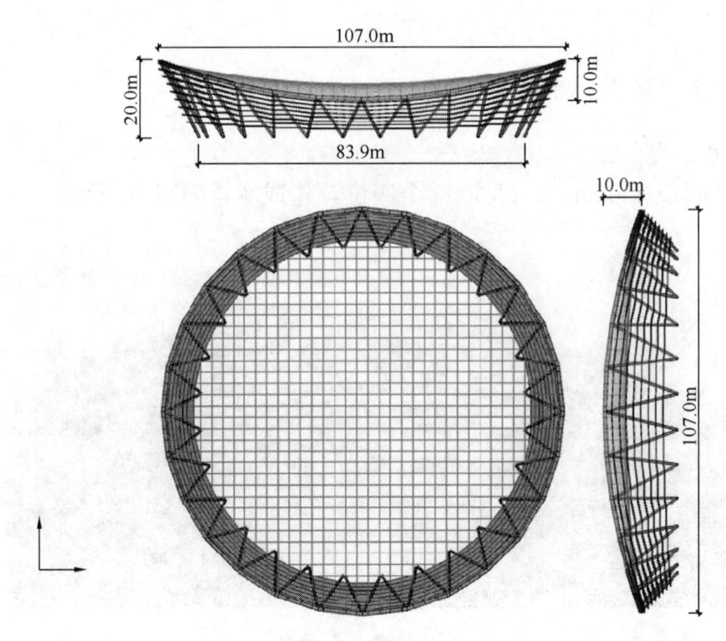

图 22 游泳馆屋盖平、立面图

框，而索网则是网球拍的网状结构。预应力索网与受压环梁形成自锚体系，索的拉力使受压环梁产生压力，如图 24 所示。10m 高差的马鞍形进一步提高了屋面结构的刚度，稳定索矢跨比 1/38，承重索矢跨比 1/15，稳定索和承重索均为双索，各 31 对，间距 3.3m，在双向正交索网层的交汇点处设置索夹具，以连接上下预应力钢索。

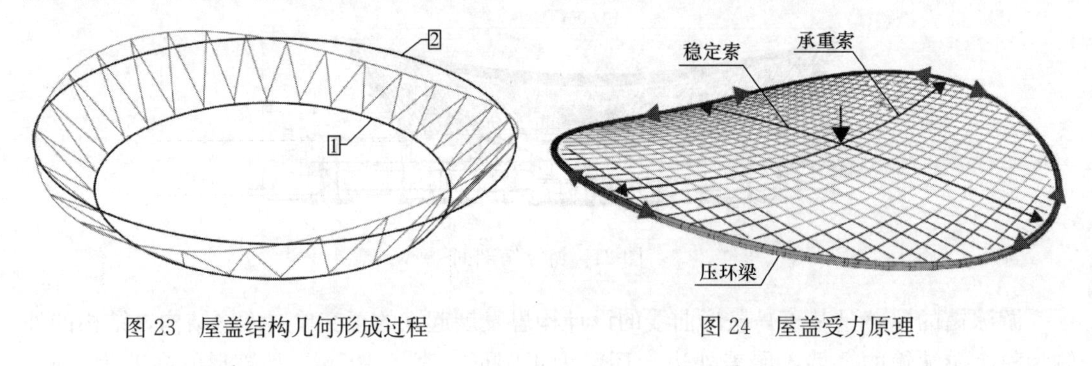

图 23 屋盖结构几何形成过程

图 24 屋盖受力原理

3. 荷载选用

钢构件自重由程序自动考虑，并将密度放大 1.1 倍以考虑节点的重量。其他荷载还包括：直立锁边屋面系统荷载、索夹荷载、马道荷载、幕墙荷载、屋面设备荷载、不上人屋面荷载、均布雪荷载、不均布雪荷载、温度荷载、风荷载、钢柱脚沉降差、地震作用。按照《建筑结构荷载规范》GB 50009—2012 进行组合，承载能力极限状态组合与正常使用极限状态组合总数达到了 394 个。

在同济大学土木工程防灾国家重点实验室进行了刚性实体模型风洞试验研究和 CFD 数值风洞模拟研究，两者结果比较接近，数值模拟的体型系数绝对值比风洞试验结果略大 0.1～0.2；用 ANSYS 的瞬态分析方法计算了结构的风致响应，考虑了结构大变形引起的几何非线性效应，得到钢屋盖的风振系数为 1.7。

风洞试验与《建筑结构荷载规范》GB 50009—2012 并没有对风摩擦力进行规定，出于安全考虑，风摩擦力 w_{fr} 根据欧洲荷载规范 EC1 值：

$$w_{fr}=w_k C_{fr}=\beta_z \mu_z \mu_s w_0 C_{fr}=0.03\text{kN/m}^2$$

式中，β_z 为风振系数，根据风洞试验报告取 1.7；μ_z 为风压高度变化系数；μ_s 为风荷载体型系数；w_0 为基本风压；$\mu_z \mu_s w_0$ 取各个风向角下的最大值，C_{fr} 为摩擦系数，取 0.02。

每个风向的风摩擦力均作为该方向风工况的一部分，与风压或风吸荷载共同输入到该方向风工况中。

4. 材料和主要构件截面

V 形柱采用 Q390 钢管，高 20m，截面 850mm×30mm，其余柱截面 850mm×15mm，850mm×20mm，如图 25 所示。环梁采用 Q390C 圆钢管，截面 1050mm×40mm。

游泳馆拉索在工作中长期处于高氯气当中，根据国际标准化组织发布的《钢结构防护涂料系统的防腐蚀保护》ISO 12944，为 C4（高）腐蚀环境。全封闭索中心钢丝表面热浸锌处理，富锌复合材料填充，外表面两层用 Z 形 Galfan 镀层钢丝，如图 26 所示。相比螺旋索，全封闭索抗腐蚀能力更强，游泳馆拉索全部采用进口全封闭索。钢丝抗拉强度标准值不小于 1570N/mm^2，弹性模量 $E=1.62\pm0.05\times10^5$ mm^2，承重索和稳定索均采用双索，直径 40mm。

图 25　索网张拉完成后的结构

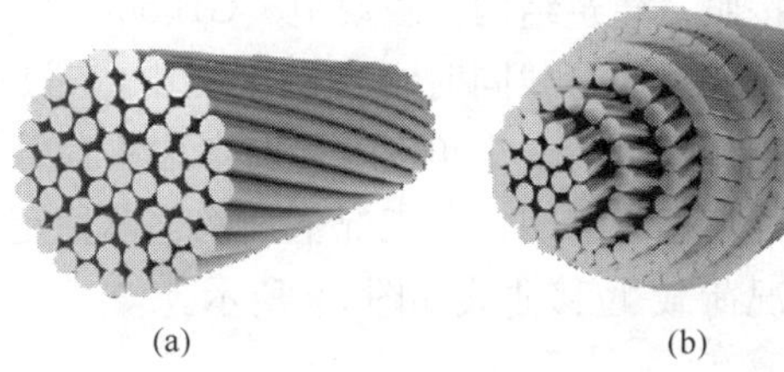

(a)　(b)

图 26　螺旋索及全封闭索

(a) 螺旋索；(b) 全封闭索

5. 钢屋盖弹性计算结果

采用软件 SAP2000，建立单钢屋盖、钢屋盖加混凝土结构两个模型，考虑 $P\text{-}\Delta$ 效应和大位移，进行计算分析。拉索预应力根据找形结果，用降温方法来模拟，并作为基础工况参与各工况组合。

采用 Ritz 向量法进行模态分析，考虑的振型数量为 100 个，累计的质量参与系数 X、Y、Z 三个方向均超过 98%。前 6 阶振型均为屋盖上下振动，表明结构竖向刚度较弱，第一振型频率仅 0.58Hz，如图 27 所示。

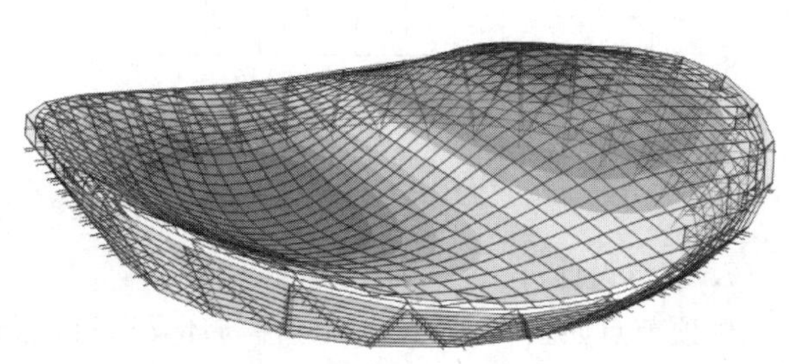

图 27　钢屋盖第一振型

按照抗震设防专项审查意见，对

结构进行 7 度罕遇地震下的时程分析，发现地震作用仍然不是控制工况。100 年一遇风荷载组合下的承载能力极限状态分析下，拉索应力最大，应力比 0.72。拉索采用进口全封闭索，抗拉力设计值按照欧洲荷载规范 EC1 取值，拉索抗力分项系数即拉索极限抗拉力标准值与抗拉力设计值的比值为 1.65。

恒荷载＋活荷载标准组合下，索网跨中变形达到 860mm，为跨度的 1/124，超出《索结构技术规程》JGJ 257—2012 第 3.2.13 条中 1/200 的要求，给附属结构包括马道、水管、直立锁边屋面带来了困难，后文进行详述。

钢结构和混凝土结构整体模型分析下的钢屋盖各项指标均满足《建筑抗震设计规范》GB 50011—2010 的要求。

6. 钢屋盖双非线性整体稳定分析

屋盖为空间受力体系，V 形柱和钢环梁、拉索互为弹性支承，无法同常规钢框架结构一样，按照《钢结构设计规范》GB 50017—2003 查表得出其计算长度系数。因此，采用通用有限元程序 ANSYS，对结构进行了考虑几何非线性和材料非线性的整体稳定分析。

钢环梁和 V 形柱采用 Beam 188 单元，拉索采用 Link 10 单元。钢材的本构关系曲线如图 28 所示。

按照结构每一工况的第一阶屈曲模态考虑整体跨度 1/300 的初始缺陷。分析按照两个荷载步进行：第一个荷载步计算预张应力和重力的作用（包括索头、索夹重力等），第二个荷载步计算其余外荷载的作用。

按照《建筑结构荷载规范》GB 50009—2012 的要求，采用荷载的标准组合进行分析，在雪荷载和风荷载同时组合的工况中，考虑到组合较多，风荷载仅选取典型的和结构变形、受力较大的 3 个角度，同时考虑雪荷载半跨布置，共计 52 个工况。

计算结果表明，各工况下结构整体稳定极限承载力系数 $K>2.0$，满足规范要求，典型工况荷载-位移曲线如图 29 所示。

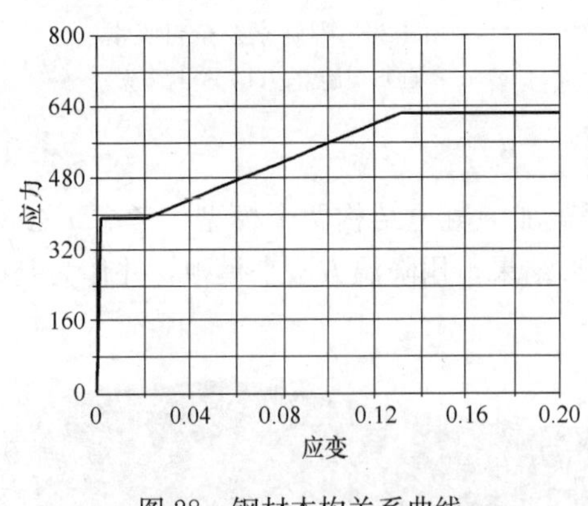

图 28　钢材本构关系曲线

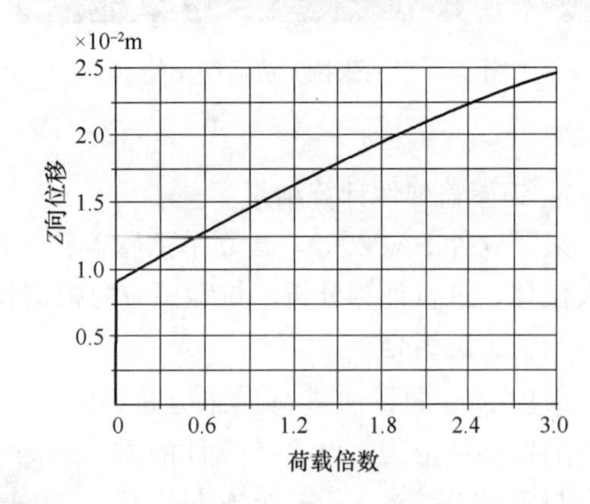

图 29　荷载-位移曲线

7. 节点设计

柱顶节点如图 30 所示，V 形柱与环梁通过加劲板刚性连接，环梁之间通过法兰刚性连接，法兰采用 32 个 8.8 级摩擦型镀锌高强度螺栓 M36，施加 100％预应力，由于镀锌高强度螺栓扭矩系数不稳定，故采用专用张拉器张拉高强度螺栓后拧紧，如图31所示。

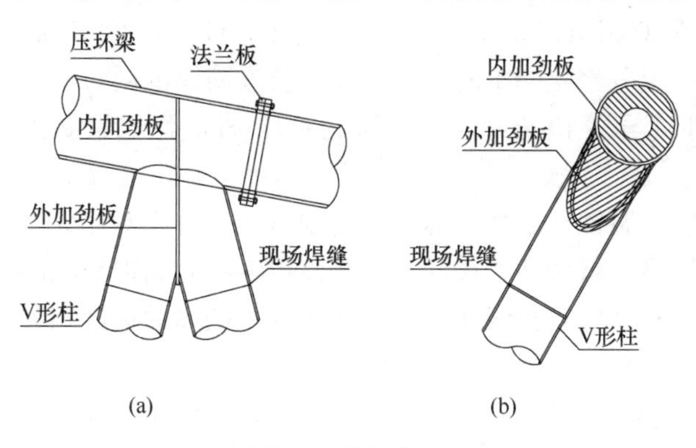

图30　柱顶节点

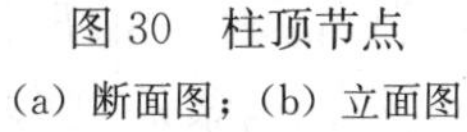
(a) 断面图；(b) 立面图

图31　高强度螺栓张拉器

《索结构技术规程》JGJ 257—2012第7.2.5条规定：当拉索长度$L \leqslant 50$m时，允许偏差±15mm；当拉索长度$50m < L \leqslant 100m$时，允许偏差±20mm；当拉索长度$L > 100$m时，允许偏差$\pm L/5000$。假定索长制作误差和索网端节点安装误差满足均值为0的正态分布，其3倍标准方差为误差限值。索长误差沿索长按照各索段长度比例分布，端节点安装误差布置在索端，误差样本数量1000个。仅考虑《索结构技术规程》JGJ 257—2012规定的索长制作偏差时，索力误差在5.9%～19.2%之间，不能满足《索结构技术规程》JGJ 257—2012的10%要求。设计要求索长误差允许值为规范允许值的1/2，计算发现，索力误差在2.9%～12.8%之间，仍有部分索不满足规范要求。同时考虑设计要求的索长偏差和±30mm的钢结构安装误差，索力误差在11.0%～58.6%之间，误差较大的索主要是边索，因其索长较短，最短仅31.7m，索长误差占索总长比例最大。

V形柱柱脚如图32所示，由圆钢管逐渐过渡到梭形钢管和铸钢件，与混凝土柱上方的球形钢支座相连。球形钢支座竖向压力设计值7500kN，竖向拉力设计值3915kN，水平剪力设计值6160kN，承载力试验结果满足设计要求。

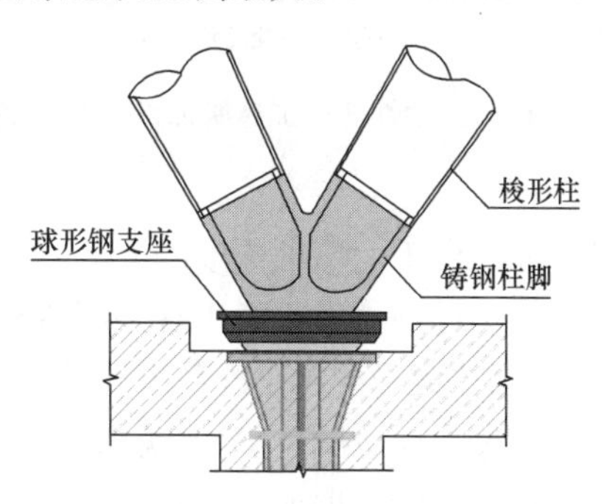

图32　柱脚节点

8. 拉索腐蚀试验

游泳馆在夏季空调关闭后，室内温度升高，拉索处于高温、高湿、高氯（次氯酸、盐酸和氯气）环境；冬季空调开启时，易结露，拉索处于高湿、高氯环境。同时，拉索处于高应力工作状态。为了考察全封闭索在高应力、泳池环境下的抗腐蚀性能，为是否采取附加防腐措施提供依据，进行了拉索腐蚀试验。

上海东方体育中心游泳馆泳池消毒方式和本项目相同，为全流量臭氧消毒辅助长效氯消毒。对该游泳馆进行调查表明，泳池水中氯离子含量相对较高，约为200mg/L，结构表面冷凝水中氯离子含量约为100mg/L。室内温度为22～26℃，相对湿度为50%～90%。按照上述条件设计了恒温恒湿腐蚀试验和中性盐雾加速腐蚀试验。试验索分三种类型：无应力无涂装拉索，有应力无涂装拉索，有应力有涂装拉索。应力取拉索最大设计抗拉应力 600N/mm^2。涂装分三层，底层为双组分环氧底涂，专门应用于 Galfan 索表面，提高涂层体系附着力；中间层为快干型双组分聚氨酯中间漆，在发挥长效防腐的同时，赋予涂层弹性高、耐冲击性强以及耐磨性优异等特殊属性；面层为低溶剂量弹性聚氨酯面漆。

进行无应力和高应力密封索的恒温恒湿腐蚀和中性盐雾加速腐蚀试验。首先对比无应力拉索在恒温恒湿和中性盐雾环境的早期腐蚀行为和相关性，推测该拉索在高腐蚀环境的中后期腐蚀速度；在此基础上对比无应力和高应力拉索在中性盐雾腐蚀下的腐蚀速度相关性，推测高应力拉索在高腐蚀环境下中后期腐蚀速度。

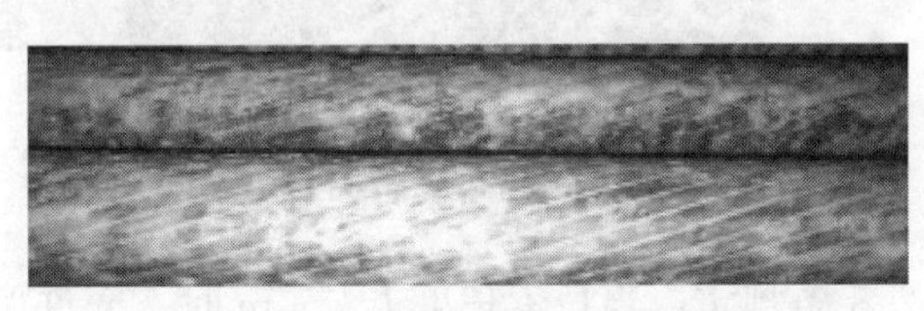

无应力无涂装拉索（67d）

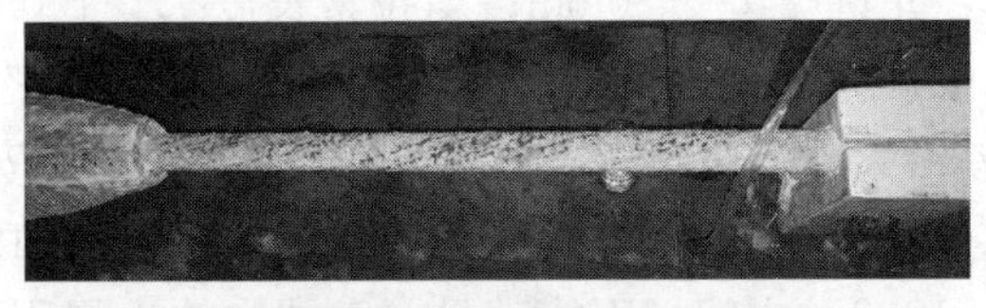

有应力无涂装拉索（136d）

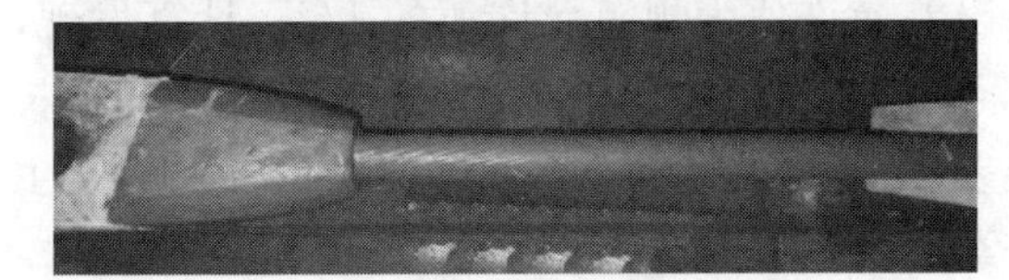

有应力有涂装拉索（120d）

图 33　中性盐雾加速腐蚀试验拉索腐蚀情况

结合试验结果的分析和预测表明，80%相对湿度的游泳馆环境中无应力拉索锈蚀 50 年后，拉索的剩余相对承载力为 84.0%。有应力（600MPa）拉索在前 13 年腐蚀速度较快，之后速度逐渐下降，锈蚀 50 年后拉索的剩余相对承载力为 63.9%。带涂层的有应力拉索经 384d 盐雾腐蚀试验后未发现拉索腐蚀，仅局部涂层有空鼓。无应力无涂装拉索、有应力无涂装拉索、有应力有涂装拉索腐蚀情况如图 33 所示。

建议游泳池设计时尽量采用高层高（如净高高于 20m）。实际调查表明，标准运营条件下，层高低的游泳馆相对湿度高（80%～90%），层高高的相对湿度低（60%～80%），试验结果表明，80%相对湿度条件下高钒镀层的腐蚀速度是 90%相对湿度条件下的腐蚀速度的 42%。

尽量杜绝拉索表面出现冷凝现象，或者其他部位形成的冷凝水滴落至拉索表面。如：1）避免拉索受游泳馆外部环境或与外部环境连接的结构的影响而处于低温状态，造成周围空气过冷而冷凝；2）避免游泳馆屋盖、外墙等结构构件形成冷凝水，若屋盖内侧或其他位置不可避免形成冷凝水，则应采取可靠的措施引导冷凝水排至安全位置，避免冷凝水滴落至拉索表面。建议重点在温度最低的凌晨，尤其是在冬天温度最低时，检查拉索是否形成冷凝现象，并采取措施避免。

避免封闭拉索由于受力等原因内部受扭而张开。如：拉索段较短，且由于索头设计不合理，施加高预应力后在拉索内部形成扭转力，从而使拉索各索丝之间缝隙变大，形成有利于次外层及更内层的索丝腐蚀的不利条件。建议在拉索张拉后检查拉索的封闭程度，对封闭状况不好的拉索采取相应的密封措施，如进行表面涂装等有效措施。

建议游泳馆运营时进行温湿度长期监测。温湿度测点可布置于游泳馆不同高度和不同水平位置，在屋盖底部、重要拉索、怀疑有腐蚀危险的部位布置温湿度传感器，监测安装点附近空气温度和湿度。对相对湿度过高，从而有可能造成水蒸气冷凝，或长期温度或相对湿度过高的不利位置及时采取措施保证温度和相对湿度控制在相对低的水平，温度保证不长期高于 30℃，拉索周围的空气相对湿度最好保证长期在 80%以下。

定期检查拉索表面氯离子含量，氯离子含量过高时进行有效清洗。氯离子含量检查可采用随机抽检和重点部位检查相结合的方法。重点部位的确定可在设计安装后根据情况确定，或在定期检查时根据拉索表面是否变得不光滑来进行初步判断选定。表面氯离子含量可采用清洁纱布在拉索表面多次擦洗后，在去离子水中浸泡析出氯离子，然后采用化学滴定或离子选择电极法测试拉索表面氯离子含量。考虑到索丝镀层最小厚度为 22μm，其在 90%相对湿度游泳馆环境下的预测寿命为 2.5 年，因此建议日常检查周期为 3 个月，全面检查周期为 1 年。当检查出氯离子含量高于 $2\times10^{-7}g/mm^2$ 时，需要对拉索表面进行有效清洗。例如可采用去离子水或橡胶水对拉索进行清洗以排除侵蚀源。若整体清洗有困难，可对索头与索连接处、索头与结构连接处等重点区域进行。

索头与索夹连接处存在一个数毫米宽的环形缝隙，此处若累积了一定氯离子后不易清洗，建议采用环氧或其他有效防水密封涂料进行填充，以免造成缝隙内拉索局部严重腐蚀。

根据试验结果，348d 腐蚀试验后进行涂装的拉索基本不腐蚀，因此建议对明显处于不利位置的拉索、索头和索夹等采用类似的涂装进行防腐。持续 348d 的盐雾腐蚀试验中发现，涂装的局部会空鼓，可见涂装也存在一定的耐久性问题，建议在使用中注意定期检查涂装质量的下降程度，并采取对应的修补措施。

游泳馆拉索未进行涂装，按照试验建议，定期检查拉索表面氯离子含量和拉索有无腐蚀情况，必要时采取补涂措施。

9. 柔性屋面大变形对附属结构影响研究

单层索网竖向刚度弱，风荷载下的竖向变形很大，需要重点考虑附属结构如排水管、马道、直立锁边屋面等适应屋面大变形的能力。

在排水管靠近环梁的位置设置软接头，以适应索网在环梁位置处的转角变形。

图 34 为局部内环马道示意，马道每隔 3.3m 在索夹处设置吊杆，两头悬挑 1.1m，形成 5.5m 受力单元，单元之间用 60mm×60mm×5mm 方钢管相连，钢管两端设置转动+滑动连接。同时，在整体模型中设置了非结构虚拟单元，统计滑动节点滑动量，两端滑动量取±15mm。

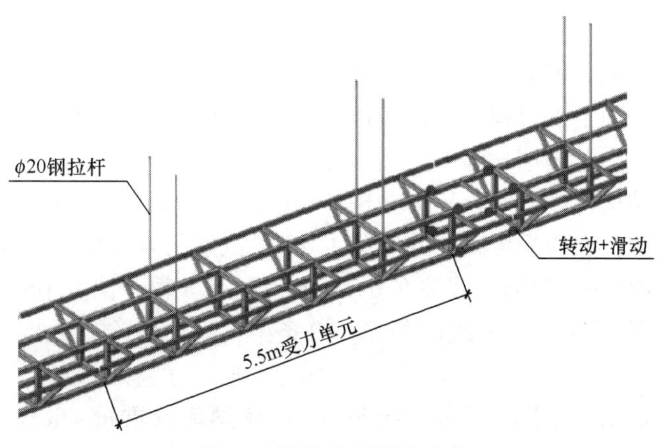

图 34 局部内环马道示意

直立锁边刚性屋面如何适应柔性单层索网大变形是游泳馆设计难点之一，在常规直立锁边体系基础上进行了创新设计。屋面体系主要受力构件从下至上包括：索夹上方连接板，主檩条，次檩条，铝合金滑移固定座，直立锁边板。在整体模型中设置非结构虚拟单元，模拟主檩条、次檩条端部滑动节点滑动量，设置长圆孔进行释放。

直立锁边板通长，其平面内外的转动能力较难通过计算模拟，因此，设计了屋面系统大变形试验。选取 2×2 索网区格，网格尺寸 3.3m×3.3m，将索网之外的所有屋面组件包括隔汽、保温层等安装在试验支架上，保证试验条件与实际工程一致。按照索网模型选择 4 个 X 向最大转角组合、4 个 Y 向最大转角组合，对网格点进行位移加载，在每个变形加载后进行水密性试验。试验结果指出，现场未发现屋面下层面板渗水，创新屋面系统能承受主体结构大变形。屋面试验装置如图 35 所示。

图 35　游泳馆屋面试验装置

游泳馆屋面安装时，钢柱临时缝尚未封闭，结构较柔，分析发现，屋面重量就能使索网中心下挠 1100mm，该变形会导致屋面安装不紧密，后期产生漏水。解决方案为采取等同屋面重量的配重，每安装一层屋面系统，卸载一批同重量配重，保证屋面安装时索网的变形在可控范围。

10. 屋盖健康监测

游泳馆屋面变形大、创新设计多、难度挑战大、科技含量高。因此，设置了健康监测系统，对钢结构屋盖的施工过程和长期工作状态进行监测和故障预警。

监测内容包括风向、风速、温度、钢构件应力、索力、变形等。

监测发现，钢结构合拢期间，V 形立柱和环梁应力、位移实测值与 ANSYS 计算值基本相符。索张拉期间，磁通量传感器共监测了 12 根拉索的索力值。与设计索力偏差最大的为 7.61%，最小的为 0.84%。偏差在 5%～10%的有 3 根，偏差小于 5%的有 9 根，满足《索结构技术规程》JGJ 257—2012 第 7.4.9 条中不宜>10%的要求。

11. 用钢量

游泳馆跨度 107m，钢索模型理论重量 96t，环梁理论重量 366t，V 形柱理论重量 513t，总计 975t。

按照屋盖投影面积（8983m²）计算，用索量 10.7kg/m²；索＋环梁用钢量 51.4kg/m²。通过采用高强钢索，显著降低了大跨结构的用钢量，减少了碳排放，符合国家绿色建筑的发展方向。

钢管柱高 20m，最大截面仅 850mm×30mm；环梁直径 107m，最大截面仅 1050mm×40mm。屋面系统之下，仅有单层索网主结构，直径 40mm，最大限度地实现了结构的简洁效果。内场实景如图 36 所示。

图 36　内场实景

四、小结

苏州奥体中心项目于 2014 年 3 月开始桩基施工，2018 年 6 月通过竣工验收。项目的实施，解决了超大跨度单层索网结构设计所面临的问题。实现了 260m 超大跨度轮辐式单层索网结构，以及 107m 大跨度上覆直立锁边刚性屋面正交单层索网结构。体育场用索量仅 9.7kg/m²，游泳馆用索量仅 10.7kg/m²，体现了低碳环保、绿色节能的设计理念。

项目获得发明专利 3 项，实用新型专利 7 项，发表 SCI、EI 论文 3 篇，在核心期刊《建筑结构》以专栏形式发表论文 4 篇，形成《苏州奥林匹克体育中心单层索网结构设计与施工技术》专著。

2018 年 11 月，项目获江苏省土木建筑学会土木建筑科技奖一等奖。

2019 年 1 月，经由董石麟、叶可明、肖绪文、张喜刚院士等专家组成的鉴定委员会评定，该项目成果总体达到国际领先水平。

2019 年 3 月，苏州奥体中心体育场在全球体育场专业评比（Stadium of the Year 2018）中获评专业组亚军。

2020 年 10 月，项目获中国钢结构协会技术创新奖。

2021 年，项目获第十八届中国土木工程詹天佑奖（已公示）。

26 上海崇明体育训练基地一期4号楼游泳馆结构设计

建 设 地 点　上海市崇明区陈家镇
设 计 时 间　2014—2015
工程竣工时间　2018
设 计 单 位　同济大学建筑设计研究院（集团）有限公司
［200092］上海市杨浦区四平路1230号
主要设计人　丁洁民　张　峥　南　俊　张月强　曹灵泳　黄卓驹
本 文 执 笔　张月强　王　坤

获 奖 等 级　2019—2020中国建筑学会建筑设计奖·结构专业一等奖

一、工程概况

上海崇明体育训练基地位于崇明区陈家镇，总占地面积558970m²，总建筑面积191091m²。一期项目4号楼包括综合训练馆、游泳馆和游泳训练馆三个馆（图1）。其中游泳馆采用钢-胶合木-索混合单层筒壳结构。

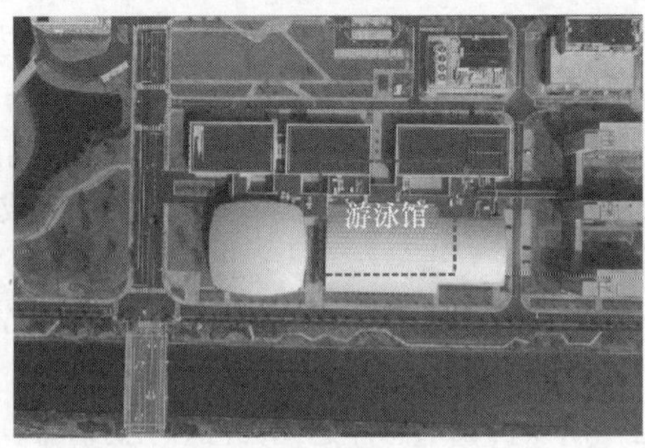

图1　建筑实景

游泳馆位于崇明体育训练基地的入口处，为整个崇明体育训练基地设计亮点，整个建筑造型与4号楼其余两个场馆形成一个整体，筒壳形的建筑造型和波浪形的屋面表皮构成整个建筑特征。游泳馆屋盖投影为矩形，建筑面积2880m²，轴网正交布置，其地下一层、地上一层，局部夹层，檐口标高为7.5m，屋面最高处标高为13.5m。

二、结构体系

游泳馆屋盖的结构体系采用钢-胶合木-索混合单层筒壳结构（图2）。筒壳的矢高为6m，跨度45m，矢跨比为1/9，接近合理拱轴线。结构的中央27m采用胶合木结构，两边的9m采用钢结构。游泳馆纵向长64m，屋盖筒壳两端处的标高为7.5m，钢木转换节点的标高为11.5m，屋盖最高处的标高为13.5m。

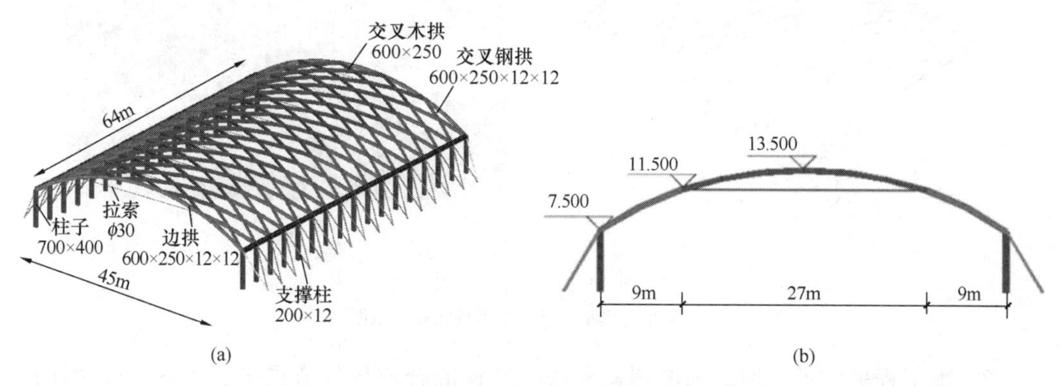

图2 游泳馆结构体系

（a）整体结构；（b）单榀主受力结构

三、结构创新

1. 结构体系

结构体系选择单层交叉网格筒壳＋下部交叉索网结构（图3），结构与建筑的外表皮纹理和内部空间效果完全贴合。筒壳结构采用胶合木，可以防止结露，满足游泳馆建筑功能要求，同时木结构温馨具有亲和力的特性满足室内不吊顶需求；屋盖采用钢-木-索组合材料，胶合木材料抗压和抗拉强度较高，而抗剪强度较低。根据结构弯矩图确定钢木结构的应用范围，与纯木结构相比降低造价60%，满足结构限额设计要求。

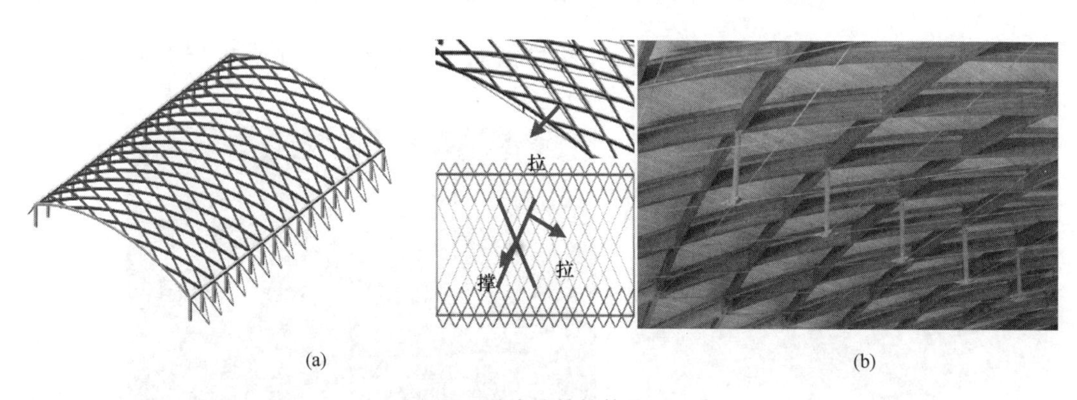

图3 游泳馆结构体分解

（a）交叉网格布置；（b）下部索网布置

2. 细部构件和节点设计

(1) 筒壳结构具有较大的推力，为了抵抗结构产生的推力，在结构外部设置一排V形柱（图4)。V形柱设计既满足结构的受力要求，同时结合了建筑造型和建筑立面，将V形柱设计成艺术化的构件。

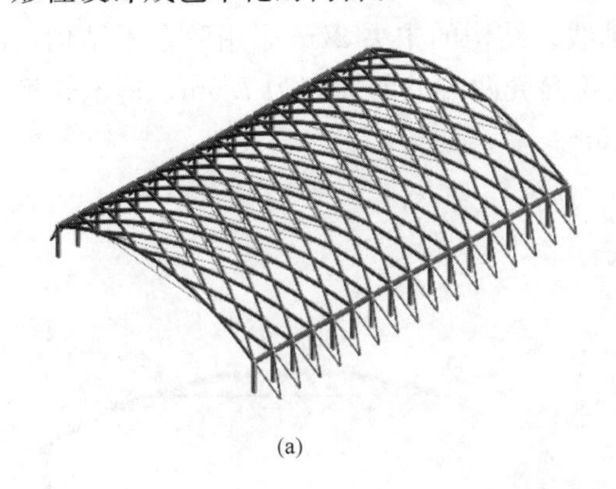

(a)

(b)

图4 游泳馆V形柱

(a) V形柱模型；(b) V形柱实际效果图

(2) 本工程采用了一种高强度螺栓和普通螺栓混合连接的节点形式（图5)，中国木结构设计规范没有相应的设计依据，因此对节点进行了专门的试验研究。木结构节点优化设计，既满足受力要求，又通过结构细部表现建筑之美。

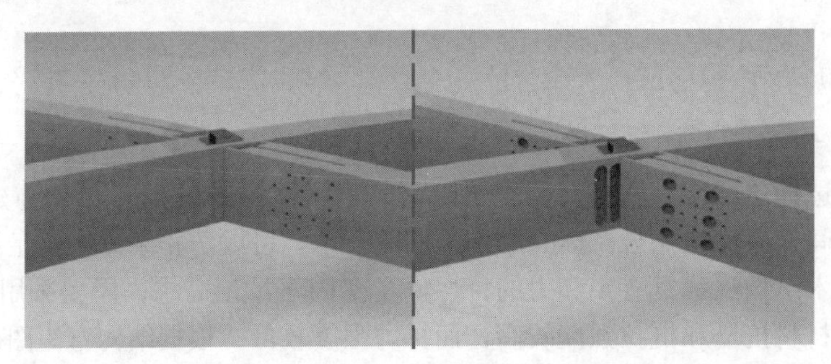

图5 高强度螺栓和普通螺栓混合连接的节点

(3) 撑杆的下端采用梭子端头，减小构件截面，同时伸出4个耳板与索头节点相连(图6)。整个节点不但受力合理，而且轻巧美观。

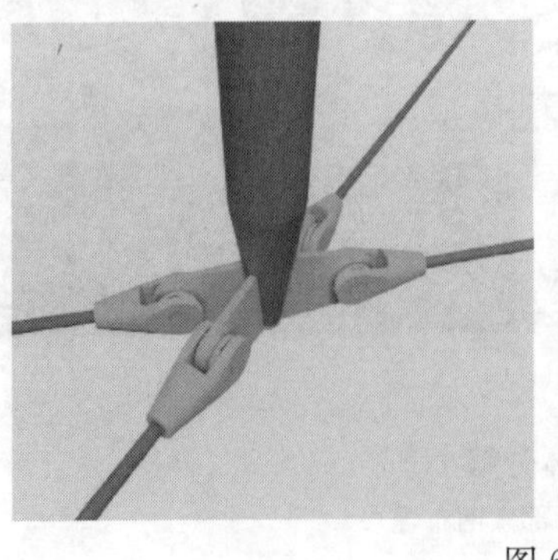

图6 梭子端头实景

3. 屋面系统

为了避免屋面檩条布置对建筑室内视觉效果的影响，采用与主构件方向一致的单向檩条屋面系统（图 7），这样室内空间干净，室内效果如图 8 所示。

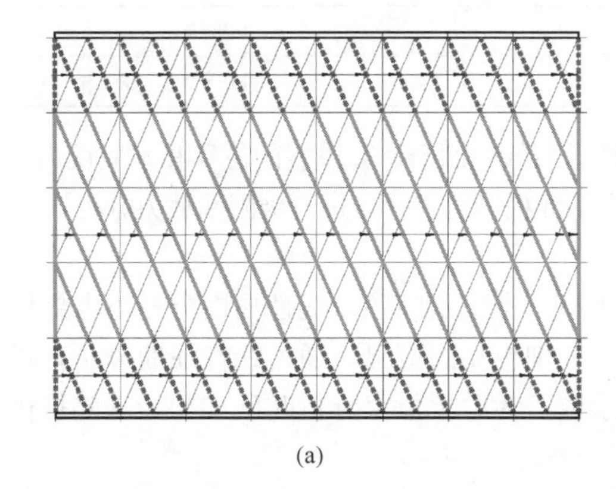
(a)

(b)

图 7　屋面檩条布置

(a) 檩条平面布置；(b) 檩条实际效果

图 8　屋面系统室内效果

四、稳定极限承载力研究

结构失稳是指在外力作用下结构的平衡状态开始丧失，稍有扰动变形便迅速增大，最后使结构发生破坏。稳定问题一般分为两类，第一类是理想化的情况，即当荷载达到某个值时，除结构原来的平衡状态存在以外，还有可能出现第二个平衡状态，所以又称为平衡分岔失稳或分支点失稳，而数学处理上是求解特征值问题，故又称特征值屈曲。第二类是结构失稳时，变形将迅速增大，而不会出现新的变形形式，即平衡状态不发生质变。也称极值点失稳。

柱面网壳结构主要承受轴力为主，在荷载的作用下其承载力往往由稳定控制。因此采用 ANSYS 12.0 软件对游泳馆屋盖结构进行稳定承载力计算分析。分析模型中对拉索用 link8 单元模拟，其余所有杆件采用 beam189 单元进行模拟，为考虑下部结构对屋盖结构的协同影响，有限元模型同时建立下部混凝土结构，屋盖的荷载选择通过点荷载的方式施加，荷载因子定义为施加荷载与 1.0D+1.0L 荷载组合的比例。

1. ANSYS模型验证

SAP2000与ANSYS的静力分析结果对比 **表1**

分析模型	跨中最大挠度（mm）（S+D+L）	基底反力（kN）（S+D+L）
SAP2000模型	−68	4493
ANSYS 12.0模型	−69	4498

表1给出了两种分析软件静力分析结果的对比，可知：两个计算模型的位移和基底反力计算结果具有较高的契合度，说明计算结果准确，有限元模型可进一步进行极限承载力分析。

2. 线性屈曲分析

线性屈曲分析又称为特征值分析，用于分析第一类稳定问题。线性屈曲分析不考虑结构的初始缺陷、材料非线性和几何非线性，是一种理想化的情况，通过线性屈曲分析，可以求得游泳馆结构各阶屈曲模态以及对应荷载系数，为后续稳定分析时施加初始缺陷提供依据。

图9给出了游泳馆屋盖的整体屈曲分析的前6阶模态，分析表明：结构前6阶屈曲模态交叉网格整体失稳，且屋盖结构的一阶屈曲因子为13.63，满足《空间网格技术规程》JGJ 7—2010弹性屈曲荷载因子4.2的要求。

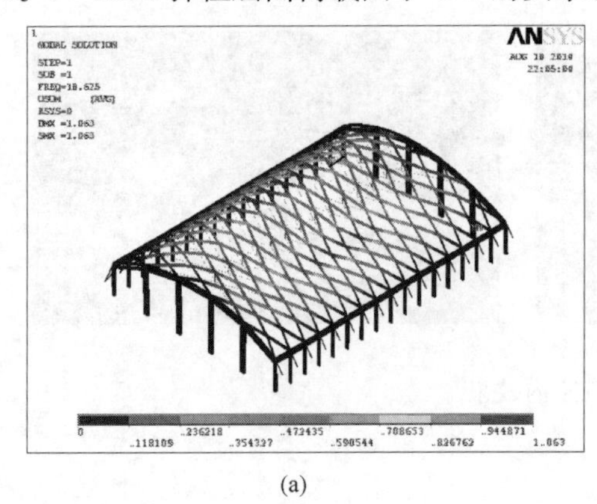

(a)

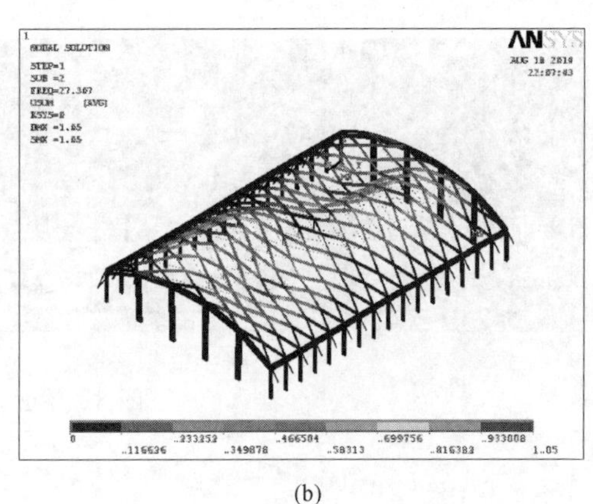

(b)

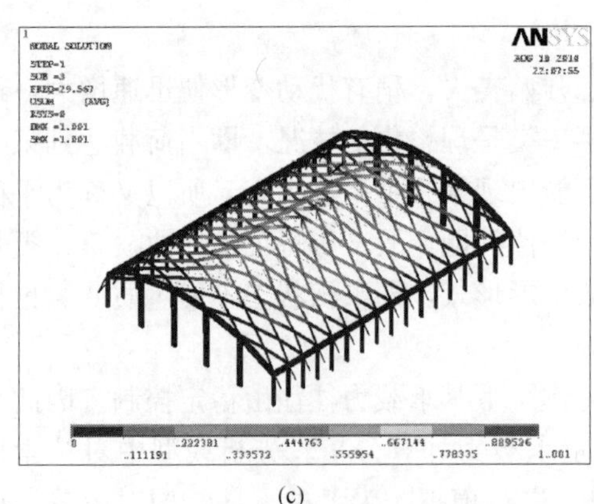

(c)

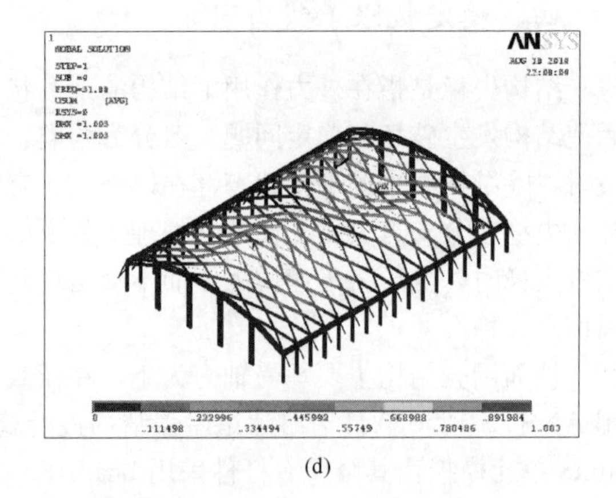

(d)

图9 游泳馆屋盖屈曲模态（一）

(a) 第1阶屈曲模态（屈曲因子：13.63）；(b) 第2阶屈曲模态（屈曲因子：27.31）；

(c) 第3阶屈曲模态（屈曲因子：29.59）；(d) 第4阶屈曲模态（屈曲因子：31.88）

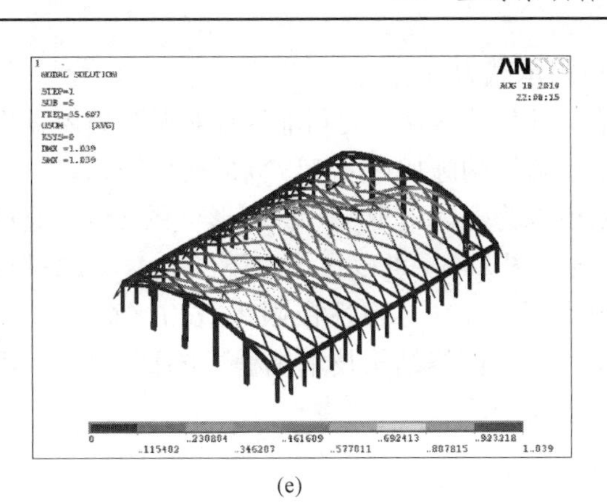

(e)

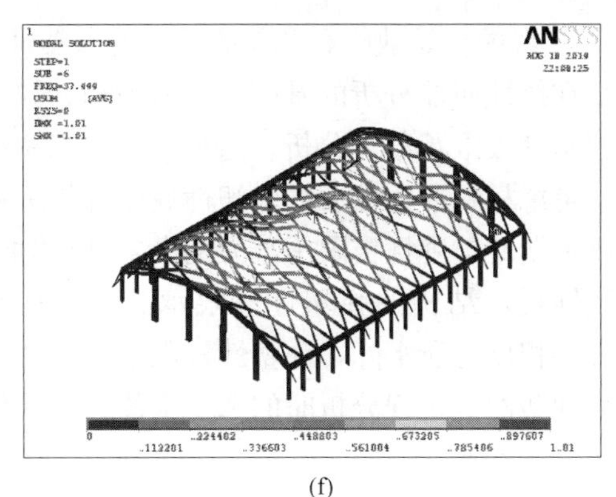

(f)

图9　游泳馆屋盖屈曲模态（二）

(e) 第5阶屈曲模态（屈曲因子：35.61）；(f) 第6阶屈曲模态（屈曲因子：37.89）

3. 考虑初始缺陷和几何非线性的弹性极限承载力分析

此节考察初始缺陷和几何非线性对游泳馆屋盖弹性极限承载力的影响。弹性极限承载力分析时，只考虑几何非线性，同时按一致模态法给结构施加跨度1/300的初始缺陷。

当荷载因子达到8.29时，木构件开始出现极限拉应力（图10）；当荷载因子达到8.55时，木构件发生破坏，钢木结构同时在极限承载力时发生破坏（图11）。在达到极限状态时，游泳馆屋盖中央的木结构下挠，两边的钢结构上拱（图12）。结构荷载-位移曲线如图13所示。

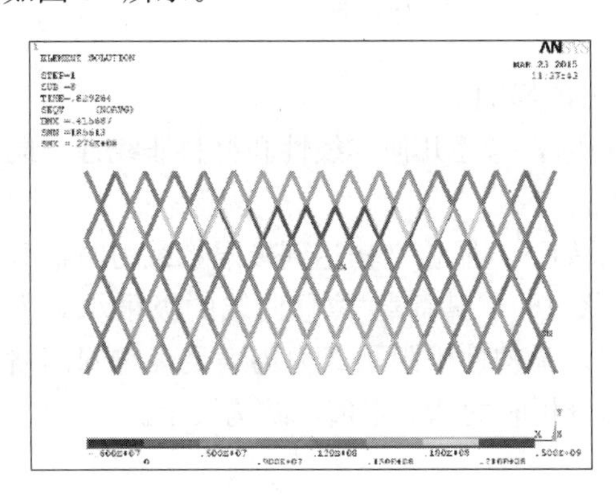

图10　von-Mises应力云图（荷载因子为8.29）

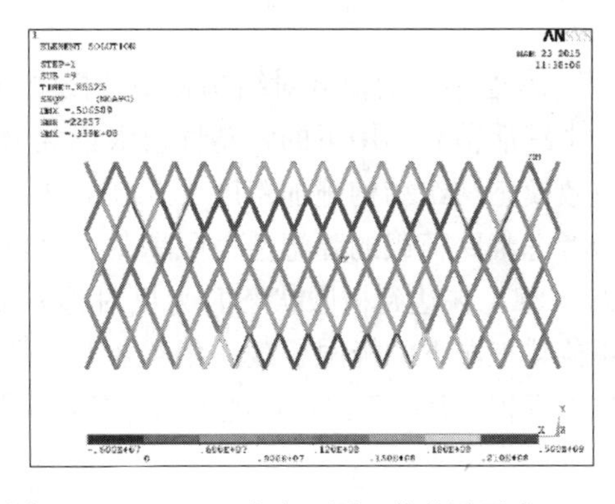

图11　von-Mises应力云图（荷载因子为8.55）

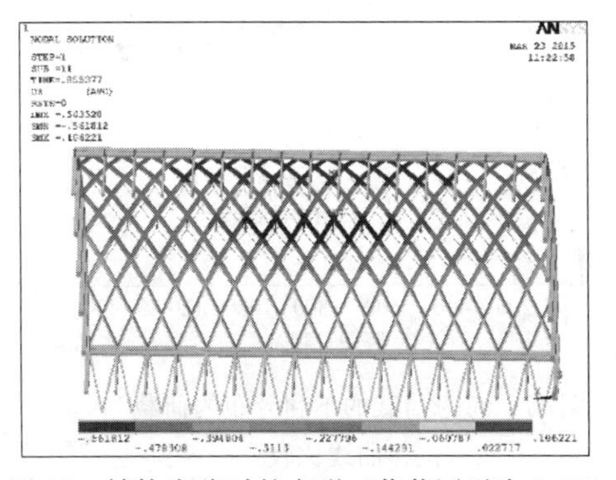

图12　结构失稳时的变形（荷载因子为8.55）

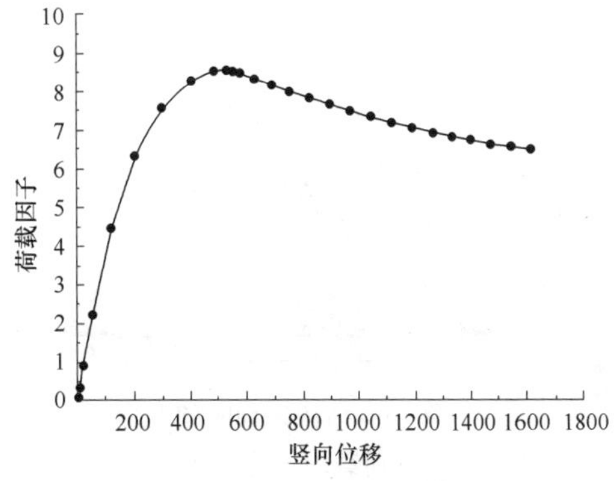

图13　带缺陷结构弹性分析荷载-位移曲线

4. 考虑初始缺陷和几何非线性的弹塑性极限承载力分析

在线性屈曲分析的基础上，考虑初始缺陷、几何非线性、材料非线性对游泳馆屋盖进行弹塑性极限承载力分析。通过一致模态法给屋盖结构施加跨度 1/300 的初始缺陷。

考虑材料非线性后的弹塑性屈曲分析失稳模态为壳体出现反对称变形（图 14），通过对比弹塑性与弹性极限承载力的荷载-位移曲线（图 15），可以得出以下结论：考虑材料非线性后，结构的弹塑性极限承载力（荷载因子 5.7）与弹性极限承载力（荷载因子 8.55）相比有所下降，弹塑性极限承载力大于《空间网格结构技术规程》JGJ 7—2010 规定的弹塑性全过程分析时的 2.0 限值，结构偏于安全。

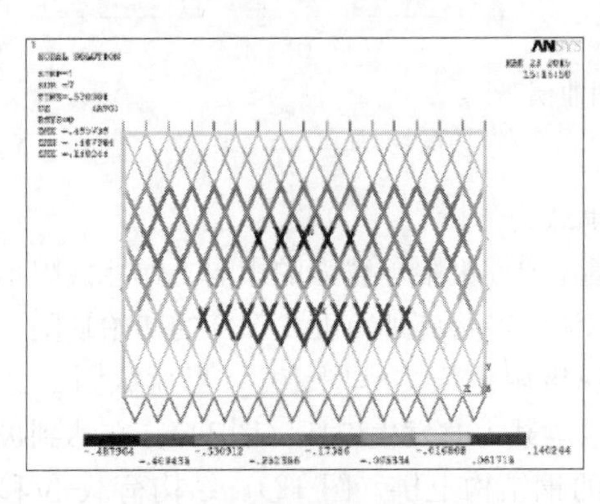

图 14　结构失稳时的变形
（荷载因子为 5.7）

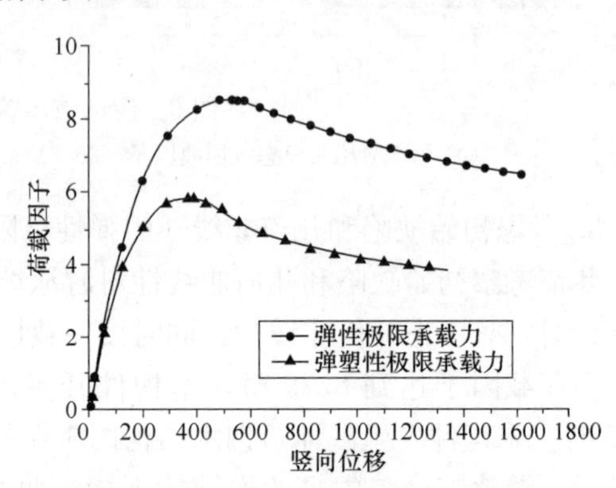

图 15　弹性与弹塑性极限承载力荷载-位移曲线比较

5. 考虑半跨活荷载对结构弹塑性极限承载力的影响

半跨活荷载作用下的弹塑性极限承载力分析时，考虑几何非线性和材料非线性，同时按一致模态法给结构施加跨度 1/300 的初始缺陷。

考虑半跨荷载的弹塑性极限承载力分析结果如下：屋盖结构达到极限承载力时荷载因子为 5.28，在达到极限状态时为反对称屈曲（图 16），其荷载-位移曲线的极限承载力较满跨荷载工况下的极限承载力稍有降低（图 17），弹塑性极限承载力仍满足《空间网格结构技术规程》JGJ 7—2010 规定的弹塑性全过程分析时的 2.0 限值，结构安全。

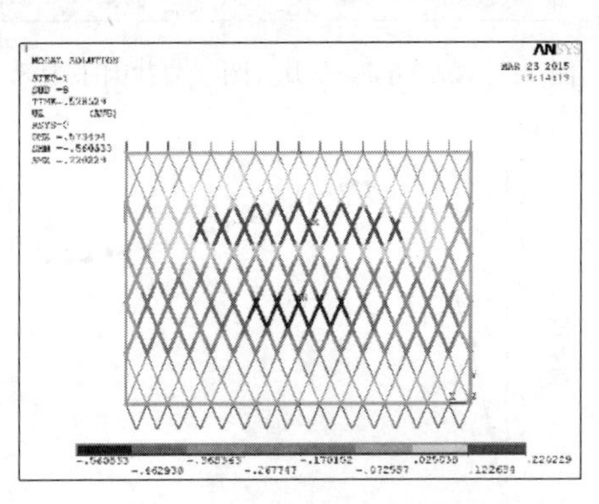

图 16　结构失稳时的变形
（荷载因子为 5.28）

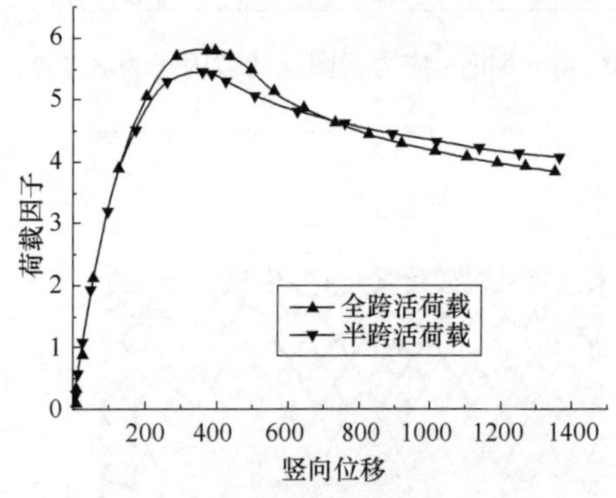

图 17　考虑荷载的不利分布的荷载-位移曲线比较

五、木构件抗火分析

木梁受火时按《胶合木结构技术规范》GB/T 50708—2012中考虑碳化层的防火计算方法，即考虑木结构承受1h火灾，梁截面减小后的承载力验算，其中胶合木碳化速率为46mm/h，故考虑该梁截面四面受火1h后截面缩小为508mm×158mm，且此时荷载为偶然状态，按照荷载组合为1.0恒+1.0活，采用修正系数对截面面积和x、y轴惯性矩进行修正木结构构件截面承载力验算（表2）。

屋面木梁截面验算　　**表2**

状态	截面（mm×mm）	A（mm²）	I_x（mm³）	I_y（mm³）
正常	600×250	1.5×10^5	4.5×10^9	7.8125×10^8
受火	508×158	80264	1.73×10^9	1.67×10^8
修正系数		0.535	0.384	0.214

由木构件的抗火验算结果可知（图18）：构件最大的正应力为0.58，最大剪应力为0.61，火灾发生1h后，构件的强度满足要求。

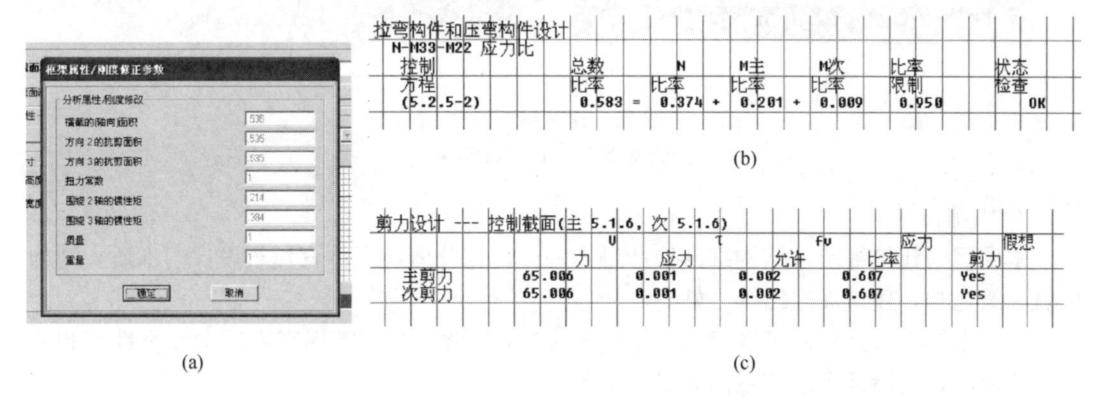

(a)　(b)　(c)

图18　木构件抗火验算

(a) 木构件截面修正；(b) 正应力验算；(c) 剪应力验算

六、整体效果与细部设计

1. 整体效果

游泳馆为整个崇明体育训练基地设计亮点。整个建筑造型与4号楼其余两个场馆形成整体，筒壳形的建筑造型和波浪形的屋面表皮构成整个建筑特征（图19）。筒壳形建筑造型与游泳馆中游泳池形状相一致，满足建筑功能和室内空间的要求；结构布置与室内装修浑然一体，无需吊顶（图20）；波浪形屋面表皮与游泳池中的波纹一致，象征其为游泳池的建筑功能（图21）。

图 19　建成后效果

图 20　结构的室内效果

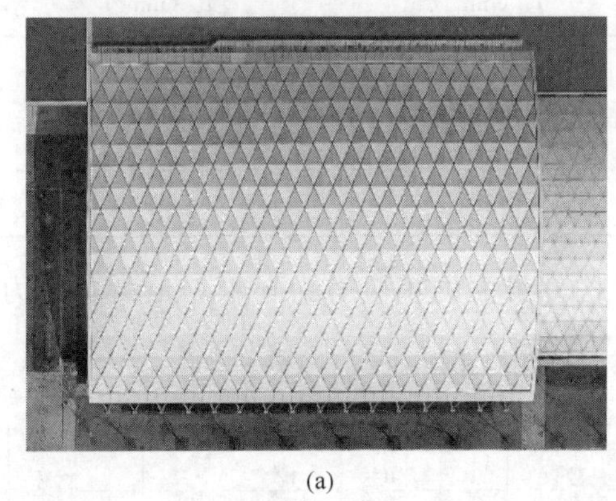

(a)

(b)

图 21　建筑屋面表皮

(a) 俯视图；(b) 局部效果

2. 细部设计

本项目的建筑细节与结构细部构造融为一体，充分体现了体育建筑设计的本质：结构成就建筑之美，建筑展现结构之妙。

(1) 木结构节点采用了专门镀锌钢板连接节点（图 22），既提高木结构安全性能和施工安装速度，又满足了建筑室内效果。

图 22　木构件连接节点

(2) 撑杆的下端采用梭子端头，减小构件截面，同时伸出 4 个耳板与索头节点相连。整个节点不但受力合理，而且轻巧美观。

（3）筒壳结构具有较大的水平推力，为了抵抗结构产生的推力，在结构外部设置一排V形柱（图23）。V形柱设计既满足结构的受力要求，同时结合了建筑造型和建筑艺术，将V形柱设计成艺术化的构件，表现建筑之美。

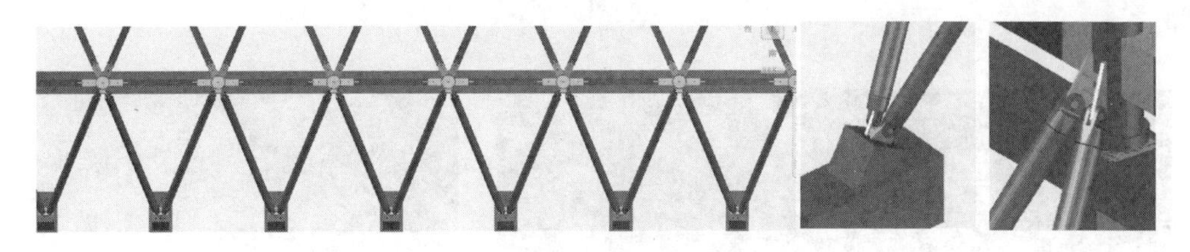

图23 V形柱细部节点

七、施工考虑

为保证结构施工的方便性，采取以下措施（图24～图27）：

（1）节点进行专门设计，交叉网格处一根构件贯通，其余两根构件与其连接，最大限度减少构件数量和节点连接量；（2）为保证所有的构件在现场准确安装，所有的构件和节点均在工厂加工，最大限度减少工地现场工作量；（3）采用三维数字化技术，对结构进行三维模型实体建模拼装，并按照三维模型数字化控制构件和节点的工厂加工，提前发现施工难题并解决。

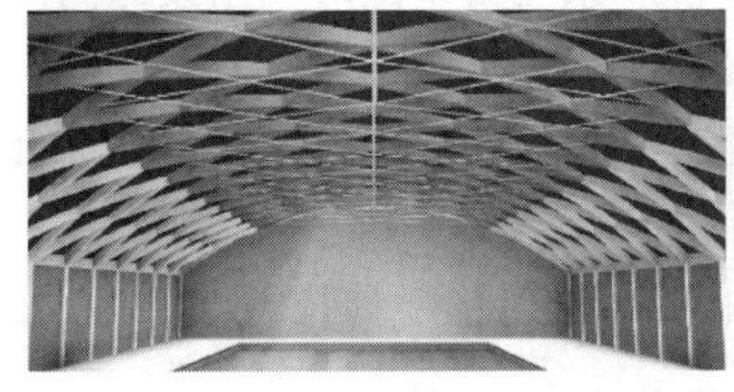
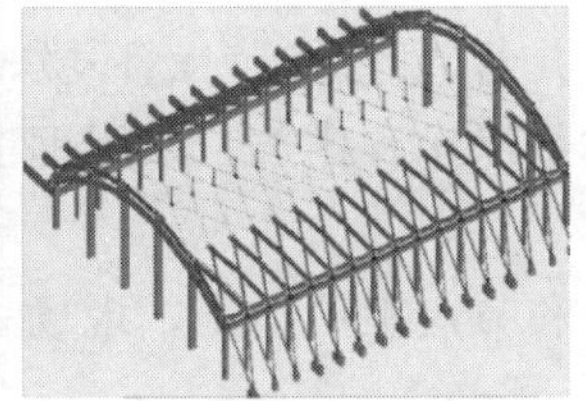

图24 三维数字化模型

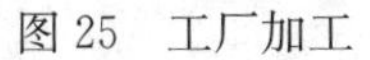

图25 工厂加工

图26 现场构件吊装

图27 现场安装节点

八、可持续性和工程价值以及试验研究

1. 可持续性

崇明体育训练基地游泳馆遵循因地制宜、经济可行、技术成熟的指导思想，采用以

被动策略为主，主动策略为补充，整合设计，全局优化，最大化地节能、节约成本。可持续材料：项目采用可再生材料木材作为承重结构，材料绿色环保，具有可持续性。自然采光（图 28）：利用顶部侧窗进行自然采光，可以最大程度地节约用电量，减少碳排量。

图 28　室内自然采光效果

2. 工程价值

通过采用合理的设计技术与施工措施，确保项目预算与竣工时间得以顺利实现，尽可能地为业主创造最大化的价值，同时为相关工程提供了有力的参考。

（1）建筑材料：采用胶合木结构，经过处理，防腐性能比钢材好，维护费用低，同时木结构自然色彩可以替代装修，减少装修费用。

（2）建筑功能：游泳馆采用胶合木结构增加建筑舒适性和亲和力，同时利用顶部侧窗将自然光引入室内，节能环保，并营造舒适的自然环境。

（3）建筑结构：通过结构体系优化和比选，采用钢-胶合木-索组合结构，与建筑融合度高，同时造价较低。

（4）细部节点：所用的构件和节点工厂加工，现场采用螺栓连接，加快了施工进度，节能节水，减少碳排量。

3. 试验研究

本工程采用了一种高强度螺栓和普通螺栓混合连接的节点形式，中国木结构设计规范没有相应的设计依据，因此对节点进行了静力加载的试验研究（图 29）。

图 29　试验过程

本工程于2014年10月开始设计，2015年5月设计完成，2018年5月工程竣工投入使用。在设计单位与施工单位的共同努力以及紧密协作下，既保证了结构的安全性，又充分地满足了体育建筑的训练和比赛要求以及社会效应。建筑功能布局合理，流线组织清晰，并很好地展示了体育建筑的特点。该项目获得了2019—2020中国建筑学会建筑设计奖·结构专业一等奖，2019年度优秀工程勘察设计规划设计一等奖。

27 遵义市奥林匹克体育中心体育场结构设计

建设地点 贵州省遵义市新蒲新区

设计时间 2014

工程竣工时间 2017

设计单位 同济大学建筑设计研究院（集团）有限公司

［200092］上海市杨浦区四平路1230号

主要设计人 丁洁民 张 峥 许晓梁 季 跃 黄卓驹 周 旋 李振国 戴嘉琦

本文执笔 黄卓驹

获奖等级 2019—2020中国建筑学会建筑设计奖·结构专业二等奖

一、工程概况

遵义市奥林匹克体育中心位于遵义市新蒲新区，项目总用地40.85ha。体育中心融体育赛事、教学、文艺活动、市民健身、康体休闲、体育商业于一体，将成为遵义全民综合性体育文化商业城，拉动新蒲新区南部发展的引擎。

建筑设计上，遵义市奥林匹克体育中心体育场紧扣“重现映山红”的主题，用花之柔美，表达遵义真山真水之柔美，以花之动势，表达体育之动势。建筑根据“时代性、标志性、地方性”的设计构思，在造型上，设计了花瓣造型，采用新颖轻巧的结构形式，铺设光洁的金属屋面，有强烈动感和曲线美。体育场建筑立面采用穿孔金属板，不仅减少风压，更具有较强的时代感和层次丰富的夜景效果。建筑、结构、技术、经济有机结合，形象地体现了体育建筑的内涵和特性。采用开放的休息平台的布局使建筑更加通透，更具深度感。整个体育中心在建筑设计上承载了遵义深厚的红色文化背景，与自然地貌相结合，如同生长于大地之上，极富现代感与超前性，表达体育建筑的运动特征（图1）。

同时，整体通过对于映山红花瓣的色彩提取，创造出霓裳般丰富的夜景效果，使建筑成为向城市释放活力的容器。体育场立面延续重现映山红的概念，用色上将红色的热烈和白色的纯洁宁静结合，象征革命的炽热和纯洁。通过建筑外表皮穿孔板打孔率疏密的变化，自下而上产生退韵的效果。由深入浅，生动自然。

体育场建筑面积43644m^2，观众座席35674个（其中普通观众座席35233个，包厢座席40个，贵宾座席314个，无障碍座席87个），地上3层，建筑高度45.8m。建筑轴网

图 1 建筑实景

为四心圆弧布置，钢结构整体投影为“9”字形，在西侧看台分缝断开为主体和尾部两部分（图 2）。

图 2 体育场内部

主体平面投影为长 230m、宽 230m 的开口椭圆形，最大悬挑 39.5m，钢结构空间形状不规则，雨篷最低点位于北侧檐口，结构中心线标高 32.4m，最高点位于西侧立面与屋面交界，结构中心线标高 45.3m。雨篷采用带平衡索的钢桁架-单层网壳结构，利用锚固于看台后排混凝土上的平衡索提供抗倾覆力矩。雨篷钢柱通过抗震球形钢支座支承于看台后排混凝土柱顶，立面为单层网壳，底部支承于标高 5.100m 的混凝土平台上。

尾部平面投影为狭长的三角形，尺寸约 48m×182m，端部位于看台上的部分与主体类似，采用带平衡索的钢桁架-单层网壳结构，超出看台部分的屋面网壳通过树状支撑于底面，立面支撑于标高为 5.100m 的平台上以及平台向主入口过渡的台阶上。

二、结构体系

根据屋面的建筑形态、下部结构可以提供的支承条件，并综合考虑各结构体系适用性，遵义体育场雨篷采用带平衡索的钢桁架-单层网壳结构，立面为单层网壳；尾部位于看台上的部分与主体相同，超出看台的部分采用树状柱支撑的单层网壳结构。主体和尾部两部分立面均为单层网壳，结构整体的轴测图见图 3，典型钢结构单元见图 4。

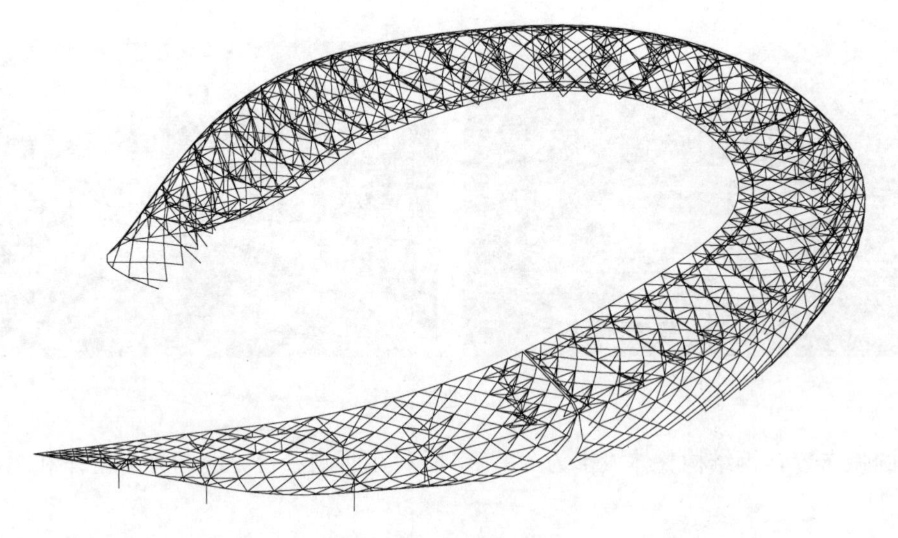

图 3　屋盖整体轴测图

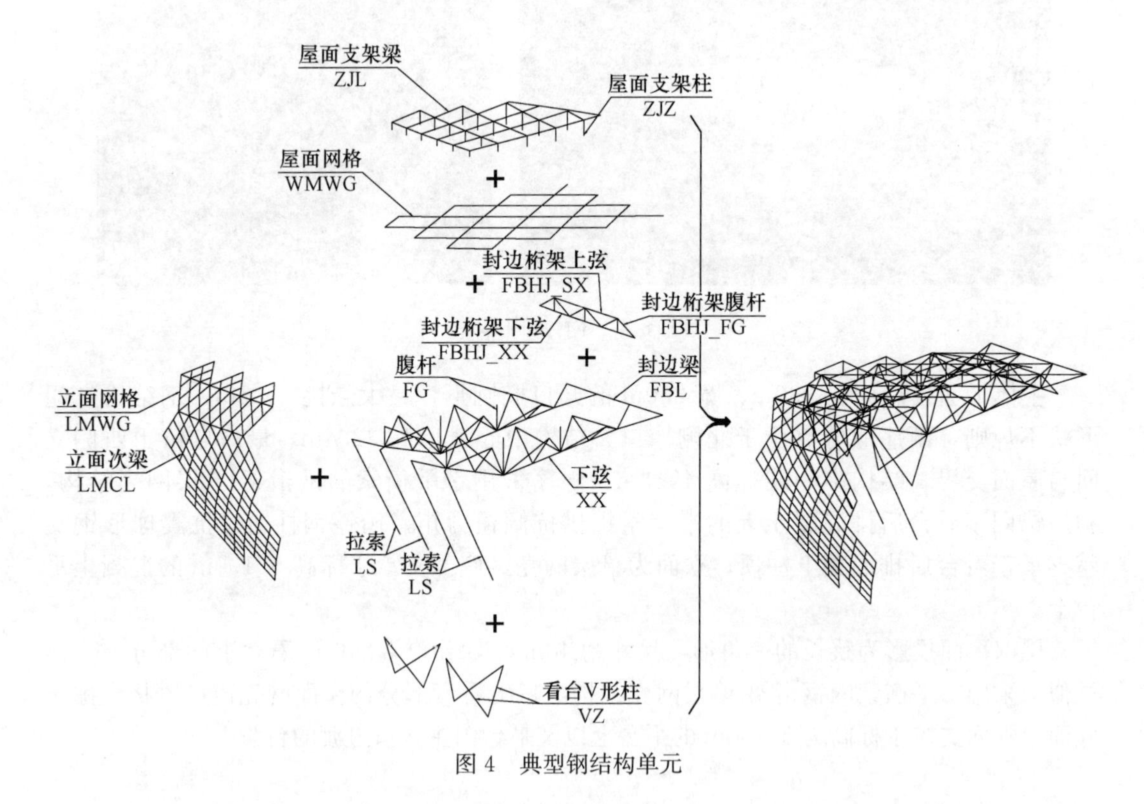

图 4　典型钢结构单元

1. 主体部分

主体部分采用带平衡索的钢桁架-单层网壳结构（图 5～图 7）。雨篷屋面的单层网壳由 26 榀桁架单元支撑，由于结构形状复杂，除悬挑前端高度为 2.5m、拉索端高度为 3.5m 外，桁架悬挑根部高度、悬挑长、宽度、节间距等均没有统一尺寸，悬挑长 31.0～39.5m，悬挑根部高度 4.1～6.0m、宽度和节间距依网格尺寸确定，宽为 9.0～11.5m，节间距 3.4～6.7m。

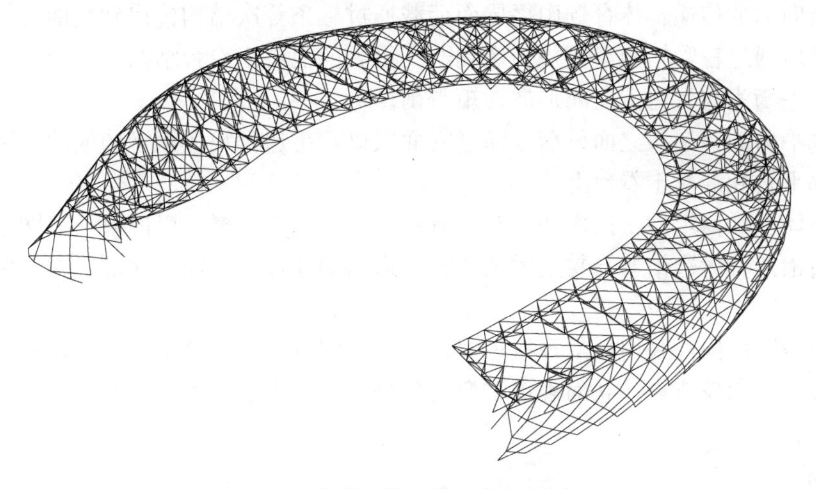

图 5　体育场钢结构主体轴测图

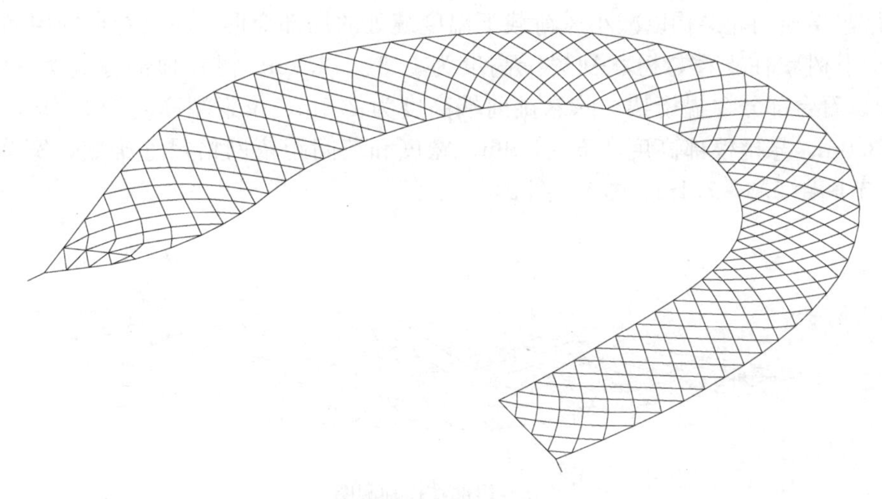

图 6　屋面交叉网格

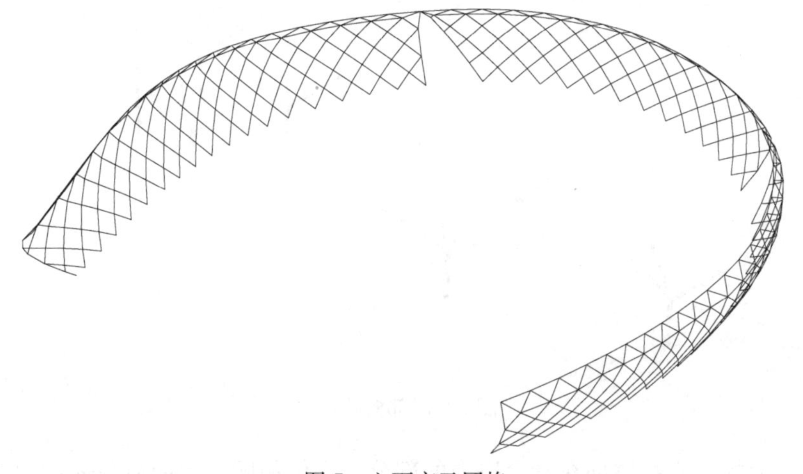

图 7　立面交叉网格

(1) 竖向力的传递：体育场雨篷屋面荷载通过檩条等次结构传递到屋面主结构的交叉网格上，然后通过三管桁架经钢柱传递到刚度很大的混凝土看台结构上，雨篷的倾覆力矩通过后部的平衡索与看台支点间形成力矩平衡。

(2) 水平力的传递：立面风荷载通过立面次梁，传递到矩形钢管构成的主网格上，继而传到底部平台和混凝土看台上。

(3) 整体性和稳定性：挑篷四周布置有封闭的封边梁，檐口以内第一节网格处布置有环向的封边桁架，封边桁架与封边梁系统将各道桁架连接成一体，保证了主桁架的整体性和稳定性。

(4) 屋盖圆形构件采用相贯焊接为主，对于空间位置复杂的矩形钢管，屋面网格由于较为平整节点采用鼓节点，立面表皮有弯折部分，采用十字插板节点的形式，保证节点连接的可靠性。

2. 尾部

钢结构尾部通过温度缝与主体钢结构断开，在混凝土看台以内的部分采用 2 榀带平衡索的钢桁架-单层网壳结构以减小风荷载下温度缝处的局部变形。超出看台的屋面网格部分通过 9 个树状柱支撑，树状柱树干高度为 6.8～13.5m，树枝顶部标高为 11.118～28.343m。看台部分 2 榀桁架，除悬挑前端高度为 2.5m、拉索端高度为 3.5m，悬挑长 29.0～33.0m，悬挑根部高度 4.5～4.9m、宽度和节间距依网格尺寸确定，宽为 6.1～10.4m，节间距 5.3～7.1m（图 8、图 9）。

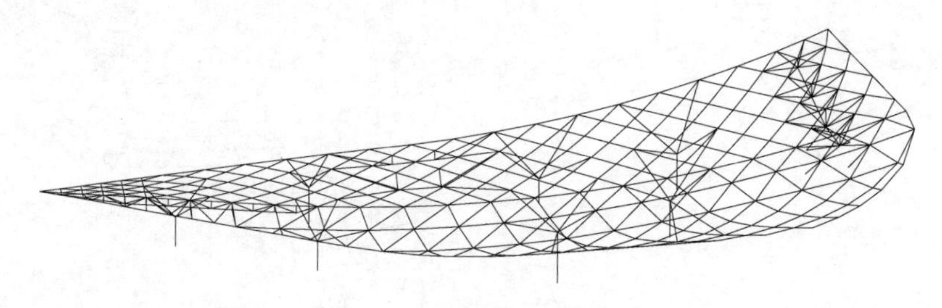

图 8　尾部结构轴测图

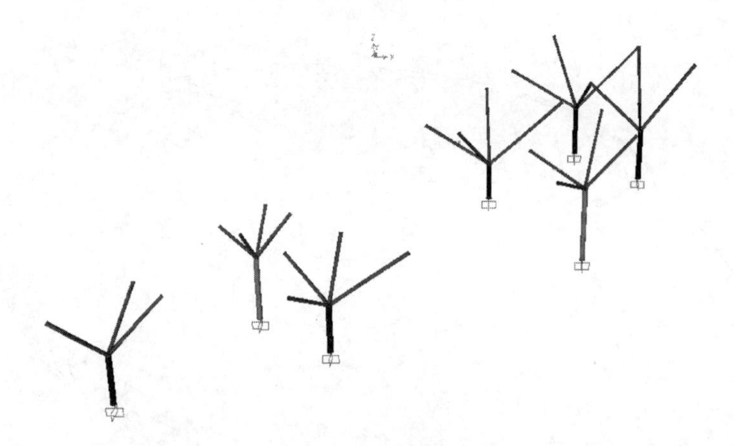

图 9　尾部树状柱

(1) 竖向力的传递：尾部在看台以内的部分与主体相同，屋面荷载通过檩条等次结构传递到屋面主结构的交叉网格上，然后通过三管桁架经钢柱传递到刚度很大的混凝土看台结构上，雨篷的倾覆力矩通过后部的平衡索与看台支点间形成力矩平衡。超出看台的部分，荷载则从网壳传到树状柱并直接传到基础。

(2) 水平力的传递：立面风荷载通过檩条传到立面次梁，传递到矩形钢管构成的主网格上，继而传到底部平台和混凝土看台上。部分水平力通过树状柱传到基础。

(3) 结构的钢构件采用相贯焊接为主，对于空间位置复杂的矩形钢管，采用鼓式节点和十字插板节点的形式，保证节点连接的可靠性。

三、结构特点

建筑造型的独特给结构设计带来巨大挑战，建筑的外观表现为舒缓展开的花瓣形状表皮，结构设计时不仅需要满足受力和构造要求，还必须通过体系优化来实现建筑师所营造的“映山红”效果。具体体现在：

(1) 结构整体空间造型复杂，屋面是完全的自由曲面；

(2) 没有任何相似的单元，结构设计既需要考虑如何实现结构传力合理，又不显笨重；

(3) 要解决传统设计方法无法解决的空间结构建模、分析设计、绘图表达的问题，并提高结构设计的效率。

四、设计要点

1. 结构体系与布置

本体育场挑篷造型简洁优美，富有动感，其曲面造型和浑然一体的交叉网格形式均为结构设计的难点（图 10）。规整的桁架结构布置与建筑交叉网格的形式不协调，同时常规的悬挑桁架结构的杆件过密，对于不设吊顶的体育场屋盖，会影响场内视觉观感。并且由于本工程规模大，挑篷悬挑长度较长，单层网壳结构变形过大，无法满足挑篷刚度要求。

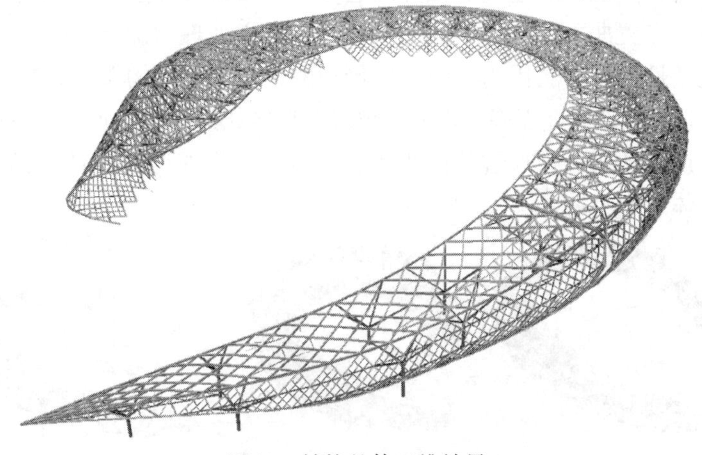

图 10　结构整体三维效果

为解决这一难题，结构设计结合单层网壳的曲面造型与桁架的刚度提出斜拉钢桁架局部加劲的单层网格方案，通过单层网壳形成与挑篷立面屋面风格一致的曲面网格效果，同时以适当的间距局部加入下弦杆，通过腹杆与网壳连接，起到加强挑篷刚度的作用。

本体育场主体部分采用斜拉钢桁架局部加劲网壳。雨篷屋面的单层网壳由 26 榀桁架单元支撑，由于结构形状复杂，除悬挑前端高度为 2.5m、拉索端高度为 3.5m 外，桁架悬挑根部高度、悬挑长、宽度、节间距等均没有统一尺寸，悬挑长 31.0～39.5m，悬挑根部高度 4.1～6.0m、宽度和节间距依网格尺寸确定，宽为 9.0～11.5m，节间距 3.4～6.7m。本建筑钢结构长度较长，因而对偏离建筑轴线的尾部单独处理，通过温度缝与主体完全断开，尾部采用“树状柱＋局部索支承单层网壳”的结构形式，减少了落地立柱对建筑通行和观感的不利影响，并实现了尾部尖端飘逸的大悬挑效果（图 11）。

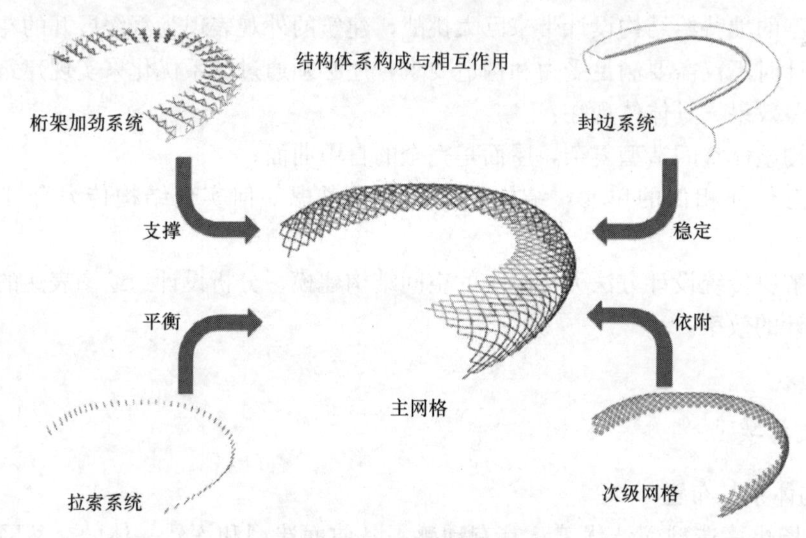

图 11　结构体系构成

2. 结构表皮与建筑表皮分离的处理策略

屋面的花瓣造型是“映山红”形象的重要特征，但如此复杂的建筑造型，若处理不当，会使得结构设计复杂化。屋面有四片凸起的“花瓣”，起翘高度最大达 3.5m，采用屋面造型曲面与结构布置曲面分离的策略进行设计，这样处理的优点包括：

（1）结构完整性好，不会因为开缝造成传力的不连续，结构布置亦较为方便；

（2）将起伏杂乱的造型曲面隐藏，而可被观众直接观察的网格面光滑平顺，观感良好。

从结构体系设计的角度，通过分离曲面的策略，就是在结构设计中抓住了主要矛盾，从而使整体受力体系更为明晰（图 12）。

图 12　复杂双曲层叠式屋面造型的分离处理策略

3. 尾部结构的大悬挑

结构成就建筑之美，轻盈飘逸的建筑效果需要结构可靠的支撑。本工程的尾部单层网格到了结构末端有长达 30m 的大悬挑，立面在尾端收卷到屋面处，形成飘逸非凡的建筑效果。但屋面采用截面高度仅 600mm 的单层网格，难以实现这一悬挑。为此，结构上采用了三个措施：

（1）利用树状柱伸出的树枝，减小结构悬挑末端到支撑点的距离；

（2）在立面内侧设置一道隐藏的小桁架来支承悬挑部分的部分受力；

（3）与建筑师沟通，调整末端的立面弧形，借助立面向下卷曲形成附加刚度，通过结构找形优化来提高整个悬挑尾部的竖向刚度和稳定性。

由此，设计在不影响建筑效果的情况下，轻盈地实现了 30m 的大悬挑结构（图 13）。

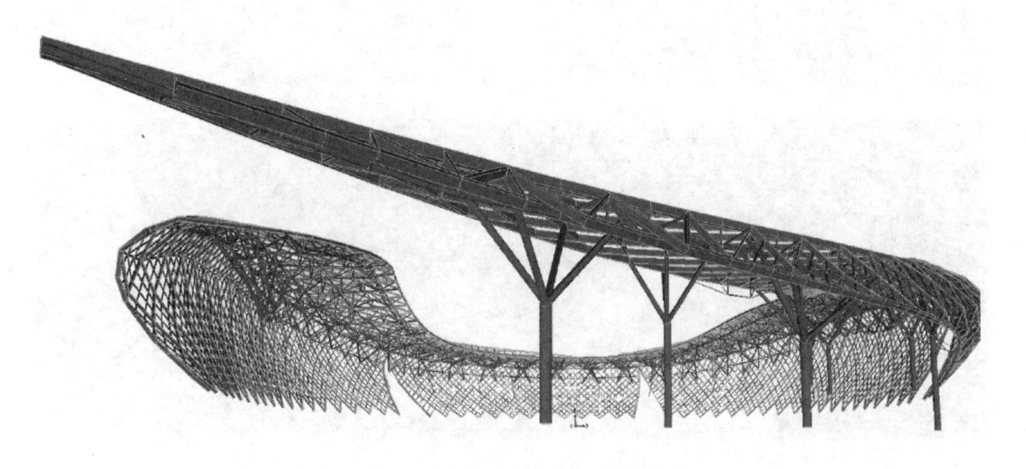

图 13　尾部的结构大悬挑效果

此外，针对复杂几何形态的结构设计，项目还采用了当时较为先进的参数化设计方法控制结构设计相关几何参数，关键技术包括：

1. 参数化辅助结构建模

尽管通过双层结构的做法简化了屋面的设计，但内层光滑屋面仍然是复杂双曲不规则的建筑造型，其起伏变化依然十分复杂。在设计过程中，特别是方案设计和扩初设计阶段，建筑修改频繁，传统建模手段效率低，需要耗费大量的重复建模计算时间。在此项目中，参数化方法不仅用来生成建筑表皮曲面，更直接用于生成屋面的杆件布置，由此可以快速响应建筑造型的修改。

由于下弦和腹杆沿轴线布置，屋面网格需要与轴线对应，采用参数化方法可以精确生成满足要求的网格。这样生成的网格有一定规律，但直观上感觉相对自由。

立面网格则与屋面不同，立面网格沿轴线布置，网格流线会造成明显突变弯折，影响美观。采用网格映射的参数化方法可以获得令建筑师满意的结构布置。

雨篷悬挑长短不一，25 榀局部加劲桁架根据悬挑长度和高差自动计算生成。

参数化方法在结构建模中的应用使结构工程师与建筑师在设计过程中能够以相匹配的工作效率沟通合作，完成复杂的空间结构造型（图 14、图 15）。

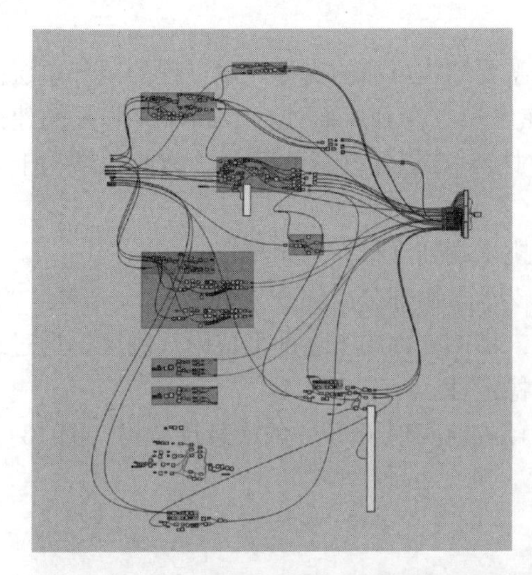

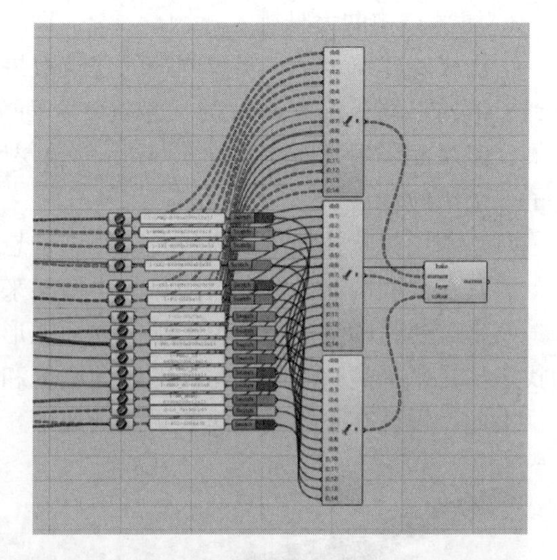

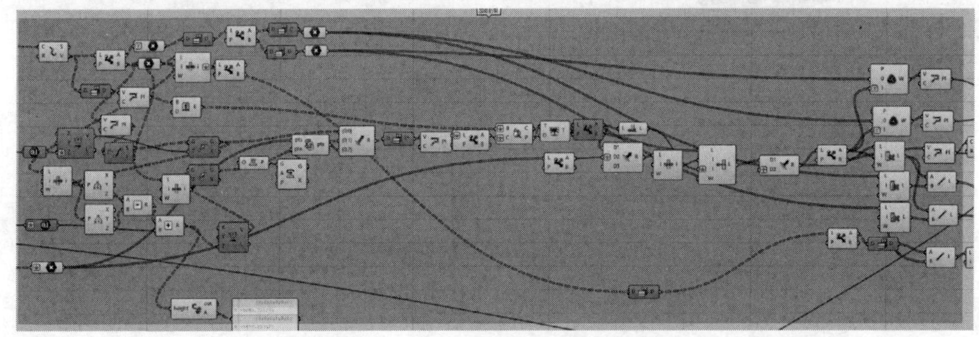

图 14　尾部的结构大悬挑效果

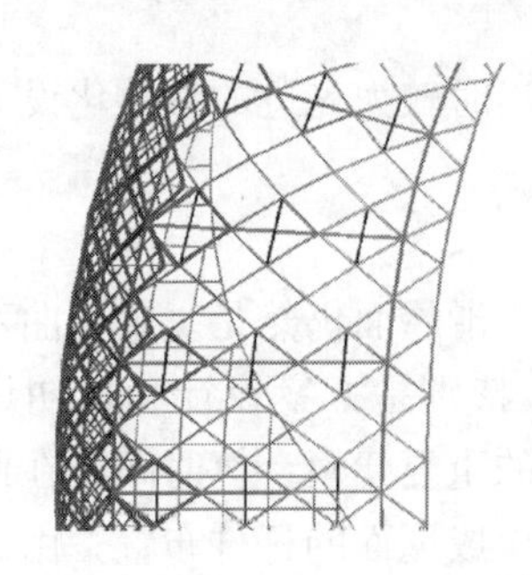

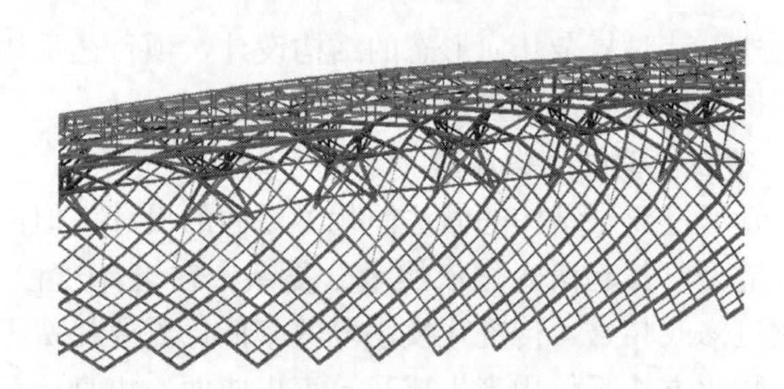

图 15　计算机脚本生成的结构细部

2. 参数化辅助结构分析

尽管在建模阶段利用了参数化手段，但传统设计方法中，CAD 几何模型与有限元分析模型是完全分离的，每次对建筑的修改，结构工程师都必须将几何模型导入分析软件中，赋予构件属性，进行分析，将根据设计修改的各种信息再修改几何模型。几何模型到有限元模型的转换效率过低仍然可能成为结构设计过程的短板。为实现几何模型与有限元分析模型的快速无缝衔接，在 SAP2000 平台上开发了接口软件，实现模型信息的快速转换，使几何模型、有限元分析、图纸绘制可以共用一套模型，提高对几何模型修改的响应效率以及设计的准确度，相关信息表达和转化技术方法获批国家发明专利（图 16、图 17）。

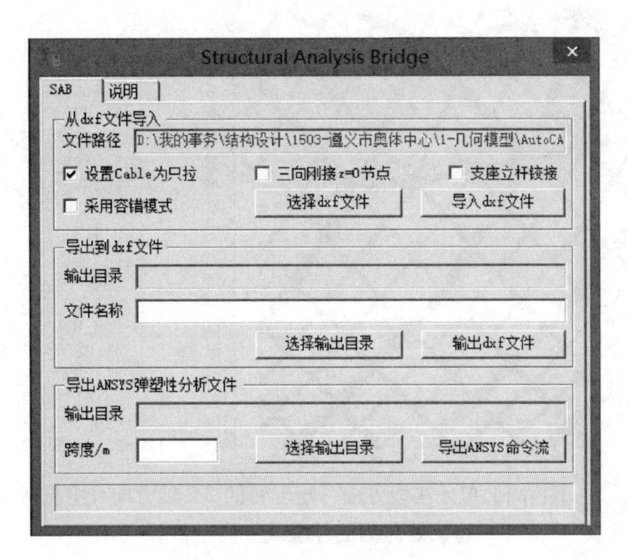

图 16　转换接口工具

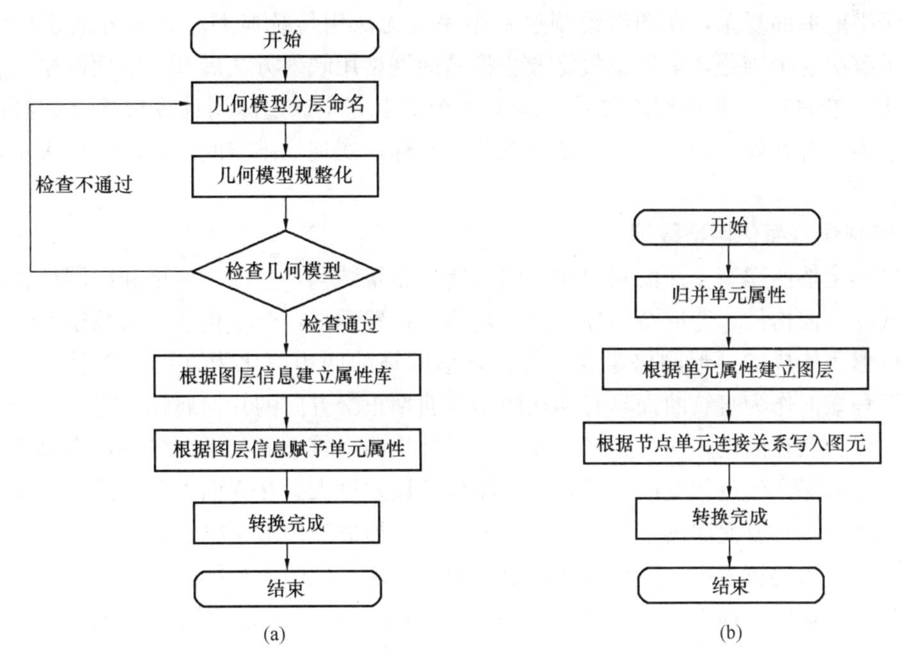

(a)　　(b)

图 17　转换流程

(a) CAD 几何模型->有限元模型；(b) 有限元模型->CAD 几何模型

遵义奥体中心体育场的网格采用的是矩形钢管（600mm×250mm 截面），截面弯曲刚度具有强轴、弱轴的方向性区分。为使得分析模型的刚度符合实际，立面网格的数千根矩形管，需依照结构曲面的外法线方向进行布置，即矩形管的 2-2 轴方向（主抗弯方向）与该处曲面的外法线方向一致，故每一个单元的方向均不相同，采用计算机控制的参数化方法，可以完成这一人工几乎无法完成的任务，使刚度符合实际（图 18）。

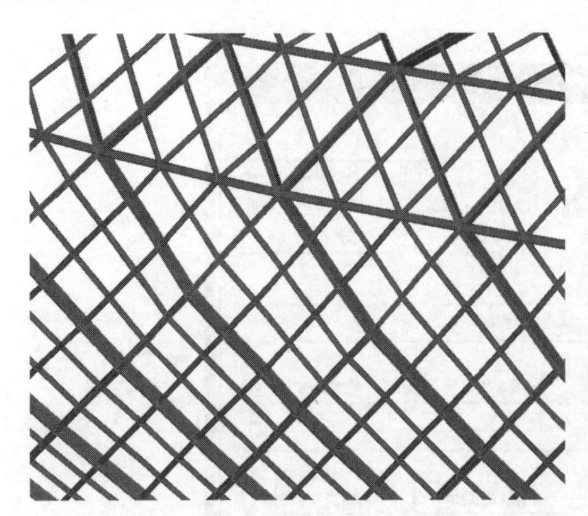

	X	Y	Z
337	7.233746	-12.4006	11.85442
340	-0.14599	0.231311	-0.21324
342	0.40695	-0.68152	0.608216
344	-39.8769	35.91717	-47.3804
345	-39.8769	35.91717	-47.3804
346	31.07066	38.41764	-44.7548
347	31.07066	38.41764	-44.7548
349	65.75303	-32.5265	-69.5345
354	65.41517	-28.5529	-55.8269
356	21.37027	-9.12408	-15.0346
358	-500.08	373.2936	550.8454
359	-294.607	209.9373	-78.2044
360	-108.876	82.185	-78.118
361	-51.8837	42.49637	-50.991
362	-51.8837	42.49637	-50.991
363	-24.6193	22.22362	-26.16
364	-24.351	19.87811	-19.9713
365	-23.2669	17.39366	-10.8382

图 18 各不相同的单元法线方向［矩形管的 2-2 轴方向（主抗弯方向）与该处曲面的外法线方向一致］

3. 参数化辅助结构绘图

由于空间曲面复杂，在图纸绘制过程中完全无法用传统典型单元的方法定位结构布置。为了解决这个难题，采用参数化方法将曲面网格用映射方法展开为平面网格，在二维平面表达三维的节点-构件相连关系。5000 多个节点完全通过运用计算机独立编制的参数化脚本按给定排列规则编号，并自动提取节点坐标，实现三维空间结构的图纸表示，极大节省劳动力。

4. 控制误差简化网格线形

如果完全按照建筑立面的双向曲率曲面造型布置结构，立面主网格和次网格将产生大量不规则的弯曲构件，造成结构加工过于复杂，耗费钢材，令结构造价大幅攀升。结构的立面由矩形管构成的菱形网格组成，若将菱形网格的四边简化为直线，会形成一个马鞍面。由于马鞍面作为直纹曲面具有存在两个零曲率正交方向的几何属性，对边等分点连接的直线可以自然在面内相交。这样，在立面下部扭曲率较小的菱形网格内，直接采用直杆作为次梁可以保证节点相交而不引起与原曲面的误差过大。在立面上部扭曲率较大的位置设置两道环梁，一方面起约束变形作用，另一方面形成三角形网格，减小与原曲面误差。

原曲面作为建筑表皮，简化曲面与原曲面误差通过屋面系统解决，这样在保持建筑外形的同时大大降低了加工难度，减少弯曲切割的能耗，降低造价同时绿色环保（图 19、图 20）。

图 19 马鞍面的直纹曲面几何特征

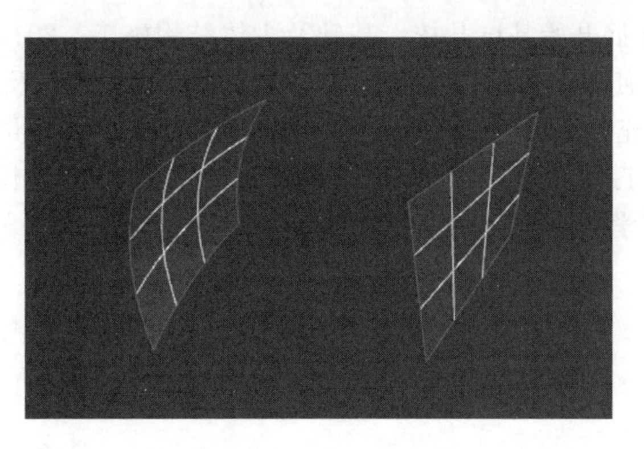

图 20 小扭曲率曲面利用马鞍面特性化曲为直

五、节点设计

与圆管不同，立面矩形管由于其截面的方向性，2-2 轴沿着双向曲率曲面外法线方向布置时，多个矩形管相交的节点无法确保完全相贯。解决这个问题的一种思路是使用铸钢件，但铸钢件会大大增加结构的自重，并提高造价。为此，设计上屋面采用圆筒节点，立面采用十字插板节点，这样矩形管可以与中间的核心圆筒或者插板相贯而不必考虑方向不同的问题；而且外形简洁，观感良好（图 21、图 22）。

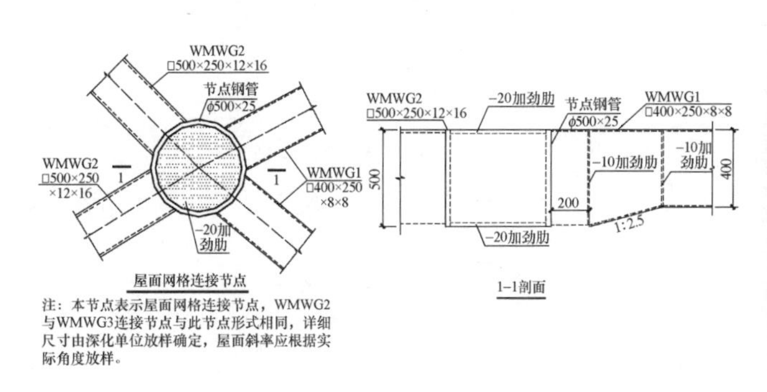

图 21 屋面圆筒节点构造

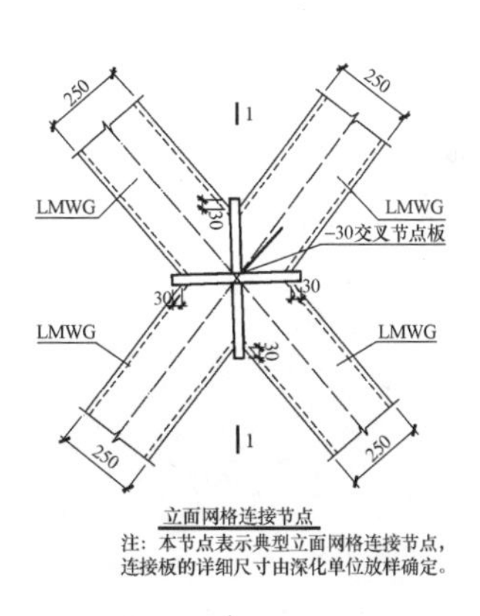

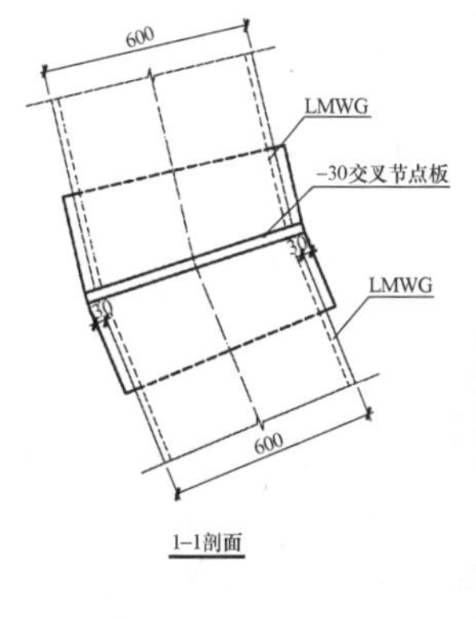

图 22 立面插板节点构造

本工程于2015年底开始基坑开挖、基础及主体结构施工，2017年底结构全面封顶，2018年5月竣工投入使用。在设计单位与施工单位的共同努力以及紧密协作下，既保证了结构的安全性，又充分地实现了建筑功能，有效控制了施工的质量，完成度较高，成为一件建筑、结构、施工均完美结合的作品。该项目获得2019年度国家优质工程鲁班奖，2019—2020中国建筑学会建筑设计奖·结构专业二等奖。

28　湖州南太湖奥体中心工程项目结构设计

建 设 地 点　浙江省湖州市仁皇山新区
设 计 时 间　2009—2013
工程竣工时间　2017
设 计 单 位　浙江省建筑设计研究院
［310006］浙江省杭州市拱墅区安吉路 18 号
主要设计人　杨学林　周平槐　焦　俭　赵　阳　王　震　程宝龙　陈志刚
丁　浩　钟亚军
本 文 执 笔　杨学林　周平槐

获 奖 等 级　2019—2020 中国建筑学会建筑设计奖·结构专业二等奖

一、工程概况

湖州南太湖奥体中心工程位于浙江省湖州市仁皇山新区北片，东临太湖路，西靠将军山，由体育场、游泳馆和球类馆组成，在尊重湿地自然特征的基础上，形成了总图布局和地势造型，如图 1 所示。该项目建筑方案设计由德杰盟工程技术（北京）有限公司完成。

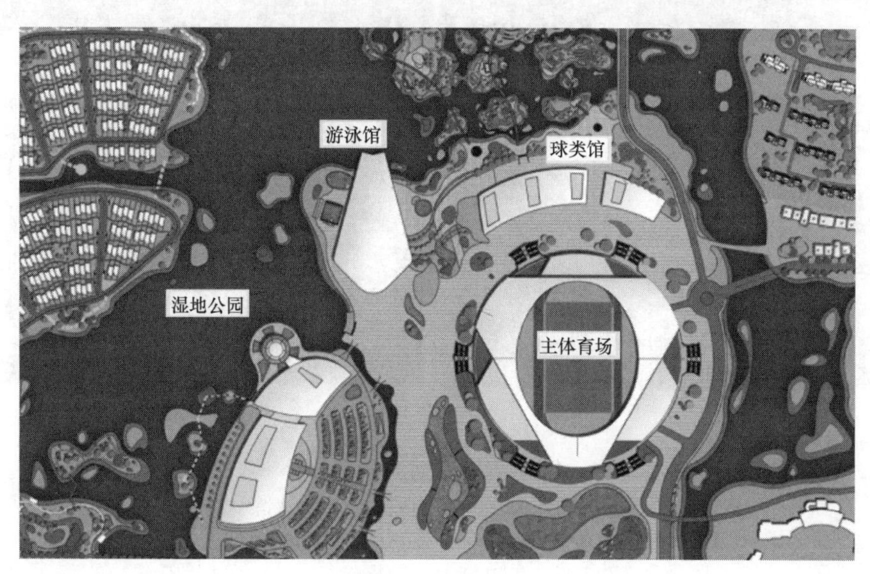

图 1　总平面

浙江省建筑设计研究院完成了方案阶段的配合工作，以及施工图设计工作。浙江大学空间结构研究中心作为咨询单位，参与设计前期的技术方案讨论及节点试验工作。浙江大学建筑工程学院完成主体育场和游泳馆的风洞试验。

体育场位于湿地奥体公园中心醒目位置，外形如同百合花，圆形外壳直径约 260m，屋顶椭圆形开口长轴约 186m，短轴约 150m，总建筑面积约 8.91 万 m^2，固定座席约 4 万个。奥体中心紧邻湖州湿地环保公园，因此在体育场内圈椭圆形洞口边缘设置一圈观光走廊，向内可以俯视体育场，向外可以领略湿地风光。

游泳馆斜卧水边，头部高昂，尾部接地，宛如一条鱼刚跳出水面，因此建筑称之为“飞鱼”造型。由横剖面看上去，则像蝶泳运动员正挥臂破浪前进，展现了体育竞技的动感和力量。游泳馆总建筑面积约为 1.57 万 m^2。设有一层地下室，观众席上共设约 1500 个座席。

球类馆占地面积约 1.40 万 m^2，一层用作篮球馆、笼式足球馆、排球馆、乒乓球馆，二层主要用作羽毛球馆。跨度不大但有多处叠屋面，其中篮球馆跨度 20m，高 21m。

建成后的实景如图 2 所示。

(a)

(b)

(c)

图 2　建筑实景

(a) 整体；(b) 体育场内场；(c) 游泳馆

二、体育场结构体系

下部混凝土看台沿着内场一圈环向设置，东西看台较高，最高处标高 27.300m。看台下方设有 1 层地下室，埋深 5.800m。地下室局部在标高－2.000m 处设有设备夹层。看台和地下室均不设缝。下部采用现浇钢筋混凝土框架-剪力墙结构体系，上部钢屋盖则采用高低屋面叠合开口双层网壳结构。为了满足建筑视线无遮挡及美观的功能要求，看台柱不作为上部钢结构的支承柱，屋盖钢结构与下部钢筋混凝土看台部分完全脱开，全都支承在标高 6.500m 的观众室外平台上。为了到达屋盖观光走廊，沿着体育场对称布置 4 部楼电梯。

体育场钢结构根据功能和位置，分为四部分：高屋面网壳、低屋面网壳、入口百叶部分和观光电梯，沿着周边共设置 6 个入口，每个入口正好对应高低屋面交接处，屋盖钢结构组成见图 3。在体育场屋盖高低两个屋面之间设置观光走廊，见图 4。此外，位于四角的楼电梯筒和屋盖钢结构连为一体，成为上部结构的局部支承。

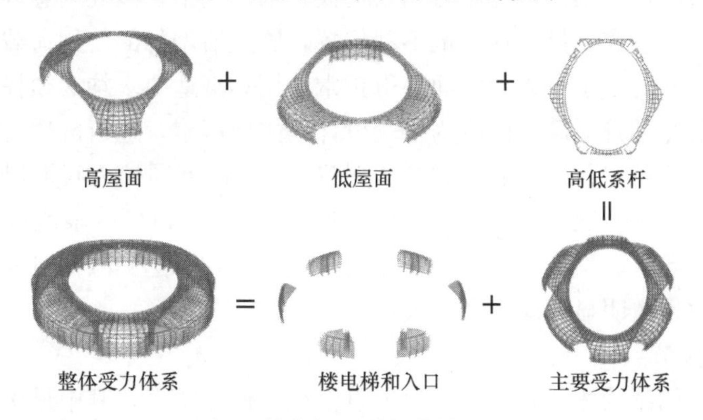

图 3　体育场屋盖钢结构组成

图 4　体育场屋盖高空走廊实景

三、体育场结构设计特点

1. 钢结构屋盖的复杂造型

体育场屋顶造型如同百合花从体育场中心向四周伸展，屋盖结构主要部分由高低两个屋面叠合而成，沿圆周的6个入口部分处于高低屋面交界处。屋盖钢结构造型复杂，结构模型与建筑功能和外观必须高度一致，建模时的最大难题在于如何处理高低屋面之间的连接关系。

2. 特殊造型钢屋盖风荷载取值和抗风设计

体育场位于太湖南侧，湿地公园之中，而体育场跨度大、外观独特、体型复杂，属风敏感的柔性结构。《建筑结构荷载规范》GB 50009规定，对于这类复杂体型的大跨空间结构，其风载体型系数宜由风洞试验确定；而且由于这类结构竖向刚度小、阻尼低，风致振动效应比较显著，还应考虑风压脉动对屋盖产生风振的影响，按随机振动理论和结构动力学原理进行风振计算。为了从多种途径校验和确认体育场表面风荷载的大小，并与风洞试验结果进行对比分析，除了根据荷载规范近似取值进行复核外，还对该体育场进行了表面风压的数值模拟计算。

3. 钢屋盖内置高空观光走廊设计及人行舒适度分析

建筑方案的最大亮点在于屋顶椭圆形开口周边设置一圈观光走廊，朝里可俯视整个体育场，朝外可欣赏湿地风景。但是屋盖钢结构仅在根部约束，以径向悬挑桁架为主要传力途径，观光走廊却设置在悬挑端这一最不利位置，因此所增加的使用荷载需要结构较大幅度提高承载能力，同时由于有人行走而使得正常使用和舒适要求均必须提高。

人行激励下的振动舒适度可能成为控制设计的主要因素，进行舒适度分析时，对结构施加同步行走、随机行走、同步起立、单人跳跃等32种不同的人行激励。除同步行走7种工况、随机行走1种工况计算得到的峰值加速度超出了ATC的限值加速度以外，其他工况均满足舒适度要求。增大结构刚度和振动控制手段均可达到减振目的。采用黏弹性消能器方案的减振效果更明显，减振率更大。

4. 复杂的连接节点

高低屋面叠合的结构体系，必然导致节点汇交杆件非常多，其中最多的一个节点连接杆件高达14根，构件之间的空间关系复杂，节点受力较大，都给设计增加了难度。本项目以相贯节点为主，少数连接杆件多、受力较大的节点采用焊接球节点。选取典型复杂节点，通过节点试验研究其承载性能，并比较有限元数值分析结果；然后利用有限元方法对其他典型节点进行分析，确保节点连接安全可靠、承载性能满足要求。

5. 地下室与下部看台的超长结构无缝设计

平面形式采用“内椭圆外圆”平面，下部混凝土看台沿着内场一圈环向设置，地下室结构外径约260m，属于超长混凝土结构。因建筑平面功能布置完整性的要求，地下室及下部看台结构不设永久结构缝。

本工程针对超长混凝土结构，从材料、配筋、设计构造、浇捣养护等方面提出了以下抗裂和防渗措施：①进行混凝土结构温度和收缩效应的计算，对薄弱部位采取有针对性的加强措施；②采用补偿收缩混凝土材料，并采用60d龄期的混凝土强度指标；③采用设置后浇带、膨胀补偿带等施工措施；④对易开裂的部位，适当加强构造配筋，并采用细筋密布的配筋方式；⑤在径向和环向的梁上设置无粘结预应力；⑥严格控制混凝土的水灰比和坍落度，加强施工现场混凝土浇捣和养护；延长混凝土外墙带模养护时间，并采取喷淋、喷雾等养护措施；⑦超长结构在高温季节施工时采取“低温入模”的施工措施。

四、体育场结构设计创新技术

1. 结构体系融合于建筑造型，实现了结构受力与建筑造型的完美统一

体育场屋盖建筑造型与结构布置方案对比见图 5，剖面比较见图 6。方案初期，建筑要求以下部为主要受力体系，入口处以及屋顶观光走廊等部位以附属钢结构的形式搭建在受力主体结构上。

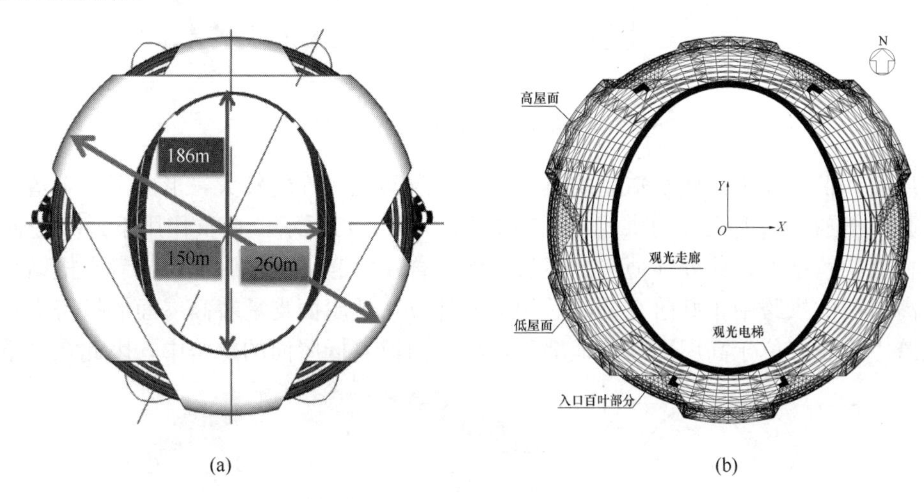

图 5 建筑结构平面比较

(a) 建筑布置；(b) 结构布置

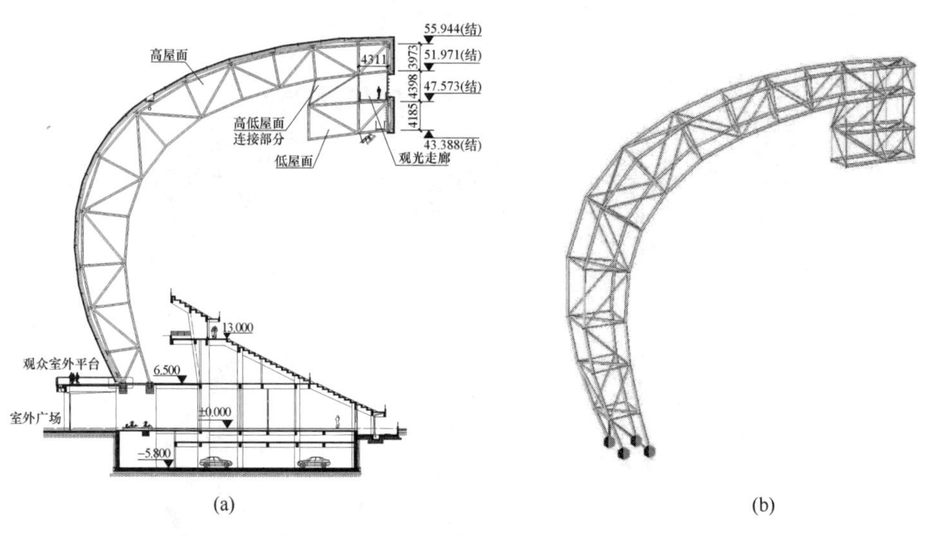

图 6 建筑结构剖面比较

(a) 建筑剖面；(b) 结构典型传力桁架

根据建筑造型和使用功能，结构专业通过方案的认真比选，最终选择了和建筑高度一致的高低屋面叠合开口双层网壳结构体系，无需在受力体系上另设造型构件，建筑和结构之间形成一个整体的结合。高低屋面由建筑提供的剖面和边界控制线，绕着中心线旋转一

周，形成光滑曲面，然后通过内外边界线切割，形成弧线壳体，过程如图 7 所示。

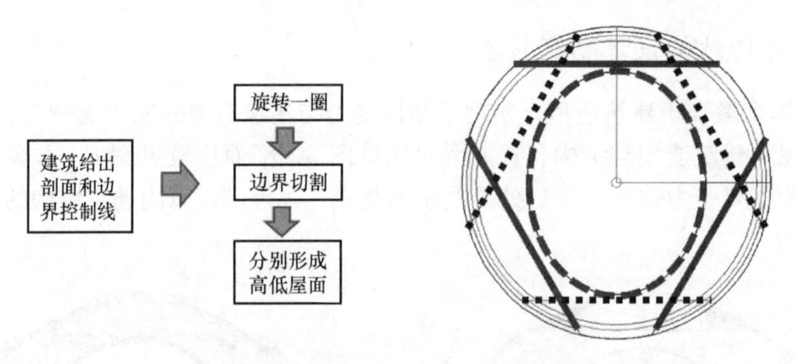

图 7　屋盖钢结构高低屋面成形过程

高屋面和低屋面由于建筑造型的需要，对双层网壳的削弱较大，形成了 3 个落地悬挑网壳、其间再通过跨度很大的拱相连，如图 8(a)、(b) 所示，自重作用下最大竖向变形均发生在拱的跨中处，该处最薄弱。高低屋面叠合在一起，通过腹杆将二者有机结合形成整体，高屋面的拱跨中正好落在低屋面的落地部分，低屋面支承着高屋面的拱跨中；低屋面的拱跨中也正好位于高屋面的落地部分，高屋面拉着低屋面的拱跨中，因此在自重作用

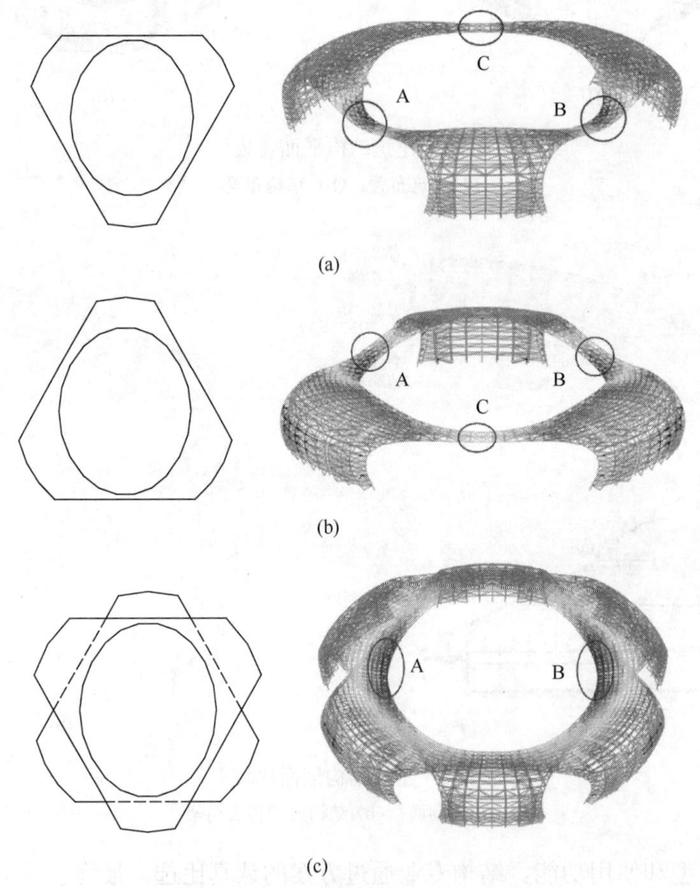

图 8　自重下体育场屋盖钢竖向变形示意

(a) 高屋面；(b) 低屋面；(c) 整体屋盖

下最大竖向变形转移到入口处对应的悬挑端，如图 8(c) 所示。

高低屋面外部经三角形切割后形成 6 个百叶部分，且下方设有通往场内看台的入口。高低屋面扩初阶段建筑师要求屋盖钢结构突出高低屋面叠合成的百合造型，入口百叶部分结构则应弱化，由幕墙公司另出方案，且必须独立于屋盖钢结构。入口百叶部分最大弧线跨度有 66.4m，高度均在 34.3m 左右，入口门洞尺寸较大，竖向落地构件不宜太多，因此采用支承在观众室外平台上的悬臂结构方案，显然不可行。经与建筑师协商，入口百叶部分与屋盖钢结构连成整体。靠近地面采用平面桁架，顶部与高低屋面之间形成的三角形部分则采用单层网壳，平面桁架和单层网壳之间通过四边形桁架过渡，每个入口部分设置 3 道竖向平面桁架，支承于室外平台，如图 9 所示。

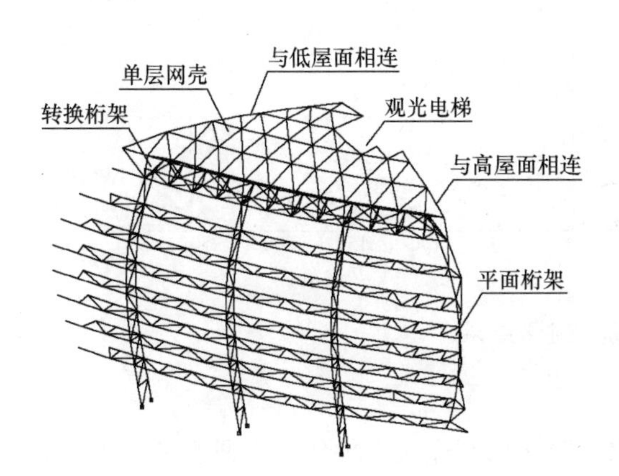

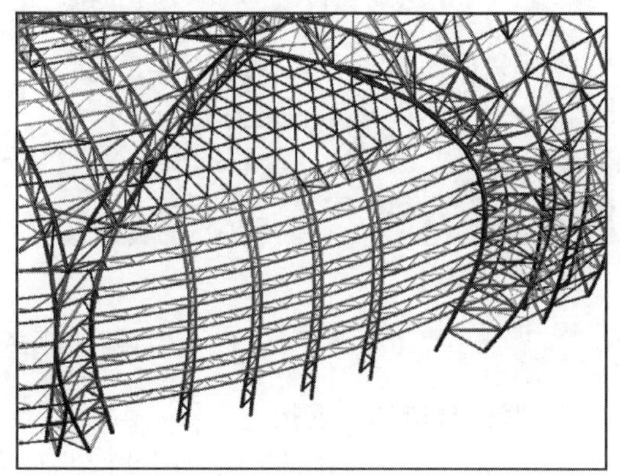

图 9　入口百叶部分结构布置

最终实现屋盖钢结构的受力体系融合于建筑造型，结构受力体系和建筑的造型完美结合、协调统一。

2. 风洞试验及风荷载取值

体育场位于太湖南侧，湿地公园之中，而体育场跨度大、外观独特、体型复杂，属风敏感的柔性结构，风荷载占控制主导荷载。风荷载计算同时取荷载和风洞的包络值。基本风压按照百年一遇取值为 0.50kN/m²，地面粗糙度为 B 类。按规范计算时，风压高度系数按最高计算，风振系数则结合其他工程经验取值，而风压体型系数则按图 10 取值。

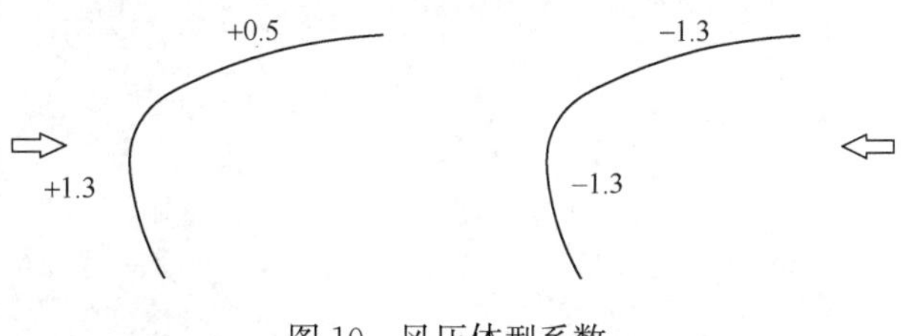

图 10　风压体型系数

风洞试验在浙江大学的 ZD-1 边界层风洞中进行，如图 11 所示。风洞试验模型的几何缩尺比为 1∶200，B 类地貌场地，要求模型风压测定在大气边界层风洞中进行，平均风速沿高度按指数规律变化，地面粗糙度系数 α=0.16；风场湍流强度沿高度按负指数规律变化。模型风压测点的布置考虑了体育场的对称性，取 1/2 的看台屋盖作为风压主要测试区域，共布置了 492 个测点（高屋面及其立面 257 个，低屋面及其立面 235 个）。试验风向角根据建筑物和地貌特征，在 0°～360°范围内每隔 15°取一个风向角，共 24 个风向角。全风向角下平均正风压最大值为 1.07kPa，发生在 75°风向角下，相应的测点风压系数和体型系数分别为 1.28 和 1.34；平均负风压最小值为－1.76kPa，发生在 120°风向角下，相应的测点风压系数和体型系数分别为－2.10 和－2.09。计入风振后的等效静力风荷载控制风向角为：150°、210°为水平向阻力的控制风向角，120°、240°为竖向升力（吸力）风压的控制风向角，135°、225°为绕竖向扭矩风压的控制风向角；体型系数负的最大为－0.81，正的最大为 0.68；风振系数最大为 2.98。

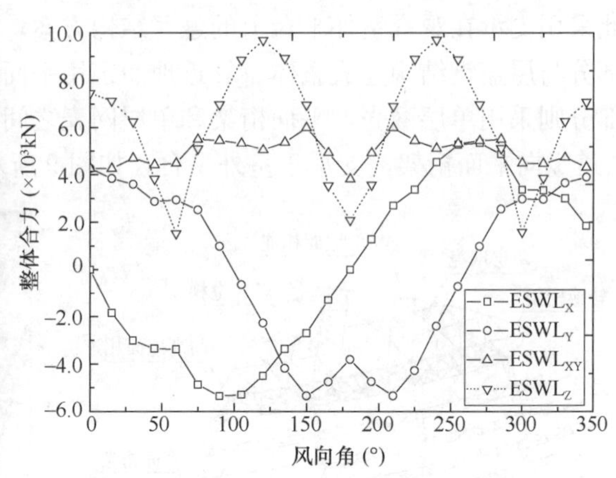

图 11　风洞试验及主要结果

3. 竖向楼电梯的连接

屋盖钢结构设有观光走廊，因此南北对称设置 4 部观光楼电梯作为交通要道。由于看台柱不作为支承条件，楼电梯筒承担的竖向荷载较大。电梯筒竖杆与高低屋面相连时，附近杆件应力较大，其中弯曲应力约占一半。增大截面导致杆件刚度增大，承担的荷载更多，因而应力也随之增大，在截面和应力水平之间很难协调。为了减少弯曲对杆件截面应力的影响，通过抗震球支座将上部钢屋盖和下部楼电梯脱开，如图 12 所示。脱开前最大管径为 P750×35，强度应力比略超过 1.0，不满足要求；脱开后，管径以 P450×30 为主，局部 P500×30，应力比小于 1.0。

图 12　楼电梯间竖向构件连接节点及建成实景

4. 屋盖钢结构的稳定性

"1.0 恒+1.0 活" 作用下，屋顶整体模型的前 20 阶屈曲模态中仅有 6 个模态（分别是第 5、6、9、10、15、16 阶）是屋顶高低屋面局部较多杆件的屈曲，其余 14 个模态均为电梯筒或者高低屋面边界少数杆件的局部屈曲。入口百叶部分四边均与高低网壳相连，平面桁架部分基本上处于竖向立面上，三角形单层网壳水平跨度小，均未出现屈曲，因此在稳定分析中忽略入口百叶部分，重点考察高低屋面在电梯筒支承下的稳定性能。

根据风洞试验获得的风载特性以及静力分析结果，选取三种荷载组合工况对简化模型进行稳定性能分析，分别是：①DL+LL；②DL+LL+W0（风吸力为主）；③DL+LL+W105（水平方向风压为主）。其中DL为包含重力的恒荷载，LL为活荷载，W0和W105分别是0°和105°风向角时的风荷载。稳定分析时均考虑几何大变形对稳定性能的影响。考虑材料非线性时假设材料为Q345B的理想弹塑性模型，屈服后强度保持不变，不计材料强化的影响。特征值屈曲分析结果表明，多数屈曲模态中（特别是低阶模态）均表现为电梯筒部分的屈曲形式，而设计更加关心的是高低两个双层网壳叠合结构部分的稳定性能。剔除局部几根杆件的屈曲形式，表1给出了三种荷载组合工况下高低屋面双层网壳结构屈曲时的前十阶特征值屈曲临界荷载系数（屈曲临界荷载系数指屈曲临界荷载与设计荷载之比）。三种荷载组合工况下网壳结构部分的屈曲模态形式及其发展规律具有较大的相似性，均是首先在悬挑距离最大的悬挑端出现局部屈曲，然后围绕此区域逐渐外扩发展，其中前8阶屈曲模态主要是局部小范围的屈曲，从第9阶屈曲模态开始才出现大范围分布的屈曲模态。DL+LL荷载工况下第一阶屈曲临界荷载系数为16.55，满足预先设定“大于10”的设计目标。同时荷载系数较大，说明该网壳结构具有较好的整体稳定性。

前十阶特征值屈曲临界荷载系数　　表1

荷载工况	$n=1$	$n=2$	$n=3$	$n=4$	$n=5$	$n=6$	$n=7$	$n=8$	$n=9$	$n=10$
DL+LL	16.551	16.561	19.016	19.026	24.400	24.417	25.174	25.179	36.748	36.810
DL+LL+W0	17.449	17.453	20.196	20.203	26.087	26.094	27.960	27.975	40.022	40.101
DL+LL+W105	17.251	18.649	19.637	21.536	25.046	25.836	26.380	29.552	37.701	41.455

以1阶屈曲模态作为初始缺陷的分布形式。网壳结构东西两侧悬挑跨度较大的区域是薄弱环节，容易率先出现局部屈曲变形状态；而高阶模态会出现分布范围比较宽广的屈曲模态变形，比如DL+LL下的第29阶屈曲模态（荷载因子$n=9$）为较大分布范围的屈曲形式，因此也有必要分析高阶模态是否为不利的缺陷分布形式。以结构模型在DL+LL荷载工况作用下为例，引入网壳结构部分的前4阶屈曲模态（$n=1\sim4$）和第29阶屈曲模态（$n=9$）作为初始缺陷分布形式，考察不同缺陷形式对结构稳定承载力的影响。初始缺陷的幅值根据规程取网壳跨度的1/300，结构模型的最大悬挑跨度为45m（对应悬挑跨度幅值应取为1/150），因此缺陷幅值取为300mm。为了进一步考察初始缺陷的影响，计算中还特意将缺陷幅值增大一倍取为600mm。初始缺陷分别为第1阶屈曲模态和第29阶屈曲模态时，所得西侧静力分析竖向位移最大点的荷载-位移曲线如图13所示，其他第2～4阶屈曲模态对应的荷载-位移曲线与图13(a)类似，其中纵坐标荷载系数为所加荷载与设计荷载的比值。可以看出，无论是对于变形分布为局部区域的前4个屈曲模态缺陷形式，还是对于变形分布较为宽广的高阶模态缺陷形式，有缺陷时（包括不同缺陷幅值）的荷载-位移曲线均与无缺陷时的差别不大，结构稳定性能对于初始缺陷并不敏感。因此，设计时可按第一个屈曲模态作为初始几何缺陷的分布形式。

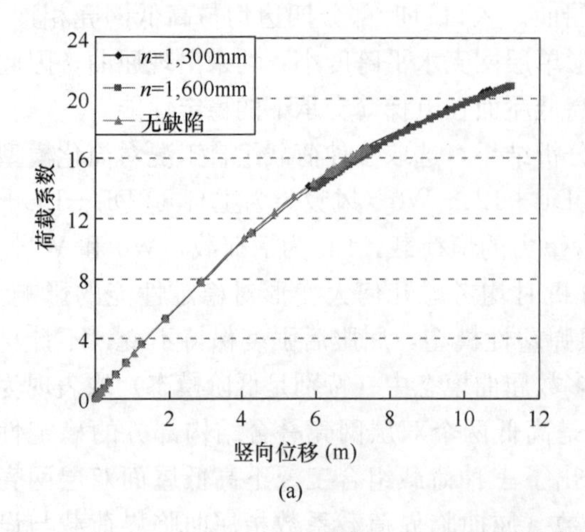

(a)

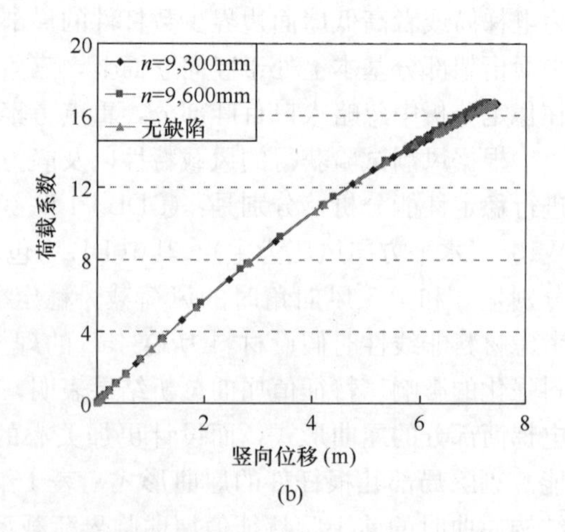

(b)

图 13 不同初始缺陷对应的荷载-位移曲线

(a) 第 1 阶初始缺陷；(b) 第 9 阶初始缺陷

结构的稳定性能不仅受初始缺陷的影响，也与荷载条件等因素有关。从表 1 可以看出，三种荷载组合工况下对应屈曲模态形式的荷载系数差异不大，即不同的荷载分布对网壳结构的稳定性能影响不大。考虑几何大变形的影响，对无缺陷结构在不同荷载工况下的稳定性能进行分析比较，所得荷载-位移曲线如图 14(a) 所示，曲线差异不大，即不同荷载工况对结构稳定性能影响不大。三种荷载工况下不同局部区域位置的变形情况及趋势较为相似，其竖向位移基本呈线性增长，当竖向变形位移超过 5m 以后开始出现非线性变化，直至变形过大而导致计算无法收敛。特征值屈曲分析和几何非线性分析均表明，不同荷载工况下结构的稳定性能基本相同。

结构对初始缺陷形式、荷载工况并不敏感，因此仅针对 DL＋LL 工况下、引入第 1 阶屈曲模态（幅值为 300mm）的结构进行材料和几何双重非线性分析，从而得到更加接近实际情况的结构稳定承载力。对应西侧静力分析竖向位移最大点荷载-位移曲线见图 14(b)，刚开始结构处于弹性阶段，荷载随竖向位移线性增大。

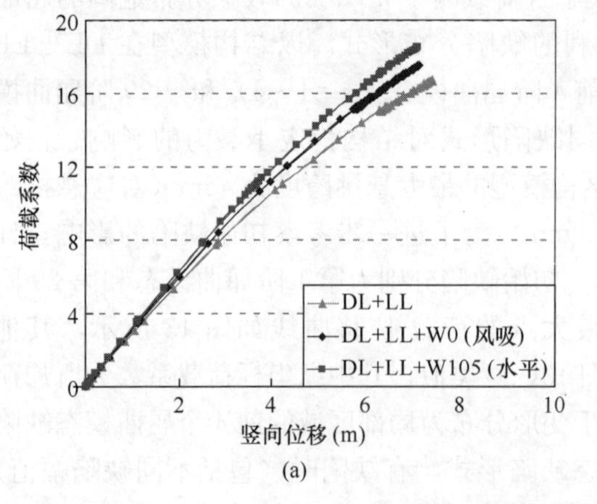

(a)

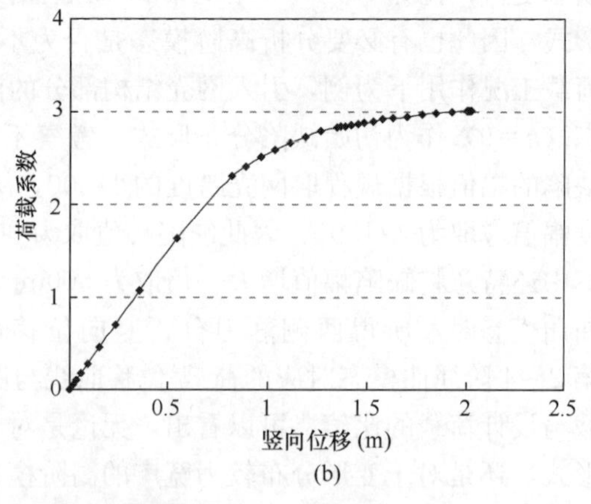

(b)

图 14 不同条件下的荷载-位移曲线

(a) 不同荷载工况；(b) 考虑双重非线性

到顶点，随后缓慢上升。所以可将顶点荷载作为结构的极限荷载，极限荷载系数为2.8，大于规程要求的2.0（弹塑性分析），满足结构稳定性要求。

5. 节点的连接构造及承载力验算

高低屋面叠合的结构体系，必然导致节点汇交杆件非常多，其中最多的一个节点连接杆件高达14根，构件之间的空间关系复杂，节点受力较大，都给设计增加了难度。网壳主体结构钢管相贯节点、边桁架节点、百叶格栅及单层网壳杆件相交节点等各类连接节点均十分复杂，主要有内力大、连接杆件多、构造复杂。本项目以图15所示的相贯节点为主，少数连接杆件多、受力较大的节点采用焊接球节点，如图16所示。

图15　相贯节点

图16　焊接球节点

相贯节点主要采用的节点形式是：两向杆件正交时，弦杆直径较大的管件作为贯通主管，贯通主管局部加厚，节点域设置暗节点板（位于上下弦平面内）提高节点承载力，如图17所示。少数受力复杂、连接杆件多的节点，则采用局部板厚增加、同时设置横隔板的做法。

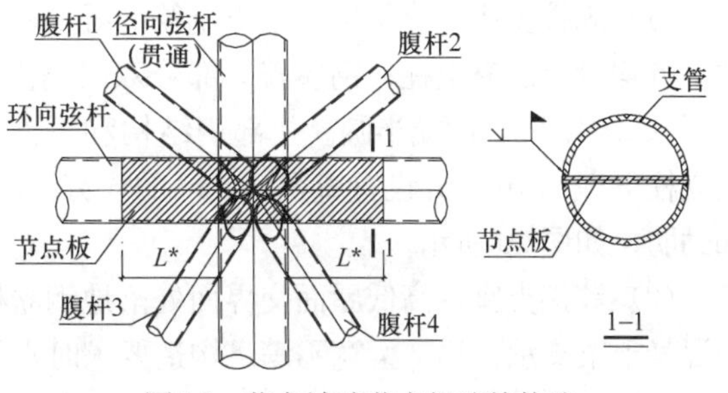

图17　节点域暗节点板连接构造

钢结构节点性能研究是空间结构设计的重要环节。目前国内主要大型空间钢结构工程设计中普遍采用了节点试验和弹塑性有限元分析等技术手段。作为大型钢结构工程项目，本体育场屋盖同样存在结构体量大、结构体系复杂、节点受力状态复杂等特点，为确保工程安全、可靠、经济，同时又能满足加工制作、施工安装等方面要求，浙江大学受委托对结构复杂节点进行专门的计算分析和试验研究。

图 18　节点试验

节点试验在浙江大学结构实验室“空间结构大型节点试验全方位加载装置”中进行，该装置球形自平衡反力架，可灵活实现对不同方向、不同夹角杆件的拉、压加载，用于空间关系复杂且各不相同的空间节点试验研究十分方便，如图 18 所示。通过节点试验，有助于全面了解复杂节点的弹性、弹塑性受力性能，检验其强度是否满足设计要求；同时比较试验结果与有限元分析结果，验证有限元模型的正确性或对其进行改进，从而通过有限元方法对其他较为复杂的节点进行补充验算。根据设计单位的要求，结合工程实际，在高低双层主网壳、边桁架、入口转换桁架、出电梯上屋盖等不同位置选取关键节点类型 6 种，并对其中 3 种进行足尺试验（根据荷载情况考虑缩尺试验），另外 3 种进行有限元计算分析。有限元分析结果如图 19 所示，表明各类节点均具有良好的承载能力及足够的安全储备，工程的节点设计安全可靠。

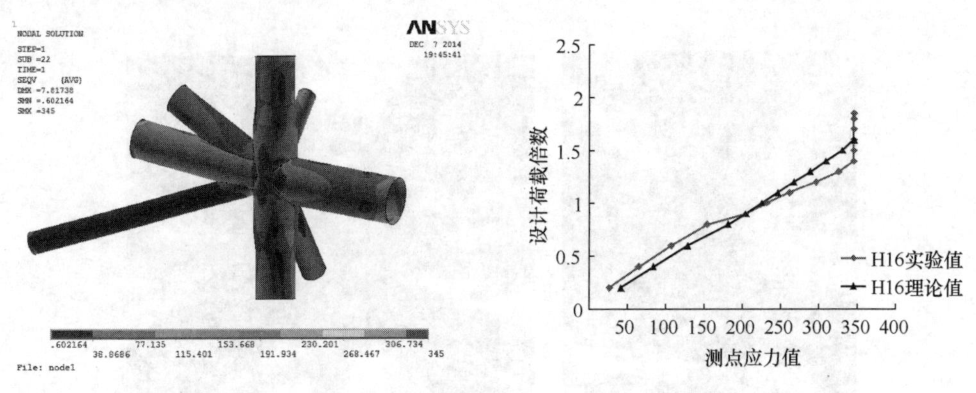

图 19　节点有限元分析与试验结果对比

6. 柱脚节点连接

屋盖钢结构高低屋面上下弦杆落地柱脚，根据上部屋盖钢结构与下部钢筋混凝土墙柱的位置关系，将其划归两种支座形式：

(1) 固接支座，直接插入下方钢筋混凝土柱子。位于四周的观光电梯，其钢立柱对应位置下方均设有混凝土柱；钢屋盖大部分双层网壳的上下弦杆，均落在下方同一根长柱子上，柱子 6m×1.2m，两端半圆。上部钢结构和下部混凝土柱子在标高 6.500m 的平台上交界，钢立柱下埋 2.4m，并设置直径 22mm 的栓钉，间距 150mm。同时上下一定范围内设置十字加劲肋，如图 20 所示。

(2) 铰接支座，高低屋面交界面处落地钢立柱对应位置无法设立柱子，因此只好通过钢筋混凝土梁支承；局部梁宽不满足构造要求时水平加腋，并采用劲性框架结构，以增加混凝土梁的抗剪作用，如图 21 所示。

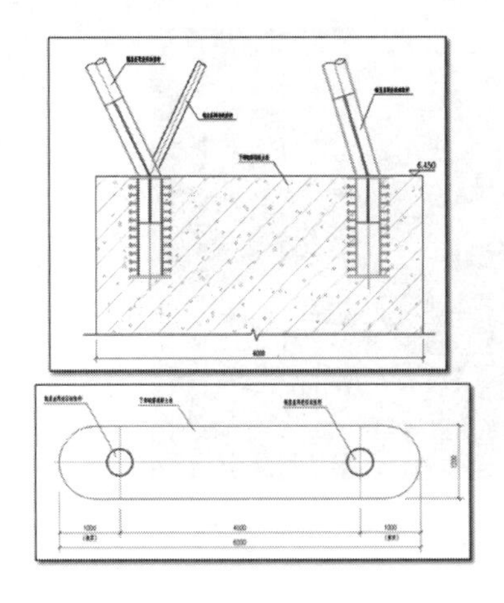

图 20 柱脚固接连接节点

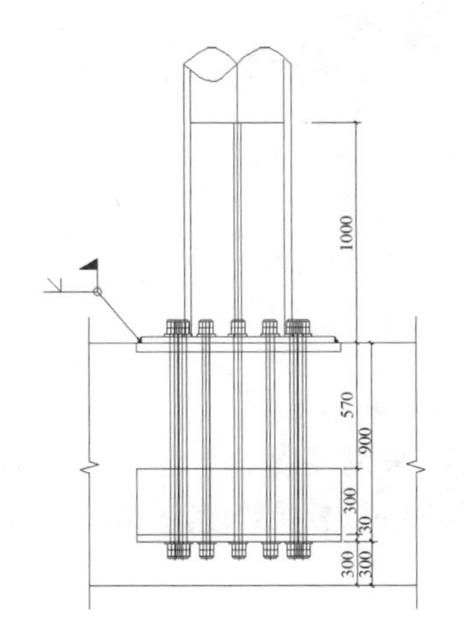

图 21 柱脚铰接连接节点

五、游泳馆结构设计

结构方案选择时，既要考虑游泳馆建筑方案中“屋脊”的效果，又要满足建筑师屋顶较为通透的要求，尽量避免运动员仰游时满眼都是结构杆件。因此，设计从最初阶段的网壳结构，搁置在两侧柱子上；逐步对网壳进行抽空，到改变思路采用四管桁架体系，在支承柱处设置桁架，桁架造型贴合建筑外形；和建筑师讨论室内装修效果时，四管桁架方案虽然已经很接近建筑师想法，但是有两点非常影响效果：①内部四管桁架需要外包，才能完美体现力量感；②两侧的拉索影响幕墙造型。因此最终决定采用箱形钢梁的结构方案，同时根据建筑要求在屋顶开天窗，结构方案如图 22 所示。柱子位于游泳馆看台两侧，箱形钢梁空间位置由建筑造型确定。

游泳馆钢屋盖南北对称，屋盖曲面依建筑造型确定。观众席最后一排柱子出了看台后变成方钢管柱，作为屋盖钢结构的支承。入口大厅处设置 2 根斜柱，支承屋面悬挑部分。为了展现建筑创意，在中间沿纵向有 2 榀大梁较为突出。

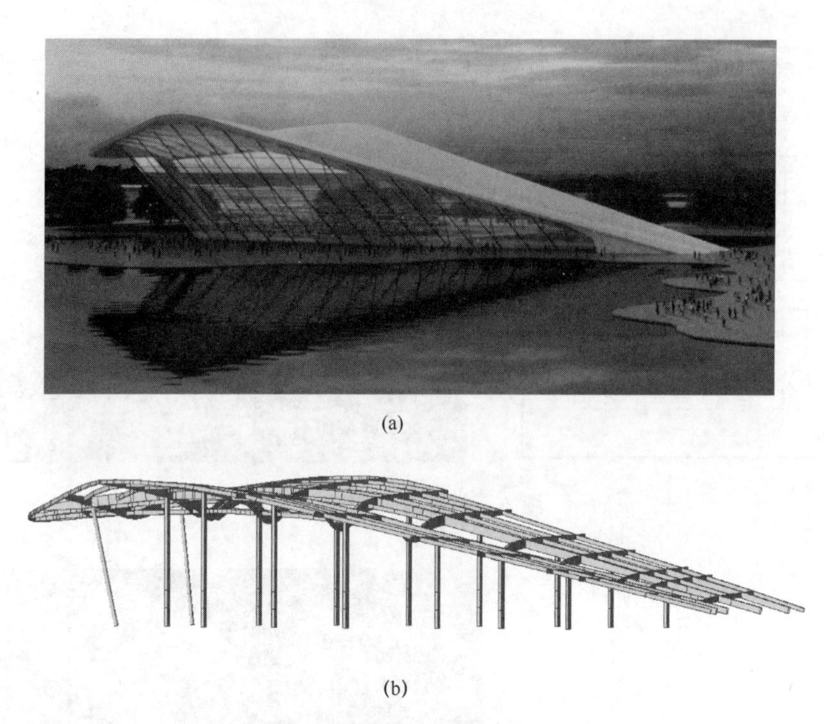

(a)

(b)

图 22　游泳馆结构布置

(a) 效果图；(b) 计算模型

屋顶钢结构短向共有 10 榀钢梁，如图 23 所示。钢梁断面为矩形，每一榀钢梁宽度不变，高度在纵向大梁之间不变，从纵向大梁到悬挑端则采用变截面，悬挑端高度均为 800mm。长度最大的一榀钢梁 GL3，支承钢柱之间跨度为 56m，悬挑跨度为 20.6m。在两榀

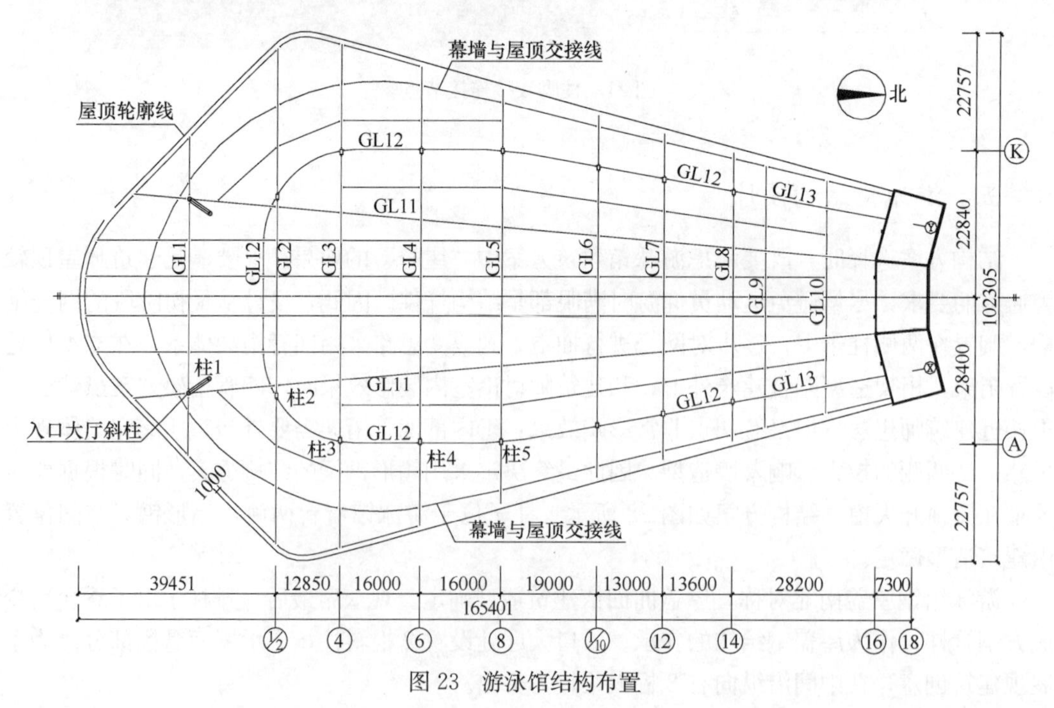

图 23　游泳馆结构布置

纵向大梁之间，钢梁截面为 2000mm×600mm×16mm×28mm；大梁至悬挑端则采用变截面，端部高度统一为 800mm。为了防止钢梁发生局部屈曲，每隔 2m 多设置一道内置加劲板。钢梁 GL2 两端悬挑长度最大，最大悬挑长度达到 28.472m。

游泳馆紧邻水边，地面粗糙度为 B 类，所在地区 100 年一遇的基本风压值为 0.50kN/m²，50 年一遇的基本风压值为 0.45kN/m²，设计分析时按照 100 年一遇的基本风压进行承载力验算，50 年一遇的基本风压进行变形验算。同时委托浙江大学土木系进行风洞试验，风洞试验模型的几何缩尺比例为 1∶100，模型试验在浙江大学 ZD-1 边界层风洞中进行，考虑到对称性，取 1/2 整体结构作为风压测试区域，共布置 453 个测点，在 0°～360°范围内每隔 15°取一个风向角。竖向平均风压的控制风向角为 15°、165°，水平平均风阻力的控制风向角为 210°和 330°。最大风振系数为 2.82（入口悬挑端、330°风）和 2.72（入口悬挑端、15°风）。水平向阻力合力值为 704.5kN，小于规范风荷载取值，因此计算时以规范风压值为准。

钢屋盖在中间处依建筑外形而下凹，因此容易积雪，在考虑雪荷载作用时应考虑积雪效应，参照荷载规范，在屋脊下凹范围内偏保守，积雪分布系数取为 2.0。同时考虑半跨雪荷载的不利布置。

由于屋面梁悬挑跨度大，梁柱节点受力复杂，为确保节点受力可靠，屋面大梁与圆形截面斜柱相连的梁柱节点，上翼缘板采用整块钢板的构造设计，如图 24 所示；屋面大梁与箱形截面柱相连的梁柱节点部位，上翼缘板和侧板均采用整块钢板的构造设计。

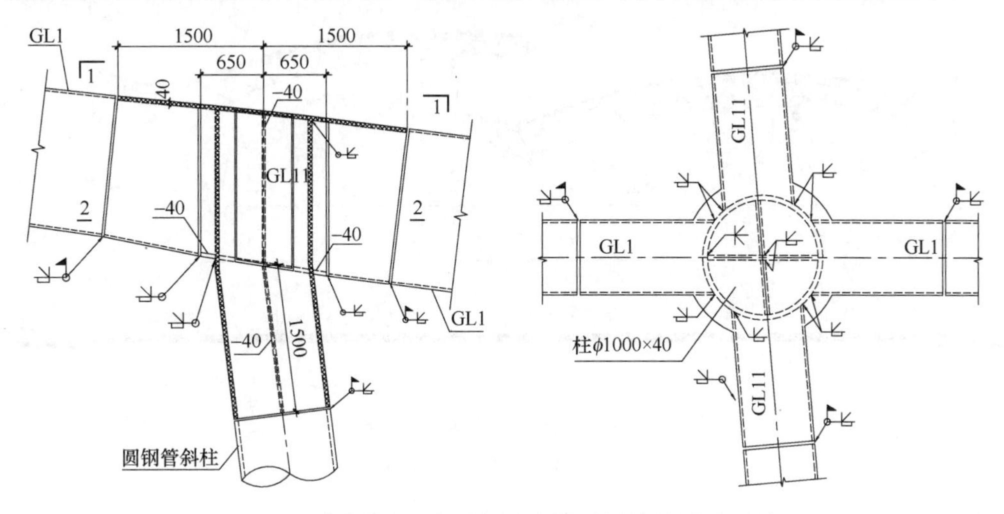

图 24　游泳馆屋面大梁与圆形截面柱的梁柱节点设计

六、球类馆结构设计

气流雷管虽然跨度不大，但前后两个场馆的层高不同，两个场馆的屋顶结构在屋檐部分四周都存在悬挑结构，且多处有上下投影重叠，因此，根据球类馆外观造型及功能需求，柱子采用 Y 形柱，屋顶则采用平面桁架和弧形正三角形空间桁架相结合的结构体系。两边弧线屋面钢桁架和中间弧形钢结构遮阳棚，由左、中、右三部分组成，呈扇形布置。左右两部分屋顶钢结构关于中间对称轴基本对称。整个结构在其布置平面内总长 231.2m，宽 67.9m。屋面由横向桁架及 6 榀纵向次桁架组成空间桁架结构体系，主桁架跨度和高度随建筑造型而变化，最大跨度约 20m，最大高度约 21m，整个屋面呈光滑圆弧过渡。屋面结构四周各悬挑 3～6m 不等。桁架上下弦杆采用截面最大为 ϕ219×16，其他位置的桁架杆件截面根据杆件内力进行相应调整（图 25）。

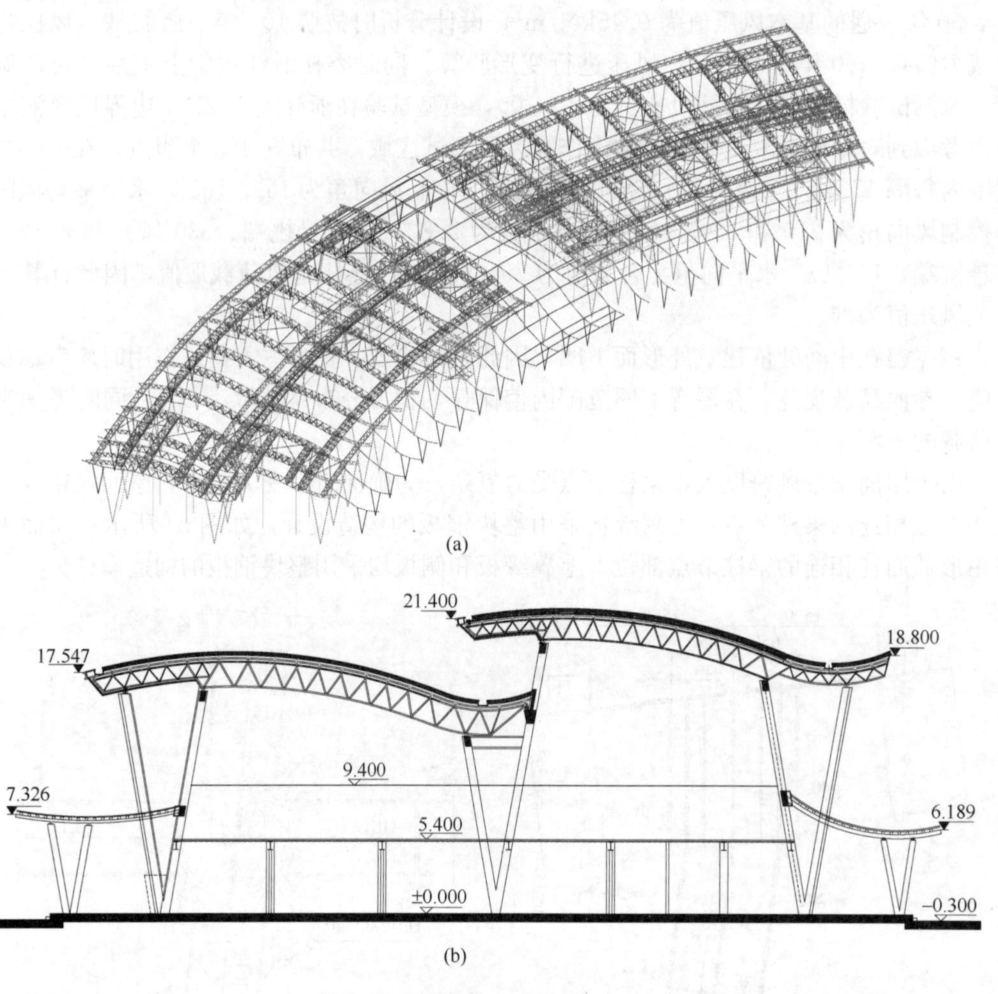

图 25　球类馆屋盖钢结构示意

(a) 整体计算模型；(b) 剖面

球类馆中间部分荷载较大，分别与左右两部分屋顶壳体相连，对左右两边的边桁架产生较大的侧向荷载与位移，因此，在左右两部分屋顶壳体的边桁架附近将单榀纵向中桁架悬挑改为在两边屋盖桁架中增设多道纵向桁架悬挑，有效地调整了屋盖结构局部的水平刚度，以保证结构整体水平变形协调。

结构设计难度主要在于：

(1) 屋顶层次多，呈扇形布置，上下层投影重叠现象，悬挑部位较多，中间连接部位为曲面等，建模复杂，需要仔细反复试建模才能基本确定计算模型，整个工程杆件众多，对模型准确性要求较高。

(2) 本工程分三阶段，柱子根据造型采用 V 形柱，曲面多，内部有钢结构楼层，钢梁与V形柱在不同角度相连，导致节点处理比较繁琐，柱脚、柱顶处理亦是重点。采用了铸钢支座和柱顶滑动支座。关键节点施工质量必须严格保证。

（3）沿纵向外侧，由于建筑效果要求较高，不能布置支撑体系，全靠在屋顶转折处设置纵向支撑体系，将纵向力传递给楼层部位框架抵抗，所以结构纵向刚度相对比较柔。结合了钢管柱、屋面桁架、钢结构楼层等结构体系，且均为弧形或有角度，所以对深化单位、加工单位、安装单位需要提出比较严格的要求。

（4）V形柱交汇点位于承台顶标高，距离地面有712mm，为了保证建筑效果，V形柱有1400mm左右的重叠区域，如果采用钢管相贯面焊接，难免导致焊接应力残留，且相贯焊缝无法保证焊接质量，故柱脚V形柱部分采用铸钢节点。

本工程于2010年开始方案设计，同年进行扩初设计，2011年4月体育场和游泳馆通过浙江省抗震设防专项审查，2011年7月体育场第一次施工图出图，后续因业主的功能调整等原因，经历了4次大的系统性修改调整，2015年7月3日体育场屋盖钢结构通过验收。2017年完成了竣工验收。在建设单位、施工单位等各方的共同努力以及紧密协作下，既保证了结构的安全性，又充分地实现了建筑功能与效果，成为一项建筑与结构完美结合的作品。该项目获得了2019年全国优秀工程勘察设计行业奖优秀公共建筑设计二等奖、2018年度浙江省建设工程钱江杯（优秀勘察设计）二等奖，体育场结构设计获得2017年度浙江省建设工程钱江杯（优秀勘察设计）建筑结构专项一等奖。

29　枣庄市体育中心体育场工程结构设计

建设地点　山东省枣庄市薛城区和谐路以东，金沙江路以南，民生路以西，长江路以北

设计时间　2012—2014

工程竣工时间　2017

设计单位　上海联创设计集团股份有限公司

［200093］上海市杨浦区控江路1500弄1-10号主楼二

上海建筑设计研究院有限公司

［200041］上海市石门二路258号14层

主要设计人　李亚明　魏丰登　许建华　贾水钟　石　硕　吴　探

本文执笔　魏丰登　许建华　吴　探

获奖等级　2019—2020中国建筑学会建筑设计奖·结构专业二等奖

一、工程概况

枣庄市体育中心体育场工程（图1）选址位于山东省枣庄市薛城区和谐路以东，金沙江路以南，民生路以西，长江路以北。项目分为两期，一期工程为文化中心，包括大剧院、规划馆、图书馆、博物馆等文化建筑；二期工程为体育中心，包括体育场1座，体育馆1座，游泳馆1座，以及与体育中心配套的停车场、全民健身广场、公园绿地等服务设施和配套设施。

枣庄市体育中心体育场工程位于枣庄市文化体育公园中心位置，于2017年竣工，成为可举办省级运动赛事与各项市民活动的城市公共设施。

体育场定位乙级场馆，内设双层看台与包厢层，共可容纳30000名观众，同时保证罩棚对座位的全部覆盖。观众席上方罩棚采用技术先进的整体张拉索桁架体系和索膜柔性屋面，利用上层交叉索和下层径向索之间产生平衡张力，通过交叉柱让整个屋面轻盈地漂浮于场地之上。体育场配套用房除完备的赛事运营功能用房外，增加了商业与看台下群众活动用房，提升了体育场的平时使用率。

图1 建筑实景

二、结构体系

体育场由看台、屋盖罩棚和周圈钢外罩组成（图 2、图 3），其中：

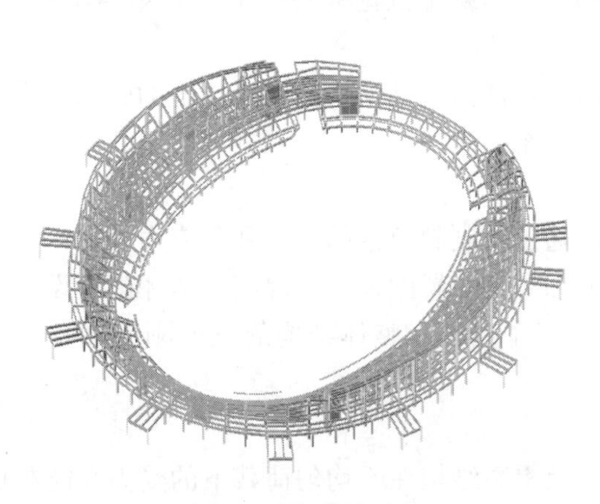

图2 看台结构示意

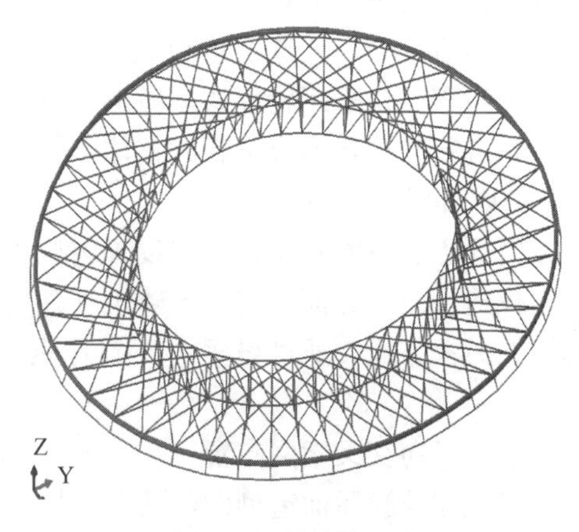

图3 屋盖结构示意

(1) 看台采用混凝土框架-剪力墙结构体系，通过采取全面的设计、施工措施，看台结构整体不设永久变形缝；看台板为预制清水混凝土看台板；

(2) 屋盖罩棚采用受力合理、效率极高的轮辐式马鞍形整体张拉结构体系，该结构通过对传统的轮辐式索桁结构体系进行改进，形成全新的整体张拉结构体系；

(3) 周圈钢外罩为箱形截面空间网格结构：

屋盖罩棚通过钢斜柱支撑在混凝土看台结构上；周圈钢外罩为独立结构，顶部与屋盖罩棚柔性连接。

三、结构设计面临的挑战

1. 外观造型的结构实现

枣庄体育场的造型概念之一来源于“灯笼”，被中国人赋予了庆祝、礼仪、赞美意向的传统物件。整个体育场如同一个中国传统的纸灯笼，不同曲度的波浪线形的结构，围合形成整体立面造型；体育场造型概念的另一个灵感来自于枣庄“江北水乡，运河古城”的城市形象定位。方案造型给结构设计增加了难度，大尺度、飘逸的外罩拉花结构及大跨度罩棚如何安全、经济、合理地实现，具有相当的挑战性，必须采用创新的方法。

体育场屋顶结构采用自平衡的张拉结构体系（Ring cable roof structure），外围拉花结构则采用预应力预制混凝土＋装配式节点（PPC），单根拉花构件断面较大（1600mm×1000mm 左右），具有较强视觉冲击力。区别于国内已经建成的佛山世纪莲、深圳宝安体育场的径向肋环形全张拉结构，本项目采用切线布置径向索桁架，赋予屋顶动感韵律。

在枣庄体育场扩初评审会上，与会专家提出若干中肯而又极具价值的建议，主要集中在屋盖结构与拉花结构的关系，以及拉花结构材料和屋盖覆盖材料等环节。从安全性角度增加了独立斜柱和 V 形支撑，另考虑到虽然 PC 拉花构件的制作可以实现，但构件尺度、重量均大，组装规模宏大，且安装过程中构件重力逐步加载及温差引起的附加位移场可能导致安装误差不易控制，PC 构件之间混凝土端部硬缝精准对接的可靠性难以预测，预计安装控制难度很大，且材料及安装成本高，故拉花结构改为采用轻巧、连接可焊性强的钢结构，为避免箱形截面的四块板扭曲，拉花曲面进行了重新调整，大幅减少了扭曲板件数量，降低钢结构制作的难度，并且为优化用钢量适当减小拉花截面尺寸，建筑、结构设计师们通过精心推敲、比选，达到了最佳的效果（图 4）。

其中屋盖结构采用轮辐式马鞍形整体张拉结构体系，该结构通过对传统的轮辐式索桁结构体系进行改进，形成全新的整体张拉结构体系。

(1) 内环斜拉索布置

在内环上、下索及飞柱之间设置斜拉索，通过控制斜拉索的长度和预应力分布以实现屋面马鞍造型。一方面，实现了建筑马鞍造型和结构布置的统一，提高了整体建筑设计的合理性；另一方面，通过设置内环斜拉索，提高了内环和整体结构的抗扭刚度和整体稳定性。

(2) 上径向交叉索网布置

为实现建筑膜屋面造型的灵活多样性，以及提高结构在不均匀荷载下的受力性能和稳定性，将上部径向索布置为双向交叉索网形式。通过上径向交叉索网布置，首先提高了结

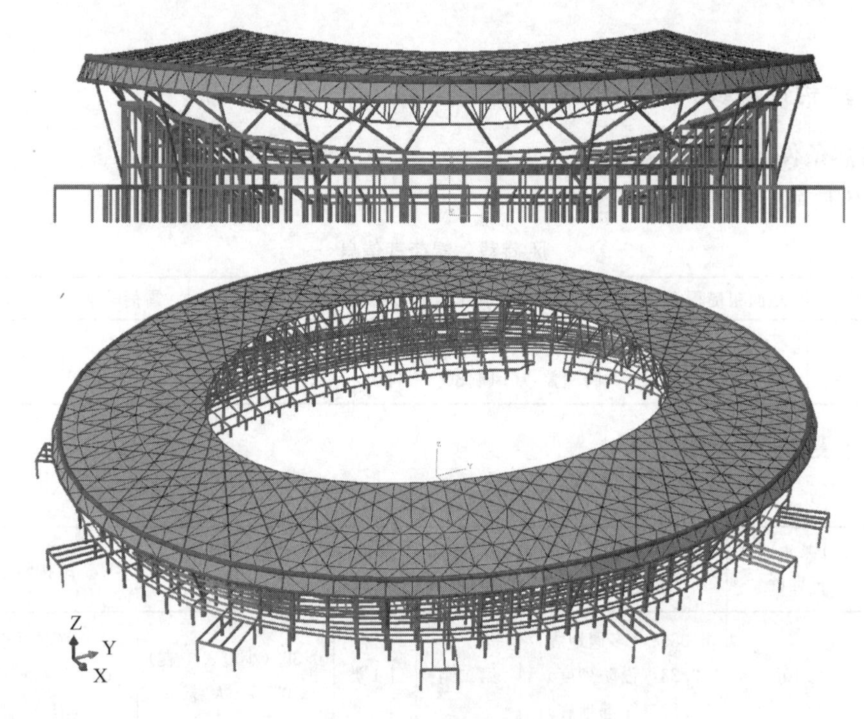

图 4 屋盖结构模型示意

构的整体刚度和受力性能；其次，实现了建筑造型的多样化，美化了建筑内部效果；再者，结构布置和建筑造型达到一致，减少次结构的布置，提高了整体结构的合理性。

2. 超长混凝土看台结构设计

看台平面呈椭圆环形，长、短轴尺寸分别为 241.6m、223.2m，外圈周长达 737m。根据建筑布置、屋盖罩棚与看台结构相互作用的特点等因素，看台结构不设置永久变形缝。通过在设计和施工方面采取全面、充分的措施，以保证结构达到承载力和正常使用要求。主要的设计措施包括如下内容：

（1）计算措施

主要有地下结构温度场模拟、基础刚度模拟、混凝土收缩当量温差计算、混凝土徐变引起的应力松弛分析、混凝土刚度折减计算以及结构模型的仿真计算分析等。

（2）构造措施

主要包括设置减弱基础刚度的垫层、地下室外墙凹槽式引导缝、地下室外墙和地下室顶板折板构造、楼层双梁式引导缝、施工后浇带等。

3. 施工创新技术

主要包括弯扭壁板的加工检测技术、拉花钢结构网状 X 节点组装技术、网状 X 节点构件空间扭曲度加工技术、梭形构件加工技术、筒体焊接防裂缝技术、钢环梁构件组拼一体化加工技术、拼装胎架的设计和施工技术、弯扭构件组装焊接后的检测技术、拉花钢结构安装临时支撑技术、弧形拉花钢结构构件定位测量技术、PTFE 索膜结构张拉固定技术、大跨度索结构整体张拉提升技术等。其中部分申请相关专利获得了通过，说明项目的结构设计创新也推动了相关施工技术的进步。

四、结构设计要点

1. 自然条件

(1) 风荷载、雪荷载信息(表1)

风荷载、雪荷载信息　　表1

基本风压	地面粗糙程度	体形系数	基本雪压	雪荷载准永久值系数分区
0.40kN/m^2 (50年一遇)	B类	多层建筑:1.4; 大跨屋盖:《风洞试验报告》	S_o=0.40kN/m^2 (50年一遇)	Ⅱ区

(2) 地震信息(表2)

地震信息　　表2

抗震设防烈度	设计基本地震加速度	水平地震影响系数最大值 α_{max}	设计地震分组	场地类别	特征周期 T_g (s)	结构阻尼比
7度	0.10g	0.0858(多遇地震) 0.23(设防烈度) 0.50(罕遇地震)	第二组	Ⅰ1类	0.30(小震、中震) 0.35(大震)	0.05(混凝土结构); 0.035(钢一混凝土混合结构)

2. 设计标准(表3)

设计标准　　表3

建筑结构及各类结构构件的安全等级	设计使用年限	抗震设防类别	地基基础设计等级
一级	50年	乙类	甲级

3. 工程场地地震安全性评价报告

山东省地震工程研究院提供的《枣庄市市民中心建设工程场地地震安全性评价报告》工程编号:(鲁)甲019-2012-007,2011年2月。

4. 材料

(1) 混凝土

水平构件:主要采用强度等级为C30~C40的混凝土。

竖向构件:自下而上分别采用强度等级为C50~C30的混凝土。强度等级高的混凝土主要用于底部楼层的墙、柱,以减小构件截面、提高有效使用面积。

按《混凝土结构设计规范》GB 50010—2010,混凝土材料参数如表4所示。

混凝土材料参数　　表4

强度等级	标准值(N/mm^2)		设计值(N/mm^2)		弹性模量 E_c (N/mm^2)
	f_{ck}	f_{tk}	f_c	f_t	
C30	20.1	2.01	14.3	1.43	3.00×10^4
C35	23.4	2.20	16.7	1.57	3.15×10^4
C40	26.8	2.39	19.1	1.71	3.25×10^4
C50	32.4	2.64	23.1	1.89	3.45×10^4

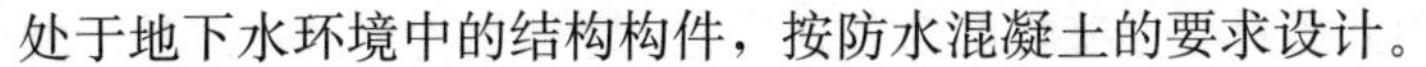
处于地下水环境中的结构构件，按防水混凝土的要求设计。

(2) 钢筋

所有受力钢筋均采用强度较高、符合抗震性能指标的热轧钢筋。按《混凝土结构设计规范》GB 50010—2010，钢筋材料参数如表5所示。

钢筋材料参数 **表5**

钢筋种类	符号	直径 (mm)	标准值 (N/mm^2)	设计值 (N/mm^2)	弹性模量 E_c (N/mm^2)
HRB335	Φ	6～50	335	300	2.0×105
HRB400	Φ	6～50	400	360	2.0×105

(3) 钢材

采用强度较高、符合抗震性能指标的Q345热轧钢材。

结构构件所选用钢材按《钢结构设计规范》GB 50017—2003的物理性能指标如表6所示。

钢材物理性能指标 **表6**

弹性模量 E (N/mm^2)	剪切模量 G (N/mm^2)	线膨胀系数 α (以每℃计)	质量密度 ρ (kg/m^3)
206×10^3	79×10^3	12×10^{-6}	7.85×10^3

结构构件所选用钢材按《钢结构设计规范》GB 50017—2003的强度设计值如表7所示。

钢材强度设计值 (N/mm^2) **表7**

钢材		抗拉、抗压和抗弯 f	抗剪 f_v	端面承压(刨平顶紧) f_{ce}
牌号	厚度 (mm)			
Q235钢	≤16	215	125	325
	>16～40	205	120	
	>40～60	200	115	
Q345钢	≤16	310	180	400
	>16～35	295	170	
	>35～50	265	155	

五、设计要点

1. 防震缝的设置

体育场看台结构平面呈环形，由外围平台及内部看台两部分组成；外围平台与内部看台由于不需要协同工作，因此通过变形缝将两部分划分为独立的结构单元；同时，由于外围平台平面尺寸超过混凝土规范对伸缩缝间距的要求太多，因此通过变形缝再将平台划分为5个结构单元。

看台结构除承担自身荷载外，还需支承上部外罩结构；外罩屋盖采用整体张拉索杆体系，整体作用要求高，不能拆分成局部结构；外罩通过斜柱支承在看台上，为协调外罩与看台结构的共同工作，看台结构拟采用不分缝整体结构方案（图5）。

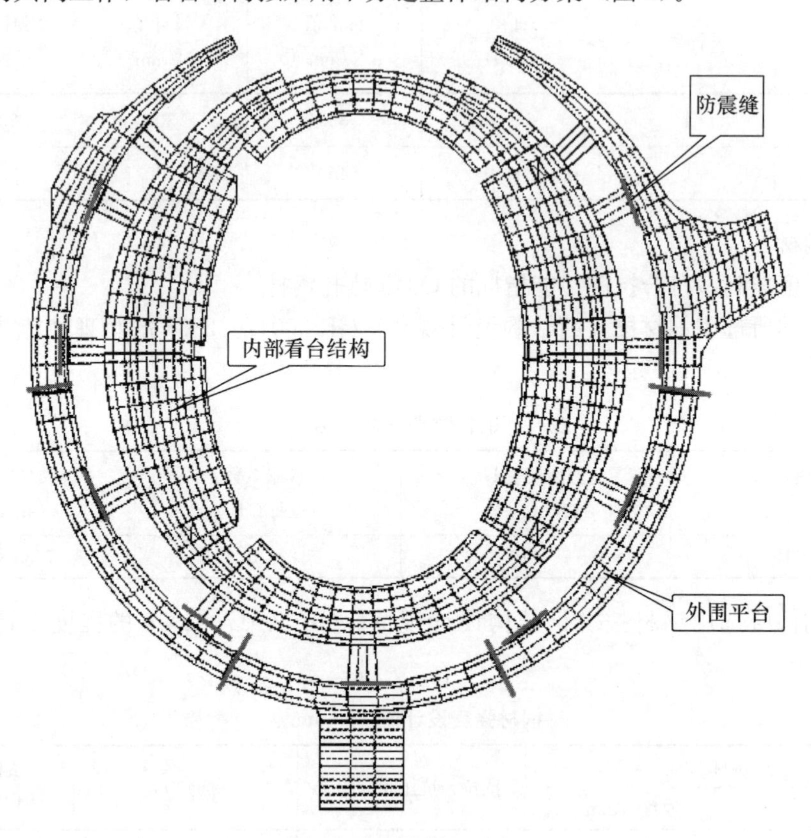

图5　防震缝设置示意

2. 屋盖结构设计

屋盖体系（图6）按照建筑要求进行网格划分，主结构和屋面次结构协调统一，减少过渡杆件，呈现轻盈、通透的建筑效果。屋盖结构体系分为三个部分：

内环：内环受拉，采用索桁架，由上内环、下内环、刚性撑杆、斜向拉索组成；

外环：外环受压，采用钢管桁架，与侧面支承结构形成整体；

屋面部分：张拉体系布置在受拉内环、受压外环之间，三者形成自平衡结构系统。屋面部分由上层菱形网格索网组成，下弦为肋向布置的拉索，上下弦之间用拉索形成双层结构体系（图7）。

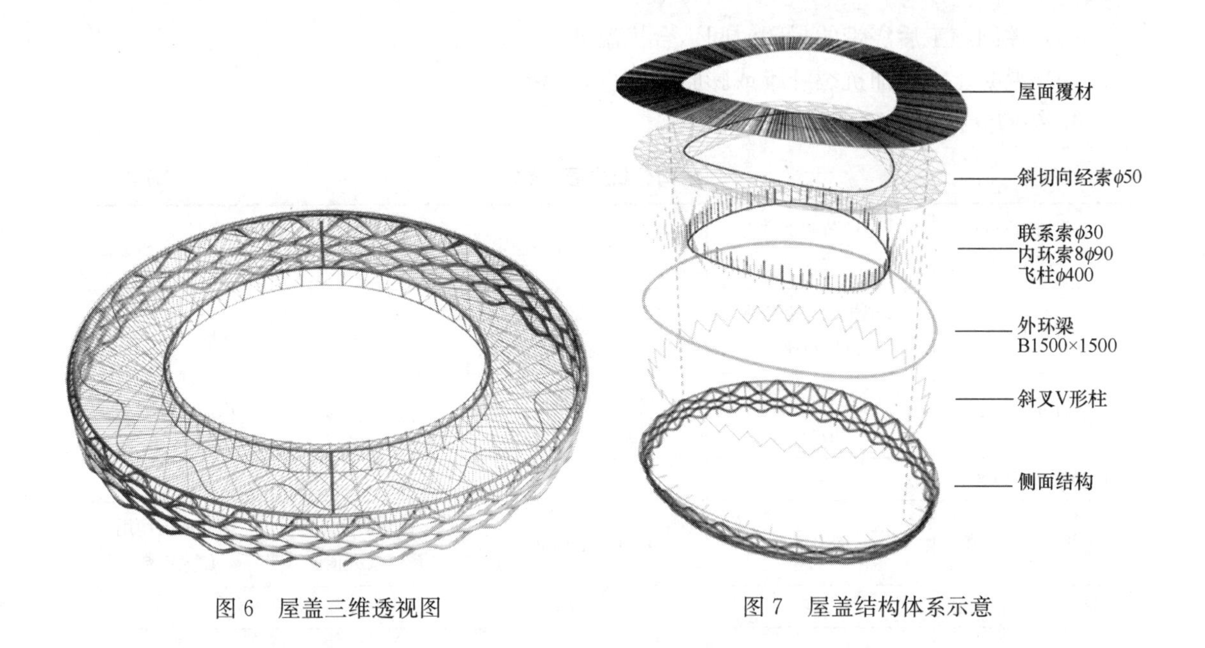

图 6　屋盖三维透视图

图 7　屋盖结构体系示意

六、计算分析

1. 计算分析软件

中国建筑科学研究院开发的 PKPM（2012 版）系列软件中的 PMSAP；

北京迈达斯技术有限公司开发的 MIDAS Gen（V8.00）。

2. 计算分析内容

由于外罩支承在看台结构上，所以应考虑两者相互作用进行整体结构分析。屋盖为轻型索结构，质量较小，对下部看台结构影响有限，因此，看台结构计算时，将外罩结构作为荷载施加到支承外罩的斜柱柱底，进行整体结构的简化计算分析。

（1）整体简化结构的小震弹性分析采用 PMSAP 和 MIDAS Gen 进行分析对比，相互校核。

（2）整体简化结构的小震弹性时程分析

根据规范要求，对本工程进行整体的弹性时程分析，比较与振型分解反应谱法的结果，确保结构分析的全面性，保证结构受力安全可靠。

3. 楼板温度应力分析

在升温工况，楼板大部分区域的压应力均小于 1.8N/mm^2，在混凝土可承受强度范围内；在降温工况，楼板大部分区域的拉应力均小于 2.4N/mm^2。楼板针对温度效应采取的措施：

（1）采用预制混凝土看台板；

（2）提高梁、板的构造配筋率；

（3）加强施工阶段的混凝土养护；

（4）设置施工后浇带；

（5）控制施工后浇带的封闭时间、合拢温度；

（6）混凝土中添加抗裂纤维或膨胀剂、设置诱导缝等。

4. 结构分析主要参数（表 8）

结构分析主要参数 **表 8**

上部结构嵌固部位	竖向荷载加载方式	是否采用刚性楼板假定	是否考虑 P-Δ 效应	地震作用分析方法
基础顶面	模拟施工加载方式（逐层调平）	位移比计算时是，其他否	否	总刚分析方法
振型组合方法	是否考虑偶然偏心	是否考虑双向地震扭转效应	计算振型数	周期折减系数
扭转耦联（CQC）	是	是	60	0.70
重力荷载代表值	结构阻尼比	场地特征周期	多遇地震影响系数最大值	全楼地震作用放大系数
恒荷载+0.5 活荷载	0.05	0.45s	0.0858	1.00
层刚度计算方法	梁端弯矩调幅系数	中梁刚度增大系数	梁扭矩折减系数	连梁刚度折减系数
地震剪力与地震层间位移比	0.85	2	0.4	0.7

5. 楼层质量统计（表 9）

楼层质量统计 **表 9**

层号	PMSAP	MIDAS
	重力荷载代表值（t）	重力荷载代表值（t）
1	34523	34084
2	15005	16683
3	11120	11647
4	8082	3239
总质量	68731	65656

结论：计算结果表明，两种软件的结构各层质量相差小于 5%，基本一致。

6. 周期和振型

计算中取为 60 个振型，两个方向的质量参与系数均大于 90%（表 10）。

周期和振型 **表 10**

振型号	PMSAP			MIDAS		
	周期（s）	平动系数	扭转系数	周期（s）	平动系数	扭转系数
1	0.2516	0.98	0.02	0.2454	0.98	0.02
2	0.2350	1.00	0.00	0.2297	0.99	0.01
3	0.2201	0.04	0.96	0.2181	0.02	0.98
T_t/T_1	0.87			0.88		
T_t/T_2	0.94			0.95		

结论：两种软件分析的结构周期基本一致，结构周期合理，第一扭转周期与第一平动周期的比值均小于等于0.90，满足《高层建筑混凝土结构技术规程》JGJ 3—2010（简称《高规》）第4.3.5条复杂高层建筑结构扭转为主的第一自振周期 T_t 与平动为主的第一自振周期 T_1 之比不大于0.90的规定。

7. 地震作用下层剪力和剪重比（表11）

层剪力和剪重比 **表11**

楼层	PMSAP				MIDAS			
	X向		Y向		X向		Y向	
1	51518	7.50%	52270	7.61%	49210	7.50%	49986	7.60%

结论：两种软件分析的结果基本一致，满足《建筑抗震设计规范》第5.2.5条要求的X向楼层最小剪重比=1.6%，Y向楼层最小剪重比=1.6%的要求。

8. 地震作用下的结构位移

层间位移角（单向地震作用下）和位移比（考虑±5%偶然偏心影响的地震作用下，楼层竖向构件的最大水平位移和层间位移与该楼层平均值的比）如表12所示。

层间位移角和位移比 **表12**

楼层	PMSAP				MIDAS			
	X向地震		Y向地震		X向地震		Y向地震	
	位移角	位移比	位移角	位移比	位移角	位移比	位移角	位移比
1	1/7981	1.18	1/10489	1.02	1/7599	1.05	1/9156	1.21
2	1/6717	1.13	1/8099	1.02	1/6081	1.10	1/7366	1.24
3	1/21840	1.10	1/20746	1.02	1/14490	1.10	1/14204	1.11
4	1/32326	1.24	1/30270	1.10	1/42520	1.25	1/31841	1.13

结论：PMSAP计算的最大层间位移角为1/6717（2层），MIDAS计算的最大层间位移角为1/6084（2层），均满足规范要求的层间位移角≤1/800的要求；

PMSAP计算的最大位移比为1.24，MIDAS计算的最大位移比为1.25，为扭转不规则结构。

9. 结构楼层抗侧刚度及刚度比、楼层受剪承载力

依据《高层建筑混凝土结构技术规程》JGJ 3—2010第3.5.2条的要求：框架抗震墙结构抗震设计的高层建筑，楼层与其相邻上层的侧向刚度比值不宜小于0.9；当本层层高大于相邻上层层高的1.5倍时，该比值不宜小于1.1；对结构底部嵌固层，该比值不宜小于1.5。《高层建筑混凝土结构技术规程》JGJ 3—2010第3.5.3条的要求：A级高度高层建筑的楼层层间抗侧力结构的层间受剪承载力不宜小于相邻上一层受剪承载力的80%，不应小于相邻上一层受剪承载力的65%。

10. 层刚度与受剪承载力

PMSAP软件按层剪力与层间位移比计算的各楼层层刚度及受剪承载力比见表13。

层刚度与受剪承载力 **表 13**

楼层	PKPM		PKPM	
	侧移刚度比		与上一层受剪承载力比	
	X 向	Y 向	X 向	Y 向
4	1.25	1.25	1.00	1.00
3	1.55	1.49	1.42	1.54
2	2.10	3.03	1.05	1.01
1	1.62	1.58	1.44	1.44

结论：本结构不存在软弱层和薄弱层。

11. 整体稳定

依据《高规》第 5.4.4 条的要求：剪力墙结构、框架-剪力墙结构、筒体结构的稳定应满足下式要求：$EJ_{\mathrm{d}} \geqslant 1.4H^2\sum G_i$；当 $EJ_{\mathrm{d}} \geqslant 2.7H^2\sum G_i$ 时，结构可不考虑重力二阶效应。

PMSAP 的分析结果如表 14 所示。

整体稳定 **表 14**

结构刚重比	规范要求
X 向刚重比 $EJ_{\mathrm{d}}/GH^2 = 127$	刚重比 EJ_{d}/GH^2 大于 1.4，满足《高规》5.4.4 要求； 刚重比 EJ_{d}/GH^2 大于 2.7，可以不考虑重力二阶效应
Y 向刚重比 $EJ_{\mathrm{d}}/GH^2 = 140$	

12. 抗倾覆验算（表 15）

抗倾覆验算 **表 15**

	抗倾覆弯矩 M_{r}	倾覆弯矩 M_{ov}	比值 $M_{\mathrm{r}}/M_{\mathrm{ov}}$	零应力区（%）
X 风荷载	83168912.0	57318.4	1451.00	0
Y 风荷载	80893056.0	62213.9	1300.24	0
X 向地震	77861360.0	594487.3	130.97	0
Y 向地震	75730736.0	605458.1	125.08	0

结论：抗倾覆安全系数（$M_{\mathrm{r}}/M_{\mathrm{ov}}$）均大于 1，整体抗倾覆满足规范要求且因抗倾覆安全系数（$M_{\mathrm{r}}/M_{\mathrm{ov}}$）均大于 3，在基础整体刚度满足的情况下，可基本认为基础底面将不出现拉应力区（即，在均匀布桩条件下，边桩不出现拉应力），满足《高规》第 12.1.7 条要求。

13. 框架柱地震剪力百分比（表 16）

地震剪力百分比 **表 16**

楼层	地震方向	PMSAP		
		柱剪力	总剪力	柱剪力百分比（%）
1	X 向	25320	51518	49.1
1	Y 向	23014	52270	44.0

续表

楼层	地震方向	PMSAP		
		柱剪力	总剪力	柱剪力百分比（%）
2	X 向	11635	34705	33.5
2	Y 向	8802	35082	25.1
3	X 向	6549	8772	74.7
3	Y 向	5325	4546	117.1
4	X 向	9923	8744	114
4	Y 向	10318	9320	110

结论：部分楼层框架承担的地震剪力满足《高规》第 8.1.4 条规定。

14. 框架柱地震倾覆弯矩百分比（表 17）

地震倾覆弯矩百分比　　表 17

楼层	地震方向	PMSAP		
		柱倾覆弯矩	总倾覆弯矩	柱倾覆弯矩百分比（%）
1	X 向	309503	603541	51.3
1	Y 向	321083	616741	52.1

结论：满足底层框架承担的地震倾覆弯矩小于结构总倾覆弯矩的 50%，按框架-剪力墙结构体系设计。

15. 小震弹性时程分析

《高规》要求弹性时程分析时应按建筑场地类别和设计地震分组选用不少于 2 组实际地震记录和 1 组人工模拟的加速度时程曲线，其平均地震影响系数曲线应与振型分解反应谱法所采用的地震影响系数曲线在统计意义上相符。

时程分析所得的地震剪力平均值比规范反应谱法（CQC）分析所得的基底剪力略小。另外，楼层的侧向变形略有突变，说明楼层抗侧力刚度沿竖向分布比较均匀，表明该结构体系在小震弹性状态下无明显薄弱层。

16. 大震弹塑性分析

通过罕遇地震弹塑性静力时程分析，结构整体和抗侧力构件的最大弹塑性变形值都小于规范规定的最大弹塑性变形限值，结构在罕遇地震下的抗震性能满足防倒塌的设计目标；结构整体和主要抗侧力构件仍具有充足的强度和变形能力安全储备，可保证大震不倒。结构的主要竖向构件均远未达到其承载能力极限，仅会在耗能构件上出现局部破坏，通过执行有关构造措施可使其破坏程度得到有效控制，保证中震可修。

七、复杂节点设计

（1）体育场环梁与下部支柱节点受力较大，且杆件连接较复杂，选取该节点进行有限元分析。考虑计算的便捷性，将需要分析的节点从整体结构中截取出来，考虑节点整体平衡的思想，对一个截面施加约束，其他截面为加载面，按静力和大震时程分析得到最大内力施加荷载，保证受力及变形和原结构基本相同，通过 CAD 和 Solidworks 建立实体模型导入 ABAQUS 有限元软件进行计算。节点几何模型如图 8 所示，分别对各个杆件进行编号，支柱上部铰接只有轴力，因此省去下部支柱杆件，只在连接销轴处施加力。环梁断面施加轴力和两个方向弯矩作用（表 18）。

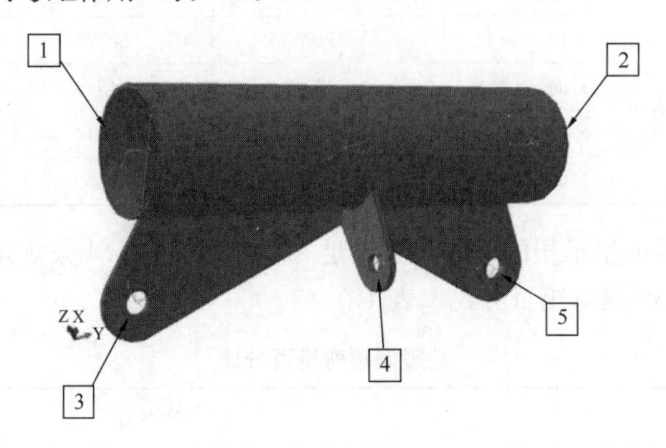

图 8　节点几何模型

各杆件内力　　**表 18**

杆件编号	截面规格	杆件轴力（kN）	弯矩 1（kN·m）	弯矩 2（kN·m）
1	P2000×52	40680	908	1468
2	P2000×52	40803	1345	2317
3	P1000×20	4810	—	
4	P800×16	1598		
5	P1000×20	4102		

有限元网格划分如图 9～图 11 所示。

图 9　节点有限元模型

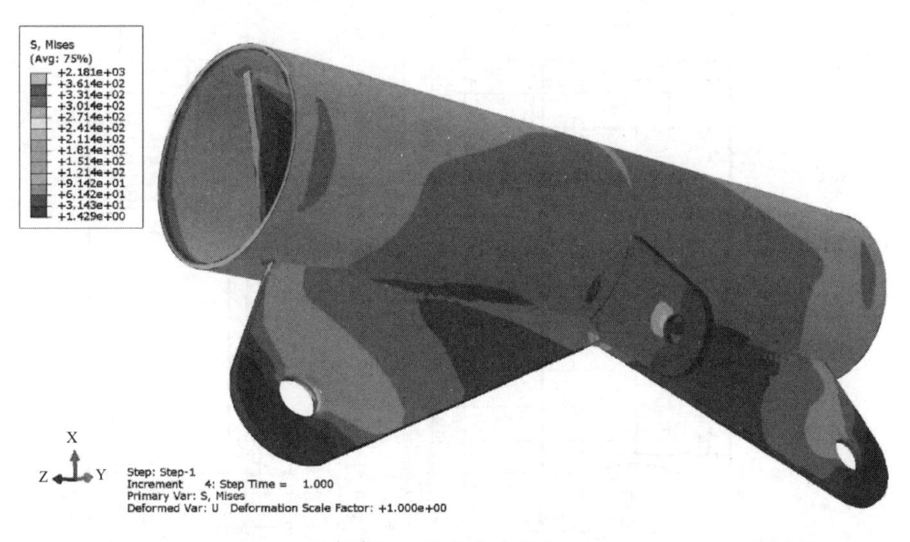

图 10　节点应力分布

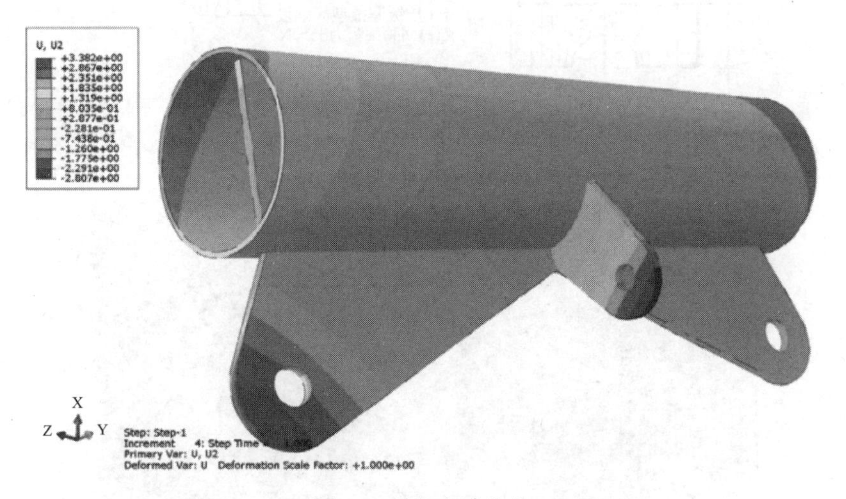

图 11　节点变形分布

计算表明，节点大部分区域应力远小于强度，强度满足要求，大震作用下节点强度能够保证。由于下部没有连接杆件，直接施加内力，造成节点板位移较大，最大位移为 3.38mm，可认为节点刚度满足要求。

（2）创新型自锁式抗滑移索夹（已获批发明型专利），通过计算分析和节点试验证明，自锁式抗滑移索夹的抗滑移极限承载力达到 800kN 以上，滑移量小于 0.1mm。通过采用自锁式抗滑移索夹，提高了结构的受力性能，并为实现屋盖结构的马鞍造型提供重要的支撑作用，因此，取得了良好的综合效益（图 12）。

其中索夹实体有限元分析表明，索夹平均应力分布在 30～150MPa，小于铸钢材料 ZG390-550H 强度设计值为 265MPa。应力集中处（下侧边缘孔壁处）最大应力为 363MPa，略微超出索夹铸钢材料局部承压设计值 355MPa，但仍在弹性阶段，构件安全（图 13～图 16）。

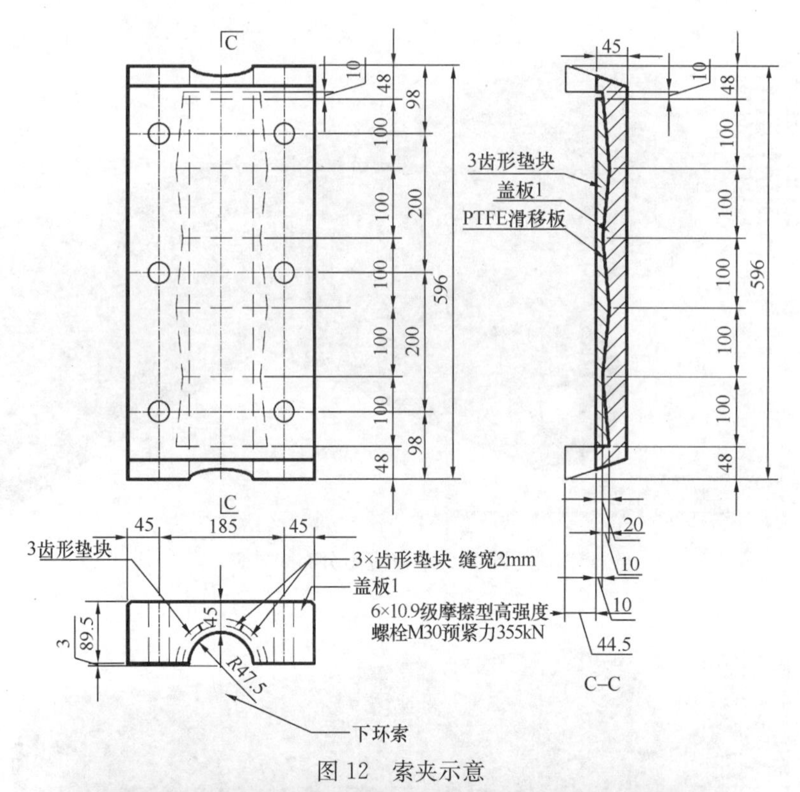

图 12　索夹示意

图 13　索夹有限元模型

图 14　索夹应力

图 15　索夹变形

图 16　索夹安装实景

八、经济指标、社会效益及优缺点

1. 主要经济指标

混凝土总用量：　　　　24426m^3

看台钢筋总用量：　　　43265t

看台结构型钢总用量：　5507t

2. 社会效益

枣庄市体育中心体育场工程的建成推动了枣庄新城区的发展，并已成为市民心向往之的娱乐健身活动最佳场地。

建成之后，枣庄市体育中心体育场成功举办了全国智力运动会、2018年全国田径省市区分区邀请赛（山东站）、第九届枣庄市运动会等一系列赛事活动，并为未来申办省运动会做好了充足准备。

体育场周围的绿化及广场构成自然体育公园。体育公园完全对市民开放，功能的混合布局使得文化公园的每个角落充满了活力。每日清晨，枣庄市民会踊跃地来到这里，进行晨跑、球类、健走等体育活动，并且成为多个群众体育团体的活动集中地。日间，体育公园的园林景观、体育场平台与儿童场地成为家庭休闲娱乐的场所。

24h活力空间的设置使得建筑群与城市产生最大限度的互动。无论是白天的体育文化活动，还是夜间的演出集会、清晨的慢跑以及傍晚的散步，无不让市民体会着城市的魅力。

3. 优缺点

（1）超长混凝土没有分伸缩缝、抗震缝，采用上述构造计算措施，增强了屋盖和看台结构的整体性，增强了抗震性能，也简化了地震效应分析，但为了抵抗超长带来的较大温度应力和混凝土收缩效应，略为增加了钢材用量，但从宏观综合效益的角度看是值得的。

（2）看台板采用预制板，表面平整，观感极佳，而且释放了一定的温度应力及混凝土收缩效应，但看台层结构整体性下降，增加了抗震分析难度，总体上利大于弊。

（3）拉花结构不作为主体受力体系，仅作为造型需要的大型次结构，看似对主体结构承重、抗震方面没有贡献，但也简化了抗震分析，简化了施工，无论外观还是结构关系，都是主次分明，逻辑清晰。

（4）采用轮辐式马鞍形整体张拉索结构，区别于其他类似体育场多为径向肋环形全张拉结构，本项目采用切线布置径向索桁架，屋顶呈波浪形（马鞍形），赋予屋顶动感韵律，实现了UDG联创建筑师的极具天才灵感的创意，获得了业界和社会的好评。但相比普通轮辐式整体张拉结构，虽然本工程也采用柔性轻盈的拉索钢结构体系，但由于力流传递路径略有曲折，对结构成本还是略有增加的，但是这也激发了设计、施工等方面的诸多技术创新（如不平衡力索夹专利等），推动了国家土木工程行业的技术进步，总体从社会效益角度讲，无疑是值得的。

30　空客天津 A330 宽体飞机完成和交付中心定制厂房项目结构设计

建 设 地 点　天津市东丽区空港保税区内
设 计 时 间　2015—2016
工程竣工时间　2018
设 计 单 位　中国航空规划设计研究总院有限公司
[100120] 北京市德外大街 12 号
主要设计人　裴永忠　王　毅　程　婕　张　攀　李冬星　潘抒冰　汤红军
张广英　金来建
本 文 执 笔　裴永忠

获 奖 等 级　2019—2020 中国建筑学会建筑设计奖 · 结构专业二等奖

一、工程概况

天津空客 A330 项目（图 1）是继空客 A320 天津总装线之后，进一步深化中欧航空工业合作的又一重大项目，其主要生产任务是接收完全装配并经测试的整机，向空客提供客舱内饰安装和飞机改装服务，包括飞机的客舱内饰安装、按客户需求改装、喷漆、称重等，并向空客（天津）交付中心有限公司移交经过完全组装的飞机。该项目位于天津滨海新区，与现有空客 A320 总装线厂区相邻，项目用地一部分为新建项目用地，另一部分为在原 A320 项目厂区内改扩建的项目。建筑单体包括完成中心、喷漆机库、物流中心、承重机库、交付中心（扩建）以及动力站等配套设施，总建筑面积 $64691m^2$。其中完成中心

图 1　天津空客 A330 项目鸟瞰图

是规模最大的单体，而喷漆机库则最为复杂。本文主要介绍完成中心和喷漆机库。

完成中心（图 2）包括一个工作组机库和两个客舱装饰机库及其工具维修厂房等，建筑面积 30318m²。机库跨度（78m ＋ 2×72m），进深 84m，主要柱距 12m 和 6m，屋架下弦标高 21.0m。机库大门为推拉式电动钢大门。

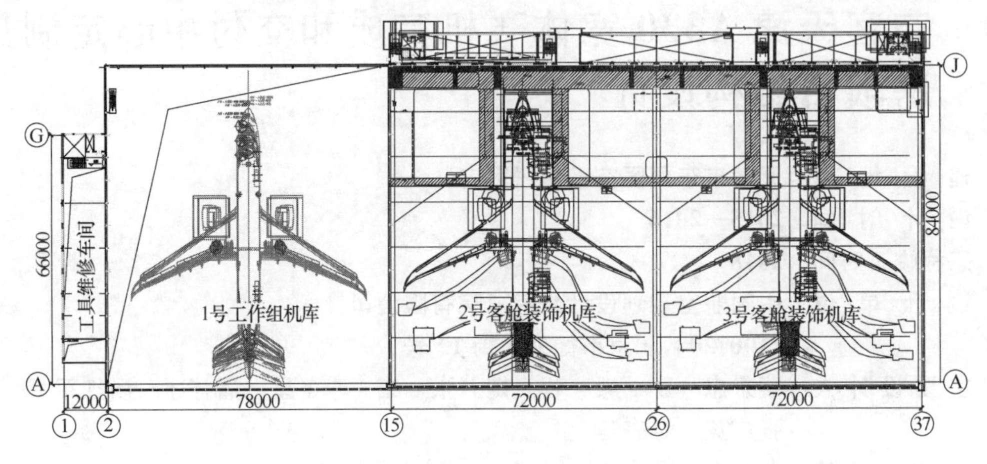

图 2　完成中心建筑平面

喷漆机库（图 3）包括机库大厅和附楼，总建筑面积 8926m²。机库平面和剖面依据飞机体型设计，呈凸字形。机库大厅进深 87m，柱距 6m，前部净跨度 72m，后部逐渐收缩跨度至 24m。下弦控制标高为 14.5m（拱肩外檐中心处）和 24.5m（中间处），建筑总高度 32.0m。屋架下弦设置 6 台悬挂式升降平台，同时悬挂风管、喷淋等设备管线。为满足防火防尘要求，屋架下弦贴合飞机体型设置凸字形吊挂结构。

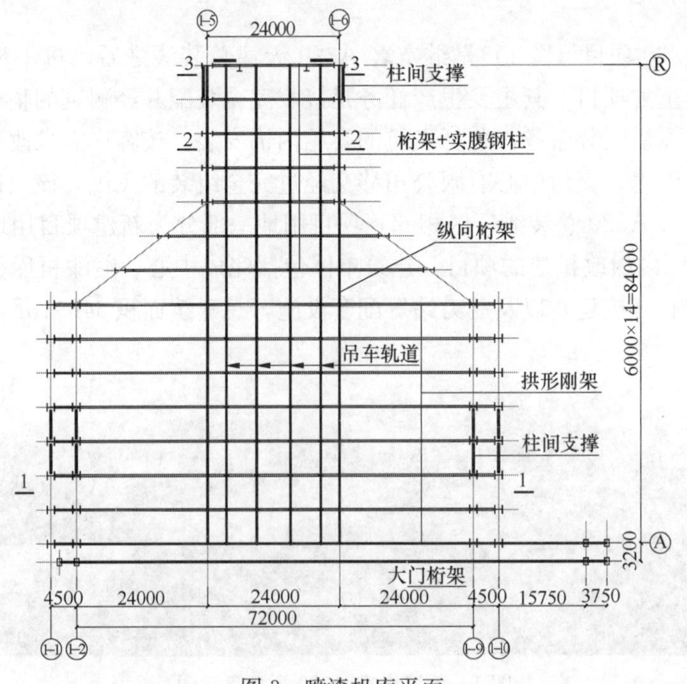

图 3　喷漆机库平面

完成中心和喷漆机库主体结构设计使用年限 50 年，建筑安全等级一级，抗震设防类别按重点设防类（乙类）。天津地区基本风压（50 年重现期）为 0.50kN/m²，地面粗糙度为 B 类；基本雪压（50 年重现期）为 0.40kN/m²。抗震设防烈度 8 度（0.2g），设计地震分组第二组，场地类别Ⅳ类。

二、结构体系

完成中心（图 4）为连跨的钢排架结构，排架柱为 H 型钢截面实腹式钢柱，根据建筑造型，屋架上弦弧线形的钢屋架，屋架高度 2～7m，主要网格为 6m，屋架上、下弦设平面和垂直支撑，厂房纵向设柱间支撑。

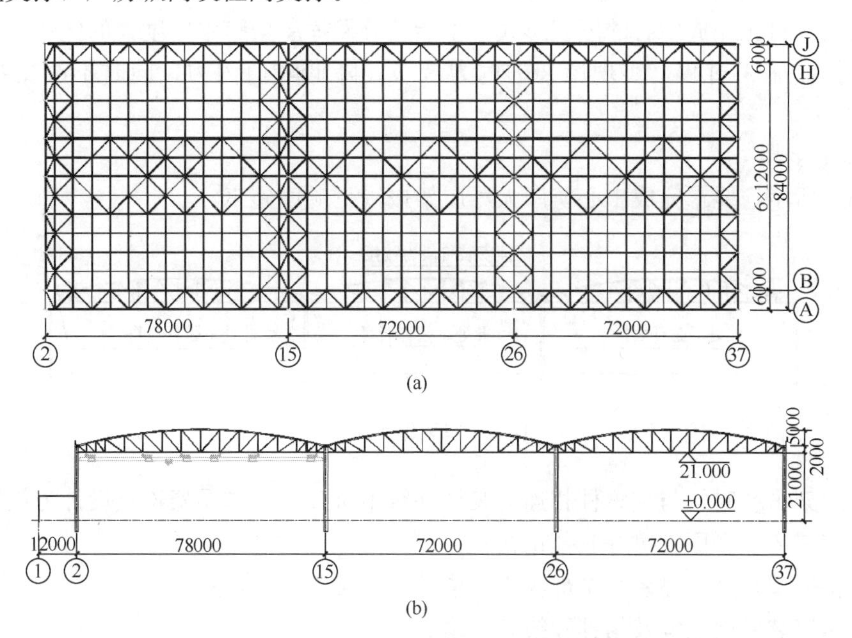

图 4　完成中心

（a）完成中心平面布置；（b）完成中心剖面

喷漆机库（图 5）呈凸字形，前部净跨度 72m，采用格构式拱形刚架结构，后部逐渐

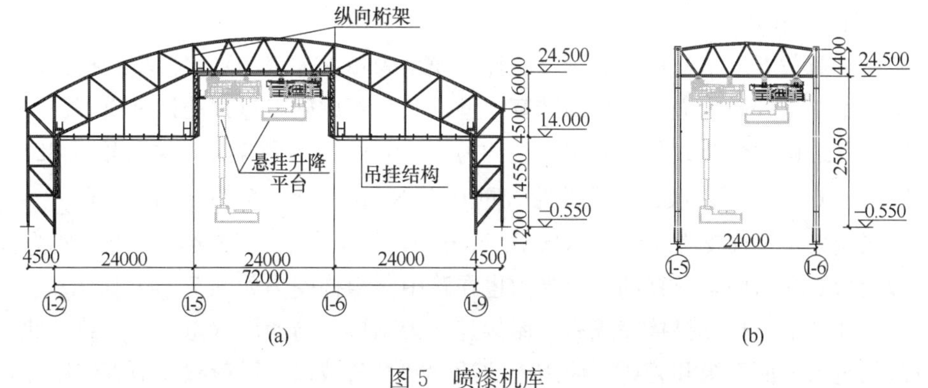

图 5　喷漆机库

（a）喷漆机库 72m 跨剖面；（b）喷漆机库 24m 跨剖面

收缩跨度至24m，采用实腹钢柱＋桁架形式。前部屋架上弦为弧形，下弦为折线形，中高边低，下弦控制标高为14.5m（拱肩外檐中心处）和24.5m（中间处）。

三、控制施工过程的刚架设计

（一）完成中心

按建筑造型，完成中心屋架上弦呈弧形，跨中厚度为7m，支座厚度仅为2m，由于概念设计中支承柱采用了实腹H型钢柱，排架侧向刚度较小，在8度设防Ⅳ类场地，地震作用下侧移较大，支承柱必须与屋架刚接才能满足规范中的侧向变形要求。

屋架与支承柱刚接，可以提高排架的侧向刚度，但会导致屋架与支承柱连接处局部杆件内力很大，对比完成中心的屋架形式，不能充分发挥屋架跨中厚度大的优势。为此，设计中通过控制施工过程，实现屋架的内力调节，降低峰值内力，同时不改变结构侧向刚度。

1. 施工步骤

如图6所示，要求完成中心机库大厅屋架按以下顺序施工：

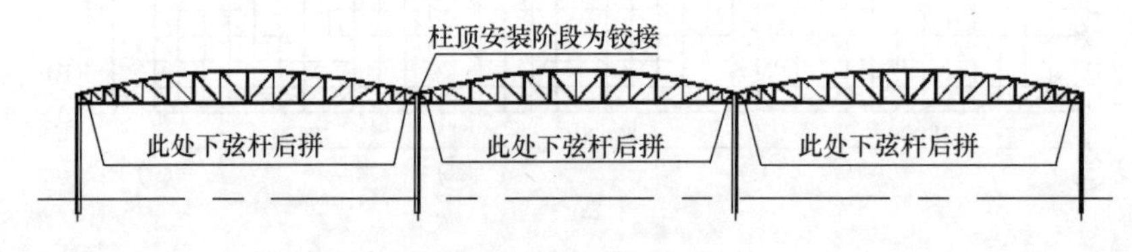

图6　屋架施工顺序

（1）屋架吊装时，与支承柱相连下弦杆件暂不拼接，柱与屋架连接设计为铰接；

（2）安装屋盖平面支撑等其他结构；

（3）待屋架及其支撑系统全部施工完毕后，连接下弦节点；

（4）再安装屋面系统及吊挂管线。

刚架在屋架及其支撑自重下，屋架与柱为铰接，最大弯矩在跨中。在使用状态下，屋架与柱为刚接。这样既能降低屋架端部的峰值内力，又没有改变使用状态下结构侧向刚度。

2. 主要计算结果

定义所有荷载下屋架与柱均为刚接的计算模型为一次加载的刚接模型；按照前面施工步骤，考虑施工过程影响进行分析的计算模型定义为考虑施工过程的计算模型。

机库屋盖结构中恒荷载包括屋架自重约为0.34kN/m^2，屋架支撑系统重0.32kN/m^2，屋面系统重0.66kN/m^2，喷淋风管等管线重0.4kN/m^2；活荷载为0.5kN/m^2。

（1）在屋架及平面支撑重量下（0.68kN/m^2），屋架与柱为铰接，每跨屋架为独立的简支，最大弯矩在跨中，弦杆的最大受力也在跨中。结构受力如图7（a）所示。

（2）当柱端下弦杆件拼接完成后，屋架与柱为刚接，与使用状态模型一致。此时再施加的恒荷载包括屋面系统和管线、使用中的活（雪）荷载以及风荷载及地震作用等，与步骤（1）的计算结构组合，则竖向荷载下结构轴力如图7（b）所示。

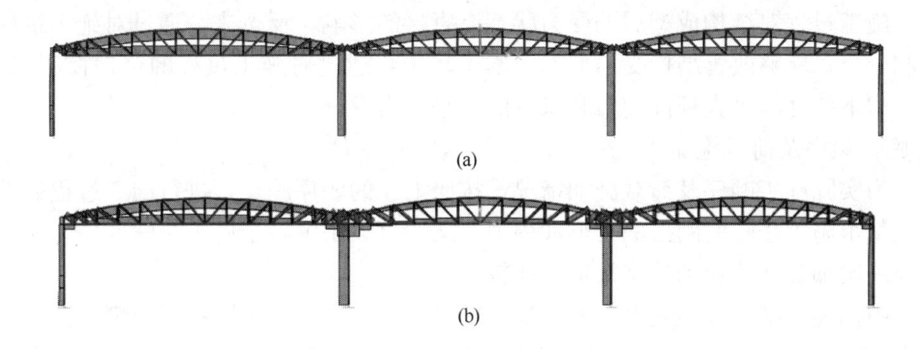

图7　计算结果

(a) 屋架及平面支撑重量下结构轴力；(b) 所有竖向荷载下结构轴力

将考虑施工的计算结果与一次加载的刚接模型的计算结果比较。限于篇幅，只对78m跨的跨中和柱顶构件内力比较，具体结果见图8，其中荷载工况为1.2恒荷载+1.4活荷载。由图可见，考虑施工后，与柱连接的屋架下弦杆的内力大幅度地降低了，压力由原来的3857.5kN降至2696.9kN，减小约30%；同时跨中上下弦构件内力稍有增大，上弦最大压力由3119.4kN增至3271.4kN，增加不到5%，上弦最大拉力由2891.4kN增至3112.4kN，增加7.6%。显然，屋架的最大内力接近了，即降低了内力峰值。仔细考察计算结果，上弦的压杆范围和下弦的拉杆范围都更接近支座处，腹杆的内力变化则不大。当然，两种模型在水平荷载下是相同的。

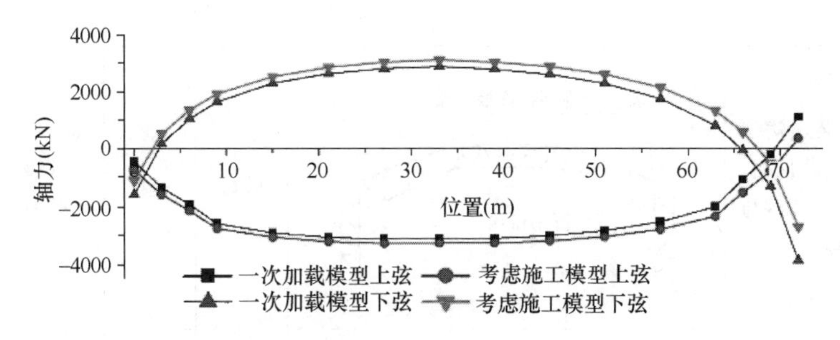

图8　78m跨刚架考虑施工过程与一次加载的比较

3. 节点设计

屋架与柱连接的节点既要有利于施工安装，又要满足本工程的施工过程控制。节点如图9所示，屋架吊装时，通过支托直接放置于柱顶，腹板先用普通螺栓连接，这样屋架与柱实现铰接。待屋架与支撑安装完毕后，腹板改用高强度螺栓拼接，同时焊接上弦的上下翼缘。下弦预留一段拼接段，因为此处下弦均为压力，采用端板连接，便于施工。

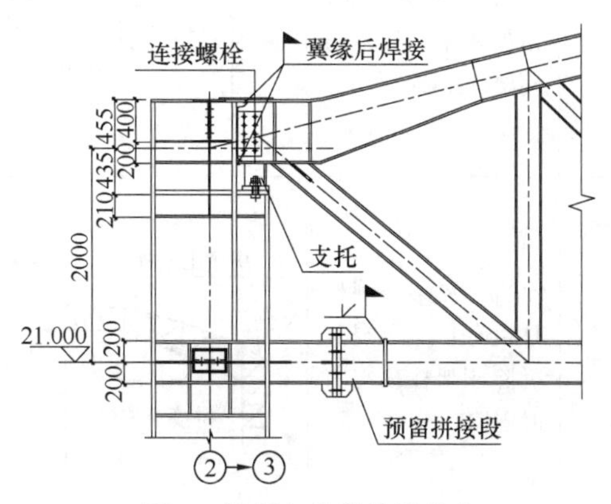

图9　屋架与柱的连接节点

（二）喷漆机库

对于类似喷漆机库这样的大跨度拱形刚

架结构，施工过程对结构成型后的受力状态有直接的影响，反过来，通过对施工过程的合理控制和分析，能够改善结构受力形态。本工程中，通过对施工过程的合理控制和分析，降低了拱肩下弦处的最大杆件内力和拱脚的水平反力。

1. 施工顺序及荷载施加

表 1 为实际施工顺序及荷载施加情况，按照上述的顺序施工，进行施工过程的模拟分析，得出每个施工步骤的刚架的变形和内力，从中可以了解各个施工步骤的内力和变形变化，并与一次加载计算得到的结果进行比较。

表 1 中描述的施工步骤表明，不同施工阶段，结构表现为不同的受力模型。施工步骤 2～3 为排架模型，施工步骤 4 为拱脚刚接的刚架模型，而施工步骤 5 以后，形成与设计模型一致的拱脚铰接的刚架模型。

施工顺序及荷载施加 **表 1**

步骤	状态描述		边界条件		受力模型	施加荷载
			柱脚	柱肩		
1	架立刚架柱，内肢柱固定于基础，外肢柱用千斤顶临时支承于基础，双肢柱肩设临时撑杆	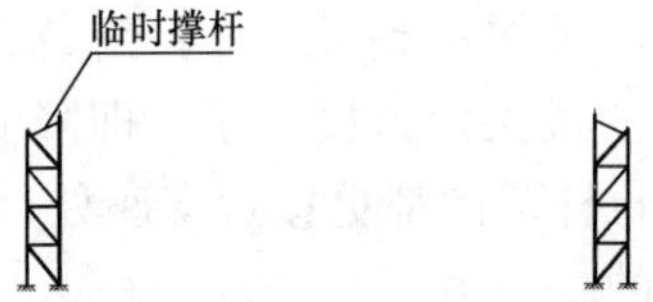 临时撑杆	刚接	—	—	刚架柱自重
2	屋架吊装，就位于刚架柱内肢顶端，其上弦、下弦不与刚架柱连接	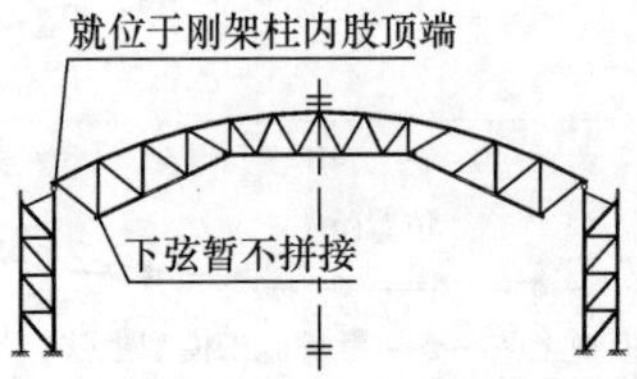 就位于刚架柱内肢顶端 下弦暂不拼接	刚接	铰接	排架模型	刚架柱自重+屋架自重
3	安装屋面系杆及支撑、下弦吊架，吊架水平杆暂不与刚架柱连接	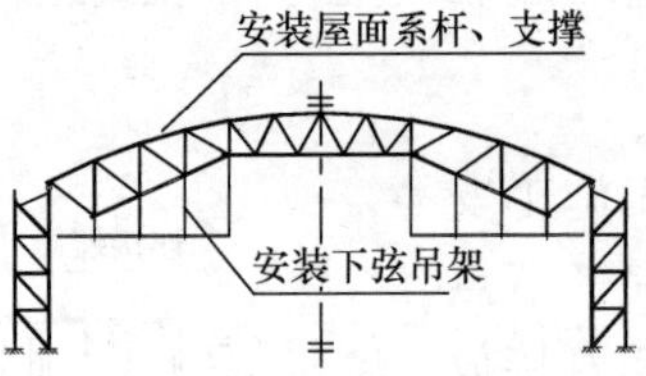 安装屋面系杆、支撑 安装下弦吊架	刚接	铰接	排架模型	刚架自重+屋架支撑体系重量+吊架重量
4	拼接屋架与刚架柱相连上、下弦杆，拆除刚架柱顶端临时支撑	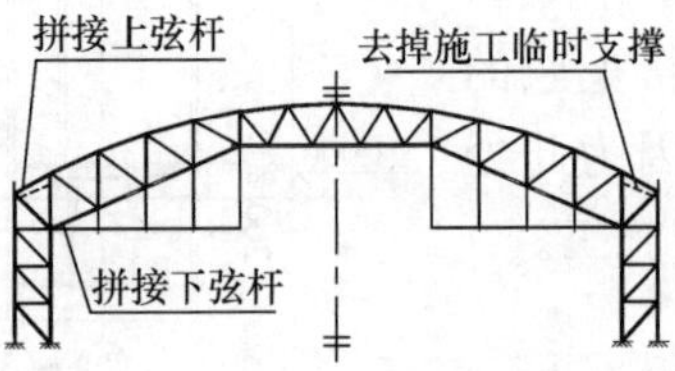 拼接上弦杆 去掉施工临时支撑 拼接下弦杆	刚接	刚接	刚架模型	同 3

续表

步骤	状态描述		边界条件		受力模型	施加荷载
			柱脚	柱肩		
5	刚架柱外肢下端千斤顶卸载，外肢与基础脱离	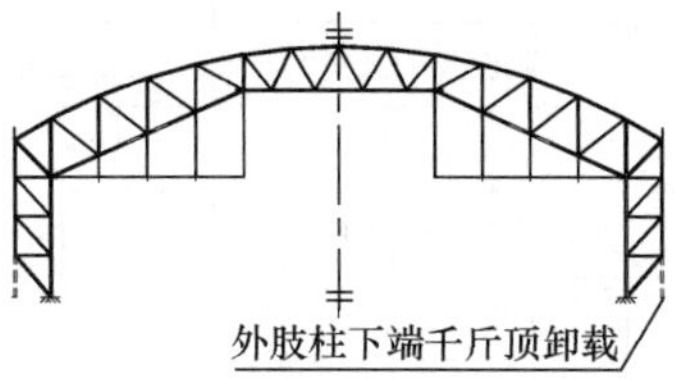 外肢柱下端千斤顶卸载	铰接	刚接	刚架模型	同 3
6	施工屋面檩条、屋面板及设备管线	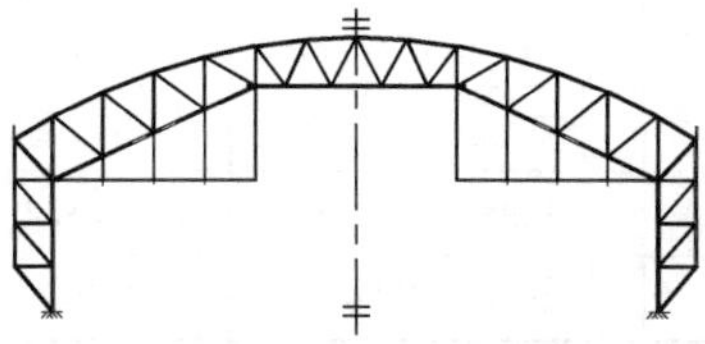	铰接	刚接	同 5	全部恒荷载
7	使用状态		铰接	刚接	同 5	使用状态荷载

注：1. 全部恒荷载包括结构自重＋屋架支撑体系重量＋下弦吊架重量＋屋面做法重量＋设备管线重量；

2. 使用状态荷载包括恒荷载＋活荷载/雪荷载＋风荷载＋吊车荷载等。

2. 结果分析

(1) 内力

图 11 给出典型杆件随施工步骤杆件内力的变化。以图 10 中杆件 1 和 4 为例，拱脚内侧杆件 1 在施工步骤 4 前表现为拉力，而在步骤 5 和 6，接近设计模型后，转化为压力。对应杆件 4，则是由受压转变为受拉。显然，这样对于拱脚和拱肩处，与一次加载的设计模型相比，内力减小了。但对于拱架跨中杆件，内力却是增加了。表 2 系典型杆件在考虑施工过程和不考虑施工过程时在恒荷载和荷载组合下的内力比较。拱架中，杆件 3 是内力最大的杆件，考虑施工过程后，竖向荷载下的压力由 5033.7kN 降低至 4370.2kN，降低了拱架中拱肩处内力峰值，同时跨中弦杆 7 和 8 内力有显著增加。

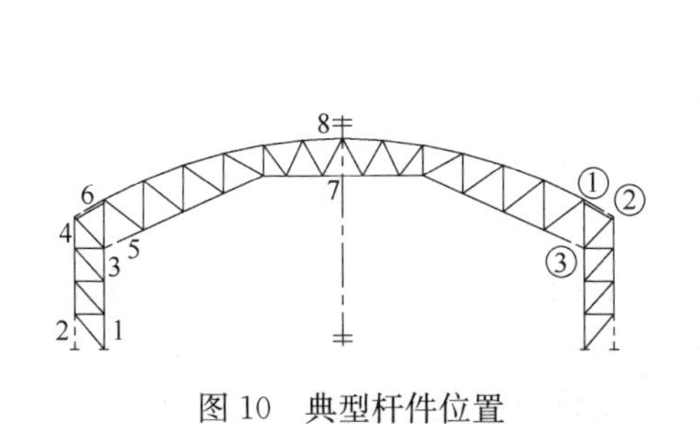

图 10　典型杆件位置

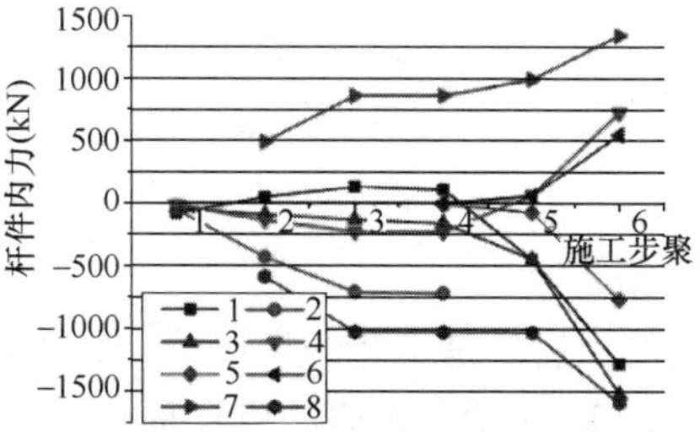

图 11　随施工步骤杆件内力变化

另外，施工过程也降低了结构自重和部分恒荷载下的拱脚推力，与考虑施工过程的一次性加载相比，在不利荷载组合下拱脚推力由 1001.4kN 降至 803.7kN，降低约 20%。

恒荷载及荷载组合下的轴向内力比较（kN） 表 2

杆件		恒荷载	组合 1	组合 2
3	考虑施工过程	−1522.1（74%）	−4370.2（87%）	−4230.9（86%）
	不考虑施工过程	−2058.2（100%）	−5033.7（100%）	−4894.3（100%）
4	考虑施工过程	726.3（61%）	2542.6（80%）	2481.9（82%）
	不考虑施工过程	1185.1（100%）	3163.1（100%）	3012.4（100%）
5	考虑施工过程	−768.7（61%）	−2723.3（80%）	−2626.4（80%）
	不考虑施工过程	−1268.1（100%）	−3386.4（100%）	−3289.5（100%）
6	考虑施工过程	550.4（61%）	1909.2（81%）	1869.0（80%）
	不考虑施工过程	895.1（100%）	2371.1（100%）	2330.9（100%）
7	考虑施工过程	1340.6（223%）	3252.1（143%）	3191.7（144%）
	不考虑施工过程	599.8（100%）	2274.4（100%）	2214.0（100%）
8	考虑施工过程	−1591.3（163%）	−4158.4（124%）	−4025.8（125%）
	不考虑施工过程	−976.6（100%）	−3355.5（100%）	−3222.8（100%）

注：表中荷载组合，组合 1 为 1.2 恒荷载＋0.98 活荷载＋1.4 吊车；组合 2 为 1.2 恒荷载＋0.98 活荷载＋0.84 风荷载＋1.4 吊车

（2）变形

施工过程中的内力重分配，伴随着结构变形的变化。表 3 给出了跨中吊车节点处的变形计算结果，可见由于屋架经历了从两边铰接至刚接的过程，与不考虑施工过程的一次加载分析相比，恒荷载下跨中挠度加大了约 88%，考虑可变荷载的组合 1 工况下则加大了约 40%。可见，对于大跨度拱形刚架，应充分重视施工过程导致的结构变形，这部分的变形可以通过事先起拱消除。杆件 5 处后拼接，需要记录施工过程步骤 4 以前的拱架变形，计算得到杆件长度的变化值。根据计算，$\Delta=-31.3$mm，即杆件 5 长度缩短了 31.3mm。

跨中节点 2 变形值 表 3

工况	计算模型	变形（mm）
恒荷载	考虑施工	109（188%）
	一次加载	58（100%）
组合 1	考虑施工	234（140%）
	一次加载	167（100%）

3. 节点设计

刚架的拱肩处是吊装的拼接处，其节点设计要满足拱架施工拼接和拱架不同阶段受力要求。如图 12 所示，拱肩的竖杆是拱架屋架部分吊装支点，计算表明此竖杆在所有组合工况下均为压力，次弯矩和剪力均很小，所以屋架可直接放置于竖杆，配构造螺栓。施工阶段采用普通螺栓，可近似作为压力铰支座；待上、下弦拼接完成后，普通螺栓改为高强度螺栓。上弦杆为重要的受拉杆件，采用高强度螺栓拼接，按等强设计。下弦杆是受力最大的杆件，所有工况均承受压力，采用了端板节点。根据施工验算，此处会有变形，因此

预留约400mm的拼接段，可以根据实际长度在现场下料焊接。

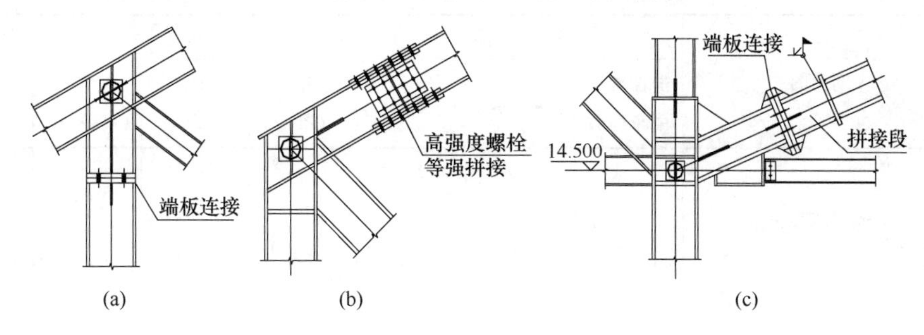

图12　72m跨刚架施工分段处节点

（a）节点①；（b）节点②；（c）节点③

四、大跨度拱形刚架设计

喷漆机库依据飞机体型采用大跨度拱形刚架结构，跨度72m，系目前国内跨度最大的拱形刚架喷漆机库；屋架下弦设置6台悬挂式升降平台，同时悬挂风管、喷淋等设备管线，荷载大，变形要求严格；机库平面呈凸字形，前后跨度不同，结构平面不规则。以上为大跨度拱形刚架的设计带来挑战。

1. 拱脚方案比较

格构式拱形刚架有三种拱脚方案，即外侧杆件落地、内侧杆件落地的柱脚铰接和内外杆件均落地刚接拱脚，分别定义为模型一、二、三，进行对比分析，计算结果见表4。可见，外侧杆件落地时刚架用钢量较小，但柱脚水平力较大；内侧杆件落地时拱脚水平力最小，但杆件峰值内力最大，用钢量也稍大；内外杆件均落地刚接时刚架内力比较均匀，水平和竖向刚度最大，但柱脚水平力和弯矩很大。综合比较，拱脚刚接的模型三基底反力很大，对温度和沉降敏感，综合效益并不经济；模型一和模型二则各具优势，外侧杆件落地时更接近拱结构的受力特征，而内侧杆件落地时受弯结构的特征更明显，考虑到场地地质情况和桩型选择，模型二虽然用钢量稍大，拱脚推力却最小，拱脚和基础处理更容易和可靠，故采用内侧杆件落地方案。

拱架方案比较结果　　**表4**

模型	剖面图	变形和侧移			基底力			杆件最大内力(kN)
		活荷载＋吊车荷载	风荷载	地震	R_z (kN)	R_x (kN)	M (kN·m)	
一		1/12345	1/3537	1/57	2461	1424	—	3243/4124

续表

模型	剖面图	变形和侧移			基底力			杆件最大内力（kN）
		活荷载＋吊车荷载	风荷载	地震	R_z（kN）	R_x（kN）	M（kN·m）	
二		1/1176	1/2843	1/487	2633	1001	—	3339/5006
三		1/1304	1/6590	1/1986	2545	1507	3054	3108/3768

2. 规则性和整体性

喷气机库平面呈凸字形，前后跨度不同，荷载也有差别。前部跨度72m（7个柱距），然后逐渐收缩，最后跨度为24m（4个柱距）；前部8榀刚架采用格构式拱形刚架结构，其余则为实腹H型钢柱与桁架刚接的平面刚架；前面集中了大部分的管线及其他吊挂荷载，后面的荷载相对较小。如不采取措施，由于前后刚度差异较大，结构第一振型即为扭转，结构整体性较差。设计中主要通过调整柱间支撑和屋盖水平支撑来保证结构规则性和整体性。在前部和后部分别设置柱间支撑（图3），保证纵向水平力的传递；后山墙处增

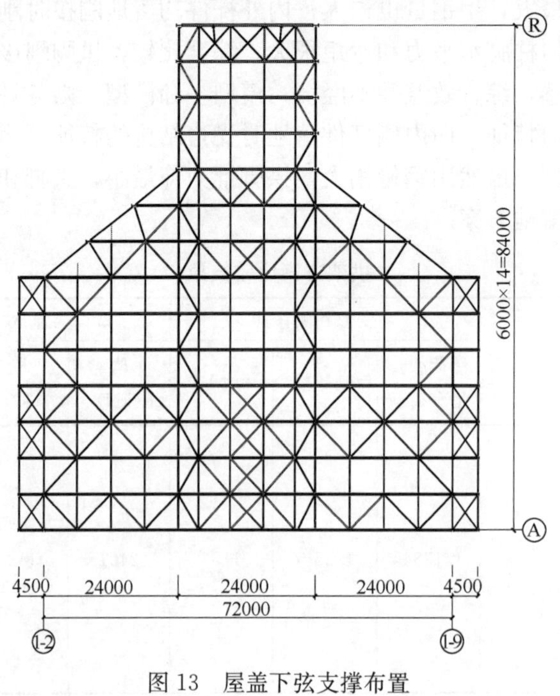

图13 屋盖下弦支撑布置

设斜撑，加大侧向刚度，减少了凸出处侧移，使结构整体第一振型为跨度向平动；屋盖除在柱间支撑和周边设置水平支撑外，还在屋架的平面和剖面变化处及悬挂平台轨道附近设置平面支撑（图13），提高屋盖整体性。计算结果表明，上面的措施是合适的。

3. 考虑空间作用的屋盖变形控制

屋架下弦中部悬挂6台喷漆平台，每台平台重32.5t。按工艺使用要求，单榀刚架跨度方向可同时作用两台平台，还需考虑沿纵向3台平台紧靠在一起工作的情况。喷漆平台承包商对结构给出极为严格的变形要求，在恒、活、风及吊车荷载的标准组合作用下，拱架结构的绝对变形和相对变形差均需满足竖向<1/450，水平向<1/1000。

由于拱架自身刚度均较大，跨度方向是满足要求的。在纵向，不同刚架之间的变形差则很难满足，特别是从后部较小跨度（24m）逐渐过渡到72m跨时，屋架竖向刚度变化很大，采用传统平面体系时，平台单工况作用下刚架间变形差即达1/195，不能满足平台运行的使用要求。为此，设计中在中间24m处设置了两道纵向桁架（图3），形成空间体系，协调刚架间变形差。沿纵向3台吊车同时工作工况下，相对变形差竖向为1/450，水平向为1/1500。沿纵向两台吊车与风荷载、雪荷载的最不利组合时，刚架竖向绝对变形值为1/2130，相对变形差为1/465，满足悬挂平台运行的使用要求。

4. 整体分析结果

图14为整体分析下的结构动力特性，整体分析表明，通过调整柱间支撑的布置和截面，结构第1振型为跨度方向的平动，$T_1=1.06$s；第2振型为纵向平动，$T_2=0.85$s；第三振型为扭转振型，$T_3=0.83$s；第四振型为竖向振型，$T_4=0.54$s。

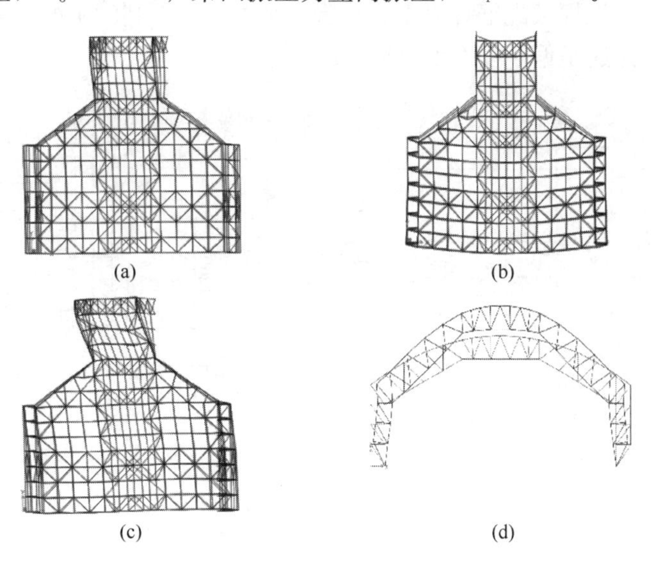

图14　前四阶振型

(a) 1阶振型，$T_1=1.06$s；(b) 2阶振型，$T_2=0.85$s；
(c) 3阶振型，$T_3=0.83$s；(d) 4阶振型，$T_4=0.54$s

地震和风荷载作用下计算得到的结构侧向位移如表5所示。计算表明，对于8度区、Ⅳ类场地，地震作用远大于风荷载的作用；虽然结构平面形状不规则，但通过刚度的调整，地震作用前后结构的侧移基本达到了一致。

结构侧向位移（mm） **表 5**

位置	地震作用		风荷载	
	跨度方向	进深方向	跨度方向	进深方向
72m 刚架	30.6(1/473)	20.7(1/700)	8.3(1/1746)	7.0(1/2071)
24m 刚架	61.1(1/409)	30.7(1/815)	16.0(1/1563)	9.6(1/2604)

5. 基础设计

机库采用桩基础，地坪和地沟亦采用桩基础，架空地坪。桩型为预应力高强混凝土管桩（PHC 桩），根据受力情况选择 D600 和 D500 两种桩径，桩端持力层为⑧$_2$粉土层，桩长 L=17～21m。D600 桩，单桩竖向承载力特征值 R_a≈950kN，水平承载力特征值 R_{ah}=65kN；D500 桩，R_a=725kN。

机库大厅拱架柱脚的水平力是由桩基和架空地坪共同承受的。柱下桩基承受静荷载和活荷载工况下水平力，考虑到施工过程，吊顶、管线等吊挂荷载应该在地坪施工完成后才能施工，静荷载和活荷载下产生的水平推力考虑了 0.8 的折减。为更好地保证管桩自身抵抗水平力的安全性和地震作用下的延性，拱脚下桩基选用了混合配筋预应力混凝土管桩（PRC 桩）。配筋做法参考了河南省标准图《混合配筋预应力混凝土管桩》09YG101 中的做法，在 PHC 桩预应力钢筋基础上，附加了 8ϕ12 非预应力钢筋。

鉴于喷漆机库特殊的使用功能，钢筋混凝土地坪板厚度达 400mm，这样地坪板可以直接作为拱脚之间的拉梁，平衡部分拱脚水平力，地坪板配筋计算中按拉弯考虑。考虑到拱脚基础的重要性，地坪板配筋计算中，拱脚水平力按最不利的工况，而没有刨除桩基所分担的水平力，显然这是偏于安全的（图 15）。

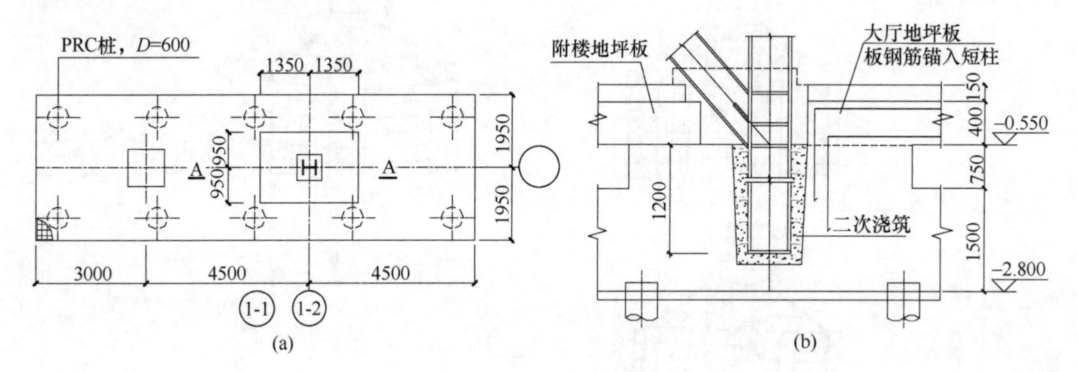

图 15　72m 跨刚架基础做法

（a）基础平面；（b）剖面 A-A

五、桩承架空地板的设计优化

空客 A330 项目延续空客 A320 工程的做法，所有厂房地坪均采用桩承架空地板，PHC 桩。在吸收空客 A320 工程做法优点的基础上，做了很多改进。

1. 根据不同区域结构布置和荷载选用不同架空地坪形式

架空地坪主要有两种结构布置形式，即平板式和梁板式。平板式架空地坪，造价更加

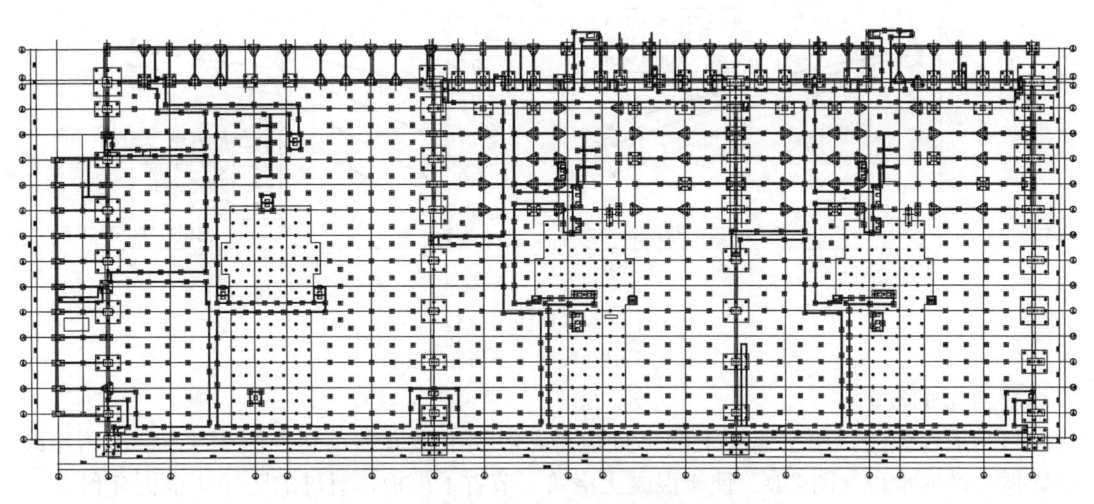

图16 空客A330完成中心桩基础平面布置

节省，而且施工方便，是优选的布置形式。梁板式地坪在局部有较大集中荷载时受力直接，刚度大，地坪梁可同时兼作基础梁，柱网较密的地方更合理。

空客A330工程中，根据不同功能区域，确定平板式地坪或梁板式地坪。例如在完成中心（图16），厂房大厅中间区域为飞机进出及停放区域，采用平板式架空地板；后部平台下，柱网较密，采用梁板式架空地坪。

2. 考虑桩弹性变形对架空地坪桩受力分析

传统的计算方法，一般假设地坪中桩基础为不动支点，由受荷面积计算得出桩间距。对于地坪上的集中荷载尤其是移动设施的荷载，可以考虑桩基的竖向弹性刚度。如图17所示，假定在某一桩顶处有集中荷载 P 作用，如果桩基按竖向不动点考虑，则1点处桩基压力 $N_1=P$。但是，实际桩基是有变形的，在集中荷载 P 作用下，桩基1发生竖向变形，是梁和板的弹性支点。由于地坪梁板的作用，带动周边桩基承担部分荷载，此时 $N_1<P$。桩基的竖向弹性刚度可以按照规范通过计算得到，也可以根据试桩报告结果直接计算。

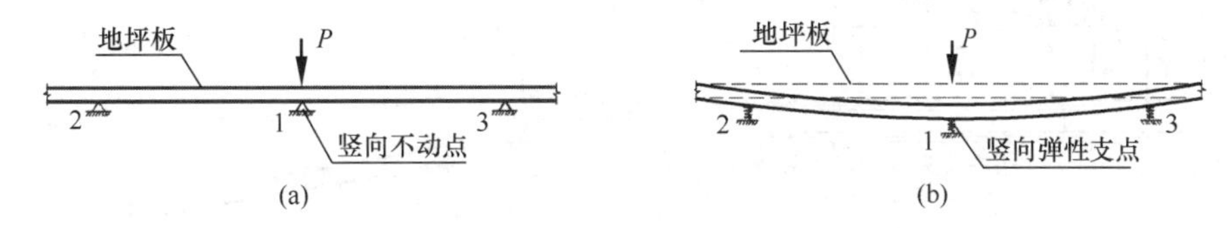

图17 桩基模型

(a) 竖向不动点模型；(b) 竖向弹性支点模型

在弹性刚度下，桩基压力 N_1 与地坪板厚度、桩距以及桩自身竖向刚度 k 有关。图18给出了不同板厚和不同桩间距下桩基竖向压力变化趋势，随着板厚的增加，周边桩分担了更多的荷载，集中荷载 P 作用的桩基压力 N_1 减小；随着桩基间距的增大，集中荷载 P 作用的桩基承担了更多的压力，桩基竖向刚度越大，集中荷载 P 作用的桩基承担的压力就越大。

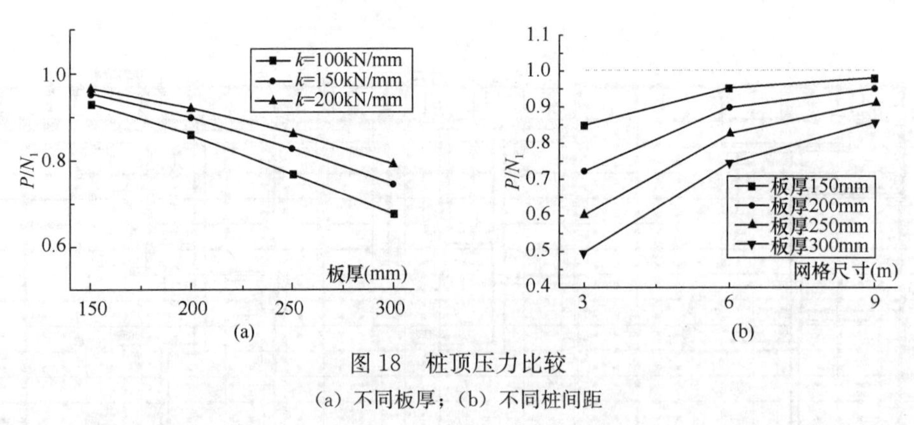

图 18 桩顶压力比较

(a) 不同板厚；(b) 不同桩间距

3. 细节的改进

(1) 承台做法。架空地坪下的单桩承台，习惯上做方形承台（图 19)，将之稍作改进，做类锥形承台（图 20)。便于混凝土浇筑，节省了模板，对桩的防冲切也更有利。

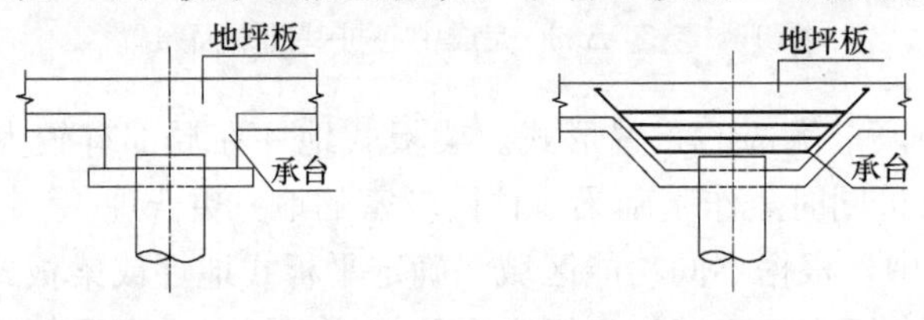

图 19 普通单桩承台做法　　图 20 锥形单桩承台做法

(2) 室内外进出处的处理

厂房采用桩承架空地坪，室内地坪沉降量很小，室内外易产生沉降差。对于进出室内外的管线，如果不采取措施，可能造成管线剪断的情况。空客 A330 项目的做法是设置接线井（图 21)，管线集中布置于井内，并设置柔性接头，便于维护。对于大门等需要室内外平缓过渡之处，则按图 22 的做法，出室外处做一段刚性配筋板，一边通过牛腿搭在室内地坪梁，另一边直接放置于室外地基之上，这样避免室内外突然落差，平缓过渡。

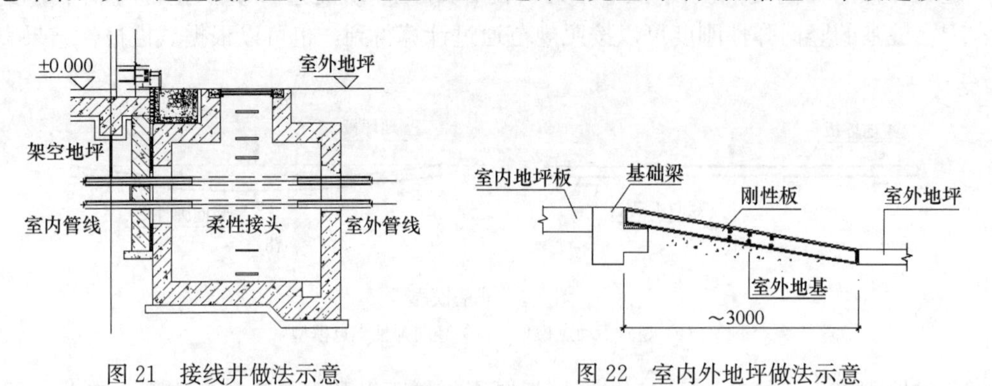

图 21 接线井做法示意　　图 22 室内外地坪做法示意

六、主要创新点

(1) 以控制施工顺序方法来降低大跨度钢结构的峰值内力。

天津空客 A330 项目完成中心机库结构设计中，针对该工程的建筑造型和结构的受力特点，充分利用拱形屋架跨中高度，通过控制施工过程，实现屋架内力调节，使支座处峰值内力降低约 30%，而又不改变结构侧向刚度。做到结构设计与施工工艺结合，收到较好的效果。

喷漆机库结构设计中，针对拱形刚架结构的受力特点，通过控制施工过程，降低内力峰值，拱肩处最大杆件内力减少 13%，拱脚水平推力减低 20%，做到结构设计与施工过程结合。

（2）天津空客 A330 项目喷漆机库依据飞机体型采用大跨度拱形刚架结构，系目前国内跨度最大的拱形刚架喷漆机库。进行拱架方案比较，采用拱脚水平推力最小的内侧杆件落地拱架方案；跨中设置纵向桁架，利用空间作用协调不同榀刚架间变形差，满足悬挂喷漆平台苛刻的变形要求。

（3）优化桩承架空地板结构设计。考虑桩弹性变形对架空地板桩受力分析；针对项目地坪荷载特点，按移动荷载不利位置对架空地板进行受力分析；改进架空地板的桩承台、室内外地坪等细节。

31 海口五源河文化中心体育场项目结构设计

建 设 地 点 海南省海口市长流新区长滨路

设 计 时 间 2015—2016

工程竣工时间 2018

设 计 单 位 上海联创设计集团股份有限公司

［200093］上海市杨浦区控江路 1500 弄 1-10 号

Sbp 施莱希工程设计咨询有限公司

［200031］上海市淮海中路 1325 号瑞力大厦 2101 室

主 要 设 计 人 魏丰登 许建华 孙 峰 殷 文 黄锦波 曹 旭 耿彦旻

本 文 执 笔 魏丰登 许建华 黄锦波

获 奖 等 级 2019—2020 中国建筑学会建筑设计奖·结构专业二等奖

一、工程概况

五源河文体中心位于海口市长流新区长滨路东侧，北接规划国际园艺博览公园，东至绿色长廊和五源河，南至海榆西线。本项目体育场（图 1）位于五源河文体中心西北角的 C0801 地块，地块西侧是长滨路，东侧是经一路，北侧是纬一路，南侧是长秀路。

体育场为可容纳约 40000 名观众规模的甲级大型体育场，满足举办全国性和单项国际比赛，能够达到多个项目国家级冬季训练基地场地及配套设施要求。可举办全国性足球比

图 1 建筑实景

赛，全国性田径比赛，综合运动会开、闭幕式，演唱会，大型活动等。体育场看台分布为东区与西区，其中西区分为上层与下层。看台区包含有普通观众席、VIP 观众席、VIP 观众包厢、主席台 VVIP 席、媒体席位、残疾人席位。其他功能上配置有室外观众休息平台、训练场、赛事运营（赛事组委区、媒体区、运动员区、裁判员区）、场馆运营办公、场馆经营配套用房及附建式Ⅰ类大型地下车库等配套设施。

体育场罩棚为整体张拉大跨度索桁架＋膜结构屋面，体育场看台和附属用房为钢筋混凝土框架结构。体育场整体地上 5 层，地下 1 层。建筑总高度为 61.073m。

二、结构体系

西看台采用钢筋混凝土框架-剪力墙结构体系＋消能减震措施。结构抗侧力体系的主要组成部分如下：

1. 钢筋混凝土框架

框架部分布置有较多的斜梁、斜柱，针对不同构件的特点，采用较为合适的构件形式。

（1）规则框架的梁、柱采用钢筋混凝土构件。

（2）外排穿层斜柱。由于柱长度大、倾斜布置，同时受力以压弯为主，所以，采用钢结构箱形截面柱，如图 2 所示。

（3）外侧第二批斜柱。柱承受的重力较大，与主体结构各层均连接，同时，顶层柱长度大、悬挂钢梯。结合这些特点，外侧第二批斜柱采用型钢混凝土柱。

（4）高区看台斜梁。看台梁倾斜布置，在重力和地震作用下，产生轴向拉力或压力。一般看台梁为钢筋混凝土梁，对于跨度较大（超过 15m）、轴力较大的看台梁，采用型钢混凝土梁。

2. 钢筋混凝土剪力墙

剪力墙以联肢墙为主，以更好地与框架协同工作。剪力墙布置见图 3。

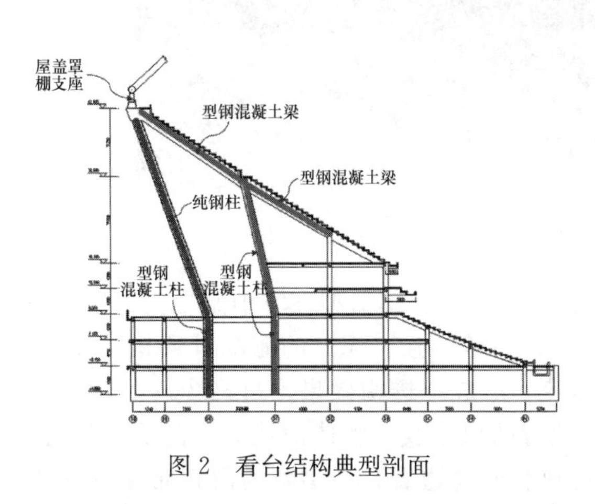

图 2　看台结构典型剖面

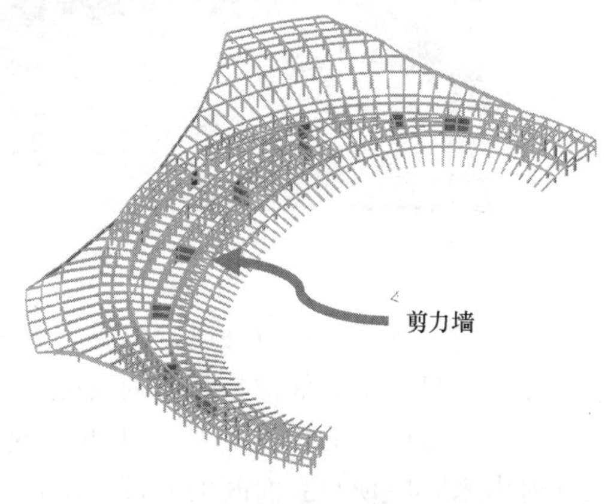

图 3　结构 2 层剪力墙布置

3. 楼盖系统

（1）平层楼盖系统

平层楼盖采用现浇钢筋混凝土梁、板体系。

(2) 看台梁板系统

顶部看台板为现浇混凝土折板。看台板的受力特点是，沿看台径向，由于折板的效应，刚度较弱；沿看台环向，板传力连续，刚度较大。所以，按照刚度相等的原则，将看台折板等效为双向异性平板进行模型计算。

三、结构特点

海口五源河体育场由月牙形屋盖罩棚、观众看台和地下室组成。看台平面呈圆环状，外环直径约 260m。看台西高东低，西看台最高处为 42.80m，东看台最高处为 17.40m。设计规划之初考虑到体育场地块东北侧面朝大海的区位特点，为了整合这得天独厚的景观优势，体育场大胆地打破了传统的对称布局的设计，采用了西高东低的看台选型，这种非常规的布局为体育场注入了异常鲜活的生命力。而体育场的整体造型源自对海洋元素“贝壳”的柔美隐喻，外部材料选择了接近珍珠贝类特有的金属色泽：银色、金色，创造出极具未来感的空间体验。而内场看台座椅则使用了由浅至深的 6 种蓝色，为观众带来沉浸于海洋之中的梦幻感觉，见图 4。

图 4 体育场俯视图

体育场独特的屋顶与幕墙，包裹了整个西侧看台，整体造型在空中俯视犹如一弯白色月牙，极目远眺又好像是海滩的贝壳、鲸鱼，与城市独一无二的海滨景致相互呼应，美不胜收。银白色的铝百叶从上往下渐变稀疏，形成半透明效果。每当夜晚室内的灯光透射出来，屋顶与立面间的光带就形成了独特的风景线。整体简洁柔和的曲线形态，最适合于海口碧海蓝天的清新自然风光。它独有的单边看台造型，为海口带来独一无二的地标建筑：西侧的主看台区开敞朝向东北侧的大海及体育公园，在这里观众将会享受到独一无二的视野，良好的通风。而西侧主看台形成自遮阳，更多的座席得到良好的观看环境。

1. 消能减震技术的应用

海口位于高地震烈度、高风压地区，地震设防烈度为 8.5 度，基本风压为 0.75kN/m²，台风时有登陆，自然条件对结构非常不利。体育场的看台结构为钢筋混凝土框架-剪力墙结构体系，并采用抗震性能较好的消能减震系统，应用黏滞阻尼器和防屈曲支撑等耗能构件（图 5），从而有效地减小了地震作用及结构梁柱的截面，并提高了建筑使用空间的效率。整体看台仅在南、北端各设置一道伸缩缝，将结构划分为东、西单元，较大程度上减小了结构变形缝对建筑功能的影响。

2. 400m 不设缝超长混凝土结构裂缝控制技术

体育场结构外环直径约 260m，周长达 800m。地下室整体不分缝，地上看台只设 2 道变形缝，划分为 2 个独立的结构单元，均为超长混凝土结构。结构通过整体温度场模拟分析、基础刚度削弱设计、楼盖温度诱导缝及设置施工后浇带等一系列措施（图 6），合理巧妙地解决这一难题。

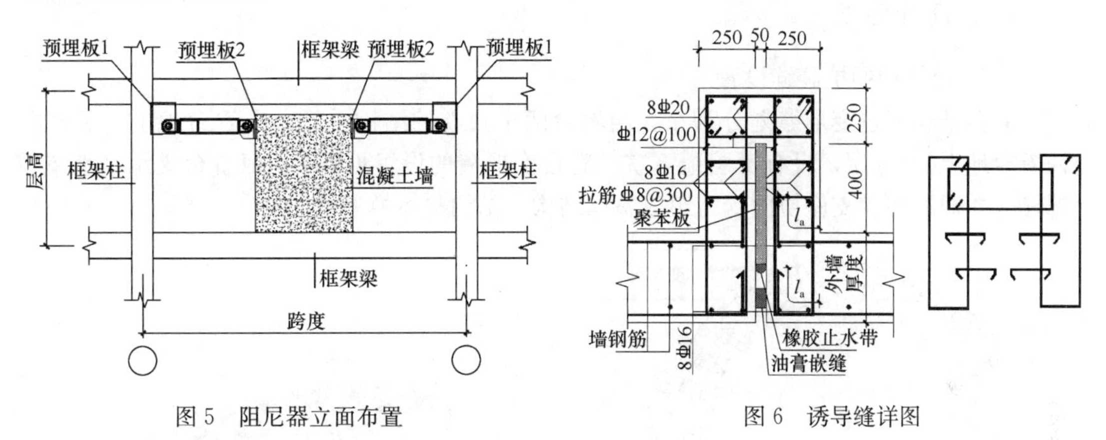

图 5　阻尼器立面布置

图 6　诱导缝详图

3. 高强钢结构技术

建筑空间的布置，使结构产生了大量的跃层柱、看台斜梁、大跨度梁，对于这部分构件，采用型钢混凝土梁柱、钢柱等形式，应用钢与混凝土组合结构技术、高强度钢材应用技术、厚钢板焊接技术等，以提高结构受力和抗震性能。

4. 国内首个应用于甲级大型体育场不对称预应力索膜结构体系

体育场犹如白云一般的屋盖罩棚采用造型优美、轻巧的钢索膜结构体系，是目前世界上受力最为合理、最先进的罩棚形式（图 7）。整个屋面跨度 270m，深度 65m，面积超过 10000m²，用一个直径约 250m、高 43m 的不对称马鞍形曲线围合，采用整体张拉索膜结构。预应力张拉索膜结构屋盖罩棚用上下两层高强封闭索，将超过 50m 悬挑跨度的屋面轻巧又稳定地托举在观众席上空，而钢索的直径仅不过十余厘米。索与膜共同构成的优美曲线和曲面，使整个屋盖罩棚显得简洁、轻盈、飘逸，富有韵律感。对结构进行有效的力学找形以保证其受力的高效性，通过风洞研究，内倾的几何形体降低了风荷载，最终纤细的索体和轻薄的膜材组成的屋面罩棚展现了结构的美学价值，在降低地震效应的同时，又有效地削弱了体育场巨大的体量所带来的笨重压抑感。

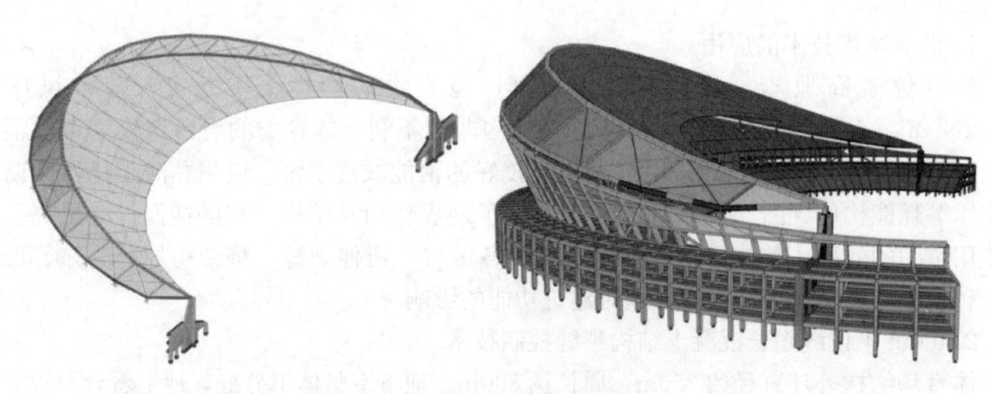

图7　西看台钢罩棚计算简图

四、设计要点

1. 看台结构的抗震缝设置

看台结构通过变形缝划分为东、西看台两个独立的结构单元。东看台地上2～3层。西看台地上4～5层，设有1层地下室。看台变形缝的设置见图8。西看台支承其上屋盖罩棚，并通过屋盖支座协同受力组成整体结构。结构整体模型见图9。

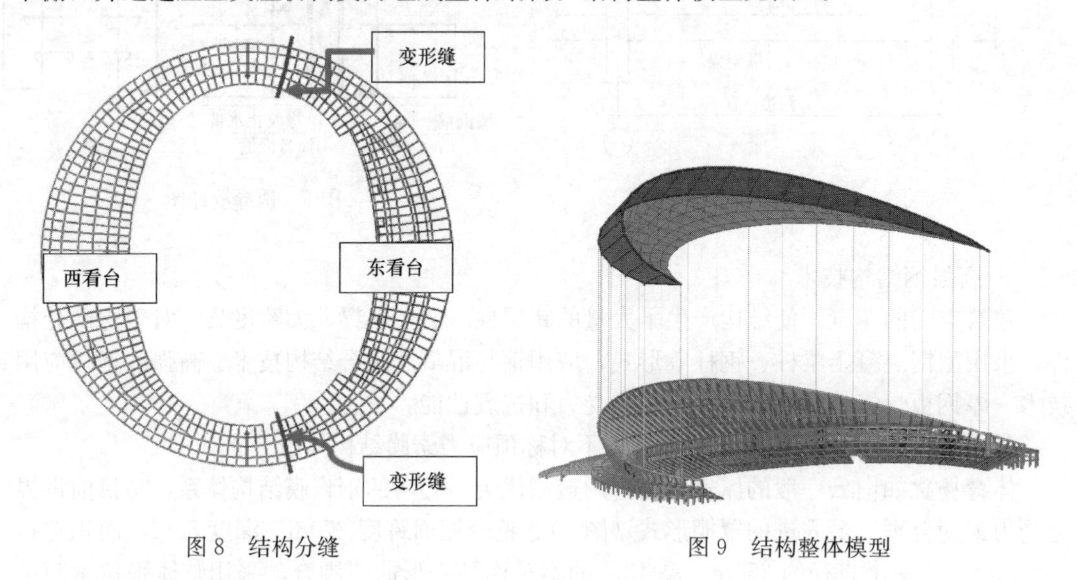

图8　结构分缝　　　图9　结构整体模型

2. 屋盖罩棚的传力途径

屋盖罩棚的荷载和作用通过屋盖支座传到看台结构上，在径向和环向典型的传力途径如图10和图11所示。

3. 结构的抗震性能目标

基于本工程的重要性和复杂性，按照《高层建筑混凝土结构技术规程》JGJ 3—2010抗震性能化设计的规定，对不同的结构构件设定不同的抗震性能目标（表1、表2）。

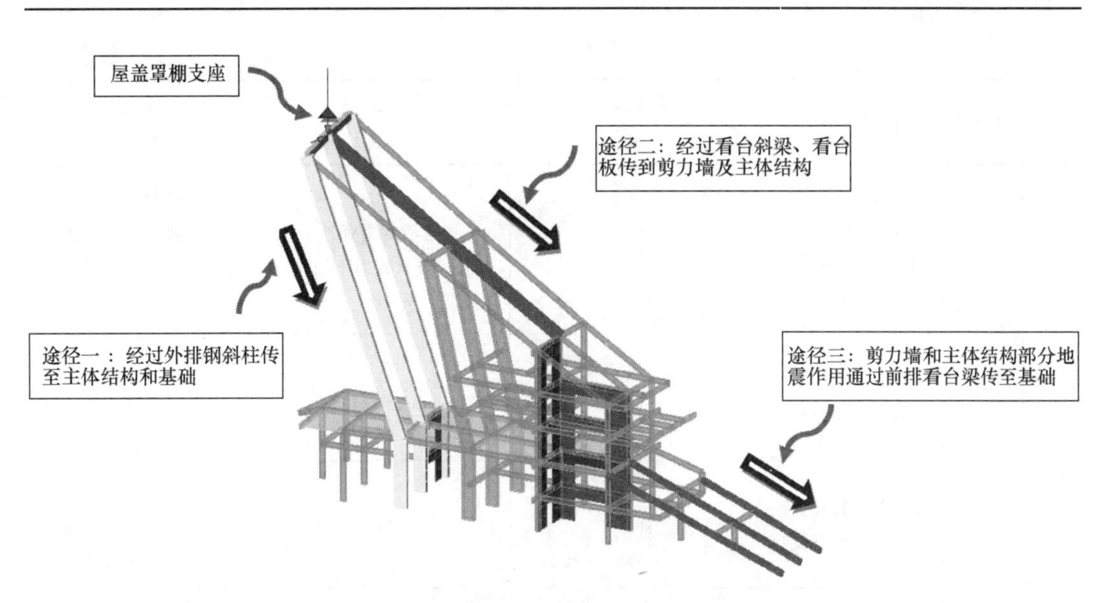

图 10　屋盖罩棚荷载和作用径向传递途径示意

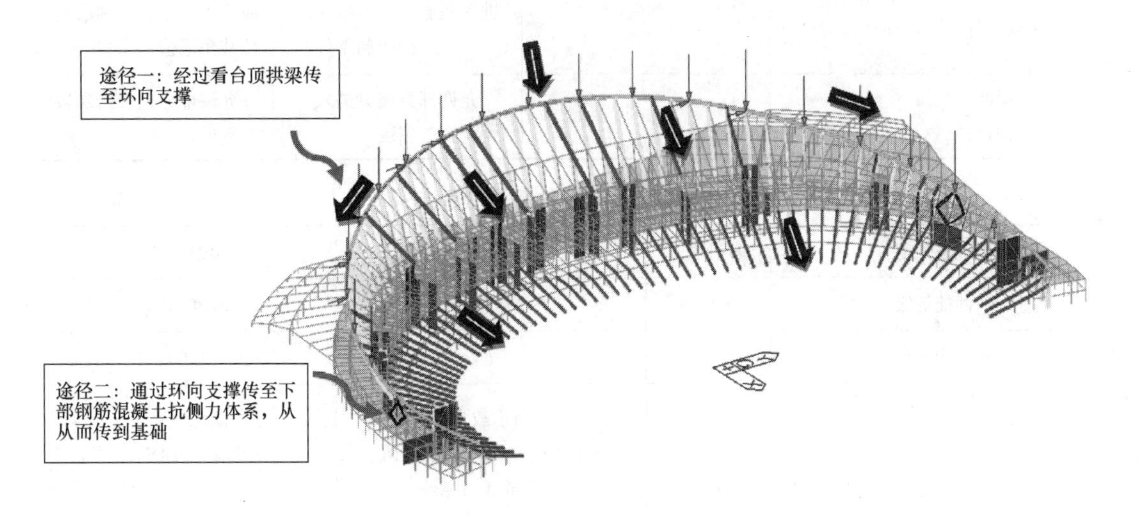

图 11　主体结构荷载和作用环向传递途径示意

西看台结构抗震性能目标　　**表 1**

结构抗震性能目标	多遇地震（小震）	设防地震（中震）	罕遇地震（大震）
性能水准	1	4	5
构件损坏程度描述	关键构件：完好	关键构件：轻度损坏	关键构件：中度损坏
	普通竖向构件：完好	普通竖向构件：部分中度损坏	普通竖向构件：部分比较严重损坏
	耗能构件：完好	耗能构件（不含阻尼器）：部分比较严重损坏	耗能构件：比较严重损坏
层间位移角限值	1/800	—	1/100

续表

结构抗震性能目标			多遇地震（小震）	设防地震（中震）	罕遇地震（大震）
构件性能	关键构件	底部加强区（1～2层）剪力墙	弹性	受剪承载力弹性、正截面承载力不屈服	允许墙肢进入屈服，受剪截面应满足截面限制条件；控制层间位移角限值
		消能器结构的周边约束梁柱	弹性	—	极限承载力大于消能器阻尼力的标准效应组合值
		外排穿层斜柱、南北端部环向钢支撑	弹性	弹性	允许部分框架柱进入屈服；控制层间位移角限值；保持柱的稳定性
	普通竖向构件	框架柱、3～4层剪力墙	弹性	允许部分框架柱、墙肢进入屈服；受剪截面应满足截面限制条件	允许较多框架柱、墙肢进入屈服；控制层间位移角限值
	耗能构件	连梁	弹性	允许部分连梁进入屈服	允许部分连梁出现较严重破坏

钢屋盖罩棚结构抗震性能目标 **表2**

地震烈度		多遇地震	设防地震	罕遇地震
性能等级		无损坏	轻微损坏	轻度损坏
允许水平位移		$h/150$	—	1/50
关键构件	支座剪力墙	弹性	正截面承载力满足 $S_{GE}+S'_{Ehk}+0.4S'_{Evk}=R_k$ 受剪承载力弹性 $\gamma_G S_{GE}+\gamma_{Eh}S'_{Ehk}+\gamma_{Ev}S'_{Evk}\leqslant R_d/\gamma_{RE}$	正截面承载力满足 $S_{GE}+S'_{Ehk}+0.4S'_{Evk}\leqslant R_k$ 受剪承载力弹性 $\gamma_G S_{GE}+\gamma_{Eh}S'_{Ehk}+\gamma_{Ev}S'_{Evk}\leqslant R_d/\gamma_{RE}$
	内环索	弹性	弹性	不屈服
重要构件	外部压环梁	弹性	不屈服	可屈服
	索桁架的径向索	弹性	不屈服	可屈服
	外环直腹杆及斜腹杆	弹性	不屈服	可屈服
一般构件	索桁架的连接索	弹性	不屈服	可屈服
支座	端部支座	弹性	不屈服	不屈服
	其他支座	弹性	不屈服	竖向不屈服 水平向可失效

五、节点设计

1. 看台两端抗水平力基础设计

西看台南、北两端支撑屋盖罩棚的基础，承受较大的水平力。基础承载力和刚度对于上部屋盖罩棚的安全起着至关重要的作用。

西区看台屋盖罩棚采用钢、索膜整体张拉结构，平面呈月牙形。由于屋盖罩棚内环（内拉力环索）、外环（外压力环梁、桁架）边界为半圆环形，不是常规的闭合环形，所以，罩棚结构进行索张拉后，会对两端支座产生较大的水平不平衡力。根据SBP公司提供的设计参数，每个支座的水平力约14000kN，方向沿看台径向向内。

整体张拉结构对边界的约束条件要求严格，除需要基础提供强大的支座反力外，由于上部结构对支座的变形位移敏感，所以，还需要基础具有足够的刚度约束。

根据地质分布情况，以第2层中风化玄武岩为持力层的天然地基基础，地基承载力特征值为2000kPa。通过对多种基础方案进行计算比选，拟采用天然基础形式，通过基础与地基的水平摩擦力、设置基础抗剪槽承担水平剪力。同时，在G轴以后部位设置剪力墙，C轴以后部位基础降标高，采用素混凝土回填增加基础配重，并将基础在OA轴处往体育场中心外扩4.5m，增加基础长度，增加抵抗弯矩的截面抵抗矩，保证基底不出现零应力区，使得基底反力尽量均匀（图12）。

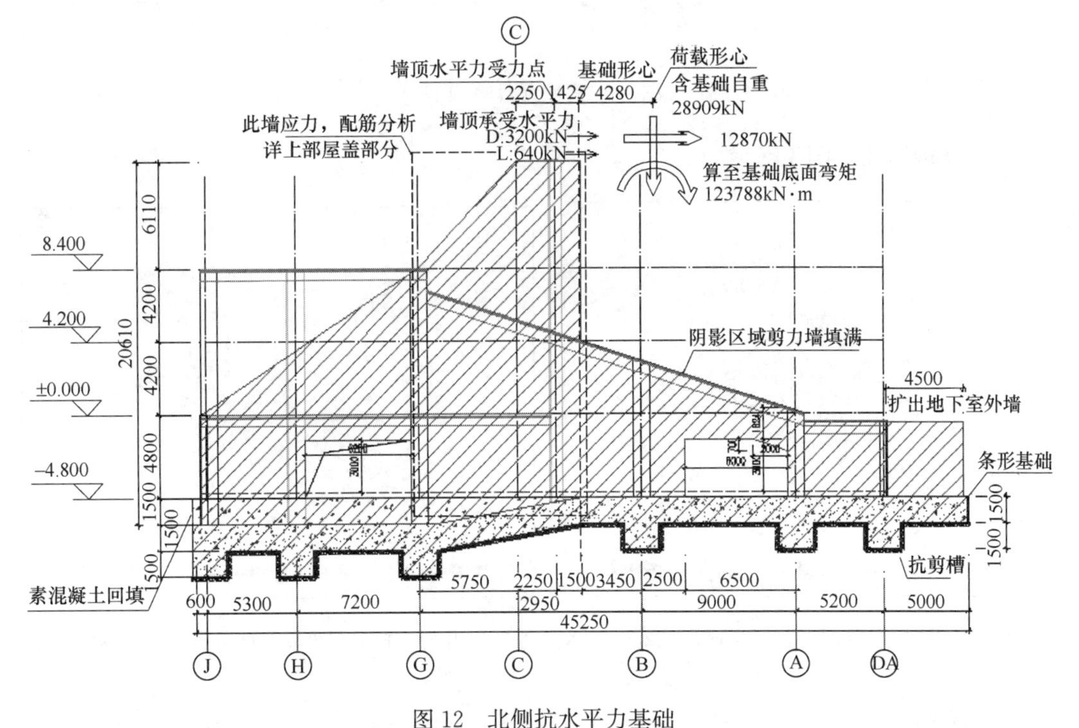

图12 北侧抗水平力基础

2. 外排穿层钢斜柱的稳定性分析

对外排穿层钢斜柱分别进行弹性屈曲分析、考虑材料和几何非线性的极限承载力分析，以验算该柱的稳定性。

(1) 计算模型及荷载

采用 ANSYS15.0 通用有限元软件分析（图 13），大斜柱截面为箱形□600×1500×20×20，材料 Q345B。采用梁单元 Beam188，考虑几何和材料双重非线性时结构的初始缺陷取柱子高度（H=36m）的 1/300，单位均为 N，m。

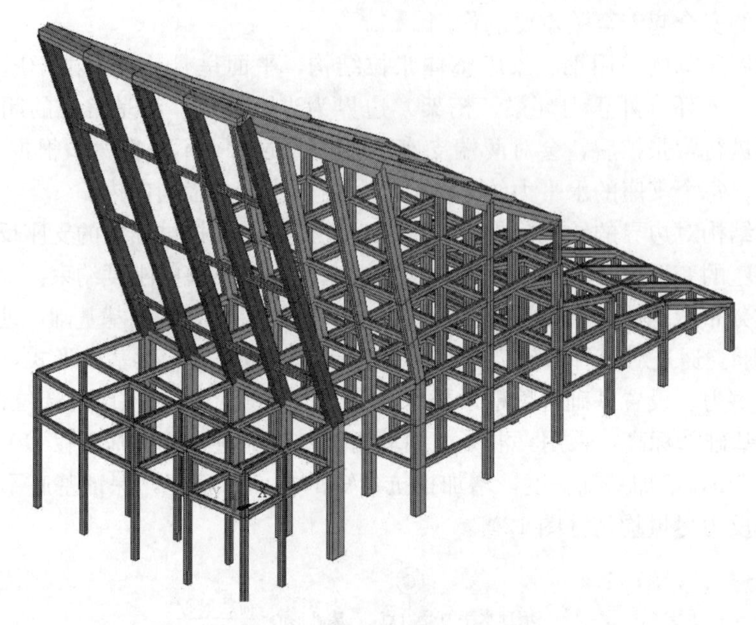

图 13　有限元计算模型

(2) 分析结果（图 14、图 15）

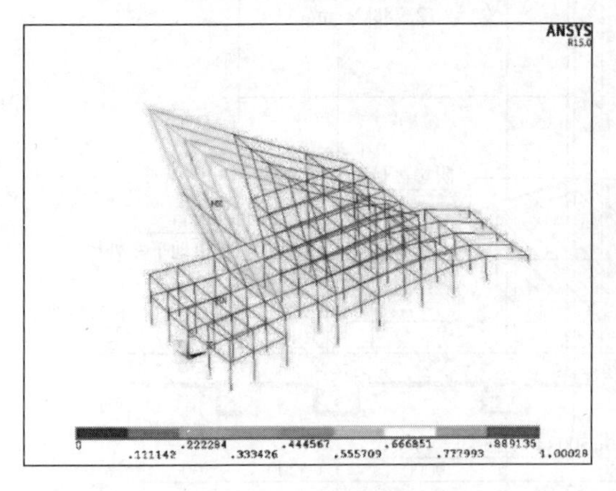

图 14　特征值屈曲分析 第 3 阶 λ=22.0

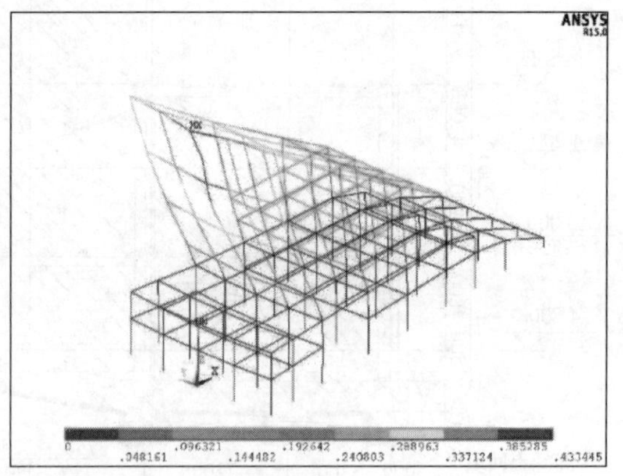

图 15　几何、材料双重非线性分析 第 200 阶 λ=6.3

(3) 结论

结构弹性非线性稳定最小屈服荷载系数 22.0，考虑几何和材料双重非线性的非线性稳定分析最小屈服荷载系数为 6.3，满足《空间网格结构技术规程》JGJ 7—2010 对于此类结构，按双重非线性分析安全系数大于 2 的要求。因此，本工程满足整体稳定要求。

3. 高区看台舒适度验算

西看台高区看台梁最大跨度为 22m，对其进行舒适度验算。

(1) 看台结构竖向自振频率验算

对看台梁板进行特征值分析，得到结构的竖向自振频率为 3.9，符合楼盖竖向振动频率不宜小于 3Hz 的要求。

结构第一竖向振型形态见图 16。

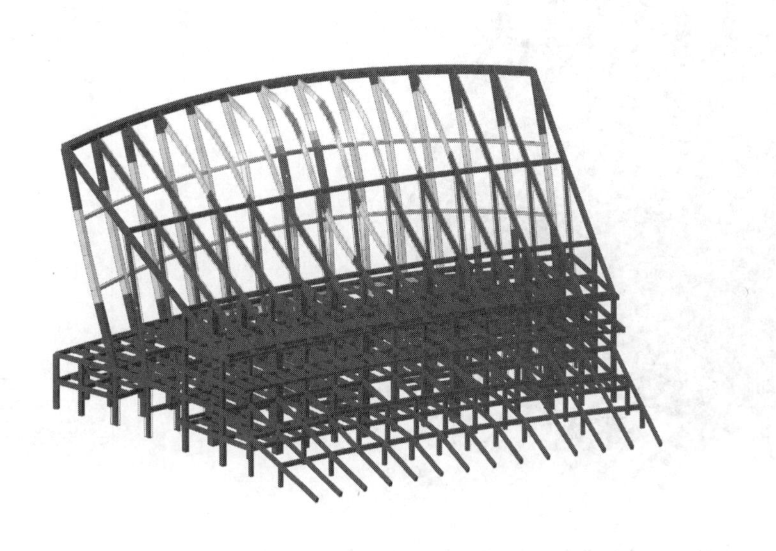

图 16　第一竖向振型形态

(2) 看台结构上人员荷载模拟及加速度验算

① 单人人行荷载模拟及加速度验算

按人员行走频率 1.5Hz 在看台行走，进行时程分析，看台最大加速度如图 17 所示。

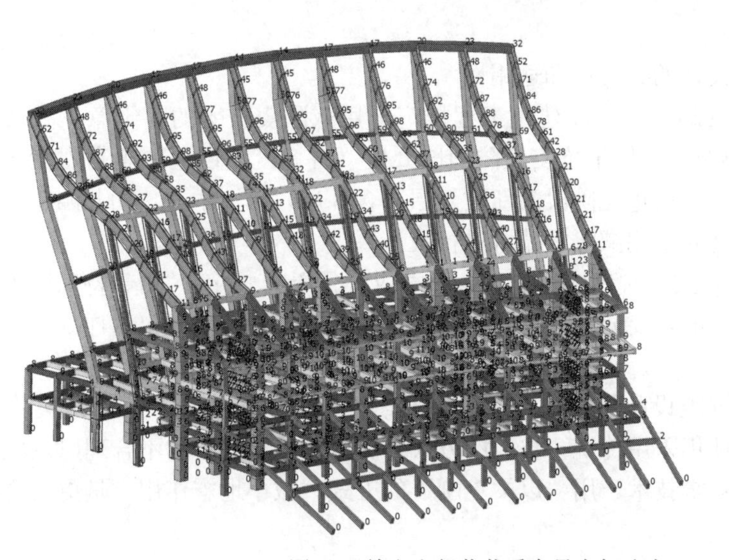

图 17　单人人行荷载看台最大加速度

看台最大加速度为 98mm/s²，满足规范小于 150mm/s²的要求。

② 人群集体起立模拟及加速度验算

考虑看台上 25%的人同时快速起立的工况，进行时程分析，看台最大加速度如图 18 所示。

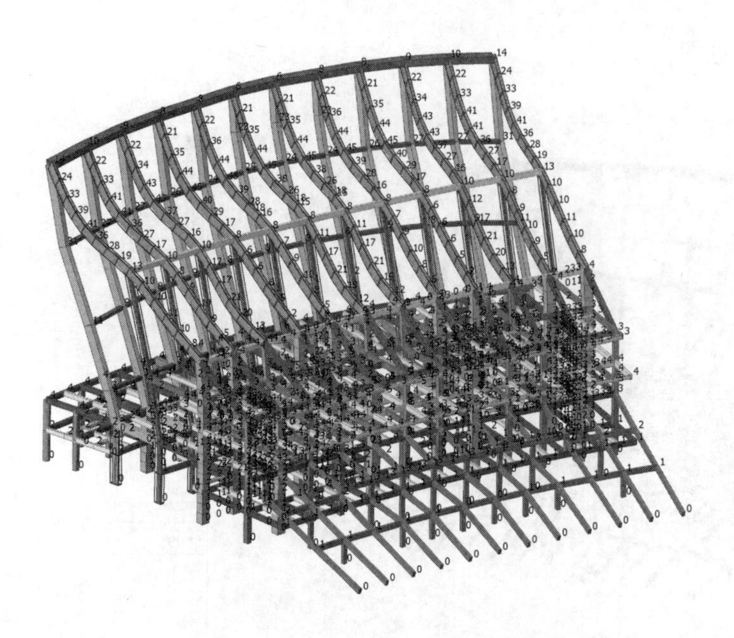

图 18　人群集体起立模拟荷载看台最大加速度

看台最大加速度为 45mm/s²，满足规范小于 150mm/s²的要求。

六、消能减震设计与屋盖罩棚结构设计

1. 消能减震设计

(1) 采用消能减震设计的必要性和适用性

根据《住房城乡建设部关于房屋建筑工程推广应用减隔震技术的若干意见（暂行）》(建质〔2014〕25 号）规定："位于抗震设防烈度 8 度（含 8 度）以上地震高烈度区、地震重点监视防御区或地震灾后重建阶段的新建 3 层（含 3 层）以上学校、幼儿园、医院等人员密集公共建筑，应优先采用减隔震技术进行设计"。

琼建质〔2014〕84 号文，对建质〔2014〕25 号文做了补充规定："由于特殊原因不能采用减隔震技术进行设计的，要充分论证并说明理由，在施工图审查时出具详细的说明材料"。

工程位于海口市，抗震设防烈度为 8 度（0.30g），属于高烈度区。由于地震作用较大，所以，如果抗震设计仍采用传统"抗"的方式，势必会造成结构的不合理以及经济造价上的浪费。采用消能减震技术，用"以柔克刚"的方式，减小地震作用，是更为合理的方法。

根据地震影响系数曲线，结构第一周期越接近平台段，地震影响系数变化的斜率越

大，从而附加阻尼后，减震效果越明显。

场地特征周期 T_g 为 0.35s，结构第一自振周期约 0.53s≈$1.5T_g$。在这种情况下，附加阻尼比比较有效。

（2）阻尼器类型的选用

黏滞阻尼器是一种无刚度的速度相关型阻尼器，特点是阻尼器两端有相对速度即能发挥作用，并且无疲劳问题。所以，黏滞阻尼器具备从小震到大震全程工作耗能，以及减弱风荷载影响的能力，是一种高效的消能器。

工程场地位于8度高烈度区，同时为沿海风荷载较大区域，基本风压达到 0.75kN/m^2（50年一遇），并且根据气象统计，该地区受台风影响较大。因此，结构设计需同时考虑抗震和抗风设计，消能器也应具备抗风能力。综上所述，黏滞阻尼器适合本工程的应用。

采用振型分解反应谱法对结构总阻尼比分别为 0.05、0.09、0.10、0.15 的情况进行分析，结构的基底剪力和最大层间位移角统计如表3所示。

结构基底剪力和最大层间位移角　　表3

总阻尼比（附加阻尼比）	基底剪力			最大层间位移角		
	X向	Y向	平均值	X向	Y向	平均值
0.05（0.00）	83344	79507	81425.5	1/676	1/738	1/707
0.09（0.04）	80092	72533	76312.5	1/842	1/870	1/856
0.10（0.05）	79601	71521	75561	1/906	1/918	1/912
0.15（0.10）	77840	68509	73174.5	1/1084	1/1046	1/1065

结构基底剪力和层间位移角随结构总阻尼比变化如图19所示。

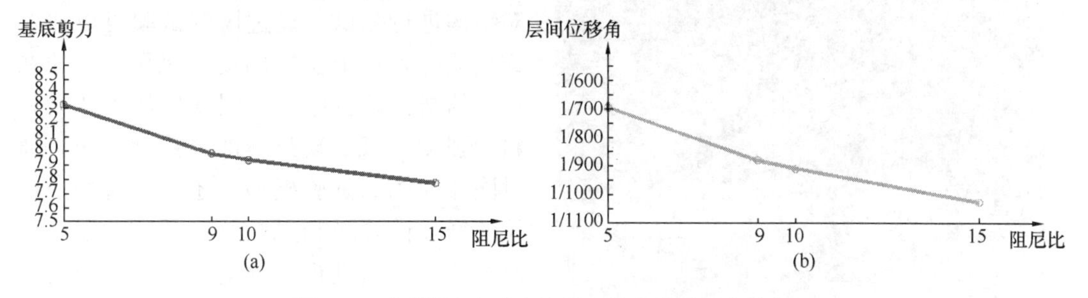

图19　不同阻尼比对应的基地剪力和层间位移角

通过对不同结构总阻尼比的分析，可以得到以下结论：

结构附加阻尼比从0增加到0.04左右时，结构基底剪力和层位移角变化较明显；当结构附加阻尼比大于0.05时，基底剪力和层位移角变化趋于平缓。

结构附加阻尼比为0.04和0.05时，基底剪力非常接近，层间位移角减小约6%。

借鉴类似工程经验，并结合不同附加阻尼比对结构基底剪力和位移的影响分析，设定阻尼器对结构附加阻尼比0.04的目标。

（3）黏滞阻尼器布置数量的对比分析

阻尼器布置在结构相对速度及位移较大区域，以充分发挥阻尼器的作用。

采用小震时程算法，主体结构弹性，阻尼器为非线性，阻尼器按照实际布置进行建模分析。通过试算，布置不同数量的阻尼器，结构的附加阻尼比结果如表 4 所示。

结构附加阻尼比（%）　　表 4

阻尼器数量		60 套	68 套	80 套
附加阻尼比（X 方向）	地震波 S0172	5.68	6.46	8.01
	地震波 S0313	5.68	6.32	8.48
	地震波 S0835-1	6.88	7.83	10.37
	平均值	6.08	6.87	8.95
附加阻尼比（Y 方向）	地震波 S0172	5.91	6.91	7.90
	地震波 S0313	5.50	6.38	7.98
	地震波 S0835-1	5.63	6.45	7.56
	平均值	5.68	6.58	7.81

通过分析，阻尼器数量从 60 套增加到 68 套，阻尼器数量增加 11.3%，附加阻尼比增加约 12%～16%；当阻尼器数量增加到 80 套时，阻尼器数量增加 17.6%，结构附加阻尼比增加也比较明显，均值约为 24%。

综合考虑结构地震反应、对建筑空间的影响及造价因素，阻尼器选用 68 套时，各项指标较为合适，为结构提供的附加阻尼比可达到既定目标。

2. 屋盖罩棚结构设计

(1) 风洞试验

图 20　风洞试验模型

风洞试验中，可以使用不同的边界条件、不同的阵风规模、不同的风速和风振对结构进行测试。通过风洞试验可以非常详细地得到每个位置的动力风压，以便在相应的结构计算中最大限度地使用建筑材料的强度，以实现最佳的经济性要求。通过同样的风洞试验模型，还可以对场地内风的舒适性等级和风的活塞效应，以及雨对建筑的影响进行详细的研究。本项目风洞试验在同济大学土木工程防灾国家重点实验室的宽度为 3m 的 2 号风洞中进行测试（图 20）：据此进行设计，确保了对风工况高度敏感的大跨度轻质罩棚的安全（含膜结构及连接体系），经过 2018 年 9 月的实际超强台风“山竹”检验，拉索、膜结构体系及相关连接系统均无恙。

(2) 单侧（非闭环式）轮辐式张拉体系—膜结构罩棚设计

为了不遮挡瞭望大海的视线，体育场东侧看台较低且不设罩棚，只能西边单侧设置，且需满足倾斜的几何形体要求，而较大的跨度也决定了罩棚必须采用轻质材料结构体系。设计选用了源于自行车轮受力原理的高效轮辐式张拉体系，刚性外环和柔性内环之间通过预应力的索桁架有机地连为一体，并通过罩棚结构两端强约束支座，形成高效的辅助自平衡结构体系，见图 21。屋面材料采用轻质透光的膜结构，也减轻了体系的竖向荷载，利用高强度的钢索，大幅度地减少了结构的用钢量，从而实现绿色环保节能的新型结构体系。

罩棚结构体系充分考虑了各种不利工况的组合，进行全覆盖验算，包括风荷载、温度作用组合及抗震性能化设计（水平地震、竖向地震）。

（3）全张拉屋盖结构的找形

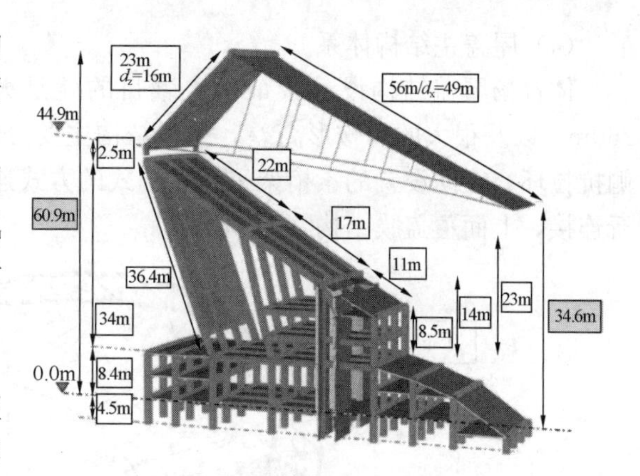

图 21　屋盖罩棚标准剖面

几何和受力找形的最终结果是保证结构体系受力的有效和合理，受力找形的最终目标是所有的刚性结构（外压环）在预应力状态下的弯矩为零（杆件截面的受力效率最高），柔性体系在预应力状态下的变形为零（内外力平衡），通过调整不同的边界条件满足建筑师对屋盖形体的要求。最为有效的上部外压环的空间几何形体包括：上下压环之间的高度、屋面的倾角和高度以及支座节点处的空间高度（图 22）。

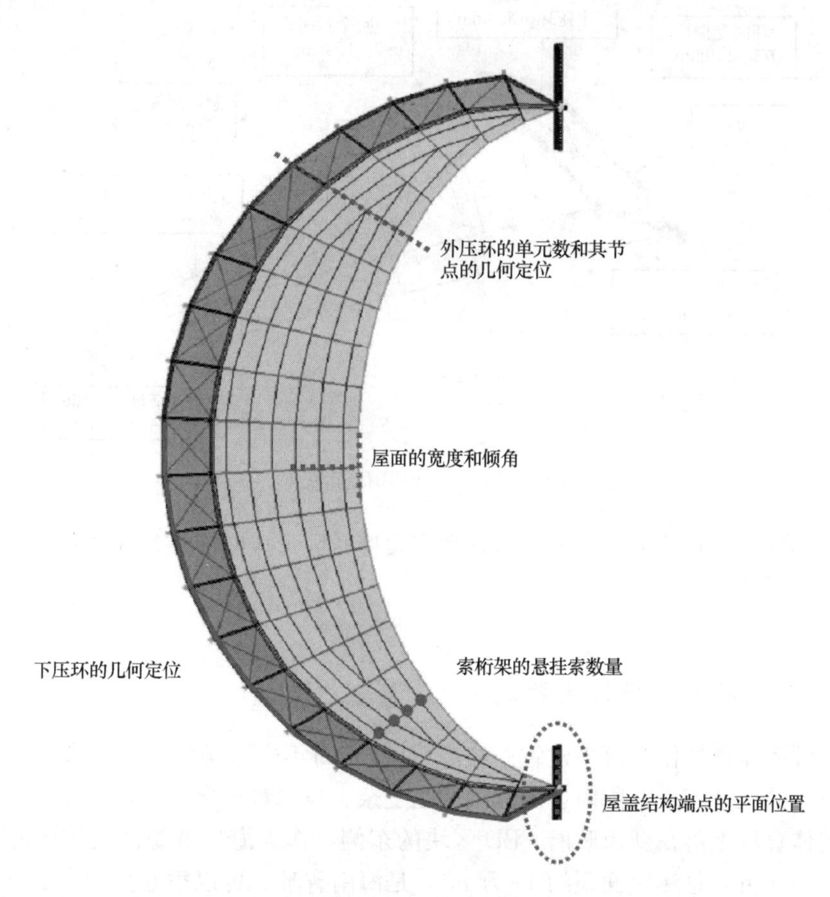

图 22　屋盖找形示意

(4) 屋盖主结构体系

体育场屋盖结构设计中最引人瞩目的就是大面积的索膜结构，屋盖的跨度达到了260m，以及很大的马鞍形高差。屋顶结构主要分成以下部分：两个外侧抗压环和一个内侧抗拉环、径向设置的索桁架采用轮辐式的方式连接内外环、两条索桁架间采用拱结构进行连接，上面覆盖膜结构（图 23）。

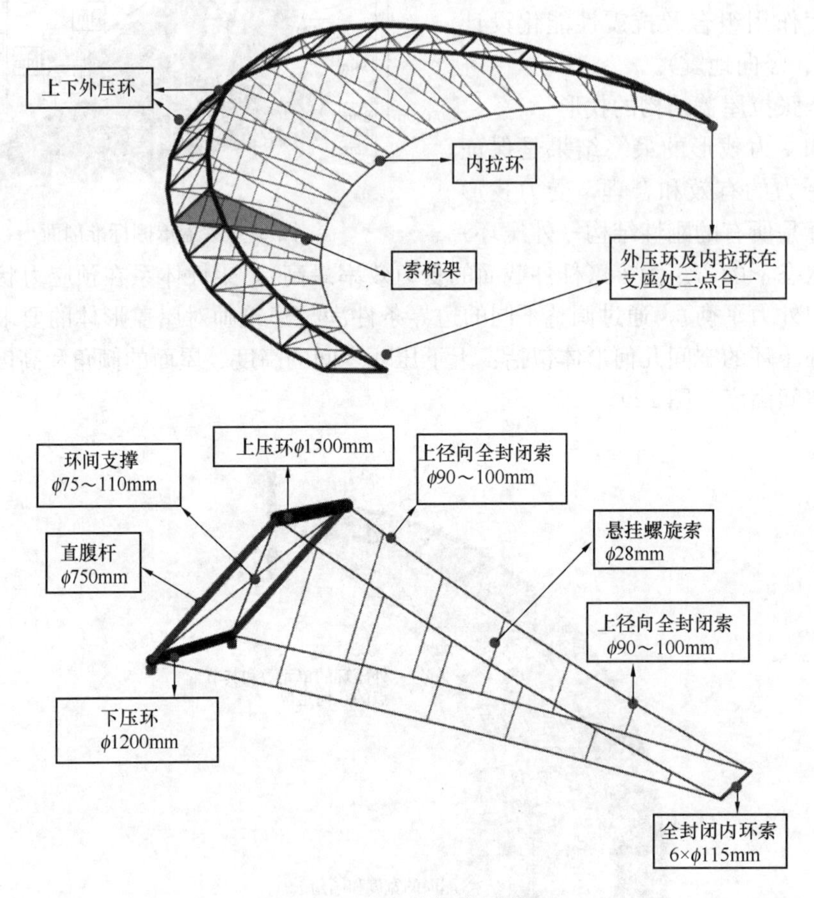

图 23　屋盖主结构体系描述

上下外环梁之间直接采用交叉斜腹杆和直腹杆共同形成刚度较好的外环桁架，用于提供更好的外环梁刚度。

七、结构技术经济指标及效益

海口五源河体育场作为海南建省办经济特区 30 周年之际送出的一份大礼，这个项目不光具有重要的社会意义，同时也因其结构之复杂、技术难度之大，广受行业关注。

五源河体育场坐落在新市政府 CBD 区块的东侧，作为海口五源河文体中心首批启动项目，占地 406 亩，总建筑面积约 11 万 m^2，是海南省唯一可以举办全运会赛事、国际 A 类赛事的体育场。因属海口市重点项目，体育场自 2017 年 3 月开工一年内打造完成，2018 年 4 月交付使用。于 2018 年入选海口市“城市”地标建筑之一，成为海口市最美地标。五源河体育场是海南省第一个，也是唯一一个单边造型的甲级体育场，项目交付后将填补省内没有大型综合体育场的空白。

体育场屋盖罩棚采用全张拉索膜结构，相对于普通钢结构，用钢量降低约 785t，看台结构基底剪力降低约 9.7%，西看台采用消能减震系统，造价降低（相对于西看台混凝土结构）约 8.6%，并且有效地减小了梁柱截面尺寸，这些技术创新为项目带来了较大的经济效益。同时体育场积极采取以商养赛、平赛结合的运营策略，在建筑功能中首创整合体育、办公、商业功能于一体，可以满足 4 万名观众观赛和赛后休闲购物需求，也考虑平时作为海口一大特色景点开放，真正做到全时使用。

体育场投入运营后，使海南省具备了承办国际一级赛事的能力，现已成功举办了国际体育赛事、演唱会等大型文体活动，成为中国乃至国际一流的文化体育赛事及盛典之地，改变了海南省体育场馆长期落后而无承接国际赛事的境况。

32 北戴河站既有站台雨棚改扩建结构设计

建设地点 河北省秦皇岛市北戴河站南大街处

设计时间 2010—2011

工程竣工时间 2011

设计单位 中信建筑设计研究总院有限公司

［430014］湖北省武汉市江岸区四唯路8号

主要设计人 董卫国 温四清 王 新 曾乐飞

本文执笔 董卫国

获奖等级 2019—2020中国建筑学会建筑设计奖·结构专业三等奖

一、工程概况

北戴河火车站（Beidaihe Railway station，图1）位于秦皇岛市北戴河区，是津秦、京哈线上的重要旅游客站。既有车站为3台7线，需扩建到8站台面12线。既有站台雨棚为拱形钢结构桁架，跨度68.6m，拱顶高度19.5m，长度550m。改建前、后北戴河站全景如图2所示。

图1 建筑实景

雨棚结构采用正放三角形的拱形格构式桁架，桁架柱边长约2.5m，拱形三角形桁架跨中高4.5m，最大管径550mm，采用Q345C钢。沿长度方向主桁架共26榀，桁架榀距为22m，原有进站天桥处榀距为28m，原伸缩缝榀距为10m。既有雨棚于2006年8月建成。既有基本站台净宽为10.5m，为满足客流增长的使用要求，基本站台宽度需扩大到17.2m，原桁架跨度为68.6m，扩建后为75.3m。站房地上2层，站房面积为12000m^2；雨棚面积为65300m^2。容积率为0.11。

图2 改建前、后北戴河站全景

二、结构体系

既有雨棚跨度需由68.6m扩展到75.3m，桁架从中部切割开后，南侧活动段桁架向新建站房整体滑移6.7m，再在中部吊装桁架补空加大桁架跨度。桁架跨度扩大了原跨度的10%，同时新建站房范围内的桁架支承于站房主体结构上。扩建前、后雨棚和站房整体结构模型如图3所示。

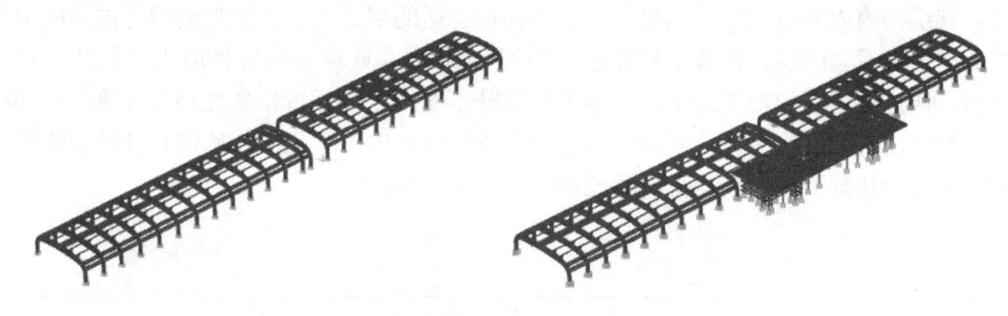

图3 扩建前、后雨棚整体结构模型

扩建后雨棚钢桁架有两种形式，如图4所示。一种为新建站房范围内桁架，一端是落地格构柱支承，一端支承在新建站房框架的牛腿上，与站房框架柱牛腿铰接连接。另一种为站房范围以外的桁架，为两端落地的75.3m跨度三角形拱形桁架。

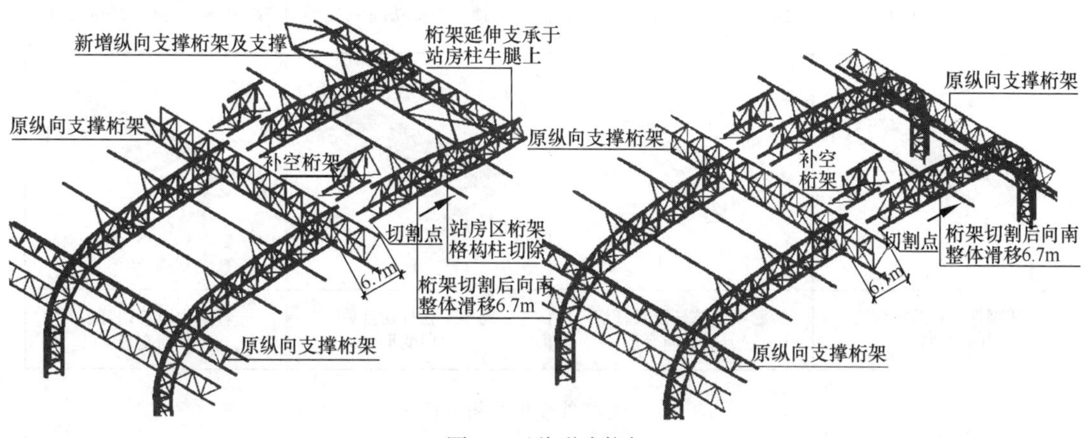

图4 两种形式桁架

三、结构设计的关键技术

1. 既有车站扩建雨棚钢桁架结构复核及改造技术

结构通过计算分析并与原结构进行全面的对比，提出北戴河车站采用“大跨度钢桁架结构切割、滑移、补空接长桁架”的设计方案，该方案在国内外同领域尚无先例。确定既有雨棚受力钢桁架切割点，搭设支撑架支撑雨棚桁架，采用“负载转移”技术，控制钢结构体系应力释放的速度，完成钢结构逆向力系转换，保证雨棚滑移活动段满足同步滑移要求。扩建雨棚的整体同步滑移施工，滑移到位后，进行钢结构力系的正向转换“合拢”，中部吊装补空安装杆件，将补空接长段与原桁架精确对接，局部杆件加固，桁架最后演变为空间受力的、整体稳定的结构体系。

2. 既有钢架结构力系逆向施工技术

既有雨棚处于稳定的受力状态，桁架杆件内部存在着复杂的内应力。桁架在断开时，桁架内力会发生重分布，桁架由自稳定体转换成单独受力的分散“构件”，而在接长合拢后，各个“构件”再次形成一个稳定的结构体，由此产生结构力系的逆向转换。桁架在切割时，其结构内力分布会发生调整，如不选择最合适的切割顺序，桁架会因为内力的突然释放而产生一系列问题。在施工操作前，采用 SAP2000 计算分析杆件应力变化并进行建模分析，通过被切割的桁架跨中被支撑塔架顶升不同高度，分析桁架柱脚内外侧弦杆和跨中上下弦杆内力会发生变化，然后根据模拟而成的杆件内力变化图，确定在杆件应力最小时的工况进行切割。软件模拟分析情况如图 5、图 6 所示。

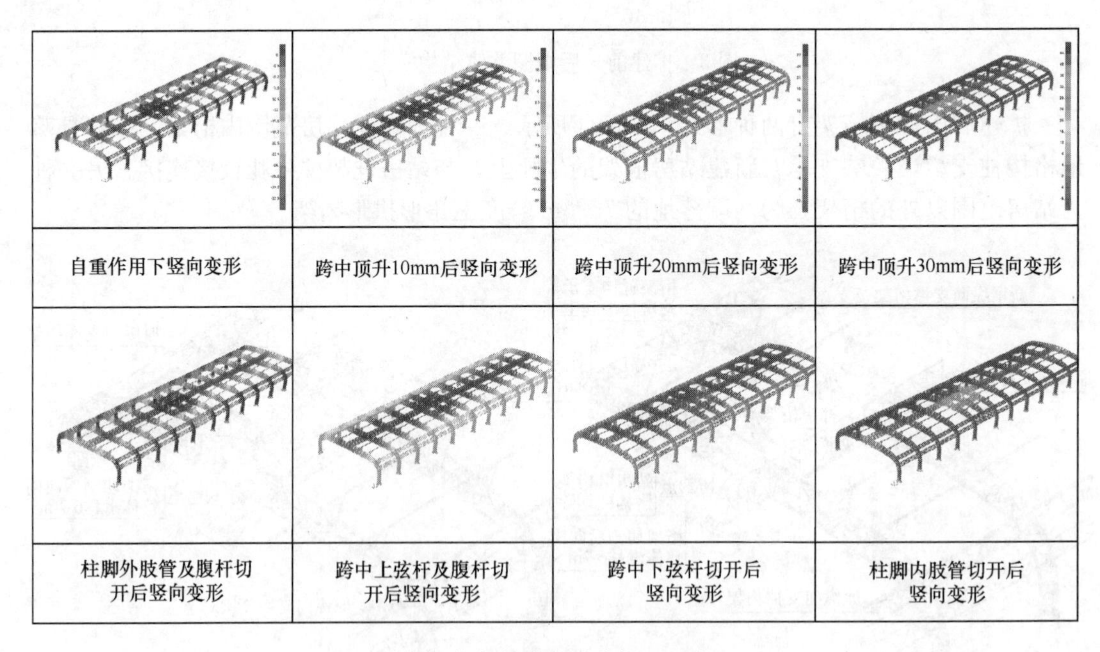

图 5　桁架杆件变形分析（mm^2）

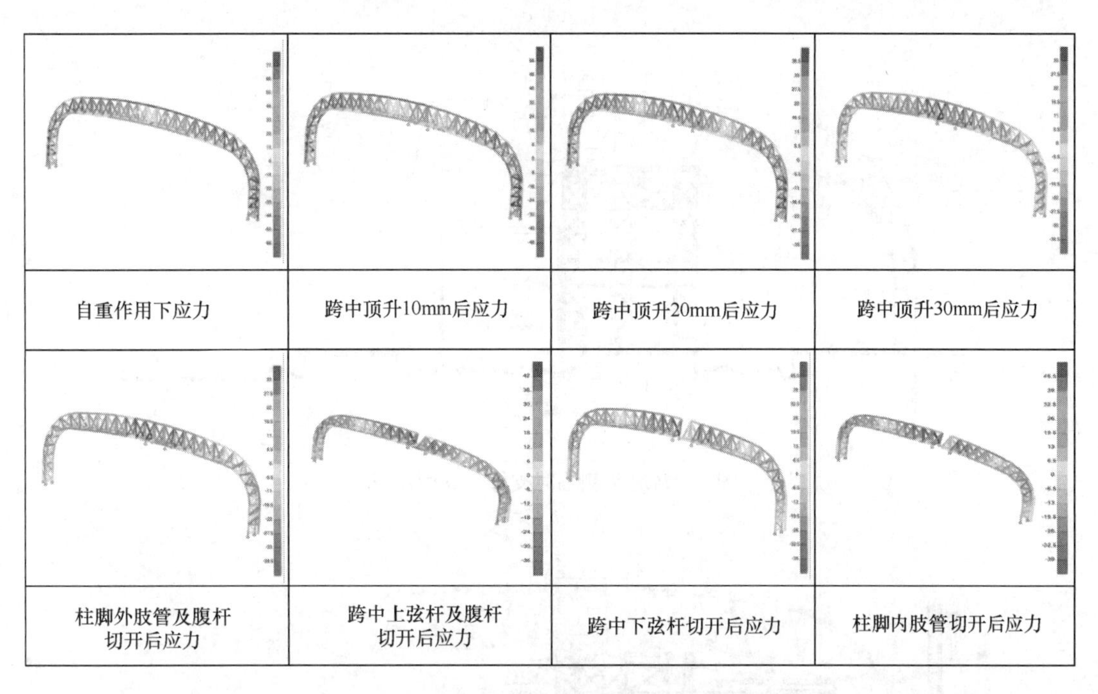

图 6　桁架杆件应力分析（N/mm^2）

根据分析结果，在桁架中部被外力顶升 30m 时，外侧柱脚内力最小；施工时遵循模拟的状态，先利用支撑塔架将原有钢桁架支顶，在杆件应力最小时的工况进行切割后，使原自承重的桁架体系转换成由支撑体系支撑的分散钢构件，完成了钢结构力系的逆向转换。根据模型的分析结果，本工程桁架的切割顺序为：先切割外柱脚弦杆及腹杆，然后切割跨中上弦杆及腹杆，再切割跨中下弦杆，最后切割柱脚内弦杆，从而保证杆件的无损断开和再利用。

3. 临近营业线大型整体滑移支撑塔架的设计与施工技术

本工程在施工改造期间所搭设的桁架及滑移支撑塔架临近京哈正线，施工及行车安全是重中之重。在设计计算中除考虑常规因素外，充分考虑了列车行驶中动荷载对塔架的影响，根据不同的支撑形式以及模拟滑移过程中的不同受力工况状态，选用最不安全状态和最不利状态下的工况进行核算和计算分析，对线路路基基础采用路基箱板处理，考虑到雨棚改造后支撑形式的不同（站房范围的 8 榀桁架支座为站房的牛腿柱，而站房外的桁架全部为桩基承台桁架柱），设计并安装不同的支撑塔架形式如图 7～图 9 所示。

4. 弹性范围内非对称不等标高同步横向滑移施工技术

本工程既有雨棚长 550m，宽 68.6m，总重量达 5000t。改造施工中分 A、B 两区进行，每个施工作业区为 272.5m×33.3m，每个作业区由 13 榀主桁架组成，总滑移重量达到 2600t。站房范围内共有 8 榀桁架支撑在新站房牛腿柱上，滑移施工时其顶推点滑移轨道设置标高为 12m，站房以外区域共 18 榀桁架，其顶推点滑移轨道布置标高为 0.8m，所有桁架的跟随点轨道标高为 13m。每个滑移分区内共设顶推滑移轨道 13 道，跟随点滑移轨道 13 道。滑移分区如图 10 所示，滑移现场如图 11 所示。

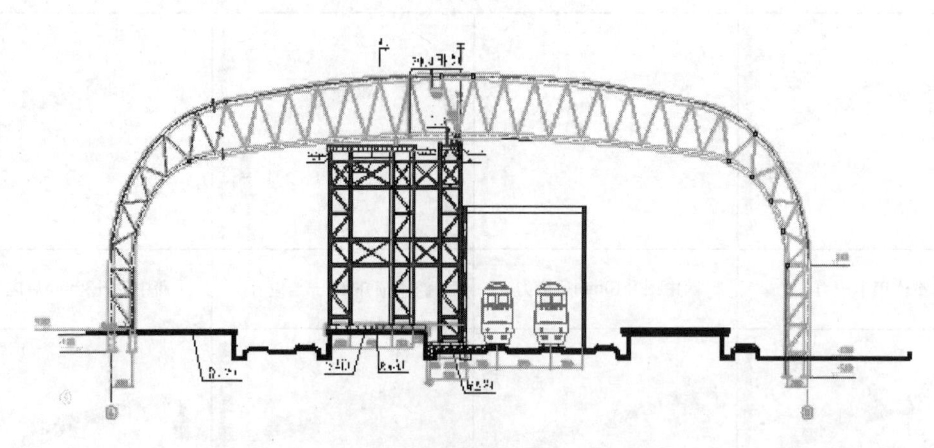

图 7　站房两侧临时支撑架立面示意

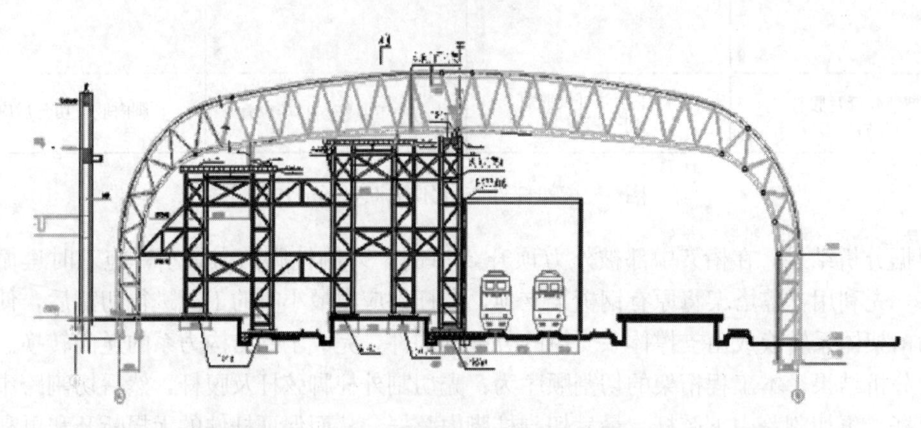

图 8　与站房相连的临时支撑架立面示意

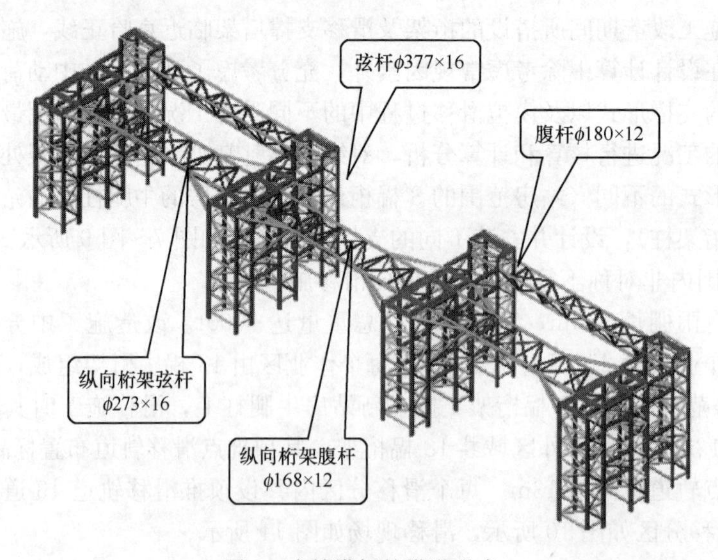

图 9　支撑塔架的搭设形式

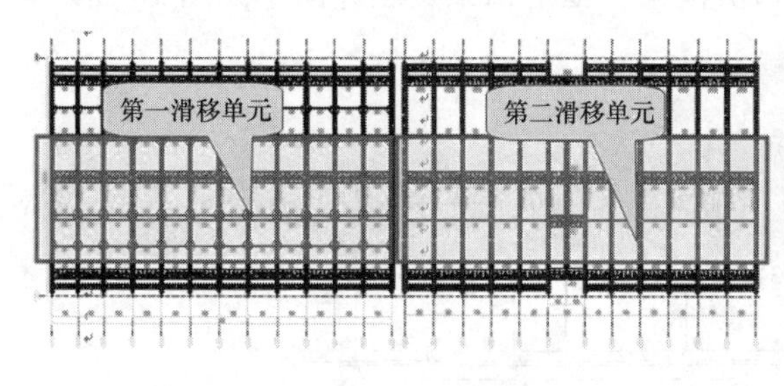

图10　滑移分区

图11　滑移现场

为了确保每榀桁架滑移的同步性，在每榀滑移支架的下方设置控制标尺进行实时监测。为防止结构滑移过程中受力破坏，主要采取了如下措施：①在桁架靠近切割点部位增加横向连系桁架；②控制13榀桁架滑移施工中的同步性；③在桁架的主要部位布置应力监测点，记录桁架应力变化；④采取措施减小跟随点滑移轨道的滑移摩擦力等。施工中采用非对称、不等标高、横向滑移施工技术分级缓慢加载，整体控制滑移速度和各桁架同步一致性，达到次应力最小、结构同步性强的要求，满足结构安全和质量要求。

四、杆件加固方法及关键节点

经结构体系调整，杆件加固范围仅限于桁架部分腹杆。在整体结构计算复核时，所有构件的控制应力比不大于0.8，以确保结构安全，应力比超过0.8则进行加固。杆件加固办法有两种：外包钢加固和杆件更换。采用外包钢加固，即截面加大法加固，操作简单，但节点相贯连接处不好处理，焊缝质量处理不好将影响承载力和外观质量；采用更换杆件方法施工复杂，需将原相贯节点处腹杆切割和清除，如操作不当会损伤母材，但清理后能做到杆件相贯焊，外观较好。

经过多次研究讨论，并经现场试验及外观质量评定，采用外包钢管加固的方法进行加固。首先将钢管从中切开成两片，再扣在加固杆件上后焊接，连接焊缝采用对接焊缝，外包钢管与弦杆连接采用相贯焊。由于原结构安装时存在误差，需要对杆件的实体进行实测放样，然后根据实测数据下料。圆管割开后会产生变形，在变形处采用火焰烘烤进行校正。坡口打磨好后涂刷底漆。桁架加固前先将被加固杆件上的防火涂料用铲刀铲除，然后用钢刷和砂纸将杆件表面清理干净后再进行加固，加固时先点焊牢固，符合要求后再施焊。为了消减焊缝产生的焊接应力、应变，外包杆件焊接时采用先焊纵缝，然后焊一端的相贯焊缝，再焊另一端的相贯焊缝。

桁架弦杆和格构柱对位焊接是确保桁架满足设计要求的关键，弦杆和格构柱接口在对位准确后采用全熔透坡口对接焊缝，内加衬管，焊缝质量等级为一级。既有雨棚钢管采用现场机械坡口并进行坡口及内外表面清理，清理污物、毛刺、加工损伤和熔渣等。补空桁架吊装就位后，在拼接口处焊接装配连接板，调整钢管精确对位后用安装螺栓固定，再进行焊接。焊缝检验合格后用火焰切除并沿受力方向修磨平整。钢管的对接焊缝采用超声波探伤，抽检率100％。

补空桁架详图，如图 12 所示；支承于站房框架牛腿上桁架支座详图，如图 13 所示；桁架柱脚采用刚性连接，如图 14 所示。

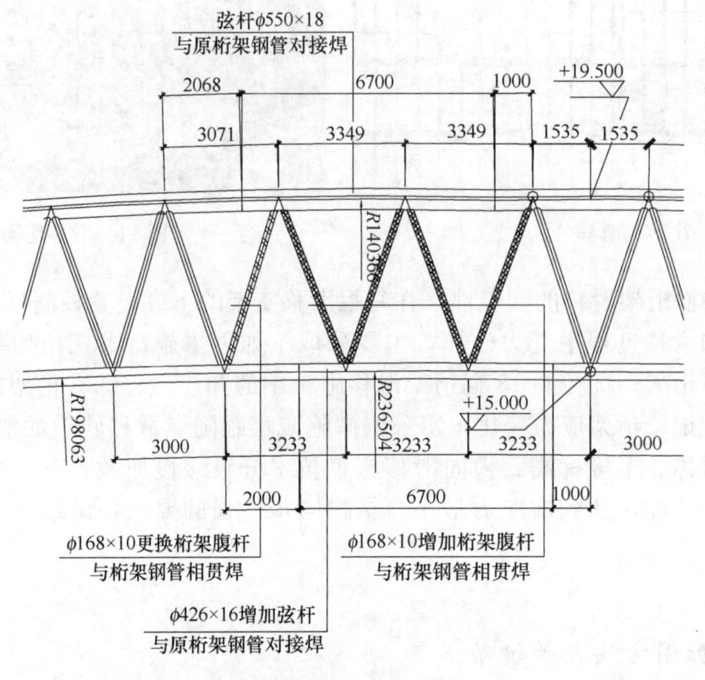

图 12　补空桁架详图

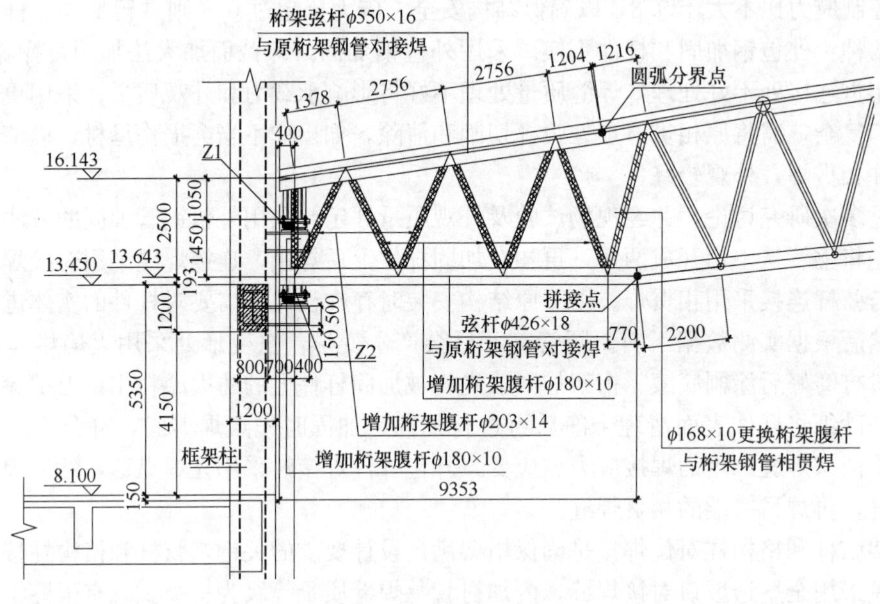

图 13　桁架支座详图

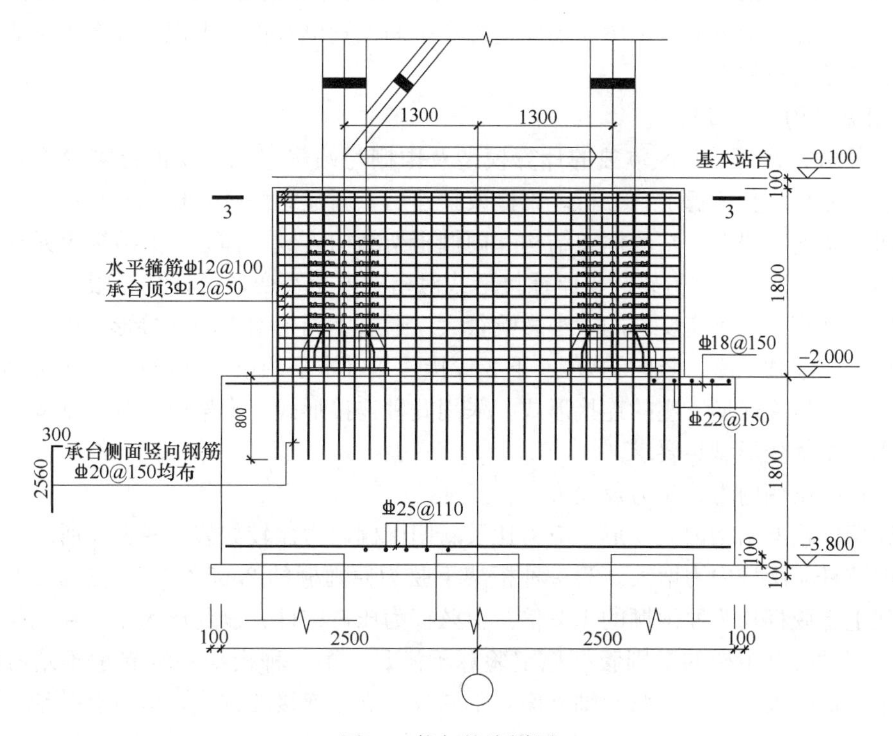

图 14　桁架柱脚详图

五、雨棚改扩建结构计算分析

1. 计算模型及主要设计参数

北戴河站雨棚采用 3D3S V10.0 及 MIDAS Gen V7.80 程序建立三维空间模型进行计算，计算模型完全根据雨棚竣工图建立。雨棚建筑结构安全等级为二级，设计使用年限 50 年，抗震设防类别为丙类，抗震设防烈度为 7 度（0.10g，第二组，场地类别为Ⅱ类），基本风压 0.5kN/m^2（100 年一遇），地面粗糙度为 B 类。基本雪压 0.4kN/m^2（100 年一遇），屋面活载 0.50kN/m^2，屋面围护体系（不含檩条）0.4kN/m^2，设备吊挂（不含静态标识）0.4kN/m^2。环境温度 −10～30℃，桁架合拢温度 10～15℃，温度作用取 ±30℃。

2. 风洞试验

雨棚为四面开敞大跨度钢结构，是典型的风敏感结构。雨棚桁架结构及屋面系统的抗风性能关系到雨棚在大风条件下是否安全可靠，对站台雨棚的安全性、适用性及铁路运营安全影响重大。鉴于雨棚的结构重要性，委托武汉大学结构风工程研究所进行了风洞试验。通过风洞试验得到了北戴河站在各风向角下结构的表面风压，通过数据处理与计算分析得到了结构在设计风压作用下的变形、内力、应力和等效风荷载。由标准方法得到的 100 年重现期各点在 24 个风向角下的极值风压最大值为 2.05kPa，极值风压最小值为 −1.39kPa。由规范方法得到的 100 年重现期各点在 24 个风向角下的极值风压最大值为

1.86kPa，极值风压最小值为－1.46kPa。雨棚风压的分布规律大致为，上下表面风压都以负压为主，在个别风向角，屋盖表面边缘和中间位置也有正压出现，屋盖上下表面边缘部分的负值压力比较大。

3. 雨棚结构计算分析

建立了雨棚A区、B区单独的计算模型及雨棚与站房连成整体的计算模型，并分别进行动静力分析、整体稳定性分析。雨棚改扩建后，新建站房区8榀钢桁架一端将支承在新建站房框架的牛腿上，站房框架结构和雨棚桁架结构连成一体，3个结构单元连接形成复杂的结构体系。8榀钢桁架的支座连接形式对桁架内力及变形、杆件超限情况及加固用钢量、置于站房柱端支座反力的大小影响很大。通过不同桁架支座连接形式的比较，确定支座采用上弦滚轴支座（竖向约束）、下弦铰接连接（水平约束）、顺轨方向可滑动（释放温度应力）的抗震球形支座的连接形式。采用此种连接形式，桁架弦杆少量加固，腹杆少量需加固，整体变形满足要求。

（1）扩建雨棚内力、应力及变形

扩建雨棚桁架结构内力变形、应力比及新旧雨棚内力比较如表1～表5所示。跨度扩大后桁架弦杆、腹杆内力增大。第一种桁架下弦为原雨棚的2.65倍，上弦为1.8倍；第二种桁架上下弦杆均为原雨棚的1.2倍。上弦杆为压弯构件，以受压为主，截面强度验算不满足。两种类型桁架的个别腹杆稳定验算不满足。第一种桁架一端支承于站房柱牛腿上，跨中变形较大，采取上弦滚轴支座，下弦铰接支座连接的方式，可以有效地减少桁架跨中变形，挠跨比1/406。如采用上弦或下弦铰支承的方式，跨中变形大，挠跨比为1/301。扩建雨棚杆件最大长细比为142，为纵向支撑桁架斜腹杆杆件。

扩建雨棚桁架内力及新旧雨棚杆件内力比较　　表1

	部位	内力	最大内力	原雨棚最大内力	比值
第一种类型桁架	桁架跨中上弦	轴力（kN）	－6991	－3903	1.8
		弯矩（kN·m）	146	74	1.94
		剪力（kN）	27	14	1.92
	桁架跨中下弦	轴力（kN）	3450	1300	2.65
		弯矩（kN·m）	64	32	2
		剪力（kN）	34.6	36	0.96
第二种类型桁架	桁架跨中上弦	轴力（kN）	－4599	－3903	1.18
		弯矩（kN·m）	98	74	1.32
		剪力（kN）	27	14	1.93
	桁架跨中下弦	轴力（kN）	1562	1300	1.2
		弯矩（kN·m）	51	32	1.6
		剪力（kN）	33	36	0.62

扩建雨棚柱内力及新旧雨棚杆件内力比较　　表 2

部位		最大内力		原雨棚最大内力	比值
第一种类型桁架	外柱柱脚	轴力（kN）	−4700	−4500	1.04
		弯矩（kN·m）	265	704	0.37
		剪力（kN）	136	311	0.43
	内柱柱脚	轴力（kN）	3760	2284	1.64
		弯矩（kN·m）	286	550	0.52
		剪力（kN）	293	565	0.51
第二种类型桁架	外柱柱脚	轴力（kN）	−4993	−4500	1.11
		弯矩（kN·m）	810	704	1.15
		剪力（kN）	357	311	1.15
	内柱柱脚	轴力（kN）	2458	2284	1.07
		弯矩（kN·m）	640	550	1.16
		剪力（kN）	655	565	1.16

扩建雨棚与原雨棚弦杆应力比比较（杆件规格同原有雨棚杆件）　　表 3

部位		扩建雨棚应力比	原雨棚应力比
第一种类型桁架	桁架跨中上弦	1.097（稳定应力）	0.63
	桁架跨中下弦	0.72	0.27
	外柱（钢管柱）	0.53	0.41
	内柱（钢管柱）	0.34	0.63
第二种类型桁架	桁架跨中上弦	0.72	0.63
	桁架跨中下弦	0.3	0.27
	外柱（钢管柱）	0.47	0.41
	内柱（钢管柱）	0.27	0.63

桁架最大位移　　表 4

部位		1.0 恒荷载+1.0 活荷载	跨度	最大挠跨比
第一种类型桁架	桁架跨中	145+35=180	73100	1/406
第二种类型桁架	桁架跨中	135+29=129	75300	1/584

柱最大位移　　表 5

部位		荷载	位移（mm）	柱顶高度	最大层间位移
第一种类型桁架	柱顶	1.0 风荷载（桁架面内）	25.4	9960	1/392
		地震作用（桁架面内）	6.0		1/1660
		地震作用（桁架面外）	3.0		1/3320
第二种类型桁架	柱顶	1.0 风荷载（桁架面内）	5.4	9960	1/1844
		地震作用（桁架面内）	3.6		1/2766
		地震作用（桁架面外）	3.0		1/3320

（2）整体结构动力特性

对整体结构进行动力分析，得到整体结构的动力特性，前6阶振型及周期如图15及表6所示。从振型看出，3个结构单元连接形成复杂的结构体系，结构刚度分布不均，结构有扭转效应。站房区第一种桁架屋盖局部刚度较弱，通过在站房范围内桁架间设置纵向支撑桁架加强。两种类型桁架相邻跨间设置支撑，但连接相对弱化，减小两种类型桁架相互影响。站房支承雨棚桁架的框架柱设计时考虑雨棚影响产生的剪力增大，加强配筋构造，框架柱及牛腿按中震弹性设计，保证桁架支座安全可靠。

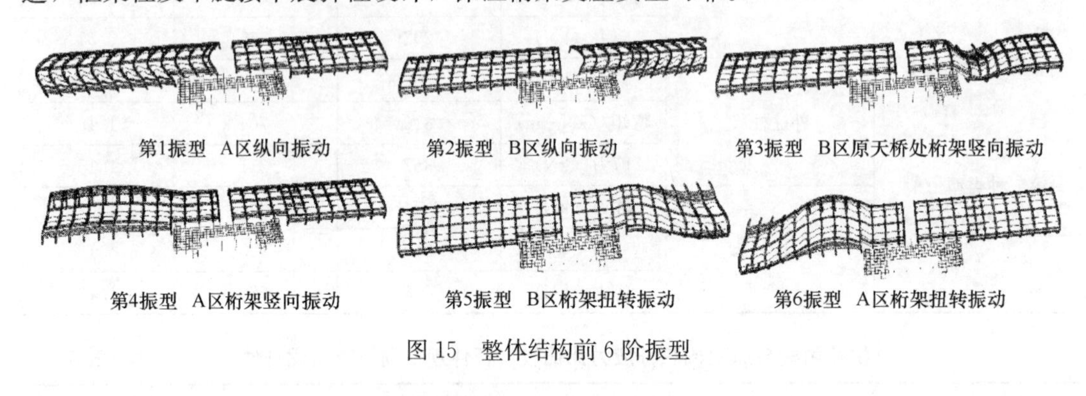

第1振型　A区纵向振动　　第2振型　B区纵向振动　　第3振型　B区原天桥处桁架竖向振动

第4振型　A区桁架竖向振动　　第5振型　B区桁架扭转振动　　第6振型　A区桁架扭转振动

图15　整体结构前6阶振型

整体结构前6阶振型周期　　**表6**

振型号	1	2	3	4	5	6
周期（s）	1.354	1.281	1.203	1.182	0.999	0.965

（3）整体稳定分析

采用ANSYS建立有限元模型，梁单元采用BEAM188单元，并考虑横截面翘曲的自由度。钢材采用Q345钢，屈服强度 $f_y=345\text{MPa}$，弹性模量为 $E=206\text{GPa}$，泊松比 $\nu=0.3$。选取组合"1.0恒+1.0活"作为分析工况。

① 特征值屈曲分析

特征值屈曲分析是求解结构从稳定平衡过渡到不稳定平衡的临界载荷和失稳后的屈曲形态，能初步了解结构的整体稳定性，获得结构的特征值屈曲模态。并采用结构的最低阶屈曲模态作为初始几何缺陷的分布形式，引入下一步的非线性稳定分析。经过特征值屈曲分析，结构前30阶的屈曲主要以局部区域为主。第31阶出现单榀桁架的侧向失稳，第46阶出现整体桁架的侧向失稳。各阶模态分别如图16所示。特征值结果分别为第1阶

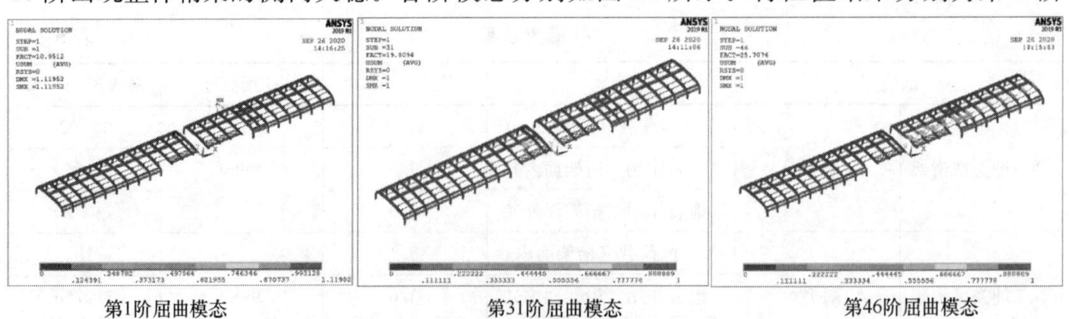

第1阶屈曲模态　　第31阶屈曲模态　　第46阶屈曲模态

图16　屈曲模态

10.9512、第31阶19.8094和第46阶25.7076。屈曲模态较为密集，但是屈曲系数相差不大。

② 考虑初始缺陷的双非线性稳定性分析

考虑初始缺陷的双非线性稳定性分析，材料采用理想弹塑性模型。按弹塑性全过程分析求得的极限承载力，安全系数2.0。以结构的最低阶屈曲模态作为初始缺陷分布模态，规范规定按跨度的1/300取值作为初始缺陷峰值，桁架的跨度为75.3m，初始缺陷峰值按0.251m。跨中变形最大节点的荷载系数-位移的关系如图17所示，该曲线可以反映出桁架结构刚度随荷载强度变化的过程，在宏观上体现结构的刚度水平。结果表明结构的极限荷载满足 $K>2.0$ 的要求。

(4) 节点分析

桁架结构杆件节点均为相贯节点，两个方向的钢管在节点位置相交，壁厚较大的杆件贯通，壁厚较小的杆件断开与另一方向的连续杆件焊接，并在连续杆件的对应位置设置两块加劲肋板。节点设计为刚接节点，应有足够的刚度及强度，以保证传力可靠，因此节点是保证结构安全的又一关键问题。采用有限元分析复核其安全性，由于杆件截面扭曲，节点采用原位建模，考虑杆件截面的实际尺寸和旋转角度进行建模。选取典型节点进行分析，设计荷载按最不利考虑。节点在1.0倍设计荷载下的计算表明节点均处于弹性状态。在1.6倍设计荷载下的计算结果如图18所示，分析结果显示节点受力均满足规范要求。

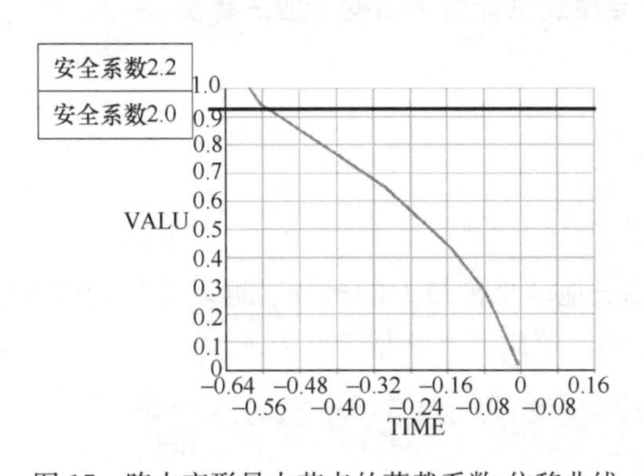

图17 跨中变形最大节点的荷载系数-位移曲线

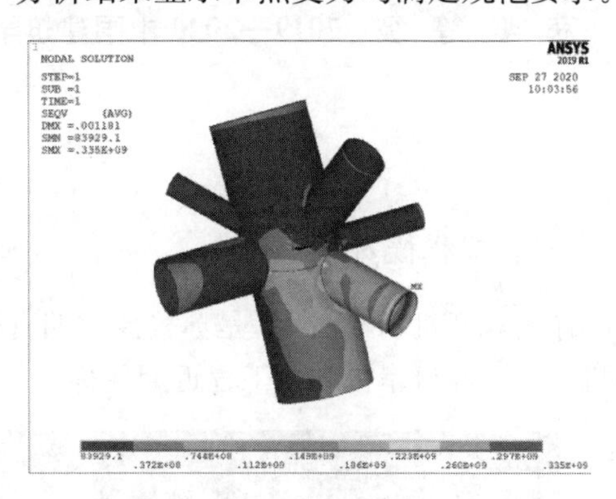

图18 节点分析

六、项目获奖情况

本工程于2010年底开始设计，2011年竣工投入使用。在设计单位与施工单位的共同努力以及紧密协作下，既保证了结构的安全性，又充分地实现了建筑功能与效果，成为一件建筑与结构完美结合的作品。该项目于2012年2月25日获得了中国铁路工程总公司颁发的大跨度空间桁架力系逆向转换及改造施工技术的研究与应用省级一等奖；2012年12月1日获得了中国铁道学会颁发的大跨度空间桁架力系逆向转换及改造施工技术的研究与应用国家二等奖；2013年7月1日获得了武汉勘察设计协会颁发的武汉地区勘察设计行业建筑结构专业市级一等奖。

33　徐州观音机场二期扩建工程旅客航站楼结构设计

建 设 地 点　江苏省徐州市睢宁县观音国际机场
设 计 时 间　2014—2015
工程竣工时间　2018
设 计 单 位　中国航空规划设计研究总院有限公司
［100120］北京市西城区德外大街 12 号
主要设计人　周　青　张俊杰　赵伯友　胡　妤　邢纪咏　田　苑　郭　鹏
韩　川　刘　瑜　刘　也
本 文 执 笔　周　青　胡　妤
获 奖 等 级　2019—2020 中国建筑学会建筑设计奖·结构专业三等奖

一、工程概况

徐州观音机场（图 1）是苏鲁豫皖四省接壤地区规模最大的机场，近期定位为国内中型机场，一类口岸机场。工程近期目标 2025 年，年旅客吞吐量 300 万人次。

图 1　建筑实景

徐州观音机场二期扩建工程旅客航站楼（新建 T2 航站楼）设计为国内航站楼，建筑面积为 37500m²，与其东侧 T1 航站楼贴建，南侧设站前广场，布置高架桥、停车场和绿化景观等。

新建 T2 航站楼为两层半式旅客分流流程设计，一层为旅客到达层，二层为旅客出发层，中间夹层为到港旅客通道。本期建设包括大厅和左、右两侧连廊，本文主要介绍大厅结构设计要点。

新建T2航站楼大厅长374m，宽84m，地上两层（局部有夹层），一层层高7.8m，二层层高5m，空侧4.2m标高设局部夹层，建筑最高点约30m。

二、结构体系

新建T2航站楼大厅7.8m标高以下为钢筋混凝土框架结构，其上商业用房采用钢框架。大厅屋盖采用曲面空间网格结构，下弦标高11.47～28.48m，陆侧最大悬挑11.5m，网架采用正交正放网架，螺栓球和焊接球混合节点，网格尺寸3m×3m，网架厚度2～2.5m；屋盖高低相交处由空腹桁架连接过渡，空腹桁架采用箱形截面。大厅屋盖由钢管混凝土柱及少量钢管柱支承，主要柱网24（48）m×24（36）m，支座采用抗震球铰支座（图2）。

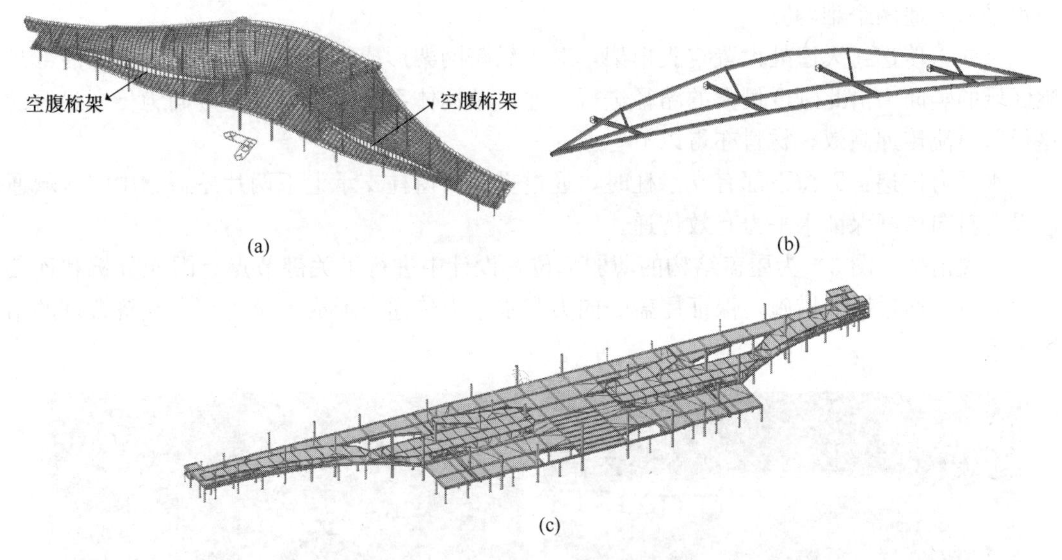

图2　航站楼大厅结构模型

(a) 屋盖结构及下部支承柱三维视图；(b) 雨篷三维视图；(c) 框架结构三维视图

航站楼柱下基础采用桩基，基桩为预应力高强混凝土管桩，桩径500mm，桩端持力层为第8层含砂姜黏土，桩长约30m，基桩竖向承载力特征值1750kN。

三、结构设计难点及创新点

为实现航站楼建筑的新颖造型和复杂功能要求，结构专业设计具有以下难点和创新点：

1. 屋面找形

建筑造型新颖，找形困难，在犀牛软件中通过编程将平面网格在曲面上映射，并合理优化节点定位，模拟复杂双曲面。

2. 屋盖选型

航站楼屋面曲率变化大、屋盖支承柱布置不规则，若采用桁架、张弦梁等平面结构拟合屋面形状困难，且屋盖受力复杂，经济性差。设计中屋盖采用曲面空间网格体系：利于配合建筑造型，充分实现建筑效果；构建出的完整空间受力体系，整体刚度大，抗震、抗风性能好；杆件及节点布置均匀，内部空间韵律感强，并适应管线吊挂；构件工厂加工，现场焊接工作量少，装配精度高，施工速度快；国内加工、制作、安装已形成完整产业链，综合成本低。设计屋盖的投影面积用钢量控制在 $35kg/m^2$ 以内，实现了良好的经济性指标。

3. 高低跨天窗

航站楼的重要特点在于它的造型和天窗，屋面高低错落处的天窗光带，给室内空间带来柔美的体验感，同时也给结构设计带来很大的挑战。航站楼纵向为连续光滑的自由曲面，横向在屋面两翼中部脱开为高低错落的台阶状用以布置天窗，长度 123m，最大高差 6m。天窗的设置使屋盖结构横向刚度有较大的削弱，因此，屋盖结构需要解决好竖向力和水平力传递两个难题。

竖向力传递：天窗处设置空腹桁架，对于高跨网架形成较强的竖向支承，高跨后部悬挑区域的竖向力沿此刚度最大的路径进行传递，结构体系合理；以上是竖向力传递最短的路径，力流传递高效，材料亦得以节省。

水平力传递：天窗下部有支承柱时，通过贯穿天窗柱支承上下两片屋盖；中间区域通过设置斜向撑杆保证水平力有效传递。

空腹桁架（图 3）为屋盖结构的薄弱部位，设计中进行了关键节点有限元分析和连续倒塌分析。通过以上措施，保证屋盖竖向力和水平力传递，形成安全可靠、经济合理的结构体系。

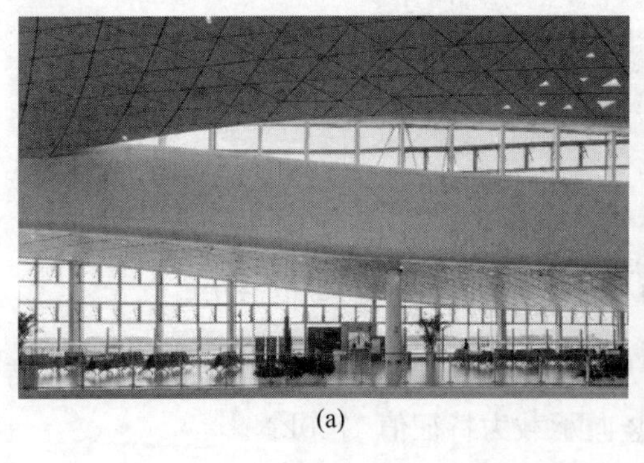

(a)

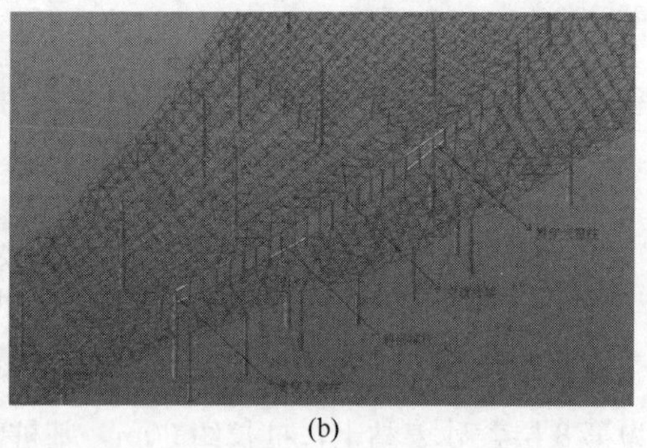

(b)

图 3　空腹桁架示意

(a) 空腹桁架实景；(b) 空腹桁架结构模型

4. 大悬挑雨篷

车道边雨篷位于航站楼出发大厅前端，长度 96m，中部最大悬挑 22m，雨篷周边为三条空间曲线圆拱，圆拱两侧与屋盖连接，中部由屋盖支承柱上悬挑钢梁支承，同时在悬挑钢梁与内拱交接处增加与屋盖间斜向拉杆（图 4）。雨篷覆材采用索膜，有效减小竖向荷载对屋盖影响；由于雨篷结构外露，屋盖需要承担钢拱较大的水平推力，设计中考虑采用滑动连接减小其影响。

(a)

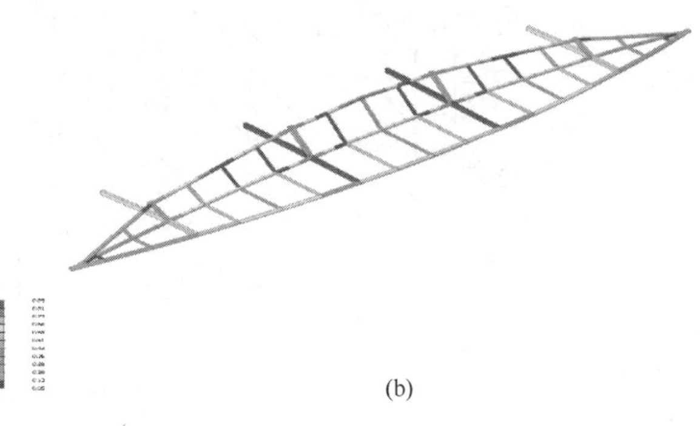
(b)

图4　雨篷设计
（a）雨篷实景；（b）雨篷计算分析

四、设计要点

1. 抗风设计

航站楼结构巨大的体量及不利的气动外形使结构的抗风设计成为控制因素之一，现行荷载规范中有关抗风设计的参数取值已无法适用。风荷载作为航站楼设计的主要控制荷载之一，其取值的合理性，直接关系航站楼设计的安全性及经济性。因此设计中通过风洞试验确定航站楼抗风设计相关参数。风洞试验由中国建筑科学研究院风洞实验室完成。

风洞试验表明（图5），屋面风压系数分布复杂，屋面大部分以吸力为主，迎风远端有较小正压。屋面悬挑处迎风时，最大风压系数达－3.4，远大于现行规范提供的体型系数。本工程抗风计算可为类似复杂屋面结构提供借鉴。

(a)

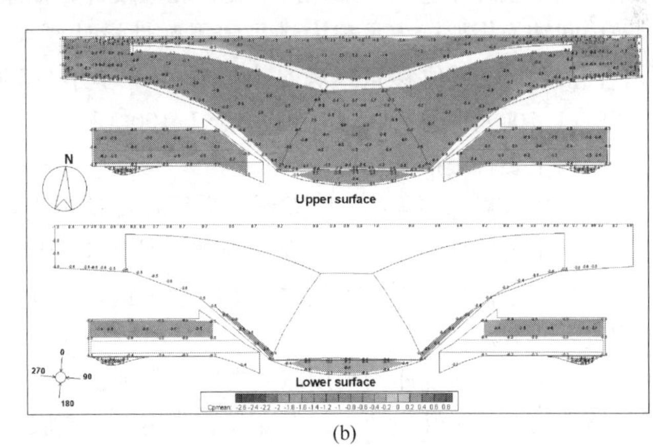

(b)

图5　航站楼风洞试验
（a）刚性测压风洞试验；（b）屋盖表面风压系数分布图（0°风向角）

2. 超长混凝土结构设计

航站楼结构分缝后各结构单元仍属于超长结构（图6），为解决其裂缝及温度变形问题，设计基于以下几个方面综合考虑：

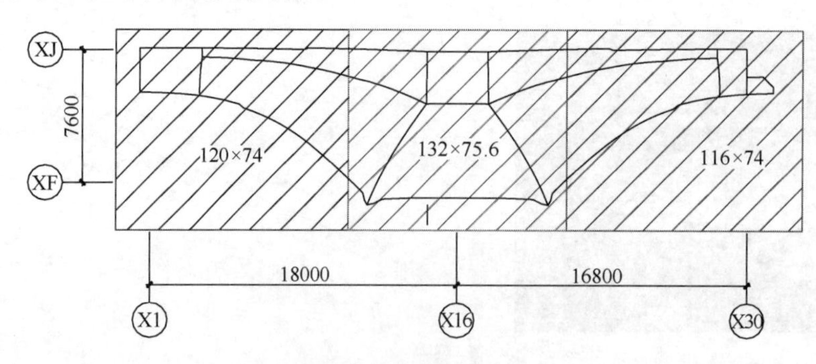

图 6　框架结构分区示意

(1) 材料控制。优化配合比，控制材料极限收缩量，在混凝土中添加膨胀剂等。

(2) 施加预应力。在板内布置无粘结预应力筋，利用混凝土中产生的预压应力来抵消混凝土温度与收缩产生的拉应力。

(3) 适当增加非预应力筋的配筋率，设置后浇带。

(4) 超长楼盖结构的设计施工一体化抗裂控制措施。除了设计上需要采取各项措施外，施工过程控制更是超长混凝土结构成功实施的关键。强调设计、施工一体化概念，使设计理念在施工中很好地体现。

3. 抗震性能化

航站楼结构体型复杂，重要性高，大厅屋盖结构长 374m，单向长度超过 300m，为超限大跨空间结构；楼板局部不连续；扭转不规则，考虑偶然偏心的扭转位移比大于 1.2，为超限高层建筑结构。航站楼结构抗震性能目标如下：

各构件在小震作用下保持弹性；支承屋盖结构的钢管混凝土柱，按照中震弹性设计；与钢管混凝土柱相连框架梁，按中震不屈服设计；钢屋盖的支座周边构件、悬挑根部构件以及中间转换桁架抗震承载力满足中震弹性设计要求；控制框架结构的最大层间位移角（钢管混凝土柱顶位移角）满足小震作用下小于1/550（1/250）、设防地震作用下小于1/275（1/100）、罕遇地震作用下小于 1/100（1/50）。

结构主要抗震措施如下：

(1) 楼板局部不连续、大开洞处采用弹性楼板进行分析，板钢筋双层双向贯通布置，楼板的最小配筋率为 0.25%，加强洞边梁抗扭钢筋以及箍筋。

(2) 弹塑性分析下屈服相对严重的少量钢管混凝土柱柱底钢管加厚，达到大震不屈服或刚进入屈服。

(3) 所有屋盖支座均采用球铰支座，保证实际构造计算模型一致。屋盖中支座节点和重要节点按中震弹性设计，并保证大震作用下不屈服。

(4) 屋盖中关键构件将予以加强，保证中震弹性。

(5) 为增加空腹桁架平面外的稳定性，增强屋盖结构 Y 向传力的可靠性，在空腹桁架局部范围（靠近钢管混凝土支承柱附近）增加斜向撑杆，使空腹桁架在柱顶支座区形成一段稳定的三角形空间网格结构。

本项目于 2015 年 5 月顺利通过江苏省住建厅抗震办组织的超限抗震设防专项审查（图 7）。

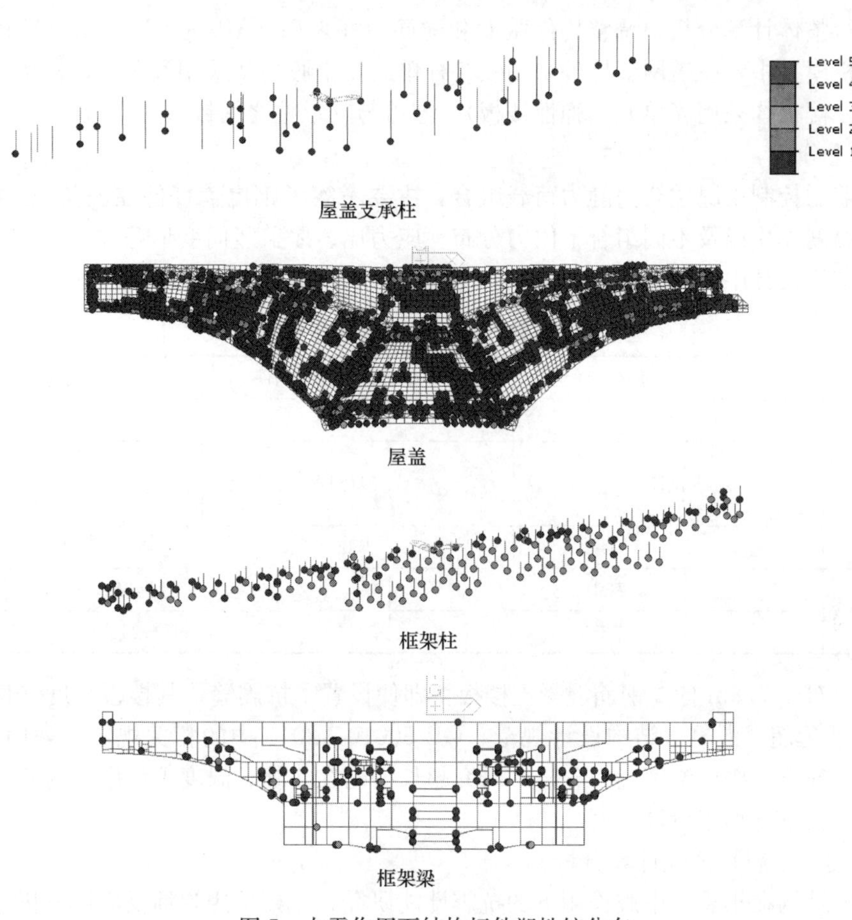

图7 大震作用下结构杆件塑性铰分布

4. 连续倒塌

空腹桁架为整个屋盖结构的重要部位和抗震薄弱环节，拆除空腹桁架竖腹杆，对屋盖结构进行防连续倒塌验算。拆除空腹桁架竖腹杆部位竖向最大位移30mm，空腹桁架及周边构件最大应力比0.87，屋盖结构仍处于弹性变形阶段，不会发生连续倒塌。认为航站楼具有足够的荷载备用路径，能够有效防止结构在初始破坏后的连续倒塌，具有较强的抗连续倒塌能力。

五、计算分析

1. 地震作用取值

结合《建筑抗震设计规范》GB 50011—2010、《安评报告》以及专家审查意见，抗震设计时，小震作用计算参数根据安评报告取值，中震、大震作用计算参数根据《建筑抗震设计规范》GB 50011—2010取值。

2. 计算分析软件

设计中采用MST（2014版）进行屋盖构件的初选，采用SATWE（2010版）进行下部钢筋混凝土框架结构（考虑模拟的屋盖结构）的初步配筋计算。采用MIDAS Gen

V8.30 进行整体计算分析，调整构件截面和配筋，并采用 SAP2000 V15.1 进行校核。整体计算分析模型中，屋盖网架杆件采用铰接杆单元，空腹桁架采用梁单元，框架梁、柱采用梁单元，楼板均采用壳单元（弹性楼板），屋盖与支承柱之间铰接。

3. 静力分析

钢屋盖的控制工况主要为静力荷载组合。主要考察了钢屋盖杆件在恒荷载、活荷载、风荷载、温度作用以及不同组合下内力分布、应力比、屋盖竖向变形等。

屋盖结构设计中主要控制指标见表 1。

屋盖结构设计中主要控制指标 **表 1**

<table>
<tr><td rowspan="2">应力比</td><td colspan="2">一般杆件</td><td colspan="2">支座处腹杆、悬挑构件</td><td>空腹桁架</td></tr>
<tr><td colspan="2">0.85f</td><td colspan="2">0.75f</td><td>0.75f</td></tr>
<tr><td rowspan="2">长细比</td><td colspan="2">拉杆</td><td colspan="2">一般压杆</td><td>关键压杆
压弯构件</td></tr>
<tr><td colspan="2">180</td><td colspan="2">150</td><td>120</td></tr>
<tr><td rowspan="2">挠度</td><td colspan="3">跨中</td><td colspan="2">悬挑端</td></tr>
<tr><td colspan="3">1/250</td><td colspan="2">1/125</td></tr>
</table>

另外，对于 7.8m 标高钢筋混凝土楼板，即使设置了抗震缝，其楼板长度（最小长度 116m）依然远超《混凝土结构设计规范》GB 50010—2010 中的相关规定，采用 MIDAS Gen 软件，补充了楼板温度应力分析，研究超长结构在收缩、温度等作用下的变形、开裂情况，并对其进行加强设计。

4. 小震（中震）弹性计算分析

航站楼结构在小震、中震作用下的抗震性能研究，主要采用弹性反应谱分析方法。主要考察了以下指标：各振型及周期、扭转与平动周期比值、屋盖支承柱柱顶位移、屋盖支承柱承载力验算、层间位移角、扭转位移比、基底剪力、基底剪力在混凝土框架柱以及钢屋盖支承柱之间分配比例等。

小震、中震弹性计算分析时，考虑竖向地震作用。竖向地震作用取 $0.65\times\alpha_{max}\times G_{eq}$ 以及小震时程分析得到的竖向地震作用的包络值。

5. 小震弹性时程分析

本工程按照《建筑抗震设计规范》GB 50011—2010 要求，根据结构重要性等级、场地条件、反应谱分析结果等，选择了 5 条天然波和 2 条场地波共 7 条地震波时程曲线。7 条地震波的反应谱曲线平均值形状与设计反应谱接近，满足地震波选取频谱特性的要求。7 条地震记录得到的基底剪力峰值均大于振型分解反应谱法结果的 65%，小于振型分解反应谱法结果的 135%，且 7 条地震波得到的基底剪力的平均值大于振型分解反应谱法结果的 80%，小于振型分解反应谱法结果的 120%。所选地震波符合《建筑抗震设计规范》GB 50011—2010 的要求。

6. 大震弹塑性分析

采用弹塑性分析方法，进一步研究航站楼结构在大震作用下的抗震性能。主要考察了结构在大震作用下的塑性铰发展过程及损伤情况，寻找薄弱部位并对其进行加强设计，统计在大震作用下的基底剪力、屋盖支承柱柱顶位移、层间位移角等。

弹塑性分析软件采用 MIDAS Gen，选取了 3 条地震波，将地震波最大加速度峰值调整至 $310cm/s^2$，地震作用三向输入。分析模型采用基于构件非线性的塑性铰模型，其中网架杆件中部添加以承受轴力为主的 P 铰，空腹桁架杆件、钢管混凝土柱、钢筋混凝土柱和框架梁两端添加同时承受轴力和弯矩的 PMM 铰。分析方法采用非线性直接积分方法，同时考虑了几何非线性（P-Δ 效应）影响，阻尼计算方法采用 Rayleigh 阻尼，阻尼比取 0.05。

六、节点设计

航站楼屋盖大部分球节点采用螺栓球节点（图 8）。螺栓球节点除具备对空间交汇的钢管杆件连接适用性强和杆件连接不会产生偏心的优点外，还可避免现场焊接作业，安装方便。屋盖少量球节点采用焊接球节点，主要用于受力较大的支座处、交汇杆件较多且角度偏小时。焊接空心球构造简单，受力明确，连接方便。对于直径较大的上弦焊接球节点，为满足建筑高度要求，采用半球加肋做法，避免因少数焊接球尺寸大而引起大面积檩条抬高。屋盖支座采用抗震球铰支座，可充分保证大震作用下可能出现的支座转动。屋盖结构高低相交处的空腹主桁架采用箱形截面，相贯焊接节点。钢管混凝土柱柱脚节点采用刚接做法。

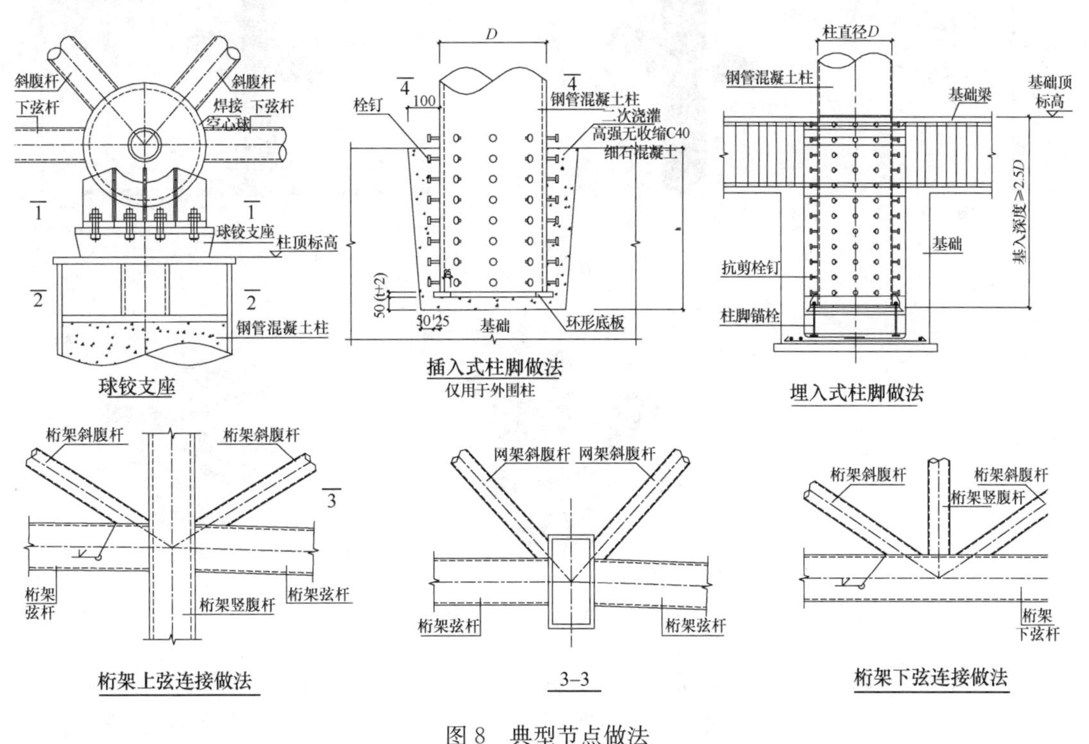

图 8 典型节点做法

七、有限元分析

选取了空腹桁架跨中节点［节点一，由桁架下弦杆件（方钢管）、桁架竖向腹杆（方钢管）以及网架杆件（圆钢管）组成］和钢管混凝土柱顶支座节点（节点二，最大柱距48m处）进行有限元精细化分析。分析软件为ANSYS 11.0，节点板件选用单元为SOLID45，材料为Q345B，杆件长度取截面高度的3倍，为方便加载，在加载端设置20mm厚刚性盖板，节点一、二边界条件如图9、图10所示。提取了整体模型中组成节点一、二的杆件在罕遇地震作用下的杆件内力，作为对应的节点荷载施加在杆件相应位置上，研究重要节点在罕遇地震作用下的应力分布，为重要节点的设计提供依据。

在对应的荷载工况作用下：节点一板件的最大von Mises应力约为285MPa＜295MPa，位于左矩形管的根部；对于节点二，相连于支座焊接球的个别根杆件发生屈服，焊接球节点和加劲肋最大von Mises应力约为289MPa＜295MPa。节点一、二均满足大震不屈服的性能目标。

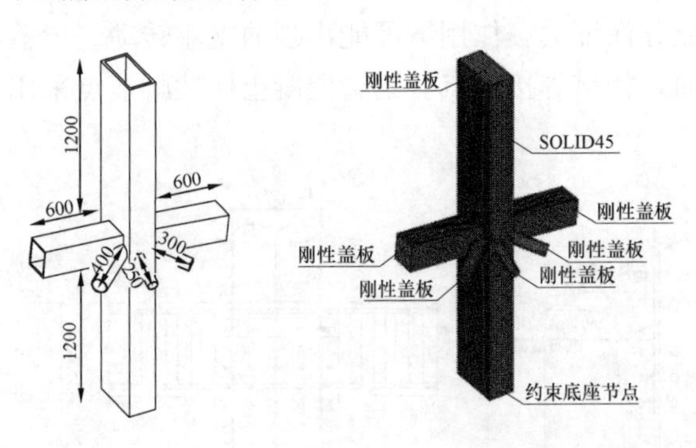

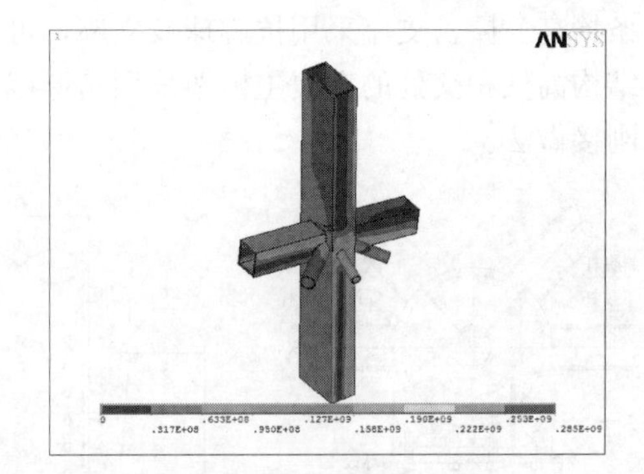

图9　节点一应力分析

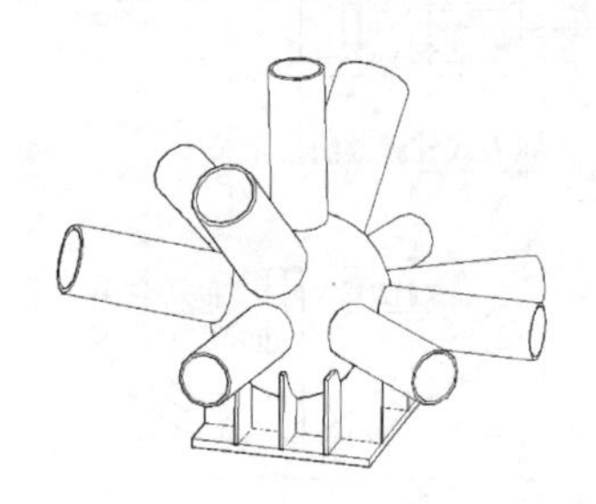

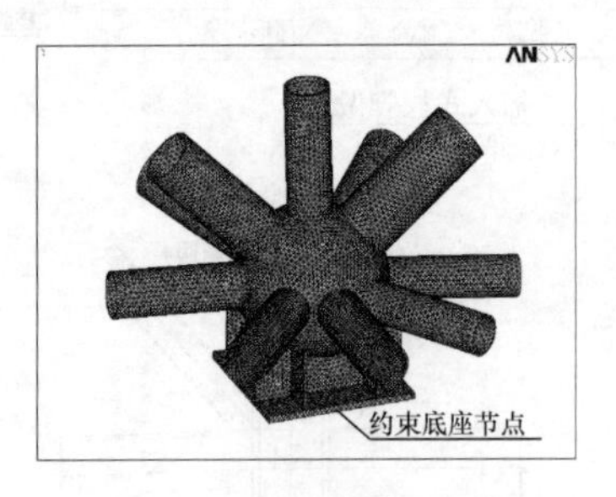

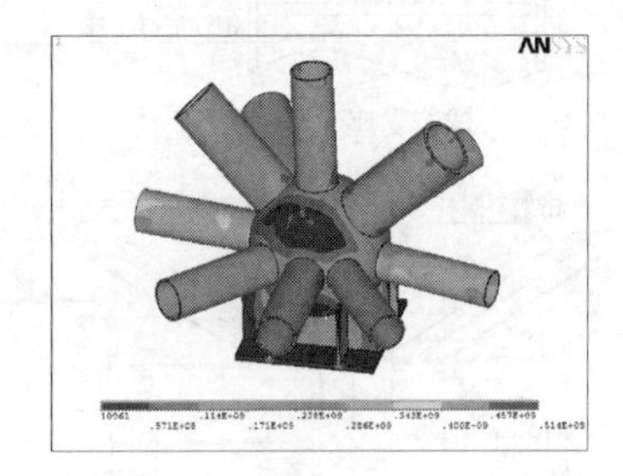

图10　节点二应力分析

本工程在结构设计上有所创新和发展，并取得较好的经济效益。工程于2018年5月22日竣工，2018年6月8日交付使用，投入使用以来运行状况良好，获得业主赞誉。本工程获得了第十四届中国中博会·2015年中国BIM技术交流会暨优秀案例作品推荐会“最佳BIM普及应用一等奖”，“二〇一六年度第二批江苏省建筑施工标准化文明示范工地”的称号以及江苏省建筑业新技术应用示范工程证书，并被评为2016年度徐州市优质结构工程、2018年江苏省建筑业绿色施工工程等。

34 肇庆新区体育中心结构设计

建设地点 广东省肇庆市鼎湖区

设计时间 2015

工程竣工时间 2018

设计单位 广东省建筑设计院有限公司

[510010] 广州市荔湾区流花路 97 号

主要设计人 陈 星 区 彤 陈进于 谭 坚 戴朋森 杨 新 张连飞 陈 前 张增球 林家豪

本文执笔 区 彤 陈进于

获奖等级 2019—2020 中国建筑学会建筑设计奖·结构专业三等奖

一、工程概况

肇庆新区体育中心位于广东省肇庆新区，作为 2018 年广东省第 29 届省运会比赛场地，分为 2 万座的专业足球场和体育馆（包括 8000 座体育馆主馆和训练馆），项目占地约 17.4 万 m^2，总建筑面积约 8.4 万 m^2。场馆建筑造型风格将延续水墨砚都的设计概念，采用玻璃幕墙与铝板结合，V 形柱与曲面顶棚的完美结合，形成了一个流畅优雅的外壳，使专业足球场、体育馆主馆及训练馆成为整体，场馆合一，建筑造型和谐统一且极具标志性（图 1）。

图 1 肇庆新区体育中心现场实景

各个场馆之间通过景观平台、廊桥连接，景观平台或廊桥与各场馆主体结构之间设置结构缝分开（图 2）。体育馆主馆与训练馆混凝土结构不相连，屋面不分缝，为一个结构单元；专业足球场为另外一个结构单元，混凝土结构内部沿 4 个 45°方向设置结构缝，专业足球场与体育馆钢屋面之间通过结构缝分开。

场馆主体采用钢筋混凝土框架结构，地下局部含供设备用的小面积地下室。专业足球场地上 5 层，建筑高度约 48m，屋盖采用悬挑钢箱梁结构，最大悬挑长度为 28m。体育馆主馆地上 4 层，训练馆地上 1 层，体育馆主馆与训练馆屋盖均采用弦支穹顶结构。主馆建筑高度约 33m，穹顶跨度约 108m；训练馆建筑高度约 22m，穹顶跨度约 57m。

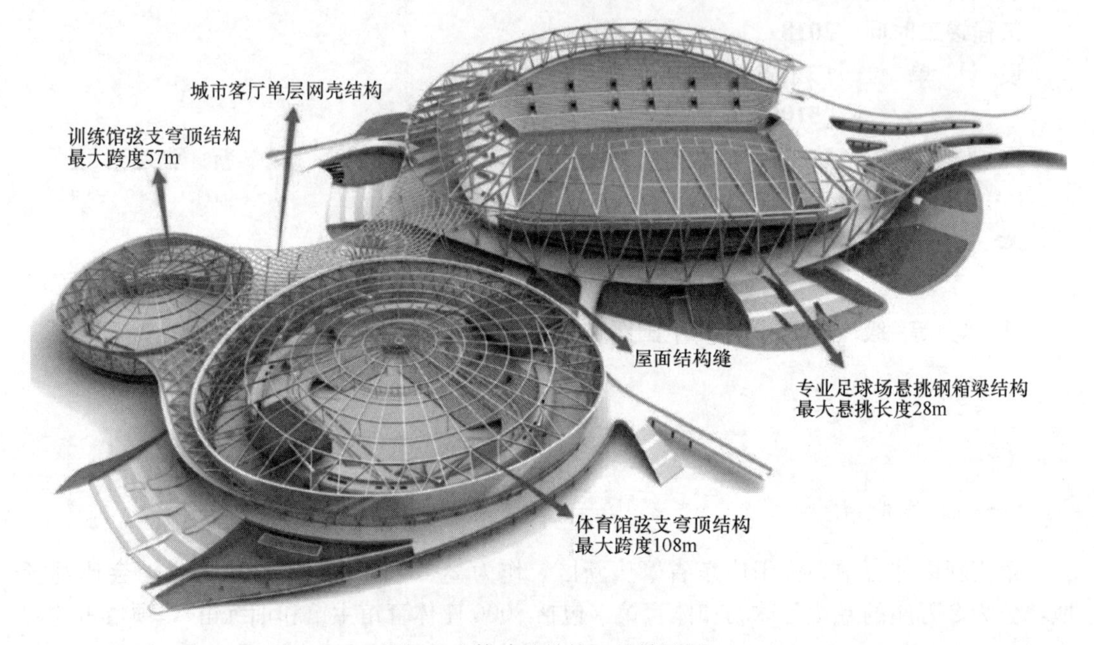

图 2　主体建筑结构三维轴测图

图 3　主体结构立面图

结构的设计使用年限为 50 年；建筑结构安全等级为二级；结构重要性系数为 1.0。本工程场地抗震设防烈度为 6 度，设计基本地震加速度为 0.05g，设计地震分组为第一组。建筑场地类别为Ⅲ类。专业足球场和体育馆主馆抗震设防类别为乙类；训练馆抗震设防类别为丙类。基本风压 $\omega_0=0.50\text{kN/m}^2$。本工程 3 个单体属于平面形状或立面形状复杂的建筑物（图 3）；3 个场馆间距较近，宜考虑风荷载相互干扰的群体效应；对于风敏感的或大跨度的屋盖结构，应考虑风压脉动对结构产生风振的影响。因此应由风洞试验确定风荷载体型系数和风振系数。结构计算风荷载参数按风洞试验报告和《建筑结构荷载规范》GB 50009—2012 包络取值。

二、结构体系

1. 专业足球场

专业足球场平面为椭圆形，长轴长约240m，短轴长约197m。为减少温度应力，根据建筑平面布置，在场地4个45°入口位置设置4条伸缩缝，将混凝土结构分为东南西北四部分，各部分外侧为公共平台，内侧为看台，看台下为功能房间，计算模型见图3。其中东面楼层4层，为连续看台；西面楼层5层，分上下两部分看台；北面楼层2层，含连续看台；南面楼层1层无看台。混凝土结构采用框架结构体系，结构的主要抗侧力构件为框架柱，沿辐射状布置，以提供结构的抗侧及抗扭刚度（图4）。

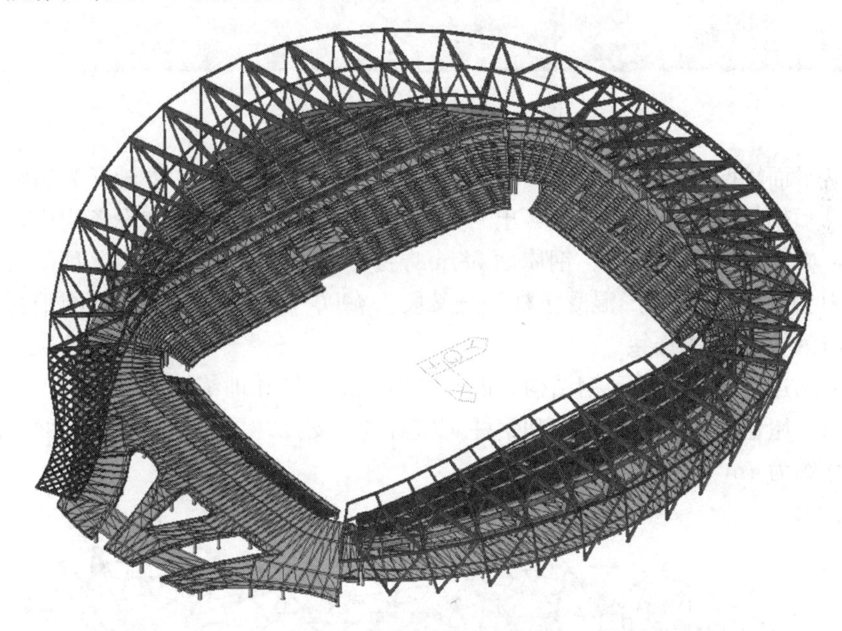

图4　专业足球场计算模型

专业足球场钢结构屋面结构体系为箱形钢梁悬挑结构，最大悬挑长度为28m，梁高2～2.8m不等。屋面支撑体系为看台Y柱上部的V支撑及后部V支撑柱。悬臂钢梁内支座在看台顶部与混凝土巨型Y柱通过圆管V支撑连接，Y柱垂直部分为矩形截面1200mm×4800mm，分叉部分为矩形截面1200mm×2000mm，V支撑主要截面为ϕ900～600mm变截面圆管，两侧连接方式均为铰接。钢屋面悬臂钢梁外支座与钢管V支撑连接，主要截面为ϕ1000～700mm变截面圆管，两侧连接方式均为铰接。由于专业足球场所有V支撑和Y支撑均为空间受力体系，且屋面壳体也有向两侧传力的拱效应。如支座节点采用刚接，其推力产生的水平弯矩非常巨大，因此本工程钢柱均采用二力杆，所有钢柱共同受力，形成空间稳定体系。同时，对钢柱也进行了防连续倒塌分析，保证整体结构的安全冗余度。

2. 体育馆主馆和训练馆

体育馆主馆平面轴网分为内外两层，内轴网为正圆，直径为107m；外轴网为椭圆形，长轴长约143m，短轴长约133m。混凝土结构楼层4层，采用框架结构体系，结构的主要抗侧力构件为框架柱，沿辐射状布置，以提供结构的抗侧及抗扭刚度。钢屋面107m跨弦支穹顶由8根混凝土巨型Y柱支承，Y柱直线段为八边形混凝土柱（外轮廓尺寸为2000mm×3000mm），分叉段为钢ϕ1000～700mm变截面圆管，弦支穹顶外屋盖与钢管V支撑连接（图5）。

图5　体育馆主馆典型剖面

训练馆平面轴网分为内外两层，内轴网为正圆，直径为58m；外轴网为椭圆形，长轴长约66m，短轴长约60m。内部混凝土结构1层，无看台，为商业和设备用房，与钢结构体系脱离，中心为篮球训练场。钢屋面58m跨弦支穹顶由6根混凝土巨型Y柱支承，Y柱直线段为ϕ1800mm的圆形混凝土柱，分叉段为ϕ900～600mm的变截面圆钢管。弦支穹顶外屋盖与钢管V支撑连接。

两馆之间连接部位为露天钢结构，四周与体育馆主馆和训练馆连为一体，与专业足球场屋面分离。屋盖中间设伞状花篮和钢柱对屋盖进行支撑。屋面为圆管单层网壳体系，主要网格尺寸约为4m（图6）。

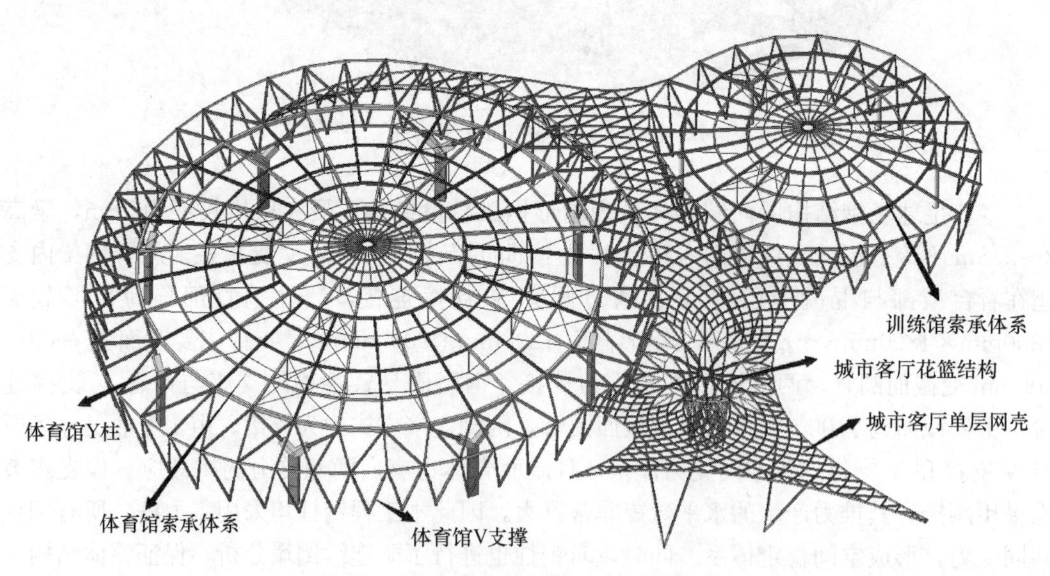

图6　体育馆和训练馆三维计算模型

三、结构关键技术

（1）双连体不规则弦支穹顶结构体系研究，包括不规则性分析、弦支穹顶结构改进植物生长算法优化分析（图7，获发明专利）、索结构弹塑性分析等。

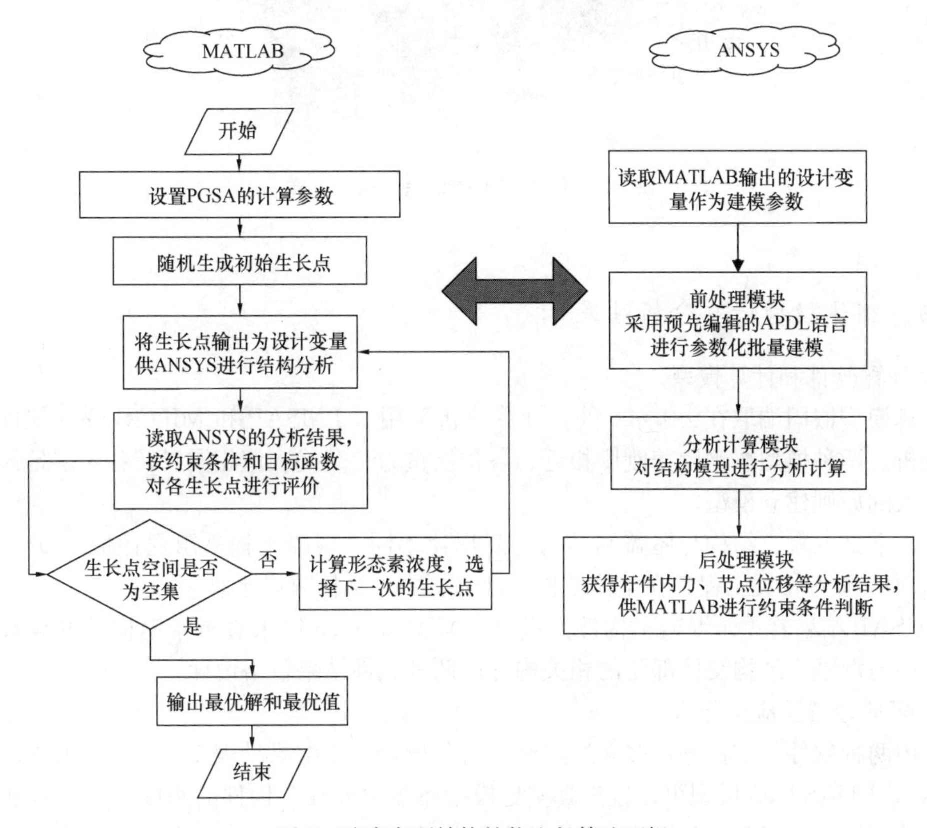

图7　弦支穹顶结构植物生长算法逻辑

（2）创新性提出弦支穹顶结构须考虑在强台风作用下围护系统施工对拉索受力稳定影响（获发明专利）。

（3）在国内首次应用并建成连续焊缝不锈钢屋面（图8），解决屋面排水不畅部位的漏水问题，同时提高整个屋面的防风性能，经历了“山竹”等强台风、暴雨的考验，不但稳固牢靠，且滴水不漏，取得了良好的效果。证明了该类型屋面系统特别利于强台风地区大跨度结构领域的应用。

（4）在肇庆市首次引进管波探测技术，全面了解岩溶地区岩层分布情况，加快现场施工进度，并在肇庆地区有效推广该技术的广泛应用。

（5）对钢结构和金属屋面进行全过程健康监测，有效指导现场索力张拉和钢结构安装及卸载工作的顺利进行。

（6）在体育馆Y柱柱顶采用纠偏支座（获发明专利），降低了现场施工误差对主体结构受力的影响，加快现场施工进度。

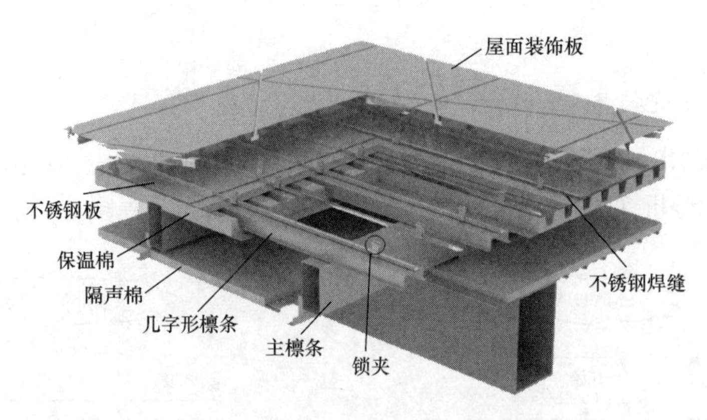

图 8　连续焊缝不锈钢屋面构造大样

四、整体模型计算分析结果

1. 计算软件和计算模型

计算模型嵌固端取在±0.000 处。计算分析采用了 PMSAP 和 MIDAS Gen 软件进行对比分析。两种模型按钢屋盖刚度相近、各楼层重力荷载代表值相同以及各楼层地震作用基本一致的原则建立模型。

由于下部混凝土结构与屋盖钢结构的阻尼比不同，混凝土构件阻尼比取 0.05，钢构件取 0.02，参考相关工程，在整体结构弹性分析中，结构阻尼比取为 0.035。

PMSAP 结果着重于混凝土构件的设计，MIDAS Gen 结果着重于钢构件的设计，并对钢结构与混凝土结构交接部位的相关构件取两种软件结果包络设计。

2. 多遇地震反应谱分析

采用两种软件对结构进行多遇地震反应谱分析，计算结果见表 1，计算结果均满足规范指标。MIDAS Gen 模型可以较为真实地模拟屋盖边界和钢构件的刚度，可较真实地反映实际结构性能。PMSAP 模型对钢构件和屋盖进行等效模拟，难以完全真实地模拟屋盖的实际情况，因此得到的结构周期有所差别（MIDAS 振型基本为屋面钢结构的振型，故其周期较大，与实际情况较吻合），但基本振型主方向的发展趋势一致，两种软件计算结果基本吻合，可以满足设计要求。

场馆反应谱计算结果　　**表 1**

模型名称		专业足球场	
软件名称		PMSAP	MIDAS Gen
计算振型数		51	30
结构的总质量（t）		77908	79229
周期及平动和扭转系数	第一周期	0.8187	1.001
	$X+Y+T$	(0.02+0.96+0.03)	(0.11+0.49+0.00)
	第二周期	0.7086	0.95
	$X+Y+T$	(0.44+0.53+0.03)	(0.57+0.25+0.00)
	第三周期	0.6345	0.861
	$X+Y+T$	(0.98+0+0.02)	(0.16+0.81+0.00)

续表

地震基底剪力（kN）	X向	14141	14872
	Y向	16490	15968
模型名称		体育馆主馆＋训练馆	
计算振型数		30	30
结构的总质量（t）		38303	40475
T_1（X向平动）（s）		0.8008	0.7828
T_2（Y向平动）（s）		0.7750	0.7676
T_t（扭转）（s）		0.6960	0.6404
地震基底剪力（kN）	X向	9745	8818
	Y向	9823	8967

3. 其他分析

各单体钢屋盖存在水平长悬挑结构和大跨度结构，需要考虑竖向地震作用。经分析得出，各单体竖向地震不起控制作用。

恒荷载＋活荷载标准组合下，专业足球场钢屋盖悬挑端部悬挑长度为28m，相对最大挠度为178mm，挠跨比为1/157，满足挠跨比小于1/125的要求。体育馆主馆屋盖跨度为107m，最大挠度为264mm，挠跨比为1/405，满足挠跨比小于1/250的要求；训练馆屋盖跨度为57m，最大挠度为97mm，挠跨比为1/588，满足挠跨比小于1/250的要求。

综合荷载规范和风洞试验报告数据，各单体钢屋盖在风荷载作用下：专业足球场柱顶最大水平位移为63mm，柱顶层间位移角为1/388；体育馆主馆柱顶最大水平位移为23mm（Y向），柱顶层间位移角为1/762；训练馆柱顶最大水平位移为21mm（Y向），柱顶层间位移角为1/798。各单体满足规范1/250的限值要求。

构件设计中，在满足结构受力的原则下，对不同部位的钢构件设定不同的应力比控制目标，既满足建筑效果，又满足经济性。在正常使用下各杆件最大应力比均小于0.9，构件承载力验算满足要求。

各单体支撑屋盖混凝土框架柱抗震性能目标设定为中震弹性和大震不屈服，需要进行中震和大震作用下的承载力验算。根据各单体各支座部位受力情况，混凝土柱配筋率不小于1.5%，体积配箍率不小于1.2%的条件下，均能满足性能目标C的要求，并已适当提高薄弱部位配筋率。

五、双连体弦支穹顶关键技术

1. 振型模态分析

体育馆结构前3阶振型如图9所示。其前几阶振型基本上以竖向振型为主，且出现明显的反对称振型，这符合弦支穹顶结构的特点。

2. 温度作用分析

体育馆主馆和训练馆屋盖通过连接部位连在一起，且长度接近200m，对温度作用具有一定的敏感性。本工程中屋盖钢结构温度作用按升降±30℃考虑。根据计算结果，温度

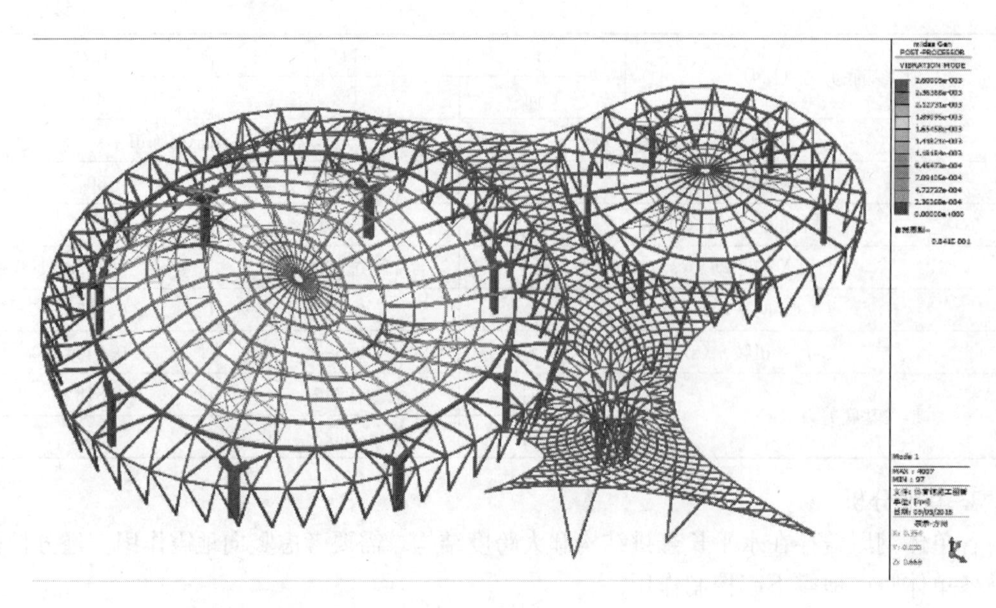

图 9　体育馆结构第一阶振型模态（T_1＝0.9814s，Z 向振动）

单工况引起的轴力在轴力包络值所占比值大部分在 10%～50%之间，所占比重较大。温度所引起的内力主要出现在弦支穹顶支撑柱位置环梁、外圈 V 形支撑、连接部位和弦支穹顶封口梁部位（图 10）。

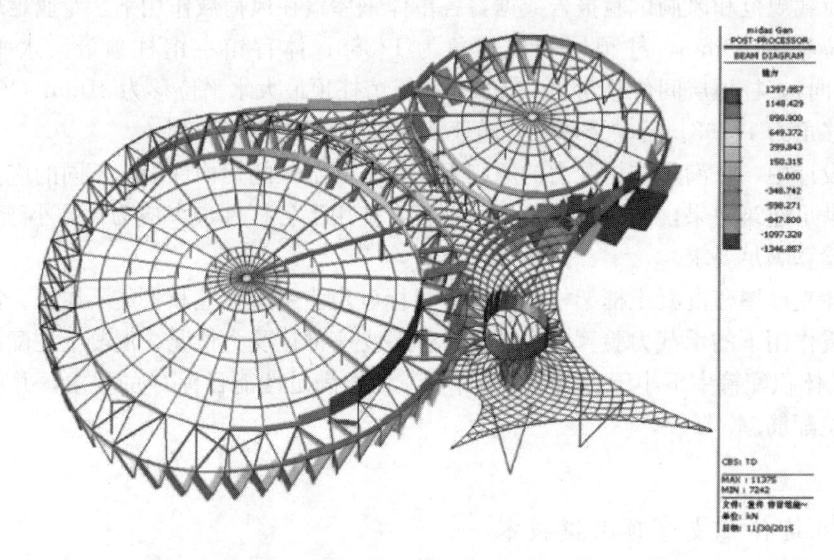

图 10　钢屋盖温度作用下（降温 30°）的构件轴力（kN）

3. 预应力索选型和找形分析

弦支穹顶采用对内环索施加预应力方式成形，初始张拉态为平衡自重状态，索力控制原则为任何情况（工况）下索力不松弛，环向索力的安全系数不低于 2.5，其他索力安全系数不低于 2.0。从预应力数值大小来看，预应力过小将起不到改善结构受力性能的效果，预应力过大则会造成上部网壳结构的负担和对周边构件产生较大的反向径向约束，从而起到不利作用。通过受力分析比较，本项目结构预应力的确定由以下原则进行控制：

（1）重力荷载标准值作用下的挠度控制：单层网壳安装完成后，环向索施加预应力使网壳在跨中形成一定的上拱；当覆盖上部的屋面体系后（即施加附加荷载后），网壳跨中在预应力和总重力荷载标准值作用下的挠度变形接近于零（图 11）。

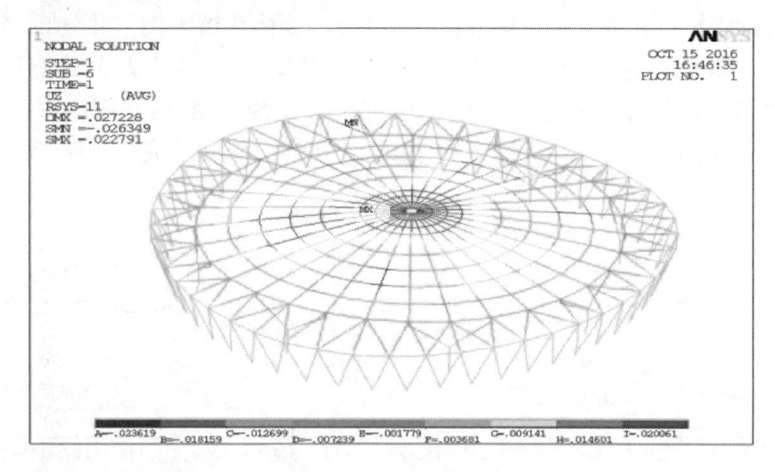

图 11 初始预应力态挠度结果（最大 26mm）

（2）重力荷载代表值作用下屋盖外推力大小控制：施加预应力后，重力荷载标准值作用下网壳边缘的外推力接近于零，屋盖为自平衡体系。

（3）组合工况作用下环向索预应力控制：最不利组合工况作用下，环向索设计最大拉应力小于 $0.5f_y$；考虑到任何工况下拉索都不退出工作，并且保持一定的张力水平，反向风荷载组合工况下，环向索最小拉应力大于 50MPa。

经计算分析，体育馆主馆外环至内环环向索初始预应力分别为 2400kN、360kN、100kN；训练馆环向索初始预应力为 1000kN。计算结果如表 2 所示。

体育馆钢拉索选型及安全系数汇总 **表 2**

索位置	初张力（kN）	终态轴力值（kN）	截面	破断力（kN）	安全系数
第一道环索	2400	5172	ϕ136 高钒索	14560	0.355
第二道环索	360	1552	ϕ77 高钒索	4410	0.352
第三道环索	100	833	ϕ77 高钒索	4650	0.179
第一道径向索	—	2113	ϕ77 高钒索	4410	0.479
第二道径向索	—	638	ϕ56 高钒索	2240	0.284
第三道径向索	—	357	ϕ56 高钒索	2240	0.159
构造索	—	163	ϕ30 钢拉杆	2250	0.072
屋面交叉索	—	192	ϕ30 钢拉杆	250	0.768

4. 体育馆主馆施工模拟分析简介

本工程弦支壳体体系为肋环型，每根撑杆下只有一根径向索。在撑杆下节点，撑杆压力、环索和径向索的拉力是静定平衡的，即只要确定其中一类力，与之平衡的其他力也是唯一确定的。鉴于本工程的撑杆顶端为沿径向的单向转动连接，撑杆易沿径向转动，而不易沿环向转动，而且拉索在安装和张拉时撑杆均要大幅地摆动。因此，本工程采用径向索张拉，则减少了环索连接索头用钢量，另外易于在张拉过程中控制索系的线形。

体育馆（三环索杆系）两阶段循环张拉顺序为：预紧→外环径向索张拉 90%初张力→中环径向索张拉 90%初张力→内环径向索张拉 90%初张力→主动脱架→内环径向索张拉 100%初张力→中环径向索张拉 100%初张力→外环径向索张拉 100%初张力。

本工程对索张拉过程进行全过程分析（图 12），以体育馆为例，共分 34 个分析工况。经全过程分析，体育馆钢结构最大等效应力为 59.7MPa，整体应力水平较低，钢结构处于弹性应力状态。最大向下竖向位移为－70.8mm，出现在第 34 工况（屋面荷载施加完毕）；最大向上竖向位移为 49.5mm，出现在第 33 工况（索张拉完毕，胎架卸载，屋面荷载未上）。

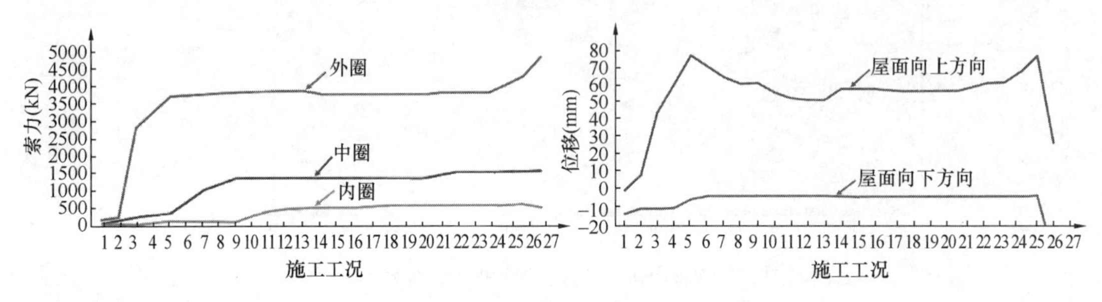

图 12 索张拉过程全过程分析结果

(a) 环索索力变化情况；(b) 屋面最大位移变化情况

分批张拉过程中，径向索的最大施工张拉力为 1340kN。安装屋面后，最大径向索力为 1570kN。均低于拉索控制拉力。

为保证索力与设计要求一致，本工程还对整体一次成型以及施工成型进行比较。一次成型为整体一次性加载成型，不考虑施工过程。施工成型为根据施工过程进行分析得到的最终成型状态。计算结果显示两者索力一致，最大误差仅 3.88%；两者变形与钢构应力的数值和分布较接近。两者计算结果基本吻合。

5. 屈曲分析

图 13 为 1.0 恒荷载＋1.0 活荷载作用下（K=12.6）结构的线性屈曲分析。考虑几何

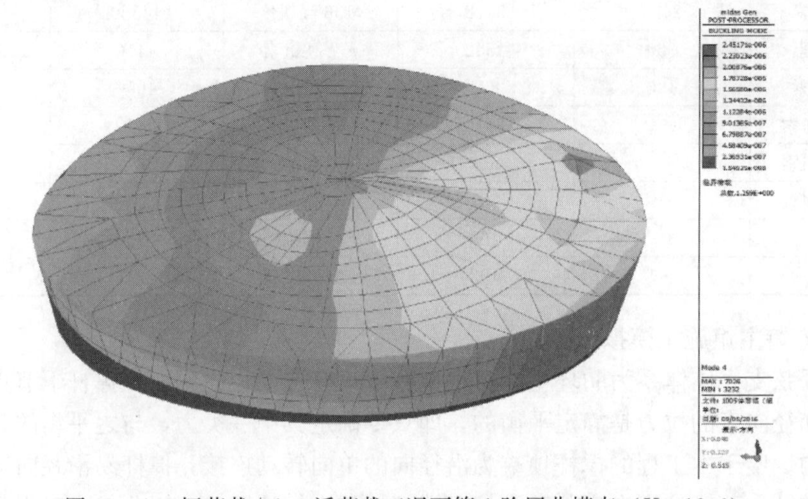

图 13 1.0 恒荷载＋1.0 活荷载工况下第 1 阶屈曲模态（K=12.6）

非线性，考虑 $P\text{-}\Delta$ 效应，采取恒荷载+活荷载的加载模式（采用 $N\text{-}R$ 法），计算上部钢结构的整体稳定性，并考虑初始缺陷。取体育馆主馆线性稳定分析最大位移点作为监控位移点，屈曲荷载是以 15×（恒荷载+活荷载）进行施加的，拐点荷载系数为 0.70，故屈曲荷载系数为 0.70×15=10.5，故结构稳定性极限承载力临界系数 K=10.5（图 14）。

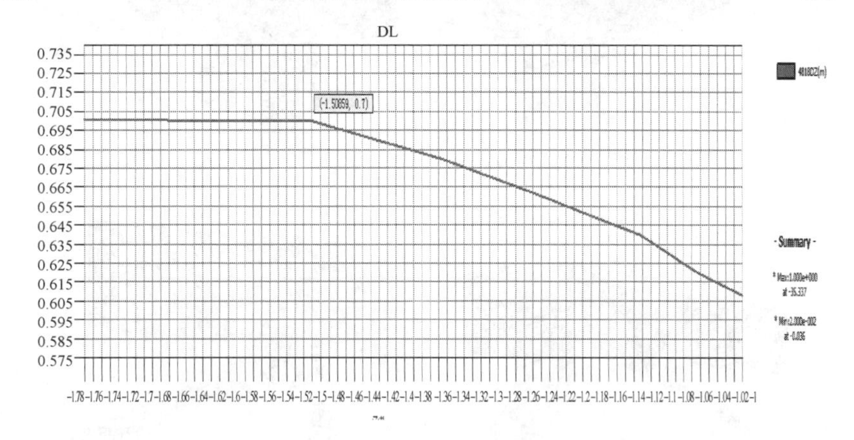

图 14　整体非线性稳定系数（K=10.5）

综上线性和非线性屈曲分析，结构稳定性极限承载力临界系数均大于 5，满足规范要求。

6. 弹塑性时程分析

为探究体育馆弦支穹顶结构在大震作用下的受力性能，对该结构进行大震弹塑性分析。计算结果显示，本工程屋盖钢结构和索结构均不出现塑性铰。根据穹顶竖向位移时程曲线和外环索索力时程曲线（图 15）显示，其最大变形和索力均小于小震弹性，说明本工程非地震控制。

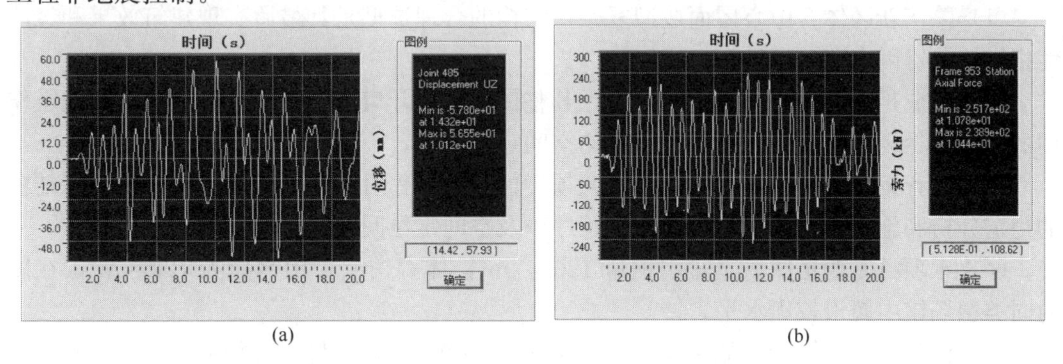

(a)　　　　(b)

图 15　穹顶竖向位移时程曲线和外环索索力时程曲线

六、节点设计

本工程空间体系复杂，各构件节点均为空间节点，图 16 为本工程所采用的局部重要节点做法。在深化过程中，设计单位与深化单位密切配合，对这一系列复杂节点精确放样。

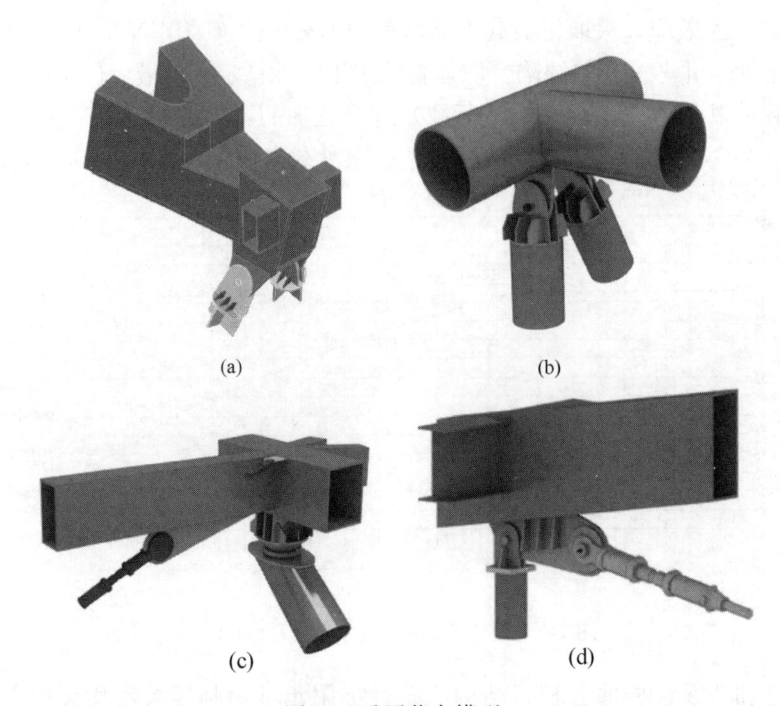

图 16　重要节点模型

(a) 专业足球场尾部 V 支撑与屋面连接节点；(b) 体育馆 V 支撑与屋面壳体节点；
(c) 体育馆 Y 柱柱顶支座节点；(d) 体育馆径向拉索与屋面壳体连接节点

七、总结

(1) 肇庆新区体育中心屋面造型复杂，结构的合理选型是其最后实现建筑效果和经济性指标的关键因素。

(2) 专业足球场为悬挑钢箱梁结构，其整体造型为开口造型，必须重视温度和地震作用的传递路径，同时须注意施工过程中的空间定位问题。

(3) 体育馆为双连体弦支穹顶结构，须考虑张拉过程对各自结构的影响，并做好结构的稳定分析和施工模拟分析，重视施工工序以及空间定位问题。

(4) 本项目专业足球场屋盖用钢量 120kg/m^2，体育馆屋盖用钢量为 72kg/m^2，在国内同类型场馆中属于较优水平。

(5) 作为广东省第十五届省运会开闭幕式主场馆，本项目落成之后深受各方人士好评，并在省运会举办之后陆续举办如全国体操运动会等大型体育活动，取得良好的社会效益。

35 西安高新国际会议中心一期

建设地点 陕西省西安市软件新城核心区
设计时间 2018
工程竣工时间 2018
设计单位 同济大学建筑设计研究院（集团）有限公司
[200092] 上海市四平路1230号
主要设计人 虞终军 王建峰 鄢兴祥 熊高良
本文执笔 虞终军 王建峰 鄢兴祥 熊高良

获奖等级 2019—2020中国建筑学会建筑设计奖·结构专业三等奖

一、工程概况

西安高新国际会议中心项目基地位于高新区北部软件新城核心区，云水一路与云水二路之间，天谷六路以南，毗邻陕西省图书馆新馆，主要建设功能包括大型会议、展览、文化、商业、配套酒店和公寓。

本项目为西安高新国际会议中心一期（图1，图2），总建筑面积30656.44m²，建筑高度23.79m，主要包含大型礼堂、中型礼堂、无纸化会议室、中型会议室及相关配套等功能。容积率为1.78。

图1 建筑实景一

图 2 建筑实景二

本项目为同济大学建筑设计研究院原创项目，“传统”与“现代”的融合是方案构思的核心。方案提取中国传统建筑中的屋顶、挑檐、梁柱等元素，进行抽象与演绎，表现传统建筑典雅、大气的建筑神韵。气势恢宏，隐喻唐风之魂。传承唐代建筑中轴对称、出檐深远、庄严舒朗的建筑风格，在现代主义的基本框架下，达到建构逻辑和外在表现的融合与统一。演绎自中国传统木构建筑的结构体系，北立面以 V 形柱取代传统的竖向受力构件，增强结构自身表现力。

同济大学建筑设计研究院完成了建筑、结构、机电全专业全过程的初步设计、施工图设计及施工配合工作。

本项目为 1 栋建筑高度为 23.79m 的多层建筑，有一层、二层两个主要楼层，一夹层、二夹层、屋顶设备夹层三个局部夹层。建筑一层层高 8m，包括 5 间大会议厅，以及其他小型会议室、接待室、展室、休息大厅等。建筑二层层高 12m，设置面积 $4000m^2$ 的多功能大礼堂，大跨度空间柱网间距为 72m×72m，东西两侧设置有辅助用房。一夹层、二夹层、屋顶设备夹层位于结构东西两侧，为设备用房、储藏间、小型分组会议室等。

二、结构体系

结合本工程大跨度、大悬挑的特点和紧张的设计建造周期，采用适应性好、建造速度较快的钢框架-屈曲约束支撑（BRB）结构体系。

结构竖向荷载主要由钢框架柱承担；水平抗侧力主要由钢框架，布置于结构北侧的通高 V 形柱(图 3)，以及沿主体结构两个主轴方向均设置的屈曲约束支撑（图 4～图 6）承担。

框架柱采用箱形柱，框架梁主要采用 H 型钢梁，局部位置采用箱形梁。楼面体系由 H 型钢主梁、H 型钢次梁以及钢筋桁架楼承板构成。

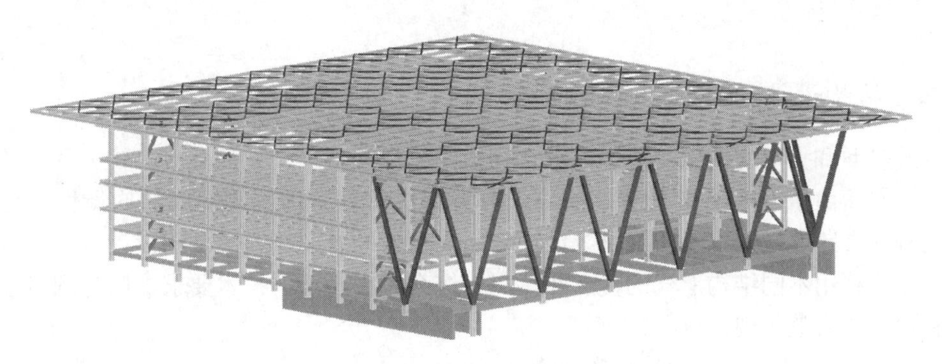

图3 钢框架-屈曲约束支撑结构三维模型

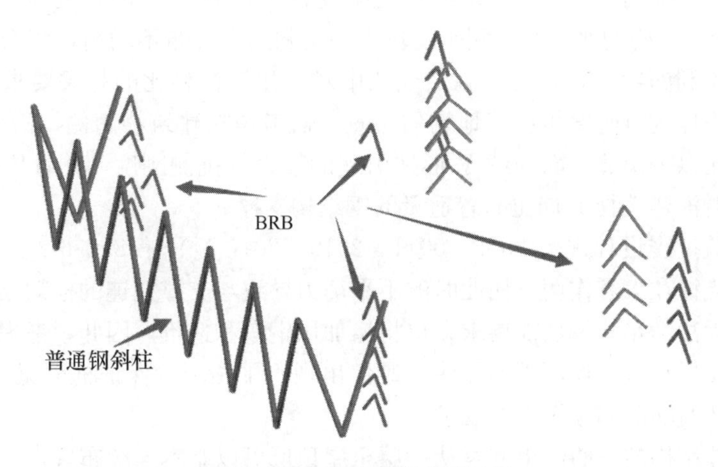

图4 屈曲约束支撑布置示意

图5 *X*向屈曲约束支撑典型立面

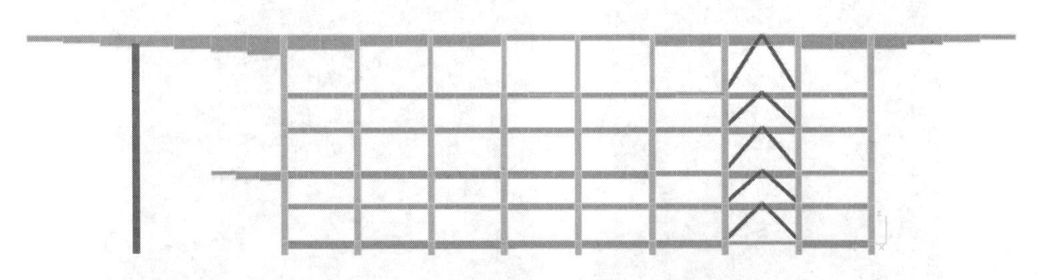

图6 *Y*向屈曲约束支撑典型立面

三、结构设计的难点和关键技术

建筑造型和大空间使用功能的需求，均给结构设计带来较大的挑战。较为突出的两个方面：一方面由于V形柱的设置，需寻求方案解决整个结构抗侧刚度的均衡性；另一方面，需考虑大跨度空间以及长悬挑等区域，竖向荷载的有效传递。结构设计时，通过深入分析，充分利用不同结构形式的优点和特点，综合考虑经济、技术要求，以达到对于建筑造型和功能的有效实现。

1. 北立面设置通高V形柱的实现方案

结合建筑造型需求，在建筑物的北立面设置有从地面至屋顶通高的连续V形柱（图7），从而导致结构的北立面抗侧刚度较大，抗侧刚度分布不均衡，将会对结构的抗震性能产生较为不利的影响，且无法满足规范中对于扭转位移比的相关要求。针对上述情况，为使结构整体抗侧刚度尽可能地均匀布置，需考虑在建筑物南侧，沿X向布置柱间钢结构支撑，用以平衡北立面连续V形柱引起的较大的抗侧刚度，并且增强结构整体的抗扭刚度。同时沿建筑物Y向也布置适量的钢结构支撑。

根据《建筑抗震设计规范》GB 50011—2010（2016版）第8.2.6-2条，若采用普通钢支撑，受压支撑在大震作用下屈曲时的不平衡力导致与支撑相连的框架梁、柱需采用较大的截面，既无法满足建筑功能要求，也将增加用钢量和造价。因此，考虑采用屈曲约束支撑，使受压支撑在大震作用下不屈曲，避免出现不平衡力，保证框架梁、柱截面合理，同时可以兼顾建筑功能和经济性的要求。

为保证主体结构的屈曲约束支撑从一层至屋顶层可以基本连续布置，屈曲约束支撑主要布置于交通核等墙体上下基本对齐的区域，并结合门窗洞口情况，可采用人字形或V形放置方式。屈曲约束支撑断面尺寸较小，对建筑空间影响较小；并且，屈曲约束支撑在中、大震作用下进入屈服耗能，有利于降低地震作用，提高结构整体抗震性能。

屈曲约束支撑从一层至屋顶层布置，其中X向布置40根，Y向布置20根，共布置60根（表1、图8）。

图7　V形柱现场施工

图8　屈曲约束支撑现场施工

屈曲约束支撑型号 **表 1**

型号	芯材强度	屈服承载力（kN）	等效截面面积（mm^2）	根数
1	Q235	7000	37500	40
2	Q235	11000	58100	20

2. 二层大礼堂大跨度屋顶以及屋面长悬臂的整体实现

本项目屋顶层采用金属屋面。S屋面中间区域为二层大礼堂，跨度为72m；南侧为长悬挑屋面，悬挑长度约为17.5m；大礼堂北侧柱与V形柱的间距为18m，然后为长悬挑屋面，悬挑长度约为12.5m（图9）。

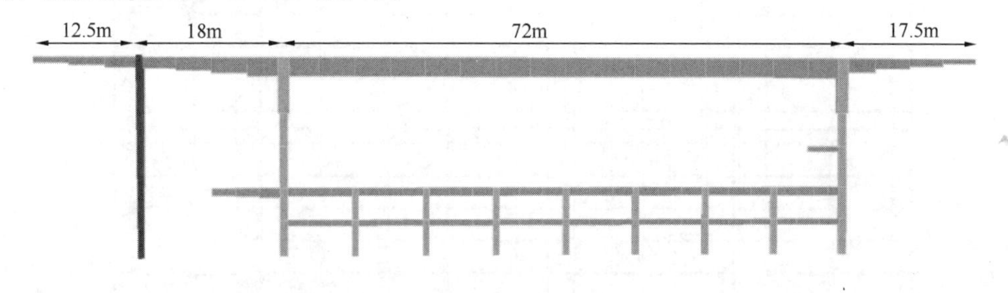

图9 大跨度、长悬挑立面

对于二层大礼堂，为达到气势恢宏的建筑效果，需要净高尽可能高，且建筑高度受到限制，因此结构梁或桁架的高度需控制在不大于2.4m，则大跨度区域的跨高比达到1/30。立体钢桁架的高度一般为跨度的1/16～1/12。针对本项目这个跨高比，钢桁架在用钢量上并不占优势，且桁架杆件较多，节点连接较多，加工安装工期较长。因此，本项目72m大礼堂大跨度空间的屋面采用钢结构实腹钢梁（图10）。

南北两侧的长悬挑屋面采用变截面实腹钢梁，既契合建筑造型要求，也符合悬挑结构的实际内力分布。同时，两端的悬挑结构，对于中间大跨度梁形成一定程度的反弯效果，更有利于减小大跨度梁跨中以及支座位置框架柱的受力和变形，可进一步减小结构用钢量，最终实现安全、美观、经济的完美融合。

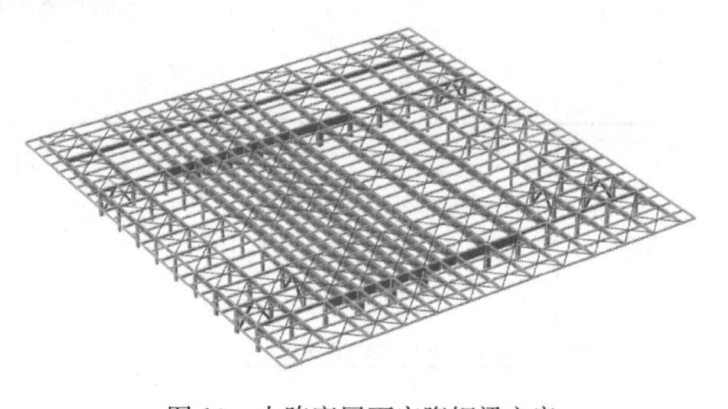

图10 大跨度屋面实腹钢梁方案

大跨度、大悬挑实腹式工字钢梁梁高较高，梁端负弯矩区的下翼缘承受压力，为保证梁端下翼缘侧向稳定性的要求，需通过在靠近梁端的下翼缘适当位置设置侧向支撑，且侧向支撑与周边主体结构构件可靠连接（图11）。屋面大跨度梁的侧向支撑可以支撑于两侧的框架柱上，形成有效约束（图12a）；而长悬挑位置，两侧不存在用于支撑的主体结构构件，则可以在边跨位置增加设置与长悬挑梁上翼缘连接的斜向支撑（图12b）。

大跨实腹式工字钢梁的梁高较大，为满足腹板高厚比要求，则腹板厚度会比较大。鉴于此，结合规范的相关规定，可以通过在钢梁腹板上适当设置横向加劲肋和纵向加劲肋，且横向加劲肋结合次梁连接板进行设置，以减小腹板厚度，满足局部稳定要求，减小用钢量。

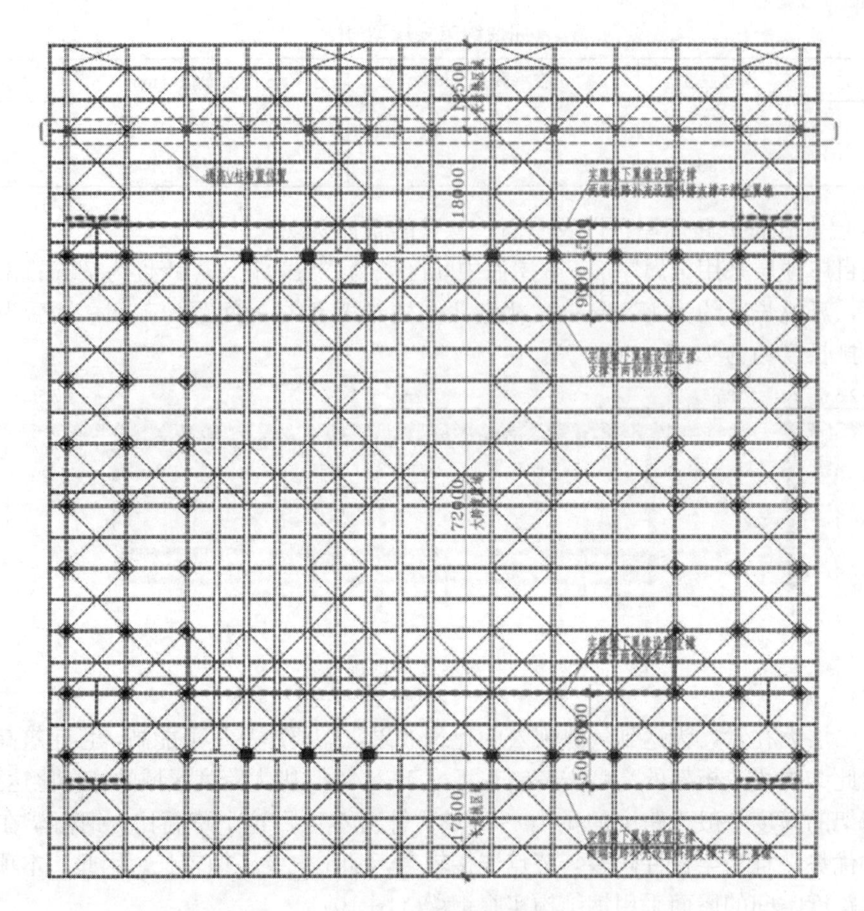

图 11　屋面布置示意

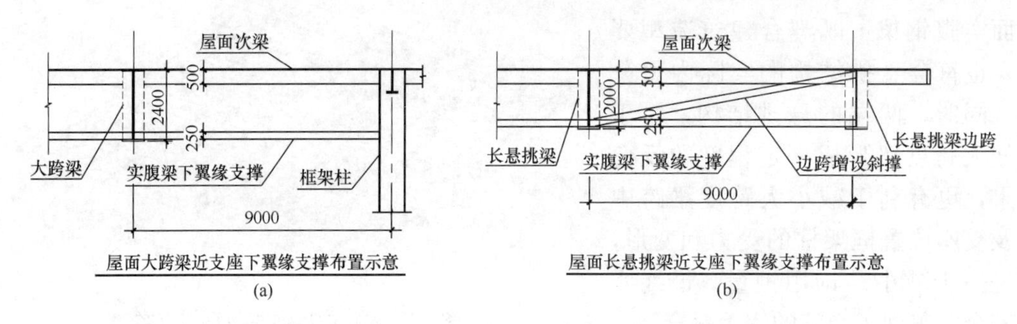

图 12　屋面下翼缘侧支撑立面

(a) 屋面大跨度梁近支座下翼缘支撑布置示意；(b) 屋面长悬挑梁近支座下翼缘支撑布置示意

3. 二层休息厅长悬臂区域的舒适度设计

二层北侧悬挑休息厅出挑长度达到 9m，在承载力及变形满足要求，保证结构安全的前提下，结构的舒适度也需引起足够关注。为保证长悬挑区域楼盖满足舒适度要求，进行了二层休息厅长悬挑楼盖区域的楼板振动分析，并根据减振分析结果，在长悬挑楼盖区域，较为均匀地设置了调谐质量阻尼器（TMD）（图 13），以满足楼板舒适度要求。通过在长悬挑楼盖范围设置调谐质量阻尼器（TMD），与单纯增大钢梁截面相比，更容易满足楼盖舒适度的要求，且经济性更好。同时，调谐质量阻尼器（TMD）可安装在钢梁梁腔范围以内，也不会影响建筑净高（图 14）。

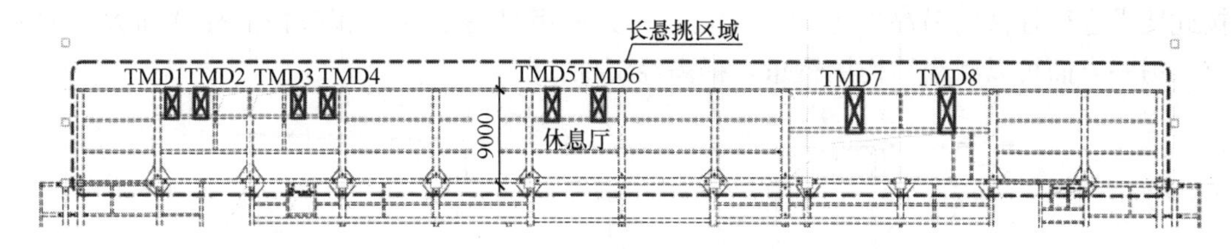

图 13　休息厅长悬挑区域调谐质量阻尼器（TMD）平面布置示意

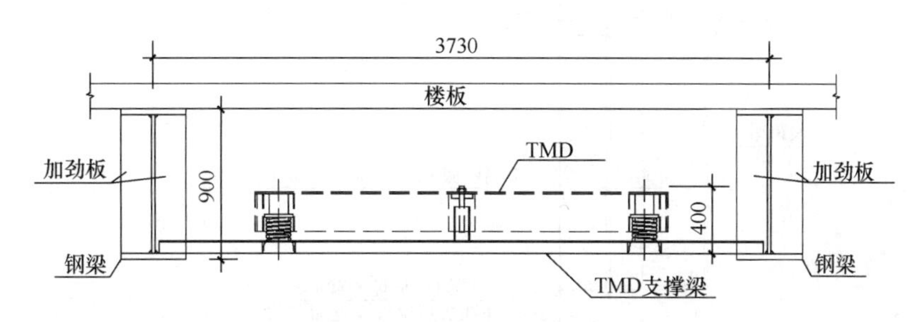

图 14　调谐质量阻尼器（TMD）立面安装示意

4. 基础选型分析

根据地勘报告揭示的土层情况以及本项目的基础埋深情况，进行基础选型。本项目北侧局部较小面积设置有单层地下室，基础埋深约为 7m，地基持力层主要为②黄土状土层；其余大量区域均无地下室，对于无地下室区域，根据钢柱柱脚的埋深要求，基础埋深约 3.5m，该埋深处主要为②黄土状土层，持力层②黄土状土层的承载力特征值为 150kPa。本项目地上结构的建筑功能为会议中心，存在较多的大跨柱网，柱底内力最大达到 17000kN 左右，天然地基承载力不能满足要求。同时，由于地上结构设置有屈曲约束支撑，支撑底部位置在地震作用下会产生较大的拉力，天然地基的基础方案由于无法有效抵抗拉力，也不适用。

基于上述各种情况，本项目采用桩基础，以⑤粉质黏土层作为桩端持力层。结合当地的土层情况及成熟的长螺旋压灌桩施工经验，本项目优先采用长螺旋压灌桩工艺。但是，由于长螺旋压灌桩工艺的长度有限，对于局部地下室范围，则采用旋挖钻孔灌注桩工艺。桩径均为 600mm，桩长分别为 25m（长螺旋压灌桩）和 30m（旋挖钻孔灌注桩）。单桩抗压承载力特征值均为 2000kN，抗拔承载力特征值均为 650kN。

四、结构优化设计

上部钢结构构件大跨度、大悬挑区域较多，构件尺寸均较大。对钢结构主要结构构件、节点区域，结合结构构件的实际受力分布情况，进行精细化的优化设计，以达到既方便施工，也节省材料的目的。

1. 大跨度梁端支撑框架柱的优化处理

由于屋顶大跨度梁跨度较大，大跨度梁及支撑框架柱内力主要由重力荷载控制，且在梁端、柱顶节点位置弯矩最大。因此，根据支撑框架柱的实际弯矩分布情况，在柱顶一定高度范围内采用较大的柱截面，而在柱下端位置，则可以变截面至较小的柱截面(图 15)。按此要求进行柱截面沿高度方向的优化，一方面满足建筑效果有效控制柱截面大小的要求，另一方面可以减小结构用钢量，提高经济性。

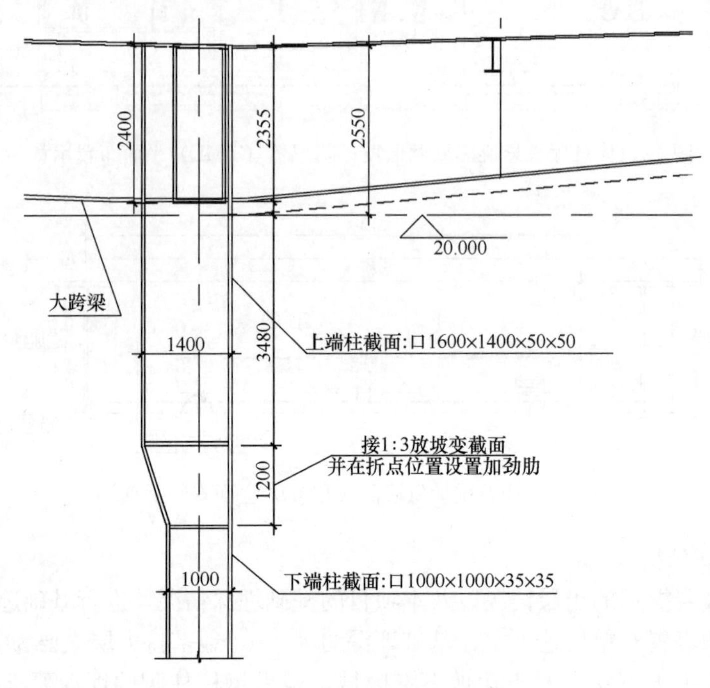

图 15　屋顶大跨度梁柱节点

2. 大跨度简支梁的优化设计

建筑一层的大会议厅，层高 8m，大跨度空间短向柱网间距为 27m，根据建筑净高对于结构高度的限制，其上方楼盖采用沿短向布置的大跨度实腹简支钢梁加钢筋桁架楼承板，实腹简支钢梁按照组合梁进行设计，以节省材料用量。同时，根据简支梁弯矩中间大、两端小的弯矩分布模式，对实腹钢梁进行适当分段，中间区域翼缘相对较宽，两端翼缘变窄（图 16)，以达到减小材料用量的优化目的。

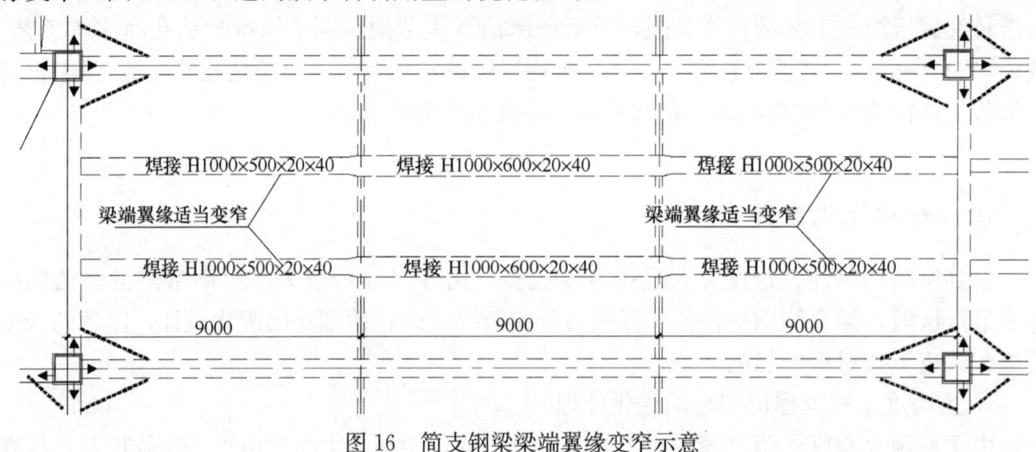

图 16　简支钢梁梁端翼缘变窄示意

3. 长悬挑构件的优化设计

建筑屋面层南北两侧出挑区域，从悬挑根部至端部，屋面厚度逐渐变薄，实现建筑美学和结构受力的完美结合（图 17）。在变截面基础之上，结合实际受力情况，分段收窄翼缘宽度，以进一步节省材料用量，实现优化目的。

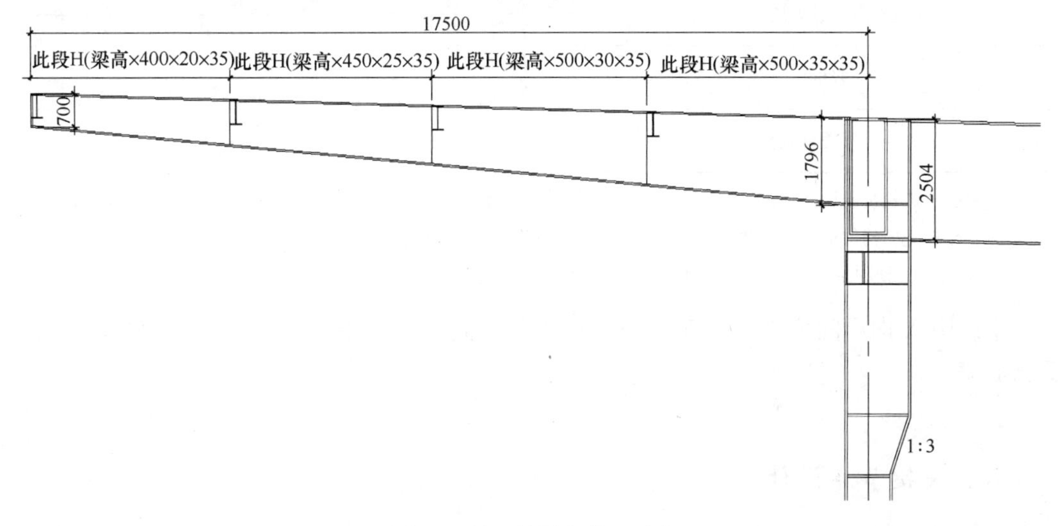

图 17　长悬挑梁变截面示意

五、计算分析

本项目结构分析采用空间杆元模型；模型中定义了竖向和水平荷载工况。其中，竖向工况包括结构自重、附加恒荷载以及活荷载。水平荷载工况包括地震作用和风荷载。对于小震的水平地震分别考虑了双向地震以及偶然偏心的影响；考虑了不同方向的地震作用，并考虑竖向地震作用；地震作用计算采用振型分解反应谱法。计算机应用软件采用北京盈建科软件股份有限公司编制的 YJK 系列程序。主要计算结果见表 2。

计算结果　　　　**表 2**

<table>
<tr><td colspan="2">西安高新国际会议中心一期</td><td colspan="2">YJK 程序</td></tr>
<tr><td colspan="2" rowspan="3">自振周期（s）
（平动系数 X+Y+扭转）
（仅取前 3 阶）</td><td>1</td><td>0.8135（0.02+0.95+0.03）</td></tr>
<tr><td>2</td><td>0.7360（0.55+0.05+0.39）</td></tr>
<tr><td>3</td><td>0.4710（0.41+0.00+0.59）</td></tr>
<tr><td colspan="3">第一扭转与第一平动周期比</td><td>0.58</td></tr>
<tr><td colspan="3">最大地震作用方向</td><td>94.757°</td></tr>
<tr><td rowspan="2">地震作用下最大层间位移</td><td>X 向</td><td colspan="2">1/1118</td></tr>
<tr><td>Y 向</td><td colspan="2">1/860</td></tr>
<tr><td rowspan="6">规定水平力作用下平面扭转位移比
（层最大位移与平均位移的比值
& 最大层间位移与平均层间位移的比值）</td><td>X 向</td><td colspan="2">1.35，1.63</td></tr>
<tr><td>X+5%向</td><td colspan="2">1.30，1.64</td></tr>
<tr><td>X−5%向</td><td colspan="2">1.39，1.61</td></tr>
<tr><td>Y 向</td><td colspan="2">1.05，1.08</td></tr>
<tr><td>Y+5%向</td><td colspan="2">1.13，1.14</td></tr>
<tr><td>Y−5%向</td><td colspan="2">1.06，1.06</td></tr>
</table>

续表

西安高新国际会议中心一期		YJK 程序
风荷载作用下最大层间位移	X 向	1/9999
	Y 向	1/9999
风荷载作用下最大层间位移比	X 向	1.31
	Y 向	1.30
剪重比	X 向	6.430%
	Y 向	6.342%
有效质量系数	X 向	99.82%
	Y 向	99.66%

注：根据《建筑抗震设计规范》GB 50011—2010 第 3.4.4 条第 1 款 1）项，“扭转不规则时，应计入扭转影响，且楼层竖向构件最大的弹性水平位移和层间位移分别不宜大于楼层两端弹性水平位移和层间位移平均值的 1.5 倍，当最大层间位移远小于规范限值时，可适当放宽”。

本结构 X 向层间位移角为 1/1118，远小于层间位移角限值 1/250，故扭转位移比可适当放宽。

六、关键节点设计

1. 柱脚设计

对于钢结构体系，钢柱柱脚的设计对结构的安全非常重要。钢柱柱脚的形式，主要分为：外露式柱脚、外包式柱脚及埋入式柱脚。

本项目部分区域有一层地下室，部分区域无地下室，故柱脚设计时，根据建筑功能采用不同的柱脚形式。地下室范围，钢柱采用外包式柱脚，外包高度至地下室顶板；非地下室范围，钢柱采用埋入式柱脚。埋入式柱脚设计时，钢骨的埋入深度按照 2.5 倍钢柱高度设计。为了方便施工，钢柱埋入端底部设置一个凹口式的施工缝，先做施工缝下面的基础承台，待钢柱安装后再浇筑上部混凝土，有利于钢柱的加工、运输、安装等与总体施工工期安排相协调（图 18）。

2. 屈曲约束支撑连接节点设计

屈曲约束支撑从一层至屋顶层连续布置。在首层连接节点处，需与混凝土外包式柱脚、钢骨混凝土拉梁相连，而屈曲约束支撑的连接板较大，导致混凝土外包柱脚、钢骨拉梁的钢筋在节点区较难通过。对于此类复杂节点，需进行较为细致的研究，确保节点区构件内力的有效传递。

对于拉梁纵筋，可以通过在钢柱上设置外环搭筋板，纵筋通过焊接连接于搭筋板上，确保钢筋内力的有效传递。

对于拉梁箍筋，方案一可以通过在屈曲约束支撑连接板上提前留设穿筋孔，箍筋穿孔通过。采用此方案的主要问题：一方面，箍筋穿孔后同时会对于屈曲约束支撑连接板造成一定程度的截面缺失，需对连接板进行额外补强；预留箍筋穿孔定位需足够精确，才能保证箍筋有效通过，并形成围合，这是较难实现的。方案二可以在屈曲约束支撑连接板两侧焊接水平的箍筋搭筋板，箍筋分别焊接于两侧的连接板上，实现有效围合（图 19）。综合考虑，方案二施工可行性较高，也符合现场施工组织安排，因此最终也采用了此方案。同

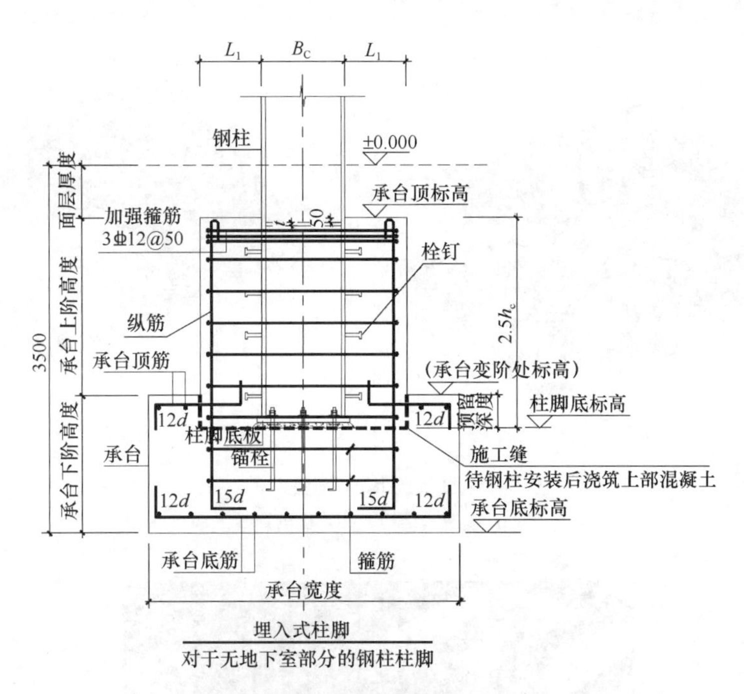

图 18　埋入式柱脚

样，对于外包柱脚，在钢骨拉梁腹板两侧设置竖向搭筋板，用于外包柱脚箍筋焊接连接。实践表明，采用搭筋板连接箍筋的方案，取得了良好的应用效果。

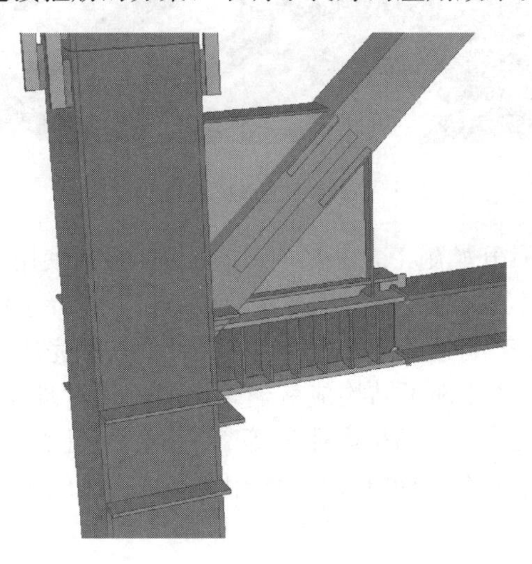

图 19　屈曲约束支撑首层连接节点方案

七、BIM 技术应用

本项目采用 BIM 技术，进行全专业的 BIM 碰撞检查、净高分析、管线综合反馈（图 20），提前在钢结构大跨度梁腹板上预留设备管线穿洞（图 21），既大幅提高设计效率，减少错漏碰缺，也最大限度地提升建筑净高及使用空间。

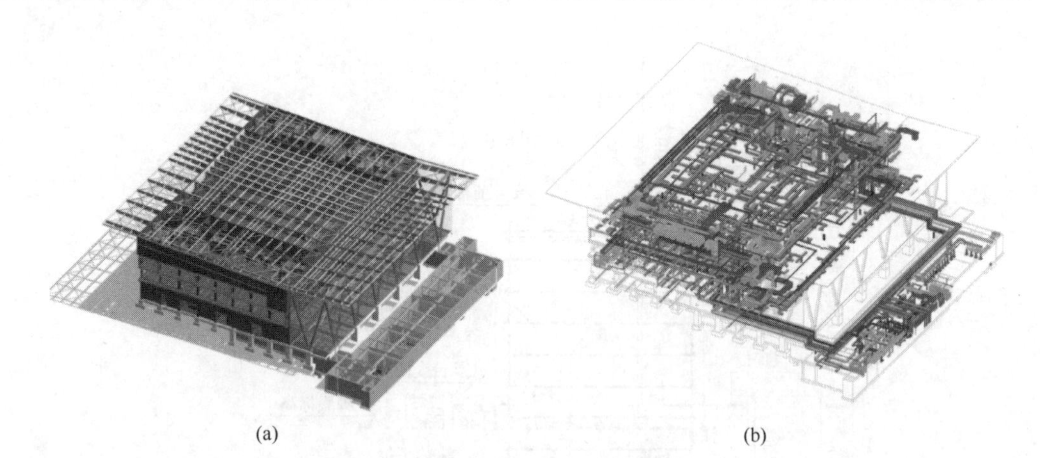

(a) (b)

图 20 BIM 模型
(a) 建筑、结构；(b) 机电管线

图 21 大跨梁预留设备管线穿洞

本工程于 2018 年 4 月开始施工，2018 年 10 月竣工投入使用，为举办 2018 年 10 月份开幕的第二届“国际程序员大会”所筹建。在建设单位、设计单位与施工单位的共同努力以及紧密协作下，克服了工期紧、任务重的现实条件，按期完成任务，同时保证了结构安全、建筑美观的要求，充分体现了结构成就建筑之美的设计理念。该项目获得了 2019—2020 中国建筑学会建筑设计奖·结构专业三等奖、2020 年上海市勘察设计协会优秀建筑工程设计一等奖、2020 年上海市勘察设计协会优秀建筑结构专业二等奖。

36 新疆国际会展中心二期场馆大跨度张弦桁架钢结构设计

建设地点 新疆乌鲁木齐市水磨沟区红光山片区
设计时间 2014—2015
工程竣工时间 2016
设计单位 中信建筑设计研究总院有限公司
[430014] 湖北省武汉市江岸区四唯路8号
主要设计人 温四清 王 新 董卫国 曾乐飞 胡意荣 刘嘉慧 刘小玲 高 炬
本文执笔 温四清 王 新 董卫国 曾乐飞

获奖等级 2019—2020 中国建筑学会建筑设计奖·结构专业三等奖

一、工程概况

新疆国际会展中心是中国西部地区面向中亚规模最大、功能最全的国际性会展中心之一，是新疆维吾尔自治区首府乌鲁木齐市的城市标志性建筑，“中国-亚欧博览会”的举办地，是集会议、展览、大型庆典活动为一体的国际性场馆（图 1）。新疆国际会展二期工程项目规模为 21 万 m^2，地下室建筑面积约 10 万 m^2。建筑地下 1 层，地上 1 层，局部设置夹层，拟建项目建设用地面积 14.18 万 m^2，建筑面积 203514m^2，地上 111837m^2，地下 91677m^2，地上设 6 个 120m×63m 标准展厅，1 个 120m×108m 多功能展厅；展厅净面积 58320m^2；标准（3×3）展位数 3140 个。

新疆国际会展中心二期展厅结构采用钢筋混凝土框架结构体系，柱网规格为 9.0m×9.0m。地上夹层支撑着大跨度屋盖结构，局部设置斜撑。张弦桁架直接相连的框架柱截面为 1600mm×2000mm（左、右展厅固定支座端）、1500mm×1500mm（左、右展厅滑动支座端）、1600mm×1600mm（中间展厅）。左、右展厅屋盖采用单向传力的张弦桁架结构体系，上凸弓形，由 11 榀张弦桁架（主桁架）、4 榀纵向垂直支撑桁架和上弦面水平支撑组成；张弦桁架榀距为 18m，单榀桁架跨度 121.55m，一端为固定铰支座，一端为单向滑动支座；左、右展厅屋盖采用单向传力的张弦桁架结构体系，张弦桁架跨度为 121.5m，共 10 榀，榀距 18m；中间展厅张弦桁架为直线形，跨度为 90m，共 8 榀，榀距 18m，沿纵向设置了 4 道垂直支撑立体桁架，在屋盖上弦层布有交叉水平支撑。左、右展厅中通过在主檩条上设置钢构架实现“雪莲花瓣”造型（图 2）。

图 1　建筑实景

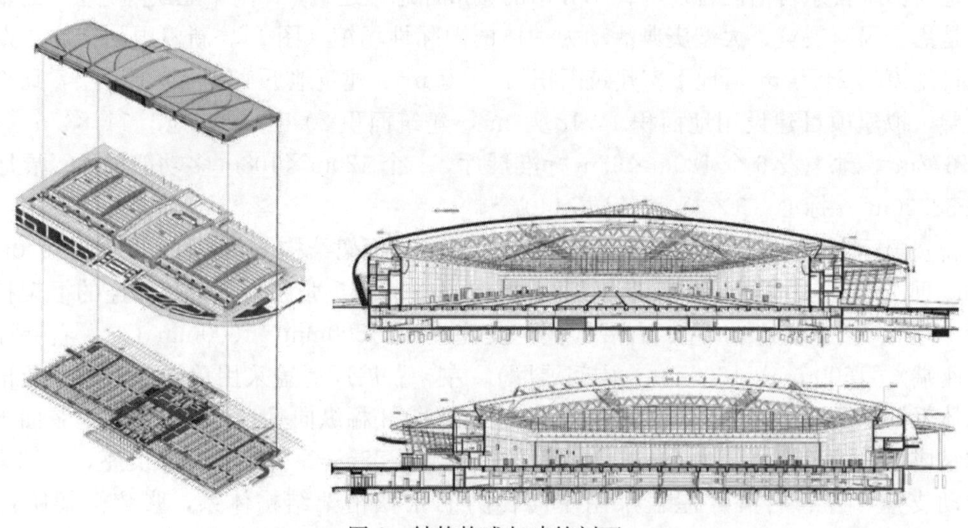

图 2　结构构成与建筑剖面

二、结构体系

新疆国际会展中心二期展厅结构采用钢筋混凝土框架结构体系（图 3、图 4）。地上夹层支撑着大跨度屋盖结构，局部设置斜撑。大跨度屋盖采用张弦桁架结构体系。左、右展厅张弦桁架跨度 121.5m，桁架高度 3m；中间展厅张弦桁架跨度 90.0m，桁架高度 3m。

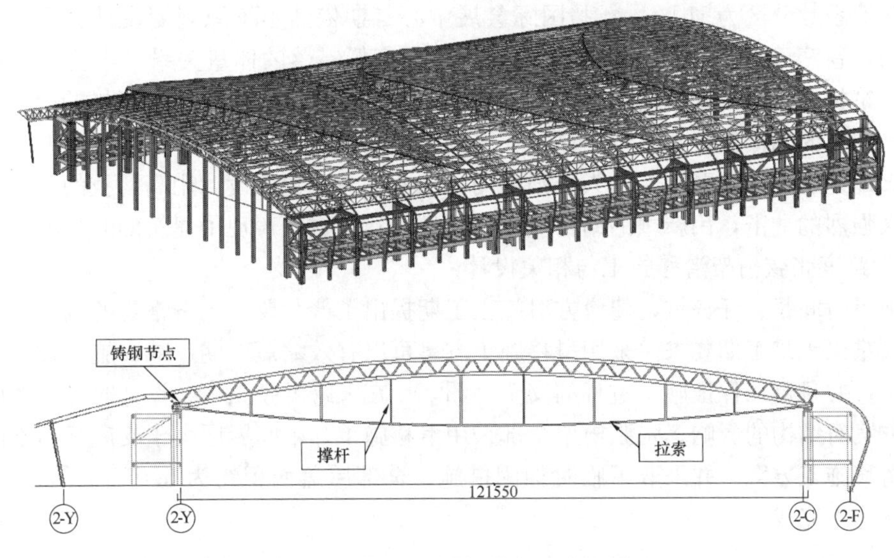

图 3　左、右展厅结构模型与结构剖面

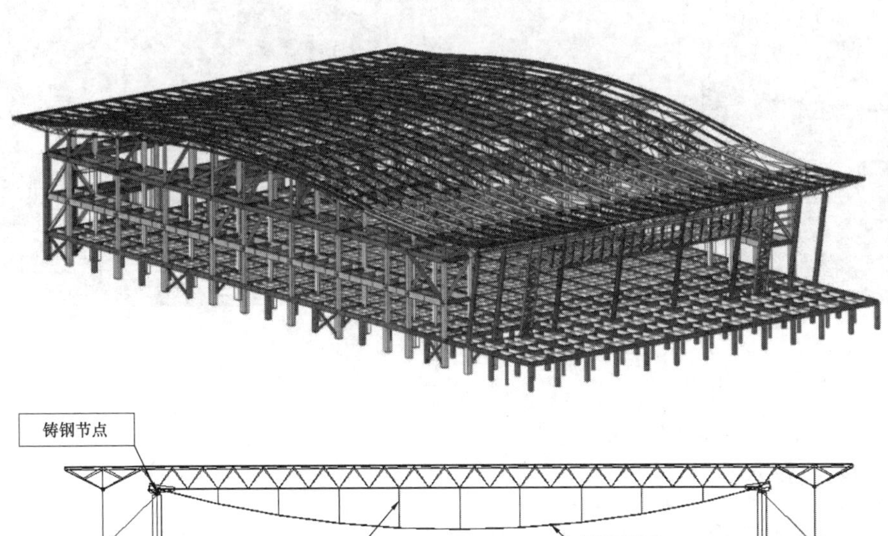

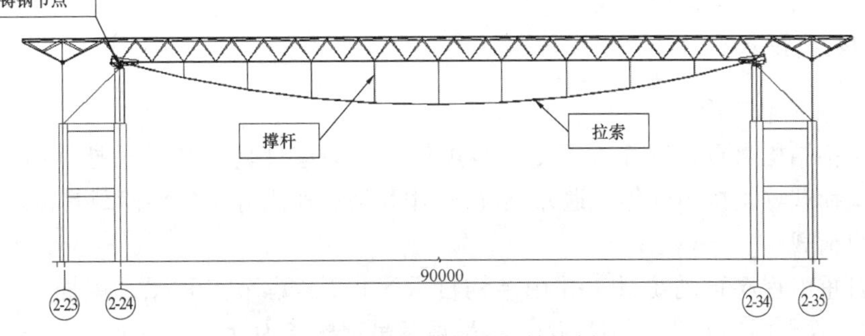

图 4　中间展厅结构模型与结构剖面

三、结构设计面临的挑战

1. 展厅屋盖跨度大、地震作用大、风雪荷载大、造型复杂

该工程是处于乌鲁木齐高烈度区（8 度 0.2g）罕有的大跨度结构，该地基本风压 0.70kN/m^2（100 年一遇），地面粗糙度 B 类；基本雪压 1.00kN/m^2（100 年一遇），雪荷载准永久值系数分区为 I1 区。新疆国际会展中心二期依然延续原规划设计立意——“明月出天山，苍茫云海间”。设计手法上建筑群采用高低错落的体量关系，丰富了城市的天际线；建筑物采用均匀水平向构图，轻盈舒展，再结合以玻璃、金属和石材的虚实对比来展现建筑的立面韵律使得建筑物更显气势磅礴；走近新疆国际会展中心，闪亮的金属屋面板或是大片通透的玻璃幕墙，给人以强烈的视觉冲击力。建筑设计用高科技的魅力给人的视觉带来强烈的冲击，用新颖的结构形式和新型的建筑材料表现了建筑的时代特征。

2. 大跨度张弦桁架滑移施工与相关设计

本项目时间紧、任务重，建设方对施工工期提出了严苛要求，按常规的设计、制作及安装方式难以满足工期要求。采用滑移施工方案可以有效缩短工期，减少施工过程中支撑系统数量，并且可以保证施工过程的安全（图 5）。在大跨度张弦桁架设计时，就考虑了滑移施工方案对结构的影响。张弦桁架全部采用滑移施工，中间展厅由于支座标高不同，采用带柱滑移施工方案，并采取了临时加固措施，全部屋盖面积约为 6.0 万 m^2，3 个月就全部滑移施工完成。

图 5　中间展厅滑移施工

四、设计要点

1. 荷载和荷载工况

荷载包括结构自重、屋面板重量、吸声材料、马道灯具及各种吊挂设备荷载、活荷载、风与雪荷载（均按 100 年一遇）、温度作用和地震作用等。各种荷载具体取值如下：

（1）恒荷载

结构自重由程序自动统计，并用结构自重×1.2 考虑节点重量；屋面板、屋面做法（包括吸声、保温材料）为 0.57kN/m^2；吊顶及吊顶檩条为 0.40kN/m^2；灯具（灯具重量

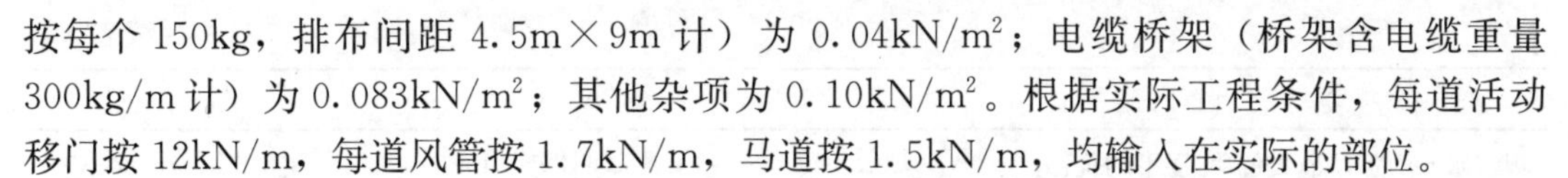

按每个150kg，排布间距4.5m×9m计）为0.04kN/m^2；电缆桥架（桥架含电缆重量300kg/m计）为0.083kN/m^2；其他杂项为0.10kN/m^2。根据实际工程条件，每道活动移门按12kN/m，每道风管按1.7kN/m，马道按1.5kN/m，均输入在实际的部位。

（2）活荷载

不上人屋面取为0.50kN/m^2；中间展厅2-G～2-L轴交2-24～2-34轴区域吊挂荷载为0.25kN/m^2；其他区域（每个吊点允许吊挂荷载为400kg，排布间距4.5m×18m计）为0.05kN/m^2，吊点只允许设置在桁架节点的附近。

（3）风荷载

基本风压0.70kN/m^2（100年一遇），地面粗糙度B类。

（4）雪荷载

基本风压1.00kN/m^2（100年一遇），雪荷载准永久值系数分区为I1区。

（5）温度作用

拟定屋面合拢温度为10～20℃，最热为七、八月，平均气温34℃，最冷为一月，平均气温－23℃，最大温升为23℃，最大温降为－43℃。

（6）地震作用

根据《新疆国际会展中心工程场地地震安全性评价报告》（新疆防御自然灾害研究所2008年6月提供），本工程建筑场地土类别为Ⅱ类，抗震设计的地震动参数如表1所示。

地震动参数表　　表1

地震	50年内超越概率	A_{max}	β_{max}	α_{max}	T_g
多遇地震	63.2%	91.3	2.4	0.218	0.40
设防地震	10%	275.0	2.5	0.688	0.45
罕遇地震	2%	514.0	2.5	1.289	0.60

注：A_{max}为设计地震动最大峰值加速度（gal）；β_{max}为设计地震动加速度放大系数最大值；α_{max}为地震影响系数最大值；T_g为特征周期（s）；

根据地震安全性评价报告及《建筑抗震设计规范》GB 50011—2010（简称《抗规》），本工程地震动参数取值如下：

① 小震按地震安评报告取值：α_{max}＝0.218，T_g＝0.40s；

② 中、大震按《抗规》取值，中震：α_{max}＝0.45，T_g＝0.45s；大震：α_{max}＝0.90，T_g＝0.45s。

2. 整体结构抗震分析计算结果

整体结构的抗震分析主要计算结果如表2、表3所示。

左展厅SATWE主要计算结果（右展厅与左展厅基本对称）　　表2

计算内容		SATWE	规范限值
楼层最大层间位移角	X向地震	1/750	≤1/550
	Y向地震	1/752	
	X向风	1/8278	
	Y向风	1/8275	

续表

计算内容		SATWE	规范限值
规定水平力下，最大位移/层平均位移，最大层间位移/平均层间位移	X向地震	1.54，对应层间位移角为1/1413	≤1.5，当位移小于1/770时，应≤1.6
	Y向地震	1.55，对应层间位移角为1/1295	
风荷载下，最大位移/层平均位移，最大层间位移/平均层间位移	X向风	1.93，对应层间位移角为1/12181	≤1.5，当位移小于1/770时，应≤1.6
	Y向风	2.12，对应层间位移角为1/19000	
周期（s）（X平动+Y平动/扭转%）	T_1	0.4161（98+2）	—
	T_2	0.4064（100+0）	—
	T_3	0.338（29+71）	—
	T（扭转）/T_1	0.812	≤0.90
有效质量系数（%）	X向地震	99.56	>90%
	Y向地震	99.53	
最小楼层剪重比（%）	X向地震	14.13	≥3.2%
	Y向地震	13.91	
抗倾覆验算 M_r/M_{ov}，零应力区（%）	X向地震	很大（0.00）	不宜出现零应力区
	Y向地震	很大（0.00）	
	X向风	40.34（0.00）	
	Y向风	38.86（0.00）	
整体稳定验算（刚重比）	X向	195	>1.7满足整体稳定，>2.7可不考虑重力二阶效应
	Y向	215	
本层与上层抗剪承载力比值	X向	0.95	宜>80%，不应<65%
	Y向	0.99	
结构总质量（t）	46599		

中间展厅 SATWE 主要计算结果 **表3**

计算内容		SATWE	规范限值
楼层最大层间位移角	X向地震	1/577	≤1/550
	Y向地震	1/601	
	X向风	1/4040	
	Y向风	1/7991	
规定水平力下，最大位移/层平均位移，最大层间位移/平均层间位移	X向地震	1.39	≤1.5，当位移小于1/770时，应≤1.6
	Y向地震	1.08	
风荷载下，最大位移/层平均位移，最大层间位移/平均层间位移	X向风	1.42，对应层间位移角为1/5652	≤1.5，当位移小于1/770时，应≤1.6
	Y向风	1.02	
周期（s）（X平动+Y平动/扭转%）	T_1	0.7761（99+1）	—
	T_2	0.7456（100+0）	—
	T_3	0.6847（5+95）	—
	T（扭转）/T_1	0.882	≤0.90

续表

计算内容		SATWE	规范限值
有效质量系数（％）	X 向地震	99.5％	＞90％
	Y 向地震	99.5％	
最小楼层剪重比（％）	X 向地震	9.37％	≥3.2％
	Y 向地震	9.49％	
抗倾覆验算 $M_{\mathrm{r}}/M_{\mathrm{ov}}$，零应力区（％）	X 向地震	很大（0.00）	不宜出现零应力区
	Y 向地震	很大（0.00）	
	X 向风	31.27（0.00）	
	Y 向风	53.51（0.00）	
整体稳定验算（刚重比）	X 向	73	＞1.7满足整体稳定，＞2.7可不考虑重力二阶效应
	Y 向	72	
本层与上层抗剪承载力比值	X 向	0.75	宜＞80％，不应＜65％
	Y 向	0.67	
结构总质量（t）	46599		

3．施工过程分析

大跨度张弦桁架的建筑形态比较复杂，施工“路径”会对最终形成的竣工状态产生不同的内力和变形，与设计状态下的分析结果有较大差别，需在结构设计和施工中加以考虑施工过程的影响。运用施工力学的方法，按照实际的施工顺序进行施工全过程的力学模拟和分析；跟踪施工过程中结构的内力和变形的累积发展过程，分析施工过程对主体结构的影响，保证施工过程中结构的安全性，并使竣工时结构的内力和变形满足设计的要求。施工过程分析及分析计算结果如图6～图9和表4、表5所示。

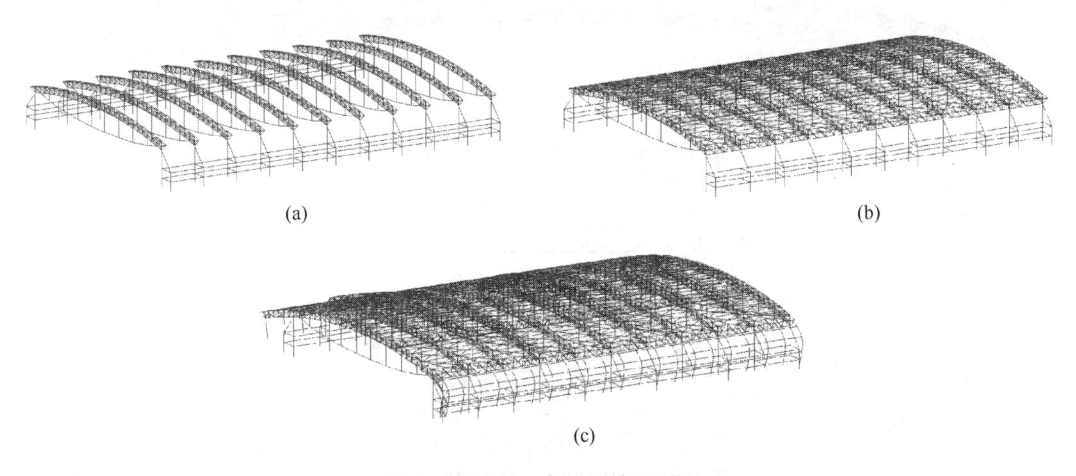

图6　施工左、右展厅施工过程

(a) 施工模拟——拉索张拉（CS1）；(b) 主檩条及水平支撑安装（CS2）；(c) 围护结构安装（CS3）

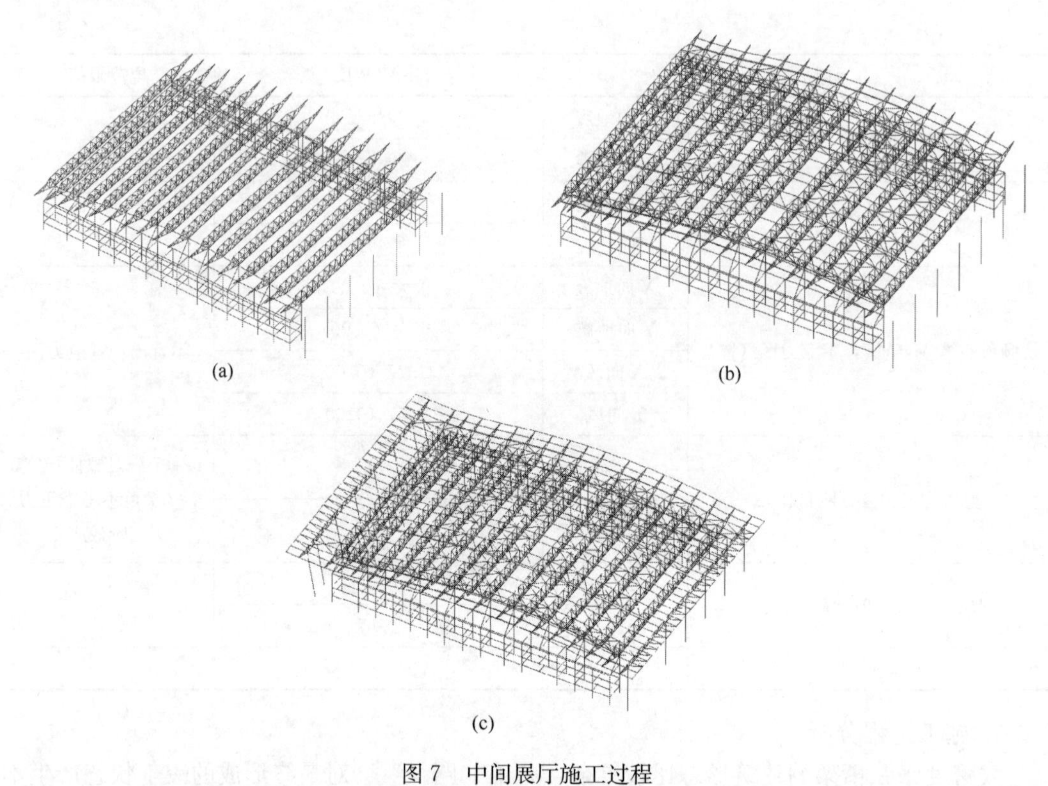

图 7 中间展厅施工过程

(a) 施工模拟——拉索张拉（CS1）；(b) 主檩条及水平支撑安装（CS2）；(c) 围护结构安装（CS3）

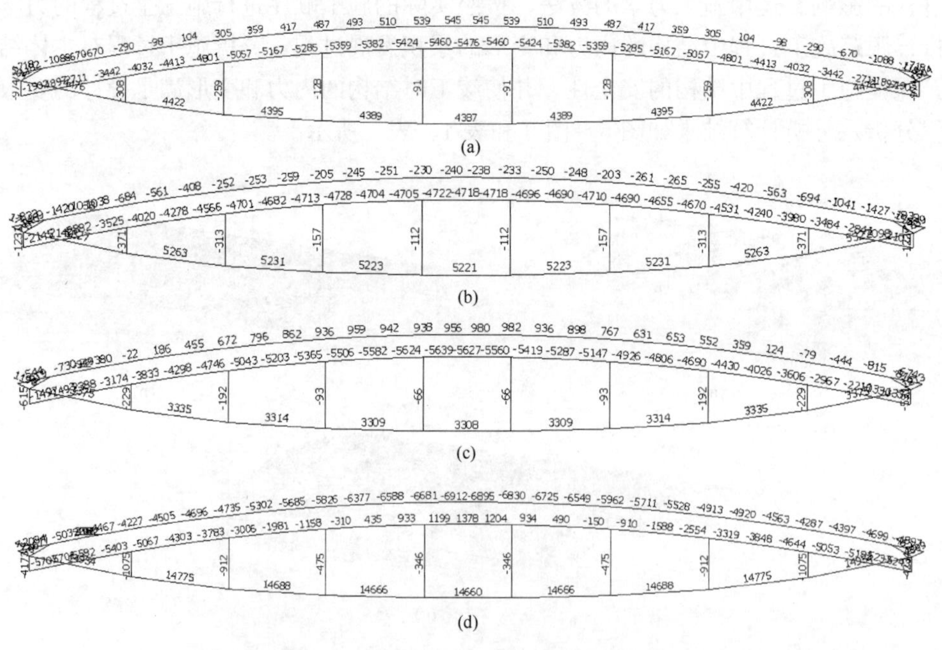

图 8 左、右展厅施工过程分析计算结果

(a) 弦杆和拉索轴力（CS1）；(b) 弦杆和拉索轴力（CS3）；

(c) 弦杆和拉索轴力（风荷载组合）；(d) 弦杆和拉索轴力（拉索最大拉力组合）

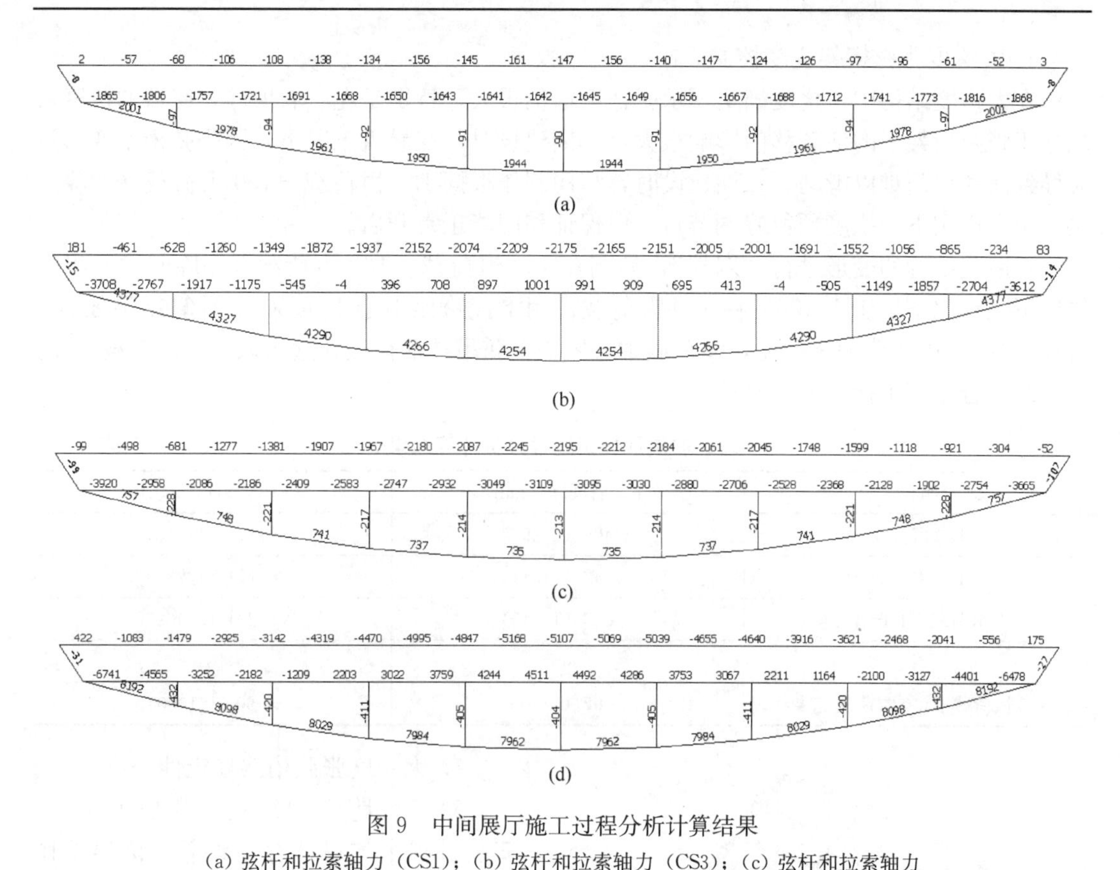

图 9　中间展厅施工过程分析计算结果

(a) 弦杆和拉索轴力（CS1）；(b) 弦杆和拉索轴力（CS3）；(c) 弦杆和拉索轴力（风荷载组合）；(d) 弦杆和拉索轴力（拉索最大拉力组合）

1）施工过程分析模型的建立

（1）左、右展厅施工过程分析模型

（2）中间展厅施工过程分析模型

2）施工过程分析结果

（1）左、右展厅施工过程分析计算结果

左、右展厅施工过程分析计算结果　　表 4

	CS1	CS2	CS3	风荷载组合	各基本组合最大值
拉索拉力（kN）	4422	5263	5692	3308	14688
拉索应力（MPa）	214	255	282	183（0.23）	715（0.89，0.73）

（2）中间展厅施工过程分析计算结果

中间展厅施工过程分析计算结果　　表 5

	CS1	CS2	CS3	风荷载组合	各基本组合最大值
拉索拉力（kN）	1950	3987	4254	745	7962
拉索应力（MPa）	128	261	278	50（0.06）	521（0.65）

4. 大跨度张弦桁架挠度控制

在大跨度结构中，挠度满足要求时挠度值仍很大，特别是左、右展厅，屋盖的挠度对悬挂于张弦桁架下的活动移门影响很大，一期建设时，在暴雪工况下，因张弦桁架变形过大导致活动移门难以滑动。二期建设时，移门制作根据1.0恒荷载＋1.0雪荷载（扣除起拱）组合作用下的挠度预留好调节量，以保证移门能正常开启。

对屋盖结构的变形进行“双控”，控制在1.0恒荷载＋1.0雪荷载（扣除起拱）组合作用下挠跨比不小于1/400，在1.0雪荷载作用下挠跨比不小于1/600。计算结果如表6所示。“()”中数值为挠跨比，雪荷载中含屋盖下弦吊挂活荷载，起拱取0.7恒荷载＋0.5雪荷载组合作用下挠度的绝对值。

左、右展厅施工过程分析计算结果 **表6**

组合	左、右展厅（mm）	中部展厅（mm）
1.0恒荷载	−409（1/293）	−110（1/818）
1.0雪荷载	−148（1/811）	−114（1/789）
1.0恒荷载＋1.0雪荷载	−557（1/215）	−224（1/402）
起拱	360	134
1.0恒荷载＋1.0雪荷载-起拱	−197（1/609）	−90（1/1000）

5. 大跨度张弦桁架稳定性分析

对于大跨空间结构，其加工制作、安装过程中均可能存在误差，该误差作为结构的初始缺陷存在，降低了大跨度结构的稳定承载力，因此有必要对大跨度张弦桁架进行弹性几何非线性极限承载力分析，以更加精确地确定结构的整体稳定性和安全储备。

大跨度整体稳定分析中考虑结构的安装偏差取跨度的1/1000（图10），计算时通过在纵向桁架和每榀张弦梁的相交节点施加纵向水平荷载，使张弦桁架产生侧向变形后更新节点坐标的方法，在每榀张弦桁架引入侧向的安装偏差。

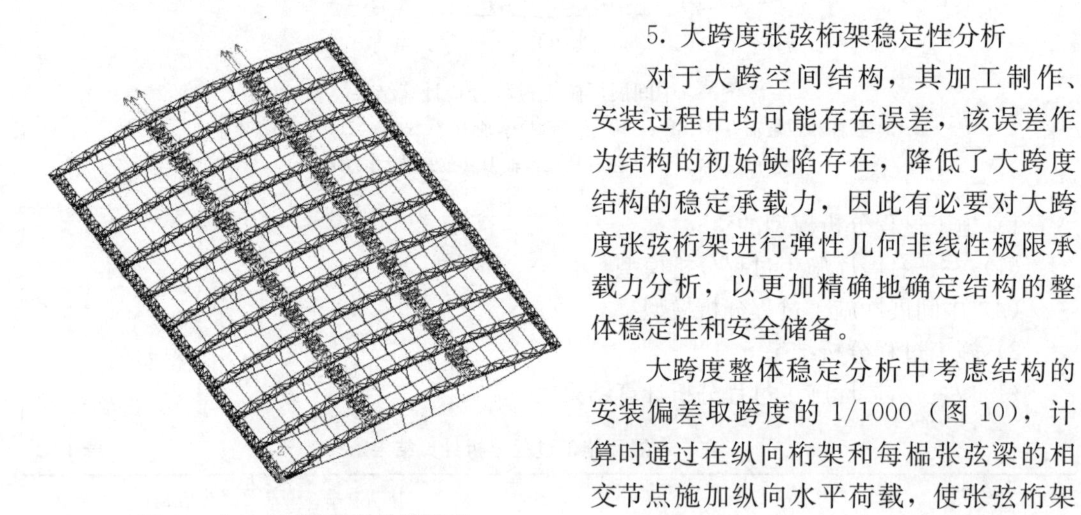
图10　左、右展厅稳定分析模型

1）施加荷载

考虑拉索预应力施加和张弦桁架结构的自重，檩条和支撑不参与工作；在单榀立体桁架的下弦节点施加水平的风荷载（下弦节点承受来自山墙抗风柱的风荷载），下弦节点荷载125kN；在各榀张弦桁架的上弦节点施加相同的竖向集中荷载P=1920kN。

2）左、右展厅稳定分析结果

考虑控制组合，1.0恒荷载＋1.0雪（活）荷载，恒荷载（含自重）标准值为3.5kN/m^2，雪（活）荷载标准值为1.2kN/m^2，考虑荷载作用在张弦梁上弦节点，则每个节点的荷载设计值为（3.5＋1.2）×4.5×18/2＝190.4kN；取侧向位移400mm作为稳定继续承载力，则稳定安全系数为1920/190.4=10.1>4.2，满足规范要求（图11、图12）。

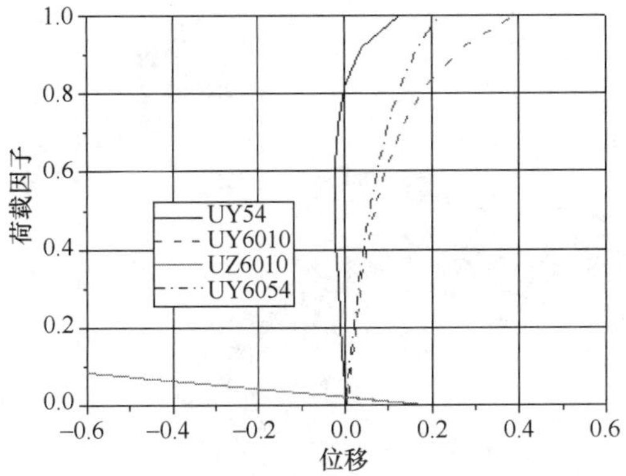

（1）横坐标为位移量对应的位移值（相对于施加预应力前的结构位置）。

（2）纵坐标为第三荷载步的荷载因子（0表示第二荷载步完成第三荷载开始的状态，1表示第三荷载步完成的状态）。

（3）各位移量意义：

UY54——端榀张弦桁架上弦跨中节点Y向位移；

UY6010——中间榀张弦桁架下弦跨中节点Y向位移；

UZ6010——中间榀张弦桁架下弦跨中节点Z向位移；

UY6054——端榀张弦桁架下弦跨中节点Y向位移

图11　左、右展厅荷载-位移曲线

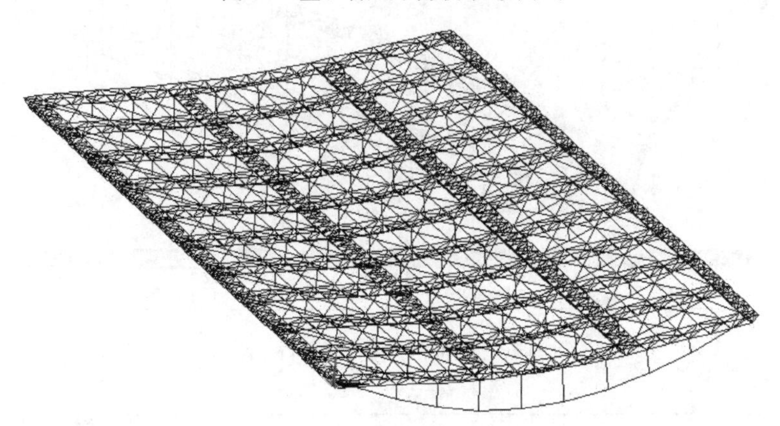

图12　左、右展厅加载完成后的结构变形

3）左、右展厅稳定分析结果

扰动水平力是作用于索球节点，指向张弦桁架平面外的力，施加扰动水平力是为了考虑拉索平面外的初始偏心对稳定承载力的影响。扰动水平力的大小参考水平地震作用确定，在重力荷载代表值工况下，拉索节点集中质量为1.5t，中震水平地震影响系数最大值为0.45(《抗规》)，拉索第一阶振动周期（T=3.9s）对应的水平地震影响系数为0.09，扰动水平力取值15×0.09×2=2.7kN。考虑初始扰动，几何非线性与材料非线性的计算结果如图13、图14所示。

通过对比分析发现，当不设置斜撑杆时，拉索+张弦桁架撑杆有绕立体桁架下弦转动的可能，但转动一个小角度后，没有力使得转动进一步增加，撑杆与拉索依然可以在新的位置进行平衡，是一种随意平衡状态，此时拉索平面外的刚度很弱，拉索侧向变形对水平扰动力敏感，而对拉索初始偏差不敏感，非线性计算时，添加假想水平力，该水平力与竖向荷载同时施加，侧向位移-荷载曲线即可反映拉索的侧向刚度（抗扰动能力）。根据弹塑性+大变形分析，当斜撑杆截面减小至设计的1/1000时，张弦桁架稳定承载力为0.48。根据弹塑性+大变形分析，张弦桁架稳定承载力系数达到2.8（规范要求不小于2.0）。两者对比说明斜撑杆是有效的，且能保证张弦桁架的稳定性。

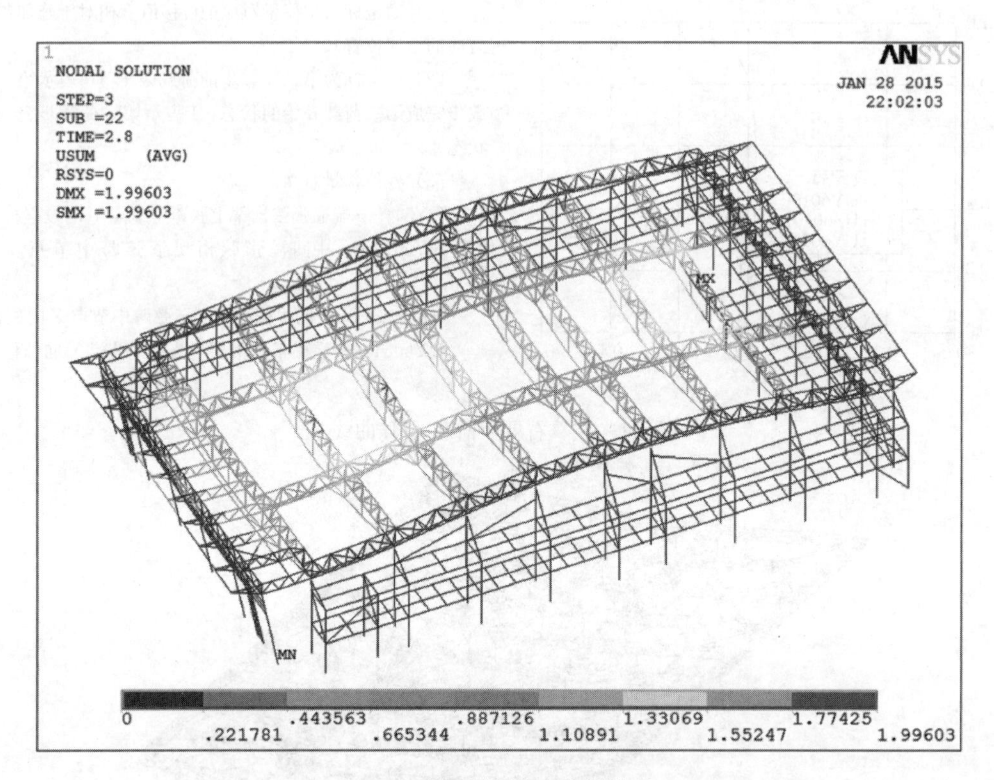

图 13　中间展厅稳定分析模型

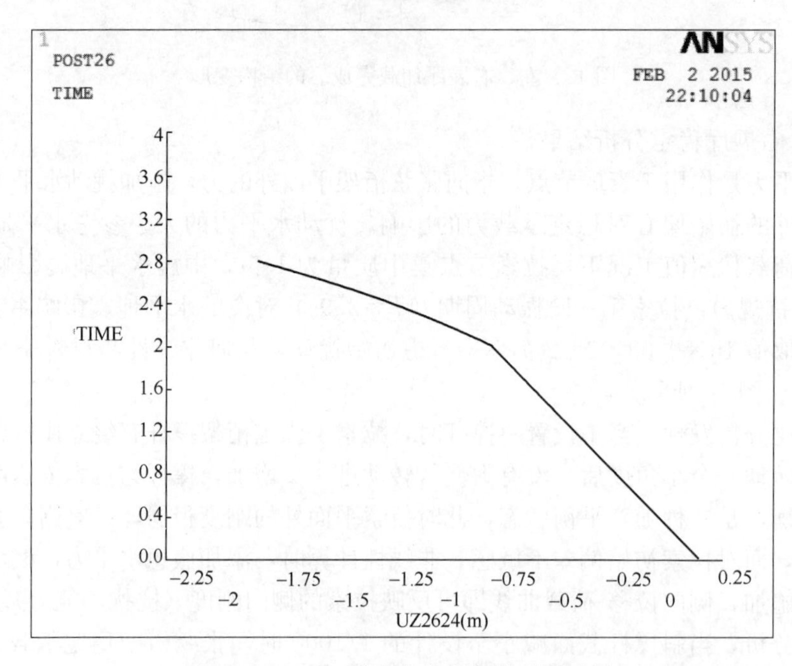

图 14　中间展厅弹塑性分析荷载-位移曲线

6. 大跨度张弦桁架抗连续倒塌分析

本工程结构安全等级为一级，应满足抗连续倒塌概念设计要求。鉴于大跨空间结构在遭遇偶然作用（非预期荷载作用）并因局部失效诱致整体结构发生连续倒塌时，将造成大量人员伤亡和巨大财产损失，因此本工程将对大跨度屋盖开展抗连续倒塌设计。参考《高层建筑混凝土结构技术规程》JGJ 3—2010，采用拆除构件方法进行抗连续倒塌设计。

本工程抗连续倒塌设计目标：单榀主桁架发生局部失效后，不应引起主桁架非对称整体性倒塌和相邻榀主桁架的连续倒塌。失效主桁架承担的部分荷载将通过纵向支撑次桁架传递给相邻主桁架，因此主桁架应具有一定的承载力储备以提供偶然作用下一定的抗连续倒塌能力。

单榀主桁架的局部失效形式：预应力拉索断裂或锚固失效。同时考虑了边榀失效和中间榀失效的两种可能性。左、右展厅抗连续倒塌分析对象如图 15 所示。

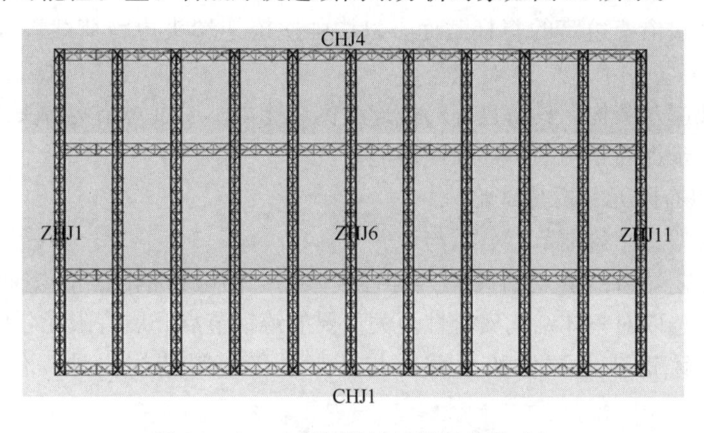

图 15　左、右展厅抗连续倒塌分析对象

断索情况计算结果（中间榀 ZHJ2 失效）如图 16 所示。

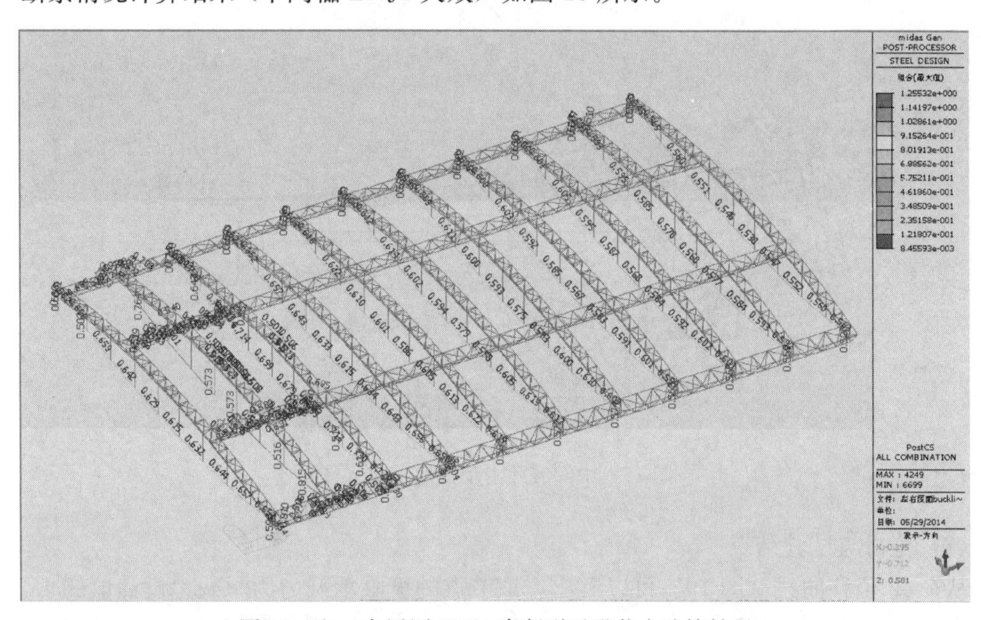

图 16　左、右展厅 ZHJ2 索断裂后承载力验算结果

由桁架 ZHJ2 索断裂后的桁架杆件承载力验算结果可以发现，仅靠近失效桁架一端的次桁架 CHJ2、CHJ3 边跨少数腹杆的应力比大于 1.0。另外，相邻主桁架 ZHJ1、ZHJ3 索最大轴拉应力分别为 620MPa、688MPa，相比断裂前 465～491MPa 明显增大，但仍有较大承载力富余。

采用 MIDAS Gen 程序对张弦桁架屋盖结构进行了抗连续倒塌能力分析，结果表明：

（1）该张弦桁架屋盖结构具有一定的结构冗余度和承载力储备；横向次桁架具有较好的刚度和承载力，可以起到荷载重分配和协调变形的作用，是结构抵抗连续倒塌的关键构件。

（2）根据分析结果可知：整体结构对中间榀失效具有更好的荷载重分配和变形协调作用。相对而言，越靠近边榀的主桁架失效越为不利，整体结构的空间协调作用越弱。

（3）根据分析结果建议：①加强边榀主桁架支座附近弦杆截面，以提高边榀自身抗倒塌能力；②加强次桁架边跨的腹杆截面，以增强次桁架端头边跨荷载重分配和变形协调作用。

该张弦桁架屋盖结构已具备良好的抗连续倒塌能力。通过对结构端头部位部分杆件的加强，可以进一步提高结构的抗连续倒塌能力。

7. 关键节点有限元分析与试验

（1）张弦桁架支座铸钢节点分析与试验

由于浇注工艺对铸钢节点的性能具有直接影响，而且铸钢节点的空间几何形状不规则，因此有必要选取对整体结构安全性至关重要的铸钢节点开展有限元分析和破坏性试验研究，直接检验铸钢节点试件的承载力与变形性能，为结构设计提供直接参考依据（图 17、图 18）。

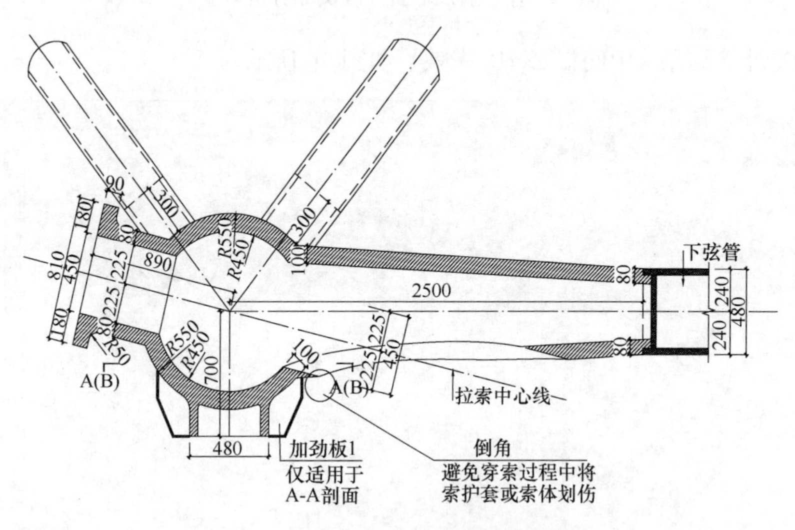

图 17　中间展厅滑动支座节点详图

（2）分析与试验结果

从荷载-位移曲线（图 19）可以看出，该节点的极限承载力为承载力设计值的 4.3 倍，且具有良好的延性。从应力云图（图 20）可以看出，当达到极限承载力时，节点拉索端

图 18 节点试验

全截面进入屈服，孔洞周围外表面已全部屈服，但内表面依然有部分区域未屈服，该处依然有一定的承载能力。该节点极限承载力超过了 3 倍承载力设计值，满足规程要求，具有良好的受力性能。

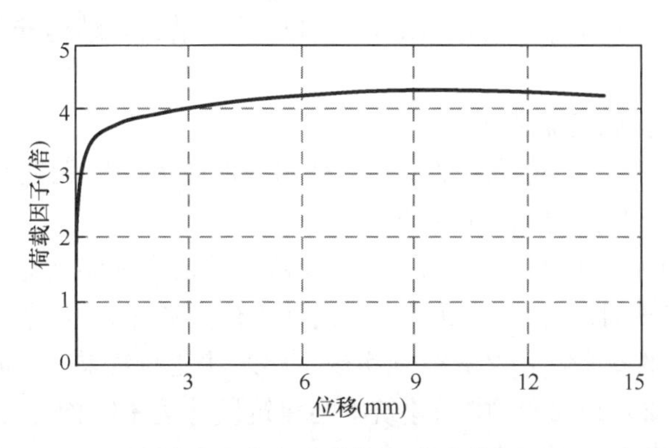

图 19 节点试验荷载-位移曲线

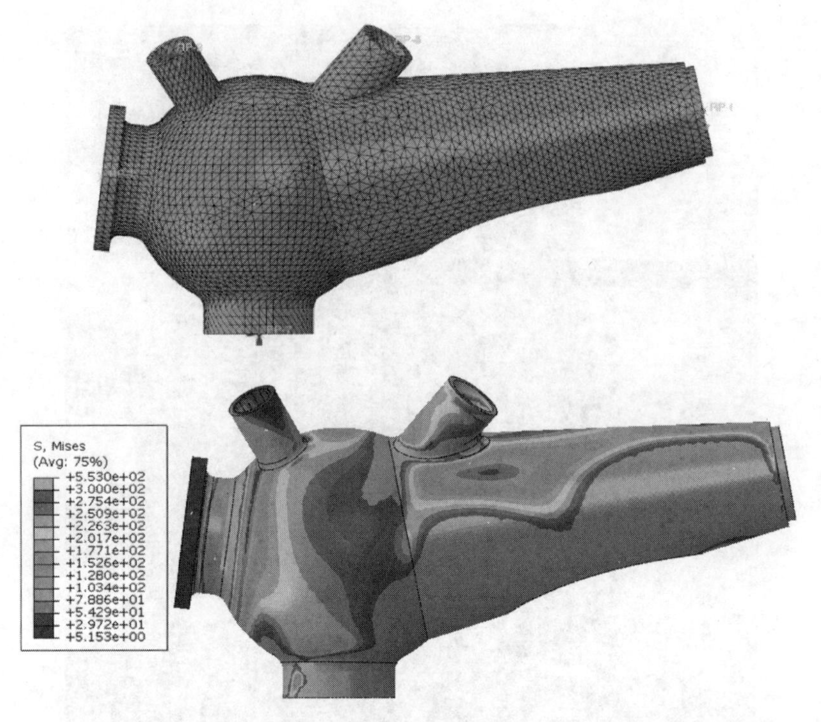

图 20　节点有限元分析结果

五、结构创新总结

1. 结构体系

结构体系特殊，受力复杂，为复杂大跨空间结构。结构采用了钢骨混凝土，预应力大跨度张弦桁架等多种先进技术，实现建筑功能、保证结构安全。

2. 结构计算

对结构进行了弹性分析、非线性稳定分析、施工过程模拟分析、抗连续倒塌分析、关键节点有限元分析等多种计算分析，采取针对性的抗震措施，结构安全、经济合理、具有较好的抗震性能。

3. 强震区大跨度张弦桁架屋盖

展厅屋盖跨度 122m，结构采用张弦桁架结构，形成大跨度无柱空间，更好地发挥结构性能，又保持美学上自然协调的视觉效果。

本工程于 2014 年底基坑开挖，2014 年底开始基础及主体结构施工，2015 年 10 月结构全面封顶，2016 年 6 月竣工投入使用。在设计单位与施工单位的共同努力以及紧密协作下，既保证了结构的安全性，又充分地实现了建筑功能与效果，同时满足了业主的工期要求。该项目获得了 2019—2020 中国建筑学会建筑设计奖·结构专业三等奖，2019 年度行业优秀勘察设计奖优秀建筑结构三等奖、2016—2017 年度中国建设工程鲁班奖（国家优质工程）、第十二届第二批中国钢结构金奖工程、2018 年度湖北省优秀勘察设计项目工程设计一等奖。

37 上海崇明体育训练基地一期4号楼综合训练馆

建 设 地 点 上海市崇明区陈家镇
设 计 时 间 2014—2015
工程竣工时间 2018
设 计 单 位 同济大学建筑设计研究院（集团）有限公司
［200092］上海市杨浦区四平路1230号
主要设计人 丁洁民 张 峥 南 俊 张月强 曹灵泳 黄卓驹
本 文 执 笔 张月强 王 坤

获 奖 等 级 2019—2020中国建筑学会建筑设计奖·结构专业三等奖

一、工程概况

上海崇明体育训练基地位于崇明区陈家镇，总占地面积558970m²，总建筑面积191091m²。一期项目4号楼包括综合训练馆、游泳馆和游泳训练馆三个馆（图1）。

综合训练馆屋盖投影为矩形，轴网正交布置，屋面造型为扁平壳，球壳的矢高为5m，平面尺寸为45m×48m。屋面檐口标高15.000m，最高处标高21.000m。

图1 建筑实景

二、结构体系

综合训练馆屋盖的结构体系采用钢-铝混合单层网壳结构（图2）。球壳的矢高为5m，平面尺寸为45m×48m，矢跨比为1/9～1/10，接近合理拱轴线。中央屋盖采用铝合金单层网壳，四边采用钢结构转换桁架，以增加转换桁架的刚度和强度，并传递中央铝合金网壳竖向和水平荷载到四个巨型混凝土角柱上。

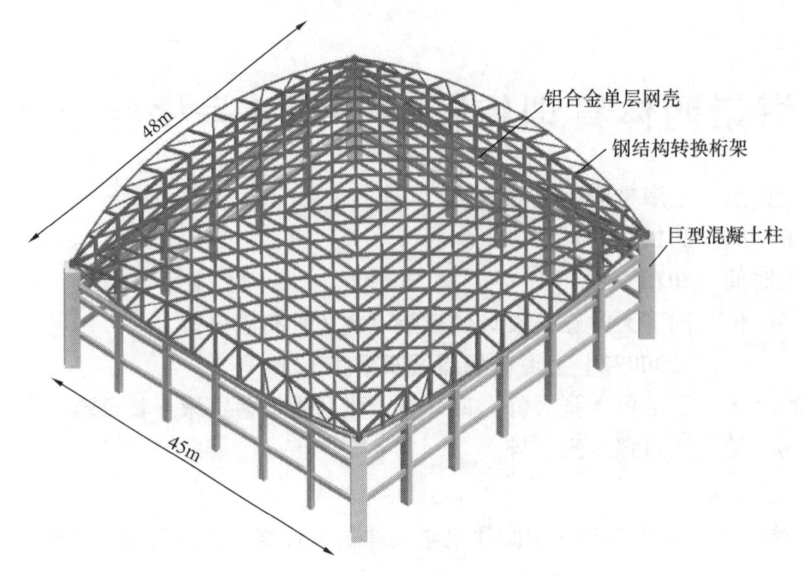

图 2 综合训练馆结构体系

三、结构创新

1. 单层网壳网格布置

单层网壳的网格经过优化设计，以满足结构受力及建筑室内的效果（图 3）。

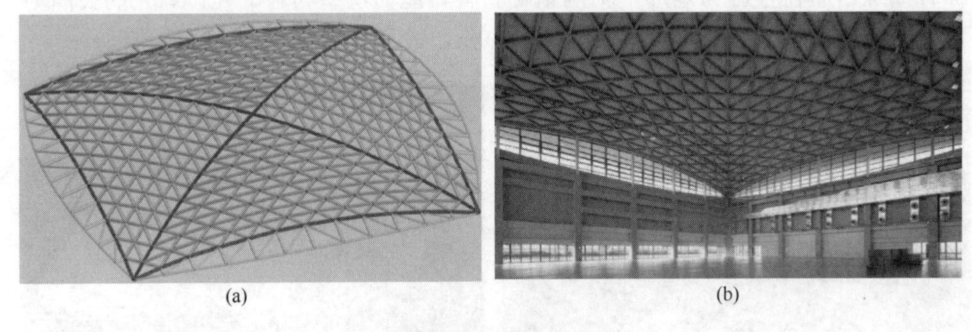

图 3 单层网壳网格布置
（a）模型；（b）实际室内效果

2. 节点设计

铝合金结构采用不锈钢板式节点，受力性能好，方便施工（图 4）；节点与屋面系统相结合设计，采用屋面一体化节点构造（图 5）。

3. 屋面系统

采用一体化结构体系，屋盖结构兼作檩条，既减轻了结构自重，又通过结构细部表现了建筑之美（图 6）。

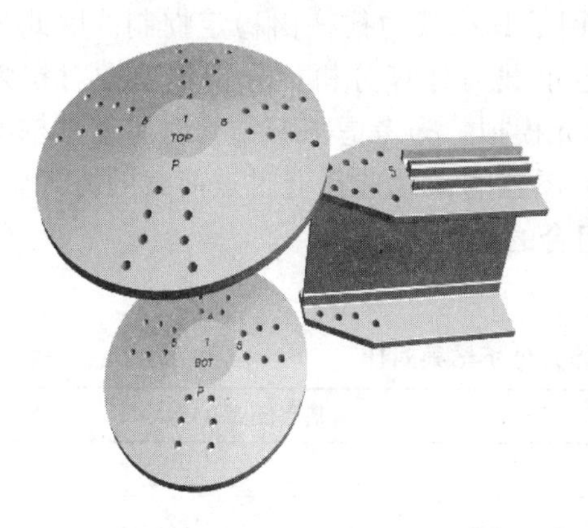

图4　铝合金板式节点

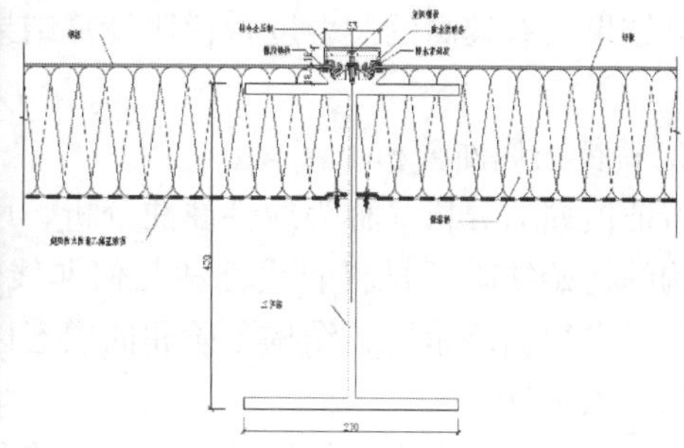

图5　屋面一体化节点构造

图6　屋面一体化系统

四、稳定极限承载力研究

结构失稳是指在外力作用下结构的平衡状态开始丧失，稍有扰动变形便迅速增大，最后使结构发生破坏。稳定问题一般分为两类，第一类是理想化的情况，即当荷载达到某值时，除结构原来的平衡状态存在以外，还有可能出现第二个平衡状态，所以又称为平衡分岔失稳或分支点失稳，而数学处理上是求解特征值问题，故又称特征值屈曲。第二类是结构失稳时，变形将迅速增大，而不会出现新的变形形式，即平衡状态不发生质变。也称极值点失稳。

网壳结构主要承受轴力为主，在荷载的作用下其承载力往往由稳定控制。因此采用ANSYS 12.0 软件对训练馆屋盖结构进行稳定承载力计算分析。分析模型中对拉索用link8 单元模拟，其余所有杆件采用 beam189 单元模拟，为考虑下部结构对屋盖结构的协同影响，有限元模型同时建立下部混凝土结构，屋盖的荷载选择通过点荷载的方式施加，荷载因子定义为施加荷载与 1.0D+1.0L 荷载组合的比例。

1. ANSYS 模型验证

SAP2000 与 ANSYS 的静力分析结果对比 **表 1**

分析模型	跨中最大挠度（mm）（S+D+L）	基底反力（kN）（S+D+L）
SAP2000 模型	−103	12308
ANSYS 12.0 模型	−102.6	12284

表 1 给出了两种分析软件静力分析结果的对比，可知：两个计算模型的位移和基底反力计算结果具有较高的契合度，说明计算结果准确，有限元模型可进一步进行极限承载力分析。

2. 特征值屈曲分析

特征值屈曲分析又称为线性屈曲分析，用于分析第一类稳定问题。线性屈曲分析不考虑结构的初始缺陷、材料非线性和几何非线性，是一种理想化的情况。通过线性屈曲分析，可以求得训练馆屋盖结构各阶屈曲模态以及对应荷载系数，为后续稳定分析时施加初始缺陷提供依据。

图 7 给出了综合训练馆屋盖的整体屈曲分析的前 6 阶模态，分析表明：结构的第 1 阶特征值屈曲的荷载因子为 7.96，结构的屈曲模态为沿对角线方向上的双波屈曲。从结构屈曲模态说明了结构传力方向为对角线方向。满足《空间网格结构技术规程》JGJ 7—2010 弹性屈曲荷载因子 4.2 的要求。

3. 考虑初始缺陷和几何非线性的弹性极限承载力分析

此节考察初始缺陷和几何非线性对综合训练馆屋盖弹性极限承载力的影响。弹性极限承载力分析时，只考虑几何非线性，同时按一致模态法给结构施加跨度 1/300 的初始缺陷。

结构荷载-位移曲线如图 9 所示。分析可知：在加载初期，荷载随着竖向位移呈现线性增长，当竖向位移达到 300mm 左右时，结构达到极限承载力，此时荷载因子为 2.94，铝合金构件开始发生屈曲，随即结构的极限承载力下降，结构发生沿对角线方向的正对称屈曲（图 8）。

4. 考虑初始缺陷和几何非线性的弹塑性极限承载力分析

在线性屈曲分析的基础上，考虑初始缺陷、几何非线性、材料非线性对游泳馆屋盖进行弹塑性极限承载力分析。通过一致模态法给屋盖结构施加跨度 1/300 的初始缺陷。

考虑材料非线性后的弹塑性屈曲分析失稳模态为壳体沿着对角线方向出现反对称变形（图 10），通过对比弹塑性与弹性极限承载力的荷载-位移曲线（图 11），可以得出以下结论：考虑材料非线性后，结构的弹塑性极限承载力与弹性极限承载力相比稍有下降，弹塑性极限承载力大于《空间网格结构技术规程》JGJ 7—2010 规定的弹塑性全过程分析时的 2.0 限值，结构偏于安全。

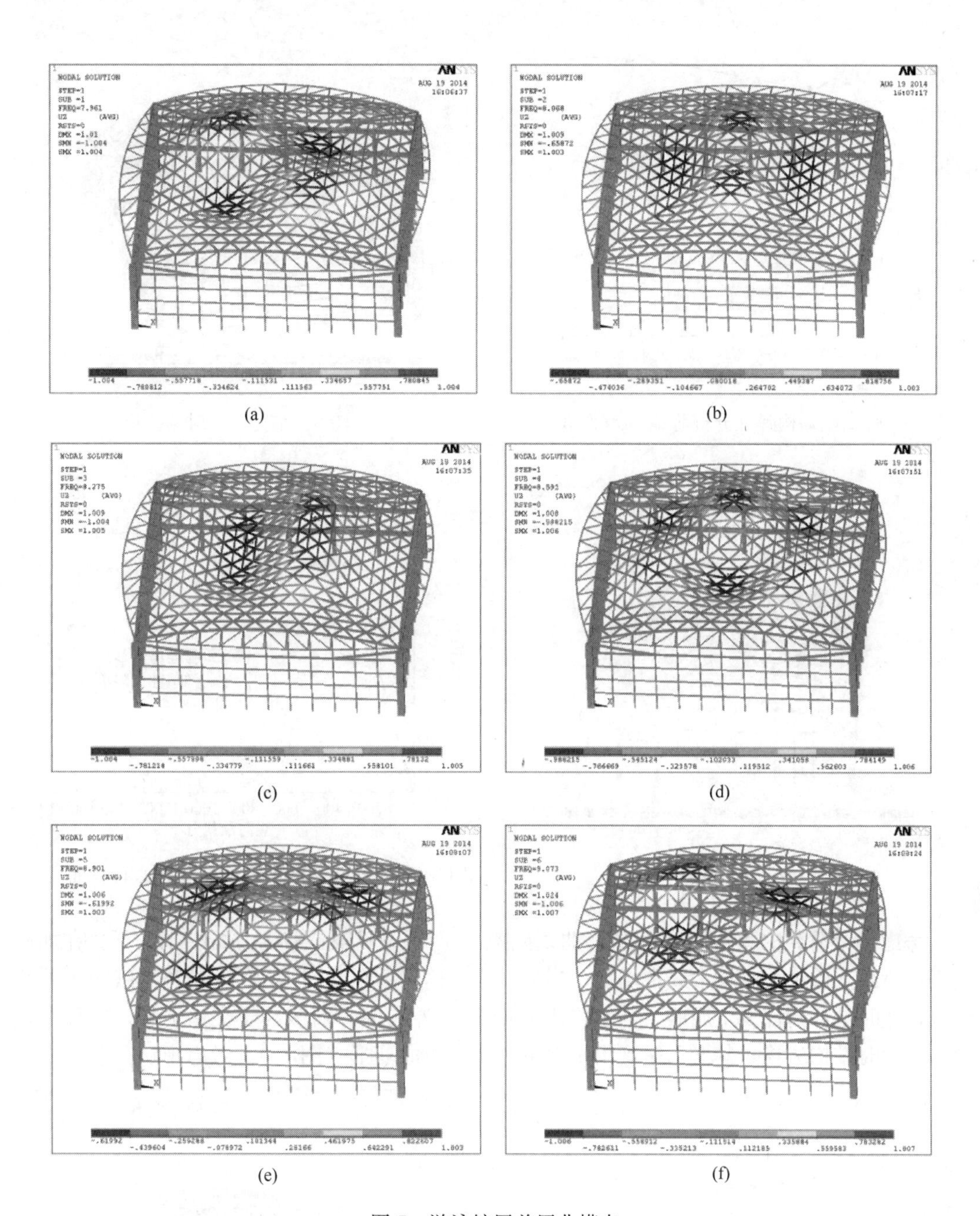

图7　游泳馆屋盖屈曲模态

(a) 第1阶屈曲模态（荷载因子：7.96）；(b) 第2阶屈曲模态（荷载因子：8.07）；
(c) 第3阶屈曲模态（荷载因子：8.27）；(d) 第4阶屈曲模态（荷载因子：8.59）；
(e) 第5阶屈曲模态（荷载因子：8.90）；(f) 第6阶屈曲模态（荷载因子：9.07）

5. 考虑半跨活荷载对结构弹塑性极限承载力的影响

半跨活荷载作用下的弹塑性极限承载力分析时，考虑几何非线性和材料非线性，同时按一致模态法给结构施加跨度1/300的初始缺陷。

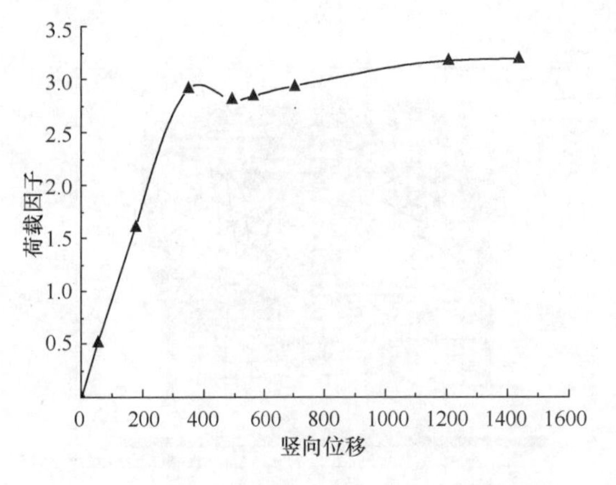

图 8　带缺陷结构弹性分析荷载-位移曲线

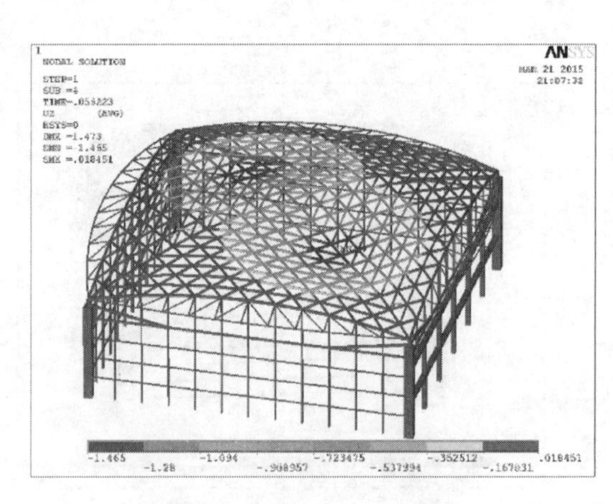

图 9　结构失稳时的变形

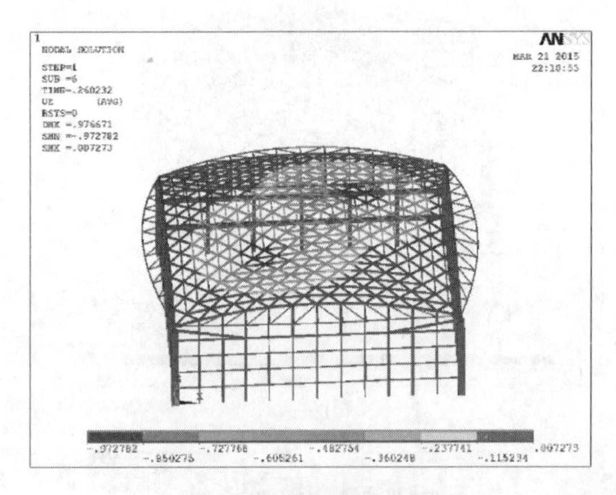

图 10　结构失稳时的变形

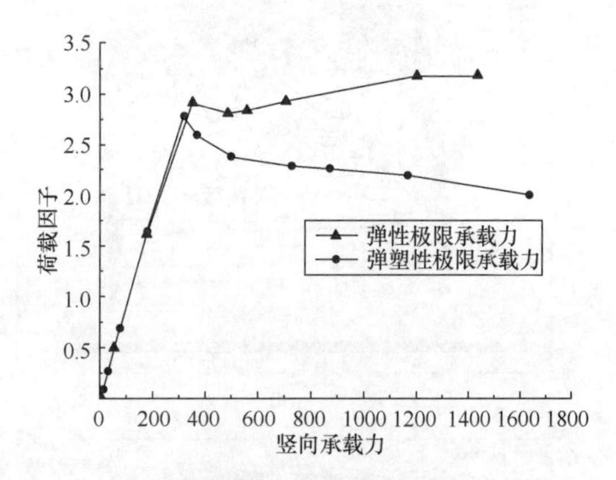

图 11　弹性与弹塑性极限承载力荷载-位移曲线比较

考虑半跨荷载的弹塑性荷载-位移曲线如图 12 所示，极限承载力分析结果如下：在加载初期，荷载随着位移的增大线性增加，当竖向位移达到 250mm 时，荷载-位移曲线出现非线性段，此时部分构件发生屈服，当位移达到 450mm 左右时，荷载因子突然下降，位移快速增加，此时结构失稳，其变形呈现出角部单个波的屈曲变形（图 13）。考虑半跨荷载后结构

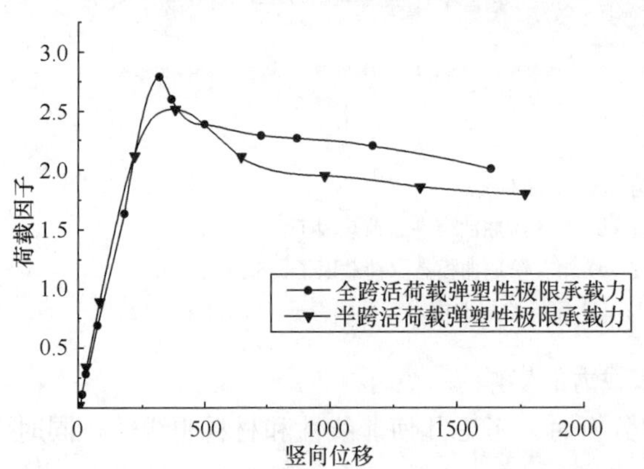

图 12　考虑荷载不利分布的荷载-位移曲线比较

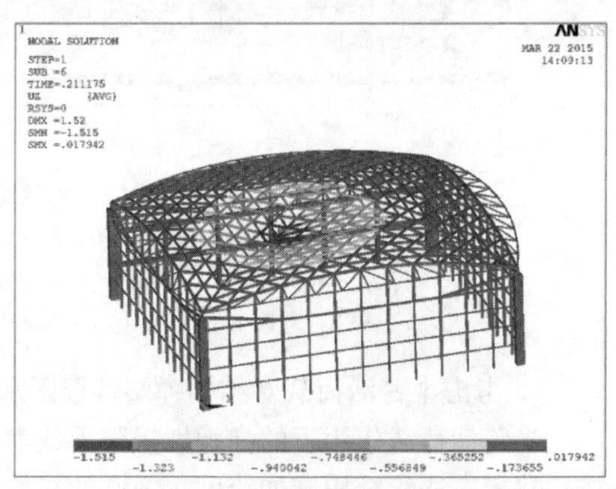

图 13　结构失稳时的变形（荷载因子为 5.28）

的弹塑性极限承载力稍有下降，但仍然满足《空间网格结构技术规程》JGJ 7—2010规定的弹塑性全过程分析时的 2.0 限值，结构安全。

五、网壳构件验算

1. 钢结构转换桁架构件验算

钢结构构件验算采用 SAP2000，分别对非地震组合、小震弹性组合以及中震不屈服组合进行验算。如表 2 所示，验算结果表明，钢结构转换桁架的强度满足承载能力极限状态，且满足小震弹性、中震不屈服的抗震性能化目标。

综合训练馆钢构件最大应力比 **表 2**

杆件名称	杆件代号	杆件截面	应力比			长细比
			非地震组合	小震弹性组合	中震不屈服组合	
边梁	BL	320×320×20×20	0.42	0.29	0.28	68
悬挑梁	XTL	300×200×12×12	0.33	0.25	0.26	73
封边梁	FBL	ϕ203×8	0.29	0.21	0.33	123
腹杆	FG	ϕ168×8	0.53	0.21	0.23	100
支座立杆 1	ZZLG1	500×250×10×10	0.33	0.23	0.35	48
支座立杆 2	ZZLG2	ϕ550×30	0.78	0.51	0.57	8
幕墙斜撑	MQXC	300×200×20×20	0.2	0.24	0.38	150
屋面拱 3	WMG3	H320×200×8×10	0.77	0.69	0.71	54

2. 铝合金构件验算

铝合金构件验算采用 3D3S12.1 和手算相结合的方法，分别对非地震组合、小震弹性组合以及中震不屈服组合进行验算，验算结果如表 3 所示。3D3S 验算铝合金构件的应力比采用《铝合金结构设计规范》GB 50429—2007，单层网壳的构件平面外计算长度取 1.6，平面内取 0.9。

综合训练馆铝合金构件最大应力比 **表 3**

杆件名称	杆件代号	杆件截面	应力比			长细比
			非地震组合	小震弹性组合	中震不屈服组合	
屋面拱 1	WMG1	320×320×20×20	0.78	0.62	0.58	91
屋面拱 2	WMG2	320×200×9×11	0.78	0.60	0.54	85

从铝合金网壳的应力比分布云图（图 14）可以看出，绝大部分的铝合金构件应力比在 0.4 以下，网壳四个角部的受力较大，因此角部构件的应力比较大，达到 0.78。

本场馆位于 7 度区，按 7 度考虑抗震，根据《建筑抗震设计规范》GB 50011—2010 第 10.2.13 条，小震组合下需乘以地震组合内力设计值增大系数 1.1（表 3 中应力比为增大后的值)，经验算，应力比满足要求。所有杆件的长细比均小于 150，关键构件的长细比小于 120，满足《建筑抗震设计规范》GB 50011—2010 第 10.2.14 条规定。

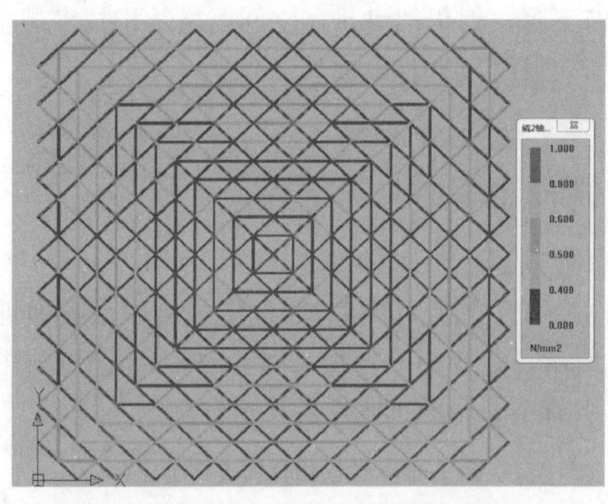

图 14　铝合金构件强度和稳定性验算的应力比分布（3D3S 验算）

六、整体效果与细部设计

1. 整体效果

单层网壳结构造型与建筑形态完全融合，同时增大建筑净空（图 15）；单层网格布置美观，同时与室内装修风格一致，无需吊顶（图 16）。立面结构通过四个巨型角柱传力，结构与四边采光侧窗融为一体设计布置（图 17）。

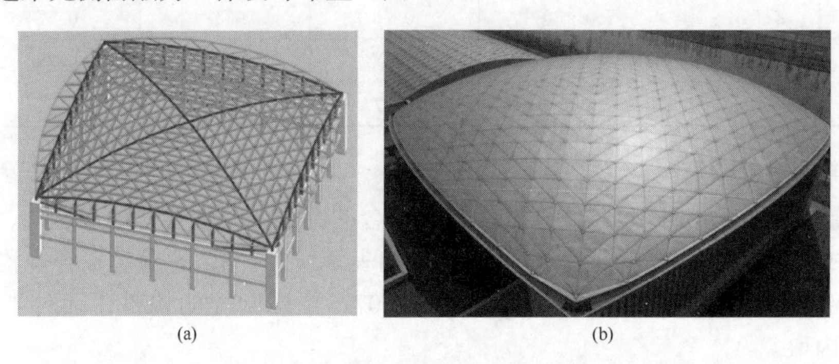

(a)　　(b)

图 15　单层网壳结构与建筑对比

(a) 单层网壳结构造型；(b) 建筑屋面形态

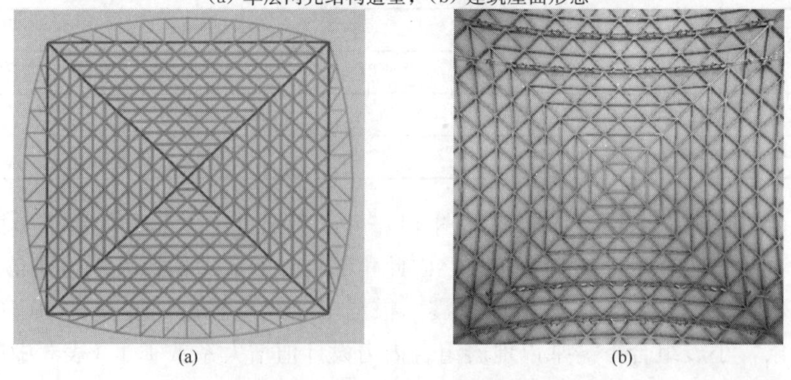

(a)　　(b)

图 16　单层网壳网格布置

(a) 单层网格布置；(b) 网格室内效果

图17 结构与四周采光天窗的一体化设计

2. 细部设计

铝合金构件连接的板式节点，在满足受力性能的同时，外观尽可能简洁美观，以营造简洁的建筑空间效果（图18）。建筑四角的巨型混凝土柱造型进行专门设计，以切角的方式彰显建筑挺拔向上的建筑效果（图19）。

图18 铝合金节点设计

图19 巨型角柱设计

七、施工考虑

为保证结构施工的方便性，采取以下措施（图20）：

(1) 节点设计采用板式节点连接，现场不锈钢钉连接，施工速度快。(2) 所有的构件和节点均在工厂精密预制，标准化、工业化生产，现场全装配式、模块化施工，最大程度地减少工地现场工作量。(3) 采用三维数字化技术，对结构进行三维模型实体建模拼装，并按照三维模型数字化控制构件和节点的工厂加工，以便提前发现施工难题并解决。

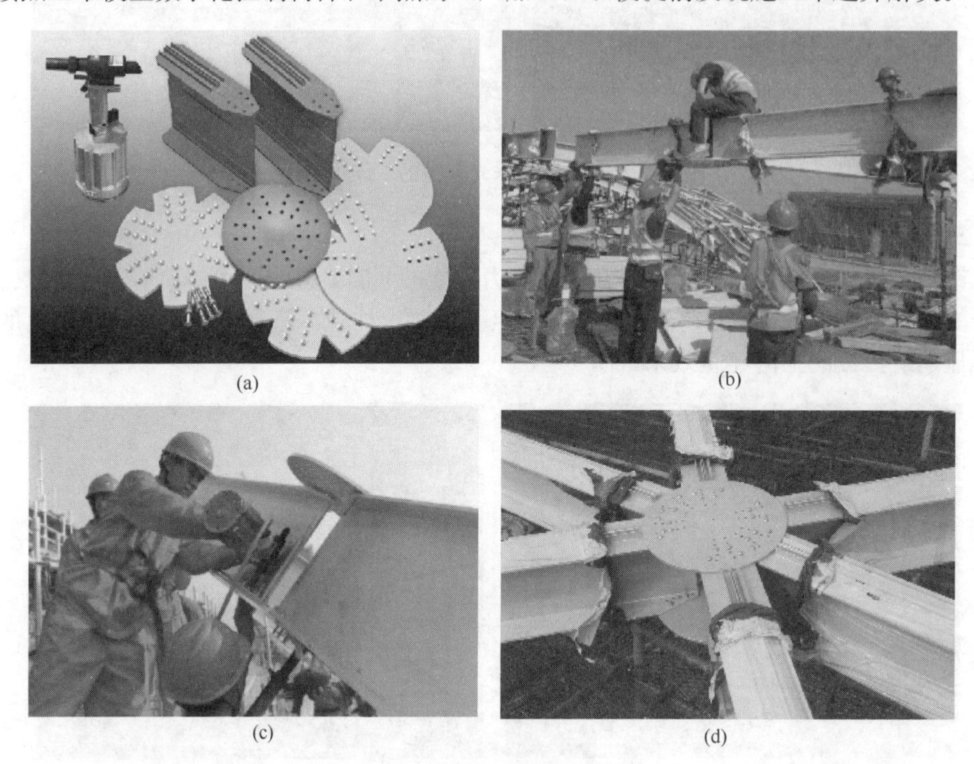

图 20　结构现场安装工

(a) 板式节点安装前；(b) 吊装临时固定；(c) 安装紧固件；(d) 安装完成后的节点

八、可持续性和工程价值以及试验研究

1. 可持续性

崇明体育训练基地综合训练馆馆遵循因地制宜、经济可行、技术成熟的指导思想，采用以被动策略为主，主动策略为补充，整合设计，全局优化，最大化地节能、节约成本。可持续材料：项目采用铝合金作为承重结构，材料耐腐蚀性能好，终生免维修，回收率高，具有可持续性。自然采光（图 21）：利用侧窗进行自然采光，可以最大程度地节约用电量，减少碳排量。

2. 工程价值

通过采用合理的设计技术与施工措施，确保项目预算与竣工时间得以顺利实现，尽可能地为业主创造最大化的价值，同时为相关工程提供了有力的参考。本工程采用铝合金作为承重材料，节约后期维护费用；铝合金构件施工速度快，节约成本，节约用水，施工现场无噪声、粉尘、污水等污染。

图21 室内自然采光效果

3. 试验研究

本工程对所采用的板式连接节点进行了静力加载的试验研究（图22）。

图22 试验照片

本工程于2014年10月开始设计，2015年5月设计完成，2018年5月工程竣工并投入使用。在设计单位与施工单位的共同努力以及紧密协作下，既保证了结构的安全性，又充分地满足了体育建筑的训练和比赛要求以及社会效应。建筑功能布局合理，流线组织清晰，并很好地展示了体育建筑的特点。该项目获得了2019年度优秀工程勘察设计规划设计一等奖，2019—2020中国建筑学会建筑设计奖·结构专业三等奖。

38　肇庆市体育中心升级改造

建 设 地 点　广东省肇庆市星湖西畔
设 计 时 间　2007—2017
工程竣工时间　2018
设 计 单 位　广东省建筑设计研究院有限公司
　　　　　　［510010］广州市荔湾区流花路97号
主要设计人　陈　星　陈泽钿　张春灵　李伟锋　冯智宁　潘伟江　丘文杰
　　　　　　欧旻韬　赖鸿立　罗丽萍　林松伟　吴桂广　张东升
本 文 执 笔　陈　星　陈泽钿　张春灵

获 奖 等 级　2019—2020中国建筑学会建筑设计奖·结构专业三等奖

一、工程概况

肇庆体育中心坐落于广东省肇庆市星湖西畔，项目总用地面积238831m²，建筑面积49808m²。原建筑建成于1994年，已运行20多年，不满足现行体育比赛的要求和日益提高的全民健身活动需求。本着节约办赛事的原则，在保有原有规划布局的前提下进行升级改造。拆除原有屋盖及外墙，采取多种不同方式新建体育场、体育馆和游泳场钢结构屋面及幕墙。

新建体育场屋面结构总长度为336m，属屋盖结构单元长度超限的大跨屋盖建筑，体育场新建屋面尺寸相对改造前屋面大幅度增加了40%，屋面挑出长度26.6m，采用空间立体桁架钢结构。

本项目改造工程和钢结构工程规模大、难度高、“拆一建”和新旧连接关系复杂、问题多样化，设计上综合采用了预应力、铸钢节点、钢管混凝土柱组合支座等技术，结合多软件、多阶段精细化计算分析手段，有效地解决了技术难题，并创新、可靠地解决了体育场屋面钢V撑支座与原混凝土柱的连接难题，且利用BIM技术展示复杂新旧连接节点施工步骤指导现场施工，为类似工程提供了宝贵的工程经验。

项目改造前后的效果见图1～图3。

图1 改造前项目实景

图2 改造后项目实景1

图3 改造后项目实景2

二、结构体系

钢结构屋盖采用空间立体桁架结构体系（图 4、图 5）。网壳平面略呈近椭圆形，长轴方向采用立体三角桁架，短轴方向采用平面桁架（图 6），组合成空间立体桁架；长轴南北两个落地 V 形桁架支座中心间距离为 291.8m，短轴悬臂最大跨度 15.6m；钢结构屋盖在看台投影部分通过 V 撑（图 7）支承在看台混凝土结构柱上，长轴两端采用落地 V 形桁架支承在地面上（图 8）。屋盖建筑特征见表 1。

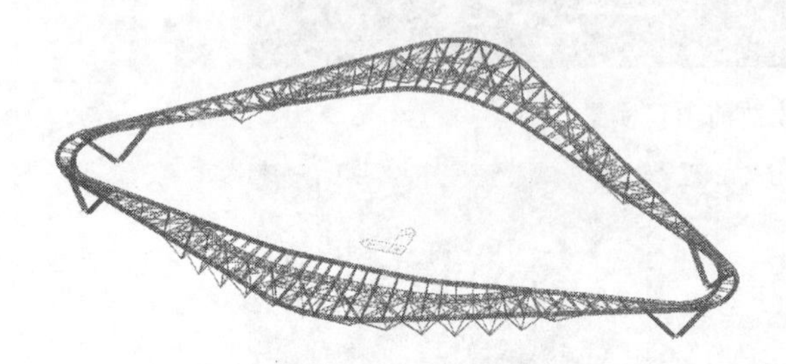

图 4　混凝土结构与钢结构整体

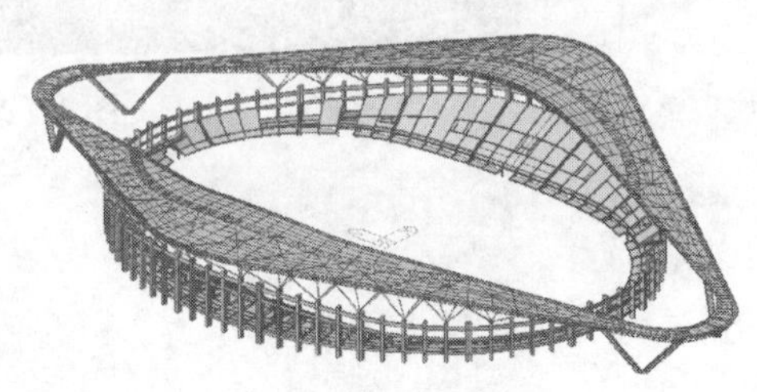

图 5　钢结构屋盖

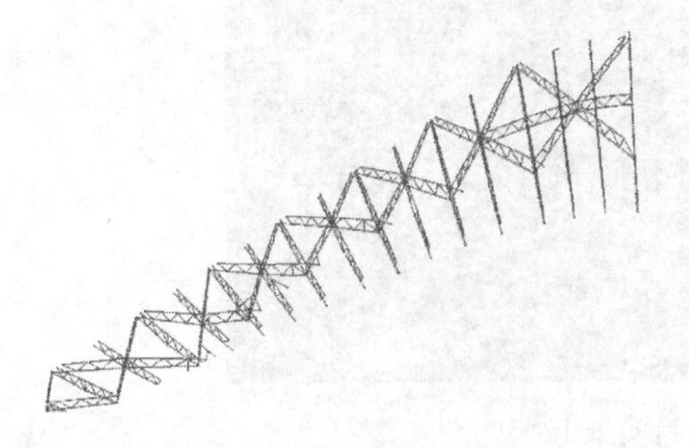

图 6　屋盖悬挑平面桁架及水平支撑桁架

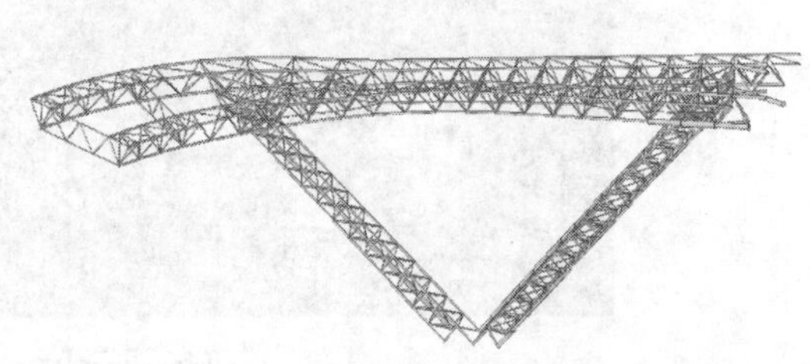

图 7　屋盖落地 V 撑（桁架）

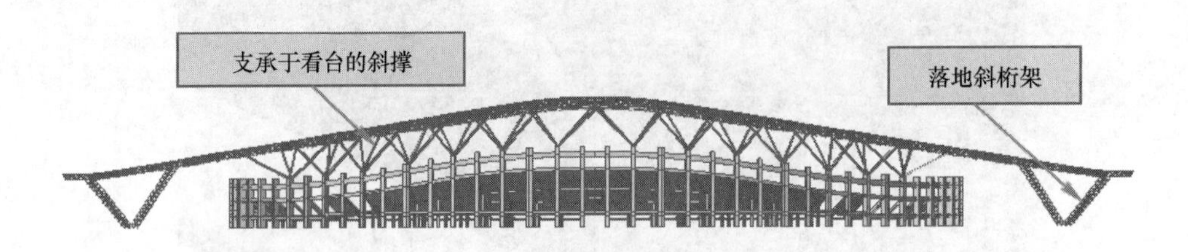

图 8　侧视图（长度方向）

新建体育场钢屋盖建筑特征　　**表 1**

建筑功能	层数	屋盖外轮廓（m）	长宽比	高宽比	高度（m）	备注
体育场	2 层，局部 5 层	337×232	1.45	0.17	17～40	既有混凝土屋面拆除后，新建钢结构屋盖

三、结构特点和关键技术

1. 拆除、新建屋面规模大，改造前后变化大

原屋面（图 9）投影面积 12244m²，新建屋面（图 2）投影面积 17097m²，新建屋面平面面积大幅度增加了 40%，屋面挑出长度 26.6m，相对原屋面挑出长度增加 4.7m。

割除原有柱顶悬臂大梁并对柱顶采用钢板加固作为连接屋盖 V 撑的支座（图 10），屋盖长轴两端采用落地 V 撑桁架（图 2）支承在地面上。

图 9　原屋面结构

图 10　改造后屋面支座

2. 屋盖在原柱顶 V 撑支座新旧连接复杂

割除原有柱顶悬臂大梁并对柱顶采用钢板加固作为连接屋盖 V 撑的支座（图 11），屋面钢 V 撑杆件的拉压轴力经钢支座传递水平剪力、竖向轴力以及弯矩给混凝土框架柱，框架柱与钢支座交界面未经处理，仅能传递竖向压力。原框架柱混凝土存在酥松和蜂窝情况，支座节点属原梁柱节点，钢筋密集，采用传统植筋传递支座交界面由弯矩引起的拉力的方式，存在施工困难及易于损伤混凝土柱降低承载力的问题。原有柱子竖向形态为弧形，也给设计、施工带来不少困难。

3. 降低岩溶发育对管桩断桩的不利影响

建设场地基岩为可溶性石灰岩，基岩岩芯普遍有溶蚀现象且破碎，岩溶强发育致岩面崎岖不平，设计对预应力管桩基础采用特制的环状锯齿形桩尖（图 12）。锯齿分布在桩端截面的外围、增强了桩端应对受力偏心的能力，且锯齿形的桩尖较好地适应了崎岖的岩溶表面，采用环状锯齿形桩尖有效降低了管桩施工断桩率。

图 11　屋面 V 撑支座异形截面柱加固做法拆解

4. 拉索（杆）预应力

图 12　特制环状锯齿形管桩桩尖

钢结构屋盖为满足建筑造型需求，屋盖重心相对支承柱有较大偏心，使得屋盖悬挑桁架末端有向体育场中心前倾的趋势。设计对主榀悬挑桁架和悬挑端封口三角桁架施加预应力，施加位置见图 13 和图 14，使封口桁架产生整体上拱的竖向位移，从而在满足相同挠度限值的前提下，可以有效地降低钢材用量，每平方米用钢量减少 18.5kg，取得了明显的经济效益。

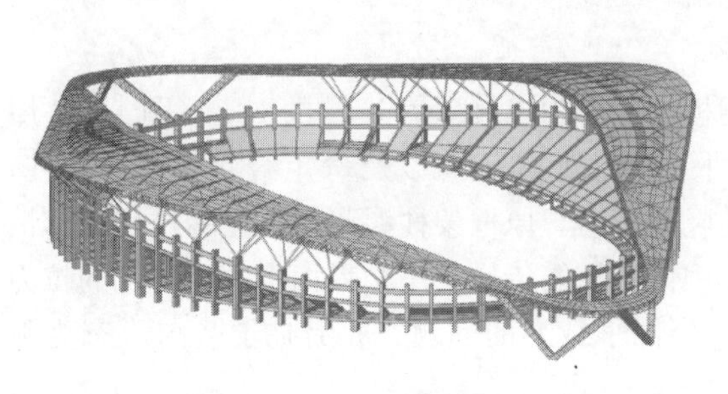

图 13　预应力拉索布置

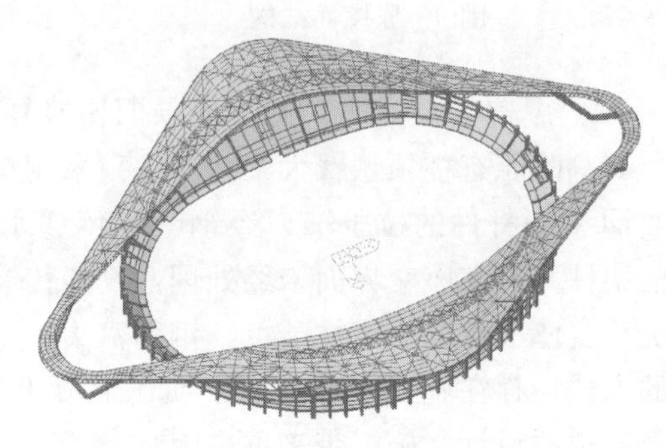

图 14　增强桁架横向稳定性的预应力硬拉杆布置

预应力拉索采用 1860 钢绞线，4 束 1×7-15.2，预拉力为 50kN，硬拉杆采用 Q420 实心钢棒，直径为 30mm。预拉力为 30kN 预应力拉索、硬拉杆均在胎架拆除前进行张拉。

预应力拉索最大拉力包络值为 115.9kN，最小拉力包络值为 15.8kN，拉索各种工况下均未出现拉力。预应力拉杆最大拉力包络值为 67.7kN，最小拉力包络为 6.7kN，拉杆各种工况下均未出现压力。

四、超限应对措施及分析结论

（一）结构的超限情况

本工程屋盖采用空间立体桁架结构体系，屋盖结构单元总长度为 336m，根据《超限高层建筑工程抗震专项审查技术要点》的规定，屋盖长度大于 300m 属于屋盖结构单元长度超限的大跨屋盖建筑。

（二）超限应对措施

1. 分析模型及分析软件

本工程采用 MIDAS Gen 、SAP2000 和 ABAQUS 软件进行计算分析，计算模型如图 15～图 17 所示。

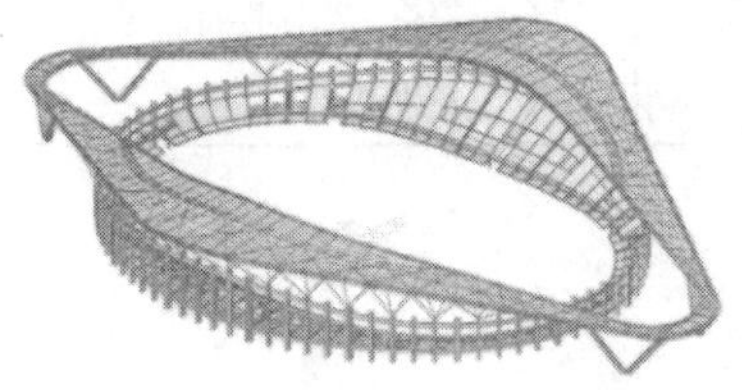
图 15　MIDAS Gen 模型

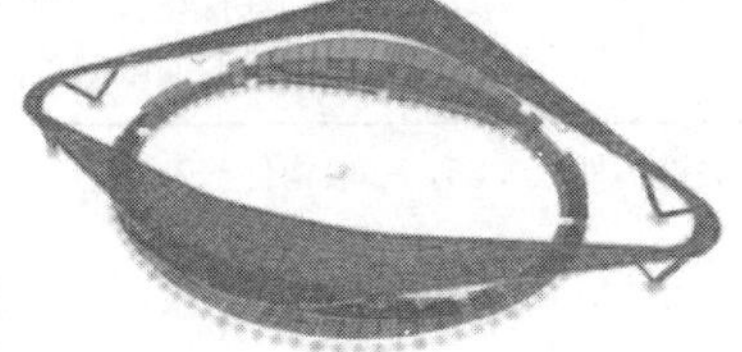
图 16　SAP 2000 模型

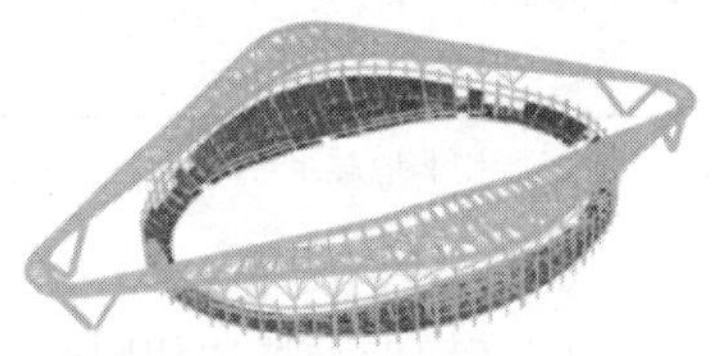
图 17　ABAQUS 模型

2. 抗震设防标准、性能目标及加强措施

1）抗震设防标准

本工程抗震基本设防烈度为 6 度，设防类别为重点设防类，设计地震分组为第一组，场地类别为Ⅱ类。参考建设场地周边其他工程的安评报告，采用设防烈度为 7 度的规范地震参数进行多遇地震的计算，设防烈度和罕遇地震则均采用设防烈度为 6 度的规范地震参数。

反应谱计算时，混凝土阻尼比按 0.05，钢结构阻尼比按 0.02；时程计算时，阻尼比按不利统一取 0.025。

2）性能目标

本工程钢结构屋盖及下部混凝土支承体系（支承柱及其连系梁）按性能目标 3 要求设计，其他看台混凝土部分按性能目标 4 要求设计。不同抗震性能水准的结构构件承载力设计要求见表 2。

不同抗震性能水准的构件承载力设计要求　　表 2

抗震烈度	多遇地震	设防地震	罕遇地震
钢结构屋盖悬挑桁架、看台 V 撑、落地 V 形桁架弦杆、悬挑桁架末端封口环桁架弦杆及其节点（包括支座锚杆）	弹性， 应力比<0.75 支座处<0.65 节点<0.6	弹性， 应力比<0.85 支座处<0.70 节点<0.65	强度应力比<1.0 支座处<0.8 节点<0.75
其他钢结构构件	弹性， 应力比<0.85 支座处<0.75	弹性， 应力比<0.95 支座处<0.85	允许部分进入屈服
看台混凝土支承体系（支承柱及其连接梁）	弹性	抗弯不屈服、 抗剪弹性	抗弯抗剪不屈服， 梁允许部分抗弯屈服

续表

抗震烈度	多遇地震	设防地震	罕遇地震
普通混凝土柱	弹性	抗弯允许部分屈服，抗剪不屈服	部分屈服，受剪截面满足截面限制条件
普通混凝土梁	弹性	允许大部分构件进入屈服阶段，受剪截面满足截面限制条件	允许部分构件发生比较严重破坏，受剪截面满足截面限制条件

注：控制非地震组合的构件应力比关键构件<0.85，一般构件<0.95。

（三）分析结果

1. 结构振动特性和周期

本工程计算 270 个振型时，X 向、Y 向、Z 向地震总参与系数可满足地震质量参与系数大于 90%的要求。振型以屋盖振动为主，典型振型如图 18 和图 19 所示。不同程序计算结果见表 3，结果表明两个程序计算所得的各个周期值及振型参与质量均较为接近，第 2、3、8 振型参与质量较大。

周期与振型参与系数（百分比） **表 3**

振型	MIDAS Gen 模型				SAP2000 模型			
	周期（s）	X 向参与系数	Y 向参与系数	Z 向参与系数	周期（s）	X 向参与系数	Y 向参与系数	Z 向参与系数
2	1.06	18.64	0.00	0.00	1.06	18.65	0.00	0.00
3	0.99	0.00	24.00	0.00	0.99	0.00	23.98	0.00
8	0.74	26.47	0.00	0.01	0.74	26.46	0.00	0.01

图 18　第 2 振型

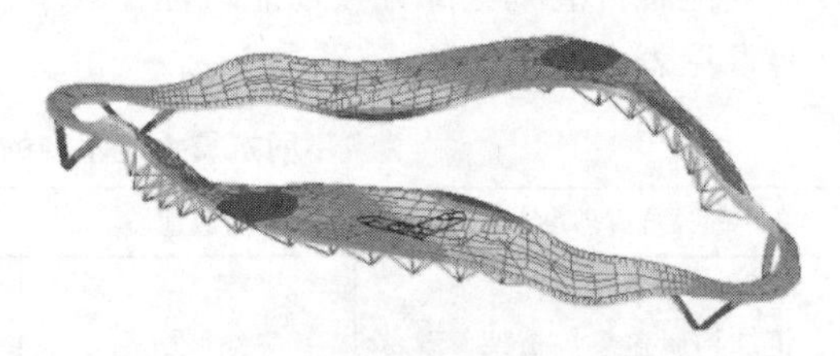

图 19　第 3 振型

2. 多遇地震作用分析

1）多遇地震工况基底反力

结构在 0°、45°、90°、135°方向多遇地震作用下的基底反力见表 4。各计算结果取时程法的平均值和振型分解反应谱法的包络值。

多遇地震反应谱工况基底反力 **表 4**

多遇单工况	F_x（kN）	F_y（kN）	F_z（kN）
0°方向地震	9550	147.8	41.1
45°方向地震	6754.5	6002	61.7

续表

多遇单工况	F_x（kN）	F_y（kN）	F_z（kN）
90°方向地震	144.5	8489	112.8
135°方向地震	6754	6005	103.0
Z 向地震	23.0	70.7	4406

2）多遇地震位移

在重力荷载代表值和多遇竖向地震作用标准值作用下，屋盖的水平位移最大值为55.1mm，竖向位移最大值为113.9mm，水平位移和竖向位移相对恒荷载作用时分别增大了31%和22%。

3）多遇地震构件应力比

多遇地震作用下结构大部分构件应力比在0～0.3之间，135°方向地震的组合工况为最不利工况，屋盖整体和看台V撑应力比分别如图20和图21所示，最大应力比为0.666，看台V撑部分的应力比最大值为0.409，最大值均出现在靠近屋盖长度方向两端。

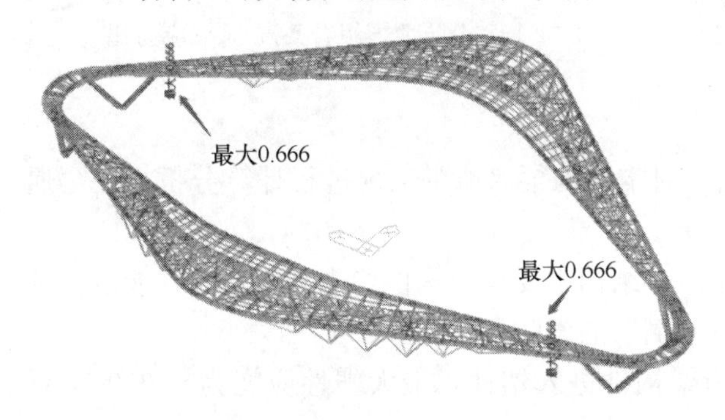

图20　135°方向多遇地震组合工况结构应力比

图21　135°方向多遇地震组合工况V撑应力比

3. 中遇地震作用分析

1）设防地震工况基底反力

结构在0°、45°、90°、135°方向设防地震作用下的基底反力见表5。

设防地震工况基底反力　　**表5**

设防地震单工况	F_x（kN）	F_y（kN）	F_z（kN）
0°方向地震	−14326	222	62
45°方向地震	−10132	9003	92
90°方向地震	217	−12734	169
135°方向地震	10130	−9008	−155
Z 向地震	−35	106	−6610

表5计算的主方向基底剪力是多遇地震工况计算的基底反力的1.5倍，符合中震（规范）影响系数比例的关系。

2）设防烈度地震位移

在重力荷载代表值和竖向设防地震作用标准值作用下，屋盖的水平位移最大值为56.3mm，比小震结果增大2.21%，竖向位移最大值为118.5mm，比小震结果增大

4.04%。设防地震竖向位移、水平向位移（恒+地震）比多遇地震的增加比例大部分在8%以内，绝大部分在5%以内。

3）设防地震构件应力比

设防地震作用下结构大部分构件应力比在0～0.5，135°方向地震的组合工况为最不利工况，最大应力比为0.868，屋盖整体和看台V撑应力比如图22和图23所示。

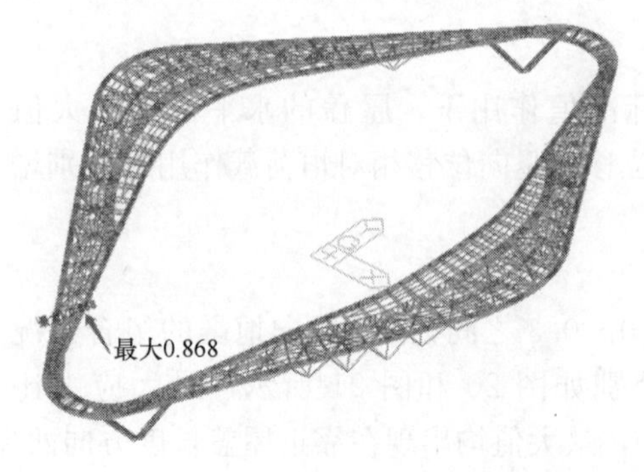

图22　135°设防地震组合工况结构应力比

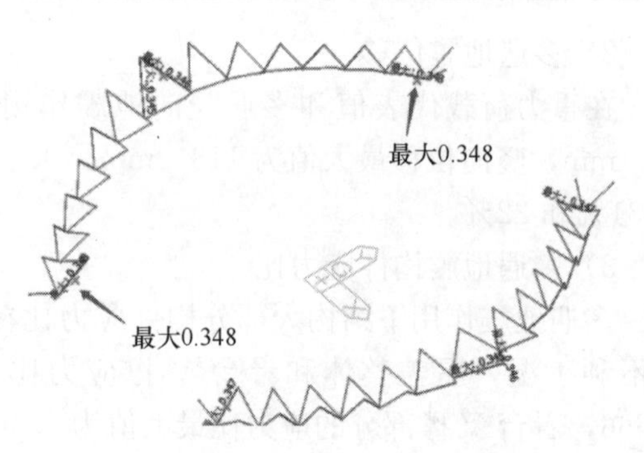

图23　135°设防地震组合工况V撑应力比

4. 罕遇地震弹塑性分析

采用ABAQUS弹塑性时程分析方法，对本结构罕遇地震工况进行计算分析。在罕遇地震作用下，结构性能如下：

（1）结构在经历了三向罕遇地震作用后，结构主要承力构件均未进入塑性，能承受结构本身的自重而竖立不倒，实现了“大震不倒”的设防目标。

（2）钢结构屋盖体系中，结构少量桁架构件进入塑性，最大塑性应变为0.0003，看台V撑及落地V形桁架构件均处于弹性工作状态。

（3）看台混凝土支撑体系中，楼盖体系支撑柱及其连接梁构件钢筋均未进入塑性，混凝土未发生刚度退化；少量普通混凝土柱钢筋发生屈服，最大塑性应变为0.0007。

（4）通过采用大震等效弹性方法对结构竖向构件进行抗剪截面验算，结果表明，全部竖向构件最大剪压比为0.042，均满足规范限值。

（5）钢结构屋盖悬挑桁架最大竖向位移为206mm，最大挠度为1/105；落地V形桁架支撑水平桁架最大竖向位移为125mm，最大挠度为1/159，均满足规范要求。看台V撑最大水平位移为66mm，位移角为1/110；落地V形桁架最大水平位移为44mm，位移角为1/336，满足规范要求。看台混凝土支承体系最大位移为41mm，位移角为1/593，满足规范要求。

5. 钢结构的整体稳定分析

不考虑初始几何缺陷和非线性，进行第一类特征值屈曲分析，选用三种不利的荷载组合方式进行对比，计算结果表明最小的屈曲因子大于12。按照《空间网格结构技术规程》JGJ 7—2010的规定，安全系数大于4.2，结构的整体稳定性满足要求。

将上述第一类特征值屈曲分析的第一阶模态乘以相应的放大因子，并作为结构的初始缺陷，并考虑结构的P-Δ效应及大变形等几何非线性带来结构刚度的变化，计算结果表明荷载系数在5.7以内均未出现拐点，说明其屈曲因子均大于4.2，结构的整体稳定性满足要求。主要控制点平面位置和屈曲因子曲线如图 24 所示。

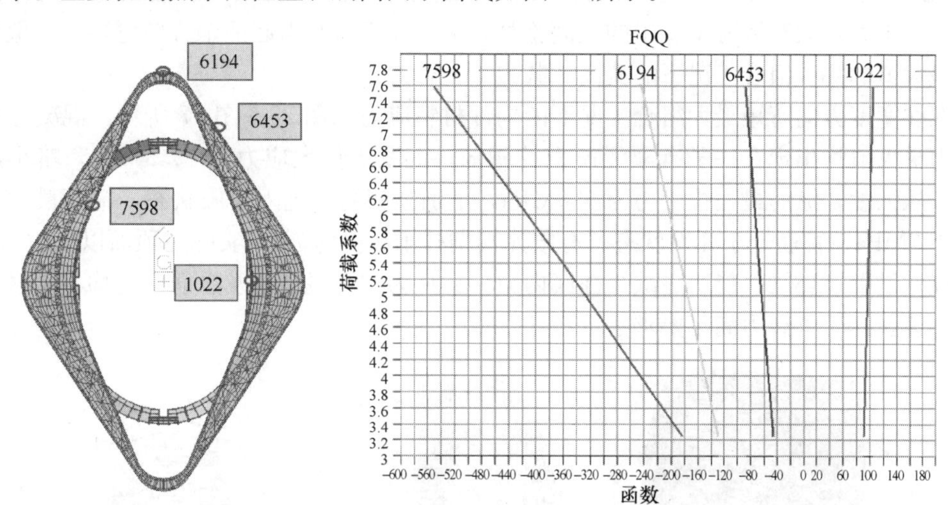

图 24　各控制点平面位置和屈曲因子曲线（水平轴函数项指位移）

6. 防倒塌验算

本工程风荷载为主要控制工况，根据桁架应力分析的情况，考虑“恒荷载＋活荷载＋风荷载”作用下进行拆除落地 V 撑桁架和看台 V 撑情况的分析：

（1）落地 V 撑桁架拆除情况：落地 V 撑的一个桁架在落地位置 2 根或 4 根弦杆拆除后，在“恒荷载＋活荷载＋风荷载”作用下的位移验算、应力比验算。

（2）看台 V 撑拆除情况：看台柱顶上的 V 撑拆除后，在“恒荷载＋活荷载＋风荷载”作用下的位移验算、应力比验算。

表 6 为落地 V 撑两根弦杆和四根弦杆拆除情况的分析结果汇总，可以看出，两根弦杆拆除后，落地 V 撑连系的上部屋盖体系的整体位移与正常情况比较接近，钢结构构件应力比为 1.51；4 根弦杆拆除后，落地 V 撑连系的上部屋盖体系的整体位移远比正常情况大，钢结构构件应力比为 4.88；看台柱顶上的一组 V 撑拆除后，V 撑连系的上部屋盖体系的整体位移约增大 8%，钢结构构件应力比约增大 14%。

各种断 V 撑桁架和断柱顶斜撑情况组合最大位移、应力比　　表 6

情况编号	最大水平位移（mm）	最大竖向位移（mm）	构件最大应力比
常规情况	80	162	0.80
拆除 2 根弦杆	79	161	1.51
拆除 4 根弦杆	276	811	4.88
拆除柱顶上的斜撑	83	175	0.91

注：表中应力比为在恒荷载＋活荷载＋风荷载作用下构件应力与材料标准值之比。

7. 体育场屋面钢 V 撑支座异形截面柱子验算

体育场屋面钢 V 撑支座下的混凝土柱，为支承体育场屋面的重要构件，原混凝土柱纵筋沿弧形布置，纵筋与水平面的夹角随标高而变化，传统截面验算方法无法实施。V 撑支座处混凝土柱顶加固做法三维拆解图如图 11 所示。

体育场屋面在柱子截面长度方向，一端挑出 26.6m，另一侧挑出 18.5m，柱子截面长度方向经V撑传递了较大的弯矩。另外由于体育场长轴方向屋面为斜曲面，柱宽方向承受较大水平力，故对混凝土柱子的截面验算，关键在于验算引起两个方向弯矩最大值以及剪力最大值的几种组合工况下的截面承载力。

在柱宽度方向弯矩最大组合工况下的构件材料应力如图25～图27所示，混凝土及纵筋应力最大值均出现在柱子有限元模型的底部，混凝土最大应力为15.5MPa，略小于混凝土抗压强度，纵筋最大拉应力为335MPa，个别纵筋局部进入屈服状态，箍筋最大拉应力为137MPa，箍筋处于弹性状态。有限元模型柱子高度为7m，实际柱顶面以下约2m位置沿柱宽设置了环梁、能明显减少柱底内力，故认为实际混凝土及纵筋应力均小于材料强度设计值，柱子承载力满足要求。

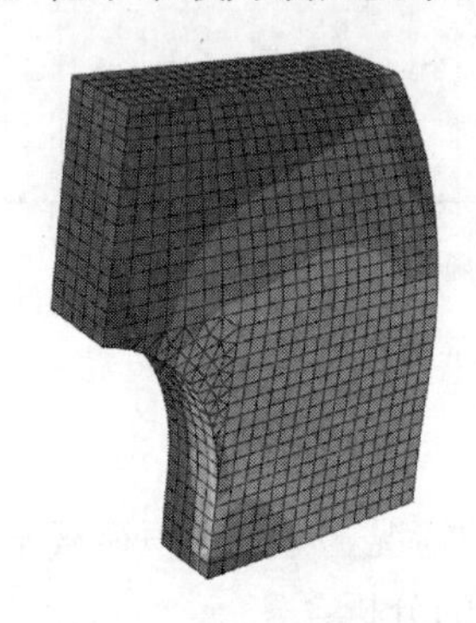

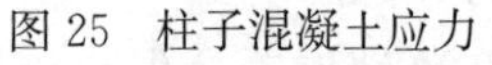

图25 柱子混凝土应力

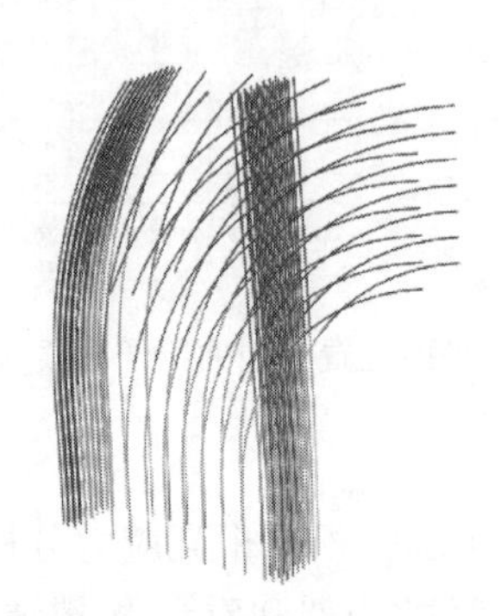

图26 柱子箍筋应力

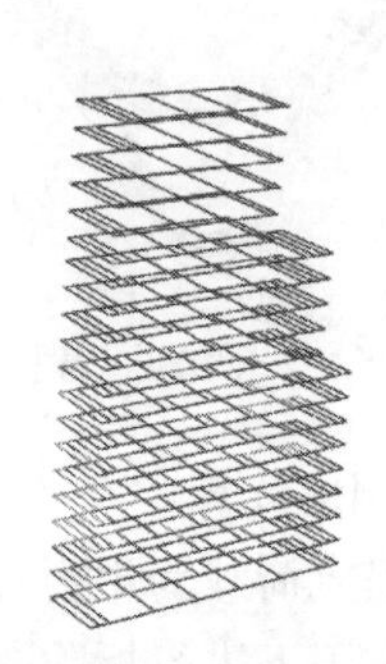

图27 纵筋应力云图

五、点评

（1）本工程体育场屋面结构总长度为336m，短边方向构件考虑行波效应附加地震作用效应系数取1.15。本工程结构杆件的抗震能力从以下三方面着手：一是控制关键桁架的应力比在非地震设计组合和设防地震作用组合时不超过0.85，罕遇地震标准组合下关键桁架应力与材料屈服强度的比值不超过1.0；支座处的构件应力比设计限值分别降低到0.70和0.8；二是关键节点应力比在非地震设计组合和设防地震组合时不超过0.6，其他节点区应力比限值相应降低0.05；三是控制结构的水平变形和竖向变形满足规范挠度或位移角限值的要求。

（2）为保证钢结构屋面水平力可靠地向下传递，沿支承钢结构屋面的柱顶设置环向拉梁，满足规范关于框架结构侧向变形的要求，满足“大震抗弯不屈服抗剪弹性”的性能目标要求。采用实体有限元的方式验算钢结构底部异形截面支承柱的承载力，结合BIM技术动态展示复杂节点处加固做法指导现场施工。

（3）通过拆除构件的方式进行了防倒塌验算。

（4）采用考虑几何初始缺陷和几何非线性分方式验算结构的整体稳定性。

（5）应用预应力技术，取得了较好的经济效益。

（6）屋面V撑支座与原有异形截面柱的复杂连接采用实体有限元进行验算，并采用BIM制作加固做法三维拆解视频向施工进行设计交底。

（7）采用环状锯齿形桩尖有效降低了岩溶地区管桩施工断桩率。

39　广州白云国际机场扩建工程二号航站楼及配套设施

建设地点　广州市白云区人和镇

设计时间　2006—2016

工程竣工时间　2018

设计单位　广东省建筑设计研究院有限公司

［510010］广州市荔湾区流花路97号

主要设计人　陈　星　区　彤　谭　坚　李恺平　刘雪兵　傅剑波　张连飞　罗益群　戴朋森　张艳辉

本文执笔　区　彤　谭　坚　林松伟

获奖等级　2019—2020中国建筑学会建筑设计奖·结构专业三等奖

一、工程概况

广州白云国际机场扩建工程——二号航站楼及配套设施工程位于广州市白云区和花都区交界位置。由二号航站楼、交通中心及停车楼、陆侧市政道路、高架桥及下穿隧道等项目组成（图1～图3）。

图1　鸟瞰效果图

图 2　广州白云国际机场扩建工程二号航站楼及配套设施实景

图 3　出发车道及张拉膜群实景

二号航站楼位于一号航站楼北侧，分为航站楼主楼与航站楼指廊两部分，是超大型国际枢纽航站楼，其设计年旅客吞吐量 4500 万人次，一期总机位 78 个，其中近机位 65 个，建筑面积 65.87 万 m^2，屋盖面积约 25 万 m^2。二号航站楼主楼下部有地铁、市政路隧道和城际轨道南北穿过。航站楼局部设 1 层地下室，为设备管廊和行李系统地下机房，地下室底面标高为－4.85～－5.40m，地下建筑面积 6.5 万 m^2，地上混凝土结构 3 层，局部 4～5 层，各层标高分别为±0.00m、4.50m、11.25m、16.875m、21.375m，其中 4 层及 5 层局部位置按机场建设需求预留远期加建改造的条件。

交通中心及停车楼（GTC）位于二号航站楼主楼的南面，建筑面积 20.84 万 m^2（地下建筑面积 9.35 万 m^2），为地下 2 层、地上 3 层的钢筋混凝土框架结构建筑，作为二号航站楼的配套服务设施，其主要功能为二号航站楼进出港的旅客与地面各种交通工具（城轨、地铁、大巴、出租车及私车）换乘的场所。

二、结构体系

航站楼主楼平面外轮廓尺寸为643m×295m，指廊长度超过1000m。通过设置温度缝（兼防震缝作用）将结构分割成数个较为规则的结构单元：北指廊3个结构单元；东西指廊各5个结构单元；其中主楼首层楼盖由于与基础相连，未设置结构缝，仅利用排水沟设置凹槽及增加预应力减小温度作用影响，为最大结构单元；主楼2层及以上分6个结构单元；考虑旅客自动捷运系统（APM）运行易受到振动的影响，设缝与主楼分开，由于APM部分狭长，APM分为5个结构单元（图4）。分缝后主楼的首层结构最大长度为579m，上部楼层结构最大长度为216m，指廊的结构最大长度为198m。

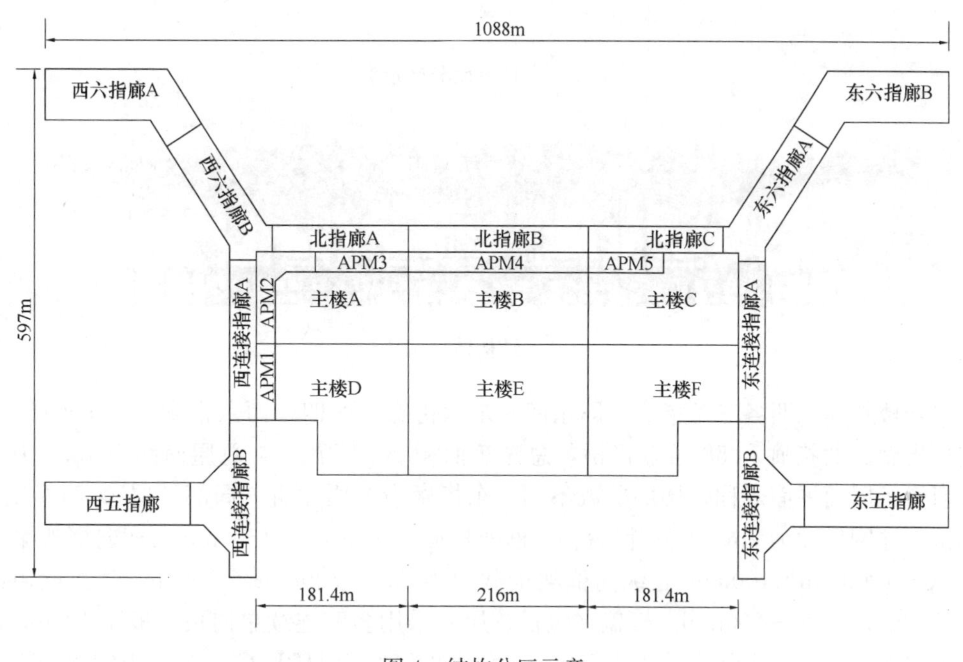

图4 结构分区示意

航站楼和指廊均为框架结构体系，柱距为18m，最大悬挑跨度为9m。首层行李系统范围采用现浇混凝土预应力空心楼盖，上部混凝土楼盖为现浇钢筋混凝土井字梁楼盖，框架梁控制高度为1000mm，为有粘结预应力混凝土梁，次梁控制高度为900mm，为无粘结预应力梁。地铁、进场隧道、城轨范围内的下部轨道结构仅竖向构件与航站楼共用。其中城轨下部结构均采用钢管柱，钢管柱不伸出顶板，留50mm保护层，支承上部混凝土楼盖的柱为钢筋混凝土圆柱，上部航站楼钢筋混凝土柱连接采用插入钢管内的做法进行连接。内部设置较多的连接钢桥，均采用橡胶支座的弱连接方式与主体结构连接。

屋盖为自由曲面，纵向跨度为54m、45m、54m，横向36m，前端悬挑18m，采用正放四角锥网架结构，网架的上、下表面均为空间曲面。网格尺寸为3m×3m，网架高度为2.5m，沿网架主受力方向设置加肋网架，局部网架总高度为6m并进行立面抽空处理。网架采用焊接球节点。航站楼南侧采用混凝土柱接V形钢柱支承钢结构屋面，内部支承钢屋盖的柱为圆钢管混凝土柱。主楼屋面分缝和结构体系如图5、图6所示。

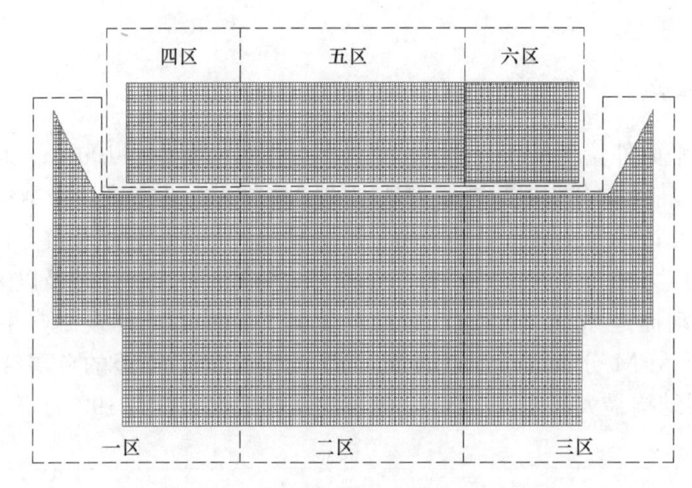

图 5　主楼屋面分区示意

图 6　结构体系示意

二号楼新建东西各三条指廊，即东四～东六指廊和西四～西六指廊，含东连接指廊、西连接指廊、北指廊和 58 条登机桥，总建筑面积 26.7 万 m^2，总屋面面积 13.9 万 m^2。东、西指廊屋面平面对称，楼层层数不同，东指廊为 3 层建筑（局部 4 层），西指廊为 2 层建筑。柱网尺寸为 9m、12m 和 18m，框架柱截面为 ϕ700～1600mm，横向框架梁截面为 1000～1200mm×1000mm，纵向框架梁截面为 500～600mm× 1000mm，次梁截面为 300～500mm×800～900mm。楼盖（包括首层）采用多跨连续单向板，板厚 120mm，支承于纵向次梁。混凝土强度等级为 C40，钢筋强度等级为 HRB400，预应力钢绞线极限强度标准值为 1860MPa。指廊模型如图 7 所示。

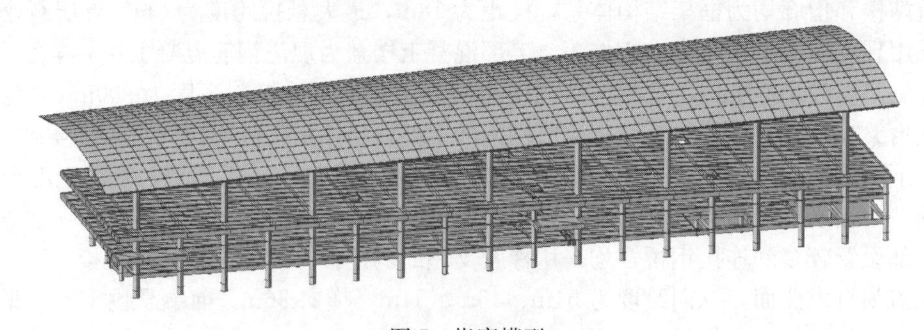

图 7　指廊模型

T2 航站楼登机桥有三种典型类型，第一类为单层登机桥，高度约 9m，第二类为二层登机桥，高度约 13.5m，第三类为三层登机桥，高度约 18m，跨度为 24m、24m+12m 或

18m＋18m。24m 跨度登机桥均为 4 根大钢柱落地，柱子截面□400～500mm×26mm，柱脚与混凝土承台连接，主跨度方向采用巨型平面钢桁架体系，高度为 4.5～13.5m。上弦、下弦采用 400（500）mm×500mm～700mm×20mm 焊接箱形截面钢管，竖腹杆采用 250～300mm×400（500）mm×20mm 焊接箱形截面钢管，与桁架上下弦刚接，斜腹杆采用 ϕ50～70mm 的等强合金钢拉杆（650MPa），与上下弦杆采用销轴连接，斜拉杆采用非预应力拉杆，施加构造预张力。垂直于主跨度方向，梁柱连接采用刚接，形成钢框架；两个平行平面桁架之间亦采用钢梁连接，形成小钢框架；在柱间设斜撑，保证登机桥整体侧向刚度。三层登机桥模型如图 8 所示。

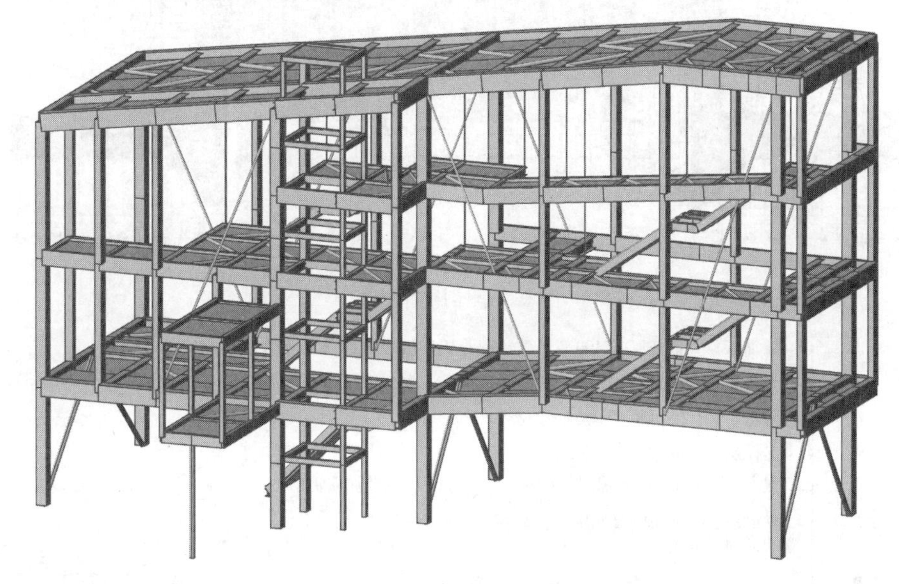

图 8　三层登机桥模型

二号航站楼金属屋面的支撑结构——钢结构，主要为钢网架结构形式，在网架球节点上部设置屋面主檩，主檩条间距随网架网格确定。屋面防水等级：Ⅰ级。二号航站楼金属屋面总面积约 26 万 m^2，根据《新白云国际机场二号航站楼风洞试验报告》和一期航站楼的使用效果，本次设计方案沿用了白云机场航站楼一期的屋面系统，即屋面系统采用 1.0mm 厚 65/400 氟碳辊涂铝镁锰合金直立锁边金属屋面系统。金属屋面范围和构造如图 9、图 10 所示。

三、结构创新点

本项目具有规模大、跨度大、荷载重、结构复杂等特点，在设计过程中需要解决一系列的技术难题，研究总结以下几大关键技术。

（一）关键技术 1：岩溶地区桩基技术

本项目基础设计等级为甲级，场地属于岩溶强发育地区，是世界上溶洞地区面积最大的航站楼，溶洞洞隙率 27.5%，线岩溶率 30.1%，两层岩溶以上占 32.0%，单体建筑面积 65 万 m^2；也是世界上岩溶地区规模最大的单项桩基工程。

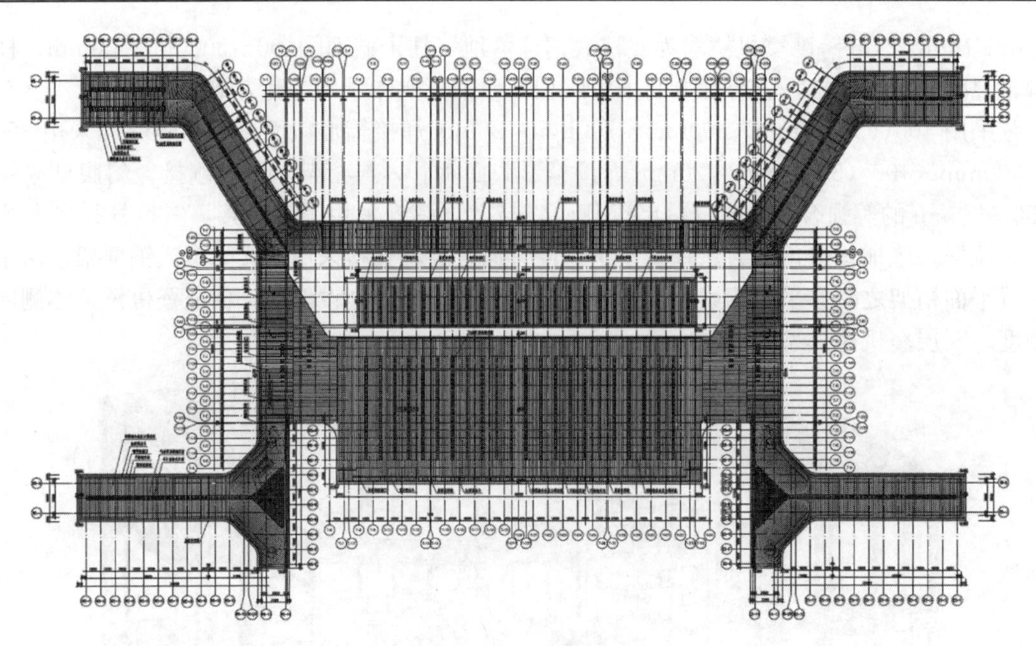

图 9　金属屋面范围

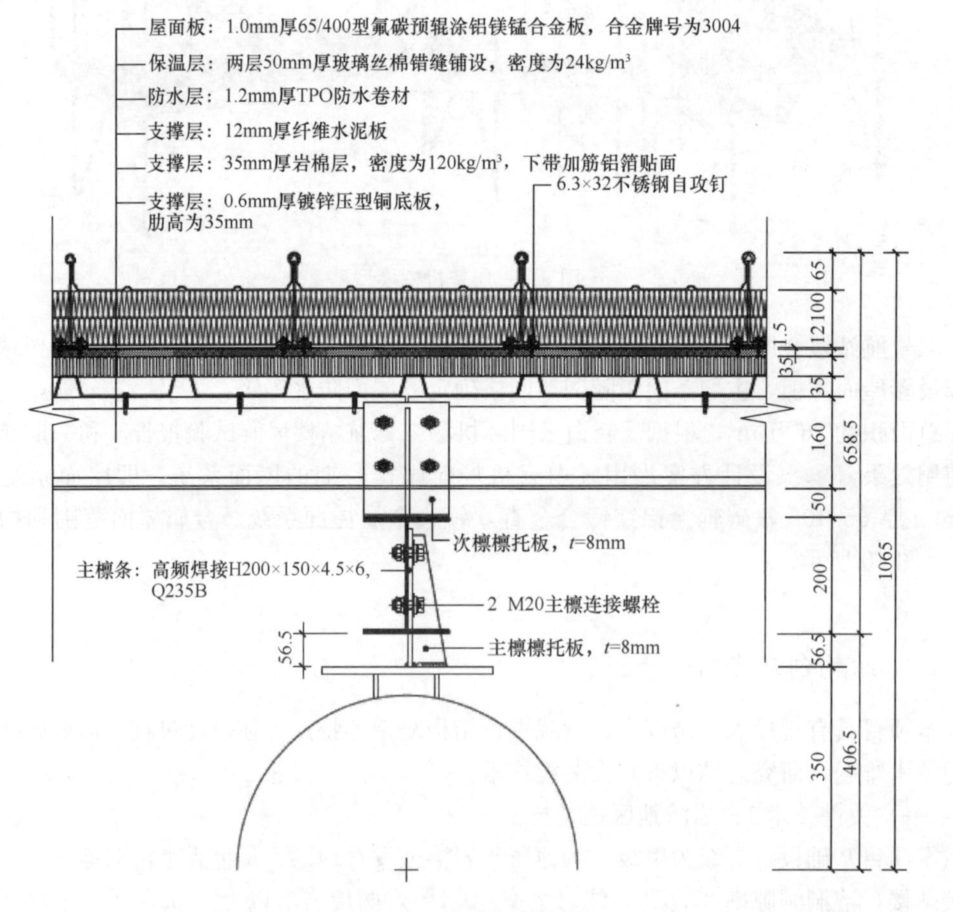

图 10　金属屋面构造

根据广东省内的岩溶地质工程实践经验，支承上部各楼层结构柱下基础采用端承型冲（钻）孔灌柱桩，持力层为微风化灰岩，有 800mm、1200mm、1400mm、2200mm 四种直径，单桩承载力特征值 3750～260000kN，桩长 18～68m，桩基设计等级为甲级。

1）物探（管波法）在岩溶地区大直径灌注桩施工勘察的适用性试验研究

管波探测工作的目的是：在超前钻探阶段，查明桩位范围内的地下岩溶发育情况及完整基岩段的分布情况，为桩基设计提供依据，及指导基桩施工工作。

（1）在全部试验性管波探测孔中进行验证。验证方法为在原来的测试孔周围布置 4 个验证孔。验证孔布置在原孔的周围距离 0.5～0.7m 处，深度为钻孔深度＋1.5m。

（2）根据验证孔揭露情况评价本方法在本场地的探测有效性。根据以往工程经验，管波探测法解释的完整基岩段，在验证孔中均为完整基岩。管波探测法解释的岩溶发育段，可能仅在一个验证孔中揭露溶洞，揭露溶洞的大小与管波探测法解释的岩溶发育段大小可能不同，但必定处于岩溶发育段的高程范围。如图 11 所示。

图 11 管波验证钻孔的布置方法

本次试验工作，在 20 个管波探测孔周围，共完成验证钻孔 69 个，每个管波探测孔周围有 3 个或 4 个验证孔。为了方便对管波成果的适宜性、准确性进行综合分析与评价，将每个测试孔的所有验证孔的柱状图与原来解释的管波成果图同标高并排。同时标注各孔之间平面位置关系。

根据本次工作的技术要求与验收标准，对 20 个孔位管波探测法准确性进行分析评价。根据验收标准判断，管波探测法准确率为 90%。

2）变径桩的数值模拟

针对岩溶发育地区，特别是串珠式溶洞处的桩基础设计，提出一种大小直径灌注桩（变径桩）的设计方法，该方法首先采用管波探测技术勘查溶洞的分布情况，按溶洞分布情况、溶洞顶板厚度针对性地减少灌注桩直径，根部采用小直径桩的形式，以满足桩基规范中对于端承灌注桩的持力层厚度要求，计算上采用有限元结构分析软件 ABAQUS 进行数值分析。

桩顶作用 74000～75000kN，荷载-沉降曲线出现第二个拐点，大桩在微风化层嵌固，岩土应力较大的区域集中在大桩与小桩的交接区域，最大 Mises 应力达 9.37MPa。该区域承受了较多的桩顶力。小桩也在微风化层嵌固，但传到小桩底的桩顶力较小。小桩底部微风化岩的 Mises 应力仅 1.17MPa（图 12）。说明混凝土压溃时，底部微风化岩应力仍较小。

桩顶作用 74000～75000kN，大桩中上部的 Mises 应力较大（图 13），最大值约 29.3MPa。受压损伤虽然较小，但应力已接近混凝土强度极限值，桩顶力到 76000kN 时大桩出现整体压溃。下部小桩的 Mises 应力值约 3.99MPa，小桩的应力仍较小。钢筋的 Mises 应力最大值约 335MPa，钢筋未屈服。

3）考虑桩侧不完整岩层摩阻力的单桩承载力计算方法

通过岩溶现场勘察获得岩溶分布形态和周边地质条件，结合桩基力学理论，充分考虑岩溶地区地质条件，发挥岩溶地区岩石、上覆土层的摩擦力，提出综合考虑桩侧不完

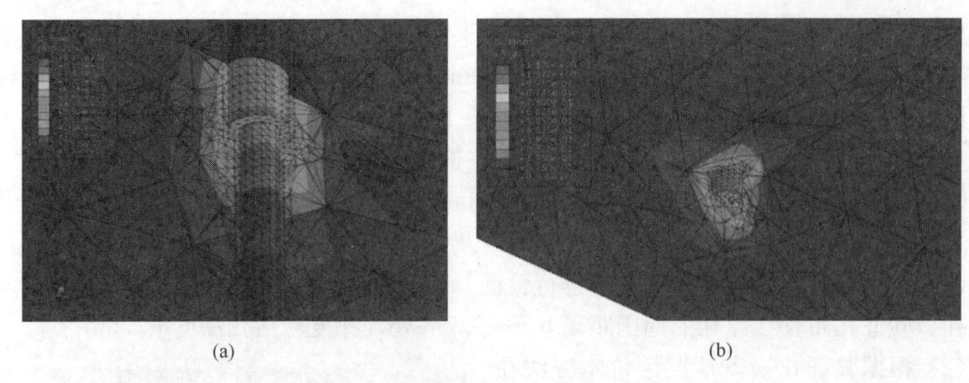

(a) (b)

图 12 大、小桩嵌固部位岩土的 Mises 应力分布

(a) 大桩；(b) 小桩

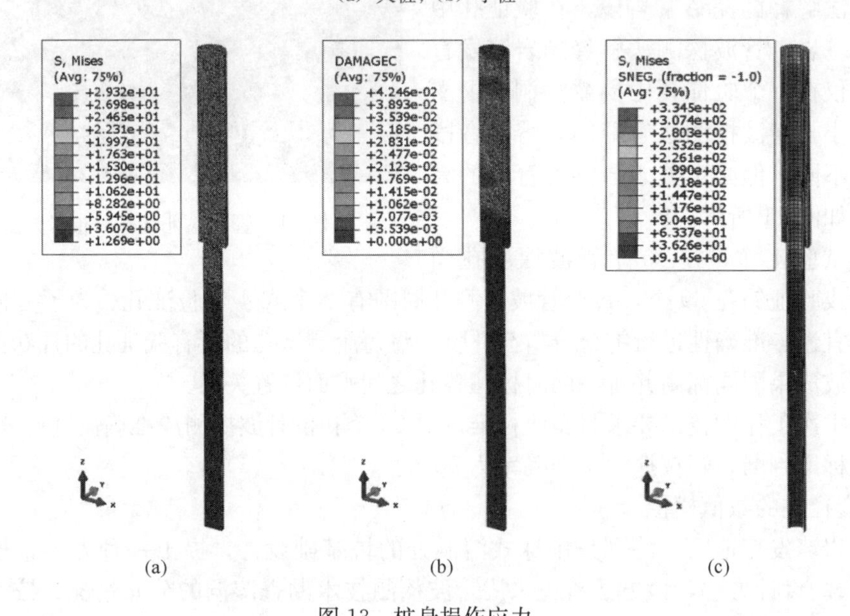

(a) (b) (c)

图 13 桩身损伤应力

(a) 混凝土 Mises 应力；(b) 混凝土受压损伤；(c) 钢筋 Mises 应力

整岩层摩阻力的单桩承载力计算方法，有效地控制了岩溶地区的实际桩长及桩身质量，减少了桩基长度，节省工期。该计算方法设计出来的桩基被应用到岩溶地区超大跨度工程项目和超高层建筑等工程建设中，实质性地节约了地基基础建造费用，取得了显著的经济效益。

《建筑地基基础设计规范》GB 50007—2011 第 8.5.6-6 条规定，嵌岩灌注桩桩端下 $3d$ 且不小于 5m 深度范围内应无软弱夹层、断裂破碎带和洞穴分布，且桩底应力扩散范围内应无岩体临空面。工程实践表明，在一些情况下，如当岩溶中等及强烈发育且溶洞呈串珠状分布时，桩端下的地质情况难以满足 $3d$ 和 5m 的要求，导致桩基施工无法终孔。在确保桩基和桩端下持力层内溶洞安全的条件下，可根据桩基荷载分担比例划分对桩端下持力层的要求。与端承桩、摩擦端承桩相比，端承摩擦桩桩端应力要小得多，从而对桩端持力层的压力减轻很多，极端的情况是，当桩顶竖向荷载完全由桩侧阻力承担时，桩端应力接近于零，对桩端持力层几乎无压力产生，所以，端承摩擦桩桩端下岩层厚度的要求可以放松。

本研究在推导单桩承载力计算公式时，考虑岩面起伏大，溶洞、溶沟、溶槽的分布非均匀性和形状复杂性（图 14），并结合其他规范，提出进入中、微风化岩层的嵌岩桩的单桩竖向承载力特征值估算公式：

$$R_a = R_{sa} + R_{ra} + R_{pa}$$

$$R_{sa} = \alpha_1 u \sum q_{sia} l_i$$

$$R_{ra} = k_2 u_p \sum c_2 f_{rs} h_{ri}$$

$$R_{pa} = k_1 c_1 f_{rp} A_p$$

图 14　土层剖面

式中：R_{sa}——桩侧土总摩阻力特征值（kN）；

R_{ra}——桩侧岩总摩阻力特征值（kN）；

R_{pa}——持力岩层桩端总端阻力特征值（kN）；

u_p——桩嵌岩段截面周长（m）；

h_{ri}——嵌岩深度（m），当岩面倾斜时以低点起记；

c_1、c_2——系数，根据岩石完整程度等因素而定，按表 1 采用；

k_1——考虑岩溶发育的桩端岩石端阻力修正系数，当岩溶弱发育时，可取 0.85～1.0；当岩溶中等发育时可取 0.75～0.85；当岩溶强烈发育时可取 0.65～0.75；

k_2——考虑岩溶发育的桩侧岩石层（不包括强风化层和全风化层）侧阻力修正系数，当岩溶弱发育时，可取 0.9～1.0；当岩溶中等发育时，可取 0.8～0.9；当岩溶强烈发育时，可取 0.7～0.8；桩侧各岩层厚度宜大于 2m；

l_i——桩嵌入各岩层部分的厚度（m），不包括强风化层和全风化层。

系数 c_1、c_2　　**表 1**

岩石层情况	c_1	c_2
完整、较完整	0.6	0.06
较破碎	0.5	0.05
破碎、极破碎	0.4	0.04

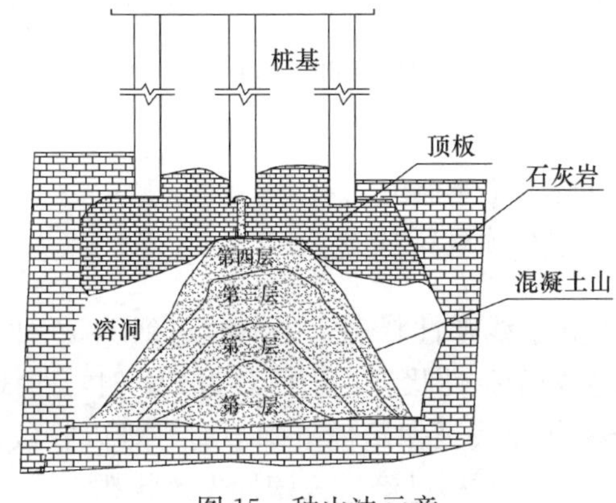

图 15　种山法示意

4）种山法溶洞处理方法

针对岩溶发育地区高层建筑桩基持力层难以满足要求的问题，充分考虑岩溶地区的工程条件，提出岩溶持力层采用间歇式分层浇捣低坍落度混凝土的“种山法”（图 15）。考虑在岩溶强烈发育区域合适的溶（土）洞中灌入素混凝土，通过调整灌入素混凝土的时间间隔和混凝土坍落度、凝结时间等特点，在溶（土）洞中构筑出圆锥台状的假山体，假山与该溶（土）洞的顶板紧密接触，改善岩溶顶板持力层厚度不足的问题，提高持力层的承载力，从而使桩基不必穿过更多溶洞而减少了桩长，降低施工难度，保证了成桩质量。

（二）关键技术 2：新型的泡沫填芯预应力混凝土密肋楼盖

白云机场二号航站楼首层行李系统区建筑面层厚度 200mm，使用活荷载为 $15kN/m^2$，跨度为 18m，具有跨度大、荷载重的特殊性。比较了常用的楼盖形式，针对项目提出新型的泡沫填芯预应力混凝土密肋楼盖，其做法如图 16 所示。

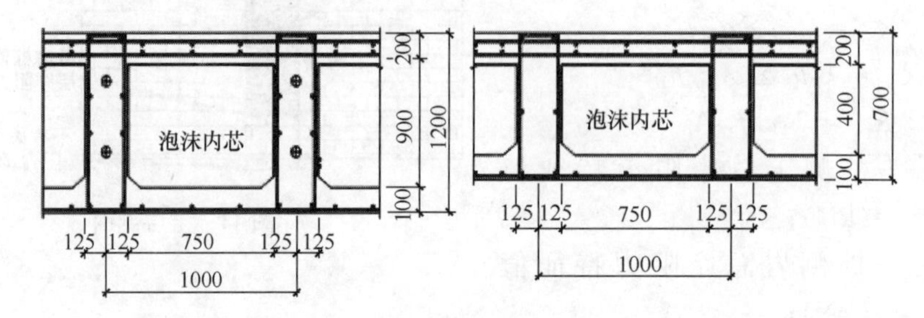

图 16　700～1200mm 泡沫填芯预应力混凝土密肋楼盖断面

和空心楼盖结构相比，泡沫内芯比市面上的空心楼盖内膜造价经济许多，只有不到内膜 1/3 的造价。同时采取无粘结的预应力钢绞线，和普通钢筋施工顺序一样，无需后期灌浆处理，施工方便高效。预应力提供一定的应力刚度并减小楼盖的挠度和裂缝宽度。

楼盖厚度大且内芯轻，浇筑混凝土为避免内芯上浮导致较大面积的返工影响工期，采用分层浇筑及增加 U 形反压钢筋的处理措施，并在现场进行了浇筑试验，完工后通过抽芯复核内芯位置，有较好的使用效果。

通过 ABAQUS 建模计算，在标准值和 1 倍设计荷载作用下，节点竖向位移情况和荷载-位移曲线如图 17 所示。

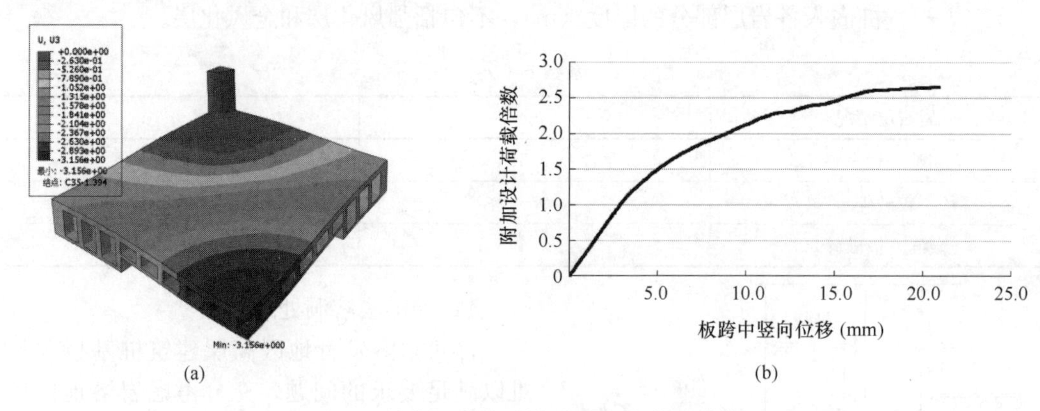

图 17　节点竖向位移情况和荷载-位移曲线

（a）荷载标准值（最大为−3.2mm）；（b）荷载-位移曲线

从分析结果可知，荷载在 0～1.0 倍时，基本处于线弹性状态，当荷载达到 1.5 倍的设计附加荷载时，曲线近似线性，可认为结构完全处于弹性状态，当荷载为 2.7 时，曲线切线接近于 0，表明楼板接近极限承载力，由于荷载加载至弹塑性下降段时，难以收敛，只能根据曲线的趋势做一个判断，当荷载超过 2.7 时，结构已经进入塑性失效状态。

（三）关键技术 3：预应力钢管混凝土柱井式双梁节点及 π 形组合扁梁设计与分析

普通混凝土柱的梁柱节点为设置刚性柱帽的组合扁梁做法，本工程主楼 2～4 层，由于框架梁自重大，在保证受压区和抗剪承载力的前提下采用梁掏空处理减小自重，梁截面形状优化为"π 形（跨中）＋倒 π 形（支座）"组合扁梁，梁柱节点采用柱帽刚性节点过渡，如图 18 所示。

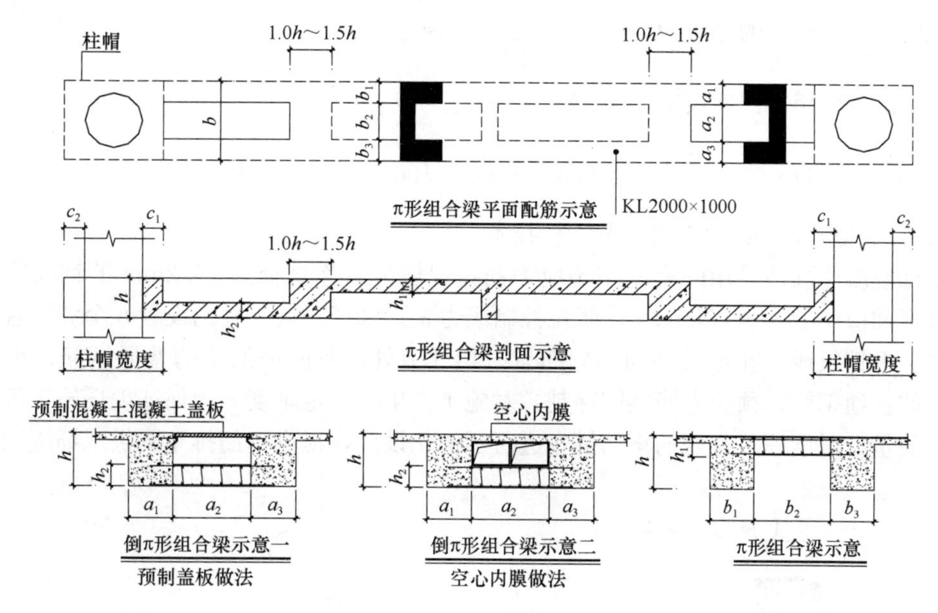

图 18　π 形组合扁梁

进行了节点研究，提出了节点计算公式，补充了规范空缺的计算方式。

仅考虑混凝土梁作用，根据对局压应力 q 分布情况的假设，环梁混凝土与柱子管壁接触面上任一点 $P(\theta,z)$ 的局压应力可表示为：

$$q=2q_0\cdot z\cdot\cos\theta/h$$

式中　h——混凝土环梁的高度。

当有外弯矩 M 作用在节点上时，在柱子两侧环梁与管壁间产生局压应力 q，q 在弯矩作用方向上的合力为 P，如图 19 所示。P 可以通过在整个接触面上积分得到，计算如下：

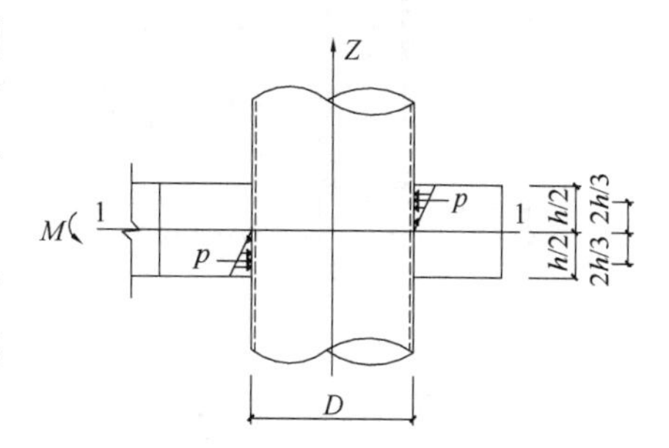

图 19　局部压应力 q 的合力

任意选取一面积微元 ds，作用在其上的力为 $\mathrm{d}p=\mathrm{d}s\cdot q(\theta,z)$，将局压应力 $q(\theta,z)$ 的分布情况代入可得：

$$\mathrm{d}p=q_0\cdot z\cdot\cos\theta\cdot D/h\cdot\mathrm{d}\theta\cdot\mathrm{d}z/h$$

dp 在弯矩作用方向上的分力为：$\mathrm{d}p\cdot\cos\theta$

则局压应力在弯矩作用方向上的合力为：

$$P=2\int_0^{\frac{\pi}{2}}\int_0^{\frac{h}{2}}\mathrm{d}p\cos\theta=2\int_0^{\frac{\pi}{2}}\int_0^{\frac{h}{2}}q_0\cdot z\cdot(\cos\theta)^2\cdot D/h\cdot\mathrm{d}\theta\cdot\mathrm{d}z=\frac{\pi}{16}q_0\cdot D\cdot h$$

根据前面的假设，弹性阶段内局压应力 q 在竖直平面内是三角形分布的，因此可知其

合力作用点位于 $z=h/3$ 处，该力在柱子两侧分布，由其组成的力偶为 $2/3\cdot p\cdot h$。

根据内外力的平衡条件，外弯矩 M 应与局压应力 q 组成的内力偶平衡，即：

$$M=\frac{2}{3}\cdot p\cdot h=\frac{2}{3}\cdot h\cdot\frac{\pi}{16}q_0\cdot D\cdot h=\frac{\pi}{24}q_0\cdot D\cdot h^2$$

当环梁混凝土最大压应力点应力达到混凝土抗压极限时，$q_0=f_{ck}$

此时，局压应力的分布为：$q=\frac{2z}{h}\cdot f_{ck}\cdot\cos\theta$

对应的外弯矩为弹性极限弯矩：$M_c=\frac{\pi}{24}f_{ck}\cdot D\cdot h^2$

$$M_c=\frac{\pi}{24}f_{ck}\cdot D\cdot h^2=\frac{3.14}{24}\times 26.8\times 1800\times 1000^2=6311.4\text{kN}\cdot\text{m}>5000\text{kN}\cdot\text{m}$$

（四）关键技术 4：预应力混凝土柱技术

指廊混凝土圆柱采用的有粘结预应力筋，规格为公称直径为 15.2mm 的钢绞线，抗拉强度标准值 $f_{ptk}=1860\text{N/mm}^2$，张拉控制应力 $\sigma_{con}=0.75f_{ptk}$。柱内设置 6 个波纹管，每孔设置 7 根钢绞线，孔道沿环向均匀布置。梁柱节处，双向框架梁的普通钢筋、预应力筋，柱的普通钢筋、预应力筋共同穿越，对施工产生了一定难度。为保证现场施工可行性及施工质量，对梁柱节点处的钢筋排布进行了优化设计，提供钢筋排布图供现场施工参考（图 20）。

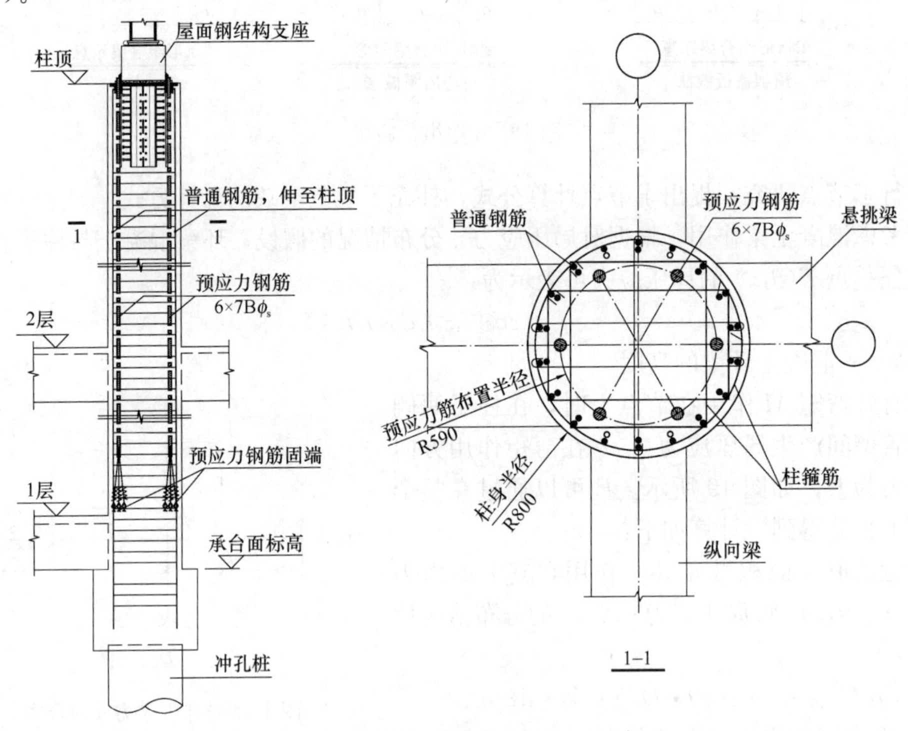

图 20　混凝土柱预应力筋布置示意

（五）关键技术 5：大跨度加强网架设计技术

航站楼屋盖为自由曲面形状，如图 21 所示。根据建筑功能布局分为办票区和安检区，办票区东西向柱距为 36m，南北向柱距（跨度）为 54m、45m、54m；安检区东西向柱距为36m、南北向柱距为单跨52.9m。整体屋盖结构采用正放四角锥双层网架结构。

网架平面网格尺寸为3m×3m，在纵向54m、45m、54m跨度方向进行抽空处理，针对网架单向受力明显的特点，结合建筑造型，在跨度方向采用双层网架，形成加强网格，双层网架总高度为6m，其他部位屋面网架结构高度为2.5m，使网架体系双向受力均匀，经济合理，用钢量约52kg/m^2，如图22所示。

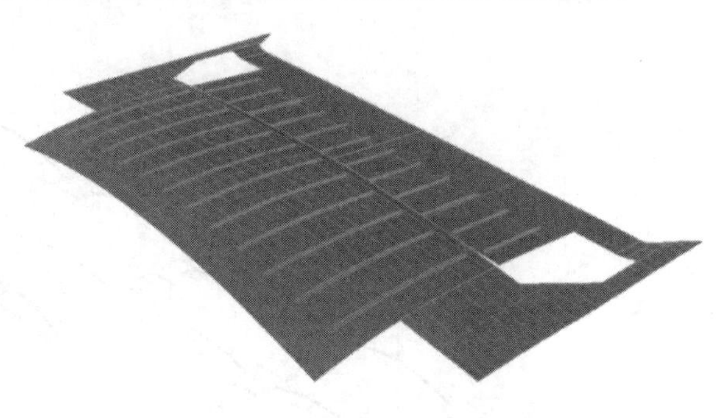

图21 图屋盖曲面

与传统焊接球在内部设置加劲板不同，本节点在传统焊接球内部设置加劲肋的基础上同时焊接球球面设置加劲板（图23），构造措施上加劲板延伸至杆件管径上，加强了节点构造，实现强节点弱杆件的目的，保证拉力传递路径直接且可靠性提高。增强了节点安全性。

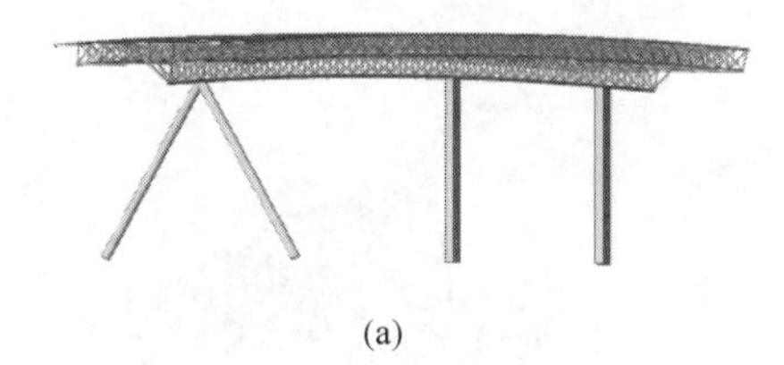

(a)

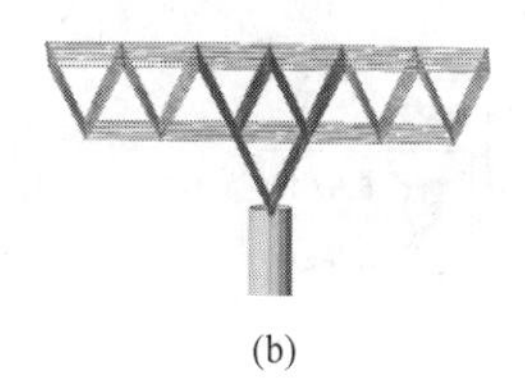

(b)

图22 网架局部大样

（a）局部加厚网架侧视图；（b）局部加厚大样

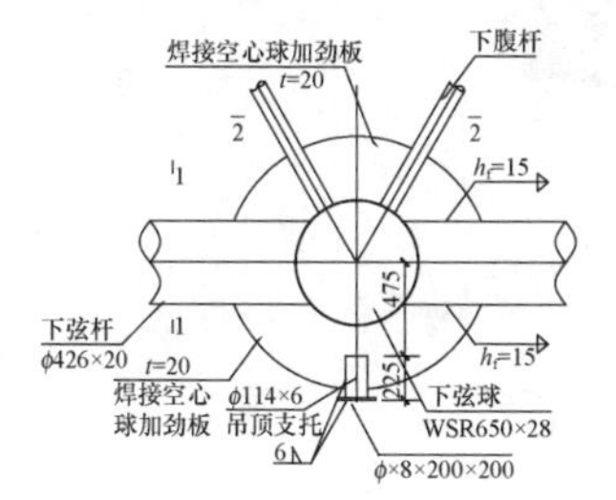

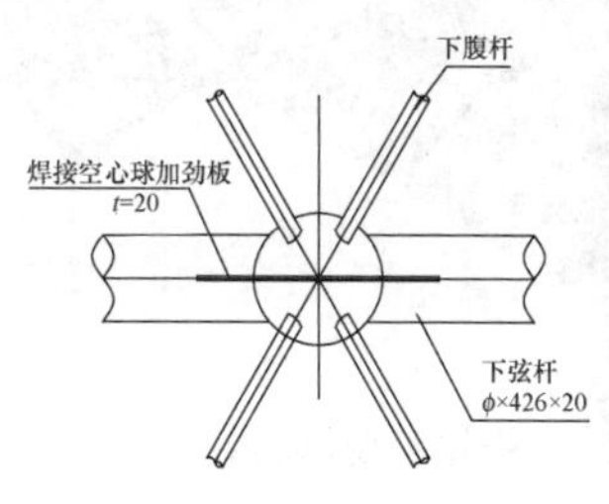

图23 焊接空心球球面设加劲板

（六）关键技术6：含内穿水管铸钢节点的大跨度单体最大膜结构技术

本工程为白云国际机场二号航站楼工程子项目工程——膜结构工程，包含航站楼及地面交通中心的膜结构，总建筑面积约25372m^2。采用骨架式张拉式膜结构、覆面采用聚四氟乙烯树脂（PTFE）膜材。膜材因有其特殊性，PTFE膜材按30年（质保15年）计算。本工程建筑结构的安全等级为二级，结构设计基准期为50年，结构设计使用年限为50年。典型跨轴测图和变形验算如图24、图25所示。

建筑采用含内穿水管的钢柱（图26），安装完成后不能检修。专门在钢管柱内壁进行镀锌处理，研究了配套工艺技术。

穿雨水管钢管柱内壁除锈等级为Sa2.5级或St3级，表面粗糙度R_z=30～75μm，内

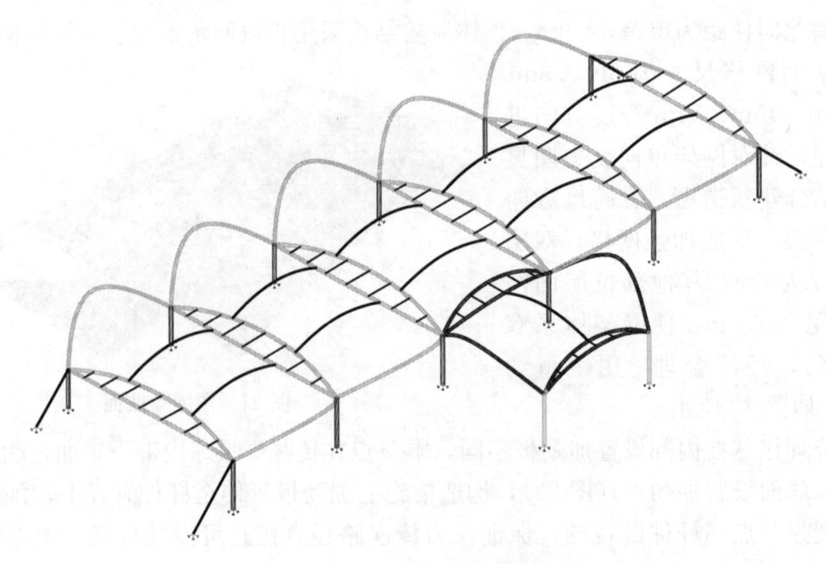

图 24　结构典型跨轴测图

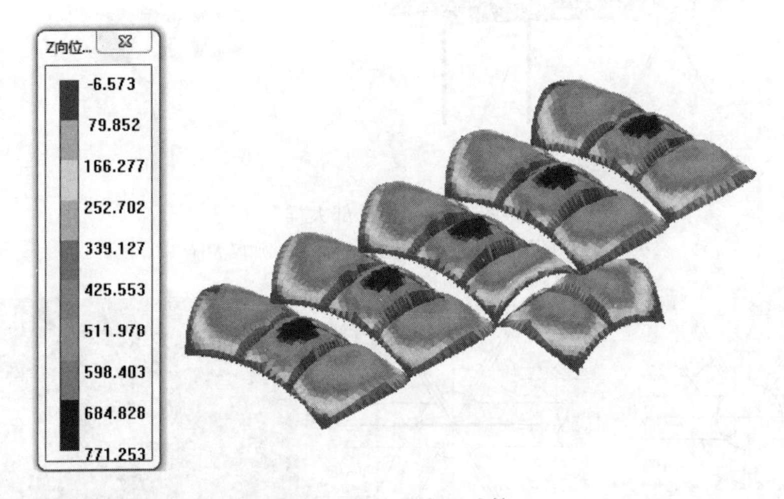

图 25　张拉膜变形验算

壁及外壁进行热浸镀锌，镀锌厚度为 60μm。具体工艺如下：

（1）先将钢管置于多功能细铁表面处理池内，进行除油、除锈、磷化和钝化四功能处理，处理液应符合《多功能钢铁表面处理液通用技术条件》GB/T 12612—2005 的规定。

（2）再将钢管放入 600℃的锌液中进行镀锌，热浸锌应符合《金属覆盖层 钢铁制件热浸镀锌层 技术要求及试验方法》GB/T 13912—2002 的规定。

（3）在钢柱的顶底处采用沥青进行封堵。

（七）关键技术 7：金属屋面抗台风专项研究

2014 年 4 月，金属屋面设计完成后，按照 1：1 构造，进行屋面抗风揭试验及水密性试验，风洞试验中屋面维护结构风荷载标准值最大风压为 3.3kPa，取风洞试验中屋面边缘处最大风压的 2 倍，对其进行最大风压试验和疲劳试验。

本次金属屋面实验检测标准参考国外相关检测标准：

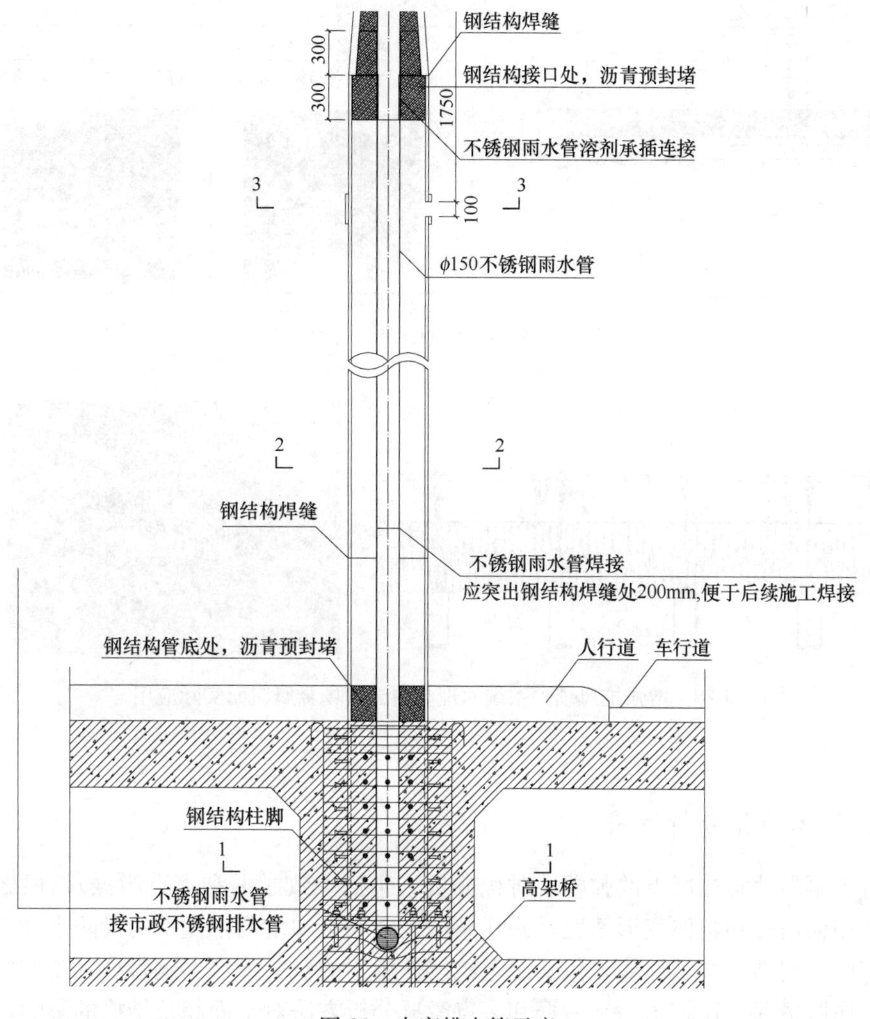

图 26　内穿排水管示意

(1) CSA A123. 21-2014《动态风荷载作用下卷材屋面系统抗风掀承载力的标准测试方法》

(2) ASTM E1646-1995 (Reapproved 2012)《采用均匀的静态空气压差分析外部金属屋面板系统防水渗透性能的标准试验方法》

(3) ASTM E1592-2005 (Reapproved 2012)《薄板金属屋面和外墙板系统在均匀静态气压差作用下的结构性能检测方法》

依据 ASTM E1592-2005 (Reapproved 2012) 进行本次静态抗风揭试验，如图 27 所示。试验测试结果表明屋面体系满足荷载要求。

考虑到风荷载特别是台风的不确定性，首次提出金属屋面双向预应力抗风索夹系统，该系统由专门索夹和不锈钢杆和索体组成，索夹夹在屋面直立锁边上，不锈钢杆及索夹沿屋面 6m 间距布置，有效增强了金属屋面系统的抗风安全性。如图 28 所示。

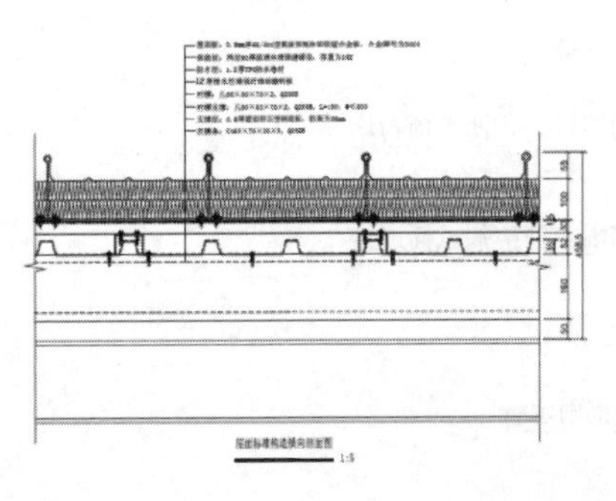

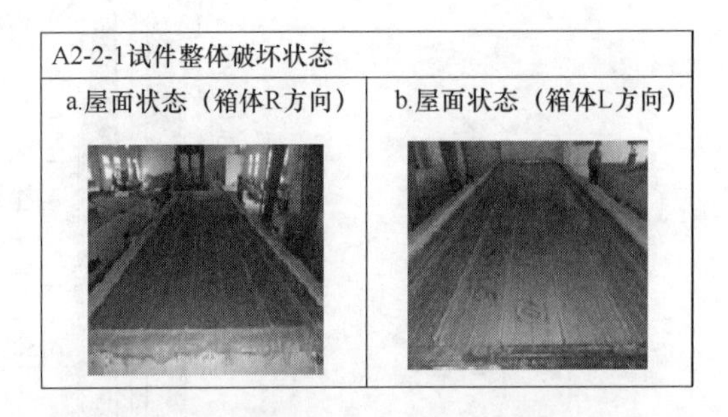

图 27　静态抗风试验完成试件状态

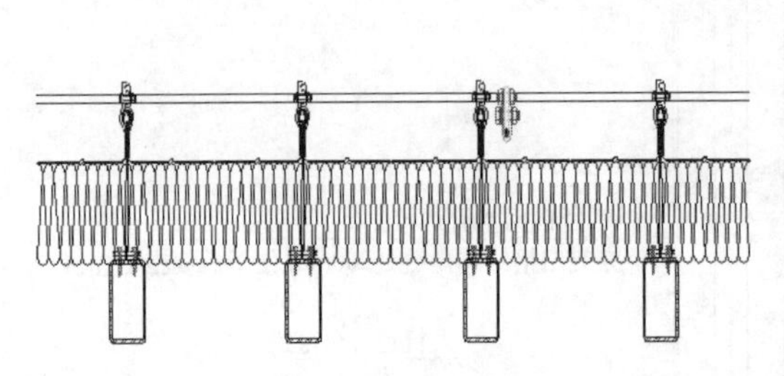

图 28　增强抗风锁夹系统原理与白云机场金属屋面实际应用

四、整体计算分析结果

进行了罕遇地震作用下的弹塑性时程分析（包括一致激振和多点激振），根据主要构件的塑性损伤情况和整体变形情况，确认结构是否满足“大震不倒”的设防水准要求。研究了大跨度空间结构抗震性能，包括罕遇地震作用下的双梁节点、钢管柱、支撑屋盖的斜撑构件的屈服情况；比较了一致激振和多点激振分析方法对平面超长结构的影响。计算模型如图 29 所示。

多点激振下少部分框架柱出现塑性应变，最大塑性应变为 4.669×10^{-3}，属于轻度损伤。钢筋及钢材塑性应变如图 30 所示。

图 29　结构计算模型

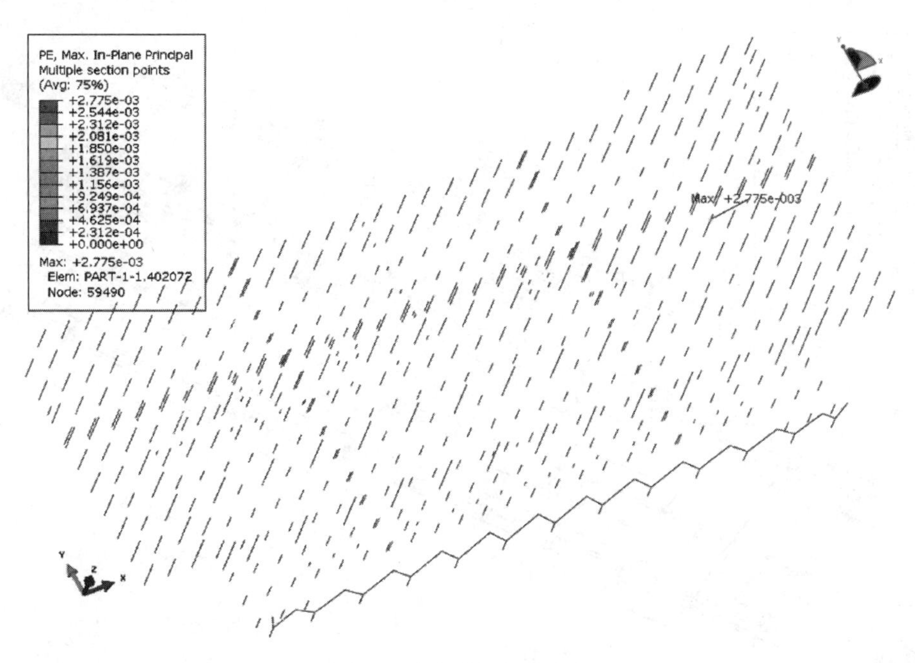

图 30　多点激振塑性应变

多点激振塑少部分框架梁出现屈服，最大塑性应变为 8.598×10^{-3}，属于中度损伤，应变如图 31 所示。

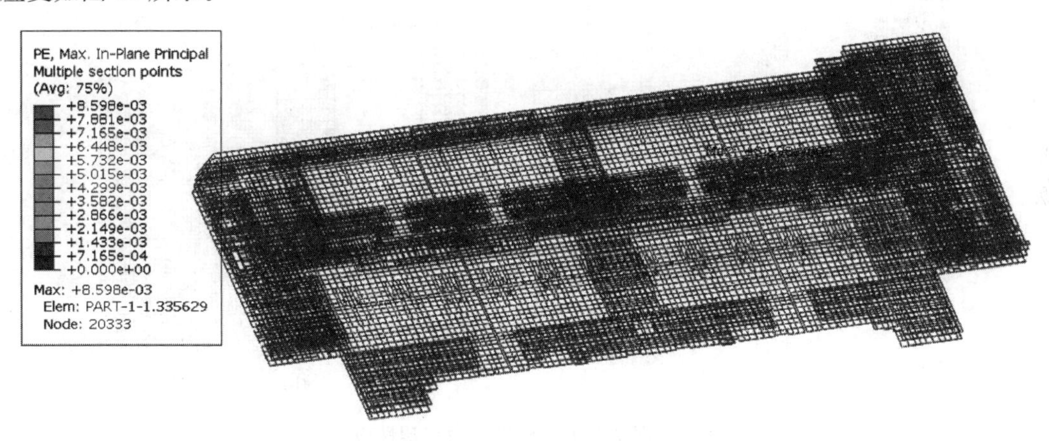

图 31　多点激振塑性应变

少部分双梁出现屈服，最大塑性应变为 3.531×10^{-3}，属于轻微损伤，如图 32 所示。

以一区为例，上弦杆最大塑性应变为 0.0073，最大 Mises 应力为 339MPa，部分上弦杆已经屈服（图 33）。

计算分析结果表明：结构部分剪力墙构件钢筋发生屈服，首层剪力墙钢筋塑性应变较大。一致激振算法最大塑性应变为 0.0026，出现在剪力墙 A 位置，产生塑性应变剪力墙数量较小；多点激振算法最大塑性应变为 0.0020，在 A、B、C 剪力墙位置均出现塑性应变，范围稍大于一致激振算法。

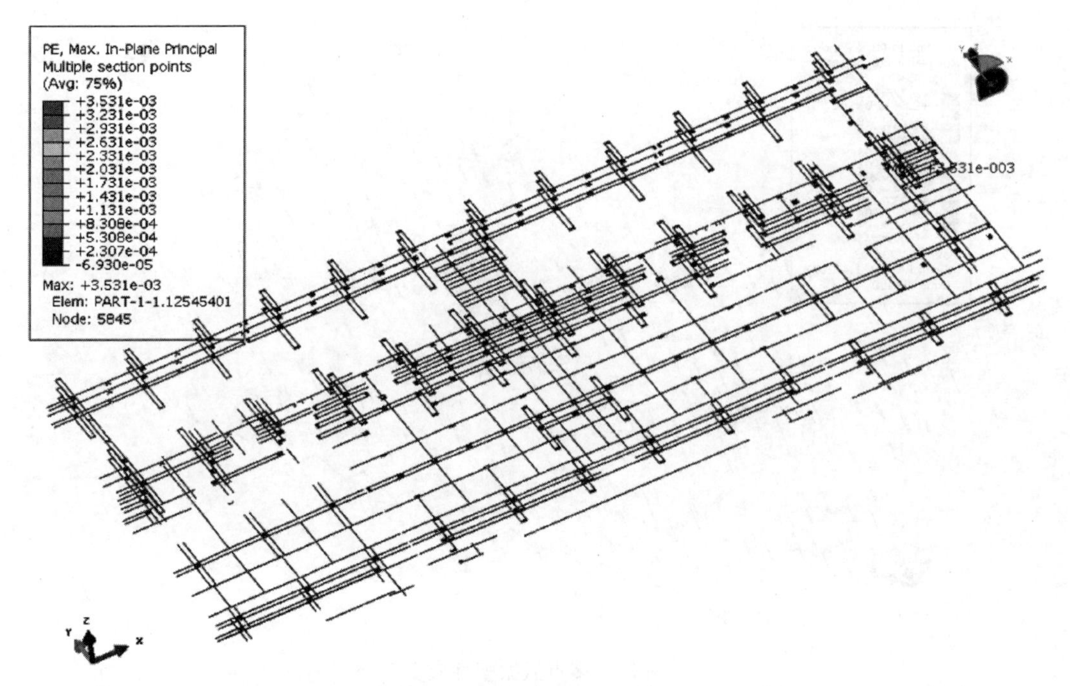

图 32 多点激振梁节点塑性应变

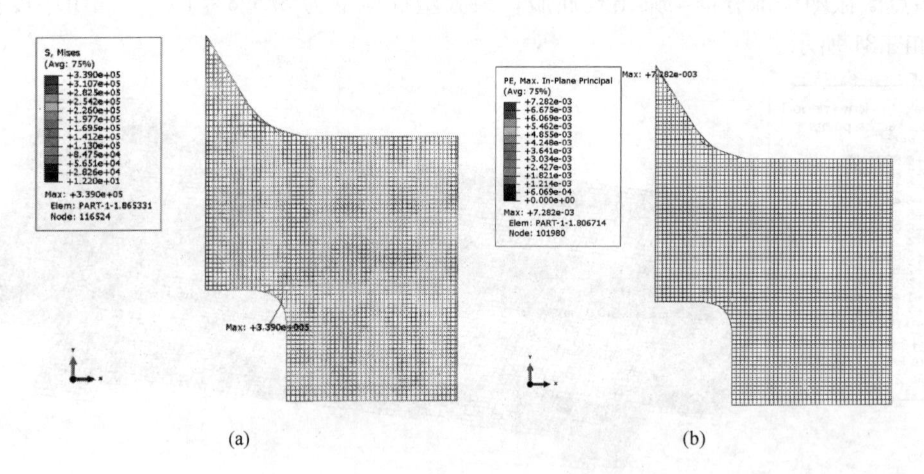

图 33 钢结构上弦杆件应力与塑性应变

（a）应力；（b）应变

五、节点设计

（一）节点设计 1：预应力钢管混凝土柱井式双梁节点分析

采用 ABAQUS 进行节点有限元建模及计算如图 34 所示。钢材的强度等级为 Q345B，钢筋的强度等级为 HRB400，其本构关系在有限元中采用动力强化模型，考虑包辛格效应，但不考虑卸载时的刚度退化现象。该节点混凝土强度等级分为两种，钢管内混凝土为 C50，环梁混凝土为 C40。在有限元软件中混凝土材料采用塑性损伤模型模拟，当混凝土材料进入塑性状态后，材料即发生损伤，伴随着卸载刚度的降低。混凝土的损伤由受拉损伤因子 d_t 和受压损伤因子 d_c 来表达，混凝土损伤程度由其进入塑性状态的程度来决定。

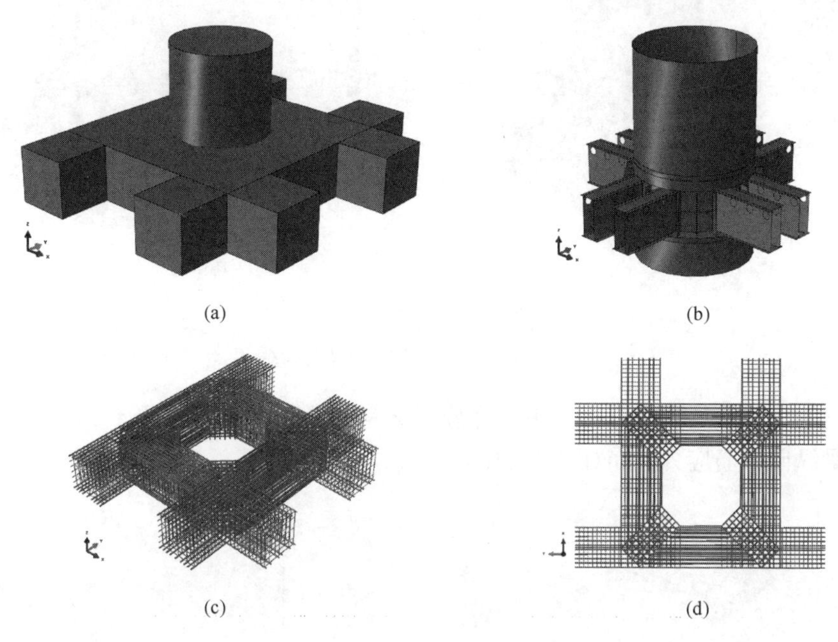

图 34　ABAQUS 有限元计算模型

（a）梁柱混凝土；（b）柱钢管、牛腿及加劲肋；（c）梁柱钢筋有限元模型轴测图；（d）梁柱钢筋有限元模型平面图

通过 ABAQUS 后处理结果 odb 文件中，可以得到节点各部分的位移情况，在最不利工况的 1 倍和 2 倍设计荷载作用下，节点竖向位移情况如图 35 所示。

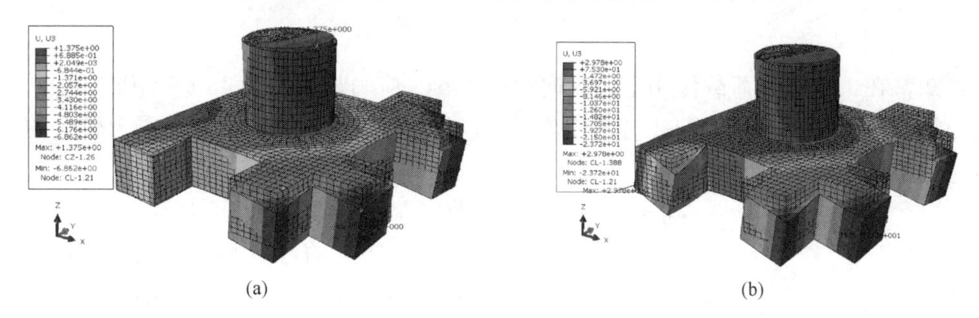

(a)　(b)

图 35　节点竖向位移

（a）1 倍设计荷载；（b）2 倍设计荷载

1 倍设计荷载作用下，节点最大位移为－6.9mm，为 X 方向梁端部的竖向位移。2 倍设计荷载作用下，节点最大位移为－23.7mm，位于 X 方向的梁端部的竖向位移。

钢材应力在有限元中用 Mises 等效应力来描述，Mises 应力是材料在三向受力状态下的等效应力，能够很好地表征钢材在三向受力下的屈服情况。

从图 36 可知，1 倍设计荷载作用下钢材 Mises 应力最大值为 176.1MPa，位于牛腿上部柱钢管 X 正向受拉侧，未达到钢材的屈服强度标准值 345MPa；2 倍设计荷载作用下，牛腿上部柱钢管 X 方向受拉侧局部范围已达到屈服应力，最大 Mises 应力值为 345MPa，

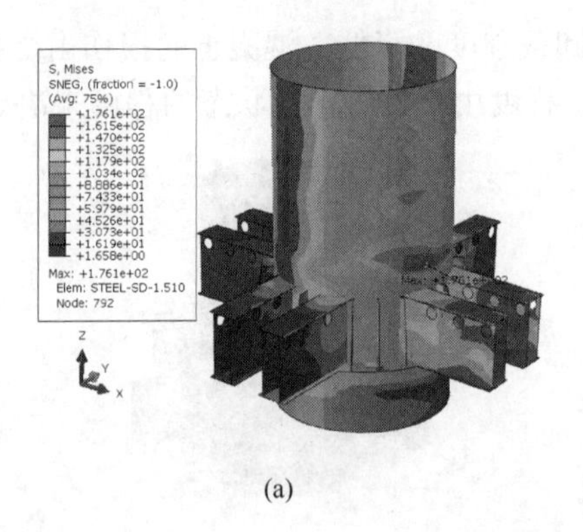

(a)

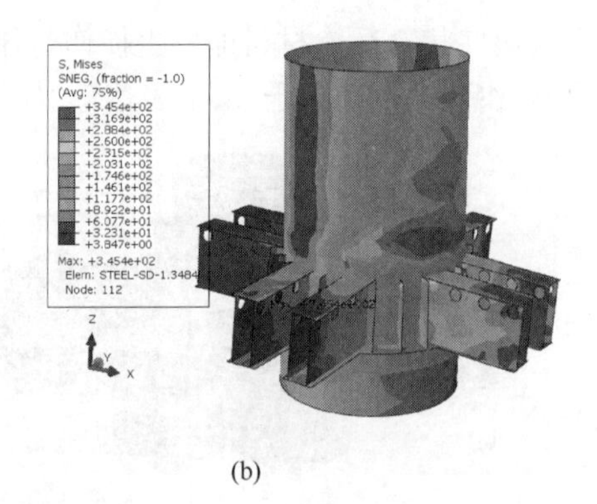

(b)

图 36　钢材应力分布

(a) 1 倍设计荷载；(b) 2 倍设计荷载

且牛腿与钢管柱连接处出现应力集中，部分钢材应力已经达到了屈服。

井字梁纵向钢筋应力分布如图 37 所示。

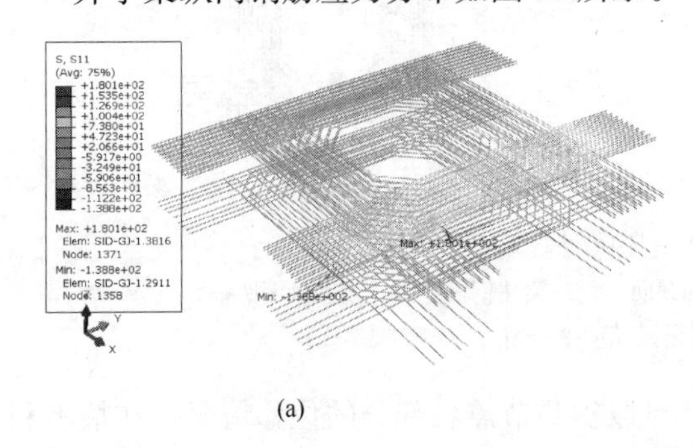

(a)

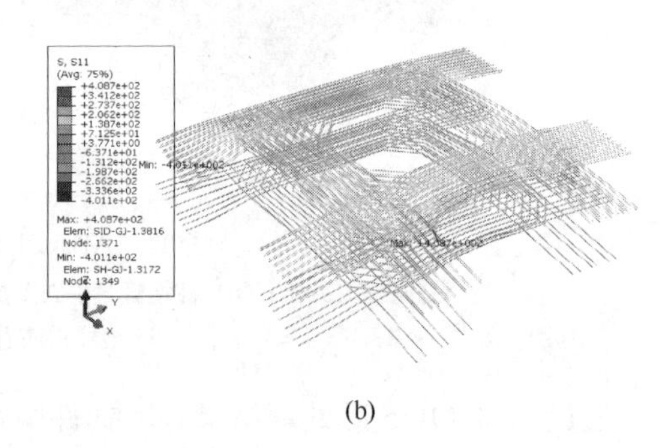

(b)

图 37　井字梁纵向钢筋应力分布

(a) 1 倍设计荷载；(b) 2 倍设计荷载

可知，在 1 倍设计荷载作用下，纵向钢筋 Mises 应力最大值为 180.1MPa，位于 X 方向梁顶纵筋位置；当荷载达到 2 倍设计荷载时，X、Y 方向梁上部纵筋在受力较大的中部位置达到了屈服应力。

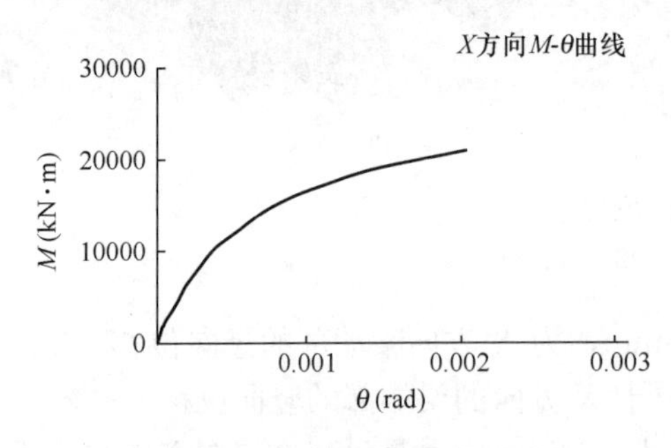

图 38　节点的 M-θ 转角曲线

节点 M-θ 曲线如图 38 所示。

节点 X 方向的弯矩-转角曲线可以得到节点刚度为 3.79×10^7 kN·m/rad，满足刚接要求。

（二）节点设计 2：一种用于种植大型乔木的梁柱节点设计

根据白云机场交通中心工程的实际情况提出了一种能够用于种植大型乔木的新型梁柱节点，其目的在于：在屋顶绿化方面，从结构构件具体构造形式上考虑由绿化引起的较大恒、活荷载对整个结构的影响；在结构工程方面，解决传统钢筋混凝土节点同等条件下承载能力较低的问题，同时解决了钢管混凝土和钢骨混凝土等新型节点工程造价过高及施工困难等问题。

在交通中心屋面上种植大型乔木，对节点进行有限元计算（图 39）。分别考虑不同型钢形式，进行计算研究，提取并计算各关键节点的竖向位移平均值，以明确其在整理模型中的节点刚度和模拟方式。

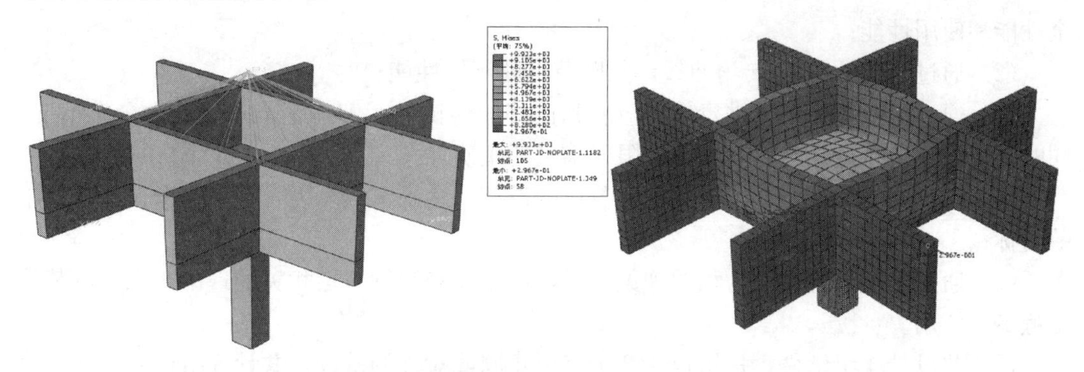

图 39　柱帽计算模型及顶面应力分布

从节点的应力分布可知，节点的大部分区域应力分布都较为连续，但在柱顶、柱帽底部、柱子四周角度出现明显的应力集中现象，出现相应开裂，应对这部分区域进行构造加强措施。现场施工照片如图 40 所示。

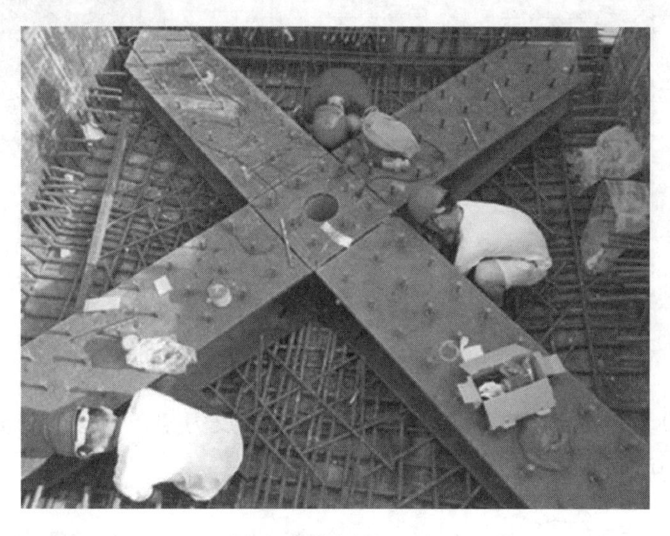

图 40　节点施工现场

六、试验、有限元分析

（一）试验 1：铸钢节点试验

本工程骨架钢结构节点采用铸钢节点，铸钢节点为整体不规则节点，随着节点形状和杆件角度的变化，节点受力也会发生很大的变化，现有规范只是从构造上规定铸钢节点设计，没有可作为参考的计算公式。由于铸钢节点受力复杂多样，需对本项目中复杂铸钢节点进行试验，验证铸钢节点在静力荷载作用下的受力性能和变形性能，从而判断节点的安全性和承载能力。

本次试验选取本项目中有代表性的几种铸钢节点进行静力荷载作用下的力学性能和变形性能检验。

(1) 通过 1∶1 的足尺试验，对节点施加静力荷载，验证铸钢节点在设计条件下的安全性能和使用性能；

(2) 通过节点的弯矩-转角曲线，判断节点的刚接性能；

(3) 通过对节点各部位进行应力应变和位移的测试，了解铸钢节点的应力分布情况，同时与有限元分析进行对比，验证有限元结果的正确性；

(4) 以试验成果为依据，指导其余节点的设计，达到节点受力合理、安全、经济适用的目标；

(5) 通过整理试验结果为相关理论成果，用于完善铸钢节点相关的理论知识，供其他工程参考使用。

试验共设计 4 组试件，每组包含 2 个完全相同或对称的试件，共计 8 组试验，其中第一组 2 个铸钢件模型完全相同，第二、三和四组 2 个铸钢件为对称关系，ZJ2 大样图及有限元模型如图 41 所示。

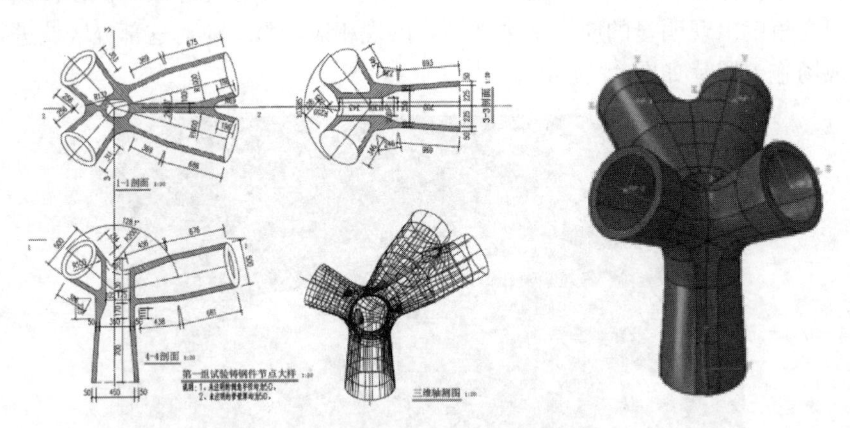

图 41　铸钢节点 ZJ2 大样图及有限元模型

反力架利用上海宝冶钢构有限公司的大吨位球形反力架，内径为 6m，最大承载力为 3000t，反力架与试件如图 42 所示。

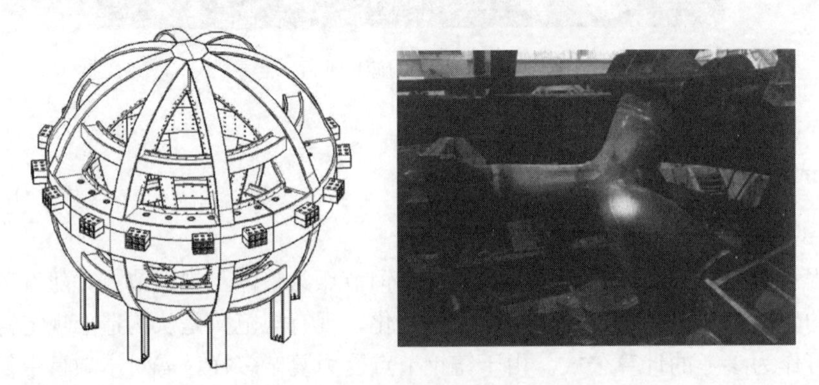

图 42　反力架与铸钢节点试件

试验结果表明，铸钢节点具有良好的承载能力。本次铸钢节点试验为非破坏性试验，节点试验完后确保可继续供本工程使用。

（二）试验 2：大抗拔力支座试验

钢屋盖支座采用大抗拔力球铰支座，在不同荷载组合下，支座节点处于压转、压剪、拉转及拉剪等复杂受力状态，因此，需对支座在各种受力状态下的变形、应力应变及转动力矩等进行检验，以评定其受力性能是否满足设计要求。

本试验为大抗拔力球铰支座力学性能检测试验，对 3 个支座试件分别进行受压状态下的支座转动性能试验、压剪承载力试验、受拉状态下的支座转动性能试验和拉剪承载力试验，通过对相应试验下的支座竖向变形、水平变形、应力应变及转动力矩等进行量测，以评定其受力性能是否满足设计要求和规范相关规定。试验加载如图 43 所示。

图 43　试验加载

通过试验，受压（拉）状态下支座转动性能试验结果表明：(1) 支座实测转动力矩小于规范规定的转动力矩，其转动性能满足规范要求。(2) 支座压（拉）剪承载力试验结果表明：随着水平剪力的增大，支座水平位移也相应增大，两者之间基本呈线性关系，满足规范要求。(3) 各工况试验结果表明：支座所受应力水平较低，均未超过钢材的屈服强度，并有较大富余。试验完成后，支座变形能基本恢复。

七、健康监测

本项目属于世界级的航站楼，项目地位重要，应监控工程施工过程中结构构件的受力状态，并对运营后的结构全生命周期进行全面检测。采用了健康监测系统。根据本项目监测的总体要求，本监测方案包括施工阶段监测和运营阶段健康监测两部分，主要监测内容如下：

(1) 施工阶段监测：施工阶段的关键施工节点——钢结构合拢以及卸载时钢结构关键位置的应力、变形、稳定等。

(2) 运营阶段监测：运营阶段的环境监测；钢结构整体动力特性；钢结构关键区域的风压影响；钢结构关键构件的应力、变形、稳定等。

监测内容：

(1) 主航站楼钢屋盖网架下弦杆及加强网架肋应力应变；

(2) 主航站楼钢管混凝土柱应力应变；

(3) 主航站楼钢屋盖网架下弦杆跨中及悬挑挠度；

(4) 主航站楼钢屋盖网架下弦杆跨中及悬挑风压；

(5) 主航站楼钢屋盖分区处伸缩缝相对变形；

(6) 指廊钢屋盖网架下弦杆应力应变；

（7）指廊钢屋盖网架下弦杆跨中挠度；

（8）指廊钢屋盖网架下弦杆跨中及悬挑风压。

建立一套全生命周期、实时监测的云监测系统，如图 44 所示。

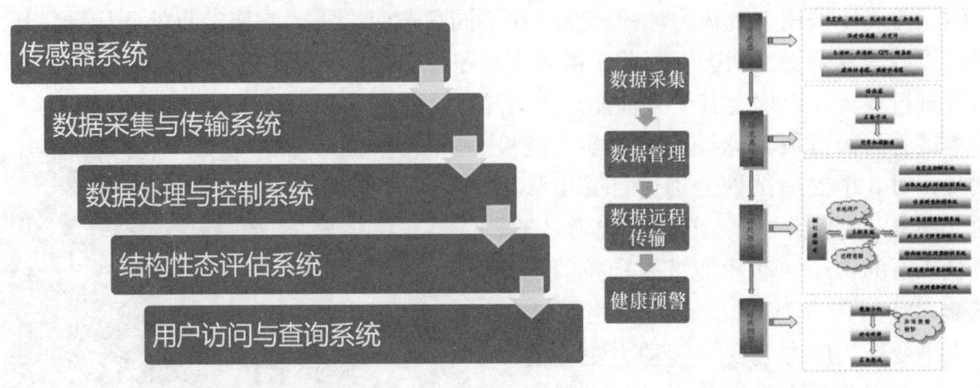

图 44　监测系统

现场监测点安装如图 45 所示。

监测数据在合理安全范围，风速风向监测数据变化曲线如图 46 所示。

风压监测数据变化曲线如图 47 所示。

动力特性变化曲线如图 48 所示。

通过建立全过程的健康监测系统，得到了施工过程及后续使用阶段关键杆件内力、位移、加速度等重要数据；进而绘制出监测内容数值变化曲线；并根据受力特性，分析被测部位数据和受力曲线，对结构状态进行评估，提交相应监测报告。

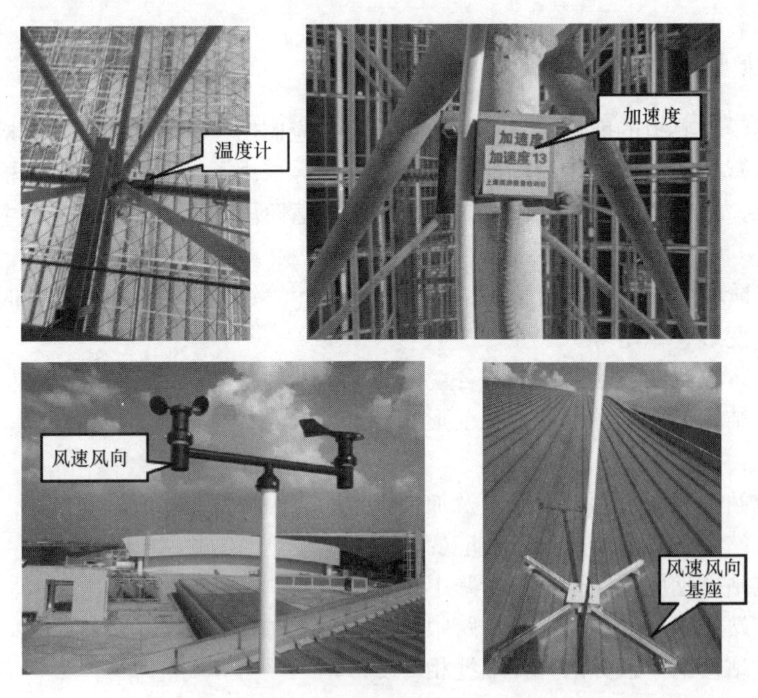

图 45　现场监测点安装（一）

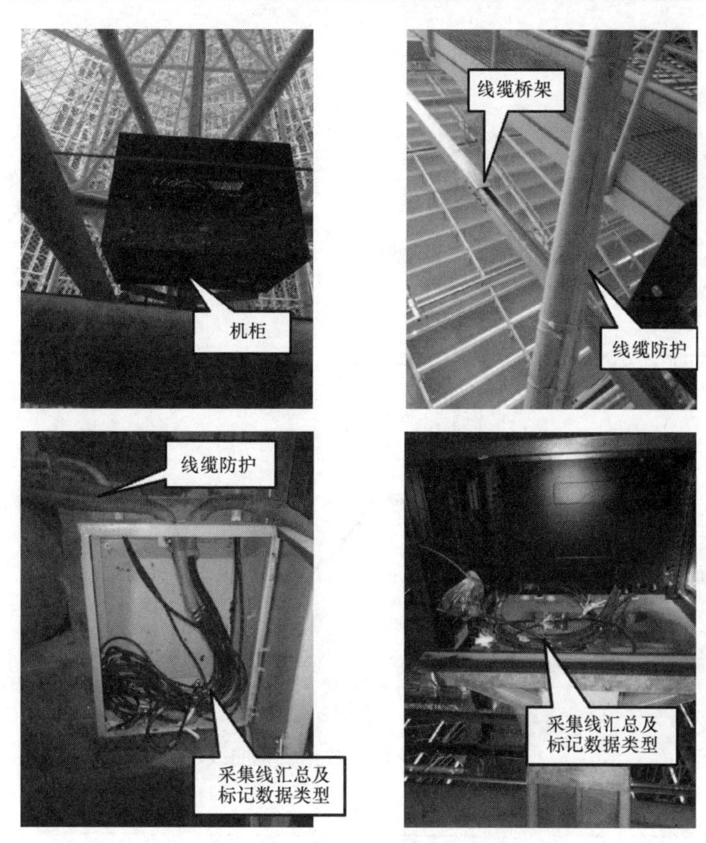

图 45　现场监测点安装（二）

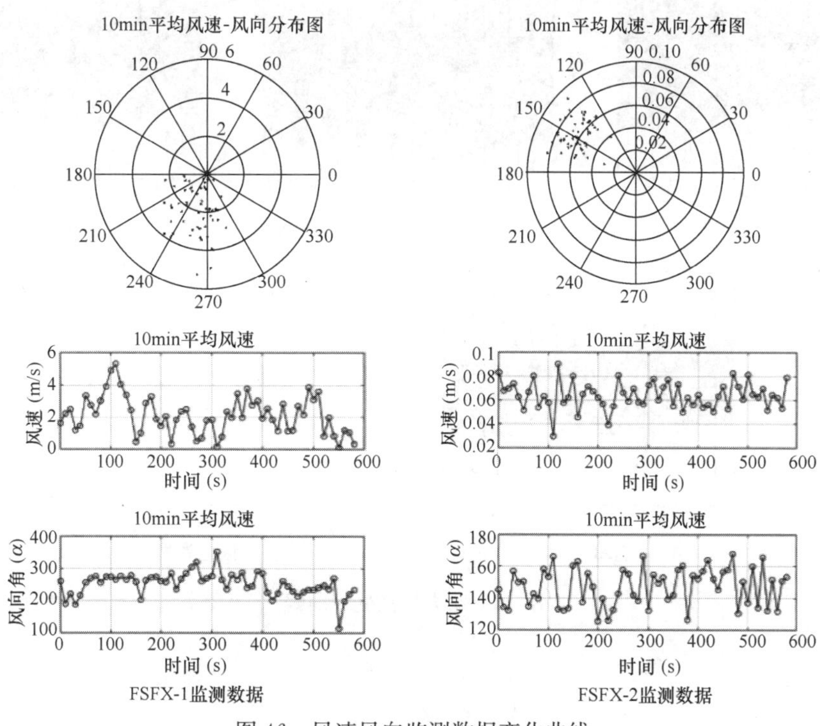

图 46　风速风向监测数据变化曲线

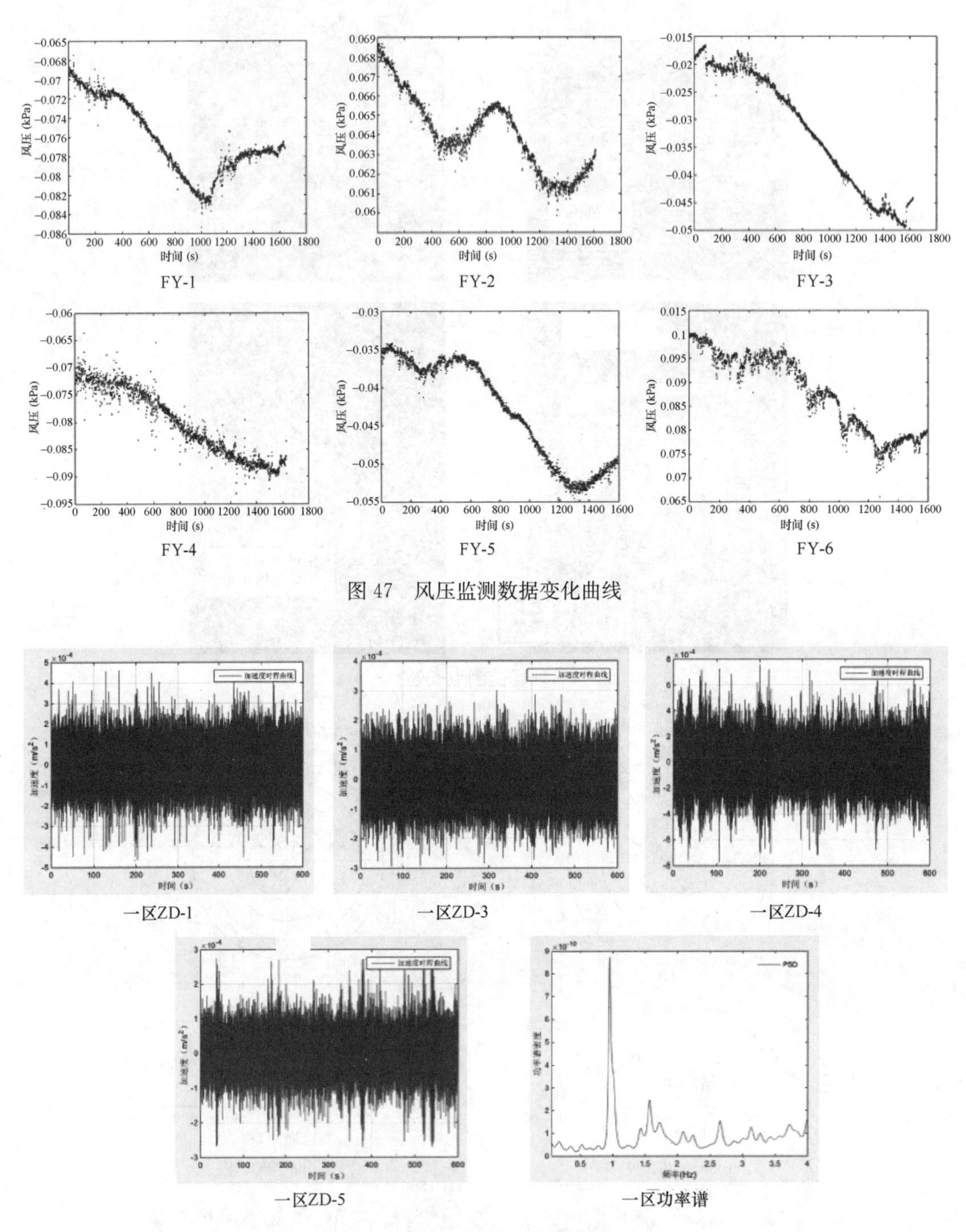

图 47 风压监测数据变化曲线

图 48 动力特性变化曲线

40　如东体育中心体育馆结构设计

建 设 地 点　江苏省如东县城东区
设 计 时 间　2013—2016
工程竣工时间　2018
设 计 单 位　同济大学建筑设计研究院（集团）有限公司
［200092］上海市杨浦区四平路1230号
主要设计人　张　涛　张　峥　刘浩晋　周　旋　丁祝红　陆秀丽　居　炜
李　璐
本文执笔　李　璐　刘浩晋

获 奖 等 级　2019—2020中国建筑学会建筑设计奖·结构专业三等奖

一、工程概况

如东体育中心体育馆（图1）位于江苏省如东县城东区。体育馆整体呈月牙形，平面尺寸约为180m×130m，总建筑面积22527m^2，其中地上建筑面积20896.4m^2。

体育馆内设有标准篮球场、标准泳道以及相应的训练场地。建筑1层，部分区域设置3层夹层，局部设1层地下室。屋盖结构最高点标高为23.65m。

图1　建筑实景

二、结构体系

下部主体结构采用钢筋混凝土框架结构体系；屋盖采用大跨度钢结构体系。体育馆钢结构屋盖根据屋面的建筑形态、下部结构可以提供的支承条件，并综合考虑各结构体系适用性，采用单层网格＋张弦梁结构。单层正交主次梁格形式如图 2（a）所示。游泳池和比赛馆上方钢梁跨度较大（游泳池最大跨度 36m，比赛馆最大跨度 56m），采用普通钢梁无法保证屋盖竖向刚度，故在主梁下布置撑杆、拉索形成张弦梁结构，如图 2（b）所示。采用张弦梁结构可有效地减小屋盖结构的自重，同时张弦梁结构具有较好的自平衡性，可有效地减小结构两端对下部支承混凝土悬臂柱的水平推力，有利于混凝土结构设计。通过在大跨屋盖的周边布置交叉支撑（图 2c），保证了屋盖的平面内刚度，增强结构的稳定性。钢结构屋盖支撑通过钢结构支座立杆支撑在混凝土结构柱顶（图 3）。

上述结构体系的选择最大程度地满足了建筑专业使用功能的适用性，钢结构屋面按不同区域的使用需要和受力及施工便利性分别针对性地采用合理的结构形式。各种材料、各种类型的构件选用和组合相得益彰，构成了最终的整体结构受力体系（图 4）。

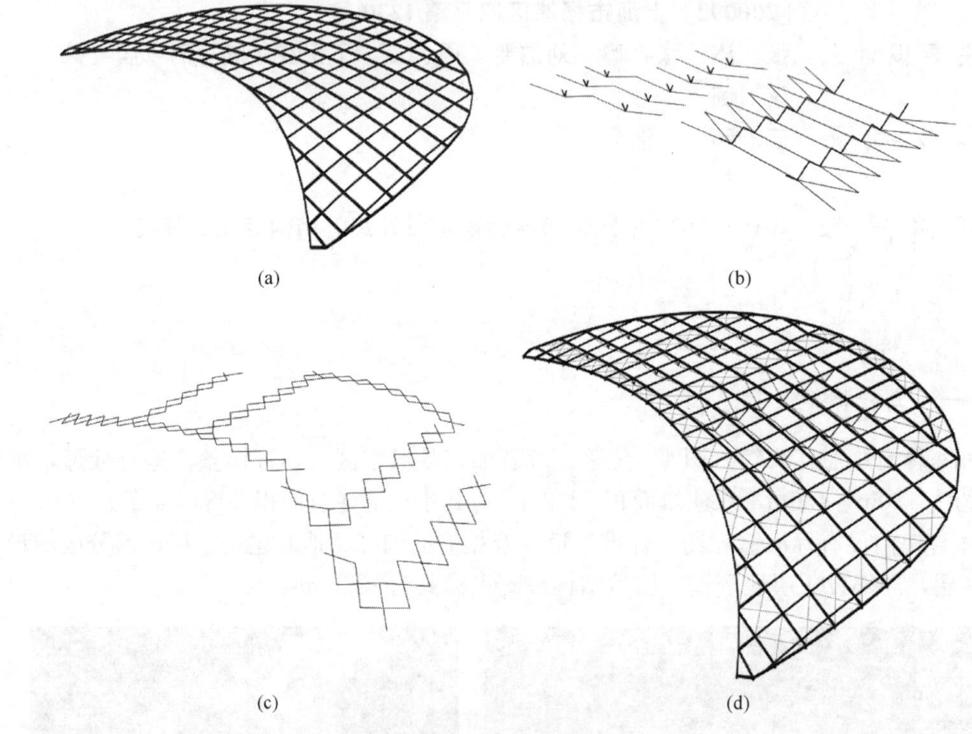

图 2　体育馆钢结构构成

（a）屋面钢梁；（b）拉索＋撑杆；（c）屋面交叉支撑；（d）体育馆钢结构整体

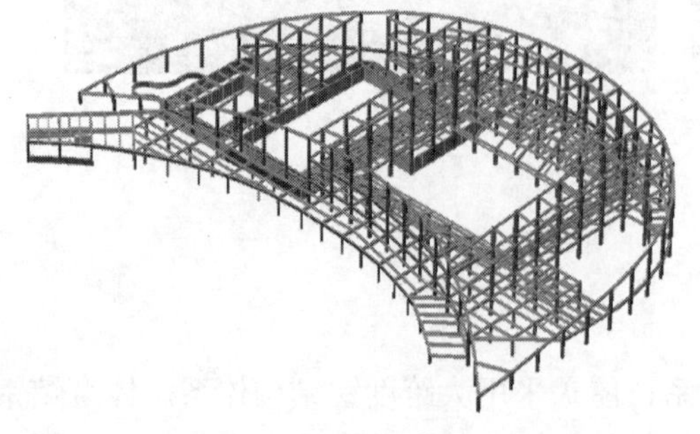

图 3　混凝土结构

图 4　整体结构

三、结构设计面临的挑战

1. 建筑功能对结构带来的要求

如东体育中心作为如东县地标性建筑且为当地稀有的大型公共场馆，不仅需要在平时承担体育比赛及训练功能，丰富人民文化生活，还需要在突发性自然灾难或事故灾难来临时用于人员疏散和避难生活，主体结构按避难场所要求设计。

根据《城市应急避难场所建设技术标准》要求，本工程抗震设防类别确定为重点设防类（乙类），按7度进行抗震计算，按8度要求采取抗震措施。结构构件设计按《城市应急避难场所建设技术标准》要求进行中震弹性的性能化设计。下部混凝土框架抗震等级均为二级，对于直接支撑大跨屋盖钢结构的框架提高为一级。

2. 繁杂的空间变化

创新的月牙形体以及作为平时训练及赛事举办场所的建筑功能必然带来繁杂的空间变化。结构上各处框架柱不尽相同，模型中根据实际情况准确设定框架柱高度及梁柱空间交接关系，给结构建模和计算带来了较大的挑战。

四、复杂造型的结构设计要点

由于复杂的月牙形体以及建筑避难功能的要求，给结构设计带来巨大的挑战，最突出的三个方面是复杂月牙形体的建模和计算、张弦梁施工次序的规划以及避难场所的性能化设计。

1. 创新的月牙形体

通过框架柱逐点定位；借助三维图形处理软件Rhino获取关键剖面及控制点标高；结构上各处框架柱不尽相同，模型中根据实际情况准确设定框架柱高度及梁柱空间交接关系。同时，计算模型中不采用刚性楼板假定，楼板采用弹性膜准确模拟结构受力特性，确保计算结构的准确性。

2. 张弦梁施工次序的规划

体育馆张弦梁结构需预先对下部拉索进行张拉，拉索内部存在巨大的水平拉力，为避免水平拉力对下部支撑混凝土柱产生不可控制的影响，细致地规划了张弦梁的施工次序。拉索张拉时端部与混凝土结构的连接节点不锁死，避免水平拉力传递至下部混凝土结构，张弦梁自身形成较好的自平衡体系，有效保证了下部混凝土柱，尤其是标准游泳池与训练池之间的悬臂柱，均有良好的可实施性及经济性。

3. 避难场所的性能化设计

按7度进行抗震计算，按8度要求采取抗震措施。抗震性能化目标：当遭受7度设防烈度的地震影响时，屋盖主要受力构件（张弦梁）中震弹性，其他构件不屈服；当遭受高于7度的罕遇地震影响时，结构重要构件不坏。

五、节点设计

体育馆张弦梁结构索夹节点采用铸钢节点形式，形成三个耳板分别连接在索夹节点位置的三个拉索索头，同时在索夹两侧外伸耳板与拉索撑杆销轴连接（图 5），此节点设计简洁，室内观感较好，较好地实现了结构细部的建筑表达。张弦梁结构的索头节点采用铸钢节点（图 6），通过两个耳板连接拉索索头位置，避免了采用钢板连接节点焊缝重叠较多、钢板较短等加工困难问题，也保证了此位置节点的美观性。

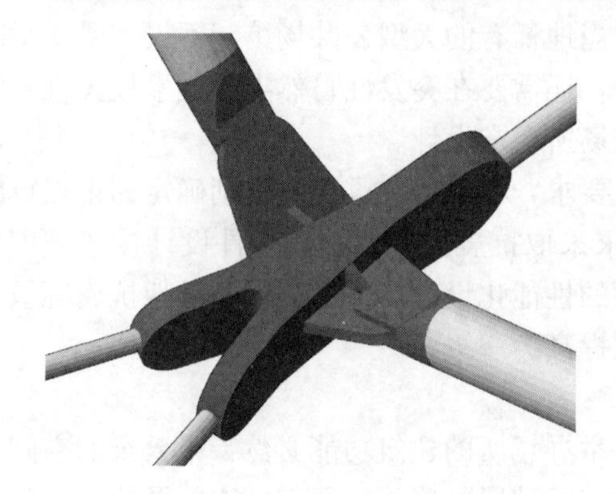

图 5　体育馆张弦梁索夹节点

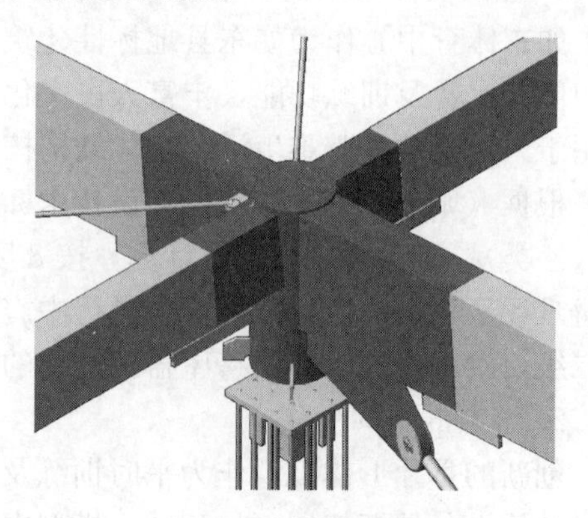

图 6　体育馆张弦梁索头节点

六、计算分析

1. 计算分析软件

由于上部及结构形体新颖，空间高度变化繁杂，且内部结构空间拉结效应一般，结构受力复杂，单一的设计软件难以完全保证结构计算的准确性和完整性。为此，本项目采用两种计算程序（SAP2000、YJK）进行结构整体计算分析，并就两款软件各项计算结果进行比对，保证计算结果的准确性和完整性；此外，利用 ANSYS 进行结构整体稳定性分析。体育馆结构整体计算模型如图 7 所示。

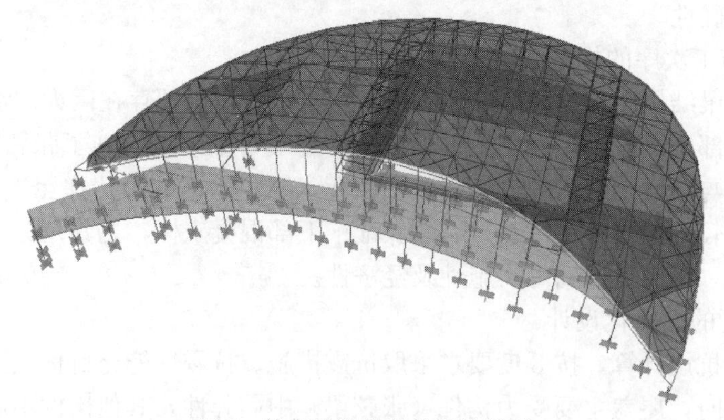

图 7　体育馆结构整体计算模型

2. 荷载取值

体育馆除了考虑结构的恒荷载、活荷载、雪荷载和温度荷载之外，风荷载及地震作用按照相应要求做了特别的调整。其中，风荷载根据《城市应急避难场所建设技术标准》规定沿海地区用作应急避难场所的永久建筑工程进行抗风设计时，基本风压采用《建筑结构荷载规范》中的附表内100年一遇的风压。地震作用按《建筑工程抗震设防分类标准》《建筑抗震设计规范》《如东县文化体育中心工程场地地震安全性评价报告》，如东地区的抗震设防烈度为7度，设计基本地震加速度为0.10g，设计地震分组为第二组，场地类别为Ⅲ类，小震特征周期 T_g=0.55s，中震特征周期 T_g=0.80s。结构的地震作用计算按7度考虑，抗震措施按8度考虑。小震影响系数最大值0.102，中震影响系数最大值0.30。

3. 模态分析

体育馆整体结构的前三阶振型如图8所示，可以看出，前三阶均为整体竖向振动，没有出现整体扭转振动，说明结构整体抗扭刚度较好；结构前60阶质量参与系数在三个平动（UX，UY，UZ）与一个转动（RZ）方向均达到90%以上。

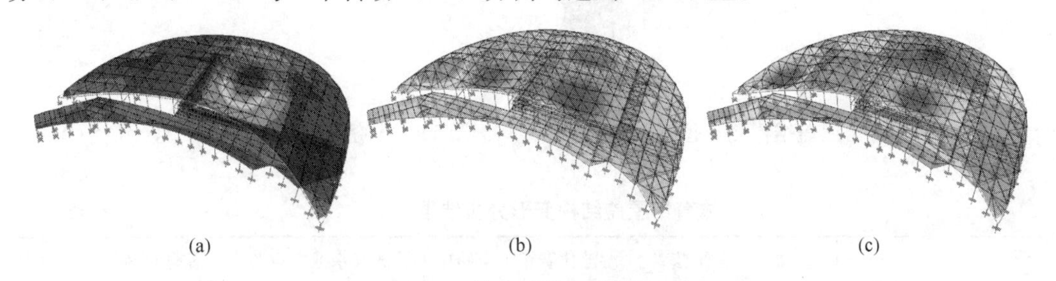

图8　体育馆前三阶振型

(a) 第一振型（T_1=0.823s）；(b) 第二振型（T_2=0.740s）；(c) 第三振型（T_3=0.730s）

4. 静力分析

（1）典型工况下内力

主要考察屋盖在使用阶段的内力分布，且根据结构静力学理论判断有限元计算结果是否合理，进而验证有限元模型的可靠性。

屋盖刚性结构在典型工况下的内力如图9所示，由图9（a）可知：在竖向荷载作用下，张弦梁上弦、拉索轴力较大，其他屋面梁轴力则很小。由图9（b）可知：在竖向荷载作用下，张弦梁呈典型连续梁的弯矩分布特征，结构在撑杆位置反弯，说明撑杆可以有效地减少主梁的弯矩最大值。

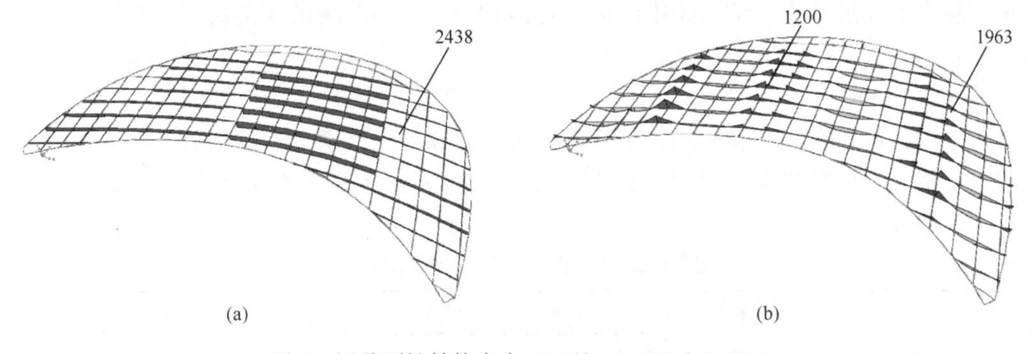

图9　屋盖刚性结构内力（工况：1.35D+0.98L）

(a) 轴力图（kN）；(b) 弯矩图（kN·m）

（2）变形分析

屋盖的挠度是大跨结构设计计算时所考虑的一项重要指标，可反映屋盖的竖向刚度。

若屋盖的变形过大，一方面会导致屋面的建筑面层受力破坏，增加建筑维护成本；另一方面由于屋面较大的变形会给使用者带来恐慌，影响建筑的正常使用。然而屋面的变形过小，会造成结构的刚度过大，增加用钢量和结构造价，因此，屋盖的变形需要结构工程师反复调整模型，将变形调整到满足规范的合理范围内。

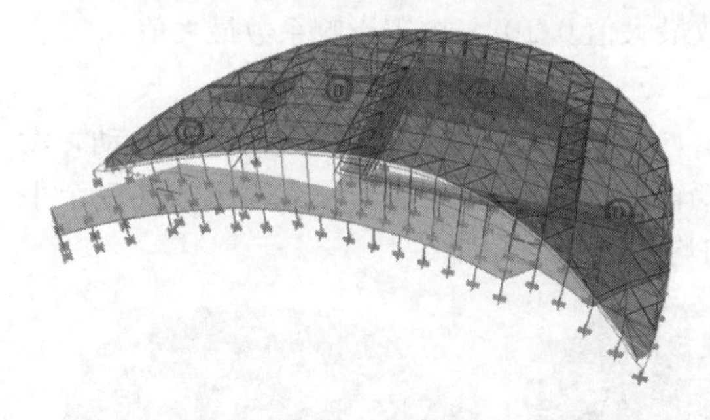

图 10　体育馆屋盖结构测点位置示意

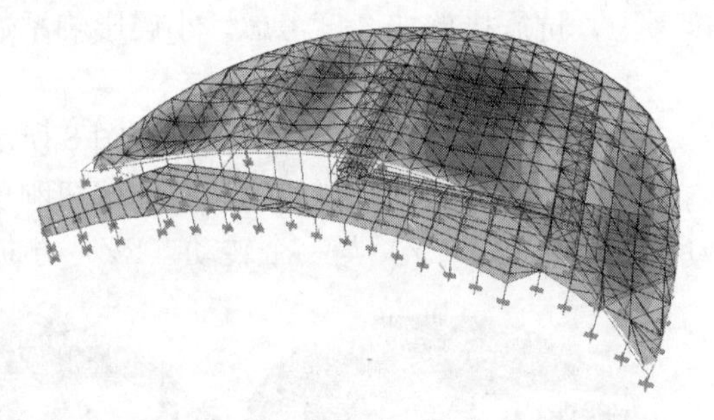

图 11　体育馆屋盖结构变形（S+D+L）

体育馆屋盖结构变形分析结果（mm）　　**表 1**

工况	篮球馆上空张弦梁跨中挠度 *A*（跨度 56m）	游泳比赛馆上空跨中挠度 *B*（跨度 36.4m）	游泳戏水池上空跨中挠度 *C*（跨度 42m）	篮球训练场上空跨中挠度 *D*（跨度 35m）
S+PRES	+68	+4	+3	−24
S+D+L	−128	−81	−103	−64
S+D+L+0.6T	−130（1/430）	−86（1/423）	−95	−54
S+D+L−0.6T	−126	−75	−111（1/378）	−78（1/448）
1.0S+0.7D+1.0W	+62	0	−14	−25

注：负号表示位移向下，正号表示位移向上，S 表示自重，PRES 表示预拉力，D 表示恒荷载，L 表示活荷载，T 表示温度作用，所列挠度取上、下部整体模型的结果。

重点考察了体育馆屋盖的各个大跨区域在典型工况下的变形，体育屋盖结构测点位置如图 10 所示，在恒荷载与活荷载作用下结构的变形如图 11 所示。表 1 给出了体育馆屋盖各个控制点的变形结果，结构跨中的最大挠跨比为 1/378，满足规范关于结构限值 1/300 的要求。

5. 索力分析

为了考察屋盖在施工和使用各个阶段的典型荷载工况下索力的变化情况，对拉索进行了索力分析。体育馆屋盖的拉索平面布置如图 12 所示。各个典型分析工况（组合）索力分析结果如表 2 所示。

典型分析工况（组合）索力分析结果（kN）　　**表 2**

荷载组合	戏水池上空 LS2	游泳池上空 LS3	篮球馆上空 LS1	篮球馆上空 LS2
S+PRES	656	464	976	615
1.35S+1.35D+0.98L−0.84T	1272	849	2345	1364
S+0.7D+1.4W	614	454	927	595

注：拉索 1 的破断荷载为 8689kN，拉索 2 的破断荷载为 4951kN，拉索 3 的破断荷载为 3574kN。

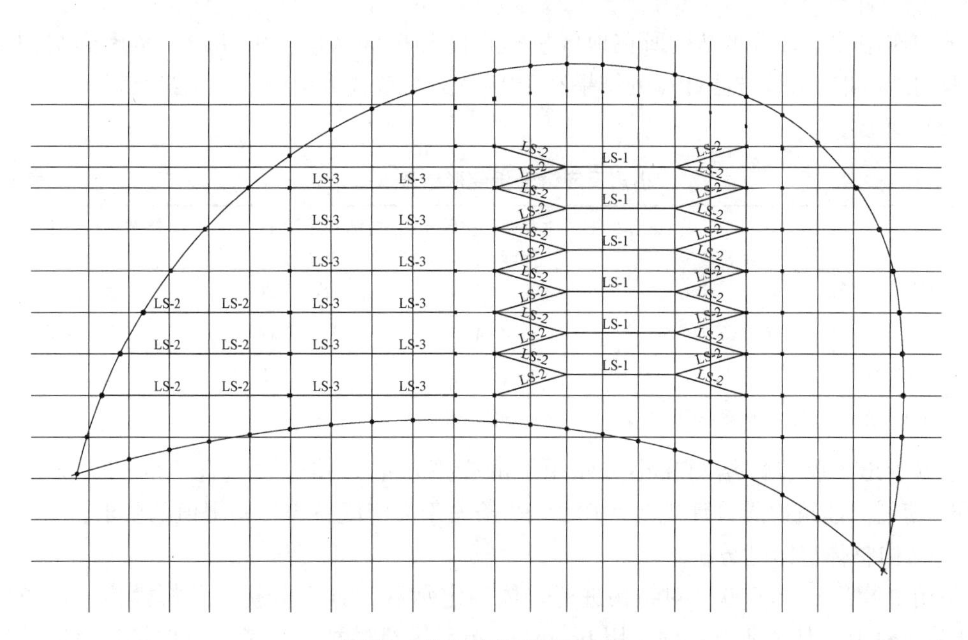

图 12 体育馆拉索平面布置

由表 2 可知：(1) 表中第一行为张弦梁的初始预张力，即在屋盖自重和索初始预张拉组合下索的拉力值。(2) 在最不利组合下，均远小于拉索的破断荷载，故拉索不是由强度控制。(3) 在最不利风吸作用下，拉索始终不松弛，可保证张弦梁结构的正常工作。

6. 反应谱分析

分别对屋盖在小震和中震进行了反应谱分析，对屋盖在各工况下的剪重比和变形进行分析。考虑了双向和竖向地震作用。在多向地震输入时，地震动参数（反应谱最大值）比例取：水平主向∶水平次向∶竖向＝1∶1∶0.65。

(1) 剪重比

小震反应谱工况下屋盖支座处反力（kN） **表 3**

Case	Model	StepType	G_{eq}	GlobalFX	GlobalFY	GlobalFZ	剪重比
EQ1D	整体模型	Max	24562	2876	3038		11.7%
EQ1v	整体模型	Max	24562			742	3.0%

注：G_{eq}表示重力荷载代表值，EQ1D 表示双向水平地震作用，EQ1v 表示竖向地震作用；整体模型地震剪力取自屋盖支座位置。

中震反应谱工况下屋盖支座处反力（kN） **表 4**

Case	Model	StepType	G_{eq}	GlobalFX	GlobalFY	GlobalFZ	剪重比
EQ2D	整体模型	Max	24562	9598	9536		38.8%
EQ2v	整体模型	Max	24562			2274	9.2%

注：G_{eq}表示重力荷载代表值，EQ2D 表示双向水平地震作用，EQ2v 表示竖向地震作用；整体模型地震剪力取自屋盖支座位置。

表 3 和表 4 分别给出了屋盖在小震和中震作用下的支座反力，小震作用下，水平剪重比为 0.117，竖向地震作用系数为 0.030。由于对大型屋盖结构采用 CQC 方法计算得到的

竖向地震作用偏小，且本结构所在地区抗震设防烈度为7度（0.08g），考虑到结构重要性，竖向地震取CQC方法计算的结果和10%重力荷载代表值的较大值进行设计。

（2）变形结果

小震反应谱分析变形结果（mm） 表5

工况	篮球馆上空张弦梁跨中挠度A（跨度56m）	游泳比赛馆上空跨中挠度B（跨度36.4m）	游泳戏水池上空跨中挠度C（跨度42m）	篮球训练场上空跨中挠度D（跨度35m）
	U3（Z向）	U3（Z向）	U3（Z向）	U3（Z向）
1.0G+1.0EQ1v	−109（1/513）	−74（1/491）	−94（1/446）	−63（1/555）

注：EQ1D表示双向水平地震作用，EQ1v表示竖向地震作用。

表5给出了屋盖钢结构在小震作用下的变形，重力和地震组合下的结构挠跨比为1/446，满足《建筑抗震设计规范》10.2.12条关于大跨度屋盖结构限值的要求。

7. 结构整体稳定性分析

采用ANSYS 12.0软件对结构进行整体稳定承载力计算分析。分析模型中对拉索用link8单元模拟，其余所有杆件采用beam189单元进行模拟，为考虑下部结构对屋盖结构的协同影响，有限元模型同时建立与屋盖连接的最上面一层的抗侧力构件，并于这些钢管混凝土立柱下端设置固定支座，以此来准确模拟体育馆的抗侧刚度。屋盖的荷载选择通过点荷载的方式施加，荷载因子定义为施加荷载与1.0D+1.0L荷载组合的比例。

（1）ANSYS模型验证

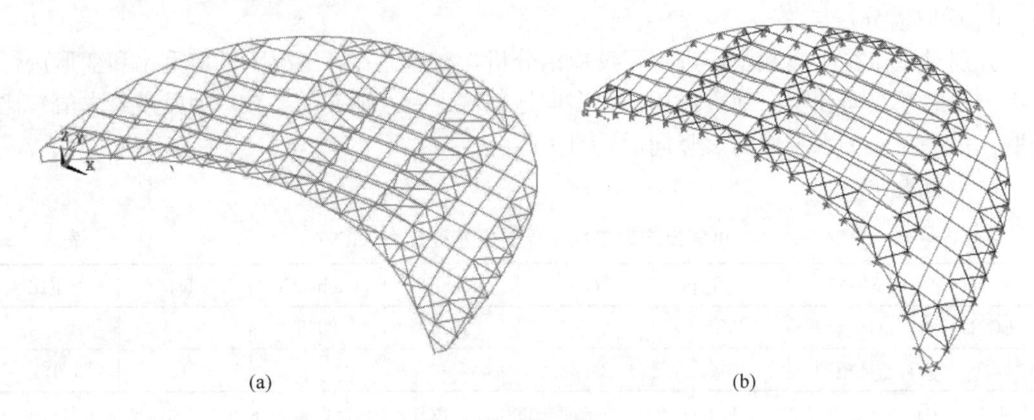

(a) (b)

图13 验证用模型

（a）ANSYS；（b）SAP2000

SAP2000与ANSYS的静力分析结果对比 表6

对比项	ANSYS	SAP2000
基地总反力（S+PRES+D+L）单位：（kN）	27534	27622
变形（S+D+L）单位（mm）	−128（主桁架跨中）	134（主桁架跨中）

建立的ANSYS和SAP2000模型如图13所示，表6给出了两种分析软件静力分析结果的对比。两个计算模型的静力计算结果具有较高的契合度，说明计算结果准确，有限元模型可进一步进行稳定性和极限承载力分析。

（2）弹性屈曲分析

屈曲分析有助于发现屈曲对结构尤其是构件的影响，通过采用特征值屈曲分析得到各屈曲模态的荷载系数以及对应的屈曲形态，为稳定分析时施加初设缺陷提供依据。

图 14 给出了体育馆钢屋盖的整体屈曲分析的前 6 阶模态，分析表明：结构前 6 阶屈曲模态均为斜交网格的平面外失稳。第 1 阶至第 6 阶屈曲荷载因子分别为 13.722、14.900、17.961、18.677、20.486、25.208。可见结构出现屈曲时已达较大的荷载因子，

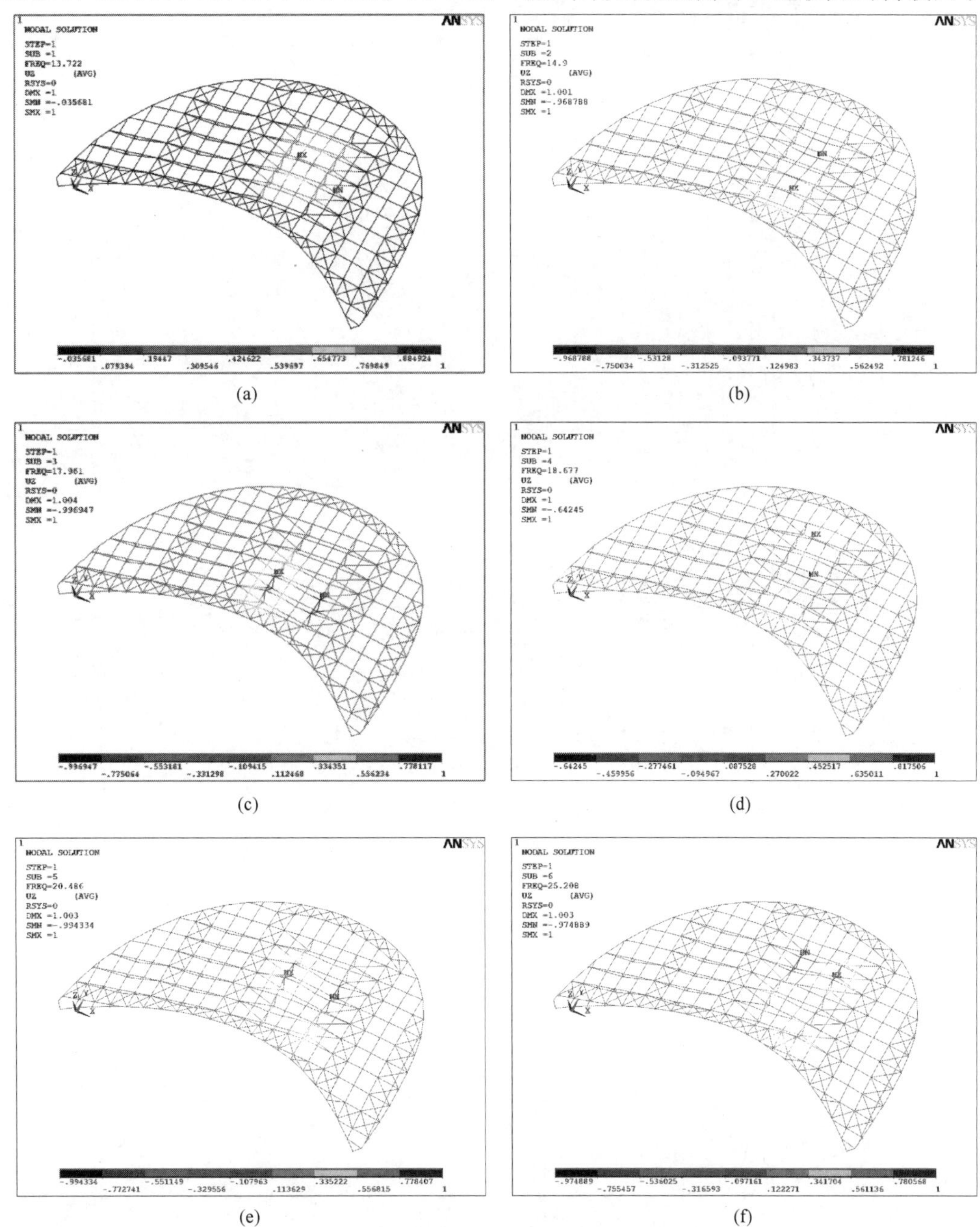

图 14　体育馆屋盖屈曲模态

（a）第 1 阶；（b）第 2 阶；（c）第 3 阶；（d）第 4 阶；（e）第 5 阶；（f）第 6 阶

满足《空间网格结构技术规程》JGJ 7—2010 弹性屈曲荷载因子 4.2 的要求，说明结构的稳定性较好。

本工程于 2013 年 10 月开始设计，2016 年 5 月设计完成，2018 年 8 月工程竣工投入使用。在设计单位与施工单位的共同努力以及紧密协作下，既保证了结构的安全性，又充分地实现了建筑功能与效果，成为一件建筑与结构完美结合的作品。

41　长春机场航站楼结构设计

建设地点　吉林省长春市东北、九台市的东湖镇与龙嘉镇的交汇处
设计时间　2015—2018
工程竣工时间　2018
设计单位　北京市建筑设计研究院有限公司
[100045] 北京市西城区南礼士路62号
主要设计人　束伟农　陈　林　陈　一　李伟强　王翰墨　李如地
本文执笔　束伟农　陈　林

获奖等级　2019—2020中国建筑学会建筑设计奖·结构专业三等奖

一、工程概况

长春龙嘉国际机场是吉林省省会机场、国内干线机场、国际定期航班机场，是我国东北地区四大干线机场之一，二期扩建工程T2航站楼按年吞吐流量1100万人次设计。平面呈人字形布局，分为中央大厅和三个指廊组成，结构长约650m，宽约375m，地上两层，在首二层之间有一夹层。总面积约18万m^2（含架空层）。

工程设计使用年限50年，建筑结构安全等级为一级，抗震设防类别为7度，设计地震分组为第一组，场地土类别为Ⅱ类，建筑抗震设防类别为乙类。

其建筑总平面和立面如图1～图7所示。

图1　总平面

图 2 建筑立面

场地在地质构造上属于新华夏构造体系第二沉降带与第二隆起带的交接部位，在大地构造上属于吉黑褶皱系（Ⅲ）松辽中断陷（Ⅲ1）东南隆起（Ⅲ13）九台～长春凸起（Ⅲ13～4）。晚更新世以来处于缓缓抬升，遭受剥蚀。本次工程地区的地层岩性，上部主要为第四系中更新统（Q_2^{apl}）冲积洪积地层，下伏为白垩系下统（K_1^q）泉头组的紫红色、红褐色的泥岩及砂岩。依据勘察报告及试桩结果，本工程采用桩基础，并采用后压浆技术，持力层为强风化砂岩、强风化泥岩。航站楼正负零地面高程为 201.400m。依据勘察报告，抗浮设防水位绝对标高暂按 196.66m 采用。

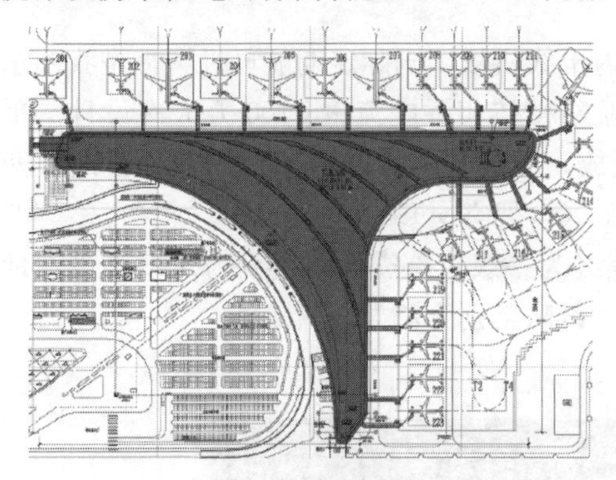

图 3 航站楼平面

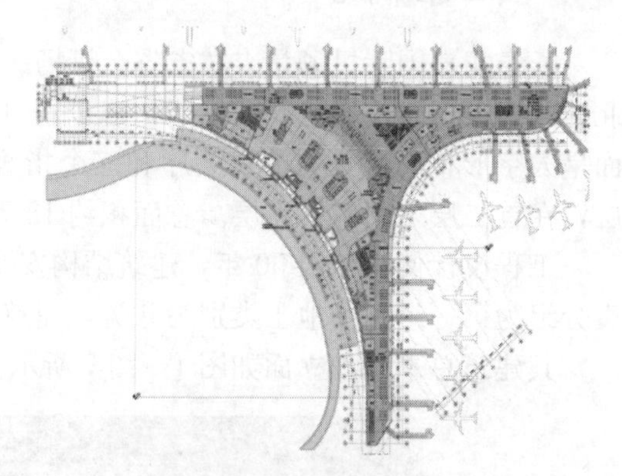

图 4 航站楼二层平面

图 5 航站楼局部 1

图 6 航站楼局部 2

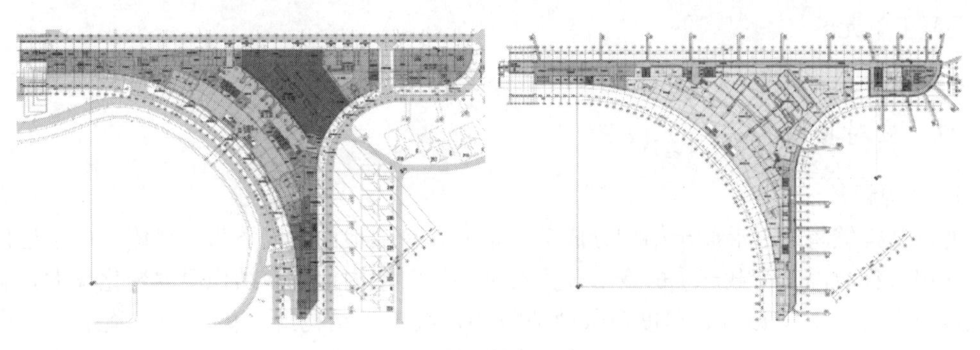

图7 航站楼各层布置

二、结构体系

本工程主体结构采用钢筋混凝土框架结构，主体混凝土结构分为7个单元，单元之间在正负零地面及以下不设结构缝，地上按抗震缝设置。混凝土结构柱网为9m×9m、9m×12m、12m×12m、15m×15～18m不等（图8）。屋顶及其支撑结构采用钢结构，钢结构共分4个结构单元，每个钢结构单元分别跨越两个混凝土单元（图9），屋顶钢结构为锥形钢管柱支撑的网架结构，最高点约35m。

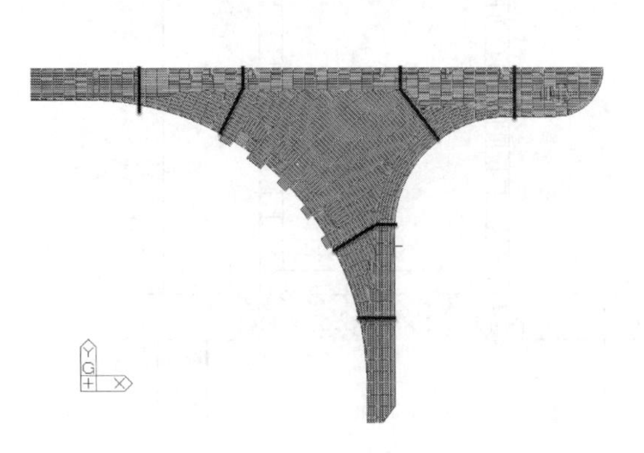

图8 混凝土结构分段示意

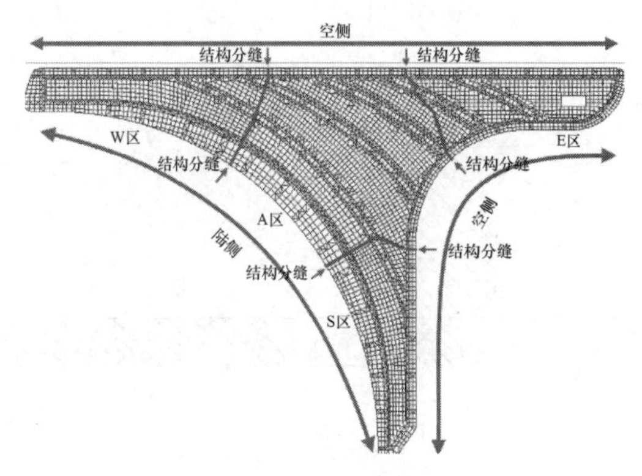

图9 屋顶钢结构分段示意

三、结构特点

本工程有如下特点：

（1）结构长650m，属于超长结构。

（2）由地质勘察报告，本工程正负零地面高程比现状地面高出6～8m，需要分析比较基础做法。

（3）为提升入口效果，本工程入口处采用了拉索幕墙，长度达180m，高度约30m，拉索幕墙为本工程亮点。

（4）屋盖采用焊接球钢网架结构，通过抗震缝设成4个结构单元，每个单元分别跨越

2 个混凝土单元。

四、应对措施

1. 结构超长

通过结构缝将地上混凝土结构分成 7 个单元，首层地面及以下为一整体，由于近似三角的体型对释放温度荷载产生的变形较为有利，同时室内地下室结构温度变化不大，温差变化范围一般在 10℃以内，温度荷载效应较小，故不设结构缝。但混凝土施工过程产生的收缩、徐变，再加上一定的温度效应，结构会产生一些微裂缝，为控制裂缝，在地下室外墙内皮上间隔约 18m 设置诱导缝，首层地面采用预应力等技术闭合裂缝。

中部地上混凝土结构单元采用施工后浇带、楼板内采用预应力技术控制裂缝。

2. 基础做法

根据现场情况，在建筑正负零地面至场地现状标高之间设置一层结构架空层，采用钢筋混凝土框架＋钢筋混凝土外墙结构，形成一个密闭的结构空间，如图 10 所示。外墙平均厚度 400mm。室内管廊外墙采用砌筑墙，基础底板采用 400mm 钢筋混凝土底板，建筑正负零地面梁板结构采用主次梁结构。

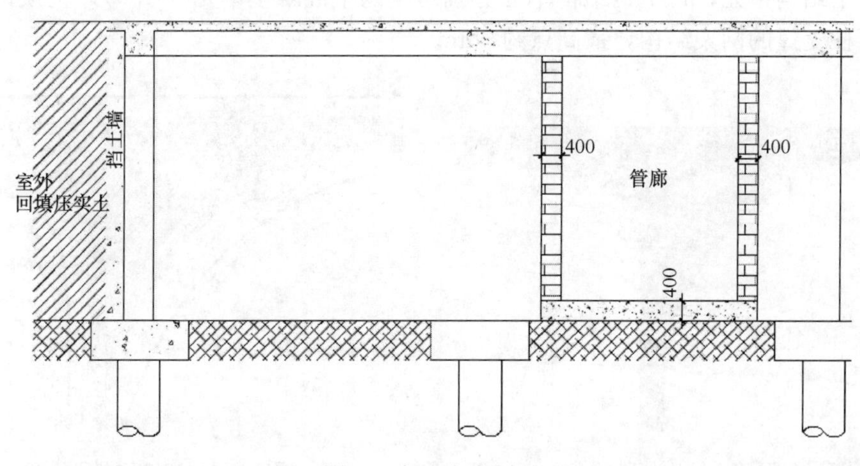

图 10　架空方案剖面

架空层具以下优点：

（1）不需土方回填，减少了一道工序，可以直接进行桩基础的施工，加快了施工工期。

（2）不存在负摩阻力，桩的布置很经济。

（3）地下室管廊可采用砌筑墙体，施工方便。

3. 拉索幕墙

主入口屋盖檐口高，在长度 180m 范围内，幕墙高度大，为更好地达到建筑通透效果，经分析比较，采用索幕墙是较好的选择（图 11、图 12）。

本工程拉索间距约 3200mm。索上端悬挂在屋盖钢结构桁架上，考虑到索拉力大，将下端固定在首层地面周圈地下室外墙顶，地下室外墙具有很大的刚度，可以将索拉力均匀

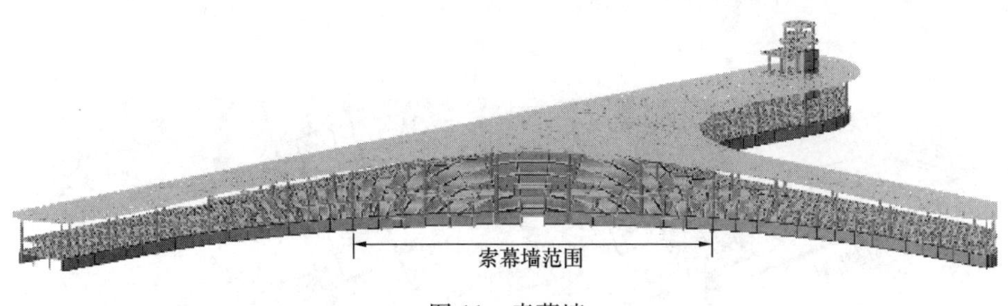

图 11 索幕墙

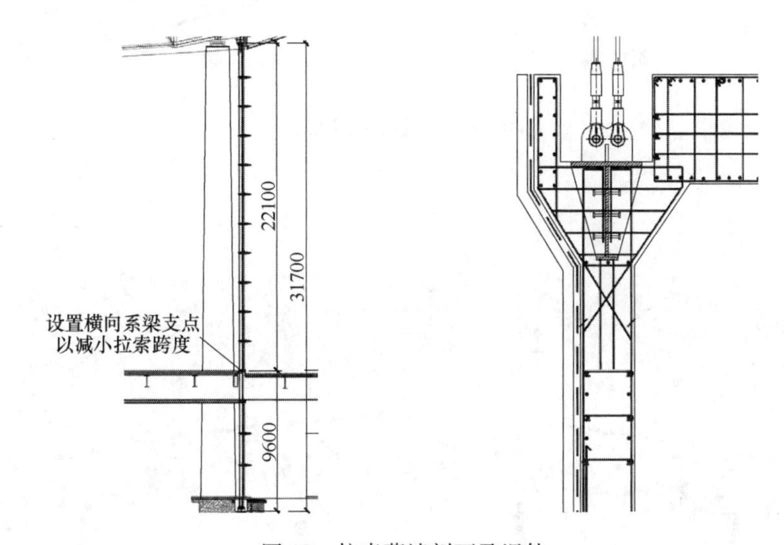

图 12 拉索幕墙剖面及埋件

传递至大钢柱及地下室结构，从而形成自平衡体系。索顶底之间长度达 31.7m。为减小索内力，在二层楼面处设置横向钢梁作为拉索的支点，使拉索跨度由 31.7m 减小为 22.1m。当跨度减小后，可以采用直径为 40mm 的双索（高钒索）。

对于跨屋盖结构缝位置，在变形缝两侧分别设置一根拉索，作为幕墙玻璃封边的结构条件，同时为使缝两侧幕墙变形一致，在屋盖钢结构缝处设置竖向连杆协调缝两侧的幕墙竖向变形。

4. 屋盖钢结构

本工程屋面为双曲面，为较好地符合屋面的曲面造型，屋盖采用钢网架结构，网架主体采用正放四角锥，屋盖天窗位置采用放射状的平面桁架，平面桁架与屋盖网架之间采用加强立体桁架作为过渡；屋盖挑檐采用双向正交桁架，网架与屋盖挑檐间采用加强立体桁架过渡。除陆侧主入口顶部结构外，屋盖其余部分均采用焊接圆管截面，节点采用焊接球节点。陆侧主入口索幕墙索力较大，其上方采用箱形截面桁架，共设置拉索节点 59 个。

挑檐桁架、索幕墙顶桁架、四角锥网架与天窗桁架见图 13。W 区与 S 区索幕墙顶部桁架除在分缝对挑部位设置外，各向内侧延伸一跨，A 区、W 区与 S 区索幕墙桁架见图 14。屋盖支承结构采用直径由下端逐渐上收的钢柱，网架下弦通过抗震球铰支座铰接于钢柱顶端。钢柱下端与混凝土结构刚接，并通过钢管混凝土柱下插，下插节点见图 15。

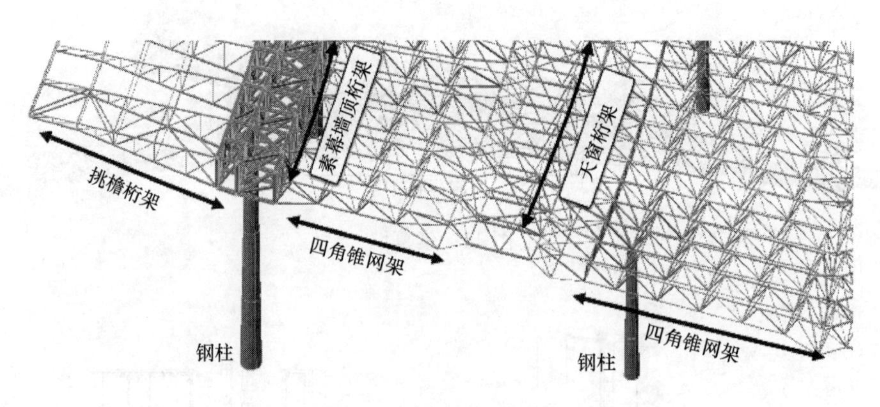

图 13　屋盖钢结构关系

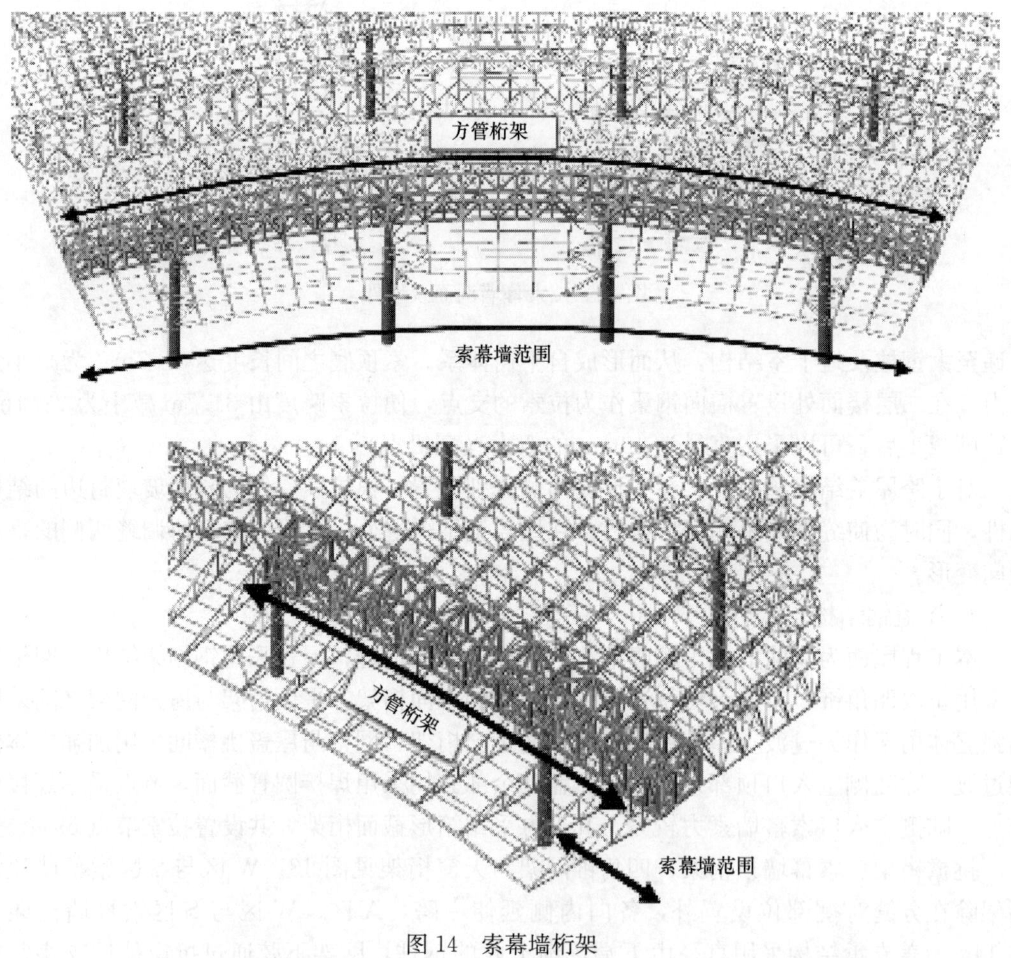

图 14　索幕墙桁架

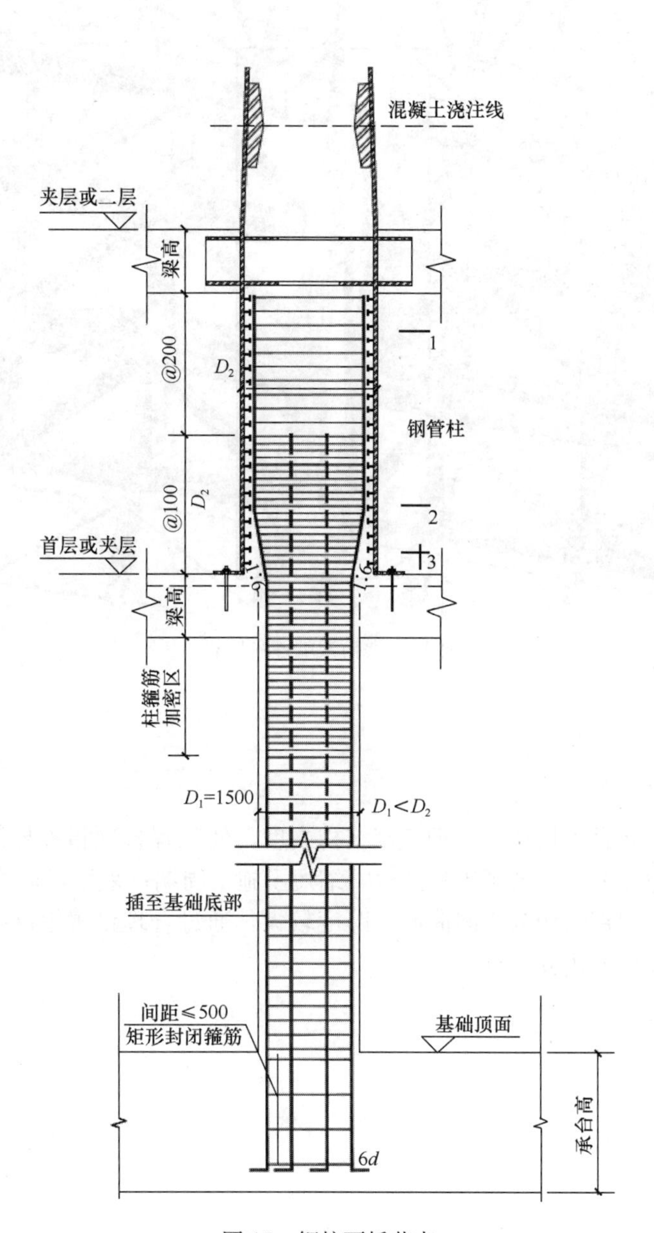
混凝土浇注线
夹层或二层
梁高
@200
D_2
1
钢管柱
@100
D_2
2
3
首层或夹层
梁高
柱箍筋加密区
D_1=1500
D_1<D_2
插至基础底部
间距≤500
矩形封闭箍筋
基础顶面
6d
承台高

图 15 钢柱下插节点

在两个索幕墙桁架对挑的位置，一侧桁架上弦与另一侧桁架下弦之间设置竖向拉杆，以保证跨缝位置索幕墙玻璃的安全，见图 16。

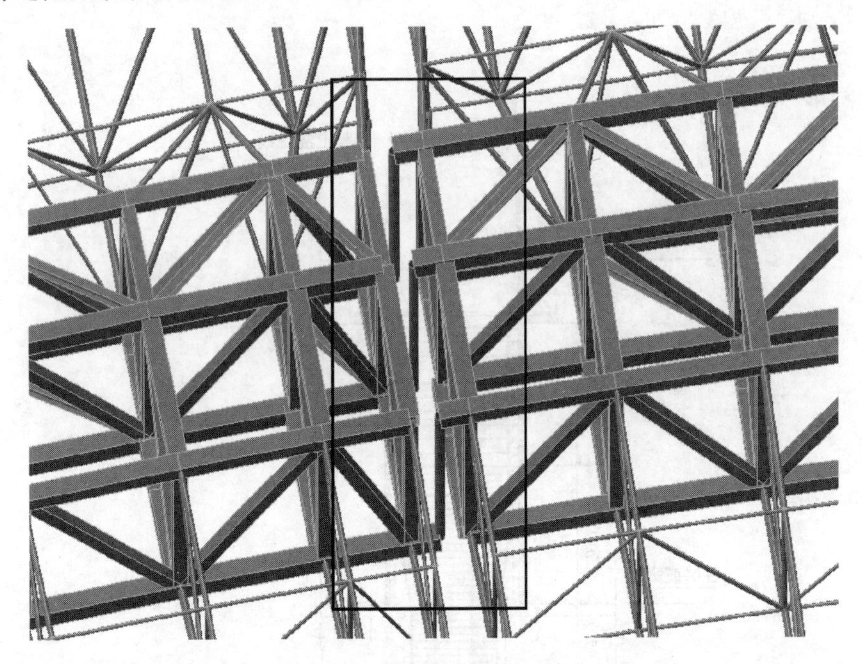

图 16　索桁架端连系竖杆

五、结语

通过对结构单元合理切块、合理控制结构高度，使工程各项指标控制在超限范围内。采用地下结构架空方案，节省了工程造价，缩短了施工周期；采用索幕墙方案，提升了建筑空间效果；本工程钢结构为空间曲面，跨度较大，通过合理设置钢网架及幕墙索桁架，为索幕墙提供了较好的边界条件。

42 黄石奥林匹克体育中心项目结构设计

建设地点 湖北省黄石市大冶湖核心区东区

设计时间 2015—2016

工程竣工时间 2018

设计单位 中南建筑设计院股份有限公司

[430071] 湖北省武汉市中南路19号

主要设计人 李宏胜 李 霆 罗桂发 池碧波 程文刚 罗艳琼 李和平

葛 翔 杨力为 高兰琴 李必雄 郭尔芳 吕文胜 熊裕宏

本文执笔 李宏胜 罗桂发 池碧波

获奖等级 2019—2020 中国建筑学会建筑设计奖·结构专业三等奖

一、工程概况

黄石奥林匹克体育中心项目（图1）位于黄石市大冶湖核心区东区，新城大道南侧，由体育场、方馆（全民健身馆、游泳馆合建为一个方馆）、平台层体育配套用房组成，为2018年湖北省省运会开幕式举办地和比赛场馆之一。

图1 建筑实景

体育场建筑面积约43000m²，总座位数约3.2万座，中型、乙级体育场。体育场建筑平面呈圆形，直径266.3m，檐口高度36.000m，屋面最大高度51.498m，最大悬挑跨度约37m。本工程无地下室，东、西看台区均为3层，层高分别为6.0m、4.45m、4.75m，斜看台为2层，高度分别为6m、6.71～18.910m；南、北看台区均为1层，层高为6m，斜看台为1层，高度为6m。

体育场主体结构设计使用年限为50年，建筑结构安全等级为二级，抗震设防类别为乙类（重点设防类）。本工程抗震设防烈度为6度，设计基本地震加速度值为0.05g，设计地震分组为第一组。本工程按高于本地区抗震设防烈度1度（即按7度）的要求加强其抗震措施。阻尼比按结构材料类别分别取值，混凝土结构部分为0.05，钢结构部分为0.02。

全民健身馆、游泳馆合建为一个方馆，建筑平面168m×168m，建筑高度23.500m。其中全民健身馆建筑面积32229m^2；游泳馆建筑面积28223m^2，总座位1566个；中间连廊面积4133m^2。

方馆结构设计使用年限为50年，建筑结构安全等级为二级（大跨度钢结构及其下部支承构件为一级），抗震设防类别为标准设防类（丙类），多遇地震阻尼比按结构材料类别分别取值，混凝土结构部分为0.05，钢结构部分为0.02。

二、结构体系

1. 体育场结构体系

体育场主体结构分为两部分，即下部功能用房及看台部分和钢罩棚部分（图2）。下部功能用房及看台部分采用钢筋混凝土框架结构，楼板采用现浇钢筋混凝土楼板，看台采用预制清水混凝土看台；钢罩棚部分采用平面交叉钢桁架＋树状钢支撑结构体系。

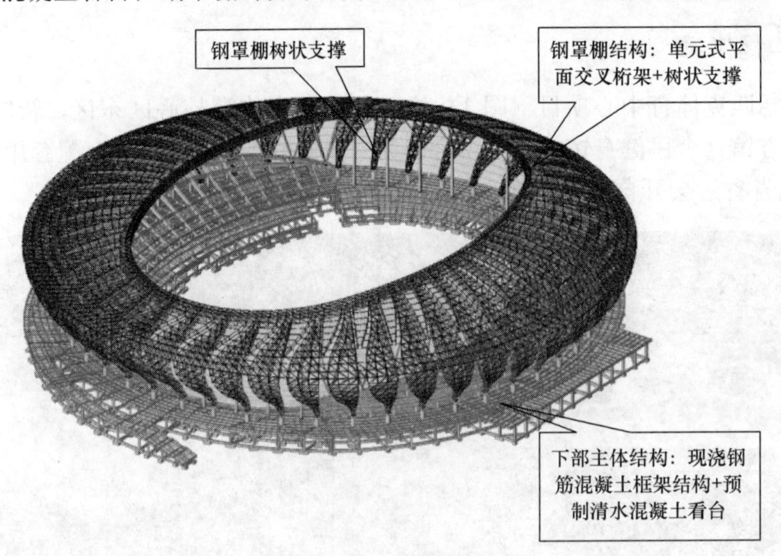

图2　体育场整体结构示意

2. 方馆结构体系

方馆由全民健身馆和游泳馆及两者之间的大门处立面构架组成（图3）。全民健身馆（A区）、游泳馆（B区）主体结构采用现浇钢筋混凝土框架结构。健身馆与游泳馆之间的大门处立面构架（C、D区）采用“巨型格构柱（型钢混凝土框架柱＋柱间支撑）＋空间管桁架梁”的空间结构，最大跨度86.3m，高度约27m。健身馆与游泳馆屋面之间的连系构架采用空间钢桁架组成的空间结构，最大跨度约46m。

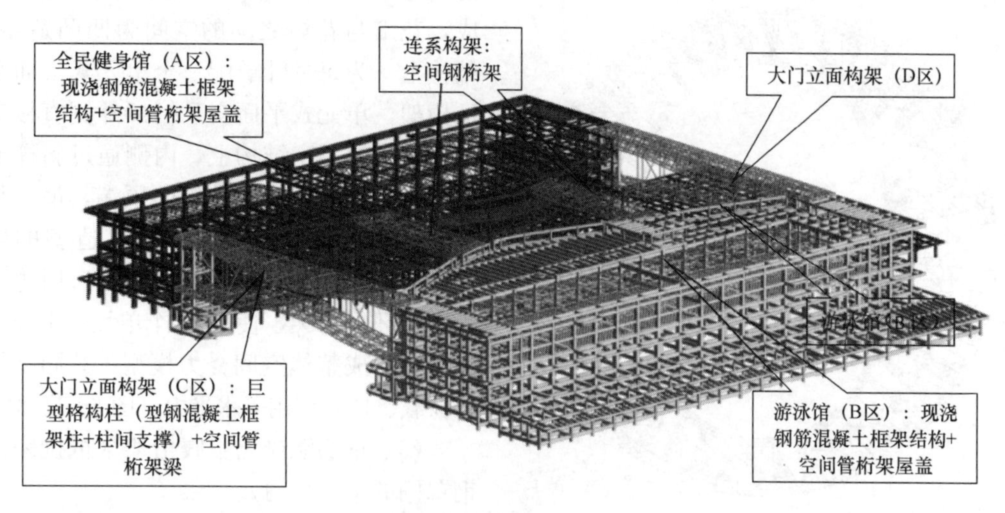

图 3　方馆整体结构示意

三、结构设计主要特点

1. 体育场结构设计主要特点

(1) 结构分缝

体育场下部主体结构：在通往内场的 4 个主出入口处设置 4 条永久缝，把体育场下部主体结构分成 4 个结构单元：东区（E 区）、南区（S 区）、西区（W 区）和北区（N 区）。详见图 4。与不设缝结构相比，其温度应力释放了 60%～80%。

钢罩棚：不设缝，作为一个整体结构支承在下部 4 个混凝土结构上（图 5）。由于钢罩棚的抗侧刚度远弱于下部混凝土结构，故下部 4 个混凝土结构之间因钢罩棚带来的相互影响很弱。与设缝方案相比，不设缝方案可以大幅改善钢罩棚的规则性和抗震性能，减少对建筑外立面的影响，且温度应力增加不明显（侧向约束弱的缘故）。

(2) 钢罩棚结构体系选择

钢罩棚由建筑屋面及立面组成，其平面投影呈圆形，直径 266.3m，中间开椭圆洞。

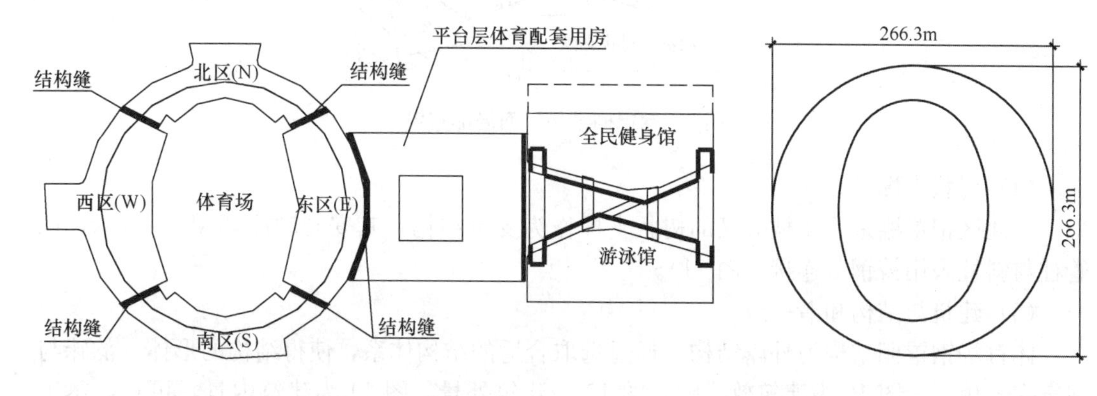

图 4　体育场下部主体结构分缝示意　　　图 5　体育场钢罩棚未分缝示意

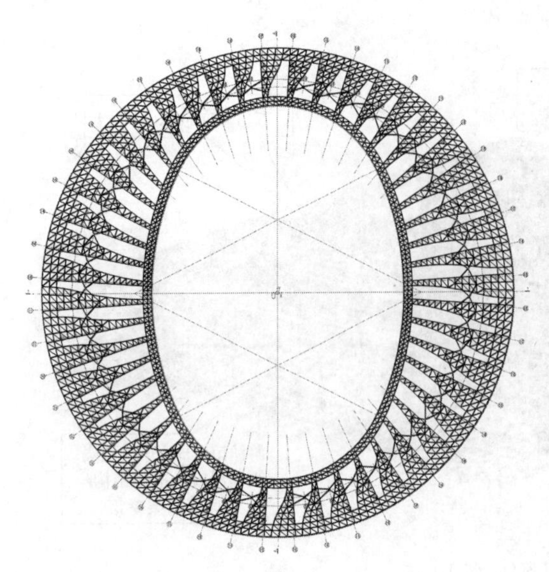

图6　钢罩棚结构平面布置

建筑屋面及立面由48片空间折形花瓣组成，花瓣与花瓣之间的空间为凹凸造型。结构上，为每片叶子配一个单元式平面交叉桁架，单元式平面交叉桁架外侧直接支承在二层混凝土结构上，内侧通过斜撑或树状支撑支承在看台结构的顶端，最大悬挑跨度约37m。为减少对建筑造型的影响，仅在外侧屋檐和内侧屋面洞口周边设置两道环形桁架，使得48个单元式平面交叉桁架形成整体空间受力模型，共同抵抗风荷载、地震作用等水平力（图6～图8）。

（3）钢筋混凝土空腹桁架（抵抗来自钢罩棚的水平推力）

为了保证建筑内景效果，钢罩棚斜撑需均匀布置，导致大量斜撑支承在下部结构梁上。钢罩棚斜撑支座处有很大的水平反力，为了高效、安全传递该水平力，设置了钢筋混凝土空腹桁架，跨度约10～12m（图9）。

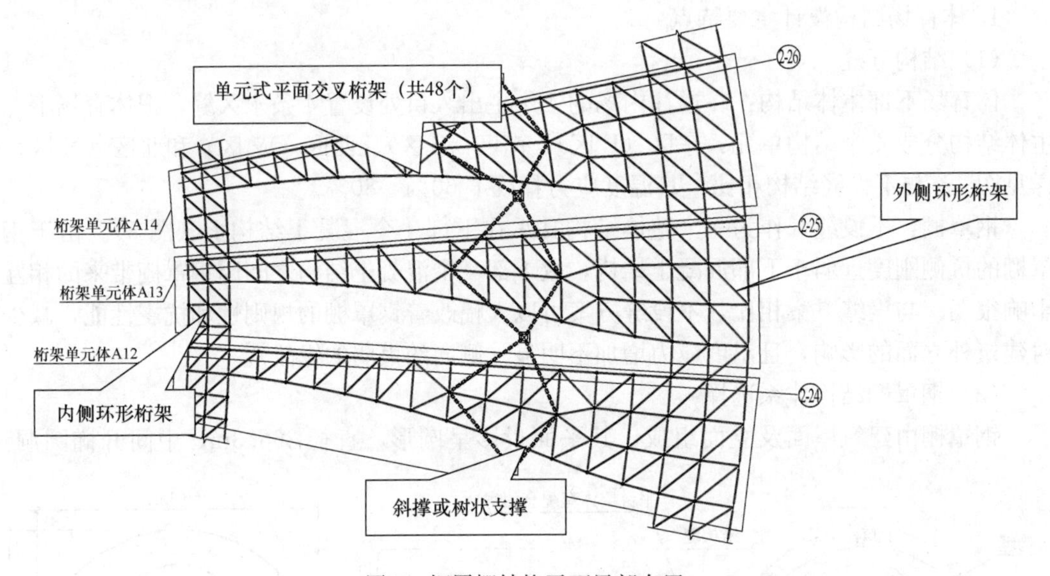

图7　钢罩棚结构平面局部布置

（4）树状支撑

南北区钢罩棚采用4枝分叉的树状支撑作为支承结构，其安装顺序如图10所示，四管柱与斜柱采用铸钢节连接（图11）。

（5）建筑与结构和谐一致

体育场钢罩棚结构为外露结构，通过选取合适的结构体系，使得结构的形体、韵味与建筑完美统一。图12为建筑效果图，图13为建筑外景，图14为建筑内景，可见，本工程是结构实现建筑美的成功案例。

图 8 钢罩棚内侧实景

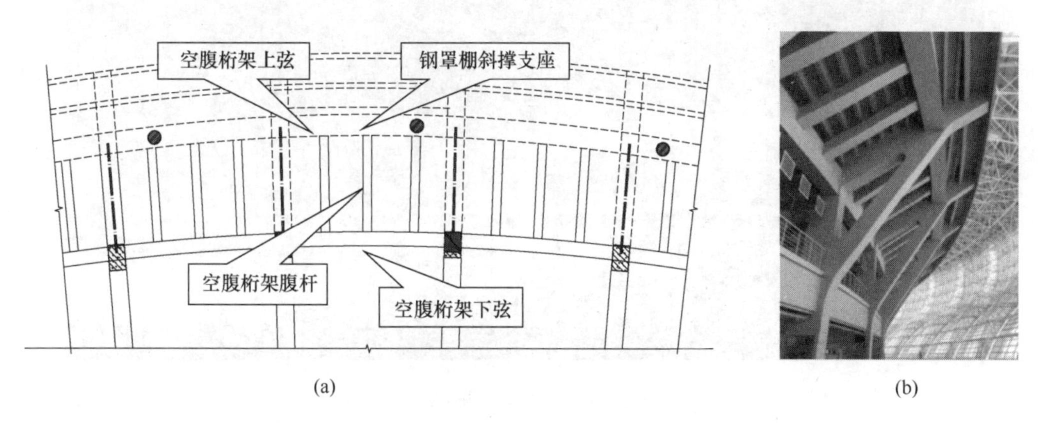

图 9 钢筋混凝土空腹桁架

(a) 钢筋混凝土空腹桁架布置；(b) 钢筋混凝土空腹桁架实景

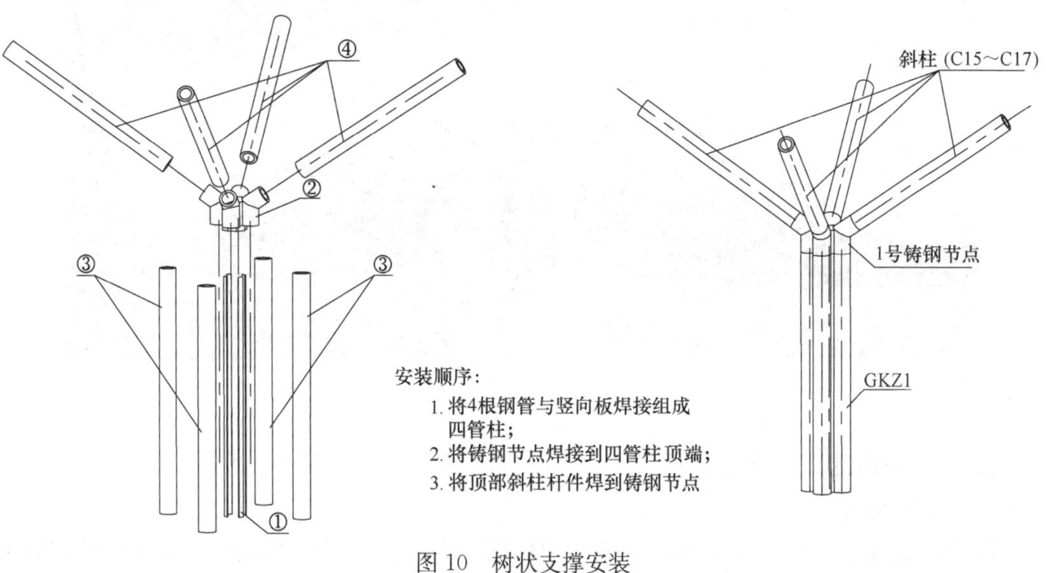

图 10 树状支撑安装

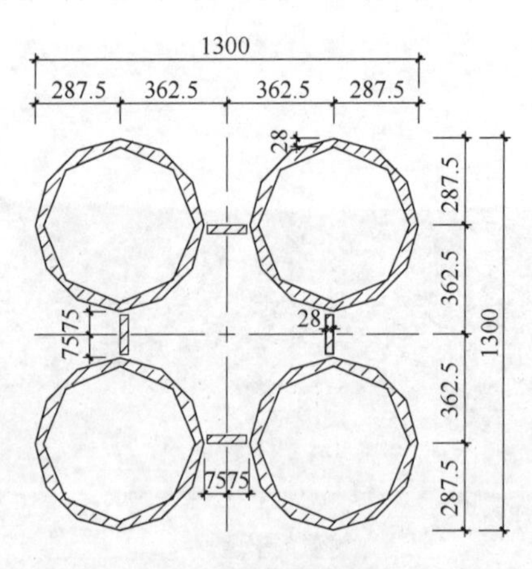

图 11 四管柱布置

图 12 建筑效果图

图 13 建筑外景

2. 方馆结构设计主要特点

(1) 结构分缝

沿全民健身馆、游泳馆、大门立面构架柱周边设缝；分成以下结构单元：全民健身馆（A 区)、游泳馆（B 区)、大门构架（C 区、D 区)。详见图 15。

图 14 建筑内景

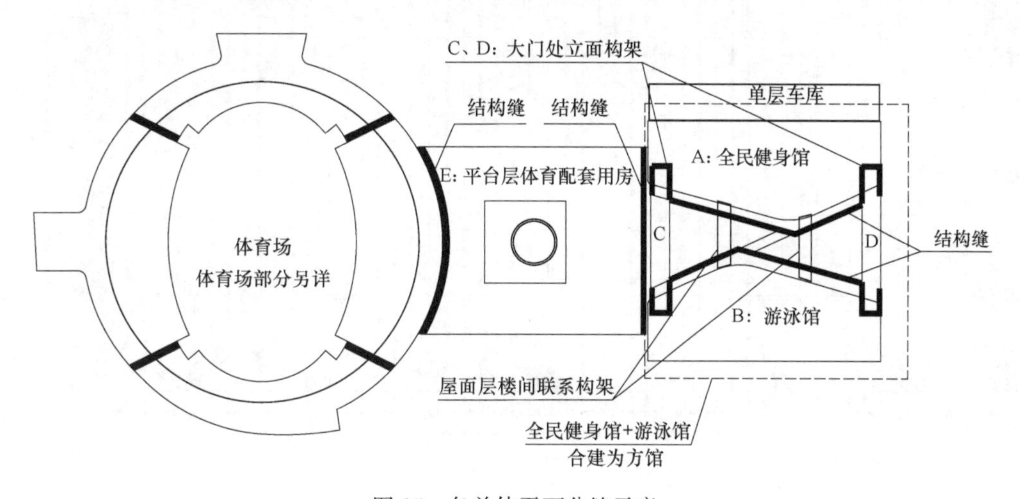

图 15 各单体平面分缝示意

（2）大跨度楼盖结构选型

① 游泳馆局部四层健身会所处跨度约 31.6m，设计过程中分别采用“钢骨柱＋H 型钢钢桁架梁＋混凝土楼板”（详见图 16）、“预应力梁结构方案”“大跨度单向预应力密肋楼盖”三个方案进行结构比选，综合考虑净空，边柱截面等要求后，该处楼盖采用“大跨度单向预应力密肋楼盖”。详见图 17～图 19。

结论：结构形式采用预应力密肋楼盖，既能满足设计刚度要求，又增加净空，减小边柱截面，满足球场布置尺寸要求。

楼盖舒适度分析计算采用 PKPM2010-slabfit，预应力箱形空心楼盖竖向自振频率为 3.34Hz＞3.0Hz，$\alpha_m=0.052g\approx0.05g$，楼板舒适度满足。

② 全民健身馆二层旱冰场和乒乓球训练场处柱网尺寸为 25.2m×17.75m，经过结构方案比选后采用双向预应力密肋楼盖。详见图 20～图 22。

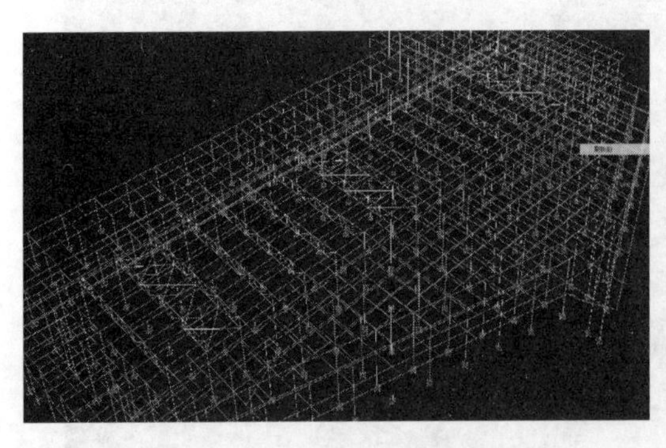

图 16 “钢骨柱＋H 型钢钢桁架梁＋混凝土楼板”结构方案比选模型

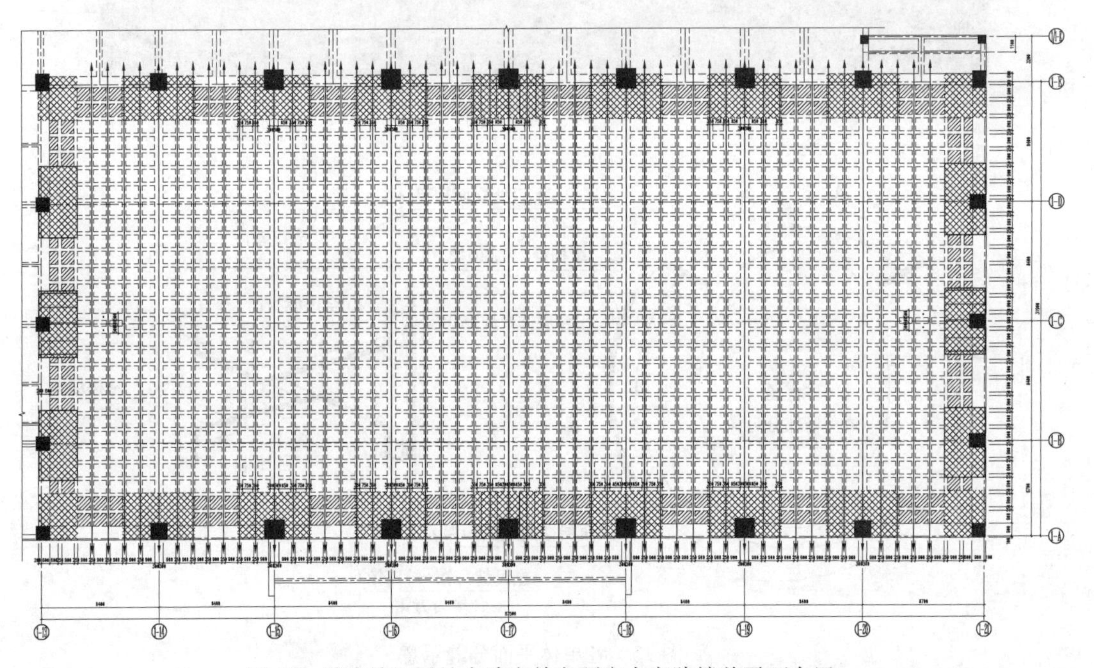

图 17 游泳馆四层处大跨度单向预应力密肋楼盖平面布置

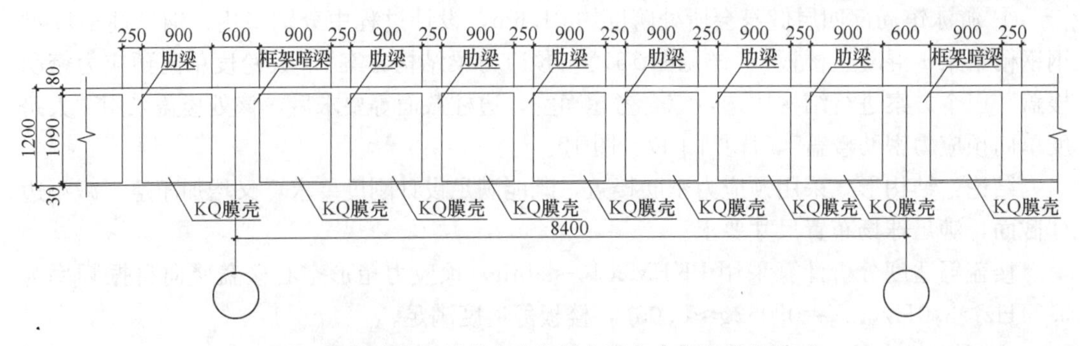

图 18 游泳馆四层处大跨度单向预应力密肋楼盖剖面

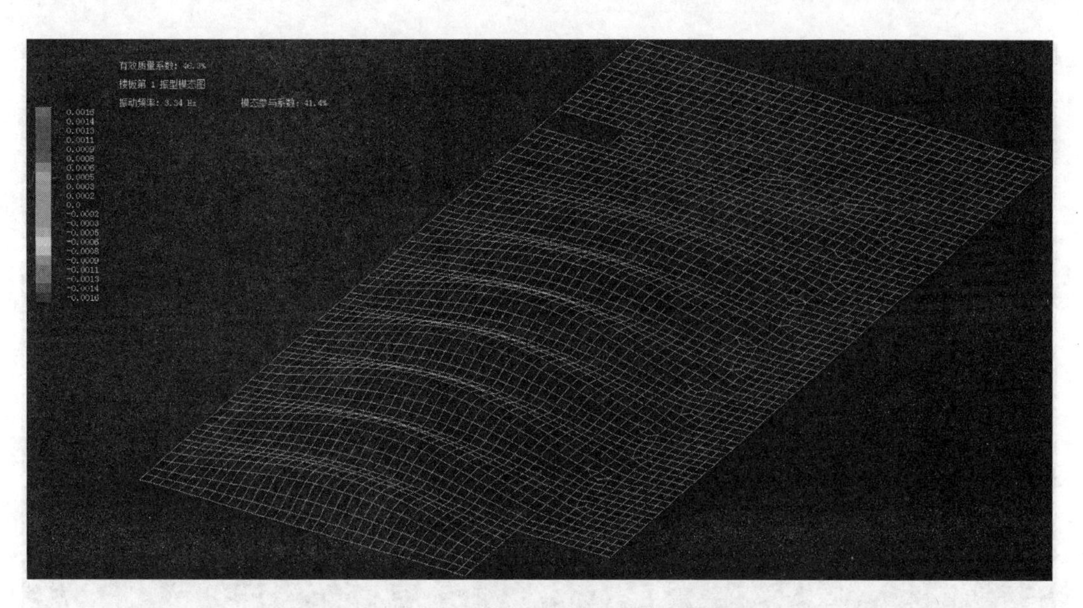

图 19 单向预应力密肋楼盖竖向自振振型

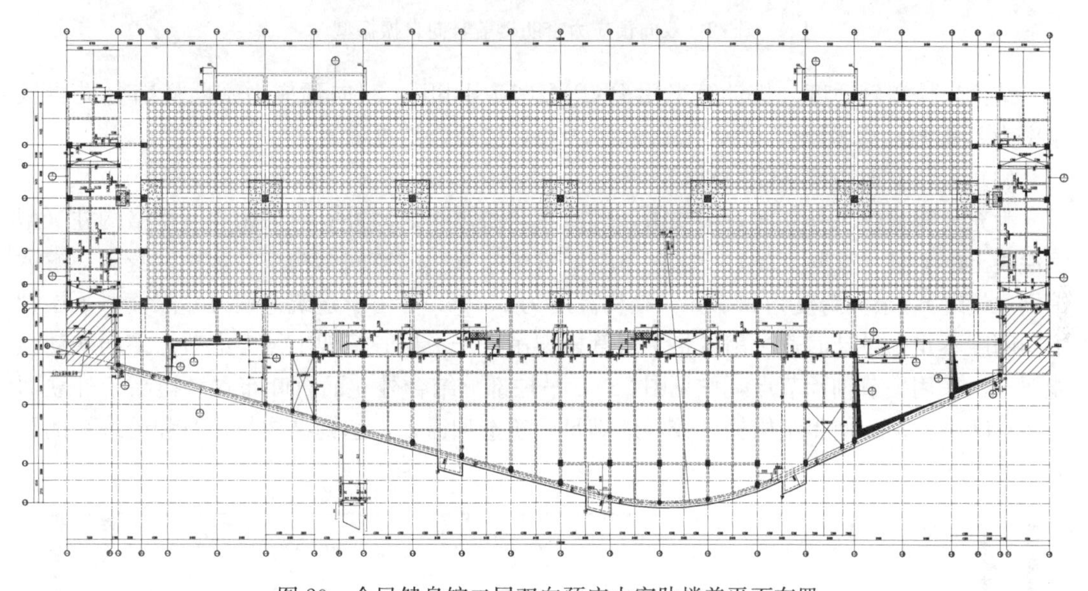

图 20 全民健身馆二层双向预应力密肋楼盖平面布置

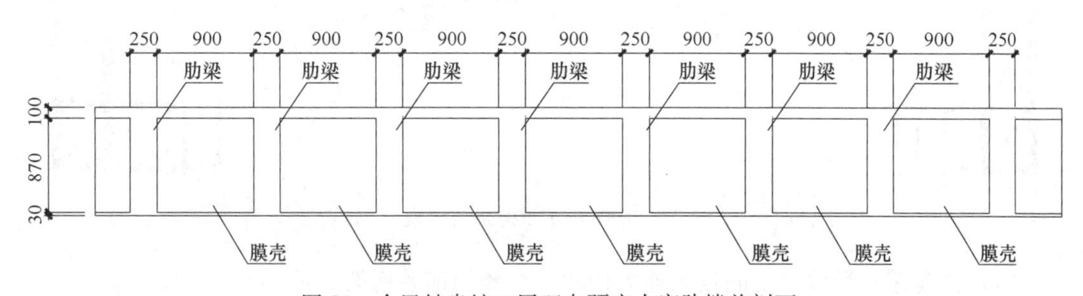

图 21 全民健身馆二层双向预应力密肋楼盖剖面

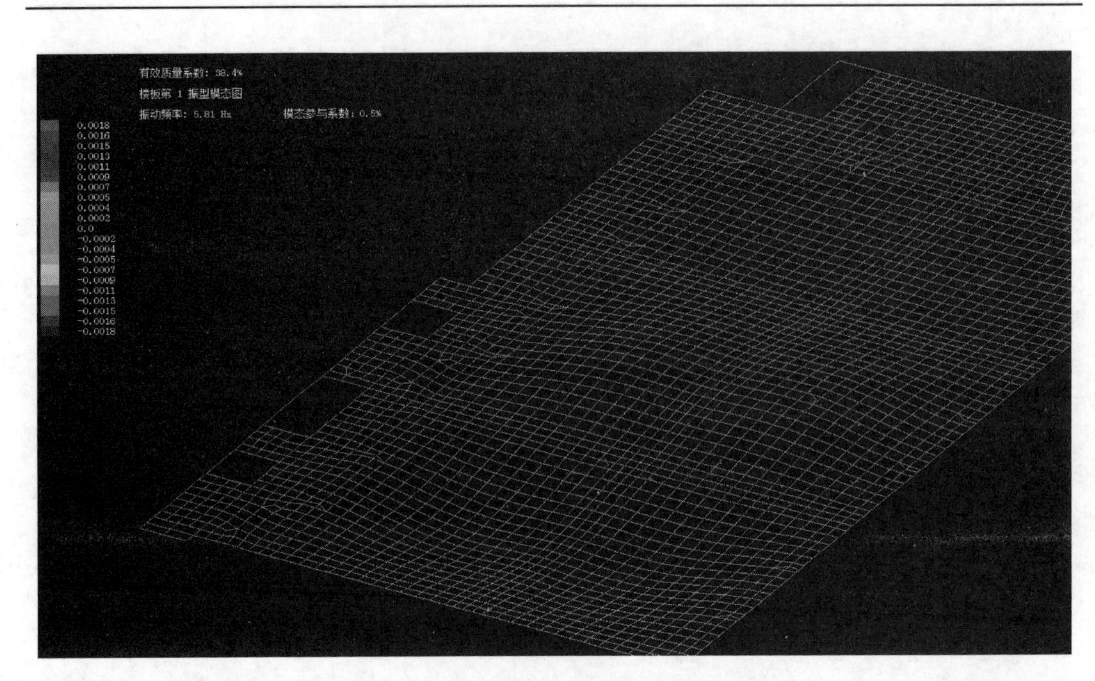

图 22　双向预应力密肋楼盖竖向自振振型

结论：楼盖舒适度分析计算采用 PKPM2010-slabfit，双向预应力密肋楼盖竖向自振频率为 5.81Hz＞3.0Hz，α_m＝0.019g＜0.05g，楼板舒适度满足。

(3) 大门立面构架（C、D 区）

为充分满足建筑外立面效果要求，健身馆与游泳馆之间外立面采用“巨型格构柱（型钢混凝土框架柱＋柱间支撑）＋上、下空间管桁架梁”的空间结构（沿全民健身馆、游泳馆周边设缝），最大跨度约 86.3m，结构高度为 27.05m。由于建筑造型尺寸限值，下层管桁架刚度不足，设计时通过吊柱将下层管桁架吊挂于上层管桁架上（考虑节点多向转动性能要求，采用关节轴承节点，详见图 23），吊柱部分结合外立面百叶布置，掩藏于外立面幕墙百叶中，从而使得结构构件较好地满足建筑造型需求，达到结构与建筑和谐统一的目的（图 24）。

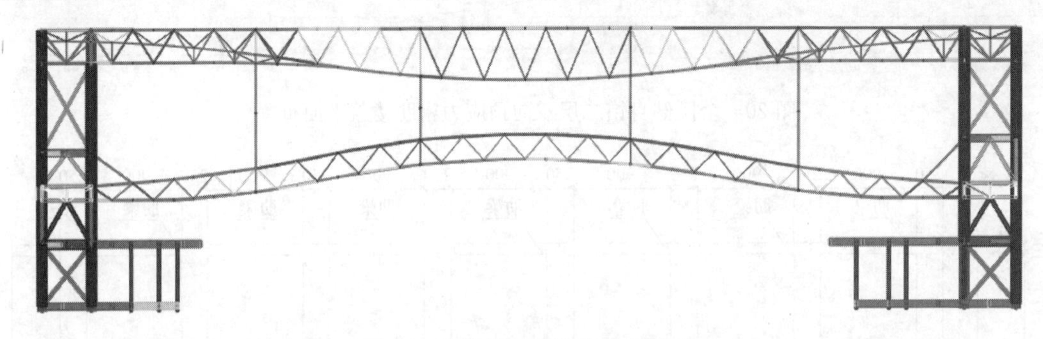

图 23　方馆外立面构架结构模型

(4) 健身馆与游泳馆之间楼间连系构架一、楼间连系构架二：

健身馆与游泳馆之间楼间连系构架一、楼间连系构架二跨度约 41.6～46.2m，结构形

图 24　建筑外立面效果图与实景对比

式为倒三角立体管桁架结构，桁架支座采用竖向抗拔摩擦摆支座（该支座具有良好的稳定性、复位功能和抗平扭能力，具有较好的隔震效果，震后能自动复位，无需更换），使得地震作用下，健身馆、游泳馆能各自独立，避免相互之间的地震作用影响。

四、主要计算分析内容

1. 体育场主要计算分析内容

（1）采用北京盈建科软件股份有限公司编制的“YJK 系列软件”进行下部主体结构的梁板分析；采用北京迈达斯技术有限公司的“MIDAS GEN”进行钢结构分析和整体拼装分析；采用美国 CSI 公司 SAP2000（V16.1.0）进行结构复核计算；采用安世亚太科技（北京）股份有限公司的 ANSYS 进行复杂节点有限元分析。

（2）温度荷载参与组合计算。

（3）部分复杂节点补充进行有限元分析（图 25～图 30）。

（4）部分复杂铸钢节点同时补充足尺节点试验，试验结果与有限元分析结果吻合较好，节点承载力满足设计要求（图 31）。

2. 体育场主要计算分析内容

（1）采用同济大学编制的 3D3S（V12.00）及美国 CSI 公司 SAP2000（V16.1.0）进行钢结构分析；采用美国 CSI 公司 SAP2000（V16.1.0）进行整体结构分析。

（2）温度荷载参与组合计算。

（3）采用 PKPM2010-slabfit 进行大跨度楼盖舒适度分析。

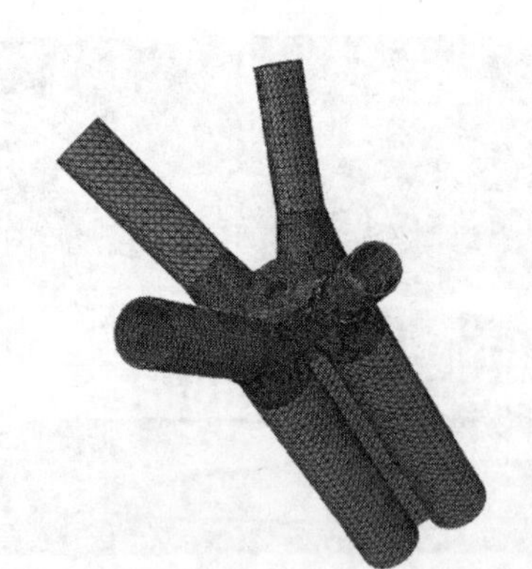

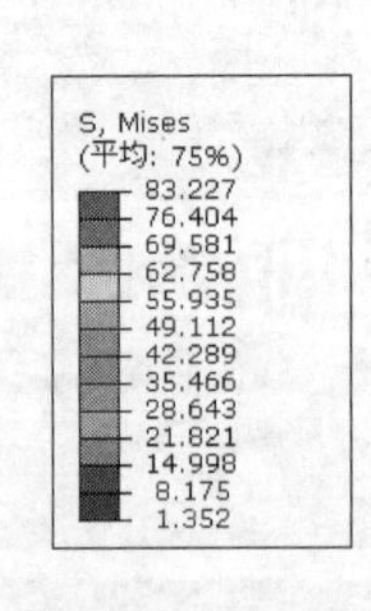

图 25　树状支撑铸钢节点有限元模型　　图 26　树状支撑铸钢节点的应力分布云图

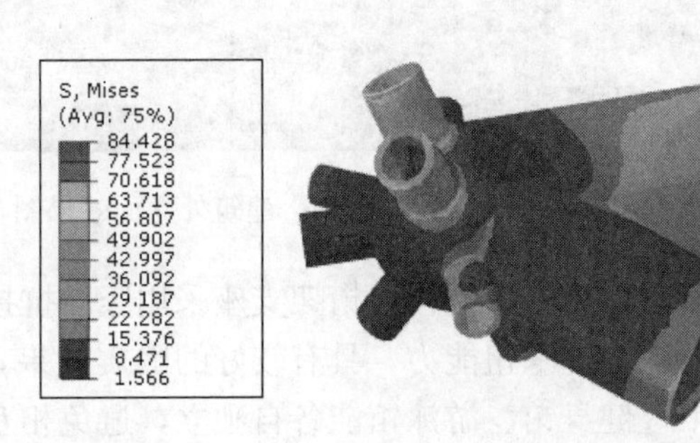

图 27　斜撑上部铸钢节点有限元模型　　图 28　斜撑上部铸钢节点的应力分布图

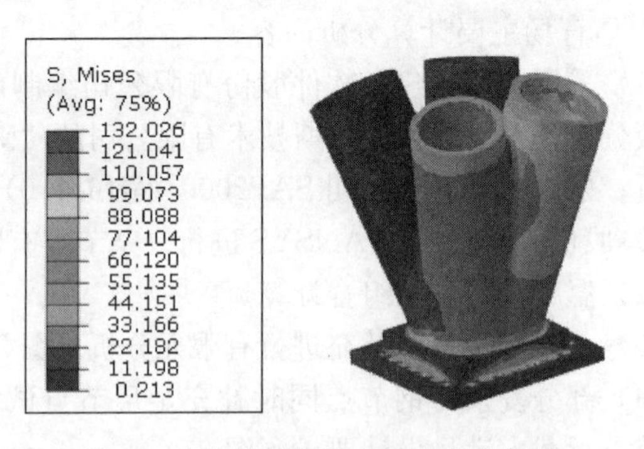

图 29　支座处铸钢节点有限元模型　　图 30　支座处铸钢节点的应力分布图

(4) 关节轴承节点部分补充进行复杂节点有限元分析（图 32～图 35）。

结论：关节轴承节点同时补充足尺节点试验，试验结果与有限元分析结果吻合较好，节点承载力满足设计要求（图 36）。

(5) 全民健身馆结构抗震性能化分析

图 31 黄石奥体复杂节点足尺加载试验

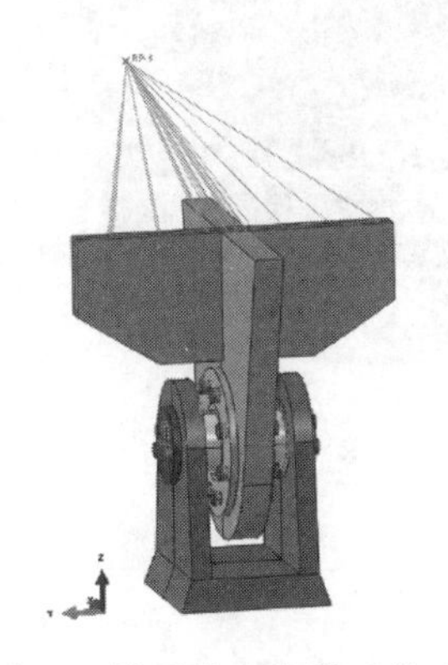

图 32 轴承节点有限元模型

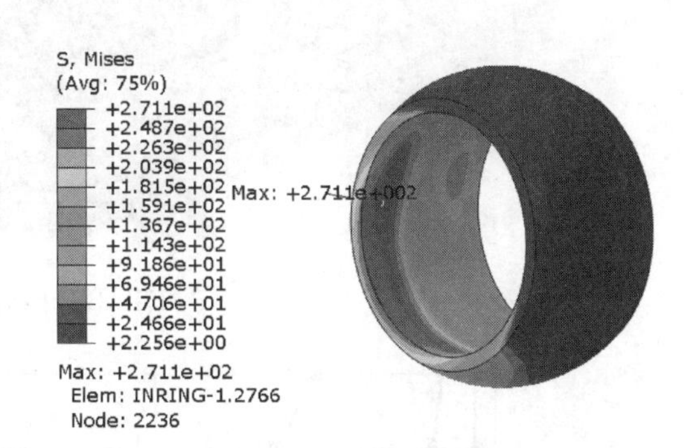

图 33 轴承节点轴承内圈的应力分布云图

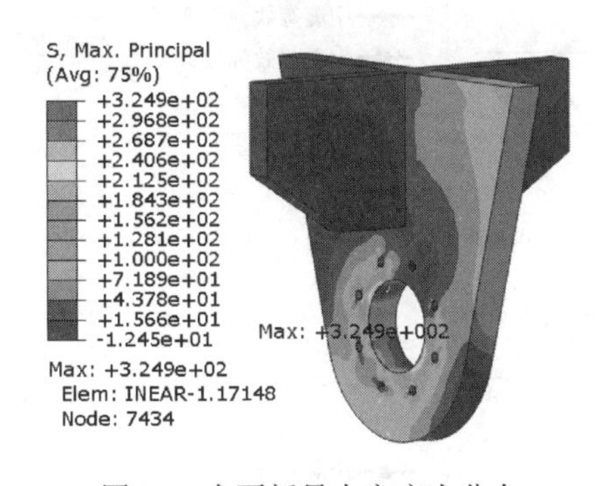

图 34 内耳板最大主应力分布

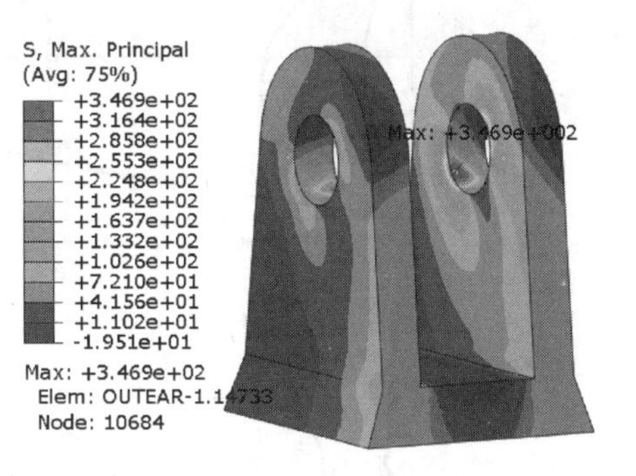

图 35 外耳板最大主应力分布

由于全民健身馆结构有 4 项不规则情况，分别为扭转不规则、楼板不连续、竖向刚度突变、承载力突变且为错层结构，故判定该结构为特别不规则结构，采用性能化设计方法进行设计，参照《高层建筑混凝土结构技术规程》JGJ 3—2010 第 3.11.1 条并结合本工程结构特点，本工程的抗震设计性能指标参考“C”级确定，多遇地震、设防地震、预估罕遇地震作用下对应的性能水准分别为“1、3、4”级（图 37、图 38）。

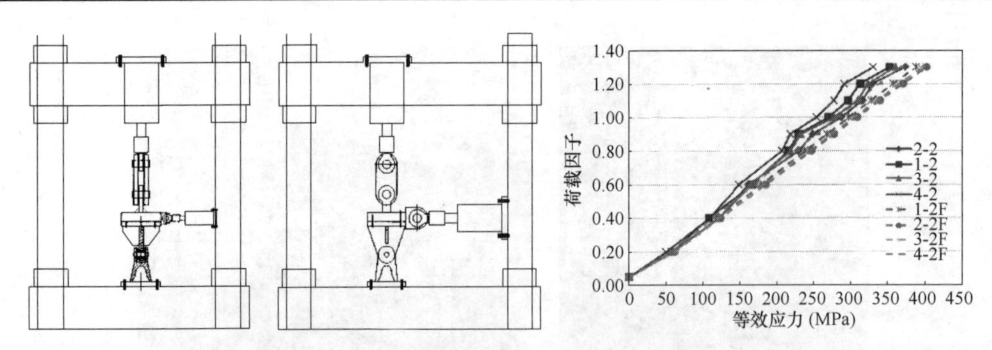

图 36 关节轴承加载试验方案及试验与有限元结果对比

图 37 ETABS 计算模型

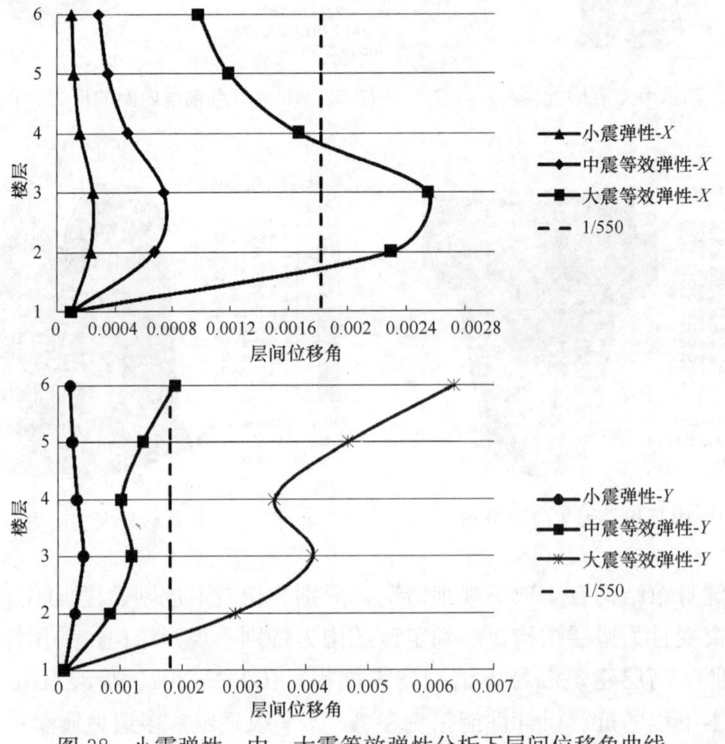

图 38 小震弹性，中、大震等效弹性分析下层间位移角曲线

本工程于2016年中开始桩基础施工，2018年3月竣工投入使用。在业主单位、设计单位、施工单位、监理单位的共同努力和密切配合下，既保证了结构的安全性，又充分地实现了建筑功能与效果，完成了一件建筑和结构协同一致的作品。该项目获得了2019—2020中国建筑学会建筑设计奖·结构专业三等奖、2019年中国勘察设计协会优秀（公共）建筑设计二等奖，2019年度湖北省优秀勘察设计奖建筑结构一类，第十三届中国钢结构工程金奖，2019年中国建设工程国家优质工程奖鲁班奖。

43 岳阳市体育中心——体育馆、游泳馆结构设计

建设地点 岳阳市主城区东部金凤桥片区内

设计时间 2010—2011

工程竣工时间 2016

设计单位 哈尔滨工业大学建筑设计研究院

[150060] 哈尔滨市南岗区黄河路 73 号

主要设计人 张小冬 逄治宇 王 超 李长朴 张海涛 孟庆利 周 莉 毕冰实 王 哲 张 健

本文执笔 逄治宇 王 超

获奖等级 2019—2020 中国建筑学会建筑设计奖·结构专业三等奖

一、工程概况

岳阳体育中心一期由体育场、体育馆及游泳馆三个单体构成。联系各单体的平台宛若飘带构成一场两馆主要疏散空间。由于资金等原因目前仅完成了两馆。项目位于岳阳市主城区东部金凤桥片区内，在城市主干道巴陵东路北侧，东距岳阳东站 1200m，其在城市架构中功能拓展的节点区位显著，占地 24.42hm^2。总平面图见图 1。总建筑面积约 4 万 m^2，其中体育馆建筑面积 20062.3m^2，游泳馆建筑面积 14205m^2，室外游泳池跳水池面积 5800m^2。

体育馆结构主屋面高度为 38m，地上 4 层，局部地下 1 层。首层层高 5.7m，二～四层层高均为 3.9m，地下层高 5.1m。一层中心为比赛厅，附属用房围绕其四周布置。体育馆外景见图 2，主入口内景见图 3，比赛大厅内景见图 4。

游泳馆结构主屋面高度为 26m，地上 1 层，局部 3 层，地下 1 层。首层层高 5.7m，二层层高 5.1m，三层层高 7.5m，地下层高 4.3m。一层为比赛大厅及运动员休息区、媒体办公区、贵宾接待区等功能房间；二层为观众区、康体中心；三层为多功能运动健身厅；地下为设备层。游泳馆外景见图 5，比赛馆内景见图 6。

二、结构体系

体育馆与游泳馆下部采用钢筋混凝土框架结构，上部结构为钢结构（图 7）。

体育馆一层平台以上结构全部为钢结构围合。32 榀平面桁架以等分倾斜方式排布在

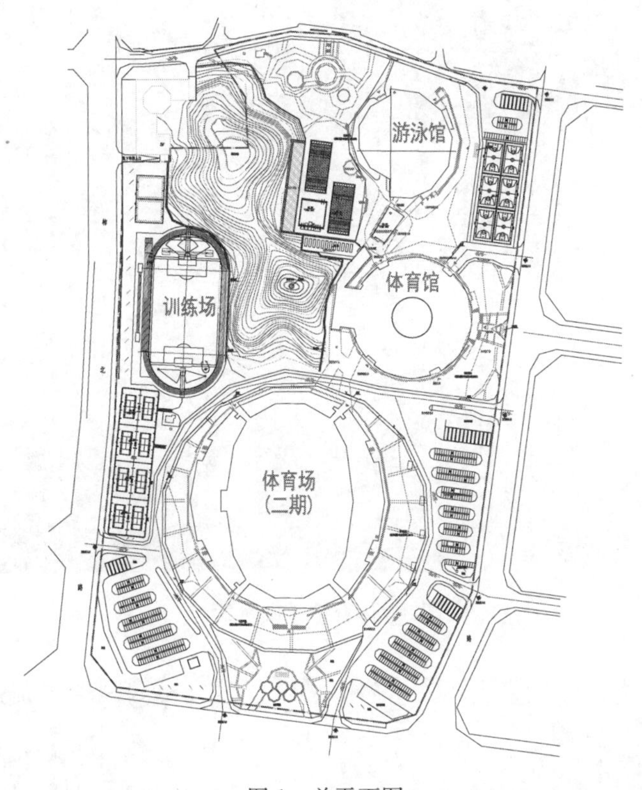

图 1　总平面图

图 2　体育馆外景

图 3　体育馆入口内景

图 4　体育馆比赛大厅内景

360°方位上。桁架下端支撑在混凝土变阶柱端，上部连接焊接球网架内环外侧。桁架间为若干道三角形屋架及支撑杆件构成纬向构件。16 根钢梁和 8 根飞柱及拉索构成弦支结构。环外桁架，焊接球网架环及环内张拉弦支钢梁三部分构成了整个钢结构系统。东南西北四个入口处切除了部分桁架杆件，添加水平构件加强了斜屋架之间的连系。除中心钢梁上覆盖 PTFE 膜外，其他屋面部分均为铝镁合金板和玻璃。

图 5 游泳馆外景

图 6 游泳馆内景

游泳馆平面上分为比赛馆与训练馆两个独立部分。分割墙由一排直达屋面的箱型钢筋混凝土柱子＋幕墙组成。屋面结构为高低错落的两片螺栓球扁网壳，上覆铝镁合金屋面板。利用两片屋面的高差设置窗户采光和通风出风口。墙面被室外平台分割为上下两层的单曲玻璃及金属幕墙，而北立面玻璃幕墙自一层地面直通屋面，其双曲面外形极具表现力。

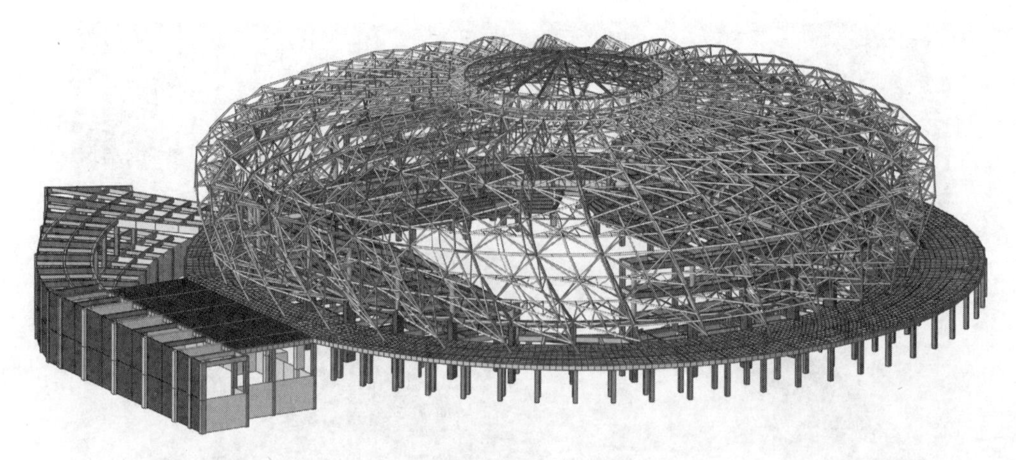

图7 体育馆结构轴测图

三、结构设计面临的挑战

1. 超长无缝结构设计

体育馆结构为超长无缝结构，环向贯通，首尾相接，不设置任何形式的结构变形缝，温度变化将对结构产生很大的温度应力（图8），温度降低时，受到边界条件的约束而产生较大的拉应力；温度升高时，结构膨胀将引起构件受压；但对于大体量环向结构，温度升高可能会引起部分构件受拉，国内对超长结构的温度应力分析，多数是针对矩形或曲率较小的扇形结构（体育场），对环形超长结构的温度应力分析较少，这对本工程的结构设计带来了较大的困难和挑战。

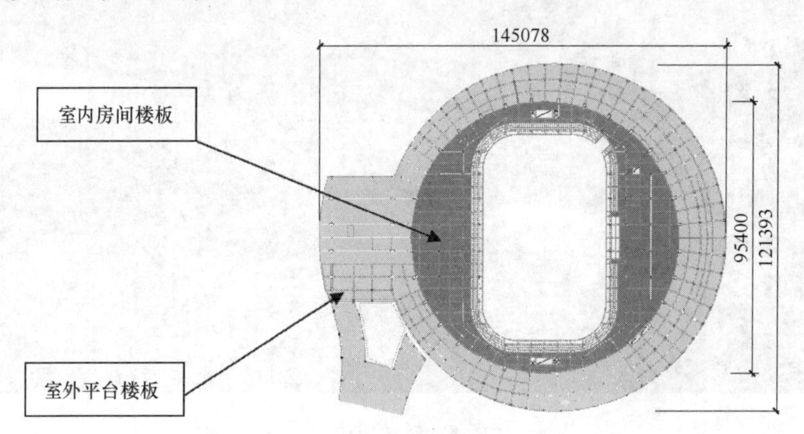

图8 5.7m标高结构平面

2. 钢结构整体稳定

由于环外结构的环向桁架为三角形致使屋架下弦为完整曲面，上弦为锯齿形并且经向桁架倾斜放置。在方案论证阶段，许多人担心整个屋面会发生整体扭转或者经向桁架倾倒。

3. 钢结构设计细部处理

(1) 支座节点：体育馆钢结构支座采用固定铰。铰接不会对下部结构造成弯矩作用，简化了设计。同时固定使支座没有位移，保证了圆形结构的双向受力。环箍也减少了主桁架外移，使受力更合理，见图 9。

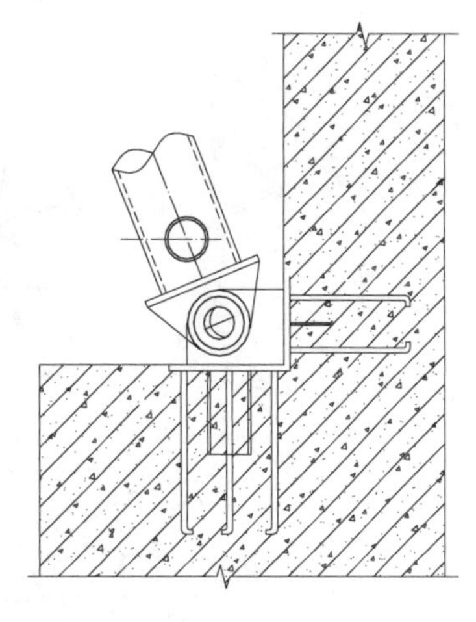

图 9 支座节点

(2) 膜面形式的选择与结构配合：张拉膜其膜面必须张紧建立预应力，大面积平面会导致膜面变形过大。我们把 16 根钢梁设计成波峰，波谷交错这样整个膜面被分割成 16 个斜面，大大减小变形。

(3) 屋面中心钢梁与飞柱交汇节点：该处汇集了 16 根钢梁，8 根飞柱。如何可靠连接，控制制作难度是必须解决的设计难点。我们自己设计了独特的构造节点将钢梁分为上下两层。24 根杆件分成 8＋8＋8 三组，达到了分散难点，各个击破的目的。钢梁上、下节点见图 10、图 11。

(4) 拉索节点：拉索采用巨力集团标准索体，标准接头，达到了可靠、经济的目的，见图 12。

图 10 上节点

图 11 下节点

4. 钢结构构件

钢结构布置及部分构件见图 13～图 15。

图 12 索节点

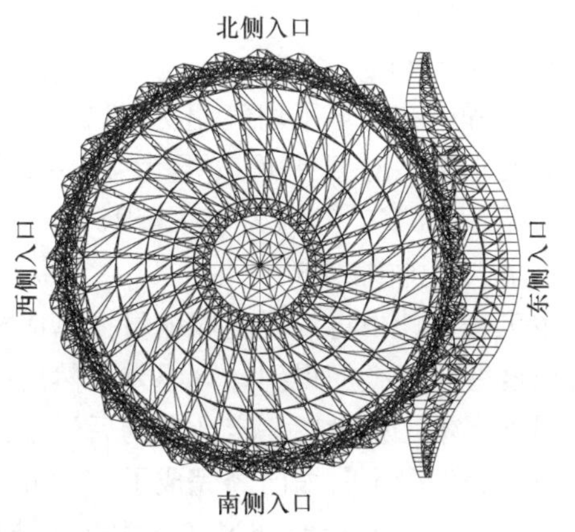

图 13 体育馆平面

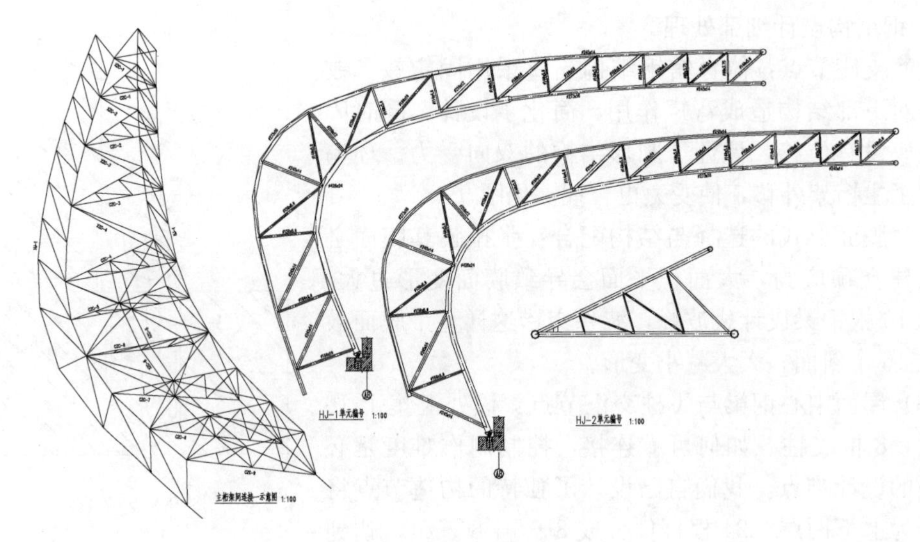

图 14 HJ-1、HJ-2

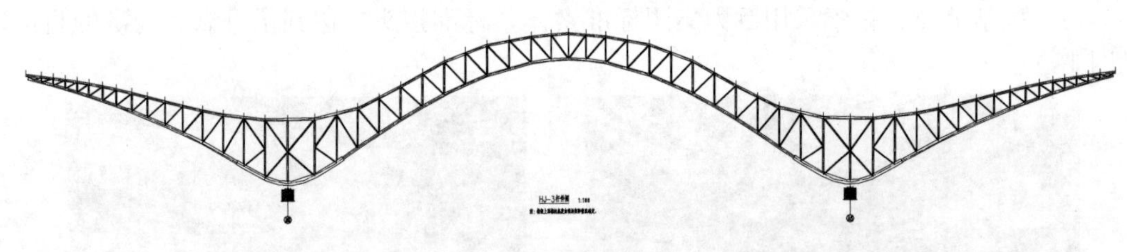

图 15 雨篷

四、超长结构设计要点

混凝土的收缩应力是一个长期的作用过程，混凝土的徐变特性对于收缩应力以及温度应力均有一定的有利影响；另外，温度作用的取值对超长结构的计算分析尤为重要，温差取得大，则结构采取的抗裂措施多，结构防开裂配筋大。本工程通过合理的结构布置，充分的计算分析，并辅以合理的结构措施，充分发挥不同材料优点，扬长避短，实现结构设计的综合效益最优。

1. 温差分析

本工程所在地年平均气温为 18℃，冬季最低月平均气温为 0℃，最高月平均气温为 30℃。要求施工时日平均气温为 $T_0=20$℃，允许温差变化±5℃。环境温差：降温为 25℃－0℃＝25℃，升温为 30℃－15℃＝15℃。

2. 混凝土收缩分析

本工程设计中将混凝土收缩量换算成相当的温度降低值，即收缩当量温差，与结构的实际温度变化值叠加得到计算温差，然后按计算温差对结构进行温度应力分析。

另外，本工程设置一定数量的后浇带，要求后浇带在两侧混凝土完成 3 个月后浇筑，这时可认为混凝土收缩已经完成了 60％的最终收缩量，即 $\varepsilon_1=60\%\cdot\varepsilon_s=2.4\times10^{-4}$，而剩下的 $\varepsilon_2=40\%\cdot\varepsilon_s=1.6\times10^{-4}$ 才会在结构中产生拉应力，相当于等效收缩温差 16℃。

3. 混凝土徐变系数分析

本工程在温度应力计算时，应力松弛系数取为0.3，另外混凝土结构在开裂时会有刚度退化，混凝土的刚度退化会释放一定的温度应力，因此本工程直接对温度乘以0.85（刚度退化系数）的折减系数来考虑混凝土的弹性刚度折减。温度计算结果见图16、图17。

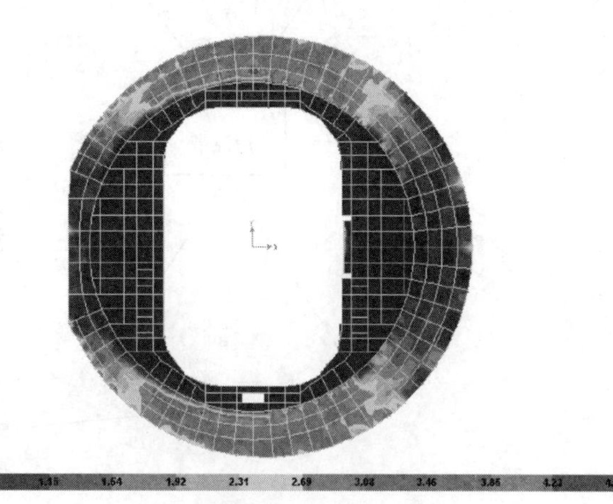

图16　降温应力云图（X向）

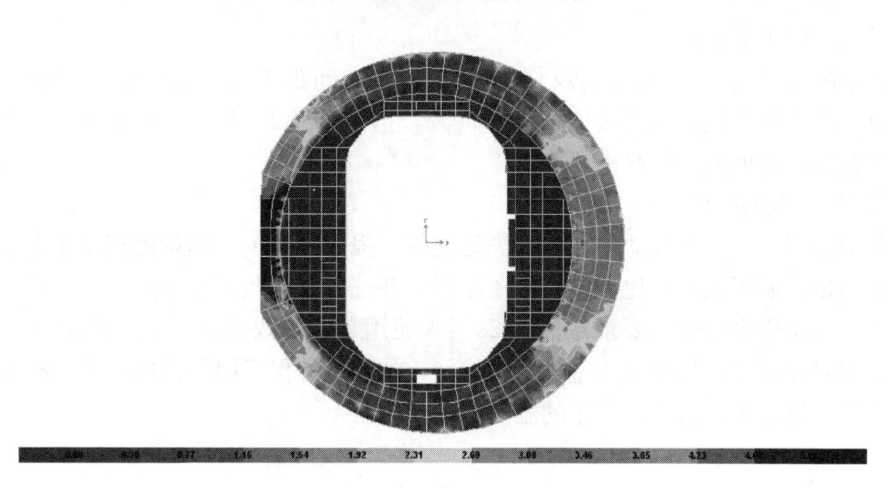

图17　降温应力云图（Y向）

五、超长结构设计的主要构造措施

1. 结构后浇带与加强带的设置

本工程设置多条后浇带与加强带，后浇带的位置应根据建筑物的间距、结构布置，设置在温度收缩应力较大位置的部位，本工程各后浇带之间相隔最长距离约58m，并在相邻2道后浇带之间增设1道加强带（图18），框架结构柱距5～9m，约束混凝土收缩变形的作用较小，后浇带采用比相应结构部位高一强度等级混凝土浇筑，在其相邻构件浇筑不少于2个月后进行封闭，并控制封带时的气温。

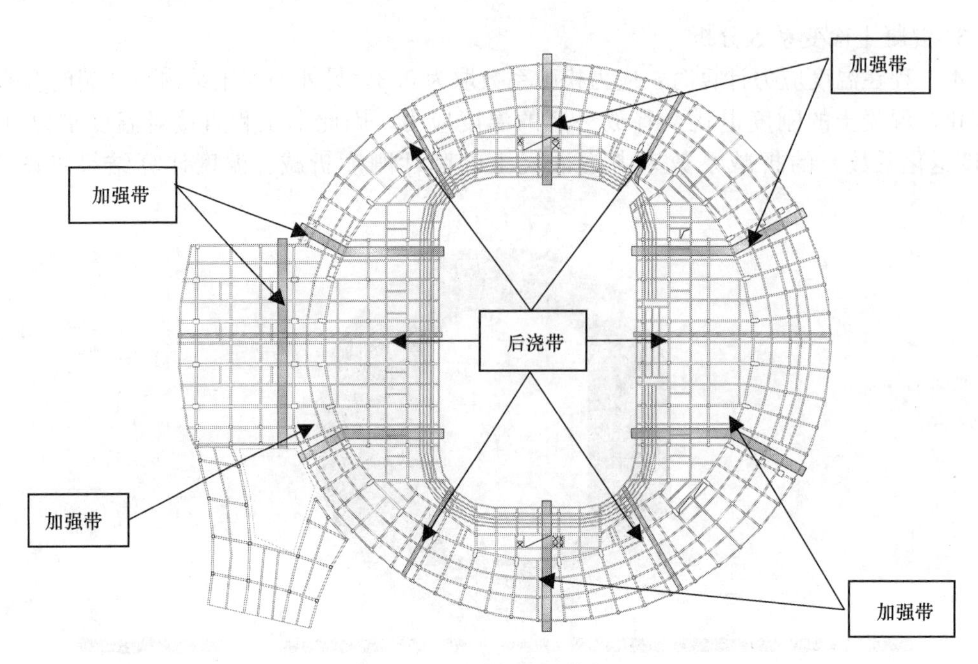

图 18 后浇带与加强带布置

2. 合理的结构配筋

楼板中配置双层双向通长钢筋，直径不小于 10，间距不大于 200mm。楼板通长钢筋需接长时，按受拉搭接，起搭接位置错开 50%，搭接长度 $1.2L_a$。通长框架梁及次梁中也配置通长钢筋，并增强梁腰筋配筋率。

3. 合理的材料选用

工程中采用的普通硅酸盐水泥，在满足混凝土强度前提下，尽量做到低强度等级、低细度、少用量。混凝土水灰比控制在 0.4 左右，并选择后期收缩小的外加剂，采用补偿收缩混凝土；本工程设计中还要求掺加约 25%水泥用量的粉煤灰，以减小水泥用量、降低水化热、改善和易性；另外对于室外露天构件，加强屋面保温隔热措施，采用高效保温材料，减少日照温差对结构构件产生的温度梯度作用。

六、结构计算分析

（一）总装与分装模型对比

体育馆结构总装模型分析即将混凝土框架、剪力墙和楼板组成的整个混凝土结构与钢结构打包分析，支座刚接于基础顶面。钢结构分装模型分析仅计算钢结构部分，钢结构支座节点设为固定铰支座。分析软件采用 MIDAS。

我们对比了总装模型和分装模型的结果。结论如下：

（1）总装模型计算表明一层平台变形很小，钢结构支座处在各种工况下的变形仅 1mm 上下。可以忽略其变形作为嵌固处理。

（2）两种模型计算出的周期十分相近，模态也一致。

（3）两种模型的位移及内力分布一致，数值差别极小。

基于以上原因混凝土结构设计用总装模型，钢结构设计采用分装模型用 3D3S 设计，再采用 MIDAS 总装模型校核。

（二）结构找形分析

环内钢梁仅为轧制 H 型钢 HN350×175×7×11，在 26m 直径的圆内显得非常纤细，故对其设置了 8 根 ϕ219×7 钢管的“飞柱”予以加强。对“飞柱”施加预应力的径向索为 19ϕ5 和 37ϕ5 的带 PE 保护套巨力成品索。防止钢梁失稳又布置了上下双层 ϕ20 不锈钢钢棒并施加了少许预应力张紧。这样就构成了一个稳定且纤细的膜面支撑系统。经反复试算比较，取径向索 100kN，环向索 245kN。在张拉找形过程中考虑了结构自重，采用牛顿拉夫逊法仅迭代了两次即达到收敛。这种周边刚性并且有很多刚性构件的拉索系统中形状是基本确定的，寻求预应力平衡过程的结构变位很小。与全索膜的柔软系统有着天壤之别。

（三）结构动力分析

1. 结构模态分析

结构由于呈现准极对称形态，大量模态的周期成密集分布。主要分三类：一类为第 1、4 和 5 模态，为环内结构的自振形态。第二类的第 2、3 模态，为结构整体水平振动模态。第 6、7 模态为网架环整体拉伸挤压模态。第三类为前 30 振型的其他模态，都是各三角形环桁架的局部振动形态。各振型周期如下：$T_1=0.591$s，$T_{2,3}=0.500$s，$T_{4,5}=0.413$s，$T_{6,7}=0.338$s，$T_{30}=0.325$s。

2. 地震的反应谱分析

在地震反应谱分析中，取 7 度区 0.15g，二类场地，地震分组第一组，特征周期 0.35s。第 2、3 振型在水平方向的振型参与系数之和为 70%，前 30 其余振型贡献均为零。所有振型在垂直方向振型参与系数上无任何贡献。

反应谱分析结果在整体水平方向上最大位移仅为 5mm，除个别环内“飞柱”及梁由于长度较大变形明显除外。

由于整体屋盖结构呈准极对称形态，形态完整。各振型周期密集，振动形态多为局部构件自振为主，很难出现整体振动，对抵抗地震作用十分有利。

（四）线性稳定分析

线性稳定即稳定特征值分析，现总结如下：

第一屈曲模态比例因子 $\lambda=19.567$，屈曲模态表现为环内结构面内扭转。相当于 2kN/m^2 的膜面均布荷载，由于屋面膜材自重非常轻，很难出现屈曲。其他前 49 个屈曲模态分为两组，前一组 32 个模态为比例因子 $\lambda=23.039\sim23.675$，模态都为经向桁架以环向桁架为节点的多波屈曲形态；后一组 $\lambda=24.355\sim24.605$，模态为纬向桁架以经向桁架为节点的单波屈曲形态。相当于 0.6kN/m^2 的屋面均布荷载、0.7kN/m^2 的桁架立面均布荷载的 20 几倍。屈曲模态表明经纬向桁架互为支撑完全可以成为桁架的不动支撑点且比例极限很高，没有屈曲的可能。网架环在前 50 阶屈曲模态分析中没有出现屈曲，整体稳定可靠。

另外，分析了开门切除部分杆件后对结构的影响。这些切除动作没有改变支座条件，仅是次要构件的变动，其影响甚微。第一模态比例因子降低大于千分之一，后续模态比例因子降低不足百分之三。

该结构为相同部件多次重复，模态也表现为多模态相似，比例因子非常接近。环内结构柔软，网架环＋环外桁架非常刚强。即使拆除环内钢梁拉索等构件，外部桁架系统也可自成体系。

（五）材料线弹性大位移分析

采用弧长法对结构进行极限承载力分析，求得极限点比例因子 $\lambda=10.523$。在结构上选取了环外桁架上 6 点，环内梁上 5 点画出它们的荷载-位移曲线，见图 19、图 20。从图中曲线可见环外结构表现出非常好的线性形态，环内则非线性明显，表现为环内钢梁随变形增加刚度逐步退化；另外图中还给出了达到极限点时对应的变形图。

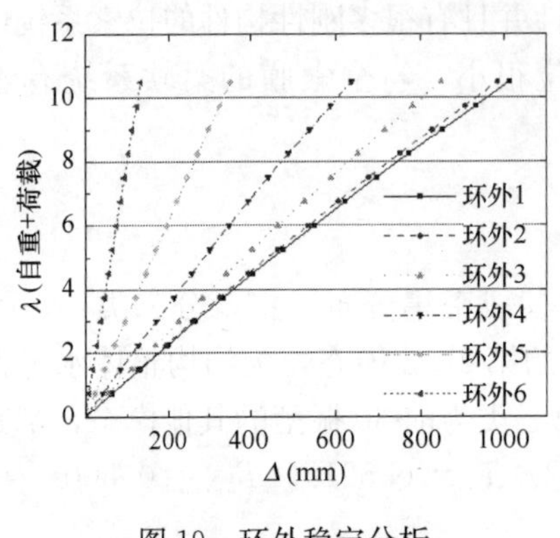

图 19　环外稳定分析

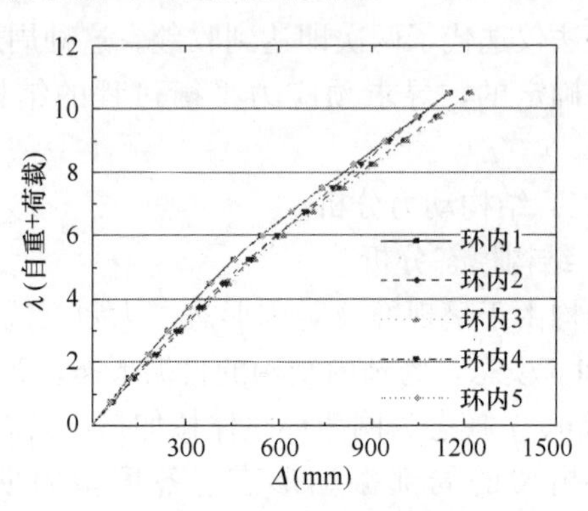

图 20　环外稳定分析

七、结构的抗震设计

本工程位于湖南省岳阳市，岳阳处在杨子板块地质结构的核心段，八百里洞庭就是地壳运动所形成，目前仍处于活跃期，依照《建筑抗震设计规范》GB 50011—2010 的有关规定及地质勘察报告，本地区抗震设防烈度为 7 度，设计基本地震加速度为 $0.15g$，场地土类型为中软场地土，建筑场地类别为Ⅱ类，场地内无可液化地层，为对建筑抗震一般场地。针对体育馆的抗震设计，本工程采取以下相应措施：

（1）体育馆结构整体呈现环形，整体结构呈现不对称布置，为使结构体型简洁，体育馆的室外平台及台阶设置抗震缝与主体结构断开，使主体结构体型尽量呈现规则形状。主体与平台分别进行地震作用计算。因本工程主体部分为非正规的矩形结构，斜交梁较多，除在两个主轴方向分别计算水平地震作用外，在斜向按 30°、60°、120°、150°分别计算地震作用，充分考虑对构件最不利方向的水平地震作用，同时计入双向水平地震作用下的扭转影响，地震计算采用阵型分解反应谱法。

（2）抗震措施：本工程体育馆按《建筑工程抗震设防分类标准》，应划分为重点设防类，应按高于本地区抗震设防烈度一度的要求加强其抗震措施。体育馆底部混凝土结构为环形框架，混凝土标高最高处为看台位置，结构标高为 21.860m，按《建筑抗震设计规范》GB 50011—2010 其抗震等级为二级，为加强体育馆的整体抗震性能，本工程从构造上整体加强，其框架部分抗震构造措施按提高一级，即按一级采用。为增加外围框架结构的整体性，其外侧平台混凝土板厚按 160mm，板内配筋均加强处理。

(3) 体育馆为重要建筑，对框架柱部分，增大框架柱截面，并采用高强度等级混凝土，减小框架柱的轴压比，使其远小于轴压比限值，以此来提高框架柱的延性。二级框架结构其轴压比限值为 0.75，对支撑上部钢结构的框架柱，控制其轴压比不大于 0.2（图 21)，其纵向钢筋配筋率不小于 1.5%，同时增大其箍筋设置，箍筋竖向间距不大于 100mm，箍筋直径不小于 12mm。对其他普通框架柱，控制其轴压比不大于 0.5（大幅度小于 0.75)，其箍筋直径不小于 10mm。

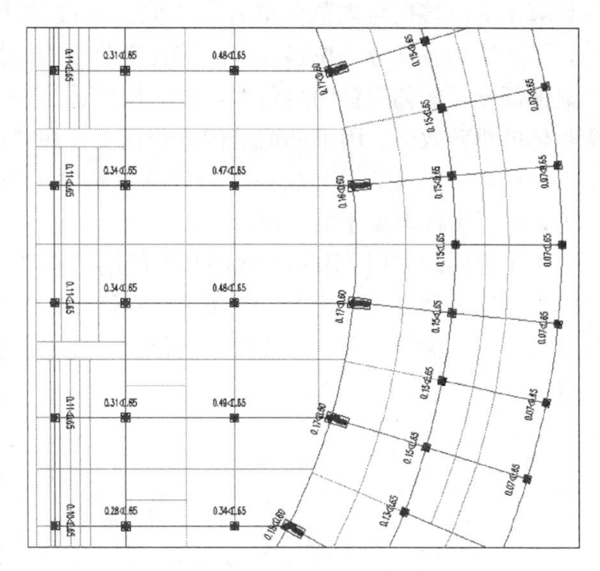

图 21　柱轴压比

(4) 采用现浇楼板，其最小板厚 120mm，配筋均双层双向设置，楼板降标高及有洞口处均设置边梁加强。

本工程采用 SATWE 软件进行混凝土结构分析计算。体育馆为空旷建筑，看台部分均为斜看台，存在大量的斜梁（图 22)，通过斜梁与上下各功能层相连。在以往常规的建筑中结构层的概念在体育场馆中比较模糊，结构计算时按功能楼层把斜看台梁按楼层梁输入，同时调整其节点标高达到其实际的标高位置，以此来模拟真实的结构状况。软件计算时能准确地计算此种结构的内力，但由于其框架柱的标高不在同一高度，斜面板无法按刚性楼板假定计算，程序自动按弹性膜进行计算，此时刚性板假定已经失去原本的意义，软

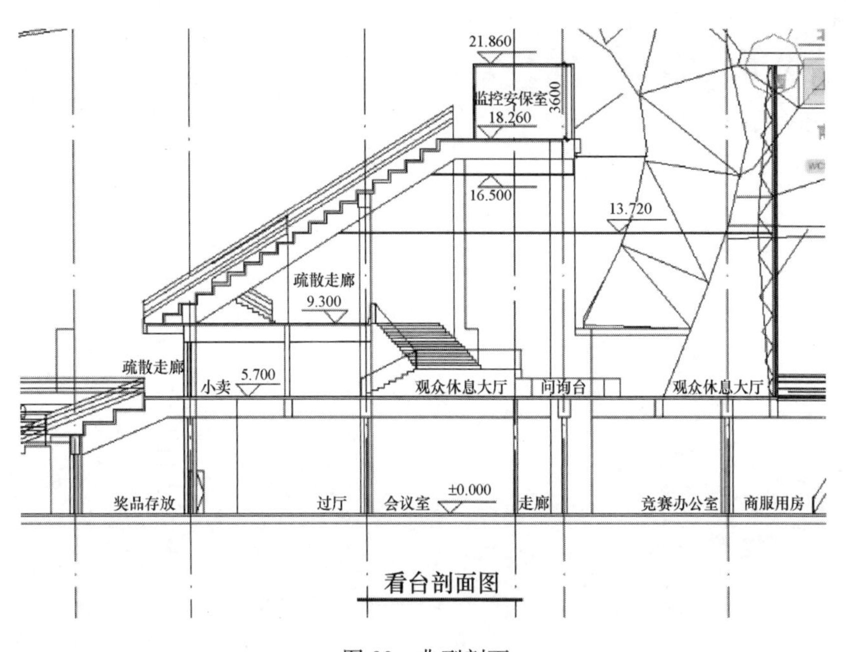

图 22　典型剖面

件计算出的位移比与规范要求有所不同。通过对计算位移的详细输出结果以及位移云图等，了解结构各部分的位移大小，综合判断结构的扭转效应。对位移差别较大，扭转效应明显的部分，例如看台的边角部，竖向构件适当加大截面，边框梁适当增大截面，减小结构整体的扭转效应。因上部钢结构屋盖仅支撑在底部环形框架柱上，其支座反力直接传递给框架柱，采用 SATWE 软件进行计算分析时，通过上部桁架施加在框架柱上的支座作用力，进行下部混凝土的分析计算。

本工程同时采用 MIDAS 软件对上部钢结构及底部混凝土结构整体计算分析，查看结构的整体动力特性，对比 SATWE 的分析结果，对薄弱及重要部位采取加强措施。通过位移结果，对混凝土竖向位移较大的位置，加大混凝土竖向构件截面，提高结构整体抗侧刚度。

特种及综合类建筑结构

44　江苏大剧院结构设计

建设地点　江苏省南京市建邺区
设计时间　2012—2017
工程竣工时间　2018
设计单位　华东建筑设计研究院有限公司
［200002］上海市汉口路151号
主要设计人　芮明倬　周建龙　姜文伟　李立树　江晓峰　洪小永　殷鹏程
徐慧芳
本文执笔　李立树　江晓峰　芮明倬

获奖等级　2019—2020中国建筑学会建筑设计奖·结构专业一等奖

一、工程概况

江苏大剧院项目（图1、图2）是一个集演艺、会议、展示、娱乐等功能为一体的大型文化综合体，地处长江之滨的南京河西新城核心区，并位于河西中心区东西向文体轴线西端。基地净用地面积共19.6633万m^2，总建筑面积27.1386万m^2，建筑高度47.3m。本工程包括歌剧厅、音乐厅、戏剧厅、综艺厅及公共大厅五个主要部分，其中歌剧厅2300座、戏剧厅1000座、音乐厅1500座，综艺厅包括一个3000人的会议厅和一个900座的国际报告厅，公共大厅包括一个300座的多功能厅及其他附属配套设施。歌剧厅、音乐厅、戏剧厅和综艺厅在±0.000m以上与公共大厅设抗震缝脱开。其建筑外立面总体呈巨蛋形，屋盖顶盖呈内凹形态。各单体地上均为6层，楼层平面均呈椭圆形，平面尺寸分别为146m×125m、113m×89m、121m×101m和162m×134m，屋盖顶标高分别为47.3m、39.1m、41.9m和46.7m。公共大厅即位于歌剧厅、音乐厅、戏剧厅和综艺厅之间的区域，为地下一层～地上二层（局部一层）的室外大平台，主要用于售票服务、交通疏散、配套商业及地下停车等。公共大厅平台顶面标高12.000m，部分区域设置坡道将室外地面与平台区域连接。江苏大剧院为目前国内建成规模最大的剧院类建筑。

二、结构体系

本工程的歌剧厅、音乐厅、戏剧厅和综艺厅均利用建筑垂直交通以及机电设备用房的布置在剧场和舞台周边设置剪力墙、核芯筒或框架柱，形成框架-剪力墙结构体系。标高

图1　建筑效果图

图2　竣工图

12.000m（综艺厅为6.000m）以上的外立面为钢结构围护与屋盖系统，由斜柱、摇摆柱、中环梁、顶环梁及内凹顶盖的钢拉梁与中心刚性环等部分组成，各单体受力特点总体类似，为复杂大跨空间钢结构体系。公共大厅采用钢筋混凝土框架结构，并在各专业功能厅之间设钢屋盖。结构三维模型见图3。

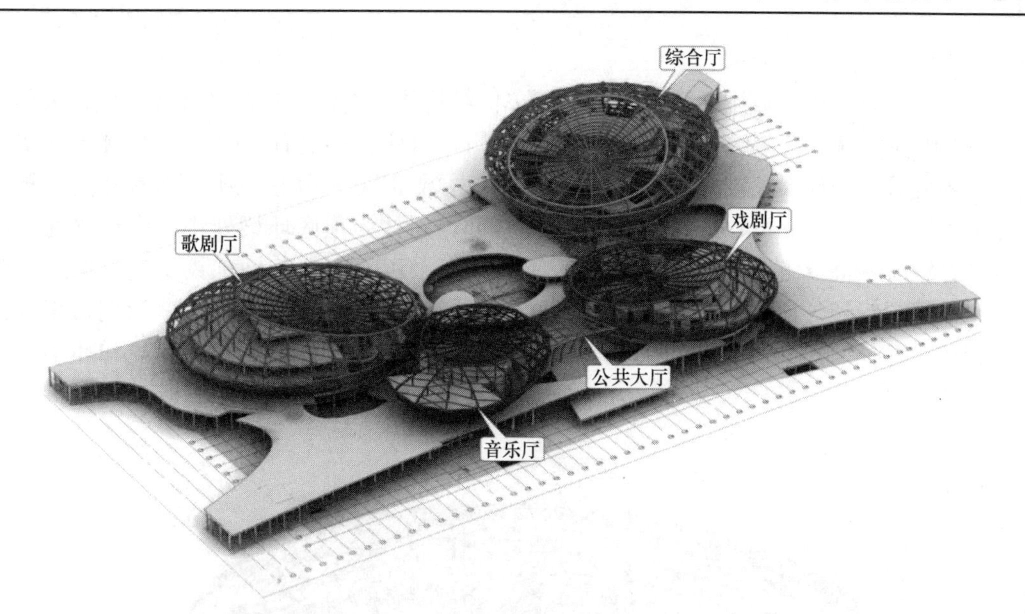

图 3 结构三维模型

1. 混凝土结构

本工程歌剧厅、音乐厅、戏剧厅和综艺厅在±0.000m 以上与公共大厅设抗震缝脱开（图 4），形成五个单体。利用建筑垂直交通及机电设备用房的布局在池座和舞台周边设置剪力墙或框架柱，并沿平面周边设立一列环向布置的框架柱，形成框架-剪力墙结构，兼作竖向承重及抗侧力体系。为减小剪力墙和楼面偏置的不利影响，通过调整墙厚及墙洞布置以控制平面扭转变形。剧场的池座、楼座、库房以及辅助用房等较小跨度的楼屋面采用现浇钢筋混凝土梁板结构，仅局部大跨梁采用预应力混凝土。观众厅及主舞台的大跨楼面（位于主体钢屋盖以下）采用钢桁架或钢梁。

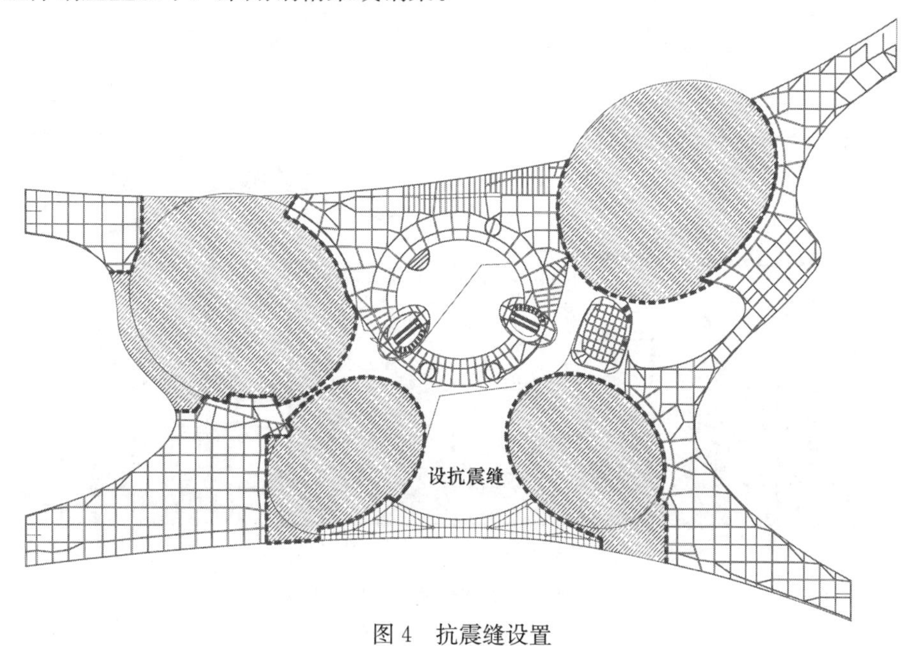

图 4 抗震缝设置

2. 钢屋盖设计

歌剧厅、音乐厅、戏剧厅和综艺厅四个单体结构体系类似，各观演大厅钢屋盖采用由"顶环梁-中环梁-斜柱"构成的单层空间网格结构，斜柱直接搁置于下方的混凝土框架柱上，并由混凝土底环大梁围合成整体（图5）。斜柱数量20～30根且平面对称布置，箱形柱截面高度800～1500mm，为适应建筑室内空间，斜柱为顶底环梁处小、中环梁处大的弯月形，27m标高以下截面外轮廓完全统一。柱底采用万向关节轴承铰支座。顶环梁和中环梁采用圆钢管，顶环梁外径1350mm和1600mm，承受较大的轴压力、双向弯矩及扭矩；中环梁外径800mm和1000mm，承受一定的轴拉力和平面外弯矩。斜柱和环梁材质采用Q390GJC。

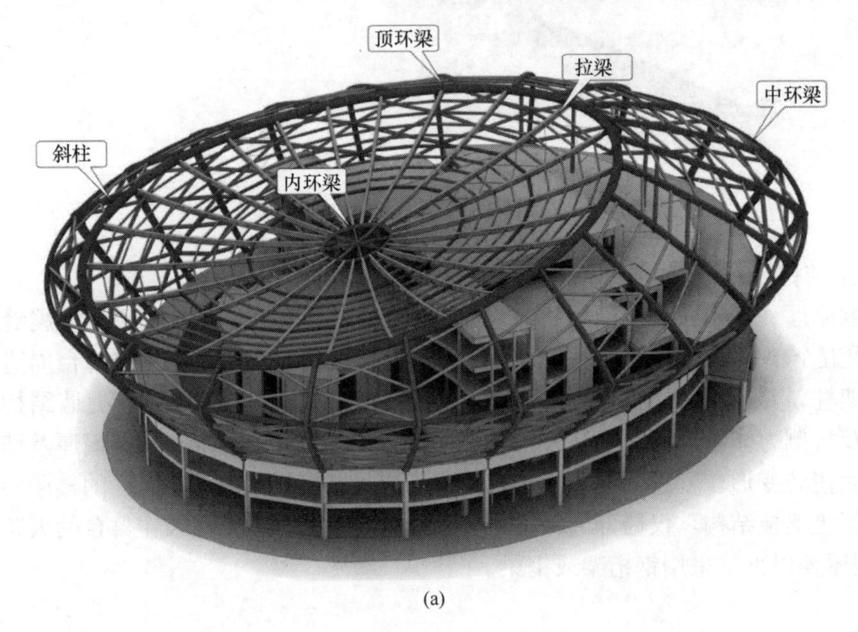

(a)

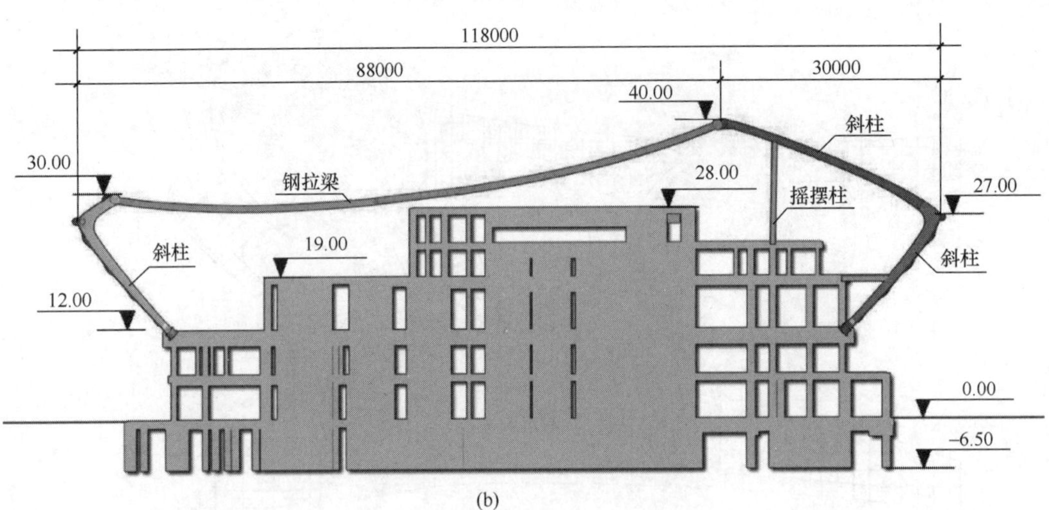

(b)

图5　典型单体结构模型（歌剧厅）

（a）三维模型；（b）剖面模型

各斜柱间设交叉斜撑（27m标高以下）和单向布置为主的屋面系杆（27m标高以上），兼作幕墙和屋面系统的支承构件。支撑和系杆长度普遍达到12～17m，且存在多向受力，采用箱形截面。交叉斜撑与斜柱采用刚接（柱脚、中环梁处铰接），屋面系杆与斜柱铰接。交叉斜撑与屋面系杆根据建筑外立面窗格划分确定（图6）。

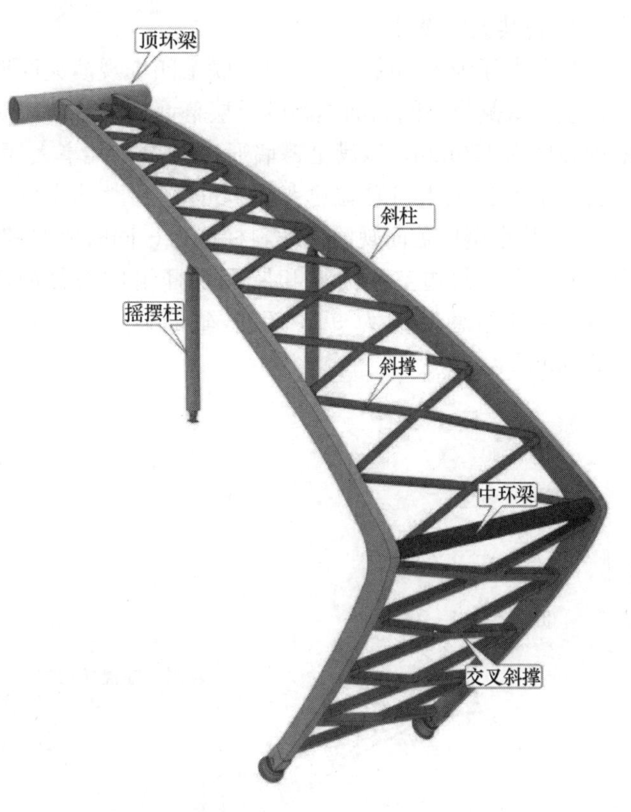

图6 典型单体结构三维模型（局部）

因建筑功能需要，部分混凝土楼面搁置于钢屋盖斜柱上，搁置的楼层数量各处由一层至四层不等（图7）。楼面钢梁下设滑动支座，以避免楼面钢梁出现过大拉力，也形成了钢屋盖与内部混凝土结构之间的独立变形关系。楼层搁置也显著增大了斜柱平面内弯矩，造成斜柱受力不均匀和设计困难。另外，为减小部分斜柱跨度过大的影响，增设若干摇摆柱并搁置于下部混凝土墙柱上。各厅摇摆柱数量约6～16根，具体位置受到混凝土结构布置的限制。局部的摇摆柱致使斜柱出现显著的集中弯矩（柱截面放大），部分靠近顶环梁的摇摆柱也影响了顶环梁的受力均匀性。

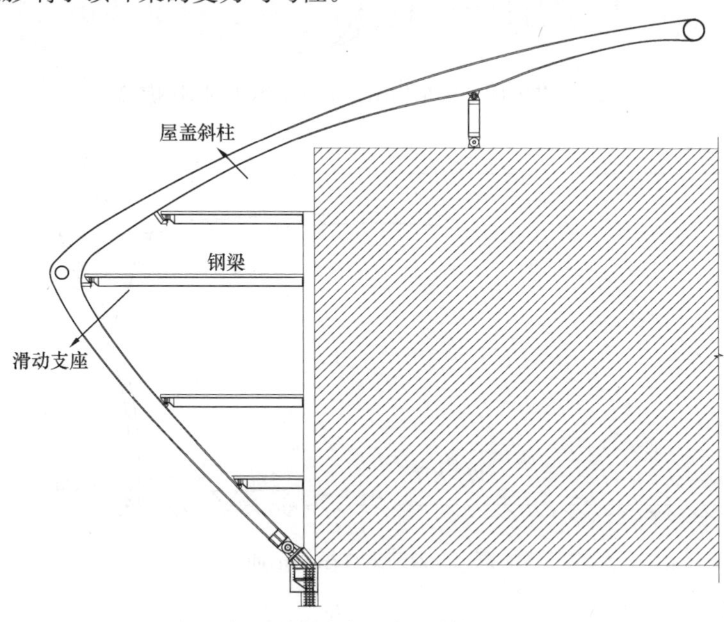

图7 钢屋盖与内部混凝土结构之间关系

3. 公共大厅设计

公共大厅为大剧院的主入口，联系四个观演大厅形成配套服务空间，如图 8、图 9 所示。主入口侧设空间曲面形态的单层幕墙框架，幕墙高度约为 17m，立柱宽度为 150mm、横梁高度为 120mm，以满足幕墙通透效果。共享大厅室内为无柱大空间，钢屋盖除搁置于公共平台和主入口幕墙框架外，也通过滑动支座支承于相邻观演大厅的斜柱上（图 10）。为减小钢屋盖向观演大厅斜柱传力，同时满足建筑菱形窗格划分要求，钢屋盖采用由单向曲梁、封边空间曲梁和屋面系杆组成的径向传力体系。单向曲梁最大跨度约为 40m，入口侧悬挑约为 9m，箱形截面高 700mm。封边空间曲梁采用圆钢管，直径为 800mm。

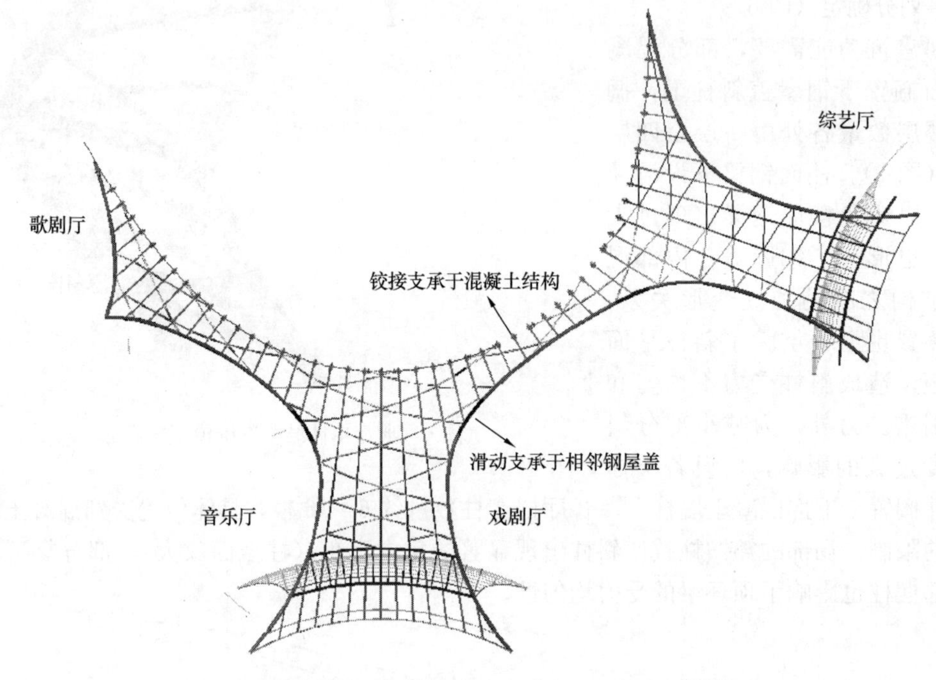

图 8 公共大厅三维结构图（滑动支承于周围钢屋盖）

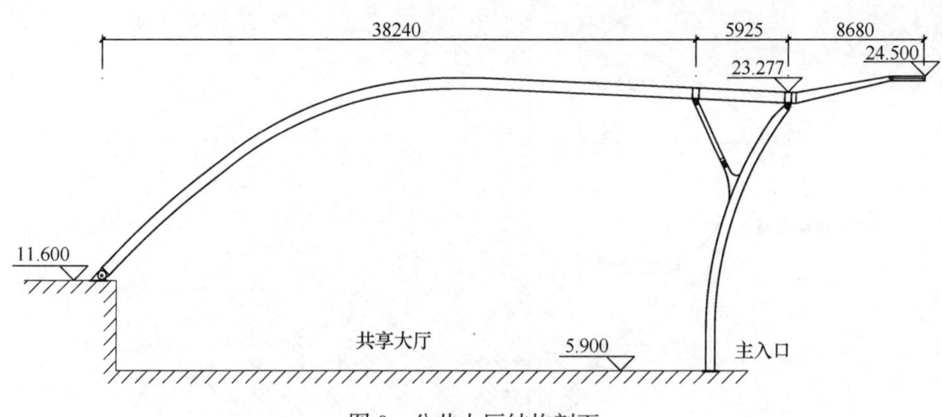

图 9 公共大厅结构剖面

该钢屋盖设计有以下特点：①相邻观演大厅斜柱的竖向变形（即滑动支座沉降）差异较大，对屋盖内力分布产生重要影响；②风荷载下的部分滑动支座出现较大拔力，并同时满足较大的水平变形能力和转角能力（独立开发的滑动支座已获得相关专利）；③地震作用下，钢屋盖通过屋面系杆向公共平台一侧传力，易导致部分支座反力较为集中；④屋面系杆兼作抗侧力构件，在温度作用下易出现较大的温度应力。

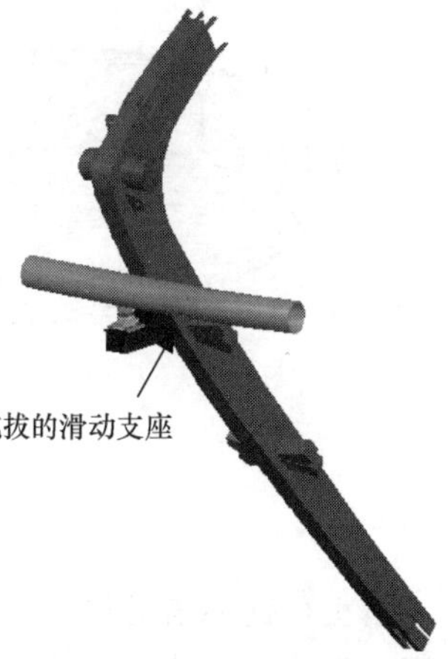

可抗拔的滑动支座

图 10 公共大厅与周围钢屋盖结构滑动支承关系

三、结构特点

本工程钢屋盖体型独特、体量也较大，对体系布置、节点构造和计算分析等方面都带来了复杂性和设计难度。

1. 屋盖体系的确立

四个观演大厅总体呈外凸的椭圆造型，但顶盖部分为内凹形态。为充分利用室内空间并营造独特的室内环境，建筑师要求整个外围护钢结构及屋盖系统既要适应建筑表皮的空间形态，还要尽量减小结构厚度。在建筑外表皮下的室内空间中出现任何非楼盖构件，都是建筑师不能接受的。因此，钢屋盖及外围护体系的空间形态被完全约束在建筑表皮之下，同时不允许遮挡建筑外立面上的大量菱形窗格（建筑后期调整了外立面窗格的设计思路）。

因此，钢屋盖在空间形态上成为立面外凸、顶盖内凹的表皮结构。在这样的灯笼状空间形态下，结构的底环梁、中环梁和顶环梁成为关键性的结构构件，如图 11 所示。

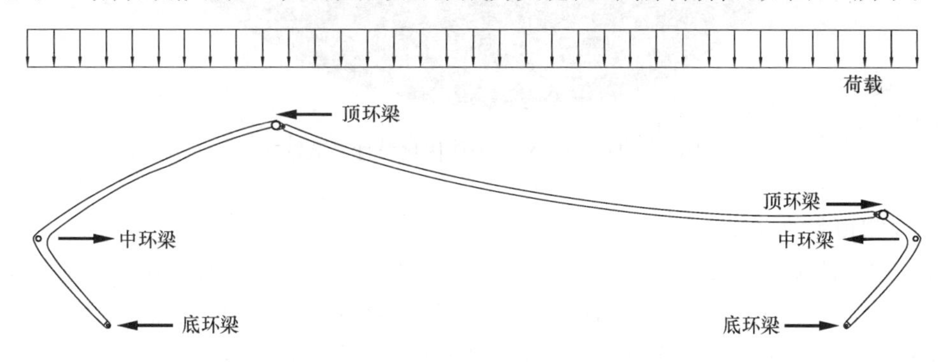

图 11 底环、中环、顶环的环梁系统

为构建完整的钢屋盖表皮，除环梁系统外，考虑两种主承重方案：

（1）斜交网格方案（图 12a）。这是近年来复杂形体单层空间钢结构采用较多的形式，在外露式钢结构中可营造出强烈的韵律感。但通常要求较密的网格间距，且采用箱形截面时即出现弯扭构件，造成加工制作的困难并加剧构件受力复杂性。

（2）斜柱方案（图 12b）。在传力体系上类似框架结构，由斜柱直接传递竖向力，并由环梁平衡水平力并提供整体稳定性。其传力路径更直接、更清晰，且不出现弯扭构件，更有利于加工制作和进度控制。但仍需要小截面的侧向支撑提供抗侧刚度，并兼作幕墙系统的支承结构。

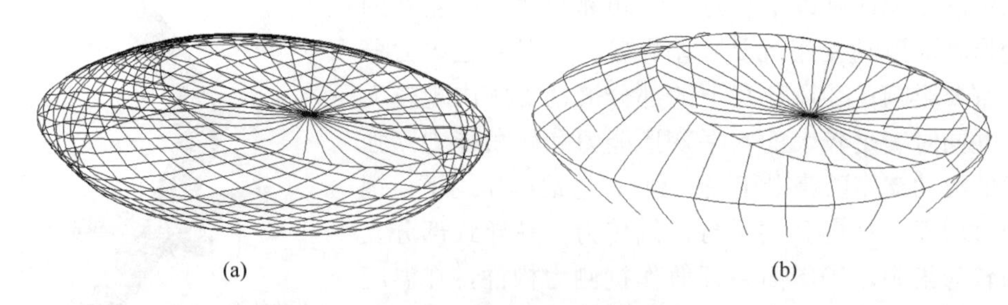

(a) (b)

图 12　钢屋盖结构方案

(a) 斜交网格方案；(b) 斜柱方案

本工程钢屋盖无外露的建筑诉求，从传力效率和经济性方面综合评估，优选采用斜柱方案。为验证该体系的结构效率，采用 HyperWorks 软件以曲面单元进行拓扑优化分析。结果表明：最佳传力效率下的结构分布，总体上表现为顶环梁、中环梁和斜柱的网格布置，如图 13 所示。

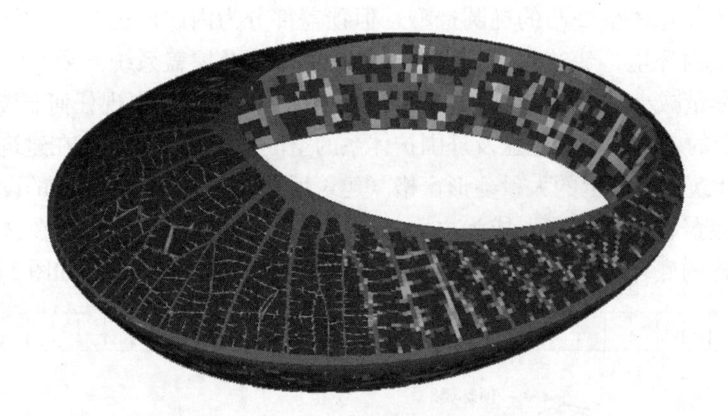

图 13　HyperWorks 拓扑优化设计（歌剧厅）

2. 内凹顶盖的设计

各大厅内凹顶盖跨度大、矢跨比小，采用由拉梁-环梁组成的单层受力网壳方案。图 14（a）为拉梁在竖向荷载下的轴力分布。尽管拉梁都受拉力，但受椭圆形顶环梁刚度、顶盖倾斜等影响，拉力分布并不均匀，以长轴向特别是高位侧为大，短轴侧拉力往往不足最大拉力的 1/5。拉梁还存在一定的平面内弯矩（图 14b）。为减小拉梁弯矩而进行了曲面找形分析，但基于理想边界条件获得的纯拉曲面形态在实际边界条件下仍出现较大的弯矩；当基于实际边界条件进行拉梁找形分析时，获得的曲面出现了明显的局部凹凸而无法满足造型要求。另外，由于屋面集中吊挂的设备、灯具等影响，以及风荷载、积雪荷载、积水荷载的不均匀性，拉梁不可避免地出现一定程度的弯矩。在水平地震作用下，即使设屋面系杆约束，拉梁还出现了较明显的弱轴弯矩。结构设计时对顶盖的平面外刚度进行了适当控制，避免大震作用下顶盖出现反向受压情况，并避免风荷载引起灯具及灯光的明显晃动。对顶盖在风荷载下的 TMD 减振进行可行性评估，最终控制顶盖平面外自振周期在 1.0～1.55s 以内。

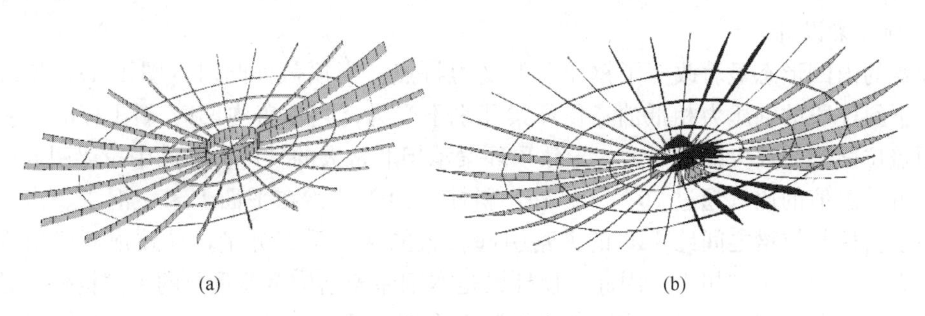

图 14 顶盖拉梁在竖向荷载下的内力分布
(a) 拉梁轴力分布特点；(b) 拉梁平面内弯矩分布特点

3. 内凹顶盖连续性积水影响

内凹顶盖的底部容易形成集中的堆雪现象，需考虑不均匀堆雪荷载。特别是当屋面排水沟堵塞时，雨水在顶盖底部汇积，而顶盖在积水荷载下发生变形，下凹的变形形态扩大造成更大的汇水面积和总积水量，即出现连续性积水，如图 15 所示。

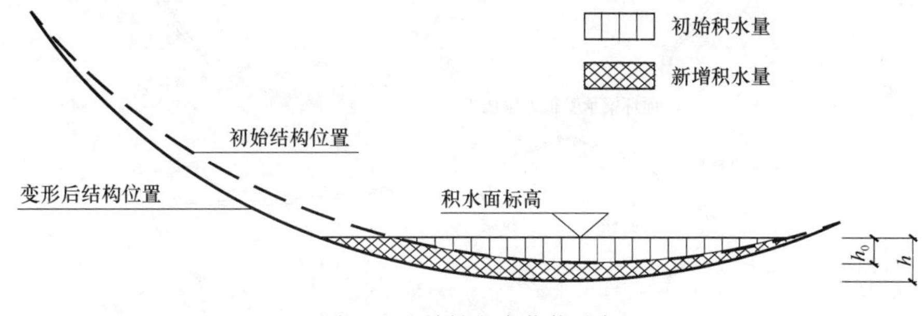

图 15 连续性积水荷载示意

钢屋盖设计时，除将屋面排水沟积水作为基本荷载外，另补充分析了极端情况的连续性积水影响（图 16）。以顶盖最低点距积水面标高为初始积水深度 h_0，按是否考虑连续性积水影响，计算顶盖不同区域的积水深度、总积水量、顶盖变形和构件内力。结果表明：当初始积水深度超过 450mm 时，考虑连续性积水的总积水量、结构挠度和内力将显著高于不考虑连续性积水时，并表现出显著的非线性增长趋势。为控制内凹顶盖对积水荷载的敏感性，要求设置溢水口距最低点不超过 300mm；并设融雪装置避免排水沟堵塞。

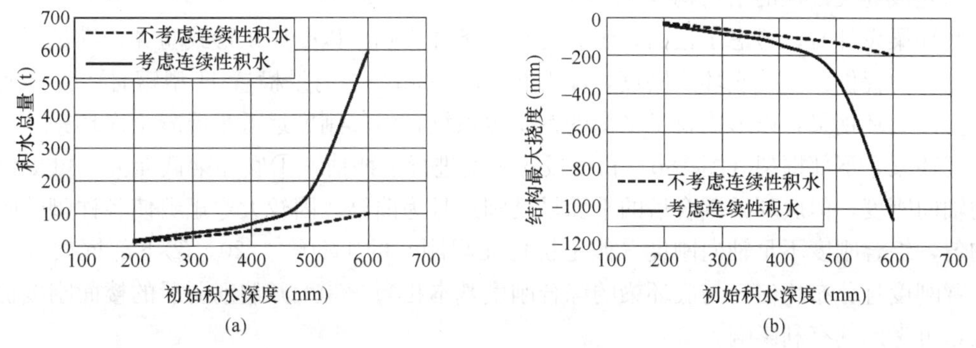

图 16 连续性积水荷载对积水量和屋盖挠度的影响
(a) 总积水量比较；(b) 结构挠度比较

4. 顶环梁设计

顶盖的内凹形态显著改变了钢屋盖的受力特点。当顶盖外凸时（图 17a），顶环梁位置上、下斜柱段的轴压力相抵消，顶环梁几乎不受力；当顶盖内凹时（图 17b），斜柱受压而顶盖拉梁承受较大的轴拉力，导致顶环梁承担非常大的轴压力，其中拉梁引起的顶环梁轴力占其总值的比例超过 70%。另外，斜柱与顶盖拉梁在平面上未交汇于一点，且立面关系上斜柱与拉梁之间约 145°的夹角引起较大的两个垂直分量，导致顶环梁出现很大的轴压力、双向弯矩和扭矩。因此，顶环梁是本钢屋盖结构至关重要的关键构件。顶环梁在初步设计阶段采用沿着屋盖曲面布置的曲面桁架（顶环桁架）。为简化顶环梁设计，并避免出现弯扭构件，顶环梁采用 1350mm 和 1600mm 的大直径单圆管截面，壁厚 50～80mm。

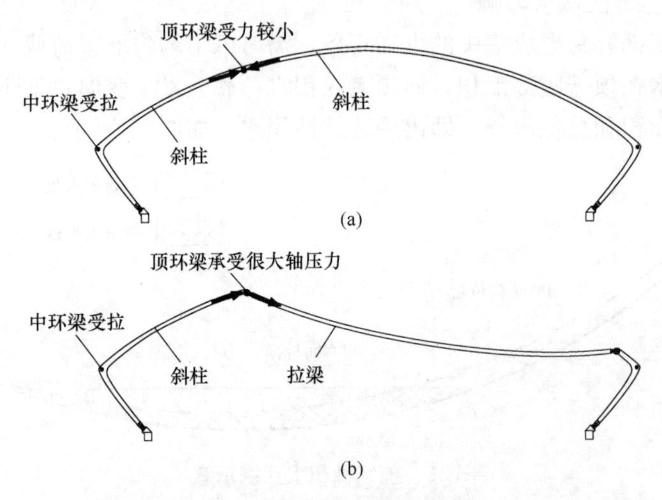

图 17　顶盖外凸或内凹形态对屋盖受力的影响

(a) 顶盖外凸时的结构受力特点；(b) 顶盖内凹时的结构受力特点

5. 楼层大开洞及底环梁设计

钢屋盖斜柱柱脚处的支座刚度对平衡柱底反力具有关键性作用。但舞台厅、观众厅及入口大堂处都出现了大范围的楼层开洞（图 18a），削弱了楼板刚度对柱脚的约束力，底环梁因此成为关键性的结构构件。

底环梁设计时，考虑了楼面开洞后的支承条件影响，以受压拱形式验算仍满足平面内稳定性。为提供充分的底环梁刚度，梁截面 2m×2m，并内设横置 H 型钢骨。设计时曾考虑另设底环钢梁，以形成自身平衡的钢屋盖系统，但其刚度远低于混凝土底环梁。设计时对底环梁、下部框架（图 18b）和楼板的刚度进行了评估：①底环梁截面大，可提供可观的轴向刚度，但底环梁围合后的平面呈椭圆形且为曲梁，因较大弯矩致使各柱脚处刚度不均匀，综合刚度不足轴向刚度（假定抗弯无限刚）的 1/50～1/20。②下部框架柱可提供悬臂刚度且分布均匀，与底环梁的综合刚度基本相当。③大开洞削弱后的楼面刚度仍然较大，可考虑其有利影响。

6. 音乐厅缺口处斜柱设计

为营建独特的建筑效果，音乐厅与歌剧厅的钢屋盖在建筑空间上是重叠的（图 19）。

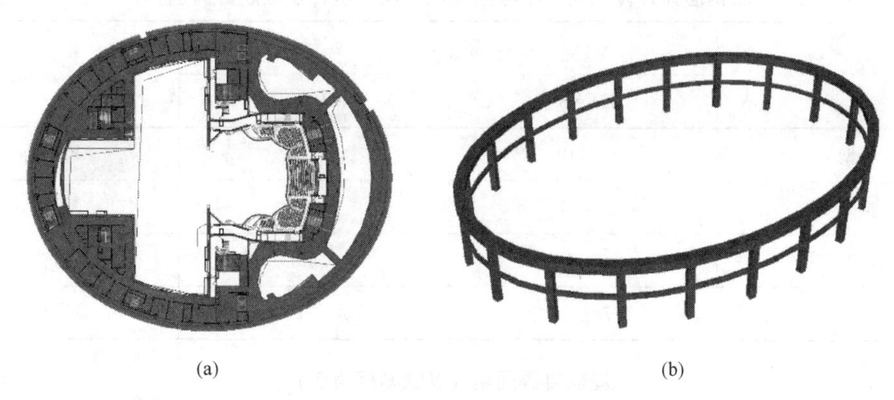

(a) (b)

图 18 楼层大开洞与底环梁

(a) 楼层大开洞；(b) 底环梁及下部框架

结构方案阶段曾考虑将两结构相互侵入形成构件交叉布置，但构件空间关系困难，同时浪费了一定的建筑空间。也考虑了将两个大厅按交界面分割进行设计，最终考虑到音乐厅体量相对较小，保留歌剧厅完整性，将音乐厅在歌剧厅侵入处而形成缺口，共 4 根斜柱被分割成不同形状的 M 形斜柱（图 20）。为加强缺口处斜柱设计，提出了加设立柱、支撑等措施，但破坏了建筑室内空间。最终通过提高结构冗余度设计、补充防连续性倒塌分析等方式进行加强。补充的整体分析和单榀斜柱的节点有限元分析，均验证了缺口斜柱具有充分的承载力性。

图 19 音乐厅被歌剧厅侵入而形成缺口

图 20 音乐厅缺口处 M 形斜柱

四、主要计算结果

采用 ETABS 和 MIDAS 进行整体计算分析，结构的总体计算指标如表 1～表 3 所示。屋盖主要振型如图 21～图 23 所示。结构在恒荷载＋活荷载下的屈曲特征值及失稳模态如表 4 及图 24～图 26 所示。

结构总体计算周期（不考虑屋盖竖向振型，以歌剧厅为例）　　表1

	周期（s）		振动形式
	ETABS	MIDAS	
振型1	0.719	0.718	Y平动
振型2	0.627	0.625	X平动
振型3	0.564	0.567	扭转
T_3/T_1	0.784<0.9	0.790<0.9 OK	

屋盖自振周期（以歌剧厅为例）　　表2

阶次	周期	振型
T_1	1.36	
T_2	1.34	内凹顶盖局部振型（平面外）
T_3	1.10	
T_4	0.86	
T_5	0.82	
T_6	0.81	

结构总体计算主要指标（以歌剧厅为例）　　表3

		ETABS	MIDAS	备注
重力荷载代表值（1.0恒+0.5活，kN）		1641608		嵌固层以上部分
基底剪力（kN）	X向	81506	76802	
	Y向	74270	69057	
剪重比	X向	4.97%	4.68%	>1.6%
	Y向	4.52%	4.21%	>1.6%
顶点位移	X向	7.4	7.3	
	Y向	9.3	9.4	
最大层间位移角	X向	1/2143	1/2876	<1/800
	Y向	1/2222	1/2183	<1/800
最大扭转比	X向	1.088	1.010	<1.2
	Y向	1.171	1.072	<1.2
质量参与系数	X向	98.48%	98.35%	>95%
	Y向	98.40%	98.00%	>95%
	扭转	98.63%	97.93%	>95%

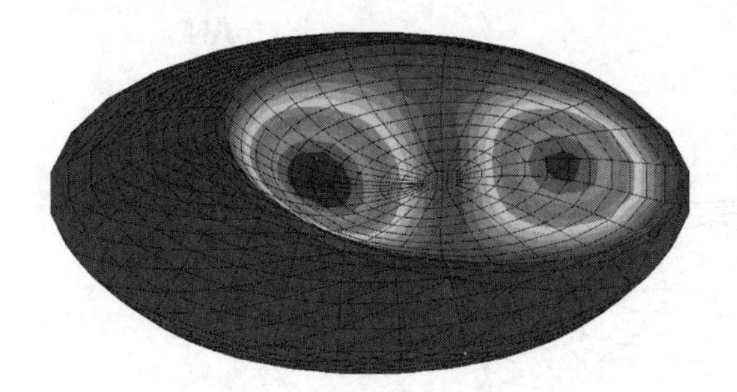

图 21 屋盖一阶振型

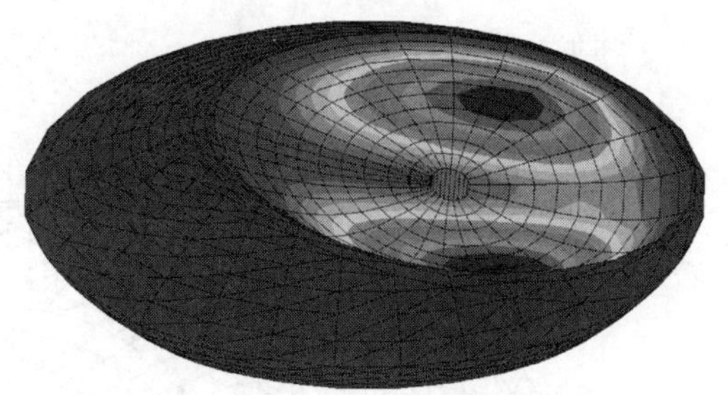

图 22 屋盖二阶振型

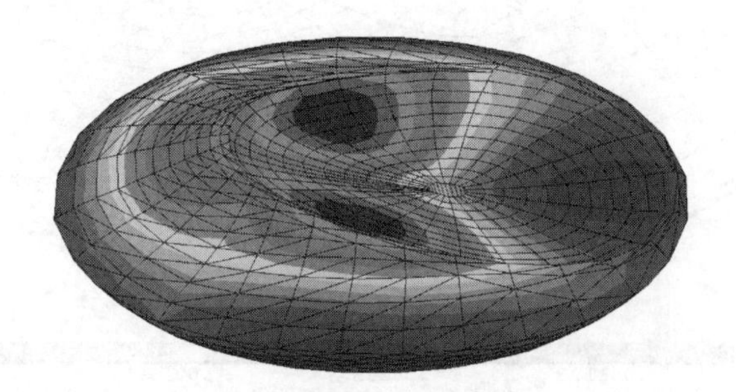

图 23 屋盖三阶振型

恒活工况下线弹性屈曲分析的特征值与失稳模态 **表 4**

阶次	特征值	模态	阶次	特征值	模态
1	11.5	摇摆柱的单杆失稳	16	27.2	刚性系杆的单杆失稳
2	11.5		17	27.2	
3	11.7		18	28.4	
4	11.7		19	28.4	
5	19.3	刚性系杆的单杆失稳	20	31.2	
6	19.4		21	31.3	
7	22.3	顶环桁架的平面外失稳	22	31.4	
8	23.5	刚性系杆的单杆失稳	23	31.4	
9	23.6		24	31.6	
10	24.5		25	32.6	
11	24.5		26	32.6	
12	25.0		27	32.7	
13	25.0		28	33.6	
14	26.9		29	33.9	
15	27.0		30	34.2	

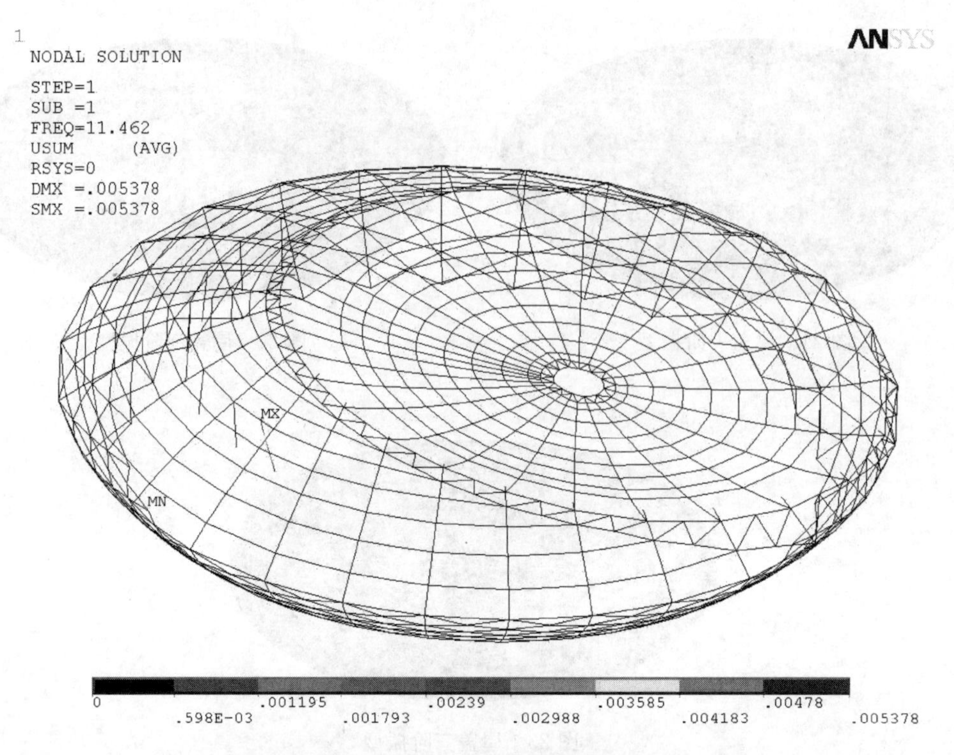

图 24 典型屈曲模态一：摇摆柱单杆失稳（λ=11.5）

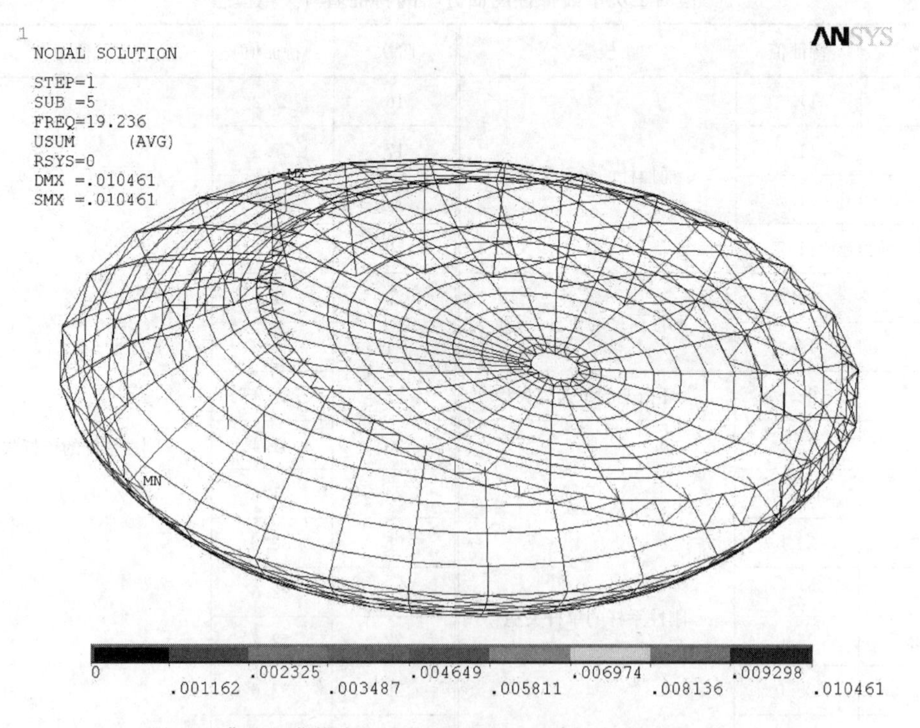

图 25 典型屈曲模态二：屋面刚性系杆单杆失稳（λ=19.2）

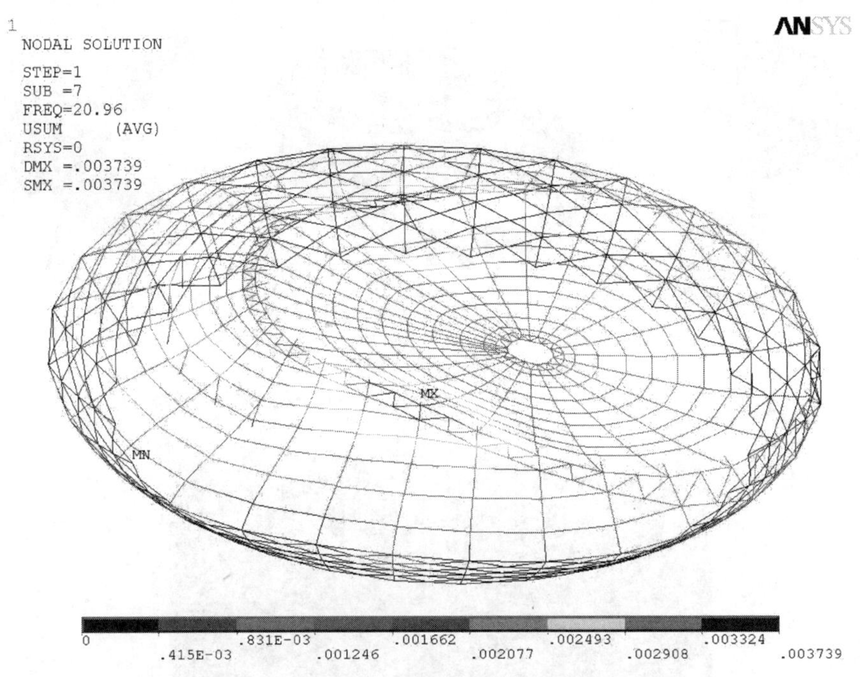

图 26 典型失稳模态三：顶环桁架的平面外失稳（λ=21.0）

五、节点设计

主要节点模型如图 27 所示。

部分现场施工图如图 28 所示。

本工程于 2013 年底开始桩基施工，2014 年底开始基础及主体结构施工，2015 年 6 月结构全面封顶，2018 年竣工投入使用。采用空间大跨钢屋盖结构方案，较好地实现了建筑新颖的造型，使结构与建筑的形态完美结合。该项目获得了 2019—2020 中国建筑学会建筑设计奖·结构专业一等奖、2019 年 7 月上海市勘察设计行业协会颁发的优秀工程设计一等奖、2017 年 11 月中国钢结构协会颁发的科学技术一等奖。

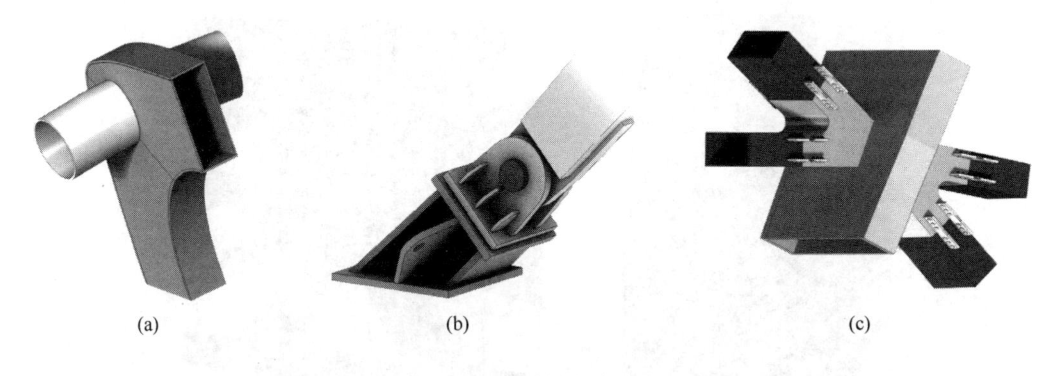

图 27 部分关键节点（一）
（a）斜柱与中环梁节点；（b）斜柱柱脚节点；（c）斜柱与中环梁节点

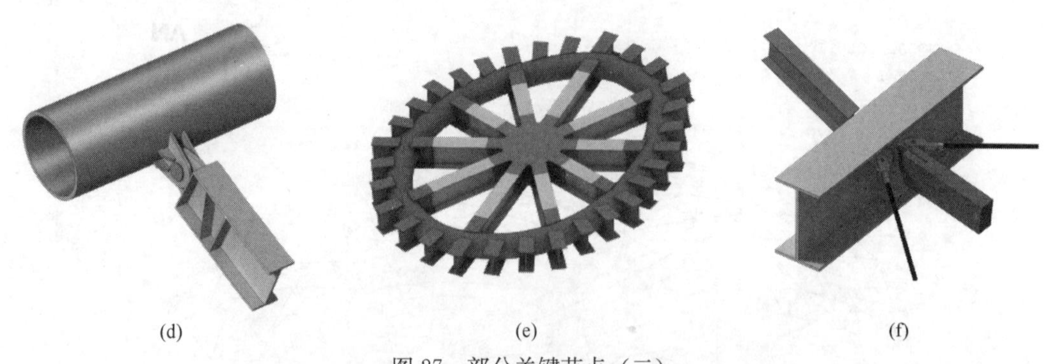

图27　部分关键节点（二）

（d）拉梁与顶环梁节点；（e）拉梁交点节点；（f）檩条/系杆与拉练节点

图28　现场施工（一）

（a）整体俯视图；（b）顶盖拉梁与顶环梁节点；（c）斜柱柱脚节点；（d）公共大厅与主结构滑动支座；（e）顶盖中心节点

(f)

图28 现场施工（二）

(f) 公共大厅入口

45　光谷科技会展中心项目结构设计

建 设 地 点　武汉市东湖高新区

设 计 时 间　2016

工程竣工时间　2017

设 计 单 位　中南建筑设计院股份有限公司

［430071］武汉市武昌区中南路 19 号

主要设计人　肖　飞　陈焰周　许　敏　张凯静　徐　伟　邹　杰　唐明勇

甘仕伟　刘飞宇　孙　威

本 文 执 笔　陈焰周

获 奖 等 级　2019—2020 中国建筑学会建筑设计奖·结构专业一等奖

一、工程概况

中国光谷科技会展中心（图 1）为大型智能化、多功能、综合性会议展览中心，位于武汉市东湖高新区高新大道以北，光谷六路以西，与湖北省科技馆相邻。项目总用地面积 77541m²，总建筑面积 129170m²，其中地上建筑面积 69170m²，配套用房建筑面积 20000m²，地下建筑面积 31320m²。

本项目建筑主体最高点距地面 40.8m，建筑最大平面尺寸为 198m×99m，地上 3 层，层高分别为 15.0m、13.2m、8.3m，其中一层有两个夹层，将一层分成 5.0m＋5.0m＋

图 1　项目实景

5.0m；二层有一个夹层，将二层分成7.0m+6.2m。一层主要设置展厅、会议接待、休息区等房间，夹层1、2主要功能为办公、设备用房等，二层主要功能为展厅，夹层3主要功能为办公、设备用房等，三层主要功能为办公、会议、化妆、多功能厅、厨房等。地下一层层高7.5m，功能为临时展厅。

结构安全等级为一级，重要性系数$\gamma_0=1.1$，结构设计使用年限为50年，建筑抗震设防类别为重点设防类（乙类），抗震设防烈度为6度，设计地震分组为第一组，设计基本地震加速度为0.05g，Ⅱ类场地，场地特征周期为0.35s。结构整体计算时，多遇地震阻尼比取0.03。按照《钢管混凝土结构技术规范》GB 50936—2014，本工程框架抗震等级为二级。

本工程温差取值为：钢结构室内外温差为［18，−26］；屋面考虑露天情况温差增加2℃，为［20，−28］；地下室考虑与土接触温差减小5℃，为［13，−21］。

本工程层数不多，单柱荷重标准值不超过10000kN，且设地下室一层，本场地为④$_2$中等风化泥岩，地基承载力f_a=1000kPa，地质条件均较好，承载力高，可作为独立扩展基础的持力层。

由于地下室顶板的一边开有大洞，详见图3，因而将上部结构的嵌固端下移到基础顶面。

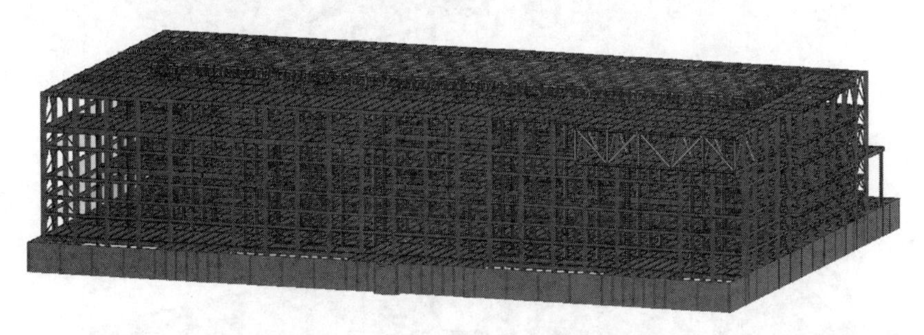

图2　上部结构计算模型三维视图

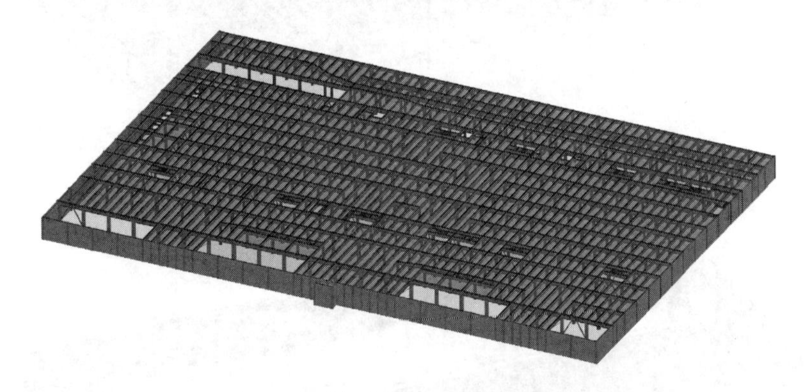

图3　一层（结构1层）结构布置

结构模型及各层平面布置如图2～图8。为了后述统计结果和叙述方便，认为本结构为7层，层高从下到上依次为7.5m、5.0m、5.0m、5.0m、7.0m、6.2m、8.3m，如图9所示。

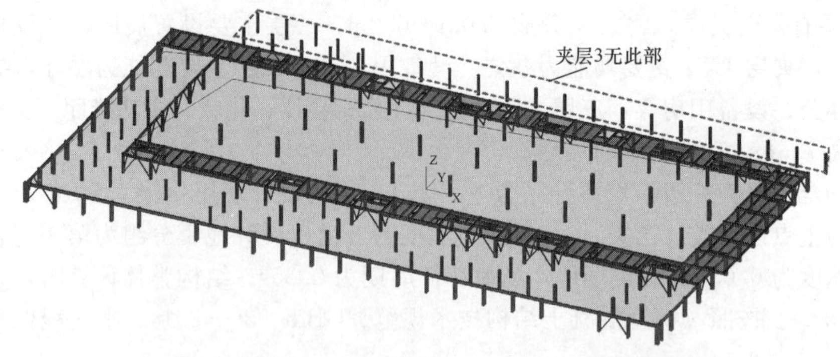

图 4 夹层 1、2、3（结构 2、3、5 层）结构布置

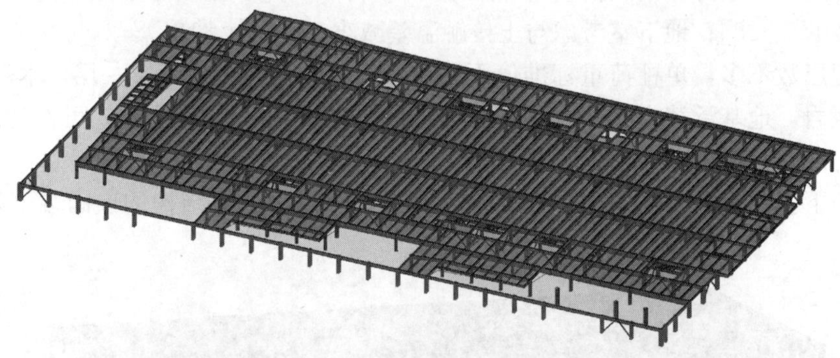

图 5 二层（结构 4 层）结构布置

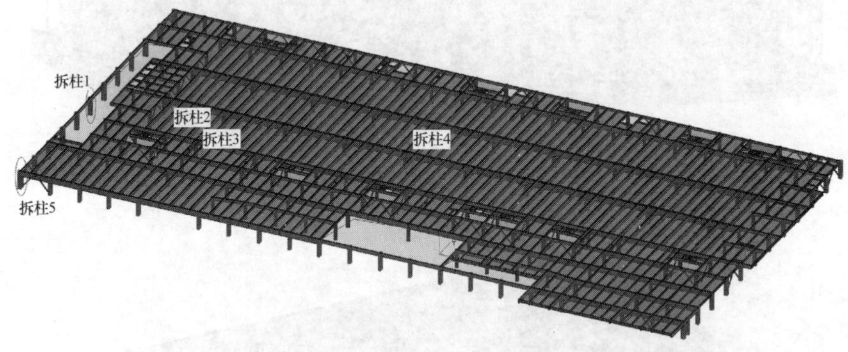

图 6 三层（结构 6 层）结构布置

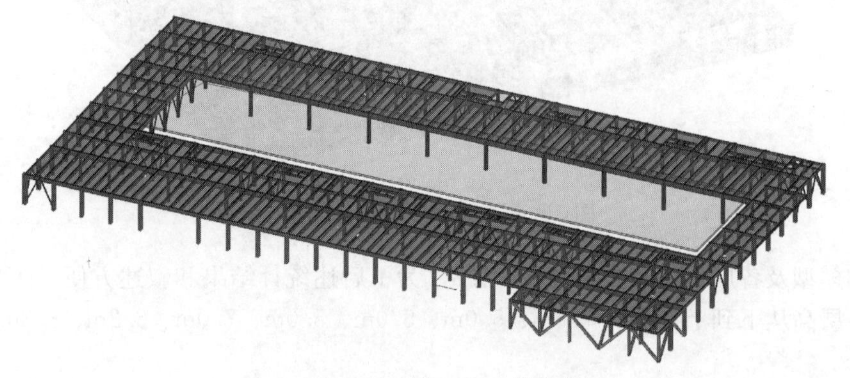

图 7 屋顶层（结构 7 层）结构布置

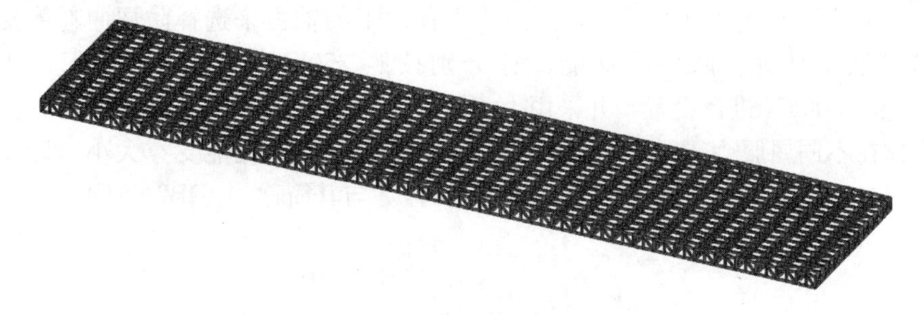

图8 屋面中庭桁架结构布置

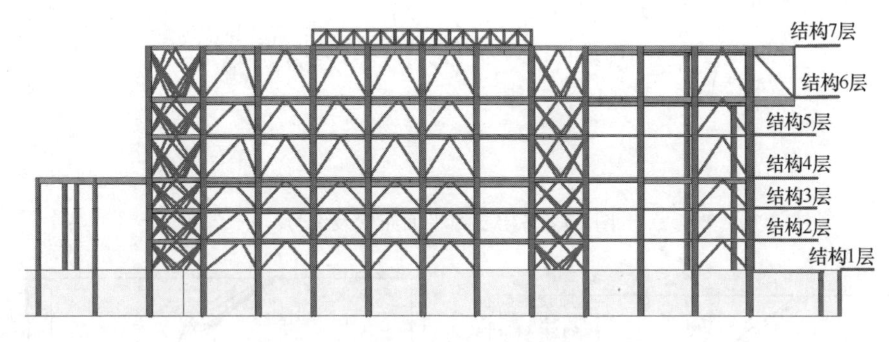

图9 计算分析中的结构层示意

二、结构体系

本工程主体为钢结构，采用“钢管混凝土钢框架+中心防屈曲约束支撑”结构体系。

1. 结构特点

本工程的结构主要特点是：①局部夹层较多；②建筑功能导致结构外围有通高38m的长柱；③主体结构外围有装饰幕墙钢结构，且平面内刚度较大，与主体钢结构存在关联；④地下室顶板开洞较多，下移嵌固端到基础面；⑤设置防屈曲约束支撑；⑥与其他结构存在连廊相连。

框架柱大部分采用圆钢管混凝土柱，部分周边框架柱采用矩形钢管混凝土柱，框架梁基本采用实腹钢梁，仅36m跨中庭屋顶采用2.5m高的钢桁架。

2. 防屈曲约束支撑设置

结构中采用防屈曲约束支撑的必要性：①使结构体系形成多道抗震防线，防屈曲约束支撑形成第一道防线，首先进入屈服耗能，框架为第二道防线；②由于防屈曲约束支撑能首先进入屈服，能够耗散地震输入的能量，加长结构自振周期，从而减小地震作用的输入，保护主体框架结构。

地上各层防屈曲耗能支撑大部分设置在楼梯间周边，在结构内基本为均匀设置，如图10所示。对防屈曲耗能支撑设定的目标为：①小震及风荷载作用下，设置的防屈曲耗能支撑均为弹性；②中震作用下，设置的一部分防屈曲耗能支撑进入屈服耗能；③大震作用下，所设置的耗能支撑基本进入屈服耗能。

为合理选定防屈曲耗能支撑的大小，采用了下述两种方法：①列举法，列出所有支撑在小震作用下按照弹性计算的轴力，按照小震作用下的轴力来选择防屈曲耗能支撑的大小；②试算法，对所有防屈曲耗能支撑分别按照 250kN、500kN、750kN、1000kN、1250kN 以及 1500kN 进行设置，并采用人工波分别进行大震作用下弹塑性时程分析，比较不同支撑在不同屈服力下的耗能减震效果，来确定防屈曲耗能支撑大小，计算结果见图 11～图 14。下述计算分析中，“防屈曲约束支撑”与其简称“BRB”等同。

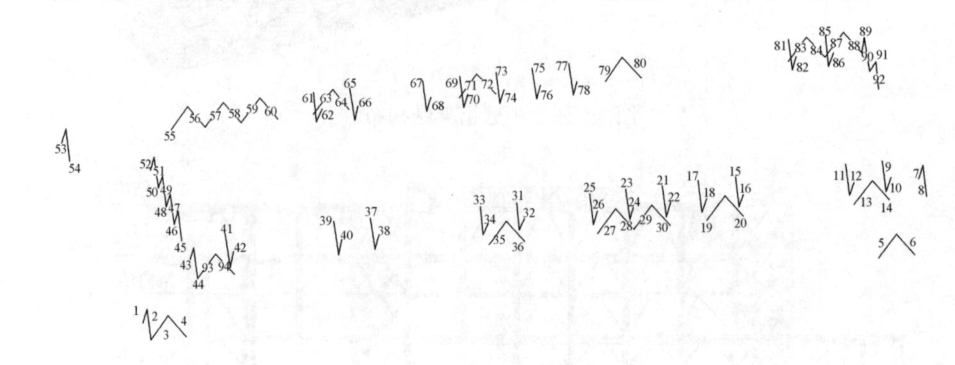

图 10　各层支撑平面布置及编号

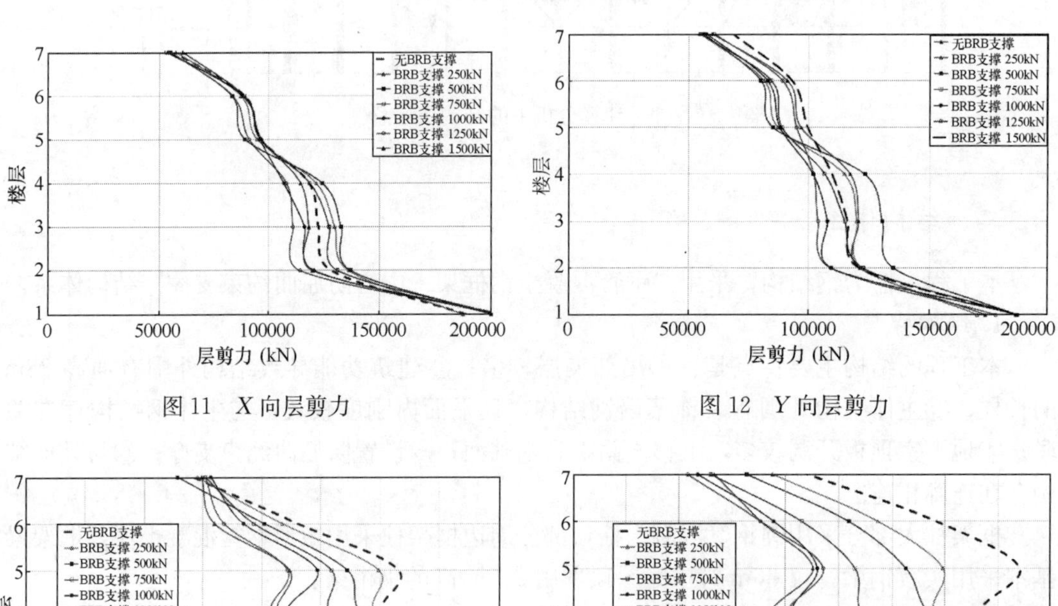

图 11　*X* 向层剪力　　图 12　*Y* 向层剪力

图 13　*X* 向层间位移角

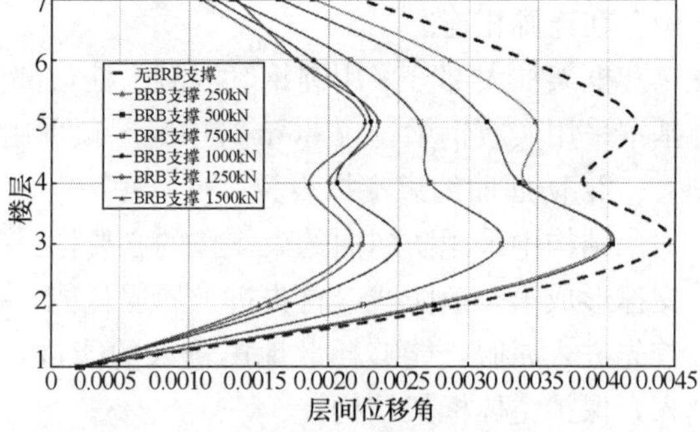

图 14　*Y* 向层间位移角

从图 11～图 14 可以看出：①无 BRB 支撑的框架结构与有 BRB 支撑的框架-支撑结构的层剪力基本相当；②采用不同屈服力的 BRB 支撑，其基底剪力大小基本一致；③无 BRB 支撑的框架结构的层间位移角均大于设有 BRB 支撑的框架-支撑结构的层间位移角；

④随着 BRB 支撑屈服力的增大，框架-支撑结构的层间位移角先减小后增大；⑤由框架-BRB 支撑结构的层间位移角可知，BRB 支撑的屈服力并非越小或越大越好，而是应针对具体结构选择适当屈服力的 BRB 支撑（图 15～图 17）。

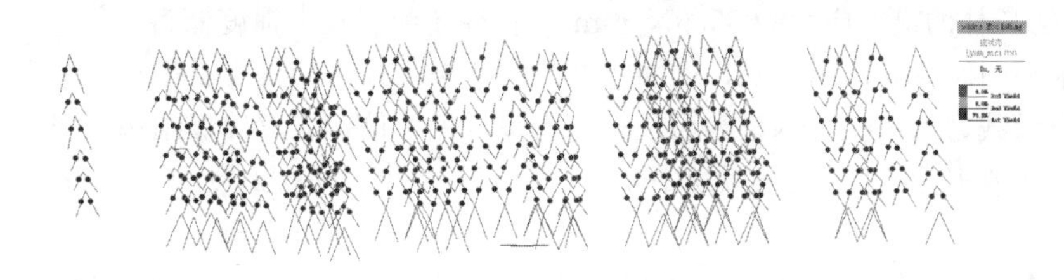

图 15　屈服力为 250kN 的防屈曲约束支撑屈服情况

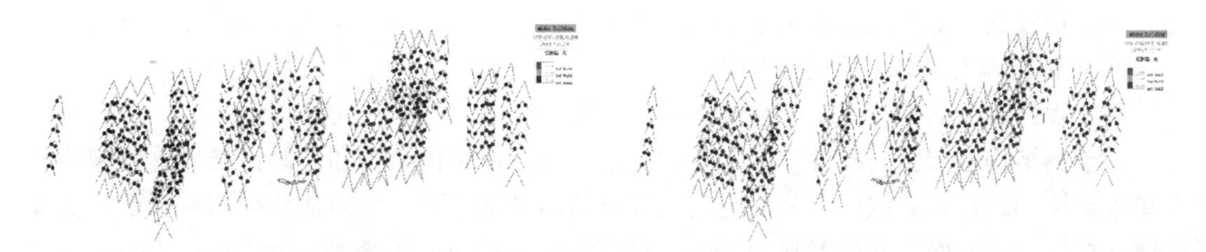

图 16　屈服力为 750kN 的防屈曲约束支撑屈服情况

图 17　屈服力为 1250kN 的防屈曲约束支撑屈服情况

综合上述两种分析方法的结果，对于本工程的防屈曲约束支撑的设置方法如下：①结构 1 层不设置 BRB 支撑，而设置一般支撑；②结构 3 层、4 层在地震作用下的支撑内力较大，设置 750kN 屈服力的防屈曲耗能支撑；③结构 2 层、5 层及 6 层设置 500kN 屈服力的防屈曲约束支撑；④结构 7 层在地震作用下的支撑内力较小，设置 250kN 屈服力的防屈曲耗能支撑。

3. 其他构件布置

钢结构楼面采用压型钢板非组合楼板，本工程结构为一个整体，不设缝。

为保证混凝土浇筑质量和控制裂缝，采用设置后浇带和分仓浇筑及掺抗裂纤维等措施。

基础、底板均采用 C40；外墙、混凝土柱均采用 C40；基础面以上各层板均采用 C30。

三、主要设计问题及解决

1. 周边穿层长柱的稳定性分析

本工程结构外围，由于建筑造型需要，有 38m 的通高框架柱。采用 ANSYS 分析软件，可以比较准确可靠地分析长柱的稳定性。

外围长框架柱采用矩形钢管混凝土柱（□700mm×1400mm×30mm），主要承受的荷载为：①支撑屋顶的竖向荷载，该竖向荷载的最大设计值不超过 5000kN；②幕墙传递来的水平向风荷载，外围长柱迎风受荷面宽按照 9.0m 考虑，按照规范计算出的屋面处作用在外围长柱上的最大风荷载为 10kN/m；③地震作用，由后述动力弹塑性时程分析可知，竖向荷载和地震作用下外围长柱未失稳。

设计竖向荷载和风荷载作用下：①长柱平面外方向位移最大为 48.9mm，竖向位移为 10.9mm；②长柱的最大应力为 85.9N/mm²，长柱还留有较大强度储备。

保持水平向风荷载作用不变，增加竖向荷载直至长柱失稳，有：①长柱竖向力作用下失稳的极限承载力为 40916kN，约为长柱内力设计的 8 倍，能够确保结构在竖向荷载作用下不失稳；②在长柱的极限承载力作用下，长柱的水平向位移为 1168mm，竖向位移为 66mm。

保持竖向荷载作用不变，增加水平荷载直至长柱失稳，有：①长柱在水平荷载作用下，失稳的极限承载力为风荷载设计值的 8.7 倍，能够确保结构在竖向荷载作用下不失稳；②在长柱的极限承载力作用下，长柱的水平向位移为 527mm，竖向位移为 56mm。

2. 装饰幕墙对整体计算分析的影响

本工程外侧立面带有钢结构装饰幕墙，如图 18、图 19 所示。

由于钢结构幕墙斜向构件较多，非常复杂，为了使主体结构和外侧钢结构幕墙能够分开单独计算和设计，采取：①幕墙竖向构件直接落到基础面，竖向荷载采用自承重；②幕墙竖向构件与基础面之间设置滑动支座，释放水平向移动；③幕墙与主体结构之间采用铰接构件连接，主体结构只承受幕墙传递的水平向荷载和减小幕墙竖向构件的平面外计算长度，如图 20 所示。

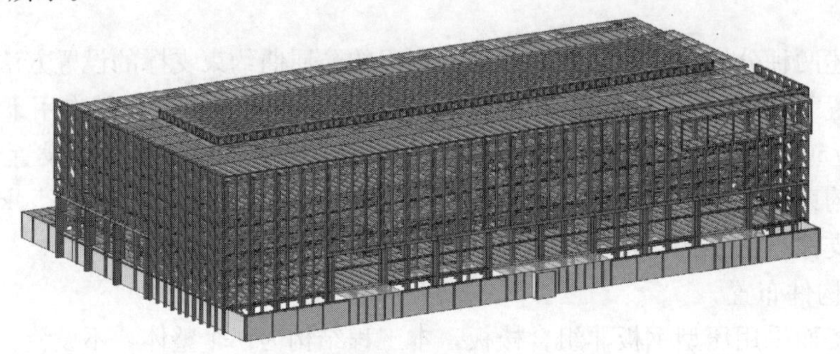

图 18　带外围钢结构幕墙结构模型

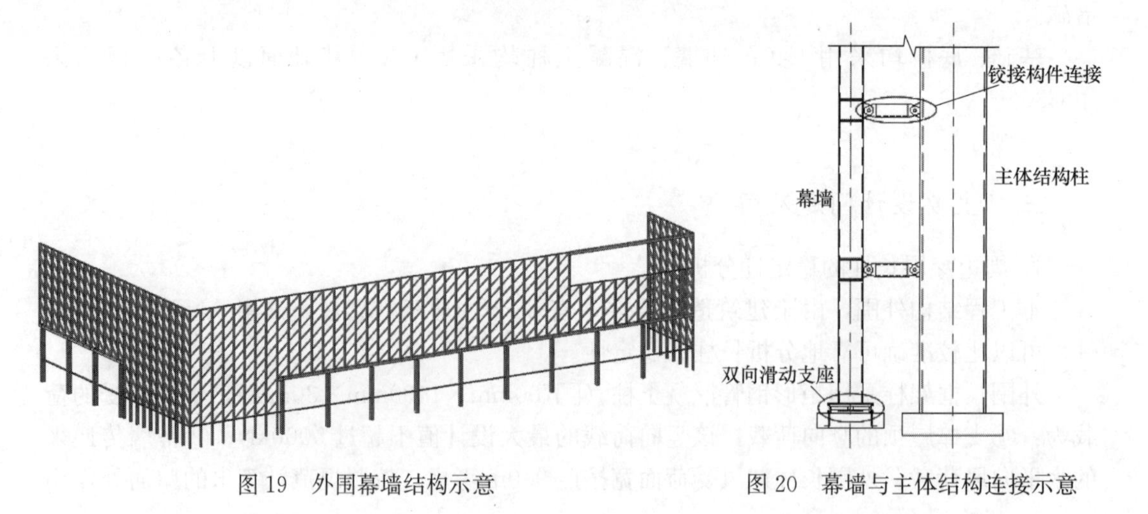

图 19　外围幕墙结构示意　　图 20　幕墙与主体结构连接示意

表 1、表 2 给出了结构带钢结构幕墙与不带钢结构幕墙时的周期及层剪力比较。

结构带钢结构幕墙与不带钢结构幕墙时的周期比较　　表 1

项目	不带钢结构幕墙计算			带钢结构幕墙计算		
振型	T_1	T_2	T_3	T_1	T_2	T_3
周期（s）	2.0349	1.9604	1.8157	1.9846	1.8448	1.7025
平动系数	(0.48+92.18)	(81.82+0.68)	(10.61+0.21)	(0.15+90.98)	(92.02+0.27)	(2.14+1.41)
扭转系数	0.80	10.86	88.90	1.76	0.41	95.28
周期差异	—	—	—	2.47%	5.89%	6.23%

结构带钢结构幕墙与不带钢结构幕墙时的层剪力比较　　表 2

楼层	不带钢结构幕墙计算		带钢结构幕墙计算	
7	8449	9321	8963	9348
6	12085	12376	13111	12401
5	13007	13222	14183	13241
4	15813	15824	17328	15860
3	16091	16361	17694	16442
2	16255	16993	17902	17081
1	35711	29592	36412	30650
基底剪力差异	—	—	1.96%	3.57%

从表 1、表 2 可以看出，采用结构处理措施后：①结构带钢结构幕墙与不带钢结构幕墙时的周期差异很小，前三阶差异最大为 6%；②结构带钢结构幕墙与不带钢结构幕墙时的层剪力差异很小，基底剪力差异最大为 3.57%；③在主体结构计算分析中，可以不带钢结构幕墙计算。

四、连廊的弱连接设计与分析

1. 连廊概况

本工程为复杂连体建筑，有三栋体量差异较大的主体建筑，分别为中国光谷科技会展中心、全球公共采购交易服务总部基地 6、7、8 号楼以及 5 号楼，主体建筑之间采用连廊连接，如图 21、图 22 所示。

全球公共采购交易服务总部基地 6、7、8 号楼，结构采用混凝土框架-剪力墙结构体系，为 9 层办公建筑，平面尺寸约为 181m×55m。层高分别为：1～2 层 5.4m、3～8 层 4.2m、9 层 4.1m。

全球公共采购交易服务总部基地 5 号楼，结构采用混凝土框架-剪力墙结构体系，为 9 层办公建筑，平面尺寸约为 40m×32m。层高分别为：1 层 5.2m，2 层 5.6m、3～8 层 4.2m、9 层 4.1m。

全球公共采购交易服务总部基地 6、7、8 号楼与 5 号楼之间采用连廊 1 和连廊 2 进行连接，连廊 1 与连廊 2 跨度为 21.6m，设置高度距地面 25.4m。

中国光谷科技会展中心与全球公共采购交易服务总部基地6、7、8号楼之间采用连廊3和连廊4进行连接，连廊3和连廊4跨度为32.5m，设置高度距地面30.6m，平面布置关系见图21。

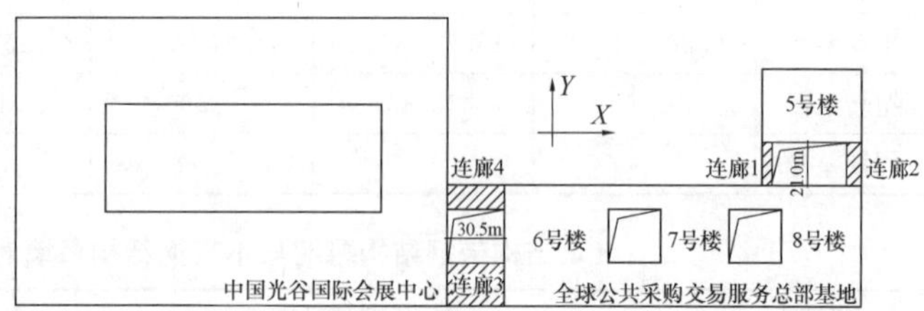

图21　空中隔震连廊结构平面布置

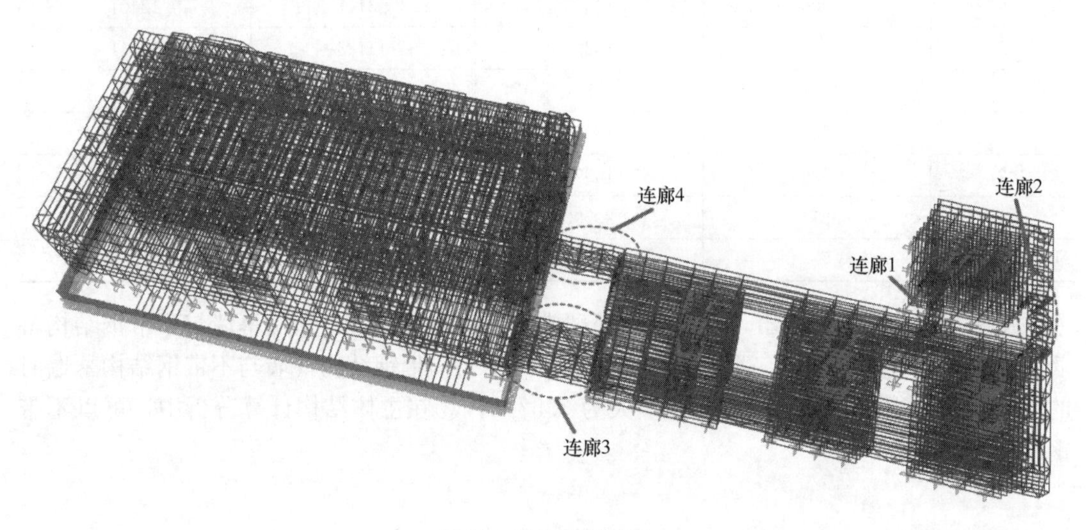

图22　整体模型示意

本工程不仅建设规模较大，各栋建筑之间的体量以及结构形式均不同，而且全球公共采购交易服务总部基地与光谷科技会展中心项目业主、施工方及施工进度等均不一致。为了降低结构复杂程度，采取在连廊与主体结构之间设缝脱开，并在连廊两端设置隔震支座的弱连接方案，将各单体建筑相互分开，减小地震作用下连廊的连接对各主体结构之间的相互影响。

为验证弱连接方案的可行性，将光谷科技会展中心、全球公共采购交易服务总部基地的5号楼，6、7、8号楼，连廊1、2、3、4整体建模，进行考虑支座非线性特性的整体结构地震响应分析，以确定支座预计滑移量，考察连廊对主体塔楼造成的影响，从而给主体塔楼结构设计和连体结构设计提供技术支持。

2. 摩擦摆支座的设计

1）隔震支座设计

根据本工程的具体要求，拟采用摩擦摆式支座（Friction Pendulum Bearing，简称

FPB）作为隔震支座，这种装置具有减震效果好、结构可靠、经久耐用的特点，近年来在国内外进行大量的相关研究并得到了广泛应用。其基本原理如图 23、图 24 所示，图 25 为常见摩擦摆支座构造。上部结构（如桥梁、建筑等）支承于滑动在一球面上的滑块上，任意方向的水平运动都会产生一个重力的竖向提升，产生自恢复势能。

根据需要以及目前 FPB 隔震支座的定型产品，拟选用支座曲面半径为 1.00m，支座理论周期为 2.0065s，动摩擦系数为 0.05±0.01，支座最大变形能力为±200mm。

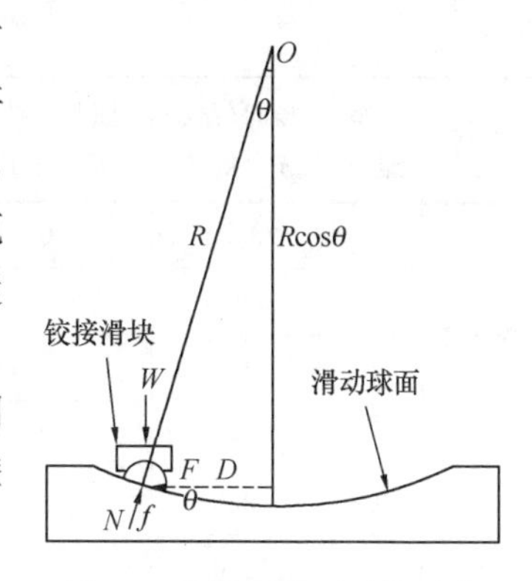

图 23 摩擦摆模型系统示意

2）连廊支座分析方法

方法一：静力叠加分析方法，该方法为弹性分析方法，将连廊及两端连接的主楼看作互不影响的结构，分别计算连廊、两端结构在地震作用下位移，再将同方向上的连廊位移与两端结构的位移分别相加，取两者中的大值作为该支座在该方向上的位移控制值。

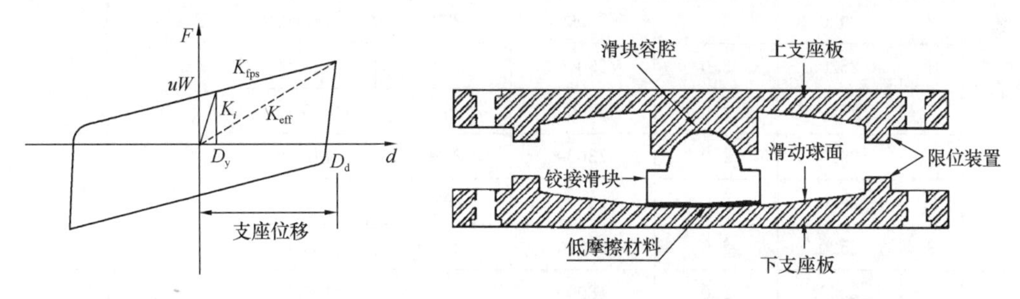

图 24 摩擦摆支座滞回模型

图 25 常见摩擦摆支座构造

方法二：时程分析方法，该方法为弹塑性分析方法，计算分析采用软件 SAP2000 Ultimate C 16.1.0 版，该软件提供 Friction Isolator 来模拟摩擦摆支座，其水平方向非线性特性参数根据各支座的竖向荷载确定。同时对梁、柱等构件分配塑性铰，将整体结构进行动力弹塑性时程分析。

参照《建筑抗震设计规范》GB 50011—2010 的相关规定，根据本工程建筑场地类别和设计地震分组选用 2 条天然波 TRB1、TRB2 和 1 条人工波 RGB1，进行连体结构在 X、Y 及竖向多遇地震（各方向地震波峰值调幅为：主向 18cm/s^2，次向 15.3cm/s^2，竖向 11.7cm/s^2）与罕遇地震（各方向地震波峰值调幅为：主向 125cm/s^2，次向 106.3cm/s^2，竖向 81.3cm/s^2）作用下的动力响应时程分析，时程积分方法采用 FNA（Fast Nonlinear Analysis）方法进行，该方法是 SAP2000 专为隔震支座、非线性阻尼支撑等局部非线性构件提供的快速、高效分析功能。

3. 静力叠加分析方法

假定连廊与连廊两端的主体结构各自独立，分别计算连廊、两端主体结构在小震、大震作用下的位移，再将同方向上的连廊位移与两端结构的位移分别相加，取两者中的大值。

1）连廊位移

表 3 给出了各连廊摩擦摆支座的初始刚度、滑动后刚度以及总静摩擦力等参数信息。

连廊支座参数 **表 3**

连廊	支座编号	竖向荷载 W（kN）	屈服位移 D_y（mm）	支座初始刚度 K_i（kN/m）	滑动后刚度 K_{fps}（kN/m）	滑动前最大摩擦力（kN）	各连廊总静摩擦力（kN）	风荷载总侧向力（kN）
连廊 1	1	780.0	2.0	19500	780	39.0	156	148
	2	780.0	2.0	19500	780	39.0		
	3	780.0	2.0	19500	780	39.0		
	4	780.0	2.0	19500	780	39.0		
连廊 2	1	1050	2.0	26250	1050	52.5	210	148
	2	1050	2.0	26250	1050	52.5		
	3	1050	2.0	26250	1050	52.5		
	4	1050	2.0	26250	1050	52.5		
连廊 3	1	2520	2.0	63000	2520	126.0	1088	231
	2	2920	2.0	73000	2920	146.0		
	3	2920	2.0	73000	2920	146.0		
	4	2520	2.0	63000	2520	126.0		
	5	2520	2.0	63000	2520	126.0		
	6	2920	2.0	73000	2920	146.0		
	7	2920	2.0	73000	2920	146.0		
	8	2520	2.0	63000	2520	126.0		
连廊 4	1	2320	2.0	58000	2320	116.0	654	231
	2	4220	2.0	105500	4220	211.0		
	3	2320	2.0	58000	2320	116.0		
	4	4220	2.0	105500	4220	211.0		

连廊的位移按照底部剪力法进行计算，结构周期按照摩擦摆支座的周期 2.0s 考虑，计算的各连廊在小震、大震作用下的地震剪力位移如表 4 所示。

连廊剪力及位移 **表 4**

连廊	小震剪力（kN）	小震位移（mm）	大震剪力（kN）	大震位移（mm）
连廊 1	31.0	9.9	217.2	69.6
连廊 2	41.8	9.9	292.5	69.6
连廊 3	216.5	9.9	1515.2	69.6
连廊 4	130.1	9.9	910.8	69.6

2）连廊两端主体结构位移

采用线弹性方法计算的光谷科技会展中心、全球公共采购交易服务总部基地的 6、7、8 号楼及 5 号楼在小震、大震作用下的主体结构位移如表 5 所示。

连廊两端主体结构位移 表 5

结构	小震		大震	
	X 向	Y 向	X 向	Y 向
光谷科技会展中心	10.5	6.8	73.5	47.5
6、7、8 号楼	6.8	6.2	47.6	43.5
5 号楼	7.7	9.6	53.8	67.2

3）连廊支座预估位移

叠加连廊支座及两端主体结构位移，取两者中的大值，可以得到各连廊支座预估的最大位移如表 6 所示。

各连廊支座预估最大位移 表 6

连廊	小震位移（mm）		大震位移（mm）	
	X 向	Y 向	X 向	Y 向
连廊 1	17.6	19.5	123.4	136.8
连廊 2	17.6	19.5	123.4	136.8
连廊 3	20.4	16.7	143.1	117.1
连廊 4	20.4	16.7	143.1	117.1

由静力叠加分析方法及表 4 可知：①小震作用下，摩擦摆支座最大位移值为 20.4mm；②大震作用下，摩擦摆支座最大位移值为 143.1mm；③选用最大变形能力为 ±200mm 的支座合适。

4. 整体结构弹塑性时程分析

为了全面地考虑塔楼-连廊-塔楼之间的动力相互作用，整体结构计算模型包括中国光谷科技会展中心、全球公共采购交易服务总部基地 5 号楼和 6、7、8 号楼，连廊 1、2、3、4 整体结构分析模型如图 22 所示。同时，为了对比计算结果，还进行了无连体的结构分析。

1）隔震支座位移分析

表 7 列出了整体结构在小震时程分析下各连廊支座的位移。可以看出：①各连廊 X 向最大位移值为 23.5mm；②各连廊 Y 向最大位移值为 20.13mm；③与静力叠加法计算的结果相当，相互进行印证，一方面表明计算结果可信，另一方面表明设置摩擦摆支座后，连廊与两端结构的相互影响不大，可独立进行分析。

多遇地震作用下各支座最大变形 表 7

连廊	X（mm）	TRB1	TRB2	RGB1	包络值	Y（mm）	TRB1	TRB2	RGB1	包络值
连廊 1	支座 1	14.64	12.59	16.04	16.04	支座 1	13.80	7.02	8.80	13.80
	支座 2	14.63	12.59	16.04	16.04	支座 2	12.55	7.54	10.79	12.55
	支座 3	12.48	13.70	15.37	15.37	支座 3	12.45	8.32	11.48	12.45
	支座 4	12.49	13.70	15.37	15.37	支座 4	14.17	7.66	10.92	14.17
连廊 2	支座 1	13.92	5.96	14.84	14.84	支座 1	16.50	7.54	16.02	16.50
	支座 2	13.93	5.96	14.85	14.85	支座 2	16.57	7.37	16.07	16.57
	支座 3	13.95	6.99	16.09	16.09	支座 3	15.98	9.25	17.16	17.16
	支座 4	13.90	6.77	16.35	16.35	支座 4	15.99	9.17	16.92	16.92

续表

连廊	X（mm）	TRB1	TRB2	RGB1	包络值	Y（mm）	TRB1	TRB2	RGB1	包络值
连廊 3	支座 1	16.53	11.07	18.43	18.43	支座 1	14.95	13.43	20.10	20.10
	支座 2	16.39	13.00	17.60	17.60	支座 2	14.98	13.46	20.13	20.13
	支座 3	16.65	13.63	17.42	17.42	支座 3	14.97	13.45	20.12	20.12
	支座 4	17.78	15.54	19.36	19.36	支座 4	14.98	13.46	20.12	20.12
	支座 5	17.24	8.38	17.55	17.55	支座 5	14.79	12.30	16.83	16.83
	支座 6	17.81	8.06	16.75	17.81	支座 6	14.81	12.32	16.86	16.86
	支座 7	18.09	8.73	16.72	18.09	支座 7	14.80	12.32	16.85	16.85
	支座 8	19.17	10.83	17.49	19.17	支座 8	14.81	12.32	16.86	16.86
连廊 4	支座 1	18.74	12.35	14.77	18.74	支座 1	13.26	18.50	16.27	18.50
	支座 2	18.87	23.50	22.91	23.50	支座 2	13.36	18.61	16.40	18.61
	支座 3	18.41	18.55	18.31	18.55	支座 3	15.19	16.58	18.78	18.78
	支座 4	18.97	10.00	15.64	18.97	支座 4	15.16	16.58	18.74	18.74

表 8 列出了整体结构在大震时程分析下各连廊支座的位移。同样可以看出：①各连廊 X 向最大位移值为 162.45mm；②各连廊 Y 向最大位移值为 139.83mm；③与静力叠加法计算的结果相当，表明设置摩擦摆支座后，连廊与两端结构的相互影响不大，可独立进行分析；④采用静力叠加法及时程分析的结果均小于 165mm，预留一定安全储备，选用最大变形能力为±200mm 的摩擦摆支座合适。

罕遇地震作用下各支座最大变形 **表 8**

连廊	X（mm）	TRB1	TRB2	RGB1	包络值	Y（mm）	TRB1	TRB2	RGB1	包络值
连廊 1	支座 1	96.76	74.51	111.44	111.44	支座 1	95.75	48.57	61.06	95.75
	支座 2	96.73	74.49	111.41	111.41	支座 2	87.11	52.20	74.89	87.11
	支座 3	79.23	95.48	106.80	106.80	支座 3	86.57	57.77	79.83	86.57
	支座 4	79.25	95.52	106.78	106.78	支座 4	98.48	53.15	75.94	98.48
连廊 2	支座 1	96.70	36.92	98.86	98.86	支座 1	114.43	52.53	111.22	114.43
	支座 2	96.75	36.95	98.91	98.91	支座 2	114.81	51.18	111.45	114.81
	支座 3	96.15	47.99	92.66	96.15	支座 3	111.08	64.60	119.35	119.35
	支座 4	95.94	47.91	92.59	95.94	支座 4	111.20	64.14	117.75	117.75
连廊 3	支座 1	113.55	75.99	116.70	116.70	支座 1	103.89	93.48	139.74	139.74
	支座 2	108.88	89.41	113.01	113.01	支座 2	103.97	93.55	139.83	139.83
	支座 3	107.53	93.82	111.92	111.92	支座 3	103.96	93.54	139.82	139.82
	支座 4	112.89	107.34	108.65	112.89	支座 4	103.94	93.51	139.78	139.78
	支座 5	108.52	48.33	118.79	118.79	支座 5	102.70	85.70	117.03	117.03
	支座 6	104.34	57.52	117.66	117.66	支座 6	102.76	85.76	117.09	117.09
	支座 7	103.21	62.24	117.50	117.50	支座 7	102.76	85.75	117.08	117.08
	支座 8	110.38	76.77	117.91	117.91	支座 8	102.74	85.72	117.05	117.05

续表

连廊	X（mm）	TRB1	TRB2	RGB1	包络值	Y（mm）	TRB1	TRB2	RGB1	包络值
连廊 4	支座 1	129.76	85.80	96.53	129.76	支座 1	92.09	128.53	113.04	128.53
	支座 2	129.73	162.45	149.50	162.45	支座 2	92.82	129.33	113.95	129.33
	支座 3	129.02	130.42	124.08	130.42	支座 3	105.50	115.07	130.49	130.49
	支座 4	132.10	70.19	109.07	132.10	支座 4	105.24	114.99	130.21	130.21

2）隔震连廊对主体结构的影响分析

（1）连廊对主体结构自振特性的影响

表 9 所列为在有/无连廊情况下，主体结构前三阶自振特性的对比。从表 9 中可以看出，由于采用了弱连接方式，连廊对主体结构的刚度等动力特性影响非常有限，周期差异不大于 5%。

有连廊和无连廊主体结构周期对比　　表 9

结构		T_1（s）	T_2（s）	T_3（s）
5 号楼	有连廊	1.6399	1.3706	1.3079
	无连廊	1.6717	1.4020	1.3333
6、7、8 号楼	有连廊	1.1938	1.1201	1.0691
	无连廊	1.2080	1.1223	1.0812
中国光谷科技会展中心	有连廊	1.9919	1.8895	1.7862
	无连廊	1.9928	1.8995	1.8186

（2）连廊对主体结构层剪力的影响

对有连廊结构与无连廊结构主体结构层剪力及基底剪力进行对比分析，考察隔震后连廊结构对主体结构的影响。为了节省篇幅，仅给出了 3 条波包络值的分析结果。

有连廊和无连廊模型中会展中心楼层剪力对比　　表 10

层剪力值（kN）		有连廊模型	无连廊模型	无连廊/有连廊	支座的最大静摩擦力与层剪力比值	支座的最大动水平力与层剪力比值
多遇地震 X 向	基底剪力	29796.13	36536.57	1.23	—	—
	所在楼层	18831.64	22192.31	1.18	0.046	0.019
罕遇地震 X 向	基底剪力	207819.64	253657.68	1.22	—	—
	所在楼层	131288.59	154914.10	1.18	0.0066	0.018
多遇地震 Y 向	基底剪力	26517.22	30701.55	1.16	—	—
	所在楼层	14926.83	17161.63	1.15	0.058	0.023
罕遇地震 Y 向	基底剪力	184923.45	213148.72	1.15	—	—
	所在楼层	103697.70	119245.89	1.15	0.0084	0.023

由表 10 可以看出：①与无连廊结构相比，多遇及罕遇地震作用下连廊的存在对主体结构其所在层的层剪力和主体结构的基底剪力有减小作用。可见连廊对主体结构有一定的影响，但由于采用了隔震措施，上述影响有限，且按照无连廊计算得到的剪力值在大多数

工况下更大，设计更加安全；②由于光谷科技会展中心体量较大，连廊对其整体影响较小，在小震作用下摩擦摆支座对结构的最大静摩擦力仅为层剪力的0.058倍，滑动后最大水平力仅为层剪力的0.023倍，表明支座在滑动前对光谷科技会展中心影响较小；③在大震作用下，摩擦支座不管是在滑动前的静摩擦力还是滑动后的动水平力，与其层剪力的比值均小于0.07，影响较小。

5. 分析结论及加强措施

1）分析结论

由前述分析，有以下结论：①摩擦摆支座由于其自身构造的特殊性，导致连廊对两端主体结构的刚度影响是通过“力的作用”来实现的，滑动前是通过静摩擦力来影响两端结构，滑动后是由其产生的动水平力来影响两端结构；②本工程采用摩擦摆支座效果好，实现了连廊对两端结构的弱影响，各结构在采取相应措施后，可以分开进行分析设计；③各栋主楼分别计算时，应对局部楼层及构件进行加强。

2）加强措施

在地震作用下，由于摩擦摆支座最大静摩擦力对结构作用不能忽略，应对主体及连廊的结构设计采用如下措施：

（1）5号楼：①对连廊所在楼层剪力放大1.15倍；②在支座连接处施加最大作用力，确保局部构件在各地震工况下可靠传递支座水平力。

（2）6、7、8号楼：①对连廊所在楼层剪力放大1.20倍；②在支座连接处施加最大作用力，确保局部构件可靠传递支座水平力。

（3）光谷科技会展中心：①对连廊所在楼层剪力放大1.06倍；②在支座连接处施加最大作用力，确保局部构件可靠传递支座水平力。

（4）为了充分发挥隔震支座的效能，连廊自身钢结构采用中震弹性的抗震性能目标进行设计。

（5）为了避免在极端情况下，隔震支座发生超过设计能力的变形，并与主体结构发生强烈撞击或跌落，采取防撞及防跌落措施。具体措施（图26）为：①在主体结构上与连廊主梁相应位置设置50mm厚橡胶垫，并在对应连廊主梁端部焊接端板，以增大在主梁与橡胶垫发生碰撞时的接触面积；②主体结构屋面层框架梁（柱）与空中连廊主梁之间均设置一道安全拉索，以加强连廊的防跌落安全储备，形成第二道防线。连廊安装如图27所示。

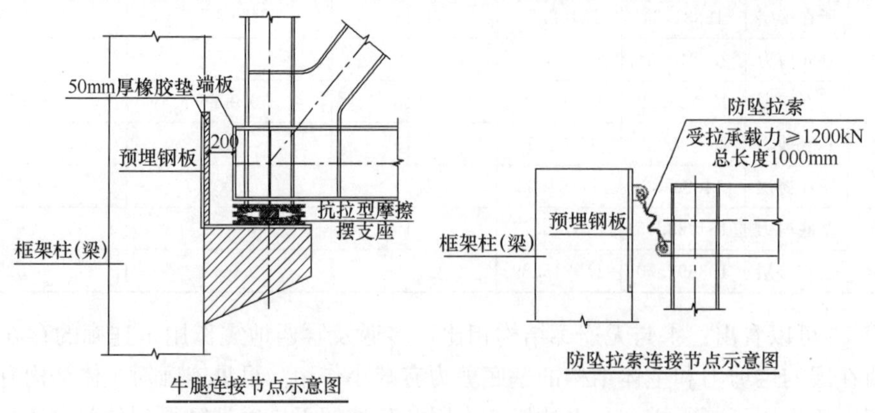

图26 防撞及防跌落设计

图 27 连廊安装

五、结构超限情况及抗震性能目标

1. 结构超限情况

根据住房和城乡建设部 2015 年印发的《超限高层建筑工程抗震设防专项审查技术要点》，本工程有 6 项指标超过规范要求，属超限高层建筑工程。

超限项有：①扭转不规则，YJK 分析结果扭转位移比最大 1.27，MIDAS Building 分析结果扭转位移比最大 1.417，均大于 1.2；②楼板不连续，局部有夹层以及标高 15.7m 处楼层大开洞，楼层板有效宽度小于 50%；③刚度突变，YJK 和 MIDAS Building 计算的第 5 层刚度与相邻层的比值为 0.67，略小于 0.70；④构件间断，本工程与其他相邻建筑之间采用连廊连接，连廊两端与主体采用摩擦摆滑动的弱连接方式连接；⑤承载力突变，第 2 层的受剪承载力与相邻层的比值为 0.71，小于 0.80，但大于 0.65；⑥局部不规则，部分框架柱跨越几层通高。

2. 针对超限情况的设计对策

针对结构存在的 6 项超限指标，在结构分析与设计中主要采用如下措施，保证结构达到既定的抗震性能目标。

（1）针对扭转不规则、刚度突变以及承载力突变三项整体指标超限，通过结构性能分析表明结构在多遇、设防以及罕遇地震作用下都能达到既定的性能目标。

（2）针对楼板不连续，首先对大开洞层楼板采用弹性膜，在整体计算中考虑楼板开洞带来的影响；然后对楼板进行了地震作用下的楼板应力分析，在大震作用下绝大部分楼板剪应力均在 1.5MPa 以内，楼板最大剪力满足受剪截面验算公式。另外，对大开洞的周边楼板采用双层双向配筋且单层最小配筋率不小于 0.35%，钢筋直径不小 10mm，间距不大于 200mm。

（3）对于与相邻建筑存在采用摩擦摆支承的连廊，分析中将本工程与相邻建筑一起建立模型，考虑支座非线性特性的整体结构地震响应分析，确定支座预计滑移量，考察连廊对主体塔楼造成的影响。限于篇幅，本文仅列出分析结果：①与无连廊结构相比，多遇及罕遇地震作用下连廊的存在对主体结构其所在层的层剪力和主体结构的基底剪力有减小作用，相差约 3%，设计中按照无连廊计算得到的剪力值在大多数工况下更大，设计更加安全；②采用摩擦摆支座实现了连廊对两端结构的弱影响，各结构可以分开进行分析设计。③在楼层连廊的支座连接处施加最大作用力，确保局部构件可靠传递支座水平力。

（4）针对穿层柱情况，首先在分析中合理确定计算长度系数，并在大震时程分析以及非线性稳定承载力分析中确定穿层柱有足够的安全储备，能够达到性能目标。

3. 结构抗震性能目标

按照《高层建筑混凝土结构技术规程》JGJ 3—2010 第 3.11 节结构抗震性能设计方法，设定该结构抗震性能目标为 C。结构各构件对照性能目标 C 的细化性能目标见表 11。

结构构件抗震设防性能目标细化 **表 11**

地震烈度		多遇地震	设防地震	罕遇地震
宏观损坏程度		无损坏	轻度损坏	中度损坏
层间位移角		1/250	1/200	1/100
关键构件	框架柱	弹性	正截面不屈服；抗剪弹性	正截面不屈服；抗剪不屈服
	悬挑桁架	弹性	弦杆正截面不屈服；腹杆正截面弹性	弦杆正截面不屈服；腹杆正截面不屈服
普通竖向构件	除关键构件外的其他竖向构件	弹性	正截面不屈服；抗剪弹性	正截面屈服，允许部分构件形成塑性铰；抗剪不屈服
普通水平构件	屋面桁架	弹性	弦杆正截面不屈服；腹杆正截面不屈服	弦杆及腹杆正截面屈服，允许部分构件形成塑性铰
	G、J 轴上 18m 跨钢框架梁	弹性	正截面不屈服；抗剪不屈服	正截面不屈服；抗剪不屈服
	其他 18m 跨钢框架梁	弹性	正截面不屈服；抗剪不屈服	允许部分构件形成塑性铰
耗能构件	防屈曲约束支撑	弹性	部分构件正截面屈服	允许形成充分的塑性铰
	9m 跨钢框架梁	弹性	正截面屈服	

在本工程中，对钢结构楼梯采用了两点结构措施：①楼梯间周边基本设置了防屈曲约束支撑；②楼梯梯段设置为滑动，阻断剪力的传递，保证了楼梯构件的安全。因而在后述分析中，不再单独强调楼梯的梯柱和梯梁的抗震性能。

六、结构抗震性能化分析及主要结果

1. 分析方法

线弹性分析工作如下：①采用三维有限元分析与设计软件 YJK（1.7.1.0）进行结构整体计算、分析与设计，确立合理的结构体系与构件截面；②采用三维有限元分析与设计软件 MIDAS Building 2014 进行对比计算、分析，复核 YJK 计算与设计结果；③采用 YJK（1.7.1.0）进行小震弹性时程分析，进行抗震性能目标复核；④采用 YJK（1.7.1.0）进行等效弹性分析设计，确定结构构件满足第 3、4 性能水准的目标。

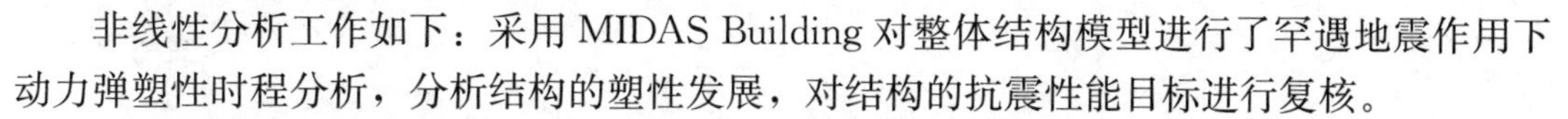

非线性分析工作如下：采用 MIDAS Building 对整体结构模型进行了罕遇地震作用下动力弹塑性时程分析，分析结构的塑性发展，对结构的抗震性能目标进行复核。

2. 小震性能分析结果

采用 YJK 与 MIDAS Building 程序，计算结果表明：结构剪重比满足规范限值要求；结构刚重比满足《高层建筑混凝土结构技术规程》JGJ 3—2010 第 5.4.4 条整体稳定验算要求，不考虑重力二阶效应；结构 5 层抗侧刚度不满足要求，为软弱层，结构 2 层（建筑夹层）承载力不满足要求，为薄弱层，软弱层与薄弱层没有出现在同一层，按照规范对前述各层的剪力乘以 1.25 的增大系数。

结构扭转周期与平动周期的比值小于 0.85，满足规范要求。

结构层间位移角曲线见图 28、图 29，层间位移角满足规范要求。

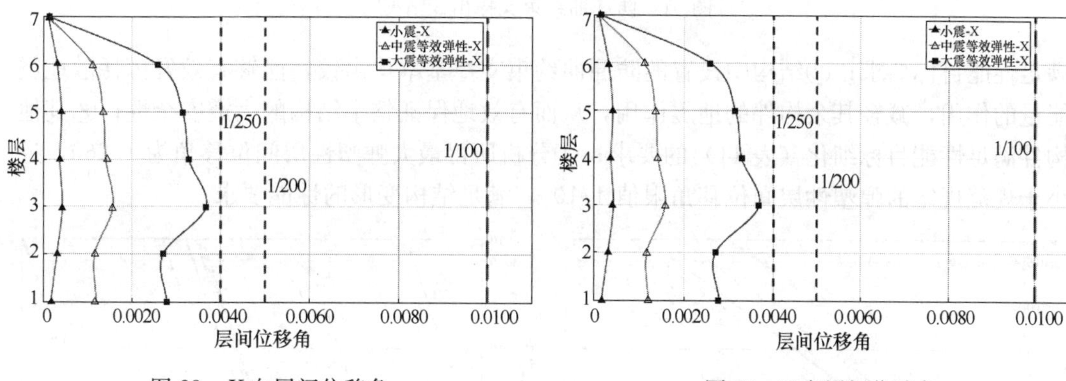

图 28　X 向层间位移角　　　　图 29　Y 向层间位移角

根据 YJK 结构弹性时程分析结果，振型分解法的 X 向基底剪力小于 7 条波分析结果的平均值，Y 向基底剪力大于 7 条波分析结果的平均值，对结构全楼放大 1.05 的系数。

结构在小震作用下整体结构及所有结构构件满足规范要求，能够实现性能水准 1 的要求。

3. 大震弹塑性时程分析结果

结构构件在地震波作用下的出铰（人工波 3）情况，如图 30～图 35 所示。

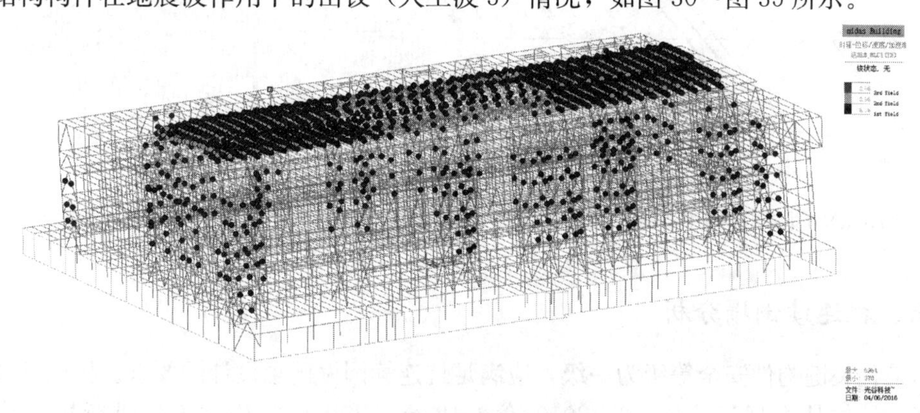

图 30　结构整体出铰情况

结构在罕遇地震作用下：①竖向构件处于弹性状态，结构整体上基本处于弹性状态，

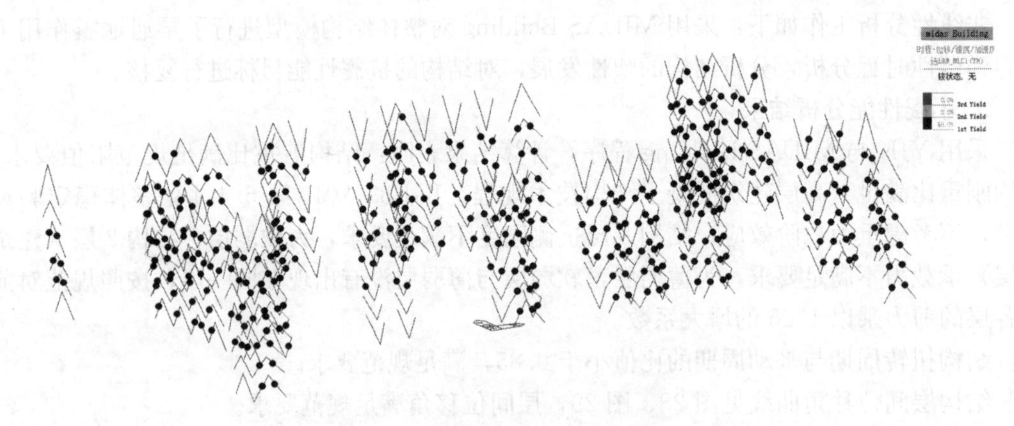

图 31　防屈曲约束支撑出铰情况

满足性能目标要求；②结构中设置的防屈曲约束支撑基本均出铰，能够有效发挥耗散地震能量的作用，减轻其余构件的地震作用，从而有效地保证整个结构的大震安全性；③其他构件满足性能目标细化（表 11）的要求；④分析所得最大弹塑性层间位移角为 1/260，远小于规范规定的弹塑性层间位移角限值 1/100，满足结构变形的性能要求。

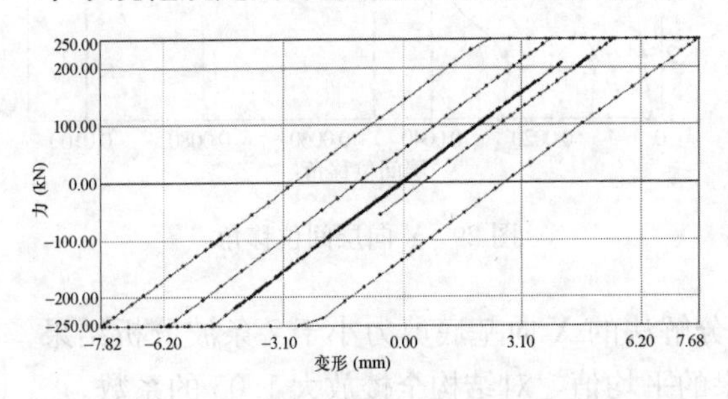

图 32　250kN 的防屈曲约束支撑出铰滞回曲线

图 33　500kN 的防屈曲约束支撑出铰滞回曲线

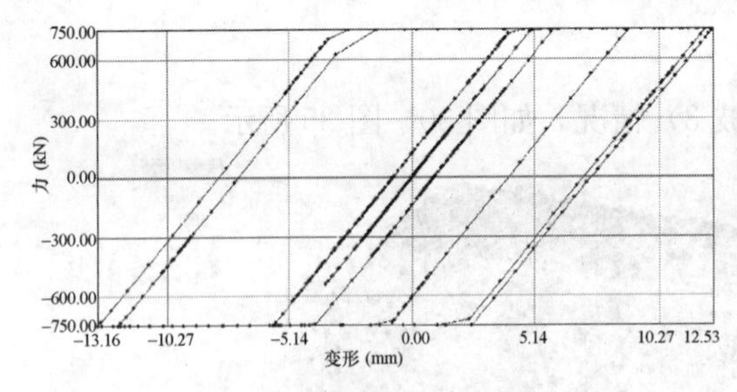

图 34　750kN 的防屈曲约束支撑出铰滞回曲线

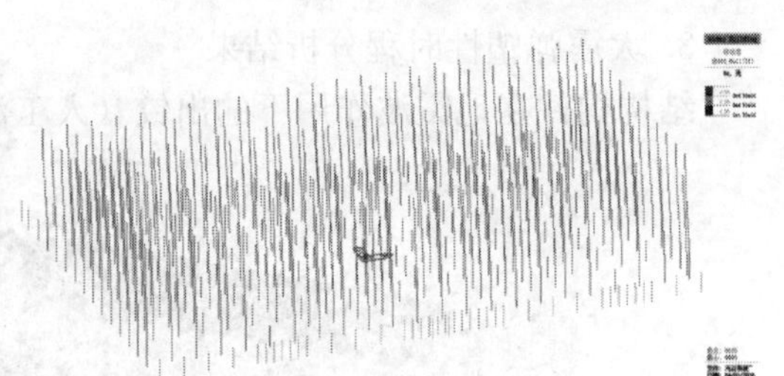

图 35　所有钢管混凝土柱未出铰

七、抗连续倒塌分析

本工程关键构件安全等级为一级，应满足抗连续倒塌概念设计的要求。按照《高层建筑混凝土结构技术规程》JGJ 3—2010 第 3.12 节，采用拆除构件方法进行抗连续倒塌设计。

根据结构构件的重要性与易破坏性，本工程针对结构周边柱、底层内部柱按规范规定采用拆除构件方法进行抗连续倒塌设计，拆除柱的位置详见图 36。

针对本工程，由于结构高度不大，且武汉风荷载较小，忽略风荷载的作用。

为了便于分析与计算，对规范公式进行整理，给出在荷载组合作用下，拆除框架柱后各类构件的应力比的限值，如表 12 所示。

各类构件的应力比限值 **表 12**

构件类型	R_d	S_d	$\beta S_d/R_d$	$(S_{Gk}+0.5S_{qk})/f$ 应力比不大于
与拆除柱相连的中间钢梁	$1.25\times1.111\times f$	$2.0\times(S_{Gk}+0.5S_{qk})$	$0.67\times1.44\times(S_{Gk}+0.5S_{qk})/f$	1.085
与拆除柱相连的端部钢梁	$1.25\times1.111\times f$	$2.0\times(S_{Gk}+0.5S_{qk})$	$1.0\times1.44\times(S_{Gk}+0.5S_{qk})/f$	0.694
其他中间钢梁	$1.25\times1.111\times f$	$1.0\times(S_{Gk}+0.5S_{qk})$	$0.67\times0.72\times(S_{Gk}+0.5S_{qk})/f$	2.073
其他端部梁	$1.25\times1.111\times f$	$1.0\times(S_{Gk}+0.5S_{qk})$	$1.0\times0.72\times(S_{Gk}+0.5S_{qk})/f$	1.389
其他柱	$1.0\times1.111\times f$	$1.0\times(S_{Gk}+0.5S_{qk})$	$1.0\times0.900\times(S_{Gk}+0.5S_{qk})/f$	1.111

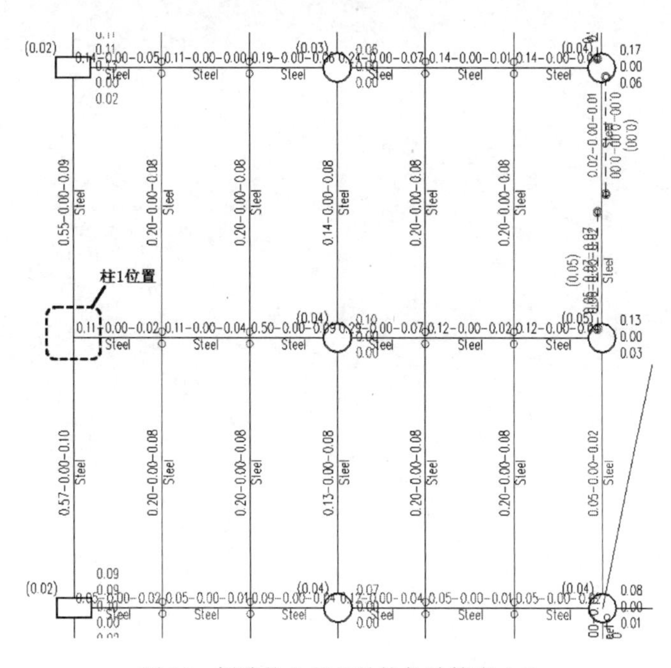

图 36　拆除柱 1 后相关构件计算应力比

如拆除 2～7 层柱 1 后，7 层各构件计算应力比如图 36 所示，与其相连的中间连续钢梁最大应力比为 0.57，小于限值 1.085；与其相连的端部钢梁最大应力比为 0.50，小于限值 0.694；相邻柱计算应力比均小于限值 1.111；其他梁计算应力比均小于 1.0 限值。

通过上述分析，结构在拆除构件后，剩余构件或者构件本身承载力均能满足规范要求，结构不会发生连续倒塌。对相连接应力比较大的构件，在设计中将会加大杆件截面或者提高其强度。

本工程于2016年初开始设计，2017年7月竣工投入使用，从设计到投入使用仅1年半时间，采用D+B建造模式，实现了设计、施工的一体化和高效性。该项目获得了2019—2020中国建筑学会建筑设计奖·结构专业一等奖，2019年中国勘察设计协会优秀公共建筑项目“二等奖”，2017—2018年度建设工程金属结构（优质工程）“金钢奖”，2018—2019年国家优质工程奖。

46　重庆西站结构设计

建 设 地 点　重庆市沙坪坝区与九龙坡区交界处
设 计 时 间　2012—2014
工程竣工时间　2018. 1
设 计 单 位　同济大学建筑设计研究院（集团）有限公司
［200092］上海市杨浦区四平路 1230 号
中铁二院工程集团有限责任公司
［610031］四川省成都市金牛区通锦路 3 号
主要设计人　丁洁民　刘传平　刘天鸾　高夕良　张　峥　鄢　炜　黄榜新
周　旋
本 文 执 笔　刘传平

获 奖 等 级　2019—2020 中国建筑学会建筑设计奖·结构专业一等奖

一、工程概况

重庆西站（图 1）是目前重庆乃至中国西南地区规模最大的铁路客运交通枢纽，站房建设项目位于沙坪坝区与九龙坡区之间，是在既有重庆东站的站址上新建，随着渝黔线、

图 1　重庆西站实景

渝昆线、成渝城际以及渝长线的引入，车站成为集城市轨道、公交、长途、出租和社会车辆等多种交通方式为一体的特大型铁路客运综合交通枢纽。重庆西站是中国西部发展具有战略意义的重量级高铁车站。

重庆西站以“两江汇聚、西部明珠”为主题设计创意，并融入岩石与江水刚柔相济的山城重庆特色的建造元素，整体建筑设计呈现流动的曲线形态，展现出重庆这颗正冉冉升起的西部明珠无穷的魅力！

站房最高聚集人数15000人，站场由渝黔场、渝昆场和成渝城际车场组成，规模为31台面，33条铁路股线，总建筑面积约为21万m^2，包括：旅客站房12万m^2，站台雨棚9万m^2。重庆西站主体站房建筑地上2层，地下1层，进深约为420m，站房东侧主立面面宽约为300m，高架候车空间宽度为150m。总高度38.4m，候车大厅最大净高近25m。

二、结构体系

1. 站房结构

根据工程特点，站房（图2）主体结构9.60m标高层楼面柱网为（21～23.5)m×(21～24)m，−2.50m、9.60m、17.20m标高层结构采用钢筋混凝土柱与预应力混凝土梁组成的应力混凝土框架体系。柱主要截面尺寸为2.5m×1.5m及1.5m×1.5m的矩形柱，预应力混凝土梁主要截面为1.0m×2.2m～1.2m×2.5m，次梁主要截面为0.5m×1.4m。17.20m标高层以上采用钢管混凝土柱及钢结构屋盖。站房抗震设防分类为乙类，设防烈度为6度，按7度采取相应抗震措施。抗震等级：站房混凝土结构为二级；屋面钢结构为三级。

图2　重庆西站站房

2. 屋盖钢结构

重庆西站屋盖长406.2m，中间段宽171m，南立面宽215.4m，屋盖结构上弦中心线最高标高为37.4m（图3）。屋面采用正交桁架体系，顺轨向为主桁架，横轨向设置托架，连系柱顶主桁架并支撑柱间主桁架。主桁架高2.4～4.5m，宽2.0m。站房东立面结合建筑造型采用大跨不落地组合拱钢结构，其下部采用带BRB支撑的混凝土框架结构以承担上部组合拱的竖向荷载及其拱脚产生的水平荷载。

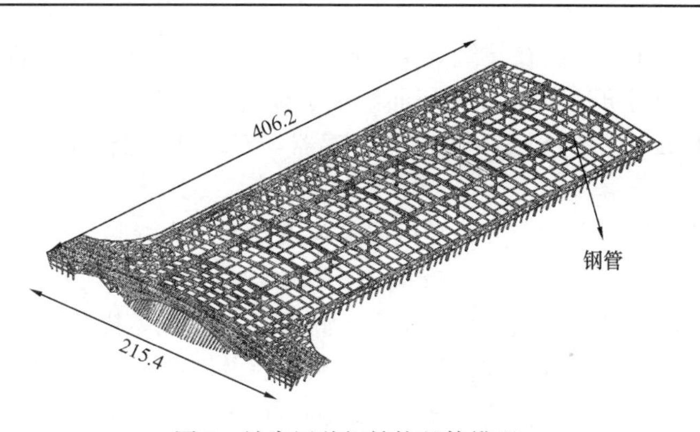

图 3　站房屋盖钢结构整体模型

3. 站台雨棚

站台雨棚（图 4）顺线路方向柱距为 21.0m，垂直线路方向除正线间为 11.5m 外，其余柱距为 21.0m 和 21.25m。站台雨棚采用预应力梁框架结构，主梁间的次梁采用井格式布置方案，可以提供整齐、简洁的外观效果。

图 4　重庆西站站台雨棚

三、结构设计特点和创新点

重庆西站结构设计的关键技术和创新点有：

（1）重庆西站正立面建筑造型拱既是建筑设计的一大特点，也是本工程结构设计的难点之一。为凸显建筑轻盈、通透，实现建筑结构一体化设计，结构设计结合建筑造型通过设置斜撑杆将 192m 跨度上拱桁架和 108m 跨度下拱桁架连接成为复合组合拱，其中仅规律且纤细的撑杆外露。

（2）由于组合拱结构只能落于标高 9.60m 混凝土楼面，为解决拱结构产生的巨大水平推力，创新地提出结合建筑功能采用无粘结预应力拉力面＋拉力杆＋V 形撑的组合传力结构体系的解决方案。

（3）标高 9.6m 及以下为混凝土结构，为最大效率地将拱脚推力传至标高－10.5m 基础，结合建筑立面设计，在拱脚下设置 V 形防屈曲约束支撑（BRB）。将 BRB 作为正常状态下纯受压构件使用，解决在建筑规定700mm×700mm截面限值前提下，实现普通钢支撑长细比超长、轴力可达17000kN屈曲约束承载力的设计要求。

（4）在拱脚BRB支撑内预埋受力监测传感器，实现结构全寿命周期内的受力和变形状态监测监控。

（5）采用一体化结构设计，大跨度钢屋盖与下部预应力混凝土框架及桥梁结构总装整体受力分析与设计。

（6）屋面大跨度钢结构采用在标高9.6m高架候车层整体拼装，整体提升施工方案。对整体提升方案及东站房组合拱进行分段、分步吊装及卸载施工工况模拟分析。

（7）拱脚作用节点受力及构造复杂，对拱脚节点1/5缩尺模型进行了室内低周反复加载试验，验证了节点构造的合理性。

（8）大型客站雨棚在国内首次利用清水混凝土建筑结构一体化设计，利用预应力解决室外超长混凝土结构不设缝的温度应力影响，优化结构布置，展现建筑效果。

四、结构挑战和设计要点

1. 大跨度屋盖钢结构设计

站房屋盖主结构采用管桁架结构体系，东立面结合建筑造型布置上、下两个大拱，两拱之间通过撑杆连系（图5～图7）。

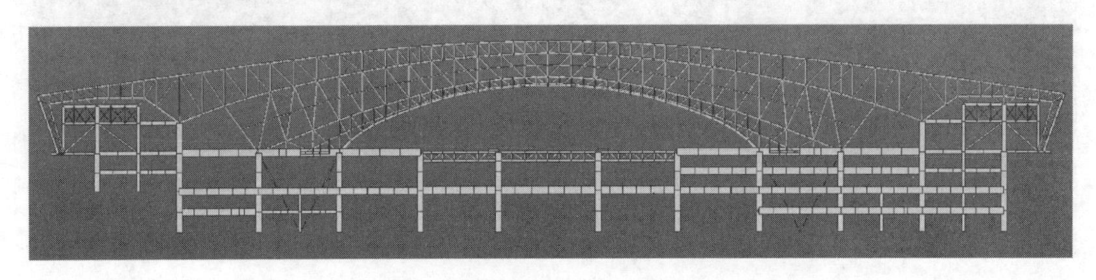

图5　重庆西站东立面结构模型

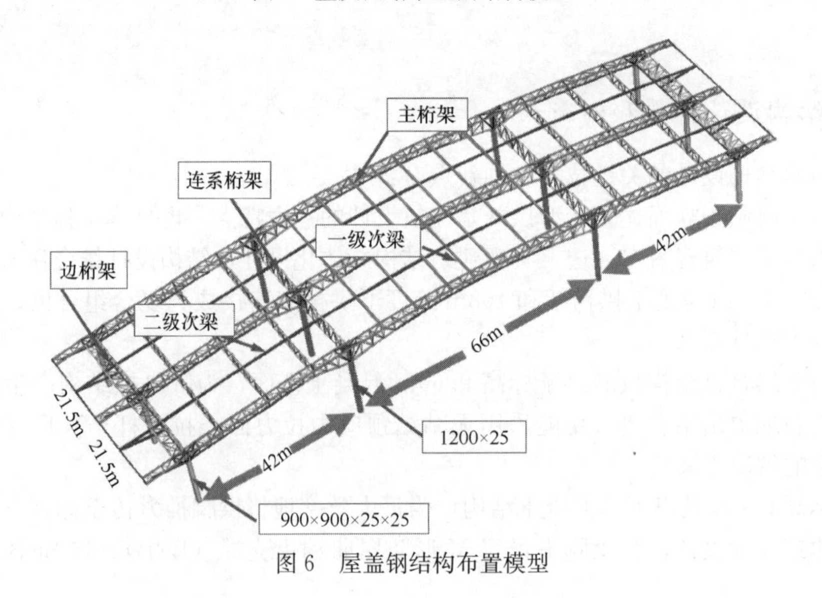

图6　屋盖钢结构布置模型

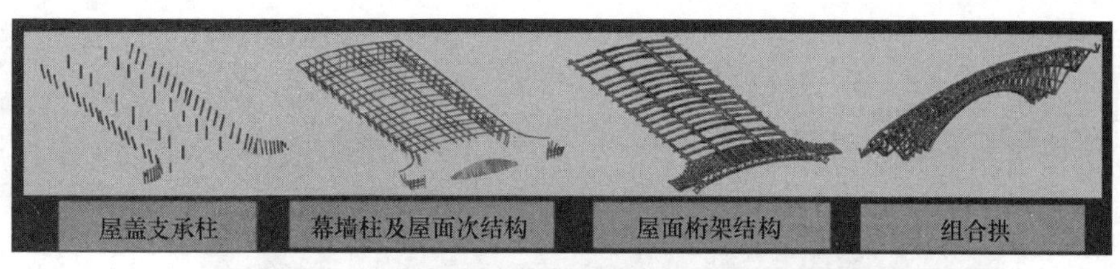

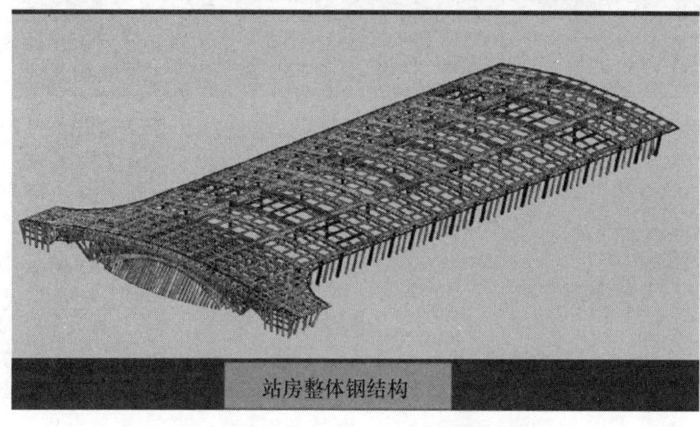

图 7　屋盖钢结构系统构成及整体模型

1）柱网布置

垂轨向中柱柱距为 42m，边柱大部分为 21.5m。沿顺轨方向柱距为 42m＋66m＋42m，共设置四排柱，其中外侧斜柱采用方钢管柱（内管 C40 混凝土），基本柱距 21.5m，柱底落在标高 9.60m 混凝土结构上，柱顶与主桁架焊接。内部两排柱采用圆钢管柱（内管 C40 混凝土），基本柱距 42m，柱底落在标高 9.60m 混凝土结构上，柱顶与主桁架焊接。

2）桁架布置

① 顺轨方向桁架基本间距 21.5m，桁架高度为 2.4～4.5m，宽度为 2.0m。

② 在中柱位置沿横轨向布置托桁架，起到承托顺轨向桁架、形成纵向连系的作用，托桁架高度为 4.5m。

③ 在边柱位置沿垂轨方向布置边桁架，起到承担幕墙荷载、形成纵向连系的作用，边桁架高度为 2.4m。

桁架之间布置箱形次梁，形成约 10.5m×12m 的区隔。

2. 丰富的立面造型——“重庆之眼”

重庆西站立面造型简洁、流畅，银灰色金属幕墙质感，在阳光下熠熠生辉，漫射现代科技的气质，彰显往昔的山城文化走向国际化都市的时代特征。运用现代科技，建筑造型内柔外刚，刚柔并济，是结构力学和建筑美学的完美艺术表达。

1）建筑寓意——放“眼”世界的高铁枢纽车站

重庆西站独特的建筑造型被市民们亲切地称为“重庆之眼”！市民微信圈中广为流传的上海“东方明珠”、广州“小蛮腰”与重庆“大眼睛”一时热络非凡，网民热议重庆的“大眼睛”深情地望着“小蛮腰”和“东方明珠”，寓意着重庆西站是重庆通往世界的新窗口、新视野（图 8）。

图 8 “重庆之眼”造型

2）“重庆之眼”建筑造型的结构体系构成

结合建筑立面造型，结构采用了钢结构组合拱体系来实现“重庆之眼”的构型和立面幕墙体系的承力（图 9～图 11）。组合拱的上拱跨度 192m，矢跨比为 1∶10，拱两端桁架结构高度为 15.5m，跨中桁架结构高度为 3.7m。下拱跨度 108m，矢跨比为 1∶7，拱两端桁架结构高度为 7m，跨中拱桁架结构高度为 2.4m。下拱通过斜撑与上拱连接，拱脚支

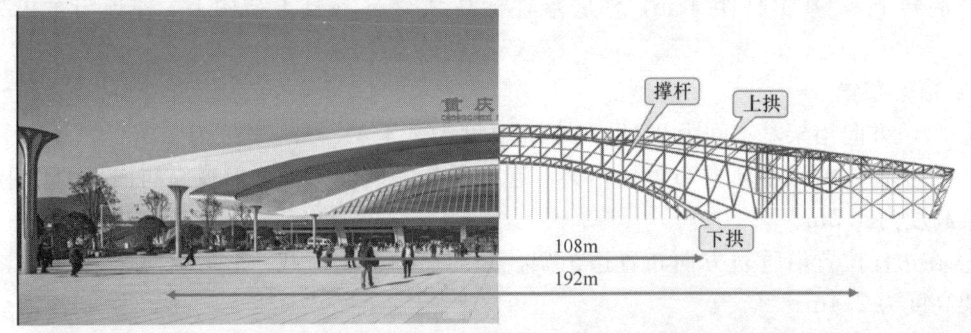

图 9 “重庆之眼”造型与组合拱结构示意

撑在下部站房混凝土柱顶下部混凝土立柱上。

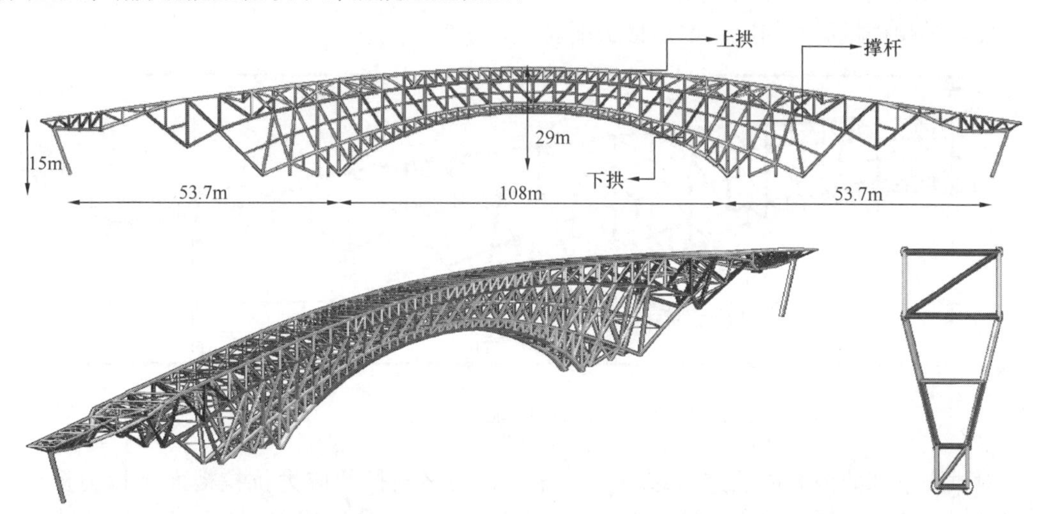

图 10 组合拱结构三维模型及剖面

图 11 组合拱安装施工中

3）立面组合拱设计重点关注问题——拱结构面外侧向稳定性

设计解决方案：在屋面平面内设置水平桁架支撑上拱，利用上拱与下拱间的幕墙立柱设置倾斜撑杆支撑下拱。

3. 大跨度不落地组合拱拱脚水平推力的传递方案

设计解决方案（图 12）：

（1）拱脚楼面采用预应力混凝土双梁。

（2）拱脚下混凝土柱间布置防屈曲支撑（BRB）。

（3）拱脚楼板局部加厚，增加楼板配筋。

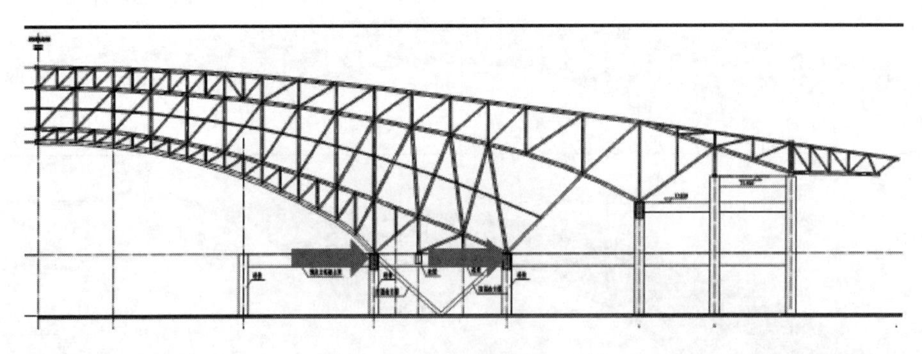

图 12　组合拱拱脚推力示意

对拱脚下部的传力体系进行多方案的比选，最终选择预应力抗拉楼面＋拉力杆＋V 形撑的组合体系来解决大跨度拱结构产生的水平推力，具体结构方案分析比较计算结果详见图 13。

下部支承传力结构方案分析比较（构件内力表）

方案	5-7轴梁 最大压力(kN)	5-7轴支撑 最大压力(kN) 最大拉力(kN)	7-9轴梁 拉力(kN)	7轴柱轴力 压力(kN)	9～14轴上弦 轴拉力(kN)
1	−2167/−1615	−3514/−2973 2204/2040	2593/2033	−16460	3732
2	−1172/−573	—	5829/5145	−20740	8343
3	−1984/−1385	−4290（受压杆） 3280（受拉杆）	3586/2903	−17760	5086
4	−2188/−1250	−4315（受压杆） 3350（受拉杆）	6354	−17260	4757
5	−3335	−4325（受压杆） 3216（受拉杆）	6377	−17300	4785
6	−1684/−1085	−4556（受压杆） 3240（受拉杆）	4330/3646	−16900	6165

图 13　结构方案分析比较计算结果

将 BRB 作为正常使用状态下纯受压构件使用。建筑提出 700mm×700mm 截面限值，普通钢支撑长细比不满足要求。采用 BRB 在此约束条件下可实现 17000kN 屈曲约束承载力的设计要求。

4. 大跨度清水混凝土雨棚设计

重庆西站是在国内高铁枢纽类大型客站中首次采用无站台柱清水混凝土雨棚设计方案的客站，统一整合了雨棚区耐久性、无建筑吊顶带来的管线问题等矛盾，将建筑、结构有机地整合到一起（图 14）。方便车站管理的后期运营维护，意在设计创建一个集安全、美观、耐久、免维护于一体的站台候车空间。较常规钢结构雨棚具有运维成本小、耐久性好、不易锈蚀、不易漏水等优点。其表面平整光滑、色泽均匀、棱角分明、无碰损和污染。

1）清水混凝土无站台柱雨棚——梁格布置方案比选

对于两主梁之间的屋面板采用 8×5 区隔布置方案，雨棚屋面结构的受力和变形性能最好，且其经济性较优，最终采用方案 5 为实施方案（图 15）。

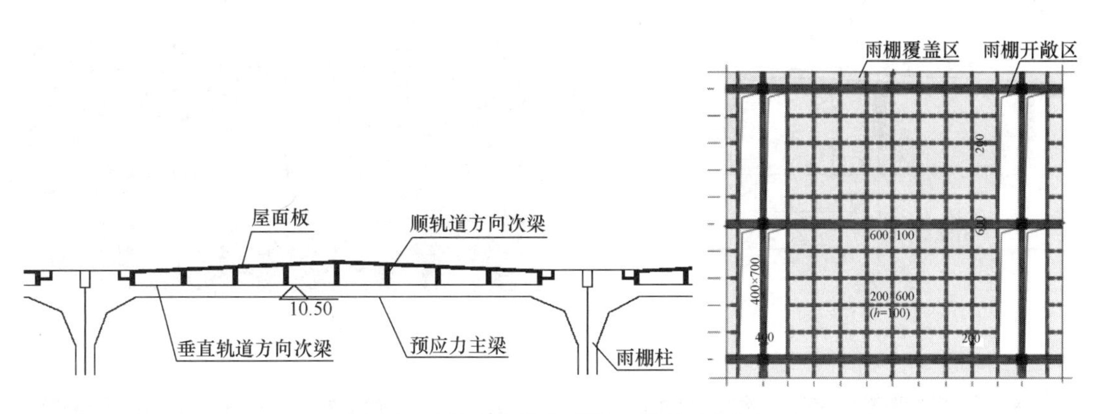

图 14　雨棚梁格划分平面、剖面（局部）

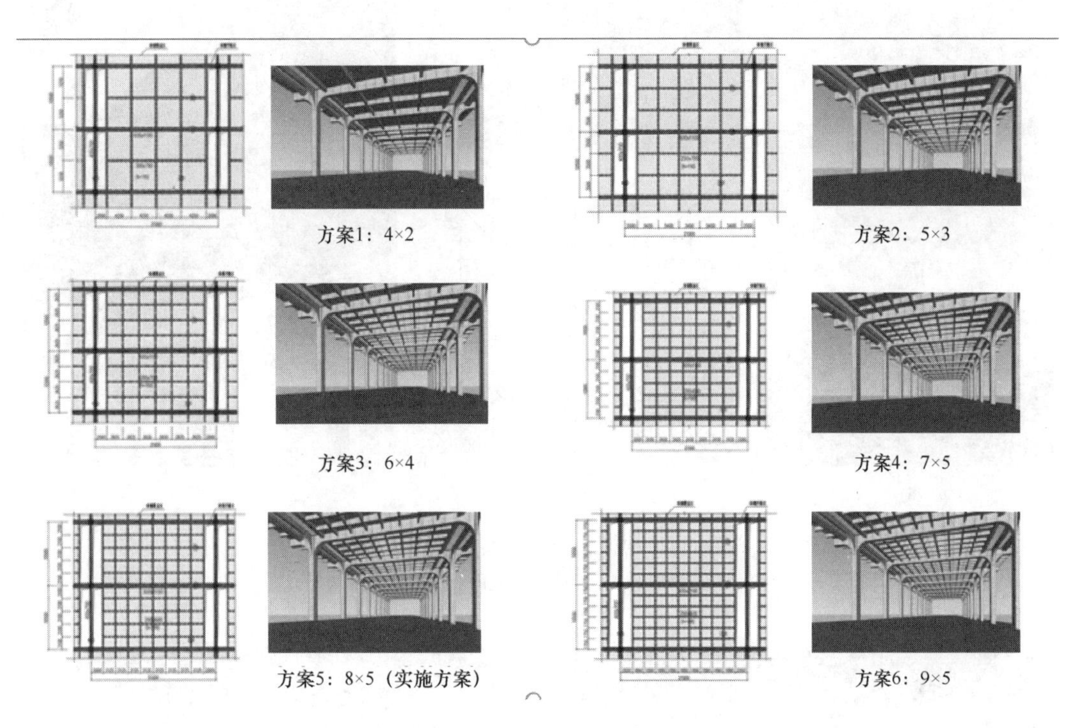

图 15　雨棚梁格划分方案研究

2）清水混凝土结构节点设计——蝉缝及堵头留孔

雨棚本身没有大面积的墙面，以梁、柱为主，考虑表面不设大分隔的明缝，只留蝉缝；主梁蝉缝位置须跟与之相交的次梁中心线位置重合；板蝉缝垂直于轨道方向并在板中心线位置留置（图 16～图 19）。结合雨棚本身结构次梁分隔尺寸，设计对拉螺杆孔洞间距比例为 1∶2∶2∶1。

站台雨棚（柱、梁及屋盖板下表面）均采用纯清水混凝土，面积约为 10 万 m^2。外立面的复杂性主要表现在如下几方面：柱立面的建筑凹面造型线条及与框架梁交接处的弧形柱头；主梁浅色清水混凝土表面设置按一定比例间距的对拉螺杆孔眼及明缝；构件形式多样、复杂；节点复杂（尤其是预应力混凝土结构）给清水混凝土的浇筑带来极大难度；部分长构件（如雨棚柱）清水混凝土的浇筑需要一次性整体施工。

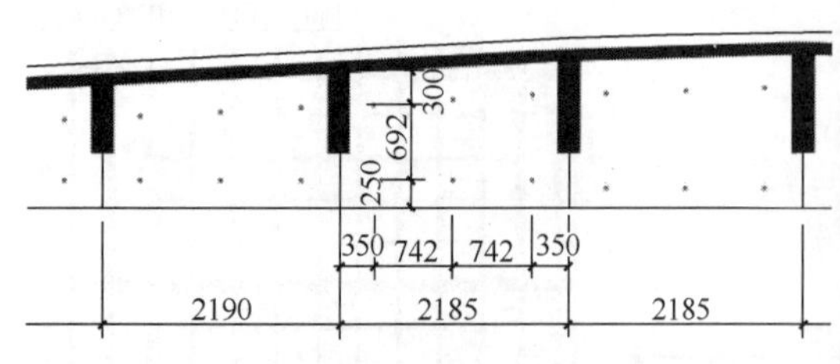

图 16　主梁上的蝉缝和堵头

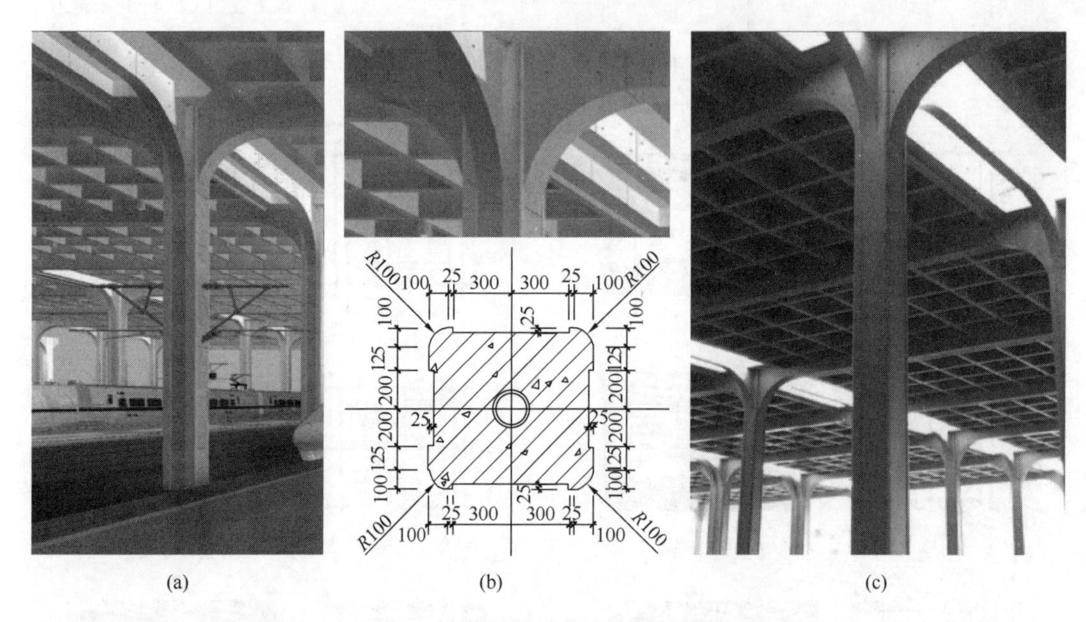

(a)　(b)　(c)

图 17　雨棚柱设计与实施效果对比

(a) 柱设计效果；(b) 柱设计截面；(c) 柱实施效果

图 18　雨棚设计效果

图 19　雨棚建成实景

五、结构计算分析

1. 屋盖结构整体分析

计算结果表明（图 20），结构最大挠跨比满足规范关于结构变形限值的要求，本屋盖结构的竖向刚度较大。风吸力较小，不至于使屋盖产生向上的变形。

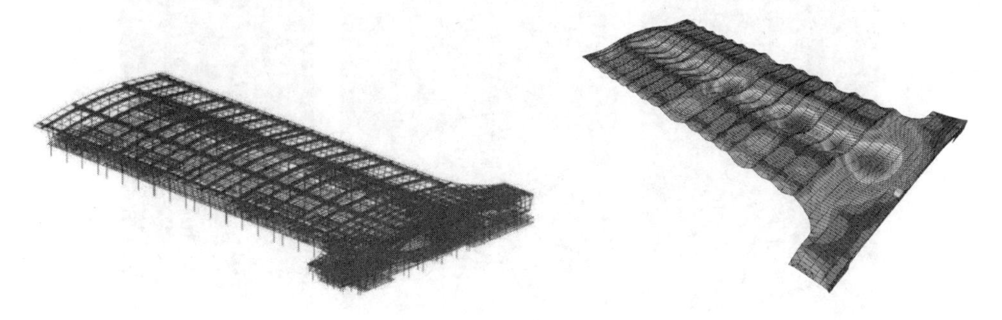

图 20　屋盖整体结构有限元计算模型及结果

2. 组合拱结构整体分析

组合拱的上、下拱通过中间的撑杆实现了协同工作和共同受力，下拱由于矢跨比较大，结构的轴力和支座推力也较大。通过结构几何非线性分析可知，上拱弧顶的竖向位移和侧向位移总体呈现非线性增长，相同荷载水平下，上拱的竖向位移大于下拱的竖向位移（图 21）。

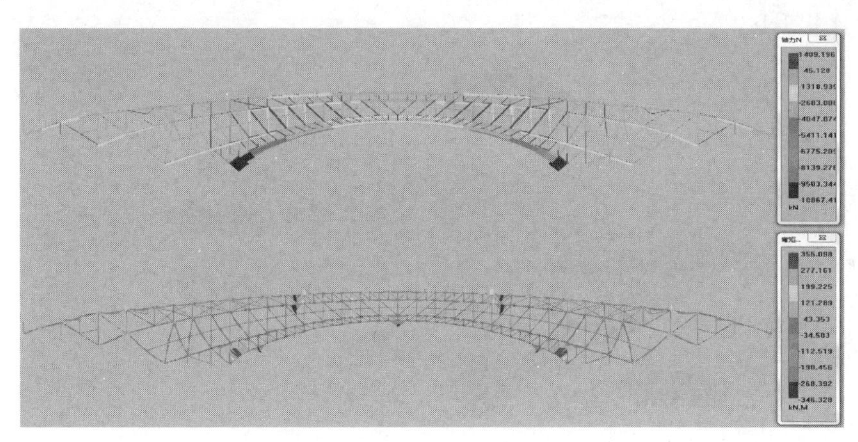

图 21　组合拱结构整体有限元分析

3. 组合拱拱脚节点复杂应力有限元分析

采用 ABAQUS 进行组合拱拱脚节点非线性有限元分析（图 22、图 23）。

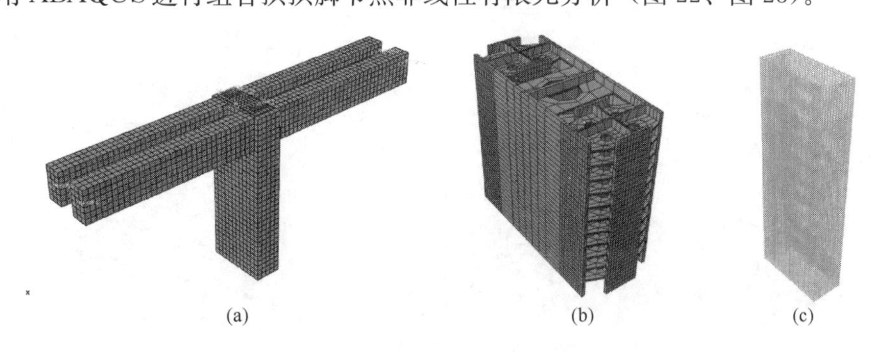

图 22　拱脚节点有限元模型

（a）整体模型；（b）内埋型钢模型；（c）柱内钢筋模型

(a)

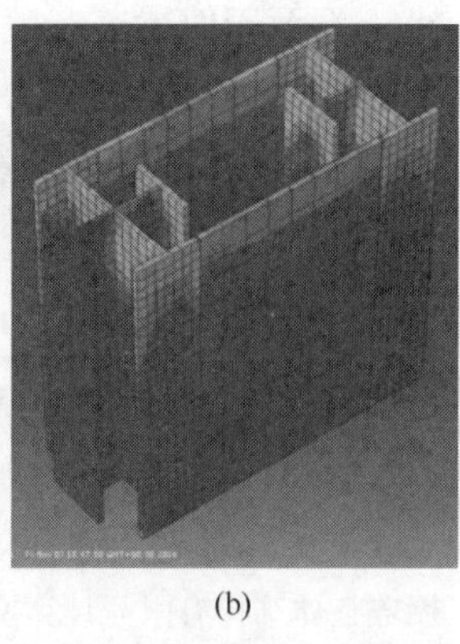

(b)

(c)

图 23　拱脚节点有限元分析结果

(a) 混凝土应力云图；(b) 节点型钢应力云图；(c) 柱中纵筋和箍筋应变

4. 屋盖整体提升施工模拟分析

将钢结构屋盖分为 1～4 区，2～3 区采用整体提升方案，对屋盖进行施工模拟分析(图 24、图 25)。钢结构施工总体顺序：施工 2 区→施工 3 区 A 次提升区、施工 1 区→施工 3 区 B 次提升区。

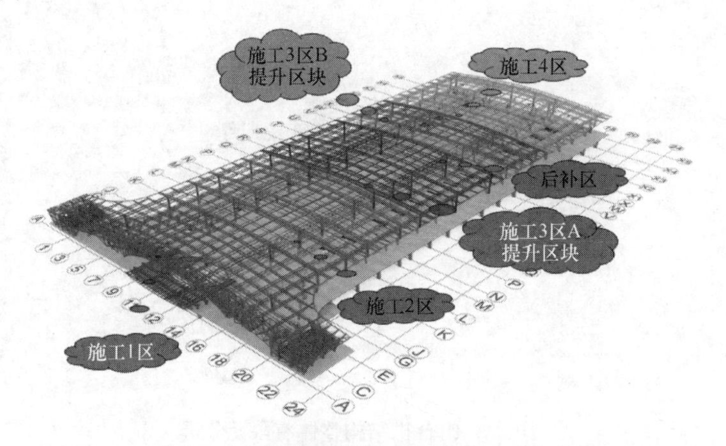

图 24　钢屋盖整体提升布置平面示意

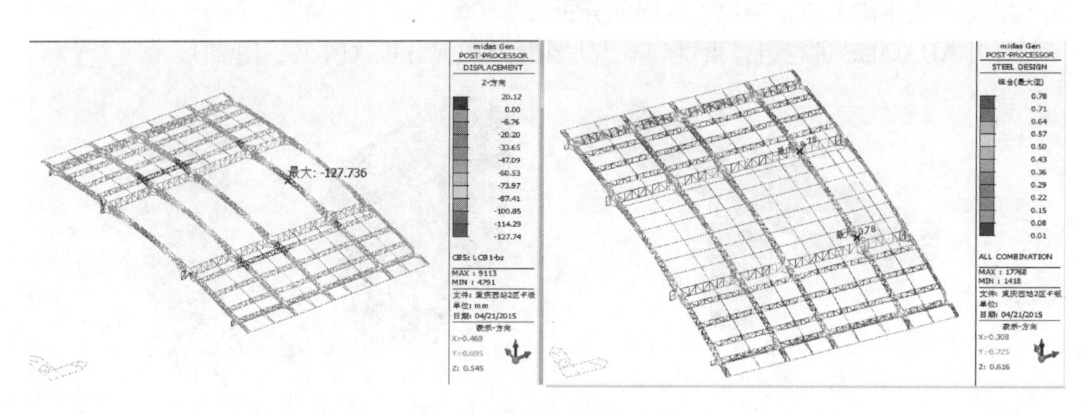

图 25　整体提升结构验算

提升施工时，结构主桁架跨中的最大竖向变形为 127.7mm，吊点之间的最大跨度约为 66000mm，变形为跨度的<1/400，满足规范要求。提升时构件的最大应力比为 0.78<1.0，满足规范要求。

六、试验研究

1. 振动台试验研究

鉴于结构的复杂性，本工程对大跨度不落地组合拱的拱脚型钢混凝土组合节点进行了 1∶5 的模拟静力推覆模型试验（图 26）。

图 26 拱脚节点室内模型试验

试验结果表明（图 27、图 28），拱脚节点核心区内埋型钢未发生屈服、混凝土未出现大的裂缝与压溃现象、试件滞回曲线较为饱满，拱脚节点构造具有较好的延性和耗能能力，拱脚支座整体安全可靠。

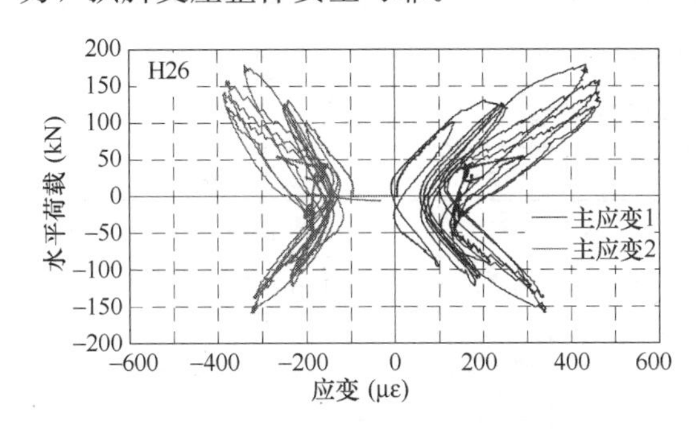

图 27 节点内埋型钢典型测点荷载-应变曲线

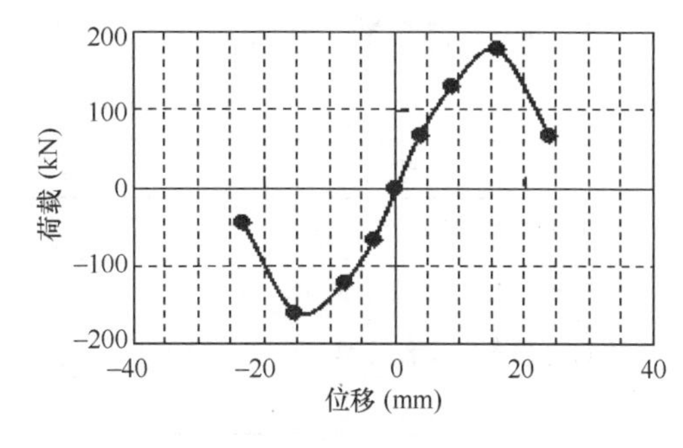

图 28 试件荷载-位移骨架曲线

2. 风洞试验研究及风环境数值模拟分析

重庆西站站房和站台雨棚特殊的结构形状，使得无法直接通过规范或借鉴已有资料获得其风荷载参数，为确保重庆西站站房和站台雨棚结构的抗风安全性和使用舒适性，拟通过风洞试验对其进行研究。试验的主要目的为：①在模拟大气边界层风场及场址地形地物的条件下，在结构风振分析的基础上，给出体型系数和风振系数；②鉴于雨棚所处位置相对较低，拟通过测量雨棚上、下表面的平均压力，进而得到体型系数。通过风洞试验和数值模拟的技术手段，得到了用于结构设计的建筑物表面的平均风压和极值风压分布，以及用于评价建筑群品质的行人高度风环境分布。

本工程风洞测压模型在西南交通大学风洞实验室完成，对站房复杂体型的风荷载及风环境进行了分析和测试（图 29）。

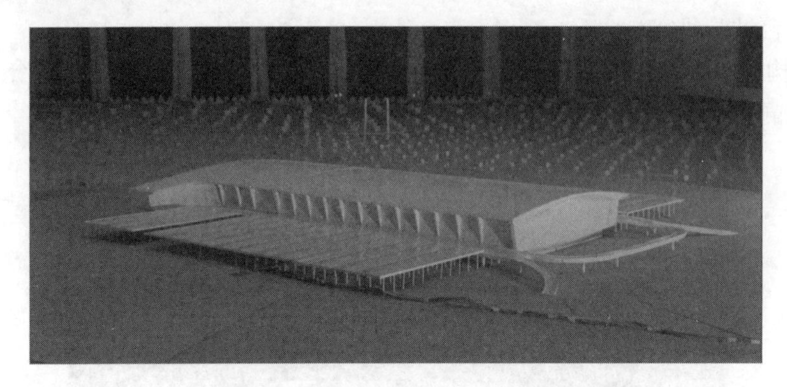

图 29　安装在风洞内的主站房屋盖和雨棚测压模型

工程于 2018 年 1 月竣工投入使用，根据监测结果，基础最大沉降值 10mm，沉降较小，整个基础的不均匀沉降值满足规范要求，可保证建筑使用的安全性。

七、项目获奖

本工程于 2014 年底开始施工，2018 年 1 月竣工投入使用。在建设、设计与施工等单位的共同努力和紧密协作下，如期建成了重庆西站，使之成为一件建筑与结构完美结合的作品，获得了社会的广泛认可和好评。

本项目自竣工以来共获得了全国优秀设计等各类省部级优秀设计一等奖 5 项，“詹天佑”奖 1 项，“鲁班奖”等建设类奖项 15 项（表 1）。

重庆西站获奖项目一览表　　**表 1**

	奖项	等级	获奖时间	类别	评奖单位
1	上海市优秀工程设计	一等奖	2019	建筑综合	上海市勘察设计协会
2	上海市优秀工程设计建筑结构专业	一等奖	2019	结构设计	上海市勘察设计协会
3	行业优秀勘察设计奖（公共）建筑设计	一等奖	2019	建筑综合	中国勘察设计协会
4	行业优秀勘察设计奖建筑结构	一等奖	2019	结构设计	中国勘察设计协会
5	中国建筑设计奖·结构专业奖	一等奖	2020	结构设计	中国建筑学会
6	第十七届中国土木工程“詹天佑”奖	“詹天佑”奖	2020	建设类	中国土木工程学会
7	2018～2019 年度中国建筑工程“鲁班奖”	“鲁班奖”	2019	建设类	中国建筑业协会

续表

	奖项	等级	获奖时间	类别	评奖单位
8	国家优质工程金奖	国优金奖	2019	建设类	中国施工企业协会
9	中国钢结构优质工程金钢奖	金钢奖	2019	建设类	中国建筑金属结构协会
10	重庆市优质工程（设计）奖	优质工程（设计）奖	2018	建设类	重庆市建筑业协会、重庆市勘察设计协会
11	重庆市巴渝杯优质工程	巴渝杯	2018	建设类	重庆市建筑业协会

47 华润太原万象城结构设计

建设地点 山西省太原市长风文化商务区

设计时间 2014—2015

工程竣工时间 2018

设计单位 中国建筑设计研究院有限公司

[100044] 北京市西城区车公庄大街19号

主要设计人 任庆英 刘文斑 李 正 李 森 杨松霖

王 磊 张晓萌

本文执笔 李 正 刘文斑 李 森 杨松霖

获奖等级 2019—2020中国建筑学会建筑设计奖·结构专业一等奖

一、工程概况

本工程位于山西省太原市长风文化商务区，北临长兴北街，西为新晋祠路，南面是长兴南街，东靠长兴路。总建筑面积约34万m^2，地下部分为2层，地上部分为6层，其中地下2层为车库，地下1层～地上6层为商业，地下1层和地上2、3层局部设置夹层作为停车库。建筑高度约为40m。项目结构体系为框架-剪力墙结构，结构平面超长、超大。转换梁、穿层柱及大跨度梁、大悬挑梁频繁出现，为高烈度区超限高层建筑。建筑实景如图1所示。

二、结构体系

主体结构体系采用钢筋混凝土框架-剪力墙体系，部分大跨度梁及屋顶造型采用钢结构。利用电梯井道、楼梯间的墙体以及可设置混凝土墙体处设置现浇钢筋混凝土剪力墙以增大整体刚度，减小结构侧移及层间位移比（图2）。

针对该工程中的较多大悬挑、大跨度结构，将采用预应力混凝土梁、钢骨混凝土梁、钢梁、箱形混凝土梁等结构形式控制对应悬挑、大跨度位置的挠度、舒适度等问题，并考虑竖向地震的影响进行设计计算。

图1 建筑实景

三、结构设计特点及难点

由于结构平面尺寸地上部分达到190m×235m，地下部分达到200m×240m，属于超长结构，楼盖结构采用现浇钢筋混凝土梁板体系，并采取配筋加强，局部楼板加厚等措施。本项目根据全楼温度应力分析结果在梁板内设置了温度钢筋，以保证楼盖有相应的承载能力，能可靠地传递水平力；楼盖整体采用布置伸缩后浇带等措施减少温度应力的影响，改善结构受力性能。

本工程为重点设防类，且结构总高度接近40m，设计时采取比一级更高的抗震措施，适当提高框架柱的最小配筋率；大开口、大凹进附近的框架柱轴压比严格控制，配筋率适

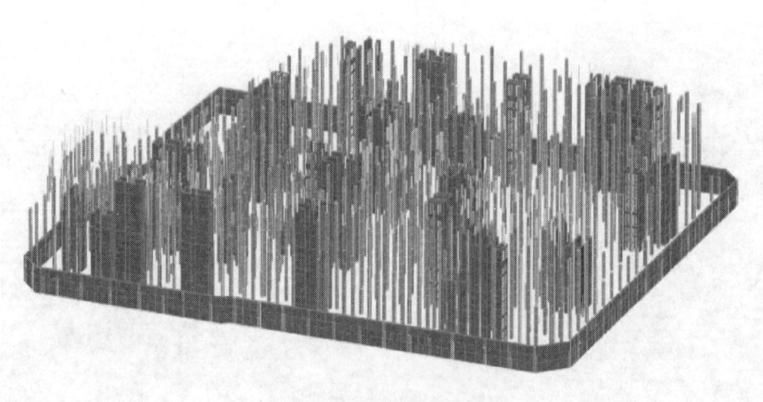

图 2　抗侧力结构示意

当提高；长悬臂、大跨度、大凹进及转换结构抗震等级应比一级强，按特一级进行加强；大开洞、弱连接四周的框架及楼板配筋适当加强；关键构件抗弯、抗剪采用不同的性能目标，抗剪强于抗弯。设计时控制框架柱纵筋配筋率不小于 1.2%，以提高结构的延性；楼板弱连接处采用双层双向配筋，配筋率不小于 0.3%；关键构件在中震作用下按抗弯不屈服，抗剪弹性设计，关键构件抗震等级采用特一级。

1. 冰场区大跨度、大开洞、大凹进

5 层冰场部分属于大跨结构，跨度约 26m，同时两层通高，形成楼板大凹进和大开洞。平面如图 3 所示。

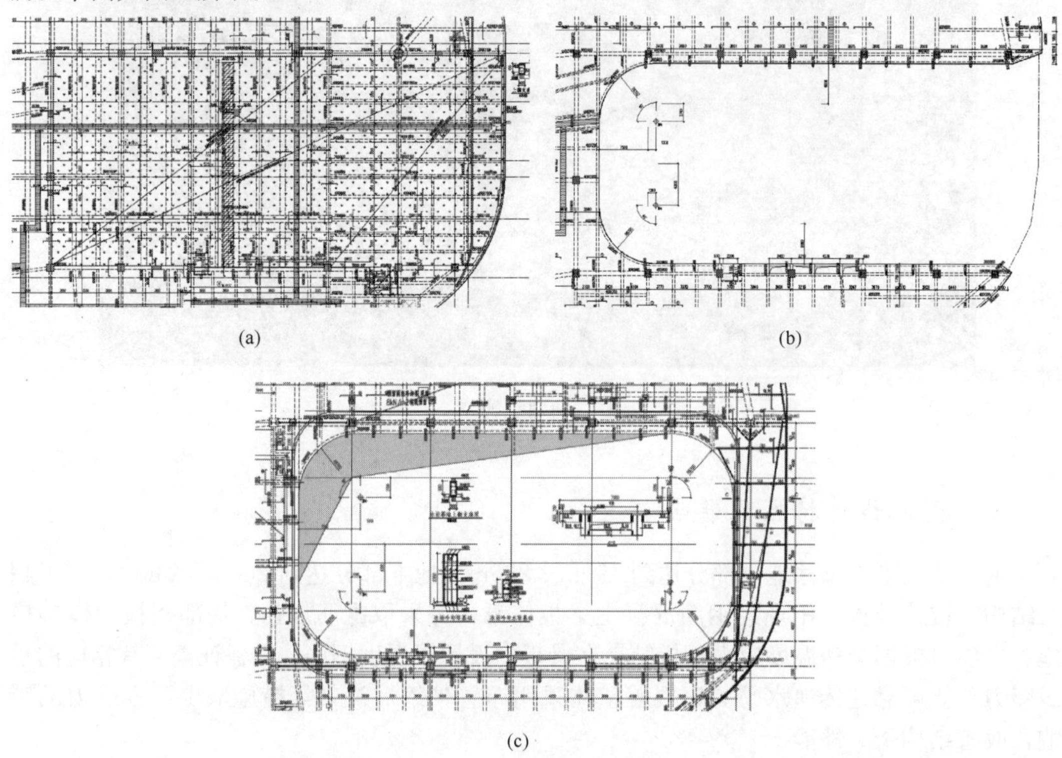

(a)　(b)　(c)

图 3　冰场区结构平面

(a) 5 层冰场区大跨冰面层；(b) 6 层冰场区楼板大凹进；(c) 7 层冰场区楼板大开洞

2. 主中庭区大跨度和大悬挑

位于主中庭 5～7 层 12～14 轴区域为设计的关键部位之一，也是设计的难点，此处存在大跨度和大悬挑问题。局部平面如图 4 所示。由于商业使用要求不能设置斜撑，经比选最终采用了空腹桁架体系并采用高强钢材，剖面如图 5 所示。

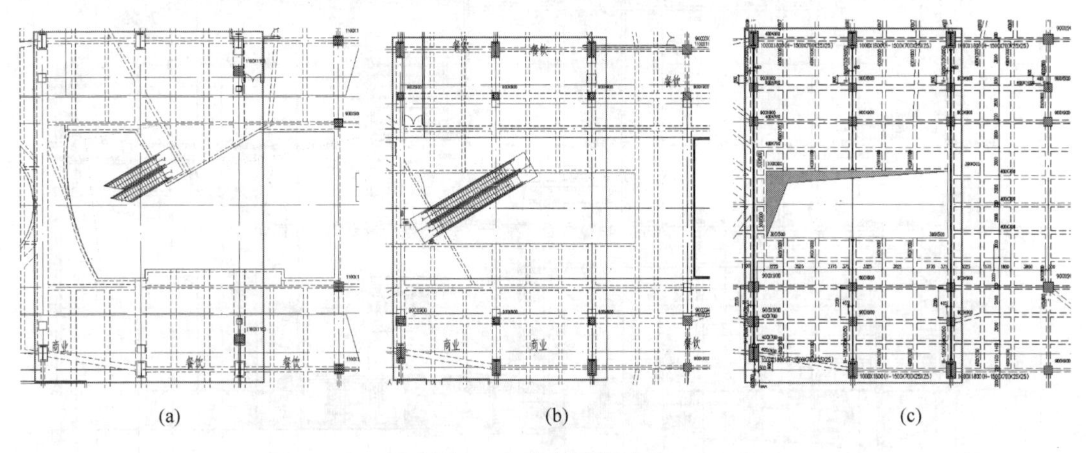

图 4　主中庭区域平面

(a) 5 层；(b) 6 层；(c) 7 层

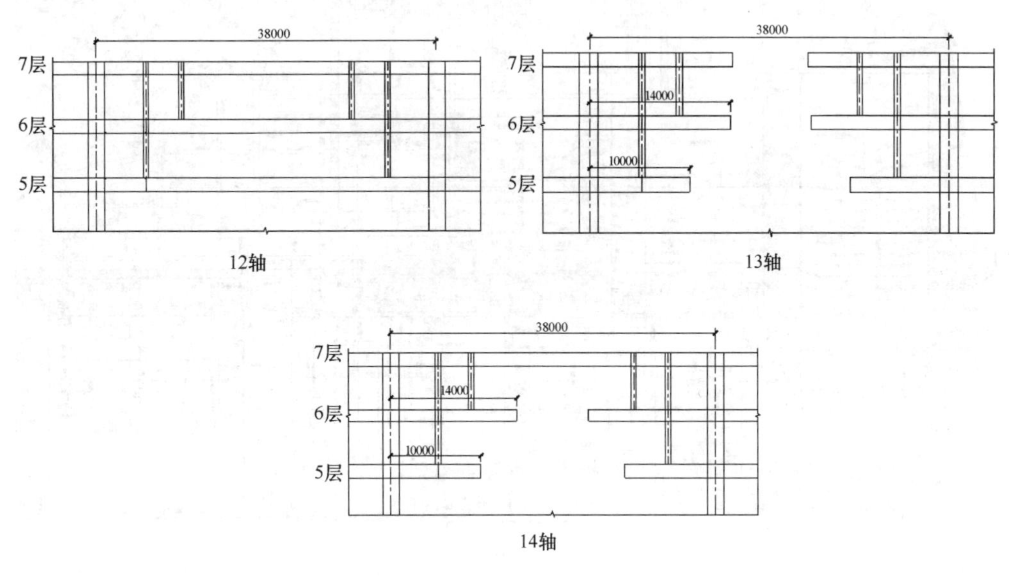

图 5　主中庭区域剖面

3. 影院区域的楼板开大洞和多级转换

影院的大空间和两层通高要求，形成了楼板开大洞和多级转换，如图 6、图 7 所示。多级悬挑采用了结构性能设计方法，确保转换梁和悬挑构件满足性能目标的要求。

4. 屋顶大跨度异形钢结构天棚

东侧天棚为单层网壳结构，下部采用树形结构支承，分叉处采用铸钢节点，较好地满足了建筑的造型要求，如图 8 (a) 所示。冰场屋盖采用两侧带悬挑的折角式三角立体桁

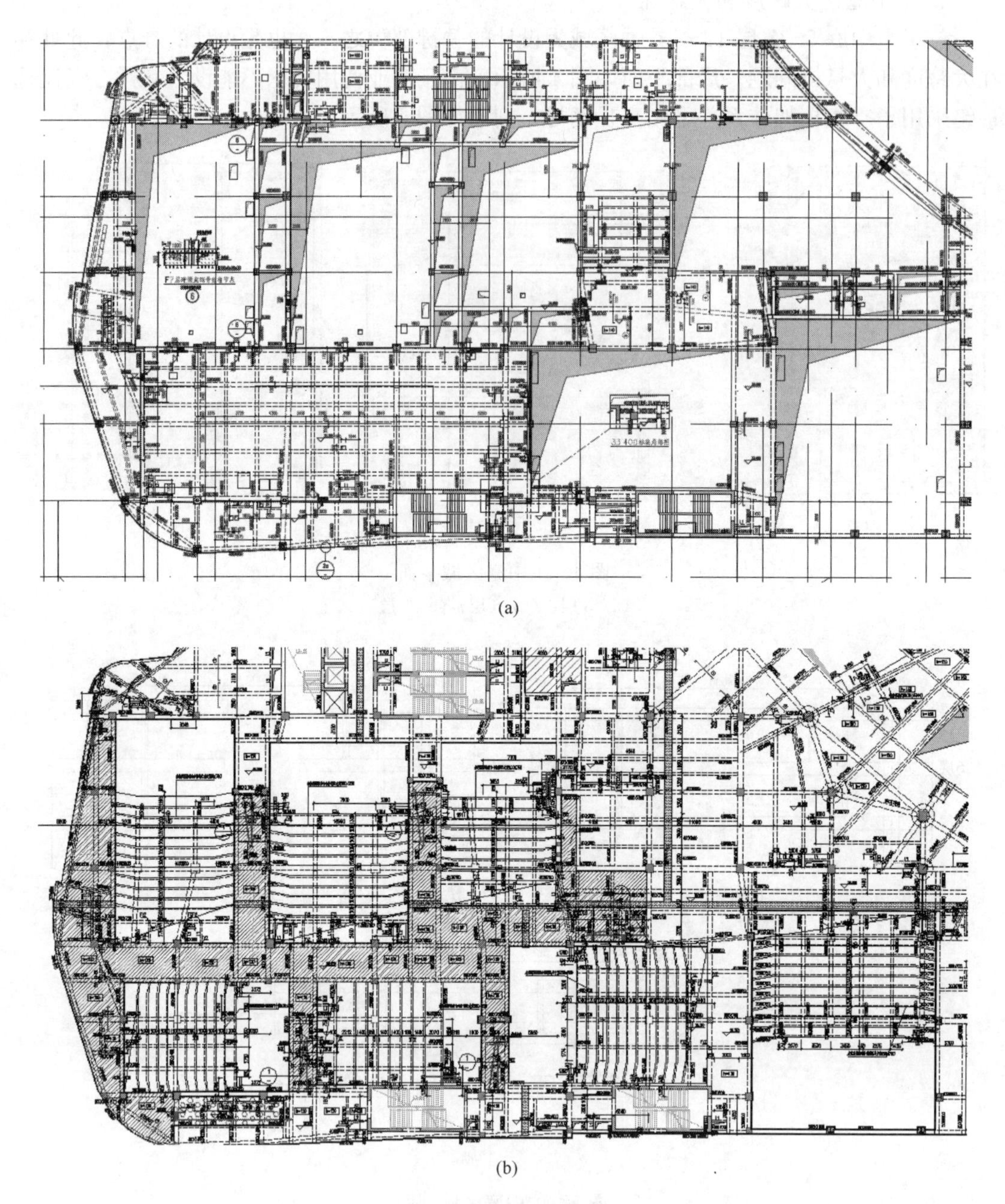

(a)

(b)

图 6　影院区结构平面

(a) 影院层间层；(b) 影院座位层

架结构，如图 8（b）所示。西侧天棚为大跨度不等高异形钢架体系，如图 8（c）所示。此三处重点钢结构均采用 3D3S 钢结构专用分析设计软件进行了抗震、抗风的分体计算和采用 YJK 进行了整体合模计算，并进行了包络设计。

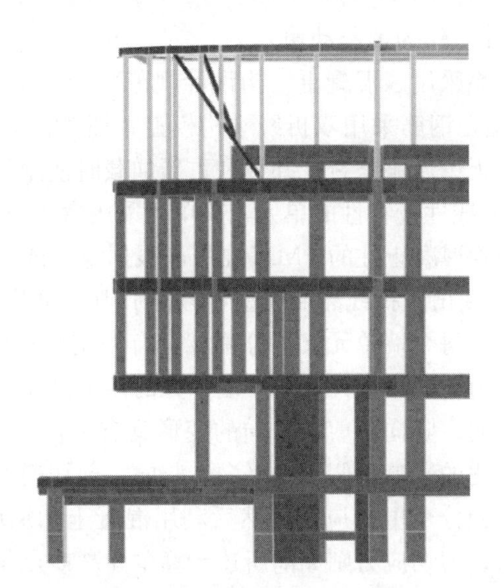

图7　影院区外走廊多级悬挑

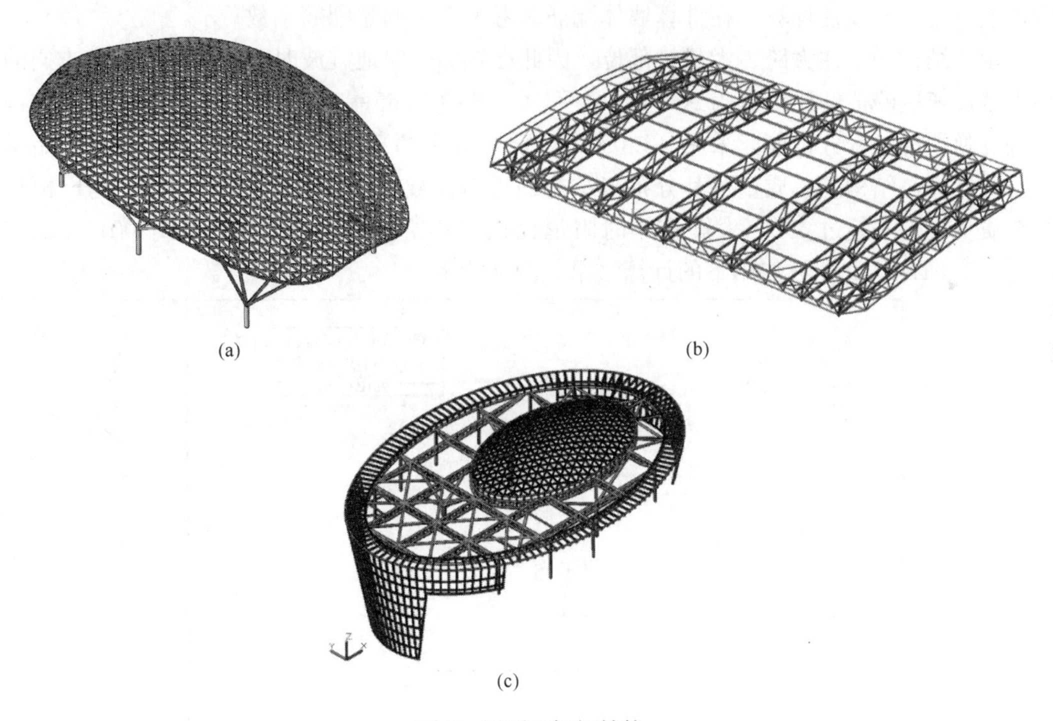

图8　屋顶天棚钢结构

(a) 东侧天棚结构；(b) 冰场钢结构屋盖；(c) 西侧天棚结构

四、大震弹塑性动力分析

本工程弹塑性动力时程分析采用 MIDAS 系列软件完成。由于地下室抗侧刚度与首层抗侧刚度比值大于 2，因此弹塑性时程分析中不考虑地下室部分。选取 1 组人工波、2 组天然波（Taft 和 El-Centro）作为地震动输入。

本工程混凝土本构关系采用《混凝土结构设计规范》GB 50010—2010 附录 C 中的单轴受压应力-应变本构模型，钢筋采用双折线本构模型；屈服前后的刚度不同，屈服后的刚度使用折减后的刚度。无论屈服与否，卸载和重新加载时使用弹性刚度。

MIDAS 采用了具有非线性铰特性的单元，梁单元采用弯矩铰，框架柱采用轴力-弯矩耦合的 PMM 铰单元，钢管混凝土柱的 PMM 屈服面根据组合截面计算得到。本工程采用弯矩-转角梁柱单元、修正武田三折线滞回模型，考虑了刚度和强度的退化。MIDAS 中非线性墙由多个墙单元构成，每个墙单元又被分割成具有一定数量的竖向和水平向的纤维，每个纤维有一个积分点，剪切变形则计算每个墙单元的四个高斯点位置的剪切变形。考虑墙单元产生裂缝后，水平向、竖向、剪切方向的变形具有一定的独立性，MIDAS 的动力弹塑性墙单元不考虑泊松比的影响，假设水平向、竖向、剪切变形互相独立。每次增量步骤分析时，程序会计算各积分点上的应变，然后利用混凝土和钢筋的应力-应变关系分别计算混凝土和钢筋的应力。剪切应力则如前所述计算单元高斯点位置的剪切变形。墙体的配筋采用安评报告反应谱相应参数，计算得到的配筋来确定墙单元钢筋层纤维的折算厚度，然后进行非线性计算。在计算墙体配筋时考虑 1.1 的超配筋系数。

由于结构中存在大跨、大悬挑部位，因此在施加三向地震波时程作用时，三个方向的地震波加速度峰值的比值取为 $X:Y:Z=1:0.85:0.65=400:340:260$（gal）。结构在进行弹塑性时程分析前，采用（1.0 恒荷载＋0.5 活荷载）作为初始荷载和位移初始条件进行计算。结构的总质量及其分布与结构的重力荷载代表值对应，总质量与 YJK 模型中总质量误差不超过 5%。大震作用时阻尼比按《建筑抗震设计规范》GB 50011—2010 取为 5%。El-Centro 波作用下的计算结果如图 9 所示。

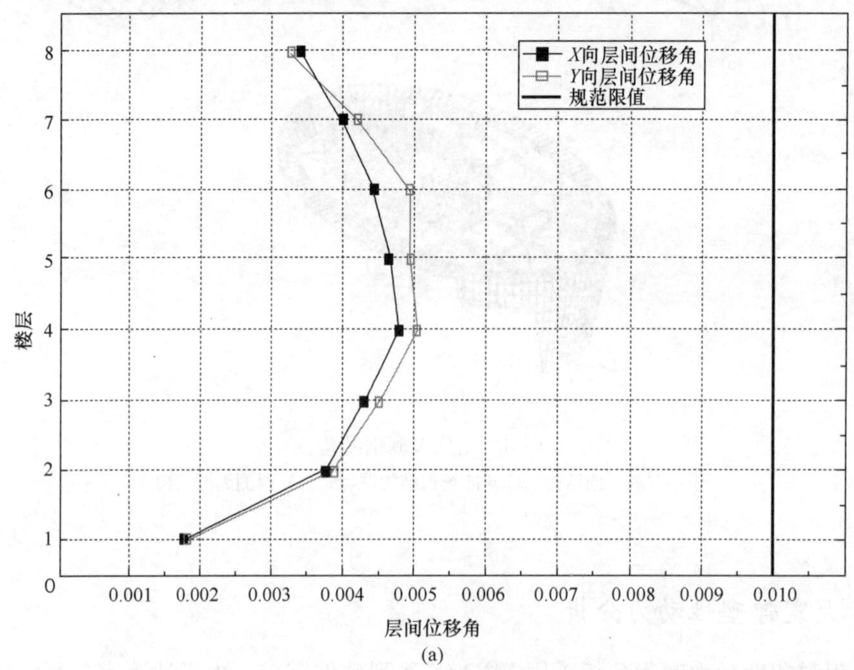

图 9　El-Centro 波大震分析结果（一）

(a) X、Y 层间位移角

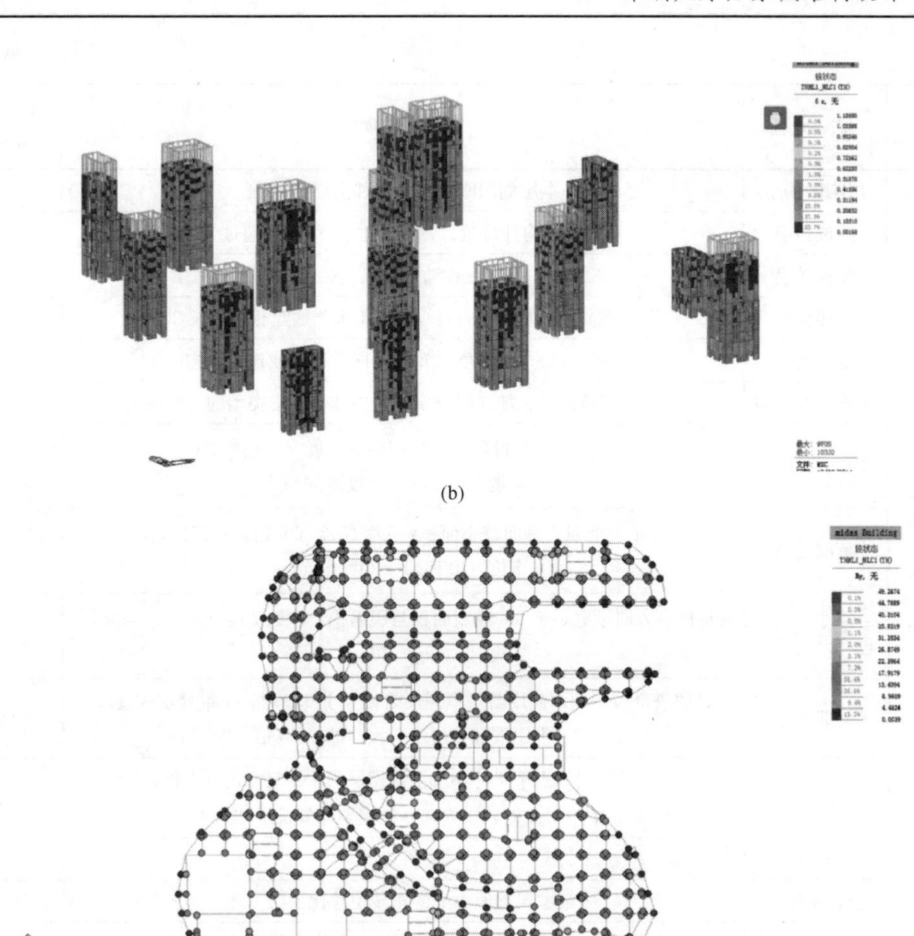

(c)

图 9 El-Centro 波大震分析结果（二）
(b) 楼电梯筒体混凝土应变分布；(c) 5 层梁塑性铰分布

五、超限判别及性能目标

1. 超限判别（表 1）

超限类别及判断 **表 1**

序号	超限类别	相关规范规定	计算结果及超限判断
1	简称	结构类型	
	高度	框架-剪力墙	不超限
2	简称	涵义	
一项不规则	扭转偏大	裙房以上的较多楼层扭转位移比大于 1.4	不超限
	抗扭刚度弱	扭转周期比大于 0.9，混合结构扭转周期比大于 0.85	不超限

续表

<table>
<tr><th>序号</th><th>超限类别</th><th colspan="3">相关规范规定</th><th>计算结果及超限判断</th></tr>
<tr><td rowspan="11">一项不规则</td><td>层刚度偏小</td><td colspan="3">本层侧向刚度小于相邻上层的50%</td><td>无</td></tr>
<tr><td>高位转换</td><td colspan="3">框支转换构件位置：7度超过5层，8度超过3层</td><td>无</td></tr>
<tr><td>厚板转换</td><td colspan="3">7～8度设防的厚板转换结构</td><td>无</td></tr>
<tr><td>塔楼偏置</td><td colspan="3">单塔或多塔与大底盘的质心偏心距大于底盘相应边长20%</td><td>无</td></tr>
<tr><td>复杂连接</td><td colspan="3">各部分层数、刚度、布置不同的错层或连体结构</td><td>无</td></tr>
<tr><td>多重复杂结构</td><td colspan="3">同时具有转换层、加强层、错层、连体和多塔类型的3种以上</td><td>无</td></tr>
<tr><td>凹凸尺寸大</td><td colspan="3">平面凹凸尺寸与投影总尺寸：6度/7度（0.1g）>60%，
7度（0.15g）/8度>50%</td><td>是</td></tr>
<tr><td>角部重叠</td><td colspan="3">重叠面积与平面较小面积：6度/7度（0.1g）<25%，
7度（0.15g）/8度<35%</td><td>无</td></tr>
<tr><td>楼板开洞</td><td colspan="3">楼板任意方向净宽小于5m或洞面积与层面积：6度/7度（0.1g）>35%，
7度（0.15g）/8度>30%</td><td>无</td></tr>
<tr><td>上部收进</td><td colspan="3">上部收进部位到地面高度与房屋高度之比大于0.2时，上部楼层收进尺寸小于下部楼层水平尺寸的0.65倍</td><td>无</td></tr>
<tr><td>下部收进</td><td colspan="3">下部楼层的水平尺寸小于上部楼层的水平尺寸的0.8倍；
或在结构平面的较短方向，楼层整体外挑尺寸大于5m</td><td>无</td></tr>
<tr><td>3</td><td>简称</td><td colspan="3">涵义</td><td></td></tr>
<tr><td rowspan="17">三项不规则</td><td>扭转不规则</td><td colspan="3">考虑偶然偏心大的扭转位移比大于1.2</td><td>不超限</td></tr>
<tr><td>偏心布置</td><td colspan="3">偏心率大于0.15或相邻层质心相差大于相应边长15%</td><td>无</td></tr>
<tr><td>凹凸不规则</td><td colspan="3">平面凹凸尺寸大于相应边长30%等</td><td>是</td></tr>
<tr><td>组合平面</td><td colspan="3">细腰形或角部重叠型</td><td>无</td></tr>
<tr><td>楼板不连续</td><td colspan="3">有效宽度小于50%，开洞面积大于30%，错层大于梁高</td><td>无</td></tr>
<tr><td>刚度突变</td><td colspan="3">相邻层刚度变化大于70%或连续3层变化大于80%</td><td>无</td></tr>
<tr><td>尺寸突变</td><td colspan="3">竖向构件位置缩进大于25%，或外挑大于10%和4m，多塔</td><td>无</td></tr>
<tr><td>构件间断</td><td colspan="3">上下墙、柱、支撑不连续，含加强层、连体类</td><td>是（转换柱）</td></tr>
<tr><td>承载力突变</td><td colspan="3">相邻层受剪承载力变化大于75%</td><td>无</td></tr>
<tr><td>其他不规则</td><td colspan="3">如局部的穿层柱、斜柱、夹层、个别构件错层或转换</td><td>是（局部穿层柱）</td></tr>
<tr><td>大空间</td><td colspan="3">结构顶部抽墙、抽柱形成大空间的面积大于本层总面积的40%</td><td>无</td></tr>
<tr><td rowspan="6">高宽比</td><td>结构体系</td><td>6度、7度</td><td>8度</td><td rowspan="6">不超限</td></tr>
<tr><td>框架</td><td>>4</td><td>>3</td></tr>
<tr><td>板柱-剪力墙</td><td>>5</td><td>>4</td></tr>
<tr><td>框架-剪力墙、剪力墙</td><td>>6</td><td>>5</td></tr>
<tr><td>框架-核心筒</td><td>>7</td><td>>6</td></tr>
<tr><td>筒中筒</td><td>>8</td><td>>7</td></tr>
</table>

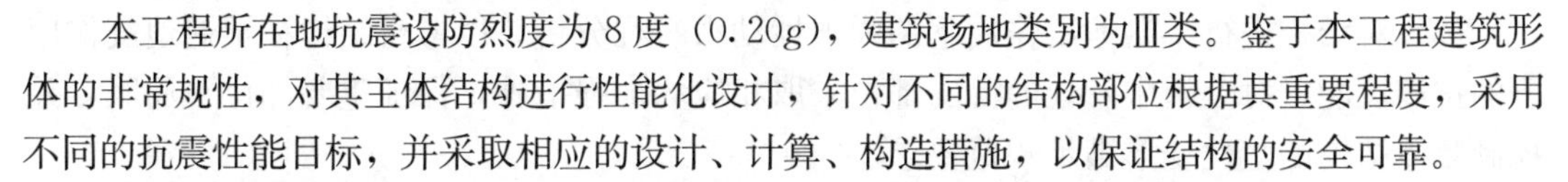

本工程所在地抗震设防烈度为8度（0.20g），建筑场地类别为Ⅲ类。鉴于本工程建筑形体的非常规性，对其主体结构进行性能化设计，针对不同的结构部位根据其重要程度，采用不同的抗震性能目标，并采取相应的设计、计算、构造措施，以保证结构的安全可靠。

2. 性能设计目标

根据《高层建筑混凝土结构技术规程》JGJ 3—2010结构抗震性能目标参照D级执行。针对不同结构部位的重要程度，设计采用了不同的抗震性能目标，如表2所示。

抗震性能目标 **表2**

抗震性能		多遇烈度	设防烈度	罕遇烈度
整体抗震性能		完好	基本完好	不倒塌
层间位移角限值		1/800		1/100
关键构件	转换柱、转换梁	无损坏	基本完好（抗剪弹性、抗弯弹性）	轻度损坏（转换梁抗剪不屈服，转换柱抗弯不屈服）
	中庭连桥框架梁柱	（弹性）	轻微损坏（抗剪弹性、抗弯不屈服）	中度损坏（大部分构件抗弯不屈服、满足抗剪截面要求）
	穿层柱			
	底部加强区剪力墙	无损坏（弹性）	轻微损坏（抗剪弹性、抗弯不屈服）	中度损坏（满足抗剪截面要求）
普通竖向构件	框架柱、剪力墙	无损坏（弹性）	中度损坏（部分构件抗弯屈服、满足抗剪截面要求）	部分构件比较严重损坏（剪力墙满足抗剪截面要求）
耗能构件	框架梁	无损坏（弹性）	部分构件比较严重损坏（大部分构件抗弯屈服、满足抗剪截面要求）	比较严重损坏
	连梁	无损坏（弹性）	部分构件比较严重损坏（大部分构件抗弯屈服、满足抗剪截面要求）	比较严重损坏
计算手段		弹性	等效弹性	等效弹性＋动力弹塑性时程分析

六、超限结构抗震相关措施

1. 计算措施

（1）小震弹性设计。在小震作用下，全部结构处于弹性状态，构件承载力和变形满足规范要求。采用两种不同力学模型的三维空间分析软件进行整体内力及位移计算。抗震分析时考虑了扭转耦联效应、偶然偏心及双向地震效应，并自动调整地震作用最大的方向进行计算分析。控制扭转位移比满足规范要求。抗震计算时除对结构进行反应谱分析外，还根据场地的地震波对结构进行多遇地震作用下的弹性时程分析，控制每条时程曲线计算所得的结构底部剪力不小于振型分解反应谱法求得的底部剪力的65%，三条时程曲线计算所得的结构底部剪力的平均值不小于振型分解反应谱法求得的底部剪力的80%，并与振型分解反应谱法计算的结果进行比较，设计时地震作用取3条时程曲线计算结果的包络值与振型分解反应谱法计算结果的较大值。

（2）对重要构件进行中震不屈服、中震弹性及大震不屈服和稳定性验算，以保证结构重要部位构件的抗震承载力满足抗震性能目标要求。

(3) 对结构进行罕遇地震作用下的弹塑性动力时程分析，以考察结构在罕遇地震作用下的抗震性能，对分析中发现的薄弱部位采取相应的加强措施，保证重要部位不屈服，并控制整体结构的塑性变形满足规范要求。

2. 设计措施

(1) 结构抗震措施按抗震设防烈度8度重点设防类建筑要求采取抗震措施，剪力墙按一级、框架按一级采取抗震措施，个别重要转换框架按特一级采取抗震措施。

(2) 对中庭开大洞周边楼板，为增加楼层整体刚度，确保楼板水平力的可靠传递楼板适当加厚，板厚不小于150mm，并采用双向双层配筋，并适当增加配筋率，单层单向配筋率不小于0.3%。

(3) 屋顶大屋面板适当加厚，对角部楼板适当加强配筋。对于钢梁连接的混凝土楼屋盖板采用钢筋桁架楼承板，以达到经济、施工便捷的目的。

(4) 采用轻质填充墙，尽量减轻结构的自重，减小地震作用。

(5) 重要节点设计。本工程混凝土柱与钢梁交叉节点、大跨度梁与柱连接节点是结构的特殊与关键部位，采取进一步的计算、设计措施，确保节点设计合理安全。

(6) 钢屋盖结构构件设计。屋盖钢结构杆件最大应力比0.90；悬挑部位梁0.85；节点区0.75～0.80；跨中最大位移按$L/250$控制；支座沉降按3‰控制。

七、超长结构专项分析及设计

1. 超长结构温度应力分析

本工程为多功能商业建筑，采用框架-剪力墙结构形式，为了满足建筑功能及里面要求，整个结构从地下2层～6层均按照不设缝处理，地下平面尺寸约249m×200m，地上平面尺寸最大约235m×191m，其平面尺度已经远超过《混凝土结构设计规范》GB 50010—2010对现浇剪力墙结构45m和框架结构55m需设伸缩缝的限制。其中，温度影响和混凝土收缩因素是决定混凝土结构超长无缝设计的关键因素。

考虑项目所处地区的环境温度、施工及正常使用阶段的温度、混凝土收缩等效温差、徐变松弛效应等因素，综合分析可得到综合温差如表3所示。

综合温差（℃）　　表3

温度收缩效应分析工况	发生阶段	结构不同部位	温差	收缩效应当量温差	温差收缩综合效应
分析工况1	施工阶段	1层及以上	−5	−24（−17）	−29（−22）
		地下1层	−5	−24（−17）	−29（−22）
		地下2层及以下	−4	−24（−17）	−29（−22）
分析工况2	使用阶段	2层及以上	−6	−24（−17）	−30（−23）
		1层及以下	−6	−24（−17）	−30（−23）

注：由于本项目建筑面积较大，施工期间跨度较长，若后浇带封闭时间为90d时采用括号内温度；合拢温度（后浇带封闭温度）：5～15℃。

本项目整体分析采用MIDAS Gen和YJK互校进行，综合考虑了温差和收缩效应进行分析。典型楼层的分析结果如图10所示。经对比可知：由于地下室及地上平面区域较大，且有地下室外墙及楼、电梯核心筒作为约束，出现楼板温度应力较大的情况，结构设计需通过对楼板采用一定的加强配筋措施抵御这些楼板面内的非荷载效应影响。同时结构周边的竖向构件存在较大的温度剪力和弯矩，设计时应重点关注。整体来看，由于温度产生的结构内力效应在大跨度、中庭区域都较高，随着楼层增加结构内力效应越来越小。

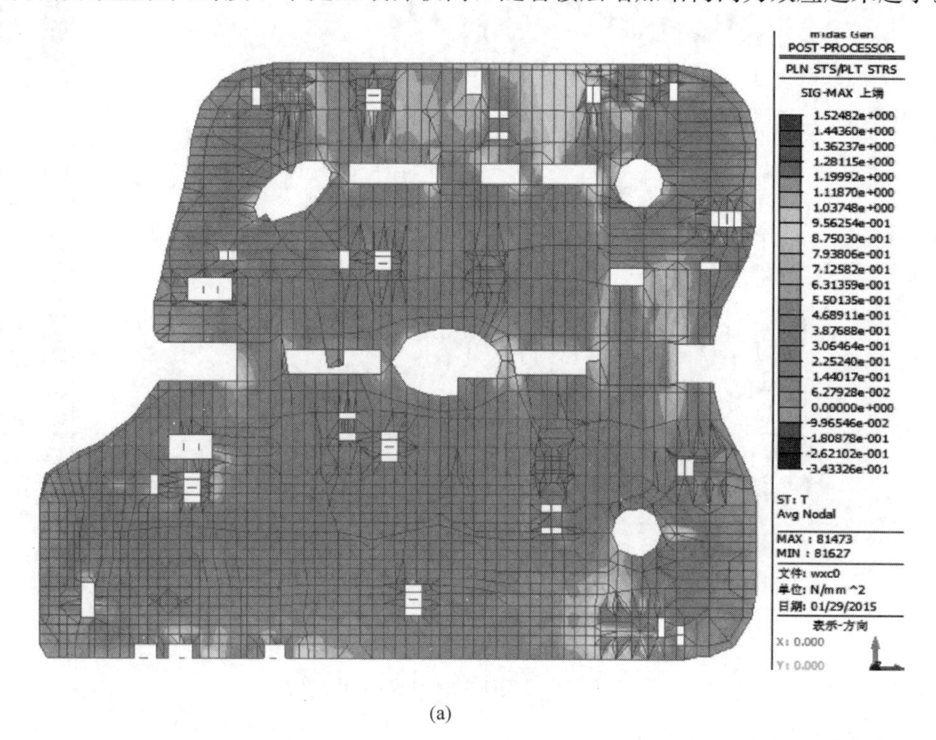

(a)

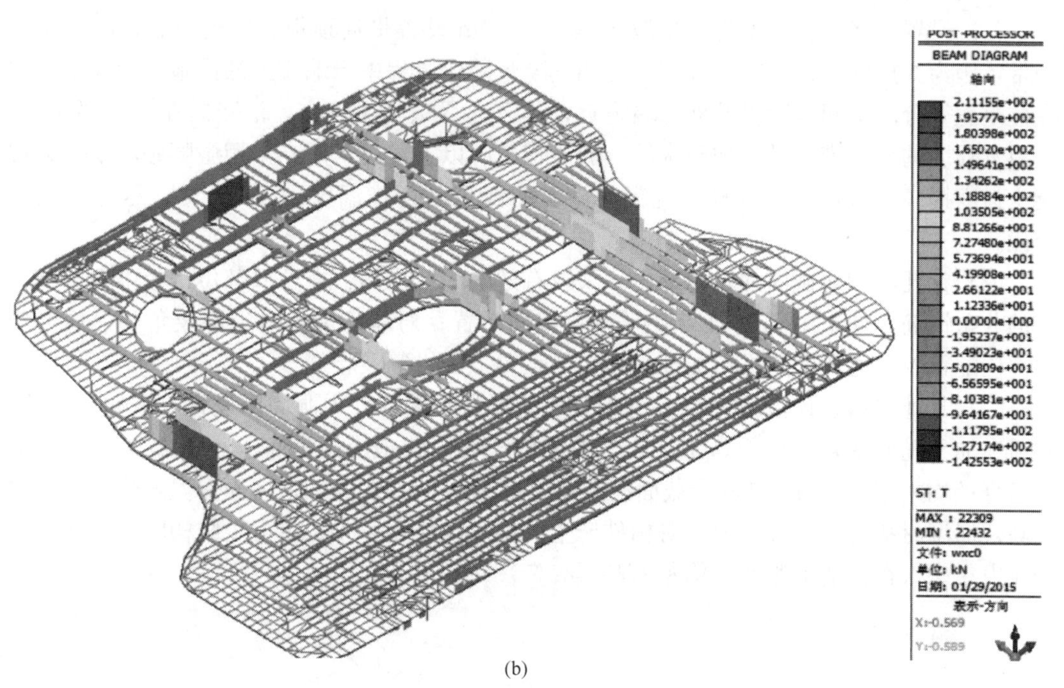

(b)

图 10 典型楼层温度应力分析（一）

(a) 2 层楼板拉应力（MPa）；(b) 2 层楼盖梁轴力（N）

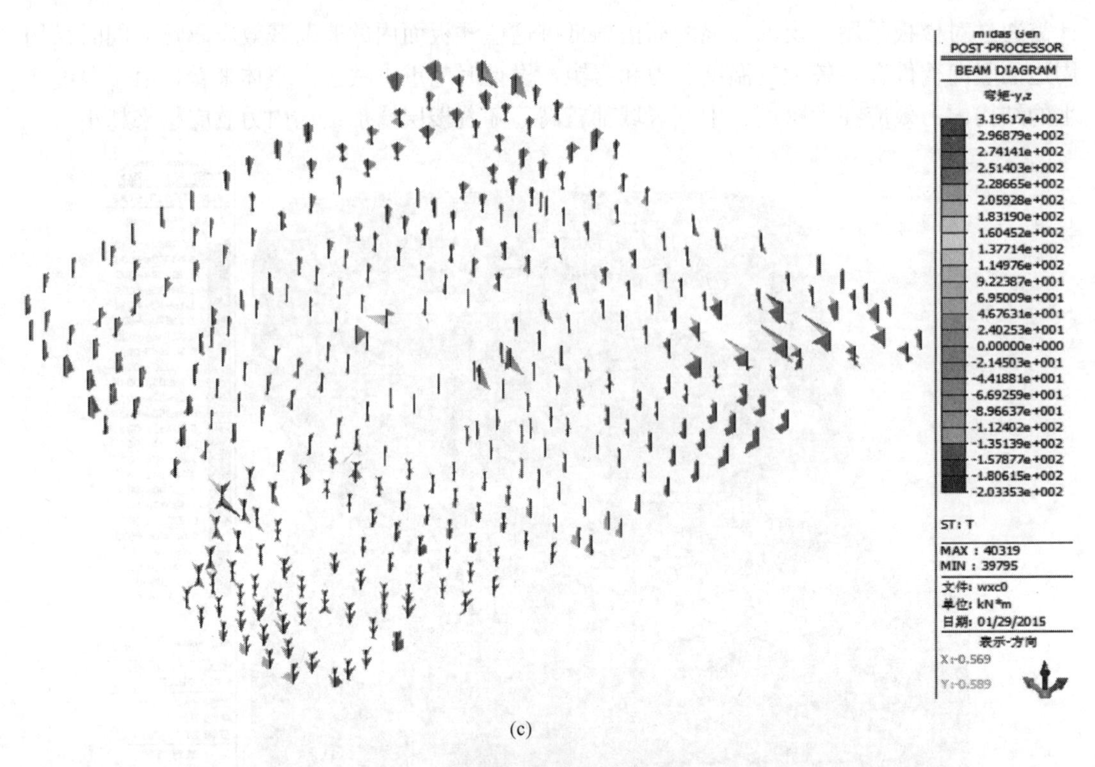

(c)

图 10　典型楼层温度应力分析（二）

(c) 2 层柱弯矩（kN·m）

2. 超长结构相关设计措施

(1) 设置后浇带。本工程拟采取每隔 30～40m 设置贯通顶板、底板及墙板的施工后浇带，作为释放施工过程中的温缩应力和混凝土硬化过程中干缩应力的措施。后浇带设置在柱距三等分的中间范围以及剪力墙附近，其方向尽量与梁正交，沿竖向在结构同跨内；底板及外墙的后浇带增设附加防水层；后浇带 90d 以上才可封闭，采用微膨胀混凝土，混凝土强度提高一级，低温入模。混凝土施工后浇带的合拢温度为 5～10℃，尽可能低温合拢。

(2) 在孔洞和变截面的转角部位，采取有效的构造措施：在这些部位楼板中增加细而密的分布钢筋，如采用 ϕ10@150 钢筋双层双向布置；对靠近剪力墙端部及角部等应力集中部位配置附加通长钢筋进行局部加强，加强梁上部纵筋及腰筋。

(3) 其他结构设计措施：① 在建筑物端部及楼板局部开大洞周围设置双层通长钢筋，并适当加大配筋率，不小于 0.35%。②控制框架梁全跨最小配筋率不小于 1.55%，同时腰筋直径均采用 14mm，腰筋全截面配筋率不小于 0.35%。③加强屋面保温隔热措施，采用高效保温材料，减少日照温差对构件产生的温度度作用。④尽量避免结构断面突变产生的应力集中（在构造上避免结构断面产生突变）。

48　潍坊滨海经济技术开发区白浪河大桥摩天轮工程结构设计

建设地点　潍坊滨海经济技术开发区
设计时间　2013—2014
工程竣工时间　2017
设计单位　中国建筑科学研究院有限公司
［100013］北京市北三环东路30号
天津市市政工程设计研究院
［300392］天津市滨海高新技术开发区海泰南道30号
主要设计人　马　明　宋　涛　周　莉　张高明　张　强　胡　江　刘　枫
张　鹏　马宏睿　高庆峰　李义龙
本文执笔　马　明

获奖等级　2019—2020中国建筑学会建筑设计奖·结构专业二等奖

一、工程概况

白浪河大桥摩天轮建设地址位于潍坊市滨海经济开发区央子镇以北，省道222东侧，港营路上跨白浪河处。白浪河大桥西端与北海路平交，东端上跨海河路。本工程所在位置河面宽度为500m。

白浪河大桥是桥、摩天轮合二为一的建筑。白浪河摩天轮采用了创新的固定圆环的结构形式，在结构上突破了传统摩天轮中间的辐条形式，轮盘钢环采用流线型的外观造型体现建筑本体的优美质感。轿舱将沿着设置在固定轮盘上的轨道旋转，实现观光轮功能。潍坊白浪河摩天轮建于山东潍坊白浪河大桥中央，是轮桥合一的游艺建筑设施，是国内首个投入运行的无轴式摩天轮，也是世界最高的“轮桥合一”形式摩天轮（图1）。

白浪河大桥为双层桥，上层为机动车道，下层为行人和非机动车道，下层布置摩天轮登轮站台。上层桥面被摩天轮轮盘从中部分开，机动车道从分开的开口两边通过。下层桥面为一个整体，中部为摩天轮的登轮站台区，两侧为行人和非机动车过桥通道，其他部分布置控制机房等功能区。

本项目于2017年12月5日竣工，于2018年5月16日开始运营，成为白浪河景观带上的关键景观节点，更是潍坊地标性建筑，对拉动城市经济、活跃城市文化、提升城市品位具有重要意义。

图1　白浪河大桥摩天轮

二、结构体系

潍坊滨海经济技术开发区白浪河大桥摩天轮工程位于白浪河大桥主桥正中，摩天轮轮盘从大桥桥面正中延伸到下层桥面。白浪河大桥主桥为双层桁架桥，长 190m，上层为机动车道，下层为行人、非机动车道及商业游艺空间。摩天轮登轮站台布置于白浪河大桥下层，游客从下层登上摩天轮（图 2）。

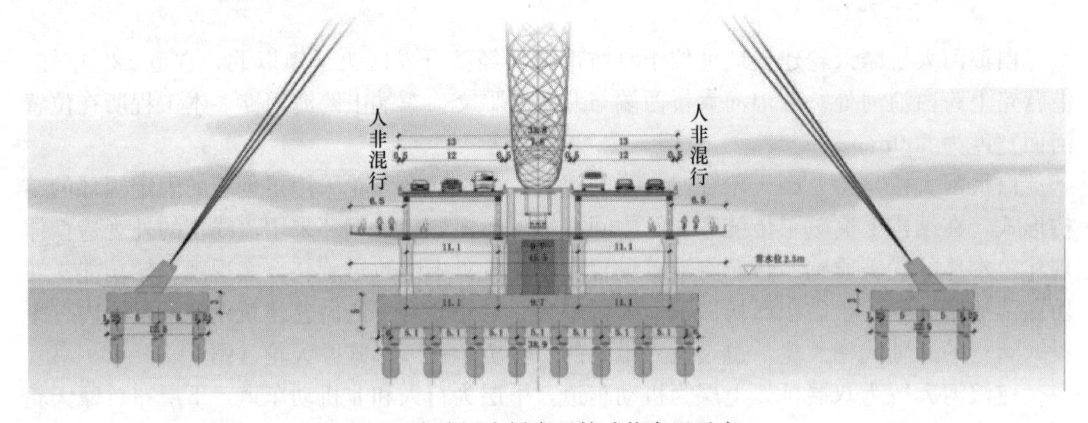

图2　白浪河大桥摩天轮功能布置示意

摩天轮轮盘正立面外轮廓为直径 125m 的圆，圆环底部断面为直径 5m 的圆，顶部断面为直径 15m 的圆，沿轮盘外轮廓线渐变成轮盘面。轮盘中心位于结构正中，标高 77.8m；轮盘斜柱轴线交点标高 19.1m，斜柱轴线间距 6.4m（图 3、图 4）。

轮盘面由采用菱形布置的空间封闭网格形成，轮盘最外侧设置外弦水平桁架，外弦水

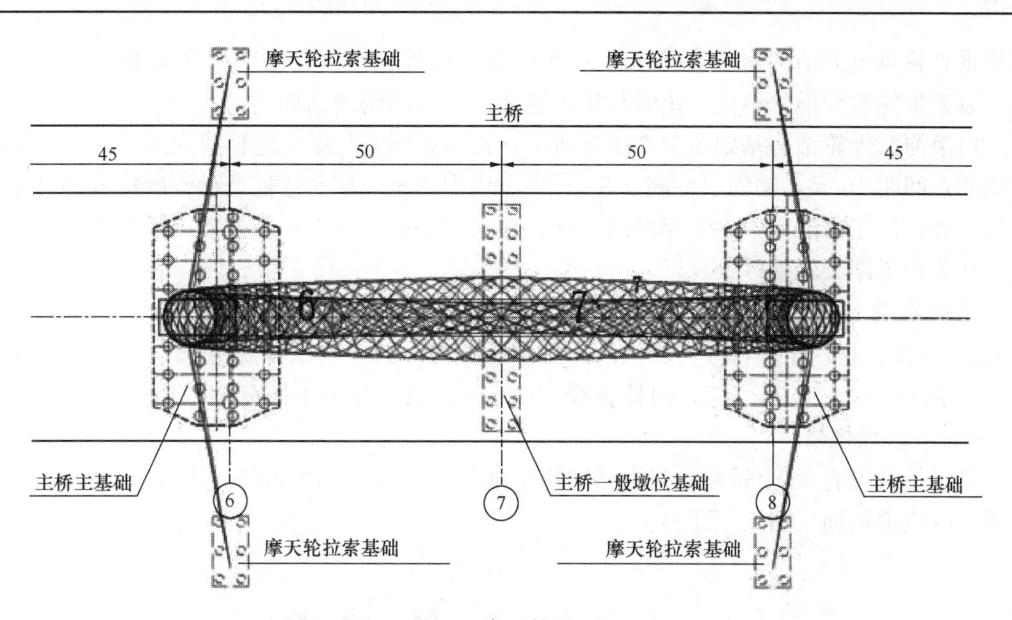

图 3 摩天轮平面

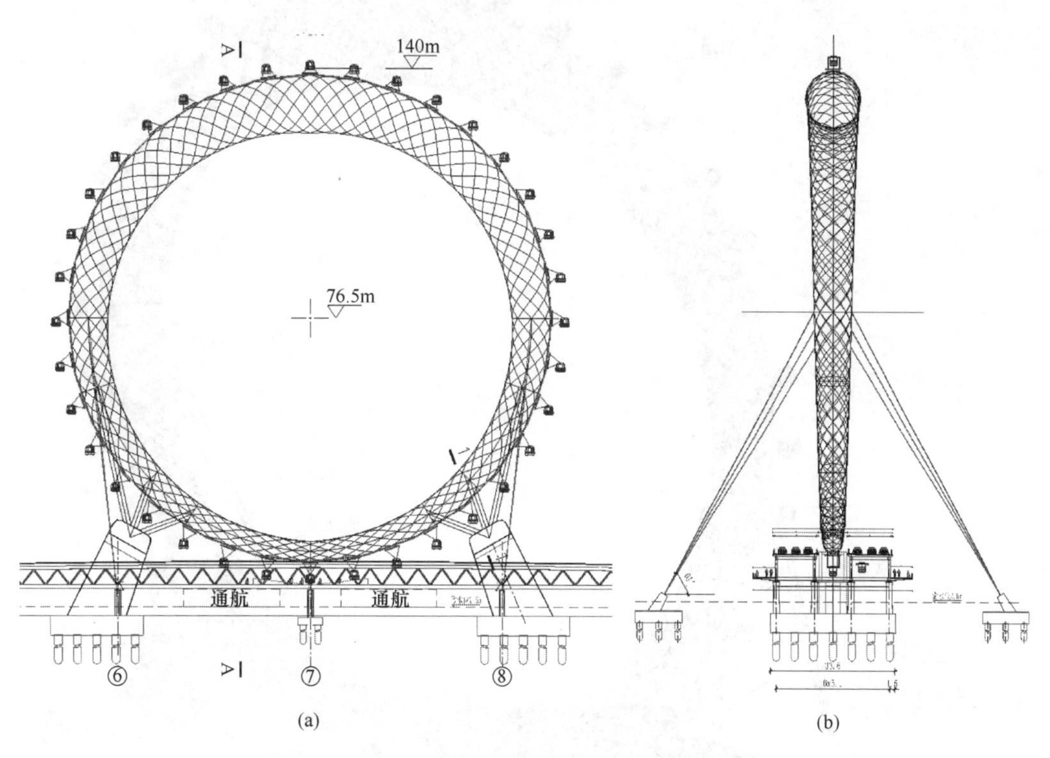

图 4 摩天轮立面

(a) 正立面；(b) 侧立面

平桁架 2 个弦杆之间布置轿厢轨道。轮盘内侧布置内弦杆，内弦杆自身形成一个闭合的圆。轮盘通过两侧斜柱墩台，形成竖向支撑体系与沿桥向的水平支撑结构体系。每侧 6 根斜柱，共 12 根斜柱均通过斜柱脚钢箱节点连接于混凝土墩台顶，该墩台布置于白浪河大桥主桥桥墩承台。斜柱间净间距 4.9m，以保障轿厢通过。轮盘两侧张拉有 12 根拉索，形成了垂直轮盘方向结构水平支撑体系以保持轮盘面外稳定。轮盘跨中布置有水平约束框架，以减少轮盘变形。斜柱、拉索与轮盘连接区设有结构加劲环。

白浪河摩天轮结构基础布置如图 3 所示，拉索锚固点与摩天轮轴线间距 45m，同侧拉索锚固点间距 100m，锚固点标高 5.5m。拉索由混凝土 6 根灌注桩及承台所构成的桩基础进行锚固，位于白浪河中。为保护该基础，在拉索基础处设人工岛公园，即保护了结构安全，又美化了摩天轮整体景观。

拉索采用 1670MPa 级高强钢丝制作的整体索，截面规格抗拉为 $\phi7\times265$。钢结构采用 Q345D 级钢材，轮盘杆件与斜柱均采用圆管截面，其中内弦杆规格 $\phi914\times25$，外弦杆规格为 $\phi630\times25\sim\phi914\times50$，斜柱直径 1500mm，根据受力不同分别采用了 $\phi1500\times70$、$\phi1500\times45$ 截面规格。

摩天轮共设有 36 个轿厢，每个轿厢额定乘客 10 人，每 30min 转一圈。轿厢自带动力装置，沿轨道运动（图 5、图 6）。

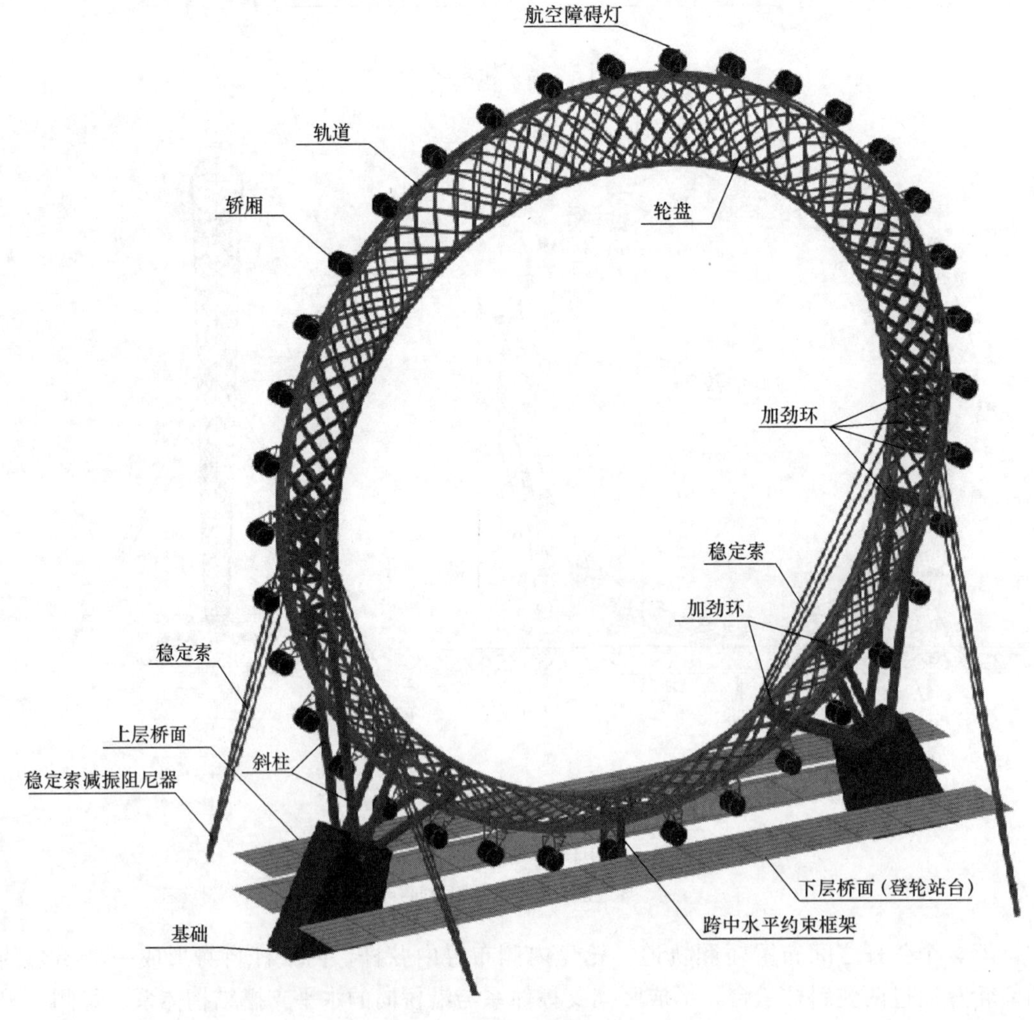

图 5　摩天轮三维结构布置

图 6 轿厢安装

三、结构特点

与常规摩天轮不同，白浪河摩天轮创造性地提出了一种无轴摩天轮形式设计思路，设计并建设完成了世界首个无轴式编织网格式摩天轮，为摩天轮行业的进一步创新与发展起到了示范作用。通过对无轴摩天轮的结构设计与工艺设计的研究，该项目的设计取得了众多突破和创新，并克服了结构计算、安装工艺和安全控制等一系列难题，圆满取得成功。主要工程技术特点如下：

1. 研究了摩天轮运行的基本原理，创新性地提出并实现了无轴式摩天轮结构设计

传统的摩天轮结构中，轮盘通过回转支承绕摩天轮主轴旋转，轿厢固定于摩天轮轮盘，随轮盘转动而实现观光功能。随着摩天轮尺寸的增加，主轴回转支撑尺寸增大很快，对机械制造、安装精度均提出了极高的要求，同时也对回转支承的磨损、维护等也提出了很高的要求。中国建筑科学研究院对摩天轮观光功能的本质进行了分析，提出轮盘不转、轿厢旋转的无轴摩天轮设计理念，并得到了业主的认可。设计研究团队根据实际项目，进行了轮桥一体、结构形态、设备配套、驱动系统与运营维护等专项研究，并应用于白浪河大桥摩天轮，保证了摩天轮设计的可行性与可靠性，保证了摩天轮系统顺利通过了大型游乐设施设计鉴定。

2. 超大直径无轴式斜交网格摩天轮结构全参数化设计

摩天轮轮盘正立面是外轮廓为直径 125m 的圆环，圆环底部断面直径 5m，顶部断面直径 15m，以菱形斜交网格形式的空间网格结构构成。为保证结构设计分析的全面与有效性，在结构设计中采用全参数化设计，设计中还进行了专门的程序设计，实现了参数化设

计模型与结构施工图、节点施工详图、结构实体模型的无缝衔接，实现了节点设计与节点分析的无缝衔接，自动根据节点详图设计生成有限元模型、自动进行有限元计算、自动统计全部节点分析结果，对1904个节点进行了遍历计算，充分保证了设计安全。结构实体模型包含了节点三维实体模型，可以直接用于结构施工，节约了施工时间，减少了施工难度。

3. 通过一系列专项设计研究保证结构安全

（1）进行了运营状态、极限状态分析，以及符合建筑、游艺两种行业规范的结构设计；

（2）结合公路系统抗震要求，进行了结构抗震性能化设计；

（3）研究了摩天轮的风振响应特性，并对运营状态下的结构舒适度进行了分析；

（4）进行了考虑初始缺陷的几何非线性与材料非线性全过程分析，保证了结构在极限状态下的整体稳定性；

（5）进行了摩天轮抗连续倒塌分析，保证了特殊情况下的公共安全；

（6）进行了轮桥合一关键构件的有限元分析；

（7）进行了轮桥合一共用基础的设计研究。

潍坊滨海经济技术开发区白浪河大桥摩天轮的设计打破了传统摩天轮所固有的局限性，用全新的设计创意打造了一种新型的摩天轮形式，并用一系列的专项研究保证了摩天轮的安全与成功运行。

四、设计要点

1. 荷载与作用

摩天轮主要用于游艺用途，在使用状态下人群荷载相对较小，其主要荷载是恒荷载、风荷荷载、地震作用。

恒荷载：主要包括结构自重、轨道重量、轿厢重量，在运行状态下需要考虑轿厢重量的动力系数，设计中取动力系数1.3。

人群活荷载：摩天轮共有轿舱36个，每个轿舱准乘10人。活荷载按0.75kN/人计算。运营状态下设计计算时，动力系数1.3。

风荷载：基本风压按照100年一遇，取桥梁规范与建筑结构荷载规范的包络值，为0.65kN/m^2，构件的体形系数对圆形杆件取为0.6，轿舱取为1.3。

地震作用：抗震设防类别为乙类，抗震设防烈度7度，设计基本地震加速度值0.15g。结构设计时，结构抗震性能按中震弹性设计。根据安评报告，水平地震影响系数如下：

规范反应谱：$\alpha_{max}=0.34$，$T_g=0.55$s，阻尼比取0.02，竖向地震影响系数取0.65倍水平地震影响系数。

安评反应谱：$\alpha_{max}=0.4375$，$T_g=0.55$s，阻尼比取0.02，竖向地震影响系数$\alpha_{vmax}=0.2925$。

温度作用：根据荷载规范，月平均温度极值为－12～36℃，结构平均温度变化取±30℃。考虑到日晒对结构的影响，并考虑极端温度变化，极限温度取＋60℃/－30℃。

此外还考虑了雪荷载、裹冰荷载等。

2. 设计方法

（1）极限状态下结构的设计计算采用以概率理论为基础的极限状态设计方法，按建筑结构相关设计规范进行设计；

（2）运行状态下结构的设计计算采用容许应力法，按游乐设施相关设计规范进行设计；

（3）在运行状态下，最大允许风速为15m/s，当超过该值时，设备停止载客运行。

（4）采用容许应力法进行计算时，对于重要的轴、销轴及重要构件和焊缝，安全系数应≥5，对于一般构件安全系数应≥3.5。

不同状态下的主要设计分析要求见表1。

主要设计分析要求 **表1**

<table>
<tr><th colspan="2">状态分类</th><th>计算类型</th><th>计算内容</th></tr>
<tr><td rowspan="8">极限状态</td><td rowspan="2">承载能力极限状态
（100年重现期风荷载）</td><td>静力计算</td><td>强度</td></tr>
<tr><td>地震分析（中震）</td><td>强度</td></tr>
<tr><td rowspan="4">正常使用极限状态</td><td>静力计算</td><td>位移</td></tr>
<tr><td>地震分析（中震）</td><td>位移</td></tr>
<tr><td>疲劳计算</td><td>节点疲劳</td></tr>
<tr><td>稳定计算</td><td>结构整体稳定</td></tr>
<tr><td rowspan="2">罕遇地震状态</td><td rowspan="2">地震分析（大震）</td><td>位移</td></tr>
<tr><td>性能目标</td></tr>
<tr><td colspan="2" rowspan="3">运行状态</td><td rowspan="2">静力计算</td><td>位移</td></tr>
<tr><td>强度</td></tr>
<tr><td>地震分析（小震）</td><td>强度</td></tr>
</table>

3. 考虑初始缺陷的几何非线性与材料非线性全过程分析

为保证摩天轮的整体稳定性，可以采用考虑初始缺陷的几何非线性与材料非线性全过程分析。经多工况分析，正立面风向作用下的“恒＋风”工况下，结构的屈曲系数最小，以该工况下屈曲模态为初始缺陷，取轮盘直径的1/300作为最大初始缺陷，进行考虑初始缺陷的双非线性全过程分析。图7为5倍荷载情况下结构变形图，图8为最大变形节点荷

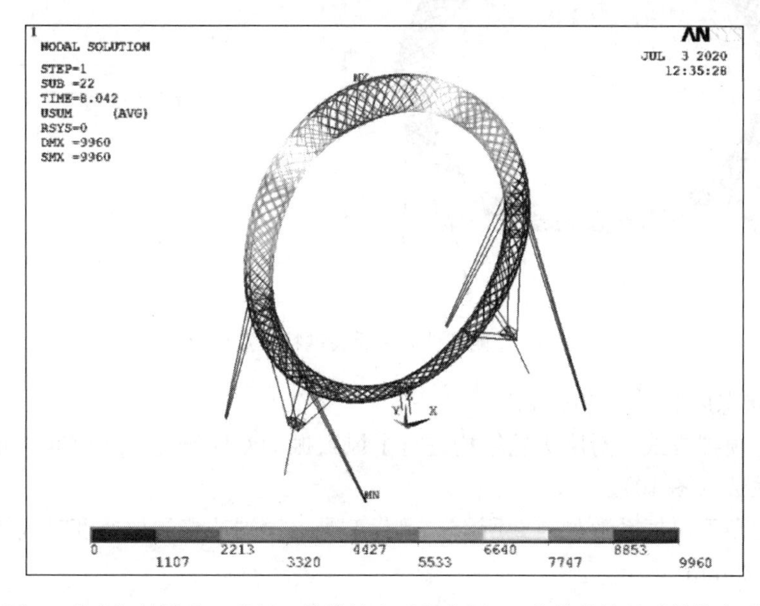

图7 考虑初始缺陷，进行双非线性全过程分析，5倍荷载情况下结构变形

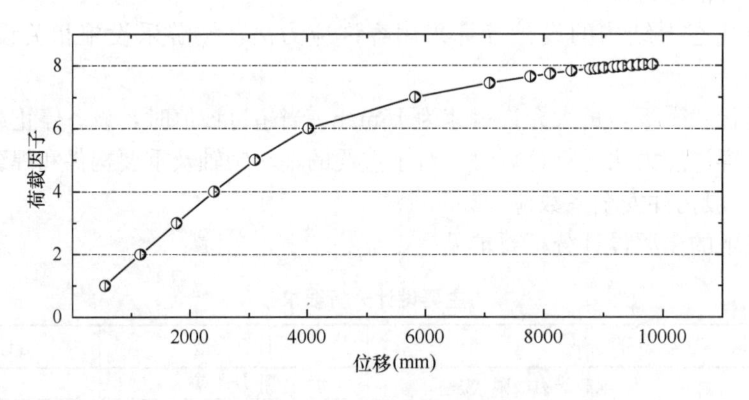

图 8　最大变形节点荷载-位移曲线

载-位移曲线。分析表明结构的整体稳定性满足规范要求，可以保证结构的整体稳定性。

4. 抗连续倒塌分析

考虑到本项目建设于桥梁之上，支承结构少，为防止个别关键杆件破坏导致的结构倒塌问题，进行了结构抗连续倒塌分析。

采用拆除构件法，采用 ABAQUS 进行非线性动力分析，研究结构在受损后的反应，1.0 恒荷载+0.5 活荷载+0.2 风荷载。在倒塌过程的弹塑性分析中阻尼比取 0.02，计算时长取为 60s。分析结果表明，杆件拆除后，结构变形增大，并快速发展，随着时间增长，结构的竖向变形均逐渐趋于稳定。多数构件的应力小于屈服强度，结构具有良好的抗连续倒塌能力（图 9）。

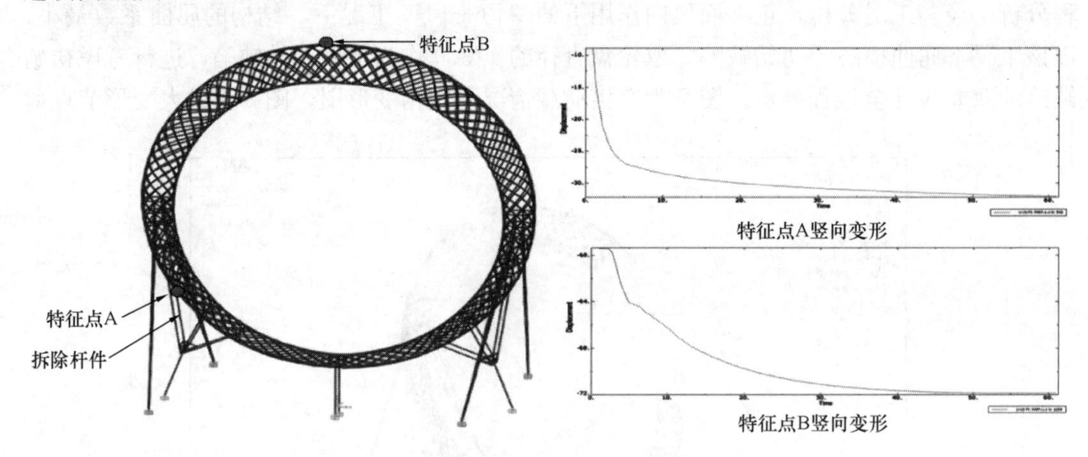

图 9　左侧杆件拆除后关键特征点变形

5. 运营状态风振与舒适度分析

采用数值模拟方式，对摩天轮结构进行了风致振动专项研究，并根据研究成果提出了实用的风振系数（图 10）。

不同风向角下风振系数如表 2 所示，运营工况下顶端节点的加速度时程如图 11 所示，最大加速度 125mm/s^2。

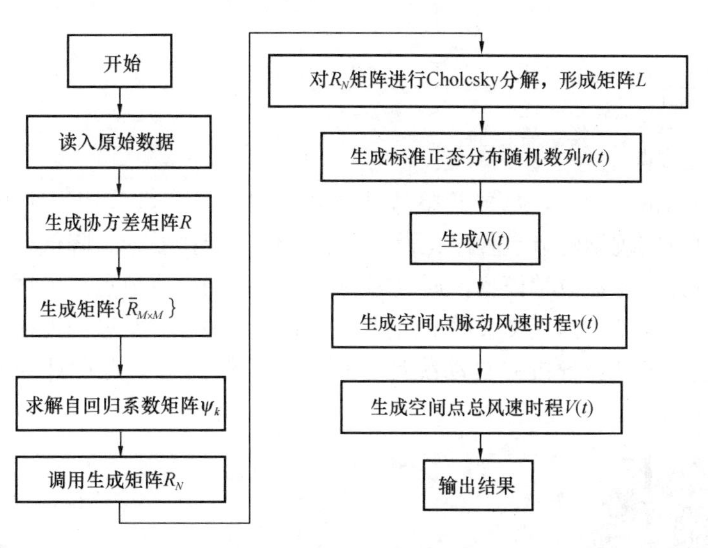

图 10　模拟空间点的风速时程程序关键步骤

不同风向角下风振系数　　**表 2**

风向角（°）	最大值	最小值	平均值	标准差	最大位置
0	1.49	1.32	1.38	0.039	50～60m 区段迎风面内弦节点
30	1.52	1.30	1.38	0.05	50～60m 区段迎风面轮面节点
45	1.60	1.27	1.38	0.07	50～60m 区段迎风面轮面节点
60	1.63	1.24	1.39	0.07	50～60m 区段迎风面轮面节点
90	1.59	1.33	1.41	0.045	50～60m 区段外弦节点

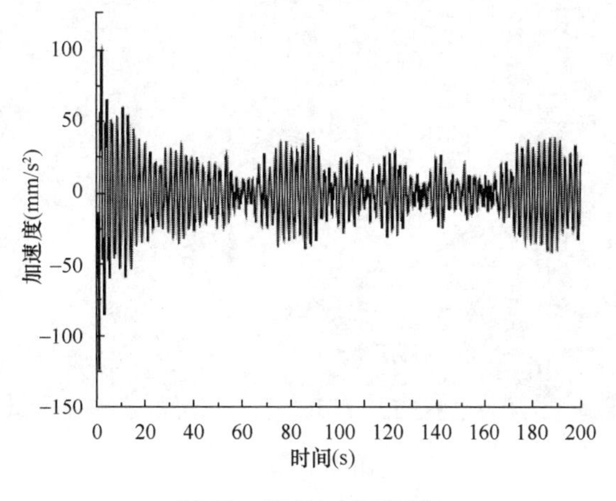

图 11　顶点加速度时程

五、节点设计

1. 四杆交叉节点

摩天轮轮面的钢管构件，从建筑整体外形要求出发，多数采用十字形节点来进行连接，这种做法可以实现钢管节点程序化设计，有效保证焊接质量，降低施工难度，外形美观。根据结构设计与轮盘数学模型，通过编制程序，自动生成节点加工详图，并生成三维模型，方便加工、施工。四杆交叉的节点共 940 个 238 种不同类型的连接节点。通过程序化处理，全部进行了计算分析并自动统计分析结果，保证了节点设计的安全性（图 12、图 13）。

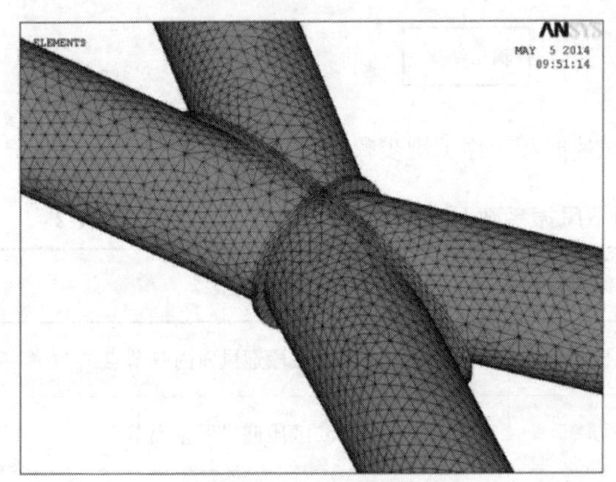

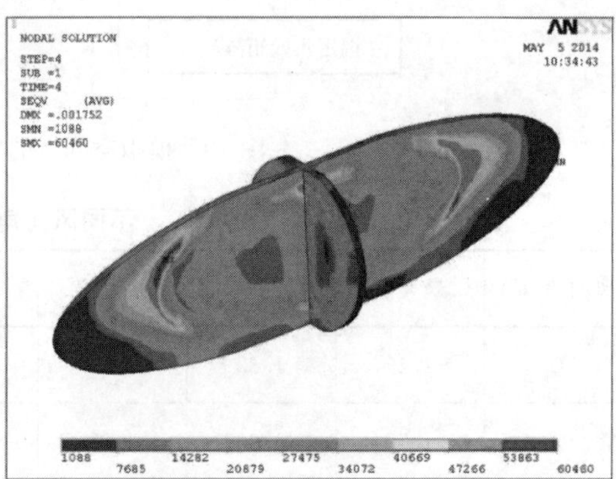

图 12　节点有限元模型与节点板应力云图

图 13　节点

2. 斜柱柱顶节点

斜柱柱顶节点一方面要保证其外壁与轮盘外壁齐平，避免构件局部突出影响建筑效果，另一方面该节点连接的节点数量众多。为保证节点连接的安全性，该节点采用了铸钢节点。图 14 为铸钢节点做法及节点有限元分析结果，分析表明该节点有足够的安全性，可以保证结构的承载力安全。

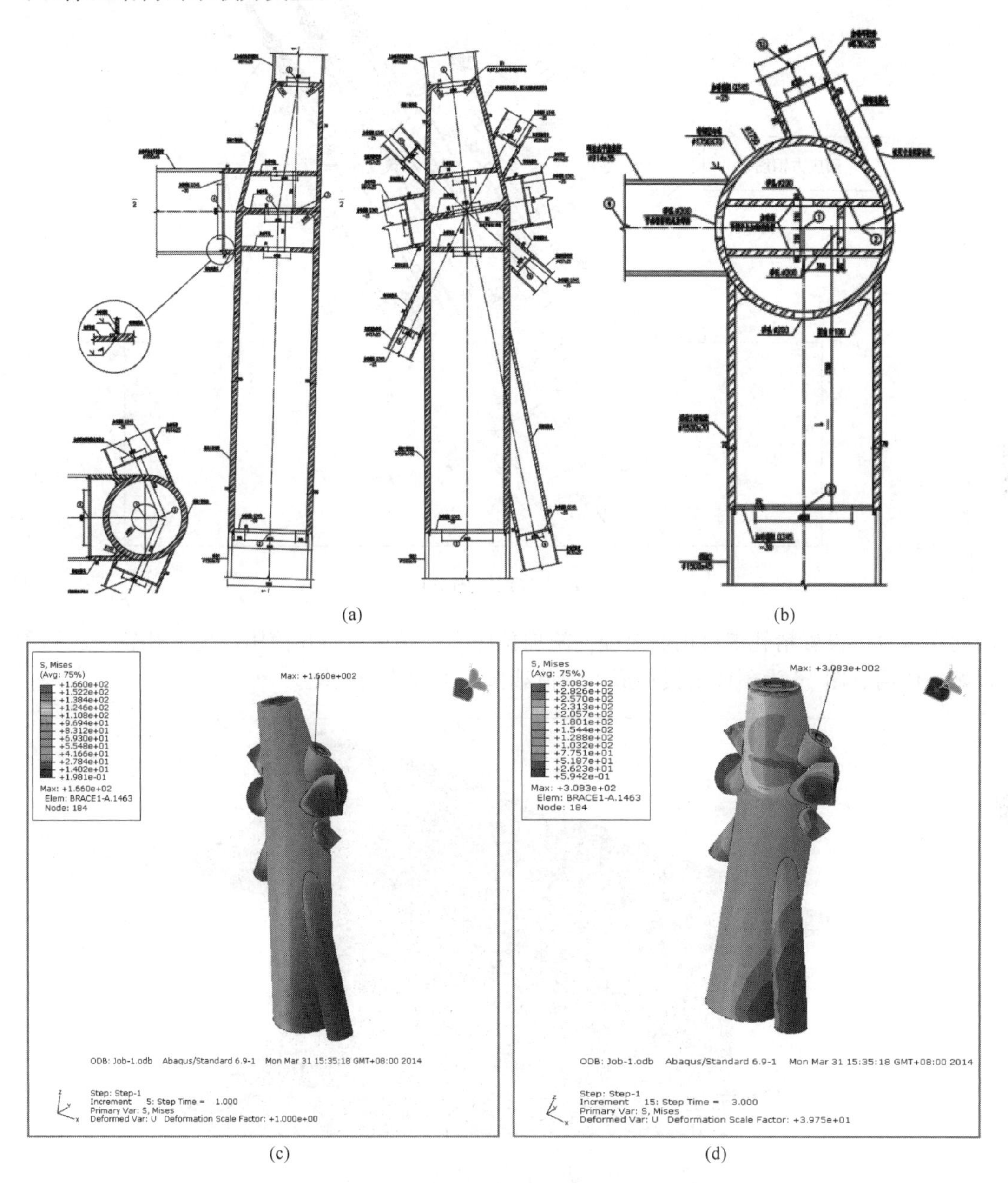

图 14　柱顶节点及有限元分析结果

(a) 节点 1；(b) 节点 2、3；(c) 节点 1 设计荷载下应力云图；(d) 节点 1 在 3 倍设计荷载下应力云图

3. 拉索锚固节点

摩天轮拉索锚固于混凝土承台。节点做法如图 15 所示，拉索通过节点板与承台相连接，节点板埋入承台，通过节点板周边栓钉、预埋锚栓等锚固在混凝土结构中。

由于混凝土承台长期承受拉力作用，混凝土极易开裂，造成刚度下降、钢筋锈蚀等问题，

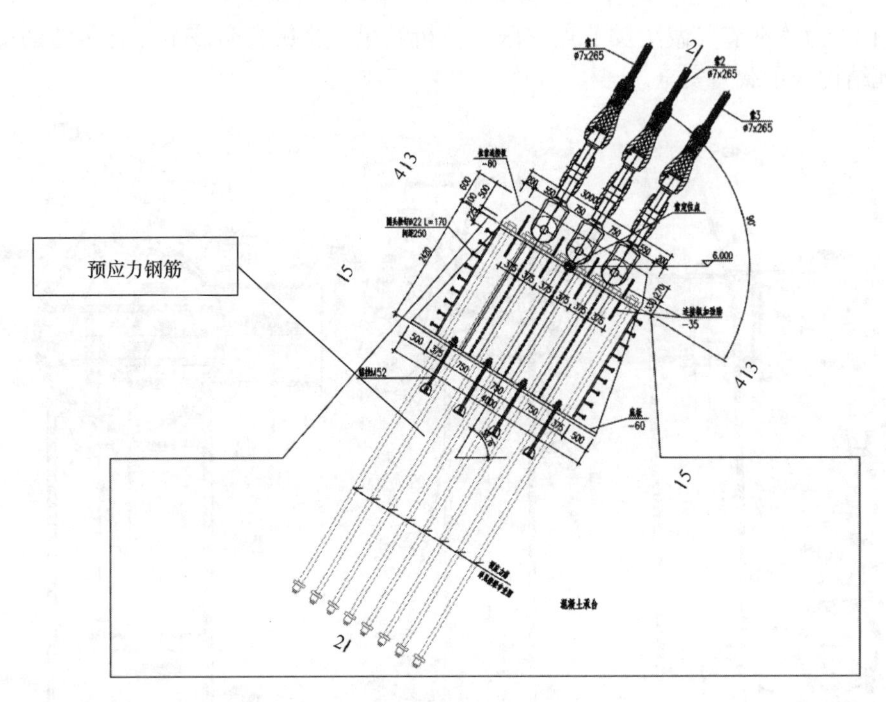

图 15 拉索锚固节点

因此在承台中设置精轧螺纹钢筋对埋件施加预应力，避免承台在使用情况下开裂，起到了很好的作用。图 16 为预埋钢板在最不利荷载作用下的应力云图。

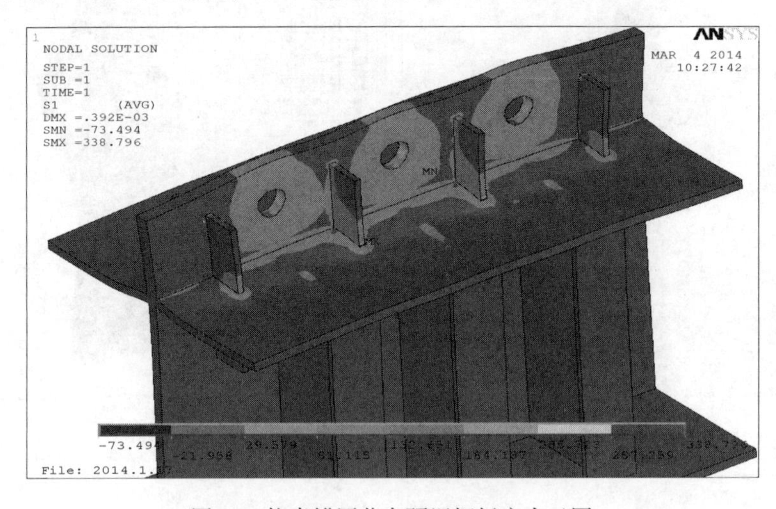

图 16 拉索锚固节点预埋钢板应力云图

49　成都大魔方演艺中心结构设计

建设地点　四川省成都市高新区新天府广场核心区
设计时间　2011—2014
工程竣工时间　2017
设计单位　华东建筑设计研究院有限公司
[200002] 上海市汉口路151号
主要设计人　张耀康　周　健　汪大绥　张伟育　蒋本卫　周　慧　蔡学勤
本文执笔　张耀康　蒋本卫

获奖等级　2019—2020中国建筑学会建筑设计奖·结构专业二等奖

一、工程概况

成都大魔方演艺中心建筑总体形态为呈悬浮状的陀螺（图1），总建筑面积约10万m^2。作为西部最大的室内综合性演出场馆，可同时容纳1.2万人观看演出，是目前国内使用面积最大、室内最先进、功能最全面、灵活度最高的演艺场馆之一。工程于2011年9月开工，2017年竣工。

该项目为华东建筑设计研究院有限公司原创方案，原设计由多功能演艺主场馆（大陀螺）和450座的音乐俱乐部（小陀螺）构成（图1），实施建造过程中因运营策划需求调整，拆除了已部分施工的小陀螺，改为单陀螺结构（图2）。

图1　成都大魔方演艺中心原设计效果图及建设过程

大陀螺平面呈圆形，地上6层，屋面最高处距离室外地面46.6m。结构主要由下部陀螺形主体结构及空间钢桁架屋盖组成。其中主体结构采用钢筋混凝土框架-筒体结构体系，

图 2　最终大陀螺实景图及室内看台

各榀框架由斜柱、框架柱以及斜梁或楼面梁形成巨型大悬挑桁架。

二、基础及地下室设计

对于荷载较小的一般部位选用的持力层为稍密卵石层，采用独立基础即可满足设计要求。当柱子所受荷载较大时，以中风化泥岩作为持力层的桩基础承载力较高，与独立基础方案经过比较后选择确定：大陀螺主体结构局部荷载较大的柱下采用带扩大头的人工挖孔桩桩基础＋独立承台，选用的持力层为中风化泥岩。

本工程地下室 2 层，地下一层层高 6.5m，地下二层层高 4.5m，地下室埋深约 11.5m。地下室的主要功能为设备机房、停车库以及舞台下储藏，平面尺寸长约 242m，宽约 168m，地下室结构不设永久性的伸缩缝。

地下二层板面标高－11.0m，相当于绝对标高 481.5m，抗浮设计水位为绝对标高 487.0m，因此采用抗浮锚杆以减小底板厚度，锚杆间距 3.0m×3.0m。局部设备机房落低处，适当减小锚杆间距。底板厚度为 400mm。

三、上部结构设计

1. 大陀螺主体结构

1）非对称、大悬挑结构布置

与常规的舞台在中间、看台周边对称布置不同，本项目采用的半环绕式无台口新型舞台设计，看台可变换满足演艺功能的扇形看台和满足体育赛事的环形看台，能适应演出及比赛的多种模式，全场没有一个座位死角。但这一布置方式使得看台不对称，外加整体悬挑，无法实现整体环向自平衡，给结构设计带来较大的难度（图 3）。

大陀螺主体结构由舞台区和观众看台及其辅助功能区组成，由于建筑造型的要求，各层平面尺寸均不同。3 层楼面的平面尺寸最小，约呈直径 115m 的圆；6 层楼面平面尺寸达到直径为 140m 的圆形。主体结构在观众厅侧，6 层平面相较于 3 层平面，最大外挑约 20m。

舞台区由舞台圆弧形剪力墙、楼电梯井道筒体以及少量的框架组成，剪力墙高度约 33m，厚度 800mm。观众看台及其辅助功能区主要为框架结构，并结合建筑垂直交通布置剪力墙形成筒体，与框架一起组成框架-剪力墙的抗侧力体系。墙体厚度 550mm。

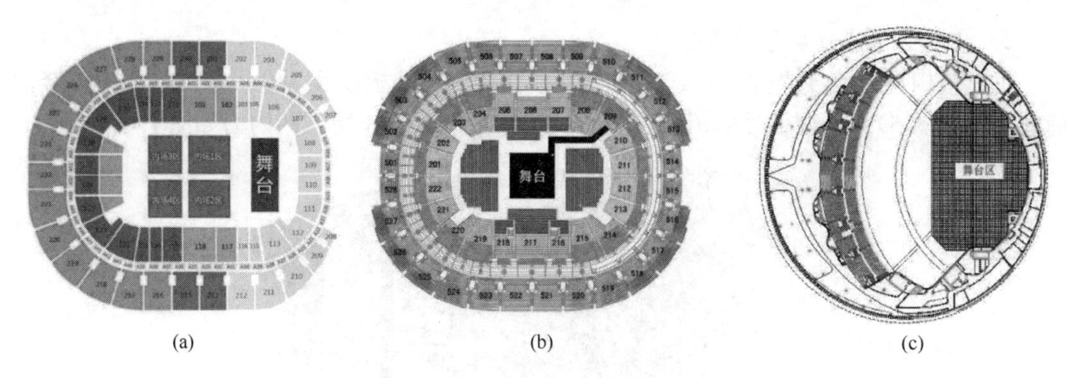

图 3 常规项目与本项目的舞台、看台布置差异

(a) 常规舞台、看台布置之一;(b) 常规舞台、看台布置之二;
(c) 本项目半环绕式舞台、看台布置

由于 3 层至 6 层逐层外挑,且 6 层支承钢屋盖的框架柱也位于 3 层外边柱所对应的位置以外,因此,在 3 层以上通过斜柱与其他竖向构件、看台斜梁、楼面梁板一起形成巨型悬挑桁架,并承受钢屋盖的荷载,悬挑跨度 11~23m 不等,如图 4、图 5 所示。

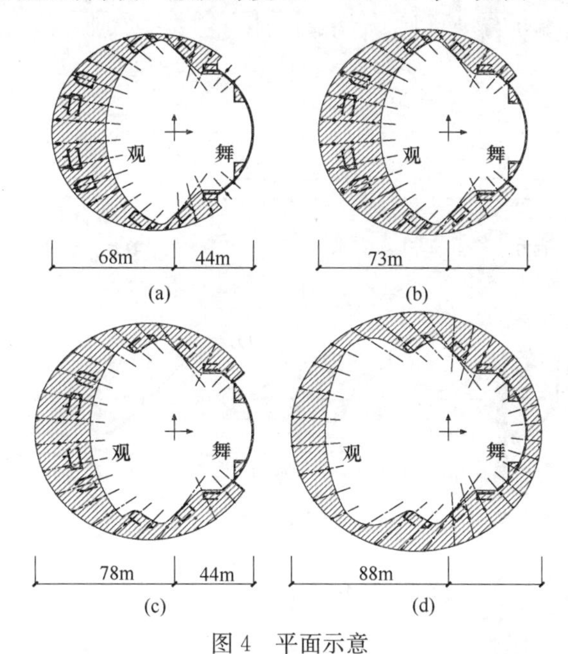

图 4 平面示意

(a) 3 层平面;(b) 4 层平面;(c) 5 层平面;(d) 6 层平面

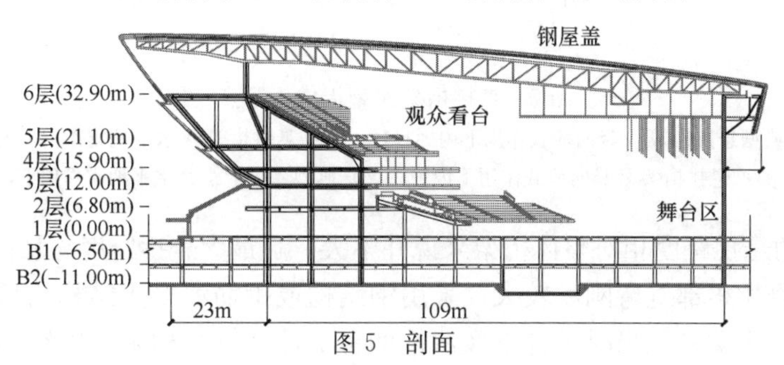

图 5 剖面

2）结构受力特点及选型考虑

主体结构悬挑跨度大并且在悬挑桁架中布置有3层楼板以及观众厅，结构受力以竖向荷载为主（图6）。典型榀悬挑桁架在竖向荷载和水平地震作用下的内力如图7所示。

图6 整体结构计算模型

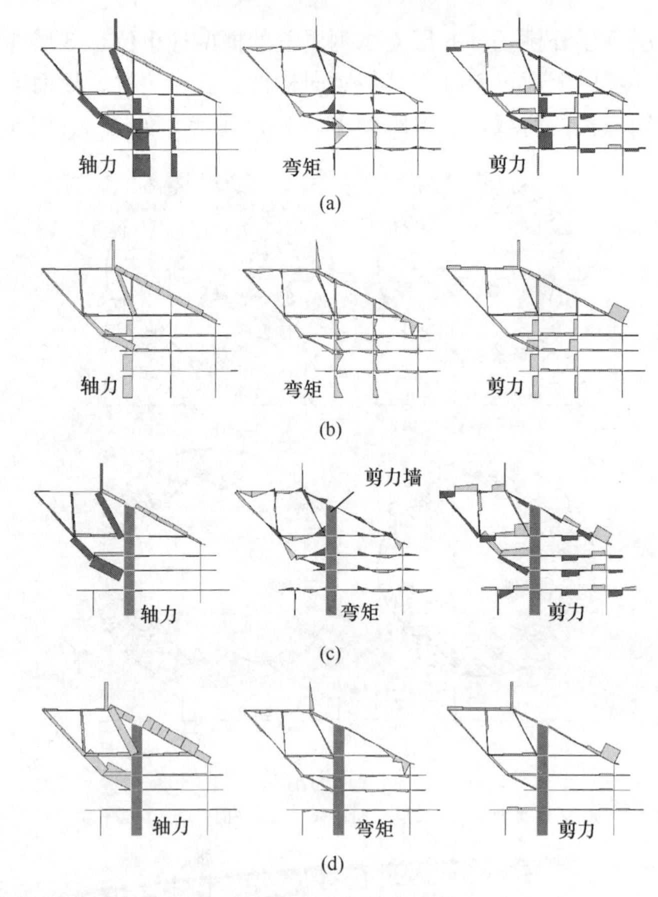

图7 悬挑桁架典型榀内力示意

(a) 典型悬挑桁架A竖向荷载作用下内力；(b) 典型悬挑桁架A水平地震作用下内力；
(c) 典型悬挑桁架B竖向荷载作用下内力；(d) 典型悬挑桁架B水平地震作用下内力

由于结构的悬挑跨度相对整体桁架来说并不大，且最大悬挑跨度与悬挑根部高度的比值约为1.23，悬挑根部抗弯刚度较大，采用钢结构或钢筋混凝土结构均可实现。经过综合比较（表1），主要基于当时条件下经济性的考虑，主体结构采取以钢筋混凝土为主的结构方案，利用建筑垂直交通布置剪力墙，形成混凝土框架-剪力墙的结构体系（图 8）。

结构方案对比 **表 1**

	优点	缺点
钢筋混凝土方案	经济性相对较好； 应用广泛，对施工单位的要求较低	自重大，截面尺寸较大； 设计难度大，复杂结构不易实现，需要采取加强措施以保证受力性能； 模板施工难度大，施工周期长
钢结构方案	自重小，结构受力性能好材料延性好，有利于抗震； 容易实现复杂的结构形式	土建结构造价相对较高

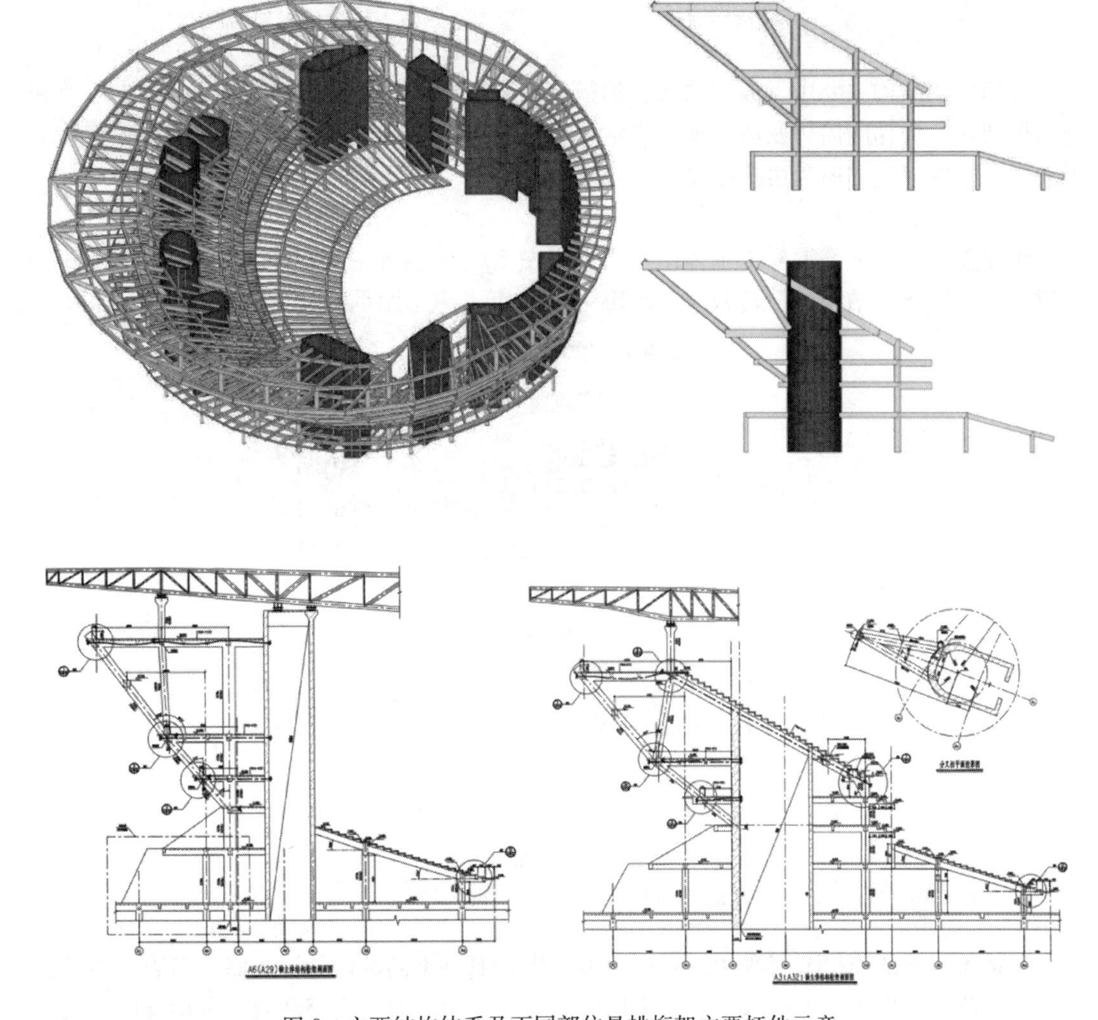

图 8　主要结构体系及不同部位悬挑桁架主要杆件示意

2. 大陀螺钢屋盖结构

1）钢屋盖结构体系

兼顾各种使用功能的预留荷载需求远比一般体育馆大，且由于舞台偏置一侧，整个屋盖的吊挂荷载分布不均匀，大的吊挂荷载集中在舞台台口两侧，因此设计中利用舞台台口两个楼梯间筒体支承结构，设置一个近 8m 高的舞台主桁架。主桁架跨度约为 85m（Y 向），两侧各向外悬挑约为 27m，舞台区以外的屋盖最大跨度约为 97m（X 向）。主桁架采用具有一定的抗扭刚度的空间立体桁架（图 9）。

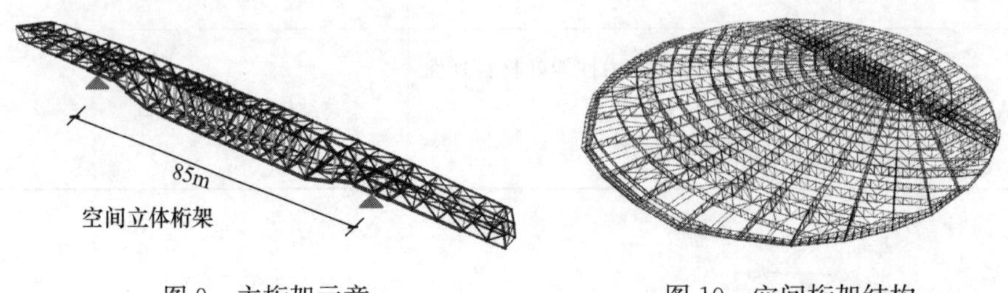

图 9　主桁架示意　　　　图 10　空间桁架结构

空间桁架结构主要由呈放射线布置的径向桁架和环向桁架组成（图 10），以主桁架和周边框架柱、楼梯间筒体及剪力墙为支承，形成双向空间桁架，最大桁架高度约为 5.6m。下部支承构件以外的屋盖由桁架悬挑。

2）支承结构体系

钢屋盖支承于下部混凝土主体结构之上（图 5），在支承柱间设置“人”字形的 BRB 支撑，以控制屋盖结构的扭转效应。BRB 屈曲约束支撑采用承载型，布置如图 11 所示。

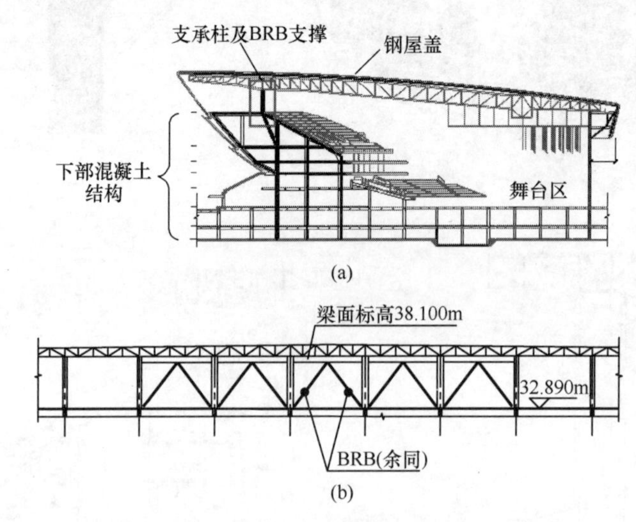

图 11　结构剖面及屈曲约束支撑布置

（a）结构剖面；（b）屈曲约束支撑布置

钢屋盖与下部连接节点采用抗震型球形支座。兼顾不同部位的减小温度内力、水平抗震、竖向荷载传递等受力需求，分别采用固定支座、单向滑动支座和双向滑动支座，支座分布如图 12 所示。

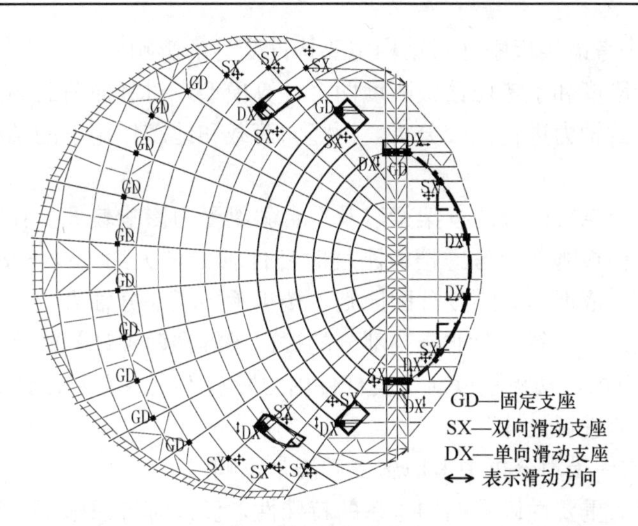

图 12 抗震支座分布

四、结构设计特点

1. 大陀螺主体结构

1）采用预应力技术设计悬挑桁架

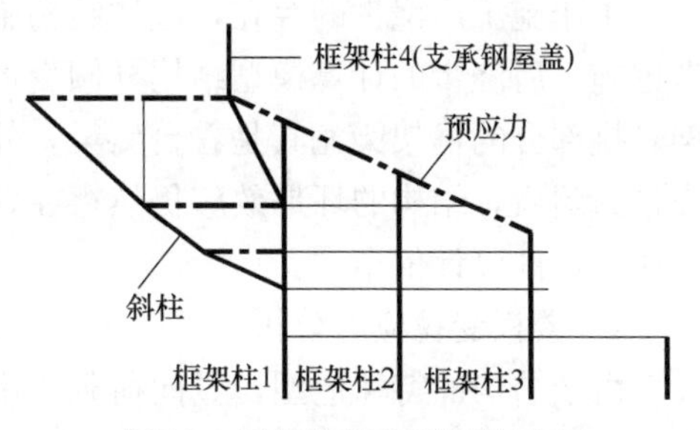

图 13 悬挑桁架主要杆件示意

如图 13 所示，桁架悬挑部分的框架梁以及看台斜梁均为拉弯构件，采用后张有粘结预应力技术对该部分构件进行承载能力设计，有效地平衡了拉弯构件的部分轴向拉力，同时，配置足够非预应力筋，提高结构延性。

6 层平面近似呈圆环状，对该层周圈环梁施加预应力，如同在主体结构顶部加了一道“紧箍”，将各榀悬挑桁架连系在一起，加强结构的环向刚度，增强结构的空间整体效应，改善单榀框架的受力性能（图 14）。

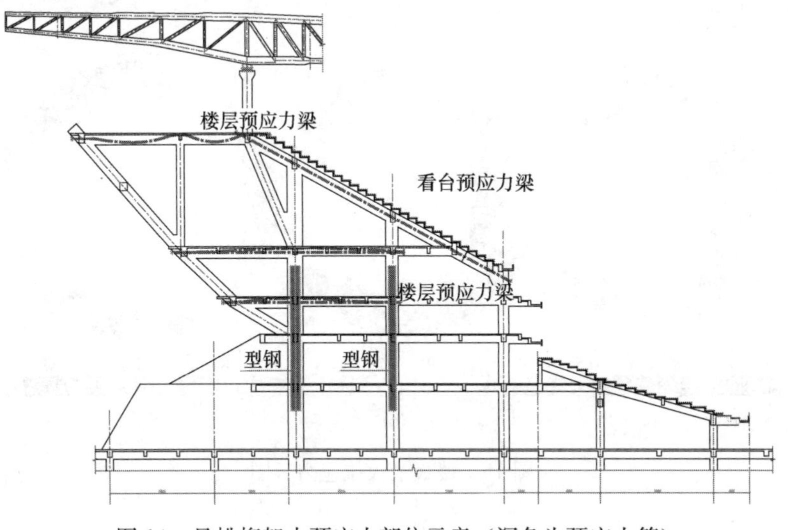

图 14 悬挑桁架内预应力部位示意（深色为预应力筋）

2）计算分析中考虑楼板刚度对结构主要构件受力的影响

建立考虑楼板刚度和不考虑楼板刚度两个计算模型，对竖向荷载与水平地震作用下悬挑桁架中主要构件的轴力进行比较分析，为竖向荷载和地震作用下的结构安全性提供可靠支撑。

楼板刚度对桁架悬挑部分的框架梁以及看台斜梁受力影响较大。在竖向荷载和水平地震作用下，不考虑楼板刚度较考虑楼板刚度时杆件轴力增大约50%～80%，这主要是由于考虑楼板刚度后，依据内力刚度分配原则，楼板承担了部分轴力。

其他杆件如框架柱、斜柱及非悬挑部分的楼面梁等在两种计算模型下的计算结果较为接近，相差在5%以内，楼板刚度对这类杆件内力影响不大。实际设计时采取两种计算模型分析结果的不利值进行设计。

3）结构主要构件受力分析中考虑施工后浇带影响

考虑到本工程的重要性以及结构体系的特殊性，设计时考虑施工后浇带的设置，忽略结构环向空间效应的有利作用，确保悬挑桁架关键构件在竖向荷载作用下的安全。

由于施工后浇带的存在，主体结构施工过程中无法形成环箍效应，竖向荷载作用下，考虑施工后浇带的计算模型结构外倾变形相对较大，这使得斜柱的轴向变形增大，而对桁架悬挑部分的框架梁尤其是看台斜梁，外倾变形将进一步增大其轴向变形。实际在施工后浇带封闭后，结构的环形效应仍然存在，楼板受环向拉力。因此，设计时取计算结果较大者作为构件设计依据。

4）楼板受拉应力分析

由于结构的特殊造型，竖向荷载作用下楼板受拉。对4～6层楼板，计算采用膜单元模拟，竖向荷载组合工况下各层楼板最大拉应力云图如图15所示。应力较大区域基本出现在4层悬挑桁架位置，最大约为3MPa，大于C40混凝土的抗拉强度标准值2.39MPa，但超过2.39MPa的区域基本位于混凝土梁宽800mm的范围内。这是由于整体结构的外倾变形，在楼板内产生径向拉应力，考虑混凝土梁中纵筋承担此拉力，经计算复核，能满足要求。各楼层其他区域的应力均较小，基本在1.50MPa以内，说明整体结构在悬挑楼层产生的环向张力并不大。

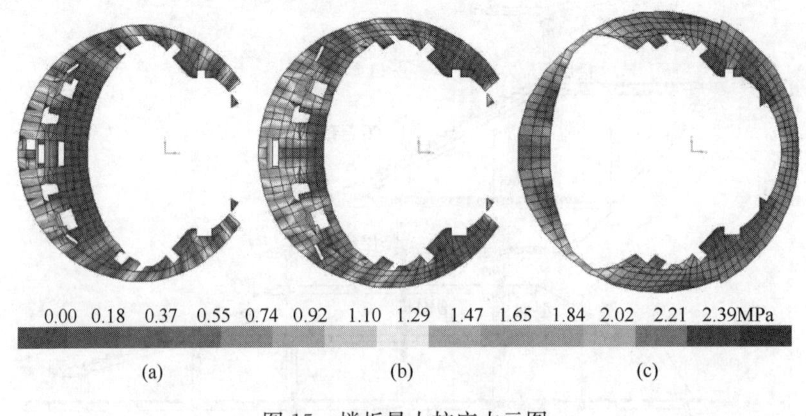

图15 楼板最大拉应力云图

(a) 4层；(b) 5层；(c) 6层

2. 大陀螺钢屋盖结构

1）预应力主桁架

由于主桁架左右两侧荷载分布不均匀、支承条件差异较大，承受较大的平面外扭转作用（图 16）。在主桁架下弦施加张拉预应力（图 17），为了主动调整桁架受力状态，A 侧下弦的预应力大于 B 侧。

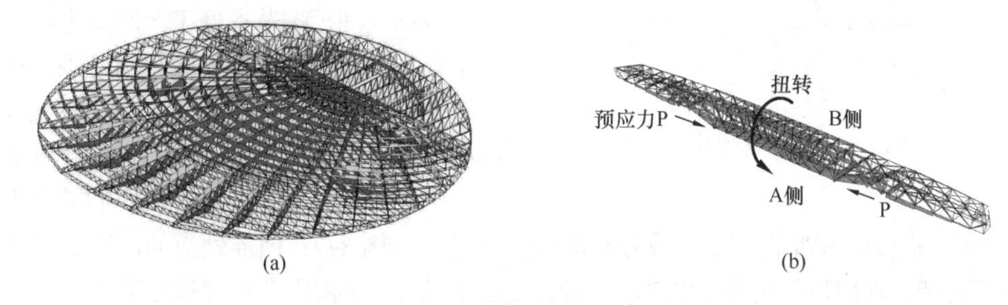

图 16　桁架轴力分布

（a）整体桁架；（b）主桁架

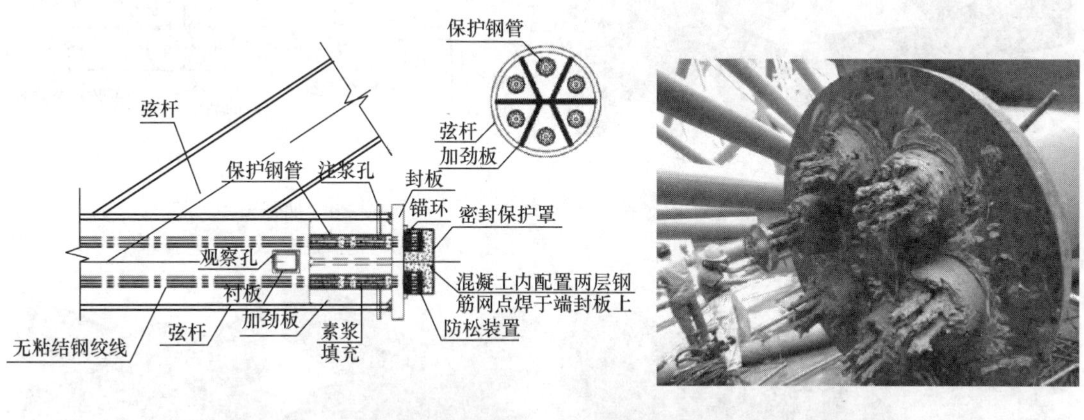

图 17　主桁架下弦预应力节点做法

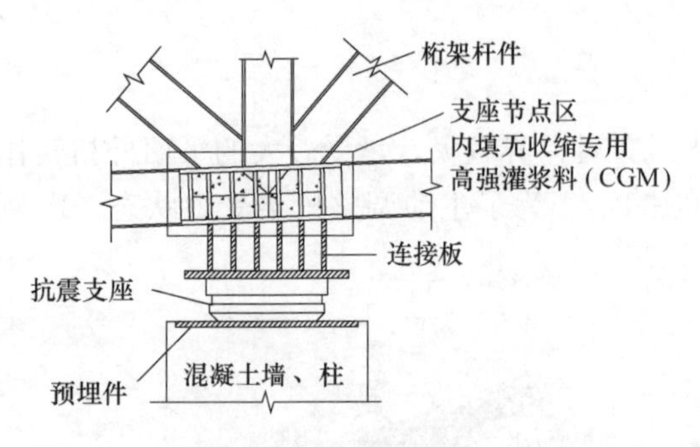

图 18　支座节点做法

2）支座节点及桁架节点

设计采用连接板将桁架杆件与抗震支座相连（图 18）。在支座节点区的主管内设置内加劲板，并内填无收缩专用高强度灌浆料（CGM），提高节点域强度承载力。

双向空间桁架节点处于空间受力状态，超出了规范中节点设计计算的适用范围。选取屋盖结构中的关键节点，对节点局部区域进行精细有限元分析（图 19）。对次弦杆轴力较大的节点，采用内插劲板或外加强环的措施进行加强（图 20～图 22）；弹塑性节点承载力分析表明（图 23～图 24）：内插劲板的改善效果最为明显但施工复杂，外加强环改善效果次之，设计中根据受力大小需求选择加强方案。

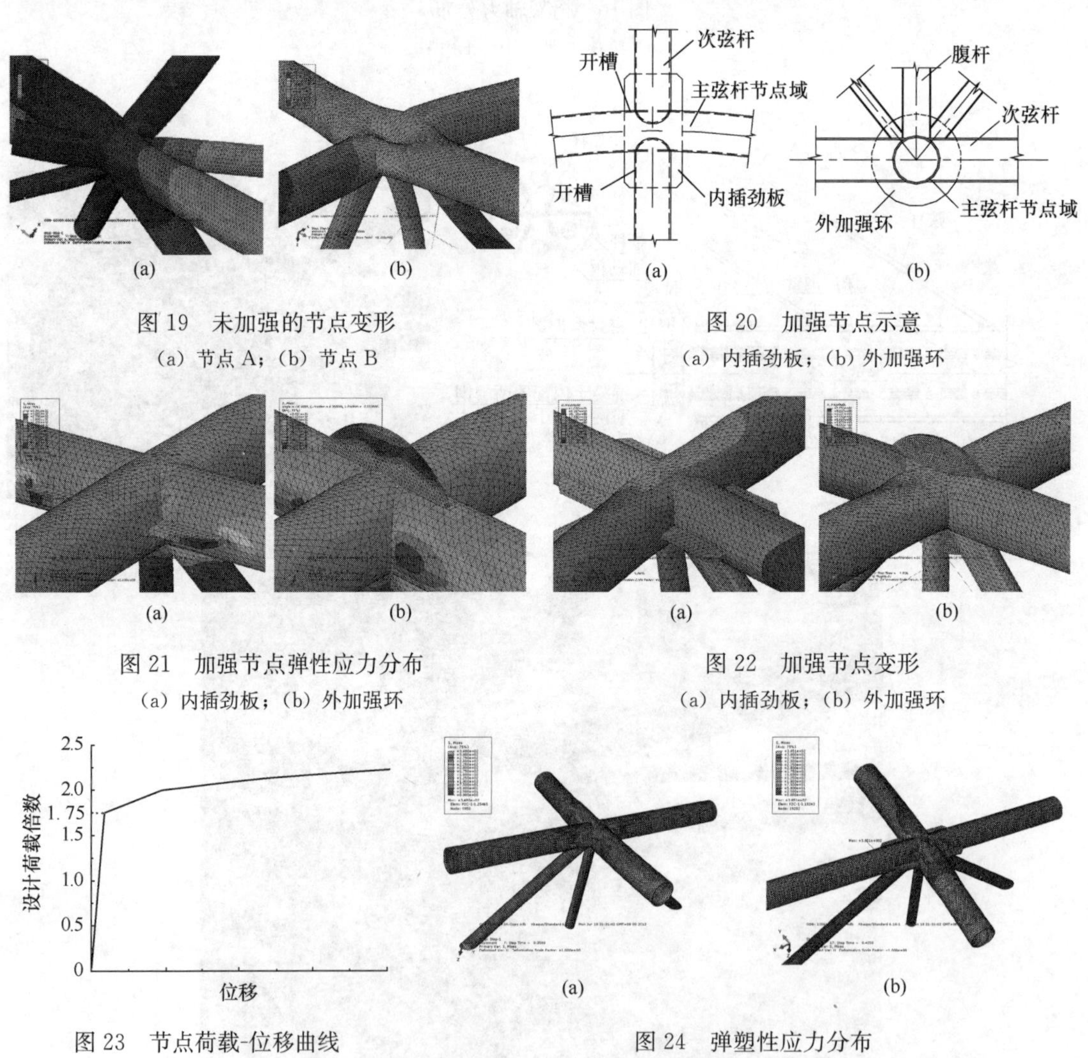

(a)　(b)

图 19　未加强的节点变形

（a）节点 A；（b）节点 B

(a)　(b)

图 20　加强节点示意

（a）内插劲板；（b）外加强环

(a)　(b)

图 21　加强节点弹性应力分布

（a）内插劲板；（b）外加强环

(a)　(b)

图 22　加强节点变形

（a）内插劲板；（b）外加强环

图 23　节点荷载-位移曲线

(a)　(b)

图 24　弹塑性应力分布

（a）1.75 倍设计荷载；（b）2.125 倍设计荷载

50 腾讯（北京）总部大楼结构设计

建 设 地 点　北京市海淀区中关村软件园二期西南角
设 计 时 间　2014—2015
工程竣工时间　2018
设 计 单 位　北京市建筑设计研究院有限公司
　　　　　　［100045］北京市南礼士路62号
主要设计人　祁　跃　郭晨喜　束伟农　张　硕　常坚伟　张　翀　张　硕
　　　　　　陈　冬　杨　轶　计凌云
本文执笔　祁　跃　郭晨喜

获 奖 等 级　2019—2020中国建筑学会建筑设计奖·结构专业二等奖

一、工程概况

腾讯（北京）总部大楼位于北京市海淀区中关村软件园二期西南角，地上7层，体型呈正方形，平面尺寸180m×180m；地下3层，平面尺寸204m×258m，建筑高度36.32m，建筑面积约33万m^2，是一个以办公为主，兼具展览、休闲运动、多媒体演播厅等辅助功能的大型公共建筑，地下2、3层设置人防区域，建筑效果图如图1所示。

图1　建筑效果图及鸟瞰图

本工程结构设计使用年限为50年，安全等级为二级，巨型钢桁架、支撑、转换桁架及相连框架柱安全等级为一级。

本工程建筑抗震设防类别为乙类，抗震设防烈度为8度，基本地震加速度为0.20g，设计地震分组为第一组，建筑场地类别为Ⅲ类，场地特征周期为0.45s。本工程抗震等级：主楼范围内地下 2 层及以上剪力墙为一级，框架为一级；地下 3 层剪力墙、框架均为二级，巨型钢桁架、支撑及转换桁架为一级，其他钢结构为二级，与转换桁架相连框架柱为特一级；超出主楼相关范围的无上部结构的纯地下结构、剪力墙及框架均为三级。

基本风压（50 年重现期）为 0.45kPa，地面粗糙度类别为 C 类，基本雪压（50 年重现期）为 0.40kPa。地基基础设计等级为甲级。历年最高地下水位曾接近自然地面，近3～5年潜水地下最高水位埋深为 6.8m，抗浮水位埋深为 4.8m，建筑设防水位按设计室外地坪考虑。

腾讯（北京）总部大楼，结构特殊、规模庞大、建设周期紧，建成后成为腾讯科技有限公司在北京网媒接待的重要门户和腾讯公司国际形象的代表。该项目早期建筑方案由大都会建筑事务所提供，北京市建筑设计研究院有限公司完成了后期建筑方案的调整、初步设计、施工图设计、装修施工图设计等全过程的设计及服务工作。

二、结构体系

本工程采用钢筋混凝土核心筒-长悬臂巨型钢桁架-混凝土框架结构体系，中央区域由钢筋混凝土核心筒及框架组成，中央区域外为钢结构，在整个建筑外围设置围合的长悬臂巨型钢桁架（图 2）。在三个切角的上部楼层设置转换桁架，桁架下设置吊柱，根据下部建筑楼层的需要布置结构平面体系。外围钢结构通过与其邻跨的型钢混凝土构件连接逐步过渡到内部的钢筋混凝土结构。室内篮球场、游泳池、演播厅等部位设置了多榀跨度为 18m、27m 的转换钢桁架以传递上部结构传来的荷载，室内空中连桥、跨度较大楼梯及折线形楼梯采用钢结构。

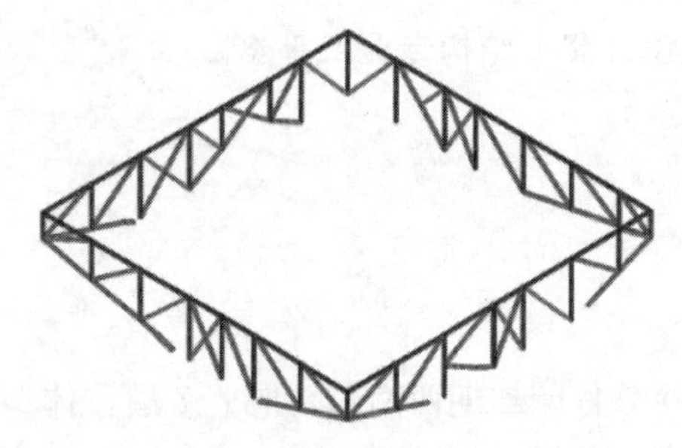

图 2　外围巨型钢桁架布置

本工程主楼范围地下室顶板存在多处开大洞，主楼嵌固端选择在地下 2 层顶板位置。

本工程混凝土结构楼板采用钢筋混凝土全现浇楼盖体系，结构柱网尺寸 9m×9m，根据业主室内净高的要求，地上结构采用了宽扁梁，未设置次梁，框架梁截面尺寸 700mm×500mm。

三、结构设计特点

本工程东南、西南、东北方向存在巨大切角，东南角切口长、短向边长约为 49m，西南角切口长、短向边长分别约为 75m、50m，东北角切口长、短向边长分别约为 83m、41m，结构悬挑长度巨大（图 3）。建筑立面存在巨大凹口，建筑平面中有许多镂空区域，楼板被切分成若干大小形状不同的区块，洞口最大面积达到 $1900m^2$，区块之间的连系相对较弱，楼板平面极不规则，建筑平面示意如图 4 所示。室内篮球场、游泳

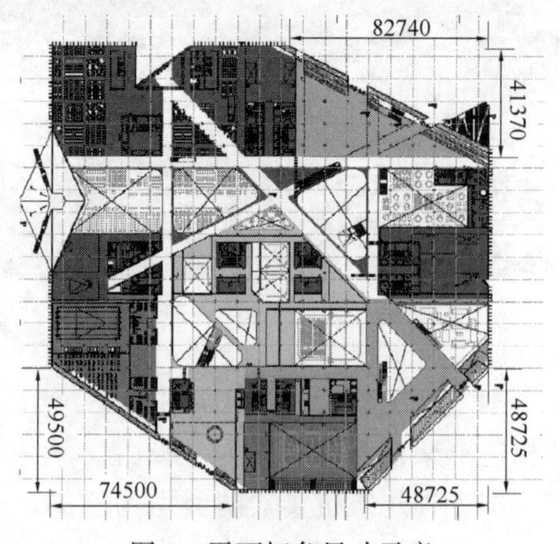

图 3　平面切角尺寸示意

池、演播厅等建筑大空间存在结构柱不连续，需要结构转换（图 5）。该工程具有如下特点：超长悬挑、立面开大洞、楼板不连续、竖向构件不连续、结构转换、空中连桥、大跨楼梯等，且项目位于高烈度区，给结构设计带来了较大的困难和挑战。

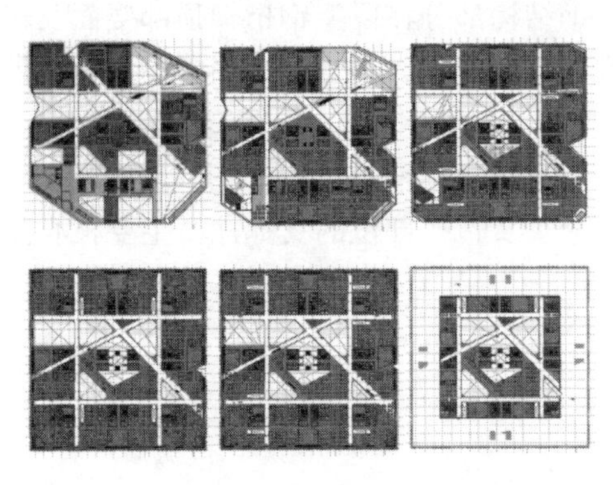

图 4　建筑平面示意

图 5　篮球馆转换桁架三维图

四、结构抗震设计

腾讯（北京）总部大楼为超长悬挑结构，存在扭转不规则、凹凸不规则、楼板不连续、尺寸突变、构件间断等不规则问题，属于体型特别复杂的超限高层建筑工程。考虑到结构体系特殊、体型复杂导致的结构严重不规则，同时考虑工程的重要性，采用了性能化抗震设计。

本工程的抗震设防性能目标为：在双向水平地震作用下，按多个模型包络设计，且底部加强部位的墙肢承载力按中震弹性复核，并满足大震的截面剪应力控制要求；其余部位的主要墙肢偏压承载力满足中震不屈服的要求，受剪承载力满足中震弹性和大震的截面剪应力控制要求；在双向水平和竖向地震共同作用下，巨型钢桁架、转换桁架及其支承部位的承载力按大震不屈服复核。

结构超限设计措施：

（1）由于结构体系的特殊性，核心筒中沿着整个平面外侧以及受悬挑影响较大部位的剪力墙受力较大，根据墙肢拉应力、剪应力和配筋情况设置了钢板，以提高核心筒剪力墙的抗震性能；

（2）提高关键构件的抗震等级，严格控制与周圈钢结构相连的钢筋混凝土结构柱的轴压比，柱内配置型钢，加强建筑外围钢结构与内部混凝土结构的拉结；

（3）计算分析采用多个程序校核，计算结果按多个模型包络设计，分析中考虑了不同阻尼比的影响；

（4）对巨型钢桁架、转换结构进行竖向地震作用、防连续倒塌分析；对关键构件进行应力分析，对重要节点进行有限元分析；

（5）考虑抗震二道防线，对混凝土框架柱的剪力调整系数，按整体及分块模型的计算结果包络确定；外围钢结构分配的地震作用按整体模型计算结果的 1.2 倍及分块模型计算结果包络设计；

(6) 悬挑部位的转换桁架上弦钢构件向混凝土结构内延伸一跨；在切角部位底部斜面增设面内钢支撑，提高桁架的面外稳定性；在巨型钢桁架顶部楼面及转换桁架所在楼面设置面内钢支撑；

(7) 楼板配筋采用了双层双向配筋的方式；钢结构部分在巨型钢桁架顶部楼面及转换桁架所在楼面采用了钢筋桁架板体系；对于悬挑部位应力较大部分，采用了设置钢板带的做法；

(8) 基础采用刚度较好的厚板式筏形基础，通过尽量调平基础的沉降差来降低上部结构次内力、降低基础内力，按中震、大震对巨型悬挑及转换部位的支撑柱、主要核心筒等重要部位进行复核。

五、结构关键技术

1. 超长悬挑结构设计

1) 立面巨型钢桁架选型分析

设计初始，从悬挑结构的刚度、传力的合理性、节点构造的复杂性、悬挑部位不同布置方案的竖向加速度、建筑效果等不同角度对巨型钢桁架布置方案进行了比选。综合考虑，采用了顶部及斜向杆件均为拉杆的方案，该方案桁架刚度较好，受力区域分布比较明确，节点较易处理，建筑外观好。四个立面巨型钢桁架布置见图 6。

2) 楼面舒适度控制

针对超长悬挑结构的特点，重点考虑了三个切角区域（超长悬挑部位）的楼面舒适度问题。通过计算分析，西南切角区域楼面舒适度指标不满足规范要求，采用了 TMD（调谐质量阻尼器）减振措施。

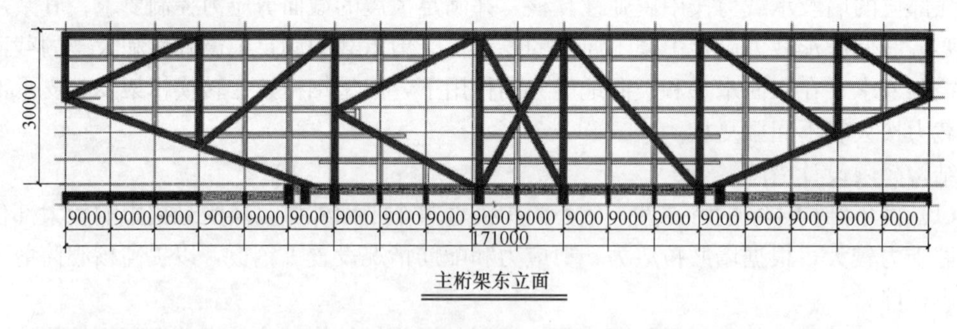

主桁架东立面

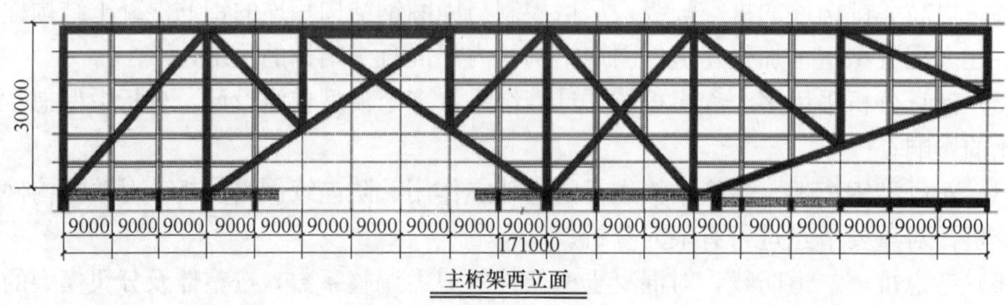

主桁架西立面

图 6　四个立面巨型钢桁架布置（一）

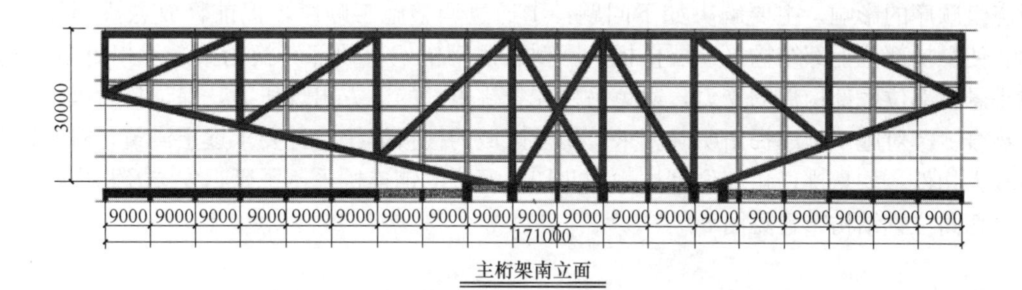

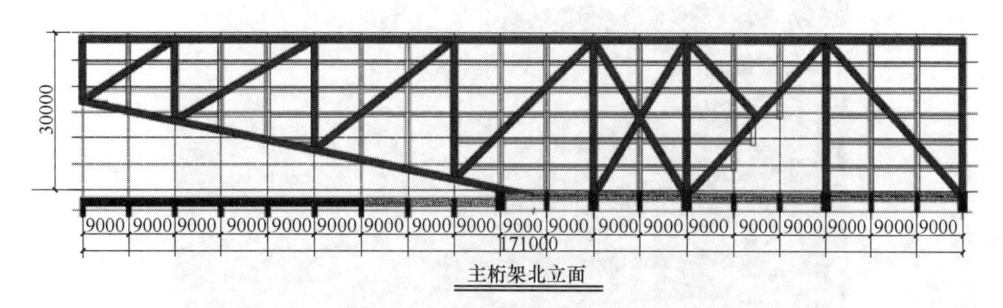

图 6　四个立面巨型钢桁架布置（二）

西南切角部位的下部为用于新闻发布、内外会议等用途的多功能厅，上部为办公楼层。该部位位于超长悬挑区域，分析中考虑了振动在不同楼层间的相互影响。经过优化计算分析，分别在切角部位的多功能厅、5 层办公区、6 层办公区和屋顶各安装 12t（共 48t）竖直方向的 TMD，使得结构的垂向振动加速度峰值有很大程度的降低，大大提高了结构的舒适性，可以满足舒适度要求。楼层中的 TMD 放置在楼层梁窝内，屋顶的 TMD 结合屋顶花园景观放置（图 7）。

图 7　屋顶 TMD 实景

3）施工仿真分析

（1）设计阶段

考虑了立面巨型钢桁架、角部转换桁架、角部吊柱、斜面钢梁等不同安装顺序以及楼板浇筑顺序的影响，主要解决如下问题：①通过调整施工顺序，提前释放悬挑部位的变形。使悬挑部位上部结构（顶层楼板、巨型悬挑钢桁架及顶部转换桁架）承担更多荷载，减小悬挑部位底部构件的受力，避免吊柱在悬挑根部的下方出现压力，保证传力模式与预设吻合。②对施工顺序提出明确要求，切角区域的楼板需按设计要求逐层浇筑，对个别受力较大构件，如悬挑切角部位吊柱、东北切角部位的钢连桥采用了延迟安装及相应构造措施。切角位置结构布置见图 8。

图 8　切角位置结构布置

通过施工模拟分析，考虑了悬挑结构与主体结构内力和变形的相互影响，对相关构件的承载力按照包络原则进行了复核。

(2) 施工阶段

施工中采用了有支撑悬伸推进施工法，施工顺序如下：第一步，安装非悬挑部分；第二步，安装三个切角部位，先安装东北角，再安装东南角，最后安装西南角。按照最终的计算模型，根据真实的钢结构施工安装步骤及楼板浇筑顺序对结构进行了分析及复核。

巨型悬挑结构的施工完成状态按如下原则：荷载考虑结构自重、幕墙荷载、楼面面层荷载及楼面活荷载；荷载组合按 1.0×恒荷载＋0.5×活荷载。预起拱考虑上述荷载后，悬挑端部节点仍保持上翘的姿态。工程中采用定位点的处理方式实施结构预调值。通过模拟分析巨型钢桁架合拢温度对结构的影响，合拢温度选为 5℃，最低温度为－15℃，最高温度为 35℃。

4) 楼板裂缝控制

本工程主楼平面尺寸为 180m×180m，且平面布置中有不规则大开洞存在，应考虑温度影响下的应力。由于楼板极其不规则，主体结构整体性较差，需进行地震作用下楼板的受力状态分析。由于超长悬挑结构的特殊性，某些区域在正常使用荷载下已经处于受拉状态，必须严格控制其拉应力水平并采取相应的技术措施保证建筑的正常使用。另外，巨型悬挑钢结构及楼面施工的顺序对楼板应力的影响也不可忽视。

通过多工况、多模型的楼板应力分析，结合实际工程经验，采取了如下技术措施：楼板结构基本上采取了双层双向配筋（HRB400 钢筋），直径一般为 12～14mm，间距一般为 150mm，对板受力较大区域（如与核心筒相连、巨型钢桁架顶部楼面等）的配筋予以加强。钢结构部分，仅在整体刚度要求高、受力较大以及考虑双向受力的区域，如巨型钢桁架顶部楼面及转换桁架所在楼面采用了钢筋桁架楼承板，其他部位采用了闭口型压型钢板组合楼板。

对于悬挑部位应力较大部分，采用了设置钢板带的做法，即在相关区域的结构楼板上设置了 20mm 厚的钢板（板宽 2500mm），钢板通过 ϕ19@200 栓钉与钢筋混凝土楼板连接，并对悬挑区域的楼板浇筑顺序进行了规定，施工中按要求严格执行。

除上述措施外，考虑超长对混凝土结构的不利影响，还采取了一系列有针对性的措施，如补偿收缩混凝土技术、掺入外加剂或纤维等，并根据不同的设计需求，适当的位置留设沉降后浇带及施工后浇带，同时，对混凝土的选材、施工顺序、混凝土养护、后浇带的合拢温度、强度的评定、验收的标准等各个方面都提出了严格的要求。

5）自润滑向心关节轴承节点

本工程切角部位的底部斜面为钢结构，由双向交叉布置的箱形主梁、等间距布置的次梁以及面内支撑组成。由于建筑造型和功能决定了结构布置，在超长悬挑情况下，底部斜面受力较大，尤其在大震作用下，根部节点受力很大。如果采用刚接形式，节点处不但轴力很大，弯矩也很大，节点很难处理。设计中采用铰接形式，但节点需考虑能适应一定范围的平面外转动。本工程采用了自润滑向心关节轴承节点（图 9），轴向静力荷载设计值为 42000kN，为国内最大的建筑用自润滑向心关节轴承。耳板最大板厚达 210mm，材质为 Q460GJC，销轴最大直径达 590mm，单个轴承节点重约 12t。

图 9　±0.00 标高圈梁处自润滑向心轴承节点

2. 基础的差异沉降控制

本工程结构整体刚度较弱，柱荷载分布极不均匀，核心筒、转换结构及悬挑结构支撑柱等部位荷载集中，巨型钢桁架及转换桁架刚度大，对不均匀沉降非常敏感，抗浮水位高，浮力达 130kPa，存在抗浮问题。

考虑本工程的结构特点和荷载分布情况，进行了桩基、天然地基筏形基础方案的比选。经计算分析，桩基方案与天然地基筏形基础方案费用相差不大，但桩基方案施工工期较长，不能满足业主的进度要求。最终采用了天然地基筏形基础方案，主楼范围采用了压重方法以及整体协调的方法解决抗浮问题，纯地下室区域浮力较大，设置了抗浮小桩解决抗浮问题。

在抗浮工况下，主楼范围内仅星光大道位置的局部区域还存在抗浮问题，抗浮荷载最大值为 20kPa。地下 2 层及地下 1 层楼面相关区域采取了降板压重的方法，同时，底板相关范围内也采取了加大板厚及加强配筋的措施。

本工程采用的抗浮小桩不同于传统抗浮桩，桩径为 400mm，设计桩长为 4.2m，单桩抗拔承载力为 155kN，桩端位于底板下的天然地基持力层内，对地基的加固作用有限，在解决抗浮问题的同时，较好地控制了地基基础的差异沉降。施工中采用长螺旋钻孔管内泵压混凝土后插钢筋笼成桩工艺，施工速度快，满足了工程进度要求。

通过改变筏板厚度来调整地基刚度，从而在满足承载力的前提下，通过尽量调平基础差异沉降来降低上部结构次内力和基础内力，增加基础的安全储备。基础设计中除满足小震安全性外，还按中震、大震对巨型悬挑根部的结构柱、转换部位的支撑柱、主要核心筒等重要部位进行了复核。

地基基础计算分析中考虑了上部结构-地基-基础共同工作，地基计算模型采用有限压缩层地基模型，并考虑加荷历史的影响。通过计算分析，主楼最大沉降量为38mm，平均沉降量为32mm，主楼下整体挠度为0.13‰，主楼与相邻裙房柱最大差异沉降值为8.0mm，为其跨度的0.90‰。

为了将基础各部分的沉降差异控制在合理的范围内，还采取了如下技术措施：在主楼与纯地下室之间设置沉降后浇带；在主楼柱荷载差异较大区域、局部中空区域及核心筒周围对筏形基础进行局部配筋加强；适当加强地下一层楼板厚度，增强结构的整体性；在巨型悬挑根部的结构柱底下部位设置了连柱墙，进一步分散柱底反力。

3. BIM技术应用

1）星光大道

星光大道是腾讯（北京）总部大楼的设计亮点之一，造型独特。空间上像两个对放的四角锥，一边为混凝土结构，一边为幕墙钢结构，剖面及效果图见图10。

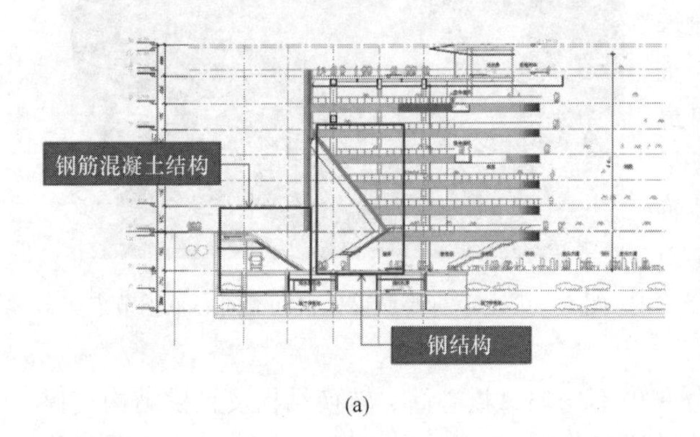

(a)

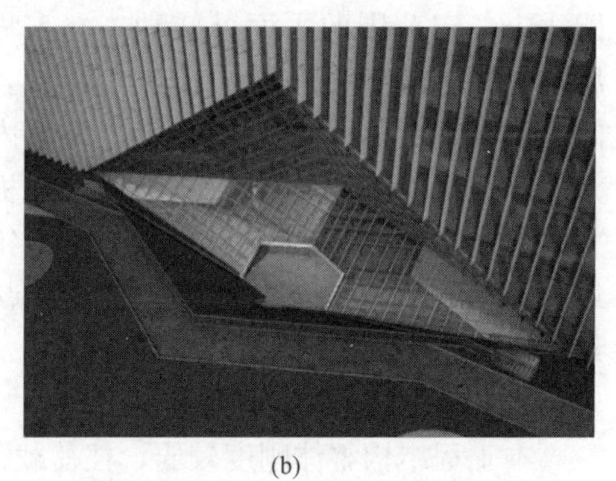

(b)

图10 星光大道剖面及效果图

(a) 星光大道剖面；(b) 星光大道效果图

星光大道混凝土部分下方为有净高要求的车道，上部为有绿化要求的广场，结构自身的支撑关系复杂，通过BIM技术，搭建BIM结构模型（图11）并计算分析，保证结构安全及建筑功能的实现。

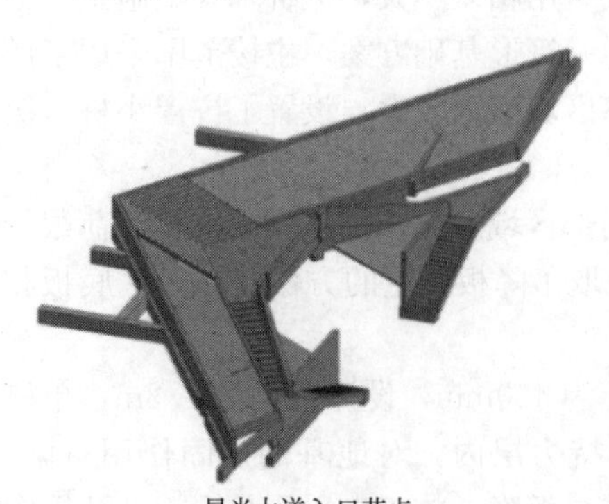

星光大道入口节点

图11 星光大道BIM结构模型图

四角锥形幕墙的竖向荷载传至1层、地下1层混凝土楼面结构，水平荷载传至不同标高的主体结构上，幕墙的中部及顶部节点只传递水平力。四角锥支座及杆件布置见图12，设计中采用了以下三种连接节点：①底部楼面结构可以为幕墙提供可靠的竖向及水平向支承，设计中采用双向铰支座，释放了底部弯矩，简化了节点构造；②中部与楼层结构连接，楼层结构平面内刚度大，采用了单向销轴节点，仅为幕墙提供水平向支承，释放了竖向约束；③顶部结构与巨型钢桁架连接，巨型钢桁架有足够的刚度及强度为幕墙结构提供支承，采用了三向球形节点，待幕墙结构自重变形完成后与巨型钢桁架连接。

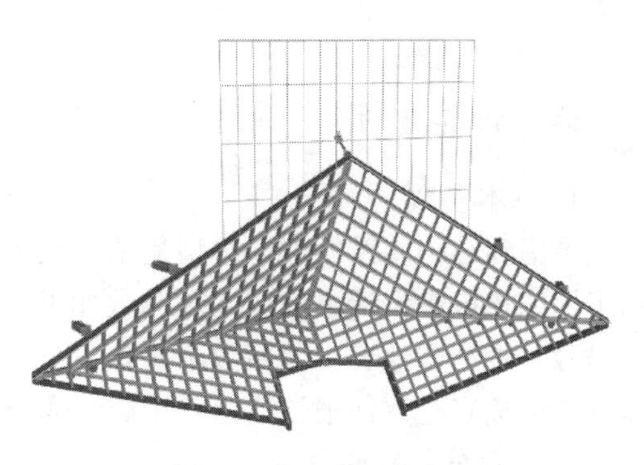

图 12　支座及杆件布置

2）型钢混凝土构件多向相交的复杂节点

本工程结构由钢筋混凝土结构（含型钢混凝土梁柱、钢板混凝土剪力墙等）及钢结构组成，钢结构与混凝土结构之间采用型钢混凝土构件过渡，两部分结构的交界面主要分布在地上立面钢结构以及转换部位钢结构与混凝土结构相接、上部钢结构与地下室混凝土结构交接等部位。由于斜撑的存在以及构件多向相交的情况，形成了许多复杂节点，还存在多杆件空间斜交等情况，节点处钢筋与型钢连接、钢筋与钢筋穿插关系异常复杂，因此节点的设计与施工是本工程的一大难点。

在设计过程中，由于连接节点复杂，为了能更好地体现节点的真实性，应用 BIM 技术，将图纸从二维到三维转化，对复杂节点建模，从而直观反映杆件的连接构造，如图 13、图 14 所示。通过三维模型的绘制，优化钢筋与型钢柱的连接以及钢筋与钢筋穿插关系。

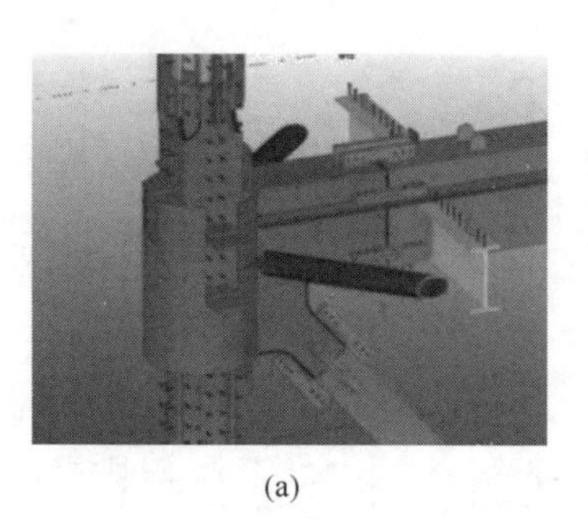

(a)

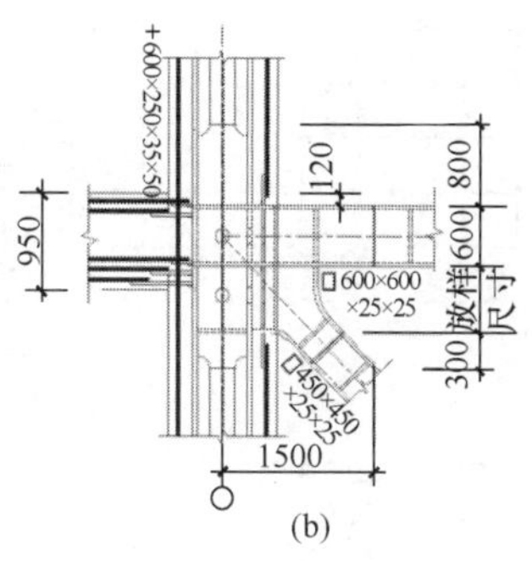

(b)

图 13　节点 BIM 模型

（a）节点 BIM 模型；（b）节点平面

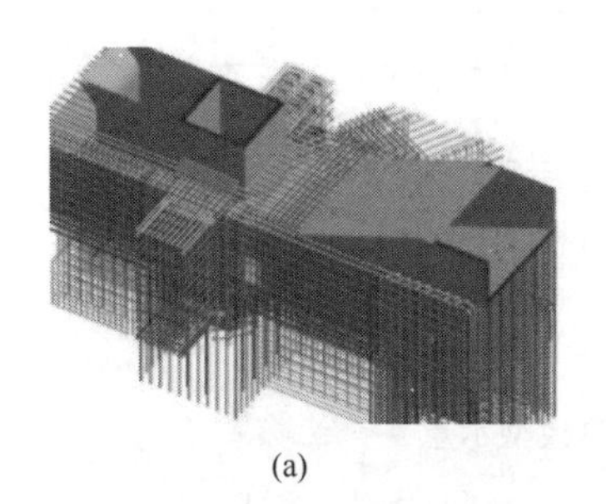

(a)

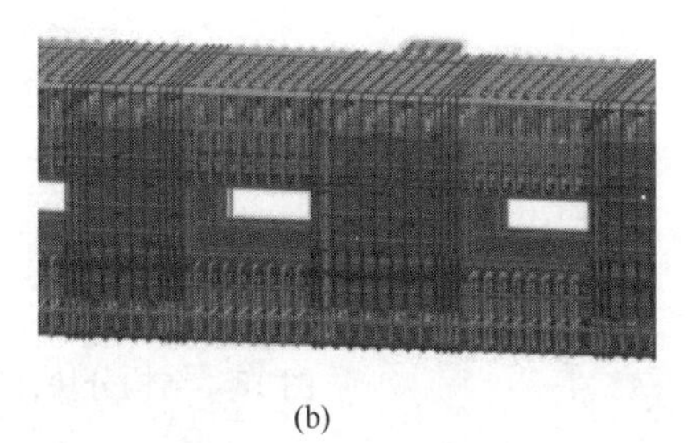

(b)

图 14　首层环梁 BIM 模型

（a）环梁节点；（b）环梁开洞

六、计算分析

1. 基本参数

考虑到结构体系特殊、体型复杂导致的结构严重不规则，同时考虑工程的重要性，采用了性能化抗震设计，确定地震参数如下：《建筑抗震设计规范》GB 50011—2010（简称《抗规》）中小震地震影响系数最大值 α_{max} 为 0.16，安评报告中为 0.18，故小震的地震加速度峰值按安全评估报告取值，中震、大震均按《抗规》采用。

2. 计算分析软件

本工程主体结构采用 4 个分析软件（PKPM，ETABS，MIDAS，YJK）进行计算分析，采用考虑扭转耦联的振型分解反应谱法，并考虑双向地震和偶然偏心的影响，采用弹性时程分析法进行多遇地震作用下的补充计算。本项目还进行了静力弹塑性计算分析作为补充验算。采用 ANSYS、MIDAS 软件进行节点有限元分析，采用 SAP2000、ANSYS 软件进行楼板的受力状态分析，采用 ANSYS 软件进行施工过程仿真分析。

3. 计算模型

本工程主体结构抗震体系计算分别采用了整体模型及分块模型（图 15）。楼板分别采用刚性及弹性模型分析，立面巨型钢桁架、转换桁架以及悬挑切角部位楼面考虑了去除楼板的计算模型。结构加载方式分别考虑了一次性加载及不同施工顺序加载。

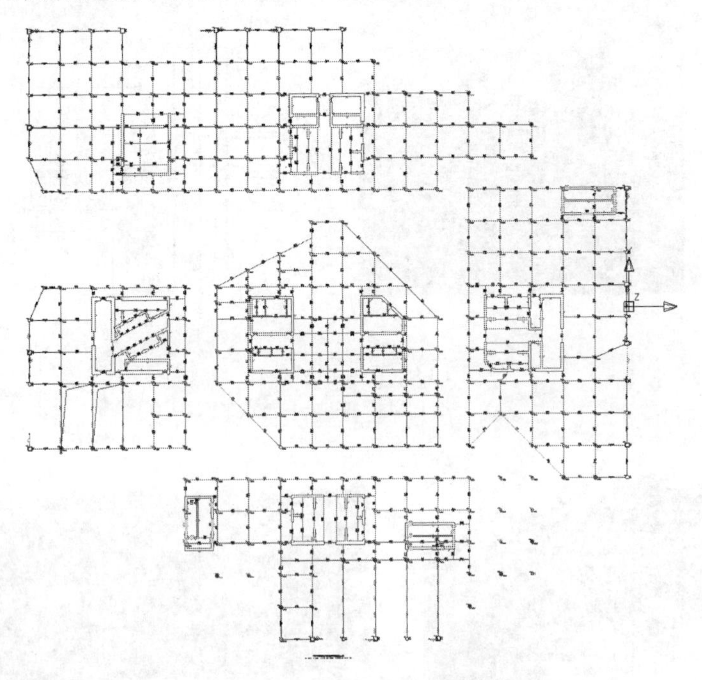

图 15　结构分块计算模型示意

由于结构体型复杂，内部开洞较多，构件较为分散，导致局部振动较多，计算中特别注意对各振型的参与系数、总基底剪力的复核。对切角部位的荷载及混凝土柱、斜面支撑、外框巨型钢桁架受荷情况分布进行了必要的人工复核。

4. 竖向地震作用放大系数分析

采用振型分解反应谱法和时程分析法对结构的竖向地震作用进行了分析，并采用人工输入节点竖向地震作用的方法与计算程序的结果进行了比对，计算中考虑了 5%、2%两种阻尼比。计算结果表明，主要构件的竖向地震作用标准值与该构件承受的重力荷载代表值的比值在 0.8～0.14 之间。实际设计中，采用重力荷载代表值的 15%作为本工程悬挑部位的竖向地震效应。

5. 悬挑结构防连续倒塌分析

按《高层建筑混凝土结构技术规程》JGJ 3—2010 的拆除构件法，对所有切角部位的巨型钢桁架均选择了一根主要斜撑杆（图 16），断掉后进行计算。在分析中，选取的荷载组合为 1.0×恒荷载＋0.5×活荷载，正截面承载力验算时，取钢材强度标准值的 1.25 倍，受剪承载力验算时取钢材强度标准值。最终的计算结果表明，将选择的斜撑杆件断掉后，剩余结构能够满足防倒塌的性能要求。

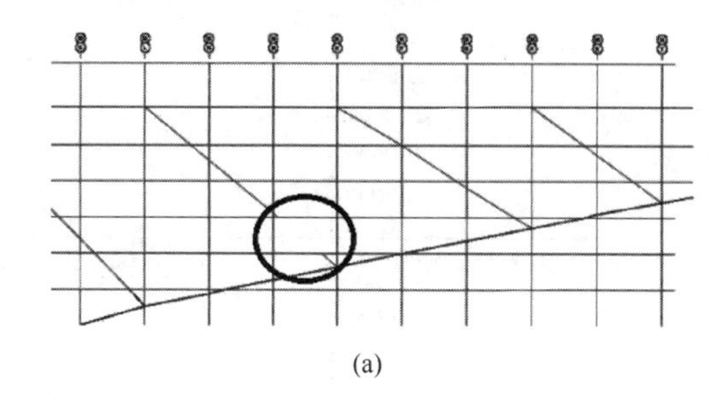
(a)

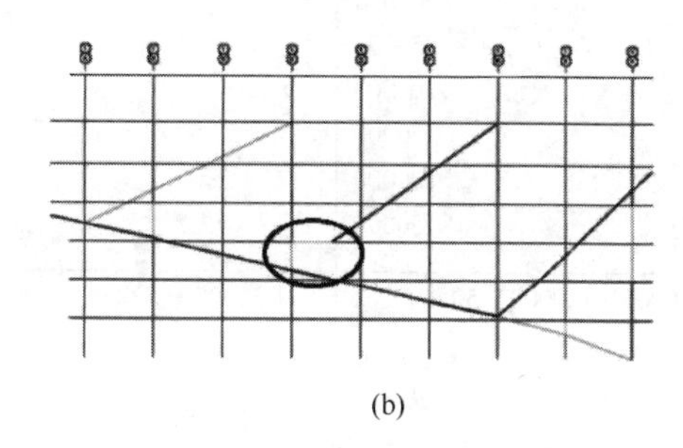
(b)

图 16　抽杆位置示意
(a) 北立面；(b) 南立面

6. 巨型钢桁架主要构件计算长度系数分析

本工程立面巨型钢桁架中的主要立柱及斜撑跨越不同的楼层，会受到楼板弹性约束的作用，采用弹性边界条件法反算构件的计算长度，主要步骤如下：确定构件参数，包括材料、截面、长度及约束情况，建立有限元分析模型；确定楼板、楼面梁等构件对巨型斜撑的弹性约束常数；加载进行线性屈曲分析，求得低阶屈曲模态；将屈曲模态作为初始缺陷添加到模型，进行非线性静力分析，得到构件的荷载-位移曲线；确定构件临界荷载，由欧拉公式反算构件计算长度。通过计算分析，主要立柱及斜撑计算长度系数均小于 1.0，设计中按 1.0 取值。

7. 巨型钢桁架主要构件截面验算

巨型钢桁架下弦杆根部斜撑内力很大，对根部截面进行了放大，并在箱形构件内浇灌 C60 自密实混凝土。截面能力属性采用截面分析软件 XTRACT 进行计算。图 17、图 18 为悬挑根部压杆上节点和下节点在中震、大震作用下的压弯构件能力曲线（PM Data）及考虑规范折减下的压弯能力曲线（Code Reduced PM Data），结果表明满足中震弹性、大震不屈服的要求。

8. 复杂节点有限元分析

本工程存在较多构造复杂、受力较大的关键节点，采用有限元分析软件，建立复杂节点仿真模型，进行节点性能分析，以检验构件在节点区的应力状态及节点传力的可靠性。

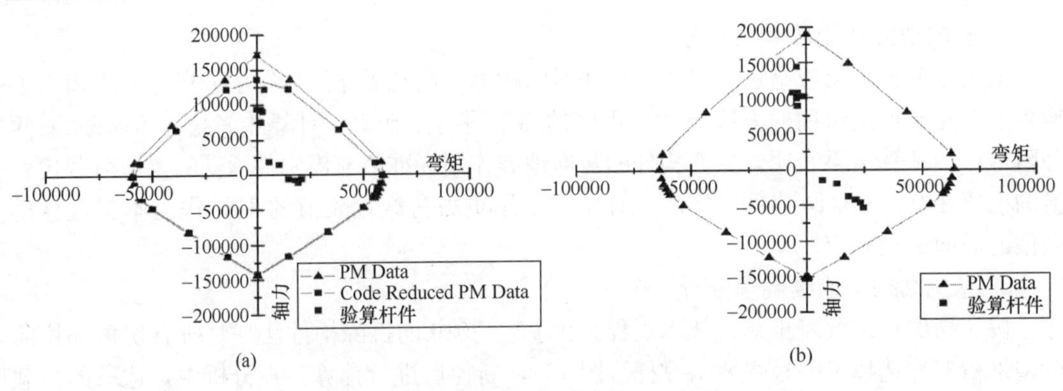

图 17　悬挑根部压杆上节点截面验算结果

（a）中震验算；（b）大震验算

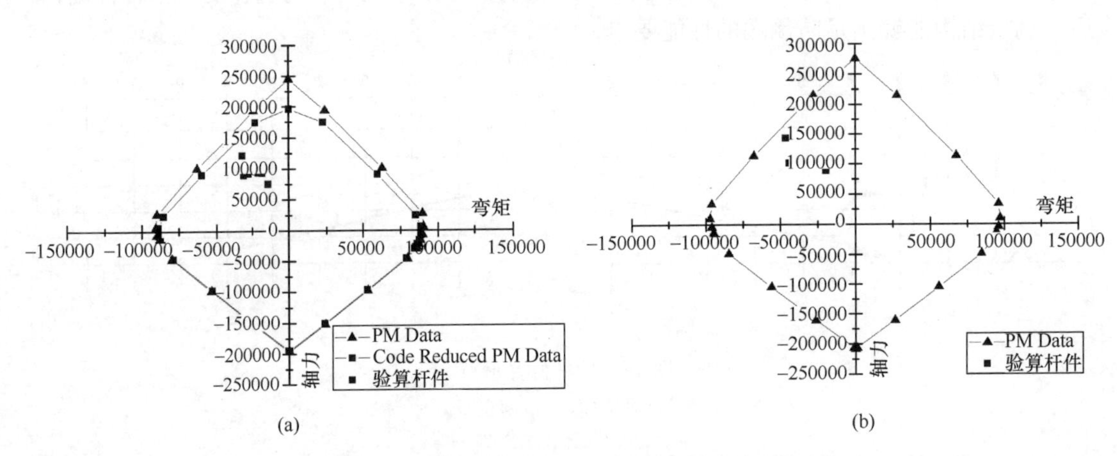

图 18　悬挑根部压杆下节点扩大截面验算结果

（a）中震验算；（b）大震验算

图 19　节点现场照片

（1）复杂节点示例一：切角部位底部斜面箱形钢梁根部与型钢混凝土柱交接，在箱形钢梁与型钢混凝土柱之间增设了过渡区，在过渡区内设置了外围环向板及径向板，加大了型钢混凝土柱节点区的截面，使得箱形钢梁在过渡区内与加大的型钢节点连接(图 19)，将力传递给型钢混凝土柱。这一方案大大降低了型钢混凝土柱节点区域施工的难度，保证了节点安全。建立了有限元仿真模型，对节点进行弹塑性分析。结果（图 20）表明，轴力较大的两根箱形钢梁只在与环梁连接过渡的地方有小部分区域进入屈服状态，节点区域总体处于弹性范围内。

（2）复杂节点示例二：本工程切角部分的顶层为双向布置的转换钢桁架，钢桁架下设置吊柱连接下部几层楼面结构，钢桁架顶部节点受力较大，建立有限元仿真模型，对节点进行弹塑性分析。应力分布如图 21 所示。结果表明，仅轴力较大的一根杆件在与竖向立柱连接处的部分区域进入屈服，其余杆件仅在竖向立柱和横梁连接过渡区有小部分进入屈服，节点区域总体处于弹性范围内。

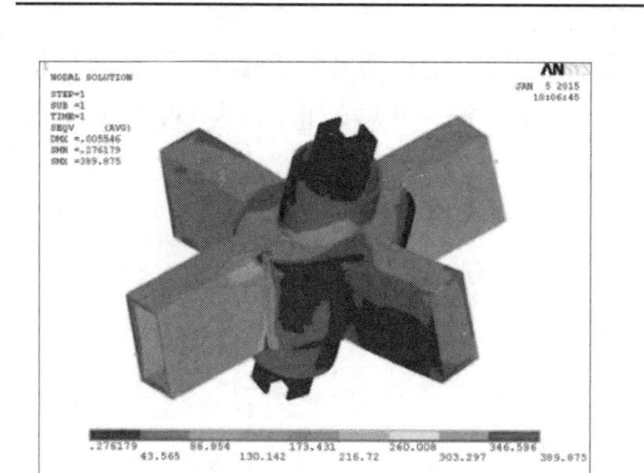

(a)

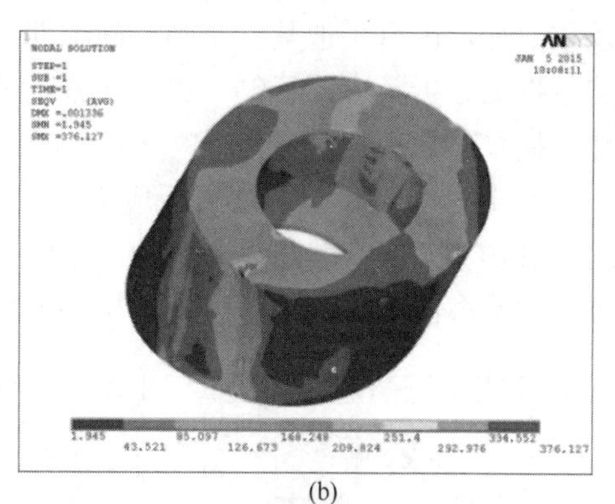

(b)

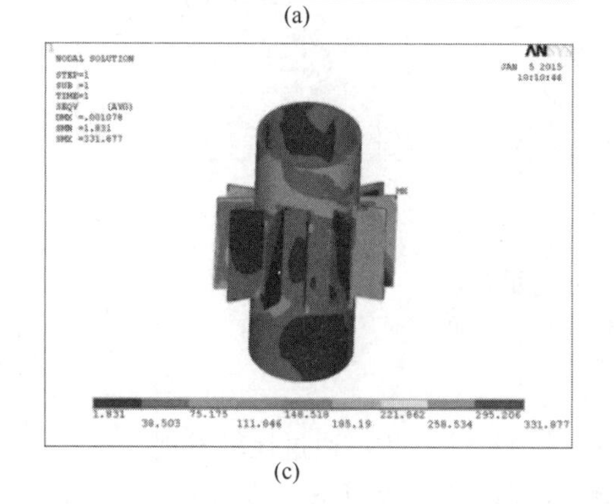

(c)

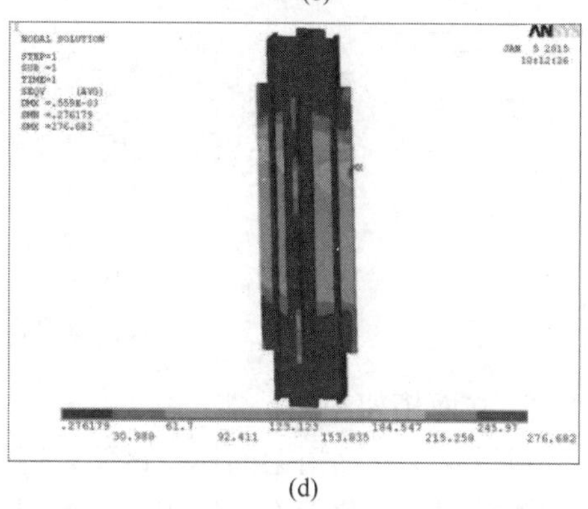

(d)

图 20　复杂节点一应力云图（N/mm²）

（a）整体；（b）立面柱筒与上下盖板；（c）内圈柱筒与 12 块劲板；（d）十字柱与 4 块劲板

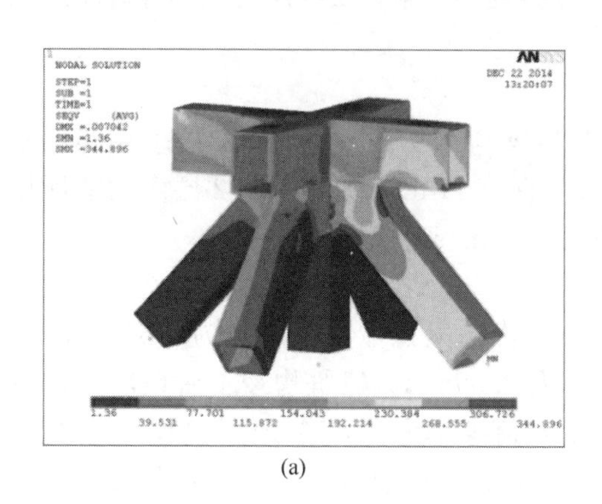

(a)

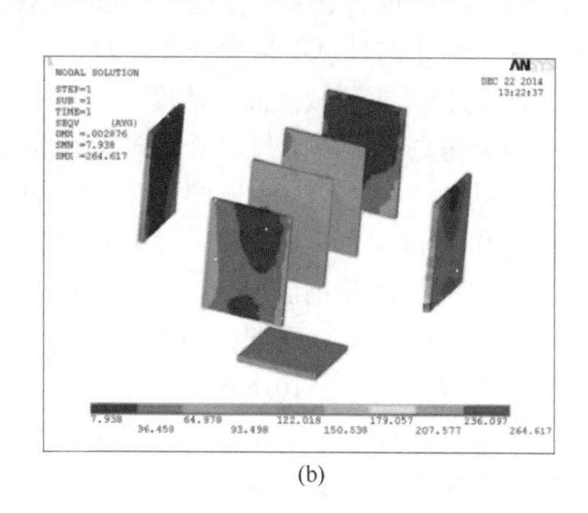

(b)

图 21　复杂节点二应力云图（N/mm²）

（a）整体；（b）加劲板

七、施工及健康监测

本工程于 2014 年初开始基坑支护及抗拔桩施工，2014 年底开始基础及主体结构施工，2015 年 10 月结构全面封顶，2018 年 10 月竣工投入使用。鉴于该工程结构的复杂性及重要性，进行了地基、基础、施工期间的检测和监测及使用过程中的健康监测。通过监测数据的分析，表明了整个建筑在施工及使用过程中的安全、可靠，也验证了设计的合理性，摘录部分数据供参考：

1. 超长悬挑部位顶层楼板应力

现场对7层东北角、西南角、东南角楼板应力进行测试（图22），至主体结构完成时拉应力最大值为1.5MPa，拉应力控制水平符合预期。

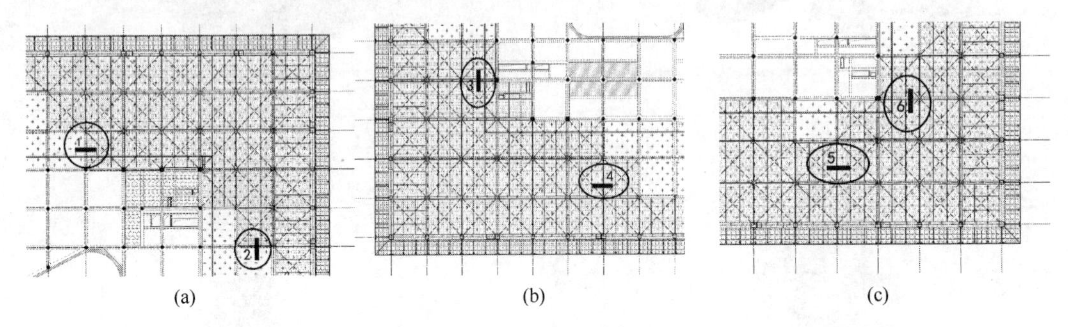

图22　7层楼板检测位置示意

（a）东北角；（b）西南角；（c）东南角

2. 立面桁架动力特性

通过4个立面桁架的模态试验，得到了各自的动力特性参数，通过比较发现，各立面分别测得的前3阶频率基本相同，表明建筑整体性较好，且所测模态为整体模态。所有1阶频率均在1.8Hz左右，与模型计算2.08Hz差值在13.5%左右。考虑建筑完成后的非结构构件的刚度、真实质量的差别以及结构构件超强性等因素，实际刚度应较计算刚度偏大，实测结果与计算结果吻合度较好。

3. 超长悬挑区域楼面舒适度

西南角办公区一阶与二阶垂向固有频率为1.6Hz与2.9Hz，分别在2层多功能厅及5～7层办公区进行了20人同步步行激励的现场实测，TMD释放前后，2层多功能厅振动满足0.15m/s^2的要求，5～7层办公区振动满足0.05m/s^2的要求。

4. 基础沉降及钢筋应力

通过对整个监测周期监测数据的计算与分析得出：累积最大沉降量为－31.29mm，累积平均沉降量为－10.67mm，累积最小沉降量为0.06mm。建筑物竣工后最后两期观测，最大沉降量为－1.67mm，观测间隔为221d，沉降速率为－0.76mm/100d，小于规范要求的建筑物最后100d的最大沉降速率1mm/100d，说明建筑物已达到稳定状态。整个基础的不均匀沉降值满足规范要求，可保证建筑使用的安全性。

通过工程实践，可以得出如下结论供类似工程参考：

（1）对于建筑平面上分布有多个核心筒和局部挖空的情况，通过整体大面积筏板基础可有效调节差异荷载引起的差异沉降，使基底反力分布更趋向于均匀。对于多塔楼分布复杂的条件下，应重点关注核心筒周围的沉降差以及核心筒本身的倾斜。

（2）针对该建筑物的大悬挑引起的柱轴力和基底反力的较大变化，厚筏基础的存在能有效调整差异沉降变化，根据现场对主楼筏形基础地基反力、基础底板内力和柱轴力的测试结果，筏板基础钢筋应力基本控制在40MPa之内。

（3）对于复杂荷载分布的高层建筑筏板基础厚度的确定，在控制差异沉降的同时，应重点关注核心筒附件及大柱的冲切范围区域，必要时应进行设计加强。

腾讯（北京）总部大楼体型较大、造型独特、功能多样、空间丰富，结构设计与建筑紧密结合，充分实现了建筑功能与效果。设计中进行了结构材料、结构体系、基础形式的比选论证，多程序、多模型的计算分析，抗震的性能化设计以及特殊部位的专项研究等工作，针对不同部位提出了详细的技术措施，保证了结构的安全性、合理性及可实施性。

51 成都露天音乐广场项目（二期）主舞台

建设地点　四川省成都市金牛区
设计时间　2017—2018
工程竣工时间　2018
设计单位　中国建筑西南设计研究院有限公司
［610042］四川省成都市天府大道北段866号
主要设计人　廖理安　赵广坡　车鑫宇　邓小龙　黄　扬　冯　远　邓开国
罗　刚
本文执笔　车鑫宇

获奖等级　2019—2020中国建筑学会建筑设计奖·结构专业二等奖

一、工程概况

成都露天音乐广场（图1）位于四川省成都市金牛区北部新城，是国内顶级露天音乐演艺场地和城市音乐主题公园。其中主舞台建筑总高度49.5m，跨度约180m，采用独特的双面观演设计。看台观演模式中，设4860个固定座席及5000个临时座席；露天观演模式中，利用山地自然形成的草坡形成观众看台，可容纳超过4万人同时观看演出。主舞台是国内同类型最大的穹顶天幕和世界最大全景声半露天双面剧场，对于成都市建设国际音乐之都、彰显城市魅力具有重要意义。

图1　建筑实景

二、结构体系

露天音乐广场（二期）主舞台包含看台和独立罩棚两个部分（图 2～图 6）。独立罩棚采用空间实腹斜拱＋双曲抛物面索网的组合结构体系，拱跨度约 180m，单层索网的承重索最大跨度 90m、稳定索最大跨度 136m。看台由下部的钢筋混凝土框架-剪力墙结构和支承于其上部的“7”字形管桁架＋桁架拱的空间组合钢桁架体系组成。看台罩棚侧立面结合建筑幕墙设计，设置单层斜向交叉菱形网格，与幕墙龙骨合二为一。看台罩棚东西方向总长度约 181m，南北方向最宽处的宽度约 53.5m，落地空间桁架拱的跨度 173m，单榀桁架竖向最高约 33.1m，最大悬挑长度约 38.6m（含挑蓬 15.0m）。混凝土看台下的建筑使用功能主要为演出准备用房、卫生间及配套的设备用房。独立罩棚下为演艺空间。

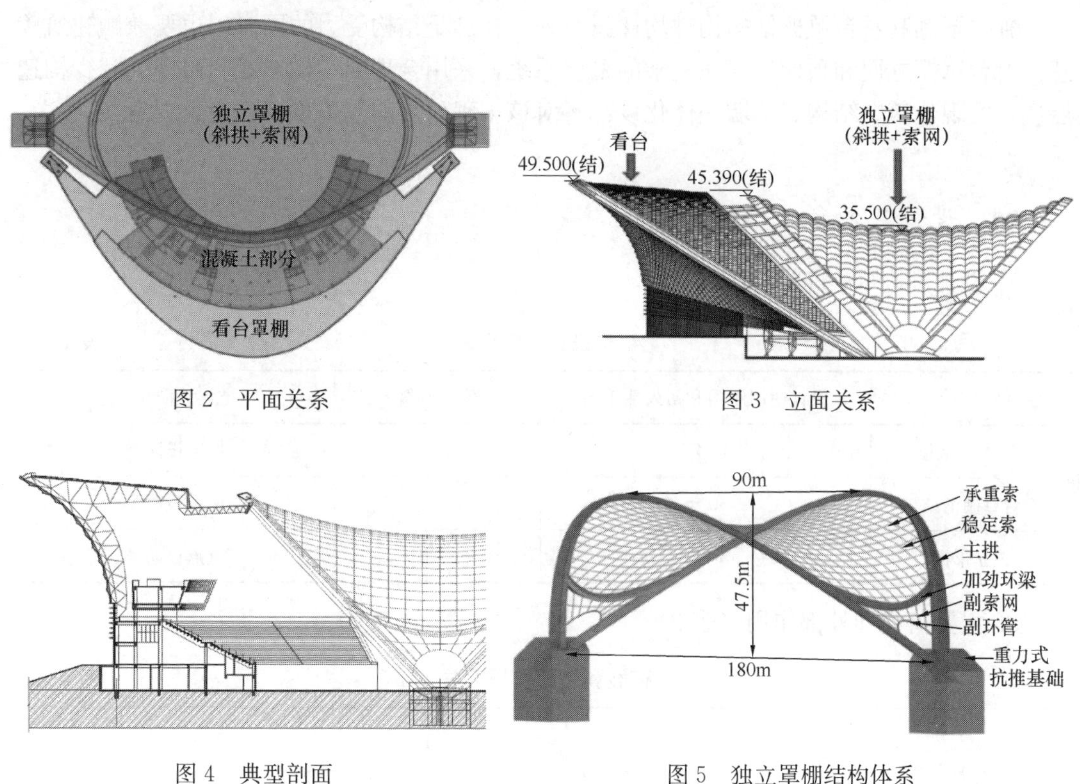

图 2　平面关系

图 3　立面关系

图 4　典型剖面

图 5　独立罩棚结构体系

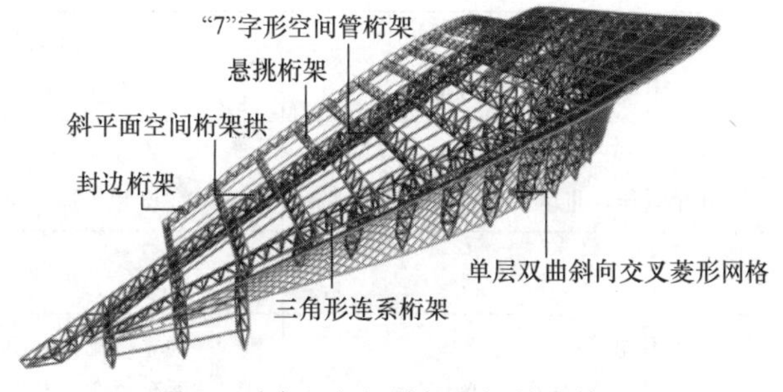

图 6　看台上方钢结构罩棚结构体系

三、结构难点

1. 复杂的建筑外形

为实现双面剧场和穹顶天幕的建筑功能，本工程对结构形态有着极高的要求。独立罩棚跨度约 180m，完成面为巨型实腹拱和单层索网组成的双曲抛物面。索网找形、实腹拱面外弯矩和拱脚推力的处理等，都是独立罩棚设计过程中面临的巨大挑战。看台罩棚大部分支承于混凝土看台上，顶面和立面均为双曲面，桁架拱跨度约 173m，采用何种结构体系，既能满足建筑造型和功能的需求，又能实现结构的经济、合理，是看台罩棚设计中需要解决的一大难题。

2. 建筑、结构、幕墙一体化设计

独立罩棚和看台罩棚结构构件均裸露在外，在满足结构受力的同时，也要兼顾建筑美感。看台罩棚立面和顶面均存在复杂的幕墙系统，采用合理的结构形式和布置，减少构造层次，实现建筑、结构、幕墙一体化设计，对该工程效果的完美呈现具有重要意义。

四、设计基本参数和性能目标

1. 设计准则（表 1）

结构设计准则汇总　表 1

结构构件	设计使用年限和耐久性年限	安全等级	抗震设防类别
看台混凝土	50 年	二级	标准设防类
看台罩棚钢结构	50 年	一级	标准设防类
独立罩棚	50 年	一级	重点设防类

2. 主要荷载和外部作用（表 2）

荷载和外部作用汇总　表 2

荷载（外部作用）	取值	
	混凝土结构	钢结构
风荷载	由风洞试验 （50 年基本风压，B类）	由风洞试验 （50 年基本风压，B类）
雪荷载	0.10kN/m^2 （50 年雪压，Ⅲ区，非控制荷载）	0.15kN/m^2 （100 年雪压，Ⅲ区，非控制荷载）
地震作用	7 度（0.10g）	7 度（0.10g）
温度作用	升温等效温差：8℃ 降温等效温差：14.4℃	独立罩棚：升温 38℃，降温 30℃ 看套罩棚：升温 28℃，降温 30℃

3. 性能目标（表3～表5）

结构抗震性能目标汇总　　　　表3

<table>
<tr><th colspan="3">地震影响</th><th>多遇地震</th><th>设防地震</th><th>罕遇地震</th></tr>
<tr><td colspan="2" rowspan="3">结构整体性能</td><td>性能水准</td><td>1</td><td>3</td><td>4</td></tr>
<tr><td>定性描述</td><td>完好</td><td>轻微损坏</td><td>中度损坏</td></tr>
<tr><td>位移角限值</td><td>1/800</td><td>—</td><td>1/100</td></tr>
<tr><td rowspan="4">混凝土看台</td><td>关键构件</td><td>支承钢屋盖的柱</td><td>弹性</td><td>弹性</td><td>抗弯不屈服；
抗剪弹性</td></tr>
<tr><td>普通竖向构件</td><td>其余框架柱
剪力墙</td><td>弹性</td><td>抗弯不屈服；
抗剪弹性</td><td>部分受弯屈服；
抗剪截面限制条件</td></tr>
<tr><td rowspan="2">普通水平构件</td><td>框架梁</td><td>弹性</td><td>部分受弯屈服；
抗剪不屈服</td><td>多数允许屈服</td></tr>
<tr><td>连梁</td><td>弹性</td><td>部分受弯屈服；
抗剪不屈服</td><td>多数允许屈服</td></tr>
<tr><td rowspan="3">屋盖钢结构</td><td>关键构件</td><td>1）看台罩棚钢结构支座杆件、与落地斜拱相交处杆件、落地斜杆全部杆件；
2）独立罩棚主拱、加劲环梁、承重索</td><td>弹性</td><td>弹性</td><td>弹性</td></tr>
<tr><td rowspan="2">普通构件</td><td>看台罩棚其余杆件</td><td>弹性</td><td>弹性</td><td>不屈服</td></tr>
<tr><td>独立罩棚其余杆件</td><td>弹性</td><td>弹性</td><td>弹性</td></tr>
</table>

看台罩棚应力比控制指标　　　　表4

工况	关键构件	一般构件
静力	0.8	0.9
多遇地震	0.8（弹性）	0.9（弹性）
设防地震	0.9（弹性）	1.0（弹性）
罕遇地震	1.0（弹性）	1.0（不屈服）

独立罩棚应力比控制指标　　　　表5

工况	关键构件	一般构件
静力	0.8（弹性）/0.40×破断力	0.9（弹性）/0.50×破断力
多遇地震	0.8（弹性）/0.40×破断力	0.9（弹性）/0.50×破断力
设防地震	0.9（弹性）/0.50×破断力	1.0（弹性）/0.50×破断力
罕遇地震	1.0（弹性）/0.50×破断力	1.0（弹性）/0.50×破断力

五、结构设计关键技术

（一）独立罩棚部分

1. 主拱采用五边宝石形截面的实腹拱

实腹拱比桁架拱能给索网更大的边界刚度，有利于索网的找形和形态的确定，也有利于施工控制，空间斜拱形态见图 7 和图 8。通过优化斜拱的五边宝石形横截面各边的比例及夹角大小、截面定位轴线与拱斜平面的夹角关系，找出了一个兼具建筑美感与结构受力性能的空间斜拱形态，参数比选的倾角如图 9 所示；通过分析拱的弯矩分布与应力，拱截面从拱脚到拱顶逐渐由大变小，拱截面壁厚由拱脚到拱顶逐渐由厚减薄，以减轻自重、节约材料。

图 7　空间斜拱形体

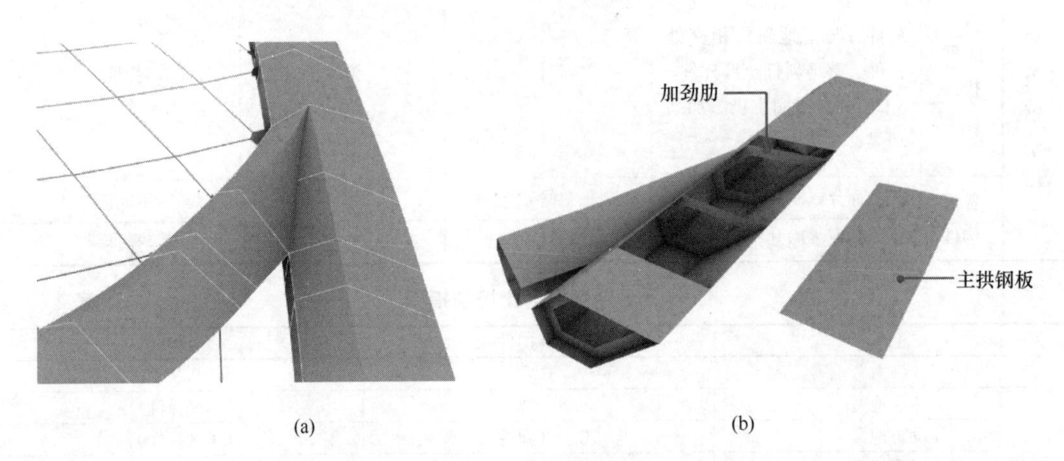

图 8　主拱细部

(a) 主拱细部形态；(b) 主拱内部构造示意

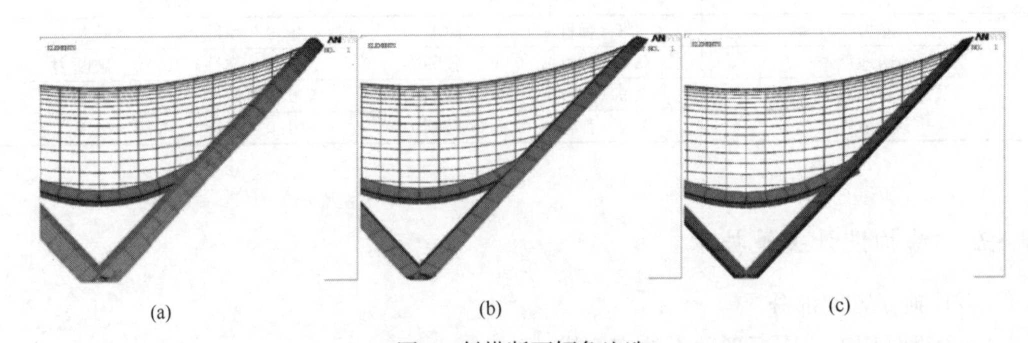

图 9　斜拱断面倾角比选

(a) 断面倾角：20°；(b) 断面倾角：50°（选用倾角）；(c) 断面倾角：80°

2. 采用双曲抛物面索网将双拱合理连接，形成稳定的受力体系

拱为索的边界，使索网得以张拉成型；索网张拉使两拱顶相向而行，索力与斜拱自重的合力使拱的面外受力减小，拱的应力比降低。拱索的共同作用是本方案成立的基础。对比图 10 中两种索网方案，双曲抛物面索网（图 10a）在无横向荷载作用且不考虑边界变形的情况下，处于一种均匀的初张拉预应力状态，且与上覆的竹节形拱膜造型更为贴合，为最终选用方案。

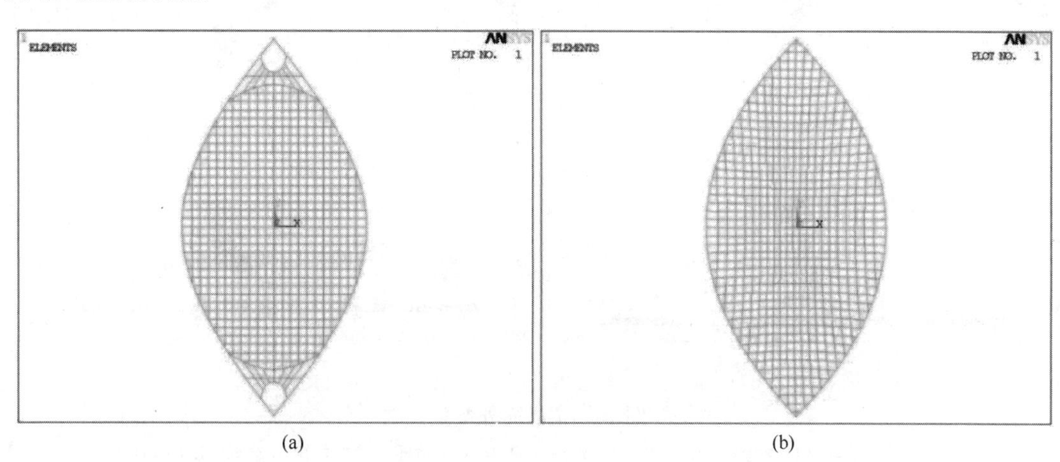

(a)　(b)

图 10　索网方案对比

（a）索网找形形态 1（选用）；（b）索网找形形态 2（未选用）

独立罩棚索网充分发挥了拉索的高强材料特性，可经济、有效地跨越较大的跨度，与五边形箱形截面实腹拱连接，获得简洁、轻盈的建筑效果，使得结构选型与建筑要求和谐统一。

3. 采用变参分析获得更合理的结构形态

通过参数化分析，优化索网间距、垂度、拱度、调整承重索与稳定索的初张力比值，使拱与索网的组合结构获得高效合理的形态。索网找形分析受力示意如图 11 所示。

4. 在斜拱的下部结合建筑形态设置加劲环，大幅降低了拱的面外弯矩

在索力面外分量作用下，斜拱可以看作在斜平面上的一根 180m 跨度的单跨平面曲梁，加劲环能为左右两支斜拱提供面外侧向支撑，将拱面外等效的曲梁跨度减小到 120m（图 12），从而有效降低拱的面外弯矩，提高斜拱的面外受力性能；同时，拱面外弯矩最

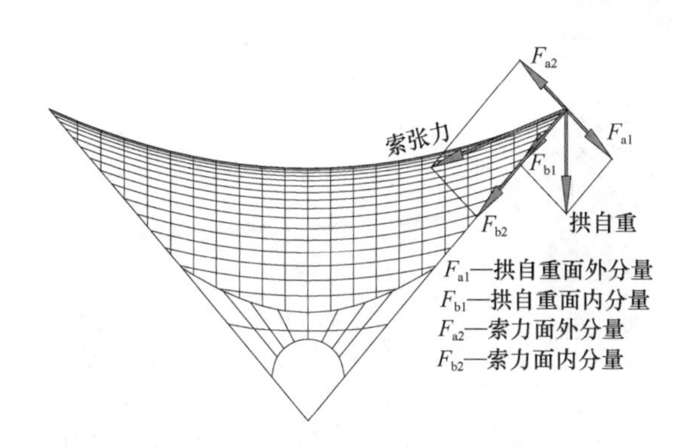

图 11　索网找形分析受力示意

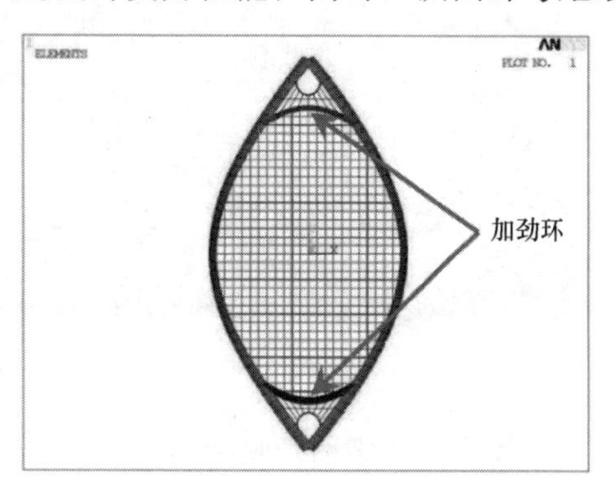

图 12　加劲环梁设置示意

大值出现的位置由拱脚上移到加劲环支撑的位置（图 13），而拱面内弯矩最大值出现的位置在拱脚处，这使得拱面内、面外弯矩最大值出现在不同位置，能有效降低结构构件的应力比，特别是拱脚处关键截面的应力比。通过设置加劲环，在斜拱的下部结合建筑形态设置加劲环，大幅降低了拱的面外弯矩，拱最大弯矩从 6.8×10^{4}kN·m 降低为 3.3×10^{4}kN·m。

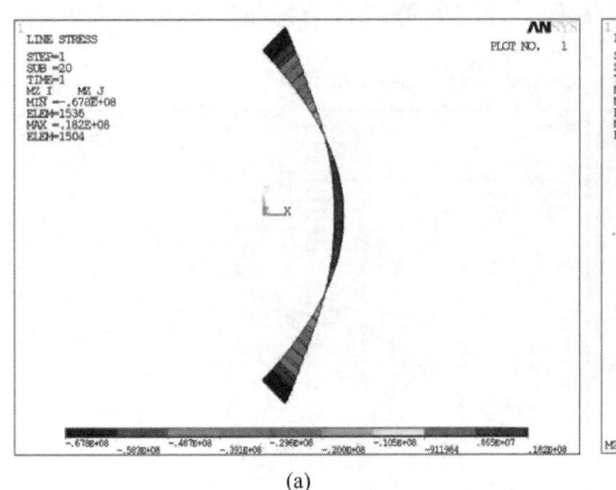

(a)

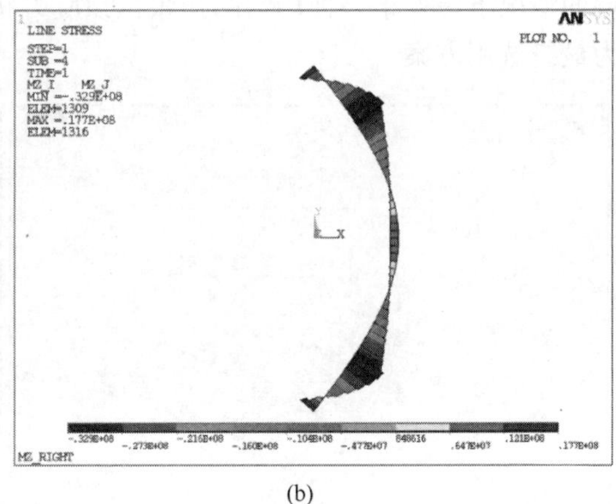

(b)

图 13 主拱面外弯矩

(a) 无加劲环（最大弯矩 6.8×10^{4}kN·m）；(b) 增设加劲环（最大弯矩 3.3×10^{4}kN·m）

5. 采用重力式抗推基础

独立罩棚两个斜拱落地点交汇在一起，采用重力式抗推基础，基础嵌入基岩并原槽浇灌。拱脚插入巨大的基础中，将拱脚推力安全地传递至地基，并可靠平衡拱面外地震、风荷载等引起的倾覆力矩。采用有限元方法，对主拱、混凝土和基础变形进行分析。如图 14和图 15 所示。

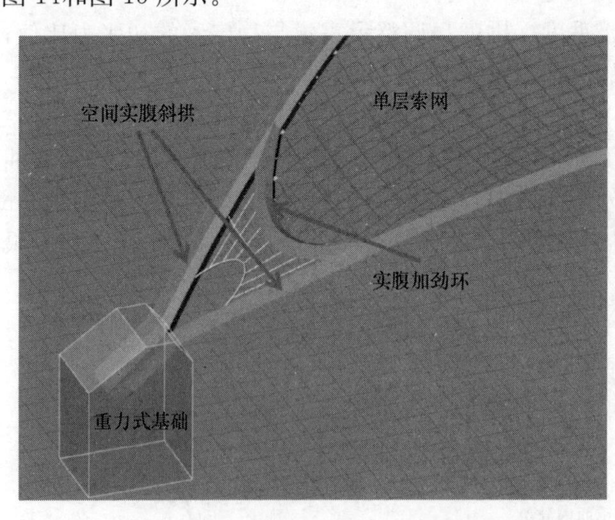

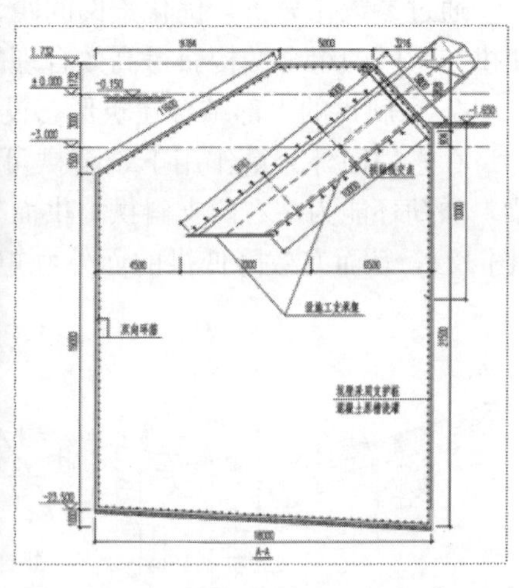

图 14 拱脚设计

6. 屋面采用索网+膜结构

该体系自重轻，大幅减轻了主拱的荷载负担。此外，屋面采用双层膜，上层膜采用了

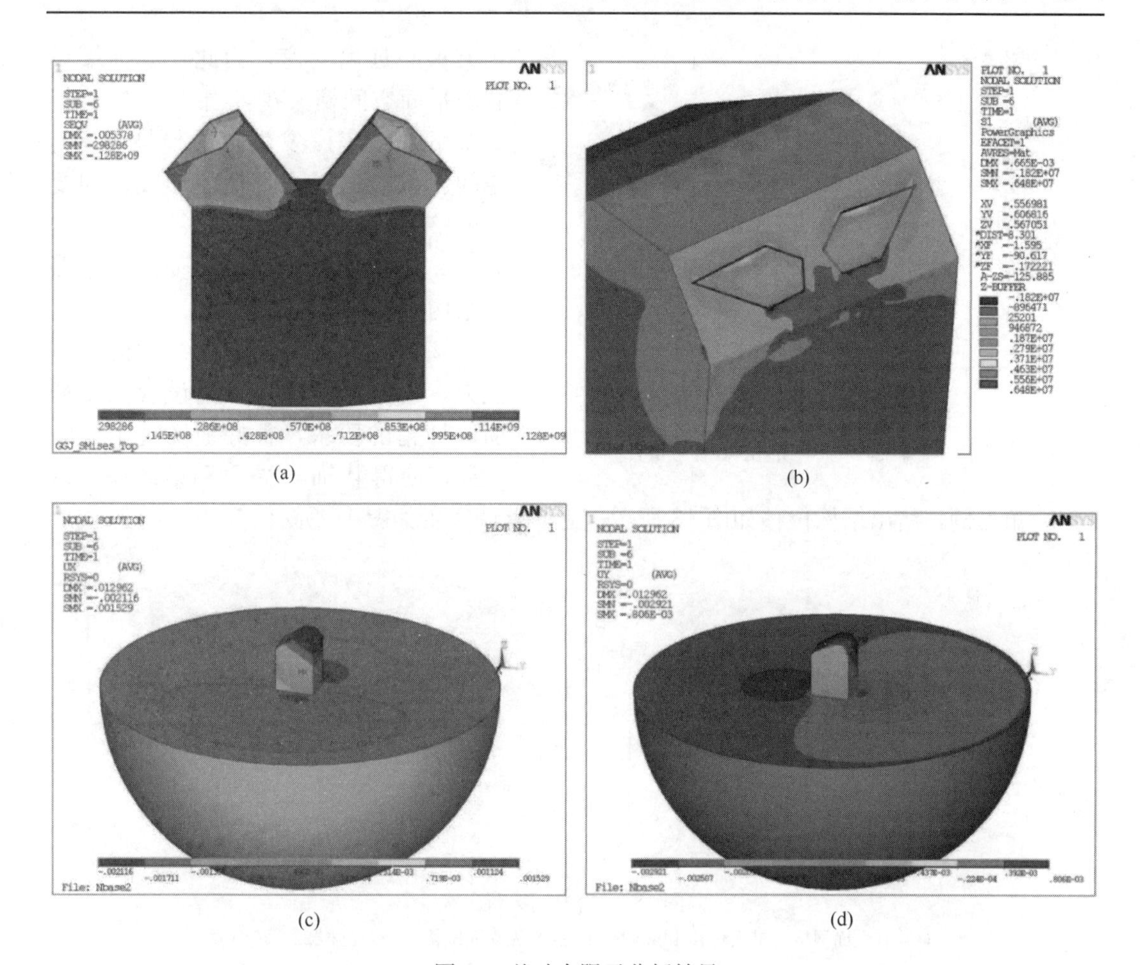

图 15　基础有限元分析结果

（a）主拱 Mises 应力云图；（b）混凝土主拉应力云图；（c）基础 X 向位移；（d）基础 Y 向位移

拱式骨架，造型丰富且方便屋面排水；下层膜可进行光学投影，营造丰富的灯光效果。如图 16 所示。

图 16　下层膜的光学投影及上层膜俯视图

（二）看台罩棚部分

1. 落地拱与“7”字形桁架协同受力，形成稳定的结构体系

21 榀“7”字形空间管桁架下部铰接于混凝土柱或地面，属于机构；单榀“7”字形

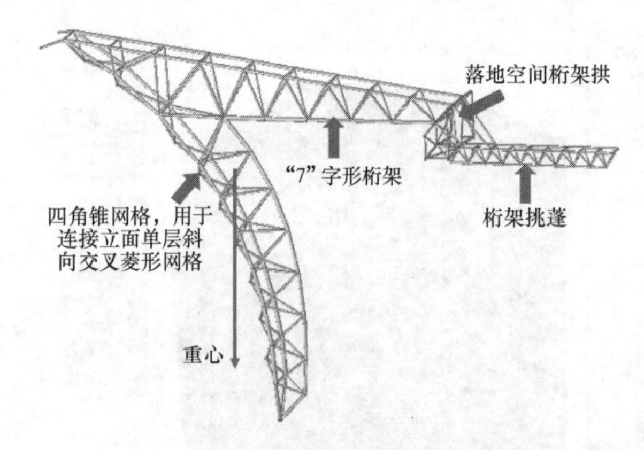

图17　单榀"7"字形桁架结构布置

桁架重心远离支座，为此在其前端设置斜平面空间桁架拱，当"7"字形桁架绕下部铰支座发生转动趋势时，与空间斜拱协同受力，从而形成空间受力的整体结构（图17）。

2. 立面单层斜向交叉菱形网格兼作结构构件和幕墙龙骨

该做法既提高了整体结构的抗侧能力，也满足了建筑立面设置大量四面体灯箱的要求，很好地实现了建筑效果，使得装饰与受力和谐统一。以0°风向角为例，给出结构位移如图18所示，立面幕墙实景如图19所示。

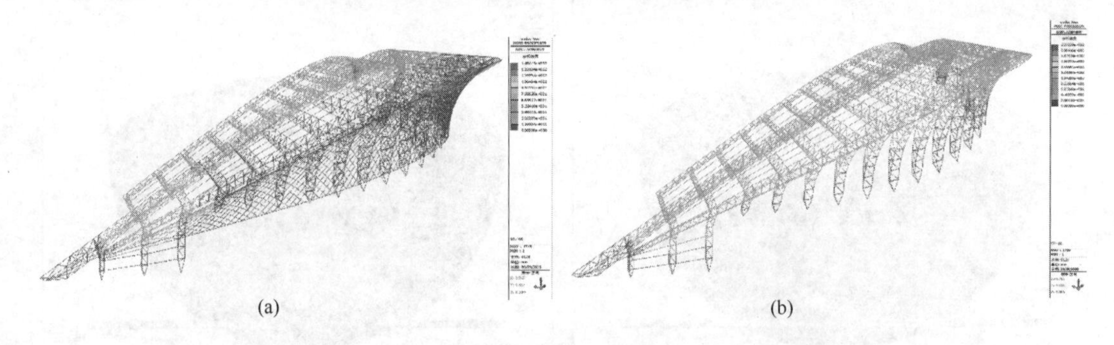

图18　结构位移云图

(a) 有立面网格，最大位移146.42mm；(b) 无立面网格，最大位移229.26mm

图19　立面幕墙实景

3. 菱形网格采用小四角锥与"7"字形桁架相连

该做法使得网格划分均匀、灵活，同时受力合理，避免了"7"字形桁架弦杆承受节间荷载，如图20所示。

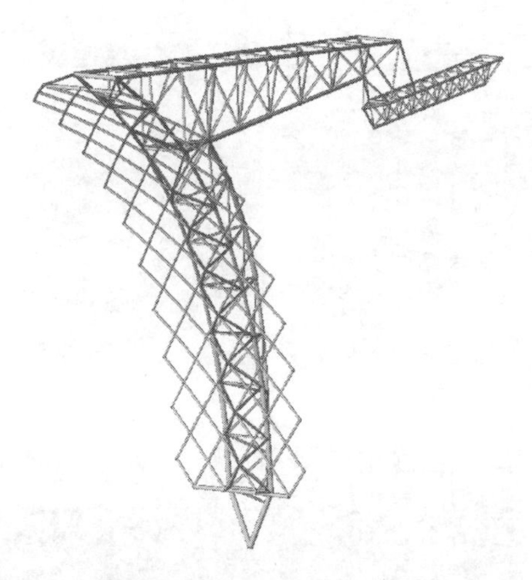

图 20 单层网格与“7”字形桁架的四角锥连接

六、参数化与BIM技术在结构设计中的应用

本项目外形复杂，建筑形体与结构受力高度相关。随着设计的深入，建筑、结构、幕墙均需相应不断优化调整。设计中采用了参数化与BIM技术，保证了结构设计的合理性、准确性、高效性和与建筑造型的高度契合性。

1. 全参数化流程实现设计协同

在程序平台（Rhino+Grasshopper）上进行建筑、结构及幕墙的高度协同配合和深化设计。本项目为超大跨复杂空间结构，建筑形体与结构受力高度相关，方案创作初期，在推敲建筑造型的同时也关注结构受力的合理性，应用参数化力学插件Kangaroo，对建筑造型进行合理优化。随着设计的深入，建筑、结构、幕墙均需相应不断优化调整，全参数化的设计流程使得建筑、结构、幕墙紧密关联。基于Rhino+Grasshopper、ANSYS命令流和Python，形成数千个参数化电池组和万余行代码，使得设计过程中的数十次调整实时更新，无需重复建模，大大提高了设计效率。此外，参数化的设计方法，辅助了建筑找形和结构优化，使得建筑外形和结构受力和谐统一，同步优化（图21、图22）。

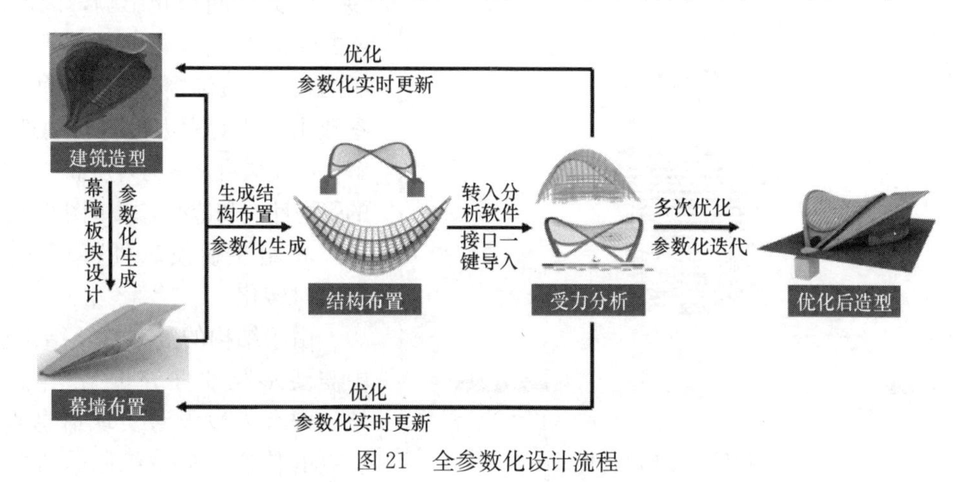

图 21 全参数化设计流程

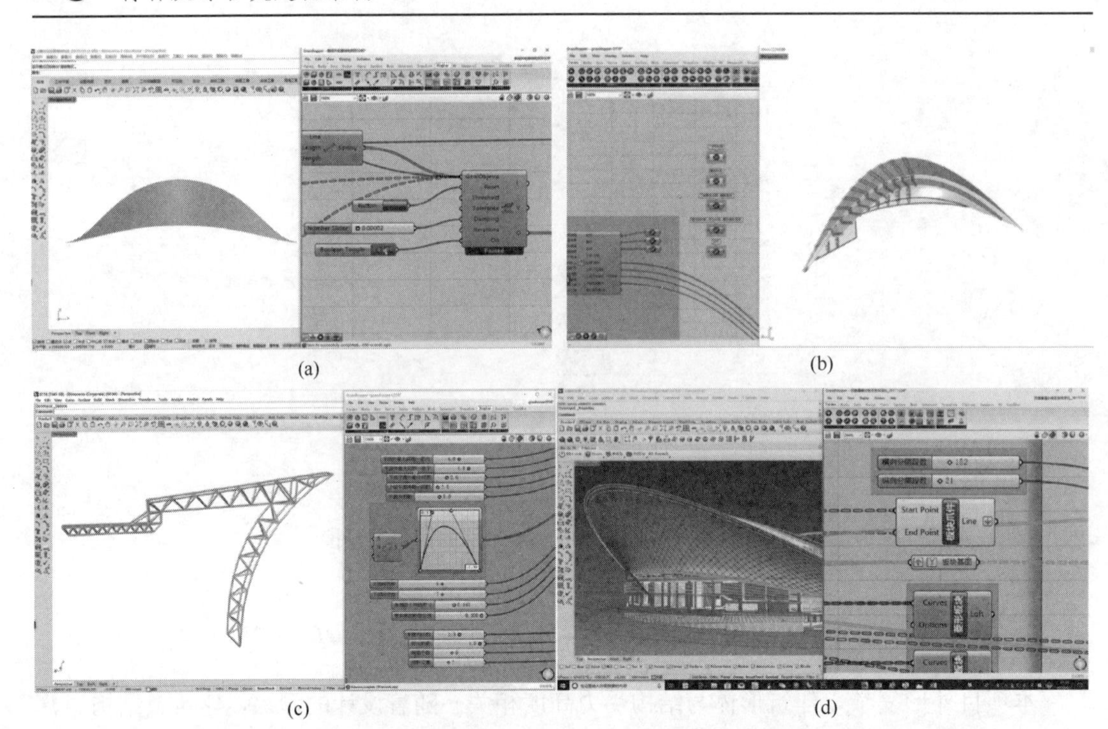

图 22　参数化 BIM 技术在结构设计中的应用

(a) Kangaroo 力学插件进行建筑造型优化；(b) 根据建筑造型参数化生成结构杆件；
(c) "7" 字形桁架全参数可调；(d) 根据建筑造型参数化生成立面单层网格

2. 拱支索网的参数化建模与优化

在结构找形优化过程中，建立双斜拱、加劲环梁以及双曲抛物面索网的全参数化模型，对索网垂度、间距、初张力、加劲环梁支承位置等重要参数逐一进行比较分析。最后综合建筑造型、结构受力、施工难度等因素，选择了一组最优参数集。

由于索网边界（拱）实际上为弹性边界，当给索网施加初应力后，由于边界的变形较大，索网会损失一部分索力。同时，当增加某一根索的初应力时，实际上对相邻的索起卸载作用。由于索网纵横向索数量众多，索力之间相互影响，因此需要不断修正初应力，使求解得到的变形后的索张力逐渐接近目标索力。采用参数化方法对索力进行自动迭代求解，以获取目标索力，从而达到预期的受力性能和造型需求（图 23）。

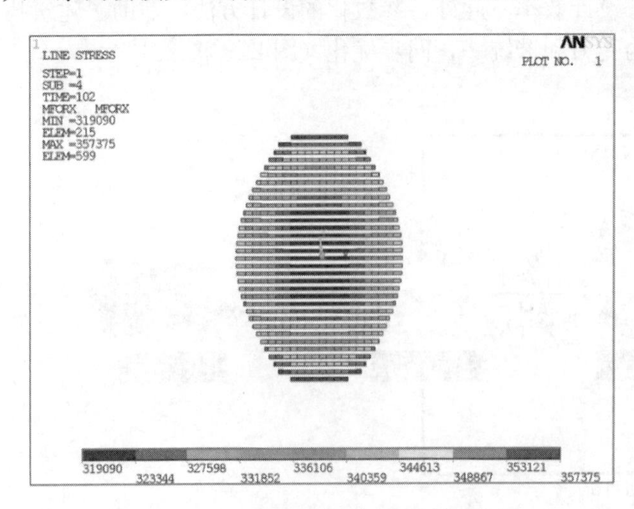

图 23　承重索迭代求解过程云图

3. 自主研发软件接口实现模型实时转化

由于结构的复杂性，结构设计中需要多款软件分析结果相互校核。现有手段无法实现信息直接、有效的传递。自主编制软件接口，实现了有限元软件中模型的实时转化，省去了重复建模的工作（图 24～图 27）。

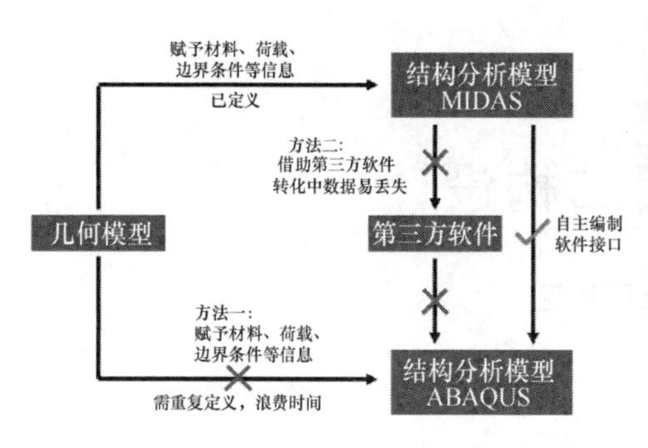

图 24　模型转化流程示意

图 25　软件接口的 Python 代码（局部）

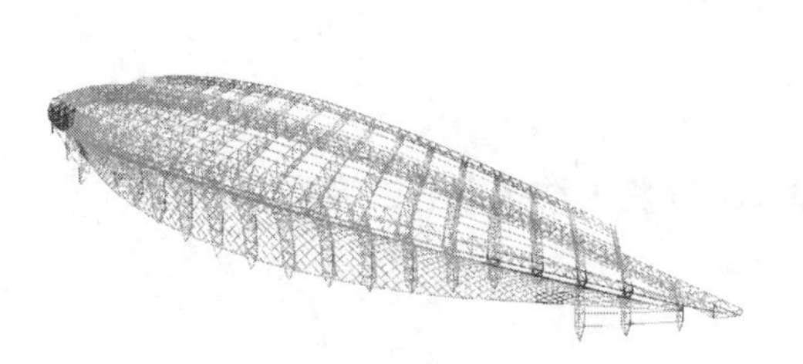

图 26　MIDAS 模型（原始模型）

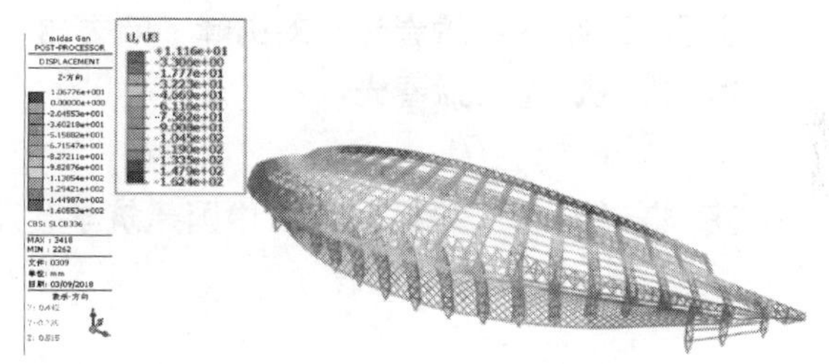

图 27　ABAQUS 模型（软件转化模型）

七、结语

本项目自 2017 年开始设计，历时一年有余，通过对受力机理和结构响应深入、细致地研究，解决了诸如主拱断面优化、索网找形、基础抗推和抗倾覆以及建筑、结构和幕墙一体化等诸多设计难点，同时创新地采用了全参数化的设计流程，保证了设计成果的美观、经济、合理、高效。本项目获得了包括 2019—2020 中国建筑学会建筑设计奖·结构专业二等奖、2020 年度四川省工程勘察设计结构专项一等奖、第四届建设工程 BIM 大赛一类成果、第五届“科创杯”中国 BIM 技术交流暨优秀案例作品展示会大赛一等奖等众多奖项。

52　河北工业大学图书馆项目结构设计

建设地点　天津市北辰区河北工业大学北辰校区
设计时间　2013—2014
工程竣工时间　2017
设计单位　同济大学建筑设计研究院（集团）有限公司
［200092］上海市四平路1230号302
主要设计人　孟春光　刘剑峰　陆秀丽　耿耀明
本文执笔　孟春光

获奖等级　2019—2020中国建筑学会建筑设计奖·结构专业二等奖

一、工程概况

本项目位于天津市河北工业大学北辰校区中心地块，建筑地下1层，地上8层，总建筑面积45000m²，规模为240万册藏书和4500个阅览座位。

主楼结构总高度40.5m，标准层层高5.1m。平面外围尺寸约74m×84m，建筑东、西立面外倾，倾角为10°。建筑大部分楼层平面呈细腰的“工”字形，仅2层（单侧封板）、6层及8层细腰处封板后楼层平面呈梯形，如图1所示。

根据天津市《关于提高我市学校、医院等人员密集场所建设工程抗震设防标准的通知》（建设［2011］1649号文件），本工程地震作用需按8度（0.2g）考虑，场地特征周

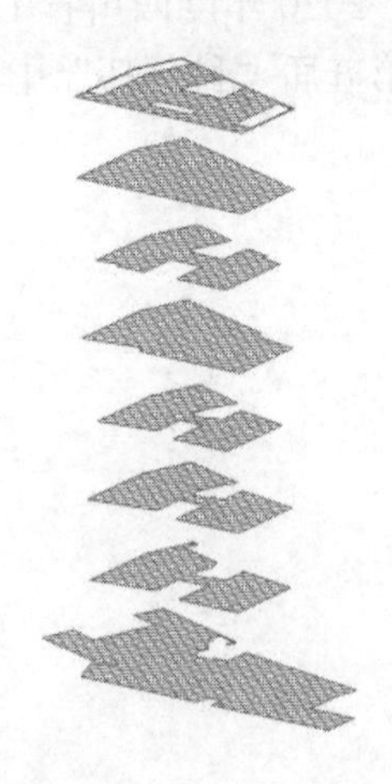

图1　建筑效果图及地上各层结构平面轮廓

期 0.55s。结构体系采用消能减震钢筋混凝土框架结构（带屈曲约束消能支撑及黏滞流体阻尼器）。

二、结构体系

本工程平面超限较严重，一般应采用具有多道抗震防线的框架-剪力墙结构体系。对于本工程，受建筑平面布局限制，剪力墙只能集中布置在两端中间部位的楼、电梯间及设备用房的周围，剪力墙距建筑外侧距离较大，抗扭刚度较小；且整体结构上大下小，平面中间细腰部位薄弱楼板不能协调两侧结构共同变形，导致框架-剪力墙方案的结构第一自振周期始终为扭转周期。而在两侧外立面增加钢支撑，并削弱内部混凝土核心筒后，结构扭转周期比和结构层间位移角难以同时满足规范要求。因此，本工程不能采用框架-剪力墙方案。

由于框架-剪力墙方案不能满足要求，因此考虑采用钢筋混凝土框架-钢支撑方案，支撑布置在楼电梯间周围及建筑外立面，使结构扭转周期比满足规范要求。但要满足结构层间位移角限值要求，需要设置更多数量的钢支撑，为使结构扭转周期比能同时满足要求，钢支撑平面布置必须对称且多数分布在外围。在不影响建筑使用功能的前提下，没有合适的位置布置全部的钢支撑。因此，结构设计中仅布置少量的落地钢支撑用于改善结构的抗扭刚度。在此基础上，在部分层间位移比较大的楼层，在不影响建筑使用功能的平面位置，灵活布置了一些黏滞流体阻尼器，以增加结构的附加阻尼比，消耗地震能量，降低主体结构受到的地震作用，使其层间位移角满足规范限值要求。考虑到本工程平面超限情况较严重，且位于高烈度区，而非线性流体阻尼器大震作用下的附加阻尼比有所减小，因此，本工程的钢支撑全部采用屈曲约束消能支撑，以使其大震作用下能够屈服并耗散地震能量，进一步提高结构的附加阻尼比，典型屈曲约束支撑及黏滞阻尼器的平面布置见图 2。

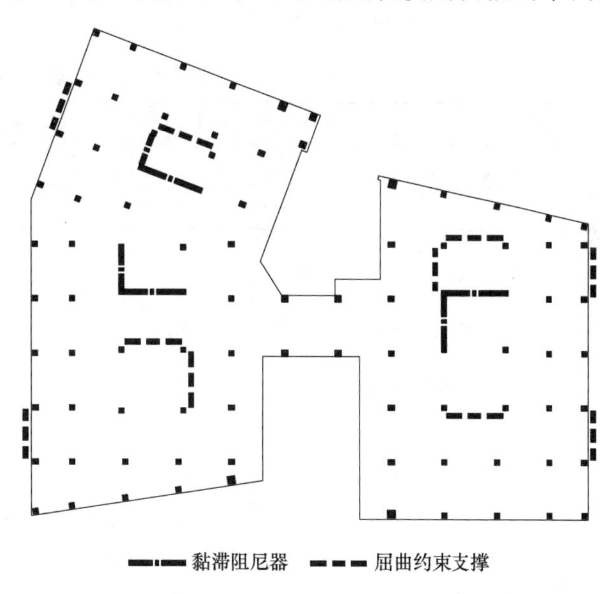

图 2　结构竖向构件及耗能构件平面布置

与屈曲约束支撑相连的框架梁、柱及与阻尼器相连的框架柱均采用型钢混凝土。主要柱网尺寸 8.4m×8.4m，主要框架柱截面尺寸 900mm×900mm、800mm×800mm，主要框架梁截面尺寸 400mm×700mm。屈曲约束支撑内部主要采用人字形和单斜杆布置，立面采用单斜杆跃层布置，见图 3。典型黏滞流体阻尼器柱间布置见图 4。

本工程屈曲约束支撑按小震不屈服设计。黏滞阻尼器需提供附加阻尼比 8.0%（结构自身阻尼比按 4%考虑）。本项目所需采用的黏滞阻尼器参数及数量见表 1。阻尼器主要布置在建筑 2～7 层，每层每个方向布置 5 个。屈曲约束支撑分为两种类型，主要设计参数见表 2。

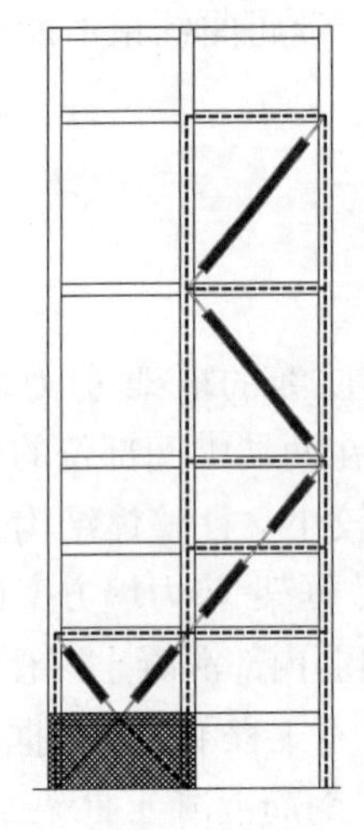
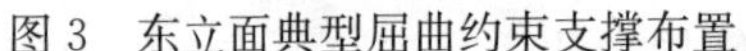

图3　东立面典型屈曲约束支撑布置

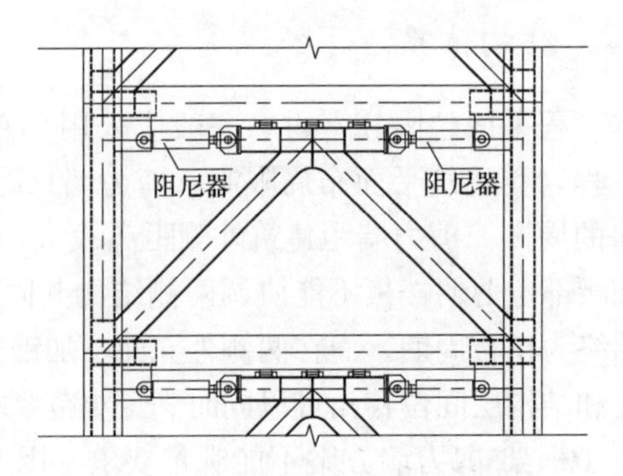

图4　黏滞流体阻尼器柱间布置

阻尼器参数及数量　　**表1**

Ca [kN/ (m/s)^a]	a	最大行程（mm）	设计最大阻尼力（kN）	数量
1700	0.2	±70	1200	60个

注：阻尼器阻尼力的计算公式：$F = Ca \cdot V^a$。

屈曲约束消能支撑设计参数　　**表2**

类型	设计承载力（kN）	屈服承载力（kN）	支撑长度（m）
A	5410	6000	7～9
B	6310	7000	7～13

三、结构超限内容及加强措施

1. 结构主要超限内容

本工程结构主要超限内容有：

（1）扭转位移比1.28，大于1.2；

（2）3～5层、7层、屋面Y向平面凹入比例85%，形成细腰型平面；

（3）5层、7层X向两侧楼板缺失，边框柱形成越层柱；

（4）顶部楼层局部设吊杆，最大挑出尺寸5m。

2. 主要加强措施

（1）细腰部位两榀单跨框架及周边一跨的框架柱正截面抗弯按中震不屈服设计，斜截面抗剪按中震弹性设计，抗震等级提高为特一级；

（2）细腰部位两榀单跨框架的框架梁，抗震等级提高一级，斜截面抗剪按中震不屈服设计；

（3）薄弱楼板加厚为180mm，细腰部位及其周边上下楼板正截面均按小震弹性，中震不屈服设计；细腰处楼板同时按《高层建筑混凝土结构技术规程》JGJ 3—2010（简称

《高规》第 10.2.24 条进行抗剪验算；

(4) 跃层柱配筋适当加强；

(5) 顶层吊杆及相连支撑构件按中震不屈服设计。

四、整体结构计算分析

1. 小震弹性反应谱分析及时程分析

小震弹性计算软件采用 YJK 和 ETABS，计算模型中采用全楼弹性假定考虑楼板的变形影响，整体结构自身的固有阻尼比取 0.04。

反应谱分析中将阻尼器的附加阻尼与结构自身阻尼统一考虑取 0.12，计算结果见表 3。两种程序的计算结果接近，结构抗扭刚度较好，各项指标均能满足规范要求。

结构反应谱计算结果 **表 3**

<table>
<tr><td rowspan="2">振型</td><td colspan="2">YJK</td><td colspan="3">ETABS</td></tr>
<tr><td>周期 (s)</td><td>平动系数</td><td>周期 (s)</td><td>平动振型质量参与系数 (%)</td><td>转动振型质量参与系数 (%)</td></tr>
<tr><td>1</td><td>1.50</td><td>1.00</td><td>1.45</td><td>57.5</td><td>0.31</td></tr>
<tr><td>2</td><td>1.46</td><td>0.98</td><td>1.42</td><td>56.8</td><td>1.36</td></tr>
<tr><td>3</td><td>1.28</td><td>0.03</td><td>1.23</td><td>1.86</td><td>42.8</td></tr>
<tr><td></td><td>X 向</td><td>Y 向</td><td>X 向</td><td colspan="2">Y 向</td></tr>
<tr><td>层间位移角</td><td>1/608 (5 层)</td><td>1/612 (4 层)</td><td>1/622 (5 层)</td><td colspan="2">1/602 (4 层)</td></tr>
<tr><td>剪重比</td><td>5.11%</td><td>4.99%</td><td>5.30%</td><td colspan="2">5.20%</td></tr>
<tr><td>扭转位移比</td><td>1.25 (5F)</td><td>1.28 (2F)</td><td>1.17 (2F)</td><td colspan="2">1.17 (2F)</td></tr>
</table>

为进一步验证黏滞阻尼器的减震效果，在 ETABS 中采用弹性时程分析法对结构进行了小震工况的减震分析，阻尼器采用非线性阻尼器连接单元模拟。

图 5 为时程分析选用地震波的反应谱，其中 2 条为人工波，5 条为天然波，地震波峰值加速度 70cm/s^2，有效持时均大于 20s，各地震波反应谱在结构主要自振频率区段内与规范反应谱吻合较好；且均能满足规范的选波要求。

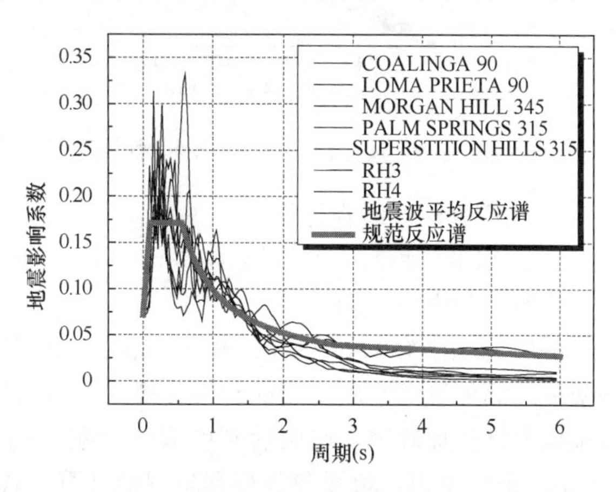

图 5 时程分析用地震波的反应谱

小震弹性时程分析计算结果表明：层间位移角平均减震率 46%，大于反应谱法的减震率 30%；首层地震剪力平均减震率 39%，大于反应谱法的减震率 23%。因此，小震反应谱法结构设计中采用 12% 总阻尼比偏于安全。能量分析结果进一步显示：小震作用下，黏滞阻尼器的总耗能比例达 80%，黏滞阻尼器有效保护了主体结构在地震作用下的安全性。层间位移角减震结果见表 4；层间位移角及层间剪力分布见图 6。

层间位移角减震率计算结果 表4

项目		X向		Y向	
			减震率（%）		减震率（%）
时程分析法	COALINGA	1/882	52	1/857	44
	LOMA PRIETA	1/1161	59	1/1074	53
	MORGAN HILL	1/966	46	1/947	41
	PALM SPRINGS	1/803	50	1/781	46
	SUPERSTITION	1/922	37	1/905	32
	RH3	1/1121	47	1/1092	48
	RH4	1/1175	57	1/1165	55
	平均值	1/985	50	1/957	46
CQC法		1/622	30	1/602	26

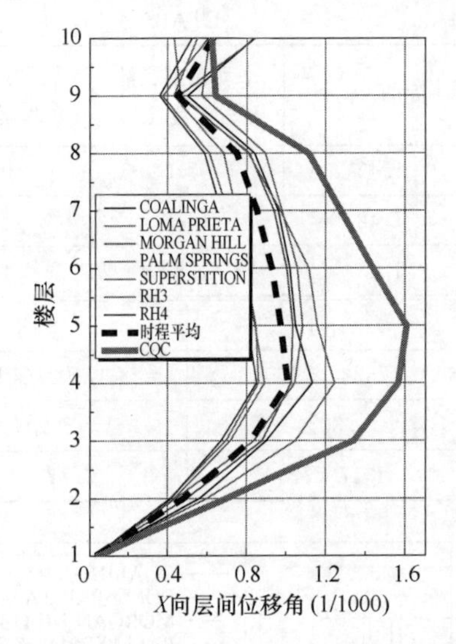

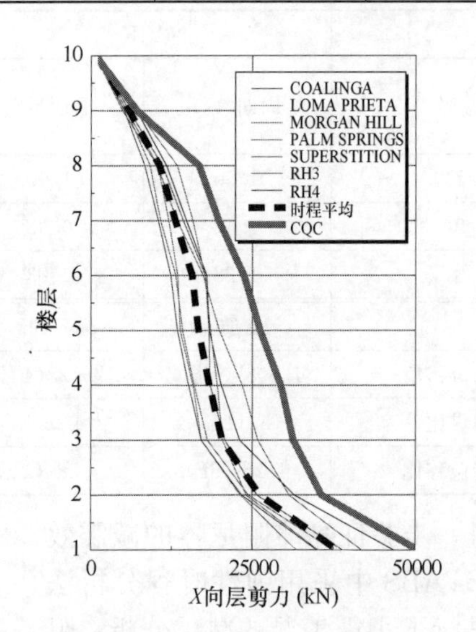

图6 弹性时程分析计算结果

2. 大震弹塑性时程分析

采用PERFORMD-3D对结构进行了大震动力弹塑性时程分析。地震波同前述弹性分析，峰值加速度400gal。

框架梁、柱均采用FAMA模型。楼板采用弹性壳单元考虑楼板面内弹性变形，并忽略楼板的面外抗弯刚度。屈曲约束支撑采用双折线的Inelastic Bar单元模拟，支撑单元参数根据设计指标确定，屈服后刚度取弹性刚度的1%。黏滞阻尼器采用五点折线的Fluid Damper单元模拟，单元参数根据阻尼器计算公式拟合后确定。

楼层最大层间位移角见图7，结构最大层间位移角1/108，小于普通框架结构层间位移角限值（1/50）的一半。满足规范对消能减震结构层间位移角从严控制的要求。整体结构层间位移角沿楼层高度分布均匀无突变，没有薄弱层出现。

大震作用下结构能量耗散计算结果表明：框架梁屈服后的耗能比重为10.9%，框架柱仅占0.7%，说明少量框架柱屈服后的塑性变形非常小，整体结构为梁屈服型耗能机制。

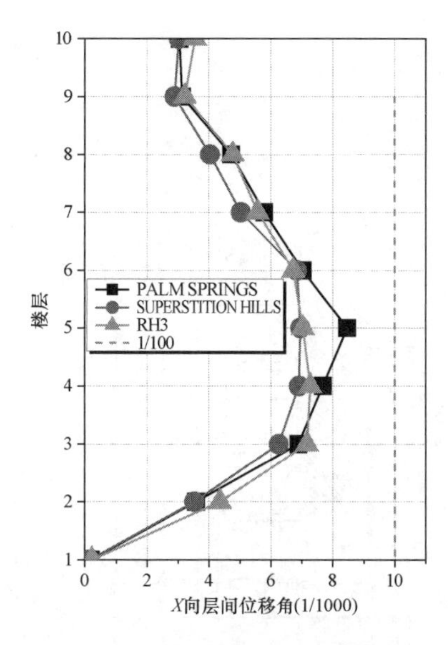

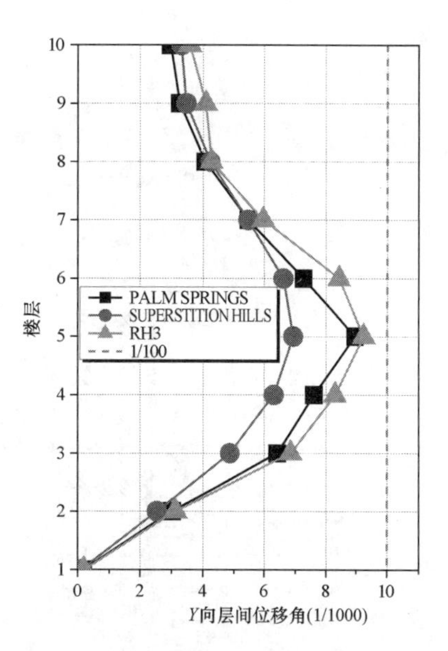

图 7　弹塑性时程分析层间位移角计算结果

黏滞阻尼器及屈曲约束消能支撑的耗能比例为 47%，耗散了约一半的地震能量，有效地保护了主体结构。图 8 为 PALM SPRINGS 波作用下的结构能量耗散分布图。

根据 ASCE41，主体结构构件的抗震变形性能计算结果统计如下：

（1）2 层以上主楼框架梁基本处于屈服状态，其中 88%的混凝土框架梁屈服后塑性变形在 IO 范围以内，11.4%的框架梁塑性变形在 LS 范围内，极少数超过 LS 范围，没有框架梁超过 CP 的性能目标；

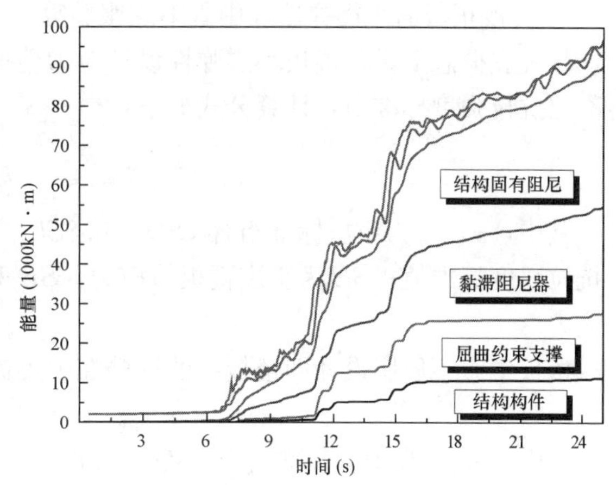

图 8　PALM SPRINGS X 向能量耗散分布图

（2）主楼仅 14%的框架柱进入屈服状态，进入屈服状态的框架柱，绝大多数塑性变形在 IO 范围以内，仅 1～2 根框架柱塑性变形超过 IO 范围，在 LS 范围内；没有框架柱超过 CP 的变形性能目标；细腰部位及两侧框架柱仅少量进入屈服，而且屈服后的塑性变形绝大多数控制在 IO 范围内，满足立即入住的要求，远小于 CP 的限值要求；

（3）屈曲约束支撑全部处于屈服状态。

五、楼板抗震性能设计

由于本工程多数楼层呈哑铃形的细腰平面，因此对细腰部位及其周边上、下的楼板加强区均按正截面小震弹性，中震不屈服设计。标准层楼板加强区见图 9。细腰处楼板按

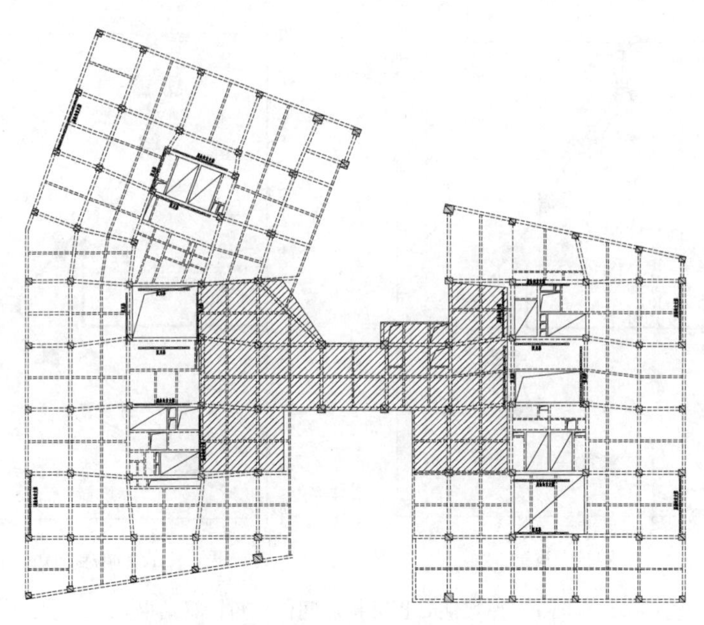

图 9　标准层楼板加强区

《高规》第 10.2.24 条进行抗剪验算。

1. 楼板正截面小震弹性及中震不屈服验算

从抗震概念上讲，楼板小震弹性设计应为楼板在小震标准组合作用下的主拉应力小于混凝土抗拉强度标准值，计算公式如下：

$$\sigma_{1k,小震} < f_{tk}$$

其中，$\sigma_{1k,小震}$为小震标准组合（$SD+0.8SL+SE$）作用下楼板的主拉应力，f_{tk}为混凝土抗拉强度标准值；SE 为小震楼板拉应力，SD 和 SL 则分别为恒荷载和活荷载下的楼板拉应力。

楼板中震不屈服设计即楼板中的钢筋在中震标准组合作用下不屈服，计算公式如下：

$$\sigma_{1,中震} < f_y A_s/h/s$$

其中，$\sigma_{1,中震}$为中震标准组合（$SD+0.8SL+2.86SE$）作用下楼板的主拉应力，f_y 为钢筋的抗拉强度标准值，h 为楼板厚度，s 为钢筋间距，A_s 为 s 范围内上下层水平钢筋的面积。

楼板加强区计算结果汇总见表 5。计算结果显示，各楼层楼板加强区在小震标准组合作用下的两向正应力均小于 2.2MPa（屈曲约束支撑处，楼板局部拉应力较大而开裂，不计入统计指标，局部配筋加强），能够达到小震弹性的性能目标。楼板配筋则能够满足中震不屈服的性能目标。

楼板加强区正截面计算结果汇总　　　　**表 5**

楼层	小震工况最大拉应力	小震标准组合最大拉应力	中震标准组合最大拉应力	板厚(mm)	A_s 计算值	实配钢筋
2	0.33	2.34	2.93	150	158	10@150

续表

楼层	小震工况最大拉应力	小震标准组合最大拉应力	中震标准组合最大拉应力	板厚(mm)	A_s 计算值	实配钢筋
3	0.56	1.82	2.37	180	159	12@150
4	0.48	1.54	2.11	180	149	12@150
5	0.45	2.34	2.92	180	191	12@150
6	0.35	1.60	2.81	150	152	12@150
7	0.22	1.52	1.85	180	136	12@150
8	0.21	1.50	1.78	150	111	10@150
屋面	0.23	1.13	1.67	180	115	12@150

注：A_s 计算值为 150mm 板宽范围内的上下层钢筋面积和；表中应力单位为 MPa。

2. 薄弱楼板抗剪验算

根据《高规》第 10.2.24 条，细腰部分楼板截面剪力设计值应符合下列要求：

$$V_f \leqslant (0.1\beta_c f_c b_f t_f)/\gamma_{RE}$$

$$V_f < (f_y A_s)/\gamma_{RE}$$

$$V_f = \tau b_f t_f$$

其中，τ、V_f 分布为中震标准组合（$SD + 0.8SL + 2.86SE$）作用下楼板的剪应力及剪力，t_f 为楼板厚度，b_f 为楼板宽度。

计算结果见表 6，结果显示细腰部位楼板中震作用下抗剪承载力能够满足规范要求。

细腰部位楼板抗剪计算结果汇总 **表 6**

楼层	中震剪应力(MPa)	b_f(m)	t_f(mm)	实配钢筋	V_f(kN)	剪压比限值 V_1(kN)	承载力限值 V_2(kN)
3	0.46	8.4	180	12@150	696	2971	5360
4	0.69	8.4	180	12@150	1043	2971	5360
5	1.13	8.4	180	12@150	1709	2971	5360
7	0.52	14.4	180	12@150	1348	5093	9189
8	0.83	20	150	12@150	2490	5894	12762
9	1.19	8.4	150	12@150	1499	2476	5360

注：$V_1 = (0.1 f_c b_f t_f)0.85$；$V_2 = f_y A_s / 0.85$。

六、结论

本工程属于平面超限较严重的不规则高层建筑，由于采用了消能减震技术，小震作用下结构各项计算指标均能满足规范要求，大震作用下阻尼器及屈曲约束支撑耗散了较多地震能量，有效保护了主体结构。结合有针对性的超限加强措施，使整体结构具有良好的抗震性能。

53　秦汉唐天幕广场提升改造项目（西安曲江大悦城）

建设地点　西安市雁塔区慈恩西路66号（西安大雁塔西邻）
设计时间　2017—2018
工程竣工时间　2018
设计单位　西安建筑科技大学设计研究总院
［710055］西安市雁塔路13号
建研科技股份有限公司
［100013］北京市北三环东路30号
北京市建筑工程研究院有限责任公司
［100039］北京市海淀区复兴路34号
主要设计人　薛　强　陈才华　李　勃　罗　峥　刘晓帆　徐中文　车英明
任重翠　黄育琪　郑　粤　韩　雪　张开臣　佟道林　华中孝
袁龙飞　潘从建　巫振弘　李　铭
本文执笔　李　勃　罗　峥　刘晓帆

获奖等级　2019—2020中国建筑学会建筑设计奖·结构专业三等奖

一、工程概况

秦汉唐国际文化广场位于著名的大雁塔南广场西侧，是曲江新区大唐不夜城景区的龙头位置，处于西安文化商业区的核心位置和秀美的园林环境中。随着社会的发展，商业业态越来越多元化，由传统单一模式发展为集零售、百货、餐饮、娱乐和观光为一体的多次元融合模式。建筑功能的复杂化对于老旧商业的改造也提出了更高的要求。为适应更复杂的商业业态需要，结构专业的改造过程面临了更多、更大的挑战。

本项目为大规模拆改的高烈度区大型商业综合体的改造项目，在项目的结构专业设计中对安全性及抗震鉴定、改造加固方案、原有结构拆除、构件加固及重建等环节做了有针对性的研究。经大量调研考察、计算对比及分析研究，确定了结构设计方案，经过专家论证会论证后，选取了合理经济的方案及措施对结构进行了拆除、加固、新建等工作，使新老结构合理地共同受力工作。本项目结构设计紧密贴合建筑设计理念，高度实现建筑设计意图，除满足设计方面的各项要求，还充分顾及施工操作的可行性及便利性，有效缩短了施工周期，不仅节约了施工成本，而且商场提前试运行推动了区域性经济繁荣，产生了积极的社会影响，可作为大型商业综合体改造设计的范例。

整个过程历时 600d，实现全面改造完成并重新营业，改造前、后外观及结构模型详见图 1～图 4，其中主入口和中庭改造详见图 5～图 8。

图 1　改造前外观

图 2　改造前结构模型

图 3　改造后外观

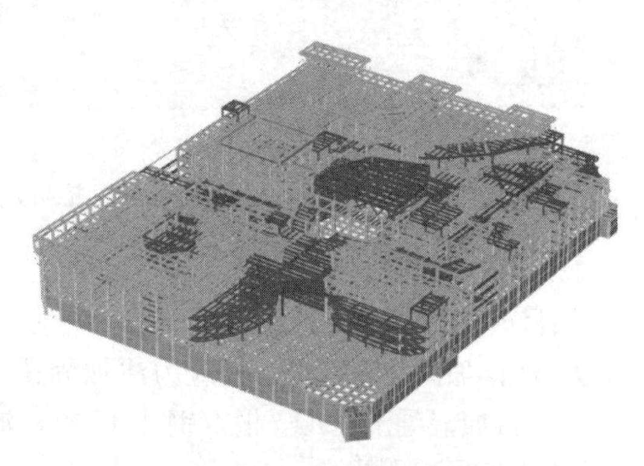

图 4　改造后结构模型

图 5　改造前主入口

图 6　改造后主入口

图 7　改造前中庭

图 8　改造后中庭

1. 原建筑（秦汉唐）概况

原建筑为半露天式商业广场，于 2012 年建成开业，建筑布局分为地上 3 层，局部 4 层，地下 2 层。项目集休闲娱乐，餐饮美食，时尚购物，传统文化及现代创意文化为一体。项目总建筑面积约 14.6 万 m^2，地上面积约 7.5 万 m^2，地下面积约 7.1 万 m^2，平面尺寸约为 180m×253m。主要建筑用途为商业用房，室外广场以及地下 2 层停车场和设备用房，地下 1 层娱乐场所，主要层平面详见图 9。

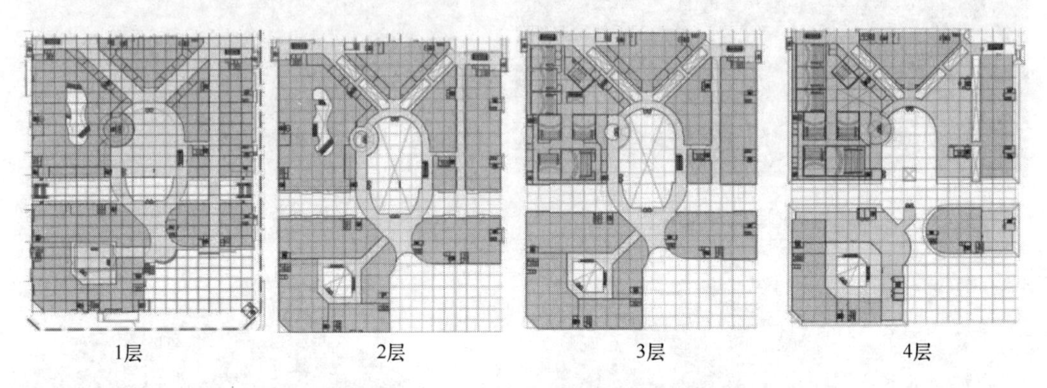

图 9　改造前平面

2. 改造后建筑（大悦城）概况

项目改造后基本维持原建筑面积，但对内部结构进行了大规模改造，拆除原建筑面积 2.6 万 m^2；加固柱 636 根；预应力法加固梁 257 个，楼梯等荷载变化位置包钢法加固梁 309 个，新加混凝土柱 115 根，钢柱 45 根，混凝土梁 356 个，取消框架柱总数为 267 根。主要层建筑平面见图 10。

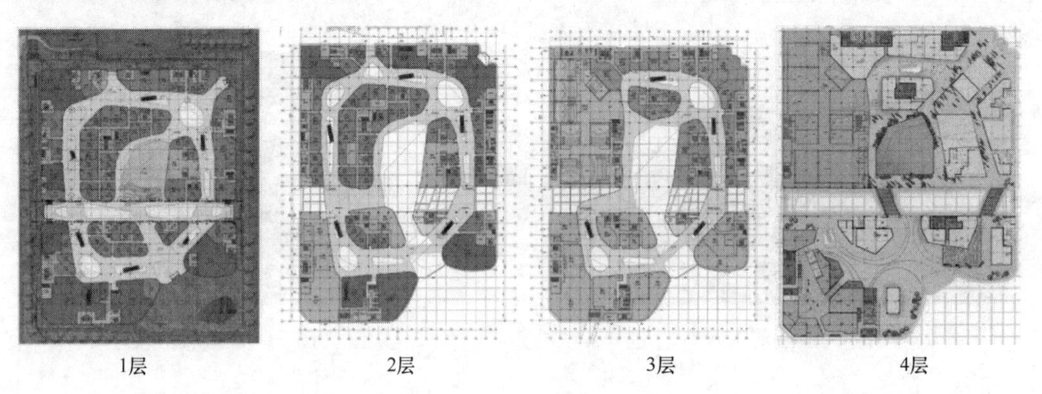

图 10　改造后平面

3. 检测结果

根据中冶建筑研究总院有限公司提供的《西安大悦城项目改造工程结构安全性及抗震检测鉴定报告》和《建筑抗震鉴定标准》GB 50023—2009 的要求及原则，大悦城后续使用年限按 40 年考虑，其抗震验算按现行国家标准《建筑抗震设计规范》GB 50011—2010（2016 年版）进行，抗震措施鉴定按《建筑抗震鉴定标准》GB 50023—2009 的要求进行。主要检测结果如下：

（1）安全性等级评为Csu级，安全性不符合鉴定标准对Asu级的要求；显著影响整体承载，应采取措施，需要对承载力及轴压比不满足规范要求的构件进行加固。

（2）结构各项抗震措施基本满足《建筑抗震鉴定标准》GB 50023—2009 对乙类框架结构的要求，但结构框架梁露筋、锈蚀情况较多，不满足外观质量要求，需要进行处理。

（3）本项目中柱的实测混凝土强度等级对承载力影响较大，其检测结果详见表1。

混凝土检查结果 **表1**

楼层	柱	墙	梁	预应力梁
地下2层	C35（C45）	C40（C40）	C35（C35）	—
地下1层	C35（C45）	C40（C40）	C40（C35）	C40（C40）
1层～屋面	C40（C45）	—	C40（C35）	C40（C40）

注：表中为实测混凝土强度等级，括号内为原设计的混凝土强度等级。

二、结构体系

由于本项目改造量大、改造过程难度高、风险大且时间紧，结合结构改造加固特点，本项目结构设计宗旨：

（1）在充分利用原结构的基础上进行改造，杜绝大拆大建，创建“节约型”工程。

（2）针对不同的实际情况选择合理的加固方案，保证结构加固的安全性并减少加固量，同时确保改造后建筑功能实现。

（3）新建部分采用钢结构，形成混合结构体系，新旧体系有效融合，降低结构自重并加快施工速度。

1. 抗震方案

（1）地震影响系数

随社会发展，规范也不断更新，根据鉴定报告和专家会意见，确定工程依据的规范为《建筑抗震设计规范》GB 50011—2010（2016年版）（简称《抗规》）。根据《抗规》公式，$\alpha=(T_g/T)^{\gamma}\eta_2\alpha_{max}$，其中阻尼比为0.05，$\eta_2=1$，$\alpha_{max}=0.16$，$\gamma=0.9$。《抗规》GB 50011—2001中$T_g=0.35$，《抗规》GB 50011—2010（2016年版）中$T_g=0.40$。由于确定后续使用年限为40年，根据周锡元的《估计不同服役期结构的抗震设防水准的简单方法》计算地震影响系数，本工程第一周期为0.91s，因此$\alpha_{max}=0.139$；原设计（《抗规》GB 50011—2001）采用的地震影响系数为α=0.0684；改造后设计（《抗规》GB 50011—2010（2016年版））采用的地震影响系数为α=0.067。

（2）抗震措施

本次规范的变化对结构设计影响比较大的抗震措施为强柱弱梁和强剪弱弯、轴压比限值和柱纵筋配筋率等。以上要求导致加固量较大，特别是抗震构造措施影响更大。新旧规范对比，详见表2及表3。

新旧规范抗震措施对构件内力放大系数的对比 **表2**

	《抗规》GB 50011—2001(2008年版)	《抗规》GB 50011—2010(2016年版)	2010版/2001版
框架梁剪力	max(1.1×1.1×1.15，1.3)=1.39	max(1.1×1.1×1.15，1.3)=1.39	1.00
框架柱弯矩	max(1.2×1.1×1.15，1.4)=1.58	max(1.2×1.1×1.15，1.7)=1.7	1.075
框架柱剪力	max(1.2×1.1×1.15，1.5)=1.58	max(1.2×1.1×1.15，1.5)=1.58	1.075
底层柱	1.5	1.7	1.133
角柱	在上面的框架柱弯矩、剪力基础上放大1.1倍	在上面的框架柱弯矩、剪力基础上放大1.1倍	1.075

新旧规范对柱轴压比及最小配筋率要求的对比 **表3**

	《抗规》GB 50011—2001（2008年版）	《抗规》GB 50011—2010（2016年版）
轴压比	0.70	0.65
中、边柱纵筋配筋率	0.9	1.05
角柱纵筋配筋率	1.1	1.15

（3）框架柱数量

原工程一层框架柱数量为462；改造后一层框架柱数量为438，其中有38个框架柱增大截面，由800mm×800mm加固成1000mm×1000mm，增加比例为0.56，换算出等效框架柱数量为459根，说明改造前后结构的整体刚度基本一致。

通过地震影响系数、抗震措施、抗震构造措施、框架柱数量及新旧规范对比分析结果（表4）可知，整体模型的基底剪力和整体刚度变化不大，其中计算配筋相对增幅在10%～30%之间。根据原结构施工图可知，大部分柱的实配钢筋满足计算要求，综合以上分析，说明抗震方案可以满足设计要求。

新旧规范分析结果对比 **表4**

规范版本		《抗规》GB 50011—2001(2008年版)	《抗规》GB 50011—2010(2016年版)
基底剪力(kN)，剪重比(%)	X	103998.41，7.283	108586.52，6.903
	Y	99417.07，6.962	112063.69，7.124
周期折减系数		0.75	0.75
顶点最大位移(mm)	X	26.96	27.38
	Y	25.57	26.75
最大层间位移角(层位)	X	1/718(2层)	1/696(2层)
	Y	1/709(2层)	1/741(2层)
质量参与系数(%)	X	93.12	94.15
	Y	93.35	93.44
最大扭转位移比(层位)	X	1.27(4层)	1.27(4层)
	Y	1.18(3层)	1.18(3层)
基本周期 T_1，T_2，T_t(s)		0.9090，0.8975，0.8494	0.9112，0.8939，0.8590
结构总质量(t)		283820.750	281859.813

2. 减震方案

本工程采用框架＋消能器结构体系作为比选方案。规范规定消能部件宜设置在变形较大的位置，其数量和分布应通过综合分析合理确定，并有利于提高整个结构的消能减震能力，形成合理的受力体系，经过与建筑专业不断协商，反复试算，最终确定了布置方案。

总体模型如图 11 所示，各层的消能器布置如图 12 所示。共布置 224 个摩擦消能器，其中 1 层 86 个，2 层 62 个，3 层 60 个，4 层 16 个；消能器摩擦起滑力为 500kN，经计算可附加阻尼比 X 向 4.3%，Y 向 4.1%，综合分析取两个方向的附加阻尼比均为 4%，有效地控制了结构层间位移，其中 X 向最大层间位移角为 1/911（4 层），Y 向最大层间位移角为 1/926（4 层），均满足规范要求。

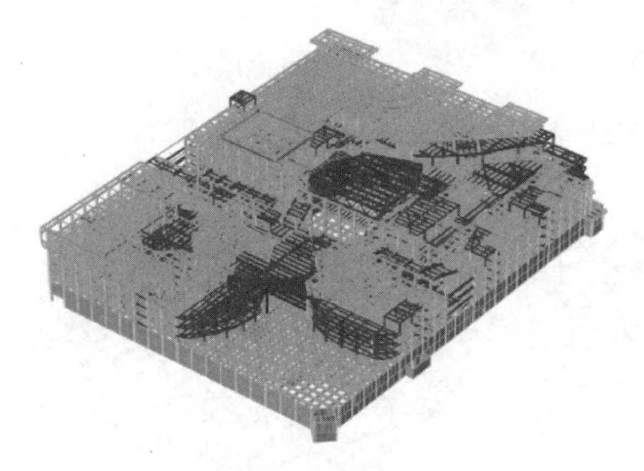

图 11　整体模型

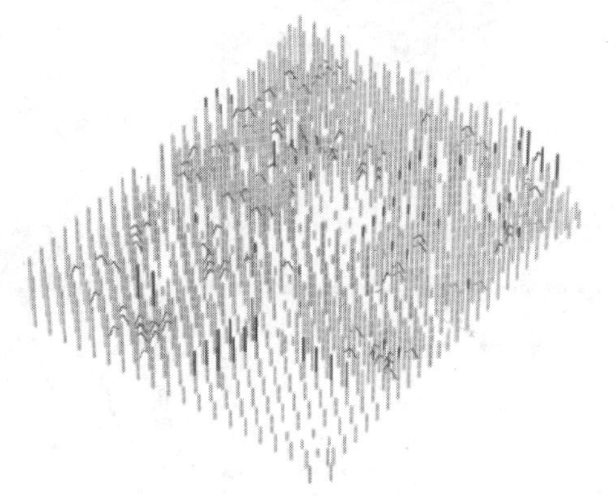

图 12　摩擦消能器

根据上述布置，对比了框架改造方案和框架＋摩擦消能器改造方案的改造加固量和造价，其中因为框架梁荷载变化不大，原施工图配筋有余量，两个方案梁的加固量相差不大，此处只列出了框架柱的加固量，见表 5，摩擦消能器及节点埋件费用见表 6。

柱加固数量方案对比（根据计算配筋）　　**表 5**

楼层数	框架方案	框架＋摩擦阻尼器方案	加固量差值
1	123（66）	64（17）	59（49）
2	103（29）	53（17）	50（12）
3	79（55）	45（29）	34（26）
4	16（12）	12（8）	4（26）
合计	321（162）	174（71）	147（91）

注：括号内数值为核心区需要加固量。

摩擦阻尼器及节点费用　　**表 6**

楼层	阻尼器单价（万元）	节点埋件用钢量（t）	阻尼器数量	总费用（万元）
1	1.7	0.8	86	204.68
2	1.7	0.8	62	147.56
3	1.7	0.8	60	142.8
4	1.7	0.8	16	38.08
合计			224	533.12

根据预算部门提供的柱的加固单价为每根 1 万元，节点核心区加固为每根 0.7 万元，增加摩擦消能器可减少加固费用约为 210.7 万元，摩擦消能器及节点埋件增加费用约为

533.12万元。根据加固量、造价及现场情况及工期，本项目最终选择抗震方案。

本项目在原混凝土框架的基础上新增了钢结构框架、连廊以及预应力梁，使原8个独立建筑单体合理连接，最终形成混凝土框架＋钢框架结构体系的混合抗震结构方案，部分特殊部位（如抽柱大跨预应力梁、异形主入口、张弦梁支撑的可开合屋盖），如图13～图16所示。结构的竖向荷载和水平荷载主要由混凝土柱和新增钢柱承担。

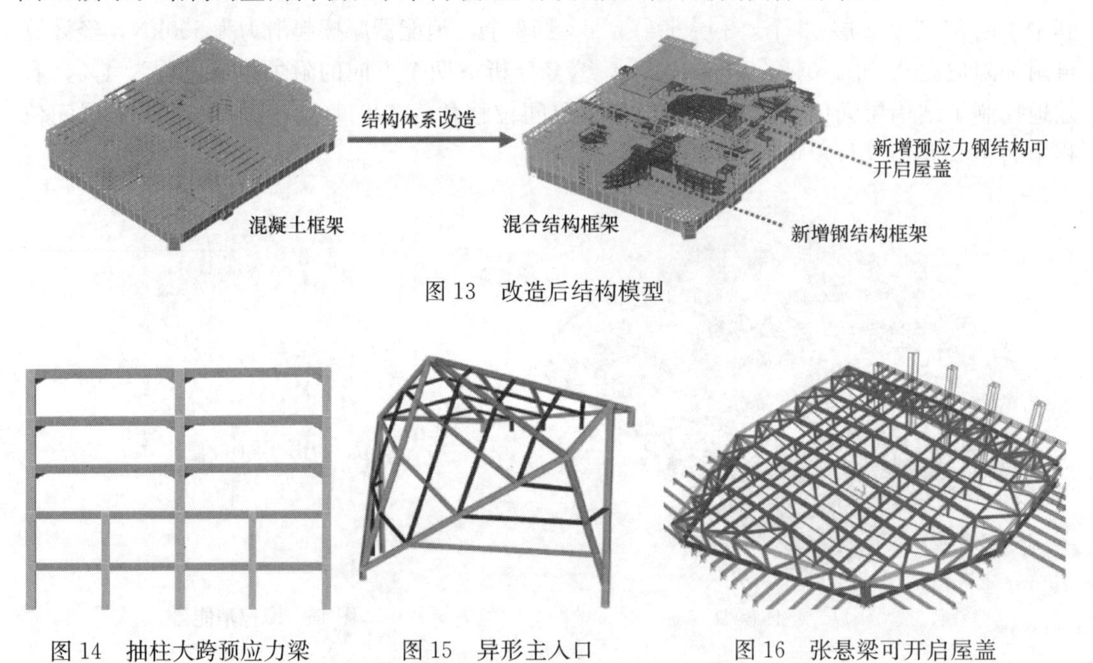

图13　改造后结构模型

图14　抽柱大跨预应力梁　　图15　异形主入口　　图16　张悬梁可开启屋盖

三、结构特点

1. 大跨度空间改造

原有建筑柱网为8.2m，不适合现代商业运营的空间需求，根据建筑要求将柱网改造为16.4m的大空间，使建筑空间性和功能性均得到提升。但这一要求给结构专业设计带了很大的挑战，原有混凝土框架梁跨度由8.2m增加至16.4m，梁的承载力及刚度均大幅度降低，此外在托梁抽柱过程中，前期支顶和后期切除完成时刻、卸载阶段都有可能出现相邻框架梁、楼板受力损伤的情况；为了避免这种情况，采用基于应力应变实时监控的动态切割工艺，可以在前期利用应力释放法获取准确的支顶力值，同时在框架柱切除过程中通过应变监控数据实时调整支顶力的大小，最终达到零应力的切除效果。经施工模拟分析，提出了在需要拆除的框架柱安装钢牛腿设置千斤顶，利用千斤顶支撑上面梁板柱的荷载，同时对此处和相邻位置进行应力、应变及位移监测，使需要拆除柱的应力基本为零，再对柱子顶部进行切断。拔柱后会引起邻近结构构件的相关内力增大，对于静定结构影响范围较小，但内力增幅相对较大，对于超静定结构影响范围较大，但内力增幅相对较小。凡内力增幅较大，承载力、变形及构造不满足规范要求的结构或构件，包括地基基础，均进行了补强加固。对于原有框架梁采用了预应力加固技术，在原梁底部及两侧增加普通钢

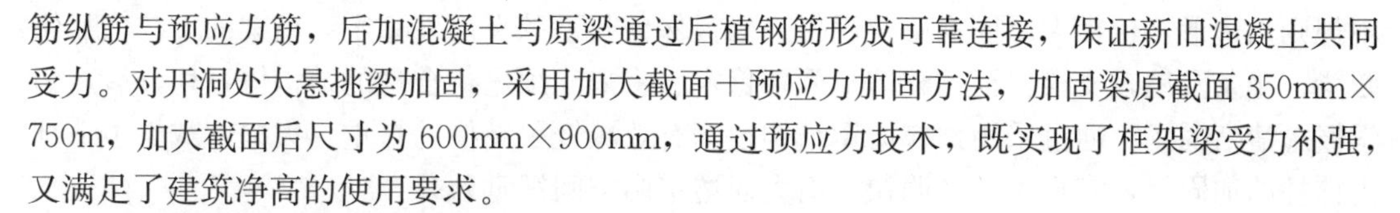

筋纵筋与预应力筋，后加混凝土与原梁通过后植钢筋形成可靠连接，保证新旧混凝土共同受力。对开洞处大悬挑梁加固，采用加大截面＋预应力加固方法，加固梁原截面 350mm×750m，加大截面后尺寸为 600mm×900mm，通过预应力技术，既实现了框架梁受力补强，又满足了建筑净高的使用要求。

2. 改造加固设计经济性措施

该工程采《抗规》GB 50011—2001（2008 年版）进行设计，而现行规范对地震作用、构造措施等要求均有大幅度提高，使得结构的加固改造量增大。同时由于使用荷载大幅增加，改造加固的成本控制成为重中之重，难中之难。经过反复论证，采用了多种手段联合，大幅度降低了加固改造的费用。首先通过增设钢结构框架形成混合结构体系，实现与原有结构的连接，增加结构的整体性及其抗侧能力；并对混凝土部分加固进行详细的分类，根据具体的计算与实际差异，针对不同的构件以及不同的超筋问题，选择最为有效的加固方案，增强其经济性。再通过荷载优化的手段，将原有细石混凝土垫层改为泡沫混凝土垫层，在不增加结构附加荷载情况下，实现建筑和使用要求的平整度；对原有的设备基础拆除，对新做的设备基础优化，减轻对屋面的附加重量。

3. 新旧结构的结合

原有结构为混凝土结构，为减轻结构重量降低基础加固成本，在紧张的工期要求下，新建部分结构主要采用钢结构体系。为保证新旧结构能共同受力形成混合结构体系，对于结合部位的设计要求很高。此外对于局部新增部分混凝土构件，由于旧混凝土的收缩已完成，而新混凝土的收缩刚刚开始。新旧混凝土的收缩必定在结合面造成剪切或拉伸形成裂缝，这样不仅使新旧混凝土不能共同工作，而且对钢筋混凝土的抗渗性、耐久性等都有危害。在原有混凝土结构上通过外包钢板及植入锚栓，能可靠传递新增部分结构的剪力，同时与新增钢结构可进行焊接。对于新增的混凝土结构部分，采取了增大咬合力、胶结力及截面摩擦力等措施，改良混凝土材料及界面性能来保证新老混凝土之间的连接性能。

4. 钢结构的运用

将动线区域原结构梁、板、柱拆除，采用钢结构重新搭建。采用这种措施非常适合老旧建筑的改造，不仅缩短了工期，而且很大程度上减轻了结构自重。建筑的主要入口均为异形钢结构，入口体量大，高度 24m，多个节点相交且不交于一点，属于空间错位。外幕墙采用了先进的 LED 光电玻璃，对安装要求精度很高。因此采用了铸钢节点解决杆件交汇于一处的问题，既满足受力要求，又保证了安装精度和美观要求。

5. 露天广场改为室内中庭

我国部分北方地区冬冷夏热，露天商业无疑是难以吸引客流的。因此在商业的改造中会出现很多将露天街区改为室内步行街的情况。而商业中庭作为商业内部的交通枢纽是重点打造的对象。本项目中需要对建筑中央 45m 跨度近 2000m^2 的露天广场增加采光顶。采光顶不仅要能够作为围护结构进行工作，而且需要承担周圈屋面的混凝土楼板自重及使用荷载。更为困难的是由于消防要求，采光顶还需要具备可开启功能，与消防报警系统进行联动。同时要求采光顶周圈高度大于 2.5m，用于设置消防排烟窗。该区域主要受力桁架部分充分利用了原有主体结构提供的 6 根结构柱，依靠桁架优越的重载下跨越能力，支撑起采光顶周圈混凝土楼盖及中间约 1400m^2 的滑动幕墙屋盖。桁架下弦用于支承大屋面钢梁及其混凝土楼面；桁架上弦用于支承采光顶张弦梁。由 6 榀钢桁架构成了采光顶结构的不规则六边形，依靠大屋面钢梁及混凝土楼板保证其下弦平面外稳定，桁架的上弦依靠张弦梁、檩条及屋盖支撑保证其整体平面外稳定。将采光顶进行合理的结构体系切分后，力学概念清晰明了。通过采用预应力钢结构技术有效减轻了结构的自重，大幅度减少了下部支撑柱的加固量，实现了简洁明快、高大通透室内空间视觉效果。

四、设计要点

1. 基本参数

原项目由 8 个相对独立的单体建筑通过连廊组成，整体性差，结合新的改造方案，通过拆除和新增使其连接一起。因此本项目存在拆改面积大、加固梁柱板及新增梁柱板多的情况，并于 2017 年 9 月 20 日进行了结构加固专家论证会，按以下意见进行加固改造：

（1）按《建筑抗震设计规范》GB 50010—2010（2016 年版）设计；

（2）本工程建议改造设计时，结构后续使用年限为 40 年；

（3）嵌固端可以取在±0.000m（结构地下室顶板）；

（4）原有构件轴压比控制，上部结构及地下一层按 0.7 控制；地下二层按 0.85 控制；

（5）新建钢框架结构的抗震等级可以采用三级；

（6）加固设计时尽量减小对原结构的影响，计算配筋与原配筋差异在 5%～7.5%时可以不加固处理；

（7）基础梁板计算配筋不大于原实配筋的 1.1 倍，可以采用总量平衡法；基床系数可取 20000～50000，根据计算实际调整。

2. 计算分析软件

整体结构的弹性分析以 YJK 软件为主、MIDAS 软件为辅；特殊部位采用 MIDAS 软件进行更为详细的补充分析计算；局部节点分析采用 ABAQUS 软件；弹塑性分析采用 SAUSAGE 软件。

3. 小震弹性计算分析

（1）主要考察改造前后结构以下指标：各振型及周期、位移、层间位移角、楼层位移比、楼层刚度比、基底剪力及倾覆力矩、楼层剪力及倾覆力矩分配情况、楼层质心与刚心关系、整体稳定及抗倾覆验算情况等，结果表明，改造前后结构的各项指标基本一致，均满足规范和设计要求。

（2）由于在结构布置及设计中采取了有针对性的措施，使结构的扭转及刚度变化情况等基本得到了有效的控制。比如针对抽柱形成的大跨和大悬挑部位，结合建筑功能和结构受力要求，采用预应力混凝土梁和变截面钢梁，使其既能保证相应的刚度和受力要求，又可满足建筑净高要求。

（3）《抗规》规定：8 度、9 度区大跨度和长悬臂结构设计时需考虑竖向地震作用。对本项目中的抽柱形成的大跨和长悬挑部位考虑竖向地震作用。YJK 程序计算中竖向地震按简化算法，采用其重力荷载代表值的 10%考虑。

（4）为充分计算支撑张悬梁可开启屋盖的转换桁架弦杆中轴力，对此部分相连的楼板计算厚度设置为 0。对于抽柱形成的大跨以及洞口之间的连廊，将其楼板设置为弹性，可以充分考虑此部分梁板在地震作用下受力。

4. 小震弹性时程分析

本项目根据《抗规》要求选择 2 条天然波和 1 条人工波进行弹性时程分析，其平均地震影响系数曲线应与振型分解反应谱法所采用的地震影响系数曲线在统计意义上相符，且地震波的底部剪力满足规范要求，最终采用振型分解反应谱法和地震波进行包络设计。

5. 中、大震弹塑性时程分析

通过对中震和大震作用下结构的弹塑性响应进行分析，论证结构是否满足“中震可修”和“大震不倒”。分析结构在中震和大震作用下的非线性性能，研究结构在上述中震和大震作用下的变形形态、构件的塑性及其损伤情况以及整体结构的弹塑性行为，具体的研究指标包括最大顶点位移、最大层间位移及最大基底剪力等；研究结构关键部位、关键构件的变形形态和破坏情况；论证整体结构在大震作用下的抗震性能，寻找结构的薄弱层及薄弱部位。

1）中震弹塑性时程分析结果

中震弹塑性时程分析结果详见表 7 和图 17，中震基底剪力为小震的 1.95～2.13 倍；*X* 向最大位移角为 1/104（4 层），*Y* 向最大位移角为 1/98（4 层）。图 18 给出了天然波 2 的整体结构的中震性能状态，可以看出，梁柱基本都是轻微损坏，部分出现轻度损坏，而且钢结构的梁柱以及绝大部分楼板都无损坏，说明改造加固后结构完全满足规范要求的“中震可修”。

中震时程剪力与小震剪力对比　　　　**表 7**

地震波		中震时程基底剪力（kN）	小震 CQC 基底剪力（kN）	中震时程基底剪力/小震基底剪力
天然波 1	*X* 向	231516	108586	2.13
	Y 向	225797	112064	2.01
天然波 2	*X* 向	232722	108586	2.14
	Y 向	237277	112064	2.12
人工波	*X* 向	213368	108586	1.96
	Y 向	218339	112064	1.95

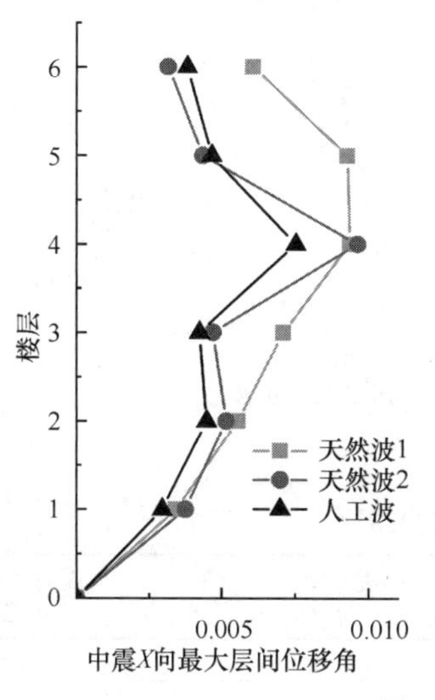

图 17　中震层间位移角

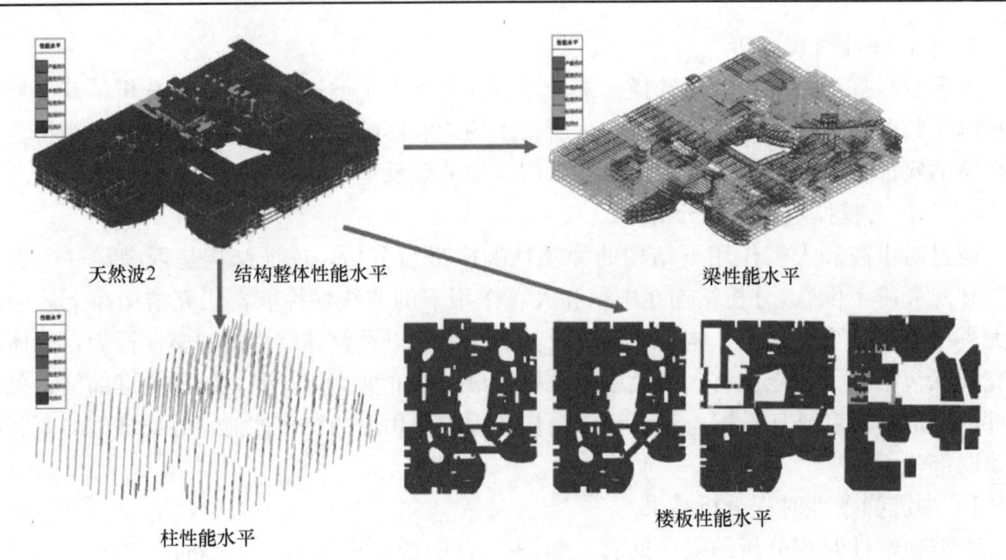

图 18　中震结构性能水平

2）大震弹塑性时程分析结果

由表 8 和图 19 可以看出，大震基底剪力为小震的 2.90～3.45 倍；X 向最大位移角为 1/56（4 层），Y 向最大位移角为 1/54（4 层），满足规范的 1/50。图 20 给出了天然波 2 的整体结构的大震性能状态，可以看出，梁柱基本都是轻度损坏到中度损坏，柱子基本处于轻微和中度损伤，符合《抗规》性能水准 3 的要求，这也符合抗震的概念要求，而且钢结构的梁柱基本为无损坏，3 层和 4 层楼板部分出现轻度损坏，说明改造加固后混合结构满足规范要求的"大震不倒"。

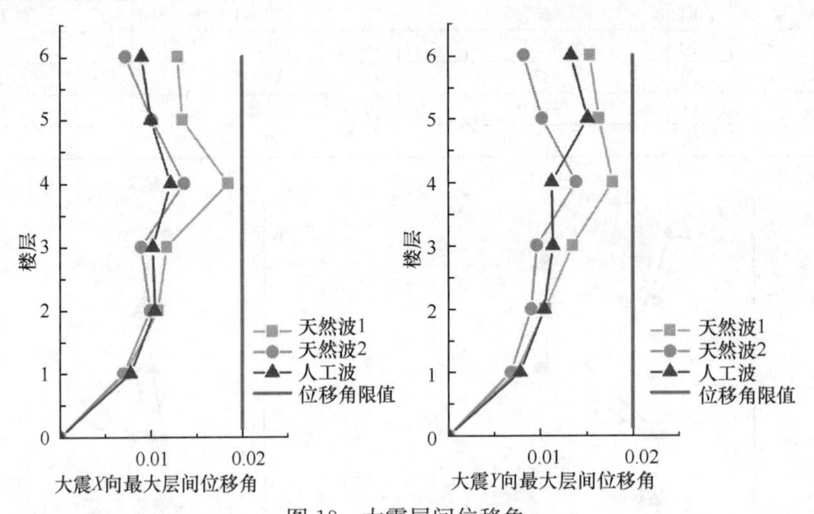

图 19　大震层间位移角

大震时程剪力与小震剪力对比　　　　**表 8**

地震波		大震时程基底剪力（kN）	小震 CQC 基底剪力（kN）	大震时程基底剪力/小震基底剪力
天然波 1	X 向	374502	108586	3.45
	Y 向	371292	112064	3.31

续表

地震波		大震时程 基底剪力（kN）	小震 CQC 基底剪力（kN）	大震时程基底剪力 /小震基底剪力
天然波 2	X 向	315064	108586	2.90
	Y 向	334928	112064	2.99
人工波	X 向	375000	108586	3.45
	Y 向	378579	112064	3.38

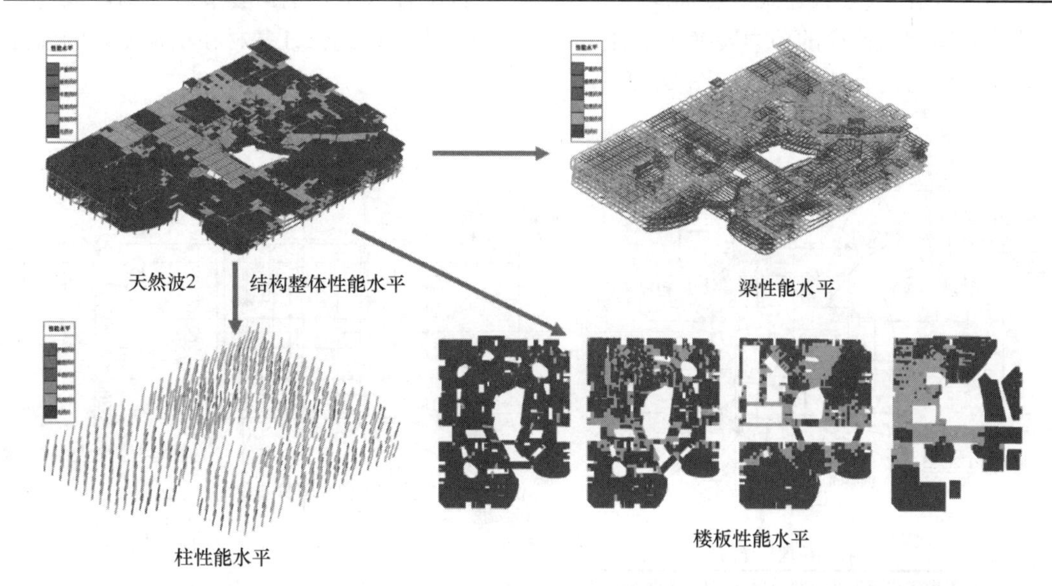

图 20　大震结构性能水平

3）抽柱大跨预应力梁柱大震弹塑性时程分析结果

图 21 和图 22 为抽柱大跨预应力梁和现场改造加固，从图 23 可知，中震时，预应力大跨梁只出现了轻微损坏，柱脚出现了轻度损坏，图 24 为大震时结构性能水平，预应力大跨梁除了在梁段出现了中度损坏，其他均是轻微损坏，柱脚出现了中度损坏，均满足规范对其的性能要求。

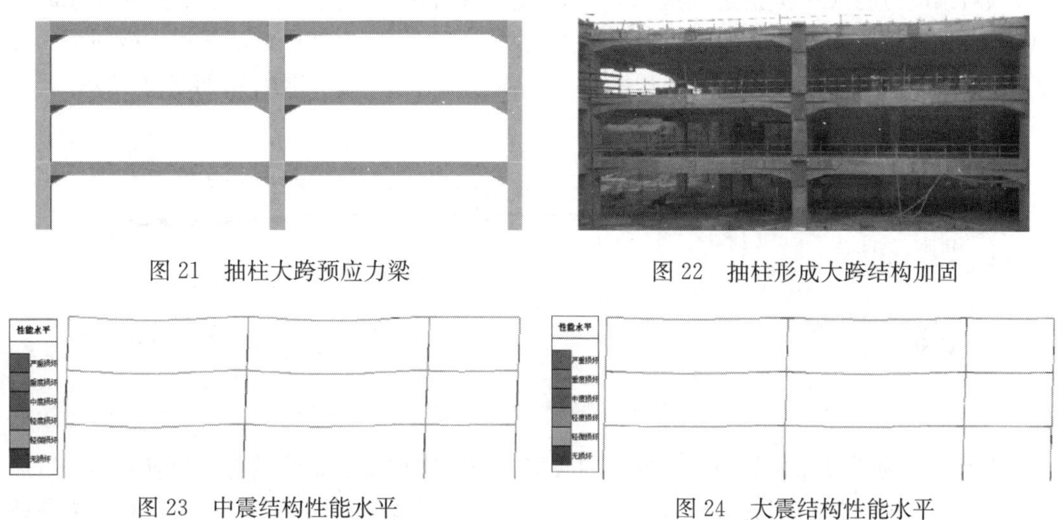

图 21　抽柱大跨预应力梁

图 22　抽柱形成大跨结构加固

图 23　中震结构性能水平

图 24　大震结构性能水平

五、改造加固中复杂节点设计

1. 钢梁与混凝土柱连接节点

由于本工程中存在剪力很大的后锚固节点，为保证节点的安全可靠，参考《房屋建筑抗震加固（五）（公共建筑抗震加固）》13SG619-5 框架柱（梁）钢构套节点详图，该节点做法将新增钢梁传递的剪力转换为梁柱节点区的拉压力，以此保证基材在正常使用的前提下，实现剪力的有效传递，如图 25 所示。

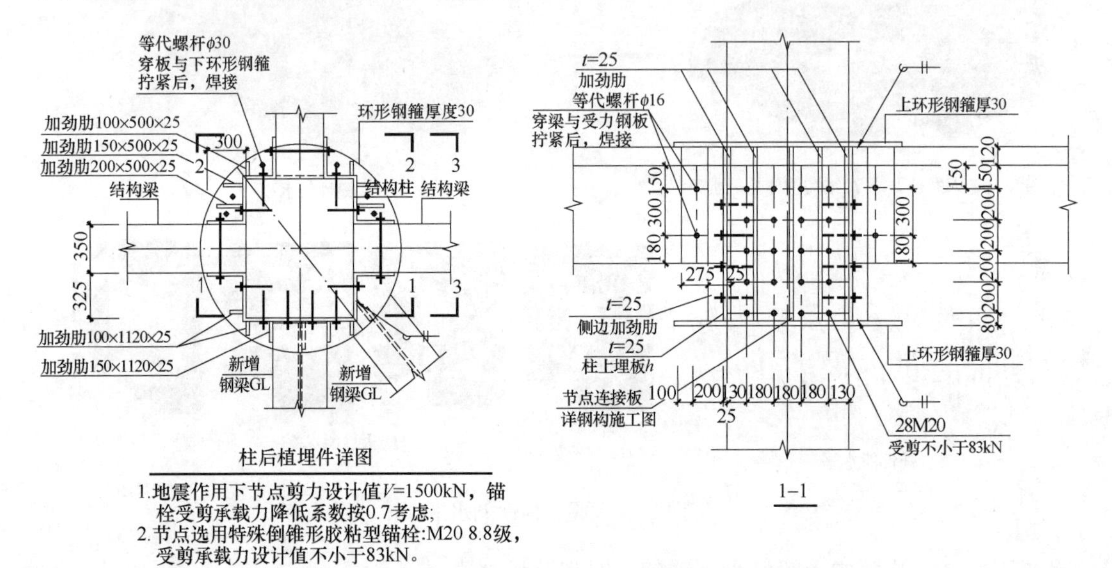

图 25　钢梁与混凝土柱连接节点

2. 预应力梁柱加固节点设计

在本项目中，采用预应力对抽柱后的大跨度梁进行加固，在梁底部布置预应力筋，通过千斤顶对预应力筋张拉至指定预应力水平，随后锚固在柱端。如原框架梁截面 350mm×750mm，抽柱后形成 16.4m 大跨，采用加大截面＋体内预应力加固方法，加大截面后尺寸为 800mm×900mm，预应力配筋 2-10ϕ^{S}15.2（300，150，300）。加固详情如图 26 所示。

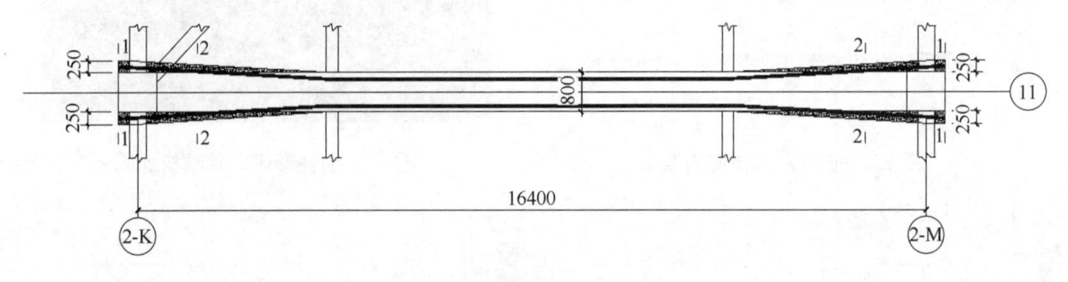

图 26　预应力加固改造平面

技术难点为通过加大截面，在原梁的底部及两侧增加普通钢筋纵筋与预应力筋，后加混凝土与原梁通过后植钢筋形成可靠连接，保证新旧混凝土共同受力。首先，对于梁顶新增纵筋锚固采用图 27 做法，在柱上设置环状钢板箍，将新增纵筋与钢板箍焊接连接，使施工简便，新加纵向钢筋锚固可靠，对原结构损伤小，避免了在原有混凝土柱上钻孔。加快施工速度，适用性强。其次，通过对抽柱上设置钢构件完成新加钢筋以及预应力筋的连接，如图 28 所示，使加固措施对原结构的损伤大大减小，并且荷载传递路径明确，能保证改造后的结构具备安全可靠的受力强度。图 29 为预应力加固施工梁柱节点区现场施工照片。

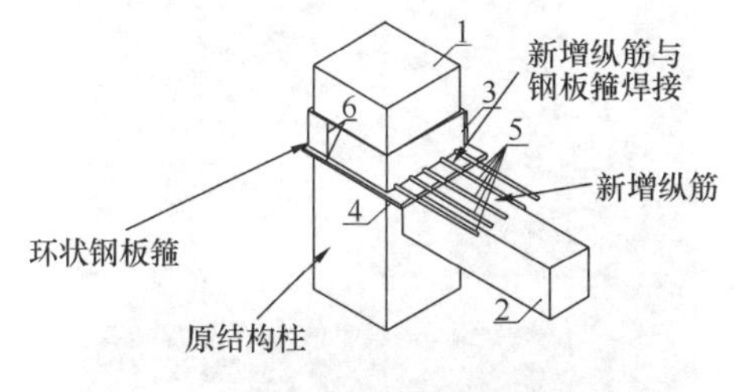

图 27　新增梁纵筋在柱端锚固示意

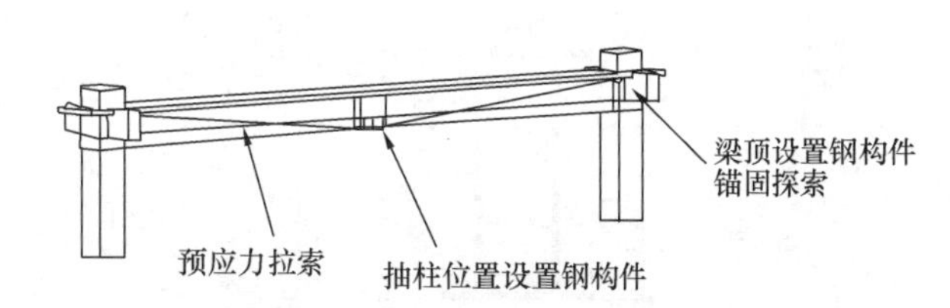

图 28　预应力筋在抽柱位置连接示意

图 29　预应力加固施工梁柱节点区

3. 张悬梁可开启屋盖滑动支座设计

对于改造工程，施工对设计方案的影响是显著的，整个中庭的改造方案中，充分利用了原有的 4 根混凝土结构柱及 2 根新加钢框架柱，通过外包钢板及植入抗剪螺栓的方式在原有结构柱上新做出牛腿，作为采光顶周圈桁架的持力点，最大一处竖向荷载约 250t。为减小桁架支座处对原有结构的影响，并充分释放温度作用下的温度次应力，在支座处采用了单向滑动支座，如图 30 所示。对于支座的参数（如滑动量、转角、竖向压力）进行了详细分析，最终实现了新建采光顶与原有建筑的合理连接。

4. 异形入口铸钢节点

异形入口采用圆钢管作为受力支撑体系，线条视觉轻盈流畅，造型变化多端，缺点也随之而来，钢管交汇处连接难以完美实现，若采用传统的相贯焊接处理，施工难度大，连

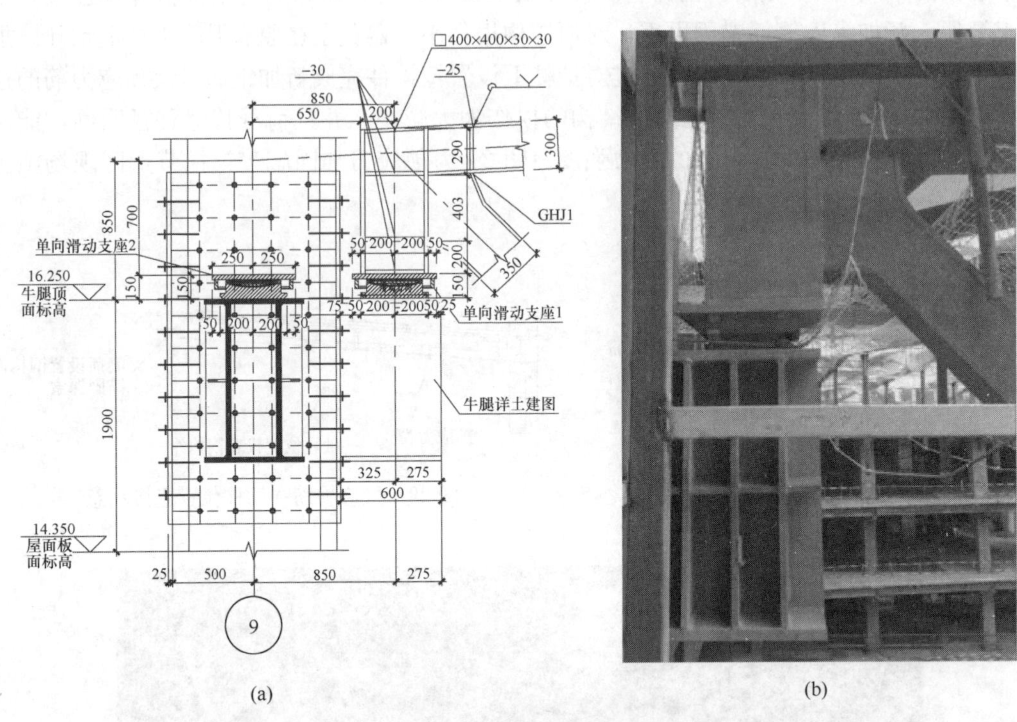

图 30　采光顶滑动支座

(a) 单向滑动支座施工图；(b) 单向滑动支座及牛腿

接处美观性差。铸钢节点使复杂的节点连接问题迎刃而解，不仅满足了高精度的幕墙要求，而且大大降低了现场焊接的难度。同时给内部空间的美观效果带来了很大的提升。因此，在设计阶段与业主单元及施工单位进行密切沟通，在满足结构受力、节约造价及方便施工等方面，最终采用了 11 个铸钢节点。对每个铸钢节点进行了有限元应力计算，分析结果满足材料的强度要求，如图 31 所示。看上去粗犷豪放的圆钢管在实现钻石体造型的同时完成了荷载传递，轻盈带感，与光电幕墙相辅相成，是力与美、视觉与空间完美结合的典范。全新的入口改造带来极强的吸睛效果，为商业建筑提升运营创造了条件，完成后的主入口详见图 32。

图 31　铸钢节点实物及有限元分析

图 32　东南入口内部

六、工程量统计

本工程的特殊性在于有拆除、加固及新建三部分工作，工程量及经济指标较为复杂，因此分别对其列表。拆除面积共计约 2.6 万 m^2，详细数据见表 9。

拆除的面积　　**表 9**

楼层	面积（m^2）	楼层	面积（m^2）
−2	0	3	5192
−1	912	4	4370
1	7155	屋面	1986
2	5984	小屋面	327
合计	25926		

本工程中对原有结构的加固量如表 10 所示。

加固的梁柱数量　　**表 10**

楼层	混凝土柱	预应力加固梁	包钢加固梁
−2	230	4	52
−1	174	26	59
1	69	43	59
2	69	22	59
3	69	20	59
4	25	5	20
合计	636	120	309

项目中新建构件的数量如表11所示。

新加梁柱数量 **表11**

楼层	混凝土柱	钢柱	混凝土梁
−2	9	0	60
−1	13	0	130
1	28	18	55
2	28	18	46
3	29	19	46
4	8	39	19
合计	115	94	356

本工程于2017年5月开始设计，2017年10月开始改造加固施工，2018年底竣工投入使用。在设计单位与施工单位的共同努力以及紧密协作下，通过合理地运用结构加固技术、新旧结合的结构设计方案，使项目在有限的建造周期内顺利投入使用，既保证了结构的安全性，又充分地实现了建筑功能与效果，成为一个城市更新项目的典型范例。该项目获得了2019年西安建筑科技大学艺术设计类创作一等奖、2020年度陕西省优秀工程设计一等奖。

54 苏州市宝带桥——澹台湖景区景观桥

建设地点 苏州市吴中区宝带桥——澹台湖景区

设计时间 2014—2015

工程竣工时间 2018

设计单位 苏州规划设计研究院股份有限公司

［215006］江苏省苏州市十全街吏舍弄 10 号 苏大科技创业园 4 号楼

主要设计人 王小成 何金金 钮卫东 陈建波 黄贺 郑勇 黄鹏 施进华 潘铁 金俊 刘树林 王秀英 赵澍林 陈菲 王亚菲 丁建华 郑强

本文执笔 王小成 何金金

获奖等级 2019—2020 中国建筑学会建筑设计奖·结构专业三等奖

一、工程概况

苏州市宝带桥——澹台湖景区景观桥（图 1、图 2）项目位于江苏省苏州市吴中区，属于公益性质的市政景观桥梁。主体桥面的一端与运河中心岛相连，一端与运河公园相连，桥梁横跨京杭运河，方便游客游览。

景观桥主体桥梁全长 174.0m，计算跨径组合为 29m + 110m + 29m，桥面净宽为 6.0m，桥面梁体标准梁高 0.8m，桥面拱的矢高为 9.5m，悬挂拱的矢高为 25.0m，宽度约为 3.6～6.0m。

图 1 桥梁造型方案

二、结构体系

本项目的景观人行桥桥梁造型我们定义为基于回环体系的空间异形格构式组合斜拉钢结构拱桥，它是建筑工程技术领域中大跨度景观人行桥的新型桥梁结构形式（图 3）。

图 2　实景展示

（1）回环体系：基于数字“8”或“∞”（无穷大）或类莫比乌斯环的空间异形形状，将曲线桥面梁体受力系和悬挂索拱首尾相连，斜拉索将曲线桥面梁体受力系和悬挂索拱空间连系，达到力与美的完美结合。

（2）空间异形：本桥型中心线是由曲线桥面梁体受力系的中心线和悬挂索拱中心线通过直线、椭圆线和圆弧线等首尾相切连接而成。桥梁造型不仅平面弯曲，立面弯曲，而且空间弯曲，进而形成一种空间异形结构。

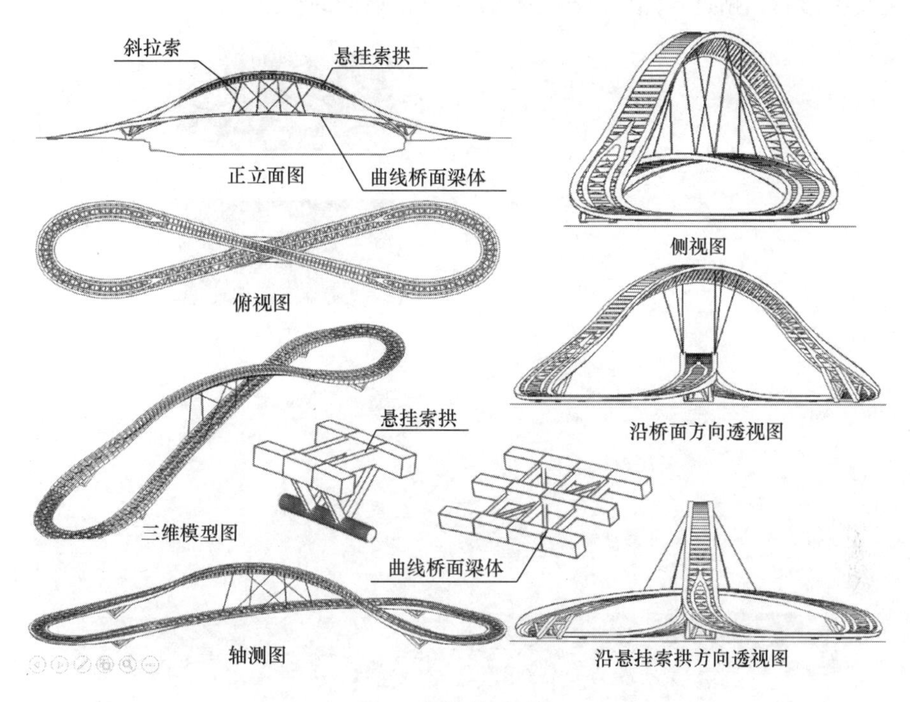

图 3 结构体系示意

（3）格构式：组成桥梁结构形式的曲线桥面梁体和悬挂索拱均采用格构式构件，一方面减轻结构自重，另一方面在同等用材的前提下，提供较大的刚度，使桥梁结构合理经济。

曲线桥面梁体采用等宽变高结构形式，在桥墩附近主梁不仅加高，而且数量增多，截面样式用平面哑铃形。

悬挂索拱采用变宽、变高、变截面样式的结构形式，从桥墩到跨中，悬挂拱宽度逐渐变窄，高度逐渐增加，截面样式从平面哑铃形渐变为空间倒三角形。

（4）斜拉：斜拉索将曲线桥面梁体受力系和悬挂索拱空间连系。斜拉索不仅起到上下结构体系的连系作用，而且使空间异形结构体系弯扭达到平衡。

（5）钢结构拱桥：桥梁材质采用钢结构，使其体态轻盈。从本桥梁结构受力计算分析来看，桥梁造型追根溯源属于拱桥结构形式。

三、结构特点

1. 景观人行桥造型演绎

方案采用现代简洁的“线”元素，结合碧波荡漾的水文机理，提取宝带桥“拱”的精华，并揉入具有苏式特色的柔美丝绸，使北岸的法式建筑群与南岸的景区融合，使跨京杭运河桥梁形成串联箜篌，既体现体态轻盈，又不失气势磅礴，既协调古典美，又表达现代感。

桥梁造型具有突出的技术创新，结构形式突出“现代景观桥”的设计理念，是一座具有浪漫主义色彩的、贴近自然的、外在形象极具创造性的桥梁（图4）。

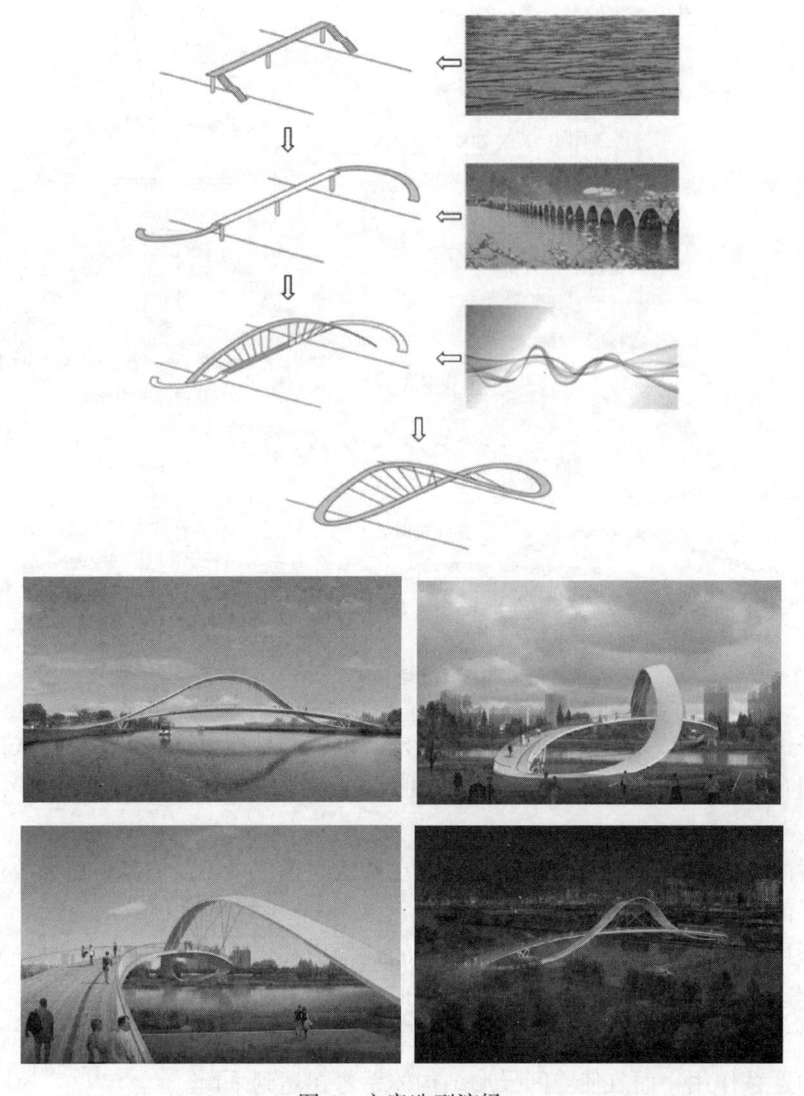

图4　方案造型演绎

2. 桥梁造型景观美学特征

（1）环境和谐美：本桥型在结构形式上既与古典拱桥相得益彰，又突破传统，做到桥体轻盈，具有现代感。因此可以和周边环境融为一体，从环境中生长出来，表达了一种自然、朴素的美。

（2）标志景观美：桥梁整体造型科幻感十足，桥头略高于地面，整个作品悬浮在京杭运河之上。桥型似舞动的飘带，构成了一道靓丽的标志性景观。

（3）文化传承美：本桥型充分考虑了桥梁的吸引力、生命力以及文化承载力。

（4）创新技术美：本桥型是一种外在形象极具创造性的桥梁结构形式，充分展示了形与美、力与美、创新与美的和谐统一，是一座具有现代桥梁轻巧、透感的雕塑般的作品。

（5）人性关怀美：作为城市标志性景观人行桥，桥梁色彩、灯光以及铺装都需要考虑人性的因素。

本桥型整体色彩考虑金属灰为主，给人一种低调奢华的感受。

景观桥梁可以实现不同的灯光效果，同一座桥梁在不同灯光色彩下形象各异，让行人身处无限遐想中。

景观桥梁桥面铺装采用防腐木材，让人呼吸大自然的气息。

3. 难点和关键技术

1）自振频率

大跨度钢结构人行桥的自振频率一般较难满足关于竖向自振频率不应小于3Hz的要求，并且行人舒适度的要求并不局限于桥梁结构的竖向自振频率，侧向自振频率及其耦合均对行人的舒适度产生影响。

2）风荷载响应

本桥体型特殊的特点决定了其对风荷载十分敏感，而且桥位于京杭大运河三岔口附近，因此设计过程中需特别注意风荷载作用下桥梁的响应。自然风作用在本桥型上的风荷载、颤振稳定性能和涡激共振性能情况无法根据经验预测或规范估算。

3）初始索力控制

本桥型的悬挂拱和桥面梁体均为拱式结构，它们通过斜拉索反对称铰接，使得桥面梁体结构和悬挂拱结构整体协同工作，组成一套自平衡的内力系统。如何根据桥面梁体和悬挂拱的线形确定合理的初始索力值，是设计阶段研究计算分析的又一重点。此初始索力值不仅满足初始形状，还要满足相应的自平衡系统，更要满足结构斜拉体在自重和活荷载共同作用下处于受拉状态。

4）水平推力平衡

本桥型具有大跨径坦拱的特性：水平推力较大，水平位移控制困难。

在设计阶段，拟定U形槽筏板、U形槽筏板与斜桩组合及U形槽筏板与垂直桩组合三种方案，通过计算对比分析，综合考虑施工控制的难易程度，选取了U形槽筏板与垂直桩组合的基础形式。

四、设计要点

1. 计算模型

考虑桩基作用，采用MIDAS Civil软件建立三维模型。全桥模型共分为3499个梁单元、10个桁架单元以及1014个板单元。并采用ANSYS和SAP2000进行对比计算分析。

计算分析思路：

（1）根据拟定的结构建立三维模型，进行自振频率特性试算；

（2）根据初步满足自振频率要求的模型，进行风洞试验；

（3）根据风荷载试验数据进行其他结构计算。

2. 自振频率计算分析

本项目通过大量的理论分析，采用多方案比选，最终选定了固结墩梁，反对称布置斜拉索的设计方案。采用不同的有限元软件，分别建立模型，并与成桥试验作对比。结构的前 5 阶频率及相应的振型如表 1 所示。

自振频率图（前 5 阶） 表 1

阶次	MIDAS	ANSYS	SAP2000	成桥检测	振型特点
	频率（Hz）				
1	1.2764	1.2565	1.3363	1.465	桥面梁体一阶反对称竖弯 悬挂拱一阶正对称侧弯为主
2	1.9414	1.9975	2.0722	2.466	桥面梁体一阶对称侧弯为主 悬挂拱一阶反对称竖弯
3	2.3949	2.3354	2.5817	3.394	桥面梁体一阶反对称扭转侧弯
4	2.7571	3.0247	2.8987	3.735	桥面梁体二阶反对称竖弯 悬挂拱二阶对称侧弯
5	3.0065	3.3592	3.0117	4.199	桥面梁体一阶对称竖弯 悬挂拱一阶对称竖弯

由计算结果可知，全桥模型第一振型出现桥面反对称竖弯，基本上避开了 1.5～2.3Hz 这一敏感范围。桥面梁体一阶对称竖弯三个软件的计算结果均不小于 3Hz，满足规范要求。

本工程成桥检测地动脉实测基频均大于理论计算结果，并避开了竖向敏感频率范围，说明本工程不易发生明显的人致共振现象，并且结构有足够的刚度，满足正常使用时对动刚度的要求。

3. 初始索力控制计算分析

通过调索分析，我们确定了初始索力的原则：根据成桥全模型的结构自重进行计算，初始索力控制值与成桥全模型在结构自重作用下桥面梁体和斜拉索的轴力相当。计算得到初始索力控制值如图 5 所示。

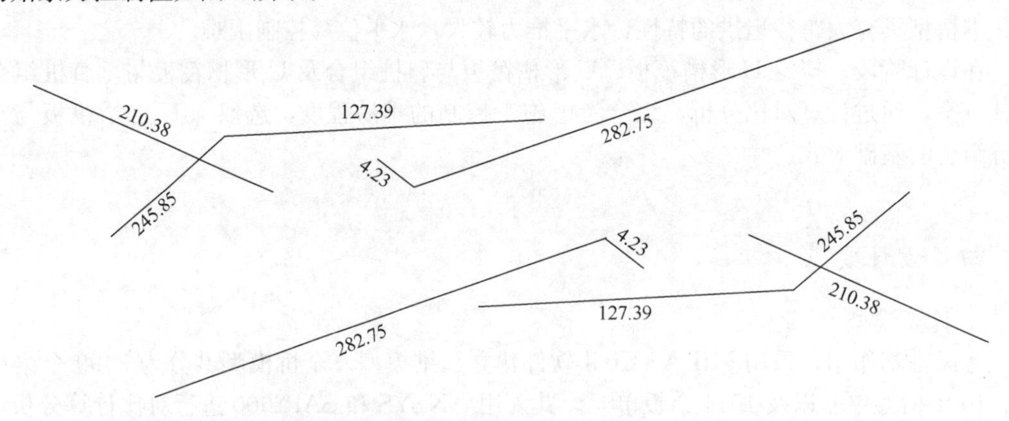

图 5 初始索力控制值（kN）

由控制值可知，有两根索初始索力值较小（如图 5 中索力为 4.23kN 的两根索），进行斜拉索强度验算和应力幅验算时，两索的拉力值和应力幅均不大。但是两索还不能简单地取消，通过计算分析，两索对结构自振频率起到了很好的控制作用。

另外，在核算结构基频时发现，斜拉索的布置位置和形式，对自振频率有不小的影响，即体外索对结构基频有贡献。

五、节点设计

水平推力平衡计算分析：每个桥台采用U形槽筏板与56根（垂直桩）桩径ϕ1200mm的钻孔灌注桩组合（图6）。

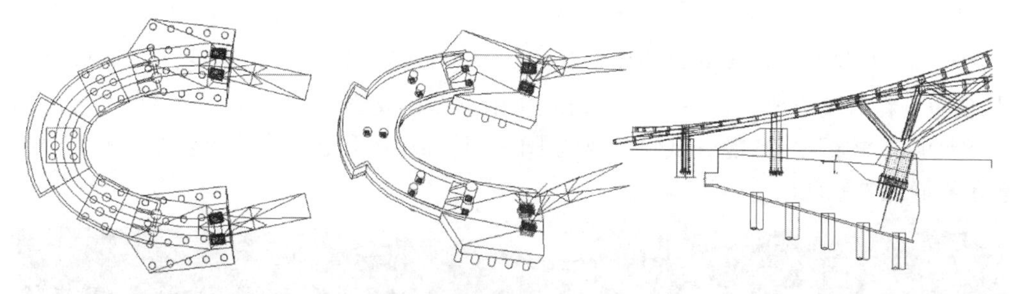

图6　桥台基础平面布置及三维示意

通过斜桩与直桩计算对比后发现，桩基是否垂直对上部结构的内力与应力影响较小，但对桩基内力、拱脚位移影响较大。如表2所示。

斜桩与直桩基础桩基对比　　**表2**

项目	桩顶力			拱脚水平位移				
	轴力（kN）	剪力（kN）	弯矩（kN）	恒载	活载	升温	降温	最不利组合
斜桩	1968	1461	1037	2.17	0.34	7.61	6.05	8.97
直桩	2259	1249	826	5.81	2.49	7.66	6.08	10.35
差别	15%	−15%	−20%	—	—	—	—	15.4%

考虑到斜桩施工复杂、可操作性差，且理论计算忽略了U形槽筏板对水平位移的贡献，最终选取垂直桩。

六、风洞试验

本项目委托同济大学土木工程防灾国家重点实验室和汕头大学风洞实验室进行相关风洞试验。

1. 节段模型试验

采用有限元分析、节段模型测振和测力风洞试验对本项目抗风性能进行研究（图7），主要结论可归纳如下：

（1）桥面梁体与悬挂拱设计基准风速分别为27.9m/s、33.0m/s。桥面梁体颤振检验风速为45.4m/s。

（2）颤振试验表明：桥面梁体颤振临界风速均远远高于相应的颤振检验风速45.4m/s，因而桥面梁在成桥运营阶段均

图7　成桥状态节段模型

具有足够的颤振稳定性。

（3）桥面梁体不会发生竖弯涡激共振，会出现扭转涡激共振，但在容许振幅范围内。

2. 全桥气动弹性模型风洞试验

通过对本项目全桥气动弹性模型风洞试验（图 8），得到以下主要结论：

（1）颤振临界风速的全桥气动弹性模型均匀流场试验结果与节段模型试验结果较为吻合。

（2）均匀流场与紊流场试验结果均显示：对于成桥运营状态，无论是 0°风偏角还是 30°风偏角，在风攻角为−3 °～3 °的风荷载作用下，在成桥运营阶段，桥梁在均匀流场中均具备足够的颤振稳定性能。试验风速范围内，桥面梁体和悬挂拱均未观察到明显涡激共振现象和静风失稳现象。

图 8　全桥气动弹性模型

七、其他

本景观人行桥中的应用具有较高的经济和社会效益：

（1）作为标志性景观建筑，改善了城市环境；

（2）提升了景区品质，提高了城市舒适度；

（3）提升了景区吸引力，吸引了更多的游客；

（4）提升了周边地块增值潜力；

（5）可以方便居民出行，减少汽车和非机动电瓶车等的使用。

该项目设计成果质量优秀，各设计参数合理，工程造价经济，桥梁结构安全，造型美观，满足使用要求。自使用以来该桥成为澹台湖公园乃至吴中区的一大亮点，社会各界对该项目评价较高。

55　陕西大剧院结构设计

建设地点　西安市雁塔南路大唐不夜城贞观广场

设计时间　2015—2016

工程竣工时间　2017

设计单位　中国建筑西北设计研究院有限公司

［710018］西安市文景路中段98号

主要设计人　苏忠民　朱　聪　张铭兴　王　勉　杜　文　扈　鹏　李　靖　曹　莉　严震霖　洪云强　冯丽娜　戴凤亭　程凯峰　徐良齐

本文执笔　朱　聪

获奖等级　2019—2020中国建筑学会建筑设计奖·结构专业三等奖

一、工程概况

陕西大剧院位于西安市雁塔南路大唐不夜城贞观广场，为一大型剧院演出类仿古建筑（图1），总建筑面积52324m²。大剧院地下2～4层，地上2～3层；地下主要功能为舞台台仓、设备机房、停车库；地上主要功能为剧院演出及配套商业。如图2所示，大剧院内设歌剧厅（座席1971个）、戏剧厅（座席522个）、排练厅及配套商业四个主要功能分区，

图1　大剧院建筑效果图

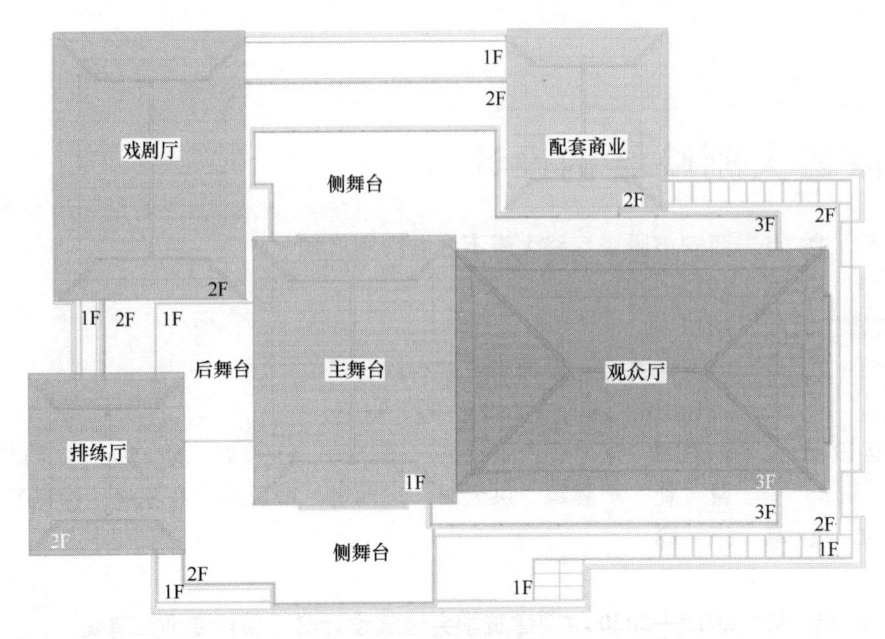

图 2　大剧院功能分区

其中歌剧厅由主舞台、后舞台、侧舞台及观众厅构成。戏剧厅、排练厅、配套商业用房采用单檐歇山顶屋面，主舞台和观众厅分别采用单檐歇山顶屋面和重檐庑殿顶屋面。

二、结构体系

陕西大剧院主体结构采用钢筋混凝土框架结构，主舞台及观众厅屋盖分别采用钢结构拱桁架及三角桁架结构，戏剧厅、排练厅及配套商业用房屋盖采用钢筋混凝土坡屋面。大剧院结构整体模型及典型楼层结构平面布置见图 3、图 4。

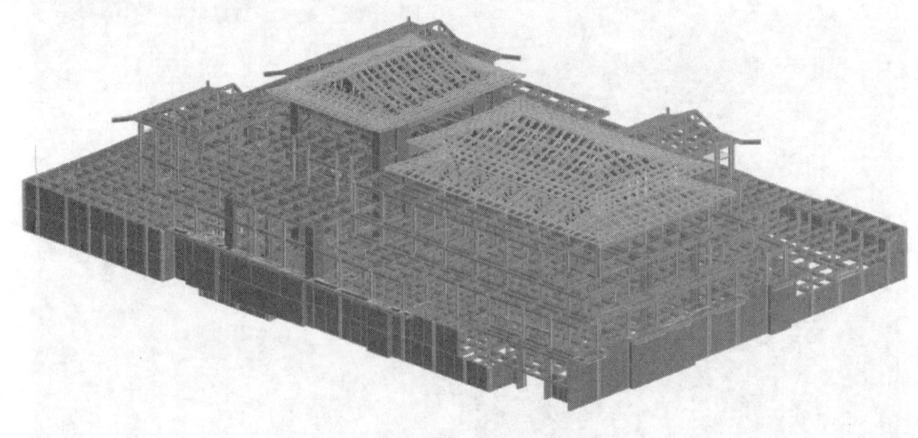

图 3　大剧院结构整体模型

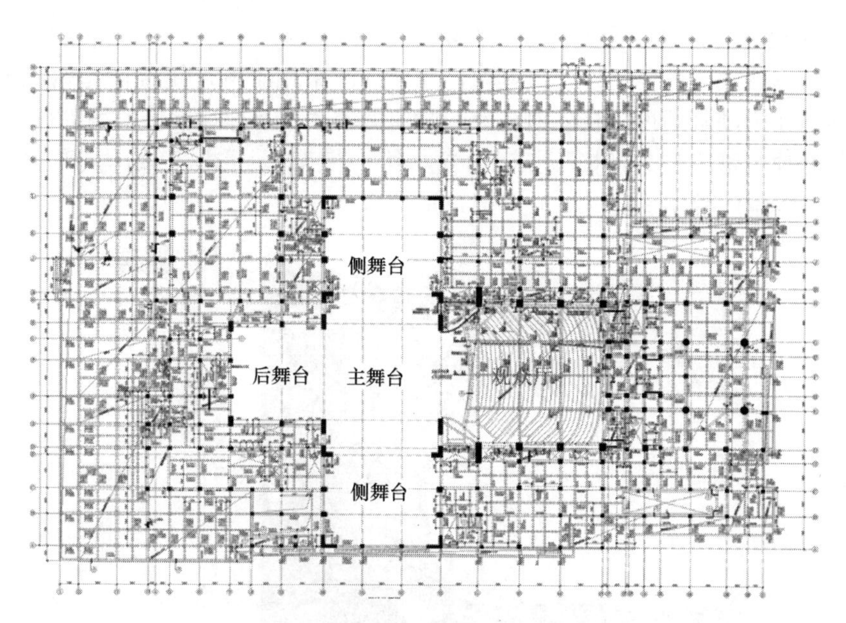

图 4　大剧院典型楼层结构平面布置

三、结构设计重难点及解决措施

陕西大剧院作为大型剧院演出类仿古建筑，除具有一般仿古建筑荷载重、结构构造复杂的特点外，兼具剧院演出类建筑错层多、开洞多、跨度大、舞台工艺复杂等特点，结构设计过程中的主要重难点如图 5 所示。

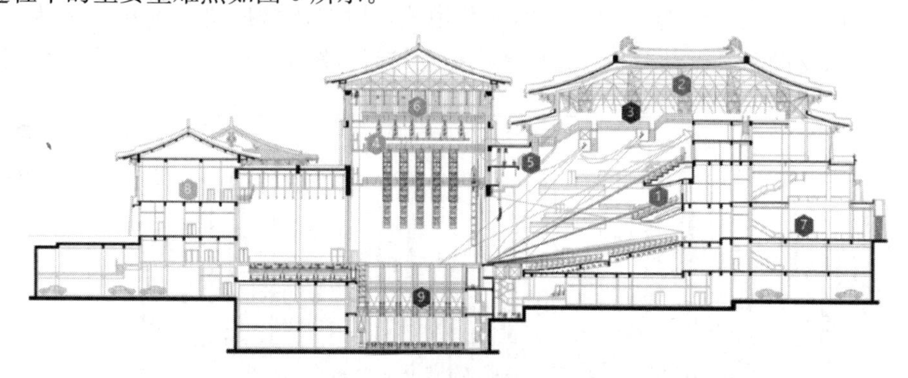

图 5　大剧院重难点示意

❶ 楼座设计；❷ 单、重檐仿古钢屋盖设计；❸ 重型屋盖与下部结构的连接设计；❹ 台塔抗侧力设计；❺ 观众厅台口外大梁设计；❻ 舞台设计；❼ 钢螺旋楼梯设计；❽ 排练厅设计；❾ 台仓设计

针对陕西剧院结构设计重难点，逐一介绍如下：

1. 楼座设计

陕西大剧院观众厅内设一层池座、两层楼座，共 1971 座。为减少视线阻挡，二、三层楼座均采用纯悬挑模式，楼座最大悬挑长度约 8.3m。观众厅二、三层楼座悬挑长度较大，如何保证观演人员的舒适度成为一个考验。

为提升观众观演时的舒适性，大剧院楼座设计时采用了刚度更优的型钢混凝土构件，并对楼座进行了专项舒适度分析，对楼座的竖向振动频率及加速度峰值均进行了控制。

取二层楼座局部模型进行楼板振动分析，第一模态下（图 6）结构竖向振动频率为 4.0Hz，满足楼盖自振频率不应小于 3.0Hz 的要求。

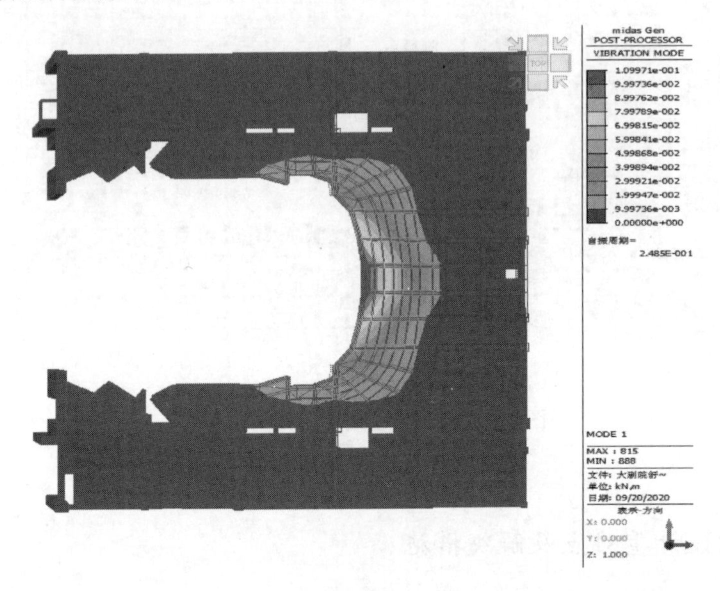

图 6　观众厅二层楼座第 1 阶竖向振动模态

在楼座舒适度验算时，混凝土的弹性模量采用动弹性模量（1.2 倍弹性模量），结构阻尼比取 0.02。按照有节奏运动人群的加载模式，对二层楼座进行荷载频率为 1.5Hz、2.0Hz 及 3.0Hz 的激励振动分析。楼座激励振动结果（图 7）显示，二层楼座竖向振动加

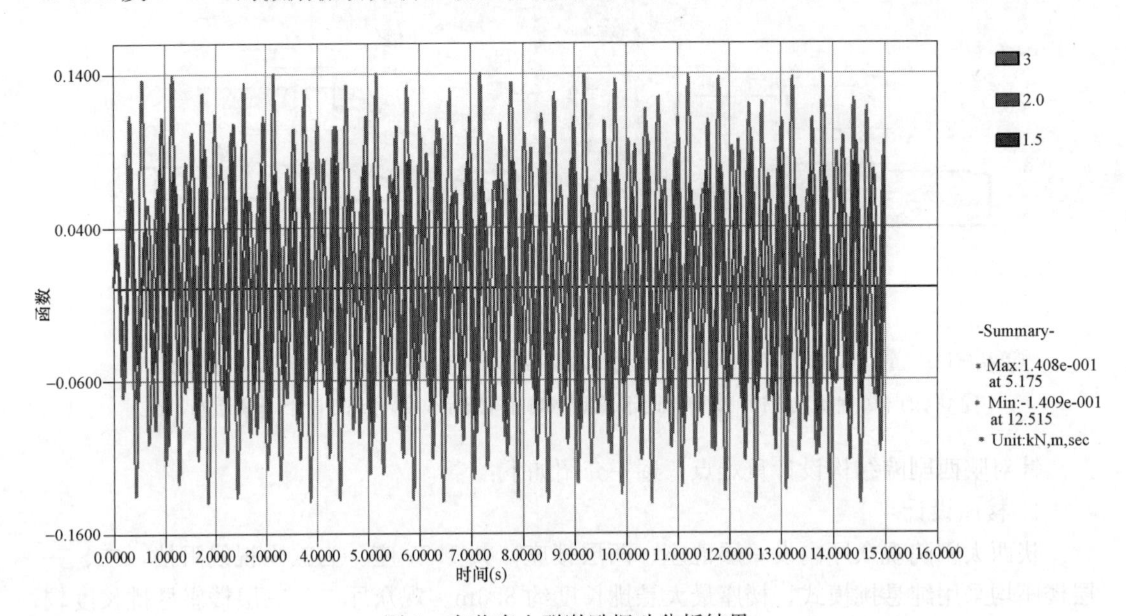

图 7　有节奏人群激励振动分析结果

速度峰值为 0.14m/s²，满足加速度峰值不应大于 0.15m/s²的限值要求。

2. 单、重檐仿古钢屋盖设计

陕西大剧院主舞台和观众厅的屋盖造型分别为古建屋面中的单檐歇山顶屋面造型和重檐庑殿顶屋面造型，如何构建出单、重檐的建筑效果也是结构设计中的一个难点。

结构设计中依托古建屋盖屋脊及举折走势，构建出了以空间变高度桁架为主受力结构的空间结构体系（图 8、图 9），实现结构承载的同时，完整呈现了单、重檐仿古建筑屋盖造型。观众厅及主舞台钢屋盖设计过程中对钢屋盖进行了整体稳定分析，结果表明两种形式的钢屋盖承载性能良好，均有较高的稳定极限承载力。

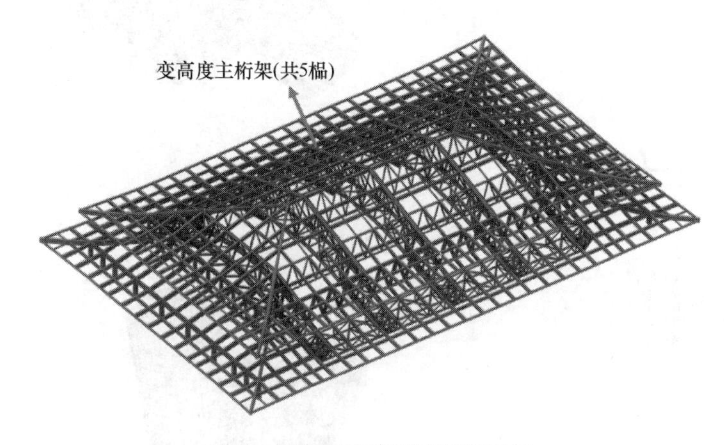

图 8　观众厅重檐庑殿顶钢屋盖

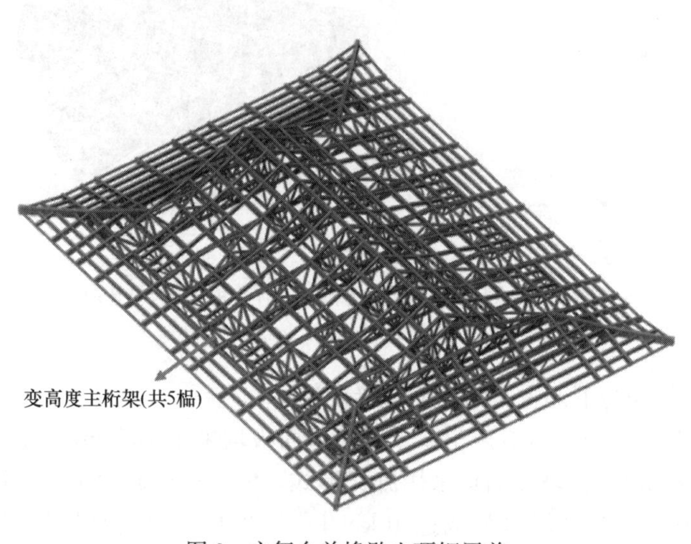

图 9　主舞台单檐歇山顶钢屋盖

大剧院钢屋盖结构造型独特、截面种类众多、空间关系复杂，在主桁架、次桁架及其他构件交接处，存在箱形管、圆管、H 型钢多种规格杆件交汇的情况，节点受力复杂。在钢屋盖设计过程中采用 ABAQUS 对关键性节点进行了有限元分析，观众厅钢屋盖桁架上弦多杆件相交处节点验算举例如图 10 所示。

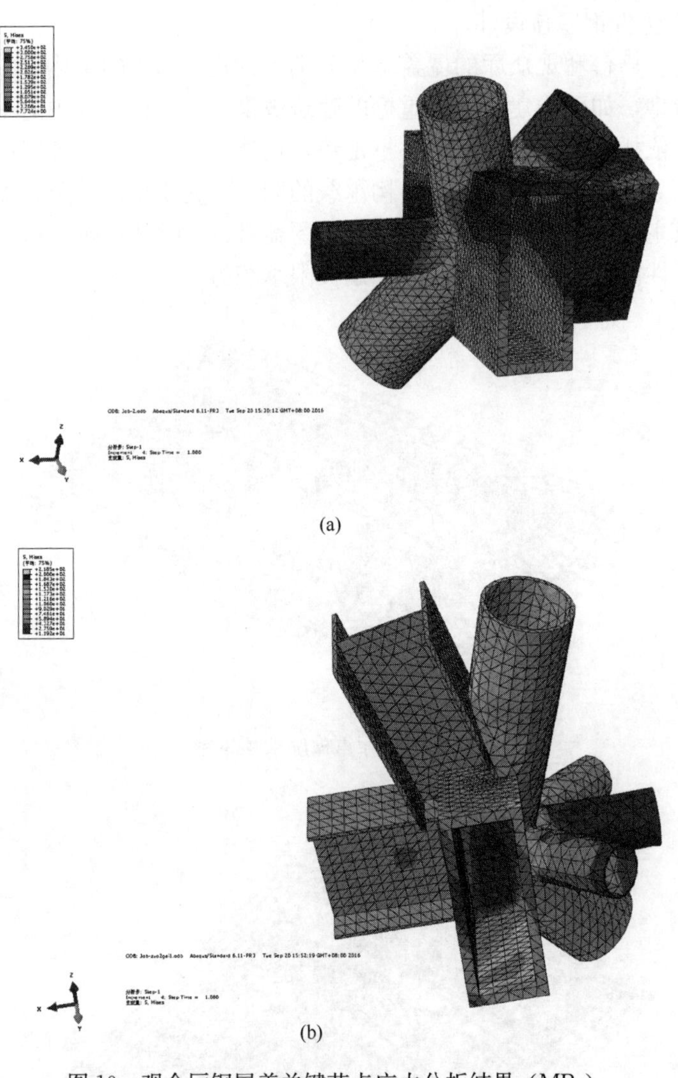

(a)

(b)

图 10　观众厅钢屋盖关键节点应力分析结果（MPa）
(a) 关键节点 1；(b) 关键节点 2

3. 重型仿古屋盖与下部主体结构的连接设计

大剧院观众厅及主舞台因有声学要求，坡屋面板均采用 135mm 厚钢筋混凝土钢桁架楼承板（含楼承板高度）。坡屋面均采用卧瓦形式，屋面恒荷载较重，一般区域屋面恒荷载达 8kN/m²、檐口外挑区域恒荷载达 10kN/m²。此外，主舞台屋盖下部尚悬挂有栅顶层，舞台工艺荷载较大。综合以上因素，大剧院屋面荷载较一般公共建筑大很多，造成正常使用情况下钢屋面主桁架支座推力较大、由重型仿古屋面带来的地震作用大，使得下部结构设计困难。

针对大剧院重型大跨仿古屋面支座推力大及地震作用大的难点，并结合大剧院自身结构特点，引入了屋盖隔震的思想，即采用弹性球铰支座＋固定球铰支座相结合的约束边界。观众厅及主舞台支座平面布置如图 11、图 12 所示。

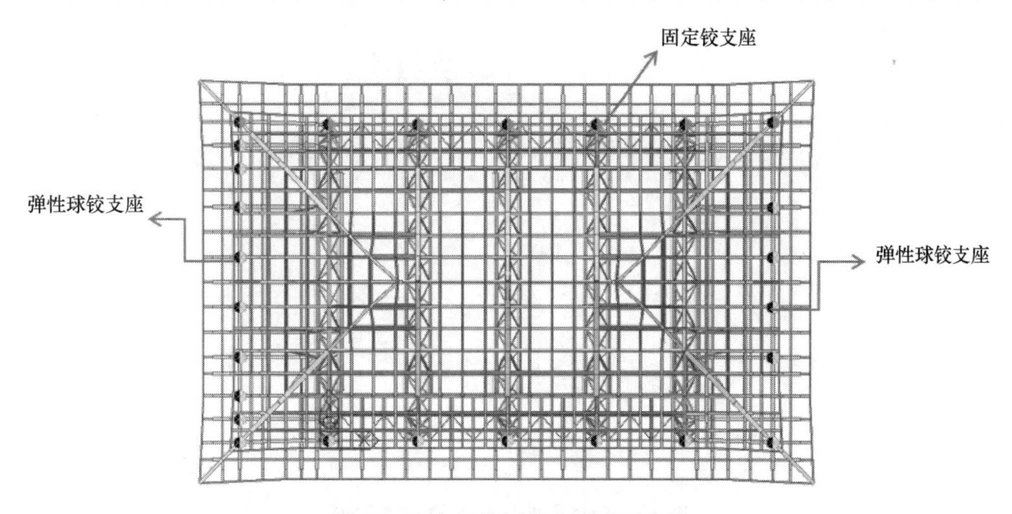

图 11　观众厅钢屋盖支座平面布置

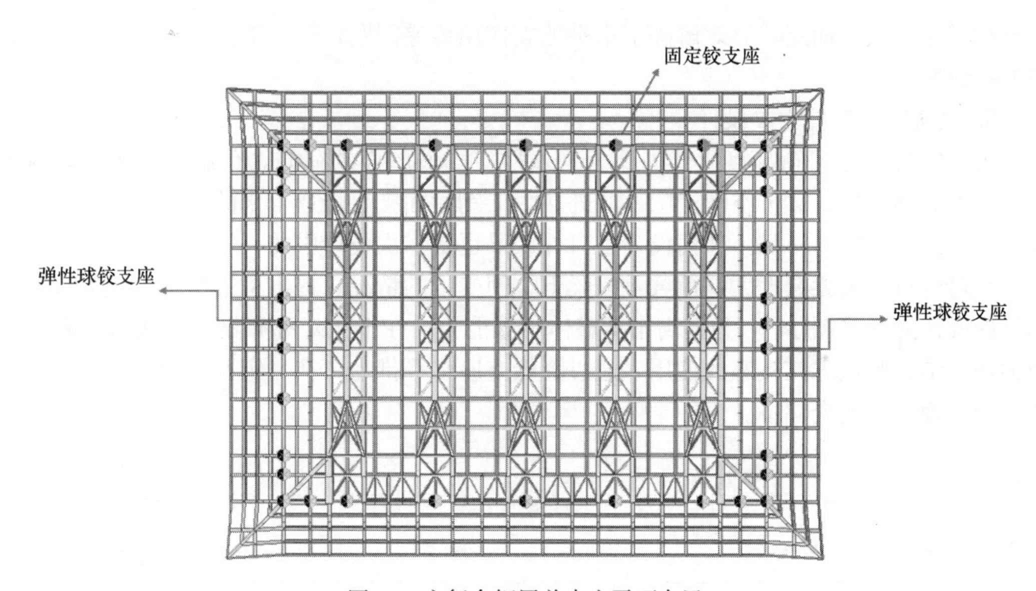

图 12　主舞台钢屋盖支座平面布置

弹性球铰支座的使用使得结构整体周期有所延长，支座推力亦大大降低，屋面钢结构与下部主体的连接变得更为简洁合理。为准确考察结构动力特性，更真实地模拟钢屋盖和下部主体结构之间的连接刚度，分别采用了屋盖模型单独计算和整体组装模型合算两种模式。

4. 台塔抗侧力设计

陕西大剧院采用传统镜框式的舞台形式，因观演需要，在主舞台的四周（观众厅、后舞台、左右侧舞台四个方向）不允许布置较多的竖向抗侧力构件，导致主舞台台塔出大屋面后仅有角部几处墙体作为上部重型仿古钢屋面的支撑，垂直台口方向的水平抗侧能力严重不足。

针对台塔出大屋面后竖向抗侧力构件不足的问题，采取了在大屋面以上区域增设承载型层间屈曲约束支撑的方案（图 13），将台塔出大屋面以上部分的水平地震作用由屈曲约

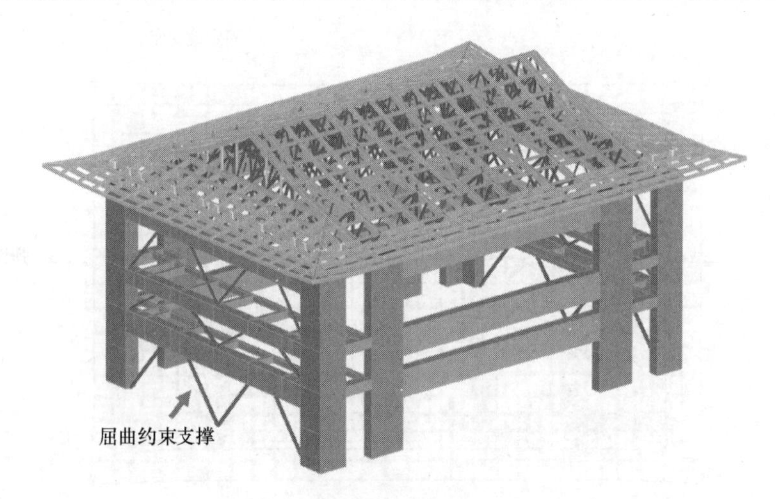

图 13 台塔屈曲约束支撑布置位置

束支撑传递至大屋面层，有效解决了水平地震作用传递问题，很好地提高了大屋面以上台塔的抗震性能。

5. 观众厅台口外大梁设计

观众厅台口外 32m 跨度大梁因上负观众厅 1/4 坡屋面的荷载，荷载重达千吨，且台口位置因观演需要，梁下空间受限。此外，由于钢屋面支座传递下来的推力较大，台口外大梁水平向支撑能力不足。如何设计台口外大梁也是本次设计中的一个难点。

针对台口外大梁跨度大、荷载重、梁下空间受限的情况，提出了缓粘结预应力混凝土桁架的设计方案（图 14），为提高桁架整体承载能力，在下弦对称布设了直线型缓粘结预应力筋。结合弹性球铰支座的使用，通过降低支座水平推力，在一定程度提高了台口外大梁的侧向稳定性安全储备。

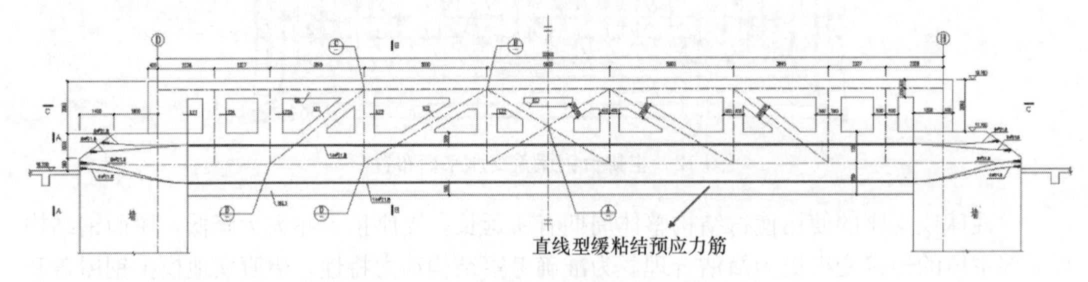

图 14 台口外预应力混凝土桁架示意

6. 舞台设计

舞台工艺是剧院中最为核心也是最为复杂的部分，陕西大剧院舞台工艺设计由设计院配合舞台机械厂家完成。大剧院舞台钢结构设计主要包括：主舞台及后舞台栅顶钢结构设计、主舞台后天桥钢结构设计和主舞台渡桥钢码头设计。

（1）主舞台栅顶钢结构设计

为便于检修，主舞台采用满铺式栅顶。因项目地处大雁塔周边限高范围，故采用栅顶与主舞台钢屋盖一体化设计的形式，栅顶层滑轮梁采用转换梁与主舞台钢屋盖相连接，如图 15 所示。

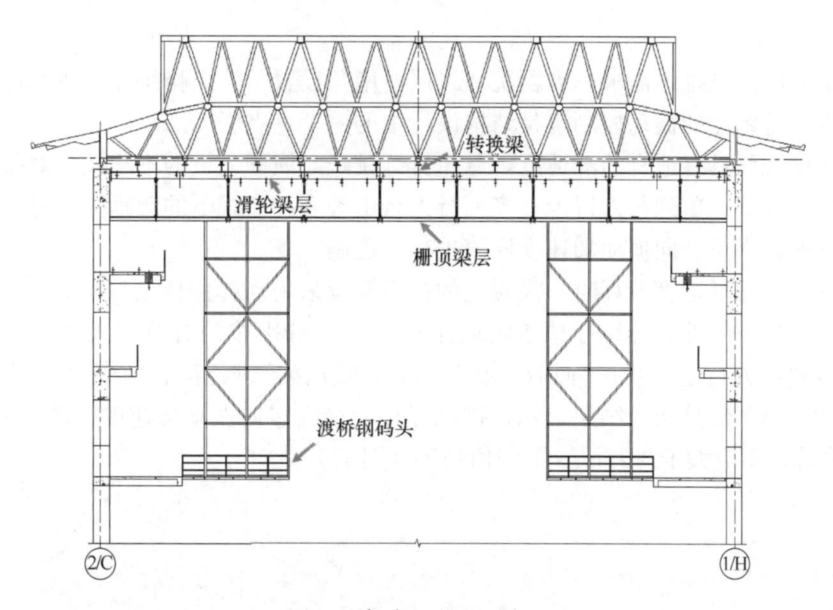

图 15 舞台工艺立面布置

（2）主舞台后天桥钢结构设计

陕西大剧院中主舞台天桥沿主舞台侧墙和后墙三面布置，其中后天桥跨度约 26m。受主舞台后墙幕布的影响，后天桥无法直接从舞台后墙出挑，故采用了从舞台栅顶层下挂钢吊杆的方式。为增加后天桥刚度，增设了斜向钢吊杆，并将后天桥在天桥两端与混凝土侧天桥通过预埋件进行连接。

（3）主舞台渡桥钢码头设计

钢码头从一层天桥边缘伸出长度约 6m，难以直接悬挑，采用从屋盖栅顶层下挂平面钢桁架的形式实现，钢码头与天桥连接处采用预埋件进行连接，按铰接处理。

7. 钢螺旋楼梯设计

因建筑功能要求，大剧院前厅需布置一部螺旋楼梯。大剧院前厅层高 6.5m，要求螺旋楼梯旋转角度至少在 540°以上。如何设计大旋转角度（>360°）的楼梯也是本次设计中的难点和亮点。

基于“形是力的秩序”的设计思想，对螺旋楼梯的受力机理进行了剖析，采用了“双螺旋结构”的螺旋楼梯设计方案，如图 16 所示。

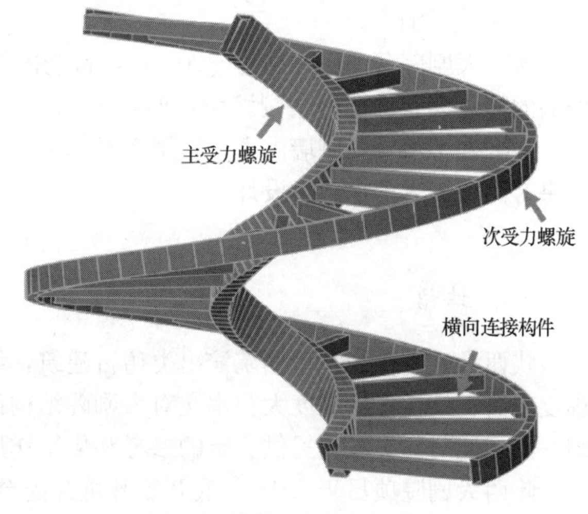

图 16 楼梯双螺旋结构模型

大剧院钢螺旋楼梯空间尺度较大，空间转角达 540°，为无柱双螺旋梁的结构体系，基本自振频率约 4.0Hz。对于螺旋楼梯此类非常规结构，除了进行自振频率控制外（>3.0Hz），还对螺旋楼梯的竖向振动加速度峰值进行了控制。

8. 排练厅设计

为满足演出人员排练需求，大剧院在二层西南角设置了演员排练厅。排练厅内部有节奏运动较多，排练厅的振动控制也是结构设计中的一个重点。

为保证排练厅具有适宜的舒适度，避免排练跳跃时演职人员的不适性，对排练厅楼盖进行了有节奏人群、单列行人行走、多列行人行走等多种模式下的激励振动分析，对排练厅的竖向自振频率及竖向振动加速度峰值进行了控制。

在排练厅楼盖舒适度验算时，混凝土的弹性模量采用动弹性模量（1.2 倍弹性模量）。考虑到排练厅的空旷性，排练厅楼盖阻尼比取 0.02。分别按照有节奏人群、单列行人行走一步、多列行人行走一步三种加载模式，对排练厅楼盖进行荷载频率为 1.5Hz、2.0Hz 及 3.0Hz 的激励振动分析。结果显示，排练厅楼盖最大竖向振动加速度峰值为 0.06m/s^2，满足加速度峰值不应大于 0.15m/s^2 的限值规定（图 17）。

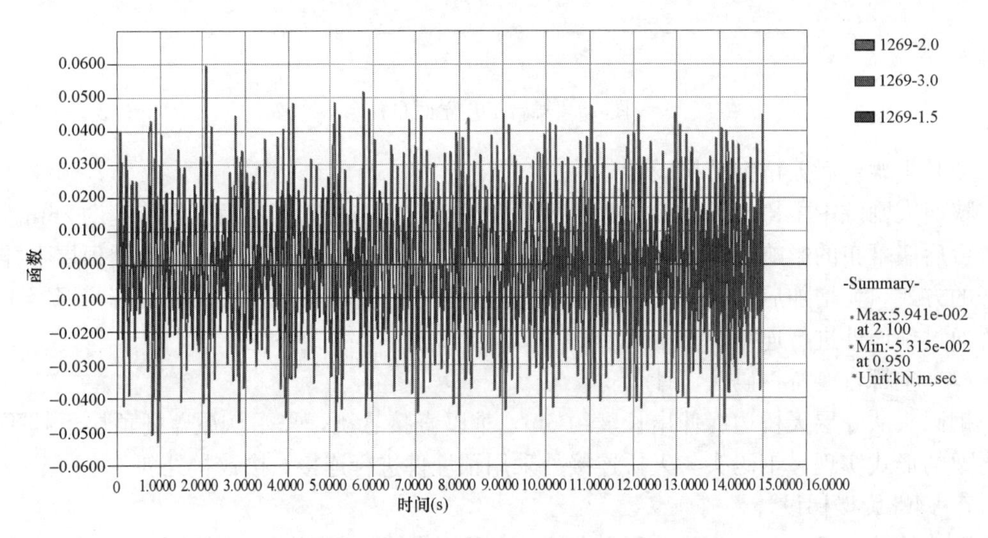

图 17　排练厅楼板有节奏人群激励振动分析结果

9. 台仓设计

陕西大剧院台仓底标高为−20.0m，台仓内部空旷，内部支撑较少，采用常规地下室外墙的简化模型进行台仓侧墙设计时，因无法准确评判内部支撑的有效性将产生较大误差。为准确考察台仓侧墙内力，采用 MIDAS 对台仓部位进行了分析，并依据有限元内力结果对侧墙进行了承载力设计。

四、结语

陕西大剧院作为大型剧院演出类仿古建筑，综合了仿古建筑与剧院建筑的特点，复杂程度较高、结构设计难度大。本文对大剧院结构设计中的关键重难点及解决措施进行了介绍，期望能对同类工程提供一定的参考和借鉴作用。

陕西大剧院项目于 2015 年底开始基坑开挖至 2017 年底竣工投入使用，总历时约两年整。面对紧张工期，设计、施工、舞台工艺等单位通力合作、密切协作，按时完成陕西大剧院项目的竣工交付。在保证了结构安全合理的前提下，完整实现了舞台功能要求，同时完美呈现了建筑仿古效果，做到了建筑艺术性、结构技术性、舞台功能性的统一。该项目获得 2019 年度行业优秀勘察设计奖优秀传统建筑设计二等奖、2020 年度陕西省优秀工程设计奖一等奖。

56 周口店遗址第一地点保护设施工程结构设计

建 设 地 点 北京市房山区周口店
设 计 时 间 2011—2015
工程竣工时间 2018
设 计 单 位 清华大学建筑设计研究院有限公司
[100084] 北京市海淀区清华大学设计中心楼
主要设计人 马智刚 崔光海 李增超 蒋炳丽 汪 静 李 京
揭小凤 徐知兰
本 文 执 笔 马智刚

获 奖 等 级 2019—2020 中国建筑学会建筑设计奖·结构专业三等奖

一、工程概况

周口店遗址位于北京市西南房山区周口店镇龙骨山北部，自 1927 年进行大规模系统发掘以来，发现不同时期各类化石及文化遗物地点共 27 处。周口店遗址于 1961 年被国务院公布为首批全国重点文物保护单位，并于 1987 年被联合国教科文组织列入中国首批“世界文化遗产名录”。

周口店猿人洞俗称第一地点，是裴文中先生发现第一头盖骨的地方，现状为一个长方形深坑，东西长 35m，南北宽 5～8m，深约 30m，由遗骨、遗物、遗迹和洞顶塌落的石块和洞外流入的泥沙等堆积而成。洞内自上而下分为 13 个文化层，“北京人”化石从第 11 层至第 3 层均有发现，洞中灰烬层最厚达 6m，表明在 40 万年至 50 万年前，曾经在猿人洞内生活过的“北京人”已经能够控制用火了。

在遗址发掘前，洞顶已坍塌，各遗址地点处于露天保存状态，长期遭受各种自然力的破坏，主要有大气降水产生的冲刷及溶蚀破坏、风的吹蚀和温差作用以及雷暴、冰雹、寒潮等。遗址本体出现岩体失稳、堆积体塌落等诸多地质病害。2012 年北京“7·21”特大暴雨过后，周口店猿人洞发掘坑内洞底及西剖面发现有雨水迅速积聚后又消失的现象，后经物探勘察证明洞底存在大的溶蚀裂隙或溶洞系统以及错动斜面的破碎带。此次重大自然灾害进一步证明：现有的局部保护措施及小范围的遮护措施已难以满足对猿人洞遗址的本体保护需求。

因猿人洞遗址及其周边脆弱山体都需得到保护及覆盖，横跨猿人洞山顶至山脚的大体量保护设施方案被提出，并将紧邻猿人洞的山顶洞遗址、鸽子堂等重要遗迹一起进行保护。保护设施主体采用大跨空间单层网格钢结构，横跨猿人洞遗址上部，落脚点均选在敏感区域之外较平坦岩层上。

保护设施不仅可整体覆盖保护遗址本体，还可保持遗址生存环境的稳定性。考虑到雨水飘落角度、光照通风要求、展示设施以及结构所需着力点等因素，计算出保护设施覆盖的最小面积，最小化对遗址本体的干预，以双层表皮隔绝雨水对遗址的直接作用，减缓风、光、温差作用，保证其对遗址本体的保护功能，并兼顾内部观赏空间的物理环境。

保护设施贴合山体起伏，对周边山势影响甚微。设计中以三维建模技术，复原现存山体，通过现存山体等高线，推断洞顶未坍塌前山体形状，在高出原有山体 3m 左右的控制线上进行形体的生成，以此作为保护建筑的外部形态。设施内部以紧邻的鸽子洞内壁为基础模型，通过三维激光扫描技术制作模板，用玻璃钢翻制轻质吊挂板下叶片，悬于主体钢结构下部，以保证内部景观的协调性；在主体钢结构上部设铝合金上叶片，局部做种植槽，种植攀爬植物。上下叶片形成了具有调节作用的双层表皮，并使保护设施内外皆与自然环境协调。攀爬植物长成后，将保护设施本身很好地融入遗址环境之中，隐伏于树木掩映之下，使其与遗址浑然天成，最终达到建筑本身融入周围环境恢复猿人洞数万年前形态的设计理念。

保护设施主体为大跨度单层异形钢网壳，纵向水平投影距离为 79m，横向水平投影距离为 55m，总建筑面积 3728m^2。建筑实景如图 1～图 3 所示。

图 1　建筑鸟瞰图

图 2　上下叶片实景

图 3　建筑夜景

二、结构体系

为实现对遗址的最小化干扰，尽量减小结构体量，减小对周围环境的影响，主体结构采用大跨度单层异形钢壳体结构，壳体贴合山体起伏，与周围山峦呼应。主体钢结构通过山顶和山脚两排支座进行支撑。单层网格结构厚度小，为上下叶片的安装创造了条件，得到建筑专业的高度认可。异形钢壳体如图 4 所示。

图 4　大跨度单层异形钢壳体

该工程异形壳，由大直径弯曲圆钢管相贯焊接形成，圆钢管共计 7 种截面，17 种规格。构件最大截面为 ϕ1100×55，最小截面为 ϕ325×10。主体结构钢材材质为 Q345C。主体结构斜向最大跨度约 83m，通过山顶和山脚共 21 个铰接支座进行支撑，山顶与山脚高差约 33m。

本工程设计复杂，施工难度大，如何保证大跨单层异形钢壳体结构满足强度、刚度及稳定方面的要求是本工程的重点及难点，单层网格结构对稳定性能要求较高，需通过三维双重非线性极限承载力分析进行确定。单层异形钢壳体面外计算长度系数取值是否合理对结构设计非常重要，系数取值需深入研究确定，本工程根据典型部位的屈曲内力，通过欧拉公式反算得到杆件的面外计算长度系数。

单层网格对基础变形非常敏感，如何保证基础的刚性，满足单层网格的抗推要求是本工程又一大难点，结构设计在考虑了现场实际情况和地勘资料后，参考大坝设计经验，通过有限元分析选定条形抗推基础。并将基础埋入岩石下不小于 1.00m，经有限元分析后发现，结构与基岩连接处，应力基本在 0.4MPa 以下，远远小于岩石的受力能力，抗推基础的变形非常小，单层异形钢壳体的结构边界条件安全可靠。

三、结构设计关键

1. 荷载情况

主体结构荷载工况包括：结构自重、外加恒荷载（吊顶、叶片及种植）、雪荷载、风荷载（根据风洞试验）、地震作用（水平及竖向）、温度作用等。

为准确确定种植荷载，对种植做法进行了深入分析，最终确定采用种植槽的方式进行植物种植，保证了建筑效果，减小了结构重量。

精确分析周口店地区气象情况，根据施工工期，确定合理合拢温度，尽量减小温度变化影响，合拢温度取 10～15℃，计算温差±35℃。

准确分析现场地形影响，合理确定地震作用放大系数，充分考虑山区地形对地震的不利影响。根据《建筑抗震设计规范》GB 50011—2010 第 4.1.8 条：H=40m，L=35m，L_1=20m，最终确定地震作用放大系数为 1.5。

本工程为单层网格结构，对荷载分布比较敏感，考虑半跨雪荷载进行分析，并考虑雪荷载分布的各种不利形式进行包络设计。

2. 风洞试验

由于工程地处山区且是不规则外形，为充分考虑风荷载影响，特委托中国建筑科学研究院进行风洞试验和风致振动分析。由风洞试验报告和分析结果看出：① 在各向风荷载作用下，对主体结构主要以上吸力为主，局部有下压力；② 按 100 年一遇风荷载参数进行风洞试验和分析；③ 风荷载作用下组合应力最大为 20MPa 左右，变形最大为 30mm 左右。

图 5 为风洞试验模型，图 6 为风洞试验所得风压分布图。

3. 抗震性能化设计

该工程抗震性能化设计指标：中震弹性，大震不屈服。通过多种软件相互校核，充分保证模型和分析结果的精确性。通过小震时程分析和反应谱分析确定合理的地震波，通过

图 5　风洞试验模型

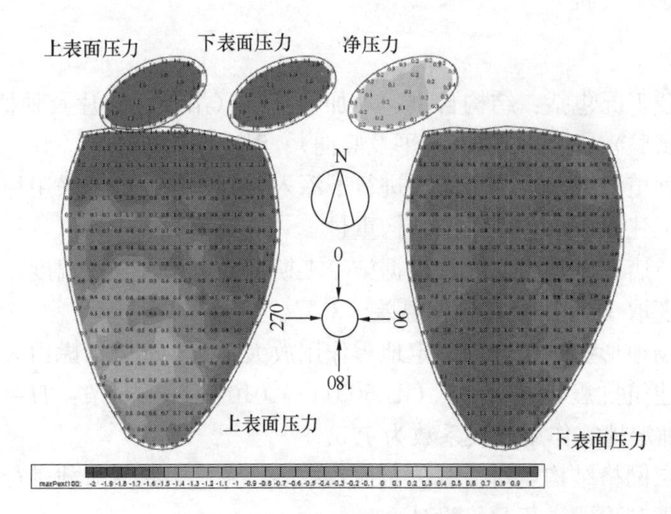

图 6　风洞试验所得风压分布

中震反应谱分析和大震时程分析，保证结构的抗震性能，大震分析时，充分考虑材料非线性和几何非线性的影响。

本工程通过 MIDAS 软件和 PMSAP 软件对结构周期进行了对比，计算结果非常一致。主体结构振型主要为上下振动，振型比较密集，主体结构振动符合大跨结构特点。设计中先通过小震时程分析和反应谱分析按规范要求选出了满足要求的 3 条地震波，时程分析结果大于反应谱结果，按规范要求对反应谱结果进行放大处理。在中震弹性分析时将反应谱分析中的地震参数改为中震，在大震弹塑性分析时，先对构件指定塑性铰，再将时程分析的地震参数改为大震作用下数值，分析中同时考虑 *P-D* 效应影响。通过 3 条地震波的大震分析可得到如表 1 所示数据。

大震计算结果对照表　　表 1

地震波	D/D_1 延性系数	最大变形（mm）	最大组合应力（MPa）
El Centro	0.86	299	257
San Fernando	0.82	114	211
Northridge	0.88	264	264

塑性铰延性系数 D/D_1（即塑性铰实际变形与屈服变形的比值）均小于 1。整体单层网壳大震作用下不屈服，满足抗震性能要求。

本工程跨度较大，且支座分别分布在山脚和山顶，两排支座间距离较大，考虑到Ⅱ类土，地震波的传播速度，山顶与山脚约有 0.2s 的时差，考虑行波效应影响进行多点激励输入计算，并与不考虑行波效应的计算结果进行比较分析，分析结果表明行波效应对结构的影响整体可控。

4. 主体结构稳定分析

结构的整体稳定性计算是大跨钢结构设计的非常重要的一面，凡是结构的受压部位或构件，在设计时都应认真考虑其稳定性能。单层网壳结构对缺陷和边界条件非常敏感，其整体稳定性需要细致分析。本工程单层异形钢网壳的稳定性能通过三维双重非线性极限承载力分析进行确定。

单层网壳面外计算长度系数取值是否合理对结构设计非常重要，系数取值需深入分析，本工程通过对结构典型构件施加单位力得到弹性屈曲荷载并通过欧拉公式进行反算得到典型构件的面外计算长度系数。

该工程先用 MIDAS 软件进行弹性屈曲分析，得到临界荷载系数，然后用 ANSYS 有限元程序进行三维双重非线性分析，得到结构从加载到失稳的荷载位移全过程曲线，进一步研究结构的整体稳定性（图 7）。

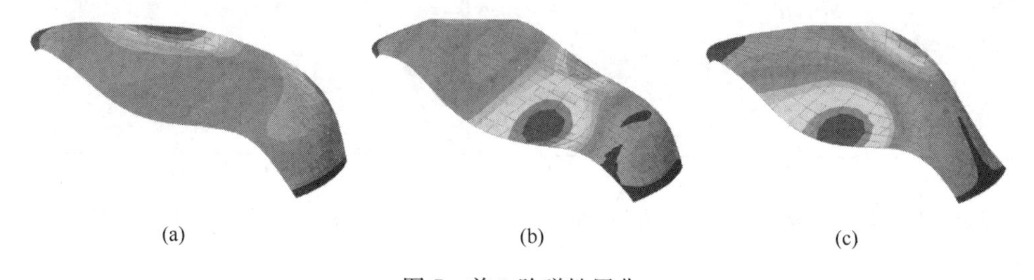

(a)　(b)　(c)

图 7　前 3 阶弹性屈曲

(a) 1 阶；(b) 2 阶；(c) 3 阶

用 ANSYS 对本工程单层异形钢网壳进行三维双重非线性分析，考虑几何非线性和材料非线性。分析时，材料选用理想弹塑性模型，弹性模量 $E=2.06\times10^{11}$ MPa，泊松比为 0.28。钢材材质为 Q345C。为保证分析结果准确，对以下几个重要参数进行了充分的分析和研究。

1）缺陷幅值的影响

进行分析时考虑初始缺陷的影响，一般按屈曲模态的分布形式对整体结构施加初始缺陷。初始缺陷的幅值对整体稳定极限承载力有影响，施加多大的初始缺陷比较合适，需要进行比较分析。通过对模型施加 1/2000、1/1000、1/500、1/300、1/200、1/100、1/50

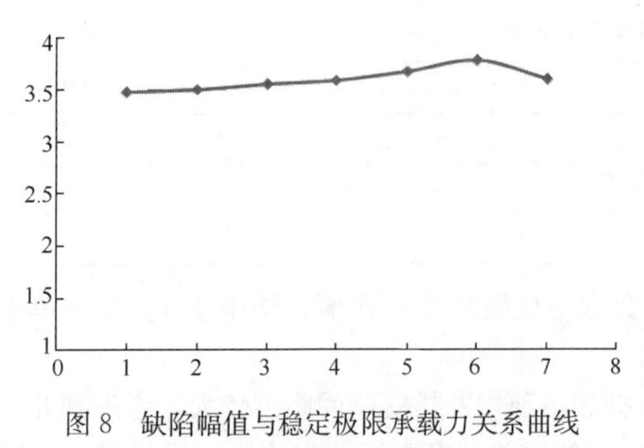

图 8　缺陷幅值与稳定极限承载力关系曲线

的初始缺陷来计算结构的极限承载力并比较其差别（图 8）。

通过分析看出：缺陷幅值对极限承载力的影响较小。缺陷幅值可取 1/300。

2）不同模态缺陷分布的影响

按各阶屈曲模态的分布形式对整体结构施加初始缺陷并分析其影响，分析时缺陷幅值均取 1/300（图 9）。

通过以上分析看出：在相同的缺陷幅值下，不同的缺陷分布形式对极限承载力的影响较小。按一阶屈曲模态的形式对模型施加初始缺陷是可行的。

本工程单层异形钢壳体对缺陷分布形式和缺陷幅值的变化不敏感。这是因为本工程为空间异形网壳，结构本身存在着高低起伏变化，即使在缺陷分布和缺陷幅值变化的情况下，其最终破坏均是中部沿山顶山脚方向的主受力杆件达到压弯极限，不能继续承载引起的。缺陷的分布和幅值变化不能改变结构最终的受力极限状态，这是本异形壳体整体稳定性能的最大特点。

通过分析可以得出：本工程单层异形钢壳体结构整体稳定安全系数 k 值为 3.58，满足《空间网格结构技术规程》JGJ 7—2010 第 4.3.4 条“当按弹塑形全过程分析时，安全系数可取为 2”的要求，本工程整体稳定性安全可靠（图 10）。

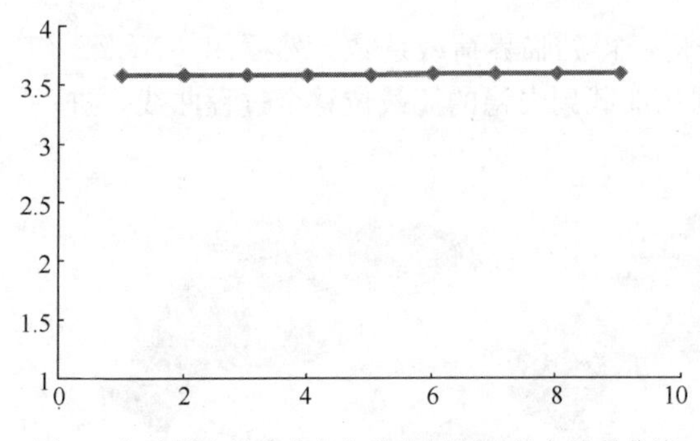

图 9　各阶模态缺陷分布与稳定极限承载力关系曲线

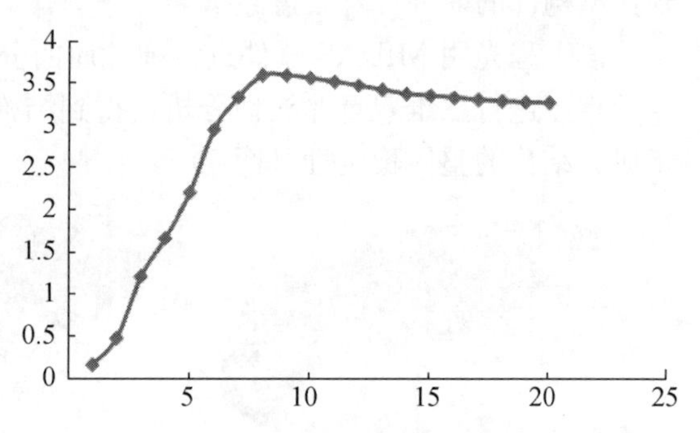

图 10　全过程荷载-位移曲线

5. 基础有限元分析

单层网壳结构对支座边界条件非常敏感，为保证网壳结构受力安全可靠稳定，其基础必须保证安全可靠。壳体结构在荷载作用下，其支座将会产生比较大的水平推力，充分考虑推力对基础的影响是基础设计的关键环节。为保证基础设计具有足够的安全储备，采用中震作用下的地震参数输入计算软件，按中震地震作用参与荷载组合并进行基础设计。

对山顶基础建立平面有限元模型和实体有限元模型，对山脚基础建立平面有限元模型进行计算，充分保障基础安全。

山顶基础平面模型如图 11 所示。

为对平面模型进行验证，对山顶基础建立实体有限元模型，如图 12 所示。

通过基础有限元分析可知：条形抗推基础整体性强，刚度大，在结构最不利荷载作用

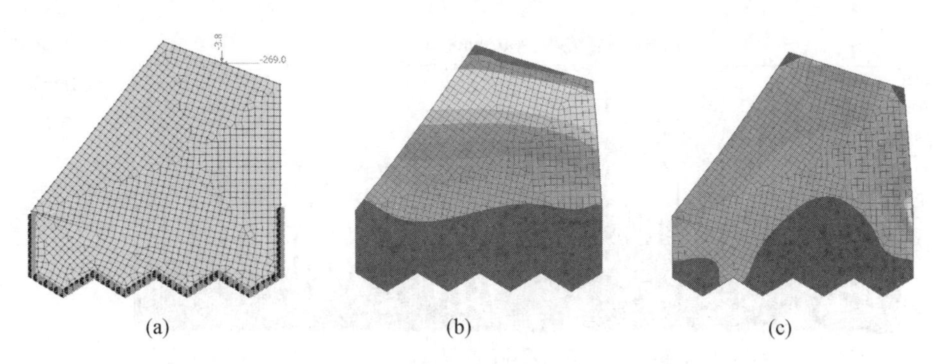

(a) (b) (c)

图 11 山顶基础最不利荷载作用下计算结果（平面模型）
(a) 平面模型；(b) 位移 (mm)；(c) 应力 (MPa)

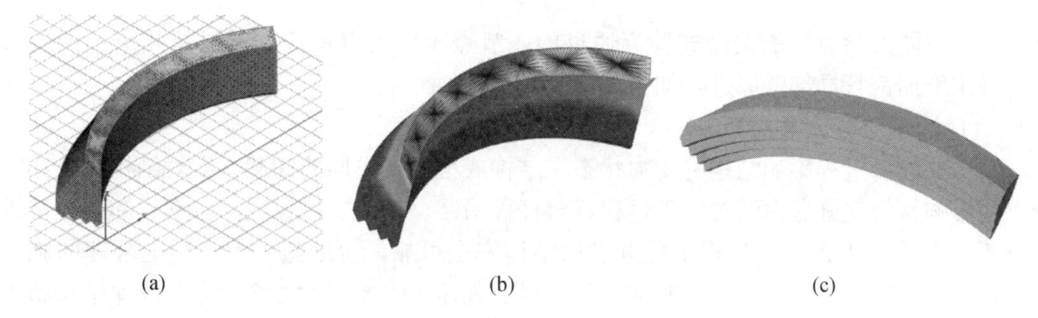

(a) (b) (c)

图 12 山顶基础最不利荷载作用下计算结果（实体模型）
(a) 实体模型；(b) 位移 (mm)；(c) 应力 (MPa)

下，其变形非常小，能满足网壳结构受力要求，是网壳结构可靠受力边界，基础本身为C40 混凝土，其受力满足要求，基础与基岩连接处，应力在 0.4MPa 以下，远远小于岩石的强度指标。条形抗推支座的设计安全有可靠保证。

6. 节点刚性分析

节点保持刚接是单层网格结构成立的前提，单层网格杆件通过相贯焊接进行连接，无法实现完全刚接，应考虑节点刚度部分释放，计算中考虑了支管节点刚度 30%、50%、70%和全刚接计算结果并进行包络设计。

该包络设计方法简单可行，可为类似工程参考选用。当完全采用刚接模型时，在恒荷载+活荷载作用下，其跨中结构最大竖向变形为 140mm。为考虑支管与主管相贯焊接影响，在 MIDAS 软件中对支管两端节点的刚度进行部分释放，如果考虑 70%刚接，则跨中挠度变为 159mm；如果考虑 50%刚接，则跨中挠度变为 163mm；如果考虑 30%刚接，则跨中挠度变为 160mm。在上述各假定条件下，跨中挠度最大为 163mm，斜向跨度为83m，则挠跨比为 1/509，小于规范要求的 1/400，结构刚度满足要求。

在上述各节点刚度假定条件下进行构件应力比计算，构件的应力比均不超过 1.0，结构的强度及稳定满足要求。上述各假定条件下最大应力比如图 13 所示。

本工程节点为圆钢管直接相贯焊接的十字形节点，杆件承受较大的弯矩，特别是平面外弯矩，支管在节点处的承载能力由支管的轴力和弯矩综合作用来控制。依据《钢管结构技术规程》CECS 280—2010 第 6 章节点强度计算中相关规定，对本工程中相贯焊接的节

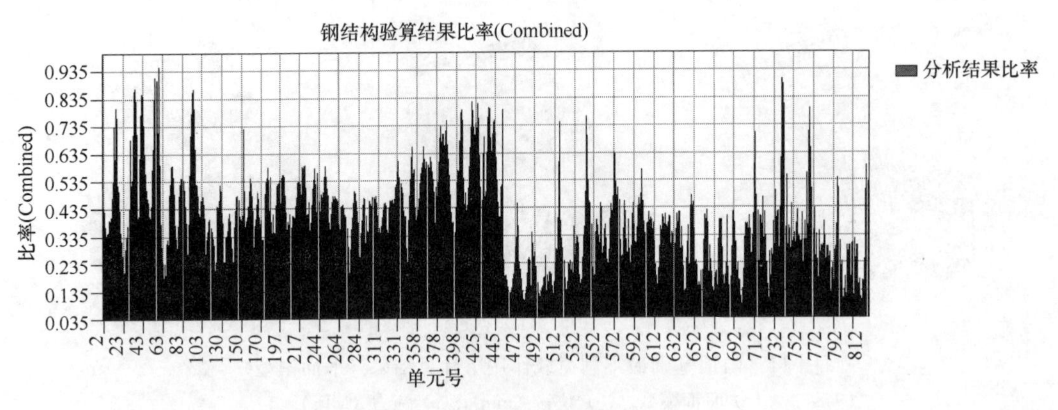

图 13　构件应力比计算结果统计

点进行承载能力验算。能按公式验算通过的，节点刚性可以保证，对局部几个不能通过的，采用增加钢管局部壁厚进行加强。

7. 设计-施工全过程分析

结构的成型过程影响结构的受力状态，结构成型后，不同的卸载方案对结构内力亦有较大的影响，为充分考虑结构施工过程，对杆件吊装、胎架支撑、成型方案、卸载方案进行分析，考虑设计-施工全过程工况以确保结构安全可靠，协助施工单位制定合理的施工方案，并加强施工过程中的现场监测工作，以实现建筑师要求的最终形态并确保结构施工和使用安全。

由于在遗址正上方进行文物保护工程的施工，需充分考虑施工过程的安全要求。施工中，采取各种措施尽量减少施工振动对遗址本体的影响（图 14、图 15）。

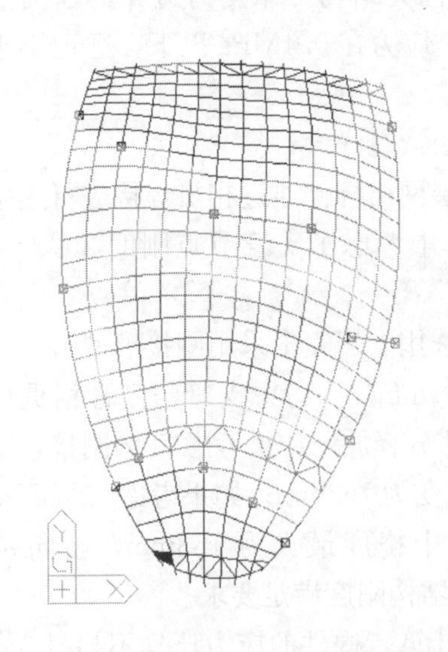

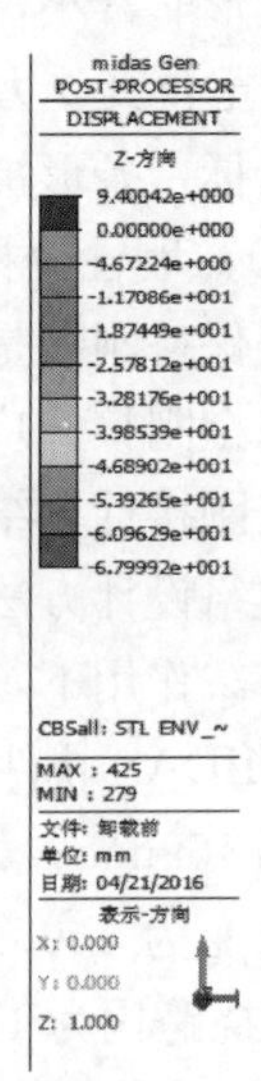

图 14　卸载前钢结构 Z 向位移

本工程于 2015 年 10 月基坑开挖，2016 年底开始主体结构施工，2018 年 8 月竣工验收。在设计单位与施工单位的共同努力以及紧密协作下，既保证了结构的安全性，又充分地实现了建筑功能与效果，成为一件建筑与结构完美结合的作品。本工程是文化遗产保护

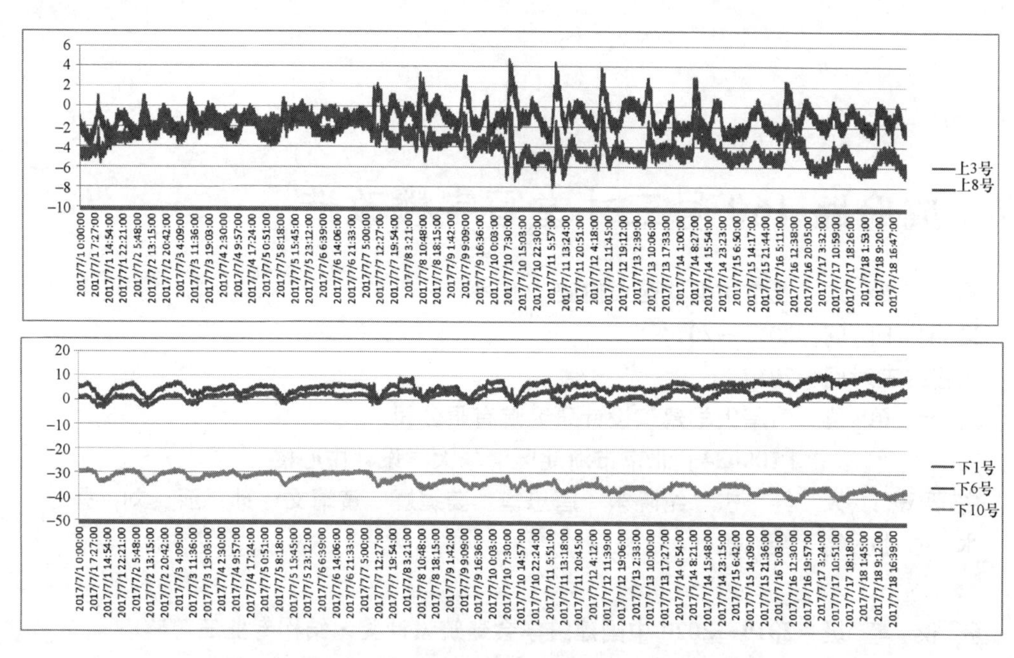

图 15　胎架拆除前后基础墩位移监测结果

与现代结构工程技术进行结合的典范工程。项目获得 2019 亚建协保护项目类金奖、2019 第十三届中国钢结构金奖工程、2019 第十一届空间结构奖设计银奖、2020 联合国教科文组织亚太遗产奖等荣誉。以此工程为依托形成的科技成果“周口店猿人洞遗址保护建筑的建造关键技术研究”经北京市住房和城乡建设委员会组织的专家鉴定认为整体上达到国际先进水平，并荣获中国施工企业管理协会工程建设科学技术进步奖二等奖。

“在这个不寻常的设计中，汇聚了建筑、艺术、考古及尖端技术，并与周围的地形和绿色融为一体，严格遵守其所承诺的功能。在自然条件下，这个半封闭、单跨、双层的结构小心地保护着珍贵而脆弱的世界遗产地，使它免受雨水的侵蚀，同时接触空气与间接的光线。该结构被设计为随着时间的推移与周围环境无缝融合，保持最小干扰和可逆性的概念。”这是 2019 亚洲建筑师协会建筑奖评审团对本工程的评语，也是对这个文物保护工程的最好注释，更是对工程建设团队的最大鼓励与鞭策！

57　成府路160号三才堂写字楼改造

建 设 地 点　北京市海淀区成府路160号
设 计 时 间　2013—2014
工程竣工时间　2017
设 计 单 位　清华大学建筑设计研究院有限公司
　　　　　　　[100084] 北京市海淀区清华大学设计中心楼
主要设计人　经 杰　纪晓东　唐忠华　姜娓娓　黄靖文　孙 亚　刘 丹
本 文 执 笔　经 杰

获 奖 等 级　2019—2020中国建筑学会建筑设计奖·结构专业三等奖

一、工程概况

本工程（图1、图2）位于北京市海淀区成府路，总建筑面积1.6999万m^2，地下面

图1　建筑效果图

图2　竣工完成图

积6479万m^2，地上面积10220万m^2。地下4层，地上11层，地上层高分别为：首层5.4m，2层5.4m，3层4.9m，标准层4.1m，地下室层高分别为：地下1层4.2m，地下2、3层3.7m，地下4层4.9m。建筑的纵向长度为48.6m，横向长度为14.4m，结构总高度为48.70m（从室外地面算起）。

建筑布局呈一字形，核心筒位于中部靠南侧。北侧为主要出入口。1～2层为多功能厅和活动室，3～11层为办公用房。地下1层为辅助用房，地下2层为设备用房和地下车库，地下3层为库房和地下车库，地下4层为设备用房和地下车库，其中设置了局部双层机械式停车。地下1层有通往地面层的次要出口和局部下沉的庭院。

建筑容积率为3.9。

该建筑的特点：场地狭窄，层高紧，大办公空间，对净高要求高。

二、结构体系

结构体系为全现浇钢筋混凝土框架-剪力墙结构，横向部分连梁采用可更换的耗能钢连梁，如图3所示。楼盖采用全现浇钢筋混凝土梁板体系，底部加强层为首层和2层。基础采用肋梁式筏板基础。地下4层地下室，基坑深度18.3m，基础形式采用天然地基上的肋梁式筏板基础。

为做对比，纵向部分墙肢连梁采用了普通钢连梁，如图3所示。

框架-剪力墙结构中的可更换连梁示意如图4所示。

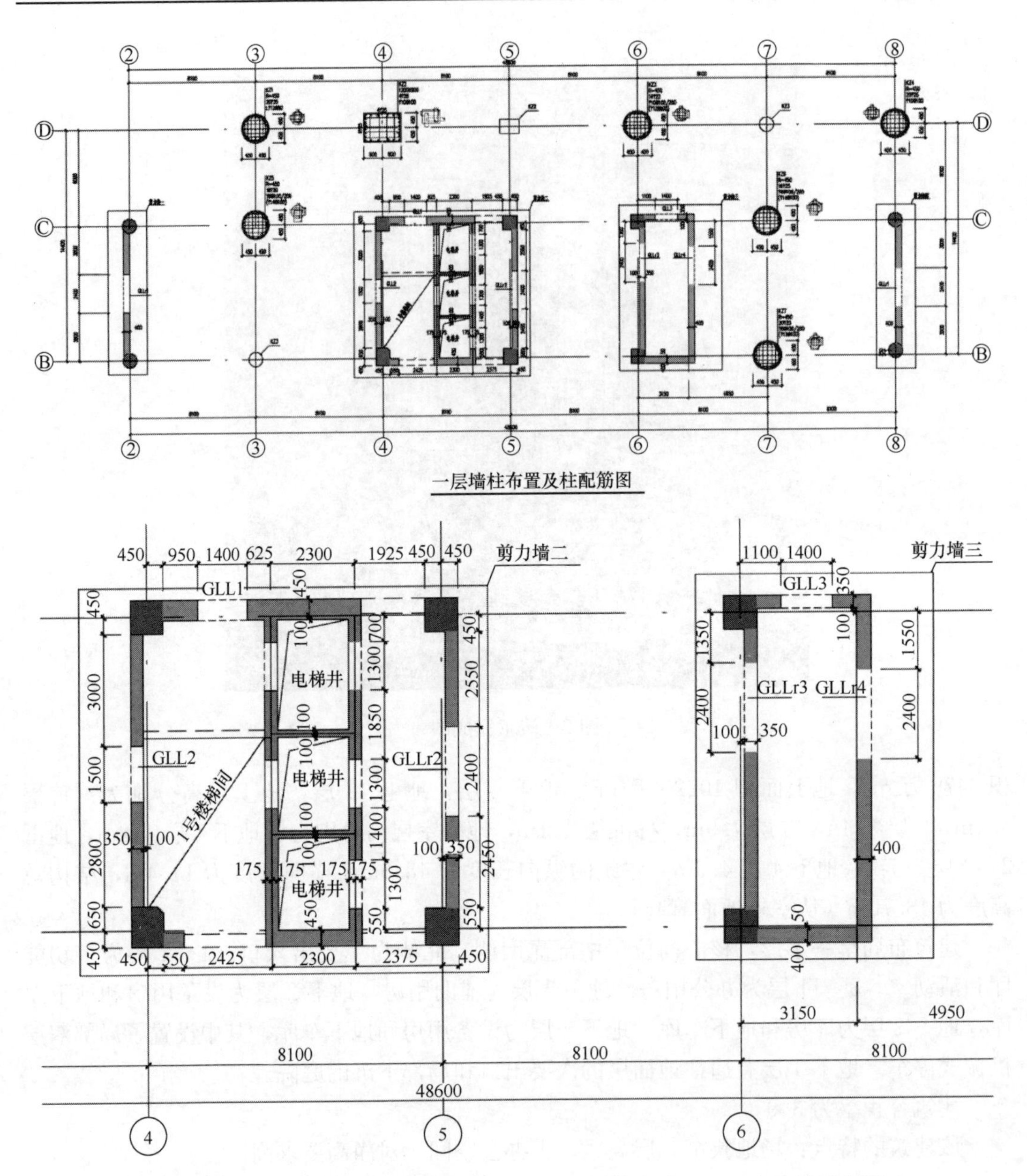

图 3　墙柱及可更换连梁结构布置（GLLr 为可更换连梁，GLL 为普通钢连梁）

三、结构特点

（1）基于损伤控制原理和能力设计，在框架-剪力墙结构的连梁部位中采用了可更换钢连梁的设计，通过合理设计消能梁段和非消能梁段的承载力之比，实现控制屈服部位、控制消能梁段的屈服模式为剪切屈服型以及增大连梁塑性变形能力之目的。

（2）可更换连梁由锚固段、非消能段和可更换的消能段组成，设计中消能段-非消能段的连接采用带键槽的端板-抗剪键的连接方式，如图 5 所示。

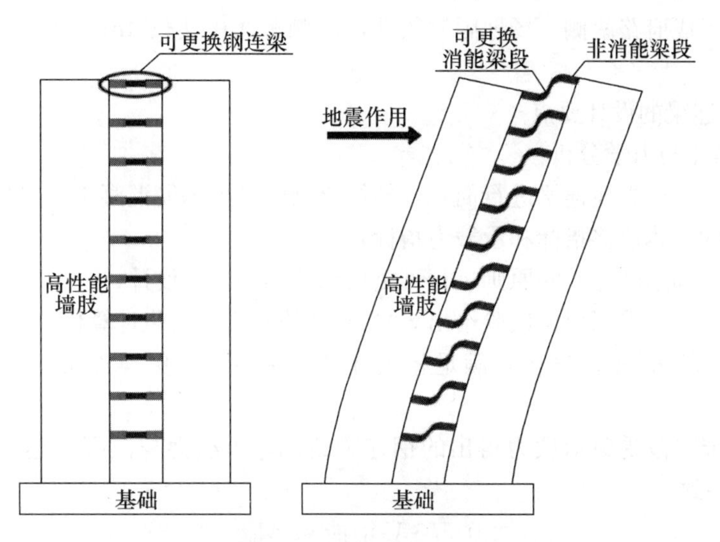

图 4　框架-剪力墙中可更换连梁示意

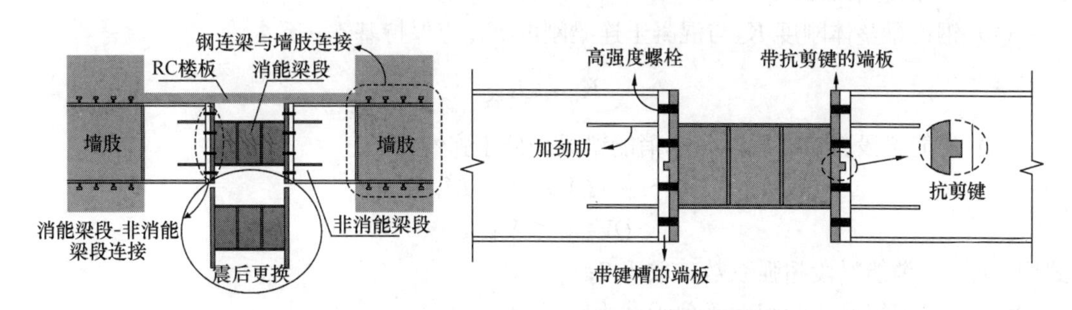

图 5　可更换连梁及耗能梁段的连接形式

通过合理构造和设计，保证消能段-非消能段的连接既能有效传力又可拆卸，实现震后连梁耗能段的可更换。

(3) 可更换连梁的使用，能保证结构的损伤控制在预设的部位，在震后可通过更换梁段来修复，提升了建筑的抗震韧性。

可更换连梁的设计为本工程结构设计的特点和要点。

四、可更换连梁的设计要点

1. 基本设计条件

基本风压 $W_0=0.45\mathrm{kN/m^2}$；基本雪压 $S_0=0.40\mathrm{kN/m^2}$。

地震作用参数如表 1 所示。

地震作用参数　　表 1

抗震设防烈度	设计基本地震加速度	设计地震分组	特征周期 T_g	建筑场地类别
8 度	0.2g	第一组	0.45s	Ⅲ

本建筑物为写字楼，结构设计使用年限 50 年，耐久性年限 50 年，安全等级二级。

本项目位于成府路南侧，场地限制较严，南侧距居民楼仅 4m，且为深基坑，基底标高－18.3m。

2. 可更换连梁的设计要点

1）结构简化与力学分析：

整体分析中对可更换连梁进行简化，整体模型中可按钢筋混凝土连梁来进行计算，满足小震作用下的整体位移指标和承载力指标；

按照承载力和刚度等效的原则进行可更换部位的钢连梁设计；

弹塑性分析，可采用根据试验给出 SAP2000 的非线性简化计算模型。

2）在完成结构的整体分析，满足相关计算指标后，可更换连梁的设计按以下步骤进行：

（1）由消能梁段受剪承载力得出的钢连梁的抗弯承载力与混凝土连梁的抗弯承载力 M_{RC} 保持基本一致：

$$0.5l \cdot V_{消能} \approx M_{RC}$$

式中　l——钢连梁的长度。

（2）钢连梁整体刚度 K_S 与混凝土连梁刚度 K_{RC} 应保持基本一致：

$$K_S \approx K_{RC}$$

（3）消能梁段剪切屈服时，非消能梁段仍处于弹性状态：

$$0.5l \cdot (\Omega V_{消能}) \leqslant M_{非消能}$$

$$\Omega V_{消能} \leqslant V_{非消能}$$

式中　Ω——消能梁段超强系数，取 1.7；

$V_{消能}$——消能梁段的塑性受剪承载力；

$V_{非消能}$——非消能梁段的塑性受剪承载力。

（4）保证消能梁段破坏模式为受剪破坏

国外以及清华大学纪晓东研究团队的研究表明，当控制 $e/(M_{消能}/V_{消能}) \leqslant 1.6$ 时，消能梁段为腹板剪切型屈服，e 为消能梁段长度。

（5）验算消能梁段及非消能梁段局部稳定性：

翼缘：
$$\frac{b}{t_f} \leqslant 8\sqrt{\frac{235}{f_y}}$$

腹板：
$$\frac{h_0}{t_w} \leqslant \begin{cases} 90[1-1.65N/(Af)] & N/(Af) \leqslant 0.14 \\ 33[2.3-N/(Af)] & N/(Af) > 0.14 \end{cases}$$

消能梁段腹板高厚比约 40 为宜。

五、可更换连梁的节点设计及构造要求

1. 可更换钢连梁-RC 墙肢节点设计

采用直插式埋入节点，如图 6、图 7 所示。为提高节点刚度、延缓往复作用下节点刚度退化，在钢连梁埋入段上下翼缘设置竖向附加钢筋。附加钢筋与翼缘采用套筒连接或焊接。

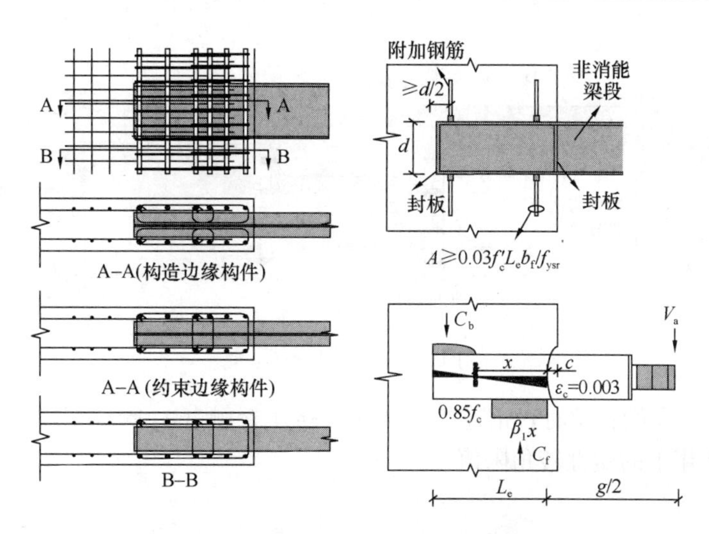

图 6　可更换连梁与墙肢的连接节点形式

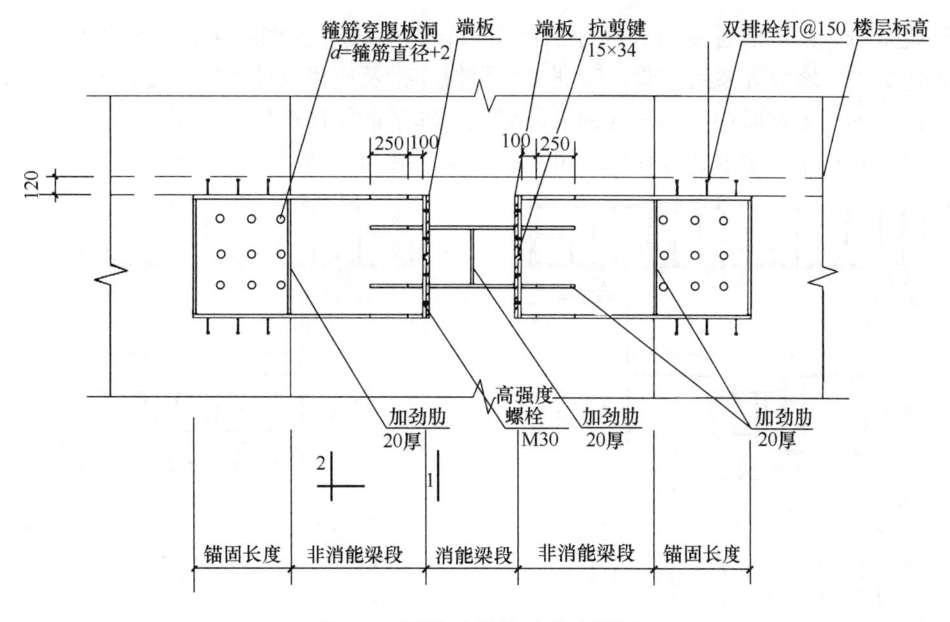

图 7　可更换连梁构造节点详图

埋入长度 L_e，V_e：节点达到承载力时对应的连梁剪力（详见美国规范 AISC341-10）

$$V_e = 4.05\sqrt{f_c}\left(\frac{b_w}{b_f}\right)^{0.66}\beta_1 b_f L_e\left(\frac{0.58-0.22\beta_1}{0.88+g/(2L_e)}\right)\geqslant \Omega V_n$$

2. 减轻 RC 楼板损伤的构造

为减轻 RC 楼板在地震中的损伤，在 RC 楼板与钢连梁之间不设置抗剪连接件，采用上浮楼板（图 8），预留足够的空间保证连梁转动时与楼板不挤压接触。

上浮楼板与钢连梁间脱开距离不小于 $0.03(l_n-e)$，其中，l_n 为连梁净跨；e 为消能梁段长度。

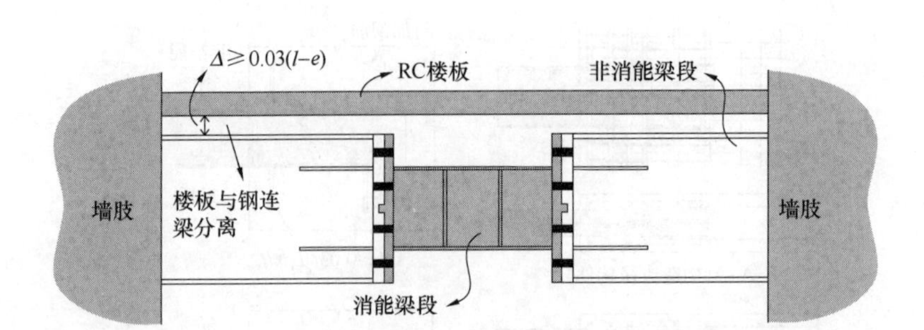

图8　上浮楼板示意

保证0.06rad连梁转角时，钢连梁与楼板不挤压接触（0.06rad为纪晓东团队试验给出的罕遇地震作用下的塑性转角限值）。

六、试验分析

纪晓东研究团队通过多组大尺寸消能梁段试验、可更换钢连梁、带楼板可更换钢连梁、钢连梁-RC墙肢等系列试验，验证了可更换连梁及连接设计的安全性、合理性和构造的可靠性。图9为试验中不同形式的消能梁段与非消能梁段的组合示意图。

根据试验结果，罕遇地震作用下可更换连梁的转角可达到0.06rad，如图10所示。

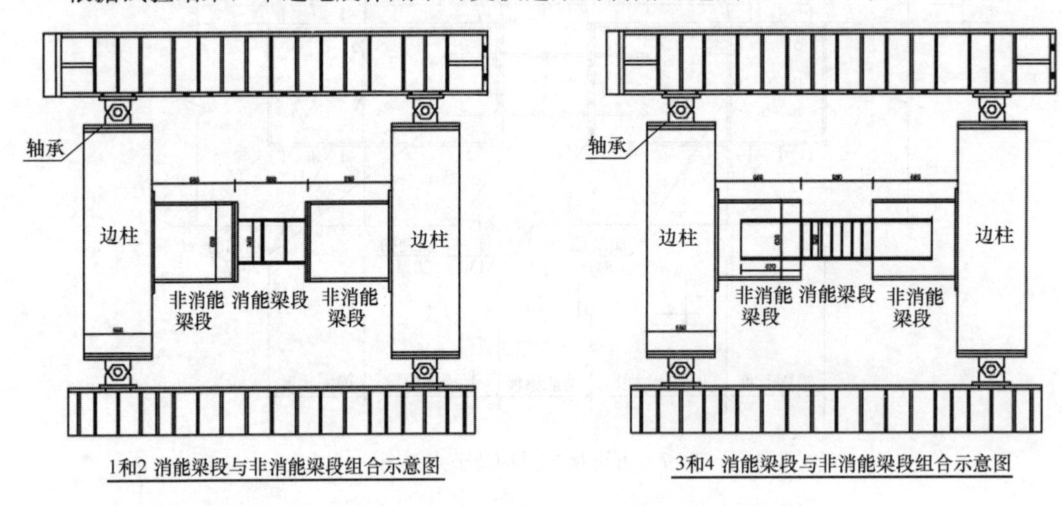

图9　不同形式的消能梁段与非消能梁段的组合示意图

七、其他

本项目的其他技术经济指标如下：

1）结构前三个周期

T_1=1.30s（扭转系数0.00），T_2=1.04s（扭转系数0.02），T_3=0.97s（扭转系数0.97）；

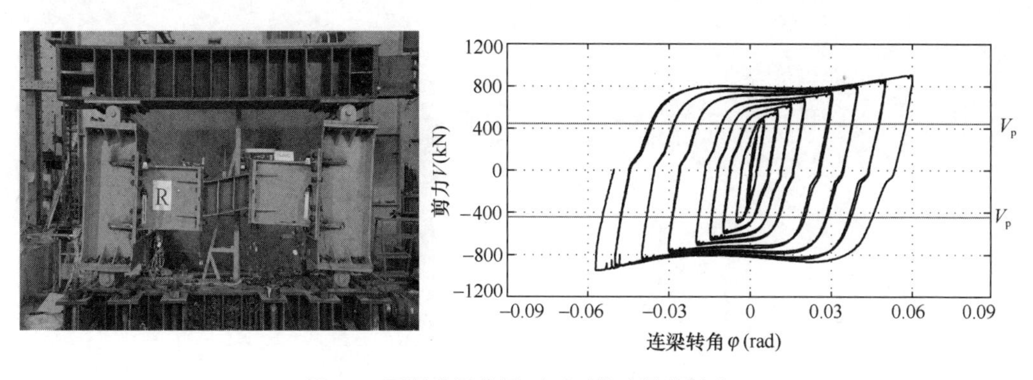

图10　罕遇地震作用下可更换连梁的转角

2）最大层间位移角

横向1/927，纵向1/1079；

3）结构材料用量

钢筋总用量：地下室953t，地上751t；

钢连梁钢材用量：90t。

本工程于2013年开始施工，2017年底竣工投入使用。在设计单位、研究团队与施工单位的共同努力和配合下，保证了可更换钢连梁的加工制作、现场安装，充分地实现了设计意图。该项目获得了2019年教育部优秀工程勘察设计公共建筑三等奖、建筑结构三等奖，2019—2020年中国建筑学会建筑设计奖公共建筑二等奖。